清华
开发者书库

Signals and Systems: Using MATLAB, Second Edition

信号与系统

使用MATLAB分析与实现

（原书第2版）

Luis F. Chaparro◎著

宋琪◎译

清華大学出版社

北京

Signals and Systems：using MATLAB，Second Edition

Luis F. Chaparro

ISBN：9780123948120

Copyright © 2015 Elsevier Inc. All rights reserved.

Authorized Chinese translation published by Tsinghua University Press.

《信号与系统：使用 MATLAB 分析与实现（原书第 2 版）》（宋琪　译）

ISBN：978-7-302-45967-5

注意

本书涉及领域的知识和实践标准在不断变化。新的研究和经验拓展我们的理解，因此须对研究方法、专业实践或医疗方法作出调整。从业者和研究人员必须始终依靠自身经验和知识来评估和使用本书中提到的所有信息、方法、化合物或本书中描述的实验。在使用这些信息或方法时，他们应注意自身和他人的安全，包括注意他们负有专业责任的当事人的安全。在法律允许的最大范围内，爱思唯尔、译文的原文作者、原文编辑及原文内容提供者均不对因产品责任、疏忽或其他人身或财产伤害及/或损失承担责任，亦不对由于使用或操作文中提到的方法、产品、说明或思想而导致的人身或财产伤害及/或损失承担责任。

内 容 简 介

本书系统地论述了信号与系统的理论与应用,并融合了 MATLAB 仿真分析。第一部分(第 0 章)首先介绍几个信号处理应用实例作为开篇,然后介绍有关数学基础及仿真工具 MATLAB。第二部分(第 1～7 章)介绍连续时间信号与系统,从连续时间信号的概念、类型(第 1 章),连续时间系统的概念、特性、时域描述和分析(第 2 章)出发,先介绍拉普拉斯变换及其在连续 LTI 系统分析中的应用(第 3 章);然后讲述傅里叶级数(第 4 章)和傅里叶变换(第 5 章)及其在连续 LTI 系统的频域分析和描述中的作用,后两章侧重应用,分别介绍了拉普拉斯分析在控制领域(第 6 章),以及傅里叶分析在通信和滤波领域(第 7 章)的实际应用。第三部分(第 8～12 章)介绍离散时间信号与系统,这一部分首先阐述抽样定理(第 8 章),然后从离散时间信号和系统的概念、表达、时域描述和分析(第 9 章)出发,介绍 Z 变换及其在离散 LTI 系统分析中的应用(第 10 章),然后介绍作为 Z 变换特殊形式的离散时间傅里叶变换(DTFT)(第 11 章)。第 12 章介绍了离散滤波器的设计方法。本书适合作为电子信息、通信工程类专业本科生及研究生的教材,也适合从事信号处理、通信工程的专业人士阅读。

图书在版编目(CIP)数据

信号与系统:使用 MATLAB 分析与实现:原书第 2 版/(美)路易斯·F.查帕罗(Luis F. Chaparro)著;宋琪译.—北京:清华大学出版社,2017(2023.10重印)
(清华开发者书库)
书名原文:Signals and Systems:using MATLAB,Second Edition
ISBN 978-7-302-45967-5

Ⅰ.①信…　Ⅱ.①路…②宋…　Ⅲ.①Matlab 软件－应用－信号系统－系统分析－高等学校－教材　Ⅳ.①TN911.6

中国版本图书馆 CIP 数据核字(2016)第 312845 号

责任编辑:盛东亮
封面设计:李召霞
责任校对:李建庄
责任印制:沈　露

出版发行:清华大学出版社
　　　　　网　　　址:http://www.tup.com.cn,http://www.wqbook.com
　　　　　地　　　址:北京清华大学学研大厦 A 座　　　　　邮　编:100084
　　　　　社 总 机:010-83470000　　　　　　　　　　　　邮　购:010-62786544
　　　　　投稿与读者服务:010-62776969,c-service@tup.tsinghua.edu.cn
　　　　　质量反馈:010-62772015,zhiliang@tup.tsinghua.edu.cn
　　　　　课件下载:http://www.tup.com.cn,010-83470236
印 装 者:三河市铭诚印务有限公司
经　　销:全国新华书店
开　　本:203mm×260mm　　印　张:37.75　　　　　　　字　数:1030 千字
版　　次:2017 年 2 月第 1 版　　　　　　　　　　　　　印　次:2023 年 10 月第 7 次印刷
定　　价:99.00 元

产品编号:060206-01

译者序
FOREWORD

"信号与系统"是一门非常重要的基础理论课程。随着科学技术的发展,信号与系统的基本概念和分析方法早已渗透到了通信、电子、计算机、自动控制、航空航天、机械制造、生物医学、金融等各个领域。现在我国高校的几乎所有电类专业都设置了信号与系统课程。

全书分三个部分。第一部分(第0章)以几个信号处理应用实例开篇来引起读者的兴趣,然后回顾有关的数学基础知识,最后对数学计算和仿真工具MATLAB做了初步介绍。第二部分(第1~7章)主要研究连续时间信号与系统。从连续时间信号的概念、类型(第1章),连续时间系统的概念、特性、时域描述和分析(第2章)出发,按照从一般到特殊的逻辑,先介绍拉普拉斯变换及其在连续LTI系统分析中的应用(第3章),然后阐述傅里叶级数(第4章)和傅里叶变换(第5章)及其在连续LTI系统的频域分析和描述中的作用。这一部分的后两章侧重应用,分别介绍拉普拉斯分析在控制领域(第6章),以及傅里叶分析在通信和滤波领域(第7章)的实际应用,其中第6章讲解了连续LTI系统的状态变量描述法。第三部分(第8~12章)主要研究离散时间信号与系统。这一部分首先阐述著名的抽样定理(第8章),然后以与第二部分相同的逻辑,从离散时间信号和系统的概念、表示、时域描述和分析(第9章)出发,介绍Z变换及其在离散LTI系统分析中的应用(第10章),之后在第11章中讲述作为Z变换特殊形式的离散时间傅里叶变换(DTFT),分析其在离散LTI系统频域分析和描述中的作用,以及离散信号与系统频域分析的实用工具——离散傅里叶变换(DFT)。这一部分的最后一章(第12章)讲解了离散滤波器的设计方法。

有关信号与系统的教材非常多,近些年来从国外引进的外文教材也不少,本书与这些教材相比有以下显著特点:第一,以循序渐进,由浅入深的方式全面深入地介绍信号与系统理论的某些应用。以调幅(AM)为例,AM概念首次出现是在第2章后的一个关于包络检波器的问题中,此问题给出了调幅信号的一般数学表示以及包络检波器的电路实现方案,通过要求学生利用MATLAB画出调幅信号的波形,求包络检波器的输出,该问题使学生建立起了调幅信号、调幅系统以及包络检波器的概念;AM的第二次出现是在第5章中,当介绍连续时间傅里叶变换的有关性质时,作者并没有像一般教材那样,仅仅阐述AM调制的理论依据,而是还分析了AM系统的时变性,并用具体数据解释调幅的原因,学生们通过这一章的学习不仅明白了调幅的原理,还知道了为什么需要调幅,以及怎样进行调幅;最后是在第7章中,作者利用系统框图、信号波形图等手段详细地解释说明各种实用调制系统,学生们通过这一章清楚了实际调幅要面临的问题以及解决办法。本书就是这样抽丝剥茧,从概念到原理,再到实际应用使学生彻底全面理解掌握调幅技术的。这仅仅是其中一例,书中不乏这样的例子。第二,本书较多地采用了备注、边导航、脚注等形式。作者根据自己长期在信号与系统教学过程中发现的学生易犯的错误,将正确的理解以备注的形式表现出来;而脚注的采用则增加了教材的趣味性和科普性。这些材料凝聚了作者的心血,对学生的学习非常有益。第三,本书包含了大量涉及众多领域的实例和问题,除了自控、信号处理、通信、滤波领域外,还涉及诸如电路、元器件、语音系统,甚至是数学问题(例如π的计算)! 真正是

"理论与实际应用的很好的平衡"！这些问题的设计和利用 MATLAB 的解决，不仅开阔了学生的视野，更有助于学生懂得从基本原理到基本方法最后到实际应用的途径。

本书主要由宋琪翻译。此外，陈立、余千华、陈建文、程起敏、陈 林、章冬波、汪国亮、冯上杰、宋一珂等人也参与了部分内容的翻译工作。

由于译者的水平和学识有限，翻译中难免有错误和不妥之处，敬请同行专家和广大读者批评指正。

本书的翻译得到了译者家人的理解和极大支持，在此特向家人表示衷心的感谢。同样要感谢的还有本书的编辑和清华大学出版社的有关工作人员，感谢编辑给出的一些有益建议和出版社的大力支持。最后还想对在翻译过程中给予过帮助的陈建文、余千华、李妍等老师表示衷心的感谢。

译 者

2016 年 10 月

前 言
PREFACE

在此书中,我所做的仅仅是采摘他人之鲜花,用我的丝线将它们捆扎在一起而已。

M. De 蒙田(Montaigne)(1533—1592 年)

法国散文家

本书是第 2 版,第 2 版的总体框架与第 1 版保持一致,但从内容上讲,第 2 版对第 1 版的部分内容进行了改写,补充了一些素材,并重新进行了组织。所做的修改很多都来自于使用本书的师生们在教学过程中所提出的有益建议,对此向他们表示诚挚的感谢。

正如在第 1 版中指出的那样,虽然科学与工程的进步很难与技术的进步保持同步,但令人欣慰的是通过对基本原理的深刻理解,要保持科学和工程的发展与创新是存在可能的。信号与系统理论是这些基本原理之一,它将在未来几年里成为众多工程研发的基础。在不久的将来,不仅仅是工程师们需要了解信号与系统,从某种程度上来说我们每一个人都需要了解信号与系统,计算机、手机、数字记录和数字通信等等的广泛应用,使得我们都需要信号与系统理论。

信号与系统结合了抽象的数学和学科上的具体工程应用,它的学习和讲授都比较复杂,因此需要设计一门信号与系统课程,以便培养学生对于工程应用的兴趣,同时也能使学生们欣赏到数学概念和数学工具的重要性。编写本教材的目的是为学生们学习信号与系统理论提供帮助,同时也通过作者本人在讲授此课程的过程中所发现的有效方法来促进老师们的教学。为了强化学习体验,本书考虑采用MATLAB,它是工程实践中必不可少的工具。MATLAB 不仅有助于解释理论性的结果,还能让同学们意识到计算上的问题,而这些正是工程师们在实现理论设计时所要面对的问题。

层次

尽管本书的内容是面向学习电子与计算机工程专业的初级信号与系统课程的学生,但是学习机械工程和生物工程的学生在学习类似课程的时候也可以参考它,甚至应用数学专业的学生也可能会对它感兴趣。此外,这本教材的"学生友好"特性也使得它对于想通过自学或者温习信号与系统基本原理的实习工程师来说非常有用。本书在内容安排上,不仅通过一般的例题和应用 MATLAB 的例子使学生深刻理解理论,了解实际应用方面的情况,而且通过做分析和计算题使学生对教材的内容产生信任并熟练掌握。

本书内容的组织是假设学生已经学习过线性电路理论、微分方程和线性代数等课程,并且在学习本课程之后还将学习控制、通信或数字信号处理等课程。本书旨在培养学生对实际应用的兴趣,并使他们更加熟练地应用数学工具。

方法

本书按照以下方式编写:

(1) 全书内容分为三个部分:绪论、连续时间信号与系统的理论与应用,以及离散时间信号与系统的理论与应用。

第一部分内容旨在帮助学生理解连续时间信号与系统和离散时间信号与系统之间的关系、无限小运算和有限运算,以及为什么在信号与系统的学习中要用到复数和复变函数。这一部分还介绍了MATLAB,它是数值计算和符号计算的工具。对于其他章节的综述也多多少少地散见于绪论之中,还有一些能够激发学生兴趣的实际应用在绪论部分也有介绍。值得注意的是,绪论这一章被命名为第0章,因为我们想把它作为底层,在此基础上搭建由其他章节所构成的大厦。

由于将连续时间信号与系统和离散时间信号与系统合在一起介绍,学生容易搞混,故在本书中它们是分开介绍的。在第二和第三部分,本书努力让学生明白的不仅是用于信号与系统分析中的各种变换之间的联系和它们各自的本质,还有就是一些变换应该被看作是另一些变换的改进,它们并不是没有关联性的一个个独立的方法。

(2) 本书付出了极大的努力尽可能地使教材符合"学生友好"特性。为了确保学生不会遗漏某些章节中的重要问题,经过周密考虑之后本书添加了一些备注,目的是使学生避免出现常见误解,这些误解都是我们在过去的教学中发现学生们所犯的错误。本教材运用了大量难度不同的分析实例来阐述问题,而且每一章都安排了一些应用MATLAB的实例,用来解释说明出现在教材中或者一些特殊问题中学生们应该知道的课题,学生们也可以通过给出的MATLAB代码学习MATLAB。为了帮助学生理解数学推导,在必要的时候本书提供了一些额外的推导步骤,并且任何有助于学生理解的步骤都没有遗漏。为了让学生抓住要点,对于重要问题的总结本书采用了方框,为了让学生记住专业术语,本书对概念和术语用粗体加以强调。

(3) 毫无疑问,学习信号与系统的知识不仅需要分析能力,更需要计算能力,因此在教材中提供复杂程度不同的问题是很重要的,这样不仅可以锻炼学生解决基本问题的能力,而且可以使学生熟练运用这门课程的知识来解决复杂的数学问题。相较于第1版教材,第2版教材在每一章之后的题目数量有明显增加,同时分析题和计算题也进行了区分。基础题旨在让学生精通概念性的问题,而MATLAB实践题旨在通过实际应用加深学生对概念的理解。为了鼓励学生自己解决问题,我们还在每一章的后面提供了大多数题目的部分或全部答案。

(4) 本书另外的两个特点应该对学生很有益处:一是它引用了一些经典语录,还采用了脚注,这些语录和脚注展示了一些有意思的理念、评论或者历史注解;另一个是采用了边导航,目的是告诉学生一些他们本应该知道的历史事实。很显然信号与系统理论与数学有关系,许多数学家都为此做出了贡献,其实也有许多工程师同样对信号与系统的发展和应用做出了杰出贡献,他们都应当为此而得到认可,我们也应该从他们的经历中有所收获。

(5) 最后,本书的一些其他特征是:

① 本书包含索引部分,目的是让学生能通过它找到定义、符号和本书中用到的MATLAB函数;

② 本书还包含参考文献列表。

内容

本书第二部分和第三部分的内容是全书的核心。第二部分介绍连续时间信号和系统的基本知识,并通过例子讲解了它们的应用,第三部分用类似的方式对离散时间信号和系统做了介绍。

由于信号与系统的概念对学生而言比较陌生,因此第1章和第2章对信号与系统的相关课题进行了广泛而全面的描述。第1章介绍连续时间信号的基本特点和处理方法,并提供了利用基本信号表示一般信号的表达式。第2章介绍系统的概念,特别是连续时间系统,还介绍了系统的线性、时不变性、因果性和稳定性。利用线性和时不变性,用卷积积分可以计算连续时间系统的输出,在第2章中我们对此进行了阐述并举例说明如何计算卷积积分。

第3章介绍拉普拉斯变换的基本知识及其在连续时间信号与系统分析中的应用。本章引入了极点、零点、阻尼和频率的概念,以及它们与时间函数信号的联系。本章的重点是表示线性时不变(LTI)

系统的常微分方程的求解方法,特别是方程的暂态解和稳态解的求解,这是由于暂态解在控制中非常重要,稳态解在滤波和通信中非常重要。本章对比了卷积积分的时域计算方法和拉普拉斯变换计算方法,强调了变换的运算能力。本章还对 LTI 系统的转移函数这个重要概念以及其极点、零点的重要意义进行了详细研究,也研究了拉普拉斯逆变换的多种不同计算方法。

　　第 4 章和第 5 章介绍了连续时间信号和系统的傅里叶分析。第 4 章中周期信号的傅里叶级数分析扩展到非周期信号的傅里叶分析就是第 5 章介绍的傅里叶变换,傅里叶变换在表示周期信号和非周期信号以及系统的频率响应方面都很有用。要特别注意这些方法与拉普拉斯变换之间的关系,明白了它们之间的联系,只要有可能就利用已知的拉普拉斯变换来计算傅里叶级数系数和傅里叶变换,这样可以避免积分运算,不过要用到收敛域的概念。这两章还强调了频率、系统响应(与转移函数的极/零点位置有关)和稳态响应的概念。

　　拉普拉斯变换和傅里叶变换(离散信号的 Z 变换和傅里叶表示也类似)的出现顺序对于课程内容的学习和讲授有重要意义。本书采用先介绍拉普拉斯变换,然后再介绍傅里叶级数和傅里叶变换的顺序,这种方式是合理的,其原因如下:一,进入信号与系统课程学习的学生通常已经熟悉了拉普拉斯变换,因为他们在之前学过的电路或者微积分课程中接触过拉普拉斯变换,并且还将在控制类课程中继续使用拉普拉斯变换,所以说这方面的专业知识很重要,已学过的内容将会被一直使用;二,在应用傅里叶级数和傅里叶变换时,学生们遇到的一个普遍困难与积分运算有关,因此若能利用拉普拉斯变换,则不仅可以绕过积分运算,还可以提供一个对于频率表示的更全面理解。通过让学生认真思考双边拉普拉斯变换及其收敛域的意义,他们会更好地领会到在很多情况下傅里叶表示仅仅是拉普拉斯表示的一种特殊情况。更为重要的是,这些变换可以被看作是一个连续统一体,而不是一个个孤立的方法,这样做也使得系统的拉普拉斯表示具有理论意义,首当其冲就是证明傅里叶表示中存在稳态解的合法性——除非系统的稳定性得到保证,否则稳态解不存在,而且系统的稳定性也只能利用拉普拉斯变换来检验。一个有趣的典型例子是暂态响应和稳态响应之间的关系,二者的关系是理解傅里叶分析和拉普拉斯分析之间的关系,以及它们在控制、通信和滤波领域的应用之前就必须先理解的。

　　第 6 章和第 7 章介绍拉普拉斯变换在控制中的应用,傅里叶变换在通信、滤波中的应用,这两章的目的在于激发学生对这些领域的兴趣。第 6 章阐述了转移函数、系统响应和经典控制理论中稳定性等概念的意义。与第 1 版相比,本书增加了一节关于系统状态变量表示——这在现代控制理论中是热门课题——以及它与拉普拉斯变换关系的内容。第 7 章阐述了傅里叶分析在通信和模拟滤波中的应用。这两章的分析例子和 MATLAB 实例说明了两个变换在控制、通信和滤波器设计领域的不同应用。

　　抽样理论是联系连续时间信号和系统与离散时间信号和系统的桥梁,本书的第三部分介绍该理论并阐述离散时间信号和系统的应用。第 8 章陈述了抽样理论:信号在抽样过程中不丢失信息的条件、从抽样信号中恢复出模拟信号,以及抽样理论在数字通信中的应用。

　　第 9 章讨论离散时间信号与系统,第 10 章介绍 Z 变换。尽管第 9 章中离散时间信号与系统的介绍方式与连续时间信号与系统的介绍方式相同,但本章重点放在了说明两个域之间差异的问题上,例如,时间的离散本质、离散频率的周期性和离散正弦可能不具有周期性,等等,这些问题都在这一章加以研究。第 10 章介绍 Z 变换的基本理论及其与拉普拉斯变换的联系。本章内容与介绍拉普拉斯变换那一章相似,包括差分方程的运算解、转移函数、极点和零点的意义。为了与第 6 章连续时间系统的状态变量表示相呼应,我们在这一章介绍了离散时间系统的状态变量表示。

　　第 11 章介绍离散信号与系统的傅里叶分析。考虑到学生在连续时间信号与系统的分析中已经积累了一些经验,我们在 Z 变换的基础上建立起离散时间傅里叶变换(DTFT),并且研究了一些不能使用 Z 变换的特殊情况。离散傅里叶变换(DFT)是由离散时间信号的傅里叶级数并对频率进行抽样而得到的,DFT在数字信号处理中具有重要意义。这一章举例说明了如何利用快速傅里叶变换(FFT)计算周期离散时间信号和非周期离散时间信号的DFT以及如何用离散时间系统处理它们。FFT是DFT的一个高效计算算法,本章讨论了该算法的一些基础。

第12章介绍离散滤波,即把第7章中的模拟滤波进行了扩展。本章首先说明了如何利用模拟滤波器理论来设计递归的离散低通滤波器,之后给出频率变换方法,说明如何从低通原型滤波器获得不同类型的滤波器,接下来又考虑了用窗函数法设计有限冲激响应滤波器,最后给出了应用基本技术实现递归和非递归滤波器的方法。我们希望通过使用MATLAB设计递归和非递归离散滤波器,能够启发同学们继续进行更加复杂的滤波器的设计。

使用本书教学

本教材的内容是为连续两个学期讲授"信号与系统"所使用:第一学期课程介绍连续时间信号与系统,接着第二学期课程介绍离散时间信号与系统以及使用MATLAB的实验环节。这两门课程应该覆盖本教材的绝大部分章节,至于各章所讲的深度则取决于授课教师在这门课程上所想要强调的重点。正如我们指出的那样,第0章对于教材中的其余章节而言是必要的引子,但是并不需要非常详细地介绍这一章,学生们可以根据自身的需要进行参考。如果在应用方面的重点是滤波器设计,那么需要把第7章和第12章放在一起考虑。如果省略第1章～第5章和第7章～第9章中相对不重要的内容,那么可以在一个学期的课程内把本书讲完。

致同学们

作为本书的主要读者之一,你需要了解本书的特点,这样在学习本书内容时你就可以利用这些特点。尤其是:

(1)根据需要尽量多参考第0章和附录中的内容,回顾或学习数学背景知识;设想全书内容的整体架构;回顾或学习MATLAB在信号处理中的应用。

(2)你会感觉到本书内容的难度是逐步增加的,你要不断地学习,逐渐学会将书中的内容与你感兴趣的应用领域联系起来,从而激发你的学习兴趣。

(3)为了帮助学习本书的内容,每一节我们都用一个方框将清晰、简洁的结论框起来,这样突出了重点。这些结论的证明都位于方框之前或之后,需要额外说明的问题均用备注加以补充,并使用了大量的分析和计算示例进行说明。另外,书中的重要术语都用粗体加以突出并被索引,以便于查寻。还有特殊符号和相关MATLAB函数的名字在索引中也能找到。最后,性质和公式都总结在表格里了。

(4)每一章后面的绝大部分题目都给出了全部或者部分答案,目的是鼓励你依靠自己的力量解决这些问题,其中的一些题目还在笔者的考试中曾经用过。需要使用MATLAB的题目均有标题,标题指明这些问题如何与具体的课题关联。

(5)本教材的目的之一是帮助读者自学MATLAB在信号与系统中的应用:通过在第0章介绍MATLAB软件,在之后的每一章都给出有代码的例子而达到。读者将会注意到,前两部分中的代码比后一部分中的代码更为完整,因为我们假设经过前面的学习,读者在运用MATLAB方面会变得熟练,因而能够很容易地补充被省略的代码。

(6)最后笔者想要提醒读者注意书中的脚注、小花絮和历史栏,它们为你提供了信号与系统理论及其实践发展的背景。

路易斯·F.查普诺(Luis F. Chaparro)

(美)匹兹堡大学,电气与计算机工程系

致 谢
ACKNOWLEDGEMENTS

笔者要衷心感谢促成此书的许多人的支持和努力。首先是笔者的家庭成员——妻子凯西(Cathy)、孩子威廉(William)、卡米拉(Camila)和胡安(Juan)以及他们的配偶珍(Jen)、保罗(Paul)和曼迪(Mandy),还有笔者的孙辈伊莎贝尔(Isabel)、塞巴斯蒂安(Sebastian)和皮特(Peter)。尽管笔者平时对他们有所忽视,但仍然要感谢他们的支持和鼓励。另外要感谢导师 Eliahu I. Jury 教授,感谢他的教导以及对笔者热爱学术职业生涯和信号与系统理论与实践的谆谆教诲。还要真诚地感谢笔者所在院系的两位研究生 Azime Can 和 Osama Alkishriwo,感谢他们帮助检查 MATLAB 代码,对于他们在生成解决方案手册中所付出的努力表示感激。同样要感谢的是出版商和本书的编辑们,特别是 Joe Hayton、Steve Merken、Jeffrey Freeland 和 Nicky Carter,感谢他们的耐心、建议以及在教材出版问题上所提供的帮助。笔者同样还要感谢提供了非常有用的评论的东北大学教授 Vinay Ingle 和许多对第 1 版教材提供了反馈信息的教师和学生们。

最后,笔者要感谢的是这么多年来在匹兹堡大学电气与计算机工程系讲授信号与系统课程时所拥有的学生们,正是由于他们,笔者才感到有必要写一本书,对于今后无论是校内还是校外的学生而言,这本书将会使信号与系统的教学更加容易和有趣。

目录
CONTENTS

第一部分

PART 1

绪　论

第 0 章　万丈高楼平地起

第0章
CHAPTER 0

万丈高楼平地起

从理论上说,理论与实践没有区别,但实际上是有的。

劳伦斯·"尤吉"·贝拉(Lawrence "Yogi" Berra)(1925 年),

纽约扬基队(Yankees)棒球选手

0.1 引言

在我们身处的现代社会中,各种各样的信号是来源于不同类型的仪器设备的——收音机、电视机、手机、全球定位系统(global positioning systems,GPS)、雷达和声呐等。这些系统让我们可以交流信息,控制过程并检测或测量信号。在过去的 65 年里,随着晶体管、数字计算机和数字信号处理基本理论的出现,用数字形式来表示和处理在许多应用中是模拟形式的数据已经成为潮流。这种趋势使得学习如何同时使用模拟形式和数字形式表示信号,以及如何对可以处理不同类型信号的系统进行建模和设计变得十分重要。

1948 年被认为是非常重要的一年,使通信、控制和生物医学工程领域取得惊人进步的技术和理论均是在这一年诞生的。在 1948 年 6 月,贝尔电话实验室宣布发明了晶体管,然后在该月末,英国的曼彻斯特大学建造了一台计算机样机,该样机是第一台可运行存储程序的计算机;同年还有一些重要的理论成果发表:克劳德·香农(Claude Shannon)的《通信的数学理论》、理查德·W. 汉明(Richard W. Hamming)的《纠错编码理论》和诺伯特·维纳(Norbert Wiener)的对比生物系统和通信及控制系统的《控制论》。

数字信号处理技术的发展一直与电子和计算机的进步同步。1965 年,英特尔(Intel)公司的创始人之一高登·摩尔(Gordon Moore)就预言,芯片上集成的晶体管数量大约每隔两年会翻一番。而英特尔(Intel),这个世界上最大的芯片制造商,在过去的四十年间确实保持了这样的一个发展速度! 正是在数字电子技术和计算机工程领域里的这些成果才使数字技术得以迅猛发展。今天,手机、高清电视(high definition television,HDTV)接收机、数字无线电以及雷达和声呐系统,这些只是其中几例,均已采用数字的硬件和软件来处理信号。数字信号处理器(digital signal processors,DSP)以及近年来现场可编程门阵列(field-programmable gate arrays,FPGAs)的应用,已经在工业、医学和军事领域取代了专用集成电路(application-specific integrated circuits,ASIC)。[①]

---

① 数字信号处理器(DSP)是实时信号处理应用中的优化微处理器。它一般被嵌入到更大些的系统中(例如台式计算机),执行一些通用的任务。一个典型的 DSP 系统由处理器、存储器和模/数(A/D)及数/模(D/A)转换器组成。

现场可编程门阵列(FPGA)是一个半导体器件,它包括可编程互连开关和可编程逻辑块,对逻辑块和互连开关进行编程可实现特定的逻辑函数。虽然 FPGA 比相应的专用集成电路(ASIC)速度慢一些,功耗大一些,但它具有设计周期短和可编程等优点。

很明显,我们已经处于数字技术的时代,大量的数字信号处理算法以及在成千上万的实际应用中随处可见的 DSP 和 FPGA 都在提醒我们,数字信号处理理论不仅对于工程师来说是必须掌握的,对于任何一个需要处理数字数据的人来说都是十分重要的。实际上,在不久的将来每一个人都会是"需要处理数字数据的人"! 本书所介绍的信号与系统有关理论,是踏上理解数字信号处理道路的必要的第一步。

0.2　信号处理应用实例

由于数字技术在信号处理中所显现出来的有效性,人们很容易以为没有必要再去考虑它与模拟技术之间的联系了,但以下三个有趣的应用恰恰从反面说明了这个认识是错误的,这些应用分别是光盘(compact-disk,CD)播放器、软件无线电和认知无线电以及计算机控制系统。

0.2.1　光盘(CD)播放器

光盘最早是德国人于 1982 年生产制造出来的,由被称为模拟信号的原声信号引起了记录电压的变化,其原理与声波引起空气压力差具有相似性。音频 CD 和 CD 播放器是把难以理解的二进制信号转换为易于理解的模拟信号的最佳例子,而且 CD 播放器还是一个非常有趣的控制系统。

为了将模拟的音频信号,例如语音或音乐,存储到光盘(CD)里,必须首先对该信号进行抽样,然后经过一个模/数(analog-to-digital,A/D)转换器,将该信号转换成为一个二进制数字序列,即数字信号,再对其进行特殊的编码以实现信息的压缩,同时避免播放时出错。在生产 CD 盘片时,量化和编码过程之后产生的数字 1 和 0 是通过光盘上的细小坑点以及坑点与坑点之间的平面来进行存储的,它们被灼刻在光盘的表面。当人们播放 CD 时,CD 播放器会检测到这些坑点和平面,并将它们转换回与原始信号相似的模拟信号。这个变换成模拟信号的过程利用了数/模(digital-to-analog,D/A)转换器。

我们将在第 8 章中看到,一个音频信号以每秒 44 000 个样本点的抽样率被抽样(因为典型的音频信号的最大频率是 22kHz),且每个样本点都用一定数量的比特(位)来表示(典型值是每样本点 8 比特),若是立体声还需要录制两个声道,所以总的来说用于表示信号的比特数是非常多的,必须要进行压缩和编码。最后的结果数据是以坑点和平面的形式刻在 CD 盘片的表面上,而且是被刻在盘上的一个由里向外的螺旋形轨迹里。

除了能完成二值到模拟的转换,CD 播放器还是一个非常有趣的控制系统(见图 0.1)。实际上,这个播放器必须能够：

① 根据读取 CD 数据时所处轨迹的位置,以不同的速度旋转光盘；

② 聚集激光束并经过光学透镜系统读取盘上的坑点和平面；

③ 随着正被读取的轨迹而移动激光束。为了理解这些过程中所要求的精度,我们考虑以下数据：轨迹的宽度,典型值是小于 $1\mu m(10^{-6}$ m 或 3.937×10^{-5} in),坑点距离平面

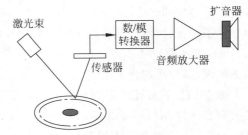

图 0.1　CD 播放器的控制系统

当播放 CD 时,CD 播放器将激光束聚焦在光盘的轨迹上,随着光盘的旋转,定向光束(激光束)在光盘的表面上跟随着轨迹迅速移动。激光器发出的光被光盘表面的小坑点和平面所反射,这些坑点和平面是由对音频信号进行数字化以及编码后的结果决定的。传感器检测到反射回来的光并将它变成数字信号,该数字信号经过数/模转换器(DAC)之后变换成模拟信号,模拟信号再经过放大并馈入扩音器,从扩音器发出的声音听起来就像是最初录制的声音信号。

的高度约为 $1\mathrm{nm}(10^{-9}\mathrm{m}$ 或 $3.937\times10^{-8}\mathrm{in})$。

0.2.2　软件无线电和认知无线电

软件无线电和认知无线电是出现在无线通信领域中的重要技术。在软件无线电(software-defined radio,SDR)里,某些一般采用硬件实现的无线电功能是通过软件来实现的。通过在 SDR 中引入智能处理,认知无线电(cognitive radio,CR)能够更有效地利用无线电频谱资源,为用户提供新业务。美国的联邦通信委员会(Federal Communication Commission,FCC)和世界上其他地方的同类性质的机构给不同的用户分配了不同的无线电频段(商业无线电和电视频段、业余无线电频段和警用频段,等等),目前的状况是大多数频段均已被分配完,这意味着对于新的用户来说可分配的频段资源很少,但实际上人们又发现对于某些已分配的频段来说,在一天的某些时间段内,频谱资源并没有被充分地利用起来,认知无线电正是利用了这一特点。

传统的无线电系统主要由硬件构成,因此不方便被重新配置。在 SDR 中,一个无线通信系统的基本前提是它具有可以通过修改软件而进行重新配置的能力,修改软件是为了实现某些功能,而这些功能在传统无线电系统中一般是由硬件来完成的。在 SDR 发射机中,不同类型的调制过程都是用软件来实现的,A/D 和 D/A 转换器是用来将一种形式的信号变换成为另一种形式的信号,天线、音频放大器和常规的无线电硬件部分则用来处理模拟信号。通常 SDR 接收机用一个 A/D 转换器将从天线接收到的模拟信号转换为数字信号,然后在一个通用处理器上用软件对数字信号进行处理,见图 0.2。

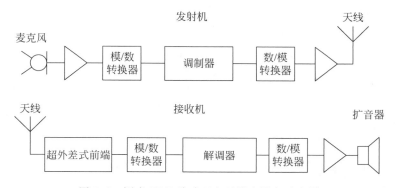

图 0.2　语音 SDR 移动双向无线电设备示意图

发射机:语音信号通过麦克风输入,音频放大器放大,通过模/数转换器(ADC)转换成数字信号之后,再通过软件对其进行调制,然后数/模转换器(DAC)将信号转换成模拟信号,再放大,最后经由天线将射频信号发射出去。接收机:首先用超外差式前端来处理天线接收到的信号,然后 ADC 将其转换为数字信号,解调,再通过 DAC 转换为模拟信号,放大,最后馈入扩音器。调制器和解调器方框表示软件处理。

若需要更有效地利用频谱资源,可采用认知无线电技术。认知无线电是一种动态管理无线电频谱的软件无线电技术。认知无线电系统会监视本地无线电频谱,先判断出哪些频段已被授权但又未被授权者占用,然后会在这些频段内传输信号。一旦授权用户重新开始利用此频段传输信号,CR 就会转移到另一个频段上去,或者虽仍保持在该频段上,但会降低发射功率水平或改变调制方式,以避免对授权用户造成干扰。不仅如此,CR 还可以在网络中搜寻各种服务并提供给它的用户。因此,SDR 和 CR 一定会改变人们的通信以及利用网络服务的方式。

0.2.3　计算机控制系统

　　计算机控制的应用范围很广，从简单的系统，例如一个加热器(保持一个房间温度舒适的同时又能减少能量的消耗)或者汽车(控制它们的速度)，到相当复杂的机械系统，例如飞机(提供飞机的自动飞行控制)，甚至大型系统内的化学反应过程，例如炼油。计算机控制的一个显著优点是灵活性——软件能够实现相当复杂的控制方案，这些控制方案可为不同的控制模式所采用。

　　通常控制系统都是反馈系统，其动态响应会根据所期望的表现而被修正。如图 0.3 所示，图中的装置是一个系统，它可以是一个加热器、一辆汽车、一架飞机或某个化学反应过程，此系统需要某种控制行为以使其输出(可能系统有多个输出)遵循一个参考信号(或多个参考信号)。例如，可以认为汽车上的定速巡航控制系统是通过控制油门踏板装置来保持汽车的速度并使之恒定在某个值。即使在该装置中出现了干扰(例如器件的模型出错)，或者传感器中出现了干扰(例如测量误差)，控制行为也会试图使系统的输出达到所期望的响应输出。通过对比参考信号与感应器的输出信号，利用计算机实现的控制规则产生一个控制动作来改变装置的状态，获得理想的输出。

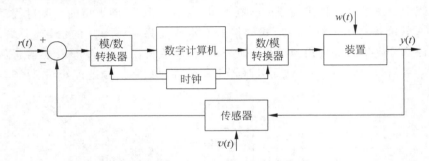

图 0.3　一个用于模拟装置的计算机控制系统(例如汽车的定速巡航控制系统)

参考信号用 $r(t)$ 表示(例如，$r(t)$ 代表期望的速度)，输出信号用 $y(t)$ 表示(例如，$y(t)$ 是汽车的实际速度)。模拟信号被模/数转换器(ADC)转换成数字信号，而计算机输出的数字信号被数/模转换器(DAC)转换成模拟信号(很可能需要一个激励器去控制汽车)。信号 $v(t)$ 和 $w(t)$ 是装置或传感器中的干扰信号或噪声信号(例如，传感器中的电子噪声和汽车的不良振动)。

　　要在控制应用中利用计算机，必须将模拟信号变换成数字信号，这样信号才能被输入计算机，而且计算机的输出也必须被变换成模拟信号去驱动激励器(例如电动机)，使激励器发出一个能改变装置状态的动作。以上这些信号的变换可以通过 A/D 和 D/A 转换器完成。传感器应该作为一个变换器，无论何时，只要装置的输出信号与参考信号不是同一类型，传感器都应该进行信号的转换。例如，如果装置输出的是一个温度信号，而参考信号是一个电压信号，那么就需要进行信号转换。

0.3　连续和离散

　　无限小运算，或简单地称作微积分，是处理具有一个或多个连续变化变量的函数的运算。基于这些函数的表示发展出了导数和积分的概念，分别用来测量函数的变化率，以及函数图形下方的面积或体积。还引入常微分方程来表征动态系统。

　　与之相反，有限运算是处理序列的运算，故而求导和积分被差分和求和所取代，而常微分方程则被差分方程取代。通过将数字计算机和数值计算方法结合起来，有限运算使微积分的计算成为可能，因此有限运算成为更加"具体的数学"①。将数值计算方法应用于序列使我们能够近似求导数、积分以及微分方程的解。

与科学的许多领域一样,在工程领域,例如在电气、机械、化学和生物等过程中,被测的输入和输出信号往往是时间的函数,其幅值往往是电压、电流、扭矩和压力等物理量,这些函数被称为连续时间信号。如果要用计算机去处理这些信号,它们就必须转换为二进制序列,或者说计算机能理解的由 1 和 0 构成的串,在转换过程中,原始信号的信息应尽可能多地保留下来。信号一旦被转换成二进制形式,就可用计算机或专用硬件模块里的算法(指计算机能理解的代码程序,它可以从信号中获得某些想要的信息,或用于改变信号)来处理它们了。

在数字计算机里,微分运算和积分运算都只能近似完成,求解常微分方程需要一个离散化的过程,这些在本章后面会有解释说明。并非所有信号都是连续参数的函数,确实存在本质上就是离散的信号,它们能以序列的形式表示,能被转换成二进制形式并被计算机处理。对于这些信号,有限运算就是表示以及处理它们的再自然不过的方式了。

连续时间信号转换成二值序列是通过一个模/数转换器(ADC),我们将会看到,将连续时间信号变成离散时间信号或者说样本序列,并用 1 和 0 组成的串来表示每个样本从而产生一个二进制信号,在此过程中 ADC 压缩了数据量,并且使信号的时间和幅度都变为离散的。同理,数字信号也可以通过一个数/模转换器(DAC)变换成为连续时间信号,该过程与 ADC 的工作过程是相反的。这些转换器都是商用的,使用起来很方便,但有一点很重要,即应该明白这些转换器怎样工作才能以最小的信息损失获得连续时间信号的数字表示。第 1 章、第 8 章和第 9 章将提供连续时间信号和离散时间信号的必要信息,并说明如何将一种信号转换成另一种信号,以及如何转换回来。第 8 章中的抽样理论是数字信号处理的支柱。

0.3.1 连续表示和离散表示

连续时间信号与离散时间信号之间以及二者的处理方式都有很大差别。一个离散时间信号是一个测量值序列,且测量的间隔时间通常是均匀的,而一个连续时间信号则连续不间断地依赖于时间。因此,一个离散时间信号 $x[n]$ 和相应的连续时间信号 $x(t)$ 可通过以下的抽样过程联系起来:

$$x[n] = x(nT_s) = x(t)\Big|_{t=nT_s} \tag{0.1}$$

即信号 $x[n]$ 是通过对 $x(t)$ 在时刻 $t=nT_s$ 抽样而获得的,这里 n 是一个整数,T_s 是**抽样时间间隔**或**样本间隔时间**。抽样过程产生如下序列:

$$\{\cdots x(-T_s) \quad x(0) \quad x(T_s) \quad x(2T_s)\cdots\}$$

以上是按照抽样时刻来表示的序列,也可等价地表示为

$$\{\cdots x[-1] \quad x[0] \quad x[1] \quad x[2]\cdots\}$$

即按照样本的排列顺序(以 0 时刻为参考点)来表示。这个过程被称为连续时间信号的**抽样**或**离散化**。

很明显,通过选择一个很小的 T_s 值,可以使连续时间信号和离散时间信号看起来非常相像(几乎无

---

① "具体的数学"不同于抽象的数学,该说法是《具体的数学——计算机科学的基础》一书的作者格拉汉姆、克努特和帕塔什尼克(Graham、Knuth 和 Patashnik)创造的。唐纳德·克努特(Donald Knuth)是斯坦福大学的教授,他是计算机排版系统 Tex 和 Metafont 的发明者。本书原始手稿的排版用的是 Latex 系统,它是 Tex 的衍生软件。

法分辨)，这确实不错，但是需要以牺牲存储空间为代价，因为样本的数量很庞大；如果使 T_s 的值非常大，虽然可降低对存储空间的要求，但是却要冒着丢失原始信号所含信息的风险。例如，考虑一个由信号发生器产生的正弦信号

$$x(t) = 2\cos(2\pi t), \quad 0 \leqslant t \leqslant 10\text{s}$$

如果对它每隔 $T_{s1} = 0.1\text{s}$ 抽取一个样本，这个模拟信号就变成以下序列：

$$x_1[n] = x(t)\big|_{t=0.1n} = 2\cos(2\pi n/10), \quad 0 \leqslant n \leqslant 100$$

这是一个对于原始信号来说非常好的逼近。另一方面，若令 $T_{s2} = 1\text{s}$，则获得的离散时间信号为

$$x_2[n] = x(t)\big|_{t=n} = 2\cos(2\pi n) = 2, \quad 0 \leqslant n \leqslant 10$$

见图 0.4。虽然以 T_{s2} 为抽样时间间隔极大地减少了样本数量，但是用它来表示原始信号，效果非常差（看上去就像在对一恒定的信号进行抽样），丢失的信息量实在太大。这个例子说明有必要研究一种选择 T_s 值的方法，这种方法不仅可以使抽样产生的样本数量合理，更重要的是能保证连续时间信号所包含的信息，在离散时间信号中同样地保留着。

如前所述，不是所有信号都是模拟的，有一些信号本身就是离散的。图 0.5 显示了一个虚构公司 ACME 的股价的周平均值，若把它看成一个信号，那它本身就是一个离散时间信号，因为它不是由对连续时间信号离散化而得到的。

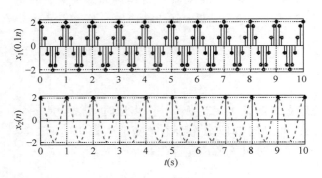

图 0.4　信号抽样

对正弦信号 $x(t) = 2\cos(2\pi t)$，$0 \leqslant t \leqslant 10\text{s}$ 以两个不同的抽样时间间隔进行抽样，$T_{s1} = 0.1\text{s}$（上图）和 $T_{s2} = 1\text{s}$（下图），得到 $x_1(0.1n) = x_1[n]$ 及 $x_2(n) = x_2[n]$，正弦信号用虚线表示。注意，当 $T_{s1} = 0.1\text{s}$ 时离散时间信号和模拟信号很相似，而当 $T_{s2} = 1\text{s}$ 时两者非常不同，这意味着信息的损失。

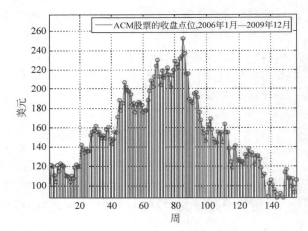

图 0.5　ACM 股票在 2006—2009 年间
160 周的收盘点位

这里，ACM 是 ACME 有限公司的股票交易名称。ACME 有限公司是假想出来的，它生产任何你能够想象出来的东西。

　　本小节说明了在把连续时间信号无信息损失地转换为离散时间信号的过程中，抽样时间间隔 T_s 的重要性。合理选择抽样时间间隔需要信号频率成分的知识，时间和频率之间反比关系的结果将在第 4 章和第 5 章中讨论，在这两章里也会给出周期信号和非周期信号的傅里叶表示。第 8 章考虑抽样的问题，将利用时间和频率的关系确定抽样时间间隔的合理取值。

0.3.2 导数和有限差分

微分在有限运算中是一种被近似的运算。**微分算子**

$$D[x(t)] = \frac{\mathrm{d}x(t)}{\mathrm{d}t} = \lim_{h \to 0} \frac{x(t+h) - x(t)}{h} \tag{0.2}$$

测量信号 $x(t)$ 的变化速率。在有限运算中,**前向有限差分算子**

$$\Delta[x(nT_s)] = x((n+1)T_s) - x(nT_s) \tag{0.3}$$

测量信号从一个样本到下一个样本之间的变化量。若令 $x[n] = x(nT_s)$,对于一个已知的 T_s,前向有限差分算子就变成 n 的函数

$$\Delta[x[n]] = x[n+1] - x[n] \tag{0.4}$$

前向有限差分算子测量两个连续样本的差值:一个样本 $x((n+1)T_s)$ 出现在将来时间,另一个 $x(nT_s)$ 出现在当前时间(关于**后向有限差分算子**的定义,可参见本章末尾的练习题)。符号 D 和 Δ 被称为"算子"是因为将它们作用于函数可产生其他的函数。显然微分算子与有限差分算子不同,在极限情况下有

$$\left.\frac{\mathrm{d}x(t)}{\mathrm{d}t}\right|_{t=nT_s} = \lim_{T_s \to 0} \frac{\Delta x[(nT_s)]}{T_s} \tag{0.5}$$

可见,有限差分运算可以近似为导数乘以 T_s,至于是粗略的近似还是精确的近似则有赖于信号和 T_s 值的选取。

凭直觉可知,若信号相对于时间的变化不是太快,即使 T_s 的值取得较大,有限差分也能够较好地近似导数;但若信号变化得非常快,则需要很小的 T_s 值才能得到很好的近似,运用信号频率的概念可以帮助理解这一点。我们将会认识到一个信号的频率成分是由信号随时间变化的快慢程度决定的,因此一个常数信号只包含零频率,而一个变化迅速的噪声信号包含许多高频率。下面考虑常数信号 $x_0(t) = 2$,它的导数为 0(即这种信号根本不随时间改变,亦即,它是一个零频率信号)。如果将这个信号变换成离散时间信号,取抽样时间间隔 $T_s = 1$(或其他任意正值),可得 $x_0[n] = 2$,于是其有限前向差分为

$$\Delta[x_0[n]] = 2 - 2 = 0$$

与导数一致。再考虑一个比 $x_0(t)$ 变化快一些的信号,例如 $x_1(t) = t^2$,若以 $T_s = 1$ 对 $x_1(t)$ 进行抽样,可得到 $x_1[n] = n^2$,并且可求得它的有限前向差分为

$$\Delta[x_1[n]] = \Delta[n^2] = (n+1)^2 - n^2 = 2n + 1$$

于是对导数的近似就是 $\Delta[x_1[n]]/T_s = 2n + 1$。$x_1(t)$ 的导数为 $2t$,其值在零处为 0,在 1 处为 2;而 $\Delta[n^2]/T_s$ 在 $n=0$ 和 $n=1$ 处的值分别为 1 和 3,不同于导数的值。再来假设选择 $T_s = 0.01$,则 $x_1[n] = x_1(nT_s) = (0.01n)^2 = 0.0001n^2$,如果计算这个信号的差分,可得

$$\Delta[x_1(0.01n)] = \Delta[(0.01n)^2] = (0.01n + 0.01)^2 - 0.0001n^2 = 10^{-4}(2n + 1)$$

由此获得对导数的近似是 $\Delta[x_1(0.01n)]/T_s = 10^{-2}(2n+1)$,其值在 $n=0$ 时为 0.01,$n=1$ 时为 0.03,这比取 $T_s = 1$ 的情况更接近于实际值:

$$\left.\frac{\mathrm{d}x_1(t)}{\mathrm{d}t}\right|_{t=0.01n} = 2t\Big|_{t=0.01n} = 0.02n$$

现在,不论 n 取何值,误差都只有 0.01,而在 $T_s = 1$ 的情况下,误差总是为 1。这个例子说明,若信号的变化速率加快,则可以通过选取更小的 T_s 值而使差分更接近于导数。

> 为了得到信号与其导数的一个更好的近似，那么信号变化越快，抽样时间间隔 T_s 就应该越小，现在这一点变得清晰了。在第 4 章和第 5 章将学习到，一个信号的频率成分取决于信号随时间的变化情况。一个恒定的信号只包含零频率，而一个随时间变化很快的信号则包含许多高频率。显然，信号中的频率越高，要无损地表示该信号所需的样本数量就越多，从而要求 T_s 值就越小。

0.3.3 积分和求和

积分运算与微分运算正好相反，为了说明这一点，假设 $I(t)$ 是连续信号 $x(t)$ 从某个时刻 t_0 至 $t(t_0 < t)$ 的积分

$$I(t) = \int_{t_0}^{t} x(\tau) d\tau \tag{0.6}$$

或者说 $x(t)$ 在 $t_0 \sim t$ 下方的面积，注意由于积分的上限是 t，所以被积函数依赖于一个哑元变量[①]。$I(t)$ 的导函数为

$$\frac{dI(t)}{dt} = \lim_{h \to 0} \frac{I(t) - I(t-h)}{h} = \lim_{h \to 0} \frac{1}{h} \int_{t-h}^{t} x(\tau) d\tau \approx \lim_{h \to 0} \frac{x(t) + x(t-h)}{2} = x(t)$$

这里积分的值用一个梯形的面积来近似，该梯形的两边分别是 $x(t)$ 和 $x(t-h)$，高是 h。因此，对于连续信号 $x(t)$ 有

$$\frac{d}{dt} \int_{t_0}^{t} x(\tau) d\tau = x(t) \tag{0.7}$$

或者，如果利用微分算子 $D[\cdot]$，那么它的逆 $D^{-1}[\cdot]$ 就应该是积分算子，即上面的等式可写作

$$D[D^{-1}[x(t)]] = x(t) \tag{0.8}$$

我们将在第 3 章看到一个与导数和积分之间的关系相似的关系，拉普拉斯变换算子 s 和 $1/s$ (就像 D 和 $1/D$)隐含了时域里的微分和积分运算。

从计算方法上讲，积分运算是通过求和来实现的。例如，考虑对 $x(t) = t$ 从 $0 \sim 10$ 进行积分，该积分等于

$$\int_0^{10} t dt = \frac{t^2}{2} \Big|_{t=0}^{10} = 50$$

即一个底边和高均为 10 的三角形面积。在 $T_s = 1$ 的情况下，设想将许多宽度为 $T_s = 1$，高度为 $nT_s = n$ 的脉冲 $p[n]$，或面积为 n，$n = 0, \cdots, 9$ 的脉冲，累积起来逼近 $x(t)$，如图 0.6 所示，这可被看成是该积分的一个下界近似，因为这些脉冲的总面积小于积分的值。实际上，这些脉冲的面积之和可以由下式求得：

$$\sum_{n=0}^{9} p[n] = \sum_{n=0}^{9} n = 0.5 \left[\sum_{n=0}^{9} n + \sum_{k=9}^{0} k \right] = 0.5 \left[\sum_{n=0}^{9} n + \sum_{n=0}^{9} (9-n) \right]$$

$$= \frac{9}{2} \sum_{n=0}^{9} 1 = \frac{10 \times 9}{2} = 45$$

采用 $T_s = 1$ 计算出的近似面积是很差的(见图 0.6)。在以上计算中利用了一个事实，那就是不论是从 0

[①] 积分 $I(t)$ 是 t 的函数，因此在积分运算中，被积函数需要被表示成为一个**哑元变量** τ 的函数，τ 的取值范围是 $t_0 \sim t$，如果积分变量还用 t 会引起困惑。变量 τ 被称为**哑元变量**，因为对于积分运算来说它不是关键的，其实任何其他变量都可以用，对积分运算都不会产生影响。

加到9还是从9往回加到0,所求的和是不变的,所以将和加倍再除以2不会改变最后的结果。因此以上求和可被推广为

$$\sum_{n=0}^{N-1} n = \frac{1}{2}\left[\sum_{n=0}^{N-1} n + \sum_{n=0}^{N-1}(N-1-n)\right]$$

$$= \frac{1}{2}\sum_{n=0}^{N-1}(N-1) = \frac{N \times (N-1)}{2}$$

高斯在还未上学时就将该结果推算出来了[①]。

为了提高积分的近似程度,采用 $T_s = 10^{-3}$,由此产生的一个离散信号为 $nT_s, 0 \leqslant nT_s \leqslant 10$,或表示为 $nT_s, 0 \leqslant n \leqslant (10/T_s)-1$,相应地,每一个脉冲的面积是 nT_s^2,于是积分的近似值为

$$\sum_{n=0}^{10^4-1} p[n] = \sum_{n=0}^{10^4-1} n10^{-6} = \frac{10^4 \times (10^4-1)}{10^6 \times 2} = 49.995$$

这是一个好得多的结果。通常用一个非常小的 T_s 值就可以得到积分的一个相当精确的近似值,确实是这样的,由

$$\sum_{n=0}^{(10/T_s)-1} p[n] = \sum_{n=0}^{(10/T_s)-1} nT_s^2 = T_s^2 \frac{(10/T_s) \times ((10/T_s)-1)}{2} = \frac{10 \times (10-T_s)}{2}$$

可见,对于非常小的 T_s 值(从而 $10-T_s \approx 10$),我们得到了所希望的 $100/2 = 50$。

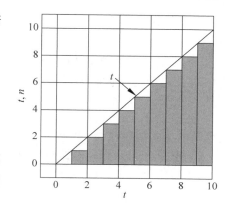

图 0.6　积分的近似

通过将宽度为 1,高度为 nT_s,其中 $T_s=1, n= 0,\cdots,9$ 的脉冲堆叠起来近似信号 $x(t)$ 下方的面积,其中 $x(t)=t, t \geqslant 0$,否则为 0。

导数和积分将我们带入到用系统处理信号之中。一旦获得了一个动态系统的数学模型(典型的数学模型是常微分方程),则方程就表征了该系统的输入和输出变量之间的关系。系统的一个非常重要的子集(该类系统可以某种方式合理逼近实际系统)是由线性常系数微分方程表示的。在第3章中将会看到,利用拉普拉斯变换可以很方便地求解这些方程,因为拉普拉斯变换将方程变换成为更容易求解的代数方程。

0.3.4　微分方程和差分方程

常微分方程表征连续时间系统的动态特性,即系统对输入时间信号的响应方式。不同类型的系统,其常微分方程的形式也不同,大多数系统是由非线性的、系数是时间依赖的常微分方程所描述,这种方程的解析解法相当复杂,为了简化分析,这类方程可局部地由线性常系数常微分方程来近似。

求解常微分方程既可以用模拟计算机,又可以用数字计算机来完成。**模拟计算机**由运算放大器(operational amplifiers,op-amps)、电阻器、电容器、电压源和继电器构成。利用运放、电阻器和电容器的线性模型就可能实现积分器,从而求解常微分方程。继电器用于给电容器设置初始条件,电压源提供输入信号。虽然这样的安排可以得到常微分方程的解,但它的缺点在于方程解的存储,只能通过示波器观察到方程的解而很难将其记录下来。于是有人建议用混合计算机即由数字部件辅助的模拟计算机来解决,其中的数字部件用于存储数据。不过模拟计算机和混合计算机都过时了,现在都用数字计算机,辅助以数值计算方法来求解常微分方程。

[①]　卡尔·弗里德里希·高斯(Carl Friedrich Gauss)(1777—1855 年),德国数学家,被认为是迄今为止历史上最有成就的数学家之一。他在七岁时就利用他的小诀窍计算出从 1~100 的求和而震惊了他的老师。

在介绍数字计算机提供的数值解法之前,首先思考为何解常微分方程需要积分器。为了说明这个问题,考虑一个一阶(方程中的最高阶导数)、线性(没有出现非线性的输入或输出函数)常系数微分方程,它来自于一个简单的 RC 电路(见图 0.7),该电路的输入是直流电压源 $v_i(t)$,电阻 $R=1\Omega$ 和电容 $C=1F$(此电容的极板巨大)是串联着的,该电路的方程如下

$$v_i(t) = v_c(t) + \frac{dv_c(t)}{dt}, \quad t \geq 0 \tag{0.9}$$

电容端电压的初始值为 $v_c(0)$。

凭直觉可知,一开始电路里的电容有初始电荷 $v_c(0)$,电路开始工作后,电容被持续充电,当达到饱和时,不再有电荷移动(即流经电阻和电容的电流为 0),故此时电容电压等于电源电压;若电源是直流源,电容相当于开路。

假设一个理想情况,如果有可用的能进行微分运算的器件,那么我们倾向于建议采用图 0.8 左边框图所示的方案去求解以上常微分方程。虽然这种方法分析起来没有任何的错误,但问题是实际中大部分信号都包含噪声(每个设备都会产生电子噪声),如果信号中噪声的幅值出现快速变化,就会使微分运算器件输出极大的导数值,所以利用微分器的常微分方程的实现方案很容易变得非常嘈杂(即效果很差)。相反地,许多年前罗德·凯尔文[①](Lord Kelvin)提出了用积分器而不是微分器来平滑这个处理,这样一来,对式(0.9)两边进行积分就可得到电容两端的电压 $v_c(t)$。假设电源是在 $t=0$ 时刻接通,并且电容有个初始电压 $v_c(0)$,利用导数和积分之间的反演关系可得

$$v_c(t) = \int_0^t [v_i(\tau) - v_c(\tau)] d\tau + v_c(0), \quad t \geq 0 \tag{0.10}$$

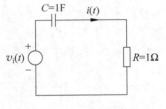

图 0.7　RC 电路

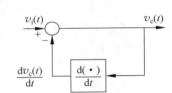 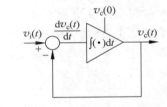

图 0.8　利用微分器(左)和积分器(右)实现一阶常微分方程

该式可用图 0.8 右边框图来表示。注意到其中的积分器也提供了计入初始条件的途径,在这种情况下初始条件是电容两端的初始电压 $v_c(0)$。不同于微分器对噪声的增强效果,积分器对噪声进行了平均从而减小了噪声的影响。

图 0.8 中所示的那种框图可以使我们更好地具象化系统,而且这种方法很常用。积分器可以利用带电阻器和电容器的运算放大器有效地实现。

如何求解常微分方程

下面说明如何利用积分法及其近似产生出一个差分方程来求解以上常微分方程。对式(0.10)分别取 $t=t_1$ 和 $t=t_0$,且 $t_1 > t_0$,则可得差值

$$v_c(t_1) - v_c(t_0) = \int_{t_0}^{t_1} v_i(\tau) d\tau - \int_{t_0}^{t_1} v_c(\tau) d\tau$$

---

① 威廉·汤姆逊(William Thomson)和罗德·凯尔文(Lord Kelvin)在 1876 年提出了**微分分析器**,这是一种能够求解二阶及二阶以上常微分方程的模拟计算机。他的兄弟詹姆斯设计了最早的微分分析器其中之一。

若令 $t_1 - t_0 = \Delta t$，其中 $\Delta t \to 0$，即 Δt 是个非常小的时间区间，上式中的两个积分可看成是高度为 Δt，对输入电源来说底边是 $v_i(t_1)$ 和 $v_i(t_0)$，对电容电压来说底边是 $v_c(t_1)$ 和 $v_c(t_0)$ 的两个小梯形的面积（见图 0.9）。用梯形面积的计算公式可得以上两个积分的近似值，从而有

$$v_c(t_1) - v_c(t_0) = [v_i(t_1) + v_i(t_0)]\frac{\Delta t}{2} - [v_c(t_1) + v_c(t_0)]\frac{\Delta t}{2}$$

由此得到

$$v_c(t_1)\left[1 + \frac{\Delta t}{2}\right] = [v_i(t_1) + v_i(t_0)]\frac{\Delta t}{2} + v_c(t_0)\left[1 - \frac{\Delta t}{2}\right]$$

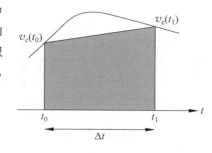

图 0.9　用梯形近似曲线下方的面积

设 $\Delta t = T$，并令 $t_1 = nT$，$t_0 = (n-1)T$，则上式可写作

$$v_c(nT) = \frac{T}{2+T}[v_i(nT) + v_i((n-1)T)] + \frac{2-T}{2+T}v_c((n-1)T), \quad n \geq 1 \qquad (0.11)$$

初始条件 $v_c(0) = 0$。这是一个一阶线性常系数差分方程，它可以近似原来那个表征 RC 电路的常微分方程。令输入：当 $t > 0$ 时，$v_i(t) = 1$，否则为 0，则可得

$$v_c(nT) = \begin{cases} 0, & n = 0 \\ \dfrac{2T}{2+T} + \dfrac{2-T}{2+T}v_c((n-1)T), & n \geq 1 \end{cases} \qquad (0.12)$$

差分方程的好处在于它可以通过不断增大 n 的值，并利用前面已求出的 $v_c(nT)$ 值进行求解，这种解法称为**递归解法**。例如，令 $T = 10^{-3}$，$v_i(t) = 1$，$t \geq 0$，否则为 0；并定义 $M = 2T/(2+T)$，$K = (2-T)/(2+T)$，根据式（0.12）可得

$$
\begin{aligned}
n = 0 \quad & v_c(0) = 0 \\
n = 1 \quad & v_c(T) = M \\
n = 2 \quad & v_c(2T) = M + KM = M(1 + K) \\
n = 3 \quad & v_c(3T) = M + K(M + KM) = M(1 + K + K^2) \\
n = 4 \quad & v_c(4T) = M + KM(1 + K + K^2) = M(1 + K + K^2 + K^3) \\
& \vdots
\end{aligned}
$$

且有 $M = 2T/(2+T) \approx T = 10^{-3}$，$K = (2-T)/(2+T) < 1$，$1 - K = M$。输出响应从初始值 0 开始逐渐增大到一个常数值（因为是直流源的缘故，电容最终会开路，因此电容电压等于输入电压）。从以上结果似乎也可以得出这样的结论，当电路达到稳态（即当 $nT \to \infty$ 时），电路的输出响应[①]

$$v_c(nT) = M\sum_{m=0}^{\infty} K^m = \frac{M}{1-K} = 1$$

虽然这只是一个很简单的例子，但它清楚地表明了用数值的方法能够得到常微分方程解的极好近似，而数值方法正适合数字计算机去实现。

---

① 若 $|K| < 1$，则无穷和收敛，本例中此条件满足，如果将此和乘以 $(1-K)$ 可得

$$(1-K)\sum_{m=0}^{\infty} K^m = \sum_{m=0}^{\infty} K^m - \sum_{m=0}^{\infty} K^{m+1} = 1 + \sum_{m=1}^{\infty} K^m - \sum_{l=1}^{\infty} K^l = 1$$

其中，我们将后式中第二个和式里的变量改为 $l = m+1$，这样就解释了为何这个和等于 $1/(1-K)$。

上例说明了如何通过积分法和积分运算的近似获得用计算机很容易求解的差分方程,从而求解常微分方程的方法。以上所用的积分近似方法就是**梯形法则**,它是求解常微分方程的众多数值解法中的一个。在第 12 章中的**双线性变换**中还将看到以上结果,双线性变换建立起拉普拉斯变换中的变量 s 和 Z 变换中的变量 z 之间的关系,它将用于由模拟滤波器设计数字滤波器。

0.4　复数和实数

信号与系统的大多数理论都建立在复变函数的基础之上。如果信号是实变量的函数,这些实变量要么是时间,要么是空间(例如图像这样的二维信号),要么二者皆是(例如视频信号),为什么在处理信号时还需要复数呢?在第 3 章中将会看到,连续时间信号可以等价地用频率和阻尼来表征,这两个特征可以由连续时间信号的拉普拉斯变换表达式中的复变量 $s=\sigma+j\Omega$ 得到(其中,σ 是阻尼因子,Ω 是频率)。在第 10 章离散时间信号的表示中,Z 变换用的复变量是 $z=re^{j\omega}$,其中,r 是阻尼因子,ω 是离散频率。

另一个使用复变量的原因是由于线性系统对正弦产生的响应,我们将会看到,关于这个的结论在信号与系统的分析和综合中是非常重要的,因此有必要扎扎实实地掌握有关复变量的含义以及一切有关复变函数的知识。在本节中,复变量将会与向量和相量(通常用于线性电路的正弦稳态分析)联系起来。

0.4.1　复数和向量

复数 z 通过 $z=x+jy$ 的形式表示二维平面上的任意一点 (x,y),其中,$x=\mathrm{Re}[z]$(z 的实部)是 x 轴坐标,$y=\mathrm{Im}[z]$(z 的虚部)是 y 轴坐标。符号 $j=\sqrt{-1}$ 仅表明 z 需要两个组成部分来代表二维平面上的一个点。有趣的是,一个由复平面的原点 $(0,0)$ 出发指向点 (x,y) 的向量 $\vec{z}$ 也代表平面上的点 (x,y),其长度为

$$|\vec{z}| = \sqrt{x^2+y^2} = |z| \tag{0.13}$$

夹角为

$$\theta = \angle\vec{z} = \angle z \tag{0.14}$$

向量 $\vec{z}$ 与复数 z 有相同的属性,因此,(x,y) 这一对数既可用向量 $\vec{z}$ 来表示,也可等价地用复数 z 来表示,并且可等价地写成

$$\begin{aligned}
z &= x+jy \quad (\text{直角坐标表示}) \\
&= |z|e^{j\theta} \quad (\text{极坐标表示})
\end{aligned} \tag{0.15}$$

其中,模 $|z|$ 和相位 θ 定义在式(0.13)和式(0.14)中。

　　注：

　　(1)直角坐标复平面与极坐标复平面是相同的,只是平面上每个点的表示方式不同(虽然二者是等价的),理解这一点很重要。

　　(2)做复数的加法和减法运算,采用直角坐标形式比较合适,然而若是做复数的乘法和除法运算,采用极坐标形式更便利,所以如果将复数 $z=x+jy=|z|e^{j\angle z}$ 和 $v=p+jq=|v|e^{j\angle v}$ 相加,可得到

$$z+v = (x+p)+j(y+q)$$

这个结果与在几何上进行向量相加得到的结果是一样的(见图 0.10(b))。不过若是将 z 和 v 相乘,利

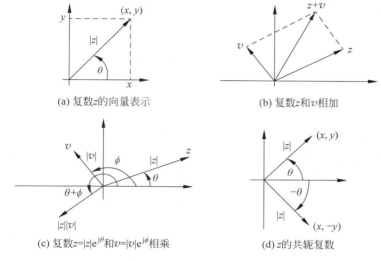

(a) 复数 z 的向量表示   (b) 复数 z 和 v 相加

(c) 复数 $z=|z|\mathrm{e}^{\mathrm{j}\theta}$ 和 $v=|v|\mathrm{e}^{\mathrm{j}\phi}$ 相乘   (d) z 的共轭复数

图 0.10　复数表示及运算

用极坐标形式就很容易得到

$$zv = |z|\,\mathrm{e}^{\mathrm{j}\angle z}\,|v|\,\mathrm{e}^{\mathrm{j}\angle v} = |z|\,|v|\,\mathrm{e}^{\mathrm{j}(\angle z+\angle v)}$$

这里如果采用直角坐标形式则需要更多的计算，即

$$zv = (x+\mathrm{j}y)(p+\mathrm{j}q) = (xp-yq)+\mathrm{j}(xq+yp)$$

从几何上讲，用极坐标形式进行乘法运算就是用一个值 $|v|$ 去修改模 $|z|$ 的值（当 $|v|<1$，其值减小；当 $|v|>1$，其值增大；当 $|v|=1$，其值保持不变），而将 v 的辐角 $\angle v$ 加上 z 的辐角 $\angle z$（见图 0.10(c)）。对于乘法运算，采用直角坐标形式一般不可能有几何解释（能举出一个例子说明这是可能的吗？）

（3）一种只有复数有而实数没有的运算是**复共轭**运算。已知一个复数 $z=x+\mathrm{j}y=|z|\mathrm{e}^{\mathrm{j}\angle z}$，它的复共轭（共轭复数）是 $z^{*}=x-\mathrm{j}y=|z|\mathrm{e}^{-\mathrm{j}\angle z}$，即对 z 的虚部取相反数或翻转它的辐角（见图 0.10(d)）。对于复数 $z=x+\mathrm{j}y=|z|\mathrm{e}^{\mathrm{j}\angle z}$，有关复共轭运算的性质有：

$$
\begin{aligned}
&① \ z+z^{*} = 2x && \text{或} \quad \mathrm{Re}[z] = 0.5[z+z^{*}] \\
&② \ z-z^{*} = 2\mathrm{j}y && \text{或} \quad \mathrm{Im}[z] = -0.5\mathrm{j}[z-z^{*}] \\
&③ \ zz^{*} = |z|^{2} && \text{或} \quad |z| = \sqrt{zz^{*}} \\
&④ \ \frac{z}{z^{*}} = \mathrm{e}^{\mathrm{j}2\angle z} && \text{或} \quad \angle z = -0.5\mathrm{j}[\log(z)-\log(z^{*})] \\
&⑤ \ \frac{1}{z} = \frac{z^{*}}{|z|^{2}} = \frac{1}{|z|}\mathrm{e}^{-\mathrm{j}\angle z}
\end{aligned}
\tag{0.16}
$$

- 注意上面所用的 $\log(.)$ 是自然对数或者称为纳氏对数，底数为 $\mathrm{e}\approx2.71828$；如果底数不是 e，将会在 $\log$ 中指出，例如，$\log_{10}$ 就是以 10 为底的对数。

- 等式⑤表明，复共轭运算为直角坐标表示的复数提供了一种求其相反数或者做除法运算的不同方法。这种方法是通过分子、分母同乘以分母的共轭复数从而使得分母成为一个正实数而完成的，例如，若 $z=x+\mathrm{j}y$ 且 $u=v+\mathrm{j}w$，则

$$\frac{z}{u} = \frac{zu^{*}}{|u|^{2}} = \frac{(x+\mathrm{j}y)(v-\mathrm{j}w)}{v^{2}+w^{2}} = \frac{|z|\,\mathrm{e}^{\mathrm{j}(\angle z-\angle u)}}{|u|} \tag{0.17}$$

　　将直角坐标形式表示的复数转化成极坐标形式要小心进行，特别是在计算辐角的时候。现在考虑将以下复数由直角坐标形式转化成极坐标形式

$$z = 3 + 4j, \quad u = -3 + j, \quad w = -4 - 3j, \quad v = 1 - j$$

　　一个能避免在转化中出错的好办法就是先把复数在复平面上标出来，然后再计算它的模和辐角。判断复数在复平面上所处的象限有助于获得它的辐角，例如，复数 $z = 3 + 4j$ 在第一象限，它的模和辐角分别为

$$|z| = \sqrt{25} = 5, \quad \angle z = \arctan\left(\frac{4}{3}\right) = 0.927(\text{rad})$$

这里一定要注意求出来的辐角是弧度角，若想以"度"为单位，应该将它乘以 $180°/\pi$，因此 $\angle z = 53.13°$。复数 $u = -3 + j$ 是在第二象限，它的模 $|u| = \sqrt{10}$，辐角等于

$$\angle u = \pi - \arctan\left(\frac{1}{3}\right) = 2.820(\text{rad}) = 161.56°$$

通过用 2π 或 $360°$ 减去这个辐角，然后再取其相反数也可以得到一个等价的辐角，即

$$\angle u = -\left[2\pi - \left(\pi - \arctan\left(\frac{1}{3}\right)\right)\right] = -\pi - \arctan\left(\frac{1}{3}\right) = -3.463(\text{rad}) = -198.43°$$

复数 $w = -4 - 3j$ 在第三象限，其模 $|w| = 5$，而其辐角等于

$$\angle w = \pi + \arctan\left(\frac{3}{4}\right) = 3.785(\text{rad}) \quad \text{或} \quad \angle w = -\left[\pi - \arctan\left(\frac{3}{4}\right)\right] = -2.498(\text{rad})$$

这两个等价的辐角一个是从正向测得，另一个是从负向测得。

　　对于第四象限中的 $v = 1 - j$，它的模 $|v| = \sqrt{2}$，它的辐角等于

$$\angle v = -\arctan(1) = -\pi/4(\text{rad}) = -45°$$

它的一个等价辐角是 $7\pi/4$ 或 $315°$。一般约定，以正实轴为参考，按照逆时针方向旋转测得的角是正的，反之是负的。以上这些结果均显示在图0.11中。

1. 欧拉恒等式

　　历史上最著名的公式之一[①]是

$$1 + e^{j\pi} = 1 + e^{-j\pi} = 0$$

这要归因于历史上最多产的数学家之一——欧拉(Euler)[②]。有了欧拉恒等式，以上公式就很容易理解了，欧拉恒等式是一个联系复指数函数和三角函数的公式

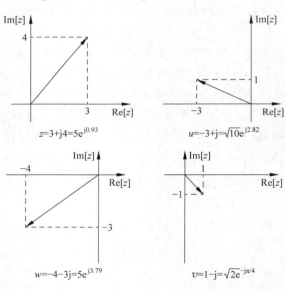

图0.11　复数由直角坐标形式向极坐标形式的转换

---

　　① 1990年《数学情报员》做的一个读者调查提名欧拉恒等式为数学上最优美的公式。在另一个由《物理世界》于2004年所做的调查中，欧拉恒等式与麦克斯韦尔(Maxwell)方程一起被提名为"迄今最伟大的公式"。珀尔·那辛(Paul Nahin)写的《欧拉博士的神奇配方》一书，就是专门献给欧拉恒等式的，书中说欧拉恒等式"为数学的美丽设置了一个金标准"。

　　② 莱昂纳德·欧拉(Leonard Euler，1707—1783年)，瑞士数学家和物理学家，他是约翰·伯努利(John Bernoulli)的学生以及约翰·拉格朗日(John Lagrange)的导师。以下这些符号的创立都要归功于欧拉：函数符号 $f(x)$，自然对数的底数 e，$i = \sqrt{-1}$，π，求和符号 $\sum$ 和有限差分符号 Δ，等等！

$$e^{j\theta} = \cos(\theta) + j\sin(\theta) \tag{0.18}$$

证明此恒等式的一种办法是用极坐标表达式来表示复数 $\cos(\theta) + j\sin(\theta)$，此复数的模等于 1，因为由三角恒等式 $\cos^2(\theta) + \sin^2(\theta) = 1$ 有 $\sqrt{\cos^2(\theta) + \sin^2(\theta)} = 1$。此复数的辐角等于

$$\psi = \arctan\left[\frac{\sin(\theta)}{\cos(\theta)}\right] = \theta$$

故此复数可表示为

$$\cos(\theta) + j\sin(\theta) = 1e^{j\theta}$$

这就是欧拉恒等式。在 $\theta = \pm\pi$ 的情况下，恒等式变成 $e^{\pm j\pi} = -1$，这就解释了著名的欧拉公式。

复指数函数与正弦函数之间的关系在信号与系统的分析中非常重要。利用欧拉恒等式，余弦可表示为

$$\cos(\theta) = \mathrm{Re}[e^{j\theta}] = \frac{e^{j\theta} + e^{-j\theta}}{2} \tag{0.19}$$

而正弦可由下式给出

$$\sin(\theta) = \mathrm{Im}[e^{j\theta}] = \frac{e^{j\theta} - e^{-j\theta}}{2j} \tag{0.20}$$

确实有

$$e^{j\theta} = \cos(\theta) + j\sin(\theta), \quad e^{-j\theta} = \cos(\theta) - j\sin(\theta)$$

若将两式相加可得余弦的表达式，若将第一式减去第二式则可得所给的正弦表达式。变量 θ 是弧度角或相应的度数角。

2. 欧拉恒等式的应用

1）极坐标到直角坐标的转换

欧拉恒等式用于求取一个极坐标形式的复数的实部和虚部。如果与复数对应的向量位于复平面的第一或第四象限，或者说极坐标表达式中相角 θ 是 $-\pi/2 \leqslant \theta \leqslant \pi/2$，那么从欧拉恒等式就可直接得到实部和虚部。如果与复数对应的向量位于第二或第三象限，或者说极坐标表达式中的相角是 $\pi/2 \leqslant \theta \leqslant 3\pi/2$，那么先将复数的相角表示成 $\theta = \pi \pm \phi$，其中 ϕ 是向量与负实轴的夹角，然后由 $e^{j\pi} = -1$ 可得

$$e^{j\theta} = e^{j(\pi \pm \phi)} = -e^{\pm j\phi}$$

最后利用欧拉恒等式求得实部和虚部。为了说明该转换，考虑下列极坐标形式的复数：

$$z = \sqrt{2}\,e^{j\pi/4}, \quad u = \sqrt{2}\,e^{-j\pi/4}, \quad v = 3e^{-j190°}, \quad w = 5e^{j190°}$$

相应于 z 和 u 的向量分别位于第一和第四象限，所以直接运用欧拉恒等式可得它们的直角坐标形式

$$z = \sqrt{2}\,e^{j\pi/4} = \sqrt{2}\cos(\pi/4) + j\sqrt{2}\sin(\pi/4) = 1 + j$$

$$u = \sqrt{2}\,e^{-j\pi/4} = \sqrt{2}\cos(-\pi/4) + j\sqrt{2}\sin(-\pi/4)$$

$$= \sqrt{2}\cos(\pi/4) - j\sqrt{2}\sin(\pi/4) = 1 + j$$

另一方面，与 v 和 w 相应的向量分别位于第二和第三象限，所以利用 π（或 $180°$）来表示它们的相角，这个相角是向量与负实轴的夹角：

$$v = 3e^{-j190°} = 3e^{-j180°}e^{-j10°}$$

$$= -3\cos(-10°) - j3\sin(-10°) = -3\cos(10°) + j3\sin(10°)$$

$$= -2.95 + j0.52$$

$$w = 5e^{j190°} = 5e^{j180°}e^{j10°}$$

$$= -5\cos(10°) - j5\sin(10°) = -4.92 - j0.87$$

2) 特殊多项式的根

一个有趣的问题是如何求得形如 $F(z)=z^n+a$，n 为整数，且 $n>0$ 的复数多项式的根。欧拉恒等式可用来解决这个问题。例如，已知多项式 $F(z)=z^3+1$，现需求出它的三个根[①]。求其根的过程如下：

$$z^3+1=0\Rightarrow z_k^3=-1=e^{j(2k+1)\pi},\quad k=0,1,2\Rightarrow z_k=e^{j(2k+1)\pi/3},\quad k=0,1,2$$

$$z_0=e^{j\pi/3},\quad z_1=e^{j\pi}=-1,\quad z_2=e^{j(6-1)\pi/3}=e^{j2\pi}e^{-j\pi/3}=e^{-j\pi/3}$$

注意：由图 0.12(a) 可见，有一个根是实数(z_1)，而其余两个根是共轭复数对($z_2=z_0^*$)。一般来说，对于多项式 $F(z)=z^n+a$，其中 n 为大于 0 的整数，a 为实数，求其根可按照如下步骤进行：

$$z^n+a=0\Rightarrow z_k^n=-a=|a|e^{j((2k+1)\pi+\angle a)}$$

$$z_k=|a|^{(1/n)}e^{j((2k+1)\pi+\angle a)/n)},\quad k=0,1,\cdots,n-1$$

3) 复数的乘方

欧拉恒等式在求复数的整数幂和非整数幂时也很有用。例如，对于 $n>0$，求 $j=\sqrt{-1}$ 的整数幂(n 次幂)：

$$j^n=(-1)^{n/2}=\begin{cases}(-1)^{(n/2)},& n\text{ 为偶数}\\ j(-1)^{(n-1)/2},& n\text{ 为奇数}\end{cases}$$

可见有 $j^0=1,j^1=j,j^2=-1,j^3=-j$，并以此类推。若令 $j=1e^{j\pi/2}$，可以看到，随着 $j^n=1e^{jn\pi/2}$ 中幂次的增加，相应向量的相角的情况为：当 $n=0$ 时相角为 0；当 $n=1$ 时相角为 $\frac{\pi}{2}$；当 $n=2$ 时相角为 π；当 $n=3$ 时，相角为 $\frac{3}{2}\pi$。对应于 n 的下一轮 4 个取值，相角是前面 4 个值的重复，再下一轮 4 个，再重复一遍，以此类推，见图 0.12(b)。

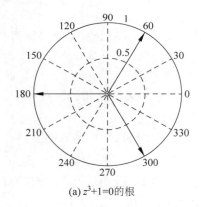 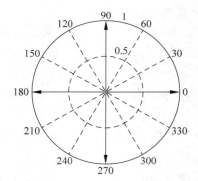

(a) $z^3+1=0$ 的根

(b) j的整数次幂(以4为周期，一个周期内的值分别是1, j, -1和-j, 用箭头表示)

图 0.12　特殊多项式的根及复数的乘方

4) 三角恒等式

利用欧拉恒等式可以得到如下的三角恒等式：

$$\cos(-\theta)=\frac{e^{-j\theta}+e^{j\theta}}{2}=\cos(\theta)$$

---

① 代数学基本定理指出：一个 n 阶多项式(n 是正整数)有 n 个根。这些根可以都是实数或都是复数，也可以既有实数也有复数。如果多项式的系数均为实数，那么复数根一定是共轭复数对。

$$\sin(-\theta) = \frac{e^{-j\theta} - e^{j\theta}}{2j} = -\sin(\theta)$$

$$\cos(\pi + \theta) = e^{j\pi} \frac{e^{j\theta} + e^{-j\theta}}{2} = -\cos(\theta)$$

$$\sin(\pi + \theta) = e^{j\pi} \frac{e^{j\theta} - e^{-j\theta}}{2j} = -\sin(\theta)$$

$$\cos^2(\theta) = \left[\frac{e^{j\theta} + e^{-j\theta}}{2}\right]^2 = \frac{1}{4}[2 + e^{j2\theta} + e^{-j2\theta}] = \frac{1}{2} + \frac{1}{2}\cos(2\theta)$$

$$\sin^2(\theta) = 1 - \cos^2(\theta) = \frac{1}{2} - \frac{1}{2}\cos(2\theta)$$

$$\sin(\theta)\cos(\theta) = \frac{e^{j\theta} - e^{-j\theta}}{2j} \frac{e^{j\theta} + e^{-j\theta}}{2} = \frac{e^{j2\theta} - e^{-j2\theta}}{4j} = \frac{1}{2}\sin(2\theta)$$

0.4.2　复变函数

可以像定义实值函数那样来定义复变函数。例如,一个复数的自然对数可写作

$$v = \log(z) = \log(|z|e^{j\theta}) = \log(|z|) + j\theta$$

这里利用了指数函数与对数函数的反函数关系。

值得一提的是,比起实变量和实函数,复变量和复变函数更具有一般性。例如上面的对数函数定义,当 $z=x$,x 为实数以及当 $z=jy$ 即纯虚数时,这个定义都是有效的。

特别地,在第 7 章和第 12 章进行滤波器设计时要用到的双曲函数,可以由以虚数为宗量的正弦函数的定义得到,即有

$$\cos(j\alpha) = \frac{e^{-\alpha} + e^{\alpha}}{2} = \cosh(\alpha), \quad \text{双曲余弦} \tag{0.21}$$

$$-j\sin(j\alpha) = \frac{e^{\alpha} - e^{-\alpha}}{2} = \sinh(\alpha), \quad \text{双曲正弦} \tag{0.22}$$

用这种方法还可以定义其他的双曲函数。要注意,双曲函数是用实指数函数而不是复指数函数来定义的,因此,实指数函数的表达式可通过将双曲余弦和双曲正弦的表达式相减而得到

$$e^{-\alpha} = \cosh(\alpha) - \sinh(\alpha) \tag{0.23}$$

单变量或多变量复变函数的微、积分理论以及它们的性质,比起实函数的相应理论来说更广泛,但在这里无法一一介绍,建议读者参阅一本或多本关于复分析方面的书。

0.4.3　相量和正弦稳态

用式

$$x(t) = A\cos(\Omega_0 t + \psi), \quad -\infty < t < \infty \tag{0.24}$$

表示的正弦 $x(t)$ 是周期的,其中 A 是振幅,$\Omega_0 = 2\pi f_0$ 是角频率,单位是 rad/s,ψ 是以弧度为单位的初相位(初相)。信号 $x(t)$ 对所有 t 值都有定义,而且它的值以 $T_0 = \dfrac{1}{f_0}$(s)为周期重复出现,其中 f_0 是频率,单位是"周/秒"或 Hz(为纪念 H. R. Hertz[①])。已知 Ω_0 的单位是 rad/s,由于(rad/s)×(s)=(rad),所以 $\Omega_0 t$ 的单位就是弧度,与初相 ψ 的单位一致,这样才使余弦的计算成为可能。如果 $\psi=0$,那么 $x(t)$ 是一

---

① 海因里希·鲁道夫·赫兹(Heinrich Rudolf Hertz)是德国物理学家,他因于 1888 年第一个证明了电磁辐射的存在而知名。

个余弦信号,如果 $\psi=-\dfrac{\pi}{2}$,那么 $x(t)$ 是一个正弦信号。

如果已知式(0.24)中的频率 $\Omega_0(\mathrm{rad/s})$,那么该余弦就由其振幅和相位来决定,这使得我们可以定义**相量**[①],相量就是一个复数,该复数由一个具有某个频率值为 Ω_0 的余弦的振幅和相位来表征。即对于电压信号 $v(t)=A\cos(\Omega_0 t+\psi)$,相应的相量是

$$V = Ae^{j\psi} = A\cos(\psi) + jA\sin(\psi) = A\angle\psi \tag{0.25}$$

于是有

$$v(t) = \mathrm{Re}[Ve^{j\Omega_0 t}] = \mathrm{Re}[Ae^{j(\Omega_0 t+\psi)}] = A\cos(\Omega_0 t+\psi) \tag{0.26}$$

可以将电压信号 $v(t)$ 看成是相量 V 以 $\Omega_0\,\mathrm{rad/s}$ 的速度逆时针方向旋转时在实轴上的投影,在 $t=0$ 时,相量的角为 ψ。显然,相量的定义只有在频率固定时才有效,在本例中频率是 Ω_0,它与一个余弦相关联。

有意思的是,初相 ψ 能被用于区分余弦和正弦。例如当 $\psi=0$ 时,相量 V 指向右边($t=0$ 时)并以角速度 Ω_0 做环形运动,它投影在实轴上就产生信号 $A\cos(\Omega_0 t)$。而当 $\psi=-\dfrac{\pi}{2}$ 时,相量 V 指向下($t=0$ 时)并仍以角速度 Ω_0 做环形运动,当投影到实轴上时产生正弦 $A\sin(\Omega_0 t)=A\cos\left(\Omega_0 t-\dfrac{\pi}{2}\right)$。这个例子说明正弦滞后余弦 $\dfrac{\pi}{2}\mathrm{rad}$ 或 $90°$,另一个等价的说法是余弦超前正弦 $\pi/2\mathrm{rad}$ 或 $90°$。因此利用图 0.13 可以容易地产生正弦和余弦,也可以很容易获知它们之间的关系。

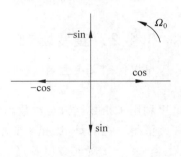

图 0.13 用频率为 Ω_0 的相量产生正弦(图中所示为 $t=0$ 时的初始位置)

从计算的角度讲,相量可被当作以某个频率 $\Omega_0(\mathrm{rad/s})$ 沿正向(逆时针方向)旋转的向量。为了解释相量的计算,下面考虑一个电流源

$$i(t) = A\cos(\Omega_0 t) + B\sin(\Omega_0 t)$$

要将其表示成

$$i(t) = C\cos(\Omega_0 t + \gamma)$$

其中,C 和 γ 将用与 $i(t)$ 的两个正弦分量相应的相量之和来确定。为了用这种办法获得 C 和 γ,$i(t)$ 的两个正弦分量必须具有相同频率;因为如果两个分量的频率不同,它们会以不同的速度旋转,此时就不能用相量概念。为了得到 $i(t)$ 的等价表示式,我们先求得相应于 $A\cos(\Omega_0 t)$ 的相量 $I_1=Ae^{j0}=A$,以及相应于 $B\sin(\Omega_0 t)$ 的相量 $I_2=Be^{-j\pi/2}=B$,于是有

$$i(t) = \mathrm{Re}[(I_1+I_2)e^{j\Omega_0 t}] = \mathrm{Re}[Ie^{j\Omega_0 t}]$$

这样该问题就转化为求两个向量 I_1 和 I_2 之和的问题。由于向量 I_1 和 I_2 相加产生向量

$$I = \sqrt{A^2+B^2}\,e^{-j\arctan(B/A)}$$

故

$$i(t) = \mathrm{Re}[Ie^{j\Omega_0 t}] = \mathrm{Re}\left[\sqrt{A^2+B^2}\,e^{-j\arctan(B/A)}e^{j\Omega_0 t}\right]$$

$$= \sqrt{A^2+B^2}\cos(\Omega_0 t - \arctan(B/A))$$

这是一个等价的电流源,其振幅 $C=\sqrt{A^2+B^2}$,相位 $\gamma=-\arctan(B/A)$,频率为 Ω_0。图 0.14 显示了相

---

① 查理·普鲁吐斯·施泰因梅茨(Charles Proteus Steinmetz)(1865—1923 年),德裔美籍数学家和工程师,1883 年他将相量的概念引入交流电分析当中。1902 年施泰因梅茨成为纽约州舍内克塔迪联合大学的电子物理学教授。

量 I_1 和 I_2 相加的结果,频率 $f_0=20\mathrm{Hz}$,两相量之和产生的正弦是 $I=I_1+I_2=27.98\mathrm{e}^{\mathrm{j}30.4°}$。

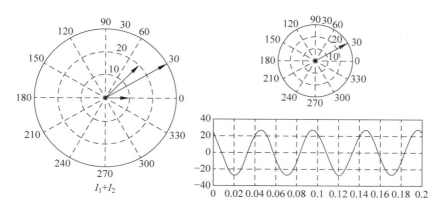

图 0.14 相量 $I_1=10\mathrm{e}^{\mathrm{j}0}$ 和 $I_2=20\mathrm{e}^{\mathrm{j}\pi/4}$ 之和(结果显示在左图,相应的正弦波显示在右图)

0.4.4 相量与动态系统的联系

由恒定电阻器、电容器和电感器组成的电路具有一个非常重要的特性,那就是它对一个正弦激励的稳态响应仍然是同频率的正弦量。电路对输入正弦量的影响体现在其振幅和相位的变化上,而且变化取决于输入正弦量的频率,这是由电路自身的线性和时不变特性决定的。在第 3、4、5、10 章以及第 11 章中将会看到,更加复杂的连续时间系统和离散时间系统也具有同样的特性。

为了说明相量和动态系统之间的联系,考虑图 0.7 中的 RC 电路($R=1\Omega$,$C=1\mathrm{F}$)。若电路的输入是一个正弦电压源 $v_\mathrm{i}(t)=A\cos(\Omega_0 t)$,我们感兴趣的电容电压 $v_\mathrm{c}(t)$ 作为输出,则易知电路由以下一阶常微分方程描述:

$$v_\mathrm{i}(t)=\frac{\mathrm{d}v_\mathrm{c}(t)}{\mathrm{d}t}+v_\mathrm{c}(t)$$

假定电路的稳态响应(即当 $t\to\infty$ 时的 $v_\mathrm{c}(t)$)也是一个正弦量,且频率与输入的频率相同

$$v_\mathrm{c}(t)=C\cos(\Omega_0 t+\psi)$$

但振幅 C 和相位 ψ 待定。由于该响应必须满足常微分方程,于是有

$$v_\mathrm{i}(t)=\frac{\mathrm{d}v_\mathrm{c}(t)}{\mathrm{d}t}+v_\mathrm{c}(t)$$

$$A\cos(\Omega_0 t)=-C\Omega_0\sin(\Omega_0 t+\psi)+C\cos(\Omega_0 t+\psi)$$
$$=C\Omega_0\cos(\Omega_0 t+\psi+\pi/2)+C\cos(\Omega_0 t+\psi)$$
$$=C\sqrt{1+\Omega_0^2}\cos(\Omega_0 t+\psi+\arctan\Omega_0)$$

对比以上等式两边可得

$$C=\frac{A}{\sqrt{1+\Omega_0^2}},\quad \psi=-\arctan(\Omega_0)$$

于是稳态响应为

$$v_\mathrm{c}(t)=\frac{A}{\sqrt{1+\Omega_0^2}}\cos(\Omega_0 t-\arctan(\Omega_0))$$

对比稳态响应 $v_\mathrm{c}(t)$ 和输入正弦 $v_\mathrm{i}(t)$,可以发现二者有相同的频率 Ω_0,但输入的振幅和相位都被电路改

变了,且变化量取决于频率 Ω_0。由于电路对每一个频率的响应不同,所以获得电路的**频率响应**对于电路分析和电路设计都是很有用的。

以上的正弦稳态响应也可以利用相量求得,过程如下。

先将电路的稳态响应表示为

$$v_c(t) = \mathrm{Re}\big[V_c e^{j\Omega_0 t}\big]$$

其中 $V_c = Ce^{j\psi}$ 是 $v_c(t)$ 的相量表示。则有

$$\frac{dv_c(t)}{dt} = \frac{d\mathrm{Re}\big[V_c e^{j\Omega_0 t}\big]}{dt} = \mathrm{Re}\Big[V_c \frac{de^{j\Omega_0 t}}{dt}\Big] = \mathrm{Re}\big[j\Omega_0 V_c e^{j\Omega_0 t}\big]$$

且有

$$v_i(t) = \mathrm{Re}\big[V_i e^{j\Omega_0 t}\big]$$

其中,$V_i = Ae^{j0}$,用相量替换出现在常微分方程中的 $v_c(t)$,$dv_c(t)/dt$ 和 $v_i(t)$,可得

$$\mathrm{Re}\big[V_c(1 + j\Omega_0)e^{j\Omega_0 t}\big] = \mathrm{Re}\big[Ae^{j\Omega_0 t}\big]$$

从而有

$$V_c = \frac{A}{1 + j\Omega_0} = \frac{A}{\sqrt{1 + \Omega_0^2}} e^{-j\arctan(\Omega_0)} = Ce^{j\psi}$$

最终得正弦稳态响应为

$$v_c(t) = \mathrm{Re}\big[V_c e^{j\Omega_0 t}\big] = \frac{A}{\sqrt{1 + \Omega_0^2}} \cos(\Omega_0 t - \arctan(\Omega_0))$$

它与前面求得的响应是一致的。输出相量 V_c 与输入相量 V_i 之比

$$\frac{V_c}{V_i} = \frac{1}{1 + j\Omega_0}$$

即电路在频率 Ω_0 处的响应。如果输入的频率就用一般的 Ω 来表示,那么将上式中的 Ω_0 换成 Ω 就得到了电路对于所有可能频率的频率响应。

为了简化系统分析并允许对系统进行设计,将对连续时间系统和离散时间系统应用线性和时不变性的概念,以及信号的正弦或复指数傅里叶表示。应用这些概念可使诸如拉普拉斯变换和Z变换等变换法用于求解微分和差分方程,这些变换可使微分和差分方程变成代数方程;傅里叶表示将为我们提供频率方面的信息,这是处理连续时间以及离散时间信号与系统的通用方法。转移函数概念的引入将为线性时不变系统的分析和设计提供工具,模拟和数字滤波器的设计是这些概念最重要的应用。我们将在第5、7和12章中对这些内容进行深入研究。

0.5　MATLAB 软件介绍

MATLAB 代表 MATrix 实验室,是一个基于向量运算的计算机语言[①]。MATLAB 为信号处理、控制、通信和许多其他相关领域的数值以及符号计算提供了方便的环境。

---

① MathWorks 公司,MATLAB 的研发者,于 1984 年由杰克·里托(Jack Little)、斯蒂夫·班哥特(Steve Bangert)和克里夫·莫勒(Cleve Moler)三人创立,其中克里夫·莫勒是新墨西哥大学的数学教授,而且是他在 20 世纪 70 年代后期用 FORTRAN 编写了最早的 MATLAB。第一版的 MATLAB 只包含 80 个函数,没有 M-文件,也没有工具箱,是里托和班哥特用 C 语言重新编写了程序,并添加了 M-文件、工具箱和更强大的图形功能。

以下指南是给没有任何 MATLAB 基础,但又想在信号处理中应用 MATLAB 的读者的,一旦知道了怎么使用这个计算机语言的基本信息,就可以自学 MATLAB 了。

(1) 在 MATLAB 里有两种程序:一种是脚本(script),由一串指令构成,这些指令利用 MATLAB 提供的函数或自定义的函数;另一种是函数(function),它是一种能被 script 调用的程序,它有某些输入,并提供相应的输出。下面将会对两种程序都举例说明。

(2) 为工作文件创建一个目录,并从该目录下打开 MATLAB,这一点很重要,因为每当执行一个脚本时,MATLAB 将在当前目录下寻找该脚本,如果它不在当前目录中,MATLAB 将会报错,指示它没有找到所想要的脚本文件。

(3) 一打开 MATLAB 就会看到三个窗口:**指令窗口**是用于输入指令的地方;**指令历史窗口**即用于保存已使用的指令清单;**工作空间**是用于保存变量的地方。

(4) 在指令窗口输入的第一条指令应该是将目录修改至期望存放工作文件的目录。可以通过使用命令 cd(change directory),其后是所想要的目录名。学会使用命令 clear all 和 clf 也很重要,它们可以清除内存中以前用过的变量和图形。任何时候如果想知道自己工作在哪个目录下,可以用命令 pwd,它会将工作目录显示出来。

(5) 在 MATLAB 里可以获得几种不同形式的"帮助",只需输入 helpwin、helpdesk 或 demo 就可以启动帮助程序。如果知道函数的名称,输入 help,后加上函数名,就可以得到关于该函数的必要信息以及一列相关的函数。在指令窗口输入 help,会出现 HELP 中所有标题。用 help 获得表 0.1 中的数值型运算函数和表 0.2 中符号型运算函数的更多信息。

表 0.1　基本数值函数

特殊变量	ans	默认的计算结果变量名
	pi	圆周率 π
	inf/Nan	无穷大数/非数错误,例如 0/0
	i/j	$i=j=\sqrt{-1}$
数学函数	abs/angle	复数的模/辐角
	acos/asine/atan	反余弦/反正弦/反正切
	acosh/asinh/atanh	反双曲余弦/反双曲正弦/反双曲正切
	cos/sin/tan	余弦/正弦/正切
	cosh/sinh/tanh	双曲余弦/双曲正弦/双曲正切
	conj/imag/real	共轭复数/虚部/实部
	exp/log/log10	指数函数/自然对数和以 10 为底的对数
特殊运算	ceil/floor	大于函数参数的最小整数/不超过函数参数的最大整数
	fix/round	截尾取整/四舍五入取整
	. * /. /	相应元素相乘/相除
	.^	元素的乘方
	x'/A'	向量 x 的转置/矩阵 A 的转置
数组操作	x=first:increment:last	行向量 x 由 first 到 last,步长为 increment
	x=linspace(first,last,n)	行向量 x 由 first 到 last 共 n 个元素
	A=[x1;x2]	有两行 x1 和 x2 的矩阵 A
	ones(N,M)/zeros(N,M)	N×M 的全 1 数组和全 0 数组
	A(i,j)	矩阵 A 的第 i 行第 j 列元素

续表

数组操作	whos	显示工作空间里的变量
	size(A)	A 的(行数,列数)
	length(x)	向量 x 的行数(列数)
流程控制	for/elseif	for 循环/else-if-循环
	while	while 循环
	pause/pause(n)	暂停/暂停 n 秒
绘图	plot/stem	画连续图形/画离散图形
	figure	创建图形窗口对象
	subplot	子图
	hold on/hold off	保持图形/去掉图形
	axis/grid	坐标轴/绘图网格
	xlabel/ylabel/title/legend	x 轴标签/y 轴标签/图形标签/子图标签
保存和上载	save/load	保存数据/载入数据
信息和管理	help	帮助
操作系统	clear/clf	从内存中清除变量/清除图形
	cd/pwd	更改目录/当前工作目录

表 0.2 基本符号函数

	函 数 名	操 作
微积分	diff(*)	求微分
	int(*)	求积分
	limit	求极限
	taylor	求泰勒级数
	symsum	求和
化简	simplify	化简
	expand	展开
	factor(*)	因式分解
	simple	求最短形式
	subs	符号变量替换
解方程	solve	求解代数方程
	dsolve	求解微分方程
变换	fourier	傅里叶变换
	ifourier	傅里叶逆变换
	laplace	拉普拉斯变换
	ilaplace	拉普拉斯逆变换
	ztrans	Z 变换
	iztrans	逆 Z 变换
符号运算	sym	创建符号对象
	syms	创建符号对象
	pretty	使表达式更接近习惯书写方式
特殊函数	dirac	狄拉克(Dirac)或 δ 函数
	heaviside	单位阶跃函数

续表

	函　数　名	操　作
绘图	ezplot	函数绘图器
	ezpolar	极坐标图形绘图函数
	ezcontour	绘制等高线
	ezsurf	绘制曲面
	ezmesh	绘制网状线

（*）要获得这些符号函数的帮助，使用 help sym/xxx 命令，其中 xxx 代表函数名。

（6）用 MATLAB 提供的编辑器输入 script 或 function，只需简单地输入 edit，后加上文件名即可。也可以利用任何文本编辑器生成，不过保存时要以 .m 作为文件的扩展名。

0.5.1　数值计算

下面这些脚本和函数的例子是为了说明数值计算的不同特点——数值型数据输入和数值型数据输出——用 MATLAB 语言。基本的变量和函数集请参见表 0.1，还可以用 help 命令获得更多细节。至于如何使用 MATLAB 的例子以及更多的解释说明可参考相关书籍。

1. 作为计算器的 MATLAB

MATLAB 在很多方面都可被认为是一个高级的计算器，为了说明这一点，来看以下脚本，它的功能是复数的计算、复数形式的变换，以及画复数的图形。这个脚本以命令 clear all 和 clf 开始，目的是为了清除所有已存在的变量和图形。

```
% 复数的计算
% %
clear all; clf
z = 8 + j * 3
v = 9 - j * 2
a = real(z) + imag(v)          % 实部和虚部
b = abs(z + conj(v))           % 绝对值,共轭
c = abs(z * v)
d = angle(z) + angle(v)        % 辐角
d1 = d * 180/pi                % 转换成角度
e = abs(v/z)
f = log(j * imag(z + v))       % 自然对数
```

结果：

```
z = 8.0000 + 3.0000i
v = 9.0000 - 2.0000i
a = 6
b = 17.7200
c = 78.7718
d = 0.1401
d1 = 8.0272
e = 1.0791
f = 0 + 1.5708i
```

注意：脚本文件中每一条命令之后都没有跟着分号（;），这样当执行此脚本文件时，MATLAB 会

给出每一条命令相应的答案,如果想要避免这样就需用分号,它可以禁止 MATLAB 给出答案。还要注意,每条语句后面都有以符号%开头的注释,MATLAB 会忽视这些注释中的文本。这个简单的脚本说明了有大量的函数可完成不同的计算任务,其中的一些有着与实际运算相似的名字：real 和 imag 用于求复数的实部和虚部；abs 和 angle 用于求复数的模和辐角。正如所料想的那样,用 angle 求出的辐角以"弧"为单位,不过可以转换为以"度"为单位的角。类似 j＝$\sqrt{-1}$和 π 等值无须事先定义。

下面这个脚本文件显示如何将一个复数从一种形式转换成为另一种形式。函数 cart2pol 用于把一个直角坐标(或笛卡尔坐标)表示的复数转换成为极坐标表示形式,而且不出所料,函数 pol2cart 的功能正好相反。cart2pol 的帮助文档会显示复数 $X+jY$ 的实部 X 和虚部 Y 被转换成角 TH 和半径 R 以获得相应的极坐标形式,即

$$[TH,R] = \text{cart2pol}(X,Y)$$

函数 pol2cart 有着与函数 cart2pol 相反的输入/输出。利用在前一个脚本文件中定义的向量,可进行下面的计算。

```
% 直角坐标——极坐标转换
% %
m = z + v
[theta,r] = cart2pol(real(m),imag(m));      % 由直角坐标至极坐标
disp('magnitude of m');    r              % 显示单引号中的文字和 r 的值
disp('phase of m');    theta
[x,y] = pol2cart(theta,r)                   % 由极坐标至直角坐标
```

运行结果为

```
m = 17.0000 + 1.0000i
magnitude of m
r = 17.0294
phase of m
theta = 0.0588
x = 17
y = 1.0000
```

为了了解函数 pol2cart,在命令窗口输入：type pol2cart
将会看到函数的一般结构：

```
function [输出变量名] = 函数名(输入变量名)
% 函数描述
% 注释
% 作者、版本
指令
```

"函数描述"中的信息是当输入"help 函数名"后显示出来的信息。函数的输入和输出变量的个数可以是一个或多个,也可以一个都没有,这取决于函数的功能。一旦函数文件被创建并保存下来(函数名后要接.m 作为扩展名),MATLAB 就把它作为一个可能的函数包括进来,以后可在脚本文件内运行。函数本身不能被执行。

以下脚本文件说明了 MATLAB 的画图能力。它将以图形方式显示如何由相量生成一个正弦信号,并且它是交互式的,使用者可以自己决定要产生的正弦信号的频率、幅度和相位。

```
% 交互式画图示例
% %
clear all; clf
f = input(' frequency in Hz >>')
A = input(' amplitude ( > 0) >>')
theta = input(' phase in degrees >>')
omega = 2 * pi * f;                                      % 频率　rad/s
tmax = 1/f;                                              % 一个周期
time = [ ];    n = 0;                                    % 初始化
figure(1)
for t = 0: tmax/36: tmax                                 % 循环
  z = A * exp(j * (omega * t + theta * pi/180));
  x = real(z);    y = imag(z);                           % 投影
  time = [time t];                                       % 序列
  subplot(121)                                           % 两个子图中的第一个
  compass(x, y);                                         % 画向量
  axis('square')                                         % 设置方形坐标系
  subplot(122)
  plot(n * tmax/36, x, ' * r')                           % 用红色星号画点 x
  axis('square');
  axis([0  tmax  − 1.1 * A  1.1 * A]);    grid           % 界限; 网格
  hold on                                                % 保持现图形
  if n == 0                                              % 当 n = 0 时执行下一条语句
  pause(1)                                               % 暂停
  else                                                   % 如果不满足 n = 0, 执行下一语句
  pause(0.1)
  end                                                    % 条件语句结束
  n = n + 1;                                             % 增量
end                                                      % 循环语句结束
hold off                                                 % 解除图形保持
```

这段代码用函数 compass 显示相量在 $t = 0$ 时的初始位置, 时长 1s, 然后计算相量与 $e^{j\Omega_0 t}$ 的乘积的实部和虚部, 再将求出的实部和虚部代入 compass 画出之后一系列连续时刻的相量, 相量在实轴上的投影(由作为时间函数的实值 x 给出)给出了想要的正弦函数的一个周期。结果画在 1 号图中, 整个图形窗口包含两个并排排列的子图; 函数 subplot(121) 将图形窗口分成一行(第一个数字)两列(中间数字), 并指定将图形画在第一个子图(最后一个数字)中。为了逐点画出正弦信号, 采用函数 plot, 且每个点都用红色的星号来表示。采用函数 axis 使得图形呈现正方形, 而且仍用 axis 来定义图形显示的数值范围。函数 pause、hold on 以及 hold off 的功能分别是减慢图形的出现时间、保持 for 循环里每一步产生的图形以及最后使图形消退。

相量的初始位置是通过使图形暂停 1s 的方式突显出来的, 然后暂停时间减为 0.1s。函数 input 用于输入想要的正弦信号的参数。图形的显示效果类似于图 0.14 中的右图。此例中 MATLAB 作为一个交互式图形界面的计算器而工作(可以运行此脚本文件, 参照运行结果进行理解)。

2. 作为信号发生器的 MATLAB

当用 MATLAB 产生数值型信号, 如果信号是一维的, 就创建一个向量; 如果信号是二维的, 就创建一个矩阵; 如果信号是三维的, 则需要创建一个矩阵序列, 也就是说, 向量对应的是仅依赖于时间变量的被抽样信号; 矩阵对应的是依赖于两个空间变量的被抽样信号, 例如图像; 像视频信号这样的被抽

样信号,就需要随时间变化的矩阵序列来表示。不过,也有可能这些向量和矩阵与任何连续时间信号都没有关系,例如图 0.5 所示的 ACM 股票的周收盘点位。

MATLAB 提供数据文件,可以用函数 load 加载文件并对其进行操作。例如文件 train.mat 是火车汽笛声的记录,是以每秒 F_s 个样本的速率抽样得到的(边抽样边产生抽样信号 $y(n)$)。为了操作该数据文件,可输入以下命令,将相应的文件(带扩展名 mat)调入工作空间。

```
% 加载测试信号序列
% %
clear all
load train
whos
```

用函数 whos 会获得该文件的信息并被显示:

```
Name   Size      Bytes    Class
Fs     1x1       8        double array
y      12880x1   103040   double array
```

抽样频率为 $F_s = 8192$ 个样本每秒,抽样序列是一个包含 12 880 个样本的列向量。可以调用函数 sound 去聆听这个信号,函数 sound 有两个输入参数,抽样信号 y 和 F_s,然后把它画出来:

```
% 聆听并绘制火车信号
% %
sound(y,Fs)
t = 0:1/Fs:(length(y) - 1)/Fs;
figure(2); plot(t , y'); grid
ylabel('y(n]'); xlabel('n')
```

MATLAB 提供了可以绘制信号图形的函数 plot 和 stem。函数 plot 画出来的是序列插值后的形状,因此看起来是连续的(见图 0.15(a)),函数 stem 画的是样本序列(见图 0.15(b))。要用 stem 画出火车信号的 200 个样本,采用以下脚本文件,注意 MATLAB 是如何得到信号从第 100~299 个样本的。

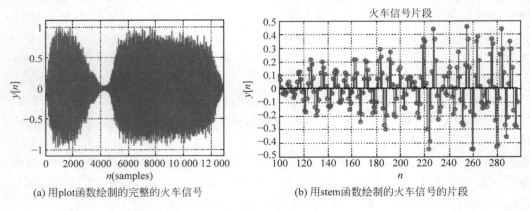

(a) 用plot函数绘制的完整的火车信号   (b) 用stem函数绘制的火车信号的片段

图 0.15　plot 和 stem

```
% 用函数 stem 绘制火车信号的 200 个样本
% %
figure(3)
```

```
n = 100:299;
stem(n,y(100:299)): xlabel('n'): ylabel('y[n]')
title('火车信号片段')
axis([100 299 − 0.5 0.5])
```

MATLAB 也提供了测试图像,例如 clown.mat(200×320 像素),可用以下脚本加载这个数据文件:

```
clear all
load clown
```

为了将这个图像以灰度图像的方式显示出来(见图 0.16),可以采用以下脚本:

```
colormap('gray')
imagesc(X)
```

读者完全可以产生自己的信号,因为 MATLAB 提供了很多可用的函数,以下脚本说明了如何产生一个.wav 格式的音频文件,然后回放和聆听此文件。

```
%   从零开始创建一个 WAV 文件并回放
% %
clear all
Fs = 5000;                                              % 抽样频率
t = 0:1/Fs: 5;                                          % 时间参数
y = 0.1 * cos(2 * pi * 2000 * t) − 0.8 * cos(2 * pi * 2000 * t.^2);   % 正弦和线性调频信号
% % 写入 chirp.wav 文件
wavwrite(y, Fs, 'chirp.wav')
% % 重新将 chirp.wav 读入 MATLAB 放在 y1 中并播放
[y1, Fs, nbits, readinfo] = wavread('chirp.wav');
sound(y1, Fs)                                           % 产生声音
figure(4)
plot(t(1:1000),   y1(1:1000))
```

此脚本将一个正弦信号叠加到线性调频脉冲信号(一个变频的正弦信号)上从而产生一个新的信号,这个信号的持续时间是 5s,且它以每秒 5000 个样本的速率被抽样,故而这个信号总共有 25 001 个样本。函数 wavwrite 将 MATLAB 生成的信号转换成 wav 格式的音频文件,文件名为 chirp.wav,函数 wavread 读取这个文件,函数 sound 播放该声音文件。图 0.17 显示了生成的声音文件的一个片段。

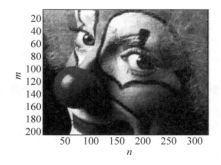

图 0.16　灰度图像"小丑"

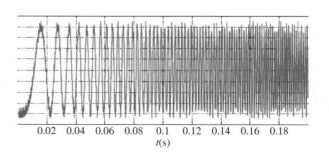

图 0.17　生成的信号,由正弦信号叠加 chirp 信号构成

3. 保存和加载数据

很多情况下可能都需要保存数据或加载数据，下面这个例子就介绍了保存和加载数据的方法。假设需要建立并保存一个表格，表格里是正弦函数的值，角度从 $0°\sim360°$，间隔为 $3°$。以下函数用来生成这个表格。

```
function xy = sintable(theta)
% 此函数对输入的 theta 值生成正弦值
% theta: 以角度为单位的角, 后被转换成弧度角
% xy: 数组, 其元素是 theta 和 y 的值
y = sin(theta * pi/180);          % sine 计算以弧度为单位的宗量的正弦值
xy = [theta'  y'];                % 包含两列 theta' 和 y' 的数组
```

现在用函数 save 将这些值保存在文件 sine. mat 中(用 help save 可以了解更多有关函数 save 的信息)。

```
% 计算和保存角度及相应的正弦值
% %
theta = 0: 3: 360;                % 从 0°~360°, 以 3°为间隔
thetay = sintable(theta);
save sine.mat thetay
```

若要加载表格，可以用函数 load，后接保存表格的文件名 sine，不需要扩展名 mat。以下脚本说明了用法。

```
clear all
load sine
whos
```

其中，whos 用于检查 thetay 的大小：

```
Name     Size      Bytes    Class
thetay   121x2     1936     double   array
```

这里显示数组 thetay 有 121 行、2 列，第一列是变量 theta 的度数值，第二列是正弦值 y，用下面的语句可以证实这一点，并且画出其图形。

```
% 绘制角度及相应正弦值的图形
% %
x = theta(: ,1);
y = theta(: ,2);
figure(5);    stem(x,y)
```

0.5.2 符号计算

前面已经介绍了 MATLAB 的数值计算能力，它将数值型数据变换成数值型数据。也有很多这种情况，我们更愿意将代数或微积分运算的结果用变量来表示，而不是数值型的数据。例如，我们可能希望找到解二次代数方程的公式，或者获得一个信号的积分，或拉普拉斯、傅里叶变换的表达式，对于这些情况，MATLAB 提供了符号数学工具箱 Symbolic Math Toolbox。这一小节将通过举例的方式介绍符号计算，并且希望由此引起读者兴趣从而促进读者自己去了解更多这方面的知识。前面的表 0.2 给出了基本的符号函数。

1. 导数和差分

以下的脚本对比了求一个 chirp 信号(变频的正弦信号)的导数所采用的符号计算和数值计算两种方法,该 chirp 信号为 $y(t) = \cos(t^2)$,其导数为

$$z(t) = \frac{\mathrm{d}y(t)}{\mathrm{d}t} = -2t\sin(t^2)$$

```
% 导数和差分的例子
%%
 clf; clear  all
  % 符号型
    syms  t  y  z                              % 定义符号型变量
    y = cos(t ^ 2)                             % 线性调频,在^之前没有小圆点,t 不是向量
    z = diff(y)                                % 求导数
    figure(6)
    subplot(211)
    ezplot(y, [0, 2 * pi]);    grid            % 绘制 0 到 2 * pi 之间的符号型 y
    hold on
    subplot(212)
    ezplot(z, [0, 2 * pi]);    grid
    hold on

% 数值型
    Ts = 0.1;                                  % 抽样时间间隔
    t1 = 0: Ts: 2 * pi;                        % 抽样时刻
    y1 = cos(t1.^2);                           % 抽样信号——不同于以上的 y
    z1 = diff(y1) ./ diff(t1);                 % 差分——近似导数
    figure(6)
    subplot(211)
    stem(t1,y1,'k'); axis([0 2 * pi 1.1 * min(y1) 1.1 * max(y1)])
    subplot(212)
    stem(t1(1: length(y1) - 1), z1,'k'); axis([0 2 * pi 1.1 * min(z1) 1.1 * max(z1)])
    legend('Derivative (blue)', 'Difference (black)')
    hold off
```

符号函数 syms 定义符号型变量(用 help syms 了解更多关于 syms 的信息)。信号 $y(t)$ 与数值计算当中的 $y_1(t)$ 不同,因为 t_1 是一个向量,对它进行乘方运算时,乘方运算符号前要加一个小圆点,t 的情况不同,它不是一个向量,而是一个变量。用函数 diff 计算 $y(t)$ 的导数,结果与手工计算它的导数所得形式是一样的,即

```
y = cos(t^2)
z = - 2 * t * sin(t^2)
```

符号工具箱有它自己的画图程序(用 help 了解不同的 ez-程序)。脚本中用函数 ezplot 画 $y(t)$ 和 $z(t)$,画的是它们在 $t \in [0, 2\pi]$ 中的部分,且以函数作为图的标题。

数值计算不同于符号计算,在数值计算中处理的是向量,而且得到的只是导数 $z(t)$ 的近似。在进行数值计算时,以 $T_s = 0.1\mathrm{s}$ 对信号抽样,然后再用函数 diff 计算差分来近似导数(分母 diff(t_1) 与 T_s 相同)。这样既画出准确的导函数(连续曲线)又用 stem 画出近似的导函数(样本),可以使我们更清楚地看出数值计算只是在时间值 nT_s 处的近似。图 0.18 将数值计算(样本)和符号计算(连续)的结果重叠在了一起。

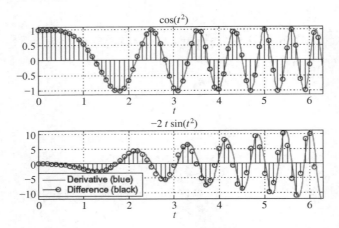

图 0.18　线性调频信号 $y(t)=\cos(t^2)$ 的导数的数值计算和符号计算

上图是 $y(t)$ 和抽样信号 $y(nT_s)$，$T_s=0.1\mathrm{s}$，下图是准确的导函数(连续曲线)和导函数在 nT_s 处的近似(样本)。若取更小的 T_s 值则可以获得导函数的更好近似。

2. sinc 函数和积分

sinc 函数在信号与系统理论中占有非常重要的地位；它的定义如下

$$y(t) = \frac{\sin\pi t}{\pi t}, \quad -\infty < t < \infty$$

它是关于原点对称的。$y(0)$ 的值(等于 0 除以 0)可由罗必塔(L′H ôpital)法则求出为 1。在后面将会看到 (第 5 章中的帕色瓦尔定理)，$y^2(t)$ 的积分等于 1，以下脚本采用了数值和符号两种计算证明了 sinc 函数的这个特性。

在脚本的符号部分，定义变量之后用符号函数 int 计算以 t 为自变量的平方 sinc 函数从 0 到整数值 k 的定积分，这里 $1 \leqslant k \leqslant 10$，然后用函数 subs 将符号计算结果转换成数值数组 zz。在脚本的数值部分定义一个包含 100 个值的向量 y，这 100 个值等于 sinc 函数在区间 $[-4,4]$ 上的 100 份等间隔分割点处的值，分割区间用的是函数 linspace。然后用 plot 和 stem 分别画出 sinc 函数和其积分的值。由图 0.19 可见，只需不到 10 步，积分的值就达到了一个接近 1 的水平。

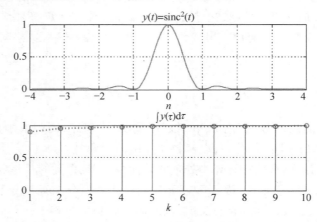

图 0.19　平方 sinc 函数的积分的计算

上图是平方 sinc 函数的图形；下图说明这个函数曲线下方的面积(或者说它的积分)等于 1。利用函数的对称性，只需要计算 $t \geqslant 0$ 时的积分。

```
% 平方 sinc 函数的积分
% %
clf;    clear all
% 符号型
   syms  t  z
   for k = 1:10
       z = int(sinc(t)^2, t, 0,k);          % sinc^2 的积分,从 0 到 k
       zz(k) = subs(2 * z);                  % 转换成数值型 zz
   end
% 数值型
   t1 = linspace( - 4, 4);                   % 区间[ - 4, 4]内均匀分布的 100 个点
   y = sinc(t1) .^2;                         % 平方 sinc 函数的数值型定义
   n = 1:10
   figure(1)
   subplot(211)
   plof(t1, y);grid;title('y(t) = sinc ^2(t)');
   xlabel('t')
   subplot(212)
   stem(n(1:10),zz(1:10)); hold on
   plot(n(1:10),zz(1:10),'r'); grid; title('\int y(\tau) d\tau'); hold off
   xlabel('k')
```

图 0.19 显示了平方 sinc 函数及其积分的值

$$2\int_0^k \operatorname{sinc}^2(t)\mathrm{d}t = 2\int_0^k \left[\frac{\sin(\pi t)}{\pi t}\right]^2 \mathrm{d}t, \quad k = 1,\cdots,10$$

它很快就达到了终值 1。因为是在区间$(-\infty,\infty)$计算积分,所以利用了函数的对称性将结果乘以 2。

3. 切比雪夫多项式和李萨如图形

下面再举两个例子说明 MATLAB 符号的应用,这两个例子的结果在后面会用上。切比雪夫(Chebyshev)多项式用于滤波器设计,它们可通过画两个随时间 t 变化的余弦函数而获得,其中一个余弦函数的频率固定,另一个余弦函数的频率逐渐增大:

$$x(t) = \cos(2\pi t)$$
$$y(t) = \cos(2\pi kt) \quad k = 1,\cdots,N$$

对于每一个 t 的取值,$x(t)$ 提供 x 坐标值,$y(t)$ 提供 y 坐标值。如果解以上方程将 t 求出来,可得

$$t = \frac{1}{2\pi}\arccos(x(t))$$

再将结果代入第二个方程得

$$y(t) = \cos[k\arccos(x(t))], \quad k = 1,\cdots,N$$

这是切比雪夫多项式的一个表达式(在第 7 章将看到,这些方程可被表示成常规的多项式)。图 0.20 显示的是 $N=4$ 时的切比雪夫多项式,以下是计算和绘制这些多项式的脚本。

```
% 切比雪夫多项式
% %
   clear all; clf
   syms x y t
   x = cos(2 * pi * t);
   figure(8)
   for k = 1:4
       y = cos(2 * pi * k * t);
       if k == 1,subplot(221)
```

```
   elseif k == 2,subplot(222)
   elseif k == 3,subplot(223)
       else subplot(224)
   end
   ezplot(x,y); grid; hold on
end
hold off
```

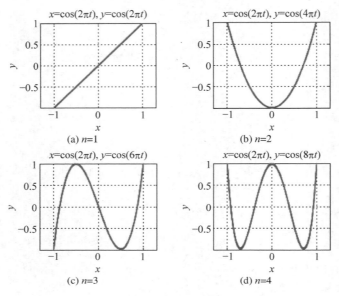

图 0.20　n＝1、2、3、4 时的切比雪夫多项式

接下来要研究的李萨如(Lissajous)图形是以上正弦图形在 x 轴和 y 轴上非常有用的扩展,它们用于确定正弦输入与相应的正弦稳态输出之间的差值。在线性系统的情况下(线性系统的正式定义将在第 2 章给出),对于一个正弦输入,系统的输出也是一个与输入具有相同频率的正弦,但是它的振幅和相位与输入不同。为了求出输入正弦与输出正弦的振幅比,或者为了确定输入正弦与输出正弦的相位差,可以利用李萨如图形。

用示波器可以测出振幅差和相位差,方法是将输入信号加至示波器的 x 轴输入端,输出信号加至示波器的 y 轴输入端,在示波器上将出现一个合成图形,这个图形就是李萨如图形,根据所呈现出的不同的李萨如图形,可以找到在振幅和相位上的差距。在以下脚本中,我们对两种情况进行了模拟,一种情况是输入与输出在振幅上没有变化,但相位由 0 变到 $\frac{3\pi}{4}$;而在另一种情况中振幅按照指示的那样减小,相位的变化与前一种情况相同。这些变化在李萨如图形中都得到了反映,在每个图形中,x 轴方向上的最大值和最小值之差就是输入信号的振幅,而 y 轴方向上的最大值和最小值之差就是输出信号的振幅。椭圆的方向提供了输出与输入的相位差。以下脚本的功能是获得以上两种情况的李萨如图形,结果如图 0.21 所示。

```
% 李萨如图形
% %
    clear all;   clf
    syms  x  y  t
    x = cos(2 * pi * t);              % 输入
```

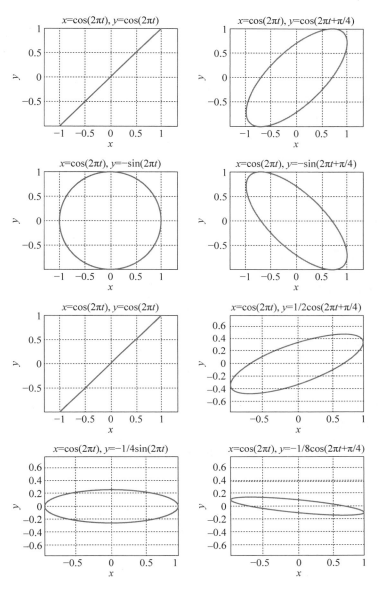

图 0.21　李萨如图形

情况 1(上半部 4 个图由左向右)具有相同振幅的输入和输出($A=1$),但相位差分别是 0、$\pi/4$、$\pi/2$ 和 $3\pi/4$;情况 2(下半部 4 个图由左向右)输入具有单位振幅,但输出的振幅逐渐减小,相位差与情况 1 同。

```
A = 1;    figure(9)              % 在第 1 种情况下输出的振幅
for  i = 1:2,
for  k = 0:3,
      theta = k * pi/4;          % 输出的相角
      y = A ^ k * cos(2 * pi * t + theta);
    if k == 0, subplot(221)
    elseif k == 1, subplot(222)
    elseif k == 2, subplot(223)
    else subplot(224)
```

```
    end
    ezplot(x,y); grid; hold on
    end
    A = 0.5;    figure(10)                    % 第 2 种情况下输出的振幅
    end
```

4. 斜变响应、单位阶跃响应和冲激响应

作为要介绍的有关 MATLAB 符号计算的最后一部分，下面举例分析说明由以下常微分方程描述的线性系统的响应

$$\frac{\mathrm{d}^2 y(t)}{\mathrm{d}t^2} + 5\frac{\mathrm{d}y(t)}{\mathrm{d}t} + 6y(t) = x(t)$$

其中，$y(t)$是输出，$x(t)$是输入。首先输入的是一个常数，当 $t \geqslant 0$ 时，$x(t)=1$，否则为 0（MATLAB 称这个函数为 Heaviside，我们把它叫作单位阶跃信号）；然后令输入为 $x(t)$的导函数，该函数被称为冲激；最后令 $x(t)$的积分为输入，该函数被称为斜变信号。以下脚本的功能是求以这些信号为输入时的相应输出，输出均显示在图 0.22 中。

```
% 单位阶跃,冲激和斜变响应
% %
clear all;    clf
syms  y  t  x  z
% 输入一个单位阶跃信号
y = dsolve('D2y + 5 * Dy + 6 * y = heaviside(t)','y(0) = 0','Dy(0) = 0','t');
x = diff(y);                     % 冲激响应
z = int(y);                      % 斜变响应
figure(11)
subplot(311)
ezplot(y,[0,5]); title('单位阶跃响应')% 画单位阶跃响应
subplot(312)
ezplot(x,[0,5]); title('冲激响应')    % 画冲激响应
subplot(313)
ezplot(z,[0,5]); title('斜变响应')    % 画斜变响应
```

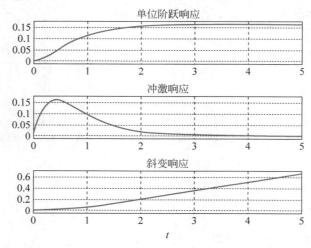

图 0.22　一个由常微分方程描述的二阶系统的响应（输入分别是单位阶跃信号、单位阶跃信号的导数即冲激信号，以及斜变信号即单位阶跃信号的积分）

上例说明了线性系统的吸引力是直观。当输入是一个常数(即单位阶跃信号或 heaviside 信号)时,输出也在初始的惯性之后尽力跟随输入,最后以成为常数而结束。冲激信号(由对单位阶跃信号求导而获得)的持续时间非常短,不同于直流源那样的单位阶跃信号,它是那种对系统产生冲击之后马上就消失的信号,对于这样的输入,输出再一次尽力跟随,随着 t 增长最终消失了(因为输入没有持续带来能量)。斜变信号是单位阶跃信号的积分,它随时间增长,它为系统提供的能量随时间的增长而越来越多,因此得到的响应也是如此。函数 dsolve 用来求解所给的显式常微分方程(D 代表微分算子,故 D 是一阶导数,$D2$ 是二阶导数)。一个二阶系统需要两个初始条件,输出和其导数在 $t=0$ 时刻的值。

> 我们希望这部分关于 MATLAB 软件的介绍为读者提供了理解 MATLAB 基本操作方式的必要背景,也说明了如何继续增长这方面知识的途径。获取信息的最佳来源是 help 命令。通过探究 MATLAB 里的不同模块,读者会很快发现这些模块为许多工程和数学领域提供了大量的计算工具,所以赶快去试用它吧!

0.6　本章练习题

0.6.1　基础题

0.1　令 $z=8+j3, v=9-j2$

(a) 求

(i) $\text{Re}(z)+\text{Im}(v)$;　　(ii) $|z+v|$;　　(iii) $|zv|$;

(iv) $\angle z+\angle v$;　　(v) $|v/z|$;　　(vi) $\angle(v/z)$。

(b) 求下列复数的三角表示和指数表示。

(i) $z+v$;　　(ii) zv;　　(iii) z^*;　　(iv) zz^*;　　(v) $z-v$

答案:(a) $\text{Re}(z)+\text{Im}(v)=6$;$|v/z|=\sqrt{85}/\sqrt{73}$;　　(b) $zz^*=|z|^2=73$。

0.2　考虑以下关于复数的三角表示和指数表示的问题。

(a) 令 $z=6e^{j\pi/4}$,求(i)$\text{Re}(z)$;(ii)$\text{Im}(z)$。

(b) 如果 $z=8+j3, v=9-j2$,以下等式正确吗?

(i) $\text{Re}(z)=0.5(z+z^*)$;(ii)$\text{Im}(z)=-0.5j(v-v^*)$;

(iii) $\text{Re}(z+v^*)=\text{Re}(z+v)$;(iv)$\text{Im}(z+v^*)=\text{Im}(z-v)$

答案:(a) $\text{Re}(z)=3\sqrt{2}$;$\text{Im}(z)=3\sqrt{2}$;(b)都对。

0.3　利用复数的向量表示可以得到一些有趣的不等式。

(a) 对复数 $z=x+jy$ 有 $|x|\leqslant|z|$,这是真的吗?用几何的方法证明,即通过将 z 表示成向量来证明。

(b) 所谓的三角形不等式说的是对任意复数(或者实数)z 和 v,有 $|z+v|\leqslant|z|+|v|$。试用几何的方法证明。

(c) 如果 $z=1+j, v=2+j$,以下不等式正确吗?

(i) $|z+v|\leqslant|z|+|v|$;　　(ii) $|z-v|\leqslant|z|+|v|$

答案:(a) $|x|=|z||\cos(\theta)|$,且由于 $|\cos(\theta)|\leqslant1$,故 $|x|\leqslant|z|$;(c)两个都正确。

0.4　利用欧拉恒等式

(a) 证明

(i) $\cos(\theta-\pi/2)=\sin(\theta)$

(ii) $-\sin(\theta-\pi/2)=\cos(\theta)$

(iii) $\cos(\theta)=\sin(\theta+\pi/2)$

(b) 求下面积分的值。

(i) $\int_0^1\cos(2\pi t)\sin(2\pi t)\mathrm{d}t$

(ii) $\int_0^1\cos^2(2\pi t)\mathrm{d}t$

答案：(b) 0 和 $1/2$。

0.5 在以下问题中利用欧拉恒等式。

(a) 求三角恒等式,用 $\sin(\alpha)$、$\sin(\beta)$、$\cos(\alpha)$ 和 $\cos(\beta)$ 表示：

(i) $\cos(\alpha+\beta)$；   (ii) $\sin(\alpha+\beta)$

(b) $\int_0^1\mathrm{e}^{\mathrm{j}2\pi t}\mathrm{d}t=0$ 正确吗？

(c) 下列说法正确吗？

(i) 对任意整数有 $(-1)^n=\cos(\pi n)$。

(ii) $\mathrm{e}^{\mathrm{j}0}+\mathrm{e}^{\mathrm{j}\pi/2}+\mathrm{e}^{\mathrm{j}\pi}+\mathrm{e}^{\mathrm{j}3\pi/2}=0$(画图表示)。

答案：(a) $\cos(\alpha+\beta)=\cos(\alpha)\cos(\beta)-\sin(\alpha)\sin(\beta)$；(c) 两个都正确。

0.6 利用欧拉恒等式

(a) 证明恒等式：

(i) $\cos(\alpha+\beta)=\cos(\alpha)\cos(\beta)-\sin(\alpha)\sin(\beta)$

(ii) $\sin(\alpha+\beta)=\sin(\alpha)\cos(\beta)+\cos(\alpha)\sin(\beta)$

(b) 求 $\cos(\alpha)\cos(\beta)$ 以及 $\sin(\alpha)\sin(\beta)$ 的一个表达式。

答案：$\mathrm{e}^{\mathrm{j}\alpha}\mathrm{e}^{\mathrm{j}\beta}=\cos(\alpha+\beta)+\mathrm{j}\sin(\alpha+\beta)=[\cos(\alpha)\cos(\beta)-\sin(\alpha)\sin(\beta)]+\mathrm{j}[\sin(\alpha)\cos(\beta)+\cos(\alpha)\sin(\beta)]$。

0.7 考虑计算方程 $z^N=\alpha$ 的根,这里 $N\geqslant1$ 且 N 为整数,$\alpha=|\alpha|\mathrm{e}^{\mathrm{j}\phi}$ 是非零的复数。

(a) 首先证明此方程有 N 个根,而且它们由 $z_k=r\mathrm{e}^{\mathrm{j}\theta_k}$ 确定,其中 $r=|\alpha|^{1/N}$,$\theta_k=(\phi+2\pi k)/N$,$k=0,1,\cdots,N-1$。

(b) 利用以上结果求下面方程的根。

(i) $z^2=1$；   (ii) $z^2=-1$；   (iii) $z^3=1$；   (iv) $z^3=-1$

并在极坐标平面上画出这些根(即在平面上指明它们的模和辐角)。解释这些根在极坐标平面上是怎样分布的。

答案：$z^3=-1=1\mathrm{e}^{\mathrm{j}\pi}$ 的根是 $z_k=1\mathrm{e}^{\mathrm{j}(\pi+2\pi k)/3}$,$k=0、1、2$,这些根是围绕着半径为 r 的圆周等间隔均匀分布的。

0.8 考虑下列与复数计算有关的问题。

(a) 求出并画出下列方程的所有根。

(i) $z^3=-1$；   (ii) $z^2=1$；   (iii) $z^2+3z+1=0$

(b) 假设你想求复数 $z=|z|\mathrm{e}^{\mathrm{j}\theta}$ 的自然对数,即

$$\log(z)=\log(|z|\mathrm{e}^{\mathrm{j}\theta})=\log(|z|)+\log(\mathrm{e}^{\mathrm{j}\theta})=\log(|z|)+\mathrm{j}\theta$$

如果 z 是负数,则它可写成 $z=|z|\mathrm{e}^{\mathrm{j}\pi}$,那么利用以上推演就可求出 $\log(z)$。实际上任意复数的自然对数都可用这种方法来求。证明以上等式中每一步的正确性,然后求出以下自然对数的值：

(i) $\log(-2)$; (ii) $\log(1+\mathrm{j}1)$; (iii) $\log(2\mathrm{e}^{\mathrm{j}\pi/4})$

(c) 令 $z=-1$,求:(i) $\log(z)$;(ii) $\mathrm{e}^{\log(z)}$。

(d) 令 $z=2\mathrm{e}^{\mathrm{j}\pi/4}=2(\cos(\pi/4)+\mathrm{j}\sin(\pi/4))$,

(i) 求 $z^2/4$;

(ii) $(\cos(\pi/4)+\mathrm{j}\sin(\pi/4))^2=\cos(\pi/2)+\mathrm{j}\sin(\pi/2)=\mathrm{j}$ 是否正确?

答案:(a) (i) $z_k=\mathrm{e}^{\mathrm{j}\pi(2k+1)/3}$;(b) $\log(2\mathrm{e}^{\mathrm{j}\pi/4})=\log(2)+\mathrm{j}\pi/4$;

(c) $\mathrm{e}^{\log(z)}=-1$;(d) (i) $z^2/4=\mathrm{j}$。

0.9 考虑函数 $w=\mathrm{e}^z$,其中 $z=1+\mathrm{j}1$。

(a) 求(i) $\log(w)$;(ii) $\mathrm{Re}(w)$;(iii) $\mathrm{Im}(w)$。

(b) $w+w^*$ 等于多少?其中 w^* 是 w 的共轭复数。

(c) 确定 $|w|$、$\angle w$ 和 $|\log(w)|^2$ 的值。

(d) 利用欧拉恒等式,求用 w 表示 $\cos(1)$ 的表达式。

答案:$\log(w)=z$;$w+w^*=2\mathrm{Re}[w]=2\mathrm{e}\cos(1)$。

0.10 相量可被看作是代表复数的一个向量,该向量绕着极坐标平面以一定角速度旋转,它投影在实轴上产生一个具有一定幅度和相位的余弦。本题将说明相量的代数形式,它能帮助读者理解一些难以记忆的三角恒等式。

(a) 在画 $y(t)=A\sin(\Omega_0t)$ 的图形时,我们会注意到它是余弦 $x(t)=A\cos(\Omega_0t)$ 在时间上的一个平移,即

$$y(t)=A\sin(\Omega_0t)=A\cos(\Omega_0(t-\Delta_t))=x(t-\Delta_t)$$

那么这个平移量 Δ_t 是多少? 更好的问题是 $\Delta_\theta=\Omega_0\Delta_t$ 即相移是多少? 因此实际上我们只需要考虑具有不同相移的余弦函数,而不需要正弦和余弦二者都考虑。

(b) 由上所述,产生 $x(t)=A\cos(\Omega_0t)$ 的相量是 $A\mathrm{e}^{\mathrm{j}0}$,因此 $x(t)=\mathrm{Re}[A\mathrm{e}^{\mathrm{j}0}\mathrm{e}^{\mathrm{j}\Omega_0t}]$,那么对应于正弦 $y(t)$ 的相量就应该是 $A\mathrm{e}^{-\mathrm{j}\pi/2}$。参照 $x(t)$ 的表达式,试用相量来表示 $y(t)$。

(c) 由以上结果,试分别给出 $-x(t)=-A\cos(\Omega_0t)$ 和 $-y(t)=-A\sin(\Omega_0t)$ 的相量表示,并画出可产生给定频率的 cos、sin、$-$cos 及 $-$sin 的相量。现在是否明白这些函数的联系了? 是否也明白了需要沿正向或负向旋转多少弧度,才能由一个余弦得到一个正弦?

(d) 假设有一个两正弦的和,例如 $z(t)=x(t)+y(t)=A\cos(\Omega_0t)+A\sin(\Omega_0t)$,如果将 $x(t)$ 和 $y(t)$ 在某个时刻,例如 $t=0$ 的相应相量相加,得到的仅仅是一个两向量的和,你应该可以得到一个向量及其相应的相量。对于 $x(t)$ 和 $y(t)$,先求出它们各自相应的相量,再由它们求出相应 $z(t)=x(t)+y(t)$ 的相量。

(e) 求对应下列函数的相量

(i) $4\cos(2t+\pi/3)$;(ii) $-4\sin(2t+\pi/3)$;

(ii) $4\cos(2t+\pi/3)-4\sin(2t+\pi/3)$

答案:$\sin(\Omega_0t)=\cos(\Omega_0(t-T_0/4))=\cos(\Omega_0t-\pi/2)$,由于 $\Omega_0=2\pi/T_0$;$z(t)=\sqrt{2}A\cos(\Omega_0t-\pi/4)$

(e) (i) $4\mathrm{e}^{\mathrm{j}\pi/3}$;(iii) $4\sqrt{2}\,\mathrm{e}^{\mathrm{j}7\pi/12}$。

0.11 为了建立由数字系统产生以及处理的位数(比特数)的概念,下面来考虑以下应用:

(a) 一个光盘(CD)能够存储 75 分钟的"CD 质量"的立体声(左、右声道均录制)音乐,请计算 CD 中存储的原始数据的位数。

提示:先要理解"CD 质量"意味着用多少位二进制数表示一个样本。

（b）理解自己手机里的语音编码器（vocoder）的用途。为了获得"话音质量"的声音，手机采用10 000 个样本/秒的抽样率，且每个样本用 8 比特来表示，计算手机每秒需要处理的语音的比特数。现在读者是否明白语音编码器的用途了？

（c）发文本短信比语音更便宜还是更贵？解释发文本短信的工作原理。

（d）解释音频光盘和音频 DVD 的区别。为什么说一个乙烯材料的黑胶唱片发出的声音好得多？有了数字技术，人们还会在音乐录制上走回头路吗？请给出你的理由。

（e）为了理解为何因特网上的视频流很多时候都是低质的，下面来考虑一个视频压缩器在每秒内需要处理的数据量。假定视频帧的大小是 352 × 240 像素，对于图像来说，一个可接受的质量是每像素采用 8 比特表示，而且采用 60 帧/秒的播放速度以避免图像抖动。

（i）每秒需要处理多少帧？

（ii）每秒需要传输多少比特？

（iii）以上考虑的是原始数据，采用压缩方法可以减少数据量，但压缩会改变整个图像（并不夸张）。请找出一些压缩方法。

答案：（a）大约 6.4GB；语音编码器在减少传输比特数的同时又能保持声音的可辨识。

0.12　几何级数

$$S = \sum_{n=0}^{N-1} \alpha^n$$

将会在后面一些章节中频繁用到，所以这里来考虑它的一些性质：

（a）假设 $\alpha = 1$，S 等于多少？

（b）假设 $\alpha \neq 1$，证明

$$S = \frac{1-\alpha^N}{1-\alpha}$$

证明 $(1-\alpha)S = (1-\alpha^N)$。为什么需要 $\alpha \neq 1$ 这个条件？如果 $\alpha > 1$，这个和还会存在吗？请作出解释。

（c）现在假设 $N = \infty$，S 存在需要什么条件？如果满足此条件，S 等于什么？请作出解释。

（d）再次假设 S 的定义当中 $N = \infty$，S 关于 α 的导数为

$$S_1 = \frac{dS}{d\alpha} = \sum_{n=0}^{\infty} n\alpha^{n-1}$$

求 S_1 的有理表达式。

答案：当 $\alpha = 1$ 时，$S = N$，当 $\alpha \neq 1$ 时，$S = (1-\alpha^N)/(1-\alpha)$。

0.6.2　MATLAB 实践题

0.13　抽样　考虑信号 $x(t) = 4\cos(2\pi t)$，$-\infty < t < \infty$，以下列不同抽样时间间隔 T_s 值对其进行抽样，产生的离散时间信号是 $x(n) = x(nT_s) = x(t)|_{t=nT_s}$，（i）$T_s = 0.1$；（ii）$T_s = 0.5$；（iii）$T_s = 1$。

对于以上所给的 T_s 值，判断哪个离散时间信号损失了连续时间信号中的信息。用 MATLAB 画出 $0 \leqslant t \leqslant 3$ 内的 $x(t)$（取 $T_s = 10^{-4}$，用 plot 函数）以及抽样所得的离散时间信号（用 stem 函数）的图形，将模拟和数字信号画在一张图里；利用 subplot 函数将一个图形窗口分成四个图形区域。注意要解决如何标注不同的坐标轴，如何使两个图形的尺度和单位相同的问题。

答案：当 $T_s = 1$ 时，离散信号丢失了信息。

0.14 导数和有限差分 令 $y(t)=\mathrm{d}x(t)/\mathrm{d}t$，其中 $x(t)=4\cos(2\pi t)$，$-\infty<t<\infty$，用解析法求 $y(t)$，并确定一个 T_s 的值，使 $\Delta[x(nT_s)]/T_s=y(nT_s)$（可以考虑取 $T_s=0.01$ 和 $T_s=0.1$）。用 MATLAB 函数 diff 或者自己编写函数来计算有限差分。画出有限差分在区间$[0,1]$内的图形，并在此区间内将它与实际的导数 $y(t)$ 进行对比。对于所给的 T_s 值，解释你得到的结果。

答案： $y(t)=-8\pi\sin(2\pi t)$ 与 $x(t)$ 有相同的抽样时间间隔，$T_s\leqslant 5$；$T_s=0.01$ 产生的结果更好。

0.15 后向差分 有限差分的另一种定义形式是后向差分：

$$\Delta_1[x(nT_s)]=x(nT_s)-x((n-1)T_s)$$

（$\Delta_1[x(nT_s)]/T_s$ 近似 $x(t)$ 的导数）。

（a）指出这个新定义与本章前面定义的有限差分之间是如何关联的。

（b）利用新定义的有限差分，用 MATLAB 再次解决问题 0.14，并对比两次的结果。

（c）对于 $T_s=0.1$，用两个有限差分的平均值去近似模拟信号 $x(t)$ 的导数，对比这个结果与前两次的结果。提出一个直接计算这个新的有限差分的表达式。

答案： $\Delta_1[x(n+1)]=x(n+1)-x(n)=\Delta[x(n)]$；

$0.5\{\Delta_1[x(n)]+\Delta[x(n)]\}=0.5[x(n+1)-x(n-1)]$。

0.16 微分方程和差分方程 求把电流源 $i_s(t)=\cos(\Omega_0 t)$ 与电感电流 $i_L(t)$ 联系起来的常微分方程，这里电感量 $L=1\mathrm{H}$，且电感与一个电阻值 $R=1\Omega$ 的电阻并联（见图 0.23），假定电感的初始电流为零。

（a）利用积分的梯形近似法则从常微分方程获得一个离散方程。

（b）创建一个 MATLAB 脚本文件用来求解差分方程，取 $T_s=0.01$，$i_s(t)$ 的频率分别取 $\Omega_0=0.005\pi$、0.05π 和 0.5π。用 MATLAB 的 plot 函数，在同一个图中画出输入电流源 $i_s(t)$ 和近似解 $i_L(nT_s)$ 的图形。用 MATLAB 的 filter 函数求解差分方程（用 help 了解关于 filter 函数的信息）。

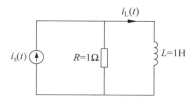

图 0.23 问题 0.16（RL 电路：
输入 $i_s(t)$，输出 $i_L(t)$）

（c）利用符号 MATLAB 求解常微分方程，取输入电流源 $i_s(t)$ 的频率为 $\Omega_0=0.5\pi$，并对比 $i_s(t)$ 和 $i_L(t)$。

答案： $\mathrm{d}i_L(t)/\mathrm{d}t+i_L(t)=i_s(t)$。

0.17 求和与高斯 求和计算中的三个定律

分配律：

$$\sum_k ca_k=c\sum_k a_k$$

结合律：

$$\sum_k (a_k+b_k)=\sum_k a_k+\sum_k b_k$$

交换律：

$$\sum_k a_k=\sum_{p(k)} a_{p(k)}$$

上式中 $p(k)$ 表示整数 k 集合中数的任意排列。

（a）为了解释以上规则在计算和时的意义，考虑

$$\sum_k a_k=\sum_{k=0}^{2} a_k \quad \text{和} \quad \sum_k b_k=\sum_{k=0}^{2} b_k$$

可令 c 为一个常数，选$[0,1,2]$三个值的任意组合，例如$[2,1,0]$ 或 $[1,0,2]$。

（b）利用以上规则可以解释高斯在上学前就用到的小诀窍。假设要求从 0～10 000 的所有整数的和（高斯在孩提时就算出了 0～100 所有整数的和，我们可以做得更好！），即要求的 S 为

$$S = \sum_{k=0}^{10\,000} k = 0 + 1 + 2 + \cdots + 10\,000$$

为了求此和，考虑

$$2S = \sum_{k=0}^{10\,000} k + \sum_{k=10\,000}^{0} k$$

利用上述规则就可以求出 S。自己再编写一个 MATLAB 函数计算此和。

（c）利用所给的三个定律，求一个等差数列的和

$$S_1 = \sum_{k=0}^{N} (\alpha + \beta k)$$

其中，α 和 β 是常数。

（d）如果可以用 MATLAB 的符号计算求和，即没有任何数值计算，请找出可用的符号函数，并用找到的符号函数计算前一小题中的和，取 $\alpha = \beta = 1, N = 100$。

答案：$N = 10\,000, S = N(N+1)/2$；$S_1 = \alpha(N+1) + \beta(N(N+1))/2$。

0.18 积分与求和 如果希望能利用求和计算信号 $x(t)$ 下方的面积，那么将会需要用到在前面题目中已获得的如下结果

$$\sum_{n=0}^{N} n = \frac{N(N+1)}{2}$$

（a）先考虑信号 $x(t) = t, 0 \leqslant t \leqslant 1$，否则其值为 0。这个信号下方的面积为 0.5，积分可利用上面的公式近似如下：

$$\sum_{n=1}^{N-1} (nT_s) T_s < \int_0^1 t\,\mathrm{d}t < \sum_{n=1}^{N} (nT_s) T_s$$

其中，$NT_s = 1$（即将区间 $[0,1]$ 分成宽度为 T_s 的 N 等份）。取 $N = 4$，画图显示作为 $x(t)$ 下方面积近似的上、下界，说明以上不等式的正确性。

（b）令 $T_s = 0.001$，用符号函数 symsum 计算以上积分的上、下界。求这两个结果的平均值，并将这个结果与积分的真实值进行比较。

（c）利用本题开始所给的求和公式计算上面不等式中左、右两个和式的结果，并以此检验前一小题中符号计算的结果。当 $N \to \infty$ 时会发生什么？

（d）编写一个 MATLAB 脚本用于计算信号 $y(t) = t^2, 0 \leqslant t \leqslant 1$ 下方的面积，令 $T_s = 0.001$。对比上、下界的平均值和积分的值。

答案：对于 $T_s = 1/N$，有

$$\left[\frac{(N-1)(N-2) + 2(N-1)}{2N^2} \right] \leqslant \frac{1}{2} \leqslant \left[\frac{(N-1)(N-2) + 2(N-1)}{2N^2} \right] + \frac{1}{N}$$

0.19 更多积分与求和 虽然求和与积分相似，但由于求和具有天然的离散性，在计算和时需要比计算积分更加注意其上、下限。为了说明这一点，把一个积分分成两个积分，把一个和式分成两个和式并将两种情况进行对比。对于积分有

$$\int_0^1 t\,\mathrm{d}t = \int_0^{0.5} t\,\mathrm{d}t + \int_{0.5}^1 t\,\mathrm{d}t$$

分别计算三个积分从而说明上式是正确的。接着考虑和式

$$S = \sum_{n=0}^{100} n$$

求这个和,并判断以下哪一个和与这个相等。

(i) $S_1 = \sum\limits_{n=0}^{50} n + \sum\limits_{n=50}^{100} n$；　(ii) $S_2 = \sum\limits_{n=0}^{50} n + \sum\limits_{n=51}^{100} n$

用符号 MATLAB 函数 symsum 检验结果。

答案：$S = 5050, S_1 = 5100, S_2 = 5050$。

0.20　指数函数　指数函数 $x(t) = e^{at}$,当 $t \geqslant 0$ 时,否则为 0,是非常常见的连续时间信号。类似地,当 $n \geqslant 0$ 时,$y(n) = \alpha^n$,否则为 0,是非常常见的离散时间信号。下面来考虑它们之间的关系。用 MATLAB 解决以下问题:

(a) 令 $a = -0.5$,画出 $x(t)$ 的图形。

(b) 令 $a = -1$,画出相应的信号 $x(t)$,这个信号比 $a = -0.5$ 时的指数信号更快地趋于零吗?

(c) 假设以 $T_s = 1$ 对信号 $x(t)$ 抽样,$x(nT_s)$ 会是什么样的信号,它与 $y(n)$ 有什么关系,即 α 为何值时可使二者相等?

(d) 假设电流信号:当 $t \geqslant 0$ 时,$x(t) = e^{-0.5t}$,否则为 0,从 $t = 0$ 开始输入一个放过电的电容,该电容的电容量为 $C = 1F$,当 $t = 1s$ 时电容的电压等于多少?

(e) 怎样利用计算机获得以上问题的近似结果? 请作出解释。

答案：$0 < e^{-at} < e^{-\beta t}$,对于 $\alpha > \beta \geqslant 0$；$v_c(1) = 0.79$。

0.21　复数代数　考虑复数 $z = 1 + j$, $w = -1 + j$, $v = -1 - j$ 及 $u = 1 - j$,可以用 MATLAB 函数 compass 画出与复数相应的向量从而检验分析结果。

(a) 指出复平面上与复数 z 相对应的点 (x, y),并画出连接点 (x, y) 与原点的向量 $\vec{z}$。z 或 $\vec{z}$ 的模和辐角分别是多少?

(b) 对复数 w、v 和 u 重复以上工作。将四个复数都画出来,并分别用解析法和作图法求它们的和 $z + w + v + u$。

(c) 求这几个复数的比值 z/w、w/v 和 u/z,并确定它们各自的实部和虚部,以及各自的模和辐角。利用这些比值来求 u/w 的值。

(d) 只有当复数的模有意义时,它的辐角才有意义。考虑 z 和 $y = 10^{-16} z$,对比二者的模和辐角,关于 y 的辐角你会说什么?

答案：$|w| = \sqrt{2}, \angle w = 3\pi/4, |v| = \sqrt{2}, \angle v = 5\pi/4, |u| = \sqrt{2}, \angle u = -\pi/4$。

0.22　时间的复变函数　考虑复变函数 $x(t) = (1 + jt)^2$, $-\infty < t < \infty$。

(a) 求 $x(t)$ 的实部和虚部,并用 MATLAB 把它们仔细地画出来。试用 MATLAB 直接画 $x(t)$,你得到了什么? MATLAB 是否给出了警告? 这样做有意义吗?

(b) 计算导数 $y(t) = dx(t)/dt$ 并画出其实部和虚部,$y(t)$ 的实部与虚部与 $x(t)$ 的实部与虚部有什么关系?

(c) 计算积分

$$\int_0^1 x(t) dt$$

(d) 下面说法正确吗?(注意:* 表示复共轭)

$$\left(\int_0^1 x(t) dt \right)^* = \int_0^1 x^*(t) dt$$

答案：$\int_0^1 x(t)\mathrm{d}t = 2/3 + \mathrm{j}1$；此说法是正确的。

0.23 正弦函数的正交性 欧拉恒等式不仅在求复数的直角坐标表示和极坐标表示中很有用,在其他许多方面也非常有用,本题将对此进行探索。

(a) 仔细画出离散时间信号 $x[n] = \mathrm{e}^{\mathrm{j}\pi n}$ 的图形,其中整数 $-\infty < n < \infty$。这是一个实信号还是复信号?

(b) 若要求对应 $\sin(\alpha)\sin(\beta)$ 的三角恒等式,则可以先利用欧拉恒等式将正弦表示为指数函数,然后将指数函数相乘,再利用欧拉恒等式进行重新组合,最后就得到用正弦函数表示的形式了。

(c) 后面将看到,两个周期均为 T_0 的周期信号 $x(t)$ 和 $y(t)$ 被称为正交的,如果在一个周期 T_0 内,积分

$$\int_{T_0} x(t)y(t)\mathrm{d}t = 0$$

例如,令 $x(t) = \cos(\pi t)$,$y(t) = \sin(\pi t)$,先检查这两个函数是不是每隔 $T_0 = 2$ 就重复一遍,即 $x(t+2) = x(t)$,$y(t+2) = y(t)$,这样 $T_0 = 2$ 可看作是它们的基波周期。利用欧拉恒等式将被积函数表示成指数函数的形式,然后检验积分的结果是否等于零,即 $x(t)$ 和 $y(t)$ 是否正交。可以用符号 MATLAB 检验这个积分是否等于零。

答案：$\mathrm{e}^{\mathrm{j}\pi n}$ 是实函数；$\sin(\pi t)$ 和 $\cos(\pi t)$ 是正交的。

0.24 双曲正弦 在设计滤波器时将会用到双曲函数。本题将这些函数与正弦函数联系起来,获得这些函数的定义,从而能够画出它们的图形。

(a) 考虑计算一个纯虚数的余弦,即利用

$$\cos(x) = \frac{\mathrm{e}^{\mathrm{j}x} + \mathrm{e}^{-\mathrm{j}x}}{2}$$

通过令 $x = \mathrm{j}\theta$,然后求 $\cos(x)$,这个结果被称为双曲余弦函数,即

$$\cos(\mathrm{j}\theta) = \cosh(\theta)$$

(b) 然后考虑双曲正弦函数 $\sinh(\theta)$ 的计算,你会怎么做? 把 $\sinh(\theta)$ 当作 θ 的函数,仔细画出它的图形。

(c) 证明 对于所有 θ 的值,双曲余弦函数的值始终是正数,并且大于 1。

(d) 证明 $\sinh(\theta) = -\sinh(-\theta)$。

(e) 编写一个 MATLAB 脚本计算双曲正弦和双曲余弦函数在 $-10 \sim 10$ 范围内的值,并绘制图形。

答案：$\sinh(\theta) = -\mathrm{j}\sin(\mathrm{j}\theta)$,它是奇函数。

第二部分
PART 2

连续时间信号与
系统的理论与应用

第 1 章

连续时间信号

千里之行,始于足下。

老子(公元前 604—531 年),
中国哲学家

1.1 引言

本章将专注于连续时间信号的表示和处理,其实我们对这类信号很熟悉,那些来自于收音机、手机、iPod 和 MP3 播放器的语音、音乐、图像和视频就是这类信号的实例,很明显,它们每一个都包含着某种类型的信息,但是我们不清楚的是,要怎么做才能捕捉、表示和改变这些信号以及它们所包含的信息。

要处理信号就需要理解它们的本质,要弄清分析和期望的局限所在就需要对它们进行分类。谈到处理信号,我们的脑海中可能会想到这样几个关于如何实现的问题,第一个要实现的可能是随时间任意连续变化的信号,几乎所有的信号都是这样的。考虑语音信号,如果能用将麦克风连上计算机,并用必要的硬件和软件来显示这种方式捕捉到该信号,那么对着麦克风说话的时候,一个相当复杂且以无法预料的方式变化的信号显现出来时,也就实现了该信号。这时我们会问自己,说出的单词是怎样变成这个信号的,而且它又是怎样以数学形式来表示,从而能够利用我们开发的算法去改变它的。本书研究的是确定性信号,而不是随机信号的表示,这是回答以上重要问题的漫长征途的第一步。第二个可能要实现的是把信号输入计算机,那么这种信号必须是二进制形式,但是怎样才能把由麦克风产生的连续变化的电压信号转换成二进制形式呢? 这要求以某种方式压缩信息,当希望听到存储在计算机里的语音信号时,这种压缩方式又允许将信号再转换回去。还有一个要实现的恐怕是信号的产生和处理所需要的系统。在前面所举的例子里,人类的发声系统是一个系统,麦克风也是一个系统,它将空气压力差转换成为电压信号,同样的,计算机也是一个系统,它与特殊的软件和硬件一起完成信号的显示和处理任务。实际上,信号和系统总是在一起的,在第 2 章我们将讨论信号与系统之间的相互作用。

信号的数学表示意味着如何看待作为函数的信号,它可以是时间的函数(例如音乐和语音信号),也可以是空间的函数(例如图像),还可以既是时间又是空间的函数(例如视频信号),本书将专注于时间依赖的信号。根据信号的实际特征我们对信号进行了分类,采用的分类方式与信号的存储方式、处理方式或者二者都有关系。本章以连续时间信号和系统的表示和分析开头,也就是说会回答以下这样一些问题:延迟或超前信号意味着什么;反褶信号或求信号的奇分量和偶分量意味着什么;判断信号是否是周期的,能量是否是有限的又意味着什么。这些有关信号的运算将帮助我们理解信号的表示和处理。本章还将证明任何一个信号都可以用基本信号来表示,利用这个表示可以突出信号的某些特征,还可以简化求系统对输入信号所产生的相应响应的过程。特别要说明的是,如何用正弦表示信号是我们非常关注的问题,因为正是它让所谓的傅里叶表示得以发展,傅里叶表示是线性时不变系统理论中必不可少的,非常重要的组成部分,我们将在第2章对其进行研究。

1.2 时间依赖信号的分类

对于携带着信息的时间函数类信号,有如下许多分类方式:

(1)根据状态是否具有可预见性,信号可以分为随机信号和确定信号。确定信号可由一个公式或一个函数值表格来表示,而随机信号只能进行统计学上的近似。本书只考虑确定信号。

(2)根据时间变量和幅值的变化情况,信号可以分为连续时间信号、具有模拟幅值或离散幅值的离散时间信号和数字信号,数字信号是在时间上离散,且每个样本用一个二进制数表示的信号。这种分类的依据是信号处理方式的不同,或存储方式的不同,或二者都不同。

(3)根据是否呈现出重复性行为,信号可分为周期信号和非周期信号。

(4)根据能量的情况,信号可以分为能量有限信号、功率有限信号和无限能量、无限功率的信号。

(5)根据关于时间原点的对称情况,信号可以分为偶信号、奇信号和非奇非偶信号。

(6)根据支撑范围的不同,信号可以分为有限支撑信号和无限支撑信号。这里支撑可以理解为信号的时间区间,信号的值在这个区间之外总为零。

1.3 连续时间信号

信号是携带信息的时间函数。如果考虑一个被录制的语音信号就很容易理解这个说法了,把该信号想成初始是由麦克风产生的连续变化的电压量,通过功放和扬声器之后转换为一个可听见的声音信号,它提供了语音信息,因此,这个语音信号可用时间函数表示为

$$v(t), \quad t_b \leqslant t \leqslant t_f \tag{1.1}$$

其中,t_b 是信号开始的时间;t_f 是信号终止的时间。函数 $v(t)$ 随时间连续地变化,它的振幅可以取任何可能的数值,显然这个信号携带了语音信号提供的信息。

并非所有信号都是时间的函数。一个存储在计算机里的数字图像提供了视觉信息,它的亮度取决于图像的不同位置,因此一幅数字图像可被表示成空间变量(m,n)的一个函数,随着 m、n 的值离散地变化,产生一个数组,数组里的每个元素被称为一个**图像元素**或一个**像素**,每个像素的值都是一个亮度值,这样图像里的视觉信息就是由信号 $p(m,n)$ 来提供,对于一个大小为 $M \times N$ 像素的图像来说,$0 \leqslant m \leqslant M-1, 0 \leqslant n \leqslant N-1$。如果是 256 个灰度级,每个像素的值可用 8 比特来表示,所以说信号 $p(m,n)$ 在空间和幅度上都离散地变化。作为在时间上的图像序列,一个视频信号相应地就是时间和两个空间变量的函数,它们的时间或空间变量的变化,以及幅度的变化就表征了这些信号。

对于时间依赖的信号,时间和幅度是连续变化还是离散变化就刻画了不同的信号,因此根据自变量时间 t 的变化情况,有**连续时间**信号和**离散时间**信号两种类型,即根据 t 是取无限多值还是取有限集合内的值来区分。同样地,连续时间信号和离散时间信号的幅度可以连续地变化,也可以离散地变化,连续时间信号的幅度如果也连续,就称为**模拟信号**,因为它们与由原音信号引起的压力的变化类似;如果一个信号的幅度离散地变化,但在时间上是连续的,该信号就称为**多电平信号**;一个幅度连续,时间离散的信号称为**离散时间信号**;而一个**数字信号**是时间和幅度都离散的信号,数字信号的每个样本都由一个二进制数表示。

解释以上这些信号类别的好办法是考虑用计算机处理式(1.1)中 $v(t)$ 所需的步骤,即由模拟信号到数字信号的转化。前面已指出,$v(t)$ 中的独立时间变量 t 在 t_b 和 t_f 之间连续地变化,$v(t)$ 的幅度也连续变化,假设 $v(t)$ 的值可以取任意实数,即 $v(t)$ 是个模拟信号,那么 $v(t)$ 就不能用计算机来处理,因为有数不清的数值需要存储(即使 t_b 非常接近于 t_f)。此外,要精确表示 $v(t)$ 的一个幅值可能都需要非常大量的位数,因此有必要减少数据量而又不损失信号提供的信息。为了达到该目的,我们对 $v(t)$ 进行抽样,即在等间隔的 nT_s 时刻抽取信号的值,这里 n 是整数,T_s 是**抽样时间间隔**,对于这个信号来说,T_s 需要适当地选取才行(第 8 章将讨论怎样选择 T_s 值)。抽样减少了在时间上的取值数量,其结果是获得了离散时间信号:

$$v(nT_s) = v(t)\Big|_{t=nT_s}, \quad 0 \leqslant n \leqslant N \tag{1.2}$$

其中,$T_s = (t_f - t_b)/N$,抽样时间是 $t_b + nT_s$。显然,这样对时间变量的离散化处理减少了输入计算机的数值数量,但是这些样本的幅度仍然能取无限多的值,为了能够仅用一定数量的位数表示每一个 $v(nT_s)$ 的值,现在对样本的幅度也进行离散化处理,为此,需要采用一个能表示信号幅度的正值和负值的电平集合。根据样本值所落入的电平级别,依照某种近似方案为其配置一个独一无二的二进制代码。例如,如果想用 8 比特表示每个样本,那么就有 2^8 即 256 个均衡的电平级别,对样本的幅度进行舍入或截断,这个或正或负的值就可用 256 个电平中的某一个来表示。给每个电平赋予一个独一无二的二进制代码,就将一个模拟信号转换成为数字信号了,在这种情况下数字信号是个二进制信号。以上步骤中的后两步操作分别称为**量化**和**编码**。

由于实际应用中遇见的许多信号都是模拟信号,如果用计算机处理这类信号能提供满意的结果,我们就需要经常进行以上转换工作。将一个模拟信号转变成为一个数字信号的器件叫作**模/数转换器**即 **A/D 转换器**,它的特性由每秒抽取的样本数量(**抽样率 1/T_s**)和配置给每个样本的位数来刻画。将一个数字信号转变成为一个模拟信号要用**数/模转换器**即 **D/A 转换器**,这种器件的工作过程与 A/D 转换器正好相反:二进制数值先被转换成多电平信号,或者说幅度近似于原始样本幅度的脉冲信号,多电平信号或脉冲信号再被平滑就可以产生一个模拟信号。我们将在第 8 章讨论抽样、二进制表示和模拟信号的重建。

图 1.1 显示的是如何理解模拟信号在时间和幅度上的离散化,而图 1.2 说明了一段语音信号的抽样和量化。

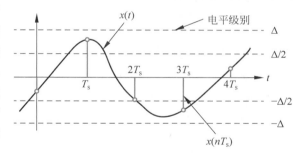

图 1.1 模拟信号在时间和幅度上的离散化

取抽样时间间隔 T_s 和量化单位 Δ 为参数。在时间上,样本在均匀的时刻被抽取,在幅度上,信号的幅值范围被分成有限个电平级别,这样每个样本的值都可由某个电平来近似。

一个连续时间信号可被认为是一个实数值或复数值的时间函数:

$$x(\cdot): R \rightarrow R(C)$$
$$t \quad x(t) \tag{1.3}$$

因此自变量是时间 t,函数在时刻 t_0 的值 $x(t_0)$ 是一个实数(或复数)值。(虽然实际中信号是实值的,但在理论上需要有复数值信号的概念,这会为分析带来方便。)假定时间 t 和信号幅度 $x(t)$ 都能连续变化,如果需要,变化范围可以从 $-\infty \sim \infty$。连续时间信号 $x(t)$ 的幅度能够连续变化(模拟信号)或者离散变化(多电平信号)。

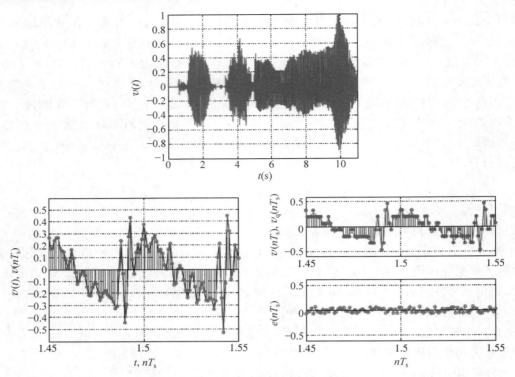

图 1.2　一段语音信号的抽样和量化

上图为语音信号。左下图显示的是语音片段(连续曲线)和抽样信号(垂直样本)，抽样时间间隔 $T_s = 10^{-3}\text{s}$；右下方的
两个图中，上图显示的是抽样和量化后的信号，下图显示的是量化误差，即抽样信号与量化信号的差值。

【例 1.1】

描述正弦信号 $x(t) = \sqrt{2}\cos\left(\dfrac{\pi}{2}t + \dfrac{\pi}{4}\right)$，$-\infty < t < \infty$ 的特征。

解　信号 $x(t)$ 是：

确定性的，因为对于任意的 t 值都能获得对应的信号值；

模拟的，因为信号有一个从 $-\infty \sim \infty$ 连续变化的时间变量 t，并且信号的幅值范围是从 $-\sqrt{2} \sim \sqrt{2}$；

无限支撑的，因为信号没有在任何有限的区间之外等于 0。

这个正弦信号的振幅是 $\sqrt{2}$，频率是 $\Omega = \pi/2\,(\text{rad/s})$，初相位是 $\pi/4\,\text{rad}$(注意 Ωt 的单位是 rad，因此它
可与初相位相加)。因为该信号是无限支撑的，所以它在实际中不存在，不过后面会看到在信号的表示
和处理中正弦信号的地位是极其重要的。

【例 1.2】

复数信号 $y(t)$ 定义为 $y(t) = (1+\text{j})\,\text{e}^{\text{j}\pi t/2}$，$0 \leqslant t \leqslant 10$，否则为 0。用例 1.1 中的信号 $x(t)$ 来表示 $y(t)$，
并描述它的特征。

解　由于 $1+\text{j} = \sqrt{2}\,\text{e}^{\text{j}\pi/4}$，于是利用欧拉恒等式有

$$y(t) = \sqrt{2}\,\text{e}^{\text{j}(\pi t/2 + \pi/4)} = \sqrt{2}\left[\cos(\pi t/2 + \pi/4) + \text{j}\sin(\pi t/2 + \pi/4)\right], \quad 0 \leqslant t \leqslant 10$$

否则为 0。因此当 $0 \leqslant t \leqslant 10$ 时，该信号的实部和虚部分别为

$$\text{Re}[y(t)] = \sqrt{2}\cos(\pi t/2 + \pi/4)$$

$$\text{Im}[y(t)] = \sqrt{2}\sin(\pi t/2 + \pi/4)$$

否则为 0。信号 $y(t)$ 可利用 $x(t)$ 表示为

$$y(t) = x(t) + \mathrm{j}x(t-1), \quad 0 \leqslant t \leqslant 10$$

否则为 0。要注意

$$x(t-1) = \sqrt{2}\cos\left(\frac{\pi}{2}(t-1) + \frac{\pi}{4}\right) = \sqrt{2}\cos\left(\frac{\pi t}{2} - \frac{\pi}{2} + \frac{\pi}{4}\right)$$

$$= \sqrt{2}\sin\left(\frac{\pi t}{2} + \frac{\pi}{4}\right)$$

信号 $y(t)$ 是

有限支撑的模拟信号,即在区间 $0 \leqslant t \leqslant 10$ 之外信号等于 0;

复数值的,由两个正弦信号构成,两者在区间 $0 \leqslant t \leqslant 10$ 内,频率等于 $\Omega = \frac{\pi}{2}\,\mathrm{rad/s}$,初相等于 $\frac{\pi}{4}\,\mathrm{rad}$,振幅为 $\sqrt{2}$,在该时间区间之外,两个正弦都等于 0。

【例 1.3】

考虑脉冲信号 $p(t) = 1, 0 \leqslant t \leqslant 10$,其他为 0。描述这个信号的特征,并利用它和例 1.1 中的 $x(t)$ 来表示例 1.2 中 $y(t)$。

解　模拟信号 $p(t)$ 是有限支撑的,并且是实值的。由于有

$$\mathrm{Re}[y(t)] = x(t)p(t), \quad \mathrm{Im}[y(t)] = x(t-1)p(t)$$

从而

$$y(t) = [x(t) + \mathrm{j}x(t-1)]p(t)$$

与 $p(t)$ 相乘使 $x(t)p(t)$ 和 $x(t-1)p(t)$ 成为有限支撑信号,这个运算称为时间加窗,因为只有在信号 $p(t)$ 等于 1 的范围内能提供关于 $x(t)$ 的信息,而忽略 $x(t)$ 在 $p(t)$ 支撑范围之外的其余部分。

以上三个例子不仅说明了如何将不同类型的信号联系起来,而且说明了如何以更精确的形式定义信号。虽然例 1.2 和例 1.3 中 $y(t)$ 的表达式是等价的,但例 1.3 中的表达式由于利用了脉冲 $p(t)$ 而更短一些,而且更易被可视化。

1.3.1　基本信号运算——时移和反褶

以下是一些用于信号表示和处理的基本运算(指出了实现其中某些运算的系统):

- 信号加法——将两个信号 $x(t)$ 和 $y(t)$ 相加获得它们的和 $z(t)$,用**加法器**。
- 常数乘法——将信号 $x(t)$ 乘以常数 α,用**常数乘法器**。
- 时间和频率平移——将信号 $x(t)$ 延迟 τ 得到 $x(t-\tau)$,超前 τ 得到 $x(t+\tau)$。通过与复指数函数或正弦函数相乘,一个信号可在频率上被平移或**频率调制**,**延迟器**将时间信号向右移,而**调制器**将信号在频率上平移。
- 时间尺度变换——信号 $x(t)$ 的时间变量被一个常数 α 按比例增减从而得到 $x(\alpha t)$。如果 $\alpha = -1$,信号在时间上反转,即 $x(-t)$,或称为**反褶**。
- 时间加窗——信号 $x(t)$ 乘以一个**窗信号** $w(t)$,这样只能得到 $w(t)$ 支撑范围内的 $x(t)$。
- 积分——将输入信号积分,利用**积分器**。

考虑到前两个运算非常简单,我们只讨论其余的运算。本节只考虑时移和反褶(时间尺度变换的特殊情况),其余的运算留到后面去考虑。图 1.3 中给出了一些框图,这些框图分别用于两个信号相加、一个信号与一个常数相乘、延迟、时间加窗和信号的积分等运算的实现。

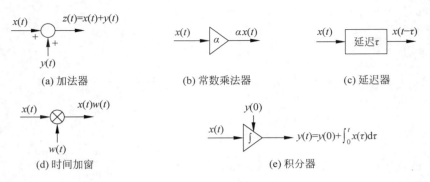

(a) 加法器　　　　　(b) 常数乘法器　　　　(c) 延迟器

(d) 时间加窗　　　　　　　　(e) 积分器

图 1.3　基本信号运算的框图

注：

（1）超前运算和反褶运算是无法实时实现的，所谓实时就是信号正被处理中，而延迟可以实时实现，理解该点很重要。超前和反褶都需要保存或记录信号，因此一个被录制在磁带上的原音信号可以相对于一个起始时间被延迟或超前，或者回放时可快可慢，但若信号实时地来自于麦克风，那它只能被延迟。

（2）在本章的后面将看到频率平移导致信号调制的过程，信号调制在通信中有重大意义。时间变量的按比例增减会导致原始信号的压缩和扩展，同时也会引起信号频率成分的改变。

对于一个正数 τ：

- 信号 $x(t-\tau)$ 是将原始信号 $x(t)$ 向右移或延迟 τ 而得，正如图 1.4(b) 所示的信号是图 1.4(a) 所示信号的延迟那样。原始信号被右移，可通过找到原始信号的 $x(0)$ 值，该值出现在延迟信号的 $t=\tau$ (令 $t-\tau=0$ 而得)处而得到验证。

- 同理，信号 $x(t+\tau)$ 是将原始信号 $x(t)$ 向左移或超前 τ 而得，正如图 1.4(c) 所示信号是图 1.4(a) 所示信号的超前。原始信号现在是被左移，即原信号的 $x(0)$ 值现在出现在了一个更早些的时间(即被超前) $t=-\tau$ 处。

- 反褶运算在于对时间变量取反，因此 $x(t)$ 的反褶是 $x(-t)$。这个运算可被想象为信号关于原点翻转，图 1.4(d) 所示信号为图 1.4(a) 中信号的反褶。

(a) 原始信号　　　　　　(b) 延迟τ后的信号

(c) 超前τ后的信号　　　　(d) 反褶后的信号

图 1.4　连续时间信号的运算

已知模拟信号 $x(t)$ 及 $\tau>0$，相对于 $x(t)$ 有：

（1）$x(t-\tau)$ 是**延迟**或**向右平移**了 τ；

（2）$x(t+\tau)$ 是**超前**或**向左平移**了 τ；

（3）$x(-t)$ 是**反褶**；

（4）$x(-t-\tau)$ 是先**反褶**，后**超前**(或**向左移**)了 τ，而 $x(-t+\tau)$ 是先**反褶**，后**延迟**(或**向右移**)了 τ。

注：

无论何时,只要是做延迟或超前与反褶的合并运算,都应将延迟和超前进行交换。例如,$x(-t+1)$ 是先将 $x(t)$ 反褶,然后延迟 1,或者右移 1(虽然是加 1,但并不是超前而是延迟)。同理,$x(-t-1)$ 是先将 $x(t)$ 反褶,然后超前 1,或者左移 1。再一次考虑值 $x(0)$,原始信号的 $x(0)$ 值在 $x(-t+1)$ 里位于 $t=1$ 处,在 $x(-t-1)$ 里位于 $t=-1$ 处。

【例 1.4】

考虑模拟脉冲信号

$$x(t) = \begin{cases} 1, & 0 \leqslant t \leqslant 1 \\ 0, & \text{其他} \end{cases}$$

分别求出以下信号的数学表达式：将 $x(t)$ 延迟 2,将 $x(t)$ 超前 2 和 $x(-t)$。

解 延迟信号 $x(t-2)$ 的数学表达式可通过将 $x(t)$ 的定义中的变量 t 用 $t-2$ 取代,因此

$$x(t-2) = \begin{cases} 1, & 0 \leqslant t-2 \leqslant 1 \text{ 或 } 2 \leqslant t \leqslant 3 \\ 0, & \text{其他} \end{cases}$$

现在值 $x(0)$（在 $x(t)$ 里它出现在 $t=0$）在 $x(t-2)$ 里是出现在 $t=2$,故信号 $x(t)$ 被向右平移了 2 个时间单位,而且由于现在所有值出现的时间都晚了,所以信号 $x(t-2)$ 相对于 $x(t)$ 来说是延迟了 2。

同理,有

$$x(t+2) = \begin{cases} 1, & 0 \leqslant t+2 \leqslant 1 \text{ 或 } -2 \leqslant t \leqslant -1 \\ 0, & \text{其他} \end{cases}$$

可以看出信号 $x(t+2)$ 是 $x(t)$ 的超前,因为 $x(t+2)$ 是把 $x(t)$ 向左平移了 2 个时间单位。对 $x(t+2)$ 来说值 $x(0)$ 出现在 $t=-2$,即 $t=0$ 之前。

最后,信号 $x(-t)$ 的表达式为

$$x(-t) = \begin{cases} 1, & 0 \leqslant -t \leqslant 1 \text{ 或 } -1 \leqslant t \leqslant 0 \\ 0, & \text{其他} \end{cases}$$

这个信号是原信号的一个镜像图像：值 $x(0)$ 仍然位于同样的时间,但 $x(1)$ 则出现在 $t=-1$。

【例 1.5】

当平移和反褶一起考虑时,最好的方法就是画一张表,计算出新信号的几个值并与原始信号的值进行比较。

考虑信号

$$x(t) = \begin{cases} t, & 0 \leqslant t \leqslant 1 \\ 0, & \text{其他} \end{cases}$$

判断 $x(-t+2)$ 是对 $x(t)$ 先反褶再超前的结果,还是先反褶再延迟的结果。

解 虽然可以看出这个信号是反褶过的,但是超前了 2 还是延迟了 2 还不清楚。通过计算以下几个值：

$$
\begin{array}{ll}
t & x(-t+2) \\
-1 & x(3) = 0 \\
0 & x(2) = 0 \\
1 & x(1) = 1 \\
1.5 & x(0.5) = 0.5 \\
2 & x(0) = 0
\end{array}
$$

现在就清楚了，$x(-t+2)$ 是对 $x(t)$ 先反褶再延迟了 2（见
图 1.5）。实际上，正如前面所说，只要信号是 $-t$ 的函数，
即被反褶，$-t+\tau$ 运算变成反褶之后延迟，而 $-t-\tau$ 运算变
成反褶之后超前。

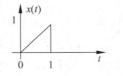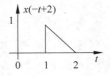

图 1.5　信号 $x(t)$ 与其反褶并延迟
之后的信号 $x(-t+2)$

注：

今后在计算卷积积分时，将把信号 $x(t-\tau)$ 看作是对应
t 的不同取值的 τ 的函数。正如上例所指出的那样，信号
$x(t-\tau)$ 等于把 $x(\tau)$ 反褶，然后右移 t。为了搞明白这一点，考虑当 $t=0$ 时有 $x(t-\tau)|_{t=0}=x(-\tau)$，它是
$x(\tau)$ 的反褶，并且 $x(0)$ 出现在 $\tau=0$。当 $t=1$ 时，有 $x(t-\tau)|_{t=1}=x(1-\tau)$，$x(0)$ 出现在 $\tau=1$，因此说
$x(1-\tau)$ 等于 $x(-\tau)$ 向右移 1，以此类推。

1.3.2　偶信号和奇信号

可以根据信号关于原点的对称情况来区分信号，而且这个特征在信号的傅里叶分析中也是有用的。
称一个模拟信号 $x(t)$ 为

- 偶的，当 $x(t)$ 与它的反褶 $x(-t)$ 一致，这样的信号是关于时间原点对称的。
- 奇的，当 $x(t)$ 与 $-x(-t)$ 一致，即与它的反褶相反（具有不同符号），这样的信号关于时间原点反对称。

偶信号和奇信号定义如下：

$$x(t) \text{ 是偶信号：} x(t) = x(-t) \tag{1.4}$$

$$x(t) \text{ 是奇信号：} x(t) = -x(-t) \tag{1.5}$$

偶、奇分解：任何信号 $y(t)$ 都可以表示成为一个偶分量 $y_e(t)$ 和一个奇分量 $y_o(t)$ 的和

$$y(t) = y_e(t) + y_o(t) \tag{1.6}$$

其中

$$y_e(t) = 0.5\left[y(t) + y(-t)\right]$$

$$y_o(t) = 0.5\left[y(t) - y(-t)\right]$$

利用偶信号和奇信号的定义，任意信号 $y(t)$ 都可分解为一个偶函数和一个奇函数的和。确实是这
样，以下式子是恒等式

$$y(t) = \frac{1}{2}\left[y(t) + y(-t)\right] + \frac{1}{2}\left[y(t) - y(-t)\right]$$

其中，第一项是 $y(t)$ 的偶分量，第二项是 $y(t)$ 的奇分量，也很容易验证 $y_e(t)$ 是偶函数，$y_o(t)$ 是奇函数。

【例 1.6】

考虑模拟信号 $x(t)=\cos(2\pi t+\theta)$，$-\infty<t<\infty$，确定当 $x(t)$ 分别为偶信号和奇信号时的 θ 值。若
$\theta=\pi/4$，$x(t)=\cos(2\pi t+\pi/4)$，$-\infty<t<\infty$ 是偶信号还是奇信号？

解　$x(t)$ 的反褶是 $x(-t)=\cos(-2\pi t+\theta)$，那么有

(i) $x(t)$ 是偶信号，若有 $x(t)=x(-t)$ 或

$$\cos(2\pi t+\theta) = \cos(-2\pi t+\theta) = \cos(2\pi t-\theta)$$

或 $\theta=-\theta$，那么有 $\theta=0$ 或 π。因此，$x_1(t)=\cos(2\pi t)$ 以及 $x_2(t)=\cos(2\pi t+\pi)=-\cos(2\pi t)$ 是偶信号。

(ii) 要使 $x(t)$ 是奇信号，需要有 $x(t)=-x(-t)$，或

$$\cos(2\pi t+\theta) = -\cos(-2\pi t+\theta) = \cos(-2\pi t+\theta\pm\pi)$$

$$= \cos(2\pi t-\theta\mp\pi)$$

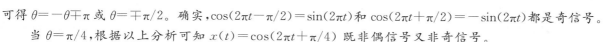

可得 $\theta = -\theta \mp \pi$ 或 $\theta = \mp \pi/2$。确实,$\cos(2\pi t - \pi/2) = \sin(2\pi t)$ 和 $\cos(2\pi t + \pi/2) = -\sin(2\pi t)$ 都是奇信号。

当 $\theta = \pi/4$,根据以上分析可知 $x(t) = \cos(2\pi t + \pi/4)$ 既非偶信号又非奇信号。

【例 1.7】

考虑信号

$$x(t) = \begin{cases} 2\cos(4t), & t > 0 \\ 0, & 其他 \end{cases}$$

求它的偶分量和奇分量。如果 $x(0) = 2$ 而不是 0,即若令 $x(t) = 2\cos(4t)$,$t \geq 0$,否则为 0,会发生什么情况?请作出解释。

解 信号 $x(t)$ 是非奇非偶的,因为当 $t \leq 0$ 时它的值等于 0。对其进行偶奇分解,得到偶分量为

$$x_e(t) = 0.5[x(t) + x(-t)] = \begin{cases} \cos(4t), & t > 0 \\ \cos(4t), & t < 0 \\ 0, & t = 0 \end{cases}$$

奇分量为

$$x_o(t) = 0.5[x(t) - x(-t)] = \begin{cases} \cos(4t), & t > 0 \\ -\cos(4t), & t < 0 \\ 0, & t = 0 \end{cases}$$

若把这两个分量相加可得 $x(t)$,见图 1.6。

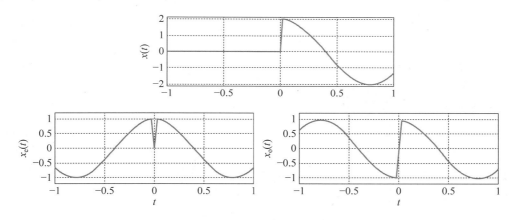

图 1.6 $x(t)$ 的偶、奇分量($x(0) = 0$)(在此例中 $x_e(0) = 0$,值 $x_o(0)$ 始终为 0)

当 $x(0) = 2$ 时,有

$$x_e(t) = 0.5[x(t) + x(-t)] = \begin{cases} \cos(4t), & t > 0 \\ \cos(4t), & t < 0 \\ 2, & t = 0 \end{cases}$$

而奇分量与之相同。在 $x(0) = 0$ 和 $x(0) = 2$ 两种情况下,偶分量在 $t = 0$ 处都有一个间断点。

1.3.3 周期信号和非周期信号

是否具有周期性是信号的一个非常有用的特性。

> 一个连续时间信号 $x(t)$ 是**周期的**，当
>
> - 对所有 t，$-\infty < t < \infty$，信号都有定义，并且
> - 存在一个正实数 T_0，即 $x(t)$ 的**基波周期**，对任意整数 k 有
>
> $$x(t + kT_0) = x(t) \tag{1.7}$$
>
> $x(t)$ 的基波周期是指使其周期性成为可能的最小正实数。因此，对某个整数 $N > 1$，虽然 NT_0 是 $x(t)$ 的一个周期，但不能认为它是基波周期。

注：

（1）无限支撑和基波周期的独特性决定了在实际应用中不存在周期信号。尽管如此，以后将会看到，周期信号在傅里叶表示和处理中有着非常重要的意义，确实如此，非周期信号的傅里叶表示是从周期信号的傅里叶表示得来的，而且系统对周期正弦信号的响应是线性系统理论的基础。

（2）虽然周期信号定义中的第一部分看起来是多余的，但它指出一个非零的周期信号不可能是有限支撑的（即信号在区间 $t \in [t_1, t_2]$ 之外等于零）或者说其支撑不可能是任何不同于无限支撑 $-\infty < t < \infty$ 的支撑，所以定义中的第一部分是必要的，它使第二部分有意义。

（3）求一个常数信号 $x(t) = A$ 的周期是令人恼怒的，表面看来 $x(t)$ 是周期的，但它的基波周期是多少却不那么清晰。任意正数都可能被认为是它的周期，然而又没有哪一个能被取为其周期，原因在于这个常数信号可被看成 $x(t) = A\cos(0t)$ 或者说一个零频率的余弦，要确定其周期 $\left(\dfrac{2\pi}{频率}\right)$ 就不得不除以 0，而这是不允许的，所以它的周期不确定。因此，常数信号是基波周期无法定义的周期信号！

【例 1.8】

考虑正弦信号 $x(t) = A\cos(\Omega_0 t + \theta)$，$-\infty < t < \infty$，确定该信号的基波周期，并指出当 Ω_0 为何值时，$x(t)$ 的基波周期没有定义。

解 模拟频率等于 $\Omega_0 = 2\pi/T_0$，故 $T_0 = 2\pi/\Omega_0$ 是基波周期。只要 $\Omega_0 > 0$，这些正弦信号均是周期的。例如，考虑 $x(t) = 2\cos(2t - \pi/2)$，$-\infty < t < \infty$；由它的模拟频率 $\Omega_0 = 2 = \dfrac{2\pi}{f_0}$ (rad/s)，或赫兹频率 $f_0 = \dfrac{1}{\pi} = \dfrac{1}{T_0}$，可知它的基波周期 $T_0 = \pi$ s。其基波周期还可以这样验证，考虑 $x(t + NT_0)$ 相当于给余弦函数的角加上 $2\pi N$（2π 的整数倍），即有

$$x(t + NT_0) = 2\cos\left(2(t + NT_0) - \frac{\pi}{2}\right) = 2\cos\left(2t + 2\pi N - \frac{\pi}{2}\right)$$

$$= 2\cos\left(2t - \frac{\pi}{2}\right) = x(t), \quad N \text{ 为整数}$$

如果 $\Omega_0 = 0$，即直流频率，则基波周期无法定义，因为当计算 $T_0 = 2\pi/\Omega_0$ 时遇到了被 0 除的情况。

【例 1.9】

考虑一个周期信号 $x(t)$，其基波周期为 T_0，判断以下信号是否是周期的，如果是周期的，求它们的基波周期。

（1）$y(t) = A + x(t)$；

（2）$z(t) = x(t) + v(t)$，其中 $v(t)$ 是周期的，且基波周期为 $T_1 = NT_0$，即 T_0 的倍数，这里 N 为正整数；

(3) $w(t) = x(t) + s(t)$，其中 $s(t)$ 是周期的，且基波周期为 T_1，T_1 不是 T_0 的倍数。

解 （a）给一个周期信号添加一个常数不会改变其周期性，所以 $y(t)$ 是以 T_0 为周期的周期信号，即对于整数 k，由于 $x(t)$ 是以 T_0 为基波周期的周期信号，故 $y(t+kT_0) = A + x(t+kT_0) = A + x(t)$。

（b）$v(t)$ 的基波周期 $T_1 = NT_0$ 也是 $x(t)$ 的一个周期，因此 $z(t)$ 是以 T_1 为基波周期的周期信号，由于对任意整数 k，有

$$z(t+kT_1) = x(t+kT_1) + v(t+kT_1)$$
$$= x(t+kNT_0) + v(t) = x(t) + v(t)$$

考虑到 $v(t+kT_1) = v(t)$，并且 kN 是一个整数，所以 $x(t+kNT_0) = x(t)$。其实这个周期性容易理解，只要考虑 $v(t)$ 的一个周期内包含了 $x(t)$ 的 N 个周期就可以得出此结论。

（c）$w(t)$ 为周期的条件是 $x(t)$ 和 $s(t)$ 的周期之比等于

$$\frac{T_1}{T_0} = \frac{N}{M}$$

其中，N 和 M 是正整数且互质，或 $s(t)$ 的 MT_1 个周期恰好能被包含在 $x(t)$ 的 NT_0 个周期内，因此 $MT_1 = NT_0$ 成为 $w(t)$ 的基波周期，即有

$$w(t+MT_1) = x(t+MT_1) + s(t+MT_1)$$
$$= x(t+NT_0) + s(t+MT_1) = x(t) + s(t)$$

【例 1.10】

设 $x(t) = e^{j2t}$，$y(t) = e^{j\pi t}$，考虑它们的和 $z(t) = x(t) + y(t)$ 及乘积 $w(t) = x(t)y(t)$。判断 $z(t)$ 和 $w(t)$ 是否是周期的，如果是，求它们的基波周期。信号 $p(t) = (1+x(t))(1+y(t))$ 是周期的吗？

解 根据欧拉恒等式有

$$x(t) = \cos(2t) + j\sin(2t), \quad y(t) = \cos(\pi t) + j\sin(\pi t)$$

说明 $x(t)$ 是周期的，且基波周期 $T_0 = \pi$（$x(t)$ 的频率为 $\Omega_0 = 2 = 2\pi/T_0$），$y(t)$ 也是周期的，基波周期 $T_1 = 2$（$y(t)$ 的频率为 $\Omega_1 = \pi = 2\pi/T_1$）。

$z(t) = x(t) + y(t)$ 如果是周期的，则 T_1/T_0 必须是一个有理数，但情况并非如此，由于 π 的缘故，$T_1/T_0 = 2/\pi$ 是一个无理数，所以 $z(t)$ 不是周期的。

乘积 $w(t) = x(t)y(t) = e^{j(2+\pi)t} = \cos(\Omega_2 t) + j\sin(\Omega_2 t)$，其中，$\Omega_2 = 2 + \pi = 2\pi/T_2$，所以 $w(t)$ 是周期的，基波周期为 $T_2 = 2\pi/(2+\pi)$。

$1+x(t)$ 和 $1+y(t)$ 这两项都是周期的，基波周期分别为 $T_0 = \pi$ 和 $T_1 = 2$，由前面产生 $w(t)$ 这个乘积的情况，我们希望这两项的乘积 $p(t) = (1+x(t))(1+y(t))$ 也是周期的，但是由于 $p(t) = 1 + x(t) + y(t) + x(t)y(t)$，前面已经证明了 $x(t) + y(t) = z(t)$ 是非周期的，所以 $p(t)$ 也是非周期的。

> （1）一个频率为 $\Omega_0 > 0$ 的正弦函数是周期的，且基波周期为 $T_0 = 2\pi/\Omega_0$。如果 $\Omega_0 = 0$，基波周期没有定义。
>
> （2）两个周期分别为 T_1 和 T_2 的周期信号 $x(t)$ 和 $y(t)$，当两个周期的比值 T_1/T_2 是一个有理数 N/M，且 N 和 M 是互质的整数，它们的和是周期的，且和信号的基波周期为 $MT_1 = NT_2$。

1.3.4 有限能量信号和有限功率信号

信号另一种可能的分类方式基于它们的能量和功率，在电路理论中引入的能量和功率的概念可以引申到任意信号上。先回顾一下单位阻值电阻的**瞬时功率**，它由以下公式给出：

$$p(t) = v(t)i(t) = i^2(t) = v^2(t)$$

其中，$i(t)$ 和 $v(t)$ 是电阻的电流和电压。该电阻在区间 $[t_0, t_1]$ 内消耗的能量等于它在这个时间区间内的瞬时功率的累积

$$E_T = \int_{t_0}^{t_1} p(t)\,dt = \int_{t_0}^{t_1} i^2(t)\,dt = \int_{t_0}^{t_1} v^2(t)\,dt$$

在区间 $[t_0, t_1]$ 内的功率等于平均能量

$$P_T = \frac{E_T}{T} = \frac{1}{T}\int_{t_0}^{t_1} i^2(t)\,dt = \frac{1}{T}\int_{t_0}^{t_1} v^2(t)\,dt, \quad T = t_1 - t_0$$

这相当于电阻消耗的热能(向电力公司付的电费中就包含此消耗)。于是能量和功率的概念可归纳如下。

连续时间信号 $x(t)$ 的能量和功率定义为

$$E_x = \int_{-\infty}^{\infty} |x(t)|^2\,dt, \quad P_x = \lim_{T\to\infty}\frac{1}{2T}\int_{-T}^{T} |x(t)|^2\,dt \tag{1.8}$$

$x(t)$ 既可以是有限支撑的，也可以是无限支撑的。

如果

$$E_x < \infty \tag{1.9}$$

$x(t)$ 被称为**有限能量**信号，或平方可积信号。

如果

$$P_x < \infty \tag{1.10}$$

$x(t)$ 被称为**有限功率**信号。

注：

(1) 以上对于能量和功率的定义适用于任何有限支撑和无限支撑信号，因为对于有限支撑信号而言，它们在其支撑之外的值等于零。

(2) 在能量和功率的定义式中，考虑到可能是复信号，因此对其模量进行平方。如果是实信号，那就简单地等同于对信号平方。

(3) 根据以上定义，一个有限能量信号的功率为零。确实如此，若信号的能量是某个常数 $E_x < \infty$，则有

$$P_x = \left[\lim_{T\to\infty}\frac{1}{2T}\right]\left[\int_{-\infty}^{\infty} |x(t)|^2\,dt\right] = \lim_{T\to\infty}\frac{E_x}{2T} = 0$$

(4) 称信号 $x(t)$ 是绝对可积的，当它满足条件

$$\int_{-\infty}^{\infty} |x(t)|\,dt < \infty \tag{1.11}$$

【例 1.11】

考虑一个非周期信号 $x(t) = e^{-at}$，$a > 0$，$t \geqslant 0$，否则为 0。求该信号的能量和功率，并判断该信号是否是有限能量、有限功率或二者都是。

解 $x(t)$ 的能量由下式求出

$$E_x = \int_0^{\infty} e^{-2at}\,dt = \frac{1}{2a} < \infty$$

故 $x(t)$ 的功率等于 0，因此 $x(t)$ 既是有限能量信号，又是有限功率信号。

【例 1.12】

求下列信号的能量和功率。

（a）复信号 $y(t)=(1+\mathrm{j})\mathrm{e}^{\mathrm{j}\pi t/2},0\leqslant t\leqslant 10$，否则为 0。

（b）脉冲信号 $z(t)=1$，当 $0\leqslant t\leqslant 10$，否则为 0。

判断这些信号是否是有限能量、有限功率或二者都是。

解 分别计算这两个信号的能量如下：

$$E_{y}=\int_{0}^{10}|(1+\mathrm{j})\mathrm{e}^{\mathrm{j}\pi t/2}|^{2}\mathrm{d}t=2\int_{0}^{10}\mathrm{d}t=20,\quad E_{z}=\int_{0}^{10}\mathrm{d}t=10$$

其中利用了 $|(1+\mathrm{j})\mathrm{e}^{\mathrm{j}\pi t/2}|^{2}=|1+\mathrm{j}|^{2}|\mathrm{e}^{\mathrm{j}\pi t/2}|^{2}=|1+\mathrm{j}|^{2}=2$。因此 $y(t)$ 和 $z(t)$ 均为有限能量信号，又因为它们的能量是有限的，所以它们的功率等于 0。

【例 1.13】

考虑周期信号 $x(t)=\cos(\pi t/2),-\infty<t<\infty$，它可被写为 $x(t)=x_{1}(t)+x_{2}(t)$，其中

$$x_{1}(t)=\begin{cases}\cos(\pi t/2),&t\geqslant 0\\0,&\text{其他}\end{cases},\quad x_{2}(t)=\begin{cases}\cos(-\pi t/2),&t<0\\0,&\text{其他}\end{cases}$$

信号 $x_{1}(t)$ 被称为是因果的，因为当 $t<0$ 时它等于 0，这是一个可以用信号发生器产生的信号，信号发生器从某个起始时间开始工作，在本题中起始时间为 0，之后它持续工作到被关闭时为止（在本题中可能到无穷远时间）。信号 $x_{2}(t)$ 被称为是反因果的。它是不能用信号发生器产生的，因为它从 $-\infty$ 起始并终止于 0。求信号 $x(t)$ 的功率，并找出它与 $x_{1}(t)$ 和 $x_{2}(t)$ 的功率的关系。

解 显然 $x(t)$ 以及 $x_{1}(t)$ 和 $x_{2}(t)$ 都是无限能量的信号：

$$E_{x}=\int_{-\infty}^{\infty}x^{2}(t)\mathrm{d}t=\underbrace{\int_{-\infty}^{0}\cos^{2}(-\pi t/2)\mathrm{d}t}_{E_{x_{2}}\to\infty}+\underbrace{\int_{0}^{\infty}\cos^{2}(\pi t/2)\mathrm{d}t}_{E_{x_{1}}\to\infty}\to\infty$$

$x(t)$ 的功率可利用信号平方的对称性并令 $T=NT_{0}$ 来计算，这里 T_{0} 是 $x(t)$ 的基波周期，N 是一个正整数

$$\begin{aligned}P_{x}&=\lim_{T\to\infty}\frac{1}{2T}\int_{-T}^{T}x^{2}(t)\mathrm{d}t=\lim_{T\to\infty}\frac{2}{2T}\int_{0}^{T}\cos^{2}(\pi t/2)\mathrm{d}t\\&=\lim_{N\to\infty}\frac{1}{NT_{0}}\int_{0}^{NT_{0}}\cos^{2}(\pi t/2)\mathrm{d}t\\&=\lim_{N\to\infty}\frac{1}{NT_{0}}\left[N\int_{0}^{T_{0}}\cos^{2}(\pi t/2)\mathrm{d}t\right]=\frac{1}{T_{0}}\int_{0}^{T_{0}}\cos^{2}(\pi t/2)\mathrm{d}t\end{aligned}$$

利用三角恒等式 $\cos^{2}(\theta)=0.5+0.5\cos(2\theta)$ 有

$$\cos^{2}\left(\frac{\pi t}{2}\right)=\frac{1}{2}\left[\cos(\pi t)+1\right]$$

因为 $x(t)$ 的基波周期 $T_{0}=4$，于是有

$$P_{x}=\frac{1}{T_{0}}\int_{0}^{T_{0}}\cos^{2}\left(\frac{\pi t}{2}\right)\mathrm{d}t=\frac{1}{8}\int_{0}^{4}\cos(\pi t)\mathrm{d}t+\frac{1}{8}\int_{0}^{4}\mathrm{d}t=0+0.5=0.5$$

其中，正弦在其两个周期内的面积等于 0。由此得知 $x(t)$ 是一个有限功率信号，但却是无限能量信号。

虽然 $x_{1}(t)$ 不是周期的，但当 $t\geqslant 0$ 时它却周期性地重复，并且它的功率与 $x_{2}(t)$ 的功率相同。有

$$\begin{aligned}P_{x_{2}}&=\lim_{T\to\infty}\frac{1}{2T}\int_{-T}^{0_{-}}\cos^{2}(-\pi t/2)\mathrm{d}t\\&=\lim_{T\to\infty}\frac{1}{2T}\int_{0}^{T}\cos^{2}(\pi\tau/2)\mathrm{d}\tau=P_{x_{1}}\end{aligned}$$

其中，利用了一次变量替换 $\tau=-t$，还利用了从 0 开始和从 0_{-} 开始的积分相等。由于 $x_{2}(t)$ 每隔 $T_{0}=4\mathrm{s}$

重复，故其功率等于

$$P_{x_2} = \lim_{T \to \infty} \frac{1}{2T} \int_{-T}^{T} x_2^2(t) dt = \lim_{T \to \infty} \frac{1}{2T} \int_{0}^{T} x_2^2(t) dt$$

$$= \lim_{N \to \infty} \frac{1}{2NT_0} \left[N \int_{0}^{T_0} x_2^2(t) dt \right] = \frac{1}{2T_0} \int_{0}^{T_0} \cos^2\left(\frac{\pi t}{2}\right) dt = 0.25$$

即它的功率等于 $x(t)$ 功率的一半。故有 $P_x = P_{x_1} + P_{x_2}$。

一个基波周期为 T_0 的周期信号 $x(t)$，其功率等于

$$P_x = \frac{1}{T_0} \int_{t_0}^{t_0+T_0} x^2(t) dt \qquad (1.12)$$

即信号在一个周期内的平均能量，t_0 为任意值。

以上结果与正弦功率的计算结果相似。对整数 $N > 0$，令 $T = NT_0$，有

$$P_x = \lim_{T \to \infty} \frac{1}{2T} \int_{-T}^{T} x^2(t) dt = \lim_{N \to \infty} \frac{1}{2NT_0} \int_{-NT_0}^{NT_0} x^2(t) dt$$

$$= \lim_{N \to \infty} \frac{1}{2NT_0} \left[N \int_{-T_0}^{T_0} x^2(t) dt \right] = \frac{1}{2T_0} \int_{-T_0}^{T_0} x^2(t) dt = \frac{1}{T_0} \int_{t_0}^{t_0+T_0} x^2(t) dt$$

功率叠加

以后将在傅里叶级数表示中看到，任何周期信号都可表示成正弦函数的和，这个和可能是一个无限和，这些正弦函数的频率是被表示的周期信号基波频率的倍数，我们称这些频率是**简谐相关**的。已证明周期信号的功率等于每一个正弦分量的功率之和，即有功率叠加。当正弦函数的和构成的是一个非周期信号时，仍存在此叠加的可能，不过需要对每一个分量分别计算功率。下面用例子来说明这种情况。

【例1.14】

考虑信号 $x(t) = \cos(2\pi t) + \cos(4\pi t)$ 和 $y(t) = \cos(2\pi t) + \cos(2t)$，$-\infty < t < \infty$。判断这些信号是否是周期的，如果是，求出它们的基波周期。计算这些信号的功率。

解　正弦函数 $\cos(2\pi t)$ 和 $\cos(4\pi t)$ 的基波周期分别为 $T_1 = 1$，$T_2 = 1/2$，由于 $T_1/T_2 = 2$，因此 $x(t)$ 是周期的，且它的基波周期为 $T_0 = T_1 = 2T_2 = 1$。$\cos(2\pi t)$ 和 $\cos(4\pi t)$ 的频率是简谐相关的。而另一方面，由于 $\cos(2t)$ 的基波周期为 $T_3 = \pi$，因此 $y(t)$ 的两个正弦分量基波周期的比值为 $T_1/T_3 = 1/\pi$，这是个无理数，故 $y(t)$ 不是周期的，且频率 2π 和 2 不是简谐相关的。

利用三角恒等式

$$\cos^2(\theta) = \frac{1}{2}[1 + \cos(2\theta)]$$

$$\cos(\alpha)\cos(\beta) = \frac{1}{2}[\cos(\alpha + \beta) + \cos(\alpha - \beta)]$$

有

$$x^2(t) = \cos^2(2\pi t) + \cos^2(4\pi t) + 2\cos(2\pi t)\cos(4\pi t)$$

$$= 1 + \frac{1}{2}\cos(4\pi t) + \frac{1}{2}\cos(8\pi t) + \cos(6\pi t) + \cos(2\pi t)$$

于是，当 $T_0 = 1$ 时可得

$$P_x = \frac{1}{T_0} \int_{0}^{T_0} x^2(t) dt = 1$$

就是仅对常数项进行积分,因为其他项的积分结果等于0,在这里利用了 $x(t)$ 的周期性直接计算功率。

对于 $y(t)$ 来说其功率的计算更复杂,因为它不是周期的,包含的频率不是简谐相关的,所以只能分别求两个分量的功率。实际上,令

$$y(t) = \underbrace{\cos(2\pi t)}_{y_1(t)} + \underbrace{\cos(2t)}_{y_2(t)}$$

可求得 $y(t)$ 的功率为

$$
\begin{aligned}
P_y &= \lim_{T\to\infty} \frac{1}{2T} \int_{-T}^{T} \left[\cos(2\pi t) + \cos(2t)\right]^2 \mathrm{d}t \\
&= \lim_{T\to\infty} \frac{1}{2T} \int_{-T}^{T} \cos^2(2\pi t)\,\mathrm{d}t + \lim_{T\to\infty} \frac{1}{2T} \int_{-T}^{T} \cos^2(2t)\,\mathrm{d}t \\
&\quad + \lim_{T\to\infty} \frac{1}{2T} \int_{-T}^{T} 2\cos(2\pi t)\cos(2t)\,\mathrm{d}t \\
&= P_{y_1} + P_{y_2} + \lim_{T\to\infty} \frac{1}{2T} \int_{-T}^{T} \left[\cos(2(\pi+1)t) + \cos(2(\pi-1)t)\right]\mathrm{d}t \\
&= P_{y_1} + P_{y_2} + 0 = 0.5 + 0.5 = 1
\end{aligned}
$$

故 $y(t)$ 的功率等于它的两个分量 $y_1(t)$ 和 $y_2(t)$ 的功率之和。

同样地,如果令 $x(t) = \cos(2\pi t) + \cos(4\pi t) = x_1(t) + x_2(t)$,那么可得 $P_{x_1} = P_{x_2} = 0.5$,并且

$$P_x = P_{x_1} + P_{x_2} = 1$$

因此一个由正弦函数组成的信号,其功率等于各分量的功率之和,而不论这些正弦函数的频率是否简谐相关。

对于正弦函数之和

$$x(t) = \sum_k A_k \cos(\Omega_k t) = \sum_k x_k(t) \tag{1.13}$$

其中,频率 $\{\Omega_k\}$ 简谐相关或非简谐相关,其功率等于各正弦分量的功率之和

$$P_x = \sum_k P_{x_k} \tag{1.14}$$

1.4 利用基本信号表示连续时间信号

信号处理的一个基本思想是用已知如何对其进行处理的基本信号来表示一般信号。本节要考虑一些这样的基本信号(复指数信号、正弦信号、冲激信号、单位阶跃信号和斜变信号),我们将用它们来表示一般信号,并且在第2章将证明我们能够以简单的方式获得系统对这些基本信号的响应。

1.4.1 复指数信号

复指数信号是形如

$$
\begin{aligned}
x(t) &= A\mathrm{e}^{at} \\
&= |A|\,\mathrm{e}^{rt}\left[\cos(\Omega_0 t + \theta) + \mathrm{j}\sin(\Omega_0 t + \theta)\right], \quad -\infty < t < \infty
\end{aligned} \tag{1.15}
$$

的信号。其中,$A = |A|\mathrm{e}^{\mathrm{j}\theta}$,$a = r + \mathrm{j}\Omega_0$ 是复数。

利用欧拉恒等式及 A 和 a 的定义,可知 $x(t)=Ae^{at}$ 等于

$$x(t)=|A|e^{j\theta}e^{(r+j\Omega_0)t}=|A|e^{rt}e^{j(\Omega_0 t+\theta)}=|A|e^{rt}[\cos(\Omega_0 t+\theta)+j\sin(\Omega_0 t+\theta)]$$

以后将会看到复指数信号是信号的傅里叶表示的基础。

注:

(1) 假设 A 和 a 都是实数,那么

$$x(t)=Ae^{at},\quad -\infty<t<\infty$$

当 $a<0$ 时,它是一个衰减的指数信号;当 $a>0$ 时,它是一个增长的指数信号。在图 1.7(a) 中举了一个衰减实指数信号的例子 $e^{-0.5t}$, $a=-0.5<0$;而图 1.7(b) 给出了一个增长指数信号的例子 $e^{0.5t}$, $a=0.5>0$。

(2) 如果 A 是实数,而 $a=j\Omega_0$,那么有

$$x(t)=Ae^{j\Omega_0 t}=A\cos(\Omega_0 t)+jA\sin(\Omega_0 t)$$

其中,$x(t)$ 的实部为 $\mathrm{Re}[x(t)]=A\cos(\Omega_0 t)$,$x(t)$ 的虚部为 $\mathrm{Im}[x(t)]=A\sin(\Omega_0 t)$,并且 $j=\sqrt{-1}$。

(3) 若 $A=|A|e^{j\theta}$, $a=r+j\Omega_0$,那么 $x(t)=Ae^{at}$, $-\infty<t<\infty$ 是个复信号,此时需要分别考虑它的实部和虚部。其实部函数为

$$f(t)=\mathrm{Re}[x(t)]=|A|e^{rt}\cos(\Omega_0 t+\theta)$$

而虚部函数为

$$g(t)=\mathrm{Im}[x(t)]=|A|e^{rt}\sin(\Omega_0 t+\theta)$$

若要求 $f(t)$ 的包络线,则考虑到 $-1\leqslant\cos(\Omega_0 t+\theta)\leqslant 1$,以及与 $|A|e^{rt}>0$ 相乘有 $-|A|e^{rt}\leqslant|A|e^{rt}\cos(\Omega_0 t+\theta)\leqslant|A|e^{rt}$,故

$$-|A|e^{rt}\leqslant f(t)\leqslant|A|e^{rt}$$

只要 $r<0$,信号 $f(t)$ 就是一个阻尼正弦;而当 $r>0$,信号 $f(t)$ 就增长。在图 1.7(c) 中举了一个衰减的已调指数信号的例子,$e^{-0.5t}\cos(2\pi t)$, $r=-0.5<0$;而在图 1.7(d) 中举了一个增长的已调指数信号的例子,$e^{0.5t}\cos(2\pi t)$, $r=0.5>0$。

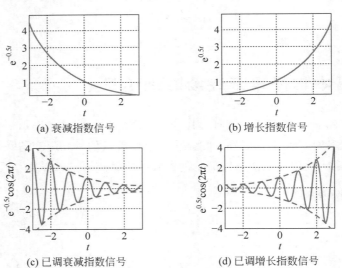

(a) 衰减指数信号　　　　　　　(b) 增长指数信号

(c) 已调衰减指数信号　　　　　(d) 已调增长指数信号

图 1.7　模拟指数信号

正弦信号

正弦信号的一般形式为

$$A\cos(\Omega_0 t + \theta) = A\sin\left(\Omega_0 t + \theta + \frac{\pi}{2}\right), \quad -\infty < t < \infty \tag{1.16}$$

其中，A 是正弦信号的振幅，$\Omega_0 = 2\pi f_0 (\text{rad/s})$ 是其模拟频率，θ 是其相移。以上正弦信号的基波周期 T_0 与频率是反比关系，即

$$\Omega_0 = 2\pi f_0 = \frac{2\pi}{T_0}$$

如上所示，cos 信号和 sin 信号不同相，相差 $\pi/2\text{rad}$。正弦信号的频率 $\Omega_0 = 2\pi f_0$ 以 rad/s 为单位，因此 f_0 的单位是 Hz(或 1/s)。一个正弦信号的基波周期可通过关系 $f_0 = 1/T_0$(需要注意，这里所给的时间与频率之间的反比关系在后面的信号表示中会非常重要)求得。

回顾第 0 章，欧拉恒等式提供了正弦函数与复指数函数的关系

$$e^{j\Omega_0 t} = \cos(\Omega_0 t) + j\sin(\Omega_0 t) \tag{1.17}$$

因此对于任何用正弦和余弦函数表示的信号，都能够用复指数函数来表示它们。同样地，由于

$$\cos(\Omega_0 t) = \frac{1}{2}(e^{j\Omega_0 t} + e^{-j\Omega_0 t}) \tag{1.18}$$

$$\sin(\Omega_0 t) = \frac{1}{2j}(e^{j\Omega_0 t} - e^{-j\Omega_0 t}) \tag{1.19}$$

欧拉恒等式也使得我们能够用复指数函数表示正弦和余弦信号。

注：

一个正弦信号由它的振幅、频率和相位来表征。如果允许这三个参量作为时间的函数，即有

$$A(t)\cos(\Omega(t)t + \theta(t))$$

那么我们就获得了通信中不同类型的调制系统：

- 幅度调制或 AM(amplitude modulation)：振幅 $A(t)$ 随消息而改变，但频率和相位是常数；
- 频率调制或 FM(frequency modulation)：频率 $\Omega(t)$ 随消息而改变，但振幅和相位是常数；
- 相位调制或 PM(phase modulation)：相位 $\theta(t)$ 随消息而改变，其余参量保持为常数。

1.4.2　单位阶跃信号、单位冲激信号和斜变信号

考虑一个持续时间为 Δ，面积为 1 的矩形脉冲

$$p_\Delta(t) = \begin{cases} \dfrac{1}{\Delta}, & -\Delta/2 \leqslant t \leqslant \Delta/2 \\ 0, & t < -\Delta/2 \text{ 和 } t > \Delta/2 \end{cases} \tag{1.20}$$

该信号从 $-\infty$ 到 t 的积分为

$$u_\Delta(t) = \int_{-\infty}^{t} p_\Delta(\tau)\mathrm{d}\tau = \begin{cases} 1, & t > \Delta/2 \\ \dfrac{1}{\Delta}\left(t + \dfrac{\Delta}{2}\right), & -\Delta/2 \leqslant t \leqslant \Delta/2 \\ 0, & t < -\Delta/2 \end{cases} \tag{1.21}$$

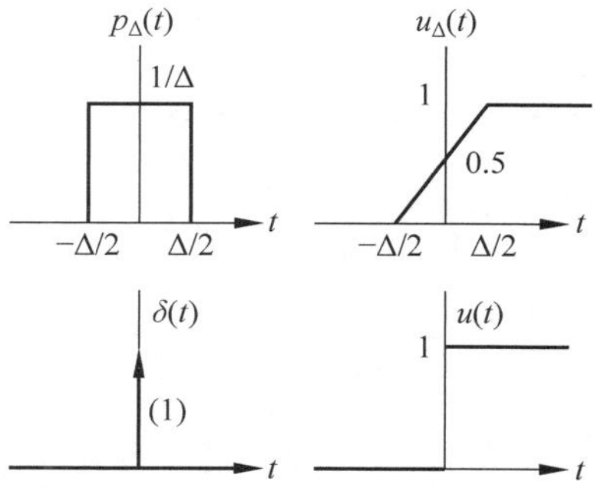

脉冲 $p_\Delta(t)$ 及其积分 $u_\Delta(t)$ 如图 1.8 所示。

图 1.8　脉冲 $p_\Delta(t)$ 及其积分 $u_\Delta(t)$ 以及当 $\Delta \to 0$ 时由 $p_\Delta(t)$ 和 $u_\Delta(t)$ 的极限产生出的 $\delta(t)$ 和 $u(t)$

假设 $\Delta \to 0$，那么

■ 脉冲 $p_\Delta(t)$ 仍然具有单位面积，但却是一个极其窄的脉冲，称此极限为**单位冲激信号**

$$\delta(t) = \lim_{\Delta \to 0} p_\Delta(t) \tag{1.22}$$

此信号对于所有 t 值都等于 0，除了在 $t=0$ 处，其值无定义。

■ 当 $\Delta \to 0$ 时，对于无穷小量 $\varepsilon > 0$，积分 $u_\Delta(t)$ 有左极限 $u_\Delta(-\varepsilon) \to 0$，和右极限 $u_\Delta(\varepsilon) \to 1$，并且在 $t=0$，$u_\Delta(t)$ 等于 $1/2$，故极限为

$$\lim_{\Delta \to 0} u_\Delta(t) = \begin{cases} 1, & t > 0 \\ 1/2, & t = 0 \\ 0, & t < 0 \end{cases} \tag{1.23}$$

忽略 $t=0$ 处的值，定义**单位阶跃信号**为

$$u(t) = \begin{cases} 1, & t > 0 \\ 0, & t < 0 \end{cases}$$

可将 $u(t)$ 看成是直流信号发生器在 $t=0$ 时从关到开的一个转换，而 $\delta(t)$ 是一个持续时间很短的非常强的脉冲。将以上定义归纳如下：

单位冲激信号 $\delta(t)$

■ 处处为零，除了在原点处其值无法定义，即当 $t \neq 0$ 时，$\delta(t) = 0$；当 $t = 0$ 时，无定义。

■ 有积分

$$\int_{-\infty}^{t} \delta(\tau) \mathrm{d}\tau = \begin{cases} 1, & t > 0 \\ 0, & t < 0 \end{cases} \tag{1.24}$$

即冲激下方的面积等于 1。

单位阶跃信号 $u(t)$ 为

$$u(t) = \begin{cases} 1, & t > 0 \\ 0, & t < 0 \end{cases}$$

$\delta(t)$ 和 $u(t)$ 的关系为

$$u(t) = \int_{-\infty}^{\tau} \delta(\tau) \mathrm{d}\tau \tag{1.25}$$

$$\delta(t) = \frac{\mathrm{d}u(t)}{\mathrm{d}t} \tag{1.26}$$

根据微积分学的基本定理可知，微分与不定积分是逆运算，于是如果有

$$u_\Delta(t) = \int_{-\infty}^{t} p_\Delta(\tau) \mathrm{d}\tau$$

那么

$$p_\Delta(t) = \frac{\mathrm{d}u_\Delta(t)}{\mathrm{d}t}$$

由以上两式，令 $\Delta \to 0$ 便可得到 $u(t)$ 和 $\delta(t)$ 之间的关系。

注：

(1) 由于 $u(t)$ 不是一个连续的函数，它在 $t=0$ 的瞬间由 0 跳变为 1，用微积分学的观点来看它应该没有导数，因此对于"$\delta(t)$ 是 $u(t)$ 的导数"这个说法，包括 $\delta(t)$ 信号本身，我们都应该只能怀疑地接受。

不过,如果知道分配理论,利用它就能够给这种信号进行正式的定义。

(2)虽然冲激信号 $\delta(t)$ 在物理上不可能产生,但是用它可表示任意形状的非常短暂的脉冲,因此还可以利用其他一些不同于前面已考虑过的矩形脉冲(见式(1.20))的函数导出冲激信号,在本章结尾部分的问题中,我们将考虑如何从单位面积的三角脉冲或抽样函数推导出冲激信号。

(3)具有跳跃型间断点的信号可表示成一个连续信号和单位阶跃信号的和,这一点在计算这类信号的导数时很有用。

1. 斜变信号

斜变信号定义为

$$r(t) = tu(t) \tag{1.27}$$

斜变信号、单位阶跃信号和单位冲激信号之间的关系如下:

$$\frac{\mathrm{d}r(t)}{\mathrm{d}t} = u(t) \tag{1.28}$$

$$\frac{\mathrm{d}^2 r(t)}{\mathrm{d}t^2} = \delta(t) \tag{1.29}$$

斜变信号是个连续函数,其导数为

$$\frac{\mathrm{d}r(t)}{\mathrm{d}t} = \frac{\mathrm{d}tu(t)}{\mathrm{d}t} = u(t) + t\frac{\mathrm{d}u(t)}{\mathrm{d}t} = u(t) + t\delta(t) = u(t) + 0\delta(t) = u(t)$$

【例 1.15】

考虑不连续信号

$$x_1(t) = \cos(2\pi t)\big[u(t) - u(t-1)\big], \quad x_2(t) = u(t) - 2u(t-1) + u(t-2)$$

用一个连续信号和单位阶跃信号的和来表示以上两个信号,并求它们的导数。

解 信号 $x_1(t)$ 是 $\cos(2\pi t)$ 的从 $0\sim1$ 的一个周期,其余值为 0。它在 $t=0$ 和 $t=1$ 显示出了不连续性。若从 $x_1(t)$ 中减去 $u(t)-u(t-1)$ 便可得到一个连续信号,但为了补偿必须添加一个 $t=0$ 和 $t=1$ 之间的单位脉冲,于是有

$$x_1(t) = \underbrace{(\cos(2\pi t) - 1)\big[u(t) - u(t-1)\big]}_{x_{1a}(t)} + \underbrace{\big[u(t) - u(t-1)\big]}_{x_{1b}(t)}$$

第一项 $x_{1a}(t)$ 是连续的,而第二项 $x_{1b}(t)$ 是不连续的,见图 1.9,该图使得此分解形象化了。$x_1(t)$ 的导数为

$$\frac{\mathrm{d}x_1(t)}{\mathrm{d}t} = -2\pi\sin(2\pi t)\big[u(t) - u(t-1)\big] + (\cos(2\pi t) - 1)\big[\delta(t) - \delta(t-1)\big] + \delta(t) - \delta(t-1)$$

$$= -2\pi\sin(2\pi t)\big[u(t) - u(t-1)\big] + \delta(t) - \delta(t-1)$$

由于

$$(\cos(2\pi t) - 1)\big[\delta(t) - \delta(t-1)\big] = (\cos(2\pi t) - 1)\delta(t) - (\cos(2\pi t) - 1)\delta(t-1)$$

$$= (\cos(0) - 1)\delta(t) - (\cos(2\pi) - 1)\delta(t-1)$$

$$= 0\delta(t) - 0\delta(t-1) = 0$$

在导函数表达式里的 $\delta(t)$ 项指出,$x_1(t)$ 在 $t=0$ 有一个从 0 到 1 的跳变,$-\delta(t-1)$ 项指出,在 $t=1$ 有一个跳变(从 1 到 0)。

图 1.10 中的信号 $x_2(t)$ 在 $t=0$、$t=1$ 和 $t=2$ 都有跳跃型间断点,可认为它是完全不连续的,因此它的连续分量为 0。其导数为

$$\frac{\mathrm{d}x_2(t)}{\mathrm{d}t} = \delta(t) - 2\delta(t-1) + \delta(t-2)$$

以上表达式中 $\delta(t)$、$\delta(t-1)$ 和 $\delta(t-2)$ 前面的系数 1、-2 和 1 分别与在 $t=0$ 从 0 到 1（正跳变 1），$t=1$ 从 1 到 -1（负跳变 -2）和 $t=2$ 从 -1 到 0（正跳变 1）的跳变一致。

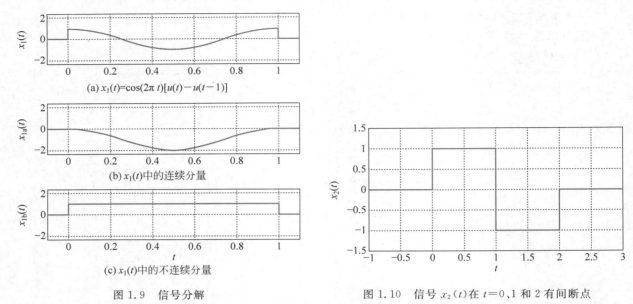

(a) $x_1(t) = \cos(2\pi t)[u(t) - u(t-1)]$

(b) $x_1(t)$ 中的连续分量

(c) $x_1(t)$ 中的不连续分量

图 1.9　信号分解

图 1.10　信号 $x_2(t)$ 在 $t=0$、1 和 2 有间断点

2. 用 MATLAB 产生信号

下面举例说明如何用 MATLAB 产生连续时间信号，既可以用离散时间信号近似连续时间信号，也可以用符号 MATLAB 直接产生连续时间信号。函数 plot 采用了插值算法，从而使离散时间信号的图形看上去像连续时间信号。

【例 1.16】

编写脚本文件和必要的函数产生信号

$$y(t) = 3r(t+3) - 6r(t+1) + 3r(t) - 3u(t-3)$$

画函数图形，并通过分析说明所画图形的正确性。

解　为了获得信号 $y(t)$ 的一个数值逼近，采用下面所示的函数 ramp 和 ustep 来产生斜变信号和单位阶跃信号。以下脚本显示了如何使用这些函数产生 $y(t)$。函数 ramp 的参数确定了信号的支撑、斜率和平移量（要超前则参数为正数，要延迟则参数为负数），对于 ustep 则需要提供支撑和平移量。

```
% 例 1.16 信号产生
% %
clear all;   clf
Ts = 0.01;   t = -5: Ts: 5;              % 信号支撑
% 斜变信号,支撑区间为[-5, 5]
y1 = ramp(t, 3, 3);                      % 斜率为 3,超前 3 个时间单位
y2 = ramp(t, -6, 1);                     % 斜率为 -6,超前 1 个时间单位
y3 = ramp(t, 3, 0);                      % 斜率为 3
% 单位阶跃信号,支撑区间为[-5, 5]
y4 = -3 * ustep(t, -3);                  % 幅值为 -3,延迟 3 个时间单位
y = y1 + y2 + y3 + y4;
```

```
plot(t, y, 'k');    axis([- 5 5 - 1 7]);    grid
```

分析：

- 正如后面会看到的那样，当 $t<-3$ 和 $t>3$ 时，$y(t)=0$，因此选取了 $-5\leqslant t\leqslant 5$ 这样的支撑，信号在这个范围内不等于 0；

- 当 $-3\leqslant t\leqslant -1$ 时，$y(t)=3r(t+3)=3(t+3)$，它在 $t=-3$ 等于 0，在 $t=-1$ 等于 6；

- 当 $-1\leqslant t\leqslant 0$ 时，$y(t)=3r(t+3)-6r(t+1)=3(t+3)-6(t+1)=-3t+3$，它在 $t=-1$ 等于 6，在 $t=0$ 等于 3；

- 当 $0\leqslant t\leqslant 3$ 时，$y(t)=3r(t+3)-6r(t+1)+3r(t)=-3t+3+3t=3$，且最后

- 当 $t\geqslant 3$ 时，信号 $y(t)=3r(t+3)-6r(t+1)+3r(t)-3u(t-3)=3-3=0$

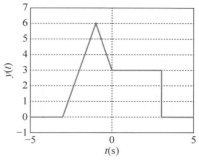

图 1.11 产生的信号 $y(t)=3r(t+3)-6r(t+1)+3r(t)-3u(t-3)$，$-5\leqslant t\leqslant 5$，否则为 0

与图 1.11 所示信号一致。

ramp 函数和 ustep 函数如下：

```
function   y = ramp(t, m, ad)
%  产生斜变信号
%   t: 时间支撑
%   m: 斜变函数的斜率
%   ad: 超前系数(正)，延迟系数(负)
%  用法：y = ramp(t, m, ad)
N = length(t);
y = zeros(1, N);
for   i = 1:N,
      if   t(i)> = - ad,
      y( i ) = m * (t( i ) + ad);
      end
end

function   y = ustep(t, ad)
%  产生单位阶跃信号
%   t: 时间
%   ad: 超前系数(正)，延迟系数(负)
%  用法：y = ustep(t, ad)
N = length(t);
y = zeros(1, N);
for   i = 1:N,
      if   t(i)> = - ad,
      y( i ) = 1;
      end
end
```

【例 1.17】

考虑以下利用函数 ramp 和 ustep 产生信号 $y(t)$ 的脚本，用解析法求得信号 $y(t)$ 的表达式。编写一个函数，计算并画出 $y(t)$ 的偶分量和奇分量。

```
% 例 1.17—信号产生
% %
clear all; clf
```

```
t = - 5:0.01:5;
y1 = ramp(t,2,2.5);
y2 = ramp(t, - 5,0);
y3 = ramp(t,3, - 2);
y4 = ustep(t, - 4);
y = y1 + y2 + y3 + y4;
plot(t,y,'k'); axis([ - 5 5 - 3 5]); grid
```

当 $t < -5$ 和 $t > 5$ 时，信号 $y(t) = 0$。

解　图 1.12 中左图所示信号 $y(t)$ 由以下解析式给出：

$$y(t) = 2r(t+2.5) - 5r(t) + 3r(t-2) + u(t-4)$$

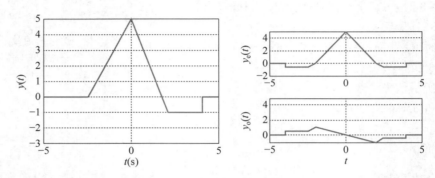

图 1.12　信号 $y(t) = 2r(t+2.5) - 5r(t-2) + u(t-4)$（左）及其偶分量 $y_e(t)$（右上）和奇分量 $y_o(t)$（右下）

分析 $y(t)$ 的表达式有

$$
\begin{array}{ll}
t & y(t) \\
t \leqslant -2.5 & 0 \\
-2.5 \leqslant t \leqslant 0 & 2(t+2.5), \text{故 } y(-2.5) = 0, y(0) = 5 \\
0 \leqslant t \leqslant 2 & 2(t+2.5) - 5t = -3t + 5, \text{故 } y(0) = 5, y(2) = -1 \\
2 \leqslant t \leqslant 4 & 2(t+2.5) - 5t + 3(t-2) = -3t + 5 + 3t - 6 = -1 \\
t \geqslant 4 & 2(t+2.5) - 5t + 3(t-2) + 1 = -1 + 1 = 0
\end{array}
$$

显然，$y(t)$ 非奇非偶。为了求它的偶分量和奇分量，利用下面所给函数 evenodd，该函数的输入是信号及其支撑，输出是偶分量和奇分量。$y(t)$ 的分解显示在图 1.12 中的右边，将这两个信号加起来就得到原信号 $y(t)$。所用脚本如下：

```
% 例 1.17　偶/奇分解
% %
[ye,yo] = evenodd(t,y);
subplot(211)
plot(t,ye,'r')
grid
axis([min(t) max(t) - 2 5])
subplot(212)
plot( t,yo,'r')
grid
axis([min(t) max(t) - 1 5])

function  [ye,yo] = evenodd(t,y)
```

```
% 偶/奇分解
%    t: 时间
%    y: 模拟信号
%    ye, yo: 偶分量和奇分量
% 用法: [ye, yo] = evenodd(t, y)
yr = fliplr(y);
ye = 0.5 * (y + yr);
yo = 0.5 * (y - yr);
```

MATLAB 函数 fliplr 将向量 y 的值翻转过来产生反褶信号。

【例 1.18】

用符号 MATLAB 产生以下模拟信号:

(a) 阻尼正弦振荡信号 $y(t) = \mathrm{e}^{-t}\cos(2\pi t)$ 及其包络线。

(b) 信号 $x(t) = 1 + 1.5\cos(2\Omega_0 t) - 0.6\cos(4\Omega_0 t)$, 该信号是一个周期脉冲的粗略近似, 它是通过将三个频率为 $\Omega_0 = \pi/10$ 的倍数的余弦函数相加产生的。

解　以下脚本利用符号 MATLAB 产生了两个信号。

```
% 例 1.18
% %
%    (a)产生 y(t)及其包络线
t = sym('t');
y = exp(-t) * cos(2 * pi * t);
ye = exp(-t);
figure(1)
ezplot(y, [-2, 4]); grid
hold on
ezplot(ye, [-2, 4])
hold on
ezplot(-ye, [-2, 4]); axis([-2 4 -8 8])
hold off
xlabel('t'); ylabel('y(t)'); title('')
%    (b)产生 x(t)
figure(2)
t = sym('t');
x = 1 + 1.5 * cos(2 * pi * t/10) - .6 * cos(4 * pi * t/10);
ezplot(x, [-10, 10]); grid
xlabel('t'); ylabel('x(t)')
```

阻尼正弦振荡信号和近似脉冲的图形示于图 1.13 中。

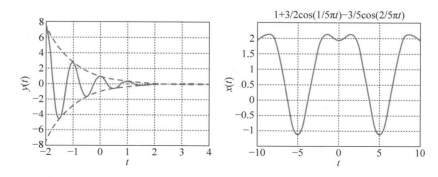

图 1.13　阻尼正弦振荡信号及其包络线(左)以及采用加权的余弦之和近似的脉冲(右)

【例 1.19】

考虑一个三角形脉冲信号

$$\Lambda(t) = \begin{cases} t, & 0 \leqslant t \leqslant 1 \\ -t+2, & 1 < t \leqslant 2 \\ 0, & 其他 \end{cases}$$

用斜变信号 $r(t)$ 表示该信号,然后确定其导数 $\dfrac{\mathrm{d}\Lambda(t)}{\mathrm{d}t}$ 的表达式,并用单位阶跃信号表示。

解 三角形信号可表示为

$$\Lambda(t) = r(t) - 2r(t-1) + r(t-2) \tag{1.30}$$

实际上,由于当 $t \geqslant 1$ 和 $t \geqslant 2$ 时, $r(t-1)$ 和 $r(t-2)$ 分别有不等于 0 的值,于是在 $0 \leqslant t \leqslant 1$ 内 $\Lambda(t) = r(t) = t$。当 $1 \leqslant t \leqslant 2$ 时, $\Lambda(t) = r(t) - 2r(t-1) = t - 2(t-1) = -t+2$。最后,当 $t > 2$ 时,三个斜变信号都不等于 0,因此 $\Lambda(t) = r(t) - 2r(t-1) + r(t-2) = t - 2(t-1) + (t-2) = 0$。由定义可知,当 $t < 0$ 时 $\Lambda(t) = 0$。故以上用斜变函数表示的 $\Lambda(t)$ 与所给的数学定义相同。

利用三角形信号的数学定义,对其求导可得

$$\frac{\mathrm{d}\Lambda(t)}{\mathrm{d}t} = \begin{cases} 1, & 0 \leqslant t \leqslant 1 \\ -1, & 1 < t \leqslant 2 \\ 0, & 其他 \end{cases}$$

利用式(1.30)中的表示式求得的导数为

$$\frac{\mathrm{d}\Lambda(t)}{\mathrm{d}t} = u(t) - 2u(t-1) + u(t-2)$$

这是两个方形单位脉冲,如图 1.14 所示。

【例 1.20】

考虑一个全波整流信号 $x(t) = |\cos(2\pi t)|$, $-\infty < t < \infty$,其基波周期 $T_0 = 0.5$(见图 1.15)。求 $x(t)$ 在 $0 \sim 0.5$ 周期内的表达式,并利用该表达式将 $x(t)$ 表示成该式的平移的形式。在直流源的设计中,获得全波整流信号是将一个交流电压转换成为一个直流电压的第一步。

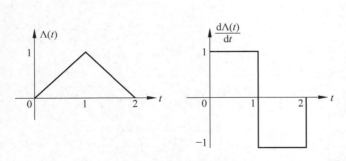

图 1.14 三角形信号 $\Lambda(t)$ 及其导数

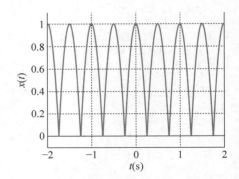

图 1.15 全波整流信号 $x(t) = |\cos(2\pi t)|$, $-\infty < t < \infty$ 的 8 个周期

解 $x(t)$ 在 $0 \sim 0.5$ 周期内的表达式为

$$p(t) = x(t)[u(t) - u(t-0.5)] = |\cos(2\pi t)|[u(t) - u(t-0.5)]$$

由于 $x(t)$ 是周期为 $T_0 = 0.5$ 的周期信号,于是有

$$x(t) = \sum_{k=-\infty}^{\infty} p(t - kT_0)$$

【例 1.21】

产生一个因果脉冲串 $\rho(t)$，它每隔 2 个时间单位重复一次，用 $s(t) = u(t) - 2u(t-1) + u(t-2)$ 作为其第一个周期。求此脉冲串的导数。

解 由于 $s(t)$ 是这个以 2 为周期的脉冲串的第一个周期，故

$$\rho(t) = \sum_{k=0}^{\infty} s(t - 2k)$$

是所期望的信号。注意当 $t < 0$ 时 $\rho(t) = 0$，因此它是因果的。

考虑到多个信号之和的导数是每个信号的导数之和，因此有 $\rho(t)$ 的导数为

$$\frac{\mathrm{d}\rho(t)}{\mathrm{d}t} = \sum_{k=0}^{\infty} \frac{\mathrm{d}s(t-2k)}{\mathrm{d}t} = \sum_{k=0}^{\infty} \left[\delta(t-2k) - 2\delta(t-1-2k) + \delta(t-2-2k) \right]$$

将其化简得

$$\frac{\mathrm{d}\rho(t)}{\mathrm{d}t} = \left[\delta(t) - 2\delta(t-1) + \delta(t-2) \right]$$

$$+ \left[\delta(t-2) - 2\delta(t-3) + \delta(t-4) \right] + \left[\delta(t-4) + \cdots \right.$$

$$= \delta(t) + 2\sum_{k=1}^{\infty} \delta(t-2k) - 2\sum_{k=1}^{\infty} \delta(t-2k+1)$$

其中，当 $k \geqslant 1$ 时 $\delta(t)$、$2\delta(t-2k)$ 和 $-2\delta(t-2k+1)$ 出现在 $t=0$、$t=2k$ 和 $t=2k-1$，即 $\rho(t)$ 的间断点出现的时间。与 $\delta(t)$ 相关的值对应于信号从左向右时的跳变，因而 $\delta(t)$ 指示在 $\rho(t)$ 的 0 处有一个突变为 1，因为它从 0 跳变至 1，而发生在 $2,4,\cdots$ 的突变为 2，因为是从 -1 跳变至 1，是增加的，由 $\delta(t-2k+1)$ 所指示的突变发生在 $1,3,5,\cdots$ 是从 1 跳变至 -1，是减少的，所以值为 -2，如图 1.16 所示。

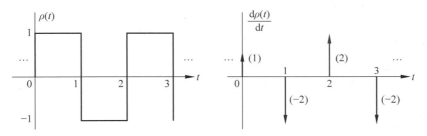

图 1.16　因果脉冲串 $\rho(t)$ 及其导数

括号里的数字是相应的冲激信号的面积，此数字指明信号在特殊间断点处的跳变量，当增加时为正，当减少时为负。

1.4.3　信号的通式

考虑积分

$$\int_{-\infty}^{\infty} f(t)\delta(t)\,\mathrm{d}t$$

$f(t)$ 和 $\delta(t)$ 的乘积除了原点，其他处处为 0。在原点处可以得到一个面积为 $f(0)$ 的冲激，即 $f(t)\delta(t) = f(0)\delta(t)$（令图 1.17 中的 $t_0 = 0$），又考虑到单位冲激下方的面积为 1，故有

$$\int_{-\infty}^{\infty} f(t)\delta(t)\,\mathrm{d}t = \int_{-\infty}^{\infty} f(0)\delta(t)\,\mathrm{d}t = f(0)\int_{-\infty}^{\infty} \delta(t)\,\mathrm{d}t = f(0) \tag{1.31}$$

冲激函数的这个性质被称为**筛选性质**，以上积分运算的目的是筛去其他所有的 $f(t)$ 值，只除了 $\delta(t)$ 出现时刻 $t=0$ 时的 $f(t)$。

以上结果可加以推广，如果延迟或超前被积函数中的 $\delta(t)$ 函数，那么积分运算的结果就是 $f(t)$ 的所有值都被筛去，只除了 $\delta(t)$ 函数所在位置的值，即

$$\int_{-\infty}^{\infty} f(t)\delta(t-\tau)\mathrm{d}t = \int_{-\infty}^{\infty} f(\tau)\delta(t-\tau)\mathrm{d}t = f(\tau)\int_{-\infty}^{\infty} \delta(t-\tau)\mathrm{d}t = f(\tau), \quad \forall \tau$$

这里考虑到了最后一个积分的值等于 1。图 1.17 说明的是信号 $f(t)$ 与位于 $t=t_0$ 的冲激信号 $\delta(t-t_0)$ 的乘积运算。

由冲激函数 $\delta(t)$ 的筛选性质可得，任意信号 $x(t)$ 可用以下**通式**表示：

$$x(t) = \int_{-\infty}^{\infty} x(\tau)\delta(t-\tau)\mathrm{d}\tau \tag{1.32}$$

图 1.18 形象地解释了此通式，式(1.32)表明任意信号都可被看成是许多脉冲 $x_\Delta(t-k\Delta)=x(k\Delta)p_\Delta(t-k\Delta)$ 的堆叠，这些脉冲的宽度为 Δ，高度为 $x(k\Delta)$（即脉冲 $p_\Delta(t-k\Delta)$ 具有单位面积，且被平移 $k\Delta$），因此 $x(t)$ 可近似为

$$x_\Delta(t) = \sum_{k=-\infty}^{\infty} x_\Delta(t-k\Delta) = \sum_{k=-\infty}^{\infty} x(k\Delta)p_\Delta(t-k\Delta)\Delta$$

当 $\Delta \to 0$，在极限情况下这些脉冲变成冲激，而且冲激之间的间隔为无限小量，即

$$\lim_{\Delta \to 0} x_\Delta(t) \to x(t) = \int_{-\infty}^{\infty} x(\tau)\delta(t-\tau)\mathrm{d}\tau$$

式(1.32)提供了一个利用基本信号表示一般信号的通式，在这种情况下基本信号是冲激信号。第 2 章就将看到，一旦确定了系统对冲激的响应，就可以利用这个通式去求出系统对任意信号的响应了。

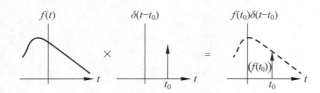

图 1.17 信号 $f(t)$ 与冲激信号 $\delta(t-t_0)$ 相乘

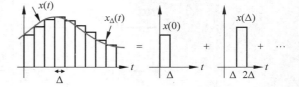

图 1.18 $x(t)$ 的通式被表示成一个高为 $x(k\Delta)$、宽为 Δ 的无限多个脉冲的和（当 $\Delta \to 0$，该和式变为加权冲激信号的积分）

1.5 特殊信号——抽样冲激序列和 sinc 信号

在连续时间信号的抽样和重建中有两个具有重要意义的信号，那就是抽样冲激序列和 sinc 信号。对连续时间信号抽样就是以相同的时间间隔抽取信号的样本，这个过程可以看成是连续时间信号 $x(t)$ 乘以一个基波周期为 T_s（抽样时间间隔）的周期性窄脉冲串。为简单起见，如果脉冲的宽度比 T_s 小很多，该脉冲串可由一个基波周期为 T_s 的周期冲激序列来近似，即**抽样冲激序列**

$$\delta_{T_s}(t) = \sum_{n=-\infty}^{\infty} \delta(t-nT_s) \tag{1.33}$$

于是抽样信号 $x_s(t)$ 为

$$x_s(t) = x(t)\delta_{T_s}(t) = \sum_{n=-\infty}^{\infty} x(nT_s)\delta(t - nT_s) \tag{1.34}$$

即 $x_s(t)$ 是一个被均匀平移的冲激序列，这些冲激的幅值等于信号 $x(t)$ 在冲激出现时刻的值。

抽样理论中的一个基本结论是在某些限制条件下，通过利用 sinc 信号进行插值而恢复原始信号。此外，今后还将看到 sinc 与理想低通滤波器也有关系。sinc 函数被定义为

$$S(t) = \frac{\sin\pi t}{\pi t}, \quad -\infty < t < \infty \tag{1.35}$$

此信号具有以下特性：

（1）它是 t 的偶函数，因为

$$S(-t) = \frac{\sin(-\pi t)}{-\pi t} = \frac{-\sin(\pi t)}{-\pi t} = S(t) \tag{1.36}$$

（2）在 $t=0$ 处，sinc 的分子和分母都等于 0，所以当 $t \to 0$ 时的极限值应利用罗必塔法则来求，即

$$\lim_{t \to 0} S(t) = \lim_{t \to 0} \frac{\mathrm{d}\sin(\pi t)/\mathrm{d}t}{\mathrm{d}\pi t/\mathrm{d}t} = \lim_{t \to 0} \frac{\pi\cos(\pi t)}{\pi} = 1 \tag{1.37}$$

（3）$S(t)$ 是有界的，即由于 $-1 \leqslant \sin(\pi t) \leqslant 1$，故而当 $t > 0$ 时有

$$\frac{-1}{\pi t} \leqslant S(t) = \frac{\sin(\pi t)}{\pi t} \leqslant \frac{1}{\pi t} \tag{1.38}$$

考虑到 $S(t)$ 是偶函数，所以当 $t < 0$ 时它同样也是有界的。并且由于当 $t = 0$ 时，$S(0) = 1$，故对于所有 t，$S(t)$ 都是有界的。当 $t \to \pm\infty$，$S(t) \to 0$。

（4）令 $S(t)$ 的分子等于 0，即 $\sin(\pi t) = 0$，可求出它的过零点时刻，因此过零点时刻是使 $\pi t = k\pi$，即 $t = k$，k 为非零整数，或 $k = \pm 1, \pm 2, \cdots$

（5）$S(t)$ 有个性质不太明显，需要利用它的频率表示来证明，那就是积分性质

$$\int_{-\infty}^{\infty} |S(t)|^2 \mathrm{d}t = 1 \tag{1.39}$$

回想一下，我们曾在第 0 章用数值 MATLAB 和符号 MATLAB 证明过该结论。

1.6　基本信号运算——时间尺度变换、频移和频率加窗

> 已知信号 $x(t)$ 和实数 $\alpha \neq 0$ 或 1，以及 $\phi > 0$，
>
> （1）当 $|\alpha| > 1$，则 $x(\alpha t)$ 是 $x(t)$ 被压缩后的结果，并且如果 $\alpha < 0$，它还被反褶了；
>
> （2）当 $|\alpha| < 1$，则 $x(\alpha t)$ 是 $x(t)$ 被扩展后的结果，并且如果 $\alpha < 0$，它还被反褶了；
>
> （3）$x(t)\mathrm{e}^{\mathrm{j}\phi t}$ 将 $x(t)$ 在频率上平移了 ϕ rad；
>
> （4）对于窗信号 $w(t)$，$x(t)w(t)$ 只展示出了 $x(t)$ 在 $w(t)$ 支撑范围内的部分。

为了说明时间尺度变换，考虑一个有限支撑信号 $x(t)$，支撑范围为 $t_0 \leqslant t \leqslant t_1$，假定 $\alpha > 1$，那么 $x(\alpha t)$ 就被定义于区间 $t_0 \leqslant \alpha t \leqslant t_1$ 或 $t_0/\alpha \leqslant t \leqslant t_1/\alpha$，可见这是一个比原信号的支撑更小一些的支撑。例如，当 $\alpha = 2, t_0 = 2, t_1 = 4$，则 $x(2t)$ 的支撑为 $1 \leqslant t \leqslant 2$，而 $x(t)$ 的支撑是 $2 \leqslant t \leqslant 4$。如果 $\alpha = -2$，那么 $x(-2t)$ 不仅将 $x(t)$ 进行了压缩，而且也将它反褶了。另一方面，$x(0.5t)$ 会有一个 $2t_0 \leqslant t \leqslant 2t_1$ 的支撑，这个支撑比原信号的支撑大。

信号与一个复指数信号相乘会平移原信号的频率。为了说明这一点，下面考虑指数信号 $x(t) =$

$e^{j\Omega_0 t}$ 的情况,其频率为 Ω_0。如果用指数信号 $e^{j\phi t}$ 去乘 $x(t)$,则有

$$x(t)e^{j\phi t} = e^{j(\Omega_0 + \phi)t} = \cos((\Omega_0 + \phi)t) + j\sin((\Omega_0 + \phi)t)$$

可见,若 $\phi > 0$,则新的指数信号的频率大于 Ω_0,若 $\phi < 0$,则新的指数信号的频率小于 Ω_0,因此将 $x(t)$ 的频率进行了平移。如果有一个指数信号的和(这些指数函数没有必要像后面要考虑的傅里叶级数里的指数函数那样简谐相关)

$$x(t) = \sum_k A_k e^{j\Omega_k t}$$

那么乘上 $e^{j\phi t}$ 之后有

$$x(t)e^{j\phi t} = \sum_k A_k e^{j(\Omega_k + \phi)t}$$

即 $x(t)$ 的每个频率分量都被移至新频率 $\{\Omega_k + \phi\}$ 处。这种频率搬移对于幅度调制技术的研发意义重大,也因此频率搬移的过程被称为调制,即信号 $x(t)$ 调制复指数信号,$x(t)e^{j\phi t}$ 是已调信号。

要注意时间尺度变换也可以改变信号的频率成分。例如 $x(t) = e^{j\Omega_0 t}$ 是基波周期为 $T_0 = 2\pi/\Omega_0$ 的周期信号,而 $x(\alpha t) = e^{j\alpha\Omega_0 t}$ 的基波周期为 $\alpha\Omega_0$,若 $\alpha > 1$ 则它比原信号的频率 Ω_0 大,若 $0 < \alpha < 1$,则它就比原信号的频率 Ω_0 小。

将以上分析总结如下:

---

(1) 如果 $x(t)$ 是基波周期为 T_0 的周期信号,那么时间尺度变换信号 $x(\alpha t)$,$\alpha \neq 0$,也是周期信号,且基波周期为 $T_0/|\alpha|$。

(2) 出现在信号里的频率可用调制来改变,即信号乘以一个复指数信号,或等价地乘以正弦和余弦信号。信号频率的改变也可能通过信号的扩展和压缩来实现。

(3) 反褶是一种特殊的时间尺度变换,是当 $\alpha = -1$ 时的情形。

【例 1.22】

令 $x_1(t)$,$0 \leq t \leq T_0$,为周期信号 $x(t)$ 的一个周期,$x(t)$ 的基波周期为 T_0。利用 $x_1(t)$ 的延迟和超前形式分别表示 $x(t)$ 和 $x(2t)$,表达式是怎样的?

解 周期信号 $x(t)$ 可被写成

$$x(t) = \cdots + x_1(t + 2T_0) + x_1(t + T_0) + x_1(t) + x_1(t - T_0) + x_1(t - 2T_0) + \cdots$$
$$= \sum_{k=-\infty}^{\infty} x_1(t - kT_0)$$

于是压缩信号 $x(2t)$ 为

$$x(2t) = \sum_{k=-\infty}^{\infty} x_1(2t - kT_0)$$

这是一个基波周期为 $\dfrac{T_0}{2}$ 的周期信号。

【例 1.23】

一个原声信号 $x(t)$ 的持续时间为 3.3 分钟,现在有个无线电台想在一个 3 分钟的时间片里使用这个信号,请说明要怎样做才可能达到目的。

解 需要以尺度因子 $\alpha = 3.3/3 = 1.1$ 这样一个比例对 $x(t)$ 进行压缩,如此 $x(1.1t)$ 才能够被用在 3 分钟的片段里。如果信号是录在磁带上的,那么磁带播放器就应以录制速度 1.1 倍的速度进行播放,不过这样会改变磁带上的声音或音乐,因为 $x(1.1t)$ 中的频率相对于 $x(t)$ 中的原始频率来说是增大了。

【例1.24】

用无线电波传送消息的一种方法是将该消息与一个频率高于消息中频率的正弦波相乘,这样做改变了信号的频率成分,由此产生的信号称为幅度调制(AM)信号:消息改变了正弦波的振幅。为了从发射信号中恢复出消息,可以将已调信号的包络与消息联系起来。利用以前所给的函数 ramp 和 ustep 产生信号 $y(t) = 2r(t+2) - 4r(t) + 3r(t-2) + r(t-3) - u(t-3)$,并用它来调制载波信号 $x(t) = \sin(5\pi t)$,从而产生调幅信号 $z(t) = y(t)x(t)$。编写脚本用来产生并绘制 AM 信号,并说明 AM 信号的包络是否与消息信号 $y(t)$ 有关系。

解　用解析法可知信号 $y(t)$ 等于

$$y(t) = \begin{cases} 0, & t < -2 \\ 2r(t+2) = 2(t+2), & -2 \leqslant t < 0 \\ 2r(t+2) - 4r(t) = -2t+4, & 0 \leqslant t < 2 \\ 2r(t+2) - 4r(t) + 3r(t-2) = t-2, & 2 \leqslant t < 3 \\ 2r(t+2) - 4r(t) + 3r(t-2) - r(t-3) - u(t-3) = 0, & t \geqslant 3 \end{cases}$$

以下脚本用于产生消息信号 $y(t)$ 和 AM 信号 $z(t)$,并画出它们的图形。MATLAB 函数 sound 用于产生一个相当于 $100z(t)$ 的声音。图1.19中画出了 $z(t)$ 的图形并用虚线强调其包络线,此包络线是 $\pm y(t)$。此例中正的包络线对应的是消息,因此如果 AM 接收器包含一个能检出包络的系统,就可以恢复消息了。

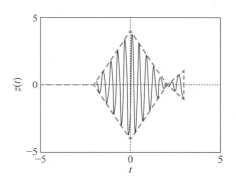

图1.19　调幅信号 $z(t) = [2r(t+2) - 4r(t) + 3r(t-2) + r(t-3) - u(t-3)]\sin(5\pi t)$

```
% 例1.24  AM信号
% %
clear all; clf
% 消息信号
t = -5:0.001:5;
y1 = ramp(t, 2, 2);
y2 = ramp(t, -4, 0);
y3 = ramp(t, 3, -2);
y4 = ramp(t, 1, -3);
y5 = ustep(t, -3);
y = y1 + y2 + y3 + y4 + y5;          % 消息
% AM调制
x = sin(5*pi*t);                     % 载波
z = y.*x;
sound(100*z,1000)
figure(1)
plot(t,z,'k'); hold on
plot(t,y,'r',t, -y,'r'); axis([-5 5 -5 5]); grid
hold off
xlabel('t'); ylabel('z(t)'); title('')
```

1.7　我们完成了什么,我们向何处去

我们在长长的征程中又迈出了一步。本章读者已经了解了信号的主要分类方式,已经开始了确定性连续时间信号的学习。本章讨论了信号的重要特征,例如周期性、能量、功率、偶函数性和奇函数性,

也介绍了信号的基本运算，这些运算很有用，我们在第 2 章将会看到它们的用处。有趣的是，我们也开始看到这些运算如何通向实际的应用，例如幅度调制、频率调制和相位调制，这些是通信原理的基础。本章也开始用基本的信号来表示一般信号，这非常重要，在后续的一些章节里这种表示将简化系统的分析过程，为综合系统提供灵活性。本章所介绍的基本信号被用作控制系统中的测试信号，表 1.1 总结了不同的基本信号。下一步是要将信号与系统联系起来，更重要的是发展一个理论，使它用于从某种程度上能够近似工程中大多数为人们所关注的系统的行为，之后我们将考虑信号和系统在时域和频域的分析问题。

表 1.1　基本信号

信　　号	定义/性质
阻尼复指数	$\|A\|e^{rt}\left[\cos(\Omega_0 t+\theta)+j\sin(\Omega_0 t+\theta)\right],-\infty<t<\infty$
正弦	$A\cos(\Omega_0 t+\theta)=A\sin\left(\Omega_0 t+\theta+\dfrac{\pi}{2}\right),-\infty<t<\infty$
单位冲激	$\delta(t)=0(t\neq 0)$，在 $t=0$ 时，未定义，$\int_{-\infty}^{t}\delta(\tau)d\tau=1,t>0,\int_{-\infty}^{\infty}f(\tau)\delta(t-\tau)d\tau=f(t)$
单位阶跃	$u(t)=\begin{cases}1,&t>0\\0,&t<0\end{cases}$
斜变	$r(t)=tu(t)=\begin{cases}t,&t>0\\0,&t\leqslant 0\end{cases}$ $\delta(t)=\dfrac{du(t)}{dt}$ $u(t)=\int_{-\infty}^{t}\delta(\tau)d\tau$ $r(t)=\int_{-\infty}^{t}u(\tau)d\tau$
矩形脉冲	$p(t)=A[u(t)-u(t-1)]=\begin{cases}A,&0\leqslant t\leqslant 1\\0,&\text{其他}\end{cases}$
三角形脉冲	$\Lambda(t)=A[r(t)-2r(t-1)+r(t-2)]=\begin{cases}At,&0\leqslant t\leqslant 1\\A(2-t),&1<t\leqslant 2\\0,&\text{其他}\end{cases}$
抽样冲激序列	$\delta_{T_s}(t)=\sum_k \delta(t-kT_s)$
sinc 函数	$S(t)=\dfrac{\sin(\pi t)}{\pi t}$ $S(0)=1$ $S(k)=0,\quad k$ 为整数且 $k\neq 0$ $\int_{-\infty}^{\infty}S^2(t)dt=1$

1.8 本章练习题

1.8.1 基础题

1.1 考虑以下连续时间信号

$$x(t) = \begin{cases} 1-t, & 0 \leqslant t \leqslant 1 \\ 0, & \text{其他} \end{cases}$$

仔细画出 $x(t)$ 的图形,然后求下列信号的表达式并画出它们的图形:

(a) $x(t+1)$、$x(t-1)$ 和 $x(-t)$;

(b) $0.5[x(t)+x(-t)]$ 和 $0.5[x(t)-x(-t)]$;

(c) $x(2t)$ 和 $x(0.5t)$;

(d) $y(t)=\mathrm{d}x(t)/\mathrm{d}t$ 和

$$z(t) = \int_{-\infty}^{t} y(\tau)\mathrm{d}\tau$$

答案:$x(t+1)$ 等于 $x(t)$ 向左移 1;$0.5[x(t)+x(-t)]$ 在 $t=0$ 不连续。

1.2 考虑一个有限支撑信号 $x(t)=t,0 \leqslant t \leqslant 1$,其他为 0。

(a) 画出 $x(t+1)$ 和 $x(-t+1)$ 的图形。作图将这两个信号相加得到新信号 $y(t)$,用解析法检验所得结果。

(b) $y(t)$ 与信号 $\Lambda(t)$ 是什么关系? 这里 $\Lambda(t)=(1-|t|)$,$-1 \leqslant t \leqslant 1$,否则为 0。画出它们的图形。计算 $y(t)$ 和 $\Lambda(t)$ 对所有 t 的积分并将二者进行对比。

答案:$x(-t+1)$ 等于 $x(-t)$ 延迟 1;$y(t)$ 是偶函数,$y(0)=2$。

1.3 以下问题与信号的对称性有关。

(a) 考虑因果指数信号 $x(t)=\mathrm{e}^{-t}u(t)$。

(i) 画 $x(t)$ 的图形并解释为何称其为因果的。$x(t)$ 是偶信号还是奇信号?

(ii) $0.5\mathrm{e}^{-|t|}$ 是 $x(t)$ 的偶分量吗? 请作出解释。

(b) 利用欧拉恒等式 $x(t)=\mathrm{e}^{jt}=\cos(t)+j\sin(t)$,求出 $x(t)$ 的偶分量 $x_e(t)$ 和奇分量 $x_o(t)$。

(c) 已知信号 $x(t)$ 是偶函数且对所有 t 不全为 0,请解释为何有下式成立:

$$\int_{-\infty}^{\infty} x(t)\sin(\Omega_0 t)\mathrm{d}t = 0$$

(d) 对任意信号 $x(t)$ 有

$$\int_{-\infty}^{\infty} [x(t)+x(-t)]\sin(\Omega_0 t)\mathrm{d}t = 0$$

这是对的吗?

答案:(a)(ii) 是的,正确;(b) $x_e(t)=\cos(t)$;(c) 被积函数是奇函数;(d) $x(t)+x(-t)$ 是偶函数。

1.4 反褶和时移可以交换吗? 或者说图 1.20 中的两个框图是否提供了相同的信号,即 $y(t)$ 与 $z(t)$ 相等吗? 为了回答这个问题,考虑图 1.20 中所示信号 $x(t)$,它被分别输入到两个框图中,求 $y(t)$ 和 $z(t)$,画出它们的图形并进行比较,你的结论是什么? 请加以解释。

答案:运算不能交换。

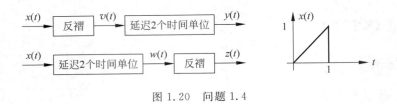

图 1.20　问题 1.4

1.5　已知因果全波整流信号 $x(t) = |\sin(2\pi t)| u(t)$

(a) 求 $x(t)$ 的偶分量 $x_e(t)$ 并画出其图形。$x_e(t)$ 是周期的吗？如果是，它的基波周期 T_e 是多少？$x(t)$ 的奇分量 $x_o(t)$ 也是周期的吗？

(b) $x_e(t)$ 和 $x_o(t)$ 是因果信号吗？请加以解释。

答案：$x_e(t)$ 是周期的，$x_o(t)$ 不是，二者都不是因果的。

1.6　以下问题与信号的周期性有关。

(a) 确定以下信号的频率 Ω_0(rad/s)和相应的频率 f_0(Hz)以及基波周期 T_0(s)，这些信号均定义在 $-\infty < t < \infty$：

(i) $\cos(2\pi t)$；　(ii) $\sin(t - \pi/4)$；　(iii) $\tan(\pi t)$

(b) 求信号 $z(t) = 1 + \sin(t) + \sin(3t)$，$-\infty < t < \infty$ 的基波周期 T。

(c) 若 $x(t)$ 是基波周期为 $T_0 = 1$ 的周期信号，确定以下信号的基波周期：

(i) $y(t) = 2 + x(t)$；　(ii) $w(t) = x(2t)$；　(iii) $v(t) = 1/x(t)$

(d) 求下列信号的基波频率 f_0(Hz)：

(i) $x(t) = 2\cos(t)$；　(ii) $y(t) = 3\cos\left(2\pi t + \dfrac{\pi}{4}\right)$；　(iii) $c(t) = \dfrac{1}{\cos(t)}$

(e) 若 $z(t)$ 是基波周期为 T_0 的周期信号，那么 $z_e(t) = 0.5[z(t) + z(-t)]$ 也是周期的吗？如果是，确定它的基波周期 T_0。$z_o(t) = 0.5[z(t) - z(-t)]$ 又怎样呢？

答案：(a) (iii) 频率为 $f_0 = \dfrac{1}{2}$Hz；(b) $T = 2\pi$；(c) $x(2t)$ 的基波周期是 $1/2$；

(d) $c(t)$ 的 $f_0 = 1/(2\pi)$Hz；(e) $z_e(t)$ 是基波周期为 T_0 的周期信号。

1.7　在以下问题中求信号的基波周期或判断周期性。

(a) 求下列信号的基波周期，并加以验证。

(i) $x(t) = \cos\left(t + \dfrac{\pi}{4}\right)$；　(ii) $y(t) = 2 + \sin(2\pi t)$；　(iii) $z(t) = 1 + \dfrac{\cos(t)}{\sin(3t)}$

(b) 信号 $x_1(t)$ 是基波周期为 T_0 的周期信号，信号 $y_1(t)$ 是基波周期为 $10T_0$ 的周期信号，判断下列信号是否是周期的，如果是，求它们的基波周期。

(i) $z_1(t) = x_1(t) + 2y_1(t)$；　(ii) $v_1(t) = x_1(t)/y_1(t)$；　(iii) $w_1(t) = x(t) + y_1(10t)$

答案：(a) $y(t)$ 的基波周期等于 1；(b) $v_1(t)$ 是基波周期为 $10T_0$ 的周期信号。

1.8　以下问题关于信号的能量和功率。

(a) 画出信号 $x(t) = e^{-t} u(t)$ 的波形并确定它的能量。$x(t)$ 的功率是多少？

(b) 与 $z_1(t) = e^{-t} u(t)$ 的能量相比，信号 $z(t) = e^{-|t|}$，$-\infty < t < \infty$ 的能量如何？仔细画出这两个信号的波形。

(c) 考虑信号

$$y(t) = \text{sign}[x_i(t)] = \begin{cases} 1, & x_i(t) \geqslant 0 \\ -1, & x_i(t) < 0 \end{cases}$$

其中 t 的范围为 $-\infty < t < \infty$；$i=1,2$。当 $x_i(t)$ 分别为

(i) $x_1(t) = \cos(2\pi t)$ 和 (ii) $x_2(t) = \sin(2\pi t)$

分别求出 $y(t)$ 的能量和功率，并画出两种情况下 $y(t)$ 的波形。

(d) 已知 $v(t) = \cos(t) + \cos(2t)$。

(i) 计算 $v(t)$ 的功率。

(ii) 确定 $v(t)$ 的两个分量各自的功率，将它们相加，并与 $v(t)$ 的功率进行比较。

(e) 求 $s(t) = \cos(2\pi t)$ 和 $f(t) = s(t)u(t)$ 的功率，比较二者，结果怎样？

答案：(a) $E_x = 0.5$；(b) $E_z = 2E_{z1}$；(c) $P_y = 1$；(d) $P_v = 1$。

1.9 考虑一个电路，它由一正弦电压源 $v_s(t) = \cos(t)u(t)$ 与一个电阻器 R 和一个电感器 L 串联构成，假设该电路处于稳态。

(a) 令 $R = 0\Omega$，$L = 1\text{H}$，计算电感器的瞬时功率和平均功率。

(b) 令 $R = 1\Omega$，$L = 1\text{H}$，计算电阻器和电感器的瞬时功率和平均功率。

(c) 令 $R = 1\Omega$，$L = 0\text{H}$，计算电阻器的瞬时功率和平均功率。

(d) 输入给电路的复功率定义为 $P = \dfrac{1}{2}V_s I^*$，其中 V_s 和 I 分别是电路中电压源相量和电流相量，I^* 是 I 的复共轭。考虑以上所给的电阻器和电感器的值，计算每种情况下的复功率，并找出它与所求平均功率的关系。

答案：(a) $P_a = 0$；(b) $P_a = 0.25$；(c) $P_a = 0.5$。

1.10 考虑周期信号 $x(t) = \cos(2\Omega_0 t) + 2\cos(\Omega_0 t)$，$-\infty < t < \infty$，且 $\Omega_0 = \pi$。两个正弦信号的频率是简谐相关的。

(a) 确定 $x(t)$ 的周期 T_0，计算它的功率 P_x，验证功率 P_x 等于 $x_1(t) = \cos(2\pi t)$ 的功率 P_1 和 $x_2(t) = 2\cos(\pi t)$ 的功率 P_2 之和。

(b) 假设 $y(t) = \cos(t) + \cos(\pi t)$，其中的两个频率不是简谐相关的。判断 $y(t)$ 是否是周期的，说明如何求 $y(t)$ 的功率 P_y，P_y 会等于 $P_1 + P_2$ 吗？这里 P_1 是 $\cos(t)$ 的功率，P_2 是 $\cos(\pi t)$ 的功率。请解释与谐波频率的情况相比有什么不同。

答案：(a) $T_0 = 2$；$P_x = 2.5$；(b) $y(t)$ 不是周期的，但 $P_y = P_1 + P_2$。

1.11 判断下列说法的正确性（如果不正确，请给出正确答案）。

(a) 对任意正整数 k 有

$$\int_0^k e^{j2\pi t} dt = 0$$

(b) $x(t)$ 是基波周期为 T_0 的周期信号，对于任意 t_0 值，有

$$\int_0^{T_0} x(t) dt = \int_{t_0}^{t_0+T_0} x(t) dt$$

可考虑例如 $x(t) = \cos(2\pi t)$ 的情况。

(c) $\cos(2\pi t)\delta(t-1) = 1$ 是正确的吗？

(d) 如果 $x(t) = \cos(t)u(t)$，那么 $dx(t)/dt = -\sin(t)u(t) + \delta(t)$ 是正确的吗？

(e) 以下积分正确吗？

$$\int_{-\infty}^{\infty} [e^{-t}u(t)]\delta(t-2)\,dt = e^{-2}$$

(f) 如果 $x(t) = \cosh(t)u(t) = 0.5(e^{t} + e^{-t})u(t)$，那么 $dx(t)/dt = \sinh(t)u(t) + \delta(t)$ 是正确的吗？

(g) 因果全波整流信号 $x(t) = |\sin(t)|u(t)$ 的功率是其偶分量 $x_e(t) = 0.5[x(t) + x(-t)]$ 的功率的两倍吗？

答案：(a) 和 (b) 是对的；(c) $\cos(2\pi t)\delta(t-1) = \delta(t-1)$；(g) 是的，$P_{xe} = 0.5 P_x$。

1.12 信号

$$x(t) = \begin{cases} -t, & -2 \leqslant t \leqslant 0 \\ t, & 0 \leqslant t \leqslant 2 \end{cases}$$

可被写作为 $x(t) = |t| p(t)$。

(a) 仔细画出 $x(t)$ 的图形，并给出 $p(t)$ 的定义式，然后求 $y(t) = \dfrac{dx(t)}{dt}$ 并画其图形。

(b) 计算

$$\int_{-\infty}^{t} y(\tau)\,d\tau$$

并说明此积分的结果与 $x(t)$ 的关系。

(c) $\int_{-\infty}^{\infty} x(\tau)\,d\tau = 2\int_{0}^{2} x(\tau)\,d\tau$ 是否正确？

答案：$y(t) = 2\delta(t+2) - u(t+2) + 2u(t) - u(t-2) - 2\delta(t-2)$；是对的。

1.13 信号 $x(t)$ 定义为 $x(t) = r(t+1) - r(t) - 2u(t) + u(t-1)$。

(a) 画出 $x(t)$ 的图形并指出其间断点所在位置。计算 $y(t) = dx(t)/dt$ 并画其图形。$y(t)$ 是怎样体现 $x(t)$ 的间断点的？请作出解释。

(b) 求积分

$$\int_{-\infty}^{t} y(\tau)\,d\tau$$

并给出当 $t = -1$、0、0.99、1.01、1.99 和 2.01 时积分的值。当取 $t = 1$ 和 $t = 2$ 时，计算这个积分会有什么问题吗？请作出解释。

答案：$x(t)$ 在 $t = 0$ 和 $t = 1$ 有间断点，这些间断点在 $\dfrac{dx(t)}{dt}$ 中由 $\delta(t)$ 函数体现出来。

1.14 定义 $\delta(t)$ 函数的优点之一就是方便计算不连续信号的导数。考虑一个对所有 t 都有定义的周期正弦信号

$$x(t) = \cos(\Omega_0 t), \quad -\infty < t < \infty$$

和一个因果正弦信号 $x_1(t) = \cos(\Omega_0 t)u(t)$，其中的单位阶跃函数指明该函数在 0 处有一个间断点，因为在 $t = 0_+$ 其值等于 1，而在 $t = 0_-$ 其值等于 0。

(a) 求导函数 $y(t) = \dfrac{dx(t)}{dt}$ 并画出其图形。

(b) 求导函数 $z(t) = \dfrac{dx_1(t)}{dt}$ 并画出其图形（把 $x_1(t)$ 当作两个函数 $\cos(\Omega_0 t)$ 和 $u(t)$ 的乘积）。利用 $y(t)$ 表示 $z(t)$。

(c) 验证通过积分 $\int_{-\infty}^{t} z(\tau)\,d\tau$ 可以还原出 $x_1(t)$。

答案：(a) $y(t)=-\Omega_0\sin(\Omega_0 t)$；(b) $z(t)=y(t)u(t)+\delta(t)$。

1.15　令 $x(t)=t[u(t)-u(t-1)]$，下面来考虑它的扩展和压缩。

(a) 画出 $x(2t)$ 的图形，并判断它是对 $x(t)$ 压缩的结果还是扩展的结果。

(b) 画出 $x(t/2)$ 的图形，并判断它是对 $x(t)$ 压缩的结果还是扩展的结果。

(c) 假定 $x(t)$ 是一原声信号，如录制在磁带上的音乐信号，那么对该信号进行扩展和压缩操作会有什么可能的应用？请作出解释。

答案：(a) $x(2t)=2t[u(t)-u(t-0.5)]$，压缩了。

1.16　考虑图 1.21 所示信号。

(a) 画出 $x(t)$ 的偶奇分解图，即求 $x(t)$ 的偶分量 $x_e(t)$ 和奇分量 $x_o(t)$ 并画出它们的图形。

(b) 证明：信号 $x(t)$ 的能量可表示为其偶分量和奇分量的能量之和，即

$$\int_{-\infty}^{\infty}x^2(t)\mathrm{d}t=\int_{-\infty}^{\infty}x_e^2(t)\mathrm{d}t+\int_{-\infty}^{\infty}x_o^2(t)\mathrm{d}t$$

(c) 验证所给 $x(t)$ 的能量等于它的 $x_e(t)$ 和 $x_o(t)$ 的能量之和。

答案：$x_o(t)=-0.5(1+t)[u(t+1)-u(t)]+0.5(1-t)[u(t)-u(t-1)]$。

1.17　周期信号可以通过不断重复其一个周期而产生。

(a) 求一个仅定义在区间 $0\leqslant t\leqslant 2$ 上的函数 $g(t)$，并用基本信号表示该函数，要求若以周期 2 对其进行重复时可产生如图 1.22 所示的周期信号 $x(t)$。

(b) 用 $g(t)$ 以及对它的平移来表示 $x(t)$。

(c) 假设对周期信号 $x(t)$ 平移并乘以一个常数后得到了一些新信号 $y(t)=2x(t-2)$、$z(t)=x(t+2)$ 和 $v(t)=3x(t)$，那么这些信号还是周期的吗？

(d) 令 $w(t)=\mathrm{d}x(t)/\mathrm{d}t$，画出其图形。$w(t)$ 是周期的吗？若是，求其基波周期。

答案：(a) $g(t)=u(t)-2u(t-1)+u(t-2)$；(c) 信号 $y(t)$ 和 $v(t)$ 是周期的。

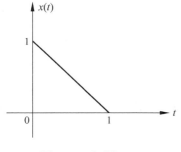

图 1.21　问题 1.16

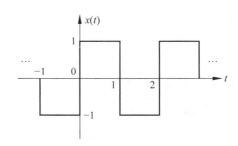

图 1.22　问题 1.17

1.18　对于复指数信号 $x(t)=2\mathrm{e}^{\mathrm{j}2\pi t}$，

(a) 假设 $y(t)=\mathrm{e}^{\mathrm{j}\pi t}$，那么二者之和 $z(t)=x(t)+y(t)$ 也是周期的吗？如果是，$z(t)$ 的基波周期是多少？

(b) 假设有信号 $v(t)=x(t)y(t)$，其中 $x(t)$ 和 $y(t)$ 是前面所给的信号，那么 $v(t)$ 是周期的吗？如果是，$v(t)$ 的基波周期是多少？

答案：(a) $z(t)$ 是周期的，基波周期等于 $T_1=2$；(b) $v(t)$ 是周期的，基波周期等于 $T_3=2/3$。

1.19 考虑图 1.23 所示的三角形脉冲串 $x(t)$。

(a) 仔细画出 $x(t)$ 的导数 $y(t) = \dfrac{\mathrm{d}x(t)}{\mathrm{d}t}$ 的图形。

(b) 你能计算积分

$$z(t) = \int_{-\infty}^{\infty} [x(t) - 0.5] \mathrm{d}t$$

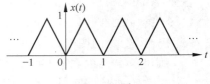

图 1.23 问题 1.19

吗？如果可以，它等于多少？如果不能计算，请解释原因。

(c) $x(t)$ 是有限能量信号吗？$y(t)$ 是不是有限能量信号？

答案： (a) $y(t) = \sum_{k} [u(t-k) - 2u(t-0.5-k) + u(t-1-k)]$；(c) $x(t)$ 和 $y(t)$ 都具有无限能量。

1.8.2 MATLAB 实践题

1.20 信号能量和 *RC* 电路 信号 $x(t) = \mathrm{e}^{-|t|}$ 对所有 t 值都有定义。

(a) 画出 $x(t)$ 的图形并判断它是否是能量有限信号。

(b) 如果确定 $x(t)$ 是绝对可积的，即以下积分

$$\int_{-\infty}^{\infty} |x(t)| \mathrm{d}t$$

是有限的，能认为 $x(t)$ 的能量是有限的吗？请解释是或不是的原因。

提示： 画出时间函数 $|x(t)|$ 和 $|x(t)|^2$ 的图形。

(c) 根据上面得到的结果，信号

$$y(t) = \mathrm{e}^{-t}\cos(2\pi t)u(t)$$

的能量 E_y 是不是小于 $x(t)$ 能量的一半？请作出解释。通过利用符号 MATLAB 画出 $y(t)$ 的图形并且计算它的能量来验证你的结论。

(d) 要对一个充电至 1V 电压，电容量为 1mF 的电容放电，在 $t=0$ 时将它与一电阻 R 相连，当测量电阻两端电压时得到 $v_R(t) = \mathrm{e}^{-t}u(t)$，求电阻的阻值 R。若电容的电容量 $C = 1\mu F$，R 等于多少？归纳总结 R 和 C 的关系。

答案： (a) $E_x = 1$；(c) $E_y = E_x/2$；(d) $R = 1/C$。

1.21 正弦之和的周期性

(a) 考虑周期信号 $x_1(t) = 4\cos(\pi t)$ 和 $x_2(t) = -\sin\left(3\pi t + \dfrac{\pi}{2}\right)$，求 $x_1(t)$ 的周期 T_1 和 $x_2(t)$ 的周期 T_2，并判断 $x(t) = x_1(t) + x_2(t)$ 是否是周期的。如果是，它的基波周期 T_0 等于多少？

(b) 两个周期信号 $x_1(t)$ 和 $x_2(t)$ 的周期分别是 T_1 和 T_2，且两周期之比为 $\dfrac{T_1}{T_2} = 3/12$，求 $x(t) = x_1(t) + x_2(t)$ 的基波周期 T_0。

(c) 当

(i) $x_1(t) = 4\cos(2\pi t)$ 和 $x_2(t) = -\sin(3\pi t + \pi/2)$

(ii) $x_3(t) = 4\cos(2t)$ 和 $x_4(t) = -\sin(3\pi t + \pi/2)$

判断 $x_1(t) + x_2(t)$，$x_3(t) + x_4(t)$ 是否是周期的。用符号 MATLAB 画出 $x_1(t) + x_2(t)$ 和 $x_3(t) + x_4(t)$ 的图形，以证实关于它们的周期性的分析结果。

答案： (b) $T_0 = 4T_1 = T_2$；(c) $x_1(t)$ 是周期的，$x_2(t)$ 是非周期的。

1.22 冲激信号的产生 当定义冲激信号或 $\delta(t)$ 时，用作定义 $\delta(t)$ 的信号的形状是不重要的。不

管是本章所用的矩形脉冲还是别的脉冲,甚至是一个并非脉冲的信号,在极限情况下都可以得到同样的冲激信号。下面来考虑一些其他信号的情况:

（a）三角形脉冲

$$\Lambda_\Delta(t) = \frac{1}{\Delta}\left(1 - \left|\frac{t}{\Delta}\right|\right)(u(t+\Delta) - u(t-\Delta))$$

仔细描绘这个信号,计算它的面积,并求当 $\Delta\to0$ 时的极限。在极限情况下得到什么结果? 请作出解释。

（b）考虑信号

$$S_\Delta(t) = \frac{\sin\left(\frac{\pi t}{\Delta}\right)}{\pi t}$$

利用 sinc 信号 $S(t) = \frac{\sin(\pi t)}{(\pi t)}$ 的性质,用 $S(t)$ 来表示 $S_\Delta(t)$,然后计算它的面积以及当 $\Delta\to0$ 时的极限。利用符号 MATLAB 说明随着 Δ 值的逐渐减小,$S_\Delta(t)$ 会越来越像冲激信号。

答案：$S_\Delta(0) = \frac{1}{\Delta}$,在 $t=\pm k\Delta$ 处有 $S_\Delta(t)=0$。

1.23 抽样冲激序列和冲激信号 考虑抽样冲激序列

$$\delta_T(t) = \sum_{k=0}^{\infty}\delta(t-kT)$$

在后面模拟信号的抽样中会用到此信号。

（a）画出 $\delta_T(t)$ 的图形,并求积分

$$ss_T(t) = \int_{-\infty}^{t}\delta_T(\tau)\mathrm{d}\tau$$

画出对所有 t 值的 $ss_T(t)$。积分结果信号 $ss(t)$ 的形状看起来像什么? 在相关参考文献中该信号被称为"通往星星的阶梯",请你解释为何这样称呼该信号。

（b）用 MATLAB 函数 stairs 画出 $ss_T(t)$ 的图形,取 $T=0.1$。判断当 $T\to0$ 时,$ss_T(t)$ 的极限会是什么信号?

（c）抽样信号是这样的一个信号

$$x_s(t) = x(t)\delta_{T_s}(t) = \sum_{k=0}^{\infty}x(kT_s)\delta(t-kT_s)$$

令 $x(t)=\cos(2\pi t)u(t)$,$T_s=0.1$,求积分

$$\int_{t-T_s}^{t}x_s(t)\mathrm{d}t$$

并用 MATLAB 画出它在区间 $0\leqslant t\leqslant10$ 内的图形。此题用一种简单的方式举例说明了一个将离散时间信号转换成连续时间信号的离散到模拟转换器(它类似于数模转换器或 DAC)的工作原理。

答案：(a) $ss(t)=\sum_{k=0}^{\infty}u(t-kT)$；(c) $\int_{t-T_s}^{t}x_s(t)\mathrm{d}t = \sum_{k}x(kT_s)u(t-kT_s)$。

1.24 压缩、扩展和周期性 考虑基波周期为 $T_0=2\mathrm{s}$ 的周期信号 $x(t)=\cos(\pi t)$。

（a）扩展信号 $x(t/2)$ 是周期的吗? 如果是,指出它的基波周期。

（b）压缩信号 $x(2t)$ 是周期的吗? 如果是,指出它的基波周期。

（c）用 MATLAB 画出以上两个信号的图形,并验证分析结果。

答案： (a) $x(t/2)$是周期的，基波周期等于 4。

1.25 全波整流信号 考虑全波整流信号

$$y(t) = \mid \sin(\pi t) \mid, \quad -\infty < t < \infty$$

（a）作为一个周期信号，$y(t)$的能量不是有限的，但其功率 P_y 是有限的，求出功率 P_y。

（b）有一种有效的快速估计周期信号功率的方法，即求出平方信号的边界。求$\mid y(t) \mid^2$的边界并证明 $P_y < 1$。

（c）用符号 MATLAB 检验全波整流信号是否具有有限功率，所得功率的值是否与之前计算所得 P_y 一致。画出 $y(t)$ 的图形，并编写计算 $y(t)$ 功率的脚本。用 MATLAB 脚本计算得到的结果与解析结果是否一致？

答案： (a) $P_y = 0.5$。

1.26 多径效应——第 1 部分 在无线通信中，多径效应严重影响着接收信号的质量，由于发射机和接收机之间建筑物和汽车等阻挡物的存在，发射机发送的信号一般不会沿着直线（称为视线）到达接收机，而是沿着多条不同的路径传播，所以接收到的是在时间和频率上发生改变，同时也被衰减的多个不同信号，即传输发生在多条路径上，每条路径上的发送信号都被不同程度地平移和衰减，考虑到这些信号之间可能发生的相干效应，它们的和与原信号差别较大。本题考虑一个实际信号的时移从而说明衰减和时移的效果，在下一个问题中将考虑时移和频移以及衰减的效果。

假定 MATLAB 文件 handel. mat 中的信号是模拟信号 $x(t)$，它沿三条传输路径传输，因此接收信号为

$$y(t) = x(t) + 0.8x(t-\tau) + 0.5x(t-2\tau)$$

令 $\tau = 0.5$s，请根据调入 handel 文件时所给的抽样率 F_s（样本/s），确定对应于 τs 延迟的样本数量。

为方便起见，取一个持续时间为 1s 的信号，即通过从 handel 中取适当数量的样本产生一个信号。画出原始 handel 信号 $x(t)$ 的片段以及信号 $y(t)$ 的图形，领会多径效应的效果。用 MATLAB 的函数 sound 聆听原始信号和接收信号的声音。

1.27 多径效应——第 2 部分 现在考虑无线通信中的多普勒效应（Doppler）。发射机和接收机在速度上的差异引起信号频率上的平移，这被称为多普勒效应，就像火车经过时汽笛声的音响效果那样。为了说明该频移效果，下面考虑一个复指数函数 $x(t) = e^{j\Omega_0 t}$，假设有两条传输路径，一条路径没有改变信号，而另一条路径引起了信号的频移和衰减，从而导致接收信号为

$$y(t) = e^{j\Omega_0 t} + \alpha e^{j\Omega_0 t} e^{j\phi t} = e^{j\Omega_0 t}[1 + \alpha e^{j\phi t}]$$

其中，α 是衰减因子，ϕ 是多普勒频移，它一般远小于信号频率。令 $\Omega_0 = \pi$，$\phi = \pi/100$，$\alpha = 0.7$，这是一种接收信号等于视线信号和一个受多普勒影响的衰减信号之和的情况。

（a）考虑相量 $\alpha e^{j\phi t}$ 这一项，其频率为 $\phi = \dfrac{\pi}{100}$，又被加个 1。用 MATLAB 的绘图函数 compass 画出从 $0 \sim 256$s 时段内的和 $1 + 0.7e^{j\phi t}$，时间增量取 $T = 0.5$s。

（b）如果将 $y(t)$ 写成 $y(t) = A(t)e^{j(\Omega_0 t + \theta(t))}$，给出 $A(t)$ 和 $\theta(t)$ 的解析表达式，并用 MATLAB 计算和绘制它们的图形，其中自变量 t 的取值范围以及增量的取法与（a）相同。

（c）计算信号

$$y_1(t) = x(t) + 0.7x(t-100)e^{j\phi(t-100)}$$

的实部，即把时间延迟和频率延迟的效果与幅度衰减结合起来。t 的取值情况仍然与（a）相同。用函数 sound 聆听不同信号的声音（令本函数中的 $F_s = 2000$）。

答案： $A(t)=\sqrt{1.49+1.4\cos(\phi t)}$，$\theta(t)=\arctan\left[\dfrac{0.7\sin(\phi t)}{1+0.7\cos(\phi t)}\right]$。

1.28　节拍或律动　音乐产生中的一个有趣现象是节拍或律动。假设有 NP 个不同的演奏者尝试弹奏一个纯音，即一个频率为 160Hz 的正弦波，且录制的信号是这些正弦波的和。现在假定弹奏纯音的这 NP 个演奏者弹奏的是以 ΔHz 为间隔的频率不同的纯音，于是录制下来的信号为

$$y(t)=\sum_{i=1}^{NP}10\cos(2\pi f_i t)$$

其中，f_i 是从 159～161Hz 之间以 ΔHz 为间隔的一系列频率，每一个演奏者弹奏一个不同的频率。

（a）用 MATLAB 生成区间 $0\leqslant t\leqslant 200(\text{s})$ 内的信号 $y(t)$，设每个音乐家弹奏一个独一无二的频率。再来考虑演奏者数量逐渐增加的情况，例如令 NP 从 51 个演奏者，从而 $\Delta=0.04$Hz，一直增加到 101 个演奏者，从而 $\Delta=0.02$Hz，画出在不同演奏人数情况下的 $y(t)$。

（b）解释这与前面问题中讨论的多径和多普勒效应有什么关系。

1.29　线性调频信号　纯音或正弦波听起来并没有那么妙趣横生，调制和其他一些技术可用于产生更加有趣的声音。线性调频信号，即具有时变频率的正弦波，是更加有趣的声音。例如，下面这个信号就是一个线性调频信号

$$y(t)=A\cos(\Omega_c t+s(t))$$

（a）令 $A=1$，$\Omega_c=2$，$s(t)=t^2/4$。用 MATLAB 画出 $0\leqslant t\leqslant 40\text{s}$ 内该信号的图形，取步长为 0.05s，并用 sound 聆听该信号的声音。

（b）令 $A=1$，$\Omega_c=2$，$s(t)=-2\sin(t)$。用 MATLAB 画出 $0\leqslant t\leqslant 40\text{s}$ 内该信号的图形，取步长为 0.05s，并用 sound 聆听该信号的声音。

（c）一个线性调频信号的频率是什么？从所举的例子来看结论好像不明显。信号的瞬时频率 $\text{IF}(t)$ 是余弦信号的宗量对 t 的导数。举个例子，对于余弦信号 $\cos(\Omega_0 t)$，它的 $\text{IF}(t)=\dfrac{\mathrm{d}\Omega_0 t}{\mathrm{d}t}=\Omega_0$，这样瞬时频率就与传统的频率一致了。确定前两问中的线性调频信号的瞬时频率，并画出它们的图形。线性调频信号可以理解为频率信号吗？请作出解释。

第 2 章

连续时间系统

凡事应该尽量简单,但不要过于简单。

阿尔伯特·爱因斯坦(Albert Einstein),(1879—1955 年),
物理学家

2.1 引言

为了便于分析和综合,在处理实际器件或过程中采用系统的概念是很有用的,例如,一根传输线虽然在物理上只是一条连接两端的导线,但它可以看作为一个系统,这个系统中的电压和电流不仅是时间的函数,而且是空间坐标的函数。电压信号从一个点"行进"到一个与之相距几英里的另一点需要花费时间,这时基尔霍夫定律不再适用,因为传输线的电阻、电容和电感是沿着导线长度分布的,即这根导线被建模为集总参数电路的级联,其特性用单位长度上的电阻、电容和电感量来表征。一个不那么复杂的系统虽仍由电阻器、电容器和电感器构成,但这些元件都用理想的模型来表示,这样分析和综合起来就简单些,这里用"理想"一词说明这些模型仅仅是近似实际电阻器、电容器和电感器的真实行为。对于电阻器来说,一个更为真实的模型需要考虑由于温度和可能出现在电阻内的其他边缘效应而引起的阻值的改变,虽然考虑这些因素会得到一个更好的模型,但对于大多数实际应用来说,这样的模型会带来不必要的麻烦。

我们引入系统表征的概念,并建议用线性和时不变(linear and time-invariant,LTI)模型作为系统行为的数学上的理想模型,这是一个好的起点,虽然今后我们会看到大多数实际系统并非如此,但许多器件的行为特性都可以近似为线性和时不变的。例如,发射机是个非线性设备,但在其工作点附近却可以用一个线性模型来对其进行分析。再如,发声系统根本不是时不变或线性的,或者说不能用常微分方程来表征,但在进行语音综合时,短时间隔的语音一般都建模为线性时不变模型的输出。不过今后将看到,LTI 模型并不适合表示通信系统,对于通信系统而言,非线性或时变的系统更适合表示它们。

任意信号激励 LTI 系统所引起的输出响应,是借助前一章已获得的信号的一般表达式,并利用系统的线性性和时不变性以及由冲激引起的响应而得到的,该输出是一个积分,称为卷积积分。虽然卷积积分即使在简单情况下也难以计算,但它具有重要的理论价值,它不仅使我们能够确定非常普遍的情况下的系统响应,而且提供了一个表征因果稳定系统的方式。因果性将系统的输入和输出之间的因、果关系联系了起来,为实时处理信号提供了条件,而稳定性则描述了有用系统的特性,这两个条件有着重大的实际意义。

2.2 系统的概念和分类

虽然我们把系统视为将一个(或多个)输入信号变换成一个(或多个)输出信号的数学变换,但要知道这个变换是来自于我们感兴趣的物理器件或过程的理想化模型,理解这一点非常重要。

例如,在实体电阻器、电容器和电感器的连接中,采用模型可以理想化它们的处理方式。对于简单电路,在模型中我们会忽略诸如分布电感和电容以及一些环境因素的影响,会假定电阻、电容和电感仅局限于物理元件中,而导线不会有电阻、电感或电容,这样就可以利用电路定律求得常微分方程从而表征该元件互连。在这个 RLC 模型中,一根导线仅仅起到连接两个元件的作用,而在传输线中一根类似的导线却被建模为具有沿导线长度分布的电容、电感和电阻,从而实现电压沿导线传播的方式。在实际中,物理元器件的模型和数学表示不是唯一的。

一个系统可看作是多个子系统的连接,例如,把 RLC 电路看作是一个系统,电阻器、电容器、电感器和电源就是构成这个系统的子系统。

模型一般都发展于不同的工程领域,不过很多有相似性,例如机械和电气系统,它们的数学方程是相似的,甚至是相同的,但它们的物理意义差别却很大。

根据系统具有的一般特性,系统可划分为以下类别:

- 静态或动态系统。动态系统具有存储能量或者记忆状态的能力,而静态系统不具有这个能力。一个电池连接到电阻器构成的电路是一个静态系统,而同样的电池连接到电阻器、电容器和电感器就构成了一个动态系统。二者的主要差别在于电容器和电感器可以存储能量,可以记忆元件的状态,而电阻器则不能。我们关注的大多数系统都是动态系统。

- 集总参数或分布参数系统。这种分类与如何看待系统中的元件有关。在 RLC 电路的情形下,电阻、电容和电感都是局部的,因此电阻器、电容器和电感器这些物理元件被建模为集总参数元件,而在传输线的情形下,电阻、电容和电感被建模为沿着导线长度分布。

- 被动和主动系统:如果一个系统不能向外部传送能量,就称它为被动系统。一个由恒定电阻器、电容器和电感器构成的电路是被动系统,但如果该电路还包含运放,它就是一个主动系统。

像 RLC 电路这样的具有集总参数的动态系统一般是由常微分方程描述的,而像传输线这样的分布参数动态系统,则是由偏微分方程描述。在集总参数系统的情况下,我们只对信号在时间上的变化感兴趣,而在分布参数系统的情况下,则对信号在时间和空间上的变化都感兴趣。本书仅考虑集总参数动态系统,它们可能是时变的,只有一个输入和一个输出,不过这些系统可以是被动的,也可以是主动的。

更进一步的系统分类可以通过考虑出现在系统输入端和输出端的信号类型而得到。

> 当系统的输入和输出都是连续时间信号、离散时间信号或数字信号时,相应的系统分别是**连续时间系统**、**离散时间系统**或**数字系统**,也可能出现输入信号和输出信号不是同一类型的情形,这时就是一个**混合系统**。

在第 0 章介绍的系统中,CD 播放器是一个混合系统,因为它的输入是数字信号(存储在光盘上的比特),而输出是连续时间信号(播放器播出的是原音信号)。而 SDR 系统可被认为具有连续时间输入(在发射机端)和连续时间输出(在接收机端),因此它是一个连续时间系统,虽然 SDR 系统包含了混合子系统。

2.3   线性时不变(LTI)连续时间系统

连续时间系统是输入和输出都是连续时间信号的系统，在数学上表示成变换 S，它将输入信号 $x(t)$ 变换成输出信号 $y(t)=S[x(t)]$（见图 2.1）：

$$x(t) \Rightarrow y(t) = S[x(t)]$$

输入　　　　输出

(2.1)

输入　　　　　　　　　　　　输出

$$x(t) \rightarrow \boxed{S} \rightarrow y(t)=S[x(t)]$$

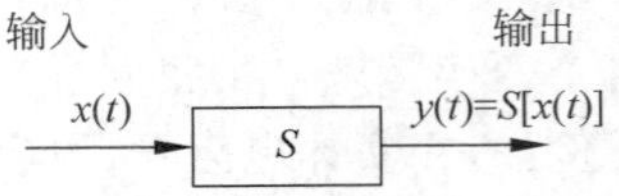

图 2.1　具有输入 $x(t)$ 和输出 $y(t)$ 的连续时间系统 S

建立连续时间系统的数学模型时，既要考虑模型的精确性，也要考虑模型的简单性和实用性，这一点很重要。以下是我们研究的模型所具有的一些特性：

(1) 线性；

(2) 时不变性；

(3) 因果性；

(4) 稳定性。

输入和输出之间的线性特性以及系统参数的恒定性(时不变特性)简化了数学模型。系统的因果性或者说非预期的行为，与系统的输入和输出之间的原因-结果关系有关，当系统工作在实时状况下，即用来处理进入系统的信号的时间是有限的，因果性是基本要求。稳定性是实际系统所需要的：一个稳定系统在合理的输入信号激励下，其行为是良好的，而不稳定的系统则根本没有用途。

2.3.1   线性

一个系统 S 被称为是**线性的**，如果该系统对输入 $x(t)$ 和 $v(t)$，以及任意常数 α 和 β，满足**叠加性**，即

$$S[\alpha x(t) + \beta v(t)] = S[\alpha x(t)] + S[\beta v(t)] = \alpha S[x(t)] + \beta S[v(t)] \tag{2.2}$$

检验一个系统是否具有线性性质时，首先需要检验**比例性**，即若已知对某输入 $x(t)$ 的输出为 $y(t)=S[x(t)]$，那么对一个按比例增减的输入 $\alpha x(t)$，输出应该是 $\alpha y(t)=\alpha S[x(t)]$，如果该条件满足不了，该系统就是非线性的；如果该条件能够满足，还需要再检验**可加性**，即对输入和的响应 $S[x(t)+v(t)]$ 是否等于相应的响应之和 $S[x(t)]+S[v(t)]$。也可以通过检验叠加性等价地检验线性系统的这两个性质。

【例 2.1】

考虑一个有偏平均器，即此系统对输入 $x(t)$ 的输出为

$$y(t) = \frac{1}{T}\int_{t-T}^{t} x(\tau)\mathrm{d}\tau + B$$

此系统的功能是求在长度为 T 的区间 $[t-T, t]$ 内输入的均值，并添加一个常数偏差 B。该系统是线性的吗？若不是，有没有办法使它成为一个线性的？请作出解释。

解　令 $y(t)$ 表示系统对 $x(t)$ 的响应，然后对 $x(t)$ 以因子 α 进行比例增减，则输入变成 $\alpha x(t)$，于是相应的输出为

$$\frac{1}{T}\int_{t-T}^{t} \alpha x(\tau)\mathrm{d}\tau + B = \frac{\alpha}{T}\int_{t-T}^{t} x(\tau)\mathrm{d}\tau + B$$

它不等于

$$\alpha y(t) = \frac{\alpha}{T}\int_{t-T}^{t} x(\tau)\mathrm{d}\tau + \alpha B$$

故系统是非线性的。注意到二者的差别来自于与偏差 B 有关的那一项,这一项完全没有受到对输入进行的比例增减的影响,因此要想使系统成为线性系统,需要使 $B=0$。

有偏平均器可以看成是一个具有两输入的系统:$x(t)$ 和偏差 B,常数 B 是当输入等于零,即 $x(t)=0$ 时的响应,这样响应 $y(t)$ 可被看成是一个线性系统的响应

$$y_0(t) = \frac{1}{T}\int_{t-T}^{t} x(\tau)\mathrm{d}\tau$$

与一个零输入响应 B 之和,即

$$y(t) = y_0(t) + B$$

由于在判断线性性质时只改变 $x(t)$,而零输入响应不变,所以由以上表达式可知系统是非线性的。如果 $B=0$,显然系统就是线性的了。

弹簧可以很好地说明这个特性。由于弹簧具有弹性,当正常拉伸它时它可以还原原来的形状,其行为类似于一个线性系统。然而,如果它被拉伸到超出了某个限度,就会失去还原原有形状的能力,并出现永久的变形或者说偏差了,从此以后弹簧的行为就类似于一个非线性系统。

【例 2.2】

只要系统的输入和输出之间的显式关系是由一个非线性表达式给出,系统就是非线性的。考虑以下输入-输出关系式,说明相应的系统是非线性的:

(i) $y(t)=|x(t)|$;(ii) $z(t)=\cos(x(t))$,假定 $|x(t)|\leqslant 1$;(iii) $v(t)=x^2(t)$,其中 $x(t)$ 是输入,$y(t)$、$z(t)$ 和 $v(t)$ 是输出。

解 第一个系统不满足叠加性,故该系统是非线性的。事实上,若该系统对于输入 $x_1(t)$ 和 $x_2(t)$ 的输出分别是 $y_1(t)=|x_1(t)|$ 和 $y_2(t)=|x_2(t)|$,那么对于 $x_1(t)+x_2(t)$ 的输出并不等于前面两个响应之和,因为

$$y_{12}(t) = |\, x_1(t) + x_2(t)\, | \leqslant \underbrace{|\, x_1(t)\, |}_{y_1(t)} + \underbrace{|\, x_2(t)\, |}_{y_2(t)}$$

对于第二个系统而言,其对 $x(t)$ 的响应是 $z(t)=\cos(x(t))$,而对 $-x(t)$ 的响应却不是 $-z(t)$,因为余弦函数是其宗量的偶函数,于是有

$$-x(t) \rightarrow \cos(-x(t)) = \cos(x(t)) = z(t)$$

也就是说,系统对于 $x(t)$ 或 $-x(t)$ 的响应是一样的,故该系统是非线性的。

对于第三个系统,若 $x_1(t) \rightarrow v_1(t)=(x_1(t))^2$ 及 $x_2(t) \rightarrow v_2(t)=(x_2(t))^2$ 是相应的输入-输出对,那么由于

$$x_1(t) + x_2(t) \rightarrow (x_1(t)+x_2(t))^2 = (x_1(t))^2 + (x_2(t))^2 + 2x_1(t)x_2(t) \neq v_1(t) + v_2(t)$$

故该系统是非线性的。

【例 2.3】

考虑一个 RLC 电路中的每个元件,判断在什么条件下它们是线性的。

解 电阻器 R 的**电压-电流关系**为 $v(t)=Ri(t)$,若此伏安特性曲线是一条通过原点的直线,那么电阻器就是线性的,否则就是非线性的。二极管是一个非线性电阻的例子,其伏安特性不是一条过原点的直线。若线性电阻伏安特性的斜率 $\mathrm{d}v(t)/\mathrm{d}i(t)=R<0$,表明它可能是有源元件,从而表现为负电阻。

如果伏安特性是一条斜率为常数 $R>0$ 的直线,若认为输入是电流,则满足叠加性,事实上,如果对电阻施加电流 $i_1(t)$,可得到 $Ri_1(t)=v_1(t)$,若施加电流 $i_2(t)$,可得到 $Ri_2(t)=v_2(t)$,那么当施加的电流为 $ai_1(t)+bi_2(t)$ 时,其中 a 和 b 为常数,电阻器两端的电压 $v(t)=R(ai_1(t)+bi_2(t))=av_1(t)+bv_2(t)$,即电阻器 R 是一个线性系统。

电容器的**电荷-电压关系**为 $q(t)=Cv_c(t)$,若此库伏特性曲线不是一条通过原点的直线,那么电容器就是非线性的。变容二极管是这样一种二极管,其电容非线性地依赖施加于其上的电压,因此它是一种非线性电容器。当库伏特性曲线是一条通过原点的直线,且斜率 $C>0$ 为常数,利用电流-电荷关系 $i(t)=dq(t)/dt$ 可以得到表征此电容器的常微分方程为

$$i(t) = Cdv_c(t)/dt, \quad t \geqslant 0$$

且初始条件为 $v_c(0)$。若令 $i(t)$ 为输入,则可通过积分求解该常微分方程,得到输出电压为

$$v_c(t) = \frac{1}{C}\int_0^t i(\tau)d\tau + v_c(0) \tag{2.3}$$

式(2.3)说明了电容器的工作方式。当 $t>0$ 时,电容器累积在极板上的电荷超出原始电荷量,该原始电荷是由 $t=0$ 时的初始电压 $v_c(0)$ 引起的。如果 $v_c(0)=0$,电容器可看成是一个线性系统,否则就不是。实际上,当 $v_c(0)=0$ 时,若电容器对 $i_1(t)$ 和 $i_2(t)$ 的响应分别为

$$v_{c1}(t) = \frac{1}{C}\int_0^t i_1(\tau)d\tau, \quad v_{c2}(t) = \frac{1}{C}\int_0^t i_2(\tau)d\tau$$

则由它们的组合 $ai_1(t)+bi_2(t)$ 所引起的响应为

$$\frac{1}{C}\int_0^t [ai_1(\tau)+bi_2(\tau)]d\tau = av_{c1}(t)+bv_{c2}(t)$$

因此,如果电容器最初没有被充电,那么它就是一个线性系统。如果初始条件不为 0,即 $v_c(0)\neq 0$,电容器不仅受输入电流 $i(t)$ 的影响,同时也受初始条件 $v_c(0)$ 的影响,这样它就不可能满足线性特性,原因是只有输入电流可以改变。

电感器 L 是电容器的对偶元件,将以上各方程中的电流用电压替代,C 用 L 替代,就可获得电感器的各方程。一个线性恒电感器由**磁通量-电流关系** $\phi(t)=Li_L(t)$ 来表征,此韦安特性曲线是一条直线,斜率 $L>0$。如果 $\phi(t)$-$i_L(t)$ 曲线不是一条通过原点的直线,则电感器是非线性的。根据法拉第电磁感应定律,电感电压为

$$v(t) = \frac{d\phi(t)}{dt} = L\frac{di_L(t)}{dt}$$

解此常微分方程可得电流为

$$i_L(t) = \frac{1}{L}\int_0^t v(\tau)d\tau + i_L(0) \tag{2.4}$$

与电容器一样,电感器不是一个线性系统,除非电感中的初始电流等于零。

注意：在判断线性特性时,获得输入和输出之间的显式关系是必要的。

运放

运算放大器简称**运放**,是一个既可用作线性系统又可用作非线性系统的非常好的例子。运算放大器的模型是一个二端口电路(见图 2.2),有两个电压输入：在倒相输入端的 $v_-(t)$ 和在非倒相输入端的 $v_+(t)$,输出电压 $v_o(t)$ 是两个输入电压之差的非线性函数,即

$$v_o(t) = f[v_+(t)-v_-(t)] = f(v_d(t))$$

当 $v_d(t)$ 的值处于一个毫伏量级的小区间 $[-\Delta V, \Delta V]$ 内时,函数 $f(v_d(t))$ 近似为线性的,而当 $v_d(t)$ 的

值超出 $\pm\Delta V$ 时, $f(v_d(t))$ 成为常数,不过运放的输出电压 $v_o(t)$ 可达到伏特量级,因此设

$$v_o(t) = Av_d(t), \quad -\Delta V \leqslant v_d(t) \leqslant \Delta V$$

为一条通过原点的直线,其斜率 A 非常大。如果 $|v_d(t)| > \Delta V$,输出电压为常数 V_{sat},就是说放大器的增益饱和了。此外,运放的输入阻抗非常大,因此输入到其负端和正端的电流都非常小,而运放的输出阻抗相对来说较小。

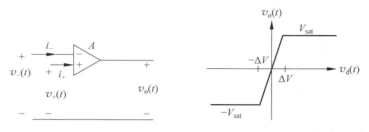

图 2.2　运算放大器:电路框图(左)和输入-输出电压关系

由此可见,运放要么工作在线性区,要么工作在非线性区,这完全依赖于输入信号的动态范围,如果将运算放大器限定在线性工作区就可以简化模型。假定增益 $A \to \infty$,输入阻抗 $R_{in} \to \infty$,则可得到以下**理想运算放大器**的定义式:

$$i_-(t) = i_+(t) = 0, \quad v_d(t) = v_+(t) - v_-(t) = 0 \tag{2.5}$$

这两个式子被称为**虚短**,而且只有当输出电压受限于饱和电压 V_{sat} 时,即满足

$$-V_{sat} \leqslant v_o(t) \leqslant V_{sat}$$

时才有效。

本章的后面部分将考虑如何利用运放构成反相器、加法器、缓冲器和积分器。

2.3.2　时不变性

> 　　连续时间系统 S 是**时不变的**,只要对于输入 $x(t)$ 的相应输出为 $y(t) = S[x(t)]$,而相应于时移后的输入 $x(t \mp \tau)$(延迟或超前)的输出是原始输出的一个等量的时移,即 $y(t \mp \tau) = S[x(t \mp \tau)]$(延迟或超前)。于是有
>
> $$x(t) \Rightarrow y(t) = S[x(t)]$$
> $$x(t \mp \tau) \Rightarrow y(t \mp \tau) = S[x(t \mp \tau)] \tag{2.6}$$
>
> 也就是说,系统不会随时间改变,其参数是常数。

一个既满足线性又满足时不变性的系统被称为**线性时不变**系统或 LTI 系统。

注:

(1) 要清楚线性和时不变性是相互独立的,因此可以有线性时变系统或者非线性时不变系统。

(2) 按照以上的定义,绝大多数实际系统都是非线性和时变的,但线性模型可用于(在工作点附近)近似系统的非线性行为,时不变模型可用于(在短时间内)近似系统的时变行为。例如,在进行语音合成时,发声系统一般建模为线性时不变系统,是以大约 20ms 为间隔逼近发声系统的不同部位(口腔、面颊和鼻子,等等)在形状上的连续变化。对该系统而言,显然更好的模型是线性时变模型。

(3) 在很多情况下,如果有可能,判断时不变性是通过鉴别出系统方程中的输入、输出,并令余下部分代表系统参数来完成的。若这些参数随时间变化,那么系统就是时变的。例如,若系统的输入 $x(t)$

和输出 $y(t)$ 由方程式 $y(t)=f(t)x(t)$ 关联，那么系统的参数是函数 $f(t)$，如果它不是常数，系统就是时变的。因此，系统 $y(t)=Ax(t)$ 是时不变的，其中 A 是常数，这个非常容易验证。但是由 $y(t)=\cos(\Omega_0 t)x(t)$ 定义的 AM 调制系统是时变的，因为函数 $f(t)=\cos(\Omega_0 t)$ 不是常数。

1. AM 通信系统

幅度调制（AM）通信系统的产生是由于需要通过无线电波传送原声信号——"消息"，并且还要利用一个尺寸合理的天线来发射这个信号，要知道，天线的尺寸与消息中的最高频率呈反比关系，而声音和音乐都是具有相对较低频率的信号。声音信号的典型频率范围是 $100\,\mathrm{Hz}$ 到大约 $5\,\mathrm{kHz}$（这是使电话交谈易于理解所需的频率），而音乐信号一般可以达到约 $22\,\mathrm{kHz}$，因此利用实际的天线发射这类信号是不可能的。为了使传输成为可能，引入了**调制**，就是将消息 $m(t)$ 与一个诸如余弦 $\cos(\Omega_0 t)$ 这样的周期信号相乘，$\cos(\Omega_0 t)$ 被称为**载波**，其频率 Ω_0 远远高于原声信号中的频率。幅度调制为减小天线尺寸提供了所需的更大频率，因此 $y(t)=\cos(\Omega_0 t)m(t)$ 才是传送的信号，这个乘法运算的效果就是改变输入的频率成分。

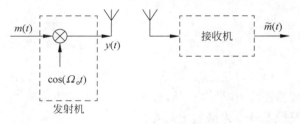

显然 AM 系统是线性的，但却是时变的。如果输入为 $m(t-\tau)$，即消息被延迟 τ，则输出将会是 $m(t-\tau)\cos(\Omega_0 t)$，不等于时不变系统应该产生的输出 $y(t-\tau)=\cos(\Omega_0(t-\tau))m(t-\tau)$。图 2.3 解释了 AM 发射机和接收机。

图 2.3　AM 调制：发射机和接收机

2. FM 通信系统

与 AM 系统相比，频率调制（FM）系统是非线性的、时变的。一个 FM 调制后的信号 $z(t)$ 为

$$z(t) = \cos\left(\Omega_c t + \int_{-\infty}^{t} m(\tau)\,\mathrm{d}\tau\right)$$

其中，$m(t)$ 是输入消息。

为了证明 FM 系统是非线性的，假定对消息进行比例增减成为 $\gamma m(t)$，这里 γ 为常数，则相应的输出为

$$\cos\left(\Omega_c t + \gamma\int_{-\infty}^{t} m(\tau)\,\mathrm{d}\tau\right)$$

它不等于前面那个输出按比例增减的结果，即 $\gamma z(t)$，故 FM 是一个非线性系统。同样地，如果消息被延迟或者超前，输出并不会被延迟或者超前，所以 FM 系统不是时不变的。

无线电之初

尼古拉·特斯拉（Nikola Tesla）（1856—1943 年）和雷吉纳德·菲森登（Reginald Fessenden）（1866—1932 年）的名字是与幅度调制和无线电的发明联系在一起的。无线电技术最初被叫做"无线电报技术"，之后被称为"无线电"。

特斯拉是一位机械工程师，也是一位电气工程师，但更重要的是他是一位发明家，他被认为在 19 世纪末和 20 世纪初对电磁学做出了杰出贡献。他的工作奠定了交变电流（AC）电力系统和感应电动机的基础，在无线通信领域他利用"特斯拉线圈"做到了传输和接收无线电信号。虽然特斯拉在古列尔莫·马可尼（Guglielmo Marconi）之前提交了无线电技术的专利申请，但最初还是马可尼获得了无线电发明专利（1904 年），不过最高法院于 1943 年推翻了之前的决定，授予了特斯拉关于无线电技术的专利优先权。菲森登被称为"无线广播之父"，他早期在无线电技术方面的工作使他于 1906 年 12 月证明了能够进行点对点的无线通话，而且这是人类历史上第一次面向听众进行的娱乐和音乐节目的无线电广

播(听众是大西洋中船只上的无线电操作员)。菲森登曾是普渡大学电气工程系的教授,并且在1893年做了匹兹堡大学电气工程系的第一届主席。

3. 发声系统

一个非凡的而我们又都拥有的系统是发声系统(见图2.4)。空气在一定压力下从这个系统中的肺部呼出,经由气管通过声带使声带发生振动,从而产生与管乐器的声音相似的共鸣声,形成的声音被口腔和鼻腔所压抑并由此而产生携带了消息的原声信号。考虑到典型发声系统的长度,男性成年人的平均值约为17cm,女性成年人则约为14cm,于是将其建模为一个分布式系统,由偏微分方程来描述。发声系统的模型很复杂,需要利用语音信号的知识以及对语音产生的认识才能获得该模型。语音信号处理是电气工程领域最具魅力的研究方向之一。

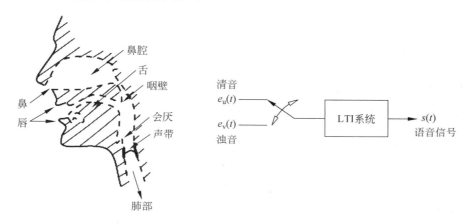

图 2.4 发声系统:主要的发音器官及语音产生模型

用于语音产生的一个典型线性时不变模型是考虑大约20ms的语音片段,针对每一个片段建立一个低阶的LTI系统,系统的输入可以是代表产生浊音(例如元音)的周期性脉冲信号,也可以是代表清音的类似噪音的信号(例如"/sh/"这个音),处理这些输入可以产生像语言一样的信号。考虑到发声系统是随时间变化的,采用线性时变模型会更合适一些。

【例 2.4】

描述时变电阻器、电容器和电感器的特性,假定电容器和电感器的初始条件为0。

解 如果将电阻器、电容器和电感器的特性方程归纳为

$$v(t) = R(t)i(t), \quad q(t) = C(t)v_c(t), \quad \phi(t) = L(t)i_L(t)$$

那么就有了线性但却是时变的要素。对电容器和电感器运用 $i(t) = dq(t)/dt$ 及 $v(t) = d\phi(t)/dt$,可以得到下面的电压-电流关系式:

$$v(t) = R(t)i(t), \quad i(t) = C(t)\frac{dv_c(t)}{dt} + \frac{dC(t)}{dt}v_c(t), \quad v(t) = L(t)\frac{di_L(t)}{dt} + \frac{dL(t)}{dt}i_L(t)$$

由于 $R(t)$ 是时间函数,故电阻器是时变系统。第二和第三个方程是线性微分方程,具有时变的系数,因此表示的是时变电容器和电感器。

【例 2.5】

考虑由常微分方程

$$\frac{dv_C(t)}{dt} = \frac{1}{C}i(t), \quad \frac{di_L(t)}{dt} = \frac{1}{L}v(t)$$

表示的线性恒电容器和电感器,初始条件为 $v_c(0)=0$ 和 $i_L(0)=0$。那么在什么条件下它们是时不变的系统?

解　考虑到电容器与电感器的对偶性,因此只需要分析其中之一就可以了。求解电容器的常微分方程(初始电压 $v_c(0)=0$)可得

$$v_c(t) = \frac{1}{C}\int_0^t i(\tau)\mathrm{d}\tau$$

然后假设输入电流 $i(t)$ 延迟 λ,通过将积分变量变为 $\rho=\tau-\lambda$ 可将相应输出表示为

$$\frac{1}{C}\int_0^t i(\tau-\lambda)\mathrm{d}\tau = \frac{1}{C}\int_{-\lambda}^0 i(\rho)\mathrm{d}\rho + \frac{1}{C}\int_0^{t-\lambda} i(\rho)\mathrm{d}\rho \qquad (2.7)$$

为了使以上方程等于电容电压延迟 λ,即

$$v_c(t-\lambda) = \frac{1}{C}\int_0^{t-\lambda} i(\rho)\mathrm{d}\rho$$

需要有当 $t<0$ 时,$i(t)=0$,这样式(2.7)右边的第一个积分才等于 0。因此如果当 $t<0$ 时,输入电流 $i(t)=0$,那么系统就是时不变的。将上述分析与关于初始电压 $v_c(0)=0$ 的条件结合起来,就可断定电容器为线性时不变系统的条件是:它不应该被**初始激励**,即当 $t<0$ 时,$i(t)=0$,且电容器没有初始电压,即 $v_c(0)=0$。类似地,利用对偶性可知电感器为线性时不变系统的条件是:当 $t<0$ 时,电感的输入电压 $v(t)=0$(以保证时不变性),并且电感器中的初始电流 $i_L(0)=0$(以保证线性)。

【例 2.6】

考虑图 2.5 中由电阻 R,电感 L 和电容 C 串联构成的 RLC 电路。电路中的开关已经断开很长时间并且在 $t=0$ 时闭合,因此无论是电感还是电容都没有初始储能,且当 $t<0$ 时也没有电压施加于这些元件。求关联输入电压 $v(t)$ 和输出电流 $i(t)$ 的方程。

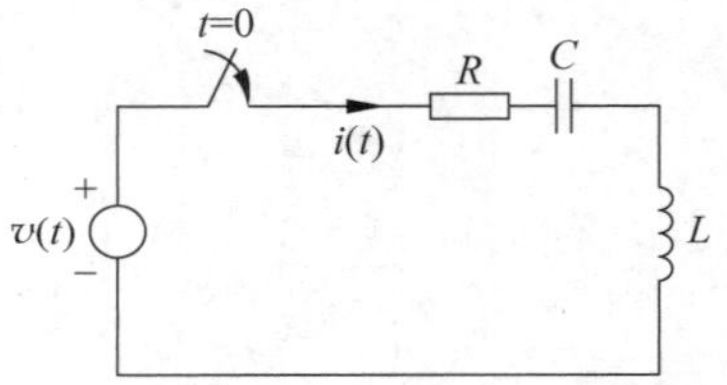

解　因为电容和电感都是可以存储能量的元件,它们的出现使电路需要由一个二阶常系数微分方程来描述。根据基尔霍夫电压定律有

$$v(t) = Ri(t) + \frac{1}{C}\int_0^t i(\tau)\mathrm{d}\tau + L\frac{\mathrm{d}i(t)}{\mathrm{d}t}$$

图 2.5　RLC 电路,其中开关的作用是将初始条件置为 0

为了去掉积分,求 $v(t)$ 关于 t 的导数

$$\frac{\mathrm{d}v(t)}{\mathrm{d}t} = R\frac{\mathrm{d}i(t)}{\mathrm{d}t} + \frac{1}{C}i(t) + L\frac{\mathrm{d}^2 i(t)}{\mathrm{d}t^2}$$

这是一个二阶常微分方程,输入为电源电压 $v(t)$,输出为电流 $i(t)$。由于电路在 $t<0$ 时没有被激励过,故由以上常微分方程所描述的电路是线性时不变的。

注:

由常微分方程描述的 RLC 电路,电路中独立电感和电容的数量与方程的阶数相等。如果有两个或更多的电容(两个或更多的电感)是并联(串联)着的,共享相同的初始电压(相同的初始电流),则可将它们转换成为一个有着相同初始电压的等价电容(有相同初始电流的等价电感)。

　　一个由任意 N 阶线性常系数微分方程,其中 $x(t)$ 是输入,$y(t)$ 是输出:

$$a_0 y(t) + a_1\frac{\mathrm{d}y(t)}{\mathrm{d}t} + \cdots + \frac{\mathrm{d}^N y(t)}{\mathrm{d}t^N} = b_0 x(t) + b_1\frac{\mathrm{d}x(t)}{\mathrm{d}t} + \cdots + b_M\frac{\mathrm{d}^M x(t)}{\mathrm{d}t^M}, \quad t\geqslant 0 \qquad (2.8)$$

所描述的系统是线性的,若系统未被初始激励过(即初始条件为 0,且当 $t<0$ 时,输入 $x(t)$ 等于零)。

4. 由常微分方程描述的系统

本节介绍线性常系数微分方程理论的系统方法。

> 已知一个动态系统由以下线性常系数微分方程描述，
>
> $$a_0 y(t) + a_1 \frac{\mathrm{d}y(t)}{\mathrm{d}t} + \cdots + \frac{\mathrm{d}^N y(t)}{\mathrm{d}t^N} = b_0 x(t) + b_1 \frac{\mathrm{d}x(t)}{\mathrm{d}t} + \cdots + b_M \frac{\mathrm{d}^M x(t)}{\mathrm{d}t^M}, \quad t \geqslant 0 \quad (2.9)$$
>
> N 个初始条件为：$y(0), \mathrm{d}^k y(t)/\mathrm{d}t^k \big|_{t=0}, k=1,\cdots,N-1$，且当 $t<0$ 时，输入 $x(t)=0$，则该系统的全响应 $y(t), t \geqslant 0$ 包含以下两部分：
>
> （1）零状态响应 $y_{zs}(t)$：当初始条件为 0 时，完全由输入引起的响应部分；
>
> （2）零输入响应 $y_{zi}(t)$：当输入为 0 时，完全由初始条件引起的响应部分。
>
> 故有
>
> $$y(t) = y_{zs}(t) + y_{zi}(t) \quad (2.10)$$

绝大多数连续时间集总参数动态系统都是由**线性常系数微分方程**描述的。线性意味着方程中没有诸如输入乘以输出，输入或输出的平方等非线性项，如果方程中出现了非线性项，系统就是非线性的。现在方程中的系数是常数，若系数是随时间变化的，那么系统就是时变的。微分方程的阶数等于能够存储能量的独立元件的数量。

考虑由式（2.9）给出的 N 阶线性常系数微分方程所描述的动态系统，其中 $x(t)$ 作为输入，$y(t)$ 作为输出，定义微分算子为

$$D^n[y(t)] = \frac{\mathrm{d}^n y(t)}{\mathrm{d}t^n}, \quad n > 0 \text{ 且 } n \text{ 为整数}$$

$$D^0[y(t)] = y(t)$$

利用微分算子可将式（2.9）改写为

$$(a_0 + a_1 D + \cdots + D^N)[y(t)] = (b_0 + b_1 D + \cdots + b_M D^M)[x(t)], \quad t \geqslant 0$$

$$D^k[y(t)]_{t=0}, \quad k = 0, \cdots, N-1$$

前面已指出，如果系统在 $t<0$ 时没有被激励过，那么它就是 LTI 系统。然而许多由常微分方程描述的 LTI 系统都有非零的初始条件，将输入信号 $x(t)$ 和初始条件看成是两个不同的输入，利用叠加性便可得到常微分方程的**全响应**，它是由当输入 $x(t)$ 为零时初始条件引起的**零输入响应**和零初始条件下输入 $x(t)$ 引起的**零状态响应**组成的，如图 2.6 所示。

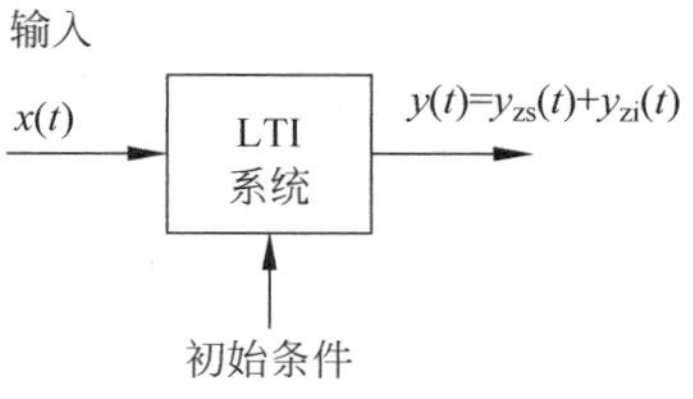

因此，为了得到系统的全响应，需要求解以下两个相关的常微分方程：

$$(a_0 + a_1 D + \cdots + D^N)[y(t)] = 0 \quad (2.11)$$

且初始条件为 $D^k[y(t)]_{t=0}, k=0, \cdots, N-1$，以及常微分方程

$$(a_0 + a_1 D + \cdots + D^N)[y(t)] = (b_0 + b_1 D + \cdots + b_M D^M)[x(t)] \quad (2.12)$$

且初始条件为零。如果 $y_{zi}(t)$ 是零输入的常微分方程（2.11）的解，$y_{zs}(t)$ 是零初始条件的常微分方程（2.12）的解，则可以得到系统的全响应是二者之和：

$$y(t) = y_{zi}(t) + y_{zs}(t)$$

图 2.6　有输入 $x(t)$ 和初始条件的 LTI 系统

其实也的确如此，$y_{zi}(t)$ 和 $y_{zs}(t)$ 分别满足与之对应的方程：

$$(a_0 + a_1 D + \cdots + D^N)[y_{zi}(t)] = 0$$

$$D^k[y_{zi}(t)]_{t=0}, \quad k = 0, \cdots, N-1$$

$$(a_0 + a_1 D + \cdots + D^N)[y_{zs}(t)] = (b_0 + b_1 D + \cdots + b_M D^M)[x(t)]$$

将这些方程相加可得

$$(a_0 + a_1 D + \cdots + D^N)[y_{zi}(t) + y_{zs}(t)] = (b_0 + b_1 D + \cdots + b_M D^M)[x(t)]$$

$$D^k[y(t)]_{t=0}, \quad k = 0, \cdots, N-1$$

说明 $y_{zi}(t) + y_{zs}(t)$ 就是全响应。

为了求出零输入方程和零状态方程的解，我们需要对微分算子 $a_0 + a_1 D + \cdots + D^N$ 进行因式分解，也可以用复变量 s 代替 D 来做。所得的根既可以是实数也可以是复共轭对；既可以是单根，也可以是重根，这样一来就得到了**特征多项式**

$$a_0 + a_1 s + \cdots + s^N = \prod_k (s - p_k)$$

此多项式的根被称为**自然频率**或**特征值**，当系统由常微分方程描述时，这些根可以表征系统的动态特性。零状态方程的解可由一个修正的特征多项式获得。

下一章将介绍如何利用拉普拉斯变换有效地求解常微分方程，不论该方程有无初始条件，会有一些与以上方法的相似之处。

【例 2.7】

某电路由电阻器 $R = 1\Omega$ 和电感器 $L = 1H$ 以及电压源 $v(t) = Bu(t)$ 串联构成，电感器的初始电流为 I_0。求关联电路电流 $i(t)$ 和电压源 $v(t)$ 的常微分方程，并分别求出当 $B=1$ 和 $B=2$，以及初始条件 $I_0 = 1$ 和 $I_0 = 0$ 时方程的解。确定其中的零输入响应和零状态响应，并利用它们讨论系统的线性性和时不变性。

解 描述该电路的一阶常微分方程如下：

$$v(t) = i(t) + \frac{\mathrm{d}i(t)}{\mathrm{d}t}, \quad t > 0, i(0) = I_0 \tag{2.13}$$

其解为

$$i(t) = [I_0 e^{-t} + B(1 - e^{-t})]u(t) \tag{2.14}$$

满足初始条件 $i(0) = I_0$ 以及该常微分方程。实际上，若 $t = 0_+$（略大于 0），则由解可得 $i(0_+) = I_0$；当 $t > 0$ 时，用 B 代替式(2.13)常微分方程中的输入电压，并根据解式(2.14)将 $i(t)$ 和 $\dfrac{\mathrm{d}i(t)}{\mathrm{d}t}$ 代入式(2.13)中，可得

$$\underbrace{B}_{v(t)} = \underbrace{[I_0 e^{-t} + B(1 - e^{-t})]}_{i(t)} + \underbrace{[B e^{-t} - I_0 e^{-t}]}_{\mathrm{d}i(t)/\mathrm{d}t} = B, \quad t > 0$$

或者说这个恒等式表明，式(2.14)中的 $i(t)$ 是式(2.13)中常微分方程的解。接下来考虑初始条件对于系统响应的影响，因为它与系统的线性性和时不变性有关。

非零初始条件：当 $I_0 = 1$ 及 $B = 1$ 时，由式(2.14)知全响应为

$$i_1(t) = [e^{-t} + (1 - e^{-t})]u(t) = u(t) \tag{2.15}$$

零状态响应，即由 $v(t) = u(t)$ 和零初始条件引起的响应为

$$i_{1zs}(t) = (1 - e^{-t})u(t)$$

这是通过令式(2.14)中 $B=1$ 和 $I_0=0$ 获得的。当 $v(t)=0$ 而初始条件 $I_0=1$ 时,有零输入响应为

$$i_{1\mathrm{zi}}(t) = \mathrm{e}^{-t}u(t)$$

实际上从式(2.15)的全响应中减去零状态响应便可得零输入响应。

现在,若令 $B=2$(即将原始输入加倍)而保持 $I_0=1$,可得全响应为

$$i_2(t) = \left[\mathrm{e}^{-t} + 2(1-\mathrm{e}^{-t})\right]u(t) = (2-\mathrm{e}^{-t})u(t)$$

不过这与我们对一个线性系统的预期响应 $2i_1(t)=2u(t)$ 是不同的(见图 2.7),故此系统是非线性的。在这种情况下,由 $v(t)=2u(t)$ 和零初始条件引起的零状态响应增加了一倍,因此有

$$i_{2\mathrm{zs}}(t) = 2(1-\mathrm{e}^{-t})u(t)$$

而零输入响应仍保持不变,因为初始条件没有改变,故

$$i_{2\mathrm{zi}}(t) = \mathrm{e}^{-t}u(t)$$

有了以上两个部分就可以得到全响应 $i_2(t)$ 了。输出既依赖于输入 $v(t)$,又依赖于初始条件,而在检验线性性时只改变了 $v(t)$。

零初始条件:假设 $I_0=0$,分别考虑 $B=1$ 和 $B=2$ 两种情况,并像之前一样求响应。当 $I_0=0$,$B=1$ 时,根据式(2.14)可得全响应为

$$i_1(t) = (1-\mathrm{e}^{-t})u(t)$$

而当 $I_0=0$,$B=2$ 时,全响应为

$$i_2(t) = 2(1-\mathrm{e}^{-t})u(t) = 2i_1(t)$$

这表明系统是线性的。在这种情况下,响应只依赖于输入 $v(t)$。

时不变性:现在假设 $B=1$,$v(t)=u(t-1)$,且初始条件为任意值 I_0,则全响应等于 $i_3(t)=I_0\mathrm{e}^{-t}u(t)+(1-\mathrm{e}^{-(t-1)})u(t-1)$。如果 $I_0=0$,那么

$$i_3(t) = (1-\mathrm{e}^{-(t-1)})u(t-1)$$

它等于 $i(t-1)$(式(2.14)的解中 $B=1$,$I_0=0$,且被延迟1),这表明系统是时不变的。另一方面,当 $I_0=1$ 时,全响应并不等于 $i(t-1)$,因为与初始条件相关的那一项并没有像第二项那样被平移,这种情况下系统就是时变的了。

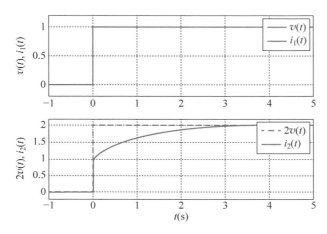

图 2.7 *RL* 电路的非线性行为

(上图)当 $I_0=1$,$v(t)=u(t)$,输出电流等于 $i_1(t)=u(t)$;(下图)当 $I_0=1$,$v(t)=2u(t)$(将前面的输入增加了一倍),得到的输出电流等于 $i_2(t)=(2-\mathrm{e}^{-t})u(t)$,$i_2(t) \neq 2i_1(t)$。

2.3.3　卷积积分

对于一个 LTI 系统,若其输入能被表示成信号的组合,而系统对这些信号的响应又已知的话,那么系统输出的计算就简单了,实际上,这个设想可以通过利用叠加性和时不变性得以实现,LTI 系统的这个性质在系统分析中具有非常重要的意义,下面马上对其加以介绍。

如果已知线性时不变系统对冲激信号的响应,那么利用这个性质就可以求出系统对任意信号所引起的响应。

如果 S 是相应于一个 LTI 系统的变换,那么系统对输入 $x(t)$ 的响应为
$$y(t) = S\big[x(t)\big]$$
于是由叠加性和时不变性有
$$S\bigg[\sum_k A_k x(t-\tau_k)\bigg] = \sum_k A_k S[x(t-\tau_k)] = \sum_k A_k y(t-\tau_k)$$
$$S\bigg[\int g(\tau)x(t-\tau)\mathrm{d}\tau\bigg] = \int g(\tau)S[x(t-\tau)]\mathrm{d}\tau = \int g(\tau)y(t-\tau)\mathrm{d}\tau$$

【例 2.8】

一个 RL 电路对单位阶跃电源 $u(t)$ 的响应为 $i(t)=2(1-\mathrm{e}^{-t})u(t)$,求该电路对电源 $v(t)=u(t)-u(t-2)$ 的响应。

解　利用叠加性和时不变性,由脉冲 $v(t)=u(t)-u(t-2)$(V)引起的输出电流为
$$i(t) - i(t-2) = 2(1-\mathrm{e}^{-t})u(t) - 2(1-\mathrm{e}^{-(t-2)})u(t-2)$$
图 2.8 显示了对 $u(t)$ 和 $u(t-2)$ 的响应以及对整个 $v(t)=u(t)-u(t-2)$ 的响应。

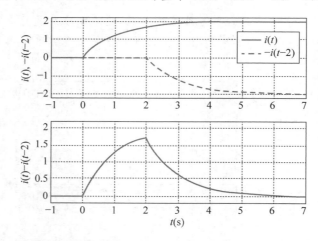

图 2.8　利用叠加性和时不变性求得的 RL 电路对脉冲 $v(t)=u(t)-u(t-2)$ 的响应

【例 2.9】

假设已知一个 LTI 系统对矩形脉冲 $v_1(t)$ 的响应是如图 2.9 所示的电流 $i_1(t)$,如果输入电压是由两个脉冲组成的脉冲串 $v(t)$,求相应的电流 $i(t)$。

解　绘图求解,见图 2.9,该 LTI 系统对 $v(t)$ 的响应为 $i(t)$ 如图 2.9 右下图所示。

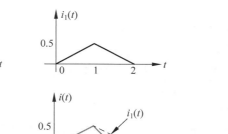

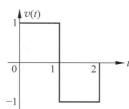
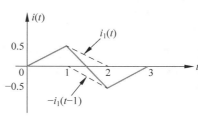

图 2.9　叠加性和时不变性应用于求一个 LTI 系统的响应

1. 冲激响应和卷积积分

下面考虑由任意连续时间输入信号引起的连续时间线性时不变(LTI)系统的输出的计算问题。

回顾上一章已获得的利用多个时移的 $\delta(t)$ 信号表示信号 $x(t)$ 的通式:

$$x(t) = \int_{-\infty}^{\infty} x(\tau)\delta(t-\tau)\mathrm{d}\tau \tag{2.16}$$

再定义**系统的冲激响应**如下:

> 一个连续时间 LTI 系统的冲激响应 $h(t)$ 是指当系统的初始条件等于零时,系统对于冲激信号 $\delta(t)$ 的输出。

如果把式(2.16)中的输入 $x(t)$ 看成是无穷多个加权平移的冲激 $x(\tau)\delta(t-\tau)$ 的无限和,那么线性时不变(LTI)系统的输出就等于系统对这些冲激项之响应的叠加,于是有下面的结论。

> 对于由冲激响应 $h(t)$ 来表示的 LTI 系统 S,其对任意信号 $x(t)$ 的响应等于**卷积积分**
>
> $$y(t) = \int_{-\infty}^{\infty} x(\tau)h(t-\tau)\mathrm{d}\tau = \int_{-\infty}^{\infty} x(t-\tau)h(\tau)\mathrm{d}\tau \tag{2.17}$$
> $$= [x * h](t) = [h * x](t)$$
>
> 其中,符号 $*$ 代表输入信号 $x(t)$ 和系统的冲激响应 $h(t)$ 的卷积积分。

以上结论可按照以下步骤推导得出:

(1) 假如系统最初没有存储能量(即初始条件为零),那么系统对 $\delta(t)$ 的响应就是 $h(t)$。

(2) 考虑到系统是时不变的,故其对 $\delta(t-\tau)$ 的响应为 $h(t-\tau)$,再由线性性可知,其对 $x(\tau)\delta(t-\tau)$ 的响应为 $x(\tau)h(t-\tau)$,注意 $x(\tau)$ 并非时间 t 的函数。

(3) 最后利用叠加性可以得到系统对通式(2.16)中信号的响应为

$$y(t) = \int_{-\infty}^{\infty} x(\tau)h(t-\tau)\mathrm{d}\tau$$

或者可以通过令 $\sigma = t-\tau$,将上式等价地表示为

$$y(t) = \int_{-\infty}^{\infty} x(t-\sigma)h(\sigma)\mathrm{d}\sigma$$

注意: 在卷积积分里输入和冲激响应可互换,即二者的位置是可以相互交换的。

注：

（1）我们将会看到，在线性时不变系统的表征中冲激响应是基础。

（2）通过以上卷积积分的建立过程可知，任何用卷积积分表示的系统都是线性时不变的。考虑到获得此积分时利用了输入信号的一般表示式，并假定了零初始条件（求 $h(t)$ 时需要的条件），因此卷积积分是 LTI 系统的通用表达式。当系统由常微分方程描述时，卷积积分等价于零状态响应（即初始条件为零）。

【例 2.10】

求电容器的冲激响应，并用卷积积分的方法由冲激响应求出单位阶跃响应，令 $C = 1F$。

解　对于一个初始电压为 $v_c(0_-) = 0$ 的电容器，有

$$v_c(t) = \frac{1}{C} \int_{0_-}^{t} i(\tau) \mathrm{d}\tau, \quad t > 0$$

令上式中输入 $i(t) = \delta(t)$，输出 $v_c(t) = h(t)$，可得电容器的冲激响应为

$$h(t) = \frac{1}{C} \int_{0_-}^{t} \delta(\tau) \mathrm{d}\tau = \frac{1}{C}, \quad t > 0$$

且当 $t < 0$ 时，$h(t) = 0$。由于 $C = 1F$，也可将冲激响应表示为 $h(t) = (1/C)u(t) = u(t)$。注意在计算 $h(t)$ 时，假定的初始条件是 0_- 时刻的值，即刚好在 0 时刻之前的值，这样才能求出以上积分的值，否则若从 0 时刻开始积分，由于 $\delta(0)$ 没有定义，将无法计算积分。如此考虑初始条件相当于假定 $v_c(0_-) = v_c(0)$，即电容电压不会在瞬间发生改变。

为了计算电容器的单位阶跃响应，令输入为 $i(t) = u(t)$ 以及 $v_c(0) = 0$，则用卷积积分可求得电容电压为

$$v_c(t) = \int_{-\infty}^{\infty} h(t-\tau)i(\tau)\mathrm{d}\tau = \int_{-\infty}^{\infty} \frac{1}{C}u(t-\tau)u(\tau)\mathrm{d}\tau = \int_{-\infty}^{\infty} u(t-\tau)u(\tau)\mathrm{d}\tau$$

作为 τ 的函数，只有当 $0 \leqslant \tau \leqslant t$ 时，$u(t-\tau)u(\tau) = 1$，否则其值为 0，故有当 $t \geqslant 0$ 时，有

$$v_c(t) = \int_0^t \mathrm{d}\tau = t$$

否则为 0，或表示为 $v_c(t) = r(t)$，即斜变信号。

以上结论有物理意义，因为输入一直在提供恒定的电荷，电容器一直在积累电荷，因此响应是一个斜变信号。注意，冲激响应是单位阶跃响应的导数。

对任意系统而言，冲激响应、单位阶跃响应和斜变响应之间的关系都可归纳如下：

冲激响应 $h(t)$，单位阶跃响应 $s(t)$ 和斜变响应 $\rho(t)$ 的关系为

$$h(t) = \begin{cases} \dfrac{\mathrm{d}s(t)}{\mathrm{d}t} \\ \dfrac{\mathrm{d}^2 \rho(t)}{\mathrm{d}t^2} \end{cases} \tag{2.18}$$

以上三者之间的关系可以得到证明，首先计算 LTI 系统的斜变响应 $\rho(t)$，并用冲激响应 $h(t)$ 来表示，利用卷积积分有

$$\rho(t) = \int_{-\infty}^{\infty} h(\tau) \underbrace{\left[(t-\tau)u(t-\tau)\right]}_{r(t-\tau)} \mathrm{d}\tau = t \int_{-\infty}^{t} h(\tau)\mathrm{d}\tau - \int_{-\infty}^{t} \tau h(\tau)\mathrm{d}\tau$$

其导数为

$$\frac{\mathrm{d}\rho(t)}{\mathrm{d}t} = th(t) + \int_{-\infty}^{t} h(\tau)\mathrm{d}\tau - th(t) = \int_{-\infty}^{t} h(\tau)\mathrm{d}\tau$$

这相当于是单位阶跃响应

$$s(t) = \int_{-\infty}^{\infty} u(t-\tau)h(\tau)\mathrm{d}\tau = \int_{-\infty}^{t} h(\tau)\mathrm{d}\tau$$

$\rho(t)$ 的二阶导数为

$$\frac{\mathrm{d}^2\rho(t)}{\mathrm{d}t^2} = \frac{\mathrm{d}}{\mathrm{d}t}\left[\int_{-\infty}^{t} h(\tau)\mathrm{d}\tau\right] = h(t)$$

在下一章将会看到,利用拉普拉斯变换可以更容易地获得以上关系。

【例 2.11】

模拟平均器是一个 LTI 系统,其输出 $y(t)$ 由下式给出

$$y(t) = \frac{1}{T}\int_{t-T}^{t} x(\tau)\mathrm{d}\tau$$

这相当于 $x(t)$ 在时间段 $[t-T, t]$ 内的累加面积被时间段的长度 T 所除,即 $x(t)$ 在 $[t-T, t]$ 内的平均值。利用卷积积分求该平均器对斜变信号的响应。

解 为了利用卷积积分求斜变响应,首先需要 $h(t)$。平均器的冲激响应可通过令 $x(t)=\delta(t)$ 和 $y(t)=h(t)$ 而求得,即

$$h(t) = \frac{1}{T}\int_{t-T}^{t} \delta(\tau)\mathrm{d}\tau$$

当 $t<0$ 或 $t-T>0$,即 $t<0$ 和 $t>T$ 时,这个积分的值等于零,因为在这两种情况下,δ 函数出现的时间 $t=0$ 没有包含在积分区间里。不过,当 $t-T<0$ 及 $t>0$ 即 $0<t<T$ 时,积分的值等于 1,因为 $\delta(t)$ 出现的时间,即原点 $t=0$ 包含在这个区间内。因此该模拟平均器的冲激响应为

$$h(t) = \begin{cases} \dfrac{1}{T}, & 0 < t < T \\ 0, & \text{其他} \end{cases}$$

于是利用卷积积分可以得到对所给输入 $x(t)$ 的输出 $y(t)$ 为

$$y(t) = \int_{-\infty}^{\infty} h(\tau)x(t-\tau)\mathrm{d}\tau = \int_{0}^{T} \frac{1}{T}x(t-\tau)\mathrm{d}\tau$$

通过变量替换可以证明此输出等于平均器的定义。若令 $\sigma=t-\tau$,那么当 $\tau=0$ 时,$\sigma=t$;当 $\tau=T$ 时,$\sigma=t-T$,而且有 $\mathrm{d}\sigma=-\mathrm{d}\tau$,从而以上积分变成

$$y(t) = -\frac{1}{T}\int_{t}^{t-T} x(\sigma)\mathrm{d}\sigma = \frac{1}{T}\int_{t-T}^{t} x(\sigma)\mathrm{d}\sigma$$

于是有

$$y(t) = \frac{1}{T}\int_{0}^{T} x(t-\tau)\mathrm{d}\tau = \frac{1}{T}\int_{t-T}^{t} x(\sigma)\mathrm{d}\sigma \qquad (2.19)$$

如果输入是一个斜变信号 $x(t)=tu(t)$,利用式(2.19)中的第二个积分可得斜变响应 $\rho(t)$ 为

$$\rho(t) = \frac{1}{T}\int_{t-T}^{t} x(\sigma)\mathrm{d}\sigma = \frac{1}{T}\int_{t-T}^{t} \sigma u(\sigma)\mathrm{d}\sigma$$

当 $t-T<0$ 且 $t\geqslant0$,即 $0\leqslant t<T$ 时,以上积分等于

$$\rho(t) = \frac{1}{T}\int_{t-T}^{0} 0\mathrm{d}\sigma + \frac{1}{T}\int_{0}^{t} \sigma\mathrm{d}\sigma = \frac{t^2}{2T}, \quad 0\leqslant t<T$$

但是当 $t-T\geqslant0$,即 $t\geqslant T$ 时,就会得到

$$\rho(t) = \frac{1}{T}\int_{t-T}^{t} \sigma\mathrm{d}\sigma = \frac{t^2-(t-T)^2}{2T} = t-\frac{T}{2}, \quad t\geqslant T$$

于是斜变响应等于

$$\rho(t) = \begin{cases} 0, & t < 0 \\ t^2/(2T), & 0 \leqslant t < T \\ t - T/2, & t \geqslant T \end{cases}$$

注意到 $\rho(t)$ 的二阶导数为

$$\frac{\mathrm{d}^2\rho(t)}{\mathrm{d}t^2} = \begin{cases} 1/T, & 0 \leqslant t < T \\ 0, & \text{其他} \end{cases}$$

这就是前面求出的平均器的冲激响应。

【例 2.12】

一个 LTI 系统的冲激响应为 $h(t) = u(t) - u(t-1)$。考虑输入

$$x_2(t) = 0.5[\delta(t) + \delta(t - 0.5)],$$
$$x_4(t) = 0.25[\delta(t) + \delta(t - 0.25) + \delta(t - 0.5) + \delta(t - 0.75)]$$

求系统对以上输入的相应输出。不失一般性，令输入为

$$x_N(t) = \sum_{k=0}^{N-1} \delta(t - k\Delta\tau)\Delta\tau, \quad \text{其中 } \Delta\tau = \frac{1}{N}$$

编写一个 MATLAB 脚本，求当 $N = 2^M, M = 1, 2, \cdots$ 时的输出，证明当 $N \to \infty$ 时，$x_N(t) \to u(t) - u(t-1)$，并对 N 增长时得到的结果加以说明。

解 考虑由 $x_2(t)$ 引起的响应。如果输入是 $\delta(t)$，则由于 $h(t)$ 是系统的冲激响应，故相应的输出就是 $h(t)$。根据系统的线性性，那么由 $0.5\delta(t)$ 引起的响应是 $0.5h(t)$，根据系统的时不变性，对 $0.5\delta(t - 0.5)$ 的响应是 $0.5h(t - 0.5)$。于是对 $x_2(t)$ 的响应就是以上这些响应的叠加，即

$$y_2(t) = 0.5[h(t) + h(t - 0.5)] = \begin{cases} 0.5, & 0 \leqslant t < 0.5 \\ 1, & 0.5 \leqslant t < 1 \\ 0.5, & 1 \leqslant t < 1.5 \\ 0, & \text{其他} \end{cases}$$

$y_2(t)$ 也可等价地用卷积积分求得

$$y_2(t) = \int_{-\infty}^{\infty} x(\tau)h(t - \tau)\mathrm{d}\tau = \int_{0_-}^{0.5_+} 0.5[\delta(\tau) + \delta(\tau - 0.5)]h(t - \tau)\mathrm{d}\tau$$
$$= 0.5[h(t) + h(t - 0.5)]$$

其中，积分限被设定为可以包含 δ 函数。类似地对于 $x_4(t)$，相应的输出为

$$y_4(t) = 0.25[h(t) + h(t - 0.25) + h(t - 0.5) + h(t - 0.75)]$$

这里利用了系统的线性性，时不变性以及 $h(t)$ 是冲激响应的事实。

注意，所给的两个输入可由 $x_N(t)$ 的通式通过令 $N = 2$ 和 4 而得到。考虑以下脉冲信号的积分定义及其近似

$$u(t) - u(t-1) = \int_0^1 \delta(t - \tau)\mathrm{d}\tau \approx \sum_{k=0}^{N-1} \delta(t - k\Delta\tau)\Delta\tau$$

其中，令 $1 = N\Delta\tau$ 或 $\Delta\tau = 1/N$，此式与所给的输入信号的一般表达式相同。N 的取值越大，对积分的逼近程度越好，因此当 $N \to \infty$ 时，输入变成 $x(t) = u(t) - u(t-1)$，该输入信号引起的响应是三角形信号，在后面会加以说明。

以下脚本计算了系统对于任意 $x_N(t)$，$N = 2^M$ 的响应，其中 M 为整数，且 $M \geqslant 1$。图 2.10 显示了当

$N=4$、16 和 64 时的情况。

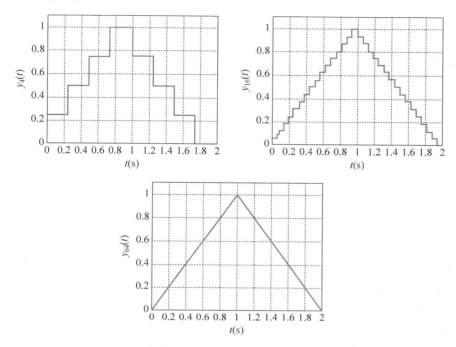

图 2.10　当输入为 $x_N(t)$ 时的输出（$N=4$、16 和 64）

```
% 例 2.12
% %
clear all; clf
Ts = 0.01; Tend = 2
t = 0: Ts: Tend; M = 6
h0 = ustep(t,0) − ustep(t, − 1); N = 2^M
y = h0/N;
for k = 1: N − 1,
   y = y + (1/N) * (ustep(t, − k/N) − ustep(t, −1 − k/N));
end
t1 = 0: Ts: (length(y) − 1) * Ts;
figure(1)
plot(t1,y); axis([0 2 0 1.1]); grid; xlabel('t(s)');
ylabel('y_(64)(t)')
```

2. 系统的互连——方框图

系统可看作由子系统连接而构成，在 LTI 系统的情况下，为了使不同子系统之间的相互作用形象化，每个子系统均用一个带相应冲激响应函数的"方框"来表示，或者等价地用带有下一章将要讲到的拉普拉斯变换函数的"方框"来表示，信号的流向用"箭头"指示，而信号的相加用"圈"来指示。

在图 2.11 所示的方框图中，**级联**和**并联**连接方式是根据卷积积分的性质产生的，而**反馈**连接方式可见于许多自然系统中，并被人们应用在工程中尤其是控制工程中。反馈的概念是 20 世纪最伟大的成果之一。

1）级联连接

当以级联方式连接 LTI 系统时，整个系统的冲激响应可利用卷积积分求得。

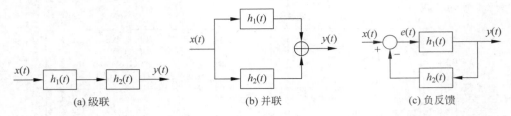

图 2.11　冲激响应分别为 $h_1(t)$ 和 $h_2(t)$ 的两个 LTI 系统的连接框图

冲激响应分别为 $h_1(t)$ 和 $h_2(t)$ 的两个 LTI 系统以级联方式连接，所得系统的冲激响应为

$$h(t) = [h_1 * h_2](t) = [h_2 * h_1](t)$$

其中，$h_1(t)$ 和 $h_2(t)$ 可互换(或者说它们可相互交换位置)。

实际上，如果输入到这个级联连接的信号是 $x(t)$，那么输出 $y(t)$ 为

$$y(t) = [[x * h_1] * h_2](t) = [x * [h_1 * h_2]](t) = [x * [h_2 * h_1]](t)$$

其中，后边两个式子说明了卷积具有交换性质。级联连接的冲激响应意味着连接 LTI 系统的顺序是不重要的：我们可以交换冲激响应 $h_1(t)$ 和 $h_2(t)$ 而对整个系统的冲激响应没有影响(后面会看到只要两个系统不以彼此为负载，以上结论就成立)。若处理的是线性时变系统，系统的连接顺序就变得重要了。

2) 并联连接

在这种连接方式中，两个系统有相同的输入，而输出是两个系统的输出之和。

如果将冲激响应分别为 $h_1(t)$ 和 $h_2(t)$ 的两个 LTI 系统以并联的方式连接起来，则整个系统的冲激响应为

$$h(t) = h_1(t) + h_2(t)$$

实际上，并联组合的输出为

$$y(t) = [x * h_1](t) + [x * h_2](t) = [x * (h_1 + h_2)](t)$$

这就是卷积的分配性质。

3) 反馈连接

在这种连接方式中，系统的输出被反馈到输入端与系统的输入进行比较。被反馈的输出既可以加到输入上去构成一个**正反馈**系统，也可以从输入中被减去从而构成一个**负反馈**系统。多数情况下，尤其在控制工程中用的都是负反馈。图 2.11(c)说明了一个负反馈连接。

已知两个 LTI 系统，它们的冲激响应分别为 $h_1(t)$ 和 $h_2(t)$，一个负反馈连接(如图 2.11(c)所示)是这样的，其输出为

$$y(t) = [h_1 * e](t)$$

其中，误差信号为

$$e(t) = x(t) - [y * h_2](t)$$

整个系统的冲激响应 $h(t)$，或者说**闭环**系统的冲激响应，由以下隐含的表达式给出

$$h(t) = [h_1 - h * h_1 * h_2](t)$$

若 $h_2(t) = 0$，即不存在反馈，那么系统称为**开环**，且 $h(t) = h_1(t)$。

以后利用拉普拉斯变换可得到 $h(t)$ 的拉普拉斯变换的显式表达式。为了得到以上结果,下面来考虑系统的输出,假设整个系统对输入单位冲激信号 $x(t)=\delta(t)$ 的响应为 $y(t)=h(t)$,则 $e(t)=\delta(t)-[h*h_2](t)$,于是将输出信号表达式中的输出及误差信号做相应的替换之后可得

$$h(t) = [e*h_1](t) = [(\delta-h*h_2)*h_1](t) = [h_1-h*h_1*h_2](t)$$

这就是前面所给的隐含表达式。若不存在反馈,则 $h_2(t)=0$,就有 $h(t)=h_1(t)$。

【例 2.13】

考虑图 2.12 中的方框图,输入是单位阶跃信号 $u(t)$,对于输入 $x(t)$,平均器的输出为

$$y(t) = \frac{1}{T}\int_{t-T}^{t} x(\tau)\mathrm{d}\tau$$

当令延迟 $\Delta \to 0$,判断系统此时的行为。这里认为平均器和以 $u(t)$ 为输入,$x(t)$ 为输出的系统是 LTI 的。

解 从所给方框图并不能判断系统的功能,不过可以利用两个串联连接系统的 LTI 特性将它们的顺序颠倒一下,把平均器放在前面(如图 2.13 所示),这样就得到一个等价的方框图。

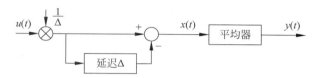

图 2.12 两个 LTI 系统的级联连接框图,
两个系统中有一个是平均器

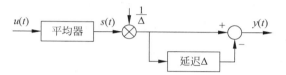

图 2.13 两个 LTI 系统级联连接的等价框图,
两个系统中有一个是平均器

平均器的输出是

$$s(t) = \frac{1}{T}\int_{t-T}^{t} u(\tau)\mathrm{d}\tau = \begin{cases} 0, & t < 0 \\ t/T, & 0 \leqslant t < T \\ 1, & t \geqslant T \end{cases}$$

正如前面所得。另一个系统的输出则是

$$y(t) = \frac{1}{\Delta}\big[s(t) - s(t-\Delta)\big]$$

如果令 $\Delta \to 0$,就有(回想一下单位阶跃响应 $s(t)$ 和冲激响应 $h(t)$ 之间的关系 $\mathrm{d}s(t)/\mathrm{d}t = h(t)$)

$$\lim_{\Delta\to 0} y(t) = \frac{\mathrm{d}s(t)}{\mathrm{d}t} = h(t) = \frac{1}{T}[u(t) - u(t-T)]$$

即此系统近似为平均器的冲激响应。

【例 2.14】

为了在实现滤波器时使用运算放大器,采用负反馈结构。考虑由运算放大器组成的不同电路,分别用一根导线、一个电容器和一个电阻器来反馈运放的输出(见图 2.14),假设利用运放的线性模型,图 2.14 中的这些电路分别称为**电压跟随器**、**积分器**和**加法器**,求这些电路的输入输出方程。

解 电压跟随器电路:虽然运算放大器在一定条件下可以作为线性元件工作,但大的开环增益 A 使它

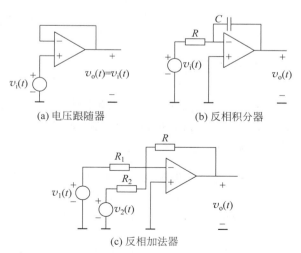

图 2.14 运算放大器电路

不能直接使用，需要接成反馈结构来使用。电压跟随器电路(见图 2.14(a))是反馈系统的一个很好的例子。考虑到电压差被假定为零，于是 $v_-(t)=v_i(t)$，从而输出电压

$$v_o(t) = v_i(t)$$

该电路的输入阻抗等于 $R_{in}=\infty$，输出阻抗等于 $R_{out}=0$，因此系统表现为一个理想电压源。电压跟随器用于隔离两个级联电路，使用电压跟随器，一个电路无论是在其输入端还是其输出端都不会从另一个电路拉出任何电流，就是说它不会给另一个电路增加负担，这是因为该电路的输入阻抗为无穷大，或者说该电路表现为一个电压源($R_{out}=0$)。这个电路在实现模拟滤波器时非常有用。

反相积分电路　如果将电容器作为反馈元件，就可由运放的虚短方程获得以下方程。考虑到 $v_-(t)=0,i_-(t)=0$，则流经电阻 R 的电流等于 $v_i(t)/R$，从而输出电压为

$$v_o(t) = -v_c(t) = -\frac{1}{C}\int_0^t \frac{v_i(\tau)}{R}\,d\tau - v_c(0)$$

其中，$v_c(0)$ 是 $t=0$ 时的电容端电压。如果令 $v_c(0)=0$ 且 $RC=1$，那么上式就等于电压源的负积分，于是就有了一个实现变符号积分运算的电路。这个电路在实现模拟滤波器时也非常有用。

加法器电路　由于电路的构件是线性的，故电路是线性的，于是可以利用叠加原理。令 $v_2(t)=0$，则由 $v_2(t)$ 引起的输出电压为 0，而由 $v_1(t)$ 引起的输出电压等于 $v_{o1}(t)=-\dfrac{v_1(t)R}{R_1}$；类似地，如果令 $v_1(t)=0$，则相应的输出为 0，而由 $v_2(t)$ 引起的输出电压等于 $v_{o2}(t)=-v_2(t)R/R_2$，因此同时考虑 $v_1(t)$ 和 $v_2(t)$，则输出等于

$$v_o(t) = v_{o1}(t) + v_{o2}(t) = -v_1(t)\frac{R}{R_1} - v_2(t)\frac{R}{R_2}$$

利用这个电路：

(1) 当 $R_1=R_2=R$ 时，可以得到一个**变符加法器**。

$$v_o(t) = -[v_1(t) + v_2(t)]$$

(2) 当 $R_2 \to \infty, R_1=R$ 时，可以得到一个**反相器**。

$$v_o(t) = -v_1(t)$$

(3) 当 $R_2 \to \infty, R_1=\alpha R$ 时，可以得到一个**变符的常数乘法器**。

$$v_o(t) = -\left(\frac{1}{\alpha}\right)v_1(t)$$

2.4　因果性

因果性是指系统的输入与输出之间的原因与结果关系。在实时处理的情况下，即当信号一进入系统就必须对其进行处理，系统需要具有因果性。在许多场合数据是可以先存储起来然后再处理的，即不需要实时处理，这种情况下因果性就没有必要了。以下是系统因果性的定义。

> 一个连续时间系统 S 被称为是因果的，当
> (1) 只要输入 $x(t)=0$ 且没有初始条件，则输出 $y(t)=0$；
> (2) 输出 $y(t)$ 不依赖于未来的输入。

对于一个值 $\tau>0$，在考虑因果性时，可以认为
(1) 时间 t(这是计算输出 $y(t)$ 的时间)为当前时间；

（2）时间 $t-\tau$ 为过去时间；

（3）时间 $t+\tau$ 为将来时间。

系统的因果性独立于线性性和时不变性，例如，由输入输出方程 $y(t)=x^2(t)$ 描述的系统是非线性的、时不变的，其中 $x(t)$ 是输入，$y(t)$ 是输出，并且根据以上定义可知它是因果的。同样地，一个 LTI 系统可以是非因果的。考虑以下平均器

$$y(t) = \frac{1}{2T}\int_{t-T}^{t+T} x(\tau)\mathrm{d}\tau$$

该式可写为

$$y(t) = \frac{1}{2T}\int_{t-T}^{t} x(\tau)\mathrm{d}\tau + \frac{1}{2T}\int_{t}^{t+T} x(\tau)\mathrm{d}\tau$$

当前时间 t 时的输出 $y(t)$，由输入的从 $t-T$ 到 t 时间段内的过去值和当前值的平均值，以及从 t 到 $t+T$ 时间段内的将来值的平均值构成，因此该系统是非因果的。最后考虑有偏平均器

$$y(t) = \frac{1}{T}\int_{t-T}^{t} x(\tau)\mathrm{d}\tau + B$$

它是非因果的，因为当输入为 0，即 $x(t)=0$ 时，输出不等于 0 而是 B。

一个由冲激响应 $h(t)$ 表示的 LTI 系统是因果的，若

$$\text{当 } t<0 \text{ 时}, \quad h(t)=0 \tag{2.20}$$

一个因果 LTI 系统对于一个因果输入 $x(t)$，即当 $t<0$ 时，$x(t)=0$ 的输出为

$$y(t) = \int_{0}^{t} x(\tau)h(t-\tau)\mathrm{d}\tau \tag{2.21}$$

要理解上述结论，可考虑以下几点：

（1）起始时刻选为 $t=0$ 是为了方便起见，只要所考虑的系统是时不变的，起始时刻完全可以任意选取，而且对于任意其他起始时刻都能得到相同的结果。

（2）计算冲激响应 $h(t)$ 时，输入 $\delta(t)$ 只会出现在 $t=0$ 时刻，而且无初始条件，因此当 $t<0$ 时，$h(t)$ 应该等于零，因为当 $t<0$ 时没有输入，也没有初始条件。

（3）因果 LTI 系统由以下卷积积分描述：

$$y(t) = \int_{-\infty}^{\infty} x(\tau)h(t-\tau)\mathrm{d}\tau = \int_{-\infty}^{t} x(\tau)h(t-\tau)\mathrm{d}\tau + \int_{t}^{\infty} x(\tau)h(t-\tau)\mathrm{d}\tau$$

根据系统的因果性可知，第二个积分的结果为 0，即由于 $\tau>t$ 时 $h(\cdot)$ 的宗量是负的，因而 $h(t-\tau)=0$。所以得到

$$y(t) = \int_{-\infty}^{t} x(\tau)h(t-\tau)\mathrm{d}\tau \tag{2.22}$$

（4）如果输入信号 $x(t)$ 是因果的，即当 $t<0$ 时，$x(t)=0$，则可以继续简化上式，实际上当 $t<0$ 时，$x(t)=0$，则式（2.22）变为

$$y(t) = \int_{0}^{t} x(\tau)h(t-\tau)\mathrm{d}\tau$$

因此积分下限由输入信号的因果性设定，积分上限由系统的因果性设定。这个方程清楚地表明了此系统是因果的，因为输出 $y(t)$ 依赖于输入的当前值和过去值（将积分看作一个无限和，被积函数从 $\tau=0$ 到 $\tau=t$ 连续地取决于 $x(\tau)$，即输入的过去时间和当前时刻的值）。当然，如果输入 $x(t)=0$，输出也等于零。

2.4.1 卷积积分的图形计算

卷积积分的计算比较复杂，即使在输入和系统均为因果的情况下仍然如此。以后将会看到利用拉普拉斯变换会使卷积的计算容易得多，即使是非因果的输入信号或非因果的系统。

对于一个因果输入($x(t)=0,t<0$)和一个因果系统($h(t)=0,t<0$)，用作图法计算式(2.21)中的卷积积分的步骤如下：

(1) 选取一个需要计算该时刻输出值 $y(t_0)$的时间 t_0；

(2) 得到 τ 的函数：静止不动的信号 $x(\tau)$，以及反褶并延迟(右移)t_0 的冲激响应 $h(t_0-\tau)$；

(3) 求得乘积 $x(\tau)h(t_0-\tau)$，并对它从 0 到 t_0 进行积分得到 $y(t_0)$；

(4) 从 $-\infty$ 至∞ 不断增大 t_0 的取值并重复以上步骤。

由于初始条件为零，系统又是因果的，因此当 $t<0$ 时输出等于零。在以上步骤中，可以交换输入和冲激响应，得到的结果是一样的。对于 $t>0$ 的每一个值，以上步骤都需要进行，可见卷积的计算量是很大的。

【例 2.15】
一个平均器的冲激响应为 $h(t)=u(t)-u(t-1)$，用作图法求其单位阶跃响应 $y(t)$。

解　作为 τ 的函数，输入信号是 $x(\tau)=u(\tau)$，同样作为 τ 的函数，被反褶和延迟之后的冲激响应是 $h(t-\tau)$，图 2.15 显示了当取某个 $t<0$ 时的 $h(t-\tau)$。注意当 $t=0$ 时，$h(-\tau)$正是冲激响应的反褶，当 $t>0$ 时，$h(t-\tau)$是 $h(-\tau)$右移 t 的结果。当 t 的取值从$-\infty$ 逐渐向∞增大，$h(t-\tau)$就从左向右平行移动，而 $x(\tau)$保持不动。交换输入和冲激响应(即令 $h(\tau)$保持不动，而 $x(t-\tau)$从左至右线性平移)不会改变最终结果。

于是对于 t 的不同取值有如下结果：

- 当 $t<0$ 时，由于 $h(t-\tau)$和 $x(\tau)$没有重叠，故卷积积分结果等于 0，或者说当 $t<0$ 时，$y(t)=0$，即当 $t<0$ 时，系统还没有被输入所影响。

- 当 $t\geqslant0$ 且 $t-1<0$ 时，或等价地表示成当 $0\leqslant t<1$ 时，$h(t-\tau)$和 $x(\tau)$的重叠面积持续增加，积分的值就从 $t=0$ 处的 0 线性增长到 $t=1$ 处的 1。故当 $0\leqslant t<1$ 时，$y(t)=t$，即在这个时间段内系统对输入有缓慢的响应。

- 当 $t\geqslant1$ 时，$h(t-\tau)$和 $x(\tau)$的重叠面积保持恒定，因此积分的值从此开始一直等于 1，或者说当 $t\geqslant1$ 时，$y(t)=1$。即当 $t\geqslant1$，响应达到了一个稳定状态。因此完整的响应为

$$y(t) = r(t) - r(t-1)$$

其中，$r(t)=tu(t)$是斜变函数。

- 注意，$y(t)$的支撑可以认为等于冲激响应 $h(t)$的有限支撑与输入 $x(t)$的无限支撑之和。

【例 2.16】
用图形法计算两个具有相同持续时间的脉冲(见图 2.16)的卷积积分。

解　在本题中，$x(t)=h(t)=u(t)-u(t-1)$。再一次画出 $x(\tau)$和 $h(t-\tau)$的图形，二者皆为 τ 的函数，并考虑$-\infty<t<\infty$。以下是相关分析：

- 在计算卷积积分的过程中，随着 t 由负值增大到正值，$h(t-\tau)$从左向右移动，而 $x(\tau)$一直保持静止，因此它们二者仅在一个有限支撑上会出现重叠。

- 当 $t<0$ 时，$h(t-\tau)$和 $x(\tau)$没有重叠，从而有 $y(t)=0,t<0$。

- 当 $0\leqslant t<1$ 时，由于 $h(t-\tau)$和 $x(\tau)$的重叠面积越来越多，积分的值逐渐增大；当 $1\leqslant t<2$ 时，由于 $h(t-\tau)$和 $x(\tau)$的重叠面积越来越少，积分的值逐渐减小。故当 $0\leqslant t<1$ 时，$y(t)=t$；当 $1\leqslant t<2$ 时，$y(t)=2-t$。

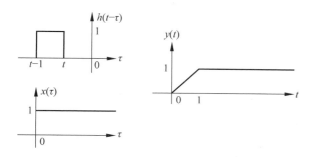

图 2.15 单位阶跃信号输入平均器的卷积图解(取 $T=1$)

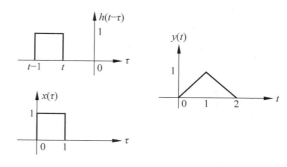

图 2.16 两个相等的脉冲的卷积图解(即系统的输入 $x(t)=u(t)-u(t-1)$ 且冲激响应 $h(t)=x(t)$)

- 当 $t>2$ 时,没有重叠,故而 $y(t)=0,t>2$。

于是完整的响应等于

$$y(t) = r(t) - 2r(t-1) + r(t-2)$$

其中,$r(t)=tu(t)$ 是斜变信号。

注意,在本例中:

(1) 两个脉冲的卷积结果 $y(t)$ 比 $x(t)$ 和 $h(t)$ 都光滑,这是因为 $h(t)$ 是在前面例子中分析过的平均器的冲激响应,所以 $y(t)$ 是 $x(t)$ 的连续平均。

(2) $y(t)$ 的支撑长度等于 $x(t)$ 和 $h(t)$ 的支撑长度之和。这是个一般性的结论,适用于任意的两个信号 $x(t)$ 和 $h(t)$。

$y(t)=[x*h](t)$ 的支撑长度等于 $x(t)$ 和 $h(t)$ 的支撑长度之和。

【例 2.17】

考虑以下 LTI 系统的输入和冲激响应:

(1) $x_1(t)=u(t)-u(t-1),h_1(t)=u(t)-u(t-2)$

(2) $x_2(t)=h_2(t)=r(t)-2r(t-1)+r(t-2)$

(3) $x_3(t)=e^{-t}u(t),h_3(t)=e^{-10t}u(t)$

用卷积积分计算相应的输出,要求利用第 1 章开发的 MATLAB 函数 ramp 和 ustep,以及 MATLAB 函数 conv。

解 卷积积分的计算可以用函数 conv 来近似,这需要离散化信号,因此首先利用函数 ustep 和 ramp 产生两个信号。卷积的结果如图 2.17 所示,注意卷积结果的长度等于信号和冲激响应的长度之和。

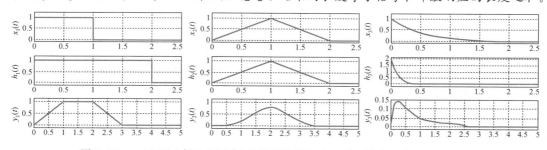

图 2.17 $x_i(t)$(上)与 $h_i(t)$(中)的卷积结果 $y_i(t)$(下)(从左至右,$i=1,2,3$)

```
% 例 2.17   用 MATLAB 计算卷积
clear all: clf
Ts = 0.01; delay = 1; Tend = 2.5; t = 0: Ts: Tend;
% (a)
x1 = ustep(t,0) - ustep(t, - delay); h1 = ustep(t,0) - ustep(t, - 2 * delay);
% (b)
x2 = ramp(t,1,0) + ramp(t, - 2, - 1) + ramp(t,1, - 2); h2 = x2;
% (c)
x3 = exp( - 1 * t); h3 = exp( - 10 * t);
y = Ts * conv(x1, h1);            % 对于其他两种情况,修改 x1 和 h1
t1 = 0: Ts: length(y) * Ts - Ts;
figure(1)
subplot(311)
Plot(t,x1); axis([0 2.5 - 0.1 1.2]); grid; ylabel('x_1(t)');
subplot(312)
plot(t,h1); axis([0 2.5 - 0.1 1.2]); grid; ylabel('h_1(t)');
subplot(313)
plot(t1,y); axis([0 5 - 0.1 1.1]); grid; ylabel('y_1(t)');
```

2.5   有界输入有界输出(BIBO)稳定性

稳定性表征的是有用系统,不稳定的系统是没有用的。一个稳定系统对于良性的输入可产生良性的输出。在稳定性的所有可能的定义当中,本书采用的是有界输入有界输出(BIBO)稳定性,其定义如下：

> **有界输入有界输出(BIBO)稳定性**是指对于一个有界的(就是所谓的良性的含义)输入 $x(t)$,一个 BIBO 稳定系统的输出 $y(t)$ 也是有界的。这意味着如果有一个有限边界 $M < \infty$ 使得 $|x(t)| \leqslant M$ (你可以将其想成为包络线 $[-M, M]$,输入位于包络线之中),那么输出也是有界的,即存在一个界限 $L < \infty$ 使得 $|y(t)| \leqslant L < \infty$。

在 LTI 系统的情况下,如果输入是有界的,即 $|x(t)| \leqslant M$,那么在冲激响应满足一定条件的情况下,用卷积积分表示的系统输出 $y(t)$ 也是有界的。由

$$|y(t)| = \left| \int_{-\infty}^{\infty} x(t - \tau) h(\tau) d\tau \right| \leqslant \int_{-\infty}^{\infty} |x(t - \tau)| |h(\tau)| d\tau \leqslant M$$

$$\int_{-\infty}^{\infty} |h(\tau)| d\tau \leqslant MK < \infty$$

其中

$$\int_{-\infty}^{\infty} |h(\tau)| d\tau \leqslant K < \infty$$

即冲激响应必须满足的条件是绝对可积。

> 一个 LTI 系统是有界输入有界输出(BIBO)稳定的,只要系统的冲激响应 $h(t)$ 是**绝对可积**的,即
> $$\int_{-\infty}^{\infty} |h(t)| dt < \infty \tag{2.23}$$

注：
(1) 用以上准则检验一个 LTI 系统的稳定性需要知道系统的冲激响应,还要验证它是否是绝对可

积的。第 3 章会介绍一种更为简单的方法,利用拉普拉斯变换来判定系统的 BIBO 稳定性。

(2)虽然在 BIBO 稳定性定义中,需要参考输入和输出的情况来判断系统是否稳定,但是要明白,一个系统的稳定性是其内在的特性,与输入和输出是无关的。因此,那些不把输入或输出与稳定性联系起来的稳定性定义更合适一些。

【例 2.18】

考察 RLC 电路的 BIBO 稳定性和因果性。例如考虑一个 RL 串联电路,其中 $R=1\Omega$,$L=1\text{H}$,电压源 $v_s(t)$ 是有界的。讨论为何该电路是因果的和稳定的。

解 RLC 电路自然是稳定的。电感器和电容器只能存储能量,因此 CL 电路仅仅在元件之间交换能量,而电阻器消耗能量并将其转化成热量,因此 RLC 电路会消耗提供给它的能量,这个特征称为**耗散性**,它是指 RLC 电路只能使用能量,不能产生能量。

很显然,RLC 电路也是因果系统,因为它们在被激励之前不会提供任何输出。

根据基尔霍夫电压定律可得,由电阻器 R、电感器 L 和电源 $v_s(t)$ 串联连接构成的电路是由以下一阶常微分方程描述的

$$v_s(t) = i(t)R + L\frac{\mathrm{d}i(t)}{\mathrm{d}t} = i(t) + \frac{\mathrm{d}i(t)}{\mathrm{d}t}$$

其中,$i(t)$ 是电路中的电流。为了得到此电路的冲激响应,需要求解当 $v_s(t)=\delta(t)$,零初始条件 $i(0)=0$ 时的上述方程。在下一章,拉普拉斯域会为我们提供一种常微分方程的代数求解方法,并且证实我们的直观解法。直觉上,对于一个极大的突然的冲激 $v_s(t)=\delta(t)$,作为响应电感会试着在瞬间增大其电流来跟随它,但是随着时间的推移,由于输入并没有提供任何其他额外的能量,因而电感中的电流逐渐趋于零,因此可推测,当 $v_s(t)=\delta(t)$,且初始条件等于零即 $i(0)=0$ 时,电感中的电流为 $i(t)=h(t)=\mathrm{e}^{-t}u(t)$。我们是有可能证实情况确实如此的,对以上常微分方程做替换 $v_s(t)=\delta(t)$,和 $i(t)=\mathrm{e}^{-t}u(t)$ 可得

$$\underbrace{\delta(t)}_{v_s(t)} = \underbrace{\mathrm{e}^{-t}u(t)}_{i(t)} + \underbrace{[\mathrm{e}^{-t}\delta(t) - \mathrm{e}^{-t}u(t)]}_{\frac{\mathrm{d}i(t)}{\mathrm{d}t}} = \mathrm{e}^{0}\delta(t) = \delta(t)$$

这是一个恒等式,它证实了所推测出的解确实是常微分方程的解。由响应 $i(0_-)=0$,以及从物理上讲,电感在对强大的输入做出反应之前会在极短的时间内保持该电流值,可见初始条件也满足。

因此,RL 电路(其中 $R=1\Omega$,$L=1\text{H}$)的冲激响应为 $h(t)=\mathrm{e}^{-t}u(t)$,这说明此电路是因果的,因为当 $t<0$ 时,$h(t)=0$,即考虑到初始条件等于零,输入 $\delta(t)$ 在 0 时刻之前也为零,故电路的输出等于零。也能够证明 RL 电路是稳定的,实际上,$h(t)$ 是绝对可积的

$$\int_{-\infty}^{\infty} |h(t)| \,\mathrm{d}t = \int_{0}^{\infty} \mathrm{e}^{-t}\mathrm{d}t = 1$$

【例 2.19】

考察一个回波系统(或者说多径系统)的因果性和 BIBO 稳定性,系统如图 2.18 所示。令输出 $y(t)$ 为

$$y(t) = \alpha_1 x(t-\tau_1) + \alpha_2 x(t-\tau_2)$$

其中,$x(t)$ 是输入,且 α_i,$\tau_i>0$,$i=1,2$ 分别是衰减系数及延迟时间,就是说,输出等于不同地衰减及延迟输入的叠加。衰减系数的典型值小于 1。那么此系统是因果和 BIBO 稳定的吗?

解 因为输出仅仅依赖于输入的过去值,所以回波系统是因果的。要判断此系统是否是 BIBO 稳定的,需要考虑一个有界的输入信

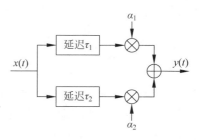

图 2.18 有两条路径的回波系统

号 $x(t)$，再判定输出是否也有界。设 $x(t)$ 以有限值 M 为界限，或者说对所有时间有 $|x(t)| \leqslant M < \infty$，这意味着 $x(t)$ 的值在任何时间都不可能超出包络 $[-M, M]$ 的范围，当在时间上平移 $x(t)$ 时也是如此，于是有

$$|y(t)| \leqslant |\alpha_1| \, |x(t - \tau_1)| + |\alpha_2| \, |x(t - \tau_2)| < [|\alpha_1| + |\alpha_2|] M$$

可见相应的输出也是有界的，故而系统是 BIBO 稳定的。

还可求出回波系统的冲激响应 $h(t)$，并证明它满足 BIBO 稳定性所需的绝对可积条件。若令回波系统的输入为 $x(t) = \delta(t)$，则输出等于

$$y(t) = h(t) = \alpha_1 \delta(t - \tau_1) + \alpha_2 \delta(t - \tau_2)$$

并且积分

$$\int_{-\infty}^{\infty} |h(t)| \, \mathrm{d}t = |\alpha_1| \int_{-\infty}^{\infty} \delta(t - \tau_1) \mathrm{d}t + |\alpha_2| \int_{-\infty}^{\infty} \delta(t - \tau_2) \mathrm{d}\tau = |\alpha_1| + |\alpha_2| < \infty$$

【例 2.20】

考虑一个正反馈系统，该系统由一个麦克风靠近一组扬声器构成（见图 2.19）（扬声器发出放大的原声信号）。麦克风（用加法器象征）捕捉到输入信号 $x(t)$ 以及放大延迟信号 $\beta y(t - \tau)$，其中 $\beta \geqslant 1$ 是放大器的增益，扬声器提供反馈。求连接输入 $x(t)$ 和输出 $y(t)$ 的方程，并用递归的方法获得 $y(t)$ 的表达式，要求用输入的过去值来表示。判断该系统是否是 BIBO 稳定的，在计算过程中取 $x(t) = u(t)$，$\beta = 2$，$\tau = 1$。

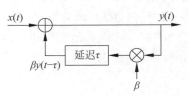

图 2.19 正反馈系统（麦克风捕捉输入信号 $x(t)$ 和放大延迟信号 $\beta y(t - \tau)$ 从而使系统不稳定）

解 输入-输出方程为

$$y(t) = x(t) + \beta y(t - \tau)$$

如果利用这个表达式来获取 $y(t - \tau)$，则可得

$$y(t - \tau) = x(t - \tau) + \beta y(t - 2\tau)$$

用上式代换输入-输出方程中的该项，可得

$$y(t) = x(t) + \beta [x(t - \tau) + \beta y(t - 2\tau)] = x(t) + \beta x(t - \tau) + \beta^2 y(t - 2\tau)$$

重复以上过程将得到以下用输入来表示的 $y(t)$ 的表达式：

$$y(t) = x(t) + \beta x(t - \tau) + \beta^2 x(t - 2\tau) + \beta^3 x(t - 3\tau) + \cdots$$

若令 $x(t) = u(t)$，$\beta = 2$，$\tau = 1$，相应的输出就是

$$y(t) = u(t) + 2u(t - 1) + 4u(t - 2) + 8u(t - 3) + \cdots$$

这是一个随时间增加而增长的信号。显然，虽然输入有界，但输出不是一个有界的信号，所以系统是不稳定的，啸叫声会证明这一点，所以需要将扬声器和麦克风离开一定的距离以避免出现啸叫。

2.6　我们完成了什么，我们向何处去

迄今为止读者应该已经开始看见森林里的树木了。本章将信号与系统联系在了一起，开始了关于线性和时不变动态系统的学习，正如读者将会认识到的那样，这个贯穿于你的整个学习过程的模型在许多工程应用中的描述系统方面是非常有用的，它的吸引力来自于它的简单性和它的数学构造。本章也介绍了系统的一些实际特性如因果性和稳定性。从发声系统到简单的 RLC 电路，这些虽然平常但有重要意义的系统实例，不仅说明了 LTI 模型的应用方法，而且展示了这个模型的实际应用领域。与此同时，对于调制器的介绍说明了要想进行无线通信，还需要探索更加复杂的系统。最后介绍了常微分方程理论的系

统方法,展示了关于它的一些特征,后面我们应用变换时还会回过头来讨论关于常微分方程的这些问题。

下一步要做的是用变换的方法对处理连续时间信号的系统进行分析。下一章我们将讨论拉普拉斯变换,它使我们能够对系统进行瞬态和稳态分析,也可以将微分方程求解问题转化成为一个代数问题,更重要的是,它将为我们提供系统函数的概念,而系统函数与本章所讲的冲激响应和卷积积分都有关系。拉普拉斯变换在经典控制领域有着非常重要的意义。

2.7　本章练习题

2.7.1　基础题

2.1　表征某放大器的输入-输出方程为

$$y(t) = \begin{cases} 100x(t), & -10 \leqslant x(t) \leqslant 10 \\ 1000, & x(t) > 10 \\ -1000, & x(t) < -10 \end{cases}$$

其中,$x(t)$ 是输入,$y(t)$ 是输出。当输入达到某些值时此放大器会饱和。

(a) 画出描述输入 $x(t)$ 和输出 $y(t)$ 之间关系的图形。此系统是线性的吗? 如果存在线性区间的话,那么当输入的值在什么范围内时,此系统是线性的?

(b) 假设输入是正弦信号 $x(t)=20\cos(2\pi t)u(t)$,仔细画出 $t=-2\sim4$ 范围内的 $x(t)$ 和 $y(t)$。

(c) 令输入延迟 2 个时间单位,即输入为 $x_1(t)=x(t-2)$,求出相应的输出 $y_1(t)$,并指出它与上面已求出的由 $x(t)$ 引起的 $y(t)$ 有什么关系。此系统是时不变的吗?

答案:如果输入总在 $[-10,10]$ 内,系统就是线性的;系统是时不变的。

2.2　考虑由以下输入-输出方程描述的平均器

$$y(t) = \int_{t-1}^{t} x(\tau)\mathrm{d}\tau + 2$$

其中,$x(t)$ 是输入,$y(t)$ 是输出。

(a) 令输入为 $x_1(t)=\delta(t)$,画图求出相应的输出 $y_1(t)$,$-\infty<t<\infty$。然后令输入为 $x_2(t)=2x_1(t)$,画图求出相应的输出 $y_2(t)$,$-\infty<t<\infty$。是不是有 $y_2(t)=2y_1(t)$? 此系统是线性的吗?

(b) 假设输入为 $x_3(t)=u(t)-u(t-1)$,画图计算相应的输出 $y_3(t)$,$-\infty<t<\infty$。若有一个新的输入为 $x_4(t)=x_3(t-1)=u(t-1)-u(t-2)$,画图计算相应的输出 $y_4(t)$,$-\infty<t<\infty$,并说明是否有 $y_4(t)=y_3(t-1)$,据此回答此系统是时不变的吗?

(c) 该平均器是因果系统吗? 请加以解释。

(d) 如果平均器的输入是有界的,它的输出会是有界的吗? 该平均器是 BIBO 稳定的吗?

答案:$y_1(t)=2+[u(t)-u(t-1)]$;系统是非线性、非因果和 BIBO 稳定的。

2.3　一个系统,其输入-输出关系为

$$y(t) = \mathrm{sign}(x(t)) = \begin{cases} 1, & \text{若 } x(t) \geqslant 0 \\ -1, & \text{若 } x(t) < 0 \end{cases}$$

其中,$x(t)$ 是输入,$y(t)$ 是输出。

(a) 令输入为 $x(t)=\sin(2\pi t)u(t)$,画出相应输出 $y(t)$ 的图形。如果将输入增大一倍,系统的输出等于什么? 即如果输入为 $x_1(t)=2x(t)=2\sin(2\pi t)u(t)$,输出 $y_1(t)$ 等于什么? 此系统是否是线性的?

（b）所给系统是时不变的吗？

答案：输出 $y(t) = \sum\limits_{k=0}^{\infty} p(t-k)$，其中，$p(t) = u(t) - 2u(t-0.5) + u(t-1)$。

2.4 考虑下列关于系统性质的问题。

（a）一个系统，由常微分方程 $\mathrm{d}z(t)/\mathrm{d}t = w(t) - w(t-1)$ 所描述，其中 $w(t)$ 是输入，$z(t)$ 是输出。

i. 该系统与具有输入-输出方程

$$z(t) = \int_{t-1}^{t} w(\tau)\mathrm{d}\tau + 2$$

的平均器有什么关系？

ii. 由所给的常微分方程描述的系统是 LTI 的吗？

（b）考虑一个零初始电压的电容器，电流 $i(t)$ 是其输入，电容器的端电压是输出，由下式给出：

$$v_c(t) = \int_{0}^{t} i(\tau)\mathrm{d}\tau$$

i. 该电容器是时不变的吗？如果不是，需要加上什么条件才能使它成为时不变的？

ii. 如果令 $i(t) = u(t)$，则相应的电压 $v_c(t)$ 等于什么？如果延迟电流源使得输入变成 $i(t-1)$，求出相应的电容电压，并说明这个结果是否表明电容器是时不变的。

（c）一个幅度调制系统的输入-输出方程为

$$y(t) = x(t)\sin(2\pi t) \qquad -\infty < t < \infty$$

i. 令 $x(t) = u(t)$，画出相应的输出 $y(t) = \sin(2\pi t)u(t)$ 的图形。

ii. 如果输入被延迟，即输入为 $x_1(t) = x(t-0.5) = u(t-0.5)$，画出相应的输出 $y_1(t) = x_1(t)\sin(2\pi t)$ 的图形，并利用这个结果判断所给 AM 系统是否是时不变的。

答案：（a）$z(t)$ 是初始条件为 2 的微分方程的解；（b）当 $t < 0$ 时，$i(t) = 0$，系统是时不变的；（c）若 $x(t-0.5) = u(t-0.5)$，输出等于 $y_1(t) = \sin(2\pi t)u(t-0.5)$。

2.5 一个具有电压源 $x(t)$ 的 RC 串联电路由以下常微分方程描述：

$$\frac{\mathrm{d}y(t)}{\mathrm{d}t} + 2y(t) = 2x(t)$$

其中，$y(t)$ 是电容电压，假定 $y(0)$ 为电容的初始电压。

（a）如果已知电阻器的电阻为 R，电容 $C = 1\mathrm{F}$，画出与所给的常微分方程相对应的电路。

（b）对于零初始条件以及 $x(t) = u(t)$，判断系统的输出是否等于

$$y(t) = \mathrm{e}^{-2t} \int_{0}^{t} \mathrm{e}^{2\tau}\mathrm{d}\tau$$

如果是，求出 $y(t)$ 并画出其图形。

答案：$R = 0.5$；$y(t) = 0.5(1 - \mathrm{e}^{-2t})u(t)$。

2.6 以下问题与系统的线性性、时不变性和因果性有关。

（a）一个系统由方程 $z(t) = v(t)f(t) + B$ 描述，其中，$v(t)$ 是输入，$z(t)$ 是输出，$f(t)$ 是一个函数，B 是常数。

i. 令 $f(t) = A$，A 为常数，如果 $B \neq 0$，那么此系统是线性的吗？如果 $B = 0$，那么此系统是线性的吗？请作出解释。

ii. 令 $f(t) = \cos(\Omega_0 t)$ 且 $B = 0$，此系统是线性的吗？是时不变的吗？

iii. 令 $f(t) = u(t) - u(t-1)$，输入为 $v(t) = u(t) - u(t-1)$，$B = 0$，求出相应的输出 $z(t)$。然后设输

入被延迟 2 个时间单位,即输入为 $u(t-2)-u(t-3)$,$f(t)$ 和 B 与之前一样,确定相应的输出。利用这些结果回答此系统是时不变的吗?

(b) 一个平均器被定义为

$$y(t) = \frac{1}{T}\int_{t-T}^{t} x(\tau)\mathrm{d}\tau$$

其中,$T>0$ 是取平均值的区间,$x(t)$ 和 $y(t)$ 是系统的输入与输出。

i. 判断此平均器是否是一个线性系统。

ii. 令 $T=1$,$x(t)=u(t)$,计算并画出相应的输出;然后延迟输入得到 $x(t-2)=u(t-2)$,再计算并画出相应的输出。从此例来看,该系统是时不变的吗? 请加以解释。你能给出一般性的证明吗?

iii. 此系统是因果的吗? 举例验证你的观点。

答案:(a) 如果 $f(t)=v(t)=u(t)-u(t-1)$,那么 $z(t)=u(t)-u(t-1)$;如果输入为 $v_1(t)=u(t-2)-u(t-3)$,输出就等于 $z_1(t)=v_1(t)f(t)=0$。(b) 如果 $x(t)=u(t)$,那么 $y(t)=r(t)-r(t-1)$;如果 $x_1(t)=u(t-2)$,相应输出等于 $y_1(t)=y(t-2)$。

2.7 时变电容器由电荷-电压方程 $q(t)=C(t)v(t)$ 表征。即电容量不是常数而是时间函数。

(a) 已知 $i(t)=\dfrac{\mathrm{d}q(t)}{\mathrm{d}t}$,求该时变电容器的电压-电流关系。

(b) 令 $C(t)=1+\cos(2\pi t)$ 及 $v(t)=\cos(2\pi t)$,确定电容器对所有 t 的电流 $i_1(t)$。

(c) 若 $C(t)$ 与上面相同,但 $v(t)$ 被延迟 $0.25\mathrm{s}$,确定对所有 t 的 $i_2(t)$。此系统是时不变的吗?

答案:(b) $i_1(t)=-2\pi\sin(2\pi t)[1+2\cos(2\pi t)]$。

2.8 一个模拟系统具有以下的输入-输出关系:

$$y(t) = \int_0^t \mathrm{e}^{-(t-\tau)}x(\tau)\mathrm{d}\tau, \quad t \geqslant 0$$

当 $t<0$ 时,输出为 0。$x(t)$ 是输入,$y(t)$ 是输出。

(a) 此系统是 LTI 的吗? 如果是,能否不进行任何计算就确定系统的冲激响应? 请作出解释。

(b) 此系统是因果的吗? 请作出解释。

(c) 求出所给系统的单位阶跃响应 $s(t)$,并由 $s(t)$ 求出冲激响应 $h(t)$。这是一个 BIBO 稳定系统吗? 请作出解释。

(d) 求出由脉冲 $x(t)=u(t)-u(t-1)$ 引起的响应。

答案:此系统是 LTI 的;$h(t)=\mathrm{e}^{-t}u(t)$;此系统是因果的和 BIBO 稳定的。

2.9 考虑如下模拟平均器:

$$y(t) = \frac{1}{T}\int_{t-T/2}^{t+T/2} x(\tau)\mathrm{d}\tau$$

其中,$x(t)$ 是输入,$y(t)$ 是输出。

(a) 求此平均器的冲激响应 $h(t)$。此系统是因果的吗?

(b) 令 $x(t)=u(t)$,求此平均器的输出。

答案:$h(t)=(1/T)[u(t+T/2)-u(t-T/2)]$;此系统为非因果系统。

2.10 线性时不变系统的一个基本性质是,只要系统的输入是某个频率的正弦,输出就是同频率的正弦,但是输出的振幅和相位则由系统来决定。对于下列系统,令输入为 $x(t)=\cos(t)$,$-\infty<t<\infty$,求输出 $y(t)$,并判断系统是否是 LTI 的。

(a) $y(t)=|x(t)|^2$; (b) $y(t)=0.5[x(t)+x(t-1)]$;

(c) $y(t) = x(t)u(t)$； (d) $y(t) = \dfrac{1}{2}\displaystyle\int_{t-2}^{t} x(\tau)\mathrm{d}\tau$。

答案：(a) $y(t) = 0.5(1+\cos(2t))$；(c) 系统不是 LTI 的。

2.11 考虑系统，它对输入 $x(t)$ 的输出是 $y(t) = x(t)f(t)$。

(a) 令 $f(t) = u(t) - u(t-10)$，判断以 $x(t)$ 为输入 $y(t)$ 为输出的系统是否是线性、时不变、因果和 BIBO 稳定的。

(b) 假设 $x(t) = 4\cos\left(\dfrac{\pi t}{2}\right)$，$f(t) = \cos\left(\dfrac{6\pi t}{7}\right)$，二者都是周期的，那么输出 $y(t)$ 也是周期的吗？有哪些频率出现在输出中？此系统是线性的吗？是时不变的吗？请作出解释。

(c) 令 $f(t) = u(t) - u(t-2)$，输入 $x(t) = u(t)$，求出相应的输出 $y(t)$。假设将输入平移从而得 $x_1(t) = x(t-3)$，那么相应的输出 $y_1(t)$ 等于什么？此系统是时不变的吗？请作出解释。

答案：(a) 系统是时变的和 BIBO 稳定的。

2.12 一个一阶系统，当 $t \geq 0$ 时其响应为

$$y(t) = y(0)\mathrm{e}^{-t} + \int_0^t \mathrm{e}^{-(t-\tau)} x(\tau)\mathrm{d}\tau$$

当 $t < 0$ 时，$y(t) = 0$。

(a) 若 $y(0) = 0$，此系统是线性的吗？若 $y(0) \neq 0$，此系统是线性的吗？请作出解释。

(b) 如果 $x(t) = 0$，则系统的响应称为什么？如果 $y(0) = 0$，则系统对于任意输入 $x(t)$ 的响应又称为什么？

(c) 令 $y(0) = 0$，求由 $\delta(t)$ 引起的响应，这个响应称作什么？

(d) 当 $y(0) = 0$，$x(t) = u(t)$ 时，相应的输出称作 $s(t)$。求 $s(t)$ 并计算 $\mathrm{d}s(t)/\mathrm{d}t$，从以上结果来看，$\mathrm{d}s(t)/\mathrm{d}t$ 对应的是什么？

答案：如果 $y(0) = 0$，$y(t) = [x * h](t)$ 是零状态响应，其中 $h(t) = \mathrm{e}^{-t}u(t)$。

2.13 表征系统的输入-输出方程如下：

$$y(t) = \mathrm{e}^{-2t}y(0) + 2\int_0^t \mathrm{e}^{-2(t-\tau)} x(\tau)\mathrm{d}\tau, \quad t \geq 0$$

否则为 0。其中，$x(t)$ 是输入，$y(t)$ 是输出。

(a) 求出同样能表征此系统的常微分方程。

(b) 假设 $x(t) = u(t)$，$y(0)$ 为任意值，若希望确定系统的稳态响应，$y(0)$ 对其有影响吗？即如果 $y(0) = 0$ 或者 $y(0) = 1$，得到的稳态响应相同吗？请作出解释。

(c) 计算当 $y(0) = 0$，$x(t) = u(t)$ 时的稳态响应。为了求出稳态响应，首先要利用所给的输入-输出方程求出系统的冲激响应 $h(t)$，然后用图解法计算卷积求出 $y(t)$，最后才能确定稳态响应。

(d) 假设输入为零，这个依赖于初始条件的系统是 BIBO 稳定的吗？求当 $y(0) = 1$ 时的零输入响应 $y(t)$，它是有界的吗？

答案：(a) $\dfrac{\mathrm{d}y(t)}{\mathrm{d}t} + 2y(t) = 2x(t)$；(d) 是有界的。

2.14 一个 LTI 连续时间系统的冲激响应为 $h(t) = u(t) - u(t-1)$。

(a) 若系统的输入为 $x(t)$，则系统的输出等于

$$y(t) = \int_{t-1}^{t} x(\tau)\mathrm{d}\tau$$

是正确的吗？

(b) 若输入为 $x(t)=u(t)$,画图确定系统相应的输出 $y(t)$。

(c) 计算单位阶跃响应,称它为 $s(t)$,然后说明怎么由它获得系统的冲激响应 $h(t)$。

答案:是对的,用卷积积分;如果 $x(t)=u(t)$,那么 $y(t)=r(t)-r(t-1)$。

2.15 一个线性时不变(LTI)系统的输入 $x(t)$ 和相应的输出 $y(t)$ 为
$$x(t)=u(t)-u(t-1) \rightarrow y(t)=r(t)-2r(t-1)+r(t-2)$$
确定相应以下输入的输出 $y_i(t)$,$i=1,2,3$。

(i) $x_1(t)=u(t)-u(t-1)-u(t-2)+u(t-3)$;

(ii) $x_2(t)=u(t+1)-2u(t)+u(t-1)$;

(iii) $x_3(t)=\delta(t)-\delta(t-1)$。

画出输入 $x_i(t)$ 和相应输出 $y_i(t)$ 的图形。

答案:$y_1(t)=y(t)-y(t-2)$;$y_3(t)=\mathrm{d}y(t)/\mathrm{d}t=u(t)-2u(t-1)+u(t-2)$。

2.16 一个冲激响应为 $h(t)=u(t)-u(t-1)$ 的 LTI 连续时间系统的输入为
$$x(t)=\sum_{k=0}^{9}\delta(t-kT)$$

(a) 利用卷积积分求系统的输出 $y(t)$。

(b) 若 $T=1$,求系统的输出 $y(t)$ 并画出其图形。

(c) 若 $T=0.5$,求系统的输出 $y(t)$ 并画出其图形。

答案:$y(t)=\sum_{k=0}^{9}h(t-kT)$。

2.17 考虑由如下一阶常微分方程描述的系统
$$\frac{\mathrm{d}y(t)}{\mathrm{d}t}+ay(t)=x(t)$$
初始条件为 $y(0)$。

(a) 首先利用导数的定义证明,对于函数 $f(t)$ 有
$$\frac{\mathrm{d}}{\mathrm{d}t}\int_0^t f(\tau)\mathrm{d}\tau=f(t)$$

(b) 应用以上结论证明,对于上面所给的初始条件为 $y(0)$ 的一阶常微分方程,其解为
$$y(t)=y(0)\mathrm{e}^{-at}+\int_0^t \mathrm{e}^{-a(t-\tau)}x(\tau)\mathrm{d}\tau, \quad t\geqslant 0$$

(c) 另有一种方法证明以上表达式是常微分方程的解,就是将常微分方程两边都乘以 e^{at}。

i. 证明等式左边项是 $\mathrm{d}(\mathrm{e}^{at}y(t))/\mathrm{d}t$;

ii. 对等式两边求积分从而获得方程的解。

2.18 一个因果线性时不变连续时间系统的冲激响应 $h(t)$ 为
$$h(t)=\sum_{k=0}^{\infty}h_1(t-2k)$$
其中,$h_1(t)=u(t)-2u(t-1)+u(t-2)$。

假定初始条件为零,若输入是下列信号,确定系统的输出 $y_i(t)$,$i=1,2$。

(a) $x_1(t)=u(t)-u(t-2)$;   (b) $x_2(t)=\delta(t)-\delta(t-2)$

答案:$y_1(t)=r(t)-2r(t-1)+r(t-2)$;$y_2(t)=h_1(t)$。

2.19 正交幅度调制(quadrature amplitude modulation,QAM)系统是一个同时能传输两个消息

$m_1(t)$ 和 $m_2(t)$ 的通信系统。传输信号 $s(t)$ 为

$$s(t) = m_1(t)\cos(\Omega_c t) + m_2(t)\sin(\Omega_c t)$$

画出此 QAM 系统的方框图。

(a) 判断系统是否是时不变的。

(b) 假定 $m_1(t) = m_2(t) = m(t)$，即用两个不同的调制器发送相同的消息，用一个载频为 Ω_c、幅度为 A、相位为 θ 的余弦函数来表示已调信号，确定 A 和 θ 的值。此系统是线性的吗？请加以解释。

答案：$s(t) = \sqrt{2}\,m(t)\cos(\Omega_c t - \pi/4)$。

2.20 有界输入有界输出稳定性是假定输入总是有界的，即幅度有限，如果情况并非如此，那么稳定的系统也会产生出无界的输出。考虑模拟平均器，其输入-输出关系为

$$y(t) = \frac{1}{T}\int_{t-T}^{t} x(\tau)\,\mathrm{d}\tau$$

(a) 假设输入平均器的是一个有界信号 $x(t)$，即存在一个有限值 M 使得 $|x(t)| < M$，求输出 $y(t)$ 的上界值，并判断平均器是否是 BIBO 稳定的。

(b) 令输入平均器的信号为 $x(t) = tu(t)$，即斜变信号，计算输出 $y(t)$，并判断它是否是有界的。如果 $y(t)$ 不是有界的，是否意味着此平均器不稳定？请作出解释。

答案：$h(t) = \left(\dfrac{1}{T}\right)[u(t) - u(t-T)]$；如果输入是斜变信号，则输出是无界的。

2.21 对回波系统建模，既可以利用反馈，也可以不用反馈。

(a) 反馈系统在控制和许多系统的建模中是非常有用的。回波信号可以通过将一个或多个延迟并衰减的输出信号反馈给当前输入信号，并与之相加而产生，因此回波系统的一个可能的模型是

$$y(t) = x(t) + \alpha_1 y(t-\tau) + \cdots + \alpha_N y(t - N\tau)$$

其中，$x(t)$ 是当前输入信号，$y(t)$ 是当前输出信号，$y(t-k\tau)$ 是以前输出的延迟，参数 $|\alpha_k| < 1$ 是衰减系数。画出此系统的方框图。

(b) 考虑 $N=1$ 时的回波模型，参数 $\tau=1, \alpha_1=0.1$，由此产生的回波系统是 LTI 的吗？请作出解释。

(c) 另一个可能的模型由非递归的或无反馈的系统给出

$$z(t) = x(t) + \beta_1 x(t-\tau) + \cdots + \beta_M x(t - M\tau)$$

其中，几个当前和过去的输入被延迟和衰减并相加到一起形成输出。参数 $|\beta_k| < 1$ 是衰减系数，τ 是延迟。画出由以上方程表征的回波系统的方框图。以上方程描述的是个 LTI 系统吗？请作出解释。

答案：(b) 回波系统的输入-输出方程是 $y(t) = x(t) + 0.1y(t-1)$，它是 LTI 的。

2.7.2 MATLAB 实践题

2.22 温度测量系统 下面的运放电路用于测量系统内的温度变化(见图 2.20)，输出电压由下式给出

$$v_o(t) = -R(t)v_i(t)$$

假设 $t=0$ 之后系统内的温度呈现周期性的变化，因此

$$R(t) = [1 + 0.5\cos(20\pi t)]u(t)$$

令输入为 $v_i(t) = 1\mathrm{V}$。

(a) 假设开关在 $t_0 = 0\mathrm{s}$ 时闭合，用 MATLAB 绘

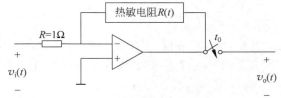

图 2.20 问题 2.22

制输出电压 $v_o(t)$ 在 $0 \leqslant t \leqslant 0.2s$ 内的波形,时间间隔取 0.01s。

(b) 如果开关在 $t_0 = 50ms$ 时闭合,绘制输出电压 $v_{o1}(t)$ 在 $0 \leqslant t \leqslant 0.2s$ 内的波形,时间间隔取 0.01s。

(c) 利用以上结果判断该系统是否是时不变的,并作出解释。

答案: $v_o(0) = -1.5$;$v_{o1}(50 \times 10^{-3}) = -0.5$。

2.23 齐纳二极管 当输入为 $v_s(t) = \cos(\pi t)$ 时,齐纳二极管的输出 $x(t)$ 是"削顶"的正弦波

$$x(t) = \begin{cases} 0.5, & v_s(t) > 0.5 \\ -0.5, & v_s(t) < -0.5 \\ v_s(t), & \text{其他} \end{cases}$$

图 2.21 显示了输出的几个周期。用 MATLAB 产生输入和输出信号,并在同一张图中画出二者在 $0 \leqslant t \leqslant 4s$ 内的图形,取时间间隔 0.001s。

(a) 此系统是线性的吗? 对输入分别为 $v_s(t)$ 和 $0.3v_s(t)$ 时的输出进行比较。

(b) 此系统是时不变的吗? 请作出解释。

答案: 齐纳二极管是非线性、时不变的。

2.24 P-N 结二极管 P-N 结二极管的电压-电流特性方程为(见图 2.22)

$$i(t) = I_s(e^{qv(t)/kT} - 1)$$

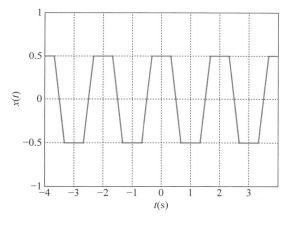

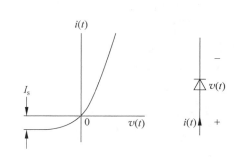

图 2.21 问题 2.23   图 2.22 问题 2.24

其中,$i(t)$ 和 $v(t)$ 是二极管的电流和电压(其方向示于二极管上),I_s 是反相饱和电流,$\frac{kT}{q}$ 为常数。

(a) 若以二极管的电压 $v(t)$ 作为输入,电流 $i(t)$ 作为输出,P-N 结二极管是线性系统吗? 请作出解释。

(b) 一个理想二极管是这样的,当电压为负即 $v(t) < 0$ 时,电流等于 0,即开路;当电流为正即 $i(t) > 0$ 时,电压等于 0,即短路。在什么条件下,P-N 结二极管的电压-电流特性近似理想二极管的特性? 用 MATLAB 画出二极管的电流-电压曲线,取 $I_s = 0.0001$,$kT/q = 0.026$,并将它与理想二极管的电流-电压曲线进行比较。判断理想二极管是否是线性的。

(c) 考虑图 2.23 所示的利用理想二极管的电路,其中,电源是正弦信号 $v(t) = \sin(2\pi t)u(t)$,输出是电阻 $R = 1\Omega$ 的电压或者说 $v_r(t)$。画出 $v_r(t)$ 的图形,此系统是线性的吗? 你会在什么场合利用该电路?

答案: 二极管是非线性的。

2.25　卷积　一个 LTI 系统的冲激响应为 $h(t) = e^{-2t}u(t)$。
用 MATLAB 函数近似卷积积分，系统的输入分别为以下信号：

$$x_1(t) = \cos(2\pi t)[u(t) - u(t-20)]$$

$$x_2(t) = \sin(\pi t)e^{-20t}[u(t) - u(t-20)]$$

$$x_3(t) = r(t) - 2r(t-2) + r(t-4)$$

画出冲激响应以及以上每种情况下的输入和相应输出的图形。

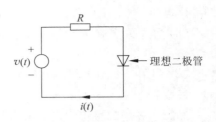

图 2.23　问题 2.24

2.26　平均器的稳态响应　一个模拟平均器由下式给出

$$y(t) = \frac{1}{T}\int_{t-T}^{t} x(\tau)\,d\tau$$

(a) 令 $x(t) = u(t) - u(t-1)$，利用以上积分求均值信号 $y(t)$，令 $T = 1$。画出 $y(t)$ 的图形。画图计算 $x(t)$ 与平均器的冲激响应 $h(t)$ 的卷积从而验证结果。

(b) 为了理解平均器对输入信号的影响，考虑信号 $x(t) = \cos(2\pi t/T_0)u(t)$，它将被平均器所平均。要使当 $t \to 0$ 时，系统的稳态响应 $y(t)$ 等于 0，T 可取的最小值是多少？

(c) 用 MATLAB 计算(b)部分的输出。计算当 $0 \leqslant t \leqslant 2$ 时的输出 $y(t)$，取时间间隔 $T_s = 0.001s$。用函数 conv(可用 help 寻找关于 conv 的说明)乘以 T_s 近似卷积积分。

答案：$y(t) = t[u(t) - u(t-1)] + u(t-1)$。

2.27　理想低通滤波器　理想低通滤波器的冲激响应为 $h(t) = \sin(t)/t$。

(a) 已知冲激响应是零初始条件下系统对输入 $x(t) = \delta(t)$ 产生的响应，那么理想低通滤波器能够用来做实时处理吗？请加以解释。

(b) 理想低通滤波器是有界输入有界输出稳定的吗？用 MATLAB 检验其冲激响应是否满足 BIBO 稳定的条件。

答案：理想低通滤波器是非因果的。

2.28　AM 包络检波器　考虑幅度调制系统中用来检测发送消息的包络检波器，幅度调制系统在一些例题中已有分析。作为系统的包络检波器由两个级联的系统构成：一个计算输入的绝对值(用理想二极管实现)，另一个对其输入进行低通滤波(用一个 RC 电路实现)。以下是这些运算在离散时间域的实现，因此可以采用数值 MATLAB。设输入包络检波器的信号为

$$x(t) = [p(t) + P]\cos(\Omega_0 t)$$

用 MATLAB 的数值方法解决此问题。

(a) 首先考虑 $p(t) = 20[u(t) - u(t-40)] - 10[u(t-40) - u(t-60)]$，且令 $\Omega_0 = 2\pi, P = 1.1|\min(p(t))|$。产生 $0 \leqslant t \leqslant 100$ 范围内的信号 $p(t)$ 和 $x(t)$，间隔 $T_s = 0.01$。

(b) 然后考虑用于计算输入 $x(t)$ 的绝对值的子系统，画出 $y(t) = |x(t)|$ 的图形。

(c) 计算低通滤波信号 $(h*y)(t)$，利用冲激响应为 $h(t) = e^{-0.8t}u(t)$ 的 RC 电路。要实现卷积可用 conv 函数乘以 T_s。将消息信号 $p(t)$、已调信号 $x(t)$、绝对值 $y(t)$ 和包络线 $z(t) = (h*y)(t) - P$ 的波形绘制在同一张图里。这个包络线看起来像 $p(t)$ 吗？

(d) 考虑消息信号 $p(t) = 2\cos(0.2\pi t), \Omega_0 = 10\pi, P = |\min(p(t))|$，重复以上过程，按比例增减信号来得到原始的 $p(t)$。

2.29　频率调制(FM)　频率调制或调频 FM，采用的频带比调幅 AM 要宽，但它不像 AM 那样受噪声影响大。FM 发射机的输出具有如下形式：

$$y(t) = \cos\left(2\pi t + 2\pi v \int_0^t m(\tau)\,\mathrm{d}\tau\right)$$

其中，$m(t)$ 是消息，v 是系数，如果 $m(t)$ 的单位是 V，v 的单位就是 Hz/V。

（a）产生作为消息的信号

$$m(t) = \cos(t)$$

分别求出当 $v=10$ 和 $v=1$ 时的 FM 信号 $y(t)$，用 MATLAB 生成这两个不同信号，时间范围取 $0 \leqslant t \leqslant 10$，时间间隔取 $T_s = 0.01$。在同一张图中画出 $m(t)$ 和两个 FM 信号（$v=10$ 与 $v=1$ 两种情形）的图形。FM 发射机是线性系统吗？请加以解释。

（b）产生消息信号

$$m_1(t) = \begin{cases} 1, & m(t) \geqslant 0 \\ -1, & m(t) < 0 \end{cases}$$

求当 $v=1$ 时相应的 FM 信号。

第 3 章

拉普拉斯变换

我们懂得的不多,我们不知道的却是浩瀚无垠。

皮埃尔-西蒙·拉普拉斯侯爵(Pierre-Simon,marquis de Laplace)(1749—1827 年)

法国数学家和天文学家

3.1 引言

第 3 至第 5 章的内容在连续时间信号和系统的分析中非常重要。本章开始连续时间信号和系统的频域分析,采用的是拉普拉斯变换,而后面两章则分别采用傅里叶级数和傅里叶变换来进行分析。拉普拉斯变换是这些变换最一般的形式,不过所有这些变换都为我们表示信号提供了除时域形式之外的其他一些不同的表达形式。拉普拉斯变换是复变量 $s=\sigma+\mathrm{j}\Omega$ 的函数,该复变量由一个阻尼系数 σ 和一个频率变量 Ω 构成,而傅里叶变换只是频率 Ω 的函数。信号在时域里的增长或衰减即阻尼,还有它的重复属性即频率,在拉普拉斯域里是由信号的拉普拉斯变换的分子和分母的根,或者说零点和极点的位置来表征的。转移函数的极点和零点的位置与系统的动态特性有关。

拉普拉斯变换为连续时间系统提供了一个重要的代数表征方式:输出的拉普拉斯变换与输入的拉普拉斯变换之比即系统的转移函数。转移函数的概念将 LTI 情况下的卷积积分和常微分方程表示统一了起来。转移函数的概念不仅在系统分析中有用,在系统设计中也很有用,这一点将在第 7 章中看到。

连续时间系统的某些特性只有经过拉普拉斯变换之后才能加以研究,例如稳定性、暂态响应和稳态响应等,这也是为什么在学习傅里叶分析之前先学习拉普拉斯分析的一个重要原因,要知道傅里叶分析是专门用来处理连续时间信号和系统的频率特性的。在经典控制论中,稳定性和瞬态是主要的问题,因此拉普拉斯变换在这个领域非常重要;而在通信领域,信号的频率特性和系统的频率响应非常重要,这些则是由傅里叶变换提供的。

考虑到因果信号(在负的时间等于零的信号)和因果系统(冲激响应在负的时间等于零的系统)的普遍性,拉普拉斯变换通常被称为"单边的",但其实"双边的"变换也存在!虽然给人的印象是它们是两个不同的变换,但实际上这是拉普拉斯变换应用于不同类型的信号和系统的结果。后面将会证明,通过将信号分成因果分量和反因果分量两个部分,我们只需要应用单边变换即可。不过在求逆变换时,要想得到正确的信号,还是需要小心谨慎。

由于拉普拉斯变换需要在无限域内进行积分,所以有必要考虑积分是否收敛以及在哪里收敛,即在 s 平面上的收敛区域。如果这个区域包含 s 平面上的 $\mathrm{j}\Omega$-轴,那么当 $s=\mathrm{j}\Omega$ 时的拉普拉斯变换存在,且此时的拉普拉斯变换与将在第 5 章介绍的傅里叶变换是一致的,因此对于一大类函数来说,它们的傅里叶变换可以直接由它们的拉普拉斯变换获得,这是先学习拉普拉斯变换的另一个理由。拉普拉斯变换还以一种微妙的方式与周期连续时间信号的傅里叶级数表示相关联,当已经得到了信号的一个周期的拉普拉斯变换时,利用二者之间的这种关系可以消除积分从而减少傅里叶级数的计算复杂度。

线性时不变系统响应复指数信号的方式非常特别:系统的输出等于输入的复指数信号,不过其幅度和相位都被系统的响应所改变。这个事实提供了用拉普拉斯变换表征系统的方法(当指数是复频率 s 时),如果指数是 $j\Omega$,我们就用傅里叶变换表征系统。特征函数的概念与用于计算电路稳态响应的相量有关。

拉普拉斯(LAPLACE)和海维塞德(HEAVISIDE)

皮埃尔-西蒙·拉普拉斯侯爵(The Marquis Pierre-Simon de Laplace)(1749—1827 年)是法国数学家和天文学家。虽然出身贫贱,他却凭借着自己的政治能力成为了贵族。作为天文学家,他毕生致力于将牛顿万有引力定律应用于整个太阳系的工作。他被认为是一位应用数学家,作为法国科学院的院士,他认识同一时期的其他伟大的数学家,如勒让德(Legendre)、拉格朗日(Lagrange)和傅里叶(Fourier)。除了在天体力学领域的贡献,拉普拉斯在概率论方面也做了重要的工作,而且拉普拉斯变换可能就是从概率论中来的,他觉得"概率论只不过是把常识化成计算而已"。欧拉(Euler)和拉格朗日在早前曾用过类似于拉普拉斯变换的变换,然而,是奥利弗·海维塞德(Oliver Heaviside)(1850—1925 年)将拉普拉斯变换应用于常微分方程的求解。海维塞德是个英国人,他自学成材成为了电气工程师、数学家和物理学家。

3.2 双边拉普拉斯变换

先来凭直觉看看如何得到拉普拉斯变换及其逆变换,而不是直接给出它们的定义。正如前面指出的那样,在表征信号以及将其输入 LTI 系统所得到的响应时,有一个基本思想,那就是把它们看作为一些基本信号的组合,且系统对这些基本信号的响应很容易求出。在第 2 章考虑"时域"解法时,我们是把输入表示成无限多个冲激信号的组合,这些冲激被输入信号的值所加权,而且是出现在所有可能的时间,之所以将信号表示为冲激之和是因为由冲激引起的响应正是 LTI 系统的冲激响应,它是我们学习的基础。若想获得输入 LTI 系统的信号的"频域"表示,可以采用相似的做法,这种情况下所用的基本函数是复指数函数或正弦函数。接下来要讨论的**特征函数**概念,最初读者可能会觉得有点儿抽象,但是当看到它在本章以及后面傅里叶表达式中的应用之后,你就知道它为我们提供了一个获得类似于冲激表示的表达式的途径(见图 3.1)。

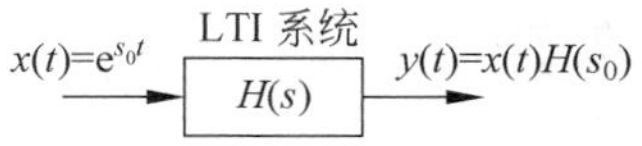

图 3.1 LTI 系统的特征函数性质系统的输入是 $x(t)=e^{s_0t}=e^{\sigma_0 t}e^{j\Omega_0 t}$,系统的输出是同样的输入乘以复数值 $H(s_0)$,其中 $H(s)=\mathscr{L}[h(t)]$ 或者说系统冲激响应 $h(t)$ 的拉普拉斯变换。

3.2.1 LTI 系统的特征函数

考虑输入 LTI 系统的信号是复信号 $x(t)=e^{s_0t}$, $s_0=\sigma_0+j\Omega_0$, $-\infty<t<\infty$ 的情况,设系统的冲激响应为 $h(t)$,那么由卷积积分可得系统输出为

$$y(t)=\int_{-\infty}^{\infty}h(\tau)x(t-\tau)d\tau=\int_{-\infty}^{\infty}h(\tau)e^{s_0(t-\tau)}d\tau$$

$$=e^{s_0 t}\underbrace{\int_{-\infty}^{\infty}h(\tau)e^{-s_0\tau}d\tau}_{H(s_0)}=x(t)H(s_0) \tag{3.1}$$

由于输入中的指数函数同样出现在了输出中,故 $x(t)=e^{s_0 t}$ 被称为 LTI 系统的**特征函数**[①]。输入 $x(t)$ 在输出端被复数 $H(s_0)$ 所修改,$H(s_0)$ 则通过冲激响应 $h(t)$ 与系统相关联。通常对于任意 s,输出端的特征函数被复函数

$$H(s) = \int_{-\infty}^{\infty} h(\tau) e^{-s\tau} d\tau \tag{3.2}$$

所修改,此复函数就是 $h(t)$ 的拉普拉斯变换!

输入 $x(t)=e^{s_0 t}$,$s_0=\sigma_0+j\Omega_0$,$-\infty<t<\infty$ 被称为具有冲激响应 $h(t)$ 的 LTI 系统的特征函数,如果系统相应的输出等于

$$y(t) = x(t) \int_{-\infty}^{\infty} h(t) e^{-s_0 t} dt = x(t) H(s_0)$$

其中,$H(s_0)$ 是 $h(t)$ 的拉普拉斯变换在 $s=s_0$ 的值。该性质只有对 LTI 系统才有效,时变系统或非线性系统都不满足该性质。

注:

(1) 可认为 $H(s)$ 是一个被冲激响应 $h(t)$ 加权的复指数函数的无限组合,对信号的拉普拉斯变换做类似的理解也合理。

(2) 现在来考虑应用特征函数这个结论的意义。假设信号 $x(t)$ 被表示成以 $s=\sigma+j\Omega$ 为自变量的复指数函数之和的形式:

$$x(t) = \frac{1}{2\pi j} \int_{\sigma-j\infty}^{\sigma+j\infty} X(s) e^{st} ds$$

即以 s 为变量的指数函数的无限和,每一项都被函数 $X(s)/(2\pi j)$ 所加权(很快就会看到这个式子与拉普拉斯逆变换的关系)。利用 LTI 系统的叠加性质,再考虑到对于冲激响应为 $h(t)$ 的 LTI 系统,由 e^{st} 引起的输出是 $H(s) e^{st}$,则由 $x(t)$ 引起的输出为

$$y(t) = \frac{1}{2\pi j} \int_{\sigma-j\infty}^{\sigma+j\infty} X(s) [H(s) e^{st}] ds = \frac{1}{2\pi j} \int_{\sigma-j\infty}^{\sigma+j\infty} Y(s) e^{st} ds$$

其中,设 $Y(s)=X(s)H(s)$。但由前一章可知 $y(t)$ 等于卷积,即 $y(t)=[x*h](t)$,因此以下两个表示式一定有关系:

$$y(t) = [x*h](t) \Leftrightarrow Y(s) = X(s)H(s)$$

左边的表示式指明如何在时域中求输出,右边的表示式指明如何在频域中计算输出的拉普拉斯变换。这是拉普拉斯变换最重要的性质:它降低了时域中计算卷积积分的复杂度,将卷积积分转化成输入的拉普拉斯变换 $X(s)$ 和冲激响应的拉普拉斯变换 $H(s)$ 的乘积。

下面给出信号或系统的冲激响应的拉普拉斯变换以及逆变换的直接定义:

一个连续时间函数 $f(t)$ 的双边拉普拉斯变换定义为

$$F(s) = \mathscr{L}[f(t)] = \int_{-\infty}^{\infty} f(t) e^{-st} dt, \quad s \in \text{ROC} \tag{3.3}$$

其中,变量 $s=\sigma+j\Omega$,σ 是阻尼系数,Ω 是角频率,单位是 rad/s。ROC 代表 $F(s)$ 的收敛域,即无限积分存在的区域。

拉普拉斯逆变换定义为

$$f(t) = \mathscr{L}^{-1}[F(s)] = \frac{1}{2\pi j} \int_{\sigma-j\infty}^{\sigma+j\infty} F(s) e^{st} ds, \quad \sigma \in \text{ROC} \tag{3.4}$$

---

① 大卫·希尔伯特(David Hilbert)(1862—1943 年),德国数学家,他似乎是第一个于 1904 年使用德语单词 eigen 来表示特征值和特征向量的人。德语单词 eigen 的意思是自己的、固有的。

注：

（1）拉普拉斯变换 $F(s)$ 提供了信号 $f(t)$ 在 s-域内的表达式，反过来利用收敛域，也能够以一一对应的方式将 $F(s)$ 变回原来的时域函数，于是

$$F(s) \quad \text{ROC} \Longleftrightarrow f(t) \quad [1]$$

（2）如果 $f(t) = h(t)$，即 LTI 系统的冲激响应，那么 $H(s)$ 称为系统函数或转移函数，它可以在 s-域内表征系统，就像 $h(t)$ 在时域内表征系统一样。如果 $f(t)$ 是一个信号，那么 $F(s)$ 就是它的拉普拉斯变换。

（3）拉普拉斯逆变换式（3.4）可以被理解为是 $f(t)$（不管它是信号还是冲激响应）的一个表达式，该表达式是一个被 $F(s)$ 加权的复指数函数的无限和。用式（3.4）求拉普拉斯逆变换需要计算复积分，后面将用代数方法求拉普拉斯逆变换，这样可以避免计算复积分。

【例 3.1】

在无线通信中影响发射信号的多径效应是一个常见的问题。考虑发射机和接收机之间的信道，它类似于图 3.2 描述的系统。发射信号 $x(t)$ 并不一定由发射机直接（沿视线）传送至接收机，而是可能沿着不同的路径传播，由于各路径的长度不同，因此每条传输路径上的信号被衰减的程度和延迟的时间都不同[2]。在接收端，这些被延迟和衰减的信号叠加在一起引起衰落效应，即接收到的这些信号具有不同相位，在接收机端进行叠加会导致一个或强或弱的信号，因此产生一种忽强忽弱的感觉。如果 $x(t)$ 是从发射机发出的信号，且信道有 $N+1$ 条不同路径，各自的衰减系数为 $\{\alpha_i\}$，相应延时为 $\{t_i\}$，$i = 0, \cdots, N$，利用特征函数性质求出这个引起多径效应的信道的系统函数。

解　图 3.2 所示传输信道的输出可写为

$$y(t) = \alpha_0 x(t - t_0) + \alpha_1 x(t - t_1) + \cdots + \alpha_N x(t - t_N) \tag{3.5}$$

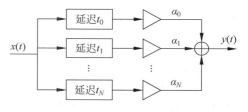

由特征函数性质有，此多径系统对 $e^{s_0 t}$ 的响应等于 $e^{s_0 t} H(s_0)$，于是对于 $x(t) = e^{s_0 t}$ 可得到两个等价的响应

$$
\begin{aligned}
y(t) &= e^{s_0 t} H(s_0) \\
&= \alpha_0 e^{s_0 (t - t_0)} + \cdots + \alpha_N e^{s_0 (t - t_N)} \\
&= e^{s_0 t} [\alpha_0 e^{-s_0 t_0} + \cdots + \alpha_N e^{-s_0 t_N}]
\end{aligned}
$$

图 3.2　对发送消息 $x(t)$ 存在多径效应的无线通信信道框图

当消息 $x(t)$ 在 $N+1$ 条路径上传输时被延迟并衰减，其效果类似于声音信号的回声效果。

故该信道的系统函数可利用变量 s 表示为

$$H(s) = \alpha_0 e^{-st_0} + \cdots + \alpha_N e^{-st_N}$$

注意在输入-输出方程中的时移量变成了拉普拉斯域中的指数，在后面将介绍这个性质。

3.2.2　收敛域

若要考虑不同类型的函数（可以是连续时间信号，也可以是连续时间系统的冲激响应），我们可能会对以下信号的拉普拉斯变换的计算感兴趣：

- 有限支撑函数：当 t 不在有限时段 $t_1 \leqslant t \leqslant t_2$ 内时，$f(t) = 0$。

---

① 这个记号仅仅表明，对应于某个具有收敛域 ROC 的拉普拉斯变换 $F(s)$，有一个时间函数 $f(t)$。它并不意味着 $F(s)$ 等于 $f(t)$，实际上二者差得很远——$F(s)$ 和 $f(t)$ 完全是不同域内的两个函数！

② 一般每条路径对发送信号的影响有三个。信号要到达接收机所需行进的距离（在每条路径上这个距离可能都不同，因为有建筑物、建筑构造和汽车等的反射或折射）决定了信号的衰减程度，以及相对于信号直接到达接收机的传输延迟时间。另一个影响是频移，即多普勒效应，它是由发射机和接收机之间的相对速度引起的。图 3.2 中的信道模型没有考虑多普勒效应。

这里 t_1、t_2 的值是任意有限大小的可正可负的数,只要 $t_1 < t_2$。这类有限支撑信号的拉普拉斯变换一定存在,并且它在周期信号的傅里叶级数系数的计算中特别有用。

■ **无限支撑函数**：在这种情况下 $f(t)$ 定义在一个无限支撑上,即 $t_1 < t < t_2$,其中 t_1 或(和)t_2 的值为无穷大。

一个有限支撑或无限支撑函数 $f(t)$ 被称为

(i) **因果的**,当 $t < 0$ 时,$f(t) = 0$；

(ii) **反因果的**,当 $t > 0$ 时,$f(t) = 0$；

(iii) **非因果的**,以上二者的组合。

图 3.3 解释了这些不同类型的信号。

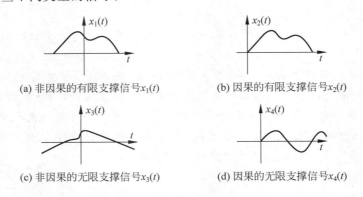

(a) 非因果的有限支撑信号$x_1(t)$ (b) 因果的有限支撑信号$x_2(t)$

(c) 非因果的无限支撑信号$x_3(t)$ (d) 因果的无限支撑信号$x_4(t)$

图 3.3 不同类型信号的例子

因为式(3.3)中 $F(s)$ 的定义要求在一个无限支撑上进行积分运算,所以需要考虑以上每种情况下,在 s 平面上的哪些区域内变换是存在的,该区域称为变换的**收敛域**(region of convergence,ROC)。收敛域的获得要通过考察变换的收敛情况。

> 为了使 $f(t)$ 的拉普拉斯变换 $F(s)$ 存在,需要
> $$\left| \int_{-\infty}^{\infty} f(t) e^{-st} dt \right| = \left| \int_{-\infty}^{\infty} f(t) e^{-\sigma t} e^{-j\Omega t} dt \right|$$
> $$\leqslant \int_{-\infty}^{\infty} | f(t) e^{-\sigma t} | dt < \infty$$
> 即 $f(t) e^{-\sigma t}$ 绝对可积。即使在 $f(t)$ 本身不绝对可积的情况下,也有可能通过选取适当的 σ 值而使 $f(t) e^{-\sigma t}$ 绝对可积。因此所取的 σ 值决定了 $F(s)$ 的 ROC,而频率 Ω 则对 ROC 没有影响。

1. 极点和零点以及收敛域

收敛域(ROC)可以根据拉普拉斯变换中的积分的存在条件而得到,ROC 与变换的极点有关,而变换一般都是复有理函数。

> 对于有理函数 $F(s) = \mathscr{L}[f(t)] = N(s)/D(s)$,其零点是使函数 $F(s) = 0$ 的 s 值,极点是使 $F(s) \to \infty$ 的 s 值。虽然一般仅考虑 $F(s)$ 的有限零点和有限极点,但它也可能具有无限零点和无限极点。

$F(s)$ 一般是有理函数,即两个多项式 $N(s)$ 和 $D(s)$ 之比,或 $F(s) = N(s)/D(s)$,因此 $F(s)$ 的零点就是使分子多项式 $N(s) = 0$ 的 s 值,而极点则是使分母多项式 $D(s) = 0$ 的 s 值。例如,对于变换

$$F(s) = \frac{2(s^2+1)}{s^2+2s+5} = \frac{2(s+j)(s-j)}{(s+1)^2+4} = \frac{2(s+j)(s-j)}{(s+1+2j)(s+1-2j)}$$

其零点为 $s_{1,2} = \pm j$,即 $N(s) = 0$ 的根,于是有 $F(\pm j) = 0$;一对复共轭极点 $-1 \pm 2j$ 是方程式 $D(s) = 0$ 的根,于是有 $F(-1 \pm 2j) \to \infty$。从几何学上看,零点可被视为使函数趋于 0 的那些值,极点可被视为使函数趋于无穷大的那些值(看上去像马戏团的帐篷的那根主要"支柱"),如图 3.4 所示。

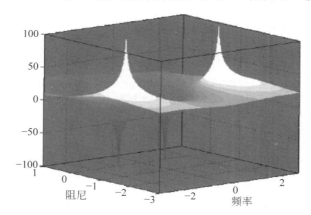

图 3.4 以阻尼系数 σ 和频率 Ω 为变量的函数 $F(s) = \frac{2(s^2+1)}{(s^2+2s+5)}$ 的对数模的三维图像

当 s_i 是极点(即 $s_{1,2} = -1 \pm 2j$)时,函数 $\log|F(s_i)| \to \infty$,而当 s_i 是零点(即 $s_{1,2} = \pm j$)时,函数 $\log|F(s_i)| \to -\infty$。

并非所有拉普拉斯变换都有极点或零点或者有有限数量的极点和零点。考虑函数

$$P(s) = \frac{e^s - e^{-s}}{s}$$

看上去 $P(s)$ 有个极点在 $s = 0$,然而该极点与位于同样位置的一个零点抵消掉了。实际上,要获得 $P(s)$ 的零点需要令 $e^s - e^{-s} = 0$,然后等式两边同乘以 e^s 可得

$$e^{2s} = 1 = e^{j2\pi k}$$

$k = 0, \pm 1, \pm 2, \cdots$ 是整数。于是得到零点为 $s_k = j\pi k, k = 0, \pm 1, \pm 2, \cdots$。当 $k = 0$ 时,在 0 处的零点抵消了该处的极点,从而使得 $P(s)$ 只有零点,而且是无限多个零点 $\{j\pi k, k = \pm 1, \pm 2, \cdots\}$。同理,函数 $Q(s) = 1/P(s)$ 有无限多个极点,但没有零点。

2. 极点和收敛域

ROC 是由使 $x(t)e^{-\sigma t}$ 绝对收敛的 σ 值组成,对于不同类型的所有信号,在确定它们的 ROC 时,都可以应用以下两个一般性质:

- ROC 内不包含任何极点。这条性质意味着,由于 ROC 是拉普拉斯变换的定义域,故变换在 ROC 内任何一个点的值都不可能等于无穷大,因此极点不应该出现在 ROC 内。
- ROC 是一个平行于 jΩ-轴的平面。这条性质意味着定义 ROC 的是阻尼系数 σ,而不是频率 Ω。因为在为了检验收敛性而计算拉普拉斯变换中被积函数的绝对值时,令 $s = \sigma + j\Omega$,而 $|e^{j\Omega}| = 1$,所以所有的收敛域都将包括 $-\infty < \Omega < \infty$。

不管什么类型的信号或者冲激响应,它们的收敛域都由其极点决定,如果 $\{\sigma_i\}$ 是 $F(s) = \mathscr{L}[f(t)]$ 的极点的实部,那么具体情况如下:

(1) 对于因果信号 $f(t)$,即当 $t < 0$ 时,$f(t) = 0$,其拉普拉斯变换 $F(s)$ 的收敛域是在其极点右边的一个平面,

$$\mathscr{R}_c = \{(\sigma, \Omega) : \sigma > \max\{\sigma_i\}, -\infty < \Omega < \infty\}$$

（2）对于反因果信号 $f(t)$，即当 $t > 0$ 时，$f(t) = 0$，其拉普拉斯变换 $F(s)$ 的收敛域是在其极点左边的一个平面，

$$\mathscr{R}_{ac} = \{(\sigma, \Omega) : \sigma < \min\{\sigma_i\}, -\infty < \Omega < \infty\}$$

（3）对于非因果信号 $f(t)$，即 $f(t)$ 定义于 $-\infty < t < \infty$，其拉普拉斯变换 $F(s)$ 的收敛域是其因果部分的收敛域 $\mathscr{R}_c$ 与其反因果部分的收敛域 $\mathscr{R}_{ac}$ 的交集：

$$\mathscr{R}_c \bigcap \mathscr{R}_{ac}$$

图 3.5 中的例子说明了 ROC 是如何与极点以及信号的类型相关的。

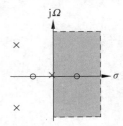

(a) 因果信号，所有极点中最大实部等于0，即$\sigma_{max}=0$

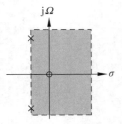

(b) 因果信号，所有极点中最大实部小于0，即$\sigma_{max}<0$

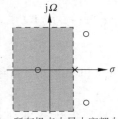

(c) 反因果信号，所有极点中最小实部大于0，即$\sigma_{min}>0$

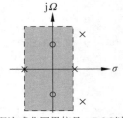

(d) 双边或非因果信号，ROC以极点确定的直线作为边界(在s平面左边的极点对应该信号的因果分量，而在s平面右边的极点对应该信号的反因果分量)

图 3.5　不同类型信号的 ROC（ROC 不包含极点，但可以包含零点）

【例 3.2】

求 $\delta(t)$、$u(t)$ 和脉冲 $p(t) = u(t) - u(t-1)$ 的拉普拉斯变换，并指出它们的收敛域，然后用 MATLAB 验证所求出的变换。

解　虽然 $\delta(t)$ 不是个常规信号，但它的拉普拉斯变换却很容易得到

$$\mathscr{L}\big[\delta(t)\big] = \int_{-\infty}^{\infty} \delta(t)e^{-st}\,dt = \int_{-\infty}^{\infty} \delta(t)e^{-s0}\,dt = \int_{-\infty}^{\infty} \delta(t)\,dt = 1$$

该积分不需要任何条件即能存在，因此对所有 s 值 $\mathscr{L}\big[\delta(t)\big] = 1$ 均存在，即其 ROC 是整个 s 平面。实际上，$\mathscr{L}\big[\delta(t)\big] = 1$ 没有极点的这个事实也可以说明 ROC 为整个 s 平面。

$u(t)$ 的拉普拉斯变换可由

$$U(s) = \mathscr{L}\big[u(t)\big] = \int_{-\infty}^{\infty} u(t)e^{-st}\,dt = \int_{0}^{\infty} e^{-st}\,dt = \int_{0}^{\infty} e^{-\sigma t}e^{-j\Omega t}\,dt$$

而求得，其中做了变量替换 $s = \sigma + j\Omega$。由欧拉公式，上式变成

$$U(s) = \int_{0}^{\infty} e^{-\sigma t}\big[\cos(\Omega t) - j\sin(\Omega t)\big]\,dt$$

由于正弦函数和余弦函数是有界的,于是只需要找到一个 σ 值,它能使指数函数 $e^{-\sigma t}$ 不随 t 的增大而增长。若 $\sigma<0$,当 $t\geqslant 0$ 时指数函数 $e^{-\sigma t}$ 将会增长,从而积分不收敛;而另一方面,若 $\sigma>0$,则积分收敛,因为当 $t\geqslant 0$ 时指数函数 $e^{-\sigma t}$ 将会衰减;不过当 $\sigma=0$ 时会发生什么我们并不清楚。因此积分存在的区域是由 $\sigma>0$ 及所有频率 $-\infty<\Omega<\infty$ 定义的(频率的值对收敛性没有影响),即积分存在于 s 平面的右半开平面。在收敛域 $\sigma>0$ 内可求得积分等于

$$U(s) = \frac{e^{-st}}{-s}\bigg|_{t=0}^{\infty} = \frac{1}{s}$$

其中,由于 $\sigma>0$,当 $t=\infty$ 时极限值为 0。故拉普拉斯变换 $U(s)=1/s$ 在由 $\{(\sigma,\Omega): \sigma>0, -\infty<\Omega<\infty\}$ 所定义的区域内收敛,即在 s 平面右半开(不包括 $j\Omega$-轴)平面内收敛,也可以通过考虑到 $U(s)$ 的极点在 $s=0$,并且 $u(t)$ 是因果信号而得到该 ROC。

脉冲 $p(t)=u(t)-u(t-1)$ 是一个有限支撑信号,因此它的 ROC 是整个 s 平面。其拉普拉斯变换为

$$P(s) = \mathscr{L}[u(t)-u(t-1)] = \int_0^1 e^{-st}\,dt = \frac{-e^{-st}}{s}\bigg|_{t=0}^{1} = \frac{1}{s}[1-e^{-s}]$$

$P(s)$ 的 ROC 为整个 s 平面是由于极点、零点相互抵消了。$P(s)$ 的零点是使 $1-e^{-s}=0$ 或 $e^s=1=e^{j2\pi k}$,$k=0,\pm 1,\pm 2,\cdots$ 的 s 值,当 $k=0$ 时的零点 $s=1$ 抵消了极点 $s=1$,于是

$$P(s) = \prod_{k=-\infty, k\neq 0}^{\infty} (s-j2\pi k)$$

有无限多的零点,但没有极点,因此 $P(s)$ 的 ROC 为整个 s 平面。

可以利用 MATLAB 函数 laplace 求这些信号的拉普拉斯变换,脚本文件如下:

```
% 例 3.2
%%
syms t s
% 单位阶跃函数
u = sym('heaviside(t)')
U = laplace(u)
% delta 函数
d = sym('dirac(t)')
D = laplace(d)
% 脉冲
p = heaviside(t) - heaviside(t-1)
P = laplace(p)

u = heaviside(t)
U = 1/s
d = dirac(t)
D = 1
p = heaviside(t) - heaviside(t-1)
p = 1/s - 1/(s * exp(s))
```

在符号 MATLAB 中 $u(t)$ 和 $\delta(t)$ 分别取名为 Heaviside 函数和 Dirac[①] 函数。

3.3 单边拉普拉斯变换

单边拉普拉斯变换很重要,因为绝大多数应用中考虑的都是因果系统和因果信号,在这种情况下双

---

① 保罗·狄拉克(Paul Dirac)(1902—1984 年)是英国电气工程师,但以在物理学方面的成就而出名。

边变换没必要,还因为任何信号或者 LTI 系统的冲激响应都可以分解成为因果分量和反因果分量,因此只需要计算单边拉普拉斯变换。

对任意函数 $f(t)$,$-\infty < t < \infty$,其单边拉普拉斯变换 $F(s)$ 定义为

$$F(s) = \mathcal{L}[f(t)u(t)] = \int_{0-}^{\infty} f(t)\mathrm{e}^{-st}\,\mathrm{d}t, \quad \text{ROC} \tag{3.6}$$

或者说因果的或使成为因果的信号的双边拉普拉斯变换。

注：

(1) 以上函数 $f(t)$ 既可以是一个信号,也可以是 LTI 系统的冲激响应。

(2) 如果 $f(t)$ 是因果的,将它乘以 $u(t)$ 则是多余的,但是若 $f(t)$ 不是因果的,乘以 $u(t)$ 就会使 $f(t)u(t)$ 成为因果的。若 $f(t)$ 是因果的,则其双边和单边拉普拉斯变换是一致的。

(3) 对于因果函数 $f(t)u(t)$(注意 $u(t)$ 表明函数是因果的,因此它是函数的一个重要部分),其相应的拉普拉斯变换是带有某个收敛域的 $F(s)$,于是这个独一无二的关系可用以下变换对的形式来指明

$$f(t)u(t) \leftrightarrow F(s), \quad \text{ROC}$$

其中,符号 $\leftrightarrow$ 表明一个时域中的函数与一个 s 域中的函数的唯一对应关系,并非等号(实际上远非如此!)。

(4) 在单边拉普拉斯变换中,积分下限设置为 $0_- = 0 - \varepsilon$,其中 $\varepsilon \to 0$,或者说 0_- 是 0 左侧的一个值。这样设置的理由是,在计算拉普拉斯变换时要保证定义在 $t=0$ 处的冲激函数 $\delta(t)$ 被包括进去。对于其他不包含冲激的函数,该下限也可取为 0,对变换没有任何影响。

(5) 单边拉普拉斯变换的一个重要用途是求解带初始条件的常微分方程,而双边拉普拉斯变换从 $t = -\infty$(积分下限)开始,忽略了在 $t=0$ 时可能出现的非零初始条件,因而在解常微分方程时没有用,除非初始条件为零。

单边拉普拉斯变换可用于求任意信号或冲激响应的双边拉普拉斯变换。

■ 对有限支撑函数 $f(t)$,即当 $t < t_1$ 及 $t > t_2$ 时,$f(t)=0$,其中 $t_1 < t_2$,其拉普拉斯变换为

$$F(s) = \mathcal{L}\left[f(t)[u(t-t_1) - u(t-t_2)]\right], \quad \text{ROC：整个 s 平面} \tag{3.7}$$

■ 对因果函数 $g(t)$,即当 $t < 0$ 时,$g(t)=0$,其拉普拉斯变换为

$$G(s) = \mathcal{L}[g(t)u(t)], \quad \mathcal{R}_{\mathrm{c}} = \{(\sigma, \Omega): \sigma > \max\{\sigma_i\}, -\infty < \Omega < \infty\} \tag{3.8}$$

其中,$\{\sigma_i\}$ 是 $G(s)$ 的极点的实部。

■ 对反因果函数 $h(t)$,即当 $t > 0$ 时,$h(t)=0$,其拉普拉斯变换为

$$H(s) = \mathcal{L}[h(-t)u(t)]_{(-s)}, \quad \mathcal{R}_{\mathrm{ac}} = \{(\sigma, \Omega): \sigma < \min\{\sigma_i\}, -\infty < \Omega < \infty\} \tag{3.9}$$

其中,$\{\sigma_i\}$ 是 $H(s)$ 的极点的实部。

■ 对非因果函数 $p(t)$,即 $p(t) = p_{\mathrm{ac}}(t) + p_{\mathrm{c}}(t) = p(t)u(-t) + p(t)u(t)$,其拉普拉斯变换为

$$P(s) = \mathcal{L}[p(t)] = \mathcal{L}[p_{\mathrm{ac}}(-t)u(t)]_{(-s)} + \mathcal{L}[p_{\mathrm{c}}(t)u(t)], \quad \mathcal{R}_{\mathrm{c}} \cap \mathcal{R}_{\mathrm{ac}} \tag{3.10}$$

一个定义在有限支撑 $t_1 \leqslant t \leqslant t_2$ 上的有界函数 $f(t)$,其拉普拉斯变换一定存在,并且 ROC 为整个 s 平面,即对于任意 σ 值,定义拉普拉斯变换的积分都是有界的。事实上,若 $A = \max(|f(t)|)$,则有

$$|F(s)| \leqslant \int_{t_1}^{t_2} |f(t)| \, |\mathrm{e}^{-st}| \, \mathrm{d}t \leqslant A \int_{t_1}^{t_2} \mathrm{e}^{-\sigma t} \mathrm{d}t = \begin{cases} A(\mathrm{e}^{-\sigma t_1} - \mathrm{e}^{-\sigma t_2})/\sigma, & \sigma \neq 0 \\ A(t_2 - t_1), & \sigma = 0 \end{cases}$$

小于无穷大,因此拉普拉斯变换积分对于任意 σ 值都是收敛的。

对于一个反因果函数 $h(t)$，当 $t > 0$ 时，$h(t) = 0$，其拉普拉斯变换可通过进行变量替换 $\tau = -t$ 之后而获得

$$H(s) = \mathcal{L}[h(t)u(-t)] = \int_{-\infty}^{0} h(t)u(-t)e^{-st}\,dt = -\int_{\infty}^{0} h(-\tau)u(\tau)e^{s\tau}\,d\tau$$

$$= \int_{0}^{\infty} h(-\tau)u(\tau)e^{s\tau}\,d\tau = \mathcal{L}[h(-t)u(t)]_{(-s)}$$

即它是因果函数 $h(-t)u(t)$（反因果函数 $h(t)$ 的反褶）的拉普拉斯变换以 $-s$ 取代 s 之后的结果。

根据以上讨论可知，对于非因果函数 $p(t) = p_{ac}(t) + p_c(t)$，其中，$p_{ac}(t) = p(t)u(-t)$ 是反因果分量，$p_c(t) = p(t)u(t)$ 是因果分量，$p(t)$ 的拉普拉斯变换等于

$$P(s) = \mathcal{L}[p(-t)u(t)]_{(-s)} + \mathcal{L}[p(t)u(t)]$$

$P(s)$ 的 ROC 等于其反因果分量和因果分量的 ROC 的交集。

【例 3.3】

求 $e^{j(\Omega_0 t + \theta)}u(t)$ 的拉普拉斯变换并利用此变换求 $x(t) = \cos(\Omega_0 t + \theta)u(t)$ 的拉普拉斯变换。考虑当 $\theta = 0$ 和 $\theta = -\pi/2$ 时的特殊情况，确定这两种情况下的 ROC。用 MATLAB 画出当 $\Omega_0 = 2$、$\theta = 0$ 和 $\pi/4$ 时的信号波形以及相应的极点零点图。

解 可求得复因果信号 $e^{j(\Omega_0 t + \theta)}u(t)$ 的拉普拉斯变换为

$$\mathcal{L}[e^{j(\Omega_0 t + \theta)}u(t)] = \int_{0}^{\infty} e^{j(\Omega_0 t + \theta)}e^{-st}\,dt = e^{j\theta}\int_{0}^{\infty} e^{-(s - j\Omega_0)t}\,dt$$

$$= \frac{-e^{j\theta}}{s - j\Omega_0}e^{-\sigma t - j(\Omega - \Omega_0)t}\Big|_{t=0}^{\infty} = \frac{e^{j\theta}}{s - j\Omega_0}, \quad \text{ROC}: \sigma > 0$$

根据欧拉恒等式

$$\cos(\Omega_0 t + \theta) = \frac{e^{j(\Omega_0 t + \theta)} + e^{-j(\Omega_0 t + \theta)}}{2}$$

由积分的线性性并利用以上结果可得

$$X(s) = \mathcal{L}[\cos(\Omega_0 t + \theta)u(t)] = 0.5\mathcal{L}[e^{j(\Omega_0 t + \theta)}u(t)] + 0.5\mathcal{L}[e^{-j(\Omega_0 t + \theta)}u(t)]$$

$$= 0.5\frac{e^{j\theta}(s + j\Omega_0) + e^{-j\theta}(s - j\Omega_0)}{s^2 + \Omega_0^2} = \frac{s\cos(\theta) - \Omega_0\sin(\theta)}{s^2 + \Omega_0^2}$$

收敛域为 $\{(\sigma, \Omega): \sigma > 0, -\infty < \Omega < \infty\}$，即右半开 s 平面。$X(s)$ 的极点为 $s_{1,2} = \pm j\Omega_0$，其零点为 $s = \frac{\Omega_0\sin(\theta)}{\cos(\theta)} = \Omega_0\tan(\theta)$。

如果令上式中 $\theta = 0, -\pi/2$，由于 $\cos(\Omega_0 t - \pi/2) = \sin(\Omega_0 t)$，则可得到以下拉普拉斯变换：

$$\mathcal{L}[\cos(\Omega_0 t)u(t)] = \frac{s}{s^2 + \Omega_0^2}, \quad \mathcal{L}[\sin(\Omega_0 t)u(t)] = \frac{\Omega_0}{s^2 + \Omega_0^2}$$

以上拉普拉斯变换的 ROC 仍为 $\{(\sigma, \Omega): \sigma > 0, -\infty < \Omega < \infty\}$，即 s 平面的右半平面（即不包括 $j\Omega$-轴）。极-零图以及当 $\theta = 0$、$\theta = \pi/4$ 和 $\Omega_0 = 2$ 时的相应信号波形如图 3.6 所示。注意在以上所有情况下，收敛域都不包含位于 $j\Omega$-轴上的拉普拉斯变换的极点。

【例 3.4】

利用 MATLAB 的符号计算求实指数函数 $x(t) = e^{-t}u(t)$ 以及 $x(t)$ 被余弦函数调制后，即 $y(t) = e^{-t}\cos(10t)u(t)$ 的拉普拉斯变换，画出信号的图形以及它们的拉普拉斯变换的极点和零点。

解 我们采用的是以下脚本。计算拉普拉斯变换时使用了 MATLAB 函数 laplace，画信号波形时使用了 MATLAB 函数 ezplot，画极点和零点采用的是自定义的函数 splane。运行脚本会得到如下的拉

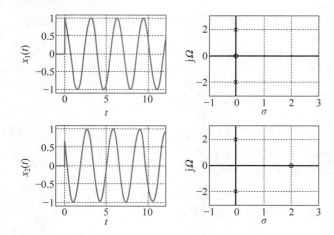

图 3.6　$\theta = 0$(上图)和 $\theta = \dfrac{\pi}{4}$(下图)时，$\mathscr{L}\left[\cos(2t+\theta)u(t)\right]$的极点和零点的位置

注意上图中的零点在下图中被右移至 2，因为 $x_2(t)$ 的拉普拉斯变换的零点是 $s = \Omega_0\tan(\theta) = 2\tan\dfrac{\pi}{4} = 2$。

普拉斯变换：

$$X(s) = \frac{1}{s+1}$$

$$Y(s) = \frac{s+1}{s^2+2s+101} = \frac{s+1}{(s+1)^2+100}$$

$X(s)$ 在 $s = -1$ 有一个极点，但没有零点；而 $Y(s)$ 在 $s = -1$ 有一个零点，在 $s_{1,2} = -1 \pm j10$ 有一对极点。这些结果都显示在图 3.7 中。注意，

$$Y(s) = \mathscr{L}\left[e^{-t}\cos(10t)u(t)\right] = \mathscr{L}\left[\cos(10t)u(t)\right]_{s'=s+1}$$

$$= \left.\frac{s'}{(s')^2+100}\right|_{s'=s+1} = \frac{s+1}{(s+1)^2+100}$$

即原始变量 s' 有一个"频移"。

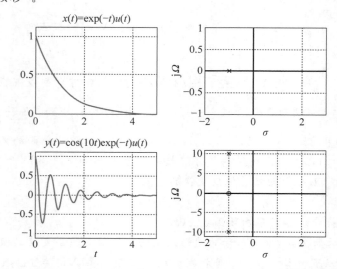

图 3.7　因果信号 $x(t) = e^{-t}u(t)$(上)和因果衰减信号 $y(t) = e^{-t}\cos(10t)u(t)$ 的拉普拉斯变换的极点和零点

```
% 例 3.4
% %
 syms  t
 x = exp( - t);
 y = x * cos(10 * t);
 X = laplace(x)
 Y = laplace(y)
%信号波形及极点/零点图
 figure(1)
 subplot(221)
 ezplot(x,[0,5]); grid
 axis([0  5  0  1.1]); title('x(t) = exp( - t)u(t)')
 numx = [0  1]; denx = [1  1];
 subplot(222)
 splane(numx,denx)
 subplot(223)
 ezplot(y,[ - 1,5]); grid
 axis([0  5  -1.1  1.1]); title('y(t) = cos(10t)exp( - t)u(t)')
 numy = [0  1  1]; deny = [1  2  101];
 subplot(224)
 splane(numy,deny)
```

以下函数 splane 用于画出拉普拉斯变换的极点和零点：

```
function splane(num,den)
%
% 函数 splane
% 输入: 分子(num)和分母(den)的系数
% 按照降幂的顺序
% 输出: 极点/零点图
% 用法: splane(num, den)
%
z = roots(num); p = roots(den);
A1 = [min(imag(z))  min(imag(p))]; A1 = min(A1) - 1;
B1 = [max(imag(z))  max(imag(p))]; B1 = max(B1) + 1;
N = 20;
D = (abs(A1) + abs(B1))/N;
im = A1: D: B1;
Nq = length(im);
re = zeros(1,Nq);
A = [min(real(z))  min(real(p))]; A = min(A) - 1;
B = [max(real(z))  max(real(p))]; B = max(B) + 1;
stem(real(z),imag(z),'o: ')
hold on
stem(real(p),imag(p),'x: ')
hold on
plot(re,im,'k'); xlabel('\sigma'); ylabel('j\Omega'); grid
axis([A  3  min(im)  max(im)])
hold off
```

【例 3.5】

在统计信号处理中，随机信号的自相关函数 $c(\tau)$ 描述了随机信号 $x(t)$ 与其平移后所得信号 $x(t+\tau)$ 之间的相关性，$-\infty < \tau < \infty$ 是平移量。一般情况下 $c(\tau)$ 都是双边的，即对于正、负 τ 值，$c(\tau)$ 都是非零

的，而且 $c(\tau)$ 还是对称的。$c(\tau)$ 的双边拉普拉斯变换与信号 $x(t)$ 的功率谱有关。令 $c(t)=\mathrm{e}^{-a|t|}$，其中 $a>0$(为了方便起见替换了变量 τ)，求其拉普拉斯变换，指出其收敛域，并判断是否可能计算出 $|C(\Omega)|^2$，该函数被称为随机信号 $x(t)$ 的功率谱密度。

解 自相关函数可表示成 $c(t)=c(t)u(t)+c(t)u(-t)=c_c(t)+c_{ac}(t)$，其中，$c_c(t)$ 是 $c(t)$ 的因果分量，$c_{ac}(t)$ 是 $c(t)$ 的反因果分量。于是 $c(t)$ 的拉普拉斯变换由下式给出：

$$C(s)=\mathscr{L}\big[c_c(t)\big]+\mathscr{L}\big[c_{ac}(-t)\big]_{(-s)}$$

对于 $c_c(t)=\mathrm{e}^{-at}u(t)$，其拉普拉斯变换为

$$C_c(s)=\int_0^\infty \mathrm{e}^{-at}\,\mathrm{e}^{-st}\,\mathrm{d}t=\frac{-\mathrm{e}^{-(s+a)t}}{s+a}\bigg|_{t=0}^\infty=\frac{1}{s+a}$$

收敛域为 $\{(\sigma,\Omega):\sigma>-a,-\infty<\Omega<\infty\}$。反因果部分的拉普拉斯变换为

$$\mathscr{L}\big[c_{ac}(-t)u(t)\big]_{(-s)}=\frac{1}{-s+a}$$

由于它是反因果的，且有一个极点在 $s=a$，故其收敛域为 $\{(\sigma,\Omega):\sigma<a,-\infty<\Omega<\infty\}$，于是得到

$$C(s)=\frac{1}{s+a}+\frac{1}{-s+a}=\frac{2a}{a^2-s^2}$$

收敛域是 $\sigma>-a$ 和 $\sigma<a$ 的交集，即 $\{(\sigma,\Omega):-a<\sigma<a,-\infty<\Omega<\infty\}$。这个区域包含 $\mathrm{j}\Omega$-轴，于是可以计算功率在频率上的分布，即随机信号 $x(t)$ 的功率谱密度 $|C(\Omega)|^2$(如图 3.8 所示)。

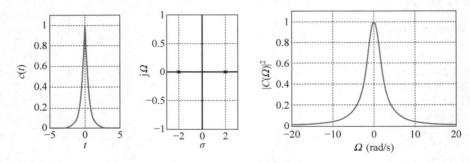

图 3.8 例 3.5 结果图

双边自相关函数 $c(t)=\mathrm{e}^{-2|t|}$ 和 $C(s)$ 的极点(左图)。$C(s)$ 的 ROC 为极点之间包括 $\mathrm{j}\Omega$-轴的区域。相应 $c(t)$ 的功率谱密度 $|C(\Omega)|^2$ 示于右图，它等于 $c(t)$ 的傅里叶变换的幅度平方。

【例 3.6】

考虑一个非因果 LTI 系统，其冲激响应为 $h(t)=\mathrm{e}^{-t}u(t)+\mathrm{e}^{2t}u(-t)=h_c(t)+h_{ac}(t)$，求系统函数 $H(s)$ 及其 ROC，并说明是否可由 $H(s)$ 计算 $H(\mathrm{j}\Omega)$。

解 因果分量 $h_c(t)$ 的拉普拉斯变换为

$$H_c(s)=\frac{1}{s+1}$$

只要 $\sigma>-1$。对于反因果分量，有

$$\mathscr{L}\big[h_{ac}(t)\big]=\mathscr{L}\big[h_{ac}(-t)u(t)\big]_{(-s)}=\frac{1}{-s+2}$$

当 $\sigma-2<0$ 或 $\sigma<2$ 时上式收敛，即收敛域为 $\{(\sigma,\Omega):\sigma<2,-\infty<\Omega<\infty\}$。于是系统函数为

$$H(s)=\frac{1}{s+1}+\frac{1}{-s+2}=\frac{-3}{(s+1)(s-2)}$$

收敛域为 $\{(\sigma, \Omega): \sigma > -1, -\infty < \Omega < \infty\}$ 和 $\{(\sigma, \Omega): \sigma < 2, -\infty < \Omega < \infty\}$ 的交集，或

$$\{(\sigma, \Omega): -1 < \sigma < 2, -\infty < \Omega < \infty\}$$

这是 s 平面上一个包含 $j\Omega$-轴在内的区域，因此 $H(j\Omega)$ 可由 $H(s)$ 得到。

【例 3.7】

求斜变函数 $r(t) = tu(t)$ 的拉普拉斯变换，并利用它求出三角形脉冲信号 $\Lambda(t) = r(t+1) - 2r(t) + r(t-1)$ 的拉普拉斯变换。

解　注意到斜变函数虽然是一个随 t 不断增长的函数，但仍然可以获得它的拉普拉斯变换。

$$R(s) = \int_0^\infty t e^{-st} dt = \frac{e^{-st}}{s^2}(-st-1)\Big|_{t=0}^\infty = \frac{1}{s^2}$$

当 $\sigma > 0$ 时，以上积分存在。因此 $R(s) = 1/s^2$，收敛域为 $\{(\sigma, \Omega): \sigma > 0, -\infty < \Omega < \infty\}$。其实可以避免以上的积分计算，注意，如果对 $u(t)$ 的拉普拉斯变换中的 s 求导，即

$$\frac{dU(s)}{ds} = \int_0^\infty \frac{de^{-st}}{ds} dt = \int_0^\infty (-t) e^{-st} dt = -\underbrace{\int_0^\infty t e^{-st} dt}_{R(s)}$$

这里假设求导和积分的顺序可以交换，于是就有

$$R(s) = -\frac{dU(s)}{ds} = \frac{1}{s^2}$$

可以证明，$\Lambda(t)$ 的拉普拉斯变换等于（请读者自己尝试）

$$\Lambda(s) = \frac{1}{s^2}[e^s - 2 + e^{-s}]$$

$\Lambda(s)$ 的零点是使 $e^s - 2 + e^{-s} = 0$ 的 s 值，或者通过乘以 e^{-s} 得

$$1 - 2e^{-s} + e^{-2s} = (1 - e^{-s})^2 = 0$$

即在

$$s_k = j2\pi k, \quad k = 0, \pm 1, \pm 2, \cdots$$

有双重零点。特别地，当 $k = 0$ 时有两个零点在 0 处，它们与来自分母 s^2 的两个位于 0 处的极点抵消了，考虑到这个极零点相消（见图 3.9）的结果，因此我们说 $\Lambda(s)$ 有无限多个零点，但没有极点。于是可得到这样的结论，作为一个有限支撑信号的拉普拉斯变换，$\Lambda(s)$ 的收敛域为整个 s 平面，并且可以在 $s = j\Omega$ 上计算其值。

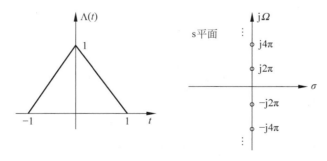

图 3.9　例 3.7 结果图

三角形脉冲信号 $\Lambda(t)$ 的拉普拉斯变换，其收敛域是整个 s 平面，因为它没有极点，但有无限多个双重零点位于 $\pm j2\pi k, k = \pm 1, \pm 2, \cdots$。

3.4 单边拉普拉斯变换的性质

下面考虑单边拉普拉斯变换的基本性质,这些性质均总结在表 3.1 中。

表 3.1 单边拉普拉斯变换的基本性质

因果函数、常数	$\alpha f(t), \beta g(t)$	$\alpha F(s), \beta G(s)$
线性	$\alpha f(t) + \beta g(t)$	$\alpha F(s) + \beta G(s)$
时移	$f(t-\alpha)u(t-\alpha)$	$\mathrm{e}^{-\alpha s}F(s)$
频移	$\mathrm{e}^{\alpha t}f(t)$	$F(s-\alpha)$
乘以 t	$tf(t)$	$-\dfrac{\mathrm{d}F(s)}{\mathrm{d}s}$
导数	$\dfrac{\mathrm{d}f(t)}{\mathrm{d}t}$	$sF(s)-f(0_-)$
二阶导数	$\dfrac{\mathrm{d}^2 f(t)}{\mathrm{d}t^2}$	$s^2 F(s)-sf(0_-)-f^{(1)}(0)$
积分	$\displaystyle\int_{0_-}^{t} f(t)\mathrm{d}t$	$\dfrac{F(s)}{s}$
扩展/压缩	$f(\alpha t), \alpha \neq 0$	$\dfrac{1}{|\alpha|}F\left(\dfrac{s}{\alpha}\right)$
初值	$f(0_-)=\displaystyle\lim_{s \to \infty} sF(s)$	

在学习这一节时要注意以下三个结论:

■ 连续时间信号和系统的时域和频域表示是互补的,即信号或系统的某些特性在一个域中比在另一个域中更容易观察到。

■ 由于时间和频率之间存在着反比关系,因此时域和频域的运算之间也存在着可交换的关系,或称为**对偶性**。

■ 信号的拉普拉斯变换的性质同样适用于系统的冲激响应的拉普拉斯变换,因此将信号和冲激响应都表示为函数。

3.4.1 线性

对于函数 $f(t)$ 和 $g(t)$ 以及常数 a 和 b,若 $f(t)$ 和 $g(t)$ 的拉普拉斯变换分别为 $F(s)$ 和 $G(s)$,则称拉普拉斯变换是线性的:

$$\mathscr{L}\left[af(t)u(t)+bg(t)u(t)\right]=aF(s)+bG(s)$$

利用积分的线性性可以很容易地证明拉普拉斯变换的线性性:

$$\mathscr{L}\left[af(t)u(t)+bg(t)u(t)\right]=\int_0^\infty \left[af(t)+bg(t)\right]u(t)\mathrm{e}^{-st}\mathrm{d}t$$

$$=a\int_0^\infty f(t)u(t)\mathrm{e}^{-st}\mathrm{d}t+b\int_0^\infty g(t)u(t)\mathrm{e}^{-st}\mathrm{d}t$$

$$=a\mathscr{L}\left[f(t)u(t)\right]+b\mathscr{L}\left[g(t)u(t)\right]$$

后面将用线性性质说明因果信号拉普拉斯变换的极点位置的重要性。正如之前已得到的,指数信号 $f(t) = Ae^{-at}u(t)$ 的拉普拉斯变换为

$$F(s) = \frac{A}{s+a}, \quad \text{ROC}: \sigma > -|a|$$

其中 a 通常可为复数,其极点 $s = -a$ 的位置与信号密切相关。例如,若 $a = 5$, $f(t) = Ae^{-5t}u(t)$ 是一个衰减指数信号, $F(s)$ 的极点在 $s = -5$(s 平面的左半平面);若 $a = -5$,得到的是一个增长的指数信号,极点在 $s = 5$(s 平面的右半平面)。$|a|$ 的值越大,指数衰减($a > 0$)或增长($a < 0$)得也就越快,因此 $Ae^{-10t}u(t)$ 比 $Ae^{-5t}u(t)$ 衰减得快得多,而 $Ae^{10t}u(t)$ 比 $Ae^{5t}u(t)$ 增长得快得多。

$f(t) = e^{-at}u(t)$ 的拉普拉斯变换为 $F(s) = 1/(s+a)$,对于 a 的任意实值, $F(s)$ 都有一个位于 s 平面实轴 σ 上的极点,于是有以下三种情况:

(1) 当 $a = 0$,极点在原点 $s = 0$,对应的信号是 $f(t) = u(t)$,该信号在 $t \geqslant 0$ 时是个常数,即它不衰减。

(2) 当 $a > 0$,信号 $f(t) = e^{-at}u(t)$ 是个衰减的指数信号, $F(s)$ 的极点 $s = -a$ 在 s 平面左半平面的实轴 σ 上。当极点朝着远离原点的位置向左移动时,指数衰减得快一些;当它朝着原点移动时,指数衰减得慢一些。

(3) 当 $a < 0$,极点 $s = -a$ 在 s 平面右半平面的实轴 σ 上,对应的是一个增长的信号。当极点向右移动时,指数增长得更快了;当它朝着原点移动时,指数增长的速度变慢了,很明显该信号是没有用的,因为它连续不断地增长。

> **结论**:拉普拉斯平面上的 σ-轴对应着阻尼,位于 s 平面左半平面内 σ-轴上的单极点对应一个衰减的指数,而位于 s 平面右半平面内 σ-轴上的单极点对应一个增长的指数。

若考虑

$$g(t) = A\cos(\Omega_0 t)u(t) = A\frac{e^{j\Omega_0 t}}{2}u(t) + A\frac{e^{-j\Omega_0 t}}{2}u(t)$$

并令 $a = j\Omega_0$,从而将 $g(t)$ 表示成

$$g(t) = 0.5[Ae^{at}u(t) + Ae^{-at}u(t)]$$

则利用拉普拉斯变换的线性性和前面的结果可得

$$G(s) = \frac{A}{2}\frac{1}{s-j\Omega_0} + \frac{A}{2}\frac{1}{s+j\Omega_0} = \frac{As}{s^2 + \Omega_0^2} \tag{3.11}$$

$G(s)$ 有一个零点位于 $s = 0$,极点则是这些值:

$$s^2 + \Omega_0^2 = 0 \Rightarrow s^2 = -\Omega_0^2, \quad \text{即} \quad s_{1,2} = \pm j\Omega_0$$

这些极点都位于 $j\Omega$-轴上。离 $j\Omega$-轴上的原点越远的极点,频率 Ω_0 越高,越靠近原点的极点,频率 Ω_0 越低,因此 $j\Omega$-轴对应着频率轴。而且要注意,为了产生实值信号 $g(t)$,需要两个复共轭极点,一个在 $+j\Omega_0$,另一个在 $-j\Omega_0$。虽然频率是一个正值(正如用频率计测量得到的那样),但为了表示"实的"信号,"负的"频率也是必要的(如果极点不是复共轭对,拉普拉斯逆变换就是复值的,而不是实值的)。

> **结论**:正弦有一对位于 $j\Omega$-轴上的极点,为了使这些极点对应一个实值信号,它们应该是复共轭对,既需要负值频率,也需要正值频率。而且,当这些极点朝着远离 $j\Omega$-轴上原点的方向移动时,频率就增大;而任何时候极点移向原点,频率就减小。

再来考虑信号 $d(t)=Ae^{-\alpha t}\sin(\Omega_0 t)u(t)$，即因果正弦信号被 $e^{-\alpha t}$ 乘（或者说调制）的情况。根据欧拉恒等式有

$$d(t) = A\left[\frac{e^{(-\alpha+j\Omega_0)t}}{2j}u(t) - \frac{e^{(-\alpha-j\Omega_0)t}}{2j}u(t)\right]$$

这样就可以再次利用线性性得到

$$D(s) = \frac{A}{2j}\left[\frac{1}{s+\alpha-j\Omega_0} - \frac{1}{s+\alpha+j\Omega_0}\right] = \frac{A\Omega_0}{(s+\alpha)^2+\Omega_0^2} \tag{3.12}$$

注意式（3.11）和式（3.12）之间的关系。若给定了 $G(s)$，则 $D(s)=G(s+\alpha)$，$G(s)$ 对应于 $g(t)=A\cos(\Omega_0 t)$，$D(s)$ 对应于 $d(t)=g(t)e^{-\alpha t}$。函数 $g(t)$ 乘上一个指数 $e^{-\alpha t}$ 可以将变换 $G(s)$ 平移成为 $G(s+\alpha)$，这里 α 既可以是实数也可以是虚数，这就是**复频移**性质。$D(s)$ 的极点的实部等于阻尼系数 $-\alpha$，虚部等于频率 $\pm\Omega_0$。极点的实部指明信号的衰减（若 $\alpha>0$）或增长（若 $\alpha<0$），而虚部则指明信号中余弦的频率。再次地，由于信号 $d(t)$ 是实值的，故其极点都将是复共轭对。

> **结论**：极点的位置（从某种程度上说也包括零点的位置）决定了信号的特性，正如前面两种情况说明的那样。信号是由它们的阻尼和频率来刻画的，因此可由其拉普拉斯变换的极点来描述。

最后考虑的是信号 $d(t)=Ae^{-\alpha t}\sin(\Omega_0 t)u(t)$ 乘以 t 从而得到 $p(t)=Ate^{-\alpha t}\sin(\Omega_0 t)u(t)$ 的情况。实际上时域中乘以 t 等价于在拉普拉斯域，$D(s)$ 对 s 微分并乘以 -1，确实如此，假定微分和积分可以交换运算次序，那么有

$$\frac{dD(s)}{ds} = \int_0^\infty d(t)\frac{de^{-st}}{ds}dt = \int_0^\infty [-td(t)]e^{-st}dt = \mathscr{L}[-td(t)]$$

于是 $p(t)$ 的拉普拉斯变换等于

$$P(s) = \mathscr{L}[td(t)] = -\frac{dD(s)}{ds} = -\frac{-2A\Omega_0(s+\alpha)}{[(s+\alpha)^2+\Omega_0^2]^2} = \frac{2A\Omega_0(s+\alpha)}{[(s+\alpha)^2+\Omega_0^2]^2}$$

通常有：

> **结论**：函数乘以 t 会导致双重极点。通常对于因果函数 $f(t)$，若其拉普拉斯变换为 $F(s)$，那么有变换对
>
> $$t^n f(t)u(t) \leftrightarrow (-1)^n \frac{d^n F(s)}{ds^n}, \quad n \text{ 为大于等于 1 的整数} \tag{3.13}$$

以上结论可通过计算 $F(s)$ 的 n 阶导数而得以证明：

$$\frac{d^n F(s)}{ds^n} = \int_0^\infty f(t)\frac{d^n e^{-st}}{ds^n}dt = \int_0^\infty f(t)(-t)^n e^{-st}dt$$

如果将以上考虑过的不同信号相加，那么所得信号的拉普拉斯变换就是各信号的拉普拉斯变换之和，且极点/零点应该是来自于各个拉普拉斯变换的极点/零点的集合。意识到这一点对于求拉普拉斯逆变换非常重要，若要进行拉普拉斯逆变换，可以采用与以上过程相反的过程：将拉普拉斯变换按照极点或极点对（若是复共轭极点）分离开，然后将每一个（或一对）极点与一个常用形式的信号联系起来，该信号的参数则利用变换的所有零点和所有其他极点来确定。图 3.10 举例说明了极点位置的重要性以及 σ-轴和 $j\Omega$-轴的作用。

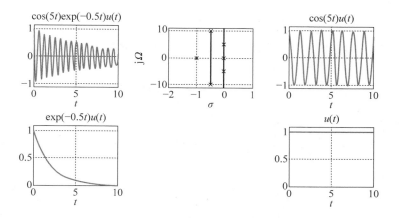

图 3.10 极点位置以及 σ-轴和 $j\Omega$ 轴的作用

对于画在中间图中的极点,所有可能的信号都显示在周围的几个图中:极点 $s=0$ 对应一个单位阶跃信号;$j\Omega$-轴上的一对复共轭极点对应一个正弦;具有负实部的一对复共轭极点提供了一个正弦乘以一个指数;由在负实轴上的极点得到一个衰减指数。实际的振幅和相位由零点和其他极点决定。

3.4.2 微分

> 对于拉普拉斯变换为 $F(s)$ 的信号 $f(t)$,其一阶和二阶导数的单边拉普拉斯变换为
>
> $$\mathscr{L}\left[\frac{\mathrm{d}f(t)}{\mathrm{d}t}u(t)\right] = sF(s) - f(0_-) \tag{3.14}$$
>
> $$\mathscr{L}\left[\frac{\mathrm{d}^2 f(t)}{\mathrm{d}t^2}u(t)\right] = s^2 F(s) - sf(0_-) - \frac{\mathrm{d}f(t)}{\mathrm{d}t}\bigg|_{t=0_-} \tag{3.15}$$
>
> 通常,如果 $f^{(N)}(t)$ 代表函数 $f(t)$ 的 N 阶导数,其中 $f(t)$ 的拉普拉斯变换为 $F(s)$,则有
>
> $$\mathscr{L}\left[f^{(N)}(t)u(t)\right] = s^N F(s) - \sum_{k=0}^{N-1} f^{(k)}(0_-)s^{N-1-k} \tag{3.16}$$
>
> 其中,$f^{(m)}(t)=\mathrm{d}^m f(t)/\mathrm{d}t^m$ 为 m 阶导数,$m>0$,并且 $f^{(0)}(t)\triangleq f(t)$。

因果信号的导数的拉普拉斯变换为

$$\mathscr{L}\left[\frac{\mathrm{d}f(t)}{\mathrm{d}t}u(t)\right] = \int_{0_-}^{\infty} \frac{\mathrm{d}f(t)}{\mathrm{d}t}\mathrm{e}^{-st}\,\mathrm{d}t$$

用分部积分法计算以上积分,令 $w=\mathrm{e}^{-st}$,则 $\mathrm{d}w=-s\mathrm{e}^{-st}\mathrm{d}t$,令 $v=f(t)$,于是 $\mathrm{d}v=\dfrac{[\mathrm{d}f(t)]}{\mathrm{d}t}\mathrm{d}t$,由于

$$\int w\mathrm{d}v = wv - \int v\mathrm{d}w$$

于是应该得到

$$\int_{0_-}^{\infty} \frac{\mathrm{d}f(t)}{\mathrm{d}t}\mathrm{e}^{-st}\,\mathrm{d}t = \mathrm{e}^{-st}f(t)\bigg|_{0_-}^{\infty} - \int_{0_-}^{\infty} f(t)(-s\mathrm{e}^{-st})\mathrm{d}t = -f(0_-) + s\int_{0_-}^{\infty} f(t)\mathrm{e}^{-st}\,\mathrm{d}t$$

$$= -f(0_-) + sF(s)$$

其中,$\mathrm{e}^{-st}f(t)|_{t=0_-} = f(0_-)$,且由于有收敛域的保证,故 $\mathrm{e}^{-st}f(t)|_{t\to\infty}=0$。对于二阶导数有

$$\mathscr{L}\left[\frac{\mathrm{d}^2 f(t)}{\mathrm{d}t^2}u(t)\right] = \mathscr{L}\left[\frac{\mathrm{d}f^{(1)}(t)}{\mathrm{d}t}u(t)\right] = s\mathscr{L}\left[f^{(1)}(t)\right] - f^{(1)}(0_-)$$

$$= s^2 F(s) - sf(0_-) - \frac{\mathrm{d}f(t)}{\mathrm{d}t}\Big|_{t=0_-}$$

这里采用了记号 $f^{(1)}(t) = \mathrm{d}f(t)/\mathrm{d}t$。将这种方法推广到任意阶导数便可得到上述一般结果。

注：

(1) 对于定义于所有 t 的信号 $x(t)$ 来说，其拉普拉斯变换的微分性质为

$$\int_{-\infty}^{\infty} \frac{\mathrm{d}x(t)}{\mathrm{d}t}\mathrm{e}^{-st}\mathrm{d}t = sX(s)$$

通过对拉普拉斯逆变换式中的 t 求导，且假定积分和求导的顺序可以交换，就能够证明这个性质。利用式(3.4)可得

$$\frac{\mathrm{d}x(t)}{\mathrm{d}t} = \frac{1}{2\pi\mathrm{j}}\int_{\sigma-\mathrm{j}\infty}^{\sigma+\mathrm{j}\infty} X(s)\frac{\mathrm{d}\mathrm{e}^{st}}{\mathrm{d}t}\mathrm{d}s = \frac{1}{2\pi\mathrm{j}}\int_{\sigma-\mathrm{j}\infty}^{\sigma+\mathrm{j}\infty}(sX(s))\mathrm{e}^{st}\mathrm{d}s$$

或者说 $sX(s)$ 是 $x(t)$ 的导数的拉普拉斯变换。由此可见双边拉普拉斯变换不包括初始条件。以上结论可推广至双边拉普拉斯变换的任意阶导数，有

$$\mathscr{L}[\mathrm{d}^N x(t)/\mathrm{d}t^N] = s^N X(s)$$

(2) 应用拉普拉斯变换的线性性质和微分性质，可以将求解微分方程的问题转化成为一个代数问题。

【例 3.8】

求 RL 电路与一个电压源 $v_s(t)$ 串联连接(见图 3.11)的冲激响应，电流 $i(t)$ 是输出，输入是电压源 $v_s(t)$。

解 为了求 RL 电路的冲激响应，令 $v_s(t) = \delta(t)$，并设电感的初始电流为 0。根据基尔霍夫电压定律，有

$$v_s(t) = L\frac{\mathrm{d}i(t)}{\mathrm{d}t} + Ri(t), \quad i(0_-) = 0$$

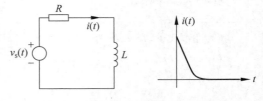

图 3.11 输入为 $v_s(t)$ 的 RL 电路的冲激响应 $i(t)$

这是一个一阶线性常系数微分方程，初始条件为零，并且输入信号是因果的，因此它是前面讨论过的线性时不变系统。

令 $v_s(t) = \delta(t)$ 并对以上方程进行拉普拉斯变换(利用变换的线性性质和微分性质，记住初始条件等于 0)，可得

$$\mathscr{L}[\delta(t)] = \mathscr{L}\left[L\frac{\mathrm{d}i(t)}{\mathrm{d}t} + Ri(t)\right]$$

$$1 = sLI(s) + RI(s)$$

其中，$I(s)$ 是 $i(t)$ 的拉普拉斯变换。求解出 $I(s)$ 得

$$I(s) = \frac{1/L}{s + R/L}$$

这是之前见过的信号

$$i(t) = \frac{1}{L}\mathrm{e}^{-(R/L)t}u(t)$$

的拉普拉斯变换。注意到 $i(0_-) = 0$，而且响应具有衰减指数函数的形式，它尽力追随输入信号(一个 δ 函数)，即它一开始出现跳变但最终趋向于零。

【例 3.9】

利用微分性质由 $x(t) = \cos(\Omega_0 t)u(t)$ 的拉普拉斯变换求 $\sin(t)u(t)$ 的拉普拉斯变换。

解 因果正弦 $x(t) = \cos(\Omega_0 t)u(t)$ 的拉普拉斯变换为

$$X(s) = \frac{s}{s^2 + \Omega_0^2}$$

然后

$$\frac{\mathrm{d}x(t)}{\mathrm{d}t} = u(t)\frac{\mathrm{d}\cos(\Omega_0 t)}{\mathrm{d}t} + \cos(\Omega_0 t)\frac{\mathrm{d}u(t)}{\mathrm{d}t} = -\Omega_0\sin(\Omega_0 t)u(t) + \cos(\Omega_0 t)\delta(t)$$

$$= -\Omega_0\sin(\Omega_0 t)u(t) + \delta(t)$$

$\delta(t)$ 的出现说明 $x(t)$ 在 $t=0$ 处不连续,并且跳变量为 $+1$。于是 $\mathrm{d}x(t)/\mathrm{d}t$ 的拉普拉斯变换由下式给出:

$$sX(s) - x(0_-) = -\Omega_0\mathscr{L}\big[\sin(\Omega_0 t)u(t)\big] + \mathscr{L}\big[\delta(t)\big]$$

故正弦的拉普拉斯变换等于

$$\mathscr{L}\big[\sin(\Omega_0 t)u(t)\big] = -\frac{sX(s) - x(0_-) - 1}{\Omega_0} = \frac{1 - sX(s)}{\Omega_0} = \frac{\Omega_0}{s^2 + \Omega_0^2}$$

以上利用了 $x(0_-) = 0$ 和 $X(s) = \mathscr{L}\big[\cos(\Omega_0 T)\big]$。

注意,只要信号在 $t=0$ 处不连续,如 $x(t) = \cos(\Omega_0 t)u(t)$ 这种情况,由于不连续的缘故,其导数就会包含 $\delta(t)$ 信号。相反地,只要信号在 $t=0$ 处是连续的,例如 $y(t) = \sin(\Omega_0 t)u(t)$,其导数就不会包含 $\delta(t)$ 信号。实际上,由于正弦在 $t=0$ 处等于 0,故而有

$$\frac{\mathrm{d}y(t)}{\mathrm{d}t} = \Omega_0\cos(\Omega_0 t)u(t) + \sin(\Omega_0 t)\delta(t) = \Omega_0\cos(\Omega_0 t)u(t)$$

3.4.3　积分

因果信号 $y(t)$ 的积分的拉普拉斯变换由下式给出:

$$\mathscr{L}\left[\int_0^t y(\tau)\mathrm{d}\tau u(t)\right] = \frac{Y(s)}{s} \tag{3.17}$$

利用微分性质可以证明此性质。令积分为

$$f(t) = \left[\int_0^t y(\tau)\mathrm{d}\tau\right]u(t)$$

于是有

$$\frac{\mathrm{d}f(t)}{\mathrm{d}t} = y(t)u(t) + \delta(t)\int_0^t y(\tau)\mathrm{d}\tau = y(t)u(t) + 0$$

$$\mathscr{L}\left[\frac{\mathrm{d}f(t)}{\mathrm{d}t}\right] = sF(s) - f(0) = Y(s)$$

由于 $f(0) = 0$(在一个点上的面积),于是有

$$F(s) = \mathscr{L}\left[\int_0^t y(\tau)\mathrm{d}\tau u(t)\right] = \frac{Y(s)}{s}$$

【例 3.10】

假定

$$\int_0^t y(\tau)\mathrm{d}\tau = 3u(t) - 2y(t)$$

求因果信号 $y(t)$ 的拉普拉斯变换。

解　应用积分性质得

$$\frac{Y(s)}{s} = \frac{3}{s} - 2Y(s)$$

求解出 $Y(s)$ 为

$$Y(s) = \frac{3}{2(s+0.5)}$$

相应的信号是 $y(t) = 1.5 e^{-0.5t} u(t)$。

3.4.4　时移

> 如果 $f(t)u(t)$ 的拉普拉斯变换为 $F(s)$，那么时移信号 $f(t-\tau)u(t-\tau)$ 的拉普拉斯变换为
> $$\mathscr{L}[f(t-\tau)u(t-\tau)] = e^{-\tau s}F(s) \tag{3.18}$$

该性质可以很容易地通过计算平移信号的拉普拉斯变换并替换变量而加以证明。该性质说明，当延迟(或超前)信号得到 $f(t-\tau)u(t-\tau)$（或 $f(t+\tau)u(t+\tau)$)，其拉普拉斯变换等于 $F(s)$ 乘以 $e^{-\tau s}$（或 $e^{\tau s}$)。需要强调的是此性质要求对 $f(t)$ 和 $u(t)$ 都进行平移，如果只是平移二者中的一个，就不能直接应用该性质。

【例 3.11】

求图 3.12 所示因果脉冲序列 $x(t)$ 的拉普拉斯变换，令 $x_1(t)$ 代表第一个脉冲，即 $x(t)$ 在区间 $0 \leqslant t < 1$ 内的部分。

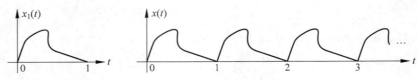

图 3.12　一类因果脉冲信号

解　当 $t \geqslant 0$ 时，可写出
$$x(t) = x_1(t) + x_1(t-1) + x_1(t-2) + \cdots$$
当 $t < 0$ 时 $x(t) = 0$。根据时移性质和线性性质有
$$X(s) = X_1(s)[1 + e^{-s} + e^{-2s} + \cdots] = X_1(s)\left[\frac{1}{1-e^{-s}}\right]$$

注意到 $1 + e^{-s} + e^{-2s} + \cdots = 1/(1-e^{-s})$，该结果可以通过交叉相乘来验证：
$$[1 + e^{-s} + e^{-2s} + \cdots](1-e^{-s}) = (1 + e^{-s} + e^{-2s} + \cdots) - (e^{-s} + e^{-2s} + \cdots) = 1$$

$X(s)$ 的极点是 $X_1(s)$ 的极点和 $1 - e^{-s} = 0$ 的根(使 $e^{-s} = 1$ 的 s 值，即 $s_k = \pm j2\pi k$，k 为大于等于 0 的任意整数)，因此 $X(s)$ 有无穷多个极点，后面将介绍的利用极点求拉普拉斯逆变换的部分分式展开法，在这里是不能用的。之所以将此例安排在讲拉普拉斯逆变换之前，是为了说明当求此类拉普拉斯函数的逆变换时，需要应用时移性质，否则可能需要考虑一个无限多个极点的部分分式展开问题。

【例 3.12】

考虑图 3.13 所示的全波整流信号，求其拉普拉斯变换。

解　全波整流信号的第一个周期可表示为
$$x_1(t) = \sin(2\pi t)u(t) + \sin(2\pi(t-0.5))u(t-0.5)$$
它的拉普拉斯变换为

$$X_1(s) = \frac{2\pi(1 + e^{-0.5s})}{s^2 + (2\pi)^2}$$

正弦脉冲串可表示为

$$x(t) = \sum_{k=0}^{\infty} x_1(t - 0.5k)$$

于是其拉普拉斯变换等于

$$X(s) = X_1(s)\left[1 + e^{-s/2} + e^{-s} + \cdots\right] = X_1(s)\frac{1}{1 - e^{-s/2}}$$

$$= \frac{2\pi(1 + e^{-s/2})}{(1 - e^{-s/2})(s^2 + 4\pi^2)}$$

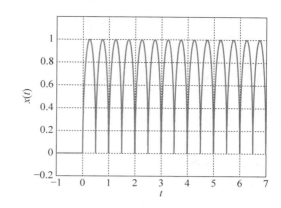

图 3.13 全波整流因果信号

【例 3.13】

求信号 $x(t) = e^{-3t}u(t-4)$ 的拉普拉斯变换。

解 因为信号的两个部分没有被同等地延迟,故不能直接应用时移性质,不过由 $x(t)$ 的一个等价表达式可得

$$x(t) = \left[e^{-3(t-4)}u(t-4)\right]e^{-12} \Rightarrow X(s) = e^{-12}\frac{e^{-4s}}{s+3} = \frac{e^{-4(s+3)}}{s+3}$$

注:

由于时间和频率之间的反比关系,因而时域中的运算在频域中都有相应的对偶运算,频域在本章里是拉普拉斯域。下面用三种特殊情况解释说明该结论。

(1) **求导和积分的对偶性** 对于一个因果函数 $f(t)$,即 $f(0_-) = 0$,考虑以下变换对:

$$f(t) \leftrightarrow F(s)$$

$$\frac{\mathrm{d}f(t)}{\mathrm{d}t} \leftrightarrow sF(s)$$

$$tf(t) \leftrightarrow \frac{-\mathrm{d}F(s)}{\mathrm{d}s} \tag{3.19}$$

注意,在拉普拉斯域中 $F(s)$ 乘以 s 等价于时域中对 $f(t)$ 求导,而函数 $f(t)$ 乘以 t 等价于对 $-F(s)$ 求导。这种相反的关系被称为时域和频域中求导的对偶性。类似地,对于同样的变换对 $f(t) \leftrightarrow F(s)$ 有如下的积分对偶性:

$$\int_{0_-}^{t} f(\tau)\mathrm{d}\tau \leftrightarrow F(s)/s$$

$$f(t)/t \leftrightarrow \int_{-\infty}^{-s} F(-\rho)\mathrm{d}\rho \tag{3.20}$$

以上第一个变换对就是积分性质。第二个变换对的证明如下:

$$\int_{-\infty}^{-s} F(-\rho)\mathrm{d}\rho = \int_{-\infty}^{-s}\int_{0}^{\infty} f(t)e^{\rho t}\mathrm{d}t\mathrm{d}\rho$$

$$= \int_{0}^{\infty} f(t)\int_{-\infty}^{-s} e^{\rho t}\mathrm{d}\rho\mathrm{d}t = \int_{0}^{\infty}\frac{f(t)}{t}e^{-st}\mathrm{d}t$$

在这种情况下,$F(s)$ 被 s 除等价于时域中对 $f(t)$ 积分,而 $f(t)$ 被 t 除等价于对 $F(s)$ 积分,如上所示。

在求拉普拉斯变换时可以利用这些对偶性,这样就不需要利用积分定义计算了。例如,已知斜变函数 $r(t) = tu(t)$ 的拉普拉斯变换为 $R(s) = \frac{1}{s^2}$,于是可得

$$\mathscr{L}\left[\frac{\mathrm{d}r(t)}{\mathrm{d}t}=u(t)\right]=sR(s)-r(0_-)=\frac{1}{s}$$

$$\mathscr{L}\left[tr(t)=t^2u(t)\right]=-\frac{\mathrm{d}R(s)}{\mathrm{d}s}=-\frac{\mathrm{d}s^{-2}}{\mathrm{d}s}=\frac{2}{s^3}$$

$$\mathscr{L}\left[\int_0^t r(\tau)\mathrm{d}\tau=\frac{t^2}{2}u(t)\right]=\frac{R(s)}{s}=\frac{1}{s^3}$$

$$\mathscr{L}\left[\frac{r(t)}{t}=u(t)\right]=\int_{-\infty}^{-s}R(-\rho)\mathrm{d}\rho=\int_{-\infty}^{-s}\rho^{-2}\mathrm{d}\rho=-\rho^{-1}\Big|_{-\infty}^{-s}=\frac{1}{s}$$

(2) 时移和频移的对偶性　再次考虑变换对 $f(t)u(t)\leftrightarrow F(s)$，于是有

$$f(t-\alpha)u(t-\alpha)\leftrightarrow F(s)\mathrm{e}^{-\alpha s}$$

$$f(t)\mathrm{e}^{-\alpha t}u(t)\leftrightarrow F(s+\alpha) \tag{3.21}$$

这说明在一个域中的平移对应于在另一个域中乘以指数函数。以上第二个变换对的证明如下：

$$\mathscr{L}\left[f(t)\mathrm{e}^{-\alpha t}u(t)\right]=\int_0^\infty f(t)\mathrm{e}^{-\alpha t}\mathrm{e}^{-st}\mathrm{d}t=\int_0^\infty f(t)\mathrm{e}^{-(s+\alpha)t}\mathrm{d}t=F(s+\alpha)$$

此性质在求拉普拉斯变换时也很有用，利用它就可以不用积分了。例如，已知 $f(t)=\mathrm{e}^{-\alpha t}u(t)$ 的拉普拉斯变换为 $F(s)=1/(s+\alpha)$，于是有

$$\mathscr{L}\left[f(t-\beta)=\mathrm{e}^{-\alpha(t-\beta)}u(t-\beta)\right]=F(s)\mathrm{e}^{-\beta s}=\frac{\mathrm{e}^{-\beta s}}{s+\alpha}$$

$$\mathscr{L}\left[f(t)\mathrm{e}^{-\beta t}=\mathrm{e}^{-(\alpha+\beta)t}u(t)\right]=F(s+\beta)=\frac{1}{(s+\beta)+\alpha}$$

与函数相乘的这个指数不必是实的，例如 $f(t)=u(t)$，其拉普拉斯变换为 $F(s)=1/s$，那么有

$$\cos(\Omega_0 t)u(t)=0.5\mathrm{e}^{\mathrm{j}\Omega_0 t}u(t)+0.5\mathrm{e}^{-\mathrm{j}\Omega_0 t}u(t)$$

$$=\frac{0.5}{s-\mathrm{j}\Omega_0}+\frac{0.5}{s+\mathrm{j}\Omega_0}=\frac{s}{s^2+\Omega_0^2}$$

该结果与之前得到的 $\cos(\Omega_0 t)$ 的拉普拉斯变换是一致的。

(3) 时域扩展、压缩和反褶的对偶性　再次考虑拉普拉斯变换对 $f(t)u(t)\leftrightarrow F(s)$，且 $\alpha\neq 0$，则有以下变换对：

$$f(\alpha t)u(t)\leftrightarrow (1/|\alpha|)F(s/\alpha)$$

$$\frac{1}{|\alpha|}f\left(\frac{t}{\alpha}\right)u(t)\leftrightarrow F(\alpha s) \tag{3.22}$$

实际上确实有如下等式成立：

$$\mathscr{L}\left[f(\alpha t)u(t)\right]=\int_0^\infty f(\alpha t)\mathrm{e}^{-st}\mathrm{d}t=\int_0^\infty f(\tau)\mathrm{e}^{-s\tau/\alpha}\frac{\mathrm{d}\tau}{|\alpha|}=\frac{1}{|\alpha|}F(s/\alpha)$$

$$F(\alpha s)=\int_0^\infty f(t)\mathrm{e}^{-s\alpha t}\mathrm{d}t=\int_0^\infty f(\tau/\alpha)\mathrm{e}^{-s\tau}\frac{\mathrm{d}\tau}{|\alpha|}=\int_0^\infty\left[\frac{f(\tau/\alpha)}{|\alpha|}\right]\mathrm{e}^{-s\tau}\mathrm{d}\tau$$

除了对偶性，这些变换对还清楚地显示出时域和频域之间的反比关系，时域的压缩对应频域的扩展，反之亦然。此外，这些变换对表明当 $\alpha=-1$ 时有

$$\mathscr{L}\left[f(-t)u(t)\right]=F(-s)$$

或者说如果 $f(t)$ 是反因果的，其拉普拉斯变换就等于其反褶 $f(-t)u(t)$ 的拉普拉斯变换将 s 变成 $-s$。

3.4.5　卷积积分

因为这是拉普拉斯变换最重要的性质，所以我们会在研究完拉普拉斯逆变换之后，再对其进行更广

泛的介绍。

> 一个拉普拉斯变换为 $X(s)$ 的因果信号 $x(t)$，与一个拉普拉斯变换为 $H(s)$ 的因果冲激响应 $h(t)$ 的卷积积分的拉普拉斯变换为
>
> $$\mathcal{L}[(x * h)(t)] = X(s)H(s) \tag{3.23}$$

如果 LTI 系统的输入是因果信号 $x(t)$，系统的冲激响应是 $h(t)$，那么输出 $y(t)$ 可写成

$$y(t) = \int_0^\infty x(\tau)h(t-\tau)\,d\tau, \quad t \geqslant 0$$

否则为 0。它的拉普拉斯变换为

$$Y(s) = \mathcal{L}\left[\int_0^\infty x(\tau)h(t-\tau)\,d\tau\right] = \int_0^\infty \left[\int_0^\infty x(\tau)h(t-\tau)\,d\tau\right]e^{-st}\,dt$$

$$= \int_0^\infty x(\tau)\left[\int_0^\infty h(t-\tau)e^{-s(t-\tau)}\,dt\right]e^{-s\tau}\,d\tau = X(s)H(s)$$

其中内部的积分可利用 $h(t)$ 的因果性证明等于 $H(s) = \mathcal{L}[h(t)]$（将变量变为 $v = t - \tau$），剩下的积分是 $x(t)$ 的拉普拉斯变换。

> 一个输入为 $x(t)$，输出为 $y(t)$ 的 LTI 系统，其冲激响应 $h(t)$ 的拉普拉斯变换是系统函数或转移函数 $H(s) = \mathcal{L}[h(t)]$，$H(s)$ 可表示为比值
>
> $$H(s) = \frac{\mathcal{L}[\text{输出}]}{\mathcal{L}[\text{输入}]} = \frac{\mathcal{L}[y(t)]}{\mathcal{L}[x(t)]} = \frac{Y(s)}{X(s)} \tag{3.24}$$
>
> 该函数被称为"转移函数"是因为它把输入端的拉普拉斯变换转移到输出端。与信号的拉普拉斯变换一样，$H(s)$ 通过其极点和零点来表征 LTI 系统，因此它成为分析和综合系统的一个非常重要的工具。

3.5 拉普拉斯逆变换

求拉普拉斯逆变换在于找到一个函数（一个信号或者一个系统的冲激响应），该函数的拉普拉斯变换就等于具有所给收敛域的所给变换。下面将考虑三种情况：

- 产生因果函数的单边拉普拉斯变换的逆变换；
- 包含指数函数的拉普拉斯变换的逆变换；
- 产生反因果或非因果函数的双边拉普拉斯变换的逆变换。

需要求其逆的已知函数 $X(s)$ 可以是信号的拉普拉斯变换，也可以是转移函数，即冲激响应的拉普拉斯变换。

3.5.1 单边拉普拉斯变换的逆变换

若考虑的信号 $x(t)$ 是因果信号，则 $X(s)$ 的收敛域一定具有以下形式：

$$\{(\sigma, \Omega): \sigma > \sigma_{\max}, -\infty < \Omega < \infty\}$$

其中，$\sigma_{\max}$ 是 $X(s)$ 的所有极点实部的最大值。由于本节只考虑因果信号，因此可以假定收敛域已知，并且在表示拉普拉斯变换时将不再给出收敛域了。

最常用的求拉普拉斯逆变换的方法是**部分分式展开法**，该方法将所给函数按 s 展开成为一些分量的和，这些分量的逆变换可在拉普拉斯变换对表中找到。假定要求的信号存在一个有理的拉普拉斯变换，即

$$X(s) = \frac{N(s)}{D(s)} \tag{3.25}$$

其中，$N(s)$ 和 $D(s)$ 是具有实系数的关于 s 的多项式。为了使部分分式展开成为可能，需要 $X(s)$ 为有理真分式，即分子多项式 $N(s)$ 的阶低于分母多项式 $D(s)$ 的阶。如果 $X(s)$ 不是真分式，那么需要进行长除直到得到一个有理真分式函数，即

$$X(s) = g_0 + g_1 s + \cdots + g_m s^m + \frac{B(s)}{D(s)} \tag{3.26}$$

其中，$B(s)$ 的阶低于 $D(s)$ 的阶，这样就能对 $B(s)/D(s)$ 进行部分分式展开了。$X(s)$ 的逆变换由下式给出：

$$x(t) = g_0 \delta(t) + g_1 \frac{\mathrm{d}\delta(t)}{\mathrm{d}t} + \cdots + g_m \frac{\mathrm{d}^m \delta(t)}{\mathrm{d}t^m} + \mathscr{L}^{-1}\left[\frac{B(s)}{D(s)}\right] \tag{3.27}$$

在实际信号中极少出现 $\delta(t)$ 和它的导数(被称为冲激偶和三重冲激等)，因此典型的有理函数都是分子多项式的阶低于分母多项式的阶的情况。

注:

(1) 在进行逆变换之前要记住以下几点：

- $X(s)$ 的极点提供了信号 $x(t)$ 的基本特征；
- 如果 $N(s)$ 和 $D(s)$ 是具有实系数的关于 s 的多项式，那么 $X(s)$ 的零点和极点就是实数和(或)复共轭对，并且它们可以是简单的，也可以是多重的；
- 由于逆变换的结果是因果的，故逆变换中应该包含 $u(t)$，函数 $u(t)$ 是逆变换表达式中不可缺少的一部分。

(2) 部分分式展开法的基本思想是将有理真分式函数分解成为有理分量的和，每个有理分量的逆变换都可以直接在表中查找到。表 3.2 列出了基本的单边拉普拉斯变换对。

表 3.2　单边拉普拉斯变换

	t 的函数	s 的函数及 ROC
(1)	$\delta(t)$	1，整个 s 平面
(2)	$u(t)$	$\dfrac{1}{s}$，$\mathrm{Re}[s] > 0$
(3)	$r(t)$	$\dfrac{1}{s^2}$，$\mathrm{Re}[s] > 0$
(4)	$\mathrm{e}^{-at}u(t)$，$a > 0$	$\dfrac{1}{s+a}$，$\mathrm{Re}[s] > -a$
(5)	$\cos(\Omega_0 t)u(t)$	$\dfrac{s}{s^2 + \Omega_0^2}$，$\mathrm{Re}[s] > 0$
(6)	$\sin(\Omega_0 t)u(t)$	$\dfrac{\Omega_0}{s^2 + \Omega_0^2}$，$\mathrm{Re}[s] > 0$
(7)	$\mathrm{e}^{-at}\cos(\Omega_0 t)u(t)$，$a > 0$	$\dfrac{s+a}{(s+a)^2 + \Omega_0^2}$，$\mathrm{Re}[s] > -a$
(8)	$\mathrm{e}^{-at}\sin(\Omega_0 t)u(t)$，$a > 0$	$\dfrac{\Omega_0}{(s+a)^2 + \Omega_0^2}$，$\mathrm{Re}[s] > -a$

续表

	t 的函数	s 的函数及 ROC
(9)	$2Ae^{-at}\cos(\Omega_0 t+\theta)u(t),a>0$	$\dfrac{A\angle\theta}{s+a-j\Omega_0}+\dfrac{A\angle-\theta}{s+a+j\Omega_0},\mathrm{Re}[s]>-a$
(10)	$\dfrac{1}{(N-1)!}t^{N-1}u(t)$	$\dfrac{1}{s^N},N$ 为整数，$\mathrm{Re}[s]>0$
(11)	$\dfrac{1}{(N-1)!}t^{N-1}e^{-at}u(t)$	$\dfrac{1}{(s+a)^N},N$ 为整数，$\mathrm{Re}[s]>-a$
(12)	$\dfrac{2A}{(N-1)!}t^{N-1}e^{-at}\cos(\Omega_0 t+\theta)u(t)$	$\dfrac{A\angle\theta}{(s+a-j\Omega_0)^N}+\dfrac{A\angle-\theta}{(s+a+j\Omega_0)^N},\mathrm{Re}[s]>-a$

（3）由于在进行部分分式展开时容易犯一些简单的代数错误，所以最好对最后的结果进行一下检查。检验之一是极点的位置，逆变换的一般形式应该可以在作展开之前由极点推导出。另一个检验是由初值定理提供，可以利用初值定理检验逆变换的初始值 $x(0_-)$ 是否等于当 $s\to\infty$ 时 $sX(s)$ 的极限值，即

$$\lim_{s\to\infty}sX(s)=x(0_-) \tag{3.28}$$

上式可利用微分性质证明如下：

$$\mathscr{L}\left[dx(t)/dt\right]=\int_{0_-}^{\infty}\frac{dx(t)}{dt}e^{-st}\,dt=sX(s)-x(0_-)$$

$$\lim_{s\to\infty}\int_{0_-}^{\infty}\frac{dx(t)}{dt}e^{-st}\,dt=0\Rightarrow\lim_{s\to\infty}sX(s)=x(0_-)$$

其中积分中的指数函数趋于 0。

1. 简单实数极点

若 $X(s)$ 是有理真分式函数

$$X(s)=\frac{N(s)}{(s+p_1)(s+p_2)} \tag{3.29}$$

其中，$\{s_k=-p_k\}$，$k=1,2$ 是 $X(s)$ 的简单实数极点，则它的部分分式展开式以及逆变换为

$$X(s)=\frac{A_1}{s+p_1}+\frac{A_2}{s+p_2}\Leftrightarrow x(t)=\left[A_1e^{-p_1 t}+A_2e^{-p_2 t}\right]u(t) \tag{3.30}$$

其中，展开式中的系数是这样计算产生的：

$$A_k=X(s)(s+p_k)|_{s=-p_k}\quad k=1,2$$

根据拉普拉斯变换表，对应 $A_k/(s+p_k)$ 的时间函数是 $A_ke^{-p_k t}u(t)$，于是逆变换 $x(t)$ 就是这种形式。至于如何求展开式的系数，以 A_1 为例，将等式两边乘以与其对应的分母 $(s+p_1)$，于是有

$$X(s)(s+p_1)=A_1+\frac{A_2(s+p_1)}{s+p_2}$$

如果令 $s+p_1=0$，或者说 $s=-p_1$，则上式右边第二项将等于零，而且可以发现

$$A_1=X(s)(s+p_1)\,|_{s=-p_1}=\frac{N(-p_1)}{-p_1+p_2}$$

对 A_2 的求法相同。

【例 3.14】

考虑有理真分式函数

$$X(s) = \frac{3s+5}{s^2+3s+2} = \frac{3s+5}{(s+1)(s+2)}$$

求其因果的逆变换函数。

解 部分分式展开式为

$$X(s) = \frac{A_1}{s+1} + \frac{A_2}{s+2}$$

考虑到两个极点都是实数,因此要求的 $x(t)$ 将是两个阻尼系数分别为 -1 和 -2 的衰减指数函数之和,即

$$x(t) = [A_1 e^{-t} + A_2 e^{-2t}]u(t)$$

其中系数的求法如上面指出的那样:

$$A_1 = X(s)(s+1)\,|_{s=-1} = \frac{3s+5}{s+2}\Big|_{s=-1} = 2$$

$$A_2 = X(s)(s+2)\,|_{s=-2} = \frac{3s+5}{s+1}\Big|_{s=-2} = 1$$

从而

$$X(s) = \frac{2}{s+1} + \frac{1}{s+2}$$

于是 $x(t) = [2e^{-t} + e^{-2t}]u(t)$。为了检查解的正确性,可利用初值定理。根据解的结果有 $x(0) = 3$,它应该与用初值定理求得的结果一致:

$$\lim_{s\to\infty}\left[sX(s) = \frac{3s^2+5s}{s^2+3s+2}\right] = \lim_{s\to\infty}\frac{3+5/s}{1+3/s+2/s^2} = 3$$

的确如此。

注:还可以用其他方法求系数 A_1 和 A_2。

■ 只要不被 0 除,以下表达式应该对任意 s 都有效:

$$X(s) = \frac{3s+5}{(s+1)(s+2)} = \frac{A_1}{s+1} + \frac{A_2}{s+2} \tag{3.31}$$

因此任取两个不同的 s 值就可以求出 A_1 和 A_2,例如:

$$\text{当 } s = 0 \text{ 时}, X(0) = \frac{5}{2} = A_1 + \frac{1}{2}A_2$$

$$\text{当 } s = 1 \text{ 时}, X(1) = \frac{8}{6} = \frac{1}{2}A_1 + \frac{1}{3}A_2$$

于是就得到一个线性方程组,包含两个线性方程和两个未知数,应用克莱姆(Cramer)法则可求得 $A_1 = 2$ 和 $A_2 = 1$。

■ 交叉相乘式(3.31)中的部分分式可得

$$X(s) = \frac{3s+5}{s^2+3s+2} = \frac{s(A_1+A_2) + (2A_1+A_2)}{s^2+3s+2}$$

对比分子有 $A_1+A_2 = 3$ 和 $2A_1+A_2 = 5$,两个方程两个未知数,可以证明方程有唯一解 $A_1 = 2$ 和 $A_2 = 1$,结果与前面相同。

2. 简单复共轭极点

考虑拉普拉斯变换

$$X(s) = \frac{N(s)}{(s+\alpha)^2 + \Omega_0^2} = \frac{N(s)}{(s+\alpha - j\Omega_0)(s+\alpha + j\Omega_0)}$$

因为 $X(s)$ 的分子、分母多项式都是实系数，所以其零点和极点中若出现复数，一定是成对的复共轭零点和极点。可以认为一对复共轭极点的情况类似于上述两个简单实数极点的情况，注意由于 $X(s)$ 是有理真分式，故分子 $N(s)$ 一定是一个一阶多项式。$X(s)$ 的极点为 $s_{1,2} = -\alpha \pm j\Omega_0$，极点的实部是 $-\alpha$ 意味着信号 $x(t)$ 将包含一个指数项 $e^{-\alpha t}$，还会乘以一个频率为 Ω_0 的正弦，因为极点的虚部是 $\pm\Omega_0$，于是可得以下展开式

$$X(s) = \frac{A}{s+\alpha-j\Omega_0} + \frac{A^*}{s+\alpha+j\Omega_0}$$

其中展开式中两个系数是互为共轭的复数。由极点的信息可推知逆变换的一般形式为

$$x(t) = Ke^{-\alpha t}\cos(\Omega_0 t + \Phi)u(t)$$

其中，K 和 Φ 是常数。采用与前面相同的方法可求出 A 等于

$$A = X(s)(s+\alpha-j\Omega_0)\,|_{s=-\alpha+j\Omega_0} = |A|\,e^{j\theta}$$

易验证 $X(s)(s+\alpha+j\Omega_0)\,|_{s=-\alpha-j\Omega_0} = A^*$。于是逆变换为

$$x(t) = [Ae^{-(\alpha-j\Omega_0)t} + A^*e^{-(\alpha+j\Omega_0)t}]u(t) = |A|\,e^{-\alpha t}(e^{j(\Omega_0 t+\theta)} + e^{-j(\Omega_0 t+\theta)})u(t)$$
$$= 2|A|\,e^{-\alpha t}\cos(\Omega_0 t+\theta)u(t)$$

除了以上方法，还有一种更为简便的求简单复共轭极点情况下逆变换的方法，即通过将分子 $N(s)$ 做适当的变形，这样做的目的是得到 $X(s)$ 的一个等价展开式，展开式中的两项分别对应正弦乘以实指数函数和余弦乘以实指数函数。式(3.35)中的后一个表达式是通过将对应于正弦项和余弦项的相量相加而得到。

有理真分式函数

$$X(s) = \frac{N(s)}{(s+\alpha)^2+\Omega_0^2} = \frac{N(s)}{(s+\alpha-j\Omega_0)(s+\alpha+j\Omega_0)} \tag{3.32}$$

的部分分式展开式为

$$X(s) = \frac{A}{s+\alpha-j\Omega_0} + \frac{A^*}{s+\alpha+j\Omega_0}$$

$\{s_{1,2} = -\alpha \pm j\Omega_0\}$ 是其复共轭极点，其中，

$$A = X(s)(s+\alpha-j\Omega_0)\,|_{s=-\alpha+j\Omega_0} = |A|\,e^{j\theta}$$

从而其逆变换为函数

$$x(t) = 2|A|\,e^{-\alpha t}\cos(\Omega_0 t+\theta)u(t) \tag{3.33}$$

等价的部分分式展开式：令 $N(s) = a+b(s+\alpha)$，其中 a 和 b 是常数，从而有

$$X(s) = \frac{a+b(s+\alpha)}{(s+\alpha)^2+\Omega_0^2} = \frac{a}{\Omega_0}\frac{\Omega_0}{(s+\alpha)^2+\Omega_0^2} + b\frac{s+\alpha}{(s+\alpha)^2+\Omega_0^2} \tag{3.34}$$

因此逆变换为

$$x(t) = \left[\frac{a}{\Omega_0}e^{-\alpha t}\sin(\Omega_0 t) + be^{-\alpha t}\cos(\Omega_0 t)\right]u(t)$$
$$= \sqrt{\frac{a^2}{\Omega_0^2}+b^2}\,e^{-\alpha t}\cos\left(\Omega_0 t - \arctan\left(\frac{a}{\Omega_0 b}\right)\right)u(t) \tag{3.35}$$

注：

(1) 当 $\alpha=0$ 时,式(3.34)变成

$$X(s) = \frac{a+bs}{s^2+\Omega_0^2}$$

极点为 $\pm j\Omega_0$,其拉普拉斯逆变换等于

$$x(t) = \left[\frac{a}{\Omega_0}\sin(\Omega_0 t) + b\cos(\Omega_0 t)\right]u(t)$$

$$= \sqrt{\frac{a}{\Omega_0^2}+b^2}\cos\left(\Omega_0 t - \arctan\left(\frac{a}{\Omega_0 b}\right)\right)u(t)$$

即一个正弦函数与一个余弦函数之和。

(2) 当频率 $\Omega_0=0$ 时,有

$$X(s) = \frac{a+b(s+\alpha)}{(s+\alpha)^2} = \frac{a}{(s+\alpha)^2} + \frac{b}{s+\alpha}$$

(相当于在 $-\alpha$ 有一个双重极点),此时拉普拉斯逆变换等于

$$x(t) = \lim_{\Omega_0 \to 0}\left[\frac{a}{\Omega_0}e^{-\alpha t}\sin(\Omega_0 t) + be^{-\alpha t}\cos(\Omega_0 t)\right]u(t) = \left[ate^{-\alpha t} + be^{-\alpha t}\right]u(t)$$

其中第一个极限的值是应用罗必塔法则求得的。

(3) 注意到上面计算双重极点 $s=-\alpha$ 的部分分式展开式时,展开式是由两项构成的,一项的分母为 $(s+\alpha)^2$,另一项的分母为 $s+\alpha$,二者的分子都是常数。

【例 3.15】

考虑拉普拉斯变换

$$X(s) = \frac{2s+3}{s^2+2s+4} = \frac{2s+3}{(s+1)^2+3}$$

求相应的因果信号 $x(t)$,然后用 MATLAB 验证答案是否正确。

解 由于极点为 $-1\pm j\sqrt{3}$,因此可以预测 $x(t)$ 是一个阻尼因子为 -1(极点的实部)的衰减指数乘以频率为 $\sqrt{3}$ 的因果余弦信号。部分分式展开式具有以下形式：

$$X(s) = \frac{2s+3}{s^2+2s+4} = \frac{a+b(s+1)}{(s+1)^2+3}$$

从而得 $3+2s=(a+b)+bs$,即 $b=2$ 且 $a+b=3$,即 $a=1$,于是有

$$X(s) = \frac{1}{\sqrt{3}}\frac{\sqrt{3}}{(s+1)^2+3} + 2\frac{s+1}{(s+1)^2+3}$$

它对应于

$$x(t) = \left[\frac{1}{\sqrt{3}}\sin(\sqrt{3}t) + 2\cos(\sqrt{3}t)\right]e^{-t}u(t)$$

根据求出的 $x(t)$ 可算出其初值 $x(0)=2$,又由初值定理,以下极限值可求得为 2。

$$\lim_{s\to\infty}\left[sX(s) = \frac{2s^2+3s}{s^2+2s+4}\right] = \lim_{s\to\infty}\frac{2+3/s}{1+2/s+4/s^2} = 2$$

利用 MATLAB 中的符号函数 ilaplace 计算拉普拉斯逆变换,并用 ezplot 画出响应的波形,脚本如下所示。

```
% 例 3.15
% %
 clear all; clf
 syms s t w
num = [0 2 3];  den = [1 2 4];                      %分子和分母
subplot(121)
splane(num, den)                                    % 画极点和零点
disp('>> Inverse Laplace <<')
x = ilaplace((2 * s + 3)/(s^2 + 2 * s + 4));        %拉普拉斯逆变换
 subplot(122)
 ezplot(x,[0,12]); title('x(t)')
 axis([0  12  -0.5  2.5]); grid
```

结果如图 3.14 所示。

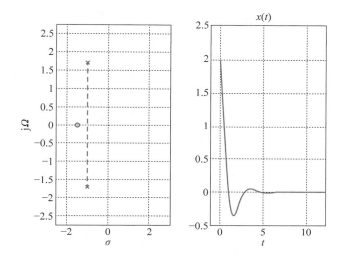

图 3.14　$X(s) = \dfrac{(2s+3)}{(s^2+2s+4)}$ 的拉普拉斯逆变换(极点和零点(左)与逆变换 $x(t)$(右))

3. 双重实数极点

如果有理真分式函数有双重实数极点:

$$X(s) = \frac{N(s)}{(s+\alpha)^2} = \frac{a + b(s+\alpha)}{(s+\alpha)^2} = \frac{a}{(s+\alpha)^2} + \frac{b}{s+\alpha} \tag{3.36}$$

那么它的逆变换等于

$$x(t) = \left[at\,\mathrm{e}^{-\alpha t} + b\,\mathrm{e}^{-\alpha t} \right] u(t) \tag{3.37}$$

其中 a 可通过如下计算得到

$$a = X(s)(s+a)^2 \mid_{s=-\alpha}$$

将所求得的 a 值代入 $X(s)$ 之后, b 的值可通过计算对于某个 $s_0 \neq -\alpha$ 的 $X(s_0)$ 而求出。

当遇到双重实数极点的情况时,需要将分子 $N(s)$ 表示成一阶多项式,类似于一对复共轭极点情况下的处理方式, a 和 b 的值可以通过不同的方法确定,下面举例说明这些方法。

【例 3.16】

通常拉普拉斯变换都是以前面已考虑过的不同函数项的组合形式出现,例如一个一阶和一个二阶

极点的组合产生出

$$X(s) = \frac{4}{s(s+2)^2}$$

该变换在 $s=0$ 有一个极点，在 $s=-2$ 有一个双重极点。求因果信号 $x(t)$，并用 MATLAB 画出 $X(s)$ 的极点和零点，求出拉普拉斯逆变换 $x(t)$。

解 部分分式展开式为

$$X(s) = \frac{A}{s} + \frac{a+b(s+2)}{(s+2)^2}$$

其中 $A=X(s)s|_{s=0}=1$，从而有

$$X(s) - \frac{1}{s} = \frac{4-(s+2)^2}{s(s+2)^2} = \frac{-(s+4)}{(s+2)^2} = \frac{a+b(s+2)}{(s+2)^2}$$

对比 $X(s)-1/s$ 的分子与部分分式展开式的分子可得 $b=-1$ 且 $a+2b=-4$，即 $a=-2$，于是有

$$X(s) = \frac{1}{s} + \frac{-2-(s+2)}{(s+2)^2}$$

故 $x(t)=[1-2te^{-2t}-e^{-2t}]u(t)$。

解决这类问题的另一种方法是先将 $X(s)$ 表示为

$$X(s) = \frac{A}{s} + \frac{B}{(s+2)^2} + \frac{C}{s+2}$$

然后采用与前面相同的方法求得 A，然后再求 B，等式两边同时乘以 $(s+2)^2$，并令 $s=-2$，得

$$X(s)(s+2)^2\,|_{s=-2} = \left[\frac{A(s+2)^2}{s} + B + C(s+2)\right]_{s=-2} = B, \Rightarrow B=-2$$

为了求 C，可以计算当 s 取某个值时部分分式的值，注意 s 的取值应保证不会出现除以 0 的情况。例如，若令 $s=1$，通过解方程

$$X(1) = \frac{4}{9} = \frac{A}{1} + \frac{B}{9} + \frac{C}{3} = 1 - \frac{2}{9} + \frac{C}{3} \Rightarrow C=-1$$

求出 C 之后就可求出逆变换了。

初值 $x(0)=0$，与利用初值定理求得的初值

$$\lim_{s\to\infty}\left[sX(s) = \frac{4s}{s(s+2)^2}\right] = \lim_{s\to\infty}\frac{\dfrac{4}{s^2}}{\left(1+\dfrac{2}{s}\right)^2} = 0$$

是一致的。

至于用 MATLAB 求拉普拉斯逆变换，采用了一个与前面已用脚本相似的脚本，仅仅将分子和分母的取值改变了。极点、零点以及 $x(t)$ 如图 3.15 所示。

【例 3.17】

求函数

$$X(s) = \frac{4}{s((s+1)^2+3)}$$

的拉普拉斯逆变换。该函数有一个简单实数极点 $s=0$ 以及复共轭极点 $s=-1\pm j\sqrt{3}$。

解 部分分式展开式为

$$X(s) = \frac{A}{s+1-j\sqrt{3}} + \frac{A^*}{s+1+j\sqrt{3}} + \frac{B}{s}$$

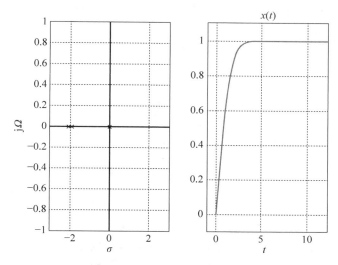

图 3.15　$X(s) = \dfrac{4}{s(s+2)^2}$ 的拉普拉斯逆变换（极点和零点（左）与逆变换 $x(t)$（右））

于是有

$$B = sX(s)\,|_{s=0} = 1$$

$$A = X(s)(s+1-\mathrm{j}\sqrt{3})\,|_{s=-1+\mathrm{j}\sqrt{3}} = 0.5\left(-1+\frac{\mathrm{j}}{\sqrt{3}}\right) = \frac{1}{\sqrt{3}}\angle 150°$$

所以

$$x(t) = \frac{2}{\sqrt{3}}\mathrm{e}^{-t}\cos(\sqrt{3}\,t + 150°)u(t) + u(t)$$

$$= -\left[\cos(\sqrt{3}\,t) + 0.577\sin(\sqrt{3}\,t)\right]\mathrm{e}^{-t}u(t) + u(t)$$

注：

（1）当极点是双重的复共轭极点时，只要按照以上做法，重复双重极点的处理过程即可。例如，考虑部分分式展开式

$$X(s) = \frac{N(s)}{(s+\alpha-\mathrm{j}\Omega_0)^2(s+\alpha+\mathrm{j}\Omega_0)^2}$$

$$= \frac{a + b(s+\alpha-\mathrm{j}\Omega_0)}{(s+\alpha-\mathrm{j}\Omega_0)^2} + \frac{a^* + b^*(s+\alpha+\mathrm{j}\Omega_0)}{(s+\alpha+\mathrm{j}\Omega_0)^2}$$

求出 a 和 b 的值后就可以得到逆变换了。

（2）对于二阶或更高阶复共轭极点的部分分式展开应该利用 MATLAB 进行。

【例 3.18】

本例用 MATLAB 计算更加复杂的函数的拉普拉斯逆变换，尤其是要通过该例来说明我们自定义的函数 pfeLaplace 提供的一些附加信息。考虑拉普拉斯变换

$$X(s) = \frac{3s^2 + 2s - 5}{s^3 + 6s^2 + 11s + 6}$$

求 $X(s)$ 的极点和零点，以及其部分分式展开式中的系数（也称为留数）。用 ilaplace 求逆变换，并用 ezplot 画出它的波形。

解 以下是自定义函数 pfeLaplace：

```
function pfeLaplace(num,den)
%
disp('>>>>> Zeros <<<<<')
z = roots(num)
[r,p,k] = residue(num,den);
disp('>>>>> Poles <<<<<')
p
disp('>>>>> Residues <<<<<')
r
splane(num,den)
```

函数 pfeLaplace 利用 MATLAB 中的函数 roots 求 $X(s)$ 的零点，$X(s)$ 则由其分子和分母按照 s 的降幂顺序排列的系数来定义。对于部分分式展开，pfeLaplace 利用 MATLAB 中的函数 residue 求展开式中的系数以及 $X(s)$ 的极点(在向量 r 中的留数 $r(i)$ 对应包含极点 $p(i)$ 的展开项；例如，留数 $r(1)=8$ 对应于决定了极点 $p(1)=-3$ 的展开项)。然后用符号函数 ilaplace 计算逆变换 $x(t)$，作为 ilaplace 的输入，函数 $X(s)$ 被定义为符号型。MATLAB 函数 ezplot 用于画出符号计算的结果。解析结果显示如下，$x(t)$ 的图形如图 3.16 所示。

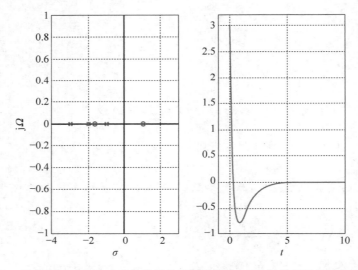

图 3.16　$X(s)=(3s^2+2s-5)/(s^3+6s^2+11s+6)$ 的拉普拉斯逆变换($X(s)$ 的极点和零点(左)与相应的逆变换 $x(t)$(右))

```
>>>>>   零点 <<<<<
 z = -1.6667
        1.0000
>>>>>   极点 <<<<<
 p = -3.0000
       -2.0000
       -1.0000
>>>>>   留数 <<<<<
 r = 8.0000
       -3.0000
       -2.0000
>>>>>   拉普拉斯逆变换  <<<<<
```

x = 8 * exp(− 3 * t) − 3 * exp(− 2 * t) − 2 * exp(− t)

3.5.2 包含指数项函数的逆变换

分子中的指数项 已知拉普拉斯变换为

$$X(s) = \sum_k \frac{N_k(s)\mathrm{e}^{-\rho_k s}}{D_k(s)}$$

首先确定每一项 $\frac{N_k(s)}{D_k(s)}$ 的逆，然后利用时移性得到每一项 $\frac{N_k(s)\mathrm{e}^{-\rho_k s}}{D_k(s)}$ 的逆，从而可求得逆变换 $x(t)$。

分母中的指数项 有两种情况：

（a）已知拉普拉斯变换为

$$X(s) = \frac{N(s)}{D(s)(1-\mathrm{e}^{-as})} = \frac{N(s)}{D(s)} + \frac{N(s)\mathrm{e}^{-as}}{D(s)} + \frac{N(s)\mathrm{e}^{-2as}}{D(s)} + \cdots$$

如果 $f(t)$ 是 $\frac{N(s)}{D(s)}$ 的逆变换，那么

$$x(t) = f(t) + f(t-\alpha) + f(t-2\alpha) + \cdots$$

（b）已知拉普拉斯变换为

$$X(s) = \frac{N(s)}{D(s)(1+\mathrm{e}^{-as})} = \frac{N(s)}{D(s)} - \frac{N(s)\mathrm{e}^{-as}}{D(s)} + \frac{N(s)\mathrm{e}^{-2as}}{D(s)} - \cdots$$

如果 $f(t)$ 是 $\frac{N(s)}{D(s)}$ 的逆变换，那么

$$x(t) = f(t) - f(t-\alpha) + f(t-2\alpha) - \cdots$$

指数项 $\mathrm{e}^{-\rho s}$ 的出现与信号的时移以及信号中存在的无限多个奇异函数有关。若指数出现在分子中，则可以先忽略指数项，待求出每一项的逆变换之后再来考虑它；当由于存在 $1-\mathrm{e}^{as}$ 或 $1+\mathrm{e}^{as}$ 这样的项而出现无限多的极点时，可以将拉普拉斯变换先表示成前面这种情况下的形式，然后利用时移性质求逆变换。当出现无限多个极点的情况时，不要试图对函数进行部分分式展开。

以下和式：

$$\sum_{k=0}^{\infty} \mathrm{e}^{-ask} = \frac{1}{1-\mathrm{e}^{-as}}$$

$$\sum_{k=0}^{\infty} (-1)^k \mathrm{e}^{-ask} = \frac{1}{1+\mathrm{e}^{-as}}$$

可以通过交叉相乘得到验证。这些函数都有无限多个极点。事实上，$\frac{1}{1-\mathrm{e}^{-as}}$ 的极点是 $s_k = \pm \mathrm{j}2\pi\frac{k}{\alpha}$，$k=0,\pm1,\pm2,\cdots$，$\frac{1}{1+\mathrm{e}^{-as}}$ 的极点是 $s_k = \pm\mathrm{j}(2k+1)\pi/\alpha, k=0,\pm1,\pm2,\cdots$，因此当函数为

$$X_1(s) = \frac{N(s)}{D(s)(1-\mathrm{e}^{-as})} = \frac{N(s)}{D(s)}\sum_{k=0}^{\infty}\mathrm{e}^{-ask} = \frac{N(s)}{D(s)} + \frac{N(s)\mathrm{e}^{-as}}{D(s)} + \frac{N(s)\mathrm{e}^{-2as}}{D(s)} + \cdots$$

并且若 $f(t)$ 是 $N(s)/D(s)$ 的逆变换，那么有

$$x_1(t) = f(t) + f(t-\alpha) + f(t-2\alpha) + \cdots$$

同理，当

$$X_2(s) = \frac{N(s)}{D(s)(1+\mathrm{e}^{-as})} = \frac{N(s)}{D(s)}\sum_{k=0}^{\infty}(-1)^k\mathrm{e}^{-ask} = \frac{N(s)}{D(s)} - \frac{N(s)\mathrm{e}^{-as}}{D(s)} + \frac{N(s)\mathrm{e}^{-2as}}{D(s)} - \cdots$$

并且若 $f(t)$ 是 $N(s)/D(s)$ 的逆变换，那么有

$$x_2(t) = f(t) - f(t-\alpha) + f(t-2\alpha) - \cdots$$

【例 3.19】

求出下列函数的因果逆变换：

(i) $X_1(s) = \dfrac{1-\mathrm{e}^{-s}}{(s+1)(1+\mathrm{e}^{-2s})}$;　　　(ii) $X_2(s) = \dfrac{2\pi(1+\mathrm{e}^{-s/2})}{(1-\mathrm{e}^{-s/2})(s^2+4\pi^2)}$

解　(i) 令

$$X_1(s) = F(s)\sum_{k=0}^{\infty}(-1)^k(\mathrm{e}^{-2s})^k$$

其中，$F(s) = \dfrac{1-\mathrm{e}^{-s}}{s+1}$，由于 $F(s)$ 的逆变换为 $f(t) = \mathrm{e}^{-t}u(t) - \mathrm{e}^{-(t-1)}u(t-1)$，因此 $X_1(s)$ 的逆变换可表示为

$$x_1(t) = f(t) - f(t-2) + f(t-4) + \cdots$$

(ii) $X_2(s)$ 是一个全波整流信号(见例 3.12)的拉普拉斯变换。如果令 $G(s) = 2\pi(1+\mathrm{e}^{-s/2})/(s^2+4\pi^2)$，那么有

$$X_2(s) = \frac{G(s)}{1-\mathrm{e}^{-s/2}} = G(s)(1+\mathrm{e}^{-s/2}+\mathrm{e}^{-s}+\mathrm{e}^{-3s/2}+\cdots)$$

于是有

$$x_2(t) = g(t) + g(t-0.5) + g(t-1) + g(t-1.5) + \cdots$$

其中

$$g(t) = \left[\sin(2\pi t) + \sin(2\pi(t-0.5))\right]u(t)$$

3.5.3　双边拉普拉斯变换的逆变换

求双边拉普拉斯变换的逆变换时，需要密切关注收敛域以及极点相对于 $\mathrm{j}\Omega$-轴的位置。双边拉普拉斯变换有三种可能的收敛域：

- 若收敛域是位于所有极点右侧的平面，则对应一个因果信号；
- 若收敛域是位于所有极点左侧的平面，则对应一个反因果信号；
- 若收敛域是位于极点之间的平面区域，即区域的右侧和左侧都有极点(但区域内部没有极点)，则对应一个双边信号。

若考虑的是一个转移函数 $H(s)$ 的逆变换，如果它的 ROC 包括 $\mathrm{j}\Omega$-轴，那么该 ROC 保证了系统是输入有界输出有界(BIBO)稳定的，或者说系统的冲激响应是绝对可积的。此外，具有这种收敛域的系统会有频率响应，即冲激响应的傅里叶变换。因果分量和反因果分量的逆变换是利用单边拉普拉斯变换得到的。

【例 3.20】

求以下函数的非因果逆变换

$$X(s) = \frac{1}{(s+2)(s-2)}, \quad \mathrm{ROC}: -2 < \mathrm{Re}(s) < 2$$

解　收敛域 $-2 < \mathrm{Re}(s) < 2$ 等价于 $\{(\sigma, \Omega): -2 < \sigma < 2, -\infty < \Omega < \infty\}$。部分分式展开式为

$$X(s) = \frac{1}{(s+2)(s-2)} = \frac{-0.25}{s+2} + \frac{0.25}{s-2}, \quad -2 < \mathrm{Re}(s) < 2$$

其中极点在 $s=-2$ 的第一项对应于一个因果信号,收敛域为 $\mathrm{Re}(s) > -2$,第二项对应于一个反因果信号,收敛域为 $\mathrm{Re}(s) < 2$,该判断可以得到确认,因为这两个收敛域的交集是

$$[\mathrm{Re}(s) > -2] \cap [\mathrm{Re}(s) < 2] = -2 < \mathrm{Re}(s) < 2$$

于是有

$$x(t) = -0.25 e^{-2t} u(t) - 0.25 e^{2t} u(-t)$$

【例 3.21】

考虑转移函数

$$H(s) = \frac{s}{(s+2)(s-1)} = \frac{2/3}{s+2} + \frac{1/3}{s-1}$$

其零点在 $s=0$,极点在 $s=-2$ 和 $s=1$。通过考虑所有可能的收敛域,找出与此 $H(s)$ 相关的不同冲激响应,并判断在哪种情况下系统是 BIBO 稳定的。

解 以下是所有可能的不同的冲激响应:

■ 如果 ROC 为 $\mathrm{Re}(s) > 1$,则冲激响应等于

$$h_1(t) = \frac{2}{3} e^{-2t} u(t) + \frac{1}{3} e^t u(t)$$

该冲激响应是因果的,相应的系统是不稳定的,因为极点在 s 平面的右半平面,它使冲激响应随时间增长。

■ 如果 ROC 为 $-2 < \mathrm{Re}(s) < 1$,则冲激响应是非因果的,但系统是稳定的。冲激响应等于

$$h_2(t) = \frac{2}{3} e^{-2t} u(t) - \frac{1}{3} e^t u(-t)$$

注意收敛域包含 $\mathrm{j}\Omega$-轴,这一点保证了稳定性(可以验证 $h_2(t)$ 是绝对可积的)以及 $h_2(t)$ 的傅里叶变换的存在性,该结论在后面的内容中将会看到。

■ 如果 ROC 为 $\mathrm{Re}(s) < -2$,这种情况下的冲激响应是反因果的,并且系统不稳定。冲激响应等于

$$h_3(t) = -\frac{2}{3} e^{-2t} u(-t) - \frac{1}{3} e^t u(-t)$$

对于这个冲激响应,由于当 $t < 0$ 时其中的第一项是增长的,故 $h_3(t)$ 不绝对可积,即系统不是 BIBO 稳定的。

从以上例子可以归纳出两个重要结论:

(1) 转移函数为 $H(s)$,收敛域为 $\mathscr{R}$ 的 LTI 系统,若其收敛域包含 $\mathrm{j}\Omega$-轴,那么它是 BIBO 稳定的。

(2) 冲激响应为 $h(t)$ 或者转移函数为 $H(s) = \mathscr{L}[h(t)]$ 的因果 LTI 系统,若以下等价条件能够满足,则它是 BIBO 稳定的:

(i) $H(s) = \mathscr{L}[h(t)] = \dfrac{N(s)}{D(s)}$,$\mathrm{j}\Omega$-轴在 $H(s)$ 的 ROC 内;

(ii) $\displaystyle\int_{-\infty}^{\infty} |h(t)| \, \mathrm{d}t < \infty$,即 $h(t)$ 是绝对可积的;

(iii) $H(s)$ 的所有极点在 s 平面的左半开平面内(极点不在 $\mathrm{j}\Omega$-轴上)。

如果 LTI 系统的转移函数 $H(s)$ 具有一个包含 jΩ-轴在内的收敛域,那么不论系统是因果的还是非因果的,其 $H(jΩ)$ 都存在,故而

$$|H(jΩ)| = \left| \int_{-\infty}^{\infty} h(t)e^{-jΩt}dt \right| < \int_{-\infty}^{\infty} |h(t)|dt < \infty$$

即冲激响应 $h(t)$ 绝对可积,这暗示了该系统是第 2 章所说的 BIBO 稳定的。

如果 LTI 系统是因果且 BIBO 稳定的,其转移函数的收敛域不仅包含 jΩ-轴,而且是 s 平面上的一个右半平面。由于在收敛域中没有极点,所以系统的所有极点应该在 s 平面的左半开平面内(极点不在 jΩ-轴上)。

【例 3.22】

考虑几个因果 LTI 系统,冲激响应分别为:

(i) $h_1(t) = [4\cos(t) - e^{-t}]u(t)$;

(ii) $h_2(t) = [te^{-t} + e^{-2t}]u(t)$;

(iii) $h_3(t) = [te^{-t}\cos(2t)]u(t)$。

判断这些系统中哪个是 BIBO 稳定的,对于不是 BIBO 稳定的系统请说明原因。

解 检验这些冲激响应是否绝对可积可能会比较困难,一个更好的办法是求出它们的转移函数的极点位置:

(i) $H_1(s) = \dfrac{4s}{s^2+1} - \dfrac{1}{s+1} = \dfrac{N_1(s)}{(s^2+1)(s+1)}$,ROC:$\sigma > 0$

(ii) $H_2(s) = \dfrac{1}{(s+1)^2} + \dfrac{1}{s+2} = \dfrac{N_2(s)}{(s+1)^2(s+2)}$,ROC:$\sigma > -1$

(iii) $H_3(s) = \dfrac{1}{[(s+1)^2+4]^2}$,ROC:$\sigma > -1$

转移函数为 $H_1(s)$ 的因果系统不是 BIBO 稳定的,因为它有极点在 jΩ-轴上:它的极点是 $s = \pm j$(在 jΩ-轴上)和 $s = -1$,而且它的 ROC 也不包含 jΩ-轴。另一方面,转移函数为 $H_2(s)$ 和 $H_3(s)$ 的因果系统是 BIBO 稳定的,因为它们都有极点在 s 平面的左半开平面内:$H_2(s)$ 的极点是 $s = -2$ 和 $s = -1$(双重极点),而 $H_3(s)$ 有双重极点在 $s = -1 \pm 2j$,并且它们的 ROC 都包含 jΩ-轴。

3.6 LTI 系统的分析

动态线性时不变(LTI)系统一般是用常微分方程描述。利用单边拉普拉斯变换的微分性质(从而允许引入初始条件)和逆变换,常微分方程可转化成更容易求解的代数方程。

卷积积分作为另一种系统表示方法,不仅可以表示常微分方程所描述的系统,还可以表示其他系统,拉普拉斯变换为卷积积分的计算提供了一种非常高效的方法,更为重要的是,拉普拉斯变换的卷积性质引入了转移函数的概念,这是 LTI 系统的一个非常有效的表示方式,无论系统是否由常微分方程描述。第 6 章将提供本节内容在经典控制理论中的应用实例。

3.6.1 常微分方程描述的 LTI 系统

有两种方式刻画一个因果稳定 LTI 系统的响应:

■ **零状态**和**零输入**响应,它们与系统的输入和初始条件的作用有关;

■ **暂态**和**稳态**响应,它们与响应在近期和长远的特性有关。

一个由 N 阶线性常系数微分方程

$$y^{(N)}(t) + \sum_{k=0}^{N-1} a_k y^{(k)}(t) = \sum_{l=0}^{M} b_l x^{(l)}(t), \quad N > M \tag{3.38}$$

描述的系统,其中,$x(t)$ 是系统的输入,$y(t)$ 是系统的输出。初始条件为

$$\{y^{(k)}(t), 0 \leqslant k \leqslant N-1\} \tag{3.39}$$

该系统的**全响应** $y(t)$ 由对拉普拉斯变换

$$Y(s) = \frac{B(s)}{A(s)} X(s) + \frac{1}{A(s)} I(s) \tag{3.40}$$

求逆而获得,其中,$Y(s) = \mathscr{L}[y(t)]$,$X(s) = \mathscr{L}[x(t)]$,且

$$A(s) = \sum_{k=0}^{N} a_k s^k, \quad a_N = 1$$

$$B(s) = \sum_{l=0}^{M} b_l s^l$$

$$I(s) = \sum_{k=1}^{N} a_k \left(\sum_{m=0}^{k=1} s^{k-m-1} y^{(m)}(0) \right), \quad a_N = 1$$

即 $I(s)$ 依赖于初始条件。

符号 $y^{(k)}(t)$ 和 $x^{(l)}(t)$ 分别代表 $y(t)$ 和 $x(t)$ 的 k 阶导数和 l 阶导数(见到这种符号时要知道 $y^{(0)}(t) = y(t)$,同理,$x^{(0)}(t) = x(t)$)。之所以假设 $N > M$ 是为了避免在解中出现 $\delta(t)$ 及其导数,因为这在实际中是不可能发生的。为了获得全响应 $y(t)$,计算式(3.38)的拉普拉斯变换:

$$\underbrace{\left[\sum_{k=0}^{N} a_k s^k \right]}_{A(s)} Y(s) = \underbrace{\left[\sum_{l=0}^{M} b_l s^l \right]}_{B(s)} X(s) + \underbrace{\sum_{k=1}^{N} a_k \left(\sum_{m=0}^{k-1} s^{(k-1)-m} y^{(m)}(0) \right)}_{I(s)}$$

若 $A(s)$、$B(s)$ 和 $I(s)$ 如前面定义的那样,则上式可写成

$$A(s) Y(s) = B(s) X(s) + I(s) \tag{3.41}$$

求解式(3.41)中的 $Y(s)$ 可得

$$Y(s) = \frac{B(s)}{A(s)} X(s) + \frac{1}{A(s)} I(s)$$

再求其逆变换便得到全响应 $y(t)$。

令

$$H(s) = \frac{B(s)}{A(s)} \quad \text{和} \quad H_1(s) = \frac{1}{A(s)}$$

系统的**全响应** $y(t) = \mathscr{L}^{-1}[Y(s)]$ 是通过对

$$Y(s) = H(s) X(s) + H_1(s) I(s) \tag{3.42}$$

求逆变换而得到的,并且等于

$$y(t) = y_{zs}(t) + y_{zi}(t) \tag{3.43}$$

其中

$$y_{zs}(t) = \mathscr{L}^{-1}[H(s) X(s)]$$

是系统的零状态响应，

$$y_{zi}(t) = \mathscr{L}^{-1}[H_1(s)I(s)]$$

是系统的零输入响应。全响应用卷积积分来表示则为

$$y(t) = \int_0^t x(\tau)h(t-\tau)\mathrm{d}\tau + \int_0^t i(\tau)h_1(t-\tau)\mathrm{d}\tau \tag{3.44}$$

其中，$h(t) = \mathscr{L}^{-1}[H(s)]$，$h_1(t) = \mathscr{L}^{-1}[H_1(s)]$，以及

$$i(t) = \mathscr{L}^{-1}[I(s)] = \sum_{k=1}^{N} a_k \left(\sum_{m=0}^{k-1} y^{(m)}(0)\delta^{(k-m-1)}(t) \right)$$

其中 $\{\delta^{(m)}(t)\}$ 表示冲激信号的 m 阶导数(如前所述 $\delta^{(0)}(t) = \delta(t)$)。

1. 零状态响应和零输入响应

尽管事实上线性常系数微分方程不代表 LTI 系统，除非系统的初始条件为零并且输入是因果信号，但线性系统理论是基于具有非零初始条件的线性常系数微分方程表示的。由于一般情况下输入都是因果信号，因此出现以上所述方程不代表 LTI 系统的问题的原因是初始条件不是总等于零，不过这可以通过换一种方式来看待初始条件而得到补救。实际上可以认为输入 $x(t)$ 和初始条件是系统的两个不同的输入，这样就可以应用叠加原理求系统对这两个不同输入的响应，如此一来就定义了两个响应，一个完全由输入引起而初始条件等于零，被称为**零状态解**，全响应的另一个分量则仅仅由初始条件引起而假设输入等于零，因此被称为**零输入解**，如图 3.17 所示。

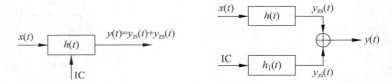

图 3.17　LTI 系统的零输入响应 $y_{zi}(t)$ 和零状态响应 $y_{zs}(t)$，全响应 $y(t) = y_{zi}(t) + y_{zs}(t)$

注：

(1) 根据式(3.42)计算系统的转移函数 $H(s) = \dfrac{Y(s)}{X(s)}$ 需要零初始条件，或者说 $I(s) = 0$，认识到这一点很重要。

(2) 如果不存在极-零点抵消的情况，那么 $H(s)$ 和 $H_1(s)$ 具有相同的极点，因为二者的分母都是 $A(s)$，并且当 $B(s) = 1$ 时有 $h(t) = h_1(t)$。

2. 暂态响应和稳态响应

对于因果稳定的 LTI 系统，只要其输入的拉普拉斯变换的所有极点在 s 平面的左半闭平面(在 jΩ-轴上的极点是简单的)，那么其全响应一定是有界的。此外，当 $t \to \infty$ 时的响应即稳态响应是否存在，无须求出拉普拉斯逆变换便可作出判断。

LTI 系统的全响应 $y(t)$ 由一个暂态分量和一个稳态分量构成。暂态响应可被认为是系统对输入显示出的惯性，而稳态响应则是系统对持续性输入作出的反应。[①]

---

① 虽然一般情况下求稳态响应的值都是考虑 $t \to \infty$，但稳态响应可以发生于早得多的时间。同理，当我们求稳态响应时，输入开始作用的时间既可以是个有限时间 $t = 0$，然后趋于无穷大，$t \to \infty$，也可以从 $-\infty$ 开始直到一个有限时间。

对于一个 LTI 系统而言,如果其输出的拉普拉斯变换 $Y(s)$ 的极点(既可以是简单极点也可以是多重极点,既可以是实数极点也可以是复数极点)在 s 平面的左半开平面上(即在 $j\Omega$-轴上没有极点),那么其稳态响应等于

$$y_{ss}(t) = \lim_{t \to \infty} y(t) = 0$$

实际上,对于任意 m 重实数极点 $s = -\alpha, \alpha > 0, m \geqslant 1$,有

$$\mathscr{L}^{-1}\left[\frac{N(s)}{(s+\alpha)^m}\right] = \sum_{k=1}^{m} A_k t^{k-1} e^{-\alpha t} u(t)$$

其中 $N(s)$ 是一个 $m-1$ 阶多项式。显然,对于任意的 $\alpha > 0$ 和阶数 $m \geqslant 1$,当 t 增长时以上逆变换将趋于零,且趋于零的速率取决于极点到 $j\Omega$-轴的距离,距离越远趋于零的速度越快。同理,有着负实部的复共轭极点对也会产生出当 $t \to \infty$ 时趋于零的项,而且与它们的阶数无关。对于阶数 $m \geqslant 1$ 的复共轭极点对 $s_{1,2} = -\alpha \pm j\Omega_0$,有

$$\mathscr{L}^{-1}\left[\frac{N(s)}{((s+\alpha)^2 + \Omega_0^2)^m}\right] = \sum_{k=1}^{m} 2|A_k| t^{k-1} e^{-\alpha t} \cos(\Omega_0 t + \angle(A_k)) u(t)$$

其中 $N(s)$ 是一个 $2m-1$ 阶多项式。由于衰减指数函数的缘故,当 t 趋于无穷时这类响应将趋于零。

在 s 平面虚轴上的简单复共轭极点以及在 s 平面原点处的简单实数极点所引起的响应都是稳态响应。事实上,如果 $Y(s)$ 的极点是 $s = 0$,可知其逆变换具有 $Au(t)$ 的形式;如果极点是复共轭的 $\pm j\Omega_0$,相应的逆变换是一个正弦,无论哪个都不是暂态。然而,$j\Omega$-轴上的多重极点,或 s 平面右半平面上的任意极点都将产生当 $t \to \infty$ 时增长的逆变换。对于位于 s 平面右半平面上的极点,这个结论明显成立,而对于 $j\Omega$-轴上的双重或更高阶的极点,它们的逆变换具有以下形式:

$$\mathscr{L}^{-1}\left[\frac{N(s)}{(s^2 + \Omega_0^2)^m}\right] = \sum_{k=1}^{m} 2|A_k| t^{m-1} \cos(\Omega_0 t + \angle(A_k)) u(t), \quad m \geqslant 1$$

它是随 t 的增大而连续增长的。

总之,当求解常微分方程时,无论有没有初始条件,利用拉普拉斯变换都可得:

(ⅰ) 全响应的稳态分量产生于 $Y(s)$ 的部分分式展开式中具有位于 $j\Omega$-轴上的简单极点(实数或复共轭对)的那些项的拉普拉斯逆变换;

(ⅱ) 全响应的暂态分量产生于部分分式展开式中具有位于 s 平面左半平面上的极点的那些项的拉普拉斯逆变换,与极点是简单的还是多重的,实数还是复数无关;

(ⅲ) $j\Omega$-轴上的多重极点以及 s 平面右半平面上的极点将产生随 t 增长而增长的那些项,从而使全响应无界。

【例 3.23】

考虑二阶常微分方程

$$\frac{d^2 y(t)}{dt^2} + 3\frac{dy(t)}{dt} + 2y(t) = x(t)$$

它表示一个输入为 $x(t)$ 输出为 $y(t)$ 的 LTI 系统。求系统的冲激响应 $h(t)$ 和单位阶跃响应 $s(t)$。

解　设初始条件为零,令 $Y(s) = \mathscr{L}[y(t)], X(s) = \mathscr{L}[x(t)]$,计算此方程两边的双边或单边拉普拉斯变换,并利用微分性质,有

$$Y(s)[s^2 + 3s + 2] = X(s)$$

为了求系统的冲激响应,即系统响应 $y(t)=h(t)$,令 $x(t)=\delta(t)$,且初始条件为零。由于 $X(s)=1$,于是 $Y(s)=H(s)=\mathscr{L}[h(t)]$ 等于

$$H(s) = \frac{1}{s^2+3s+2} = \frac{1}{(s+1)(s+2)} = \frac{A}{s+1} + \frac{B}{s+2}$$

可求得 $A=1$, $B=-1$,于是拉普拉斯逆变换为

$$h(t) = [e^{-t} - e^{-2t}]u(t)$$

可见它完全是暂态的。

用类似方法,设 $x(t)=u(t)$ 及初始条件为零,可以获得单位阶跃响应 $s(t)$。令 $Y(s)=S(s)=\mathscr{L}[s(t)]$,由于 $X(s)=1/s$,于是有

$$S(s) = \frac{H(s)}{s} = \frac{1}{s(s^2+3s+2)} = \frac{A}{s} + \frac{B}{s+1} + \frac{C}{s+2}$$

可求得 $A=1/2$, $B=-1$, $C=1/2$,故

$$s(t) = 0.5u(t) - e^{-t}u(t) + 0.5e^{-2t}u(t)$$

$s(t)$ 的稳态分量是 0.5,由于两个指数项均趋于 0,所以暂态分量是 $-e^{-t}u(t)+0.5e^{-2t}u(t)$。

有趣的是,关系式 $sS(s)=H(s)$ 表明,$h(t)$ 可以通过计算 $s(t)$ 的导数而得到。事实也确实如此,

$$\frac{ds(t)}{dt} = 0.5\delta(t) + e^{-t}u(t) - e^{-t}\delta(t) - e^{-2t}u(t) + 0.5e^{-2t}\delta(t)$$

$$= [0.5-1+0.5]\delta(t) + [e^{-t}-e^{-2t}]u(t) = [e^{-t}-e^{-2t}]u(t) = h(t)$$

注:

(1) 因为稳态响应的存在依赖于 $Y(s)$ 的极点,所以一个不稳定的因果系统(回顾一下,对于因果系统来说,BIBO 稳定性要求系统转移函数的所有极点都在 s 平面左半开平面内)是可能有稳态响应的,这完全取决于输入。例如,一个不稳定系统 $H(s)=\dfrac{1}{s(s+1)}$,由于极点 $s=0$ 的存在使得该系统不稳定。若系统的输入 $x_1(t)=u(t)$,即 $X_1(s)=1/s$,那么 $Y_1(s)=1/(s^2(s+1))$,由于双重极点 $s=0$ 的缘故,将不会有稳态响应;然而,若输入 $x_2(t)=(1-2t)e^{-2t}u(t)$,即 $X_2(s)=\dfrac{s}{(s+2)^2}$,那么

$$Y_2(s) = H(s)X_2(s) = \frac{1}{s(s+1)}\frac{s}{(s+2)^2} = \frac{1}{(s+1)(s+2)^2}$$

这将会产生一个零稳态,即使该系统不稳定,可见是由于零-极点抵消使稳态成为可能的。

(2) 稳态响应是从 $t=0$ 时算起的系统响应,可通过令 $t\to\infty$ 求得(即使在有限时间内可以达到稳态;至于是在无限长时间内达到稳态还是有限长时间内达到稳态,则要取决于暂态趋于零的速度)。在上例中,$h(t)=(e^{-t}-e^{-2t})u(t)$ 的稳态响应等于 0,该值在 $t=0$ 时即可获得,而对于 $s(t)=0.5u(t)-e^{-t}u(t)+0.5e^{-2t}u(t)$,其稳态响应等于 0.5,该值只能在某个 $t_0>0$ 时刻获得,且在 t_0 时刻应有 $-e^{-t_0}+0.5e^{-2t_0}=0$,由于指数是正的函数,故而 $t_0=\infty$。于是暂态响应分别等于 $h(t)-0=h(t)$,$s(t)-0.5u(t)=-e^{-t}u(t)+0.5e^{-2t}u(t)$,它们最终会消失。

(3) 利用转移函数的定义即 $H(s)=Y(s)/X(s)$ 所求出的冲激响应 $h(t)$ 和阶跃响应 $s(t)$ 之间的关系可以推广到更多情况中,这样响应 $Y(s)$ 就通过 $Y(s)=H(s)X(s)$ 与 $H(s)$ 联系了起来,并由此产生出 $y(t)$ 和 $h(t)$ 之间的关系。例如,如果 $x(t)=\delta(t)$,那么 $Y(s)=H(s)\times 1$,其逆变换为冲激响应。如果 $x(t)=u(t)$,那么 $Y(s)=\dfrac{H(s)}{s}=S(s)$,即阶跃响应的拉普拉斯变换,因而 $h(t)=ds(t)/dt$。如果 $x(t)=$

$r(t)$，那么 $Y(s) = \dfrac{H(s)}{s^2} = \rho(s)$，即斜变响应的拉普拉斯变换，因而 $h(t) = \dfrac{\mathrm{d}^2 \rho(t)}{\mathrm{d}t^2} = \dfrac{\mathrm{d}s(t)}{\mathrm{d}t}$。

【例 3.24】

考虑前例中的二阶常微分方程：

$$\frac{\mathrm{d}^2 y(t)}{\mathrm{d}t^2} + 3\frac{\mathrm{d}y(t)}{\mathrm{d}t} + 2y(t) = x(t)$$

现在令初始条件为 $y(0) = 1$，$\dfrac{\mathrm{d}y(t)}{\mathrm{d}t}\Big|_{t=0} = 0$，以及 $x(t) = u(t)$，求全响应 $y(t)$。可以从该响应求出冲激响应 $h(t)$ 吗？该怎么做？

解 对常微分方程进行拉普拉斯变换得

$$\left[s^2 Y(s) - sy(0) - \frac{\mathrm{d}y(t)}{\mathrm{d}t}\Big|_{t=0} \right] + 3\left[sY(s) - y(0) \right] + 2Y(s) = X(s)$$

$$Y(s)(s^2 + 3s + 2) - (s + 3) = X(s)$$

将 $X(s) = \dfrac{1}{s}$ 代入后可得

$$Y(s) = \frac{X(s)}{(s+1)(s+2)} + \frac{s+3}{(s+1)(s+2)}$$

$$= \frac{1 + 3s + s^2}{s(s+1)(s+2)} = \frac{B_1}{s} + \frac{B_2}{s+1} + \frac{B_3}{s+2}$$

可求出 $B_1 = 1/2$，$B_2 = 1$，$B_3 = -1/2$，故全响应为 $y(t) = [0.5 + e^{-t} - 0.5e^{-2t}]u(t)$，还可以验证该解同样满足初始条件 $y(0)$ 和 $\dfrac{\mathrm{d}y(0)}{\mathrm{d}t}$（该结论特别有趣，建议读者试试）。稳态响应为 0.5，暂态响应为 $[e^{-t} - 0.5e^{-2t}]u(t)$。

如果能求出转移函数 $H(s) = Y(s)/X(s)$，则其逆变换就是冲激响应 $h(t)$，然而在初始条件不等于零的情况下这是不可能的。如前所示，若初始条件不等于零，则得到的拉普拉斯变换是

$$Y(s) = \frac{X(s)}{A(s)} + \frac{I(s)}{A(s)}$$

在此例中，$A(s) = (s+1)(s+2)$，$I(s) = s + 3$，因此无法求出比值 $\dfrac{Y(s)}{X(s)}$。如果能够使第二项等于零，即 $I(s) = 0$，就能得到 $\dfrac{Y(s)}{X(s)} = H(s) = \dfrac{1}{A(s)}$ 以及 $h(t) = [e^{-t} - e^{-2t}]u(t)$。

【例 3.25】

考虑一个模拟平均器，它由方程

$$y(t) = \frac{1}{T}\int_{t-T}^{t} x(\tau)\mathrm{d}\tau$$

描述，其中 $x(t)$ 是输入，$y(t)$ 是输出。求 $y(t)$ 的导数可以得到一个一阶常微分方程

$$\frac{\mathrm{d}y(t)}{\mathrm{d}t} = \frac{1}{T}[x(t) - x(t-T)]$$

这是输入的一个有限差分。求该模拟平均器的冲激响应。

解 平均器的冲激响应可通过令 $x(t) = \delta(t)$ 以及初始条件为零而求得。对常微分方程两边进行拉普拉斯变换可得

$$sY(s) = \frac{1}{T}[1 - e^{-sT}]X(s)$$

代入 $X(s)=1$，于是有

$$H(s) = Y(s) = \frac{1}{sT}[1 - e^{-sT}]$$

从而冲激响应为

$$h(t) = \frac{1}{T}[u(t) - u(t - T)]$$

3.6.2 卷积积分的计算

用信号处理的观点来看，卷积性质是拉普拉斯变换在系统上最重要的应用。卷积积分的计算很难，即使是简单的信号也是如此。第 2 章介绍了如何用解析和几何的方法计算卷积积分，在本节中将会看到，卷积性质不仅为卷积积分的计算提供了一种有效方法，而且通过它还引入了**转移函数**的概念。转移函数是 LTI 系统的一个重要描述方式，有了转移函数，一个系统就可以像一个信号那样，用转移函数的极点和零点来描述。不过应该知道的是，由转移函数不止能获得系统的极/零点表征，它的其他作用还包括：

（i）系统的冲激响应是由转移函数的极点和零点以及相应的收敛域唯一决定的；

（ii）系统对不同频率的响应方式能由转移函数获得；

（iii）系统的因果性和稳定性也同样能与转移函数相关联；

（iv）滤波器的设计依赖于转移函数。

卷积 $y(t)=[x * h](t)$ 的拉普拉斯变换 $Y(s)$ 通过以下乘积

$$Y(s) = X(s)H(s) \tag{3.45}$$

而得到。其中 $X(s)=\mathscr{L}[x(t)], H(s)=\mathscr{L}[h(t)]$ 是系统的转移函数，或者说 $H(s)$ 将输入的拉普拉斯变换 $X(s)$ 转移成为输出的拉普拉斯变换 $Y(s)$

$$H(s) = \mathscr{L}[h(t)] = \frac{Y(s)}{X(s)} \tag{3.46}$$

一旦得到 $Y(s)$，通过对其进行拉普拉斯逆变换便可求出 $y(t)$。

【例 3.26】

利用拉普拉斯变换计算下列卷积 $y(t)=[x * h](t)$：

（i）输入为 $x(t)=u(t)$，冲激响应为脉冲 $h(t)=u(t)-u(t-1)$；

（ii）输入和系统的冲激响应均为 $x(t)=h(t)=u(t)-u(t-1)$。

解　（i）拉普拉斯变换为 $X(s)=\mathscr{L}[x(t)]=1/s$ 及 $H(s)=\mathscr{L}[h(t)]=(1-e^{-s})/s$，于是

$$Y(s) = H(s)X(s) = \frac{1 - e^{-s}}{s^2}$$

其逆变换为 $y(t)=r(t)-r(t-1)$，其中 $r(t)$ 是斜变信号。此结果与第 2 章中用图形方法求得的结果一致。

（ii）现在 $X(s)=H(s)=\mathscr{L}[u(t)-u(t-1)]=\dfrac{(1-e^{-s})}{s}$，于是

$$Y(s) = H(s)X(s) = \frac{(1 - e^{-s})^2}{s^2} = \frac{1 - 2e^{-s} + e^{-2s}}{s^2}$$

它对应于函数

$$y(t) = r(t) - 2r(t-1) + r(t-2)$$

即三角形脉冲,此结果与第 2 章中用作图法求得的结果一致。

【例 3.27】

考虑由以下常微分方程描述的 LTI 系统

$$\frac{\mathrm{d}^2 y(t)}{\mathrm{d}t^2} + 2\frac{\mathrm{d}y(t)}{\mathrm{d}t} + 2y(t) = x(t) + \frac{\mathrm{d}x(t)}{\mathrm{d}t}$$

其中 $y(t)$ 和 $x(t)$ 是系统的输出和输入。

(i) 求系统的冲激响应 $h(t)$;

(ii) 如果系统的输入为 $x(t) = (1-t)\mathrm{e}^{-t}u(t)$,利用卷积性质求相应的输出。

解　(i) 系统的转移函数可由常微分方程并令初始条件为零而得到

$$(s^2 + 2s + 2)Y(s) = (1+s)X(s) \Rightarrow H(s) = \frac{Y(s)}{X(s)} = \frac{1+s}{(s+1)^2 + 1}$$

从而有冲激响应为 $h(t) = \mathrm{e}^{-t}\cos(t)u(t)$。

(ii) 系统的输出等于卷积积分,即 $y(t) = (h * x)(t)$,这个积分不容易求。但通过求 $x(t)$ 的拉普拉斯变换

$$X(s) = \frac{1}{s+1} - \frac{1}{(s+1)^2} = \frac{s}{(s+1)^2}$$

并利用转移函数便可得

$$Y(s) = H(s)X(s) = \frac{1+s}{(s+1)^2 + 1} \times \frac{s}{(s+1)^2}$$

$$= \frac{s}{(s^2 + 2s + 2)(s+1)} = \frac{s}{s^3 + 3s^2 + 4s + 2}$$

$Y(s)$ 的极点是 $s_{1,2} = -1 \pm \mathrm{j}1$ 和 $s_3 = -1$,而零点是 $s_1 = 0$。以下脚本用于计算并画出 $Y(s)$ 的极点和零点,然后计算其逆变换

$$y(t) = [\mathrm{e}^{-t}(\cos(t) + \sin(t) - 1)]u(t)$$

并画出 $y(t)$ 的图形。图 3.18 显示了极点/零点分布情况和输出 $y(t)$。

```
% 例 3.27
% %
clear all; clf
syms s
num = [1  0];
den = [1  3  4  2];
figure(1)
subplot(211)
splane(num,den)
disp('>>>>> Inverse Laplace <<<<<')
x = ilaplace(s/(s^3 + 3 * s^2 + 4 * s + 2))      % 拉普拉斯逆变换
subplot(212)
ezplot(x,[0,12]);
axis([0  7  -0.15  0.25]); grid
```

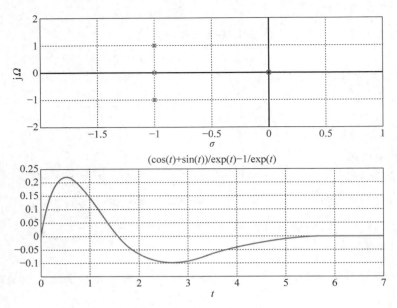

图 3.18　例 3.27 结果图

$Y(s)$的极点和零点(上图)，利用拉普拉斯变换的卷积性质求得对输入 $x(t)=(1-t)\mathrm{e}^{-t}u(t)$ 的响应，系统的常微分方程为 $\dfrac{\mathrm{d}^2 y(t)}{\mathrm{d}t^2}+2\dfrac{\mathrm{d}y(t)}{\mathrm{d}t}+2y(t)=x(t)+\dfrac{\mathrm{d}x(t)}{\mathrm{d}t}$。

【例 3.28】

考虑图 3.19 所示的 RLC 电路，其中输入是电压源 $x(t)$，输出是电容端电压 $y(t)$。令 $LC=1$，$\dfrac{R}{L}=2$。

(1) 求电路的冲激响应 $h(t)$；

(2) 利用卷积性质求阶跃响应 $s(t)$。

解　此 RLC 电路由一个二阶常微分方程描述。令 $i(t)$ 为电路中的电流，应用基尔霍夫电压定律可得

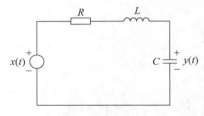

图 3.19　RLC 电路，输入是电压源 $x(t)$，
输出是电容端电压 $y(t)$

$$x(t) = Ri(t) + L\frac{\mathrm{d}i(t)}{\mathrm{d}t} + y(t)$$

其中电容端电压由下式给出

$$y(t) = \frac{1}{C}\int_0^t i(\sigma)\,\mathrm{d}\sigma + y(0)$$

这里 $y(0)$ 代表电容的初始电压。以上两个方程被称为积分-微分方程，因为它是由一个积分方程和一个常微分方程构成。为了获得用 $x(t)$ 和 $y(t)$ 表示的常微分方程，下面求 $y(t)$ 的一阶导数和二阶导数，得到

$$\frac{\mathrm{d}y(t)}{\mathrm{d}t} = \frac{1}{C}i(t) \Rightarrow i(t) = C\frac{\mathrm{d}y(t)}{\mathrm{d}t}$$

$$\frac{\mathrm{d}^2 y(t)}{\mathrm{d}t^2} = \frac{1}{C}\frac{\mathrm{d}i(t)}{\mathrm{d}t} \Rightarrow L\frac{\mathrm{d}i(t)}{\mathrm{d}t} = LC\frac{\mathrm{d}^2 y(t)}{\mathrm{d}t^2}$$

当 KVL 方程中相应的项被替换之后可得

$$x(t) = RC\frac{\mathrm{d}y(t)}{\mathrm{d}t} + LC\frac{\mathrm{d}^2y(t)}{\mathrm{d}t^2} + y(t) \tag{3.47}$$

这是一个二阶常微分方程,两个初始条件为:电容的初始电压 $y(0)$ 和电感的初始电流 $i(0) = C\mathrm{d}y(t)/\mathrm{d}t|_{t=0}$。

(1) 为了求出该电路的冲激响应,设 $x(t) = \delta(t)$ 以及初始条件等于零。对式(3.47)进行拉普拉斯变换可得

$$X(s) = [LCs^2 + RCs + 1]Y(s)$$

系统的冲激响应 $h(t)$ 是以下转移函数的拉普拉斯逆变换:

$$H(s) = \frac{Y(s)}{X(s)} = \frac{1/LC}{s^2 + (R/L)s + 1/LC}$$

若 $LC = 1, R/L = 2$,则转移函数为

$$H(s) = \frac{1}{(s+1)^2}$$

于是有相应的冲激响应为 $h(t) = te^{-t}u(t)$。

(2) 为了求出电路对 $x(t) = u(t)$ 的响应,可以计算卷积积分

$$y(t) = \int_{-\infty}^{\infty} x(\tau)h(t-\tau)\mathrm{d}\tau = \int_{-\infty}^{\infty} u(\tau)(t-\tau)e^{-(t-\tau)}u(t-\tau)\mathrm{d}\tau$$

$$= \int_0^t (t-\tau)e^{-(t-\tau)}\mathrm{d}\tau = [1 - e^{-t}(1+t)]u(t)$$

则阶跃响应为 $s(t) = [1 - e^{-t}(1+t)]u(t)$。

利用拉普拉斯变换的卷积性质可以更容易地求得以上结果:

$$Y(s) = H(s)X(s) = \frac{1}{(s+1)^2}\frac{1}{s}$$

以上是代入转移函数和输入 $x(t) = u(t)$ 的拉普拉斯变换表达式的结果,然后对 $Y(s)$ 进行部分分式展开有

$$Y(s) = \frac{A}{s} + \frac{B}{s+1} + \frac{C}{(s+1)^2}$$

在确定 $A = 1, C = -1$ 和 $B = -1$ 之后便得到

$$y(t) = s(t) = u(t) - e^{-t}u(t) - te^{-t}u(t)$$

这与用卷积积分求得的结果一致,然而本例所用方法容易得多。

【例 3.29】

考虑第 2 章给出的由一个麦克风靠近一组扬声器(见图 3.20)所构成的正反馈系统。为简单起见,令 $\beta = 1, \tau = 1$ 及 $x(t) = u(t)$。

(1) 利用拉普拉斯变换求系统的冲激响应 $h(t)$,并用它以卷积的方式表示输出;

(2) 确定转移函数 $H(s)$,并由它求出输出 $y(t)$;

(3) 将转移函数的极点与系统的不稳定行为联系起来,证明此系统不是 BIBO 稳定的。

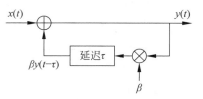

图 3.20 由一个麦克风靠近一组扬声器产生的正反馈

解　第 2 章曾指出反馈系统的冲激响应不能在时域中显式地获得,但现在利用拉普拉斯变换却能够做到。图 3.20 所示正反馈系统的输入-输出方程为 $y(t) = x(t) + \beta y(t-\tau)$。

若令 $x(t) = \delta(t)$,则输出 $y(t) = h(t)$ 或 $h(t) = \delta(t) + \beta h(t-\tau)$,由此方程无法获得 $h(t)$ 的表达式。

若令 $H(s) = \mathscr{L}[h(t)]$,则以上方程的拉普拉斯变换为 $H(s) = 1 + \beta H(s)\mathrm{e}^{-s\tau}$,求解出 $H(s)$ 并将所给的 β 和 τ 的值代入后得

$$H(s) = \frac{1}{1 - \beta\mathrm{e}^{-s\tau}} = \frac{1}{1 - \mathrm{e}^{-s}} = \sum_{k=0}^{\infty} \mathrm{e}^{-sk} = 1 + \mathrm{e}^{-s} + \mathrm{e}^{-2s} + \mathrm{e}^{-3s} + \cdots$$

冲激响应 $h(t)$ 等于 $H(s)$ 的拉普拉斯逆变换,故有

$$h(t) = \delta(t) + \delta(t-1) + \delta(t-2) + \cdots = \sum_{k=0}^{\infty} \delta(t-k)$$

如果 $x(t)$ 是输入,那么输出就可用卷积积分写成为

$$y(t) = \int_{-\infty}^{\infty} x(t-\tau)h(\tau)\mathrm{d}\tau = \int_{-\infty}^{\infty} \sum_{k=0}^{\infty} \delta(\tau-k)x(t-\tau)\mathrm{d}\tau$$

$$= \sum_{k=0}^{\infty} \int_{-\infty}^{\infty} \delta(\tau-k)x(t-\tau)\mathrm{d}\tau = \sum_{k=0}^{\infty} x(t-k)$$

将 $x(t) = u(t)$ 代入得

$$y(t) = \sum_{k=0}^{\infty} u(t-k)$$

可见随着 t 增大 $y(t)$ 趋于无穷大。

欲使系统 BIBO 稳定,其冲激响应 $h(t)$ 必须绝对可积,但该系统却不满足这个条件。实际上有

$$\int_{-\infty}^{\infty} |h(t)|\,\mathrm{d}t = \int_{-\infty}^{\infty} \sum_{k=0}^{\infty} \delta(t-k)\mathrm{d}t = \sum_{k=0}^{\infty} \int_{-\infty}^{\infty} \delta(t-k)\mathrm{d}t = \sum_{k=0}^{\infty} 1 \to \infty$$

从另一个角度来看,$H(s)$ 的极点是 $1 - \mathrm{e}^{-s} = 0$ 的根,就是使 $\mathrm{e}^{-s_k} = 1 = \mathrm{e}^{\mathrm{j}2\pi k}$ 的 s 值,即 $s_k = \pm\mathrm{j}2\pi k$。因此,$H(s)$ 在 $\mathrm{j}\Omega$-轴上有无限多个极点,这也说明该系统不是 BIBO 稳定的。

3.7　我们完成了什么,我们向何处去

通过本章相信读者已经知道了拉普拉斯变换在连续时间信号和系统分析中的重要性。拉普拉斯变换提供的信号表示与信号的时域表示是互补的,因此对于信号来说,阻尼和频率、极点和零点,还有收敛域一起形成了一个新的域。不止于此,你将会看到这些概念在本书第 2 部分余下几章里的应用,当讨论信号和系统的傅里叶分析时我们还将回到拉普拉斯变换上来。常微分方程的解以及不同类型的响应都可通过拉普拉斯变换用代数的方法获得,同样地,拉普拉斯变换为卷积积分的计算提供了一个简单然而却非常重要的解决方法。拉普拉斯变换还提供了转移函数的概念,转移函数将是线性时不变系统分析和综合的基础。

在接下来两章的学习中需要明白一点,那就是贯穿拉普拉斯变换和傅里叶变换的主线是 LTI 系统的特征函数性质,理解该性质会为你提供洞察傅里叶分析所必需的能力。

3.8 本章练习题

3.8.1 基础题

3.1 求下列信号的拉普拉斯变换,并指出收敛域。

(a) 有限支撑信号:

(i) $x(t) = \delta(t-1)$;

(ii) $y(t) = \delta(t+1) - \delta(t-1)$;

(iii) $z(t) = u(t+1) - u(t-1)$;

(iv) $w(t) = \cos(2\pi t)[u(t+1) - u(t-1)]$

(b) 因果信号:

(i) $x_1(t) = e^{-t}u(t)$;

(ii) $y_1(t) = e^{-t}u(t-1)$;

(iii) $z_1(t) = e^{-t+1}u(t-1)$;

(iv) $w_1(t) = e^{-t}(u(t) - u(t-1))$

答案:(a) $Y(s) = 2\sinh(s)$,ROC 是整个 s 平面;

$W(s) = \dfrac{2s\sinh(s)}{(s^2+4\pi^2)}$,ROC 是整个 s 平面。

(b) $Y_1(s) = e^{-(s+1)}/(s+1)$,ROC:$\sigma > -1$。

3.2 求下列信号的拉普拉斯变换,并指出收敛域。

(a) 反因果信号:

(i) $x(t) = e^{t}u(-t)$;

(ii) $y(t) = e^{t}u(-t-1)$;

(iii) $z(t) = e^{t+1}u(-t-1)$;

(iv) $w(t) = e^{t}(u(-t) - u(-t-1))$

(b) 非因果信号:

(i) $x_1(t) = u(t+1) - u(t-1)$;

(ii) $y_1(t) = e^{-t}u(t+1)$;

(iii) $z_1(t) = e^{t}[u(t+1) - u(t-1)]$

答案:(a) $Z(s) = \dfrac{e^{s}}{(1-s)}$,ROC:$\sigma < 1$;

(b) $Z_1(s) = \dfrac{2\sinh(s-1)}{(s-1)}$,ROC 为整个 s 平面。

3.3 考虑以下涉及正弦信号的问题:

(a) 求 $y(t) = \sin(2\pi t)[u(t) - u(t-1)]$ 的拉普拉斯变换及其收敛域。仔细画出 $y(t)$ 的图形,判断 $Y(s)$ 的收敛域。

(b) 一个非常光滑的脉冲是 $x(t) = 1 - \cos(2\pi t)$,$0 \leqslant t \leqslant 1$,否则为 0,它被称为升余弦信号,求此信号的拉普拉斯变换及相应的收敛域。

(c) 给出三种求 $\cos^2(t)u(t)$ 的拉普拉斯变换的可能方法,并用其中两种计算它的拉普拉斯变换。

答案:$Y(s) = 2\pi(1-e^{-s})/(s^2+4\pi^2)$;$x(t)$ 是有限支撑信号,ROC 是整个平面。

3.4 求下列信号的拉普拉斯变换,并确定每种情况下相应的收敛域:

(a) 信号 $x(t) = e^{-at}u(t) - e^{at}u(-t)$,当 (i) $\alpha > 0$ 和 (ii) $\alpha \to 0$ 时。

(b) 抽样信号

$$x_1(t) = \sum_{n=0}^{N-1} e^{-2n}\delta(t-n)$$

(c) "通往天堂的台阶"信号

$$s(t) = \sum_{n=0}^{\infty} u(t-n)$$

(d) 正弦信号 $v(t) = [\cos(2(t-1)) + \sin(2\pi t)]u(t-1)$。

(e) 信号 $y(t) = t^2 e^{-2t} u(t)$，已知 $x(t) = t^2 u(t)$ 的拉普拉斯变换为 $X(s) = 2/s^3$。

答案：(a) 当 $\alpha \to 0$ 时，$x(t) = u(t) - u(-t)$ 不存在拉普拉斯变换；

(b) ROC 是整个 s 平面；(c) $S(s) = 1/(s(1-e^{-s}))$；(e) $Y(s) = 2/(s+2)^3$。

3.5 在以下问题中运用拉普拉斯变换的性质。

(a) 证明 $x(t)e^{-at}u(t)$ 的拉普拉斯变换是 $X(s+a)$，其中 $X(s) = \mathcal{L}[x(t)]$，然后利用它求出 $y(t) = \cos(t)e^{-2t}u(t)$ 的拉普拉斯变换。

(b) 信号 $x_1(t)$ 的拉普拉斯变换为

$$X_1(s) = \frac{s+2}{(s+2)^2 + 1}$$

求 $X_1(s)$ 的极点和零点，并根据极点的位置求出当 $t \to \infty$ 时的 $x_1(t)$。

(c) 信号 $z(t) = de^{-t}u(t)/dt$，

i. 计算导数 $z(t)$，然后求出它的拉普拉斯变换 $Z(s)$。

ii. 利用微分性质求出 $Z(s)$，将所得结果与之前得到的结果进行比较。

答案：(a) $Y(s) = \dfrac{s+2}{(s+2)^2 + 1}$；(b) 当 $t \to \infty$ 时，$x_1(t) \to 0$；(c) $Z(s) = s/(s+1)$。

3.6 考虑脉冲 $x(t) = u(t) - u(t-1)$，求 $X(s)$ 的零点和极点并将它们画出来。

(a) 假设 $x(t)$ 是具有转移函数 $H(s) = Y(s)/X(s) = 1/(s^2 + 4\pi^2)$ 的 LTI 系统的输入，求 $Y(s) = \mathcal{L}[y(t)]$ 的零点和极点并将它们画出来，其中 $y(t)$ 是系统的输出。

(b) 如果 LTI 系统的转移函数为

$$G(s) = \frac{Z(s)}{X(s)} = \prod_{k=1}^{\infty} \frac{1}{s^2 + (2k\pi)^2}$$

输入为以上信号 $x(t)$，计算输出 $z(t)$。

答案：$X(s)$ 在 $j\Omega$-轴上有无限多个零点；$z(t) = \delta(t)$。

3.7 求下列信号的拉普拉斯变换及其收敛域。

(a) 单位阶跃信号的反褶是 $u(-t)$，利用该结果以及 $u(t)$ 的拉普拉斯变换尝试能否得到一个常数即 $x(t) = u(t) + u(-t)$ 的拉普拉斯变换(假定 $u(0) = 0.5$，这样在 $t=0$ 就没有间断点)。

(b) 非因果信号 $y(t) = e^{-|t|}u(t+1)$，仔细画出它的图形，通过将 $y(t)$ 分成一个因果信号 $y_c(t)$ 和一个反因果信号 $y_{ac}(t)$ 来求出它的拉普拉斯变换 $Y(s)$，分别画出 $y_c(t)$ 和 $y_{ac}(t)$，并求出 $Y(s)$、$Y_c(s)$ 和 $Y_{ac}(s)$ 的收敛域。

答案：(a) $x(t)$ 不存在拉普拉斯变换；(b) $Y(s) = (e^{s-1}(s+1) - 2)/(s^2 - 1)$。

3.8 求信号 $x(t) = r(t) - 2r(t-1) + 2r(t-3) - r(t-4)$ 的拉普拉斯变换。

(a) 画出 $x(t)$ 的图形。计算 $dx(t)/dt$ 和 $d^2x(t)/dt^2$，并画出它们的图形。

(b) 利用 $\dfrac{d^2 x(t)}{dt^2}$ 的拉普拉斯变换求 $X(s)$。

答案：$\dfrac{d^2 x(t)}{dt^2} = \delta(t) - 2\delta(t-1) + 2\delta(t-3) - \delta(t-4)$。

3.9 在下列问题中利用拉普拉斯逆变换以及 LTI 系统的输入和输出之间的关系。

(a) 一个系统,其输出的拉普拉斯变换为

$$Y_1(s) = \frac{e^{-2s}}{s^2+1} + \frac{(s+2)^2+2}{(s+2)^3}$$

求 $y_1(t)$,假设它是因果的。

(b) 一个二阶系统,其输出 $y_2(t)$ 的拉普拉斯变换为

$$Y_2(s) = \frac{-s^2-s+1}{s(s^2+3s+2)}$$

若此系统的输入为 $x_2(t) = u(t)$,求描述该系统的常微分方程以及相应的初始条件 $y_2(0)$ 和 $dy_2(0)/dt$。

(c) 一个系统,其输出 $y(t)$ 的拉普拉斯变换为

$$Y(s) = \frac{1}{s((s+1)^2+4)}$$

假设 $y(t)$ 是因果的,求稳态响应 $y_{ss}(t)$ 和暂态响应 $y_t(t)$。

答案:(a) $y_1(t) = \sin(t-2)u(t-2) + e^{-2t}u(t) + t^2 e^{-2t}u(t)$;

(b) $y_2(0) = -1, dy_2(0)/dt = 2$;

(c) 暂态响应 $y_t(t) = [-(1/5)e^{-t}\cos(2t) - (1/10)e^{-t}\sin(2t)]u(t)$。

3.10 系统由以下常微分方程描述

$$\frac{d^2 y(t)}{dt^2} + 3\frac{dy(t)}{dt} + 2y(t) = x(t)$$

其中,$y(t)$ 是系统输出,$x(t)$ 是输入。

(a) 求系统的转移函数 $H(s) = \dfrac{Y(s)}{X(s)}$。根据 $H(s)$ 的极点和零点判断系统是否是 BIBO 稳定的。

(b) 若 $x(t) = u(t)$,并且初始条件等于零,确定稳态响应 $y_{ss}(t)$。如果初始条件不等于零,稳态响应又等于多少? 会得到相同的稳态响应吗? 请作出解释。

答案:$H(s) = 1/(s^2+3s+2)$;BIBO 稳定;$y_{ss}(t) = 0.5$。

3.11 已知系统的输出 $y(t)$ 的拉普拉斯变换如下:

$$Y(s) = \frac{(s-1)X(s)}{(s+2)^2+1} + \frac{1}{(s+2)^2+1}$$

其中,$X(s)$ 为输入 $x(t)$ 的拉普拉斯变换。

(a) 如果 $x(t) = u(t)$,求零状态响应 $y_{zs}(t)$。

(b) 求零输入响应 $y_{zi}(t)$。

(c) 确定稳态响应 $y_{ss}(t)$。

答案:$y_{zs}(t) = -(1/5)u(t) + (1/5)e^{-2t}\cos(t)u(t) + (7/5)e^{-2t}\sin(t)u(t)$。

3.12 LTI 系统的转移函数为

$$H(s) = \frac{s}{(s+1)^2+1}$$

(a) 利用拉普拉斯变换求单位阶跃响应 $s(t) = (h * x)(t)$。

(b) 分别求出以下输入引起的响应:

(i) $x_1(t) = u(t) - u(t-1)$; (ii) $x_2(t) = \delta(t) - \delta(t-1)$; (iii) $x_3(t) = r(t)$

答案： $s(t)=e^{-t}\sin(t)u(t)$。

3.13 考虑一个 LTI 系统，其转移函数为

$$H(s)=\frac{Y(s)}{X(s)}=\frac{s^2+4}{s((s+1)^2+1)}$$

(a) 判断系统是否是 BIBO 稳定的。

(b) 设输入为 $x(t)=\cos(2t)u(t)$，求响应 $y(t)$ 以及相应的稳态响应。

(c) 设输入为 $x(t)=\sin(2t)u(t)$，求响应 $y(t)$ 以及相应的稳态响应。

(d) 设输入为 $x(t)=u(t)$，求响应 $y(t)$ 以及相应的稳态响应。

(e) 请解释为什么以上结果看起来与有关稳定性的结论相矛盾。

答案： 对于 $x(t)=\cos(2t)u(t)$，$\lim\limits_{t\to\infty}y(t)=0$；若 $x(t)=u(t)$，没有稳态响应。

3.14 考虑以下冲激响应函数

$$h_1(t)=\left[\frac{2}{3}e^{-2t}+\frac{1}{3}e^t\right]u(t),$$

$$h_2(t)=\frac{2}{3}e^{-2t}u(t)-\frac{1}{3}e^tu(-t),$$

$$h_3(t)=-\frac{2}{3}e^{-2t}u(-t)-\frac{1}{3}e^tu(-t)$$

(a) 根据 $h_1(t)$ 的表达式判断系统是否是因果和 BIBO 稳定的，并求它的拉普拉斯变换 $H_1(s)$ 和收敛域。

(b) 根据 $h_2(t)$ 的表达式判断系统是否是非因果和 BIBO 稳定的，并求它的拉普拉斯变换 $H_2(s)$ 和收敛域。

(c) 根据 $h_3(t)$ 的表达式判断系统是否是反因果和 BIBO 稳定的，并求它的拉普拉斯变换 $H_3(s)$ 和收敛域。

(d) 根据以上结果，确定系统 BIBO 稳定的一般条件。

答案： $h_1(t)$ 无界，故它是不稳定的因果系统；

$H_3(s)=(2/3)/(s+2)-(1/3)/(-s+1)$，ROC 为 $\sigma<-2$，不稳定的反因果系统。

3.15 系统的单位阶跃响应为 $s(t)=[0.5-e^{-t}+0.5e^{-2t}]u(t)$。

(a) 求系统的转移函数 $H(s)$。

(b) 分别在时域和拉普拉斯域利用 $s(t)$ 求冲激响应 $h(t)$ 和斜变响应 $\rho(t)$。

答案： $H(s)=1/(s+1)(s+2)$。

3.16 考虑一个冲激响应为 $h(t)=e^{-at}[u(t)-u(t-1)]$，$a>0$ 的 LTI 系统。

(a) 求转移函数 $H(s)$。

(b) 求 $H(s)$ 的极点和零点。

(c) $\lim\limits_{a\to0}H(s)=\dfrac{1-e^{-s}}{s}$ 是否正确？

(d) 当 $a\to0$ 时，$H(s)$ 的极点和零点怎样在 s 平面移动？

答案： $H(s)=(1-e^{-(s+a)})/(s+a)$，ROC 为整个 s 平面，极点被零点抵消了。

3.17 因果 LTI 系统的转移函数为

$$H(s)=\frac{1}{s^2+4}$$

（a）求联系该系统的输入 $x(t)$ 与输出 $y(t)$ 的常微分方程。

（b）当初始条件为 $y(0)=0$ 和 $\dfrac{\mathrm{d}y(0)}{\mathrm{d}t}=1$ 时，为使输出 $y(t)$ 恒等于 0，求相应的输入 $x(t)$。

（c）若希望输出 $y(t)$ 恒为 0，如果令 $x(t)=\delta(t)$，初始条件应该等于多少？

答案：（b）$x(t)=-\delta(t)$；（c）$y(0)=0,y'(0)=-1$。

3.18 因果 LTI 系统具有转移函数

$$H(s) = \frac{Y(s)}{X(s)} = \frac{1}{1-\mathrm{e}^{-s}}$$

（a）求 $H(s)$ 的极点和零点，并据此判断该滤波器是否是 BIBO 稳定的。

（b）画出此系统的一个方框图。

（c）求该系统的冲激响应 $h(t)$，并利用它来验证你对于此系统稳定性的结论。

答案：$h(t)$ 不是绝对可积的。

3.19 LTI 系统的冲激响应为 $h(t)=r(t)-2r(t-1)+r(t-2)$，其输入是一个冲激序列

$$x(t) = \sum_{k=0}^{\infty} \delta(t-kT)$$

（a）将 $x(t)$ 与 $h(t)$ 进行卷积积分从而求出系统的输出 $y(t)$，分别画出 $T=1$ 和 $T=2$ 时的 $y(t)$。

（b）在 $T=2$ 的情况下，求 $y(t)$ 的拉普拉斯变换 $Y(s)$。

答案：$Y(s)=\dfrac{\cosh(s)-1}{s^2\sinh(s)}$。

3.20 一个无线通信信道由方程 $y(t)=\alpha x(t-T)+\alpha^3 x(t-3T)$ 描述，其中 $0<\alpha<1$ 是衰减系数，T 是延时，$x(t)$ 是输入，$y(t)$ 是输出。

（a）求该信道的冲激响应 $h(t)$。

（b）求转移函数 $H(s)$ 及其极点和零点，判断该系统是否是 BIBO 稳定的。

答案：$h(t)=\alpha\delta(t-T)+\alpha^3\delta(t-3T)$；$H(s)$ 没有极点，系统是 BIBO 稳定的。

3.21 考虑两个 LTI 系统的级联，如图 3.21 所示，其中级联连接的输入是 $z(t)$，输出是 $y(t)$，而 $x(t)$ 是第一个系统的输出、第二个系统的输入。该级联系统的输入等于 $z(t)=(1-t)\left[u(t)-u(t-1)\right]$。

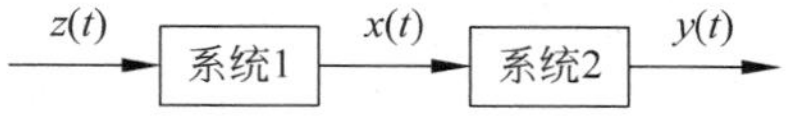

图 3.21 问题 3.21

（a）若第一个系统的输入输出特性方程为 $x(t)=\mathrm{d}z(t)/\mathrm{d}t$，求第一个系统相应的输出 $x(t)$。

（b）对于第二个系统，若已知当输入为 $\delta(t)$ 时相应的输出为 $\mathrm{e}^{-2t}u(t)$，当输入为 $u(t)$ 时相应的输出为 $0.5(1-\mathrm{e}^{-2t})u(t)$，利用这些信息，计算当输入为以上所求出的 $x(t)$ 时，第二个系统的输出 $y(t)$。

（c）确定这个以 $z(t)$ 为输入、$y(t)$ 为输出的级联系统的常微分方程。

答案：$x(t)=\delta(t)-(u(t)-u(t-1))$；$\dfrac{\mathrm{d}y(t)}{\mathrm{d}t}+2y(t)=\dfrac{\mathrm{d}z(t)}{\mathrm{d}t}$。

3.22 考虑以下有关不同类型响应的问题。

（a）LTI 系统的输入为 $x(t)=u(t)-2u(t-1)+u(t-2)$，相应输出的拉普拉斯变换为

$$Y(s) = \frac{(s+2)(1-\mathrm{e}^{-s})^2}{s(s+1)^2}$$

确定系统的冲激响应。

(b) 若函数

$$X(s) = \frac{1}{s(s^2 + 2s + 10)}$$

对应一个因果信号 $x(t)$，无须计算拉普拉斯逆变换，直接确定 $\lim_{t \to \infty} x(t)$。

(c) 若 LTI 系统输出的拉普拉斯变换为

$$Z(s) = \frac{1}{s((s+2)^2 + 1)}$$

那么稳态响应 $z_{ss}(t)$ 会等于什么？

(d) LTI 系统输出的拉普拉斯变换为

$$W(s) = \frac{e^{-s}}{s((s-2)^2 + 1)}$$

如何判断有没有稳态？请作出解释。

(e) LTI 系统输出的拉普拉斯变换为

$$V(s) = \frac{s+1}{s((s+1)^2 + 1)}$$

确定相应于 $V(s)$ 的稳态响应和暂态响应。

答案：(a) $H(s) = (s+2)/(s+1)^2$，ROC：$\sigma > 0$；

(b) $\lim_{t \to \infty} x(t) = 0.1$；(c) $v_t(t) = -0.5e^{-t}\cos(t)u(t) + 0.5e^{-t}\sin(t)u(t)$。

3.23 考虑下面与卷积积分有关的问题。

(a) LTI 系统的冲激响应为 $h(t) = e^{-2t}u(t)$，系统的输入是脉冲 $x(t) = u(t) - u(t-3)$，分别用画图计算卷积积分的方法和拉普拉斯变换方法求系统的输出 $y(t)$。

(b) 已知模拟平均器的冲激响应为 $h_1(t) = u(t) - u(t-1)$，若输入模拟平均器的信号为 $x_1(t) = u(t) - u(t-1)$，分别用画图计算卷积积分的方法和拉普拉斯变换方法求出相应的输出 $y_1(t) = [h_1 * x_1](t)$。$y_1(t)$ 比输入信号 $x_1(t)$ 更光滑吗？请作出解释。

(c) 假设将 3 个模拟平均器级联起来，每个平均器的冲激响应均为 $h_i(t) = u(t) - u(t-1)$，$i = 1, 2, 3$，确定此系统的转移函数。如果输入到第一个平均器的信号持续时间为 Ms，那么第 3 个平均器的输出信号会持续多长时间？

答案：(a) $Y(s) = (1 - e^{-3s})/(s(s+2))$；(c) 输出的支撑将为 $3Ms$。

3.24 在卷积问题中，已知的是系统的冲激响应 $h(t)$ 和输入 $x(t)$，要求的是系统输出 $y(t)$。而所谓"解卷积"问题是指给出 $x(t)$、$h(t)$ 和 $y(t)$ 中的两个，要去求第三个。举个例子，已知输出 $y(t)$ 和系统的冲激响应 $h(t)$，要求输入 $x(t)$。考虑以下情形：

(a) 假设系统的冲激响应为 $h(t) = e^{-t}\cos(t)u(t)$，输出的拉普拉斯变换为

$$Y(s) = \frac{4}{s((s+1)^2 + 1)}$$

那么输入 $x(t)$ 等于什么？

(b) LTI 系统的输出为 $y_1(t) = r(t) - 2r(t-1) + r(t-2)$，其中 $r(t)$ 是斜变信号，若已知输入为 $x_1(t) = u(t) - u(t-1)$，确定系统的冲激响应 $h_1(t)$。

答案：$x(t) = 4(1 - e^{-t})u(t)$；$h_1(t) = u(t) - u(t-1)$。

3.25 对于 BIBO 稳定的因果系统而言，其转移函数的所有极点都在 s 平面的左半开平面(不包含 $j\Omega$-轴)上。

(a) 设某个系统的转移函数为

$$H_1(s) = \frac{Y(s)}{X(s)} = \frac{1}{(s+1)(s-2)}$$

假设 $X(s)$ 的极点都在 s 平面的左半平面,求 $\lim\limits_{t \to \infty} y(t)$,判断系统是否是 BIBO 稳定的。如果不稳定,说明导致系统不稳定的原因是什么。

(b) 设转移函数为

$$H_2(s) = \frac{Y(s)}{X(s)} = \frac{1}{(s+1)(s+2)}$$

$X(s)$ 的情形与(a)相同,求 $\lim\limits_{t \to \infty} y(t)$。你能利用这个极限值来判断系统是否是 BIBO 稳定的吗? 如果不行,该怎么做才能检验系统的稳定性?

答案: (a) 假定没有极点/零点相消,那么 $\lim\limits_{t \to \infty} y(t) \to \infty$。

3.26 稳定系统的稳态响应是由来自于输入的位于 s 平面 $j\Omega$-轴上的简单极点引起的。现在假设系统的转移函数为

$$H(s) = \frac{Y(s)}{X(s)} = \frac{1}{(s+1)^2 + 4}$$

(a) 求 $H(s)$ 的极点和零点并在 s 平面上画出它们,然后求出相应的冲激响应 $h(t)$。判断此系统的冲激响应是否能使系统 BIBO 稳定,即是否绝对可积。

(b) 设输入 $x(t) = u(t)$,并且初始条件为 0,求 $y(t)$ 并根据它确定稳态响应。

(c) 设输入 $x(t) = tu(t)$,并且初始条件为 0,求 $y(t)$ 并根据它确定稳态响应。这种情况与前一种情况相比,二者有什么区别?

(d) 为了解释在以上这种情况下的系统行为,下面来考虑这些问题:输入 $x(t) = tu(t)$ 是有界的吗? 即有没有一个有限值 M 使得对于所有 t 都有 $|x(t)| < M$? 如果知道系统是稳定的,会得到什么样的输出?

答案: (a)~(b)中的系统是 BIBO 稳定的; $y_{ss}(t) = 0.2$。

3.27 模拟平均器的输入/输出方程由卷积积分

$$y(t) = \frac{1}{T} \int_{t-T}^{t} x(\tau) d\tau$$

给出,其中 $x(t)$ 是输入,$y(t)$ 是输出。

(a) 改变以上方程从而确定冲激响应 $h(t)$。

(b) 利用联系输入和输出的卷积积分(令 $T=1$),画图确定对于输入脉冲 $x(t) = u(t) - u(t-2)$ 的输出 $y(t)$。仔细画出输入和输出的图形。(凭直觉也可以获得输出,这来自于对平均器的深入理解。)

(c) 利用前面求出的冲激响应 $h(t)$,现在用拉普拉斯变换法计算对于 $x(t) = u(t) - u(t-2)$ 的输出,仍然令平均器的 $T=1$。

答案: $h(t) = (1/T)[u(t) - u(t-T)]$; $y(t) = r(t) - r(t-1) - r(t-2) + r(t-3)$。

3.28 为了明白零点对系统全响应的影响,现在假设有一个系统,其转移函数为

$$H(s) = \frac{Y(s)}{X(s)} = \frac{s^2 + 4}{s((s+1)^2 + 1)}$$

(a) 求出并画出 $H(s)$ 的极点和零点,此系统是 BIBO 稳定的吗?

(b) 若要使已知系统的稳态输出为零,确定输入 $x(t) = 2\cos(\Omega_0 t)u(t)$ 的频率 Ω_0。解释为什么会出

现稳态输出为零的情况？

(c) 如果输入为 $x(t) = 2\sin(\Omega_0 t)u(t)$，会得到与上面相同的结果吗？请解释为什么相同或者不同。

答案：$h(t)$ 不绝对可积；余弦作为输入产生 $Y(s) = 2/((s+1)^2+1)$。

3.29 有两类反馈：负反馈和正反馈。在这个问题中我们要探究它们的差别。

(a) 考虑负反馈。假设有个转移函数为 $H(s) = Y(s)/E(s)$ 的系统，其中 $E(s) = C(s) - Y(s)$，且 $C(s)$ 和 $Y(s)$ 分别是反馈系统的参考信号 $c(t)$ 和输出信号 $y(t)$ 的拉普拉斯变换。求整个系统的转移函数 $G(s) = Y(s)/C(s)$。

(b) 与负反馈相比，在正反馈中唯一改变的方程是 $E(s) = C(s) + Y(s)$，另一个方程保持不变。求整个反馈系统的转移函数 $G(s) = Y(s)/C(s)$。

(c) 假设 $C(s) = 1/s$，$H(s) = 1/(s+1)$，确定负反馈系统和正反馈系统的 $G(s)$。求出两类反馈系统的 $y(t) = \mathscr{L}^{-1}[Y(s)]$，并说明二者的差别。

答案：正反馈：$G(s) = H(s)/(1 - H(s))$。

3.30 以下问题研究的是将不稳定系统变成稳定系统的方法。

(a) 利用一个反馈环增益为 K 的负反馈可以使不稳定系统变成稳定系统。例如，考虑一个不稳定系统，其转移函数为

$$H(s) = \frac{2}{s-1}$$

它在 s 平面的右半平面有一个极点，这使得系统的冲激响应 $h(t)$ 随 t 的增大而增长。利用负反馈，反馈环增益为 $K > 0$，将 $H(s)$ 置于前向环中，画出系统的框图。求出反馈系统的转移函数 $G(s)$，并且确定能够使整个系统 BIBO 稳定，也就是使 $G(s)$ 的极点位于 s 平面左半开平面的 K 值。

(b) 另一个稳定化方法是将一个全通系统与不稳定的系统级联连接，从而消去位于 s 平面右半平面上的极点。考虑转移函数为

$$H(s) = \frac{s+1}{(s-1)(s^2+2s+1)}$$

的系统，它有一个位于 s 平面右半平面上的极点 $s = 1$，所以系统不稳定。

i. 全通滤波器的极、零点是这样的：若 $p_{12} = -\sigma \pm j\Omega_0$ 是滤波器的复共轭极点，那么 $z_{12} = \sigma \pm j\Omega_0$ 就是相应的零点；对于实数极点 $p_0 = -\sigma$，有一个相应的零点 $z_0 = \sigma$。全通滤波器的分子、分母多项式的阶数相等。写出全通滤波器转移函数的一般形式 $H_{ap}(s) = KN(s)/D(s)$。

ii. 求一个全通滤波器的 $H_{ap}(s)$，要使当它与已知的 $H(s)$ 级联时，整个系统的转移函数 $G(s) = H(s)H_{ap}(s)$ 的所有极点都在 s 平面的左半平面内。

iii. 求全通滤波器的 K 值，要使当 $s = 0$ 时全通滤波器的增益为 1。整个系统的模 $|G(s)|$ 与不稳定滤波器的模 $|H(s)|$ 之间有什么关系？

答案：(a) $K > 0.5$；(b) $G(s) = -1/(s+1)^2$。

3.8.2 MATLAB 实践题

3.31 拉普拉斯逆变换 考虑以下拉普拉斯逆变换问题。

(a) 已知拉普拉斯变换

$$Y(s) = \frac{s^4 + 2s + 1}{s^3 + 4s^2 + 5s + 2}$$

它不是一个真分式。确定其逆变换信号 $y(t)$ 中的 $\delta(t)$ 和 $\mathrm{d}\delta(t)/\mathrm{d}t$ 项的幅值。

（b）求

$$Z(s) = \frac{s^2 - 3}{(s+1)(s+2)}$$

的拉普拉斯逆变换。能用初值定理检验前面求出的结果吗？请作出解释。

（c）　　　　　　　　　　$$X(s) = \frac{3s - 4}{s(s+1)(s+2)}$$

的拉普拉斯逆变换应该具有 $x(t) = [Ae^{-t} + B + Ce^{-2t}]u(t)$ 的形式，求 A、B 和 C 的值。用 MATLAB 函数 ilaplace 求出逆变换并画出 $x(t)$。

答案： $y(t) = -4\delta(t) + \mathrm{d}\delta(t)/\mathrm{d}t + \cdots$；$z(t) = \delta(t) - 2e^{-t}u(t) - e^{-2t}u(t)$。

3.32　拉普拉斯逆变换　考虑以下拉普拉斯逆变换问题。

（a）用 MATLAB 计算以下函数的拉普拉斯逆变换：

$$X(s) = \frac{s^2 + 2s + 1}{s(s+1)(s^2 + 10s + 50)}$$

确定稳态中 $x(t)$ 的值。若不计算逆变换，如何获得该值？请作出解释。

（b）求

$$X(s) = \frac{(1 - se^{-s})}{s(s+2)}$$

的逆变换 $x(t)$。再用 MATLAB 画出 $x(t)$ 来验证所得逆变换结果。

答案：（b）$x(t) = 0.5u(t) - 0.5e^{-2t}u(t) - e^{-2(t-1)}u(t-1)$。

3.33　极点和零点的影响　信号 $x(t)$ 的拉普拉斯变换 $X(s)$ 的极点为 $p_{1,2} = -3 \pm j\pi/2$ 和 $p_3 = 0$。

（a）给出信号 $x(t)$ 的一般表达形式，该表达式中包含某些常数。

（b）令

$$X(s) = \frac{1}{(s + 3 - j\pi/2)(s + 3 + j\pi/2)s}$$

根据极点的位置获得 $x(t)$ 的表达式。用 MATLAB 求出 $x(t)$ 并画出它的图形。你对答案的猜测与 MATLAB 给出的结果接近程度如何？

答案：（a）$x(t) = Ae^{-3t}\cos((\pi/2)t + \theta)u(t) + Bu(t)$。

3.34　求解微分方程　拉普拉斯变换的一个应用是求解微分方程。

（a）假设已知描述一个 LTI 系统的常微分方程为

$$y^{(2)}(t) + 0.5y^{(1)}(t) + 0.15y(t) = x(t), \quad t \geqslant 0$$

其中，$y(t)$ 是系统的输出，$x(t)$ 是系统的输入，$y^{(1)}(t)$ 和 $y^{(2)}(t)$ 是对 t 的一阶导数和二阶导数。输入是因果的，即 $x(t) = 0$，$t < 0$。要使系统是 LTI 的，初始条件应该等于多少？求出相应于这些初始条件的 $Y(s)$。

（b）对于以上常微分方程，如果初始条件是 $y^{(1)}(0) = 1$，$y(0) = 1$，求 $Y(s)$。如果输入系统的信号加倍，即输入等于 $2x(t)$，那么 $Y(s)$ 也加倍从而使其逆变换 $y(t)$ 也加倍吗？该系统是线性的吗？

（c）若输入分别为 $u(t)$ 和 $2u(t)$，初始条件如问题（b），用 MATLAB 求出常微分方程的解。比较两个解，检验在问题（b）中求出的响应。

答案：（b）$Y(s) = X(s)/(s^2 + 0.5s + 0.15) + (s + 1.5)/(s^2 + 0.5s + 0.15)$，不是 LTI 的。

3.35　微分方程、初始条件和稳定性　以下函数 $Y(s) = \mathscr{L}[y(t)]$ 是对一个微分方程应用拉普拉斯

变换而得到的,该方程表示了一个具有非零初始条件的系统,该系统的输入为 $x(t)$,其拉普拉斯变换为 $X(s)$,

$$Y(s) = \frac{X(s)}{s^2 + 2s + 3} + \frac{s+1}{s^2 + 2s + 3}$$

(a) 确定表示系统的包含 $y(t)$ 和 $x(t)$ 的微分方程。

(b) 求初始条件 $y'(0)$ 和 $y(0)$。

(c) 用 MATLAB 确定该系统的冲激响应 $h(t)$,并画出它的图形。求转移函数 $H(s)$ 的极点并判断系统是否是 BIBO 稳定的。

答案：$\mathrm{d}^2 y(t)/\mathrm{d}t^2 + 2\mathrm{d}y(t)/\mathrm{d}t + 3y(t) = x(t)$。

3.36 不同类型的响应 令 $Y(s) = \mathscr{L}[y(t)]$ 为一个二阶微分方程的解的拉普拉斯变换,该方程表示的系统具有输入 $x(t)$ 以及某些初始条件,

$$Y(s) = \frac{X(s)}{s^2 + 2s + 1} + \frac{s+1}{s^2 + 2s + 1}$$

(a) 求对 $x(t) = u(t)$ 的零状态响应(初始条件为零,仅由输入引起的响应)。

(b) 求零输入响应(输入为零,由初始条件引起的响应)。

(c) 求当 $x(t) = u(t)$ 时的全响应。

(d) 求当 $x(t) = u(t)$ 时的暂态和稳态响应。

(e) 用 MATLAB 验证以上求得的各响应。

答案：对于零状态,$x(t) = u(t)$,$y_{zs}(t) = [1 - te^{-t} - e^{-t}]u(t)$。

3.37 二阶系统的暂态响应 二阶系统暂态响应的类型取决于系统极点的位置。现在有二阶系统的转移函数

$$H(s) = \frac{Y(s)}{X(s)} = \frac{1}{s^2 + b_1 s + b_0}$$

设输入为 $x(t) = u(t)$。

(a) 设 $H(s)$ 分母的系数为 $b_1 = 5, b_0 = 6$,求响应 $y(t)$。用 MATLAB 验证并画出 $y(t)$ 的图形。

(b) 假设 $H(s)$ 分母的系数变成 $b_1 = 2, b_0 = 6$,求响应 $y(t)$。用 MATLAB 验证并画出 $y(t)$ 的图形。

(c) 将求得的响应与 $H(s)$ 的极点位置联系起来,解释以上结果。

答案：(a) $y(t) = [(1/6) - (1/2)e^{-2t} + (1/3)e^{-3t}]u(t)$。

3.38 模拟平均器的零稳态响应 模拟平均器可由以下微分方程描述

$$\frac{\mathrm{d}y(t)}{\mathrm{d}t} = \frac{1}{T}[x(t) - x(t-T)]$$

其中,$y(t)$ 是其输出,$x(t)$ 是输入。

(a) 如果平均器的输入-输出方程为

$$y(t) = \frac{1}{T}\int_{t-T}^{t} x(\tau)\mathrm{d}\tau$$

说明如何得到以上微分方程,证明 $y(t)$ 是微分方程的解。

(b) 如果 $x(t) = \cos(\pi t)u(t)$,选取平均器的 T 值从而使稳态输出 $y(t) = 0$,对于所选取的 T,画图说明怎样使输出 $y(t) = 0$ 成为可能。这样的 T 值是唯一的吗? 这与正弦的频率 $\Omega_0 = \pi$ 有什么关系?

(c) 利用平均器的冲激响应 $h(t)$ 和拉普拉斯变换,证明当 $x(t) = \cos(\pi t)u(t)$ 且 T 为上面所取的值时,稳态输出等于零。用 MATLAB 求解微分方程并画出当 T 为所取值时的响应。

提示：考虑输入为 $x(t)/T$，利用叠加性和时不变性求由 $(x(t)-x(t-T))/T$ 引起的 $y(t)$。

答案：(c) 对输入 $\cos(\pi t)u(t)$，$y(t)=(0.5/\pi)(\sin(\pi t)u(t)-\sin(\pi(t-2)u(t-2))$。

3.39 部分分式展开 考虑以下函数 $Y_i(s)=\mathscr{L}[y_i(t)]$，$i=1,2$ 和 3，

$$Y_1(s)=\frac{s+1}{s(s^2+2s+4)}, \quad Y_2(s)=\frac{1}{(s+2)^2}, \quad Y_3(s)=\frac{s-1}{s^2((s+1)^2+9)}$$

其中 $\{y_i(t)$，$i=1,2,3\}$ 是具有零初始条件的微分方程的全响应。

(a) 如果对应这些函数的输入均为 $x(t)=u(t)$，确定每一种情况下的微分方程。

(b) 对于 $\{Y_i(s)$，$i=1,2,3\}$ 中的每个函数，求全响应 $\{y_i(t)$，$i=1,2,3\}$ 的一般形式。用 MATLAB 画出 $\{Y_i(s)\}$ 中每个函数的极点和零点，求出它们的部分分式展开式和全响应。

答案：$\mathrm{d}^2y_1(t)/\mathrm{d}t^2+2\mathrm{d}y_1(t)/\mathrm{d}t+4y_1(t)=x(t)+\mathrm{d}x(t)/\mathrm{d}t$。

3.40 迭代卷积积分 考虑脉冲 $x(t)=u(t+0.5)-u(t-0.5)$ 与其自身的多次卷积，用 MATLAB 来计算和画图。

(a) 考虑 $N=2$ 时的卷积，即 $y_2(t)=(x*x)(t)$ 的结果。用拉普拉斯变换的卷积性质求 $Y_2(s)=\mathscr{L}[y_2(t)]$，并求出 $y_2(t)$。

(b) 考虑 $N=3$ 时的卷积，即 $y_3(t)=(x*x*x)(t)$ 的结果。用拉普拉斯变换的卷积性质求 $Y_3(s)=\mathscr{L}[y_3(t)]$，并求出 $y_3(t)$。

(c) 信号 $x(t)$ 可认为是对信号进行"平滑"的平均器的冲激响应。令 $y_1(t)=x(t)$，画出当 $i=1,2,3$ 时的三个函数 $y_i(t)$，比较这些信号的光滑程度，指出它们的时间支撑（对 $y_2(t)$ 和 $y_3(t)$，它们的支撑是怎样与被卷积的信号的支撑相关的？）。

答案：$y_3(t)=\varphi(t+1.5)-3\varphi(t+0.5)+3\varphi(t-0.5)-\varphi(t-1.5)$，$\varphi(t)=t^3u(t)/6$。

3.41 半波整流器 由交流电压产生直流的过程中，"半波"整流信号是一个重要部分。假设交流电压为 $x(t)=\sin(2\pi t)u(t)$，$y(t)$ 为半波整流信号。

(a) 设 $y_1(t)$ 为 $y(t)$ 在周期 $0\le t\le 1$ 内的部分，证明 $y_1(t)$ 可被等价地写为

$$y_1(t)=\sin(2\pi t)u(t)+\sin(2\pi(t-0.5))u(t-0.5)$$

或

$$y_1(t)=\sin(2\pi t)[u(t)-u(t-0.5)]$$

用 MATLAB 进行验证。求 $y_1(t)$ 的拉普拉斯变换 $Y_1(s)$。

(b) 用 $y_1(t)$ 表示 $y(t)$，并求出 $y(t)$ 的拉普拉斯变换 $Y(s)$。

答案：(a) 用 $\sin(2\pi(t-0.5))=\sin(2\pi t-\pi)=-\sin(2\pi t)$；$Y(s)=Y_1(s)/(1-\mathrm{e}^{-s})$。

3.42 多项式乘法运算 当分子或分母以因式分解的形式给出时，需要将多项式相乘，虽然该过程可以手工完成，但 MATLAB 提供了函数 conv，可以用它计算两个多项式相乘所产生的多项式的系数。

(a) 在 MATLAB 里用 help 查找 conv 的用法，然后考虑以下两个多项式：

$$P(s)=s^2+s+1 \quad \text{和} \quad Q(s)=2s^3+3s^2+s+1$$

首先手工计算两个多项式的乘积，求出 $Z(s)=P(s)Q(s)$，再用 conv 检验你的结果。

(b) 一个系统的输出具有以下的拉普拉斯变换

$$Y(s)=\frac{N(s)}{D(s)}=\frac{(s+2)}{s^2(s+1)((s+4)^2+9)}$$

用 conv 求出分母多项式，然后用 ilaplace 求出拉普拉斯逆变换。

答案：$Z(s)=P(s)Q(s)=2s^5+5s^4+6s^3+5s^2+2s+1$。

3.43 **反馈误差** 考虑一个负反馈系统,该系统用于控制转移函数为

$$G(s) = 1/(s(s+1)(s+2))$$

的设备,反馈系统的输出 $y(t)$ 通过一个转移函数为 $H(s)=1$ 的传感器与一个微分器相连,参考信号 $x(t)$ 也在此处接入。微分器的输出是反馈误差 $e(t)=x(t)-v(t)$,其中 $v(t)$ 是反馈传感器的输出。

(a) 仔细画出该反馈系统,并求出反馈误差 $e(t)$ 的拉普拉斯变换 $E(s)$ 的表达式。

(b) 对于所给设备来说,有两个可能的参考测试信号,分别是 $x(t)=u(t)$ 和 $x(t)=r(t)$,请从中选择一个会产生零稳态反馈误差的参考信号。

(c) 对两个误差函数,当 $x(t)=u(t)$ 时的 $E_1(s)$ 和当 $x(t)=r(t)$ 时的 $E_2(s)$,用数值 MATLAB 对它们进行部分分式展开,利用部分分式展开式求出 $e_1(t)$ 和 $e_2(t)$,从而验证前面得到的结果。

答案: $E(s)=X(s)/(1+H(s)G(s))$。

第 4 章

CHAPTER 4

频率分析：傅里叶级数

数学家就是把咖啡转换成定理的机器。

保罗·厄多斯(Paul Erdos)(1913—1996 年)
数学家

4.1 引言

在本章和下一章,我们将研究连续时间信号和系统的频率分析——本章介绍周期信号的傅里叶级数,下一章介绍周期信号和非周期信号的傅里叶变换,以及系统的傅里叶变换。

周期信号和非周期信号的频率表示表明信号的功率或者能量是如何分配给不同频率成分的,这种在频率上的分布称作**信号的频谱**。对周期信号而言,由于其功率是集中在基频的整数倍频率上,因此它们的频谱是离散的,这里的基频是与信号的基波周期直接相关的。而另一方面,非周期信号的频谱却是频率的连续函数。频谱的概念与光学中用来描述光线,或材料科学中用来描述金属的谱的概念是相似的,它们都指示了功率或能量在频率上的分布情况。傅里叶表示在求线性时不变(LTI)系统的频率响应时很有用。频率响应与用拉普拉斯变换得到的转移函数有关系,它是 LTI 系统对不同频率的正弦的响应,该响应可以表征系统,可以使系统稳态响应的计算变得容易,而且在系统的设计和综合问题中与转移函数同等重要。

应当理解当信号作用于 LTI 系统时,用基本信号表示该信号的动因,这一点很重要。用于计算 LTI 系统输出的卷积积分正是由于利用了平移的冲激函数表示输入信号,以及 LTI 系统的冲激响应概念才产生的。同理,拉普拉斯变换可视为用复指数函数即一般的特征函数表示信号的表达式。在本章和下一章还将看到,为了利用 LTI 系统的特征函数性质,将复指数函数或正弦函数用于周期信号和非周期信号的傅里叶表示。本章中关于傅里叶级数的一些结论将会在下一章推广至傅里叶变换。

傅里叶分析研究的是稳态,而拉普拉斯分析则既研究暂态又研究稳态,因此,如果我们像控制理论那样对暂态感兴趣,那么拉普拉斯是一个很有意义的变换;相反,如果我们像通信理论那样对频率分析或者稳态感兴趣,那么傅里叶是需要用到的变换。不过在控制和通信中也有这样的情形,拉普拉斯分析和傅里叶分析都需要考虑。

信号和系统的频率表示在信号处理和通信中极其重要,它解释了诸如滤波、通信系统中的信号调制、带宽的含义,以及如何设计滤波器等等概念。同样地,频率表示在模拟信号的抽样中是至关重要的——抽样是模拟信号与数字信号处理之间的桥梁。

4.2　重温特征函数

稳定 LTI 系统最重要的性质是当系统的输入为某个频率的复指数函数(即余弦和正弦的组合)时，系统的输出等于输入乘以一个复常数，该复数与系统对输入频率的响应方式有关。

LTI 系统的特征函数性质

如果具有某频率 Ω_0 的 $x(t) = e^{j\Omega_0 t}$，$-\infty < t < \infty$ 是因果稳定 LTI 系统的输入，该系统的冲激响应为 $h(t)$，则系统的稳态输出等于

$$y(t) = e^{j\Omega_0 t} H(j\Omega_0) \tag{4.1}$$

其中

$$H(j\Omega_0) = \int_0^\infty h(\tau) e^{-j\Omega_0 \tau} d\tau = H(s)\mid_{s=j\Omega_0} \tag{4.2}$$

是**系统在 Ω_0 的频率响应**(或系统转移函数 $H(s)$ 在 $s = j\Omega_0$ 的值)。信号 $x(t) = e^{j\Omega_0 t}$ 被说成是 LTI 系统的**特征函数**，因为它同时出现在输入和输出中。

借助卷积积分求出对应 $x(t) = e^{j\Omega_0 t}$ 的输出就能明白这个性质：

$$y(t) = \int_0^\infty h(\tau) x(t-\tau) d\tau = e^{j\Omega_0 t} \underbrace{\int_0^\infty h(\tau) e^{-j\Omega_0 \tau} d\tau}_{H(j\Omega_0)}$$

输入信号在输出中出现，又被系统在输入频率 Ω_0 处的频率响应 $H(j\Omega_0)$ 所改变。注意，卷积积分的上、下限表明输入起始于 $-\infty$(当 $\tau = \infty$)，且当前的输出是对起始于 $-\infty$ 并到一个有限时间(在积分中当 $\tau = 0$)的输入的响应，这意味着系统是处于稳态。

以上对于单一频率的结果可以很容易推广至输入信号中出现多个频率的情况。如果输入信号 $x(t)$ 是具有不同幅度、频率和相位的多个复指数函数的线性组合，即

$$x(t) = \sum_k X_k e^{j\Omega_k t}$$

其中 X_k 是复值，由于对应于 $X_k e^{j\Omega_k t}$ 的输出为 $X_k e^{j\Omega_k t} H(j\Omega_k)$，于是根据叠加原理可知系统对 $x(t)$ 的响应为

$$y(t) = \sum_k X_k e^{j\Omega_k t} H(j\Omega_k) = \sum_k X_k \mid H(j\Omega_k) \mid e^{j(\Omega_k t + \angle H(j\Omega_k))} \tag{4.3}$$

以上结论对于由任意频率的指数函数组成的信号都是成立的。在本章将会看到，如果 $x(t)$ 是周期信号，那么它可以用傅里叶级数来表示，傅里叶级数是谐波相关的指数函数的组合(即指数函数的频率是该周期信号基波频率的倍数)，于是当一个周期信号被施加到一个因果稳定的 LTI 系统时，系统的输出就可如式(4.3)那样计算得到。

当输入信号为具有连续变化的频率的复指数函数的积分(毕竟也是一个和)时，也能够看出特征函数性质的重要性。即若

$$x(t) = \int_{-\infty}^\infty X(\Omega) e^{j\Omega t} d\Omega$$

则对于具有频率响应 $H(j\Omega)$ 的稳定 LTI 系统，利用叠加性和特征函数性质便可得到输出等于

$$y(t) = \int_{-\infty}^\infty X(\Omega) e^{j\Omega t} H(j\Omega) d\Omega = \int_{-\infty}^\infty X(\Omega) \mid H(j\Omega) \mid e^{(j\Omega t + \angle H(j\Omega))} d\Omega \tag{4.4}$$

$x(t)$ 的以上表达式与下一章将要介绍的非周期信号的傅里叶表示有关。这里 LTI 系统的特征函数性

质再次提供了一种有效计算输出的方法。此外还可以发现，通过令 $Y(\Omega) = X(\Omega)H(j\Omega)$，以上方程给出了一个由 $Y(\Omega)$ 得到 $y(t)$ 的计算式，乘积 $Y(\Omega) = X(\Omega)H(j\Omega)$ 对应卷积积分 $y(t) = [x * h](t)$ 的傅里叶变换，并且与拉普拉斯变换的卷积性质有关。重要的是要开始注意这些关系，理解拉普拉斯分析和傅里叶分析之间的联系。

注：

（1）要注意以上对信号和系统的频率表示所采用的符号上的差异。如果 $x(t)$ 是周期信号，其频率表示用 $\{X_k\}$；如果是非周期的，则用 $X(\Omega)$ 表示。而对于冲激响应为 $h(t)$ 的系统，其频率响应用 $H(j\Omega)$ 表示（虽然 j 并不必要，但它可提醒我们：$H(j\Omega)$ 与一个系统而非一个信号相联系）。

（2）在考虑特征函数性质时，LTI 系统的稳定性是必要的，因为它可以保证对于所有频率 $H(j\Omega)$ 均存在。

（3）将卷积性质应用于线性电路分析与对电路进行正弦稳态相量分析得到的结果是相同的。即若

$$x(t) = A\cos(\Omega_0 t + \theta) = \frac{Ae^{j\theta}}{2}e^{j\Omega_0 t} + \frac{Ae^{-j\theta}}{2}e^{-j\Omega_0 t} \tag{4.5}$$

是电路的输入，该电路的转移函数为

$$H(s) = \frac{Y(s)}{X(s)} = \frac{\mathscr{L}[y(t)]}{\mathscr{L}[x(t)]}$$

那么相应的稳态输出为

$$\begin{aligned} y_{ss}(t) &= \frac{Ae^{j\theta}}{2}e^{j\Omega_0 t}H(j\Omega_0) + \frac{Ae^{-j\theta}}{2}e^{-j\Omega_0 t}H(-j\Omega_0) \\ &= A\,|H(j\Omega_0)|\,\cos(\Omega_0 t + \theta + \angle H(j\Omega_0)) \end{aligned} \tag{4.6}$$

其中非常重要的是，输出的频率与输入的频率一致，并且输入的振幅和相位被系统频率响应在频率 Ω_0 的模和辐角所改变。系统在频率 Ω_0 的响应等于 $H(j\Omega_0) = H(s)|_{s=j\Omega_0}$，正如我们将看到的那样，它的模是频率的偶函数，即 $|H(j\Omega_0)| = |H(-j\Omega_0)|$，它的辐角是频率的奇函数，即 $\angle H(j\Omega_0) = -\angle H(-j\Omega_0)$，正是利用了这两个结论才得到了式（4.6）。

对应输入

$$x(t) = A\cos(\Omega_0 t + \theta)$$

的相量被定义为一个向量

$$X = A\angle\theta$$

它以 Ω_0 rad/s 的频率在极坐标平面旋转。相量的模为 A，与正实轴的夹角为 θ，当相量以给定频率旋转时，其在实轴上的投影随着时间的推移产生一个频率、振幅和相位如上所示的余弦函数。计算当 $s = j\Omega_0$ 时的转移函数为

$$H(s)\,|_{s=j\Omega_0} = H(j\Omega_0) = \frac{Y}{X}$$

（这是对应输出的相量 Y 与对应输入的相量 X 的比值），于是输出的相量为

$$Y = H(j\Omega_0)X = |Y|\,e^{j\angle Y}$$

这样一个相量转化成为正弦则是

$$y_{ss}(t) = \mathrm{Re}[Ye^{j\Omega_0 t}] = A\,|H(j\Omega_0)|\,\cos(\Omega_0 t + \theta + \angle H(j\Omega_0))$$

它等于式（4.6）。

（4）LTI 系统的一个非常重要的应用是滤波，在这类应用中人们感兴趣的是保留信号中需要的频率成分而去除掉不需要的成分，从式（4.3）和式（4.4）中可看出 LTI 系统能用于滤波。在周期信号的情

况下，对于那些希望保留的成分，使模量$|H(j\Omega_k)|$理想地成为单位1，而对于那些想要去除的成分，则使模量$|H(j\Omega_k)|$理想地成为0。同样地，若是非周期信号，对于那些希望保留的成分，使模量$|H(j\Omega)|$理想地成为1，而对那些想要去除的成分，则使模量$|H(j\Omega)|$理想地成为0。根据具体的滤波应用，可以设计具有适当特性的LTI系统，获得期望的转移函数$H(s)$。

LTI系统特征函数性质的相量解释

对于一个具有转移函数$H(s)$的稳定LTI系统，若其输入为

$$x(t) = A\cos(\Omega_0 t + \theta) = \mathrm{Re}\left[X\mathrm{e}^{j\Omega_0 t}\right] \tag{4.7}$$

其中，$X = A\mathrm{e}^{j\theta}$是对应输入$x(t)$的相量，则系统的稳态输出为

$$y(t) = \mathrm{Re}\left[XH(j\Omega_0)\mathrm{e}^{j\Omega_0 t}\right] = \mathrm{Re}\left[AH(j\Omega_0)\mathrm{e}^{j(\Omega_0 t+\theta)}\right]$$
$$= A\,|\,H(j\Omega_0)\,|\cos(\Omega_0 t + \theta + \angle H(j\Omega_0)) \tag{4.8}$$

其中，系统在Ω_0的频率响应为

$$H(j\Omega_0) = H(s)\,|_{s=j\Omega_0} = \frac{Y}{X} \tag{4.9}$$

稳态输出中的Y是对应输出$y(t)$的相量。

【例4.1】

考虑图4.1所示的RC电路，令电压源为$v_s(t) = 4\cos(t+\pi/4)$，电阻$R=1\Omega$，电容$C=1\mathrm{F}$。求电容的稳态电压。

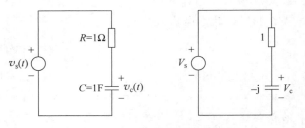

图4.1　RC电路和相应的相量电路

解　这个问题可用两种等效的方法来解决。

相量法　由图4.1中的相量电路，考虑电阻和电容的阻抗分压，可以得到以下相量比，其中V_s是对应电源$v_s(t)$的相量，V_c是对应$v_c(t)$的相量：

$$\frac{V_c}{V_s} = \frac{-j}{1-j} = \frac{-j(1+j)}{2} = \frac{\sqrt{2}}{2}\angle -\pi/4$$

由于$V_s = 4\angle\pi/4$，于是

$$V_c = 2\sqrt{2}\angle 0$$

故稳态响应为

$$v_c(t) = 2\sqrt{2}\cos(t)$$

特征函数法　考虑到电容的端电压是输出，电压源是输入，可利用分压并将电阻和电容的阻抗表示成s的函数，于是得到转移函数

$$H(s) = \frac{V_c(s)}{V_s(s)} = \frac{1/s}{1+1/s} = \frac{1}{s+1}$$

从而得在输入频率即$\Omega_0 = 1$处，系统的频率响应等于

$$H(j1) = \frac{\sqrt{2}}{2}\angle -\pi/4$$

根据特征函数性质，电容的稳态响应等于

$$v_c(t) = 4\,|\,H(j1)\,|\cos(t+\pi/4 + \angle H(j1)) = 2\sqrt{2}\cos(t)$$

该解与用相量法求得的一致。

【例 4.2】

理想通信系统是一个仅仅将输入信号延迟并将其作为输出的系统，这样一个理想的系统对输入信号除了延时之外，不会引起任何失真。本题求理想通信系统的频率响应，并利用求出的频率响应确定当系统的时延为 $\tau = 3\text{s}$，且输入为 $x(t) = 2\cos(4t - \pi/4)$ 时的稳态响应。

解 考虑到理想通信系统是 LTI 的，故它的冲激响应为 $h(t) = \delta(t - \tau)$，其中 τ 是传输延迟。实际上，由卷积积分得到的系统输出等于

$$y(t) = \int_0^\infty \underbrace{\delta(\rho - \tau)}_{h(\rho)} x(t - \rho)\mathrm{d}\rho = x(t - \tau)$$

不出所料。再来求理想通信系统的频率响应，根据特征函数的性质，若输入 $x(t) = \mathrm{e}^{\mathrm{j}\Omega_0 t}$，那么输出为

$$y(t) = \mathrm{e}^{\mathrm{j}\Omega_0 t} H(\mathrm{j}\Omega_0)$$

但同时又有

$$y(t) = x(t - \tau) = \mathrm{e}^{\mathrm{j}\Omega_0(t - \tau)}$$

对比两个式子有

$$H(\mathrm{j}\Omega_0) = \mathrm{e}^{-\mathrm{j}\tau\Omega_0}$$

实际上，对于任意频率 $0 \leqslant \Omega < \infty$，都会得到

$$H(\mathrm{j}\Omega) = \mathrm{e}^{-\mathrm{j}\tau\Omega}$$

这是 Ω 的复函数，有单位模量 $|H(\mathrm{j}\Omega)| = 1$ 和线性相位 $\angle H(\mathrm{j}\Omega) = -\tau\Omega$。该系统被称为全通系统，因为它允许输入信号中的所有频率成分通过而只改变了它们的相位。

考虑 $\tau = 3\text{s}$ 并且输入系统的信号为 $x(t) = 2\cos(4t - \pi/4)$ 的情况，由于 $H(\mathrm{j}\Omega) = \mathrm{e}^{-\mathrm{j}3\Omega}$，从而得稳态输出为

$$y(t) = 2 \mid H(\mathrm{j}4) \mid \cos(4t - \pi/4 + \angle H(\mathrm{j}4)) = 2\cos(4(t - 3) - \pi/4) = x(t - 3)$$

其中利用了 $H(\mathrm{j}4) = 1\mathrm{e}^{-\mathrm{j}12}$，即 $|H(\mathrm{j}4)| = 1$，$\angle H(\mathrm{j}4) = -12$。

【例 4.3】

对于由微分方程描述的系统，虽然有更好的方法计算其频率响应，但利用特征函数性质也能够很容易达到同样的目的。考虑图 4.1 所示的 RC 电路，其中输入为

$$v_s(t) = 1 + \cos(10000t)$$

它包含一个低频成分 $\Omega = 0$ 和一个高频成分 $\Omega = 10000\text{rad/s}$，输出 $v_c(t)$ 是电容的稳态电压。我们希望求出这个电路的频率响应从而证实它是一个**低通滤波器**（即允许低频成分通过，但滤除高频成分）。

解 利用基尔霍夫电压定律得到描述该电路的一阶微分方程为

$$v_s(t) = v_c(t) + \frac{\mathrm{d}v_c(t)}{\mathrm{d}t}$$

如果输入为 $v_s(t) = \mathrm{e}^{\mathrm{j}\Omega t}$，其中 Ω 是任意频率，则输出等于 $v_c(t) = \mathrm{e}^{\mathrm{j}\Omega t} H(\mathrm{j}\Omega)$，将它们代入以上微分方程有

$$\mathrm{e}^{\mathrm{j}\Omega t} = \mathrm{e}^{\mathrm{j}\Omega t} H(\mathrm{j}\Omega) + \frac{\mathrm{d}\mathrm{e}^{\mathrm{j}\Omega t} H(\mathrm{j}\Omega)}{\mathrm{d}t}$$

$$= \mathrm{e}^{\mathrm{j}\Omega t} H(\mathrm{j}\Omega) + \mathrm{j}\Omega \mathrm{e}^{\mathrm{j}\Omega t} H(\mathrm{j}\Omega)$$

从而可得此滤波器对任意频率 Ω 的频率响应为

$$H(\mathrm{j}\Omega) = \frac{1}{1 + \mathrm{j}\Omega}$$

$H(j\Omega)$的模等于

$$|H(j\Omega)| = \frac{1}{\sqrt{1+\Omega^2}}$$

对于小的频率值,这个模接近于1,而当频率值很大时,这个模趋于0,这正是低通滤波器的特征。至于输入信号

$$v_s(t) = 1 + \cos(10000t) = \cos(0t) + \cos(10000t)$$

(即它包含一个零频率成分和一个10000(rad/s)的频率成分),由于

$$H(j0) = 1$$

$$H(j10000) \approx \frac{1}{j10^4} = \frac{-j}{10000} = \frac{1}{10000}\angle -\pi/2$$

故电路对该输入的稳态输出为

$$v_c(t) \approx 1 + \frac{1}{10000}\cos(10000t - \pi/2) \approx 1$$

因此该电路表现得像一个低通滤波器,它保留信号的直流成分(低频 $\Omega=0$),而基本上去掉了信号的高频成分($\Omega=10000$)。

注意,由分压原理可以得到一个以频率 Ω 为变量的相量比,频率响应也可以通过这种方式获得,它等于

$$\frac{V_c}{V_s} = \frac{1/j\Omega}{1 + 1/j\Omega} = \frac{1}{1 + j\Omega}$$

当 $\Omega=0$ 时该比值等于1,当 $\Omega=10000$ 时它近似为 $-j/10000$,即它们分别对应 $H(j0)$ 和 $H(j10000)$。

傅里叶和拉普拉斯

让·巴普蒂斯·约瑟夫·傅里叶(Jean-Baptiste-Joseph Fourier),法国数学家(1768—1830年),与拉普拉斯是同时代的人,而且他还与拉普拉斯分享了许多科学和政治经历。与拉普拉斯一样,他出身卑微,但他却没有拉普拉斯那样的政治敏锐性。拉普拉斯和傅里叶都受到了法国大革命时期政治动荡的影响,两人都与拿破仑·波拿巴(Napoleon Bonaparte),法国的将军和皇帝有密切的联系。傅里叶被任命为高等师范学校数学系的主席,在那个时代,他引导了法国数学上最辉煌的时期。他的主要工作是"热传导的数学理论",提出了周期信号的谐波分析,并因此于1807年获得了法国科学院颁发的特等奖,虽然遭到了拉普拉斯、拉格朗日和勒让德几位评委的反对,他们指出傅里叶的数学处理缺乏严密性。傅里叶遵循了"从来不讨厌批评,从来也不回应"的建议,不理会这些批评,在1822年的热传导论文中他没有做任何修改。傅里叶对革命充满热情,在几次战役中追随着拿破仑,因此在第二次复辟时,他不得不当掉了他所有的财产才活了下来。感谢他的朋友,他成为法国科学院秘书,这也是他拥有的最后职位。

4.3 复指数傅里叶级数

周期信号 $x(t)$ 的傅里叶级数表示,是用频率为 $x(t)$ 基波频率的倍数的复指数函数或正弦函数来表示 $x(t)$ 的一个表达式。用傅里叶级数表示周期信号的优点是,不仅可以获知信号的频谱特性,而且当施加于LTI系统的信号是周期信号时,可以通过利用特征函数性质求出系统对它们的响应。

从数学上讲,傅里叶级数就是周期信号的一个归一化正交复指数函数展开式。函数的正交性概念

与向量的垂直性概念相似：垂直的向量不能被相互表示，正交的函数提供相互独立的信息。两个向量的垂直性可以通过向量的点积或标量积来确立，函数的正交性可以通过内积，或者说函数与其复共轭函数的乘积在其正交支撑上的积分来确立。考虑一个定义于区间 $[a,b]$ 上的复变函数集 $\{\psi_k(t)\}$，对于任意一对此集合中的函数，例如 $\psi_l(t)$ 和 $\psi_m(t)$，若它们的内积满足

$$\int_a^b \psi_l(t)\psi_m^*(t)\mathrm{d}t = \begin{cases} 0, & l \neq m \\ 1, & l = m \end{cases} \tag{4.10}$$

其中，$*$ 代表复共轭，那么就称该函数集合是在区间 $[a,b]$ 上**正交规范**的（即正交的和归一化的）。

利用这些函数 $\{\psi_k(t)\}$，一个定义在 $[a,b]$ 上的能量有限信号 $x(t)$ 可用级数

$$\hat{x}(t) = \sum_k \alpha_k \psi_k(t) \tag{4.11}$$

来近似。根据二次误差准则，即通过选择合适的系数 $\{\alpha_k\}$，可以使误差函数 $\varepsilon(t) = x(t) - \hat{x}(t)$ 的能量，或

$$\int_a^b |\varepsilon(t)|^2 \mathrm{d}t = \int_a^b \left| x(t) - \sum_k \alpha_k \psi_k(t) \right|^2 \mathrm{d}t \tag{4.12}$$

达到最小。该展开式可以是有限的，也可以是无限的；可以在每一点都近似信号，也可以不如此。

傅里叶提出用正弦函数作为表示周期信号的函数 $\{\psi_k(t)\}$，并且解决了式（4.12）中的二次函数最小化问题，从而获得了展开式中的系数。对大多数信号而言，用傅里叶方法得到的级数都包含无限项，而且级数逐点地与信号一致。下面从利用复指数函数的一般展开式开始，由此获得正弦函数形式的级数。

众所周知，周期信号 $x(t)$ 是这样的信号：

- 它定义于 $-\infty < t < \infty$，即它有无限支撑；
- 对任意整数 k，有 $x(t+kT_0) = x(t)$，其中，T_0 是信号的基波周期，或使之成立的最小正实数。

基波周期为 T_0 的周期信号 $x(t)$，其**傅里叶级数**表示是频率为信号**基波频率** $\Omega_0 = 2\pi/T_0\,(\mathrm{rad/s})$ 的倍数的加权复指数函数（余弦函数和正弦函数的组合）的一个无限和

$$x(t) = \sum_{k=-\infty}^{\infty} X_k \mathrm{e}^{jk\Omega_0 t} \tag{4.13}$$

其中，傅里叶系数 $\{X_k\}$ 由式

$$X_k = \frac{1}{T_0}\int_{t_0}^{t_0+T_0} x(t)\mathrm{e}^{-jk\Omega_0 t}\mathrm{d}t \tag{4.14}$$

确定，这里 $k = 0, \pm1, \pm2, \cdots$，且 t_0 为任意值。式（4.14）的形式表明，傅里叶级数所需的信息可由 $x(t)$ 的任一个周期获得。

注：

（1）傅里叶级数用傅里叶基函数 $\{\mathrm{e}^{jk\Omega_0 t}, k$ 为整数$\}$ 表示基波周期为 T_0 的周期信号 $x(t)$。傅里叶函数是以 T_0 为基波周期的周期函数，即对于任意整数 m 和谐波频率 $\{k\Omega_0\}$，有

$$\mathrm{e}^{jk\Omega_0(t+mT_0)} = \mathrm{e}^{jk\Omega_0 t}\underbrace{\mathrm{e}^{jkm2\pi}}_{1} = \mathrm{e}^{jk\Omega_0 t}$$

（2）傅里叶函数在一个周期内是正交规范的，即满足

$$\frac{1}{T_0}\int_{t_0}^{t_0+T_0} \mathrm{e}^{jk\Omega_0 t}[\mathrm{e}^{jl\Omega_0 t}]^* \mathrm{d}t = \begin{cases} 1, & k = l \\ 0, & k \neq l \end{cases} \tag{4.15}$$

也就是说，当 $k \neq l$ 时以上积分等于 0，$\mathrm{e}^{jk\Omega_0 t}$ 和 $\mathrm{e}^{jl\Omega_0 t}$ 是正交的；当 $k = l$ 时以上积分等于 1，它们是规范的(或归一化的)。函数 $\mathrm{e}^{jk\Omega_0 t}$ 和 $\mathrm{e}^{jl\Omega_0 t}$ 正交是由于

$$
\begin{aligned}
\frac{1}{T_0}\int_{t_0}^{t_0+T_0} \mathrm{e}^{jk\Omega_0 t}\left[\mathrm{e}^{jl\Omega_0 t}\right]^* \mathrm{d}t &= \frac{1}{T_0}\int_{t_0}^{t_0+T_0} \mathrm{e}^{j(k-l)\Omega_0 t}\mathrm{d}t \\
&= \frac{1}{T_0}\int_{t_0}^{t_0+T_0}\left[\cos((k-l)\Omega_0 t) + j\sin((k-l)\Omega_0 t)\right]\mathrm{d}t \\
&= 0, \quad k \neq l
\end{aligned}
\tag{4.16}
$$

以上积分等于 0 是因为被积函数是正弦函数，且积分限覆盖了被积函数的一个或多个周期。当 $k = l$ 时以上积分等于

$$
\frac{1}{T_0}\int_{t_0}^{t_0+T_0} \mathrm{e}^{j0t}\mathrm{d}t = 1
$$

注意正交规范性不受 t_0 值的影响。

(3) 利用傅里叶函数的正交规范性可以很容易地获得傅里叶系数 $\{X_k\}$：首先将式(4.13)两边乘以 $\mathrm{e}^{-jl\Omega_0 t}$，然后在一个周期内积分可得

$$
\int_{T_0} x(t)\mathrm{e}^{-jl\Omega_0 t}\mathrm{d}t = \sum_k X_k \int_{T_0} \mathrm{e}^{j(k-l)\Omega_0 t}\mathrm{d}t = X_l T_0
$$

以上结果考虑到了当 $k = l$ 时，和式中的积分等于 T_0，否则等于 0，就是傅里叶指数函数的正交规范性所指出的那样。由此结果就可以得到式(4.14)中傅里叶系数 $\{X_l\}$ 的表达式(需要认识到傅里叶级数中的 k 和 l 是哑元变量，因此对于系数表达式，不管是用 l 还是 k，它们都是一样的)。

(4) 重要的是要知道，对于一个基波周期为 T_0 的周期信号 $x(t)$，其任意一个周期

$$
x(t), \quad t_0 \leqslant t \leqslant t_0 + T_0, \quad \forall t_0
$$

都能提供表征 $x(t)$ 时域特性的必要信息。而傅里叶系数和相应的谐波频率 $\{X_k, k\Omega_0\}$ 以一种等价的方式在频域中提供了关于 $x(t)$ 的必要信息。

4.3.1 线谱——分布在频率上的功率

傅里叶级数提供了一种确定周期信号的频率成分以及判断各频率成分重要性的途径。对于一个周期信号，其**功率谱**提供了该信号的功率如何在信号中不同频率上分布的信息，因此通过功率谱不仅可以了解信号包含哪些频率成分，还可以了解这些频率成分的强度。在实际中，人们用**频谱分析仪**来计算和显示功率谱，我们将在下一章介绍频谱分析仪。

1. 帕色瓦尔功率关系

虽然周期信号是能量无限的信号，但它们的功率是有限的，傅里叶级数提供了一种计算信号在某个频带内的功率的方法，对于周期信号来说，是利用**帕色瓦尔功率关系**来达到以上目的的。

> 基波周期为 T_0 的周期信号 $x(t)$，其功率 P_x 既可以在时域中计算得到，也可以等价地在频域中计算得到：
>
> $$
> P_x = \frac{1}{T_0}\int_{t_0}^{t_0+T_0} |x(t)|^2 \mathrm{d}t = \sum_{k=-\infty}^{\infty} |X_k|^2, \quad \forall t_0
> \tag{4.17}
> $$

基波周期为 T_0 的周期信号 $x(t)$，其功率由下式得出

$$
P_x = \frac{1}{T_0}\int_{t_0}^{t_0+T_0} |x(t)|^2 \mathrm{d}t
$$

将 $x(t)$ 的傅里叶级数代入功率的算式，并利用傅里叶指数函数的正交规范性，可以得到

$$\frac{1}{T_0}\int_{t_0}^{t_0+T_0}\mid x(t)\mid^2\mathrm{d}t=\frac{1}{T_0}\int_{t_0}^{t_0+T_0}\sum_{k=-\infty}^{\infty}\sum_{m=-\infty}^{\infty}X_kX_m^*\,\mathrm{e}^{\mathrm{j}\Omega_0(k-m)t}\mathrm{d}t$$

$$=\sum_{k=-\infty}^{\infty}\sum_{m=-\infty}^{\infty}X_kX_m^*\frac{1}{T_0}\int_{t_0}^{t_0+T_0}\mathrm{e}^{\mathrm{j}\Omega_0(k-m)t}\mathrm{d}t=\sum_k\mid X_k\mid^2$$

即使 $x(t)$ 是实函数，也可以令上式中的 $\mid x(t)\mid^2=x(t)x^*(t)$，这样就可以用 X_k 及其共轭来表示 $x(t)$ 和 $x^*(t)$ 了。以上结果说明既可以在时域中计算 $x(t)$ 的功率，也可以在频域中计算 $x(t)$ 的功率，二者的结果完全相同。

此外，若把信号看作是谐波相关的各个分量的和，或

$$x(t)=\sum_k\underbrace{X_k\mathrm{e}^{\mathrm{j}k\Omega_0T}}_{x_k(t)}$$

那么对于其中任一分量 $x_k(t)$ 来说，其功率可由下式计算得到

$$\frac{1}{T_0}\int_{t_0}^{t_0+T_0}\mid x_k(t)\mid^2\mathrm{d}t=\frac{1}{T_0}\int_{t_0}^{t_0+T_0}\mid X_k\mathrm{e}^{\mathrm{j}k\Omega_0t}\mid^2\mathrm{d}t=\frac{1}{T_0}\int_{t_0}^{t_0+T_0}\mid X_k\mid^2\mathrm{d}t=\mid X_k\mid^2$$

因此 $x(t)$ 的功率等于傅里叶级数中所有分量的功率之和，即功率的叠加，在前面第1章曾经提及过这个结论。

$\mid X_k\mid^2$ 关于谐波频率 $k\Omega_0$，$k=0,\pm1,\pm2,\cdots$ 的图形显示出信号的功率在谐波频率上的分布情况。由于谐波频率 $\{k\Omega_0\}$ 固有的离散本性，该图形是由位于每个谐频处的一根根线组成的，因此称该图形为**功率线谱**（即周期信号在非谐波频率处没有功率分布）。

由于傅里叶级数的系数 $\{X_k\}$ 是复数，因此另外定义两个频谱：一个反映 $\{X_k\}$ 的幅度 $\mid X_k\mid$ 与 $k\Omega_0$ 的关系，称为**幅度线谱**；另一个是**相位线谱**，$\angle X_k$ 关于 $k\Omega_0$ 的函数，反映系数 $\{X_k\}$ 的相位与 $k\Omega_0$ 的关系。功率线谱即幅度谱的平方。

将以上这些总结如下：

基波周期为 T_0 的周期信号 $x(t)$ 在频域中由以下幅度线谱和相位线谱来描述：

$$\text{幅度线谱 }\mid X_k\mid\text{ 对 }k\Omega_0 \tag{4.18}$$

$$\text{相位线谱 }\angle X_k\mid\text{ 对 }k\Omega_0 \tag{4.19}$$

功率线谱 $\mid X_k\mid^2$ 对 $k\Omega_0$，显示信号功率在频率上的分布情况。

---

2. 线谱的对称性

为了能理解频谱分析仪显示的频谱，需要研究它的对称性。

对于基波周期为 T_0 的实值周期信号 $x(t)$，它在频域中是由位于谐波频率 $\{k\Omega_0=2\pi k/T_0\}$ 处的一系列傅里叶系数 $\{X_k=\mid X_k\mid\mathrm{e}^{\mathrm{j}\angle X_k}\}$ 来表示，则有

$$X_k=X_{-k}^* \tag{4.20}$$

或者等价地有

(i) $\mid X_k\mid=\mid X_{-k}\mid$，即幅度 $\mid X_k\mid$ 是 $k\Omega_0$ 的偶函数；

(ii) $\angle X_k=-\angle X_{-k}$，即相位 $\angle X_k$ 是 $k\Omega_0$ 的奇函数。

$$\tag{4.21}$$

因此，对于实值信号只需要显示出 $k\geqslant0$ 时的幅度线谱（或 $\mid X_k\mid$ 关于 $k\Omega_0$ 的图形），和 $k\geqslant0$ 时的相位线谱（或 $\angle X_k$ 关于 $k\Omega_0$ 的图形），并且记住这些频谱的偶、奇对称性。

对于实信号 $x(t)$，其复共轭 $x^*(t)$ 的傅里叶级数为

$$x^*(t) = \left[\sum_l X_l e^{jl\Omega_0 t} \right]^* = \sum_l X_l^* e^{-jl\Omega_0 t} = \sum_k X_{-k}^* e^{jk\Omega_0 t}$$

由于 $x(t) = x^*(t)$，故上式等于

$$x(t) = \sum_k X_k e^{jk\Omega_0 t}$$

对比两个表达式中的傅里叶系数可得 $X_{-k}^* = X_k$，这意味着若 $X_k = |X_k| e^{j\angle X_k}$，那么

$$|X_k| = |X_{-k}|, \quad \angle X_k = -\angle X_{-k}$$

即幅度是 k 的偶函数，而相位是 k 的奇函数。因此对于实值信号只需要给出正谐频的线谱，因为知道幅度线谱是偶对称的，相位线谱是奇对称的。

4.3.2 三角傅里叶级数

本节利用正弦函数推出傅里叶级数的一个等价表达式。首先需要证明具有谐波频率的正弦函数是正交规范的，实际上，复指数傅里叶基的正交性表明，一个与复指数基等价的基可以由余弦函数和正弦函数得到。式(4.16)说明了复指数函数具有正交性，取其中的 $t_0 = -T_0/2$，当 $k \neq l$ 时有

$$0 = \frac{1}{T_0} \int_{-T_0/2}^{T_0/2} e^{jk\Omega_0 t} \left[e^{jl\Omega_0 t} \right]^* dt = \frac{1}{T_0} \underbrace{\int_{-T_0/2}^{T_0/2} \cos((k-l)\Omega_0 t) dt}_{0}$$

$$+ j \frac{1}{T_0} \underbrace{\int_{-T_0/2}^{T_0/2} \sin((k-l)\Omega_0 t) dt}_{0} \qquad (4.22)$$

即实部和虚部都等于零。将式(4.22)右边积分中的 $\cos((k-l)\Omega_0 t)$ 和 $\sin((k-l)\Omega_0 t)$ 展开，可以得到

$$0 = \frac{1}{T_0} \int_{-T_0/2}^{T_0/2} \cos(k\Omega_0 t) \cos(l\Omega_0 t) dt + \frac{1}{T_0} \int_{-T_0/2}^{T_0/2} \sin(k\Omega_0 t) \sin(l\Omega_0 t) dt$$

$$0 = \frac{1}{T_0} \int_{-T_0/2}^{T_0/2} \sin(k\Omega_0 t) \cos(l\Omega_0 t) dt - \frac{1}{T_0} \int_{-T_0/2}^{T_0/2} \cos(k\Omega_0 t) \sin(l\Omega_0 t) dt$$

先考虑上面的第一个式子，利用三角恒等式

$$\sin(\alpha)\sin(\beta) = 0.5[\cos(\alpha - \beta) - \cos(\alpha + \beta)]$$

$$\cos(\alpha)\cos(\beta) = 0.5[\cos(\alpha - \beta) + \cos(\alpha + \beta)]$$

并且由于正弦函数的宗量是一个非零的整数乘以 Ω_0，积分又是在一个或多个周期内进行，所以此式中的两个积分都等于零，故对于任意 $k \neq l$ 有 $\cos(k\Omega t)$ 正交于 $\cos(l\Omega t)$，以及 $\sin(k\Omega t)$ 正交于 $\sin(l\Omega t)$。同理，第二个式子中的两个积分也都等于零，因为它们的被积函数都是奇函数，因此有当 $k \neq l$ 时，$\cos(k\Omega t)$ 正交于 $\sin(l\Omega t)$。综上所述，不同频率的余弦函数和正弦函数都是正交的。

为了归一化正弦基函数，可以利用 $\cos^2(\theta) = 0.5(1 + \cos(2\theta))$ 和 $\sin^2(\theta) = 0.5(1 - \cos(2\theta))$ 求出

$$\frac{1}{T_0} \int_{-T_0/2}^{T_0/2} \cos^2(k\Omega_0 t) dt = \frac{1}{T_0} \int_{-T_0/2}^{T_0/2} \sin^2(k\Omega_0 t) dt$$

$$= \frac{1}{T_0} \left[\int_{-T_0/2}^{T_0/2} 0.5 dt \pm \int_{-T_0/2}^{T_0/2} 0.5 \cos(2k\Omega_0 t) dt \right] = 0.5$$

因此，若选择 $\{\sqrt{2}\cos(k\Omega_0 t), \sqrt{2}\sin(k\Omega_0 t)\}$ 作为傅里叶基，就可获得一个与前面给出的指数傅里叶级数

等价的三角傅里叶级数。

基波周期为 T_0 的实值周期信号 $x(t)$,其**三角傅里叶级数**是一个用正弦而不是复指数作为基函数的等价表达式。它由下式给出

$$x(t) = X_0 + 2\sum_{k=1}^{\infty} |X_k| \cos(k\Omega_0 t + \theta_k)$$

$$= c_0 + 2\sum_{k=1}^{\infty} [c_k \cos(k\Omega_0 t) + d_k \sin(k\Omega_0 t)], \quad \Omega_0 = \frac{2\pi}{T_0} \qquad (4.23)$$

其中,$X_0 = c_0$ 称为**直流分量**,$\{2|X_k|\cos(k\Omega_0 t + \theta_k)\}$ 为 **k 次谐波**,$k = 1, 2, \cdots$。从 $x(t)$ 获得系数 $\{c_k, d_k\}$ 的公式如下:

$$c_k = \frac{1}{T_0}\int_{t_0}^{t_0+T_0} x(t)\cos(k\Omega_0 t)\mathrm{d}t, \quad k = 0, 1, \cdots$$

$$d_k = \frac{1}{T_0}\int_{t_0}^{t_0+T_0} x(t)\sin(k\Omega_0 t)\mathrm{d}t, \quad k = 1, 2, \cdots \qquad (4.24)$$

系数 $X_k = |X_k|\mathrm{e}^{\mathrm{j}\theta_k}$ 与系数 c_k 和 d_k 的关系为

$$|X_k| = \sqrt{c_k^2 + d_k^2}$$

$$\theta_k = -\arctan\left[\frac{d_k}{c_k}\right]$$

正弦基函数 $\{\sqrt{2}\cos(k\Omega_0 t), \sqrt{2}\sin(k\Omega_0 t)\}$,$k = 0, \pm 1, \cdots$ 在 $[0, T_0]$ 内是正交规范的。

利用在 4.3.1 节获得的关系 $X_k = X_{-k}^*$,可将实值周期信号 $x(t)$ 的指数傅里叶级数表示成为

$$x(t) = X_0 + \sum_{k=1}^{\infty}[X_k\mathrm{e}^{\mathrm{j}k\Omega_0 t} + X_{-k}\mathrm{e}^{-\mathrm{j}k\Omega_0 t}] = X_0 + \sum_{k=1}^{\infty}[|X_k|\mathrm{e}^{\mathrm{j}(k\Omega_0 t + \theta_k)} + |X_k|\mathrm{e}^{-\mathrm{j}(k\Omega_0 t + \theta_k)}]$$

$$= X_0 + 2\sum_{k=1}^{\infty}|X_k|\cos(k\Omega_0 t + \theta_k)$$

即式(4.23)中上面那个式子。

下面再来证明如何由信号直接得到系数 c_k 和 d_k。利用关系 $X_k = X_{-k}^*$,以及对于复数 $z = a + \mathrm{j}b$ 有 $z + z^* = (a + \mathrm{j}b) + (a - \mathrm{j}b) = 2a = 2\mathrm{Re}(z)$ 的事实,可得

$$x(t) = X_0 + \sum_{k=1}^{\infty}[X_k\mathrm{e}^{\mathrm{j}k\Omega_0 t} + X_{-k}\mathrm{e}^{-\mathrm{j}k\Omega_0 t}] = X_0 + \sum_{k=1}^{\infty}[X_k\mathrm{e}^{\mathrm{j}k\Omega_0 t} + X_k^*\mathrm{e}^{-\mathrm{j}k\Omega_0 t}]$$

$$= X_0 + \sum_{k=1}^{\infty} 2\mathrm{Re}[X_k\mathrm{e}^{\mathrm{j}k\Omega_0 t}]$$

由于 X_k 是复数,故有

$$2\mathrm{Re}[X_k\mathrm{e}^{\mathrm{j}k\Omega_0 t}] = 2\mathrm{Re}[(\mathrm{Re}[X_k] + \mathrm{j}\mathrm{Im}[X_k])(\cos(k\Omega_0 t) + \mathrm{j}\sin(k\Omega_0 t))]$$

$$= 2\mathrm{Re}[X_k]\cos(k\Omega_0 t) - 2\mathrm{Im}[X_k]\sin(k\Omega_0 t)$$

如果令

$$c_k = \mathrm{Re}[X_k] = \frac{1}{T_0}\int_{t_0}^{t_0+T_0} x(t)\cos(k\Omega_0 t)\mathrm{d}t, \quad k = 1, 2, \cdots$$

$$d_k = -\mathrm{Im}[X_k] = \frac{1}{T_0}\int_{t_0}^{t_0+T_0} x(t)\sin(k\Omega_0 t)\mathrm{d}t, \quad k = 1, 2, \cdots$$

那么就有

$$x(t) = X_0 + \sum_{k=1}^{\infty} (2\text{Re}[X_k]\cos(k\Omega_0 t) - 2\text{Im}[X_k]\sin(k\Omega_0 t))$$

$$= X_0 + 2\sum_{k=1}^{\infty} (c_k\cos(k\Omega_0 t) + d_k\sin(k\Omega_0 t))$$

且由于均值 $X_0 = c_0$，于是得到了三角傅里叶级数的第二种形式。注意到 $d_0 = 0$，因此没必要定义它。

系数 $X_k = |X_k|\text{e}^{\text{j}\theta_k}$ 与系数 c_k 和 d_k 的关系如下：

$$|X_k| = \sqrt{c_k^2 + d_k^2}, \quad \theta_k = -\arctan\left[\frac{d_k}{c_k}\right]$$

上式可通过将对应 $c_k\cos(k\Omega_0 t)$ 和 $d_k\sin(k\Omega_0 t)$ 的相量相加，然后求出结果相量的幅度和相位而得到证明。

【例 4.4】

求周期升余弦信号 $(B \geqslant A)$

$$x(t) = B + A\cos(\Omega_0 t + \theta)$$

的指数傅里叶级数。该信号的基波周期为 T_0，基波频率为 $\Omega_0 = 2\pi/T_0$。令 $y(t) = B + A\sin(\Omega_0 t)$，求它的傅里叶级数系数，并将它们与 $x(t)$ 的傅里叶级数系数进行对比。用符号 MATLAB 计算 $y(t) = 1 + \sin(100t)$ 的傅里叶级数，求出并画出它的幅度线谱和相位线谱。

解 本题不需要计算傅里叶系数，因为 $x(t)$ 已经是三角傅里叶级数形式了。根据式(4.23)可知，$x(t)$ 的直流值是 B，而 A 是三角傅里叶级数中一次谐波的系数，因此 $X_0 = B$，且 $|X_1| = A/2$，$\angle X_1 = \theta$。同样地，利用欧拉恒等式可以得到

$$x(t) = B + \frac{A}{2}[\text{e}^{\text{j}(\Omega_0 t + \theta)} + \text{e}^{-\text{j}(\Omega_0 t + \theta)}] = B + \frac{A\text{e}^{\text{j}\theta}}{2}\text{e}^{\text{j}\Omega_0 t} + \frac{A\text{e}^{-\text{j}\theta}}{2}\text{e}^{-\text{j}\Omega_0 t}$$

由此可得

$$X_0 = B, \quad X_1 = \frac{A\text{e}^{\text{j}\theta}}{2}, \quad X_{-1} = X_1^* = \frac{A\text{e}^{-\text{j}\theta}}{2}$$

若令 $x(t)$ 中的 $\theta = -\pi/2$，则可得

$$y(t) = B + A\sin(\Omega_0 t)$$

由以上结果知，$y(t)$ 的傅里叶级数系数为

$$Y_0 = B, \quad Y_1 = \frac{A}{2}\text{e}^{-\text{j}\pi/2} = Y_{-1}^*$$

于是有

$$|Y_1| = |Y_{-1}| = \frac{A}{2} \quad \text{和} \quad \angle Y_1 = -\angle Y_{-1} = -\frac{\pi}{2}$$

升余弦 $(\theta = 0)$ 和升正弦 $(\theta = -\pi/2)$ 的线谱如图 4.2 所示。对于 $x(t)$ 和 $y(t)$，二者都只有两个频率，即直流频率和 Ω_0，因此信号的功率就集中在这两个频率上。升余弦和升正弦的频谱差异是在相位线谱上。

我们是用自定义的符号 MATLAB 函数 fourierseries 来计算傅里叶级数系数的，相应的幅度和相位则利用函数 stem 来画，以便得到线谱。$y(t) = 1 + \sin(100t)$ 的幅度线谱和相位线谱如图 4.3 所示。

```
% 例 4.4
% %
 clear all; syms t
 % 信号
```

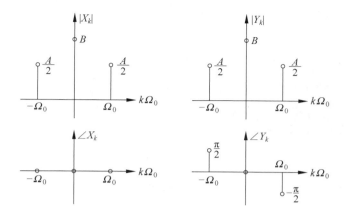

图 4.2　升余弦的线谱(左)与升正弦的线谱(右)

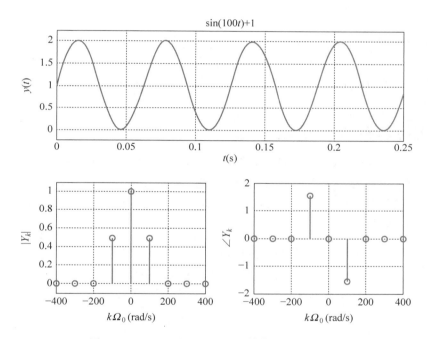

图 4.3　$y(t)=1+\sin(100t)$ 及其傅里叶级数线谱

注意幅度谱和相位谱的偶、奇对称性,在 $\Omega=100(\text{rad/s})$ 处的相位等于 $-\pi/2$。

```
y = 1 + sin(100 * t); T0 = 2 * pi/100; N = 5;          % N 个谐波
figure(1)
subplot(211)
ezplot(y,[0,0.25]); grid; xlabel('t(sec)'); ylabel('y(t)')
% 谐波和谐波频率
[Y1,w1] = fourierseries(y,T0,N);
Y = [conj(fliplr(Y1(2: N)))   Y1]; w = [ - fliplr(w1(2: N))   w1];
subplot(223)
stem(w,abs(Y)); grid; axis([ - 400   400   - 0.1   1.1])
xlabel('k\Omega_0(rad/sec)'); ylabel('|Y_k|')
subplot(224)
stem(w,angle(Y)); grid; axis([ - 400   400   - 2   2])
```

```
xlabel('k\Omega_0(rad/sec)'); ylabel('\angle(Y_k)')


function[X,w] = fourierseries(x,T0,N)
% 函数 fourierseries
% 计算一个连续时间信号的傅里叶级数谐波
% 用符号型计算
% 输入：周期信号 x(t),其周期(T0),谐波数量(N)
% 输出：谐波 X 和相应的谐波频率 w
% 用法：[X, w] = fourierseries(x, T0, N)
syms t
for k = 1: N,
  X1(k) = int(x * exp( - j * 2 * pi * (k - 1) * t/T0),t,0,T0)/T0;
  X(k) = subs(X1(k));
  w(k) = (k - 1) * 2 * pi/T0;
end
```

注：

仅仅因为一个信号等于正弦信号的和,且每个正弦信号都是周期的,还不足以保证该信号有傅里叶级数,必须整个信号都应该是周期的才行。例如,信号 $x(t) = \cos(t) - \sin(\pi t)$ 包含基波周期分别为 $T_1 = 2\pi$ 和 $T_2 = 2$ 的两个分量,由于比值 $T_1/T_2 = \pi$ 不是有理数,因此 $x(t)$ 不是周期的,并且没有傅里叶级数能表示 $x(t)$。

4.3.3　由拉普拉斯求傅里叶系数

傅里叶系数 X_k 的计算(如式(4.14)所示)需要积分运算,这对于某些信号来说会相当复杂,不过下面将证明,如果知道该信号的一个周期的拉普拉斯变换,就可以避免积分运算。只要信号是有限支撑的,其在支撑区间上的拉普拉斯变换一定在整个 s 平面上都存在,因此计算谐波频率处的拉普拉斯变换可以获得求取 $\{X_k\}$ 的公式。

对于基波周期为 T_0 的周期信号 $x(t)$,如果知道 $x(t)$ 的一个周期
$$x_1(t) = x(t)[u(t - t_0) - u(t - t_0 - T_0)], \qquad \forall t_0$$
的拉普拉斯变换,那么 $x(t)$ 的傅里叶系数为
$$X_k = \frac{1}{T_0}\mathscr{L}[x_1(t)]_{s = jk\Omega_0}, \quad \Omega_0 = \frac{2\pi}{T_0}(\text{基波频率}), \quad k = 0, \pm 1, \cdots \tag{4.25}$$

通过对比系数 X_k 和 $x(t)$ 的一个周期 $x_1(t) = x(t)[u(t - t_0) - u(t - t_0 - T_0)]$ 的拉普拉斯变换便可明白这个结论。事实上有

$$X_k = \frac{1}{T_0}\int_{t_0}^{t_0 + T_0} x(t)e^{-jk\Omega_0 t}dt = \frac{1}{T_0}\int_{t_0}^{t_0 + T_0} x_1(t)e^{-st}dt\Big|_{s = jk\Omega_0}$$

$$= \frac{1}{T_0}\mathscr{L}[x_1(t)]_{s = jk\Omega_0}$$

4.3.4　反褶周期信号、偶信号和奇信号

如果基波频率为 Ω_0 的周期信号 $x(t)$ 的傅里叶级数为

$$x(t) = \sum_k X_k e^{jk\Omega_0 t}$$

那么其反褶信号 $x(-t)$ 的傅里叶级数为

$$x(-t) = \sum_m X_m \mathrm{e}^{-jm\Omega_0 t} = \sum_k X_{-k} \mathrm{e}^{jk\Omega_0 t} \tag{4.26}$$

因此 $x(-t)$ 的傅里叶系数为 X_{-k}（注意，m 和 k 仅仅是哑元变量），利用这一点可简化偶信号和奇信号的傅里叶级数计算。

对于一个偶信号 $x(t)$，有 $x(t)=x(-t)$，因此有 $X_k=X_{-k}$，于是自然地 $x(t)$ 仅由余弦项和一个直流项来表示。此外，由于通常情况下有 $X_k=X_{-k}^*$，故而有 $X_k=X_{-k}^*=X_{-k}$，因此这些系数一定是实数。事实上，$x(t)$ 的傅里叶级数为

$$x(t) = X_0 + \sum_{k=-\infty}^{-1} X_k \mathrm{e}^{jk\Omega_0 t} + \sum_{k=1}^{\infty} X_k \mathrm{e}^{jk\Omega_0 t} = X_0 + \sum_{k=1}^{\infty} X_k \left[\mathrm{e}^{jk\Omega_0 t} + \mathrm{e}^{-jk\Omega_0 t} \right]$$

$$= X_0 + 2\sum_{k=1}^{\infty} X_k \cos(k\Omega_0 t) \tag{4.27}$$

可以直接证明，当 $x(t)$ 是偶信号时其傅里叶级数的系数必须是实数：

$$X_k = \frac{1}{T_0} \int_{-T_0/2}^{T_0/2} x(t) \mathrm{e}^{-jk\Omega_0 t} \mathrm{d}t = \frac{1}{T_0} \int_{-T_0/2}^{T_0/2} x(t) \cos(k\Omega_0 t) \mathrm{d}t$$

$$- j\frac{1}{T_0} \int_{-T_0/2}^{T_0/2} x(t) \sin(k\Omega_0 t) \mathrm{d}t = \frac{1}{T_0} \int_{-T_0/2}^{T_0/2} x(t) \cos(-k\Omega_0 t) \mathrm{d}t = X_{-k}$$

以上证明中，由于 $x(t)\sin(k\Omega_0 t)$ 是奇函数，故相应积分等于 0，还利用了 $\cos(k\Omega_0 t)=\cos(-k\Omega_0 t)$。

对于奇信号，情况相似，有 $x(t)=-x(-t)$ 或 $X_k=-X_{-k}$，这种情况下傅里叶级数包含值等于 0 的直流分量和正弦谐波分量，X_k 是纯虚数。事实上，对于奇信号 $x(t)$ 有

$$X_k = \frac{1}{T_0} \int_{-T_0/2}^{T_0/2} x(t) \mathrm{e}^{-jk\Omega_0 t} \mathrm{d}t = \frac{1}{T_0} \int_{-T_0/2}^{T_0/2} x(t) \left[\cos(k\Omega_0 t) - j\sin(k\Omega_0 t) \right] \mathrm{d}t$$

$$= \frac{-j}{T_0} \int_{-T_0/2}^{T_0/2} x(t) \sin(k\Omega_0 t) \mathrm{d}t$$

由于 $x(t)\cos(k\Omega_0 t)$ 是奇函数，故相应积分等于 0。于是奇函数的傅里叶级数可写为

$$x(t) = 2\sum_{k=1}^{\infty} (jX_k) \sin(k\Omega_0 t) \tag{4.28}$$

根据信号的偶、奇分解原理，任意周期信号 $x(t)$ 都可表示成

$$x(t) = x_\mathrm{e}(t) + x_\mathrm{o}(t)$$

其中 $x_\mathrm{e}(t)$ 是 $x(t)$ 的偶分量，$x_\mathrm{o}(t)$ 是 $x(t)$ 的奇分量。求出 $x_\mathrm{e}(t)$ 和 $x_\mathrm{o}(t)$ 的傅里叶系数，其中前者的系数将是实数，而后者的系数将是纯虚数，由于

$$x_\mathrm{e}(t) = 0.5[x(t) + x(-t)] \Rightarrow X_{ek} = 0.5[X_k + X_{-k}]$$

$$x_\mathrm{o}(t) = 0.5[x(t) - x(-t)] \Rightarrow X_{ok} = 0.5[X_k - X_{-k}]$$

于是可以得到 $X_k = X_{ek} + X_{ok}$。

反褶：如果周期信号 $x(t)$ 的傅里叶系数为 $\{X_k\}$，那么与 $x(t)$ 有相同周期的时间反褶信号 $x(-t)$ 的傅里叶系数为 $\{X_{-k}\}$。

偶周期信号 $x(t)$ 的傅里叶系数 X_k 是实数，其三角傅里叶级数为

$$x(t) = X_0 + 2\sum_{k=1}^{\infty} X_k \cos(k\Omega_0 t) \tag{4.29}$$

奇周期信号 $x(t)$ 的傅里叶系数 X_k 是纯虚数,其三角傅里叶级数为

$$x(t) = 2\sum_{k=1}^{\infty} jX_k \sin(k\Omega_0 t) \tag{4.30}$$

任何周期信号 $x(t)$ 都可写成 $x(t)=x_e(t)+x_o(t)$,其中,$x_e(t)$ 和 $x_o(t)$ 是 $x(t)$ 的偶、奇分量,那么

$$X_k = X_{ek} + X_{ok} \tag{4.31}$$

其中,$\{X_{ek}\}$ 是 $x_e(t)$ 的傅里叶系数,$\{X_{ok}\}$ 是 $x_o(t)$ 的傅里叶系数,或

$$X_{ek} = 0.5[X_k + X_{-k}]$$
$$X_{ok} = 0.5[X_k - X_{-k}] \tag{4.32}$$

【例 4.5】

考虑如图 4.4 所示的周期脉冲序列 $x(t)$,其基波周期为 $T_0=1$。求它的傅里叶级数。

解 在求傅里叶系数之前,先来观察一下该信号,不难看出该信号有一个值为 1 的直流分量,那么考虑到 $x(t)-1$ (这是个零均值信号)的偶对称性,可知它可由余弦函数表示,因此傅里叶系数 X_k 应该是实数。在计算之前进行这些分析是很重要的,这样我们就知道应该得到什么样的结果。

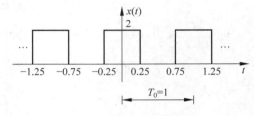

图 4.4 矩形脉冲序列

求傅里叶系数,既可以利用积分公式,也可以由一个周期的拉普拉斯变换而得到。由于 $T_0=1$,故 $x(t)$ 的基波频率为 $\Omega_0=2\pi(\text{rad/s})$,利用傅里叶系数的积分表示可得

$$X_k = \frac{1}{T_0}\int_{-T_0/4}^{3T_0/4} x(t)e^{-j\Omega_0 kt}\,dt = \int_{-1/4}^{1/4} 2e^{-j2\pi kt}\,dt$$

$$= \frac{2}{\pi k}\left[\frac{e^{j\pi k/2} - e^{-j\pi k/2}}{2j}\right] = \frac{\sin(\pi k/2)}{(\pi k/2)}, \quad k \neq 0$$

$$X_0 = \frac{1}{T_0}\int_{-T_0/4}^{3T_0/4} x(t)\,dt = \int_{-1/4}^{1/4} 2\,dt = 1$$

正如所料,这些系数是实数。于是傅里叶级数为

$$x(t) = \sum_{k=-\infty}^{\infty} \frac{\sin(\pi k/2)}{(\pi k/2)} e^{jk2\pi t}$$

为了用拉普拉斯变换求傅里叶系数,取周期 $x_1(t)=x(t)$,$-0.5 \leqslant t \leqslant 0.5$。将它延迟 0.25 得 $x_1(t-0.25)=2[u(t)-u(t-0.5)]$,其拉普拉斯变换为

$$e^{-0.25s}X_1(s) = \frac{2}{s}(1 - e^{-0.5s})$$

于是有 $X_1(s)=2(e^{0.25s}-e^{-0.25s})/s$,从而得

$$X_k = \frac{1}{T_0}\mathscr{L}[x_1(t)]\,|_{s=jk\Omega_0} = \frac{2}{jk\Omega_0 T_0}2j\sin(k\Omega_0/4)$$

由于 $\Omega_0=2\pi,T_0=1$,最终得到

$$X_k = \frac{\sin(\pi k/2)}{\pi k/2}, \quad k \neq 0$$

为了求 X_0 (上式当 $k=0$ 时出现 0/0 的情况)需要利用罗必塔法则或者像前面那样求积分。正如所

预料的那样,用该方法求得的傅里叶系数与前面所求的一致。

以下脚本用于求傅里叶系数并画出幅度和相位线谱图,其中采用了我们自定义的函数fourierseries。

```
% 例 4.5
% %
clear all; clf
syms t
T0 = 1; N = 20;
m = heaviside(t) − heaviside(t − T0/4) + heaviside(t − 3 ∗ T0/4); x = 2 ∗ m;
[X1,w1] = fourierseries(x,T0,N);
X = [conj(fliplr(X1(2: N)))  X1]; w = [ − fliplr(w1(2: N))  w1];
figure(1)
subplot(221)
ezplot(x,[0  T0]); grid; title('x(t)的一个周期')
subplot(222)
stem(w,X); grid; axis([min(w)  max(w)  − 0.5  1.1]); title('real X(k)')
xlabel('k\Omega_0(rad/sec)'); ylabel('X_k')
subplot(223)
stem(w,abs(X)); grid; axis([min(w) max(w)  − 0.1  1.1]);
title('幅度线谱')
xlabel('k\Omega_0(rad/sec)'); ylabel('|X_k|')
subplot(224)
stem(w,[ − angle(X1(2:N))  angle(X1)]); grid; title('相位线谱')
axis([min(w)  max(w)  − 3.5  3.5]);
xlabel('k\Omega_0(rad/sec)'); ylabel('\angle{X_k}')
```

注意在此例中:

(1) 脉冲序列的傅里叶系数 X_k 是用 $\sin(x)/x$ 即 sinc 函数来表示的,该函数已在第 1 章中做了介绍。sinc 函数是

■ 偶函数,即 $\sin(x)/x = \sin(-x)/(-x)$;

■ 在 $x=0$ 处的值是用罗必塔法则求得的,因为当 $x=0$ 时,sinc 函数的分子和分母都等于 0,故

$$\lim_{x \to 0} \frac{\sin(x)}{x} = \lim_{x \to 0} \frac{\mathrm{d}\sin(x)/\mathrm{d}x}{\mathrm{d}x/\mathrm{d}x} = 1$$

■ 它是有界的,事实上

$$\frac{-1}{x} \leqslant \frac{\sin(x)}{x} \leqslant \frac{1}{x}$$

(2) 由于 $x(t)$ 的直流分量为 1,所以只要将该部分减去,很明显剩下的傅里叶级数就可表示成余弦函数的和:

$$x(t) = 1 + \sum_{k=-\infty, k \neq 0}^{\infty} \frac{\sin(\pi k/2)}{(\pi k/2)} \mathrm{e}^{jk2\pi t} = 1 + 2\sum_{k=1}^{\infty} \frac{\sin(\pi k/2)}{(\pi k/2)} \cos(2\pi kt)$$

(3) 傅里叶系数一般都是复数,因此傅里叶系数需要用其模和辐角来表示。在本例中,系数 X_k 是实数,而且特别地,当 $k\pi/2 = \pm m\pi,m$ 为整数时(即当 $k = \pm 2, \pm 4, \cdots$ 时),系数的值都等于 0。由于 X_k 的值是实数,所以当 $X_k \geqslant 0$ 时,相应的辐角为 0,当 $X_k < 0$ 时,相应的辐角为 $\pm \pi$。图 4.5 显示了信号的一个周期,而幅度线谱和相位线谱则只显示了正频率值部分(因为已知幅度是频率的偶函数,相位是频率的奇函数)。

(4) 系数 X_k 以及与功率线谱有关的 X_k 的平方(见图 4.5)如下:

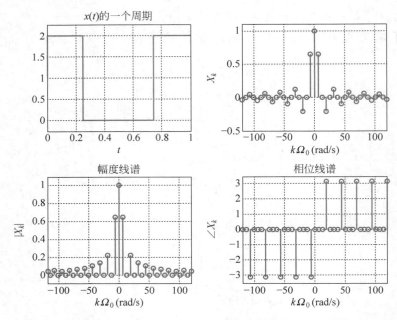

图 4.5　$x(t)$的一个周期和实系数 X_k 关于 $k\Omega_0$ 的图形(上图)及幅度线谱和相位线谱(下图)

k	$X_k = X_{-k}$	X_k^2
0	1	1
1	0.64	0.41
2	0	0
3	−0.21	0.041
4	0	0
5	0.13	0.016
6	0	0
7	−0.09	0.008

　　我们注意到,直流的值和 5 个谐波或 11 个系数(包括 0 值)提供了脉冲序列的一个非常好的近似,它们占据了大约 $5\Omega_0 = 10\pi(\text{rad/s})$ 的带宽。从功率的分布来说,正如 X_k^2 所指明的那样,$k = \pm 6$ 之后的谐波只占到信号功率的 3.3%。实际上,信号的功率等于

$$P_x = \frac{1}{T_0}\int_{-T_0/4}^{3T_0/4} x^2(t)\,\mathrm{d}t = \int_{-0.25}^{0.25} 4\,\mathrm{d}t = 2$$

而用 11 个系数近似所得的信号功率为

$$X_0^2 + 2\sum_{k=1}^{5} |X_k|^2 = 1.9340$$

相当于 P_x 的 96.7%,这已经是一个非常好的近似了。

【例 4.6】

　　考虑图 4.6 所示的周期信号 $x(t)$ 和 $y(t)$,利用对称条件和偶-奇分解确定它们的傅里叶系数。再利用积分公式或者拉普拉斯方法计算 $y(t)$ 的傅里叶系数来检验所得到的关于 $y(t)$ 的结果。

　　解　所给信号 $x(t)$ 是非奇非偶的,但超前信号 $x(t+0.5)$ 是偶函数,基波周期为 $T_0 = 2$,基波频率为 $\Omega_0 = \pi$。令 $z(t) = x(t+0.5)$,并令在 $-1 \sim 1$ 之间的部分为

$$z_1(t) = 2[u(t+0.5) - u(t-0.5)]$$

于是其拉普拉斯变换等于

$$Z_1(s) = \frac{2}{s}[e^{0.5s} - e^{-0.5s}]$$

用 $jk\Omega_0 = jk\pi$ 取代 s，并除以基波周期 $T_0 = 2$ 可得傅里叶系数为

$$Z_k = \frac{1}{2}\frac{2}{jk\pi}[e^{jk\pi/2} - e^{-jk\pi/2}] = \frac{\sin(0.5\pi k)}{0.5\pi k}$$

这些系数是实数，因为它们对应的是偶函数，而直流系数为 $Z_0 = 1$，于是有

$$x(t) = z(t-0.5) = \sum_k Z_k e^{jk\Omega_0(t-0.5)} = \sum_k \underbrace{[Z_k e^{-jk\pi/2}]}_{X_k} e^{jk\pi t}$$

系数 X_k 是复数，因为 $x(t)$ 既非偶函数又非奇函数。

　　信号 $y(t)$ 也是非奇非偶的，而且无法通过平移成为偶函数或奇函数，求其傅里叶级数的一个途径是将它分解成为偶信号和奇信号。$y(t)$ 的一个周期的偶分量和奇分量如图 4.7 所示，在周期 $-1\sim 1$ 内的 $y_1(t)$ 的偶分量和奇分量为

$$Y_{1e}(t) = \underbrace{[u(t+1) - u(t-1)]}_{\text{矩形脉冲}} + \underbrace{[r(t+1) - 2r(t) + r(t-1)]}_{\text{三角形脉冲}}$$

$$Y_{1o}(t) = \underbrace{[r(t+1) - r(t-1) - 2u(t-1)]}_{\text{三角形脉冲}} - \underbrace{[u(t+1) - u(t-1)]}_{\text{矩形脉冲}}$$

$$= r(t+1) - r(t-1) - u(t+1) - u(t-1)$$

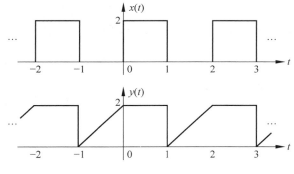

图 4.6　非对称周期信号

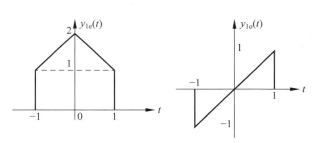

图 4.7　$y(t)$ 在周期 $-1 \leqslant t \leqslant 1$ 内的偶分量和奇分量

于是 $y_e(t)$ 的均值就等于 $y_{1e}(t)$ 下方的面积除以 2 即等于 1.5。当 $k \neq 0, T_0 = 2$ 及 $\Omega_0 = \pi$ 时，有

$$Y_{ek} = \frac{1}{T_0}Y_{1e}(s)\mid_{s=jk\Omega_0} = \frac{1}{2}\left[\frac{1}{s}(e^s - e^{-s}) + \frac{1}{s^2}(e^s - 2 + e^{-s})\right]_{s=jk\pi}$$

$$= \frac{\sin(k\pi)}{\pi k} + \frac{1-\cos(k\pi)}{(k\pi)^2} = 0 + \frac{1-\cos(k\pi)}{(k\pi)^2} = \frac{1-(-1)^k}{(k\pi)^2}, \quad k \neq 0$$

正如我们所料，这些系数是实数。$y_o(t)$ 的均值等于 0，且当 $k \neq 0, T_0 = 2$ 及 $\Omega_0 = \pi$ 时，有

$$Y_{ok} = \frac{1}{T_0}Y_{1o}(s)\mid_{s=jk\Omega_0} = \frac{1}{2}\left[\frac{e^s - e^{-s}}{s^2} - \frac{e^s + e^{-s}}{s}\right]_{s=jk\pi}$$

$$= -j\frac{\sin(k\pi)}{(k\pi)^2} + j\frac{\cos(k\pi)}{k\pi} = 0 + j\frac{\cos(k\pi)}{k\pi} = j\frac{(-1)^k}{k\pi}, \quad k \neq 0$$

正如我们所料，这些系数是纯虚数。

综上，$y(t)$ 的傅里叶级数系数为

$$Y_k = \begin{cases} Y_{e0} + Y_{o0} = 1.5 + 0 = 1.5, & k = 0 \\ Y_{ek} + Y_{ok} = (1 - (-1)^k)/(k\pi)^2 + j(-1)^k/(k\pi), & k \neq 0 \end{cases}$$

【例 4.7】

求图 4.8 所示的全波整流信号 $x(t) = |\cos(\pi t)|$ 的傅里叶级数。这个信号应用在直流源的设计中，对交流信号整流是该设计的第一步。

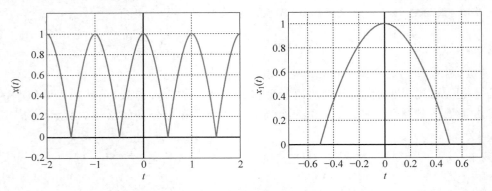

图 4.8　全波整流信号 $x(t)$ 和它的一个周期 $x_1(t)$

解　考虑到 $T_0 = 1, \Omega_0 = 2\pi$，于是傅里叶系数为

$$X_k = \int_{-0.5}^{0.5} \cos(\pi t) e^{-j2\pi kt} dt$$

可利用欧拉恒等式计算此积分，不过我们更愿意利用拉普拉斯变换，因为用这种方法可以很容易求出傅里叶系数。

$x(t)$ 的一个周期 $x_1(t)$ 可表示为

$$x_1(t - 0.5) = \sin(\pi t)u(t) + \sin(\pi(t-1))u(t-1)$$

(请画出它的图形)利用拉普拉斯变换可得

$$X_1(s) e^{-0.5s} = \frac{\pi}{s^2 + \pi^2} [1 + e^{-s}]$$

于是有

$$X_1(s) = \frac{\pi}{s^2 + \pi^2} [e^{0.5s} + e^{-0.5s}]$$

由于 $T_0 = 1, \Omega_0 = 2\pi$，且 $\cos(\pi k) = (-1)^k$，于是傅里叶系数为

$$X_k = \frac{1}{T_0} X_1(s) \mid_{s = j\Omega_0 k} = \frac{\pi}{(j2\pi k)^2 + \pi^2} 2\cos(\pi k) = \frac{2(-1)^k}{\pi(1 - 4k^2)} \tag{4.33}$$

由式(4.33)可知，全波整流信号 $x(t)$ 的直流值为 $X_0 = 2/\pi$。注意到傅里叶系数是实的，因为信号是偶的。当 $X_k > 0$ 时，X_k 的相位为 0；当 $X_k < 0$ 时相位则为 π(或 $-\pi$)。可以写出一个类似于例 4.5 中的 MATLAB 脚本。本例仅仅画出了正频率部分的频谱，剩余部分可利用频谱的对称性得到，结果如图 4.9 所示。

```
%   例 4.7  全波整流信号的傅里叶级数
% %
%  产生一个周期
T0 = 1;
m = heaviside(t) - heaviside(t - T0); x = abs(cos(pi * t)) * m
[X, w] = fourierseries(x, T0, N);
```

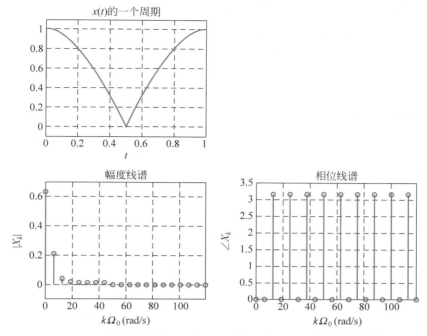

图 4.9 全波整流信号 $x(t)$ 的一个周期及其幅度线谱和相位线谱

【例 4.8】

求一个周期信号的导数可以增强该信号傅里叶级数中的高次谐波，为了说明这一点，下面考虑三角形脉冲序列 $y(t)$（见图 4.10 中的左图），其基波周期为 $T_0=2$。令 $x(t)=dy(t)/dt$（见图 4.10 中的右图），求它的傅里叶级数，并比较 $|X_k|$ 和 $|Y_k|$ 从而判断这两个信号中哪个信号更光滑，即哪一个有更低的频率成分。

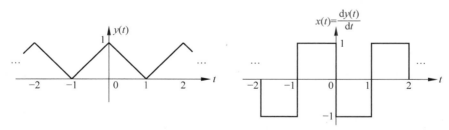

图 4.10 三角形脉冲序列 $y(t)$ 与其导数 $x(t)$（注意 $y(t)$ 是一个连续函数，而 $x(t)$ 则是不连续的）

解 $y(t)$ 在 $-1 \leqslant t \leqslant 1$ 内的周期由式 $y_1(t)=r(t+1)-2r(t)+r(t-1)$ 给出，其拉普拉斯变换为

$$Y_1(s) = \frac{1}{s^2}[e^s - 2 + e^{-s}]$$

因此傅里叶系数可由下式求得（$T_0=2, \Omega_0=\pi$）：

$$Y_k = \frac{1}{T_0}Y_1(s)\,|_{s=j\Omega_0 k} = \frac{1}{2(j\pi k)^2}[2\cos(\pi k) - 2] = \frac{1-\cos(\pi k)}{\pi^2 k^2}, \quad k \neq 0$$

利用恒等式 $1-\cos(\pi k)=2\sin^2(\pi k/2)$ 可得它的另一个表达式

$$Y_k = 0.5\left[\frac{\sin(\pi k/2)}{(\pi k/2)}\right]^2 \tag{4.34}$$

通过观察 $y(t)$ 可以推断出其直流值为 $Y_0 = 0.5$(请自行验证)。

然后再来考虑周期信号 $x(t) = dy(t)/dt$(见图 4.10 的右图)，其直流值为 $X_0 = 0$，它在 $-1 \leqslant t \leqslant 1$ 内的周期为 $x_1(t) = u(t+1) - 2u(t) + u(t-1)$，且

$$X_1(s) = \frac{1}{s}[e^s - 2 + e^{-s}]$$

由于 $X_k = \frac{1}{2} X_1(s)\big|_{s=j\pi k}$，从而得傅里叶级数的系数为

$$X_k = j\frac{\sin^2(k\pi/2)}{k\pi/2} \tag{4.35}$$

当 $k \neq 0$ 时，有 $|Y_k| = |X_k|/(\pi k)$，可见随着 k 值的增大，$y(t)$ 中频率成分的幅度比 $x(t)$ 中相应频率成分的幅度减小得更快：$y(t)$ 比 $x(t)$ 更光滑。当 $k \to \infty$ 时，幅度线谱 $|Y_k|$ 比幅度线谱 $|X_k|$ 更快地趋于零(见图 4.11)。

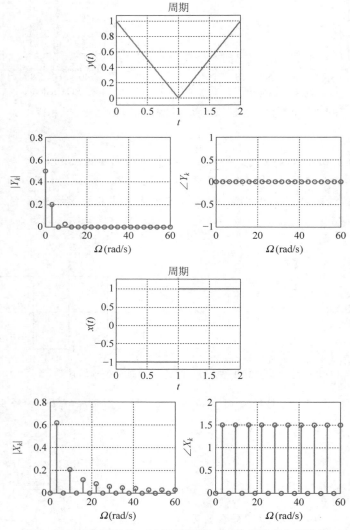

图 4.11 三角形信号 $y(t)$ 及其导数 $x(t)$ 的幅度谱和相位谱

忽略直流的值，幅度 $\{|Y_k|\}$ 比幅度 $\{|X_k|\}$ 更快地衰减至零，因此 $y(t)$ 比 $x(t)$ 更光滑。

注意，在本例中 $y(t)$ 是偶函数，它的傅里叶系数 Y_k 是实的，而 $x(t)$ 是奇函数，它的傅里叶系数 X_k 是纯虚的。如果从 $y(t)$ 中将其均值减去，很明显 $y(t)$ 可用一系列余弦函数来近似，因此需要其复指数傅里叶级数中的系数为实系数。信号 $x(t)$ 的均值为零，显然它可由一系列正弦函数来近似，因此需要其傅里叶系数 X_k 为纯虚数。

【例 4.9】

只要周期信号的均值为零，对其进行积分就会产生一个更光滑的信号。为了说明这个事实，下面来考虑图 4.12 所示的锯齿信号 $x(t)$ 及其积分

$$y(t) = \int_{-\infty}^{t} x(\tau)\mathrm{d}\tau$$

$x(t)$ 的基波周期为 $T_0 = 2$。求出二者的幅度线谱并加以对比。

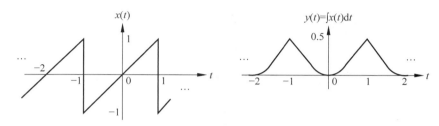

图 4.12　锯齿信号 $x(t)$ 与其积分 $y(t)$（注意 $x(t)$ 是一个不连续的函数，而 $y(t)$ 是连续的）

解　在进行任何计算之前首先考虑一下，如果信号的直流不为零，那么随着 t 的增长，积分的值会累积，从而会使积分不存在，意识到这一点很重要。实际上，如果 $x(t)$ 具有如下形式的傅里叶级数

$$x(t) = X_0 + \sum_k X_k \mathrm{e}^{jk\Omega_0 t}$$

那么积分将会等于

$$\int_{-\infty}^{t} x(\tau)\mathrm{d}\tau = \int_{-\infty}^{t} X_0 \mathrm{d}\tau + \sum_k X_k \int_{-\infty}^{t} \mathrm{e}^{jk\Omega_0 \tau}\mathrm{d}\tau$$

其中第一个积分将会持续增加。

利用以下脚本能够计算出 $x(t)$ 和 $y(t)$ 的傅里叶级数系数。$x(t)$ 的一个周期为

$$x_1(t) = t\, w(t) + (t-2) w(t-1), \quad 0 \leqslant t \leqslant 2$$

其中 $w(t) = u(t) - u(t-1)$ 是一个矩形窗。

以下脚本给出了求两个信号的傅里叶级数（见图 4.13）的基本代码。

```
% 例 4.9  锯齿信号及其积分
%%
 syms t
 T0 = 2;
 m = heaviside(t) – heaviside(t – T0/2);
 m1 = heaviside(t – T0/2) – heaviside(t – T0);
 x = t * m + (t - 2) * m1;
 y = int(x);
 [X,w] = fourierseries(x,T0,20);
 [Y,w] = fourierseries(y,T0,20);
```

忽略直流成分，$y(t)$ 的幅度 $\{|Y_k|\}$ 比 $x(t)$ 的幅度 $\{|X_k|\}$ 衰减至零的速度快得多，即 $x(t)$ 比 $y(t)$ 包含更高的频率成分，因此信号 $y(t)$ 比 $x(t)$ 更光滑。$x(t)$ 中的间断点是引起更高频率的原因。

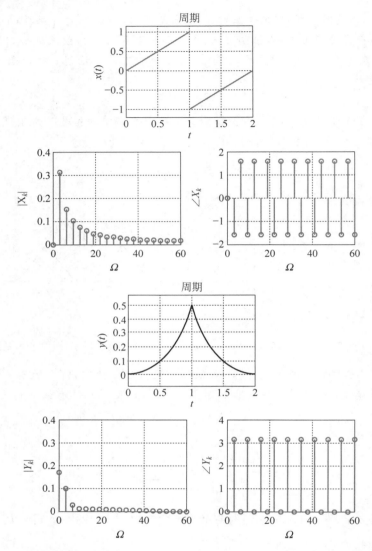

图 4.13　锯齿信号 $x(t)$ 与其积分 $y(t)$ 的一个周期，以及它们的幅度线谱和相位线谱

在 4.5.3 小节将会看到，求周期信号的导数等效于其傅里叶级数的系数乘以 $j\Omega_0 k$，而这正突出了更高次的谐波，所以说微分会使由此产生的信号更粗糙。如果周期信号是零均值的，那么它的积分存在，且其积分的傅里叶系数可以通过 $j\Omega_0 k$ 去除信号的傅里叶系数而获得，不过现在是突出了低次谐波，所以说积分会使由此产生的信号更光滑。

4.3.5　傅里叶级数的收敛性

毫不夸张地说，任何具有实际意义的周期信号都有傅里叶级数，只有非常不可思议的周期信号才会没有收敛的傅里叶级数。因为傅里叶级数是无穷级数，包含无限项，所以收敛是必须的。为了建立级数收敛的一般条件，需要根据信号的光滑度来对信号加以分类。

若信号 $x(t)$ 具有有限数量的间断点，则称它是分段光滑的，而一个光滑的信号具有连续变化的导数，因此光滑信号可认为是分段光滑信号的特例。

分段光滑的(连续的或不连续的)周期信号 $x(t)$，其傅里叶级数对所有 t 值都收敛。数学家狄里赫利(Dirichlet)证明了，要使傅里叶级数收敛于周期信号 $x(t)$，该信号在一个周期内应该满足以下充分条件(不是必要条件)：

(1) 是绝对可积的；

(2) 具有有限数量的最大值、最小值和间断点。

这个无穷级数在每个连续点都是等于 $x(t)$ 的，而在每个间断点，此级数则等于右极限值 $x(t+0_+)$ 和左极限值 $x(t+0_-)$ 的平均值，即

$$0.5[x(t+0_+) + x(t+0_-)]$$

如果 $x(t)$ 是处处连续的，则级数绝对一致收敛。

虽然傅里叶级数收敛于间断点处的算术平均值，不过还是能观察到在间断点的前后有一些波纹，这种现象被称为**吉布斯现象**。为了理解该现象，有必要解释傅里叶级数是如何被看作为实际信号的一个近似，以及当信号有间断点时，在间断点周围级数是如何不一致收敛的。明白了这两个问题，就会理解信号 $x(t)$ 越光滑就越容易用有限项傅里叶级数去近似它。

若信号是处处连续的，则收敛性体现为在每一点 t 处，当增加近似的项数时，级数就逼近实际的 $x(t)$ 值，然而，当信号中出现间断点时情况就不同了，尽管最小均方近似原则似乎表明在这种情况下近似可能产生一个零误差。令

$$x_N(t) = \sum_{k=-N}^{N} X_k e^{jk\Omega_0 t} \tag{4.36}$$

是基波频率为 Ω_0 的周期信号 $x(t)$ 的 N 阶近似，则一个周期内的方均误差为

$$E_N = \frac{1}{T_0} \int_{T_0} |x(t) - x_N(t)|^2 dt \tag{4.37}$$

为了使该误差相对于傅里叶系数 X_k 最小化，设 E_N 对 X_k 的导数为 0，令 $\varepsilon(t) = x(t) - x_N(t)$，于是有

$$\frac{dE_N}{dX_k} = \frac{1}{T_0} \int_{T_0} 2\varepsilon(t) \frac{d\varepsilon^*(t)}{dX_k} dt = -\frac{1}{T_0} \int_{T_0} 2[x(t) - x_N(t)]e^{-jk\Omega_0 t} dt = 0$$

代入 $x_N(t)$ 之后并利用傅里叶指数函数的正交性可得

$$X_k = \frac{1}{T_0} \int_{T_0} x(t) e^{-j\Omega_0 kt} dt \tag{4.38}$$

这是当 $-N \leqslant k \leqslant N$ 时 $x(t)$ 的傅里叶系数，当 $N \to \infty$ 时，平均误差 $E_N \to 0$，剩下的问题仅仅是 $x_N(t)$ 怎样收敛于 $x(t)$ 的。如上所述，如果 $x(t)$ 是光滑的，那么 $x_N(t)$ 在每一点都近似于 $x(t)$，但是如果有间断点，则是以一种平均的方式来近似。吉布斯现象表明，无论近似的级数 N 如何大，围绕着间断点始终存在波纹。这个现象在第5章中将得到解释，即把此现象当作是利用矩形窗获得周期信号的一个有限频率表示的结果。

【例 4.10】

为了解释说明吉布斯现象，下面来考虑用傅里叶级数 $x_N(t)$ 近似一个零均值的、基波周期为 $T_0 = 1$ 的矩形脉冲序列 $x(t)$(在图 4.14 中用虚线表示)，$x_N(t)$ 包含一

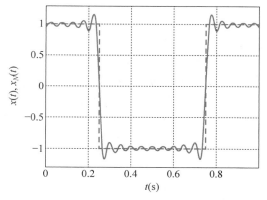

图 4.14 包含直流分量和 20 个谐波分量的近似傅里叶级数 $x_N(t)$(连续曲线)逼近脉冲序列 $x(t)$(虚线)

近似的 $x_N(t)$ 在间断点周围显示出吉布斯现象。

个直流分量和 $N=20$ 个谐波分量。

解 用解析法计算 $x(t)$ 的傅里叶系数，并利用这些系数得到 $x(t)$ 的一个近似 $x_N(t)$，该 $x_N(t)$ 包含零值直流分量和 20 个谐波分量。图 4.14 中虚线表示的是 $x(t)$，连续的图形是取 $N=20$ 的 $x_N(t)$。脉冲序列的不连续性引起了吉布斯现象，即使增加谐波的数量，在间断点前后仍然存在着过冲。

```
% 例 4.10   模拟吉布斯现象
%%
clf;   clear all
w0 = 2 * pi; DC = 0; N = 20;                              %   周期信号的参数
% 计算傅里叶级数的系数
for k = 1: N,
X(k) = sin(k * pi/2)/(k * pi/2);
end
X = [DC X];                                              %   傅里叶级数系数
% 计算周期信号
Ts = 0.001; t = 0: Ts: 1 - Ts;
L = length(t); x = [ones(1,L/4)   zeros(1,L/2)   ones(1,L/4)]; x = 2 * (x - 0.5);
% 计算近似
figure(1)
xN = X(1) * ones(1,length(t));
for k = 2: N,
xN = xN + 2 * X(k) * cos(2 * pi * (k - 1). * t)          %   近似信号
plot(t,xN); axis([0 max(t) 1.1 * min(xN) 1.1 * max(xN)])
hold on; plot(t,x,'r')
ylabel('x(t),x_N(t)'); xlabel('t(s)'); grid
hold off
pause(0.1)
end
```

当执行以上脚本时，随着谐波数量由 2 增加至 N，每次程序都会暂停一段时间以显示近似的结果，对于所取的谐波数量的每一个值，间断点周围的波纹（吉布斯现象）都显示了出来。

【例 4.11】

考虑应用均方误差优化原则求出例 4.5 中周期信号 $x(t)$ 的一个近似 $x_2(t)=\alpha+\beta\cos(\Omega_0 t)$。分别关于 α 和 β 最小化均方误差

$$E_2 = \frac{1}{T_0}\int_{T_0} \mid x(t) - x_2(t) \mid^2 dt$$

从而求得 α 和 β 的值。

解 为了使 E_2 最小，假设其关于 α 和 β 的导数为 0，从而得到

$$\frac{dE_2}{d\alpha} = -\frac{1}{T_0}\int_{T_0} 2[x(t) - \alpha - \beta\cos(\Omega_0 t)]dt = -\frac{1}{T_0}\int_{T_0} 2[x(t) - \alpha]dt = 0$$

$$\frac{dE_2}{d\beta} = -\frac{1}{T_0}\int_{T_0} 2[x(t) - \alpha - \beta\cos(\Omega_0 t)]\cos(\Omega_0 t)dt$$

$$= -\frac{1}{T_0}\int_{T_0} 2[x(t)\cos(\Omega_0 t) - \beta\cos^2(\Omega_0 t)]dt = 0$$

利用傅里叶基的正交规范性可得

$$\alpha = \frac{1}{T_0}\int_{T_0} x(t)dt, \quad \beta = \frac{2}{T_0}\int_{T_0} x(t)\cos(\Omega_0 t)dt$$

对于例 4.5 中的周期信号 $x(t)$,可求出 $\alpha=1,\beta=\dfrac{4}{\pi}$,从而得到近似信号为

$$x_2(t) = 1 + \frac{4}{\pi}\cos(2\pi t)$$

相当于例 4.5 中已求出的傅里叶级数的直流分量和一次谐波。在 $t=0$ 处,有 $x_2(0)=2.27$(而不是所预料的 2),还有 $x_2(0.25)=1$(因为这个点是间断点,故该值等于 2 和 0,即此间断点之前和之后的两个值的平均值)而非 2,以及 $x_2(0.5)=-0.27$ 而非所预料的 0。图 4.15 显示了 $x(t)$、$x_2(t)$ 和 $\varepsilon(t)=|x(t)-x_2(t)|^2$ 的图形。近似误差等于 $E_2=0.3084$。

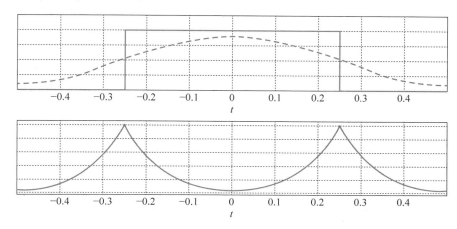

图 4.15 例 4.11 结果图

上图为 $x(t)$ 的一个周期及其近似信号 $x_2(t)$(虚线);下图为 $\varepsilon(t)=|x(t)-x_2(t)|^2$ 在一个周期内的图形,近似误差 $E_2=0.3084$。

4.3.6 时移和频移

> 时移:当基波周期为 T_0 的周期信号 $x(t)$ 在时域中平移,它保持周期性和基波周期不变。若 X_k 是 $x(t)$ 的傅里叶系数,那么对于 $x(t-t_0)$,即 $x(t)$ 被延迟 t_0s,其傅里叶级数系数为
>
> $$X_k \mathrm{e}^{-jk\Omega_0 t_0} = |X_k|\,\mathrm{e}^{\mathrm{j}(\angle X_k - k\Omega_0 t_0)} \qquad (4.39)$$
>
> 同理,若 $x(t)$ 被超前 t_0s 即 $x(t+t_0)$,则其傅里叶级数的系数为
>
> $$X_k \mathrm{e}^{jk\Omega_0 t_0} = |X_k|\,\mathrm{e}^{\mathrm{j}(\angle X_k + k\Omega_0 t_0)} \qquad (4.40)$$
>
> 即时移只会引起相位的改变,而幅度频谱保持不变。
>
> 频移:当用基波周期为 T_0 的周期信号 $x(t)$ 调制一个复指数信号 $\mathrm{e}^{\mathrm{j}\Omega_1 t}$,
>
> ■ 若 $\Omega_1 = M\Omega_0$,M 为整数且 $M \geqslant 1$,则已调信号 $x(t)\mathrm{e}^{\mathrm{j}\Omega_1 t}$ 是周期的,且以 T_0 为基波周期;
>
> ■ 若 $\Omega_1 = M\Omega_0$,$M \geqslant 1$,则傅里叶系数 X_k 被平移至频率 $k\Omega_0 + \Omega_1 = (k+M)\Omega_0$ 处;
>
> ■ 用 $\cos(\Omega_1 t)$ 乘以 $x(t)$ 得到的已调信号是实值信号。

时移性质和频移性质是互为对偶的性质。

如果延迟或超前一个周期信号,则由此产生的信号也是周期的,并且二者有相同的基波周期,平移所带来的改变仅仅出现在傅里叶系数的相位上。实际上,如果

$$x(t) = \sum_k X_k \mathrm{e}^{jk\Omega_0 t}$$

则有

$$x(t-t_0) = \sum_k X_k \mathrm{e}^{\mathrm{j}k\Omega_0(t-t_0)} = \sum_k \big[X_k \mathrm{e}^{-\mathrm{j}k\Omega_0 t_0} \big] \mathrm{e}^{\mathrm{j}k\Omega_0 t}$$

$$x(t+t_0) = \sum_k X_k \mathrm{e}^{\mathrm{j}k\Omega_0(t+t_0)} = \sum_k \big[X_k \mathrm{e}^{\mathrm{j}k\Omega_0 t_0} \big] \mathrm{e}^{\mathrm{j}k\Omega_0 t}$$

于是对应 $x(t)$ 的傅里叶系数 $\{X_k\}$ 变成了对应 $x(t\mp t_0)$ 的傅里叶系数 $\{X_k \mathrm{e}^{\mp \mathrm{j}k\Omega_0 t_0}\}$。在这两种情况下，幅度 $|X_k|$ 是相同的，而相位不相同。

如果以一种对偶的方式，用频率为 Ω_1 的复指数信号 $\mathrm{e}^{\mathrm{j}\Omega_1 t}$ 乘以以上的周期信号 $x(t)$，那么就得到一个已调信号

$$y(t) = x(t)\mathrm{e}^{\mathrm{j}\Omega_1 t} = \sum_k X_k \mathrm{e}^{\mathrm{j}(\Omega_0 k + \Omega_1)t}$$

该式表明所有的谐波频率都被平移了 Ω_1。信号 $y(t)$ 不一定是周期的。由于 T_0 是 $x(t)$ 的基波周期，于是有

$$y(t+T_0) = x(t+T_0)\mathrm{e}^{\mathrm{j}\Omega_1(t+T_0)} = \underbrace{x(t)\mathrm{e}^{\mathrm{j}\Omega_1 t}}_{y(t)}\mathrm{e}^{\mathrm{j}\Omega_1 T_0}$$

要使 $y(t+T_0)$ 等于 $y(t)$，应有对于整数 $M>0$，$\Omega_1 T_0 = 2\pi M$，即

$$\Omega_1 = M\Omega_0, \quad M \gg 1$$

以上关系符合幅度调制条件，即所取的调制频率 Ω_1 远远大于 Ω_0，由此产生的已调信号为

$$y(t) = \sum_k X_k \mathrm{e}^{\mathrm{j}(\Omega_0 k + \Omega_1)t} = \sum_k X_k \mathrm{e}^{\mathrm{j}\Omega_0(k+M)t} = \sum_l X_{l-M}\mathrm{e}^{\mathrm{j}\Omega_0 l t}$$

因此傅里叶系数移到了新的频率 $\{\Omega_0(k+M)\}$ 处。

为了保持已调信号的实值性，人们用频率为 $\Omega_1 = M\Omega_0, M\gg 1$ 的余弦信号乘以周期信号 $x(t)$ 来获得已调信号，即

$$y_1(t) = x(t)\cos(\Omega_1 t) = \sum_k 0.5 X_k \big[\mathrm{e}^{\mathrm{j}(k\Omega_0 + \Omega_1)t} + \mathrm{e}^{\mathrm{j}(k\Omega_0 - \Omega_1)t} \big]$$

于是谐波分量都集中在 $\pm\Omega_1$ 附近了。

【例 4.12】

为了利用 MATLAB 说明调制性质，考虑用以下信号调制正弦波 $\cos(20\pi t)$：

（a）周期方波序列

$$x_1(t) = 0.5[1+\mathrm{sign}(\sin(\pi t))] = \begin{cases} 1, & \sin(\pi t) \geqslant 0 \\ 0, & \sin(\pi t) < 0 \end{cases}$$

即符号函数应用于正弦函数，当其为正时产生1，当其为负时产生 -1。

（b）正弦信号

$$x_2(t) = \sin(\pi t)$$

用自定义的函数 fourierseries 求以上已调信号的傅里叶级数，并画出它们的幅度线谱。

解 $x_1(t)$ 的一个周期为

$$x_{11}(t) = u(t) - u(t-1) = \begin{cases} 1, & 0 \leqslant t \leqslant 1 \\ 0, & 1 < t \leqslant 2 \end{cases}$$

它是基波周期 $T_0 = 2$ 的方波序列的一个周期。可以用以下脚本计算两个已调信号的傅里叶系数（省略了其中的绘图指令）。

```
% 例 4.12  调制
% %
syms t
T0 = 2;
m = heaviside(t) - heaviside(t - T0/2);
m1 = heaviside(t) - heaviside(t - T0);
x1 = m * cos(20 * pi * t);
x2 = m1 * sin(pi * t) * cos(20 * pi * t);
[X1,w] = fourierseries(x1,T0,60);
[X2,w1] = fourierseries(x2,T0,60);
```

已调信号及其相应的幅度线谱如图 4.16 所示,已调信号的傅里叶系数聚集在频率 20π 的附近。

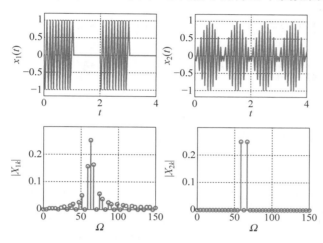

图 4.16　已调方波 $x_1(t)\cos(20\pi t)$(左)和已调余弦波 $x_2(t)\cos(20\pi t)$(右)

4.4　LTI 系统对周期信号的响应

以下性质是 LTI 系统最重要的性质。

> **特征函数性质**：在稳态情况下,系统对某个频率的复指数(或正弦)信号的响应仍是同样的复指数(或正弦)信号,但是其振幅和相位受到系统在该频率的频率响应的影响。

假设一个 LTI 系统的冲激响应为 $h(t)$,且 $H(s)=\mathscr{L}[h(t)]$ 为相应的转移函数。如果输入该系统的信号 $x(t)$ 是周期的,其基波周期为 T_0,傅里叶级数为

$$x(t) = \sum_{k=-\infty}^{\infty} X_k e^{jk\Omega_0 t}, \quad \Omega_0 = \frac{2\pi}{T_0} \tag{4.41}$$

那么根据特征函数性质,系统的稳态输出(输入从 $-\infty$ 开始作用)等于

$$y(t) = \sum_{k=-\infty}^{\infty} [X_k H(jk\Omega_0)] e^{jk\Omega_0 t} \tag{4.42}$$

如果记 $Y_k = X_k H(jk\Omega_0)$,那么就得到了 $y(t)$ 的傅里叶级数表示,Y_k 就是其傅里叶系数。

由于输入 $x(t)$ 是实函数,因此可令 $X_k = |X_k| e^{j\angle X_k} = X_{-k}^*$,从而有

$$x(t) = \sum_{k=-\infty}^{\infty} X_k \mathrm{e}^{\mathrm{j}(k\Omega_0 t)} = X_0 + \sum_{k=1}^{\infty} 2 \mid X_k \mid \cos(k\Omega_0 t + \angle X_k)$$

其中利用了对称条件：$\mid X_k \mid = \mid X_{-k} \mid$，$\angle X_k = -\angle X_{-k}$ 以及 $\angle X_0 = 0$，所得表达式是 $x(t)$ 的三角傅里叶级数，于是根据特征函数性质便可得到稳态输出 $y(t)$ 等于

$$y(t) = \sum_{k=-\infty}^{\infty} [X_k H(\mathrm{j}k\Omega_0)] \mathrm{e}^{\mathrm{j}k\Omega_0 t}$$

$$= X_0 \mid H(\mathrm{j}0) \mid + 2\sum_{k=1}^{\infty} \mid X_k \mid \mid H(\mathrm{j}k\Omega_0) \mid \cos(k\Omega_0 t + \angle X_k + \angle H(\mathrm{j}k\Omega_0))$$

其中采用了 $H(\mathrm{j}k\Omega_0) = \mid H(\mathrm{j}k\Omega_0) \mid \mathrm{e}^{\mathrm{j}\angle H(\mathrm{j}k\Omega_0)}$，以及幅度为频率的偶函数和相位为频率的奇函数等特性。

对于一个冲激响应为 $h(t)$ 的因果稳定 LTI 系统，若其输入 $x(t)$ 是一个基波周期为 T_0 的周期信号，且有傅里叶级数

$$x(t) = X_0 + 2\sum_{k=1}^{\infty} \mid X_k \mid \cos(k\Omega_0 t + \angle X_k), \quad \Omega_0 = \frac{2\pi}{T_0} \tag{4.43}$$

则系统的稳态响应为

$$y(t) = X_0 \mid H(\mathrm{j}0) \mid + 2\sum_{k=1}^{\infty} \mid X_k \mid \mid H(\mathrm{j}k\Omega_0) \mid \cos(k\Omega_0 t + \angle X_k + \angle H(\mathrm{j}k\Omega_0)) \tag{4.44}$$

其中

$$H(\mathrm{j}k\Omega_0) = \mid H(\mathrm{j}k\Omega_0) \mid \mathrm{e}^{\mathrm{j}\angle H(\mathrm{j}k\Omega_0)} = \int_0^{\infty} h(\tau) \mathrm{e}^{-\mathrm{j}k\Omega_0 \tau} \mathrm{d}\tau = H(s) \mid_{s=\mathrm{j}k\Omega_0} \tag{4.45}$$

是系统在 $k\Omega_0$ 的频率响应。

注：

(1) 如果输入信号 $x(t)$ 由具有不同频率的正弦信号组合而成，而这些频率又不具有简谐相关性，那么特征函数性质仍然适用。例如，若

$$x(t) = \sum_k A_k \cos(\Omega_k t + \theta_k)$$

且 LTI 系统的频率响应为 $H(\mathrm{j}\Omega)$，那么稳态响应等于

$$y(t) = \sum_k A_k \mid H(\mathrm{j}\Omega_k) \mid \cos(\Omega_k t + \theta_k + \angle H(\mathrm{j}\Omega_k))$$

该响应可能不是周期的。

(2) 一个相关问题是：对于 LTI 系统来说，怎么能事先就知道它会不会达到稳态？该问题的答案是：系统要能达到稳态，它必须是 BIBO 稳定的。那么如何能达到稳态呢？为了搞清楚这一点，下面来考虑一个因果稳定 LTI 系统，其冲激响应为 $h(t)$。设系统的输入为 $x(t) = \mathrm{e}^{\mathrm{j}\Omega_0 t}$，$-\infty < t < \infty$，则输出为

$$y(t) = \int_0^{\infty} h(\tau) x(t-\tau) \mathrm{d}\tau = \mathrm{e}^{\mathrm{j}\Omega_0 t} \underbrace{\int_0^{\infty} h(\tau) \mathrm{e}^{-\mathrm{j}\Omega_0 \tau} \mathrm{d}\tau}_{H(\mathrm{j}\Omega_0)}$$

第一个积分的积分限表明，输入 $x(t-\tau)$ 从 $-\infty$ 开始（当 $\tau = \infty$）到 t（当 $\tau = 0$），因此 $y(t)$ 是系统的稳态响应。再假设 $x(t) = \mathrm{e}^{\mathrm{j}\Omega_0 t} u(t)$，那么该因果稳定滤波器的输出为

$$y(t) = \int_0^t h(\tau) x(t-\tau) \mathrm{d}\tau = \mathrm{e}^{\mathrm{j}\Omega_0 t} \int_0^t h(\tau) \mathrm{e}^{-\mathrm{j}\Omega_0 \tau} \mathrm{d}\tau$$

以上积分的积分限表明，输入从 0（当 $\tau = t$）开始，终止于 t（当 $\tau = 0$）；其中积分下限由于受到了系统因果性（当 $t < 0$ 时 $h(t) = 0$）的影响变为 0，因此稳态是在 $t \to \infty$ 时达到的，即

$$y_{ss}(t) = \lim_{t \to \infty} e^{j\Omega_0 t} \int_0^t h(\tau) e^{-j\Omega_0 \tau} d\tau = \lim_{t \to \infty} e^{j\Omega_0 t} H(j\Omega_0)$$

故而对于一个稳定系统而言，要想达到稳态，既可以从 $-\infty$ 开始施加激励并考虑在一个有限时刻 t 的输出，也可以从 $t = 0$ 开始施加激励然后考虑 $t \to \infty$ 时的输出，至于系统能否以比隐含的无限长时间快得多的速度达到稳态，则取决于系统。系统在达到稳态之前会出现暂态。

（3）若 LTI 系统是由微分方程描述且输入是一个正弦信号或多个正弦信号的组合，则没有必要先用拉普拉斯变换求得全响应，然后再令 $t \to \infty$ 去求正弦稳态响应，认识到这一点很重要。这种情况下可以先利用拉普拉斯变换求出系统的转移函数，然后将转移函数用于求式（4.44）中的正弦稳态响应。

【例 4. 13】

用 MATLAB 对一个频率为 $\Omega = 20\pi$，振幅为 10，相位任意的正弦信号 $x(t)$ 与一个 LTI 系统的冲激响应 $h(t) = 20e^{-10t}\cos(40\pi t)$（已调衰减指数信号）的卷积进行模拟，利用 MATLAB 的 conv 函数近似卷积积分。

解 以下脚本模拟了 $x(t)$ 和 $h(t)$ 的卷积。注意卷积积分是如何通过用抽样时间间隔 T_s 乘以函数 conv 的输出（它是卷积和）来近似的。

```
% 卷积的模拟
% %
clear all; clf
Ts = 0.01; Tend = 2; t = 0: Ts: Tend;
x = 10 * cos(20 * pi * t + pi * (rand(1.1) - 0.5));        % 输入信号
h = 20 * exp( - 10.^t). * cos(40 * pi * t);               %   冲激响应
% 近似卷积积分
y = Ts * conv(x, h);
M = length(x);
figure(1)
x1 = [zeros(1,5)   x(1: M)];
z = y(1); y1 = [zeros(1,5)   z   zeros(1,M - 1)];
t0 = - 5 * Ts: Ts: Tend;
for k = 0: M - 6,
  pause(0.05)
  h0 = fliplr(h);
  h1 = [h0(M - k - 5: M)   zeros(1,M - k - 1)];
  subplot(211)
  plot(t0,h1,'r')
  hold on
  plot(t0,x1,'k')
  title('x(t)与 h(t)的卷积')
  ylabel('x(\tau),h(t - \tau)'); grid; axis([min(t0) max(t0) 1.1 * min(x) 1.1 * max(x)])
  hold off
subplot(212)
plot(t0,y1,'b')
ylabel('y(t) = (x * h)(t)'); grid; axis([min(t0) max(t0) 0.1 * min(x) 0.1 * max(x)])
z = [z y(k + 2)];
y1 = [zeros(1,5) z zeros(1,M - length(z))];
end
```

图 4.17 显示的是卷积积分模拟的最后一步。系统对正弦的响应始于 $t=0$，它先是表现出一个暂态，最终变成一个与输入具有相同频率的正弦信号，其幅度和相位取决于系统对输入频率的响应。还应注意到，稳态是在一个很短的时间（约为 $t=0.5$s）内就达到了。由于相位是任意的，所以每一次运行脚本程序，暂态都不一样。

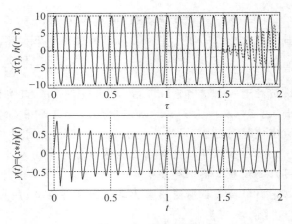

图 4.17 卷积模拟

上图为输入 $x(t)$（实线）和 $h(t-\tau)$（虚线）；
下图为输出 $y(t)$ 的暂态和稳态响应。

4.4.1 对周期信号滤波

滤波器是一个允许保留、去除或衰减输入信号中频率成分的 LTI 系统，即"过滤"输入信号。根据式(4.44)，如果知道系统在周期输入信号的谐波频率处的响应 $\{H(\mathrm{j}k\Omega_0)\}$，那么就可得到系统输出的稳态响应为

$$y(t) = X_0 \mid H(\mathrm{j}0) \mid + 2 \sum_{k=1}^{\infty} \mid X_k \mid \mid H(\mathrm{j}k\Omega_0) \mid \cos(k\Omega_0 t + \angle X_k + \angle H(\mathrm{j}k\Omega_0)) \qquad (4.46)$$

其中，$\{X_k\}$ 是基波频率为 Ω_0 的周期输入信号 $x(t)$ 的傅里叶系数。式(4.46)表明，是保留还是去除输入中的频率成分完全取决于滤波器在谐波频率 $\{k\Omega_0\}$ 处的频率响应。例如，对于那些想要保留的频率成分 $(l\Omega_0)$，可令 $\mid H(\mathrm{j}l\Omega_0) \mid = 1$，而对于那些想要去除的频率成分 $(l\Omega_0)$，可令 $\mid H(\mathrm{j}l\Omega_0) \mid = 0$。滤波器的输出 $y(t)$ 是与输入 $x(t)$ 有着相同基波周期的周期信号，且其傅里叶系数为 $Y_k = X_k H(\mathrm{j}k\Omega_0)$。

【例 4.14】

为了利用 MATLAB 说明对周期信号的滤波，下面来考虑一个零均值的脉冲序列，其傅里叶级数为

$$x(t) = \sum_{k=-\infty, \neq 0}^{\infty} \frac{\sin(k\pi/2)}{k\pi/2} \mathrm{e}^{\mathrm{j}2k\pi t}$$

该信号是实现低通滤波器（即试图保留输入信号中的低频谐波而去除高频谐波的系统）的 RC 电路的激励源。设 RC 低通滤波器的转移函数为

$$H(s) = \frac{1}{1 + s/100}$$

解 以下脚本用来计算滤波器在谐波频率的频率响应 $H(\mathrm{j}k\Omega_0)$（如图 4.18 所示）。

```
%    例 4.14
% %
%    H(s) = 1/(s/100 + 1) 的频率响应——低通滤波器
w0 = 2 * pi;                                        % 基波频率
M = 20; k = 0: M - 1; w1 = k. * w0;                 % 谐波频率
H = 1. /(1 + j * w1/100); Hm = abs(H); Ha = angle(H); % 频率响应
subplot(211)
stem(w1,Hm,'filled'); grid; ylabel('|H(j\omega)|')
axis([0   max(w1)  0  1.3])
subplot(212)
stem(w1,Ha,'filled'); grid
axis([0   max(w1) -1  0])
ylabel('<H(j  \omega)'); xlabel('w(rad/s)')
```

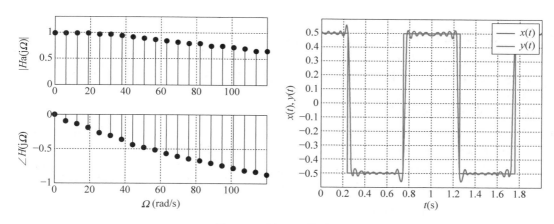

图 4.18 例 4.14 结果图

左：低通 RC 滤波器在谐波频率处的幅度和相位响应。右：由脉冲序列 $x(t)$ 引起的响应，滤波信号 $y(t)$ 由连续线指出。

由脉冲序列引起的响应可以通过计算对傅里叶级数中的每个分量的响应并将它们相加而获得。用 MATLAB 模拟时，取 $N = 20$ 个谐波近似 $x(t)$，即

$$x_N(t) = \sum_{k=-20, \neq 0}^{20} \frac{\sin(k\pi/2)}{k\pi/2} e^{j2k\pi t}$$

在稳态下的输出电容电压为

$$y_{ss}(t) = \sum_{k=-20, \neq 0}^{20} H(j2k\pi) \frac{\sin(k\pi/2)}{k\pi/2} e^{j2k\pi t}$$

由于低通滤波器的幅度响应在输入信号的频率范围内变化很小，所以输出信号与输入信号非常相似（如图 4.18 所示）。以下脚本用于求响应。

```
%   低通滤波
% %
%   输入的 FS 系数
X(1) = 0;                                        % 均值
for k = 2: M - 1,
    X(k) = sin((k - 1) * pi/2)/((k - 1) * pi/2);
end
%   周期信号
 Ts = 0.001; t1 = 0: Ts: 1 - Ts; L = length(t1);
 x1 = [ones(1,L/4)  zeros(1,L/2)  ones(1,L/4)]; x1 = x1 - 0.5; x = [x1  x1];
%滤波器的输出
 t = 0: Ts: 2 - Ts;
 y = X(1) * ones(1,length(t)) * Ha(1);
 plot(t,y); axis([0  max(t)  -.6  .6])
 for k = 2: M - 1,
     y = y + X(k) * Hm(k) * cos(w0 * (k - 1). * t + Ha(k));
     plot(t,y); axis([0  max(t)  -.6  .6]); hold on
     plot(t,x,'r'); axis([0  max(t)  -0.6  0.6]); grid
     ylabel('x(t),y(t)'); xlabel('t(s)'); hold off
     pause(0.1)
 end
```

4.5 利用傅里叶级数进行运算

本节将要证明,利用周期信号的傅里叶级数可以求出它们的和、积、导数和积分的傅里叶级数。

4.5.1 周期信号相加

具有相同的基波频率：如果 $x(t)$ 和 $y(t)$ 是具有相同基波频率 Ω_0 的周期信号,那么对于常数 α 和 β,信号 $z(t)=\alpha x(t)+\beta y(t)$ 的傅里叶级数的系数为

$$Z_k = \alpha X_k + \beta Y_k \tag{4.47}$$

其中,X_k 和 Y_k 分别是 $x(t)$ 和 $y(t)$ 的傅里叶系数。

具有不同的基波频率：如果 $x(t)$ 是基波周期为 T_1 的周期信号,$y(t)$ 是基波周期为 T_2 的周期信号,且 $T_2/T_1=N/M$,其中 N 和 M 是互质的整数,那么 $z(t)=\alpha x(t)+\beta y(t)$ 是以 $T_0=MT_2=NT_1$ 为基波周期的周期信号,且其傅里叶系数为

$$Z_k = \alpha X_{k/N} + \beta Y_{k/M} \tag{4.48}$$

其中,$k=0,\pm1,\cdots$,使 k/N,k/M 为整数,X_k 和 Y_k 分别是 $x(t)$ 和 $y(t)$ 的傅里叶系数。

如果 $x(t)$ 和 $y(t)$ 是具有相同基波周期 T_0 的周期信号,那么 $z(t)=\alpha x(t)+\beta y(t)$ 同样也是以 T_0 为基波周期的周期信号,且 $z(t)$ 的傅里叶系数为

$$Z_k = \alpha X_k + \beta Y_k$$

其中,X_k 和 Y_k 分别是 $x(t)$ 和 $y(t)$ 的傅里叶系数。

通常,如果周期信号 $x(t)$ 的基波周期为 T_1,$y(t)$ 的基波周期为 T_2,若比值 T_2/T_1 是个有理数,即 $T_2/T_1=N/M$,N 和 M 是互质的整数,那么它们的和 $z(t)=\alpha x(t)+\beta y(t)$ 也是周期的,且 $z(t)$ 的周期为 $T_0=MT_2=NT_1$,而 $z(t)$ 的基波频率是 $\Omega_0=\Omega_1/N=\Omega_2/M$,这里 Ω_1 和 Ω_2 分别是 $x(t)$ 和 $y(t)$ 的基波频率,于是 $z(t)$ 的傅里叶级数为

$$z(t) = \alpha x(t) + \beta y(t) = \alpha \sum_l X_l \mathrm{e}^{\mathrm{j}\Omega_1 lt} + \beta \sum_m Y_m \mathrm{e}^{\mathrm{j}\Omega_2 mt}$$

$$= \alpha \sum_l X_l \mathrm{e}^{\mathrm{j}N\Omega_0 lt} + \beta \sum_m Y_m \mathrm{e}^{\mathrm{j}M\Omega_0 mt}$$

$$= \alpha \sum_{k=0,\pm N,\pm 2N,\cdots} X_{k/N} \mathrm{e}^{\mathrm{j}\Omega_0 kt} + \beta \sum_{n=0,\pm M,\pm 2M,\cdots} Y_{n/M} \mathrm{e}^{\mathrm{j}\Omega_0 nt}$$

其中最后一个式子是通过令 $k=Nl$ 和 $n=Mm$ 而得到的。因此 $z(t)$ 的傅里叶系数为 $Z_k=\alpha X_{k/N}+\beta Y_{k/M}$,其中整数 k 的取值能使 k/N 和 k/M 为整数。

【例 4.15】

周期信号 $x(t)$ 的基波周期为 $T_1=2$,$y(t)$ 的基波周期为 $T_2=0.2$,考虑它们的和 $z(t)$,求 $z(t)$ 的傅里叶系数 Z_k,要求用 $x(t)$ 和 $y(t)$ 的傅里叶系数 X_k 和 Y_k 来表示 Z_k。

解 比值 $T_2/T_1=1/10$ 是有理数,故 $z(t)$ 是周期的,且基波周期为 $T_0=T_1=10T_2=2$。$z(t)$ 的基波频率为 $\Omega_0=\Omega_1=\pi$,而 $y(t)$ 的基波频率为 $\Omega_2=10\Omega_0=10\pi$,因此 $z(t)$ 的傅里叶系数为

$$Z_k = \begin{cases} X_k + Y_{k/10}, & \text{当 } k=0,\pm10,\pm20,\cdots \\ X_k, & k=\pm1,\cdots,\pm9,\pm11,\cdots,\pm19\cdots \end{cases}$$

4.5.2 周期信号相乘

> 如果 $x(t)$ 和 $y(t)$ 是具有相同基波周期 T_0 的周期信号,那么它们的乘积
> $$z(t) = x(t)y(t) \tag{4.49}$$
> 也是以 T_0 为基波周期的周期信号,且其傅里叶系数是 $x(t)$ 和 $y(t)$ 的傅里叶系数的卷积和
> $$Z_k = \sum_m X_m Y_{k-m} \tag{4.50}$$

如果 $x(t)$ 和 $y(t)$ 是周期信号且具有相同基波周期 T_0,那么 $z(t) = x(t)y(t)$ 也是以 T_0 为基波周期的周期信号,因为 $z(t + kT_0) = x(t + kT_0)y(t + kT_0) = x(t)y(t) = z(t)$。此外,

$$x(t)y(t) = \sum_m X_m e^{jm\Omega_0 t} \sum_l Y_l e^{jl\Omega_0 t} = \sum_m \sum_l X_m Y_l e^{j(m+l)\Omega_0 t}$$

$$= \sum_k \left[\sum_m X_m Y_{k-m} \right] e^{jk\Omega_0 t} = z(t)$$

其中令 $k = m + l$。于是 $z(t)$ 的傅里叶级数系数为

$$Z_k = \sum_m X_m Y_{k-m}$$

即序列 X_k 和 Y_k 的卷积和,关于卷积和将在第 9 章对其进行正式定义。

【例 4.16】

考虑图 4.4 所示的矩形脉冲序列 $x(t)$,令 $z(t) = 0.25x^2(t)$,利用 $z(t)$ 的傅里叶级数说明,对于某常数 α 有

$$X_k = \alpha \sum_m X_m X_{k-m}$$

确定 α 的值。

解 信号 $0.5x(t)$ 是一个具有单位幅值的脉冲序列,因此 $z(t) = (0.5x(t))^2 = 0.5x(t)$,从而有 $Z_k = 0.5X_k$。又因为 $z(t)$ 等于 $0.5x(t)$ 与其自身相乘,于是有

$$Z_k = \sum_m [0.5X_m][0.5X_{k-m}]$$

从而得到

$$\underbrace{0.5X_k}_{Z_k} = 0.25 \sum_m X_m X_{k-m} \Rightarrow X_k = \frac{1}{2} \sum_m X_m X_{k-m} \tag{4.51}$$

故 $\alpha = 0.5$。

根据例 4.5 的结果可知 $z(t) = 0.5x(t)$ 的傅里叶级数为

$$z(t) = 0.5x(t) = \sum_{k=-\infty}^{\infty} \frac{\sin(\pi k/2)}{\pi k} e^{jk2\pi t}$$

如果定义

$$S(k) = 0.5X_k = \frac{\sin(k\pi/2)}{k\pi} \Rightarrow X_k = 2S(k)$$

则由式 (4.51),可以得到一个有趣的结果:

$$S(k) = \sum_{m=-\infty}^{\infty} S(m)S(k-m)$$

即离散的 sinc 函数 $S(k)$ 与其自身的卷积和仍然是 $S(k)$ 本身。

4.5.3 周期信号的导数和积分

> **导数**：基波周期为 T_0 的周期信号 $x(t)$，其导数 $dx(t)/dt$ 也是周期的，且与 $x(t)$ 具有相同的基波周期 T_0。如果 $\{X_k\}$ 是 $x(t)$ 的傅里叶级数的系数，则 $dx(t)/dt$ 的傅里叶系数是
>
> $$jk\Omega_0 X_k \tag{4.52}$$
>
> 其中，Ω_0 是 $x(t)$ 的基波频率。
>
> **积分**：对于一个零均值的周期信号 $y(t)$，若其基波周期为 T_0，傅里叶系数为 $\{Y_k\}$，则积分
>
> $$z(t) = \int_{-\infty}^{t} y(\tau)\mathrm{d}\tau$$
>
> 是周期的，且周期与 $y(t)$ 的相同，并且其傅里叶系数为
>
> $$Z_k = \frac{Y_k}{jk\Omega_0}, \quad k \text{ 为整数且 } k \neq 0$$
>
> $$Z_0 = -\sum_{m\neq 0} Y_m \frac{1}{jm\Omega_0}, \quad \Omega_0 = \frac{2\pi}{T_0} \tag{4.53}$$

这些性质都自然地来自于周期信号的傅里叶级数表示。只要求出了周期信号的傅里叶级数，就可以对它进行微分或者积分(只有当其直流分量的值等于 0 时)。周期信号的导数可以通过对其傅里叶级数中的每一项求导而获得，即若

$$x(t) = \sum_k X_k \mathrm{e}^{jk\Omega_0 t}$$

则

$$\frac{\mathrm{d}x(t)}{\mathrm{d}t} = \sum_k X_k \frac{\mathrm{d}\mathrm{e}^{jk\Omega_0 t}}{\mathrm{d}t} = \sum_k [jk\Omega_0 X_k]\mathrm{e}^{jk\Omega_0 t}$$

此式说明，若 $x(t)$ 的傅里叶系数为 X_k，那么 $dx(t)/dt$ 的傅里叶系数等于 $jk\Omega_0 X_k$。

为了获得积分性质，假设 $y(t)$ 是一个零均值信号，这样它的积分 $z(t)$ 才是有限的。对于某个整数 M，使 $MT_0 \leqslant t$，利用 $y(t)$ 在其每个周期内均值等于零的事实可得

$$z(t) = \int_{-\infty}^{t} y(\tau)\mathrm{d}\tau = \int_{-\infty}^{MT_0} y(\tau)\mathrm{d}\tau + \int_{MT_0}^{t} y(\tau)\mathrm{d}\tau = 0 + \int_{MT_0}^{t} y(\tau)\mathrm{d}\tau$$

用 $y(t)$ 的傅里叶级数替换 $y(t)$ 可得

$$z(t) = \int_{MT_0}^{t} y(\tau)\mathrm{d}\tau = \int_{MT_0}^{t} \sum_{k\neq 0} Y_k \mathrm{e}^{jk\Omega_0 \tau}\mathrm{d}\tau = \sum_{k\neq 0} Y_k \int_{MT_0}^{t} \mathrm{e}^{jk\Omega_0 \tau}\mathrm{d}\tau$$

$$= \sum_{k\neq 0} Y_k \frac{1}{jk\Omega_0}[\mathrm{e}^{jk\Omega_0 t} - 1]$$

$$= -\sum_{k\neq 0} Y_k \frac{1}{jk\Omega_0} + \sum_{k\neq 0} Y_k \frac{1}{jk\Omega_0}\mathrm{e}^{jk\Omega_0 t}$$

其中，第一项对应均值 Z_0，$Z_k = Y_k/(jk\Omega_0)$，$k\neq 0$ 是 $z(t)$ 其他的傅里叶系数。

注：

相信读者现在清楚对周期信号 $x(t)$ 求导会增强它的高次谐波的原因了。事实上，导数 $dx(t)/dt$ 的傅里叶系数等于 $x(t)$ 的傅里叶系数 X_k 乘以 $j\Omega_0 k$，它们随 k 的增大而增大。而零均值周期信号 $x(t)$ 的积分正好与之相反，即积分平滑了信号，因为乘以 X_k 的是随 k 的增大而减小的 $1/(jk\Omega_0)$。

【例 4.17】

令 $g(t)$ 为基波周期 $T_0 = 1$ 的三角形脉冲序列 $x(t)$ 的导数，$x(t)$ 在 $0 \leqslant t \leqslant 1$ 内的周期为

$$x_1(t) = 2r(t) - 4r(t - 0.5) + 2r(t - 1)$$

利用 $g(t)$ 的傅里叶级数求 $x(t)$ 的傅里叶级数。

解　根据导数性质有

$$X_k = \frac{G_k}{jk\Omega_0}, \quad k \neq 0$$

是 $x(t)$ 的傅里叶系数。信号 $g(t) = dx(t)/dt$ 有一个对应于 $x_1(t)$ 的周期 $g_1(t) = dx_1(t)/dt = 2u(t) - 4u(t-0.5) + 2u(t-1)$，因此 $g(t)$ 的傅里叶级数系数为

$$G_k = \frac{2e^{-0.5s}}{s}(e^{0.5s} - 2 + e^{-0.5s})\big|_{s=j2\pi k} = 2(-1)^k \frac{\cos(\pi k) - 1}{j\pi k}, \quad k \neq 0$$

可以利用 G_k 求出当 $k \neq 0$ 时的系数 X_k，$x(t)$ 的直流分量可根据其图形求出等于 0.5。

【例 4.18】

考虑与例 4.17 相反的情形，即所给的是基波周期为 $T_0 = 1$ 的周期信号 $g(t)$，其傅里叶系数为

$$G_k = 2(-1)^k \frac{\cos(\pi k) - 1}{j\pi k}, \quad k \neq 0$$

且 $G_0 = 0$，要求的是积分

$$x(t) = \int_{-\infty}^{t} g(\tau)d(\tau)$$

的傅里叶系数。

解　信号 $x(t)$ 与 $g(t)$ 一样也是周期的，而且二者具有相同的基波周期，即 $T_0 = 1$，$\Omega_0 = 2\pi$。$x(t)$ 的傅里叶系数为

$$X_k = \frac{G_k}{j\Omega_0 k} = (-1)^k \frac{4(\cos(\pi k) - 1)}{(j2\pi k)^2} = (-1)^{(k+1)} \frac{\cos(\pi k) - 1}{\pi^2 k^2}, \quad k \neq 0$$

均值项为

$$X_0 = -\sum_{m=-\infty, m\neq 0}^{\infty} G_m \frac{1}{j2m\pi} = \sum_{m=-\infty, m\neq 0}^{\infty} (-1)^m \frac{\cos(\pi m) - 1}{(\pi m)^2}$$

$$= 0.5 \sum_{m=-\infty, m\neq 0}^{\infty} (-1)^{m+1} \left[\frac{\sin(\pi m/2)}{(\pi m/2)}\right]^2$$

其中，利用了 $1 - \cos(\pi m) = 2\sin^2(\pi m/2)$。可以采用以下脚本获得均值，其中用了 100 个谐波近似三角形信号。所得均值为 0.498(实际值是 0.5)，近似信号 $x_N(t)$ 如图 4.19 所示。

```
%   例4.18
% %
clf; clear all
w0 = 2 * pi; N = 100;
%   计算均值
DC = 0;
for m = 1: N,
    DC = DC + 2 * ( - 1)^(m) * (cos(pi * m) - 1)/(pi * m)^2;
end

%   计算傅里叶级数的系数
```

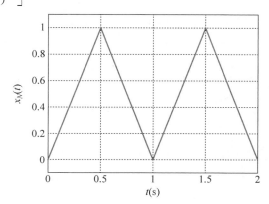

图 4.19　用了 100 个谐波的近似三角形信号 $x_N(t)$ 的两个周期

```
Ts = 0.001; t = 0: Ts: 2 - Ts;
for k = 1: N,
  X(k) = ( - 1)^(k + 1) * (cos(pi * k) - 1)/((pi * k)^2);
end
X = [DC X];                                      %   FS 系数
  xa = X(1) * ones(1,length(t));
figure(1)
for k = 2: N,
  xa = xa + 2 * abs(X(k)) * cos(w0 * (k - 1). * t + angle(X(k)));   %   近似信号
end
```

4.6　我们完成了什么，我们向何处去

在人们的实践活动中并没有发现有周期信号，那么傅里叶是从哪里获得了直觉，想出了周期信号的表示呢？读者今后会明白，虽然在实践中没有发现周期信号，但这并不意味着周期信号没有用处，实际上，周期信号的傅里叶表示是获得非周期信号的傅里叶表示的基础。通过本章的学习相信读者已经认识到了一个非常重要的概念，那就是时间和频率之间的反比关系补充了信号的信息，在信号的描述方面，频域构成了"硬币的另一面"。正如前面提到的那样，是线性时不变系统的特征函数性质将这些理论结合在一起，它还将为滤波提供基本原理。在学习本章傅里叶级数的性质(这些性质总结在表4.1中)时，读者应该已经有似曾相识的感觉了；傅里叶级数的一些性质类似于拉普拉斯变换的某些性质，这是由两个变换之间的关系决定的。读者应该也注意到了拉普拉斯变换在求傅里叶系数中的用途，只要可能利用拉普拉斯变换，就可以避免积分运算。下一章将把在本章中获得的一些结果加以推广，从而统一周期信号和非周期信号的处理方法以及频谱的概念。下一章还将引入系统的频率表示，并将其在滤波中的应用作为实例进行分析。调制是通信的基本工具，它的原理可以在频域中得到非常方便的解释。

表 4.1　傅里叶级数的基本性质

	时　域	频　域
信号与常数	$x(t)$、$y(t)$是周期的，参数为周期 T_0、α 和 β	X_k、Y_k
线性	$\alpha x(t) + \beta y(t)$	$\alpha X_k + \beta Y_k$
帕色瓦尔功率关系	$P_x = \dfrac{1}{T_0}\displaystyle\int_{T_0} \mid x(t) \mid^2 \mathrm{d}t$	$P_x = \displaystyle\sum_k \mid X_k \mid^2$
微分	$\dfrac{\mathrm{d}x(t)}{\mathrm{d}t}$	$jk\Omega_0 X_k$
积分	$\displaystyle\int_{-\infty}^{t} x(t')\mathrm{d}t'$，只有当 $X_0 = 0$	$\dfrac{X_k}{jk\Omega_0}k \neq 0$
时移	$x(t - \alpha)$	$\mathrm{e}^{-j\alpha\Omega_0} X_k$
频移	$\mathrm{e}^{jM\Omega_0 t}x(t)$	X_{k-M}
对称性	$x(t)$是实值函数	$\mid X_k \mid = \mid X_{-k} \mid$，$k$ 的偶函数 $\angle X_k = -\angle X_{-k}$，$k$ 的奇函数
时域卷积	$z(t) = [x * y](t)$	$Z_k = X_k Y_k$

4.7 本章练习题

4.7.1 基础题

4.1 特征函数性质只是对 LTI 系统才有效。考虑以下非线性系统和时变系统的情况。

(a) 一个由方程 $y(t) = x^2(t)$ 描述的系统是非线性的，若设输入为 $x(t) = e^{j\pi t/4}$，求系统相应的输出 $y(t)$。在这种情况下特征函数性质还适用吗？请作出解释。

(b) 考虑一个时变系统 $y(t) = x(t)[u(t) - u(t-1)]$，若设 $x(t) = e^{j\pi t/4}$，求出相应的系统输出 $y(t)$。在这种情况下特征函数性质还适用吗？请作出解释。

答案： (a) $y(t) = x^2(t) = e^{j\pi t/2}$，特征函数性质不适用。

4.2 模拟平均器的输入-输出方程为

$$y(t) = \frac{1}{T} \int_{t-T}^{t} x(\tau) \mathrm{d}\tau$$

设 $x(t) = e^{j\Omega_0 t}$。由于系统是 LTI 的，所以输出应该等于 $y(t) = e^{j\Omega_0 t} H(j\Omega_0)$。

(a) 对所给的输入信号计算积分求出输出信号，并与以上式子进行对比从而求出 $H(j\Omega_0)$，即平均器在频率 Ω_0 的响应。

(b) 由输入-输出方程求出冲激响应 $h(t)$，再用它的拉普拉斯变换 $H(s)$ 验证以上求出的 $H(j\Omega_0)$ 的正确性。

答案： $H(j\Omega_0) = (1 - e^{-j\Omega_0 T})/(j\Omega_0 T)$。

4.3 考虑下面与周期性和傅里叶级数有关的问题：

(a) 对于信号

$$\begin{aligned} x_1(t) &= 1 + \cos(2\pi t) - \cos(6\pi t) \\ x_2(t) &= 1 + \cos(2\pi t) - \cos(6t) \end{aligned}, \quad -\infty < t < \infty$$

i. 判断其中哪个信号是周期的，并确定它的基波周期。

ii. 对于其中的周期信号，求其三角傅里叶级数表示。

iii. 说明为什么不可能获得其中的非周期信号的三角傅里叶级数表示。

(b) 考虑信号

$$x(t) = \frac{\sin(2t + \pi)}{\sin(t)}$$

i. 这个信号是周期的吗？如果是，它的基波周期 T_0 等于多少？

ii. 求出 $x(t)$ 的傅里叶级数。

答案： (a) $x_1(t)$ 是周期的，周期 $T = 1$；$x_2(t)$ 没有傅里叶级数；(b) 是周期的，基波周期 $T_0 = 2\pi$；$x(t) = -2\cos(t)$。

4.4 周期信号 $x(t)$ 有基波频率 $\Omega_0 = 1$，它的一个周期为

$$x_1(t) = u(t) - 2u(t - \pi) + u(t - 2\pi)$$

(a) 利用傅里叶级数系数的积分定义求 $x(t)$ 的系数 $\{X_k\}$。

(b) 利用拉普拉斯变换求 $x(t)$ 的傅里叶级数系数 $\{X_k\}$。

答案： $X_0 = 0$，且 k 为偶数时 $X_k = 0$。

4.5 求下列信号的复指数傅里叶级数，并画出当 $k \geqslant 0$ 时每个信号的幅度线谱和相位线谱。

(i) $x_1(t) = \cos(5t + 45°)$，(ii) $x_2(t) = \sin^2(t)$，

(iii) $x_3(t) = \cos(3t) + \cos(5t)$

答案：$x_1(t)$ 的傅里叶级数系数等于 $X_1 = X_{-1}^* = 0.5\mathrm{e}^{\mathrm{j}\pi/4}$。

4.6 设基波频率为 $\Omega_0 = 2\pi$ 的周期信号 $x(t)$ 有一个周期为

$$x_1(t) = t[u(t) - u(t-1)]$$

(a) 画出 $x(t)$ 的图形，并指出它的基波周期 T_0。

(b) 利用积分定义计算 $x(t)$ 的傅里叶级数系数。

(c) 利用拉普拉斯变换计算傅里叶级数系数 X_k，指出如何计算直流项。

(d) 假定 $y(t) = \mathrm{d}x(t)/\mathrm{d}t$，借助 $y(t)$ 的傅里叶级数系数 Y_k 求出 $x(t)$ 的傅里叶级数系数，并作出解释。

答案：$x(t)$ 是周期的，基波周期 $T_0 = 1$；$X_k = \mathrm{j}/(2\pi k)$，$k \neq 0$，$X_0 = 0.5$。

4.7 考虑下面与指数傅里叶级数有关的问题。

(a) 基波周期为 T_0 的周期信号 $x(t)$ 的指数傅里叶级数为

$$x(t) = \sum_{k=-\infty}^{\infty} \frac{3}{4 + (k\pi)^2} \mathrm{e}^{\mathrm{j}k\pi t}$$

i. 确定基波周期 T_0 的值。

ii. $x(t)$ 的平均值或直流分量是多少？

iii. 判断 $x(t)$ 是时间的偶函数，奇函数还是非奇非偶函数？

iv. 若 $x(t)$ 的一个频率分量可表示为 $A\cos(3\pi t)$，那么 A 等于多少？

(b) $x(t)$ 是一个脉冲序列，它有一个周期为 $x_1(t) = u(t) - 2u(t-\pi) + u(t-2\pi)$，它的傅里叶级数为

$$x(t) = \frac{4}{\pi} \sum_{k=1}^{\infty} \frac{1}{2k-1} \sin((2k-1)t)$$

想想如何利用这些结果求出 π 的一个表达式，用傅里叶级数的前三项获得 π 的近似值。

答案：(a) $T_0 = 2$；$x(t)$ 偶函数；$A = 6/(4 + 9\pi^2)$；(b) 例如利用 $x(1) = 1$。

4.8 假设已知两个周期信号 $x(t)$ 和 $y(t)$ 的傅里叶级数，这两个信号的基波周期分别是 T_1 和 T_2，令 X_k 和 Y_k 分别代表 $x(t)$ 和 $y(t)$ 的傅里叶级数系数。

(a) 如果 $T_1 = T_2$，那么 $z(t) = x(t) + y(t)$ 的傅里叶级数系数会是什么？用 X_k 和 Y_k 来表示。

(b) 如果 $T_1 = 2T_2$，确定 $w(t) = x(t) + y(t)$ 的傅里叶级数系数，用 X_k 和 Y_k 表示。

答案：$Z_k = X_k + Y_k$；k 为奇数时，$W_k = X_k$，k 为偶数时，$W_k = X_k + Y_{k/2}$。

4.9 设基波频率 $\Omega_0 = 2\pi/T_0$ 的周期信号 $x(t)$ 的傅里叶级数系数为 $\{X_k\}$。考虑下列与 $x(t)$ 有关的函数：

$$y(t) = 2x(t) - 3, \quad z(t) = x(t-2) + x(t), \quad w(t) = x(2t)$$

判断 $y(t)$、$z(t)$ 和 $w(t)$ 是否是周期的，如果是，求出相应的傅里叶系数，要求用 $x(t)$ 的傅里叶系数来表示。

答案：$Z_k = X_k(1 + \mathrm{e}^{-2\mathrm{j}\Omega_0 k})$；$k$ 为偶数时，$W_k = X_{k/2}$，否则为 0。

4.10 考虑周期信号

$$x(t) = 0.5 + 4\cos(2\pi t) - 8\cos(4\pi t), \quad -\infty < t < \infty$$

(a) 确定 $x(t)$ 的基波频率 Ω_0。

(b) 求傅里叶级数系数 $\{X_k\}$，并仔细画出幅度频谱和相位频谱图。根据幅度谱线，$x(t)$ 的哪一个频

率具有最大功率？

（c）当 $x(t)$ 通过一个转移函数为 $H(s)$ 的滤波器时，滤波器的输出为 $y(t) = 2 - 2\sin(2\pi t)$，确定 $H(j\Omega)$ 在 $\Omega = 0$、2π 和 4π rad/s 处的值。

答案： $\Omega_0 = 2\pi$；$H(j0) = 4$；$H(j4\pi) = 0$。

4.11 基波周期为 $T_0 = 2$ 的周期信号 $x(t)$ 的一个周期为

$$x_1(t) = \cos(t)[u(t) - u(t-2)]$$

（a）画出信号 $x(t)$ 的图形，并利用积分式求出 $x(t)$ 的傅里叶级数系数 $\{X_k\}$。

（b）利用拉普拉斯变换求出傅里叶级数系数 $\{X_k\}$。

（c）考虑到零均值信号 $x(t) - X_0$ 具有的对称性，判断 X_k 是实函数，纯虚函数还是复函数？说明你是如何做出判断的。

（d）为了简化 $x_1(t)$ 的拉普拉斯变换的计算，考虑以下表达式：

$$\cos(t)u(t-2) = [A\cos(t-2) + B\sin(t-2)]u(t-2)$$

求出 A 和 B 的值，并说明如何计算 $\mathscr{L}[\cos(t)u(t-2)]$。

答案： $X_k = (jk\pi(1 - \cos(2)) + \sin(2))/(2(1 - k^2\pi^2))$；$A = \cos(2)$，$B = -\sin(2)$。

4.12 考虑下面与稳态和频率响应有关的问题。

（a）一个转移函数为 $H(s)$ 的滤波器，其输入 $x(t)$ 和输出 $y(t)$ 为

$$x(t) = 4\cos(2\pi t) + 8\sin(3\pi t), \quad y(t) = -2\cos(2\pi t), \quad -\infty < t < \infty$$

利用以上输入和输出尽可能多地确定此滤波器的频率响应 $H(j\Omega)$。

（b）给定一个 LTI 系统，其频率响应为

$$|H(j\Omega)| = u(\Omega + 2) - u(\Omega - 2), \quad \angle H(j\Omega) = \begin{cases} -\pi/2, & \Omega \geqslant 0 \\ \pi/2, & \Omega < 0 \end{cases}$$

如果输入信号 $x(t)$ 是周期的，且其傅里叶级数为

$$x(t) = \sum_{k=1}^{\infty} \frac{2}{k^2} \cos(3kt/2)$$

计算系统的稳态响应 $y_{ss}(t)$。

答案：（a）$H(j2\pi) = -0.5, H(j3\pi) = 0$；（b）$y_{ss}(t) = 2\cos(3t/2 - \pi/2)$。

4.13 考虑一个基波周期为 $T_0 = 1$ 的周期信号 $x(t)$，它的一个周期为

$$x_1(t) = -0.5t[u(t) - u(t-1)]$$

（a）考虑导数 $g(t) = \mathrm{d}x(t)/\mathrm{d}t$，指出 $g(t)$ 是否是周期的，若是，给出其基波周期。

（b）求出 $g(t)$ 的傅里叶级数，并利用它求出 $x(t)$ 的傅里叶级数。

（c）考虑信号 $y(t) = 0.5 + x(t)$，求 $y(t)$ 的傅里叶级数。

答案： $G_k = 0.5, X_k = 0.5/(jk2\pi), k \neq 0$。

4.14 考虑下面与周期信号滤波有关的问题：

（a）基波频率 $\Omega_0 = \pi/4$ 的周期信号 $x(t)$ 是一个理想带通滤波器的输入，该滤波器的频率响应如下

$$|H(j\Omega)| = \begin{cases} 1, & \pi \leqslant \Omega \leqslant 3\pi/2 \\ 1, & -3\pi/2 \leqslant \Omega \leqslant -\pi, \\ 0, & \text{其他} \end{cases} \quad \angle H(j\Omega) = \begin{cases} -\Omega, & \pi \leqslant \Omega \leqslant 3\pi/2 \\ \Omega, & -3\pi/2 \leqslant \Omega \leqslant -\pi \\ 0, & \text{其他} \end{cases}$$

又知 $x(t)$ 的非零的傅里叶级数系数为 $X_1 = X_{-1}^* = j$，$X_5 = X_{-5}^* = 2$。

i. 将 $x(t)$ 表示成

$$x(t) = \sum_{k=0}^{\infty} A_k \cos(\Omega_k t + \theta_k)$$

的形式。

ii. 求理想带通滤波器的输出 $y(t)$。

（b）周期信号 $x(t)$ 的傅里叶级数为

$$x(t) = \sum_{k=0}^{\infty} (1 - (-1)^k) \cos(k\pi t)$$

若 $x(t)$ 被具有如下频率响应的滤波器所过滤：

$$|H(\mathrm{j}\Omega)| = \begin{cases} 1, & -4.5\pi \leqslant \Omega \leqslant -1.5\pi \\ 1, & 1.5\pi \leqslant \Omega \leqslant 4.5\pi \\ 0, & \text{其他} \end{cases}, \quad \angle H(\mathrm{j}\Omega) = \begin{cases} \pi/2, & \Omega < 0 \\ 0, & \Omega = 0 \\ -\pi/2, & \Omega > 0 \end{cases}$$

i. 仔细画出滤波器的频率响应的幅度和相位，并判断滤波器的类型。

ii. 计算该滤波器对于所给输入信号的稳态响应 $y_{\mathrm{ss}}(t)$。

答案：（a）$y(t) = 4\cos(5\pi(t-1)/4)$；（b）$y_{\mathrm{ss}}(t) = 2\cos(3\pi t - \pi/2)$。

4.15 本题考虑直流电压源的设计。为了设计直流电压源，先对一个交流电压信号进行全波整流，得到信号 $x(t) = |\cos(\pi t)|$，$-\infty < t < \infty$，然后建议设计一个频率响应为 $H(\mathrm{j}\Omega)$ 的理想低通滤波器并将 $x(t)$ 输入其中，该滤波器的输出 $y(t)$ 就是输出的直流源。

（a）欲使 $x(t)$ 中只有直流分量能够通过滤波器，指定此理想低通滤波器的幅度响应特性 $|H(\mathrm{j}\Omega)|$。假定相频响应为 $\angle H(\mathrm{j}\Omega) = 0$，求出全波整流信号 $x(t)$ 的直流分量的值，并确定滤波器的直流增益从而使输出 $y(t) = 1$。

（b）如果输入以上所得理想滤波器的信号是一个半波整流信号，相应的输出 $y(t)$ 会是什么？

答案：全波整流信号 $x(t)$：$X_0 = 2/\pi$；$H(\mathrm{j}0) = \pi/2$。

4.16 基波频率为 $\Omega_0 = \pi$ 的周期信号 $x(t)$ 有一个周期

$$x_1(t) = \begin{cases} 1 + t, & -1 \leqslant t \leqslant 0 \\ 1 - t, & 0 < t \leqslant 1 \end{cases}$$

信号 $x(t)$ 是理想低通滤波器的输入，该滤波器的频率响应 $H(\mathrm{j}\Omega)$ 如图 4.20 所示，设 $y(t)$ 为系统的输出。

（a）若需要求滤波器输出 $y(t)$ 的傅里叶级数系数，需要确定 $x(t)$ 的哪些傅里叶系数？

（b）输出信号 $y(t)$ 是周期的吗？如果是，确定其基波周期 T_0 和直流的值。

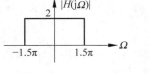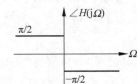

图 4.20 问题 4.16

（c）若输出 $y(t) = A + B\cos(\pi t + C)$，求 A、B 和 C 的值。

答案：需要 X_0 和 X_1；$A = 1$，$B = 8/\pi^2$，$C = -\pi/2$。

4.17 考虑图 4.21 所示的周期信号 $x(t)$。

（a）利用拉普拉斯变换计算 $x(t)$ 的傅里叶级数系数 X_k，$k \neq 0$。

（b）假设为了求 $x(t)$ 的傅里叶级数，先考虑其导数，即 $g(t) = \mathrm{d}x(t)/\mathrm{d}t$，给出 $g(t)$ 的表达式，并利用拉普拉斯变换求出它的傅里叶级数

$$g(t) = \sum_{k=-\infty}^{\infty} G_k e^{jk\Omega_0 t}$$

再利用上述傅里叶级数求出 $x(t)$ 的傅里叶级数。

答案: $X_k = -j/(2\pi k), k \neq 0$; $G_k = 1$。

4.18 以下是关于周期信号引起的 LTI 系统的稳态响应的问题。

(a) LTI 系统的转移函数为

$$H(s) = \frac{Y(s)}{X(s)} = \frac{s+1}{s^2 + 3s + 2}$$

如果输入系统的信号为 $x(t) = 1 + \cos(t + \pi/4)$,稳态输出 $y(t)$ 等于什么?

(b) LTI 系统的转移函数为

$$H(s) = \frac{Y(s)}{X(s)} = \frac{1}{s^2 + 3s + 2}$$

若输入为 $x(t) = 4u(t)$,

i. 利用 LTI 系统的特征函数性质求出该系统的稳态响应 $y_{ss}(t)$。

ii. 通过拉普拉斯变换验证以上结果。

答案: (a) $y_{ss}(t) = 0.5 + 0.447\cos(t + 18.4°)$; (b) $y_{ss}(t) = 2$。

4.19 如果已知的是周期信号 $x(t)$ 的傅里叶级数表示,那么可以像计算任何其他信号的导数那样计算它的导数。

(a) 考虑图 4.22 所示的周期脉冲序列,计算其导数 $y(t) = \mathrm{d}x(t)/\mathrm{d}t$ 并仔细画出 $y(t)$ 的图形,然后求 $y(t)$ 的傅里叶级数。

(b) 利用 $x(t)$ 的傅里叶级数表示,对该级数求导从而获得 $y(t)$ 的傅里叶级数,与前面求出的傅里叶级数相比,二者有什么关系?

答案: $y(t) = \sum\limits_{k} 4j\sin(\pi k/2)e^{j2\pi kt}$。

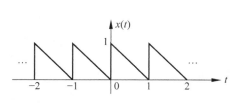

图 4.21 问题 4.17

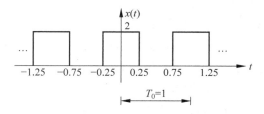

图 4.22 问题 4.19 和问题 4.20

4.20 考虑周期为 $T_0 = 1$ 的脉冲信号 $p(t) = x(t) - 1$ 的傅里叶级数的积分,其中 $x(t)$ 如图 4.22 所示。

(a) 考虑到 $p(t)$ 的积分是曲线下方的面积,求积分

$$s(t) = \int_{-\infty}^{t} p(\tau)\mathrm{d}\tau, \quad t \leqslant 1$$

并画出函数 $s(t)$ 的图形,要求指出当 $t = 0$、0.25、0.5、0.75 和 1 时 $s(t)$ 的值。

(b) 求 $p(t)$ 和 $s(t)$ 的傅里叶级数,并说明它们的傅里叶系数有什么关系。

(c) 利用 $p(t)$ 的傅里叶级数计算以下积分:

$$\int_{-T_0/2}^{T_0/2} p(t)\mathrm{d}t$$

该积分等于什么？

(d) 利用 $p(t)$ 的图形计算以下积分：

$$\int_{-T_0/2}^{T_0/2} p(t)\mathrm{d}t$$

该积分是什么？它与利用傅里叶级数求出的结果一致吗？请作出解释。

答案：$p(t) = \sum\limits_{k\text{为奇数}} 4\mathrm{e}^{\mathrm{j}2\pi kt}/(k\pi)$。

4.21 利用方形脉冲序列的傅里叶级数(在本章已求得)计算三角形信号 $x(t)$ 的傅里叶级数，$x(t)$ 的一个周期为

$$x_1(t) = r(t) - 2r(t-1) + r(t-2)$$

(a) 求 $x(t)$ 的导数即 $y(t) = \mathrm{d}x(t)/\mathrm{d}t$，仔细画出其图形，同时画出 $z(t) = y(t)+1$ 的图形。利用方形脉冲序列的傅里叶级数计算 $y(t)$ 和 $z(t)$ 的傅里叶级数系数。

(b) 求 $y(t)$ 和 $z(t)$ 的正弦形式表达式，并解释为何它们是由正弦函数来表示，为何 $z(t)$ 有一个非零的均值。

(c) 由 $y(t)$ 的傅里叶级数系求出 $x(t)$ 的傅里叶级数系数。

(d) 求 $x(t)$ 的正弦形式表达式，并解释为何对于 $x(t)$ 来说余弦函数表示比正弦函数表示更合适。

答案：$y(t) = 4\sum\limits_{k>0,\text{且}k\text{为奇数}} \sin(\pi kt)/(\pi k)$。

4.22 考虑两个周期信号的傅里叶级数

$$x(t) = \sum_{k=-\infty}^{\infty} X_k \mathrm{e}^{\mathrm{j}\Omega_0 kt}, \quad y(t) = \sum_{k=-\infty}^{\infty} Y_k \mathrm{e}^{\mathrm{j}\Omega_1 kt}$$

(a) 设 $\Omega_1 = \Omega_0$，那么 $z(t) = x(t)y(t)$ 是周期的吗？如果是，它的基波周期是多少？傅里叶级数的系数等于什么？

(b) 如果 $\Omega_1 = 2\Omega_0$，那么 $w(t) = x(t)y(t)$ 是周期的吗？如果是，它的基波周期是多少？傅里叶级数的系数等于什么？

答案：如果 $\Omega_1 = 2\Omega_0$，$Z_n = \sum\limits_{k} X_k Y_{(n-k)/2}$，$(n-k)/2$ 为整数。

4.23 设 $x(t) = \sin^2(2\pi t)$，它是一个基波周期为 $T_0 = 0.5$ 的周期信号，$y(t) = |\sin(2\pi t)|$ 也是周期的，且基波周期与 $x(t)$ 的相同。

(a) 由三角恒等式可得 $x(t) = 0.5[1-\cos(4\pi t)]$，利用该结果求出 $x(t)$ 的复指数傅里叶级数。

(b) 利用拉普拉斯变换求出 $y(t)$ 的傅里叶级数。

(c) $x(t)$ 和 $y(t)$ 相同吗？请作出解释。

(d) 如何利用一个理想低通滤波器从 $x(t)$ 和 $y(t)$ 中获得直流源？指出滤波器的带宽和幅度特性。这两个信号中哪一个用于产生全波整流直流源？

答案：对于 $x(t)$：$X_0 = 0.5, X_2 = X_{-2} = -0.25$；$y(t)$ 的直流值为 $Y_0 = 2/\pi$。

4.7.2 MATLAB 实践题

4.24 计算傅里叶系数的不同方法 要求周期为 $T_0 = 1$ 的锯齿形周期信号 $x(t)$ 的傅里叶级数。$x(t)$ 的一个周期为

$$x_1(t) = r(t) - r(t-1) - u(t-1)$$

(a) 概要地画出 $x(t)$ 的图形并利用积分定义计算傅里叶系数 X_k。

(b) 求傅里叶系数的一个更简单的方法是利用 $x_1(t)$ 的拉普拉斯变换，用这种方法求 X_k。

(c) 求 $x(t)$ 的一个近似信号 $\hat{x}(t)$，它是由直流项和 40 个谐波构成的三角傅里叶级数。用 MATLAB 求出 $\hat{x}(t)$ 在这些时间的值：$t = 0 \sim 10$，步长取 0.001。这些值与 $x(t)$ 的值相比，近似效果如何？用 MATLAB 画出信号 $\hat{x}(t)$ 的图形及其幅度线谱。

答案：$X_k = \mathrm{j}/2\pi k, X_0 = 0.5$。

4.25 周期信号的加法运算 考虑基波周期为 $T_0 = 2$ 的锯齿信号 $x(t)$，它的一个周期为

$$x_1(t) = \begin{cases} t, & 0 \leqslant t < 1 \\ 0, & \text{其他} \end{cases}$$

(a) 利用拉普拉斯变换求傅里叶系数 X_k，分别考虑 k 为奇数和偶数（$k \neq 0$）两种情况，对于 X_0，要求直接由信号计算得到。

(b) 设 $y(t) = x(-t)$，求傅里叶系数 Y_k。

(c) 和信号 $z(t) = x(t) + y(t)$ 是一个三角形函数，求傅里叶系数 Z_k，并与 $X_k + Y_k$ 作比较。

(d) 用 MATLAB 画出 $x(t)$、$y(t)$ 和 $z(t)$ 的图形以及它们相应的幅度线谱。

答案：$X_k = \mathrm{j}/(2\pi k), k \neq 0$ 为偶数，$X_0 = 0.25$。

4.26 借助拉普拉斯变换求傅里叶级数系数 傅里叶级数系数的求解公式与周期信号之一个周期的拉普拉斯变换式之间的关系有助于傅里叶系数的计算。

(a) 周期 $T_0 = 2\mathrm{s}$ 的周期信号 $x(t)$ 有一个周期为信号 $x_1(t) = u(t) - u(t-1)$，利用 $x_1(t)$ 的拉普拉斯变换求 $x(t)$ 的傅里叶系数。

(b) 用 MATLAB 完成以下任务：用 40 个谐波近似 $x(t)$，画出近似信号 $\hat{x}(t)$ 的图形及其幅度线谱。

答案：$X_k = \sin(\pi k/2)\mathrm{e}^{-\mathrm{j}k\pi/2}/(\pi k/2), k \neq 0$；$X_0 = 0.5$。

4.27 半/全波整流和傅里叶级数 对正弦波整流提供了一条产生直流源的途径。本题考虑全波整流信号和半波整流信号的傅里叶级数。全波整流信号 $x_f(t)$ 有基波周期 $T_0 = 1$，且它在 $0 \sim 1$ 周期内为

$$x_1(t) = \sin(\pi t), \quad 0 \leqslant t \leqslant 1$$

而对于半波整流信号 $x_h(t)$ 来说，其基波周期为 $T_1 = 2$，它的一个周期为

$$x_2(t) = \begin{cases} \sin(\pi t), & 0 \leqslant t \leqslant 1 \\ 0, & 1 < t \leqslant 2 \end{cases}$$

(a) 求出这两个周期信号的傅里叶系数。

(b) 利用 MATLAB 和前面获得的解析解，画出半波整流信号的幅度谱线。再用 MATLAB 编程，用直流分量和 40 个谐波近似半波整流信号，画出半波整流信号及其近似信号的图形。

答案：$x_1(t) = \sin(\pi t)u(t) + \sin(\pi(t-1))u(t-1)$；全波 $X_k = 2/((1-4k^2)\pi)$。

4.28 光滑度和傅里叶级数 周期信号在一个周期内的光滑程度决定了幅度谱线的衰减方式。考虑以下周期信号 $x(t)$ 和 $y(t)$，二者都有基波周期 $T_0 = 2\mathrm{s}$，且在周期 $0 \leqslant t \leqslant T_0$ 内为

$$x_1(t) = u(t) - u(t-1), \quad y_1(t) = r(t) - 2r(t-1) + r(t-2)$$

求 $x(t)$ 和 $y(t)$ 的傅里叶级数系数，并用 MATLAB 绘制 $k = 0, \pm 1, \pm 2, \cdots, \pm 20$ 时的幅度谱线。判断两个幅度谱中哪个衰减得更快，以及衰减速率是怎样与信号在一个周期内的光滑程度相关的。（要明白这一点可对比 $|X_k|$ 和对应的 $|Y_k|$。）

答案：$y(t)$ 比 $x(t)$ 更光滑。

4.29　时间支撑和频率成分　周期信号一个周期的支撑与其频谱的支撑是反比关系。考虑两个周期信号：基波周期 $T_0=2$ 的 $x(t)$ 和基波周期 $T_1=1$ 的 $y(t)$，它们各自有一个周期分别为

$$x_1(t) = u(t) - u(t-1), \quad 0 \leqslant t \leqslant 2$$
$$y_1(t) = u(t) - u(t-0.5), \quad 0 \leqslant t \leqslant 1$$

（a）求 $x(t)$ 和 $y(t)$ 的傅里叶级数系数。

（b）用 MATLAB 画出两个信号从 0 到 80π rad/s 内的幅度线谱图，要求将两个频谱画在同一张图中，这样可以直观地看出哪一个具有更宽的支撑。指出哪个信号更光滑，并解释信号的光滑程度与其幅度线谱之间的关联性。

答案：$y_1(t)=x_1(2t)$，相比于 $y(t)$ 的幅度线谱，$x(t)$ 的幅度线谱被压缩了。

4.30　由全波整流信号得到直流输出　考虑一个全波整流器，其输出是一个基波周期为 $T_0=1$ 的周期信号 $x(t)$，$x(t)$ 的一个周期为

$$x_1(t) = \begin{cases} \cos(\pi t), & -0.5 \leqslant t \leqslant 0.5 \\ 0, & \text{其他} \end{cases}$$

（a）求傅里叶系数 X_k。

（b）假设将 $x(t)$ 输入一个具有转移函数 $H(s)$ 的理想滤波器，要使滤波器的输出为一个常数，即得到的是一个直流源，确定该滤波器在谐波频率 $2\pi k$，$k=0, \pm 1, \pm 2, \cdots$ 处的值。用 MATLAB 画出 $x(t)$ 的幅度线谱。

答案：$X_0=2/\pi$；$H(j0)=1$，且当 $k\neq 0$ 时，$H(j2k)=0$。

4.31　应用帕色瓦尔的结论　我们希望用一个有限项傅里叶级数，例如 $2N$ 项来近似一个三角形信号 $x(t)$，它的一个周期为 $x_1(t)=r(t)-2r(t-1)+r(t-2)$。这个近似信号应该具有该三角形信号 99% 的功率，用 MATLAB 求出 N 的值。

答案：$P_x = (0.5)^2 + 2\sum_{k>0,\text{奇数}} 4/(\pi k)^4$。

4.32　加窗和乐音　用计算机生成乐音时，需要对纯音加窗，这样可使它们更加有趣，加窗模拟了音乐家产生某个声音时所采用的方式。本题将说明，加窗会增大谐波频率的丰富程度。现在来考虑产生频率大约为 $f_A=880\text{Hz}$ 的音符，假设"音乐家"用三拍演奏该音符，这里"三拍"相当于窗函数 $w_1(t)=r(t)-r(t-T_1)-r(t-T_2)+r(t-T_0)$，因此产生的声音是一个纯音正弦 $\cos(2\pi f_A t)$ 与周期信号 $w(t)$ 的乘积，即加窗，其中 $w(t)$ 以 $w_1(t)$ 为其一个周期，以 $T_0=5T$ 为其周期，其中 T 是正弦的周期。令 $T_1=T_0/4$，$T_2=3T_0/4$。

（a）用解析法确定窗函数 $w(t)$ 的傅里叶级数，并用 MATLAB 画出它的线谱。要获得 $w(t)$ 的一个较好的近似，如何选择所需的谐波数量？

（b）利用傅里叶级数的调制性质或卷积性质，求乘积 $s(t)=\cos(2\pi f_A t)w(t)$ 的系数，并用 MATLAB 画出这个周期信号的线谱，并再次判断要获得 $s(t)$ 的一个较好近似，需要多少谐波频率？

（c）纯音 $p(t)=\cos(2\pi f_A t)$ 的线谱仅仅显示了一个谐频，即频率 $f_A=880\text{Hz}$，$s(t)$ 比 $p(t)$ 多多少谐频？为了听出谐频的丰富程度，利用函数 sound 播放正弦信号 $p(t)$ 和 $s(t)$（用频率 $F_s=2\times 880\text{Hz}$ 播放这两个信号）。

（d）考虑某个音阶中的一个多音符组合，例如令

$$p(t) = \sin(2\pi \times 440t) + \sin(2\pi \times 550t) + \sin(2\pi \times 660t)$$

用同样的窗函数 $w(t)$，设 $s(t)=p(t)w(t)$，用 MATLAB 画出 $p(t)$ 和 $s(t)$ 的图形，计算并画出它们

的相应线谱。用 sound 以 $F_s=1000$ 播放 $p(nT_s)$ 和 $s(nT_s)$。

答案：因为正弦的基波周期等于 $T=1/880$，令 $T_0=5T=5/880\text{s}, T_1=T_0/4$，和 $T_2=3T_0/4$。

4.33 π 的计算 如你所知，π 是一个无理数，只能用一个具有有限小数位的数来近似，怎样递归地计算 π 值是一个很有意思的理论问题。本题将说明傅里叶级数能够提供的 π 的计算公式。

（a）考虑矩形脉冲序列 $x(t)$，它的一个周期为

$$x_1(t) = 2[u(t+0.25)-u(t-0.25)]-1, \quad -0.5 \leqslant t \leqslant 0.5$$

其周期为 $T_0=1$。画出该周期信号，并求出它的三角傅里叶级数。

（b）利用以上傅里叶级数求出 π 的一个无限和。

（c）如果 π_N 代表无限和的一个有 N 个系数的近似，而 π 代表 MATLAB 中所规定的数值，求 N 的值，要使 π_N 的值等于 MATLAB 所规定的 π 值的 95%。

答案：$\pi = 4\sum_{k=1}^{\infty} \sin(\pi k/2)/k$。

4.34 周期信号的平方误差近似 为了理解傅里叶级数，本题考虑一个更一般的问题。$x(t)$ 是周期为 T_0 的周期信号，它由一个有限和

$$\hat{x}(t) = \sum_{k=-N}^{N} \hat{X}_k \phi_k(t)$$

来近似，其中 $\{\phi_k(t)\}$ 是正交规范函数。为了使此问题成为一个优化问题，考虑平方误差

$$\varepsilon = \int_{T_0} | x(t)-\hat{x}(t) |^2 \mathrm{d}t$$

下面来寻找使 ε 最小的系数 $\{\hat{X}(k)\}$。

（a）假定 $x(t)$ 和 $\hat{x}(t)$ 都是实函数，而且 $x(t)$ 是偶函数，那么傅里叶级数系数 X_k 是实的。证明误差可以表示为

$$\varepsilon = \int_{T_0} x^2(t)\mathrm{d}t - 2\sum_{k=-N}^{N} \hat{X}_k \int_{T_0} x(t)\phi_k(t)\mathrm{d}t + \sum_{l=-N}^{N} | \hat{X}_l |^2 T_0$$

（b）计算 ε 对 $\hat{X}_n$ 的导数，并令其为 0 从而使误差最小化，用这种办法求出 $\hat{X}_n$。

（c）在傅里叶级数中，$\{\phi_k(t)\}$ 是复指数，$\{\hat{X}_n\}$ 与傅里叶级数系数一致。为了说明以上过程，考虑周期 $T_0=1$ 的脉冲信号 $x(t)$ 的情况，它的一个周期为

$$x_1(t) = 2[u(t+0.25)-u(t-0.25)]$$

取 N 的值由 1 增大至 100，用 MATLAB 计算近似信号 $\hat{x}(t)$ 和误差信号 ε，并画出它们的图形。

（d）画 $\hat{x}(t)$ 图形时，将它的一个间断点放在图中显要位置，观察吉布斯现象，当 N 非常大时，吉布斯现象消失吗？画出 $N=1000$ 时间断点附近 $\hat{x}(t)$ 的情况。

答案：$\mathrm{d}\varepsilon/\mathrm{d}\hat{X}_n = -2\int_{T_0} x(t)\phi_n(t)\mathrm{d}t + 2T_0\hat{X}_n = 0$。

4.35 沃尔什函数 正如在前面问题中所看到的那样，傅里叶级数是用正交规范函数来表示信号的表达式类中的一种。下面来考虑沃尔什函数（Walsh functions），它们是在有限时间区间 $[0,1]$ 上正交规范的一组矩形脉冲信号。这些函数是这样的：(i) 只能取 1 和 -1 两个值；(ii) 对所有 k 有 $\phi_k(0)=1$；(iii) 根据符号的变化次数这些函数排了序。

（a）考虑如何获得函数 $\{\phi_k\}_{k=0,\cdots,5}$。沃尔什函数很明显是规范的，因为对于 $t \in [0,1]$，它们的平方等于 1。设当 $t \in [0,1]$ 时，$\phi_0=1$，否则为 0，通过改变一次符号而获得 ϕ_1，它正交于 ϕ_0。然后求出 ϕ_2，它

有两次符号变化，并且它正交于 ϕ_0 和 ϕ_1。继续这个过程。仔细画出 $\{\phi_i(t)\}$，$i=0,\cdots,5$ 的图形，用函数 stairs 画出这些沃尔什函数的图形。

（b）考虑上面获得的沃尔什函数，将它们看作长度为 8 的 1 和 -1 的序列，仔细写出这 6 个序列。观察对应 $\{\phi_i(t)$，$i=0,1,3,5\}$ 的这些序列的对称性，若要由对应 $\phi_1(t)$ 的序列求出对应 $\phi_2(t)$ 的序列，以及由对应 $\phi_3(t)$ 的序列求出对应 $\phi_4(t)$ 的序列，需要循环地移多少位？编写一个 MATLAB 脚本用于产生一个矩阵 $\boldsymbol{\Phi}$，其元素就是这些序列，求乘积 $(1/8)\boldsymbol{\Phi}\boldsymbol{\Phi}^{\mathrm{T}}$，请解释该结果与沃尔什函数的正交规范性有什么关系。

（c）若希望用 $\{\phi_k\}_{k=0,\cdots,5}$ 近似斜变函数 $x(t)=r(t)$，$0\leqslant t\leqslant 1$，则可将其写为

$$\boldsymbol{r}=\boldsymbol{\Phi}\boldsymbol{a}$$

其中，$\boldsymbol{r}$ 是一个向量，且 $x(nT)=r(nT)$，这里 $T=1/8$，$\boldsymbol{a}$ 是展开式的系数，$\boldsymbol{\Phi}$ 是前面求出的沃尔什矩阵。确定向量 $\boldsymbol{a}$ 并利用它获得 $x(t)$ 的一个近似。画出 $x(t)$ 及其近似 $\hat{x}(t)$ 的图形（用函数 stairs 画 $\hat{x}(t)$ 的图形）。

第 5 章

频率分析：傅里叶变换

想象是创造的开始。

想象你所想要的，下定决心实现你所想象的，最终创造你所下决心做的事。

乔治·萧伯纳（George Bernard Shaw）（1856—1950 年）

爱尔兰剧作家

5.1 引言

本章继续信号和系统的频率分析，信号的频率表示以及系统的频率响应在信号处理、通信和控制理论中是非常重要的工具。本章将通过把信号的傅里叶表示延伸至非周期信号来完成信号的频率表示。通过一个极限过程，周期信号的谐波表示被推广成傅里叶变换，即非周期信号的频率密度表示，而描述周期信号时引入的频谱概念也将被推广，既用来描述功率有限信号，又用来描述能量有限信号，因此，无论是周期信号还是非周期信号，都可以用傅里叶变换来测量它的频率成分。

本章将从计算和分析两个方面强调拉普拉斯变换和傅里叶变换之间的联系。对于拉普拉斯变换的收敛域包含 $j\Omega$-轴的信号而言，其傅里叶变换实际上是其拉普拉斯变换的一个特例，不过有些信号的傅里叶变换不能由其拉普拉斯变换得到，对于这些信号，可利用傅里叶变换的性质求其傅里叶变换，而在这些性质当中，正变换和逆变换之间的对偶性在计算傅里叶变换时有着特别的意义。

傅里叶变换的一个重要应用体现在滤波上。通过采用一个具有期望频率响应的 LTI 系统对信号进行处理，信号的傅里叶表示以及 LTI 系统的特征函数性质提供了改变信号频率成分的工具。

通过调制改变信号频率成分的思想是模拟通信的基础。调制使得我们能够利用一个尺寸合理的天线通过无线电波发送信号，语音和音乐都是频率相对较低的信号，如果没有调制的帮助，它们不容易被发射出去。连续波调制可以改变一个正弦载波的振幅、频率或相位，而该正弦载波的频率远高于所要传输的消息中的所有频率。

5.2 从傅里叶级数到傅里叶变换

实际上并没有周期信号，因为这种信号具有无限支撑和严格的基波周期，因此在实际中是不可能出现的，此外，用数值方法只能处理有限支撑信号，所以实际中的信号都被当作非周期信号来处理。对傅里叶级数表示求极限可获得非周期信号的傅里叶表示。

任何一个非周期信号都是一个具有无限大基波周期的周期信号，即非周期信号 $x(t)$ 可表示成

$$x(t) = \lim_{T_0 \to \infty} \tilde{x}(t)$$

其中，$\tilde{x}(t)$是一个基波周期为T_0的周期信号，其傅里叶级数表示为

$$\tilde{x}(t) = \sum_{n=-\infty}^{\infty} X_n e^{jn\Omega_0 t}, \quad \Omega_0 = \frac{2\pi}{T_0}$$

其中，

$$X_n = \frac{1}{T_0} \int_{-T_0/2}^{T_0/2} \tilde{x}(t) e^{-jn\Omega_0 t} \, dt$$

当$T_0 \to \infty$，X_n将趋于零。为了避免这种情况，定义$X(\Omega_n) = T_0 X_n$，其中$\{\Omega_n = n\Omega_0\}$是谐波频率。令$\Delta\Omega = \Omega_0 = 2\pi/T_0$为谐波频率之间的间隔频率，这样就可将以上两个式子写为

$$\tilde{x}(t) = \sum_{n=-\infty}^{\infty} \frac{X(\Omega_n)}{T_0} e^{j\Omega_n t} = \sum_{n=-\infty}^{\infty} X(\Omega_n) e^{j\Omega_n t} \frac{\Delta\Omega}{2\pi}$$

$$X(\Omega_n) = \int_{-T_0/2}^{T_0/2} \tilde{x}(t) e^{-j\Omega_n t} \, dt$$

当$T_0 \to \infty$时，有$\Delta\Omega \to d\Omega$，即线谱变得更加密集，亦即线谱中的谱线靠得越来越近，于是和式变成一个积分，并且$\Omega_n = n\Omega_0 = n\Delta\Omega \to \Omega$，因此，在极限情况下可以得到

$$x(t) = \frac{1}{2\pi} \int_{-\infty}^{\infty} X(\Omega) e^{j\Omega t} \, d\Omega$$

$$X(\Omega) = \int_{-\infty}^{\infty} x(t) e^{-j\Omega t} \, dt$$

以上两式分别是**傅里叶逆变换**和**傅里叶变换**：第一个式子将一个频域里的函数$X(\Omega)$变换成为一个时域里的信号$x(t)$，第二个式子的作用正好相反。

傅里叶变换可以测量信号的频率成分，后面将看到，时间表示和频率表示是互为补充的，就是说信号在一个域里的特征提供了在另一个域里不能明显可得的信息。

　　一个非周期的或者说不是周期的信号$x(t)$，可看成是一个具有无限大的基波周期的周期信号$\tilde{x}(t)$，利用该信号的傅里叶级数表示和一个极限过程，可以得到一个傅里叶变换对

$$x(t) \Longleftrightarrow X(\Omega)$$

其中，信号$x(t)$通过傅里叶变换

$$X(\Omega) = \int_{-\infty}^{\infty} x(t) e^{-j\Omega t} \, dt \qquad (5.1)$$

被变换成为一个频域中的函数$X(\Omega)$。

而$X(\Omega)$则通过傅里叶逆变换

$$x(t) = \frac{1}{2\pi} \int_{-\infty}^{\infty} X(\Omega) e^{j\Omega t} \, d\Omega \qquad (5.2)$$

被变换成为一个时域中的信号$x(t)$。

　　注：

　　(1) 虽然已经由傅里叶级数得到了傅里叶变换，但周期信号的傅里叶变换却不能直接由式(5.1)中的积分而获得。考虑$x(t) = \cos(\Omega_0 t)$，$-\infty < t < \infty$，其基波周期为$2\pi/\Omega_0$，如果试图用积分计算它的傅里叶变换，就会遇到一个没有被恰当定义的问题(试着计算该积分便会明白)，但是由该信号的线谱可知，该信号的功率集中在频率$\pm\Omega_0$处，所以应该能够想办法求出它的傅里叶变换。正弦函数是基本的函数。

（2）另一方面，如果考虑一个拉普拉斯变换在 $j\Omega$-轴上有效（即 $X(s)$ 的收敛域包括该轴）的衰减指数信号 $x(t)=e^{-|a|t}$，那么将会看到它的傅里叶变换很容易得到，即为当 $s=j\Omega$ 时的 $X(s)$。在这种情况下，根本不必用积分公式，虽然即使用该公式得到的也是一个与由拉普拉斯变换得到的表达式完全一样的结果。

（3）最后来考虑求 sinc 函数（在后面将会看到，它是低通滤波器的冲激响应）的傅里叶变换问题，此时积分和拉普拉斯变换的方法都不能用，对于该信号，需要利用的是傅里叶正变换和逆变换之间的对偶性才能求出它的傅里叶变换（注意式（5.1）和式（5.2）之间存在的对偶性或者说相似性）。

5.3　傅里叶变换的存在条件

为了使 $x(t)$ 的傅里叶变换存在，$x(t)$ 必须绝对可积，即

$$| X(\Omega) | \leqslant \int_{-\infty}^{\infty} | x(t)e^{-j\Omega t} | \, dt = \int_{-\infty}^{\infty} | x(t) | \, dt < \infty$$

此外，在任意有限的区间上，$x(t)$ 只能有有限数量的间断点和有限数量的最大值和最小值。（考虑到傅里叶变换是对傅里叶级数取极限而得到的，那么显然，以上条件与傅里叶级数的存在条件是一致的。）

信号 $x(t)$ 的傅里叶变换

$$X(\Omega) = \int_{-\infty}^{\infty} x(t)e^{-j\Omega t} \, dt$$

存在（即可以通过此积分计算其傅里叶变换），只要
- $x(t)$ 是绝对可积的或 $|x(t)|$ 下方的面积是有限的；
- 在任意有限的区间上，$x(t)$ 只有有限数量的间断点和有限数量的最大值和最小值。

根据傅里叶正变换和逆变换的定义可知，二者都是在无限支撑上的积分运算，因此通常我们并不知道它们是否存在，而且如果存在，怎样高效地计算这两个积分也是问题。对于傅里叶变换的存在条件，E. 克雷格（E. Craig）教授在相关文献中写道：“虽然看起来几乎没有哪个信号有傅里叶变换——除了实际的通信信号，但由于任何信号的幅度都不会趋向无限大，任何信号都不会永远持续，因此任何实际信号的下方面积都不会是无限大，从而所有的信号都有傅里叶变换。”

实际上，有实际意义的信号都有傅里叶变换，并且它们的频谱可以用频谱分析仪显示出来（或任何能够显示其频谱的信号都有傅里叶变换）。频谱分析仪是显示信号能量或功率在频率上的分布情况的仪器。

5.4　由拉普拉斯变换求傅里叶变换

拉普拉斯变换 $X(s)$ 的收敛域（ROC）指明了 $X(s)$ 在 s 平面上的定义区域。

若 $X(s)=\mathscr{L}[x(t)]$ 的收敛域（ROC）包含 $j\Omega$-轴，则当 $s=j\Omega$ 时 $X(s)$ 有定义，于是有

$$\mathscr{F}[x(t)] = \mathscr{L}[x(t)] \big|_{s=j\Omega} = \int_{-\infty}^{\infty} x(t)e^{-j\Omega t} \, dt$$

$$= X(s) \big|_{s=j\Omega} \tag{5.3}$$

以上结论适用于因果信号、反因果信号和非因果信号。

以下经验法则会帮助我们更好地理解信号及其傅里叶变换之间的时-频关系，而且它们也指出了计

算傅里叶变换的最佳方法。在第一次看到这些法则时，可能对于它们的用法还没有体会，但是它们将有助于后面内容的理解，因此在进行后面的讨论时，有可能需要再回过头来温习这些法则。

计算信号 $x(t)$ 的傅里叶变换的拇指法则(经验法则)：

■ 如果 $x(t)$ 具有有限的时间支撑，并且在此支撑上 $x(t)$ 是有界的，那么它的傅里叶变换存在。这种情况下要求 $x(t)$ 的傅里叶变换，既可以用积分定义，也可以利用 $x(t)$ 的拉普拉斯变换。

■ 如果 $x(t)$ 具有无限的时间支撑和一个收敛域包括 $j\Omega$-轴的拉普拉斯变换 $X(s)$，那么它的傅里叶变换等于 $X(s)\big|_{s=j\Omega}$。

■ 如果 $x(t)$ 是周期的，那么它的傅里叶变换可利用该信号的傅里叶级数获得。

■ 如果 $x(t)$ 不属于以上任何情况，如果它有间断点(例如 $x(t)=u(t)$)；或者它有间断点且不是能量有限的(例如 $x(t)=\cos(\Omega_0 t)u(t)$)；或者即使它有有限的能量，但它在频域可能有间断点(例如 $x(t)=\mathrm{sinc}(t)$)，那么需要利用傅里叶变换的性质来求其傅里叶变换。

要注意的是：

■ 如果暂态和稳态都关注，应考虑用拉普拉斯变换；如果仅仅关注稳态行为，则应考虑用傅里叶变换。

■ 对于周期信号，在考虑其傅里叶变换之前应先用傅里叶级数表示它们。

■ 求傅里叶变换时，在进行积分运算之前应先尝试其他方法。

【例 5.1】

讨论是否可能利用以下信号的拉普拉斯变换求出它们的傅里叶变换：

(a) $x_1(t)=u(t)$；(b) $x_2(t)=e^{-2t}u(t)$；(c) $x_3(t)=e^{-|t|}$

解 (a) $x_1(t)$ 的拉普拉斯变换为 $X_1(s)=1/s$，收敛域为 s 平面右半开面，即 ROC 为 $\{s=\sigma+j\Omega: \sigma>0, -\infty<\Omega<\infty\}$，不过该区域不包括 $j\Omega$-轴，因此不能利用拉普拉斯变换求 $x_1(t)$ 的傅里叶变换。

(b) 信号 $x_2(t)$ 的拉普拉斯变换为 $X_2(s)=1/(s+2)$，ROC 为 $\{s=\sigma+j\Omega: \sigma>-2, -\infty<\Omega<\infty\}$，包含 $j\Omega$-轴，故 $x_2(t)$ 的傅里叶变换为

$$X_2(\Omega)=\frac{1}{s+2}\bigg|_{s=j\Omega}=\frac{1}{j\Omega+2}$$

(c) $x_3(t)$ 的拉普拉斯变换为

$$X_3(s)=\frac{1}{s+1}+\frac{1}{-s+1}=\frac{2}{1-s^2}$$

ROC 为 $\{s=\sigma+j\Omega: -1<\sigma<1, -\infty<\Omega<\infty\}$，包含 $j\Omega$-轴，故 $x_3(t)$ 的傅里叶变换为

$$X_3(\Omega)=X_3(s)\bigg|_{s=j\Omega}=\frac{2}{1-(j\Omega)^2}=\frac{2}{1+\Omega^2}$$

5.5 线性、反比例和对偶

傅里叶变换的很多性质与傅里叶级数的性质或者拉普拉斯变换的性质很相似，其实这一点是可以预料得到的，因为这些变换之间存在着紧密的联系。线性性、时间-频率之间的反比关系以及傅里叶正变换和逆变换之间的对偶性将有助于确定那些不能由拉普拉斯变换求得其傅里叶变换的信号的傅里叶变换。

5.5.1 线性

正如拉普拉斯变换那样，傅里叶变换也是线性的。

> 如果 $\mathscr{F}\{x(t)\}=X(\Omega)$ 且 $\mathscr{F}\{y(t)\}=Y(\Omega)$，那么对于常数 α 和 β，有
> $$\mathscr{F}[\alpha x(t)+\beta y(t)]=\alpha\mathscr{F}\{x(t)\}+\beta\mathscr{F}\{y(t)\}$$
> $$=\alpha X(\Omega)+\beta Y(\Omega) \tag{5.4}$$

【例 5.2】

假设将一个因果正弦信号 $v(t)=\sin(\Omega_0 t)u(t)$ 和一个反因果正弦信号 $y(t)=\sin(\Omega_0 t)u(-t)$ 相加生成了一个周期正弦信号

$$x(t)=\sin(\Omega_0 t), \quad -\infty < t < \infty$$

其中，因果正弦信号和反因果正弦信号的拉普拉斯变换分别是 $V(s)$ 和 $Y(s)$。若通过令 $s=j\Omega$ 而求出 $x(t)$ 的傅里叶变换，分析这种方法的错误所在。

解 注意到 $y(t)=-v(-t)$，于是 $v(t)$ 和 $y(t)$ 的拉普拉斯变换分别为

$$V(s)=\frac{\Omega_0}{s^2+\Omega_0^2}, \quad \text{ROC}_1 \text{ 为 Re}[s]>0$$

$$Y(s)=\frac{-\Omega_0}{(-s)^2+\Omega_0^2}, \quad \text{ROC}_2 \text{ 为 Re}[s]<0$$

从而有 $X(s)=V(s)+Y(s)=0$，此外，$X(s)$ 的收敛域是以上两个 ROC 的交集，但二者的交集是个空集，所以不可能通过这种方法获得 $x(t)$ 的傅里叶变换。即使是给 $x(t)$ 适当地添加一些时间信号，情况也是如此。实际上，正弦信号的傅里叶变换是利用 $x(t)$ 的周期性，或者利用后面将讨论到的对偶性求出的。

5.5.2 时间和频率的反比例关系

频率与时间是反比例关系，因此信号的时间表征和频率表征是互补的，认识到这一点非常重要。以下这些例子可以说明该点。

- 冲激信号 $x_1(t)=\delta(t)$ 虽然不是一个常规信号，但它的支撑是有限的（其支撑仅在 $t=0$，因为在其他任何地方信号的值都等于 0），因此它是绝对可积的，故其傅里叶变换为

$$X_1(\Omega)=\mathscr{F}[\delta(t)]=\int_{-\infty}^{\infty}\delta(t)e^{-j\Omega t}\,dt=e^{-j0}\int_{-\infty}^{\infty}\delta(t)\,dt=1, \quad -\infty<\Omega<\infty$$

$X_1(\Omega)$ 在频域里具有无限支撑。（$\delta(t)$ 的傅里叶变换也可以通过其拉普拉斯变换 $\mathscr{L}[\delta(t)]=1$，对所有 s 而获得，即当 $s=j\Omega$ 时有 $\mathscr{F}[\delta(t)]=1$。）该结果表明，由于 $\delta(t)$ 在如此短的时间内变化非常大，所以它的傅里叶变换包含所有可能的频率成分。

- 考虑相反的情况：一个在任何时间都是常数的信号，即直流信号 $x_2(t)=A,-\infty<t<\infty$。由于此信号根本不变化，所以它只包含频率 $\Omega=0$。对于 $x_2(t)$，用积分无法求出其傅里叶变换，因为它不是绝对可积的，不过可以验证其傅里叶变换为 $X_2(\Omega)=2\pi A\delta(\Omega)$（下面将利用对偶性证明该结果）。实际上，$X_2(\Omega)$ 的傅里叶逆变换等于

$$\frac{1}{2\pi}\int_{-\infty}^{\infty}X_2(\Omega)e^{j\Omega t}\,d\Omega=\frac{1}{2\pi}\int_{-\infty}^{\infty}2\pi A\underbrace{\delta(\Omega)e^{j\Omega t}}_{\delta(\Omega)}\,d\Omega=A$$

注意 $x_1(t)$ 和 $x_2(t)$ 之间固有的互补特性：$x_1(t)=\delta(t)$ 只有一个点的支撑，而 $x_2(t)=A$ 具有无限支撑。它们二者相应的傅里叶变换分别是 $X_1(\Omega)=1$ 和 $X_2(\Omega)=2\pi A\delta(\Omega)$，在频域里分别有着

无限支撑和一个点的支撑。

■ 为了领会由直流信号到冲激信号的转变,下面考虑一个脉冲信号

$$x_3(t) = A[u(t + \tau/2) - u(t - \tau/2)] \qquad (5.5)$$

其能量有限,且其傅里叶变换可以利用拉普拉斯变换求出,其拉普拉斯变换为

$$X_3(s) = \frac{A}{s}[e^{s\tau/2} - e^{-s\tau/2}]$$

ROC 是整个 s 平面,从而有

$$X_3(\Omega) = X_3(s)\Big|_{s=j\Omega} = A\frac{(e^{j\Omega\tau/2} - e^{-j\Omega\tau/2})}{j\Omega} = A\tau\frac{\sin(\Omega\tau/2)}{\Omega\tau/2} \qquad (5.6)$$

即在频域里是个 sinc 函数,其中 $A\tau$ 对应 $x_3(t)$ 下方的面积。傅里叶变换 $X_3(\Omega)$ 是 Ω 的偶函数;在 $\Omega = 0$ 处运用罗必塔法则可得 $X_3(0) = A\tau$;当 $\Omega = 2k\pi/\tau, k = \pm 1, \pm 2, \cdots$ 时,$X_3(\Omega)$ 变成零。

如果令 $A = 1/\tau$(这样脉冲就具有单位面积),并且令 $\tau \to 0$,脉冲 $x_3(t)$ 在极限情况下就变成一个 δ 函数 $\delta(t)$,sinc 函数会扩展而变为 1(当 $\tau \to 0$,对于任何有限的 Ω 值 $X_3(\Omega)$ 都不等于零)。另一方面,如果令 $\tau \to \infty$,脉冲就会变成一个由 $-\infty$ 延伸至 ∞ 的常数信号 A,它的傅里叶变换会越来越接近于 $\delta(\Omega)$(sinc 函数在非常接近 0 的位置其值变为 0,在 $\Omega = 0$ 处的幅度变得越来越大,然而曲线下方的面积始终保持为 $2\pi A$)。

■ 下面用 MATLAB 举例说明当时间支撑增大时信号傅里叶变换的变化。以下 MATLAB 脚本计算两个脉冲信号的傅里叶变换,这两个脉冲有相同的幅度 $A = 1$ 和不同的时间支撑 $\tau = 1$ 和 4(在脚本中取的值是 $\tau = 1$)。MATLAB 符号函数 fourier 用来计算傅里叶变换,结果显示在图 5.1 中。

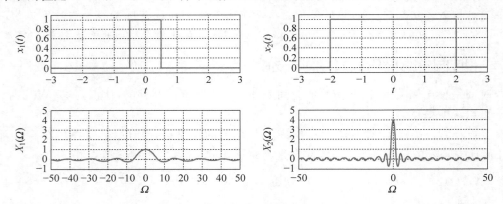

图 5.1 脉冲信号及其傅里叶变换

脉冲 $x_1(t)$ 及其傅里叶变换,取 $A = 1, \tau = 1$(左图)。脉冲 $x_2(t)$ 及其傅里叶变换,取 $A = 1, \tau = 4$(右图)。注意到脉冲越宽,在频域里它的傅里叶变换越集中,还要注意到 $X_i(0) = A\tau, i = 1, 2$,即脉冲下方的面积。

```
%    时间和频率
% %

syms t w
tau = 1; x = heaviside(t + tau/2) - heaviside(t - tau/2);
X = fourier(x);
figure(1)
subplot(211)
ezplot(x,[-3  3]); axis([-3  3  -0.1  1.1])
grid; ylabel('x_1(t)'); xlabel('t')
```

```
subplot(212)
ezplot(X,[-50  50]); axis([-50  50  -1  5])
grid; ylabel('X_1(\Omega)'); xlabel('\Omega')
```

时间与频率的关系总结如下:

$X(\Omega)$ 的支撑与 $x(t)$ 的支撑是反比关系。如果 $x(t)$ 具有傅里叶变换 $X(\Omega)$,并且 $\alpha \neq 0$ 是一个实数,那么:

- 当 $\alpha > 1$ 时, $x(\alpha t)$ 是一个压缩信号;
- 当 $\alpha < -1$ 时, $x(\alpha t)$ 是一个压缩并反褶的信号;
- 当 $0 < \alpha < 1$ 时, $x(\alpha t)$ 是一个扩展信号;
- 当 $-1 < \alpha < 0$ 时, $x(\alpha t)$ 是一个反褶并扩展的信号;
- 当 $\alpha = -1$ 时, $x(\alpha t)$ 是一个反褶信号。

总之有如下变换对:

$$x(\alpha t) \Longleftrightarrow \frac{1}{|\alpha|} X\left(\frac{\Omega}{\alpha}\right) \tag{5.7}$$

首先要提醒一下,就像在拉普拉斯变换的表示中一样,符号"$\Longleftrightarrow$"表明时域中的信号 $x(t)$ 与频域中的傅里叶变换 $X(\Omega)$ 之间具有对应关系,它并不是一个等号!

这个性质可以通过改变积分中的变量而得到证明,作变量代换 $\rho = \alpha t$,有

$$\mathscr{F}[x(\alpha t)] = \int_{-\infty}^{\infty} x(\alpha t) \mathrm{e}^{-\mathrm{j}\Omega t} \mathrm{d}t = \begin{cases} \dfrac{1}{\alpha} \displaystyle\int_{-\infty}^{\infty} x(\rho) \mathrm{e}^{-\mathrm{j}\Omega\rho/\alpha} \mathrm{d}\rho, & \alpha > 0 \\[3mm] -\dfrac{1}{\alpha} \displaystyle\int_{-\infty}^{\infty} x(\rho) \mathrm{e}^{-\mathrm{j}\Omega\rho/\alpha} \mathrm{d}\rho, & \alpha < 0 \end{cases}$$

$$= \frac{1}{|\alpha|} X\left(\frac{\Omega}{\alpha}\right)$$

若 $|\alpha| > 1$,则信号 $x(\alpha t)$ 与 $x(t)$ 相比是压缩了,但其相应的傅里叶变换却展宽了。同理,当 $0 < |\alpha| < 1$,信号 $x(\alpha t)$ 与 $x(t)$ 相比是展宽了,但它的傅里叶变换却压缩了。若 $\alpha < 0$,则除了相应的压缩或扩展还伴随着时域中的反褶。特别地,若 $\alpha = -1$,则反褶信号 $x(-t)$ 的傅里叶变换为 $X(-\Omega)$。

【例 5.3】
考虑脉冲信号 $x(t) = u(t) - u(t-1)$,求出 $x_1(t) = x(2t)$ 的傅里叶变换。

解 $x(t)$ 的拉普拉斯变换等于

$$X(s) = \frac{1 - \mathrm{e}^{-s}}{s}$$

其收敛域为整个 s 平面。于是它的傅里叶变换为

$$X(\Omega) = \frac{1 - \mathrm{e}^{-\mathrm{j}\Omega}}{\mathrm{j}\Omega} = \frac{\mathrm{e}^{-\mathrm{j}\Omega/2}(\mathrm{e}^{\mathrm{j}\Omega/2} - \mathrm{e}^{-\mathrm{j}\Omega/2})}{2\mathrm{j}\Omega/2} = \frac{\sin(\Omega/2)}{\Omega/2} \mathrm{e}^{-\mathrm{j}\Omega/2}$$

可见有限支撑信号 $x(t)$ 对应于无限支撑的 $X(\Omega)$。然后考虑

$$x_1(t) = x(2t) = u(2t) - u(2t - 1) = u(t) - u(t - 0.5)$$

再次利用其拉普拉斯变换可求出 $x_1(t)$ 的傅里叶变换为

$$X_1(\Omega) = \frac{1 - \mathrm{e}^{-\mathrm{j}\Omega/2}}{\mathrm{j}\Omega} = \frac{\mathrm{e}^{-\mathrm{j}\Omega/4}(\mathrm{e}^{\mathrm{j}\Omega/4} - \mathrm{e}^{-\mathrm{j}\Omega/4})}{\mathrm{j}\Omega} = \frac{1}{2} \frac{\sin(\Omega/4)}{\Omega/4} \mathrm{e}^{-\mathrm{j}\Omega/4} = \frac{1}{2} X(\Omega/2)$$

$X_1(\Omega)$ 是 $X(\Omega)$ 在频域内的扩展,该结果与由性质得到的结果一致,见图 5.2。

由积分定义也可以发现傅里叶变换 $X_1(\Omega)$ 和 $X(\Omega)$ 之间的关系。

$$X_1(\Omega) = \int_0^{0.5} e^{-j\Omega t}\, dt = \int_0^{0.5} e^{-j(\Omega/2)2t}\, dt$$

令 $\rho = 2t$,则有

$$X_1(\Omega) = \frac{1}{2}\int_0^1 e^{-j(\Omega/2)\rho}\, d\rho = \frac{1}{2} X(\Omega/2)$$

其中再次利用了积分定义

$$X(\Omega) = \int_0^1 e^{-j\Omega t}\, dt = \frac{e^{-j\Omega t}}{-j\Omega}\Bigg|_0^1 = \frac{\sin(\Omega/2)}{\Omega/2} e^{-j\Omega/2}$$

【例 5.4】

应用反褶性质求信号 $x(t) = e^{-a|t|}, a > 0$ 的傅里叶变换。设 $a = 1$,用 MATLAB 画出该信号以及 $|X(\Omega)|$ 和 $\angle X(\Omega)$ 的图形。

解 信号 $x(t)$ 可以表示成 $x(t) = e^{-at}u(t) + e^{at}u(-t) = x_1(t) + x_1(-t)$。其中,$x_1(t)$ 的傅里叶变换为

$$X_1(\Omega) = \frac{1}{s+a}\Bigg|_{s=j\Omega} = \frac{1}{j\Omega + a}$$

根据反褶性质,$x_1(-t)(a = -1)$ 有傅里叶变换

$$\mathscr{F}[x_1(-t)] = \frac{1}{-j\Omega + a}$$

因此

$$X(\Omega) = \frac{1}{j\Omega + a} + \frac{1}{-j\Omega + a} = \frac{2a}{a^2 + \Omega^2}$$

如果 $a = 1$,用 MATLAB 计算和画出的信号 $x(t) = e^{-|t|}$ 以及 $X(\Omega)$ 的模和相位如图 5.3 所示。由于 $X(\Omega)$ 是正的实函数,所以对所有频率相应的相位都为 0。这个信号被称为低通信号,因为它的能量都集中在低频成分中。

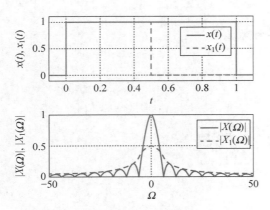

图 5.2 脉冲 $x(t)$ 及其压缩版本 $x_1(t) = x(2t)$ 以及它们的傅里叶变换的模(注意:信号在时域里压缩,在频域里则扩展)

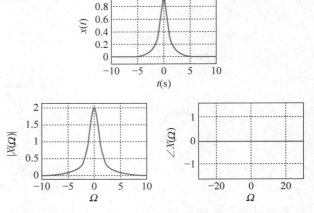

图 5.3 双边信号及其傅里叶变换的模和相位 双边信号 $x(t) = e^{-|t|}$(上图)的傅里叶变换 $X(\Omega)$ 的对所有频率的模(左下图)和相位(右下图)。$X(\Omega)$ 的模表明 $x(t)$ 是一个低通信号,注意相位为零,因为 $X(\Omega)$ 是一个正实函数。

5.5.3 对偶性

除了时间和频率之间的反比例关系，通过交换傅里叶正变换和逆变换定义式(见式(5.1)和式(5.2))中的频率变量和时间变量，还可以得到相似的表达式即对偶式。

与傅里叶变换对

$$x(t) \Longleftrightarrow X(\Omega) \tag{5.8}$$

相对应的是以下对偶的傅里叶变换对

$$X(t) \Longleftrightarrow 2\pi x(-\Omega) \tag{5.9}$$

通过考虑以下傅里叶逆变换可证明该性质：

$$x(t) = \frac{1}{2\pi} \int_{-\infty}^{\infty} X(\rho) \mathrm{e}^{\mathrm{j}\rho t} \mathrm{d}\rho$$

用$-\Omega$代替上式中的t，再乘以2π，之后再令$\rho = t$，便可得

$$2\pi x(-\Omega) = \int_{-\infty}^{\infty} X(\rho) \mathrm{e}^{-\mathrm{j}\rho\Omega} \mathrm{d}\rho = \int_{-\infty}^{\infty} X(t) \mathrm{e}^{-\mathrm{j}\Omega t} \mathrm{d}t = \mathscr{F}[X(t)]$$

要理解以上证明过程，需要认识到前一个积分式中的ρ和后一个积分式中的t都是哑元，因此它们在积分之外表现不出来。

注：

(1) 对于已经有了一个傅里叶变换对，而直接求信号的傅里叶变换可能比较困难的情况，利用该对偶性质可以获得信号的傅里叶变换，因此它是除了拉普拉斯变换和傅里叶变换的积分定义之外的求傅里叶变换的第三种方法。

(2) 若考虑常数信号$x(t) = A$的傅里叶变换，前面已指出该傅里叶变换是$X(\Omega) = 2\pi A\delta(\Omega)$。事实上，有以下对偶的变换对：

$$A\delta(t) \Longleftrightarrow A$$
$$A \Longleftrightarrow 2\pi A\delta(-\Omega) = 2\pi A\delta(\Omega) \tag{5.10}$$

其中，在第二个式子中利用了$\delta(\Omega)$是Ω的偶函数这一性质。

【例 5.5】

利用对偶性质求出以下 sinc 信号的傅里叶变换

$$x(t) = A\frac{\sin(0.5t)}{0.5t} = A\mathrm{sinc}(0.5t), \quad -\infty < t < \infty$$

解 sinc 信号的傅里叶变换无法利用拉普拉斯变换或傅里叶变换的积分定义求出来，而对偶性质则提供了获得 sinc 信号的傅里叶变换的途径。前面已经求出了 $\tau = 0.5$ 时的以下傅里叶变换对，见式(5.5)和式(5.6)：

$$p(t) = A[u(t+0.5) - u(t-0.5)] \Longleftrightarrow P(\Omega) = A\frac{\sin(0.5\Omega)}{0.5\Omega} = A\mathrm{sinc}(0.5\Omega)$$

则根据对偶性质，可以得到如下傅里叶变换对：

$$x(t) = P(t) = A\mathrm{sinc}(0.5t) \Longleftrightarrow X(\Omega) = 2\pi p(-\Omega)$$
$$= 2\pi p(\Omega) = 2\pi A[u(\Omega+0.5) - u(\Omega-0.5)] \tag{5.11}$$

以上表示考虑到了 $p(.)$ 的偶函数特性。此结果说明 sinc 信号的傅里叶变换是频域里的矩形脉冲，而采用同样的方式可得，时域里的一个脉冲的傅里叶变换是频域里的一个 sinc 函数。图 5.4 显示了当 $A =$

10 时对偶的变换对。

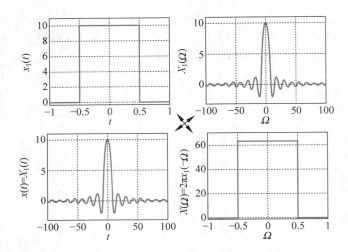

图 5.4　对偶性在求 $x(t) = 10\mathrm{sinc}(0.5t)$ 的傅里叶变换中的应用

（注意 $X(\Omega) = 2\pi x_1(\Omega) \approx 6.28 x_1(\Omega) = 62.8[u(\Omega+0.5) - u(\Omega-0.5)]$）

【例 5.6】

利用对偶性质求 $x(t) = A\cos(\Omega_0 t)$ 的傅里叶变换。

解　傅里叶变换的积分定义不能用来计算 $x(t)$ 的傅里叶变换，因为该信号不是绝对可积的，拉普拉斯变换也不适用，因为 $x(t)$ 没有拉普拉斯变换。不过 $x(t)$ 是周期信号，它有傅里叶级数表示，后面将利用其傅里叶级数表示求它的傅里叶变换。不过现在考虑以下傅里叶变换对

$$\delta(t - \rho_0) + \delta(t + \rho_0) \Longleftrightarrow \mathrm{e}^{-\mathrm{j}\rho_0\Omega} + \mathrm{e}^{\mathrm{j}\rho_0\Omega} = 2\cos(\rho_0\Omega)$$

其中，利用了 $\delta(t-\rho_0) + \delta(t+\rho_0)$ 的拉普拉斯变换是 $\mathrm{e}^{-s\rho_0} + \mathrm{e}^{s\rho_0}$，且收敛域是整个 s 平面，故当 $s = \mathrm{j}\Omega$ 时就得到 $2\cos(\rho_0\Omega)$。根据对偶性质可以得到以下傅里叶变换对

$$2\cos(\rho_0 t) \Longleftrightarrow 2\pi[\delta(-\Omega-\rho_0) + \delta(-\Omega+\rho_0)] = 2\pi[\delta(\Omega+\rho_0) + \delta(\Omega-\rho_0)]$$

用 Ω_0 代替 ρ_0，并将等式两边的 2 消掉可得

$$x(t) = \cos(\Omega_0 t) \Longleftrightarrow X(\Omega) = \pi[\delta(\Omega+\Omega_0) + \delta(\Omega-\Omega_0)] \tag{5.12}$$

这说明 $X(\Omega)$ 只存在于 $\pm\Omega_0$。

5.6　谱表示

本节先利用调制性质研究周期信号的傅里叶变换，然后考虑能量有限信号的帕色瓦尔关系，这些结果能够将周期信号和非周期信号的谱表示统一起来。

5.6.1　信号调制

傅里叶变换最重要的性质之一就是调制，它在信号传输中的应用是模拟通信的基础。

频率平移性质易证明如下：

$$\mathscr{F}[x(t)\mathrm{e}^{\mathrm{j}\Omega_0 t}] = \int_{-\infty}^{\infty}[x(t)\mathrm{e}^{\mathrm{j}\Omega_0 t}]\mathrm{e}^{-\mathrm{j}\Omega t}\,\mathrm{d}t = \int_{-\infty}^{\infty}x(t)\mathrm{e}^{-\mathrm{j}(\Omega-\Omega_0)t}\,\mathrm{d}t = X(\Omega-\Omega_0)$$

频移: 若 $X(\Omega)$ 是 $x(t)$ 的傅里叶变换,则有变换对

$$x(t)\mathrm{e}^{\mathrm{j}\Omega_0 t} \Leftrightarrow X(\Omega - \Omega_0) \tag{5.13}$$

调制: 已调信号

$$x(t)\cos(\Omega_0 t) \tag{5.14}$$

的傅里叶变换为

$$0.5[X(\Omega - \Omega_0) + X(\Omega + \Omega_0)] \tag{5.15}$$

即 $X(\Omega)$ 被搬移到 Ω_0 和 $-\Omega_0$,并相加再乘以 0.5。

将频移性质应用于

$$x(t)\cos(\Omega_0 t) = 0.5x(t)\mathrm{e}^{\mathrm{j}\Omega_0 t} + 0.5x(t)\mathrm{e}^{-\mathrm{j}\Omega_0 t}$$

则可得到已调信号的傅里叶变换即式(5.15)。

在通信中,用消息 $x(t)$ (一般其频率低于余弦函数的频率)调制载波 $\cos(\Omega_0 t)$ 从而获得已调信号 $x(t)\cos(\Omega_0 t)$。调制是傅里叶变换的一项重要应用,因为它允许将一个消息的原始频率搬移到高得多的频率上去,从而使通过无线电波传输该消息成为可能。

注:

(1) 正如第 2 章中指出的那样,幅度调制(AM)是用频率为 Ω_0 的正弦波乘以一个信号消息或 $x(t)$ 的过程,其中 Ω_0 高于消息的最高频率,于是调制将 $x(t)$ 的频率移到频率 $\pm\Omega_0$ 的附近。

(2) 若调制采用正弦函数而不是余弦函数,则除了完成调制信号傅里叶变换的频率搬移,还会改变调制信号傅里叶变换的相位。事实上有

$$\mathscr{F}[x(t)\sin(\Omega_0 t)] = \mathscr{F}\left[\frac{x(t)\mathrm{e}^{\mathrm{j}\Omega_0 t} - x(t)\mathrm{e}^{-\mathrm{j}\Omega_0 t}}{2\mathrm{j}}\right] = \frac{1}{2\mathrm{j}}X(\Omega - \Omega_0) - \frac{1}{2\mathrm{j}}X(\Omega + \Omega_0)$$

$$= \frac{-\mathrm{j}}{2}X(\Omega - \Omega_0) + \frac{\mathrm{j}}{2}X(\Omega + \Omega_0) \tag{5.16}$$

其中的 $-\mathrm{j}$ 和 j 这两项在信号相位的基础上分别增加了 $-\pi/2$ 和 $\pi/2\,\mathrm{rad}$。

(3) 根据 LTI 系统的特征函数性质可知,幅度调制(AM)系统不是 LTI 的: 调制将输入信号中的频率移到新的频率并使其成为输出信号中的频率。一般采用的是非线性系统或时变系统作为幅度调制发射机。

【例 5.7】

考虑用以下信号调制载波信号 $\cos(10t)$:

(1) $x_1(t) = \mathrm{e}^{-|t|}$, $-\infty < t < \infty$。用 MATLAB 求出 $x_1(t)$ 的傅里叶变换,并画出 $x_1(t)$ 及其幅度谱和相位谱。

(2) $x_2(t) = 0.2[r(t+5) - 2r(t) + r(t-5)]$,其中,$r(t)$ 是斜变信号。用 MATLAB 画出 $x_2(t)$ 和 $x_2(t)\cos(10t)$ 的波形,并计算它们的傅里叶变换,画出它们的傅里叶变换的模。

解 已调信号分别是

(1) $y_1(t) = x_1(t)\cos(10t) = \mathrm{e}^{-|t|}\cos(10t)$

(2) $y_2(t) = x_2(t)\cos(10t) = 0.2[r(t+5) - 2r(t) + r(t-5)]\cos(10t)$

信号 $x_1(t)$ 是光滑的且有无限支撑,因此它的大部分频率成分都是低频率;信号 $x_2(t)$ 是光滑的,但它的支撑是有限的,故而虽然它也是低通信号,但其频谱显示出一些高频率。

以下脚本说明怎样产生 $y_1(t)$,怎么求其傅里叶变换 $Y_1(\Omega)$ 的模和相位,要注意相位的计算方法。

符号 MATLAB 不能用函数 angle 计算相位，只能利用反正切函数 atan，即对傅里叶变换的虚部与实部之比求反正切来计算相位。

```
% 例 5.7   调制
% %
syms t w
x = exp( - abs(t));
y1 = x * 0.5 * exp( - j * 10 * t) + x * 0.5 * exp(j * 10 * t)
Y1 = fourier(y1);
Ym = abs(Y1); Ya = atan(imag(Y1)/real(Y1));
```

信号 $x_2(t)$ 是一个三角形信号。以下代码说明怎样产生信号 $y_2(t)$，其中用的不是余弦乘以 $x_2(t)$，而是余弦的等价表示，即复指数函数乘以 $x_2(t)$，因为采用函数 ezplot 画傅里叶变换可以得到更好的图形。

```
m = heaviside(t + 5) - heaviside(t)
m1 = heaviside(t) - heaviside(t - 5);
x2 = (t + 5) * m + m1 * ( - t + 5); x2 = x2/5;
y2 = x2 * exp( - j * 10 * t)/2 + x2 * exp( + j * 10 * t)/2;
X2 = int(x2 * exp( - j * w * t),t, - 5,5); X2m = abs(X2);
Y2 = int(y2 * exp( - j * w * t),t, - 5,5); Y2m = abs(Y2);
```

结果如图 5.5 所示。注意到，在此例中既用了函数 fourier，也用了积分定义来求傅里叶变换。

为什么要进行幅度调制

幅度调制改变了消息的频率成分，使其频率由基带频率搬移到更高的频率上去，从而使无线电波传送消息成为可能。现在来探究一下为什么传输音乐或语音信号时，一定要用 AM。典型的音乐信号是人耳听得到的，其频率可达到约 22kHz，而一般语音信号的频率范围大约是 100Hz～5kHz，因此音乐和语音信号是频率相对较低的信号。当用天线发射一个信号时，天线的长度大约是信号波长

$$\lambda = \frac{3 \times 10^8}{f}(m)$$

的四分之一，其中 f 是被发射信号的频率，以 Hz（或者说 1/s）为单位，3×10^8 m/s 是光速。如果假设出现在信号中的频率达到 $f = 30$kHz（该频率可以把音乐和语音信号都包括在内），其波长就是 10km，那么天线的尺寸就需要 2.5km 长！因此，要想用一个尺寸合理的天线传输音乐或语音信号就需要增大信号中的频率，而幅度调制提供了一种有效的办法将原音或语音信号搬移到理想的频率去。

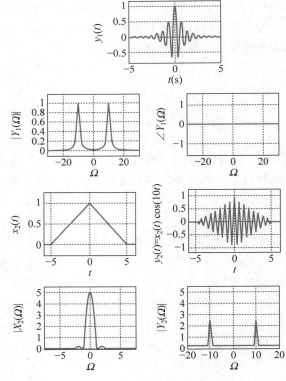

图 5.5   例 5.7 结果图

上半部分图：已调信号 $y_1(t) = e^{-|t|}\cos(10t)$ 及其幅度谱和相位谱，注意相位等于 0。下半部分图：三角形信号 $x_2(t) = 0.2$ $[r(t+5) - 2r(t) + r(t-5)]$ 及相应已调信号 $y_2(t) = x_2(t)\cos(10t)$，和它们对应的幅度谱。

5.6.2 周期信号的傅里叶变换

通过运用频移性质计算周期信号的傅里叶变换能够将非周期信号和周期信号的傅里叶表示统一起来。

> 用傅里叶级数表示周期为 T_0 的周期信号 $x(t)$ 可得到以下傅里叶变换对：
>
> $$x(t) = \sum_k X_k \mathrm{e}^{\mathrm{j}k\Omega_0 t} \Leftrightarrow X(\Omega) = \sum_k 2\pi X_k \delta(\Omega - k\Omega_0) \qquad (5.17)$$

周期信号 $x(t)$ 不是绝对可积的，因此它的傅里叶变换无法通过积分公式计算得到，但是可以利用其傅里叶级数

$$x(t) = \sum_k X_k \mathrm{e}^{\mathrm{j}k\Omega_0 t}$$

其中，$\{X_k\}$ 是傅里叶系数，$x(t)$ 是基波周期为 T_0 的周期信号，$\Omega_0 = 2\pi/T_0$ 是其基波频率。于是根据傅里叶变换的线性性质和频移性质可得

$$X(\Omega) = \sum_k \mathscr{F}[X_k \mathrm{e}^{\mathrm{j}k\Omega_0 t}] = \sum_k 2\pi X_k \delta(\Omega - k\Omega_0)$$

其中，X_k 是常数，其傅里叶变换是 $2\pi X_k \delta(\Omega)$。

注：

（1）对于周期信号 $x(t)$，当我们在画其 $|X(\Omega)|$ 相对于 Ω 的图形即傅里叶幅度谱时，会注意到它与之前讨论过的该信号的线谱是类似的，二者都说明信号的功率集中在基波频率的整数倍处，唯一的差别就是在每一个频率处的信息提供方式。线谱图显示傅里叶系数位于其相应的频率处，而在由傅里叶变换得到的频谱图中，功率集中在谐波频率处，且通过幅度为 2π 乘以傅里叶级数系数的 δ 函数的方式呈现出来。因此，这两个谱图之间的关系很清楚，二者提供了完全相同的信息，只是形式上稍许不同而已。

（2）现在可以直接计算一个余弦信号的傅里叶变换了，它等于

$$\mathscr{F}[\cos(\Omega_0 t)] = \mathscr{F}[0.5\mathrm{e}^{\mathrm{j}\Omega_0 t} + 0.5\mathrm{e}^{-\mathrm{j}\Omega_0 t}] = \pi\delta(\Omega - \Omega_0) + \pi\delta(\Omega + \Omega_0)$$

对于一个正弦信号，可以采用同样的方式得到其傅里叶变换为（将该结果与之前得到的结果进行对比）

$$\mathscr{F}[\sin(\Omega_0 t)] = \mathscr{F}\left[\frac{0.5}{\mathrm{j}}\mathrm{e}^{\mathrm{j}\Omega_0 t} - \frac{0.5}{\mathrm{j}}\mathrm{e}^{-\mathrm{j}\Omega_0 t}\right]$$

$$= \frac{\pi}{\mathrm{j}}\delta(\Omega - \Omega_0) - \frac{\pi}{\mathrm{j}}\delta(\Omega + \Omega_0)$$

$$= \pi\mathrm{e}^{-\mathrm{j}\pi/2}\delta(\Omega - \Omega_0) + \pi\mathrm{e}^{-\mathrm{j}\pi/2}\delta(\Omega + \Omega_0)$$

可见，这两个信号的幅度谱是一样的，但是余弦的相位谱为 0，而正弦的相位谱为位于频率 $\pm\Omega_0$ 处的相角 $\mp\pi/2$。

【例 5.8】

考虑周期信号 $x(t)$，它的其中一个周期为 $x_1(t) = r(t) - 2r(t - 0.5) + r(t - 1)$，如果 $x(t)$ 的基波频率为 $\Omega_0 = 2\pi$，分别用解析法和 MATLAB 确定 $x(t)$ 的傅里叶变换 $X(\Omega)$，并画出该信号的几个周期以及它的傅里叶变换。

解 所给的 $x(t)$ 的一个周期 $x_1(t)$ 是个三角形信号，它的拉普拉斯变换为

$$X_1(s) = \frac{1}{s^2}(1 - 2\mathrm{e}^{-0.5s} + \mathrm{e}^{-s}) = \frac{\mathrm{e}^{-0.5s}}{s^2}(\mathrm{e}^{0.5s} - 2 + \mathrm{e}^{-0.5s})$$

故 $x(t)$ 的傅里叶系数为（$T_0=1$）

$$X_k = \frac{1}{T_0}X_1(s)\Big|_{s=\mathrm{j}2\pi k} = \frac{1}{(\mathrm{j}2\pi k)^2}2(\cos(\pi k)-1)\mathrm{e}^{-\mathrm{j}\pi k}$$

$$= (-1)^{(k+1)}\frac{\cos(\pi k)-1}{2\pi^2 k^2} = (-1)^k\frac{\sin^2(\pi k/2)}{\pi^2 k^2}$$

其中，利用了恒等式 $\cos(2\theta)-1 = -2\sin^2(\theta)$，直流项是 $X_0=0.5$，于是 $x(t)$ 的傅里叶变换为

$$X(\Omega) = 2\pi X_0\delta(\Omega) + \sum_{k=-\infty,\neq 0}^{\infty}2\pi X_k\delta(\Omega-2k\pi)$$

　　为了用符号 MATLAB 计算傅里叶变换，以下脚本采用一个由 $x(t)$ 的均值以及 $N=10$ 个谐波组成（傅里叶系数的求解采用第 4 章定义的 fourierseries 函数）的傅里叶级数近似 $x(t)$，然后产生一个序列 $\{2\pi X_k\}$ 及相应的谐波频率 $\{\Omega_k= k\Omega_0\}$，并把它们作为频谱 $X(\Omega)$ 画出来（如图 5.6 所示）。以下代码给出了产生周期信号和求其傅里叶变换的一些必要步骤（不包括画图），MATLAB 函数 fliplr 用于翻转傅里叶系数。

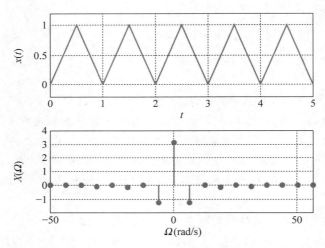

图 5.6　三角形周期信号 $x(t)$ 及其傅里叶变换 $X(\Omega)$

$X(\Omega)$ 等于 0，除非在谐频处其值等于 $2\pi X_k\delta(\Omega-k\Omega_0)$，其中 X_k 是 $x(t)$ 的傅里叶级数系数。

```
% 例 5.8   傅里叶级数
% %
syms t w x x1
T0 = 1; N = 10; w0 = 2 * pi/T0;
m = heaviside(t) − heaviside(t − T0/2);
m1 = heaviside(t − T0/2) − heaviside(t − T0);
x = t * m + m1 * ( − t + T0); x = 2 * x;            % 周期信号
[Xk,w] = fourierseries(x,T0,N)                     % 傅里叶系数,谐波频率
% 傅里叶级数近似
for k = 1: N,
    if k == 1;
    x1 = abs(Xk(k));
else
  x1 = x1 + 2 * abs(Xk(k)) * cos(w0 * (k−1) * t + angle(Xk(k)));
    end
end
```

% 傅里叶系数和谐波频率

```
k = 0 : N − 1 ; Xk1 = 2 ∗ pi ∗ Xk ;
wk = [ − fliplr(k(2 : N − 1))  k] ∗ w0 ; Xk = [fliplr(Xk1(2 : N − 1))  Xk1] ;
```

拉普拉斯变换可以简化求 X_k 值的计算，否则傅里叶级数的系数就需要像下面这样用分部积分法来计算了：

$$X_k = \int_0^{0.5} 2t e^{-j2\pi kt} dt + \int_{0.5}^1 2(1-t) e^{-j2\pi kt} dt$$

5.6.3 帕色瓦尔能量关系

在第 4 章中已经看到，对于功率有限而能量无限的周期信号，帕色瓦尔功率关系表明信号的功率在时域里计算与在频域里计算是相等的，帕色瓦尔功率关系还指明了信号的功率如何在谐波分量中分布。同理，对于能量有限的非周期信号，一个能量版本的帕色瓦尔关系指明了信号的能量是如何在频率上分布的。

> 对于一个能量有限且具有傅里叶变换 $X(\Omega)$ 的非周期信号 $x(t)$，经过变换后其能量 E_x 守恒不变：
>
> $$E_x = \int_{-\infty}^\infty |x(t)|^2 dt = \frac{1}{2\pi} \int_{-\infty}^\infty |X(\Omega)|^2 d\Omega \qquad (5.18)$$
>
> 因此 $|X(\Omega)|^2$ 是能量密度——它指出了在每一个频率 Ω 上的能量大小。$|X(\Omega)|^2$ 关于 Ω 的图像被称为 $x(t)$ 的能量谱，它显示了信号的能量在频率上的分布情况。

该能量守恒性质是利用傅里叶逆变换证明的。$x(t)$ 的有限能量在频域中用以下办法获得：

$$\int_{-\infty}^\infty x(t) x^*(t) dt = \int_{-\infty}^\infty x(t) \left[\frac{1}{2\pi} \int_{-\infty}^\infty X^*(\Omega) e^{-j\Omega t} d\Omega \right] dt$$

$$= \frac{1}{2\pi} \int_{-\infty}^\infty X^*(\Omega) \left[\int_{-\infty}^\infty x(t) e^{-j\Omega t} dt \right] d\Omega$$

$$= \frac{1}{2\pi} \int_{-\infty}^\infty |X(\Omega)|^2 d\Omega$$

【例 5.9】

帕色瓦尔能量关系可以帮助我们理解冲激 $\delta(t)$ 的本质。由冲激的定义可以清楚地认识到一个冲激下方的面积等于一个单位，这意味着 $\delta(t)$ 是绝对可积的，但是它的能量是有限的吗？请说明帕色瓦尔能量关系如何能够帮助我们解决这个问题。

解 从频率的角度来看，$\delta(t)$ 的傅里叶变换对于所有频率值都等于 1，利用帕色瓦尔能量关系可知，它的能量为无限大。但这样一个结果十分令人费解，因为 $\delta(t)$ 被定义为一个具有有限持续时间和单位面积的脉冲的极限。下面进行分析，若

$$p_\Delta(t) = \frac{1}{\Delta} [u(t + \Delta/2) - u(t - \Delta/2)]$$

代表一个具有单位面积的脉冲，那么信号

$$p_\Delta^2(t) = \frac{1}{\Delta^2} [u(t + \Delta/2) - u(t - \Delta/2)]$$

就是一个面积为 $1/\Delta$ 的脉冲。如果令 $\Delta \to 0$，则有

$$\lim_{\Delta \to 0} p_\Delta^2(t) = \lim_{\Delta \to 0}\left(\frac{1}{\Delta}\right)\lim_{\Delta \to 0}\frac{1}{\Delta}[u(t+\Delta/2) - u(t-\Delta/2)] = \left(\lim_{\Delta \to 0}\frac{1}{\Delta}\right)\delta(t)$$

即平方脉冲 $p_\Delta^2(t)$ 将趋于一个其下方面积等于无穷大的冲激,因此 $\delta(t)$ 不是一个能量有限的信号。

【例 5.10】

考虑脉冲 $p(t) = u(t+1) - u(t-1)$,利用它的傅里叶变换 $P(\Omega)$ 以及帕色瓦尔能量关系证明

$$\int_{-\infty}^{\infty}\left(\frac{\sin(\Omega)}{\Omega}\right)^2 \mathrm{d}\Omega = \pi$$

解　此脉冲的能量等于 $E_p = 2$(脉冲下方的面积),但根据帕色瓦尔能量关系,在频域中计算的能量为

$$\frac{1}{2\pi}\int_{-\infty}^{\infty}\left(\frac{2\sin(\Omega)}{\Omega}\right)^2 \mathrm{d}\Omega = E_p$$

由于

$$P(\Omega) = \mathscr{F}(p(t)) = \left.\frac{\mathrm{e}^s - \mathrm{e}^{-s}}{s}\right|_{s=\mathrm{j}\Omega} = \frac{2\sin(\Omega)}{\Omega}$$

代入 $E_p = 2$,就得到了如下有趣但却并不那么明显的结果(又多了一种计算 π 的方法!):

$$\int_{-\infty}^{\infty}\left(\frac{\sin(\Omega)}{\Omega}\right)^2 \mathrm{d}\Omega = \pi$$

5.6.4　谱表示的对称性

既然现在非周期信号和周期信号的傅里叶表示统一起来了,那么以后就只考虑一种既可以表示有限能量信号又可以表示无限能量信号的频谱,这里"频谱"一词笼统地指频率表示的方方面面。以下提供了实值信号的频谱定义及其对称特性。

如果 $X(\Omega)$ 是一个实值信号 $x(t)$ 的傅里叶变换,其中 $x(t)$ 可以是周期的,也可以是非周期的,那么 $X(\Omega)$ 的模 $|X(\Omega)|$ 和实部 $\mathrm{Re}[X(\Omega)]$ 是 Ω 的偶函数,即

$$|X(\Omega)| = |X(-\Omega)|$$
$$\mathrm{Re}[X(\Omega)] = \mathrm{Re}[X(-\Omega)] \tag{5.19}$$

其相位 $\angle X(\Omega)$ 和虚部 $\mathrm{Im}[X(\Omega)]$ 是 Ω 的奇函数,即

$$\angle X(\Omega) = -\angle X(-\Omega)$$
$$\mathrm{Im}[X(\Omega)] = -\mathrm{Im}[X(-\Omega)] \tag{5.20}$$

称 $|X(\Omega)|$ 关于 Ω 的图像为**幅度谱**,$\angle X(\Omega)$ 关于 Ω 的图像为**相位谱**,　$|X(\Omega)|^2$ 关于 Ω 的图像为**能量/功率谱**。

为了证明以上性质,下面来考虑实值信号 $x(t)$ 的傅里叶逆变换

$$x(t) = \frac{1}{2\pi}\int_{-\infty}^{\infty} X(\Omega)\mathrm{e}^{\mathrm{j}\Omega t}\mathrm{d}\Omega$$

由于 $x(t)$ 是实函数,所以它也等于

$$x^*(t) = \frac{1}{2\pi}\int_{-\infty}^{\infty} X^*(\Omega)\mathrm{e}^{-\mathrm{j}\Omega t}\mathrm{d}\Omega = \frac{1}{2\pi}\int_{-\infty}^{\infty} X^*(-\Omega')\mathrm{e}^{\mathrm{j}\Omega' t}\mathrm{d}\Omega'$$

积分可看作是许多复数值的一个无限和,再通过令 $\Omega' = -\Omega$ 便得到以上积分表示,对比上、下两个积分可得到以下等式:

$$X(\Omega) = X^*(-\Omega)$$

$$|X(\Omega)| \, \mathrm{e}^{\mathrm{j}\angle X(\Omega)} = |X(-\Omega)| \, \mathrm{e}^{-\mathrm{j}\angle X(-\Omega)}$$

$$\mathrm{Re}[X(\Omega)] + \mathrm{j}\mathrm{Im}[X(\Omega)] = \mathrm{Re}[X(-\Omega)] - \mathrm{j}\mathrm{Im}[X(-\Omega)]$$

即傅里叶变换的模是 Ω 的偶函数，相位是 Ω 的奇函数，傅里叶变换的实部是 Ω 的偶函数，虚部是 Ω 的奇函数。

注：

（1）很明显，如果信号是复函数，则以上对称性不成立。例如，若 $x(t) = \mathrm{e}^{\mathrm{j}\Omega_0 t} = \cos(\Omega_0 t) + \mathrm{j}\sin(\Omega_0 t)$，利用频移性质可知其傅里叶变换等于

$$X(\Omega) = 2\pi\delta(\Omega - \Omega_0)$$

它只是出现在 $\Omega = \Omega_0$ 处，所以模和相位的对称性都不存在。

（2）还有一点很重要，那就是要理解"负"频率的含义。在现实中只存在正频率且只能测量到正频率，但是正如频谱图所显示的那样，一个实值信号的幅度谱和相位谱需要负频率，只有在这样的背景下负频率才能被理解——因为要产生"实值"信号，负频率是必不可少的。

【例 5.11】

利用 MATLAB 计算以下信号的傅里叶变换：

(a) $x_1(t) = u(t) - u(t-1)$；(b) $x_2(t) = \mathrm{e}^{-t} u(t)$

并画出它们的幅度频谱和相位频谱图。

解 利用 MATLAB 计算这些信号的傅里叶变换有三种办法：(i) 求它们的拉普拉斯变换，正如第 3 章所做的那样，用符号函数 laplace，通过令 $s = \mathrm{j}\Omega$ 计算幅度函数和相位函数；(ii) 用符号函数 fourier；(iii) 对这些信号进行抽样，然后近似它们的傅里叶变换（这需要抽样理论的知识，该内容将在第 8 章介绍，抽样信号的傅里叶表示则将在第 11 章进行研究）。

要计算 $x_1(t) = u(t) - u(t-1)$ 的傅里叶变换，可先考虑超前信号 $z(t) = x_1(t+0.5) = u(t+0.5) - u(t-0.5)$，该信号的傅里叶变换为

$$Z(\Omega) = \frac{\sin(\Omega/2)}{\Omega/2}$$

由于 $z(t) = x_1(t+0.5)$，故 $Z(\Omega) = X_1(\Omega)\mathrm{e}^{\mathrm{j}0.5\Omega}$，于是有

$$X_1(\Omega) = \mathrm{e}^{-\mathrm{j}0.5\Omega} Z(\Omega) \quad \text{和} \quad |X_1(\Omega)| = \left|\frac{\sin(\Omega/2)}{\Omega/2}\right|$$

考虑到 $Z(\Omega)$ 是实函数，故它的相位要么等于 0 要么等于 $\pm\pi$，当 $Z(\Omega) \geqslant 0$ 时，相位等于 0，当 $Z(\Omega) < 0$ 时，相位等于 $\pm\pi$（这些值说明相位是 Ω 的奇函数），这样 $X_1(\Omega)$ 的相位就等于

$$\angle X_1(\Omega) = \angle Z(\Omega) - 0.5\Omega = \begin{cases} -0.5\Omega, & Z(\Omega) \geqslant 0 \\ \pm\pi - 0.5\Omega, & Z(\Omega) < 0 \end{cases}$$

$x_2(t) = \mathrm{e}^{-t} u(t)$ 的傅里叶变换为

$$X_2(\Omega) = \frac{1}{1 + \mathrm{j}\Omega}$$

其幅度和相位为

$$|X_2(\Omega)| = \frac{1}{\sqrt{1 + \Omega^2}}, \quad \angle X_2(\Omega) = -\arctan\Omega$$

对不同的 Ω 值计算幅值和相位可得

$$
\begin{array}{ccc}
\Omega & |X_2(\Omega)| & \angle X_2(\Omega) \\
0 & 1 & 0 \\
1 & \dfrac{1}{\sqrt{2}} = 0.707 & -\pi/4 \\
\infty & 0 & -\pi/2
\end{array}
$$

即当 Ω 增长时，幅度谱衰减。以下脚本给出了利用符号 MATLAB 计算 $x_2(t) = e^{-t}u(t)$ 的傅里叶变换，以及画 $x_2(t)$ 及其傅里叶变换的模和相位的必要指令。

```
% 例 5.11
% %
x2 = heaviside(t) * exp( - t)
X2 = fourier(x2);
X2m = sqrt((real(X2))^2 + (imag(X2))^2);        % 模
X2a = imag(log(X2));                            % 相位
```

注意模和相位的计算方式。由于没有利用符号 MATLAB 中的函数 atan2(通过考虑复变函数实部的符号，atan2 将反正切函数的主值推广到区间$(-\pi, \pi)$)，相位的计算有点儿复杂。相位的计算可以利用反正切函数，也可以通过利用 log 函数来完成：

$$
\log(X_2(\Omega)) = \log[\,|X_2(\Omega)|\,e^{j\angle X_2(\Omega)}] = \log(|X_2(\Omega)|) + j\angle X_2(\Omega)
$$

于是有

$$
\angle X_2(\Omega) = \mathrm{Im}[\log(X_2(\Omega))]
$$

修改以上脚本便能够求出 $X_1(\Omega)$ 的模和相位，结果如图 5.7 所示。

【例 5.12】

傅里叶变换并非总是复数值函数。考虑信号

(a) $x(t) = 0.5e^{-|t|}$；(b) $y(t) = 0.5e^{-|t|}\cos(\Omega_0 t)$

求它们的傅里叶变换。令 $\Omega_0 = 1$，利用幅度 $|X(\Omega)|$ 和 $|Y(\Omega)|$ 讨论信号 $x(t)$ 和 $y(t)$ 的光滑性。

解 (a) $x(t)$ 的傅里叶变换为

$$
X(\Omega) = \frac{0.5}{s+1} + \frac{0.5}{-s+1}\bigg|_{s=j\Omega} = \frac{1}{\Omega^2 + 1}
$$

这是一个 Ω 的正实函数，因此 $\angle X(\Omega) = 0$；$x(t)$ 是一个类似于 $e^{-t}u(t)$(例 5.11 中的信号)的"低通"信号，因为其幅度谱随频率而减小：

$$
\begin{array}{cc}
\Omega & |X(\Omega)| = X(\Omega) \\
0 & 1 \\
1 & 0.5 \\
\infty & 0
\end{array}
$$

但是 $0.5e^{-|t|}$ 比 $e^{-t}u(t)$"更光滑"，因为其幅度响应更多地集中在低频部分，对比幅度响应在 $\Omega = 0$ 和 1 处的值可验证这一点。

(b) 信号 $y(t) = x(t)\cos(\Omega_0 t)$ 是一个"带通"信号，它不像 $x(t)$ 那样光滑，因为

$$
Y(\Omega) = 0.5[X(\Omega - \Omega_0) + X(\Omega + \Omega_0)] = \frac{0.5}{(\Omega - \Omega_0)^2 + 1} + \frac{0.5}{(\Omega + \Omega_0)^2 + 1}
$$

说明它的能量集中在频率 Ω_0 附近，而不是像 $x(t)$ 那样在零频率附近。由于 $Y(\Omega)$ 是正的实函数，故相应的相位为 0。在 $\Omega_0 = 1$ 的情况下，$Y(\Omega)$ 的模为

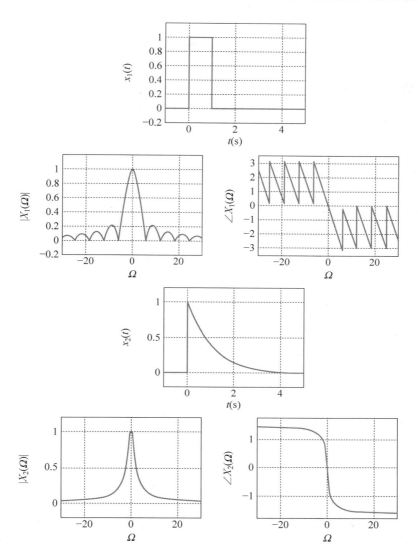

图 5.7 例 5.11 结果图

上方三个图：脉冲 $x_1(t) = u(t) - u(t-1)$ 及其幅度谱和相位谱。下方三个图：衰减指数函数 $x_2(t) = e^{-t}u(t)$ 及其幅度谱和相位谱。

Ω	$\mid Y(\Omega) \mid = Y(\Omega)$
0	0.5
1	0.6
2	0.3
∞	0

频率 Ω_0 越高，信号显示出的变化越大。

信号 $x(t)$ 的**带宽**是它的傅里叶变换 $X(\Omega)$ 在正频率上的支撑。信号带宽有不同的定义，这些定义依赖于信号傅里叶变换支撑的度量方式。第 7 章将讨论滤波和通信中的不同带宽度量方式。

学电路理论时学到的滤波器的带宽概念，是带宽的定义之一，其他可能的定义将在后面介绍。信号的带宽连同信号的能量或功率所集中的频率区域等信息提供了表征信号的一个很好的方式。在滤波一节之后将介绍频谱分析仪,它是一种用于度量信号谱特性的仪器。

5.7 卷积与滤波

调制性质和卷积性质是傅里叶变换最重要的性质。调制是通信的根本,而卷积性质是分析和设计滤波器的基础。

> 一个稳定的 LTI 系统,如果其输入 $x(t)$(周期的或者非周期的)有傅里叶变换 $X(\Omega)$,且系统有频率响应 $H(\mathrm{j}\Omega)=\mathscr{F}[h(t)]$,其中 $h(t)$ 是系统的冲激响应,那么此 LTI 系统的输出等于卷积积分 $y(t)=(x*h)(t)$,其傅里叶变换为
>
> $$Y(\Omega) = X(\Omega)H(\mathrm{j}\Omega) \tag{5.21}$$
>
> 特别地,当输入信号 $x(t)$ 是周期信号时,输出也是具有相同基波周期的周期信号,且其傅里叶变换为
>
> $$Y(\Omega) = \sum_{k=-\infty}^{\infty} 2\pi X_k H(\mathrm{j}k\Omega_0)\delta(\Omega - k\Omega_0) \tag{5.22}$$
>
> 其中,$\{X_k\}$ 是 $x(t)$ 的傅里叶级数系数,Ω_0 是其基波频率。

利用 LTI 系统的特征函数性质可以证明以上结论。若 $x(t)$ 是非周期信号,则其傅里叶表示是复指数函数 $\mathrm{e}^{\mathrm{j}\Omega t}$ 乘以复常数 $X(\Omega)$ 的一个无限和,即为

$$x(t) = \frac{1}{2\pi}\int_{-\infty}^{\infty} X(\Omega)\mathrm{e}^{\mathrm{j}\Omega t}\,\mathrm{d}\Omega$$

根据特征函数性质可知,LTI 系统对每一项 $X(\Omega)\mathrm{e}^{\mathrm{j}\Omega t}$ 的响应等于 $X(\Omega)\mathrm{e}^{\mathrm{j}\Omega t}H(\mathrm{j}\Omega)$,其中 $H(\mathrm{j}\Omega)$ 是系统的频率响应,于是通过叠加得到响应 $y(t)$ 为

$$y(t) = \frac{1}{2\pi}\int_{-\infty}^{\infty} [X(\Omega)H(\mathrm{j}\Omega)]\mathrm{e}^{\mathrm{j}\Omega t}\,\mathrm{d}\Omega = \frac{1}{2\pi}\int_{-\infty}^{\infty} Y(\Omega)\mathrm{e}^{\mathrm{j}\Omega t}\,\mathrm{d}\Omega$$

所以有 $Y(\Omega)=X(\Omega)H(\mathrm{j}\Omega)$。

如果 $x(t)$ 是周期的且基波周期为 T_0(或基波频率 $\Omega_0=2\pi/T_0$),那么有

$$X(\Omega) = \sum_{k=-\infty}^{\infty} 2\pi X_k\delta(\Omega - k\Omega_0)$$

于是输出 $y(t)$ 的傅里叶变换等于

$$Y(\Omega) = X(\Omega)H(\mathrm{j}\Omega) = \sum_{k=-\infty}^{\infty} 2\pi X_k H(\mathrm{j}\Omega)\delta(\Omega - k\Omega_0) = \sum_{k=-\infty}^{\infty} 2\pi X_k H(\mathrm{j}k\Omega_0)\delta(\Omega - k\Omega_0)$$

故输出 $y(t)$ 是周期的,且与 $x(t)$ 有相同的基波周期,即它的傅里叶级数为

$$y(t) = \sum_{k=-\infty}^{\infty} Y_k\mathrm{e}^{\mathrm{j}k\Omega_0 t}$$

其中,$Y_k=X_k H(\mathrm{j}k\Omega_0)$。

与在拉普拉斯变换中一样,卷积性质的一个重要结果是输出和输入的傅里叶变换之比,它是系统的**频率响应**,即

$$H(\mathrm{j}\Omega) = \frac{Y(\Omega)}{X(\Omega)} \tag{5.23}$$

$H(j\Omega)$ 的模和相位是系统的**幅频响应**和**相频响应**，即系统如何对每一个特定的频率产生响应。

注：

(1) 一定要牢记以下表征 LTI 系统的冲激响应 $h(t)$、转移函数 $H(s)$ 和频率响应 $H(j\Omega)$ 之间的关系：

$$H(j\Omega) = \mathscr{L}[h(t)]\Big|_{s=j\Omega} = H(s)\,\Big|_{s=j\Omega} = \frac{Y(s)}{X(s)}\Big|_{s=j\Omega}$$

这很重要。

(2) 若冲激响应 $h(t)$ 是实值函数，则其傅里叶变换 $H(j\Omega)$ 的模 $|H(j\Omega)|$ 和相位 $\angle H(j\Omega)$ 分别是频率 Ω 的偶函数和奇函数。

(3) 虽然提到卷积性质通常都与 LTI 系统对输入信号的处理有关，但是也有可能出现需要考虑将两个信号 $x(t)$ 和 $y(t)$ 进行卷积求 $z(t) = [x * y](t)$ 的情况，这时也可考虑用卷积性质，计算 $Z(\Omega) = X(\Omega)Y(\Omega)$，其中 $X(\Omega)$ 和 $Y(\Omega)$ 分别是 $x(t)$ 和 $y(t)$ 的傅里叶变换。

5.7.1　滤波基础

LTI 系统最重要的应用是滤波，滤波就是去除信号中不想要的成分。举一个典型的例子，期望信号 $x(t)$ 中添加噪声 $\eta(t)$，即 $y(t) = x(t) + \eta(t)$，若已知 $x(t)$ 和噪声 $\eta(t)$ 的谱特性，那么问题就是设计一个能够尽量去除噪声的滤波器，或者说 LTI 系统。滤波器的设计主要在于求出满足将使噪声得以去除的某些技术指标的转移函数 $H(s) = B(s)/A(s)$，这些技术指标往往是频域里的。这是一个合理近似的问题，因为要寻找 $H(s)$ 的分子和分母的系数，以使 $H(j\Omega)$ 的幅度和相位接近滤波器的技术指标。所设计的滤波器 $H(s)$ 应该是可实现的（即它的系数应该是实数，滤波器应该是稳定的）。本节讨论的是滤波的基础知识，第 7 章将介绍滤波器的设计。

选频器的功能是保留信号在某个频带内的频率成分而衰减其他频带内的频率成分。用一个频率响应为 $H(j\Omega)$ 的滤波器对一个由傅里叶变换 $X(\Omega)$ 所表示的非周期信号 $x(t)$ 进行滤波，其中 $X(\Omega)$ 的模为 $|X(\Omega)|$，相位为 $\angle X(\Omega)$，得到的输出 $y(t)$ 的傅里叶变换为

$$Y(\Omega) = H(j\Omega)X(\Omega)$$

因此，输出 $y(t)$ 仅由输入中的那些没有被滤波器滤除掉的频率成分组成。在设计滤波器时，给想要的频带（或那些频带）的幅度赋以适当的值，而对于输入信号中不想要的频率成分，则令相应频带的幅度接近于零。

如果输入信号 $x(t)$ 是周期的，基波周期为 T_0，或基波频率为 $\Omega_0 = 2\pi/T_0$，那么输出的傅里叶变换为

$$Y(\Omega) = X(\Omega)H(j\Omega) = 2\pi\sum_k X_k H(jk\Omega_0)\delta(\Omega - k\Omega_0) \tag{5.24}$$

其中，$x(t)$ 的每一个傅里叶级数系数的幅度和相位都被滤波器在该谐波频率的频率响应所改变。事实上，对应频率 $k\Omega_0$ 的系数 X_k 被改成为

$$X_k H(jk\Omega_0) = |X_k|\,|H(jk\Omega_0)|\,e^{j(\angle X_k + \angle H(jk\Omega_0))}$$

滤波器的输出 $y(t)$ 也是以 T_0 为基波周期的周期信号，但 $y(t)$ 不包含输入中被滤掉的谐波成分。

以上说明，不论输入信号 $x(t)$ 是否是周期的，输出 $y(t)$ 包含的频率成分仅仅是输入 $x(t)$ 中被滤波器允许通过的那些。

【例 5.13】

考虑如何利用全波整流器和一个低通滤波器（它只保留低频成分）获得一个直流源。设全波整流信号 $x(t) = |\cos(\pi t)|$，$-\infty < t < \infty$ 为滤波器的输入，滤波器的输出是 $y(t)$，并且需要 $y(t)$ 具有单位电压。整流器和低通滤波器构成了一个将交流电压转换为直流电压的系统。

解 第 4 章已求出了全波整流信号 $x(t)=|\cos(\pi t)|$，$-\infty < t < \infty$ 的傅里叶级数系数为

$$X_k = \frac{2(-1)^k}{\pi(1-4k^2)}$$

故 $x(t)$ 的均值为 $X_0 = 2/\pi$。为了滤掉所有谐波成分而只留下均值成分，需要一个理想低通滤波器，其幅度为 A，截止频率为 $0 < \Omega_c < \Omega_0$，其中 $\Omega_0 = 2\pi/T_0 = 2\pi$ 为 $x(t)$ 的基波频率。于是得到该滤波器为

$$H(j\Omega) = \begin{cases} A, & -\Omega_c \leqslant \Omega \leqslant \Omega_c，其中\ 0 < \Omega_c < \Omega_0 \\ 0, & 其他 \end{cases}$$

根据卷积性质有

$$Y(\Omega) = H(j\Omega)X(\Omega) = H(j\Omega)\left[2\pi X_0\delta(\Omega) + \sum_{k\neq 0} 2\pi X_k\delta(\Omega - k\Omega_0)\right] = 2\pi A X_0\delta(\Omega)$$

要得到一个单位幅值的输出，可令 $AX_0 = 1$，或 $A = 1/X_0 = \pi/2$。虽然这里提出的这个滤波器无法实现，但以上过程说明了由一个全波整流信号获得直流源所需做的工作。

【例 5.14】
　　加窗是一个时域处理过程，通过加窗可以选取信号的一个部分，加窗是通过信号乘以一个"窗"信号 $w(t)$ 来完成的。考虑矩形窗

$$w(t) = u(t+\Delta) - u(t-\Delta), \quad \Delta > 0$$

对所给信号 $x(t)$，加窗信号等于 $y(t) = x(t)w(t)$。讨论加窗与卷积性质有什么关系。

解 加窗是滤波的对偶过程。在本题中，信号 $y(t)$ 的支撑由窗信号来决定，即 $-\Delta \leqslant t \leqslant \Delta$，因此在此区间之外，$y(t)$ 的值等于零，矩形窗去掉了信号在其支撑之外的部分。信号 $y(t)$ 可写成

$$y(t) = w(t)x(t) = w(t)\frac{1}{2\pi}\int_{-\infty}^{\infty} X(\rho)e^{j\rho t}\,d\rho = \frac{1}{2\pi}\int_{-\infty}^{\infty} X(\rho)w(t)e^{j\rho t}\,d\rho$$

考虑到积分是一个无限和，因此利用频移性质可得 $y(t)$ 的傅里叶变换为

$$Y(\Omega) = \frac{1}{2\pi}\int_{-\infty}^{\infty} X(\rho)\mathscr{F}[w(t)e^{j\rho t}]\,d\rho = \frac{1}{2\pi}\int_{-\infty}^{\infty} X(\rho)W(\Omega-\rho)\,d\rho$$

由此可见，加矩形窗（或者说在时域中两个信号 $w(t)$ 和 $x(t)$ 相乘）产生的 $Y(\Omega)$ 等于 $X(\Omega) = \mathscr{F}[x(t)]$ 和

$$W(\Omega) = \mathscr{F}[w(t)] = \frac{1}{s}\left[e^{\Delta s} - e^{-\Delta s}\right]_{s=j\Omega} = \frac{2\sin(\Omega\Delta)}{\Omega}$$

的卷积乘以 $1/(2\pi)$。这是体现时间和频率之间反比关系的又一个例子。在本例中，加窗的结果即 $y(t)$ 具有有限支撑，而由于 $W(\Omega)$ 具有无限支撑，因此在频域中的卷积运算产生的 $Y(\Omega)$ 具有无限支撑。

5.7.2 理想滤波器

　　保留信号的低频成分、中频成分和高频成分，或它们的组合成分的选频器被分别称为**低通滤波器**、**带通滤波器**、**高通滤波器**和**多通带滤波器**。一个**频带消除**或**陷波滤波器**滤除的是中频成分。**全通滤波器**虽然不会滤除输入信号中的任何频率成分，但它可以改变输入信号的相位。

　　理想低通滤波器的幅频响应为

$$|H_{lp}(j\Omega)| = \begin{cases} 1, & -\Omega_1 \leqslant \Omega \leqslant \Omega_1 \\ 0, & 其他 \end{cases}$$

该滤波器的相频响应为

$$\angle H_{lp}(j\Omega) = -\alpha\Omega$$

它是 Ω 的函数，是一条斜率为 $-\alpha$ 的直线，并且通过频率平面的原点，因此术语"**线性相位**"就是指这种

相频特性。频率 Ω_1 称为该低通滤波器的**截止频率**。考虑到幅度响应和相位响应分别是 Ω 的偶函数和奇函数,因此以上幅度响应和相位响应只需给出正频率的部分,如果需要频率响应的其余部分,则可以由对称性得到(见图5.8)。

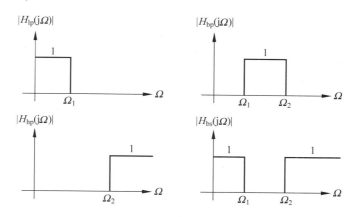

图 5.8 理想滤波器

(从左上图开始顺时针方向依次是低通、带通、带阻和高通)

理想带通滤波器的幅频响应为

$$\mid H_{bp}(j\Omega) \mid = \begin{cases} 1, & \Omega_1 \leqslant \Omega \leqslant \Omega_2 \quad 和 \quad -\Omega_2 \leqslant \Omega \leqslant -\Omega_1 \\ 0, & 其他 \end{cases}$$

截止频率为 Ω_1 和 Ω_2。

理想高通滤波器的幅频响应为

$$\mid H_{hp}(j\Omega) \mid = \begin{cases} 1, & \Omega \geqslant \Omega_2 \quad 和 \quad \Omega \leqslant -\Omega_2 \\ 0, & 其他 \end{cases}$$

截止频率为 Ω_2。这些滤波器的相位在**通带**(其中的幅度为单位幅值)内是线性的。

由以上这些定义可以得到**理想带阻**滤波器的幅度响应为

$$\mid H_{bs}(j\Omega) \mid = 1 - \mid H_{bp}(j\Omega) \mid$$

注意低通、带通和高通滤波器的截止频率之间的关系,它们的频率响应之和(即这些滤波器并联起来)产生一个**理想全通**滤波器的幅度响应

$$\mid H_{ap}(j\Omega) \mid = \mid H_{lp}(j\Omega) \mid + \mid H_{bp}(j\Omega) \mid + \mid H_{hp}(j\Omega) \mid = 1$$

即对所有频率都为1,由于所选的频率是 Ω_1 和 Ω_2,于是这些滤波器的响应不会重叠。理想全通滤波器还可以由前面所给的带通滤波器和带阻滤波器并联连接而获得。

理想多通带滤波器可以由低通、带通和高通滤波器中的两个进行组合而获得(见图5.8)。

注:

(1) 如果 $h_{lp}(t)$ 是低通滤波器的冲激响应,那么应用调制性质可以得到 $2h_{lp}(t)\cos(\Omega_0 t)$,其中,$\Omega_0 > \Omega_1$,$\Omega_1$ 是理想低通滤波器的截止频率,它是一个中心频率在 Ω_0 的带通滤波器的冲激响应。实际上,其傅里叶变换为

$$\mathscr{F}[2h_{lp}(t)\cos(\Omega_0 t)] = H_{lp}(j(\Omega - \Omega_0)) + H_{lp}(j(\Omega + \Omega_0))$$

即低通滤波器的频率响应被移到一个新的中心频率 Ω_0 和 $-\Omega_0$,从而使之成为一个带通滤波器。

(2) 一个零相位的理想低通滤波器 $H_{lp}(j\Omega) = u(\Omega + \Omega_1) - u(\Omega - \Omega_1)$,其冲激响应是一个支撑从

—∞到∞的 sinc 函数。这个理想低通滤波器很明显是非因果的,因为它的冲激响应对于负的时间值不等于零。要使其成为因果的,首先用函数 $h_1(t)=h_{lp}(t)w(t)$ 近似其冲激响应,这里 $w(t)=u(t+\tau)-u(t-\tau)$ 是一个矩形窗,其中,τ 的值取为能使冲激响应 $h_{lp}(t)$ 的值在窗口之外非常接近于 0。虽然对于绝大多数频率来说,$h_1(t)$ 的傅里叶变换的模是理想幅度响应 $|H_{lp}(j\Omega)|$ 的一个非常好的近似,但由于是矩形窗的缘故,它在截止频率 Ω_1 的周围出现了波纹。然后将 $h_1(t)$ 延迟 τ,于是就得到了一个线性相位的因果滤波器,即 $h_1(t-\tau)$ 有幅度响应 $|H_1(j\Omega)| \approx |H_{lp}(j\Omega)|$,和相位响应 $\angle H_1(j\Omega)=-\tau\Omega$(假设 $H_{lp}(j\Omega)$ 的相位为 0)。虽然以上过程是获得具有线性相位的近似低通滤波器的有效途径,但是并不能保证所得滤波器是有理的,从而采用以上过程设计的滤波器会难于实现,因此设计滤波器采用的是其他的一些方法。

(3) 由于理想滤波器不是因果的,因此它们在实时应用中无法使用(实时应用就是信号一旦输入滤波器就马上处理)。若要求滤波器具备因果性就会严重制约滤波器的频率响应,根据佩利—维纳积分条件(Paley-Wiener integral condition),一个频率响应为 $H(j\Omega)$ 的因果稳定滤波器应该满足以下条件:

$$\int_{-\infty}^{\infty} \frac{|\log(H(j\Omega))|}{1+\Omega^2}d\Omega < \infty \tag{5.25}$$

为了满足该条件,$H(j\Omega)$ 在任何频带内都不能等于零(虽然它可以在有限数量的频率上等于零),因为若在某个频带内为零,被积函数的分子将会等于无穷大。显然理想滤波器不能满足佩利—维纳积分条件,故理想滤波器无法实现,即不能应用于实际场合,但是它们可作为模型在设计滤波器时使用。

(4) 也可以通过考虑滤波器的幅度响应在某个频带内为零的含义来理解理想滤波器的不可实现性。在滤波时衰减的程度是通过损耗函数反映的,损耗函数以分贝(dB)为单位,且被定义为

$$\alpha(\Omega)=-10\log_{10}|H(j\Omega)|^2=-20\log_{10}|H(j\Omega)| \ (dB)$$

于是当 $|H(j\Omega)|=1$ 时,没有衰减,损耗为 0dB,但当 $|H(j\Omega)|=10^{-5}$ 时,衰减很大,损耗为 100dB。若滤波器在任何频率处其幅度响应达到 0,那就意味着在该频率的损耗或衰减为 ∞dB! 一般认为能达到 60~100dB 的损耗就已经相当好了,要获得这样的损耗,信号需要被衰减 10^{-3}~10^{-5} 倍。人类听觉方面的专家在表征能被人类分辨出的不同声音的最小音强时,使用了一个以 dB 为单位的术语 JND,即"刚好可被察觉到的差异",不过该术语考虑的是增益而不是损耗,而且它的变化范围为 0.25~1dB。此外,为了说明什么是在分贝度量上的高音,下面来考虑这些数据,若一个声音的压力水平高于 130dB 就会引起疼痛,一般摇滚乐队表演时发出的声音被放大后声压为 110dB。

【例 5.15】

在第 4 章讨论有间断点的周期信号的傅里叶级数时曾提到过**吉布斯现象**,它是指围绕着间断点出现的波纹。为了解释出现波纹的原因,下面来考虑一个方形脉冲序列 $x(t)$,其周期为 T_0,它在 $kT_0/2$,$k=\pm1,\pm2,\cdots$ 处出现间断点。请说明吉布斯现象是怎样由于理想低通滤波而产生的。

解 用 $2N+1$ 个傅里叶级数系数近似基波频率为 Ω_0 的周期信号 $x(t)$,等效于将 $x(t)$ 输入一个可保留直流分量和前 N 个谐波的理想低通滤波器,即理想低通滤波器的频率响应为

$$H(j\Omega)=\begin{cases} 1, & -\Omega_c \leqslant \Omega \leqslant \Omega_c, \quad N\Omega_0 < \Omega_c < (N+1)\Omega_0 \\ 0, & \text{其他} \end{cases}$$

它的冲激响应 $h(t)$ 是一个 sinc 函数。如果具有基波频率 $\Omega_0=2\pi/T_0$ 的周期信号 $x(t)$ 的傅里叶变换为

$$X(\Omega)=\sum_{k=-\infty}^{\infty} 2\pi X_k\delta(\Omega-k\Omega_0)$$

那么滤波器的输出是信号

$$x_N(t) = \mathscr{F}^{-1}\big[X(\Omega)H(\mathrm{j}\Omega)\big] = \mathscr{F}^{-1}\Big[\sum_{k=-N}^{N} 2\pi X_k \delta(\Omega - k\Omega_0)\Big]$$

即用理想低通滤波器的频率响应 $H(\mathrm{j}\Omega)$ 去乘 $X(\Omega)$ 的傅里叶逆变换。该滤波信号 $x_N(t)$ 也等于卷积

$$x_N(t) = \big[x * h\big](t)$$

其中，$h(t)$ 是 $H(\mathrm{j}\Omega)$ 的傅里叶逆变换，即是一个具有无限支撑的 sinc 函数。正是 $x(t)$ 在间断点附近的卷积引起了出现在间断点前后的波纹，而且波纹的出现与 N 的取值无关。

【例 5.16】

设 RLC 电路(见图 5.9)的输入是一个电压源，其拉普拉斯变换为 $V_i(s)$，现在通过选取不同的输出来获得不同的滤波器。为简单起见，设 $R=1\Omega$，$L=1\mathrm{H}$，$C=1\mathrm{F}$，并假设初始条件都为零。

解 低通滤波器：设输出为电容电压。通过分压有

$$V_C(s) = \frac{V_i(s)/s}{1 + s + 1/s} = \frac{V_i(s)}{s^2 + s + 1}$$

于是转移函数为

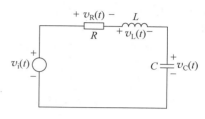

图 5.9 实现不同滤波器的 RLC 电路

$$H_{\mathrm{lp}}(s) = \frac{V_C(s)}{V_i(s)} = \frac{1}{s^2 + s + 1}$$

这是一个二阶低通滤波器的转移函数。事实上，如果输入是一个直流源，它的频率 $\Omega=0$，那么电感短路(其阻抗会等于 0)，电容开路(其阻抗会等于无限大)，于是电容电压等于电源电压。另一方面，如果输入的电压源具有非常高的频率，那么电感就开路而电容则短路(它的阻抗等于 0)，于是电容电压等于 0。这是一个低通滤波器，注意这个滤波器没有有限零点。

高通滤波器：假设输出为电感电压。仍然通过分压得到转移函数

$$H_{\mathrm{hp}}(s) = \frac{V_L(s)}{V_i(s)} = \frac{s^2}{s^2 + s + 1}$$

此转移函数对应一个高通滤波器。事实上，对于一个直流输入(频率等于 0)，电感的阻抗等于 0，因此电感电压为 0；而对于非常高的频率，电感的阻抗非常大，因此可将它看成是开路，从而电感电压等于电源电压。这个滤波器的极点与低通滤波器的极点相同(这是由整个电路的阻抗决定的，而整个电路的阻抗没有改变)，而零点有两个，都位于零处，正是由于这些零点使得滤波器对于低频率的频率响应接近为零。

带通滤波器：设电阻电压为输出，转移函数为

$$H_{\mathrm{bp}}(s) = \frac{V_R(s)}{V_i(s)} = \frac{s}{s^2 + s + 1}$$

此转移函数对应一个带通滤波器。对于零频率，电容开路，因此电流为 0，电阻电压等于 0；类似地，对于非常高的频率，电感的阻抗非常大，即开路，由于电流为 0 从而使电阻电压等于 0；对于某个中频，电感和电容的串联组合产生共振，使阻抗为 0，在共振频率处电流达到最大值，从而使电阻电压也达到最大值，这种行为是带通滤波器的特征。该滤波器的极点与另外两个滤波器的极点都相同，但只有一个零点且位于零处。

带阻滤波器：最后设电感和电容的串联电压为输出。对于低频和高频，LC 串联的阻抗都非常高，即开路，因此输出电压等于输入电压；在共振频率 $\Omega_r = \sqrt{LC} = 1$ 处，LC 串联的阻抗为 0，因此输出电压等于 0。由此得到的滤波器是一个带阻滤波器，转移函数为

$$H_{\mathrm{bs}}(s) = \frac{s^2 + 1}{s^2 + s + 1}$$

于是由转移函数的分子可以很容易地区分各种不同的二阶滤波器。二阶低通滤波器没有零点，它的分子为 $N(s)=1$；带通滤波器在 $s=0$ 有一个零点，因此 $N(s)=s$，以此类推。接下来将会看到，采用几何方法能很容易地明白这种特性。

5.7.3　由极点和零点求频率响应

已知有理转移函数 $H(s)=B(s)/A(s)$，为了计算频率响应，令 $s=j\Omega$，并对一个离散频率的集合求出对应各个频率的幅度和相位。以上工作可以利用符号 MATLAB 完成，也可以利用数值 MATLAB 完成，若用数值方法，需要离散化频率，再计算每个频率相应的幅度和相位。除了上述方法，还有一种几何方法，利用 LTI 系统的零点和极点对频率响应的影响近似获得幅频响应和相频响应。

考虑函数

$$G(s) = K\,\frac{s-z}{s-p}$$

它有一个零点 z 和一个极点 p，增益 $K\neq 0$。要求 $G(s)$ 的频率响应函数在某个频率 Ω_0 的响应，可令 $s=j\Omega_0$，即

$$G(s)\,|_{s=j\Omega_0} = K\,\frac{j\Omega_0-z}{j\Omega_0-p} = K\,\frac{\vec{Z}(\Omega_0)}{\vec{P}(\Omega_0)}$$

即用起始于原点的向量表示复数 $j\Omega_0$、z 和 p，当把对应 z 的向量 $\vec{z}$ 与向量 $\vec{Z}(\Omega_0)$ 相加时（如图 5.10 所示），就得到对应 $j\Omega_0$ 的向量，因此向量 $\vec{Z}(\Omega_0)$ 对应于分子 $j\Omega_0-z$，它从零点 z 出发指向 $j\Omega_0$。同理，向量 $\vec{P}(\Omega_0)$ 对应于分母 $j\Omega_0-p$，是从极点 p 出发指向 $j\Omega_0$。这些向量表示当中的 Ω_0 表明这些向量的长度和夹角依赖于频率，若改变频率，它们的长度和夹角也都随之改变。因此利用这些向量可以得到

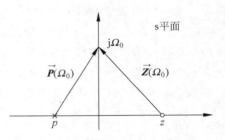

图 5.10　由极点和零点计算频率响应的几何解释

$$G(j\Omega_0) = K\,\frac{\vec{Z}(\Omega_0)}{\vec{P}(\Omega_0)} = |\,K\,|\,e^{j\angle K}\,\frac{|\,\vec{Z}(\Omega_0)\,|}{|\,\vec{P}(\Omega_0)\,|}\,e^{j(\angle\vec{Z}(\Omega_0)-\angle\vec{P}(\Omega_0))}$$

通过求出对应分子和分母的向量的长度比，再乘以 $|K|$ 就可以得到幅度响应，即

$$|\,G(j\Omega_0)\,| = |\,K\,|\,\frac{|\,\vec{Z}(\Omega_0)\,|}{|\,\vec{P}(\Omega_0)\,|} \tag{5.26}$$

且相位响应等于

$$\angle G(j\Omega_0) = \angle K + \angle\vec{Z}(\Omega_0) - \angle\vec{P}(\Omega_0) \tag{5.27}$$

其中，若 $K>0$，则 $\angle K$ 等于 0，若 $K<0$，则 $\angle K$ 等于 $\pm\pi$，因此对于 $0\leqslant\Omega_0<\infty$，如果计算 $\vec{Z}(\Omega_0)$ 和 $\vec{P}(\Omega_0)$ 在每个频率处的长度和夹角，它们的长度之比就是幅度响应，它们夹角的差值就是相位响应。

对于转移函数为

$$H(s) = K\,\frac{\Pi_i(s-z_i)}{\Pi_k(s-p_k)}$$

的滤波器，其中，z_i 和 p_k 分别是 $H(s)$ 的零点和极点，K 是增益，$\vec{Z}_i(\Omega)$ 和 $\vec{P}_k(\Omega)$ 是从相应零点和极点出发到达 $j\Omega$-轴上某个需要计算其幅度和相位响应的频率点的向量，于是有

$$H(j\Omega) = H(s)\mid_{s=j\Omega} = K\frac{\Pi_i \vec{Z}_i(\Omega)}{\Pi_k \vec{P}_k(\Omega)}$$

$$= \underbrace{\mid K\mid \frac{\Pi_i \mid \vec{Z}_i(\Omega)\mid}{\Pi_k \mid \vec{P}_k(\Omega)\mid}}_{\mid H(j\Omega)\mid} \underbrace{e^{j[\angle K + \sum\angle(\vec{Z}_i(\Omega)) - \sum_k\angle(\vec{P}_k(\Omega))]}}_{e^{j\angle H(j\Omega)}} \qquad (5.28)$$

由于幅度和相位分别是频率的偶函数和奇函数，所以对于上式只考虑 $0 \leqslant \Omega < \infty$。

【例 5.17】

考虑一个串接电压源 $v_i(t)$ 的 RC 串联电路，选取不同的输出从而分别获得低通和高通滤波器，并利用转移函数的极点和零点确定它们的频率响应。设 $R=1\Omega$，$C=1$F，且初始条件为 0。

解 低通滤波器：设输出为电容电压。由分压可得滤波器的转移函数为

$$H(s) = \frac{V_c(s)}{V_i(s)} = \frac{1/Cs}{R+1/Cs}$$

因为 $R=1\Omega$，$C=1$F，从而有

$$H(j\Omega) = \frac{1}{1+j\Omega} = \frac{1}{\vec{P}(\Omega)}$$

从极点 $s=-1$ 画一个指向 $j\Omega$-轴上任意一点的向量 $\vec{P}(\Omega)$，对于不同的频率值可计算得到

Ω	$\vec{P}(\Omega)$	$H(j\Omega)$
0	$1e^{j0}$	$1e^{j0}$
1	$\sqrt{2}e^{j\pi/4}$	$0.707e^{-j\pi/4}$
∞	$\infty e^{j\pi/2}$	$0e^{-j\pi/2}$

由于没有零点，所以该滤波器的频率响应与极点向量 $\vec{P}(\Omega)$ 的行为相反，于是幅度响应在 $\Omega=0$ 处等于 1，并且当频率增加时幅度响应衰减。相位响应在 $\Omega=0$ 处等于 0，在 $\Omega=1$ 处等于 $-\pi/4$，当 $\Omega\to\infty$ 时等于 $-\pi/2$。幅度响应是偶函数，相位响应是奇函数。

高通滤波器：考虑输出为电阻电压。再次由分压得到该电路的转移函数为

$$H(s) = \frac{V_r(s)}{V_s(s)} = \frac{CRs}{CRs+1}$$

由于 $C=1$F，$R=1\Omega$，故频率响应为

$$H(j\Omega) = \frac{j\Omega}{1+j\Omega} = \frac{\vec{Z}(\Omega)}{\vec{P}(\Omega)}$$

向量 $\vec{Z}(\Omega)$ 从位于原点的零点 $s=0$ 出发到达 $j\Omega$-轴上的 $j\Omega$，向量 $\vec{P}(\Omega)$ 从极点 $s=-1$ 出发到达 $j\Omega$-轴上的 $j\Omega$。在三个不同频率处，两个向量以及频率响应的值如下

Ω	$\vec{Z}(\Omega)$	$\vec{P}(\Omega)$	$H(j\Omega) = \vec{Z}(\Omega)/\vec{P}(\Omega)$
0	$0e^{j\pi/2}$	$1e^{j0}$	$0e^{j\pi/2}$
1	$1e^{j\pi/2}$	$\sqrt{2}e^{j\pi/4}$	$0.707e^{j\pi/4}$
∞	$\infty e^{j\pi/2}$	$\infty e^{j\pi/2}$	$1e^{j0}$

可见，幅度响应在 $\Omega=0$ 处等于 0（这是由于 $s=0$ 是零点，向量 $\vec{Z}(0)$ 恰好在零点上，从而使

$\vec{Z}(0)=0$)，并且随着频率的增加幅度响应增长至 1(在非常高的频率处，极点向量和零点向量的长度相同，故而幅度响应等于 1，相位响应等于 0)。至于相位响应，开始时等于 $\pi/2$，然后逐渐减小，当频率趋于无限大时，相位响应等于 0。

注：

(1) 极点会引起幅频响应在极点虚部对应的 jΩ-轴上的频率面前出现"隆起"；极点越靠近 jΩ-轴，隆起就越窄而高。如果极点位于 jΩ-轴上(这种情况对应于一个不稳定且无用的滤波器)，则在极点频率处的幅度响应将会是无限大。

(2) 零点会引起幅频响应在零点虚部对应的 jΩ-轴上的频率面前出现"谷地"；零点越靠近 jΩ-轴，不论是从左侧靠近还是右侧靠近(稳定性没有限制零点必须位于 s 平面的左半开面)，幅度响应都会越接近于零。如果零点位于 jΩ-轴上，那么在零点频率处的幅度响应就等于零。因此，极点会在极点频率附近引起一个像山峰(或像马戏团帐篷的主支柱)一样的幅度响应，而零点则会使幅度响应在零点频率附近的山谷处等于零。

【例 5.18】

用 MATLAB 求出以下滤波器的极点和零点，以及幅频响应和相频响应，并画出它们的图形。

(a) 带通滤波器，其转移函数为

$$H_{bp}(s) = \frac{s}{s^2 + s + 1}$$

(b) 高通滤波器，其转移函数为

$$H_{hp}(s) = \frac{s^2}{s^2 + s + 1}$$

(c) 全通滤波器，其转移函数为

$$H(s) = \frac{s^2 - 2.5s + 1}{s^2 + 2.5s + 1}$$

解 采用自定义的函数 freqresp_s 可以求解并画出滤波器转移函数的极点、零点以及相应的频率响应。该函数需要转移函数的分子和分母的系数，且系数均按照 s 的降幂排列，它利用 MATLAB 的函数 freqs、abs 和 angle 来计算一组离散化的频率处的 $H(j\Omega)$ 值，然后求出在每个频率处的模和相角。采用自定义的函数 splane 计算转移函数的极点和零点，并将它们画在 s 平面内。

```
function [w, Hm, Ha] = freqresp_s(b, a, wmax)
w = 0: 0.01: wmax;
H = freqs(b, a, w);
Hm = abs(H);                                    %模
Ha = angle(H) * 180/pi;                         %以度为单位的相角

function splane(num, den)
disp('>>>>> Zeros <<<<<'); z = roots(num)
disp('>>>>> Poles <<<<<'); p = roots(den)
Al = [min(imag(z))   min(imag(p))]; Al = min(Al) - 1;
Bl = [max(imag(z))   max(imag(p))]; Bl = max(Bl) + 1;
N = 20;
D = (abs(Al) + abs(Bl))/N;
im = Al: D: Bl;
Nq = length(im);
re = zeros(1, Nq);
```

```
A = [min(real(z))  min(real(p))]; A = min(A) − 1;
B = [max(real(z))  max(real(p))]; B = max(B) + 1;
stem(real(z),imag(z),'o: '); hold on
stem(real(p),imag(p),'x: '); hold on
plot(re,im,'k'); xlabel('\sigma'); ylabel('j\Omega'); grid;
axis([A 3 min(im)  max(im)]); hold off
```

对于(a)和(b)中的带通滤波器和高通滤波器,采用的是以下脚本,结果如图 5.11 所示。若要得到高通滤波器分子的系数,只要去掉向量 $n = [\ 1\ 0\ 0\ ]$ 之前的注释符 % 即可。

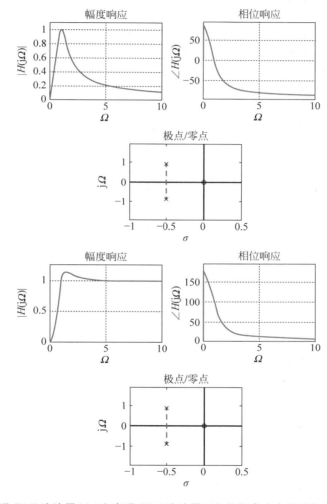

图 5.11 带通 RLC 滤波器(上)和高通 RLC 滤波器(下)的频率响应以及极点/零点的位置

```
% 例 5.18  频率响应
% %
n = [ 0 1 0 ];                            % 分子系数——带通
% n = [ 1 0 0 ];                          % 分子系数——高通
d = [ 1 1 1 ];                            % 分母系数
wmax = 10;                                % 最大频率
[w,Hm,Ha] = freqresp_s(n,d,wmax);        % 频率响应
splane(n,d)                               % 画极点和零点
```

(c)：全通滤波器的极点和零点有相同的虚部和相反的实部。

```
clear all
clf
n = [1  -2.5  1];
d = [1  2.5  1];
wmax = 10;
freqresp_s(n,d,wmax)
```

对于全通滤波器，结果如图 5.12 所示。

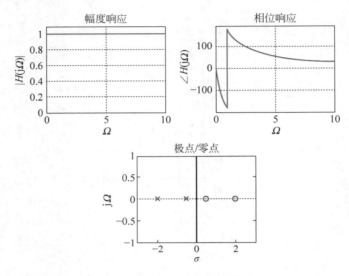

图 5.12　全通滤波器的频率响应以及极点/零点的位置

5.7.4　频谱分析仪

频谱分析仪是测量信号的频谱并显示频谱的仪器。它可由一组具有固定带宽且覆盖了所需频率的窄带带通滤波器实现(见图 5.13)，每一个滤波器的输出功率会在该滤波器中心频率处得到计算然后显示出来。实现频谱分析仪的另一种可能方案是利用中心频率可调的带通滤波器，计算和显示的是在其通带内的信号功率。

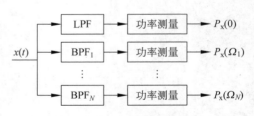

图 5.13　滤波器组频谱分析仪

LPF 代表低通滤波器，而 BPF_i 对应带通滤波器，$i =$ $1,\cdots,N$。滤波器组的频率响应等于覆盖了所需频率范围的全通滤波器的频率响应。

如果频谱分析仪的输入是 $x(t)$，那么对于具有单位幅度响应，中心频率为 Ω_0，以及一个非常窄的带宽 $\Delta\Omega$ 的带通滤波器 $H(j\Omega)$，它可以是中心频率固定的，也可以是中心频率可调的，由傅里叶逆变换，该带通滤波器的输出 $y(t)$ 等于

$$y(t) = \frac{1}{2\pi}\Big[\int_{-\Omega_0-0.5\Delta\Omega}^{-\Omega_0+0.5\Delta\Omega} X(\Omega) 1 \mathrm{e}^{\mathrm{j}\angle H(\mathrm{j}\Omega)}\mathrm{e}^{\mathrm{j}\Omega t}\,\mathrm{d}\Omega + \int_{\Omega_0-0.5\Delta\Omega}^{\Omega_0+0.5\Delta\Omega} X(\Omega) 1 \mathrm{e}^{\mathrm{j}\angle H(\mathrm{j}\Omega)}\mathrm{e}^{\mathrm{j}\Omega t}\,\mathrm{d}\Omega\Big]$$

$$\approx \frac{\Delta\Omega}{2\pi}\big[X(-\Omega_0)\mathrm{e}^{-\mathrm{j}(\Omega_0 t + \angle H(\mathrm{j}\Omega_0))} + X(\Omega_0)\mathrm{e}^{\mathrm{j}(\Omega_0 t + \angle H(\mathrm{j}\Omega_0))}\big]$$

$$= \frac{\Delta\Omega}{\pi} \mid X(\Omega_0) \mid \cos(\Omega_0 t + \angle H(\mathrm{j}\Omega_0) + \angle X(\Omega_0))$$

即近似为一个周期信号,计算该信号的功率得

$$\lim_{T\to\infty} \frac{1}{T} \int_T \mid y(t) \mid^2 \mathrm{d}t = 0.5 \left(\frac{\Delta\Omega}{\pi}\right)^2 \mid X(\Omega_0) \mid^2$$

此结果与输入信号在 $\Omega_0 \pm 0.5\Delta\Omega$ 和 $-\Omega_0 \pm 0.5\Delta\Omega$ 范围内的功率成正比。频谱分析仪在输入信号中的每个频率处进行相似的计算,最后把所有这些测量结果组合起来并显示出来。

注:

(1) 滤波器组频谱分析仪只能用于音频范围内的频谱分析。

(2) 射频频谱分析仪类似一个 AM 解调器,它通常是由一个窄带中频(IF)带通滤波器组成,其输入由混频器提供。本地振荡器扫过所需频带,将滤波器的输出功率计算并显示在监视器上。

5.8 补充性质

现在来考虑傅里叶变换的一些其他性质,在这些性质中,有一些与拉普拉斯变换的性质很相像,若令 $s=\mathrm{j}\Omega$,拉普拉斯变换的性质就变成相应傅里叶变换的性质,但另一些性质则不同。

5.8.1 时移

如果 $x(t)$ 的傅里叶变换为 $X(\Omega)$,那么

$$x(t-t_0) \Leftrightarrow X(\Omega)\mathrm{e}^{-\mathrm{j}\Omega t_0}$$
$$x(t+t_0) \Leftrightarrow X(\Omega)\mathrm{e}^{\mathrm{j}\Omega t_0}$$

(5.29)

$x(t-t_0)$ 的傅里叶变换等于

$$\mathscr{F}[x(t-t_0)] = \int_{-\infty}^{\infty} x(t-t_0)\mathrm{e}^{-\mathrm{j}\Omega t}\mathrm{d}t = \int_{-\infty}^{\infty} x(\tau)\mathrm{e}^{-\mathrm{j}\Omega(\tau+t_0)}\mathrm{d}\tau = \mathrm{e}^{-\mathrm{j}\Omega t_0} X(\Omega)$$

这里将变量变成了 $\tau=t-t_0$。对于 $x(t+t_0)$ 也可作同样的推导。

时域里的平移不会改变信号的频率成分,即若信号被延迟或者超前,信号并不会改变,认识到这一点很重要。如果留意原始信号和时移信号二者的傅里叶变换的模,就明白它们是相同的了:

$$\mid X(\Omega) \mid = \mid X(\Omega)\mathrm{e}^{\pm\mathrm{j}\Omega t_0} \mid$$

即时移仅仅影响了相位频谱。

【例 5.19】

利用时移性质以及余弦信号 $x(t)=\cos(\Omega_0 t)$ 的傅里叶变换,求 $y(t)=\sin(\Omega_0 t)$ 的傅里叶变换。

解 由于 $y(t)=\cos(\Omega_0 t-\pi/2)=\cos(\Omega_0[t-\pi/(2\Omega_0)])=x(t-\pi/(2\Omega_0))$,应用时移性质以及 $\delta(\Omega)$ 的筛选性质可得

$$\mathscr{F}[\sin(\Omega_0 t)] = \mathscr{F}[x(t-\pi/2\Omega_0)]$$
$$= \pi[\delta(\Omega-\Omega_0)+\delta(\Omega+\Omega_0)]\mathrm{e}^{-\mathrm{j}\Omega\pi/(2\Omega_0)}$$
$$= \pi\delta(\Omega-\Omega_0)\mathrm{e}^{-\mathrm{j}\pi/2} + \pi\delta(\Omega+\Omega_0)\mathrm{e}^{\mathrm{j}\pi/2}$$
$$= -\mathrm{j}\pi\delta(\Omega-\Omega_0) + \mathrm{j}\pi\delta(\Omega+\Omega_0)$$

以上表明,正弦信号与余弦信号的傅里叶变换不同,不过仅仅是相位不同而已。

5.8.2　微分和积分

如果 $x(t)$，$-\infty < t < \infty$ 的傅里叶变换为 $X(\Omega)$，那么

$$\frac{\mathrm{d}^N x(t)}{\mathrm{d}t^N} \Leftrightarrow (\mathrm{j}\Omega)^N X(\Omega) \tag{5.30}$$

$$\int_{-\infty}^{t} x(\sigma)\mathrm{d}\sigma \Leftrightarrow \frac{X(\Omega)}{\mathrm{j}\Omega} + \pi X(0)\delta(\Omega) \tag{5.31}$$

其中，

$$X(0) = \int_{-\infty}^{\infty} x(t)\mathrm{d}t$$

由傅里叶逆变换

$$x(t) = \frac{1}{2\pi}\int_{-\infty}^{\infty} X(\Omega)\mathrm{e}^{\mathrm{j}\Omega t}\,\mathrm{d}\Omega$$

可得

$$\frac{\mathrm{d}x(t)}{\mathrm{d}t} = \frac{1}{2\pi}\int_{-\infty}^{\infty} X(\Omega)\,\frac{\mathrm{d}\mathrm{e}^{\mathrm{j}\Omega t}}{\mathrm{d}t}\mathrm{d}\Omega = \frac{1}{2\pi}\int_{-\infty}^{\infty}\left[X(\Omega)\mathrm{j}\Omega\right]\mathrm{e}^{\mathrm{j}\Omega t}\,\mathrm{d}\Omega$$

这表明

$$\frac{\mathrm{d}x(t)}{\mathrm{d}t} \Leftrightarrow \mathrm{j}\Omega X(\Omega)$$

对于更高阶导数，可采用同样的方式求其傅里叶变换。

积分性质的证明可分为两部分：

(i) $u(t)$ 和 $x(t)$ 进行卷积得到该积分，即

$$\int_{-\infty}^{t} x(\tau)\mathrm{d}\tau = \int_{-\infty}^{\infty} x(\tau)u(t-\tau)\mathrm{d}\tau = [x * u](t)$$

以上考虑到作为 τ 的函数，$u(t-\tau)$ 等于

$$u(t-\tau) = \begin{cases} 1, & \tau < t \\ 0, & \tau > t \end{cases}$$

于是有

$$\mathscr{F}\left[\int_{-\infty}^{t} x(\tau)\mathrm{d}\tau\right] = X(\Omega)\mathscr{F}[u(t)] \tag{5.32}$$

(ii) 由于单位阶跃信号不是绝对可积的，因此它的傅里叶变换不能由积分定义求得，也不能利用它的拉普拉斯变换求其傅里叶变换，因为它的 ROC 不包括 $\mathrm{j}\Omega$-轴。[1] $u(t)$ 的偶-奇分解结果为

$$u(t) = 0.5\,\mathrm{sign}(t) + 0.5$$

其中，

$$\mathrm{sign}(t) = \begin{cases} 1, & t > 0 \\ -1, & t < 0 \end{cases}$$

计算 $\mathrm{sign}(t)$ 的导数并利用微分性质(注意 $\mathrm{sign}(t)$ 是一个奇函数，因此它的傅里叶变换一定是纯虚函数)

---

[1]　由 $\mathrm{d}u(t)/\mathrm{d}t = \delta(t)$，应该得到 $sU(s) = 1$，且 ROC 为全平面，从而有 $U(\Omega) = 1/(\mathrm{j}\Omega)$，这是一个纯虚函数，意味着 $u(t)$ 是奇函数，但显然情况却并非如此。为什么？

可得

$$\frac{\mathrm{dsign}(t)}{\mathrm{d}t} = 2\delta(t) \Rightarrow S(\Omega) = \mathscr{F}[\mathrm{sign}(t)] = \frac{2}{\mathrm{j}\Omega}$$

于是有

$$\mathscr{F}[u(t)] = 0.5S(\Omega) + \mathscr{F}(0.5) = \frac{1}{\mathrm{j}\Omega} + \pi\delta(\Omega) \qquad (5.33)$$

这是一个复函数，因为 $u(t)$ 是非奇非偶的时间函数。

将得到的结果替换式(5.32)中 $u(t)$ 的傅里叶变换，可得

$$\mathscr{F}\left[\int_{-\infty}^{t} x(\tau)\mathrm{d}\tau\right] = X(\Omega)\left[\frac{1}{\mathrm{j}\Omega} + \pi\delta(\Omega)\right] = \frac{X(\Omega)}{\mathrm{j}\Omega} + \pi X(0)\delta(\Omega)$$

注：

（1）正如在拉普拉斯变换中算符 s 对应时域中的求导运算那样，在傅里叶变换中对应时域中求导运算的算符变成了 $\mathrm{j}\Omega$。

（2）如果 $X(0)$，即 $X(\Omega)$ 在直流频率的值等于零，那么算符 $1/(\mathrm{j}\Omega)$ 对应 $x(t)$ 在时域中的积分，正如拉普拉斯变换中的 $1/s$ 那样。

（3）正如在傅里叶级数中已经明白的那样，微分会增强信号的高频分量，而积分则增强信号的低频分量。

【例 5.20】

假设系统由以下二阶常系数微分方程描述：

$$2y(t) + 3\frac{\mathrm{d}y(t)}{\mathrm{d}t} + \frac{\mathrm{d}^2 y(t)}{\mathrm{d}t^2} = x(t)$$

并且初始条件为 0，设 $x(t) = \delta(t)$，求 $y(t)$。

解 计算该方程的傅里叶变换可得

$$[2 + 3\mathrm{j}\Omega + (\mathrm{j}\Omega)^2]Y(\Omega) = X(\Omega)$$

将 $X(\Omega) = 1$ 代入解出 $Y(\Omega)$ 有

$$Y(\Omega) = \frac{1}{2 + 3\mathrm{j}\Omega + (\mathrm{j}\Omega)^2} = \frac{1}{(\mathrm{j}\Omega+1)(\mathrm{j}\Omega+2)} = \frac{1}{(\mathrm{j}\Omega+1)} + \frac{-1}{(\mathrm{j}\Omega+2)}$$

对这两项求傅里叶逆变换可得

$$y(t) = [\mathrm{e}^{-t} - \mathrm{e}^{-2t}]u(t)$$

由此可见，只要初始条件为零，就可以用傅里叶变换解微分方程。如果初始条件不为零，就必须用拉普拉斯变换。

【例 5.21】

利用微分性质求分段线性三角形脉冲信号 $x(t) = r(t) - 2r(t-1) + r(t-2)$ 的傅里叶变换。

解 $x(t)$ 的一阶导数为

$$\frac{\mathrm{d}x(t)}{\mathrm{d}t} = u(t) - 2u(t-1) + u(t-2)$$

二阶导数为

$$\frac{\mathrm{d}^2 x(t)}{\mathrm{d}t^2} = \delta(t) - 2\delta(t-1) + \delta(t-2)$$

利用微分和时移性质有

$$(j\Omega)^2 X(\Omega) = 1 - 2e^{-j\Omega} + e^{-j2\Omega} = e^{-j\Omega}[e^{j\Omega} - 2 + e^{-j\Omega}]$$

于是利用 $1 - \cos(\theta) = 2\sin^2(\theta/2)$ 之后可得

$$X(\Omega) = \frac{2e^{-j\Omega}}{\Omega^2}[1 - \cos(\Omega)] = e^{-j\Omega}\left(\frac{\sin(\Omega/2)}{\Omega/2}\right)^2$$

【例 5.22】

考虑积分

$$y(t) = \int_{-\infty}^{t} x(\tau)\,d\tau$$

其中 $x(t) = u(t+1) - u(t-1)$。分别用求积分和利用积分性质两种方法求其傅里叶变换 $Y(\Omega)$。

解 该积分等于

$$y(t) = \begin{cases} 0, & t < -1 \\ t+1, & -1 \leqslant t < 1 \\ 2, & t \geqslant 1 \end{cases}$$

或

$$y(t) = \underbrace{[r(t+1) - r(t-1) - 2u(t-1)]}_{y_1(t)} + 2u(t-1)$$

$y_1(t)$ 的有限支撑是 $[-1, 1]$，其傅里叶变换为

$$Y_1(\Omega) = \left[\frac{e^s - e^{-s}}{s^2} - \frac{2e^{-s}}{s}\right]_{s=j\Omega} = \frac{-2j\sin(\Omega)}{\Omega^2} + j\frac{2e^{-j\Omega}}{\Omega}$$

$2u(t-1)$ 的傅里叶变换为 $-2je^{-j\Omega}/\Omega + 2\pi\delta(\Omega)$，于是有

$$Y(\Omega) = \frac{-2j\sin(\Omega)}{\Omega^2} + j\frac{2e^{-j\Omega}}{\Omega} - j\frac{2e^{-j\Omega}}{\Omega} + 2\pi\delta(\Omega) = \frac{-2j\sin(\Omega)}{\Omega^2} + 2\pi\delta(\Omega)$$

为了利用积分性质首先需要算出 $X(\Omega)$，它等于

$$X(\Omega) = \frac{e^s - e^{-s}}{s}\Big|_{s=j\Omega} = \frac{2\sin(\Omega)}{\Omega}$$

然后根据积分性质，而且由于 $X(0) = 2$，于是有

$$Y(\Omega) = \frac{X(\Omega)}{j\Omega} + \pi X(0)\delta(\Omega) = \frac{-2j\sin(\Omega)}{\Omega^2} + 2\pi\delta(\Omega)$$

不出所料，两种方法计算出的结果一致。

5.9 我们完成了什么，接下来是什么

到本章结束时相信读者应该对信号和系统的频率表示有了一个良好的理解。在本章，我们统一了周期信号和非周期信号的处理方式以及它们的频谱表示，还巩固了线性时不变系统的频率响应的概念。本章对傅里叶变换的性质和傅里叶变换对进行了总结，分别见表 5.1 和表 5.2。傅里叶变换有两个重要的应用：滤波和调制，本章介绍了调制的基础及其在通信中的应用，还介绍了滤波的基础。我们将在第 6 和第 7 章对这两个主题进行扩展。

接下来两章的内容是找到拉普拉斯和傅里叶分析的应用领域。之后将进入离散时间信号和系统的学习，抽样、量化和编码的概念将搭建起连续时间信号、离散时间信号和数字信号之间的桥梁，类似于拉普拉斯变换和傅里叶变换的一些变换将允许我们对离散时间信号和离散时间系统进行处理。

表 5.1　傅里叶变换的基本性质

	时 域	频 域
信号与常数	$x(t)$、$y(t)$ 和 $z(t)$，α、β 为参数	$X(\Omega)$、$Y(\Omega)$ 和 $Z(\Omega)$
线性性	$\alpha x(t) + \beta y(t)$	$\alpha X(\Omega) + \beta Y(\Omega)$
时域扩展/压缩	$x(\alpha t)$，$\alpha \neq 0$	$\dfrac{1}{|\alpha|}X\left(\dfrac{\Omega}{\alpha}\right)$
反褶	$x(-t)$	$X(-\Omega)$
帕色瓦尔能量关系	$E_x = \displaystyle\int_{-\infty}^{\infty} |x(t)|^2 \, dt$	$E_x = \dfrac{1}{2\pi}\displaystyle\int_{-\infty}^{\infty} |X(\Omega)|^2 \, d\Omega$
对偶	$X(t)$	$2\pi x(-\Omega)$
时域微分	$\dfrac{d^n x(t)}{dt^n}$，$n \geq 1$，且 n 为整数	$(j\Omega)^n X(\Omega)$
频域微分	$-jtx(t)$	$\dfrac{dX(\Omega)}{d\Omega}$
积分	$\displaystyle\int_{-\infty}^{t} x(t') \, dt'$	$\dfrac{X(\Omega)}{j\Omega} + \pi X(0)\delta(\Omega)$
时移	$x(t-\alpha)$	$e^{-j\alpha\Omega} X(\Omega)$
频移	$e^{j\Omega_0 t} x(t)$	$X(\Omega - \Omega_0)$
调制	$x(t)\cos(\Omega_c t)$	$0.5[X(\Omega - \Omega_c) + X(\Omega + \Omega_c)]$
周期信号	$x(t) = \displaystyle\sum_k X_k \theta^{jk\Omega_0 t}$	$X(\Omega) = \displaystyle\sum_k 2\pi X_k \delta(\Omega - k\Omega_0)$
对称性	$x(t)$ 是实函数	$|X(\Omega)| = |X(-\Omega)|$ $\angle X(\Omega) = -\angle X(-\Omega)$
时域卷积	$z(t) = [x*y](t)$	$Z(\Omega) = X(\Omega)Y(\Omega)$
加窗/乘积	$x(t)y(t)$	$\dfrac{1}{2\pi}[X*Y](\Omega)$
余弦变换	$x(t)$ 是偶函数	$X(\Omega) = \displaystyle\int_{-\infty}^{\infty} x(t)\cos(\Omega t)\,dt$，实函数
正弦变换	$x(t)$ 是奇函数	$X(\Omega) = -j\displaystyle\int_{-\infty}^{\infty} x(t)\sin(\Omega t)\,dt$，纯虚函数

表 5.2　傅里叶变换对

	时间的函数	Ω 的函数
(1)	$\delta(t)$	1
(2)	$\delta(t-\tau)$	$e^{-j\Omega\tau}$
(3)	$u(t)$	$\dfrac{1}{j\Omega} + \pi\delta(\Omega)$
(4)	$u(-t)$	$\dfrac{-1}{j\Omega} + \pi\delta(\Omega)$
(5)	$\text{sign}(t) = 2[u(t) - 0.5]$	$\dfrac{2}{j\Omega}$
(6)	A，$-\infty < t < \infty$	$2\pi A\delta(\Omega)$
(7)	$Ae^{-at}u(t)$，$a > 0$	$\dfrac{A}{j\Omega + a}$
(8)	$Ate^{-at}u(t)$，$a > 0$	$\dfrac{A}{(j\Omega + a)^2}$

续表

	时间的函数	Ω 的函数
(9)	$\mathrm{e}^{-a|t|}, a > 0$	$\dfrac{2a}{a^2+\Omega^2}$
(10)	$\cos(\Omega_0 t), -\infty < t < \infty$	$\pi[\delta(\Omega-\Omega_0)+\delta(\Omega+\Omega_0)]$
(11)	$\sin(\Omega_0 t), -\infty < t < \infty$	$-\mathrm{j}\pi[\delta(\Omega-\Omega_0)-\delta(\Omega+\Omega_0)]$
(12)	$p(t) = A[u(t+\tau)-u(t-\tau)], \tau > 0$	$2A\tau\,\dfrac{\sin(\Omega\tau)}{\Omega\tau}$
(13)	$\dfrac{\sin(\Omega_0 t)}{\pi t}$	$P(\Omega) = u(\Omega+\Omega_0)-u(\Omega-\Omega_0)$
(14)	$x(t)\cos(\Omega_0 t)$	$0.5[X(\Omega-\Omega_0)+X(\Omega+\Omega_0)]$

5.10　本章练习题

5.10.1　基础题

5.1　当因果信号 $x(t)$ 的拉普拉斯变换的所有极点都在 s 平面的左半开面（即不包括 jΩ-轴）时，它的傅里叶变换可由拉普拉斯变换求得。考虑以下信号

$$x_1(t) = \mathrm{e}^{-2t}u(t), \quad x_2(t) = r(t), \quad x_3(t) = x_1(t)x_2(t)$$

（a）确定以上信号的拉普拉斯变换，并指明相应的收敛域。

（b）判断这些信号中哪些信号的傅里叶变换可由其拉普拉斯变换获得，并说明原因。

（c）对于那些能够由拉普拉斯变换求得其傅里叶变换的信号，给出它们的傅里叶变换。

答案：(a) $X_2(s) = 1/s^2, \sigma > 0$；(b) $x_1(t)$ 和 $x_3(t)$。

5.2　有些信号的傅里叶变换既不能用积分定义求得也不能由其拉普拉斯变换直接获得。例如，sinc 信号：

$$x(t) = \frac{\sin(t)}{t}$$

（a）设 $X(\Omega) = A[u(\Omega+\Omega_0)-u(\Omega-\Omega_0)]$ 是 $x(t)$ 的傅里叶变换，利用积分式求出 $X(\Omega)$ 的傅里叶逆变换，并确定 A 和 Ω_0 的值。

（b）如何利用傅里叶变换的对偶性得到 $X(\Omega)$？请作出解释。

答案：$X(\Omega) = \pi[u(\Omega+1)-u(\Omega-1)]$。

5.3　偶函数和奇函数的傅里叶变换非常重要。设 $x(t) = \mathrm{e}^{-|t|}$，$y(t) = \mathrm{e}^{-t}u(t)-\mathrm{e}^{t}u(-t)$。

（a）画出 $x(t)$ 和 $y(t)$ 的图形，判断它们是偶函数还是奇函数。

（b）证明 $x(t)$ 的傅里叶变换可由积分

$$X(\Omega) = \int_{-\infty}^{\infty} x(t)\cos(\Omega t)\mathrm{d}t$$

计算得到，这是一个 Ω 的实函数，因此计算上十分重要。证明 $X(\Omega)$ 是 Ω 的偶函数。由上式（称为余弦变换）求出 $X(\Omega)$。

（c）证明 $y(t)$ 的傅里叶变换可由积分

$$Y(\Omega) = -\mathrm{j}\int_{-\infty}^{\infty} y(t)\sin(\Omega t)\mathrm{d}t$$

计算得到,这是一个 Ω 的纯虚函数,因此也具有计算上的重要性。证明 $Y(\Omega)$ 是 Ω 的奇函数,由上式(称为正弦变换)求出 $Y(\Omega)$。通过直接计算 $z(t)=x(t)+y(t)$ 的傅里叶变换,以及利用以上结论求 $z(t)$ 的傅里叶变换这两种方法,验证所得结果是否正确。

(d) 利用余弦变换和正弦变换有什么优点?如果要计算信号的傅里叶变换,而该信号不一定是偶函数或奇函数,那么应该如何利用余弦变换和正弦变换?请作出解释。

答案：$x(t)$ 是偶的,$y(t)$ 是奇的;$X(\Omega)=2/(1+\Omega^2)$;$z(t)=2\mathrm{e}^{-t}u(t)$

5.4 信号 $x(t)$ 的傅里叶变换为

$$X(\Omega) = \frac{2}{1+\Omega^2}$$

利用傅里叶变换的性质求解以下问题。

(a) 求积分

$$\int_{-\infty}^{\infty} x(t)\,\mathrm{d}t$$

(b) 求 $x(0)$ 的值。

(c) 令 $s=\mathrm{j}\Omega$ 或 $\Omega=(s/\mathrm{j})$,求 $X(s)$,并由 $X(s)$ 得到 $x(t)$。

答案：$x(0)=1$;$x(t)=\mathrm{e}^{-|t|}$。

5.5 基于如下傅里叶变换对

$$x(t) = u(t+1)-u(t-1) \Longleftrightarrow X(\Omega) = \frac{2\sin(\Omega)}{\Omega}$$

不利用傅里叶变换的积分定义,若要求以下信号的傅里叶变换,需要用傅里叶变换的什么性质,指出所用的性质(不需要求傅里叶变换)。

(a) $x_1(t)=-u(t+2)+2u(t)-u(t-2)$;

(b) $x_2(t)=2\sin(t)/t$;

(c) $x_3(t)=2[u(t+0.5)-u(t-0.5)]$;

(d) $x_4(t)=\cos(0.5\pi t)[u(t+1)-u(t-1)]$;

(e) $x_5(t)=X(t)$

提示：画出这些不同信号的图形有助于找到答案。

答案：$X_1(\Omega)=-2\mathrm{j}X(\Omega)\sin(\Omega)$,时移性质;用对偶性求 $X_5(\Omega)$。

5.6 考虑信号 $x(t)=\cos(t)$,$0\leqslant t\leqslant1$。

(a) 求它的傅里叶变换 $X(\Omega)$。

(b) 设 $y(t)=x(2t)$,求 $Y(\Omega)$;设 $z(t)=x(t/2)$,求 $Z(\Omega)$。

(c) 将 $Y(\Omega)$ 和 $Z(\Omega)$ 与 $X(\Omega)$ 进行对比。

答案：$X(\Omega)=0.5[P(\Omega+1)+P(\Omega-1)]$,$P(\Omega)=2\mathrm{e}^{-\mathrm{j}\Omega/2}\sin(\Omega/2)/\Omega$。

5.7 求 $\delta(t-\tau)$ 的傅里叶变换,再利用它求出以下信号的傅里叶变换。

(a) $\delta(t-1)+\delta(t+1)$;

(b) $\cos(\Omega_0 t)$;

(c) $\sin(\Omega_0 t)$。

答案：$\mathscr{F}[\delta(t-1)+\delta(t+1)]=2\cos(\Omega)$,对其他函数可利用对偶性。

5.8 利用微分性质可简化一些傅里叶变换的计算。设

$$x(t) = r(t)-2r(t-1)+r(t-2)$$

(a) 求 $x(t)$ 关于 t 的二阶导数 $y(t) = \mathrm{d}^2 x(t)/\mathrm{d}t^2$，并画出 $y(t)$ 的图形。

(b) 利用微分性质由 $Y(\Omega)$ 求出 $X(\Omega)$。

(c) 由 $x(t)$ 的拉普拉斯变换直接获得它的傅里叶变换，从而验证上面的结果。

答案：$\mathscr{F}(\ddot{x}(t)) = (\mathrm{j}\Omega)^2 X(\Omega)$。

5.9 利用傅里叶变换的性质解决以下问题。

(a) 利用 $\cos(k\Omega_0 t)$ 的傅里叶变换求周期信号 $x(t)$ 的傅里叶变换，$x(t)$ 的傅里叶级数为

$$x(t) = 1 + \sum_{k=1}^{\infty} (0.5)^k \cos(k\Omega_0 t)$$

(b) 用傅里叶变换的性质求

$$x_1(t) = \frac{1}{t^2 + a^2}, \quad a > 0$$

的傅里叶变换。

提示：利用 $\mathrm{e}^{-a|t|}$，$a > 0$ 的傅里叶变换。

答案：(b) $X_1(\Omega) = (\pi/a)\mathrm{e}^{-a|\Omega|}$。

5.10 求下列问题中信号的傅里叶变换。

(a) 对于信号

$$y(t) = 0.5\,\mathrm{sign}(t) = \begin{cases} 0.5, & t \geqslant 0 \\ -0.5, & t < 0 \end{cases}$$

利用信号

$$x(t) = 0.5\mathrm{e}^{-at}u(t) - 0.5\mathrm{e}^{at}u(-t), \quad a > 0,$$

当 $a \to 0$ 时的傅里叶变换求 $y(t)$ 的傅里叶变换。然后利用 $Y(\Omega)$ 确定单位阶跃信号的傅里叶变换，其中单位阶跃信号可表示成

$$u(t) = 0.5 + 0.5\,\mathrm{sign}(t) = 0.5 + y(t)$$

(b) $Au(t)$ 和 $Au(-t)$ 的叠加是常数 A，$Au(t)$ 和 $Au(-t)$ 都有拉普拉斯变换，求出它们的拉普拉斯变换以及收敛域，然后尝试利用以上结果求 A 的傅里叶变换，这可能吗？

答案：(a) $\mathscr{F}[u(t)] = \pi\delta(\Omega) + 1/(\mathrm{j}\Omega)$；(b) 不可能，ROC 是空集。

5.11 考虑以下与调制和傅里叶变换的功率性质有关的问题。

(a) 一个幅度调制（AM）系统的载波为 $\cos(10t)$，考虑以下消息信号

i. $m(t) = \cos(t)$；

ii. $m(t) = r(t) - 2r(t-1) + r(t-2)$，其中 $r(t) = tu(t)$。

分别画出对应两个消息信号的已调信号 $y(t) = m(t)\cos(10t)$ 的波形，并求出它们相应的频谱。

(b) 求 sinc 信号 $x(t) = \sin(0.5t)/(\pi t)$ 的功率 P_x，即求积分

$$P_x = \int_{-\infty}^{\infty} |x(t)|^2 \mathrm{d}t$$

答案：(a) $Y(\Omega) = 0.5[M(\Omega+10) + M(\Omega-10)]$；(b) 利用帕色瓦尔关系。

5.12 周期信号 $x(t)$ 有一个周期为

$$x_1(t) = r(t) - 2r(t-1) + r(t-2), \quad T_0 = 2$$

(a) 利用拉普拉斯变换求 $z(t) = \mathrm{d}^2 x(t)/\mathrm{d}t^2$ 的傅里叶级数，然后用微分性质求出 $x(t)$ 的傅里叶变换。

(b) 为了检验所得结果,想一想 $x(t)$ 和 $z(t)$ 的直流分量的值应该是多少? 傅里叶系数是实的还是纯虚的,或是一般复数?

(c) 证明以下式子可以用于计算周期信号 $z(t)$ 的傅里叶变换:

$$Z(\Omega) = Z_1(\Omega) \frac{2\pi}{T_0} \sum_{k=-\infty}^{\infty} \delta(\Omega - k\Omega_0)$$

其中 $Z_1(\Omega)$ 是 $z_1(t) = \mathrm{d}^2 x_1(t)/\mathrm{d}t^2$ 的傅里叶变换,求它的逆变换 $z(t)$。

答案:$z(t) = \sum_m 2\mathrm{e}^{\mathrm{j}(2m+1)\pi t}$。

5.13 考虑符号信号

$$s(t) = \mathrm{sign}(t) = \begin{cases} 1, & t \geq 0 \\ -1, & t < 0 \end{cases}$$

(a) 求 $s(t)$ 的导数并利用它求出 $S(\Omega) = \mathscr{F}(s(t))$。

(b) 求 $S(\Omega)$ 的幅度和相位。

(c) 利用 $s(t)$ 的等价表达式 $s(t) = 2[u(t) - 0.5]$ 求 $S(\Omega)$。

答案:$\mathrm{d}s(t)/\mathrm{d}t = 2\delta(t)$;$S(\Omega) = 2/(\mathrm{j}\Omega)$。

5.14 一个 sinc 信号 $x(t) = \sin(0.5t)/(\pi t)$ 通过理想低通滤波器,该滤波器的频率响应为 $H(\mathrm{j}\Omega) = u(\Omega + 0.5) - u(\Omega - 0.5)$。

(a) 求傅里叶变换 $X(\Omega)$ 并仔细画出其图形。

(b) 通过先计算出 $Y(\Omega)$ 来求滤波器的输出 $y(t)$。$x(t)$ 与 $x(t)$ 的卷积积分等于什么? 请作出解释。

答案:$X(\Omega) = u(\Omega + 0.5) - u(\Omega - 0.5)$;$y(t) = (x * x)(t) = x(t)$。

5.15 以下问题与傅里叶变换的调制性质有关:

(a) 考虑信号

$$x(t) = p(t) + p(t)\cos(\pi t)$$

其中,

$$p(t) = u(t + 1) - u(t - 1)$$

i. 利用调制性质求傅里叶变换 $X(\Omega)$,用 $p(t)$ 的傅里叶变换 $P(\Omega)$ 表示 $X(\Omega)$。

ii. 令 $g(t) = x(t - 1)$,利用 $g(t)$ 的拉普拉斯变换求 $X(\Omega)$。检验所得 $X(\Omega)$ 的表示式是否与之前的表达式一致。

(b) 考虑信号 $z(t) = \cos(t)[u(t) - u(t - \pi/2)]$。

i. 如果 $Z(s)$ 是 $z(t)$ 的拉普拉斯变换,若想通过直接令 $s = \mathrm{j}\Omega$ 而得到 $z(t)$ 的傅里叶变换,需要什么条件?

ii. $z(t)$ 的傅里叶变换是否等于

$$Z(\Omega) = \frac{\mathrm{j}\Omega + \mathrm{e}^{-\mathrm{j}\pi\Omega/2}}{1 - \Omega^2}$$

答案:(a) $X(\Omega) = P(\Omega) + 0.5P(\Omega - \pi) + 0.5P(\Omega + \pi)$;$P(\Omega) = 2\sin(\Omega)/\Omega$;(b)不是。

5.16 考虑升余弦脉冲

$$x(t) = [1 + \cos(\pi t)](u(t + 1) - u(t - 1))$$

(a) 仔细画出 $x(t)$ 的图形。

(b) 求脉冲 $p(t) = u(t + 1) - u(t - 1)$ 的傅里叶变换。

(c) 利用脉冲 $p(t)$ 的定义和调制性质求 $x(t)$ 的傅里叶变换,并用 $P(\Omega) = \mathscr{F}[p(t)]$ 来表示。

答案：$X(\Omega)=P(\Omega)+0.5[P(\Omega-2\pi)+P(\Omega+2\pi)]$。

5.17 理想低通滤波器的频率响应为

$$|H(j\Omega)|=\begin{cases}1, & -2\leqslant\Omega\leqslant2 \\ 0, & \text{其他}\end{cases} \qquad \angle H(j\Omega)=\begin{cases}-\pi/2, & \Omega\geqslant0 \\ \pi/2, & \Omega<0\end{cases}$$

(a) 计算理想低通滤波器的冲激响应 $h(t)$。

(b) 如果输入滤波器的周期信号 $x(t)$ 具有以下傅里叶级数表示：

$$x(t)=\sum_{k=1}^{\infty}\frac{2}{k^2}\cos(3kt/2)$$

确定系统的稳态响应 $y_{ss}(t)$。

答案：$h(t)=(1-\cos(2t))/(\pi t)$；$y_{ss}(t)=2\sin(1.5t)$。

5.18 信号 $x(t)$ 的傅里叶变换为

$$X(\Omega)=\frac{|\Omega|}{\pi}[u(\Omega+\pi)-u(\Omega-\pi)]$$

(a) 仔细画出 Ω 的函数 $X(\Omega)$ 的图形。

(b) 确定 $x(0)$ 的值。

答案：$x(0)=0.5$。

5.19 滤波器的转移函数为

$$H(s)=\frac{\sqrt{5}s}{s^2+2s+2}$$

(a) 确定 $H(s)$ 的极点和零点，利用这些信息画出滤波器的幅度响应 $|H(j\Omega)|$。指出幅度响应在频率 $\Omega=0$、1 和 ∞ 处的值，并说明滤波器的类型。

(b) 求滤波器的冲激响应 $h(t)$。

(c) 将以上滤波器与一个产生有偏正弦信号 $x(t)=B+\cos(\Omega t)$ 的有缺陷的正弦信号发生器串联起来，如果信号发生器可以产生所有可能频率，那么对哪个（或者哪些）频率 Ω_0 而言滤波器的输出是 $y(t)=\cos(\Omega_0 t+\theta)$，即直流偏移量被滤掉，确定该频率处的相位 θ_0。

答案：极点为 $s_{1,2}=-1\pm j1$，零点为 $s=0$；带通滤波器。

5.20 考虑两个滤波器的级联，它们的频率响应分别是

$$H_1(j\Omega)=j\Omega \quad \text{和} \quad H_2(j\Omega)=1e^{-j\Omega}$$

(a) 说明这两个滤波器的功能。

(b) 假设输入到该级联的信号为

$$x(t)=p(t)\cos(\pi t/2)$$

其中，

$$p(t)=u(t+1)-u(t-1)$$

输出为 $y(t)$，求 $y(t)$。

(c) 假设该级联是以将频率响应为 $H_2(j\Omega)$ 的滤波器放在前面，频率响应为 $H_1(j\Omega)$ 的滤波器放在后面的方式连接的，若输入还是原来的信号，响应会改变吗？请作出解释。

答案：$H_1(j\Omega)$ 计算导数；$y(t)=(\pi/2)\cos(\pi t/2)[u(t)-u(t-2)]$。

5.21 基波频率为 $\Omega_0=\pi/4$ 的周期信号 $x(t)$ 的傅里叶级数系数为 $X_1=X_{-1}^*=j$，$X_5=X_{-5}^*=2$，其余系数都等于 0。假设 $x(t)$ 被输入一个带通滤波器，该滤波器的幅度和相位响应为

$$|H(j\Omega)| = \begin{cases} 1, & \pi \leqslant \Omega \leqslant 1.5\pi \\ 1, & -1.5\pi \leqslant \Omega \leqslant -\pi, \quad \angle H(j\Omega) = -\Omega \\ 0, & \text{其他} \end{cases}$$

设 $y(t)$ 为滤波器的输出。

（a）确定 $x(t)$ 的三角形式傅里叶级数

$$x(t) = \sum_{k=0}^{\infty} X_k \cos(k\Omega_0 t + \angle X_k)$$

然后求出 $y(t)$ 的稳态响应。

（b）求 $x(t)$ 和 $y(t)$ 的傅里叶变换，并仔细画出它们的幅度和相位。

答案： $x(t) = -2\sin(\pi t/4) + 4\cos(5\pi t/4)$；$y(t) = 4\cos(5\pi t/4 - 5\pi/4)$。

5.22 一个连续时间 LTI 系统由以下常微分方程描述

$$\frac{\mathrm{d}y(t)}{\mathrm{d}t} = -y(t) + x(t)$$

其中，$x(t)$ 是输入，$y(t)$ 是输出。

（a）通过考虑系统对 $x(t) = e^{j\Omega t}$，$-\infty < \Omega < \infty$ 的输入产生的稳态输出来确定该系统的频率响应 $H(j\Omega)$。

（b）仔细画出系统的幅频响应 $|H(j\Omega)|$ 和相频响应 $\angle H(j\Omega)$ 曲线，并指出它们在频率 $\Omega = 0$、± 1 和 $\pm\infty$ rad/s 处的值。

（c）如果输入该 LTI 系统的信号是 $x(t) = \sin(t)/(\pi t)$，求出输出的幅度响应 $|Y(\Omega)|$ 并仔细画出它的图形，指出它在频率 $\Omega = 0$、± 1 和 $\pm\infty$ rad/s 处的值。

答案： $H(j\Omega) = 1/(1 + j\Omega)$；$|H(j1)| = 0.707$，$\angle H(j1) = -\pi/4$。

5.23 如果图 5.14 所示的脉冲 $x(t)$ 的傅里叶变换为 $X(\Omega)$（无须将它计算出来！）

（a）利用傅里叶变换的性质（不需要用积分定义）求出图 5.14 所示信号 $x_i(t)$，$i = 1, 2$ 的傅里叶变换，并用 $X(\Omega)$ 表示它们。

（b）考虑已调信号 $x_3(t) = x(t)\cos(\pi t)$，画出 $x_3(t)$ 的波形，并用 $X(\Omega)$ 表示它的傅里叶变换 $X_3(\Omega)$。

（c）若 $y(t) = x(t-1)$，求 $Y(0)$。

答案： $X_1(\Omega) = X(\Omega)(e^{j\Omega} - e^{-j\Omega})$；$Y(0) = 1$。

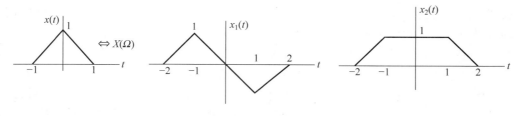

图 5.14 问题 5.23

5.24 正如微分性质所指出的那样，如果用 $(j\Omega)^N$ 去乘一个傅里叶变换，就相当于计算它的时域信号的 N 阶导数。现在考虑这个性质的对偶性质，即如果计算 $X(\Omega)$ 的导数，那么时域中信号会发生什么变化？

（a）令 $x(t) = \delta(t-1) + \delta(t+1)$，求它的傅里叶变换 $X(\Omega)$（利用性质）。

（b）计算 $\mathrm{d}X(\Omega)/\mathrm{d}\Omega$ 并求它的傅里叶逆变换。

答案：$X(\Omega)=2\cos(\Omega)$；$Y(\Omega)=-2\sin(\Omega)$。

5.25 抽样冲激序列

$$\delta_{T_s}(t) = \sum_{n=-\infty}^{\infty} \delta(t-nT_s)$$

在后面将要介绍的抽样理论中很重要。

(a) $\delta_{T_s}(t)$是一个基波周期为T_s的周期信号，用傅里叶级数表示它。

(b) 确定它的傅里叶变换 $\Delta(\Omega)=\mathscr{F}[\delta_{T_s}(t)]$。

(c) 画出 $\delta_{T_s}(t)$和$\Delta(\Omega)$的图形，要求标注这两个函数的周期。

答案：$\mathscr{F}[\delta_{T_s}(t)] = (2\pi/T_s)\sum_k \delta(\Omega-k\Omega_s)$。

5.26 一个模拟平均器由以下关系式描述

$$\frac{dy(t)}{dt} = 0.5[x(t)-x(t-2)]$$

其中，$x(t)$是输入，$y(t)$是输出。若 $x(t)=u(t)-2u(t-1)+u(t-2)$，

(a) 求输出的傅里叶变换 $Y(\Omega)$；

(b) 由 $Y(\Omega)$求出 $y(t)$。

答案：$y(t)=0.5r(t)-r(t-1)+r(t-3)-0.5r(t-4)$。

5.27 假设想利用一个半波整流信号 $x(t)$和一个理想滤波器设计一个直流源。设 $x(t)$是周期的，$T_0=2$，且它有一个周期为

$$x_1(t) = \begin{cases} \sin(\pi t), & 0 \leqslant t \leqslant 1 \\ 0, & 1 < t \leqslant 2 \end{cases}$$

(a) 求 $x(t)$的傅里叶变换 $X(\Omega)$，并画出包含直流分量和前三个谐波的幅度频谱。

(b) 要使输入为 $x(t)$时，输出 $y(t)=1$，确定理想低通滤波器 $H(j\Omega)$的幅度和截止频率。画出理想低通滤波器的幅度响应。（为简单起见，假定滤波器的相位为 0。）

答案：低通滤波器的幅度为 π，截止频率为 $0<\Omega_c<\pi$。

5.28 一个幅度调制通信系统用载波 $\cos(10000t)$传输纯音信号 $x(t)=4\cos(1000t)$，AM 系统的输出是

$$y(t) = x(t)\cos(10000t)$$

在接收端，首先需要从接收到的成千上万的信号中分离出被传送的信号 $y(t)$，这可以通过利用一个中心频率等于载波频率的带通滤波器来完成，之后再对该带通滤波器的输出进行解调。

(a) 考虑理想带通滤波器 $H(j\Omega)$。假设其相位为 0，要想使带通滤波器的输出为 $10y(t)$，确定其带宽、中心频率和幅度，并画出 $x(t)$、$10y(t)$的频谱以及 $H(j\Omega)$的幅频响应。

(b) 为了解调 $10y(t)$，将它与 $\cos(10000t)$相乘，然后将所得到的信号通过一个理想低通滤波器可恢复原始信号 $x(t)$。画出 $z(t)=10y(t)\cos(10000t)$的频谱图，并根据 $z(t)$的频谱确定恢复 $x(t)$所需的低通滤波器 $G(j\Omega)$的频率响应，画出 $G(j\Omega)$的幅度响应。

答案：$Z(\Omega)=5X(\Omega)+2.5[X(\Omega-20000)+X(\Omega+20000)]$，将 $z(t)$输入幅度为 $1/5$，截止频率稍大于 1000 的低通滤波器来得到 $x(t)$。

5.10.2 MATLAB 实践题

5.29 傅里叶级数 VS 傅里叶变换 要弄明白傅里叶级数和傅里叶变换之间的联系，可以考虑这

种情形：不断增大周期信号的基波周期直至该信号只剩一个周期是可见的，此时信号的周期性不再清晰，这种情况下会发生什么？考虑脉冲序列 $x(t)$，其基波周期 $T_0=2$，它的一个周期为 $x_1(t)=u(t+0.5)-u(t-0.5)$。将 T_0 分别增大至 4、8 和 16。

(a) 对于每一个 T_0 值，求出傅里叶级数系数 X_0，并说明对于不同的 T_0 值 X_0 是怎样变化的。

(b) 求出 $x(t)$ 的傅里叶级数系数，并对每一个 T_0 值仔细画出相应的线谱图，由所画的线谱图来解释这些谱中所发生的变化。

(c) 如果 T_0 非常大，傅里叶系数会有什么变化？请作出解释。

(d) 编写一个 MATLAB 脚本，模拟矩形脉冲序列的周期增加时，其傅里叶级数向傅里叶变换的转变过程。傅里叶级数的线谱需要乘以周期，这样它才不会变成无限小。用函数 stem 绘制脉冲序列的线谱，要求画出周期等于 $4\sim62$ 时不同周期情况下的线谱。

5.30 由拉普拉斯变换获得傅里叶变换 对于绝对可积或者说能量有限的有限支撑信号，可以由它们的拉普拉斯变换而不需计算积分来获得它们的傅里叶变换。考虑以下信号：

$$x_1(t) = u(t+0.5) - u(t-0.5);$$
$$x_2(t) = \sin(2\pi t)[u(t) - u(t-0.5)];$$
$$x_3(t) = r(t+1) - 2r(t) + r(t-1)$$

(a) 画出以上每个信号的波形。

(b) 利用拉普拉斯变换求傅里叶变换 $\{X_i(\Omega)\}, i=1,2,3$。

(c) 用 MATLAB 的符号积分函数 int 计算所给信号的傅里叶变换，画出每个信号的幅度谱。

答案：$X_1(s)=(1/s)[\mathrm{e}^{s/2}-\mathrm{e}^{-s/2}]$；$X_3(\Omega)=2(1-\cos(\Omega))/\Omega^2$。

5.31 由无限支撑信号的拉普拉斯变换获得傅里叶变换 对于具有无限支撑的信号，它们的傅里叶变换无法由拉普拉斯变换导出，除非它们是绝对可积的或它们的拉普拉斯变换的收敛域包含 $j\Omega$-轴。考虑信号 $x(t)=2\mathrm{e}^{-2|t|}$。

(a) 画出信号 $x(t), -\infty < t < \infty$ 的波形。

(b) 利用信号的偶函数特性计算积分

$$\int_{-\infty}^{\infty} |x(t)| \, \mathrm{d}t$$

并判断该信号是否绝对可积。

(c) 利用傅里叶变换的积分定义求 $X(\Omega)$。

(d) 利用 $x(t)$ 的拉普拉斯变换验证以上得到的傅里叶变换 $X(\Omega)$。

(e) 利用 MATLAB 的符号函数 fourier 计算 $x(t)$ 的傅里叶变换，并画出 $x(t)$ 的幅度频谱图。

答案：$X(\Omega)=8/(4+\Omega^2)$。

5.32 时间 vs 频率 信号 $x(t)$ 的时间支撑与其傅里叶变换 $X(\Omega)$ 的频率支撑是反比关系。考虑脉冲信号

$$x(t) = \frac{1}{T_0}[u(t) - u(t-T_0)]$$

(a) 设 $T_0=1$ 和 $T_0=10$，求出相应的 $|X(\Omega)|$，并将二者进行比较。

(b) 当 $x(t)$ 的 $T_0=10^k$，其中 $k=0,\cdots,4$ 时，用 MATLAB 模拟幅度谱的变化，对于逐渐增大的 T_0 值，计算出相应的 $X(\Omega)$，利用符号函数 fourier。在同一张图中画出不同 T_0 值时的幅度谱，再解释所得结果。

答案：当 $T_0 = 10$，$X(\Omega) = \sin(5\Omega)\mathrm{e}^{-\mathrm{j}5\Omega}/(5\Omega)$。

5.33 光滑度和频率成分 信号的光滑程度决定了其频谱包含的频率成分。考虑信号

$$x(t) = u(t+0.5) - u(t-0.5)$$

$$y(t) = (1 + \cos(\pi t))[u(t+0.5) - u(t-0.5)]$$

(a) 画出这些信号的波形。比较它们两个哪一个更光滑？

(b) 求 $X(\Omega)$ 并仔细画出它的模 $|X(\Omega)|$ 关于频率 Ω 的图形。

(c) 求 $Y(\Omega)$(利用傅里叶变换的性质)，并仔细画出它的模 $|Y(\Omega)|$ 关于频率 Ω 的图形。

(d) 两个信号中哪一个含有更高频率？现在是否能够辨别出二者中哪一个更为光滑？用MATLAB 来作出决定。使 $x(t)$ 和 $y(t)$ 都具有单位能量，用 MATLAB 画出 $20\log_{10}|Y(\Omega)|$ 和 $20\log_{10}|X(\Omega)|$ 的图形，再比较二者中哪一个显示出更低的频率？用函数 fourier 计算傅里叶变换。

答案：$y(t)$ 比 $x(t)$ 更光滑。

5.34 光滑度和频率 设信号 $x(t) = r(t+1) - 2r(t) + r(t-1)$，$y(t) = \mathrm{d}x(t)/\mathrm{d}t$。

(a) 画出 $x(t)$ 和 $y(t)$ 的波形。

(b) 求 $X(\Omega)$ 并仔细画出它的幅度谱。$X(\Omega)$ 是实函数吗？请作出解释。

(c) 求 $Y(\Omega)$(利用傅里叶变换的性质)并仔细画出它的幅度谱。$Y(\Omega)$ 是实函数吗？请作出解释。

(d) 根据以上频谱判断两个信号中哪一个更光滑。用 MATLAB 积分函数 int 求出傅里叶变换，画出 $20\log_{10}|Y(\Omega)|$ 和 $20\log_{10}|X(\Omega)|$ 的图形并再作一次判断。一般情况下对信号求导会产生高频率或者说可能出现间断点吗？

答案：$|Y(\Omega)| = |X(\Omega)||\Omega|$。

5.35 积分和平滑 考虑信号 $x(t) = u(t+1) - 2u(t) + u(t-1)$，并设

$$y(t) = \int_{-\infty}^{t} x(\tau)\mathrm{d}\tau$$

(a) 画出 $x(t)$ 和 $y(t)$ 的波形。

(b) 求 $X(\Omega)$ 并仔细画出它的幅度谱。$X(\Omega)$ 是实函数吗？请作出解释。(用 MATLAB 画图。)

(c) 求 $Y(\Omega)$ 并仔细画出它的幅度谱。$Y(\Omega)$ 是实函数吗？请作出解释。(用 MATLAB 画图。)

(d) 根据以上频谱判断两个信号中哪一个更光滑，用 MATLAB 来做决定，采用积分函数 int 求傅里叶变换。一般情况下对信号积分会去除高频率或者说平滑信号吗？

答案：$Y(\Omega) = \sin^2(\Omega/2)/(\Omega/2)^2$。

5.36 无源 *RLC* 滤波器 考虑一个串接电压源 $v_s(t)$ 的 *RLC* 串联电路，设电阻器、电容器和电感器的参数值都是一个单位。若输出分别取电容器、电感器和电阻器的端电压，画出不同情况下滤波器的频率响应及其极点和零点，并指出每一种情况下滤波器的类型。

用 MATLAB 画出以上所得到的每个滤波器的极点和零点、幅度响应和相位响应。

答案：低通为 $V_C(s)/V_s(s)$；带通为 $V_R(s)/V_s(s)$。

5.37 非因果滤波器 考虑一个滤波器，其频率响应为

$$H(\mathrm{j}\Omega) = \frac{\sin(\pi\Omega)}{\pi\Omega}$$

即频域里的 sinc 函数。

(a) 求此滤波器的冲激响应 $h(t)$ 并画出 $h(t)$ 的图形，说明此滤波器是否是因果系统。

(b) 假设想从 $H(\mathrm{j}\Omega)$ 得到一个带通滤波器 $G(\mathrm{j}\Omega)$，如果所需的 $|G(\mathrm{j}\Omega)|$ 的中心频率为 5，在中心频率

处的幅值为1,要想得到该滤波器,应该对 $h(t)$ 进行怎样的处理? 请说明处理过程。

（c）用符号 MATLAB 求 $h(t)$、$g(t)$ 和 $G(j\Omega)$,并画出 $|H(j\Omega)|$、$h(t)$、$g(t)$ 和 $|G(j\Omega)|$,利用积分函数求傅里叶变换。

答案: $h(t)=0.16[u(t+\pi)-u(t-\pi)]$。

5.38　由极点和零点得到幅度响应　考虑以下滤波器,已知它们的极点、零点和直流常数如下:

$$H_1(s): K=1,极点为 \ p_1=-1, p_{2,3}=-1\pm j\pi$$

$$零点为 \ z_1=1, z_{2,3}=1\pm j\pi$$

$$H_2(s): K=1,极点为 \ p_1=-1, p_{2,3}=-1\pm j\pi$$

$$零点为 \ z_{1,2}=\pm j\pi$$

$$H_3(s): K=1,极点为 \ p_1=-1, p_{2,3}=-1\pm j\pi$$

$$零点为 \ z_1=1$$

用 MATLAB 画出这些滤波器的幅度响应,并指出它们的滤波类型。

答案: $H_1(s)$ 是全通; $H_2(s)$ 是陷波滤波器。

第 6 章

CHAPTER 6

拉普拉斯分析在
控制系统中的应用

你会相信谁? 我,还是你自己的眼睛?

朱利叶斯 •"格鲁乔"• 马克思(Julius "Groucho" Marx)(1890—1977 年)

喜剧演员

6.1 引言

拉普拉斯变换在许多工程领域都有应用,尤其是在控制领域,本章将阐明拉普拉斯变换是如何与经典控制理论和现代控制理论相联系的。

经典控制论的目的是利用频域的方法改变已知系统的动力学特性,从而达到所期望的响应。这通常是由一个控制器反馈连接到一个装置上来完成,该装置是一个系统,例如一台发动机、一个化学装置或一辆汽车,总之我们想要控制该系统使之以某种方式产生响应。控制器也是一个系统,它需要被设计成使该装置能够跟随一个预定的参考输入信号,通过将装置的响应反馈至输入端,就可以判断该装置如何对控制器作出响应。常用的负反馈产生一个误差信号,根据这个误差信号能够对控制器的性能作出评价。转移函数、系统稳定性和利用拉普拉斯变换获得各种不同的响应类型等概念在经典控制系统的分析和设计中非常有用。

现代控制理论不同,它用时域的方法来表征和控制系统。状态变量表示是一种比转移函数更通用的表示方法,因为它允许包含初始条件,而且能够方便地推广到多输入多输出的一般情况中,状态变量理论与线性代数和微分方程有着密切的联系。本章将介绍状态变量的概念、状态变量与转移函数的关系、拉普拉斯变换在求全响应中的应用以及拉普拉斯变换在由状态方程和输出方程求转移函数中的应用。

本章的目的是引出经典和现代控制论中的一些问题,并将它们与拉普拉斯分析相关联。关于其更深入的分析可以在很多控制论的优秀著作中找到。

6.2 系统连接和方框图

大多数的系统,特别是控制系统和通信系统,均由子系统互连而构成。正如在第 2 章中指出的那样,LTI 系统有三种重要的连接方式,它们是

- 级联;
- 并联;
- 反馈。

前两种连接方式是由卷积积分的性质得来的,而反馈是一种富有创造性的连接方式[①],它将总的系统的输出与输入联系了起来。现在可以利用拉普拉斯变换来表征这些连接。第2章介绍了级联连接和并联连接的完整时域表征,但是对反馈连接则没有。

两个转移函数分别为 $H_1(s)$ 和 $H_2(s)$(相应的冲激响应分别是 $h_1(t)$ 和 $h_2(t)$)的连续时间 LTI 系统,它们的连接可以通过以下方式完成:

(1)级联(见图 6.1)——只要两个系统是相互独立的,则总的系统的转移函数为

$$H(s) = H_1(s)H_2(s) \tag{6.1}$$

(2)并联(见图 6.1)——总的系统的转移函数为

$$H(s) = H_1(s) + H_2(s) \tag{6.2}$$

(3)负反馈(见图 6.4)——总的系统的转移函数为

$$H(s) = \frac{H_1(s)}{1 + H_2(s)H_1(s)} \tag{6.3}$$

■ 开环转移函数:$H_{ol}(s) = H_1(s)$。

■ 闭环转移函数:$H_{cl}(s) = H(s)$。

---

1. LTI 系统级联连接

已知两个 LTI 系统,它们的转移函数分别为 $H_1(s) = \mathscr{L}[h_1(t)]$ 和 $H_2(s) = \mathscr{L}[h_2(t)]$,其中 $h_1(t)$ 和 $h_2(t)$ 是系统的冲激响应,这两个系统的级联产生一个新的系统,只要这两个系统相互独立(即它们相互不加载),那么新系统的转移函数为

$$H(s) = H_1(s)H_2(s) = H_2(s)H_1(s)$$

若对每一个系统都用一个带转移函数的方框来表示它,就可以得到两个系统级联的图形表示(见图 6.1)。虽然将系统级联很简单,但这样构成的系统存在一些缺点:

■ 它要求级联的系统必须是相互独立的;

■ 当用它来处理输入信号时会引起时延,而且它可能会积累处理过程中产生的误差。

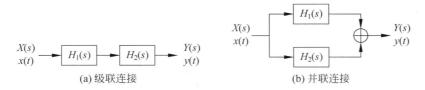

(a) 级联连接   (b) 并联连接

图 6.1 转移函数为 $H_1(s)$ 和 $H_2(s)$ 的两个系统的连接方式(同时给出输入/输出的时域和频域表示)

注:

(1)将两个系统进行级联连接时,需要考虑加载或系统不独立的问题。若出现加载,则总的转移函数就不等于被连接的系统的转移函数之乘积。考虑两个电阻分压器的级联连接(见图 6.2),每个分压器的转移函数都很简单,等于 $H_i(s) = 1/2, i = 1, 2$,该级联连接的转移函数很明显不等于 $H(s) = H_1(s)H_2(s) = (1/2)(1/2)$,除非在两者之间加入一个缓冲器(例如一个运放电压跟随器)。对这个电路采用网孔分析法易证明,没有电压跟随器的两个分压器级联产生的转移函数等于 $H_1(s) = 1/5$。

---

① 哈罗德·布莱克(Harold Black),一位美国电气工程师,于 1927 年发明了负反馈放大器,这项发明不仅是电子学领域的革命,而且反馈的概念也被认为是 20 世纪最重要的突破性进展之一。

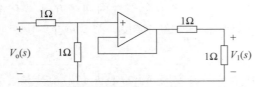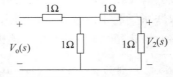

(a) 利用电压跟随器避免加载，$V_1(s)/V_0(s) = (1/2)(1/2)$ (b) 没有用电压跟随器，$V_2(s)/V_0(s) = 1/5 \neq V_1(s)/V_0(s)$

图 6.2   两个分压器级联

(2) 两个或更多级联着的 LTI 系统的方框图可以交换顺序而不会影响总的转移函数——只要将它们连接时没有加载。不过若系统不是 LTI 的，前面的结论就不成立。例如，考虑如图 6.3 所示的一个调制器(LTV 系统)和一个微分器(LTI)的级联，如果调制器在前，则总的系统输出为

$$y_2(t) = \frac{\mathrm{d}x(t)f(t)}{\mathrm{d}t} = f(t)\frac{\mathrm{d}x(t)}{\mathrm{d}t} + x(t)\frac{\mathrm{d}f(t)}{\mathrm{d}t}$$

然而若将微分器放在前面，则输出为

$$y_1(t) = f(t)\frac{\mathrm{d}x(t)}{\mathrm{d}t}$$

显然，如果 $f(t)$ 不是常数，那么两个响应大不相同。

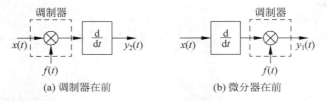

(a) 调制器在前   (b) 微分器在前

图 6.3   一个 LTV 系统和一个 LTI 系统的级联(输出不同即 $y_1(t) \neq y_2(t)$)

2. LTI 系统并联连接

根据卷积积分的分配律可知，当两个冲激响应分别为 $h_1(t)$ 和 $h_2(t)$ 的 LTI 系统并联连接时，若同一输入 $x(t)$ 作用于这两个系统，则产生的输出等于被连接着的两个系统的输出之和，或等于

$$y(t) = (h_1 * x)(t) + (h_2 * x)(t) = [(h_1 + h_2) * x](t)$$

于是并联系统(见图 6.1)的转移函数为

$$H(s) = \frac{Y(s)}{X(s)} = H_1(s) + H_2(s)$$

并联连接优于级联连接，因为它不需要系统之间的独立性，而且减少了处理输入信号产生的时延。

3. LTI 系统反馈连接

在控制中，反馈连接比级联连接或并联连接更合适。在图 6.4 所示的两个 LTI 系统的负反馈连接中，第一个系统的输出 $y(t)$ 经由第二个系统被反馈至输入端，并在此从输入信号 $x(t)$ 中被减除。与并联连接一样，在这种情况下除了表示系统的方框之外，还需要用**加法器**完成两个信号的加/减操作。

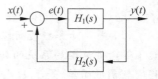

图 6.4   转移函数为 $H_1(s)$ 和 $H_2(s)$ 的两个系统的负反馈连接(输入和输出分别是 $x(t)$ 和 $y(t)$，$e(t)$ 是误差信号)

需要的是**正反馈**系统还是**负反馈**系统，取决于被反馈到输入端的信号是需要被加上还是减去。一般都是用负反馈，因为正反馈会大大地增加系统的增益。(例如由一个靠近扬声器的麦克风引起的啸叫：麦克风捕捉到来自扬声器的放大的声音，扬声器不断地放大其发出的信号的音量——这

就是由正反馈造成的。)在负反馈中,两个系统是这样连接的:将一个系统 $H_1(s)$ 放在前馈环路上,另一个系统 $H_2(s)$ 放在反馈环路上(也有其他可能的连接方式)。为了求得总的转移函数,先用输入 $x(t)$ 的拉普拉斯变换 $X(s)$ 以及两个系统的转移函数 $H_1(s)$ 和 $H_2(s)$ 来表示误差信号 $e(t)$ 的拉普拉斯变换 $E(s)$,以及输出 $y(t)$ 的拉普拉斯变换 $Y(s)$:

$$E(s) = X(s) - H_2(s)Y(s), \quad Y(s) = H_1(s)E(s)$$

将第一个式子代入第二个式子替换其中的 $E(s)$ 可得

$$Y(s)[1 + H_1(s)H_2(s)] = H_1(s)X(s)$$

于是得反馈系统的转移函数为

$$H(s) = \frac{Y(s)}{X(s)} = \frac{H_1(s)}{1 + H_1(s)H_2(s)} \tag{6.4}$$

在第 2 章中我们没能求出系统总的冲激响应的显式表达,现在读者是否能理解其中的原因呢?

6.3　在经典控制中的应用

根据采用方法的不同,控制系统理论可分为经典控制理论和现代控制理论。经典控制理论采用频域方法,而现代控制理论则采用时域方法。在经典的线性控制中,需要控制的装置的转移函数是已知的,称它为 $G(s)$,需要设计的控制器具有转移函数 $H_c(s)$,它应使总的系统按照一种指定的方式输出。例如,在一个定速巡航控制中,装置是汽车,我们希望该控制系统能够自动将汽车的速度设置为某个预期的值。控制器和装置的连接有两种可能方式:**闭环**和**开环**(见图 6.5)。

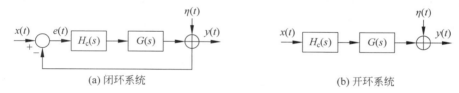

$$(a) \text{闭环系统} \qquad\qquad (b) \text{开环系统}$$

图 6.5　系统的闭环和开环控制(装置的转移函数是 $G(s)$,控制器的转移函数是 $H_c(s)$)

1. 开环控制

在开环方式中,控制器与装置是级联连接着的(见图 6.5),为了使输出 $y(t)$ 跟随输入端的参考信号 $x(t)$,需要使误差信号

$$e(t) = y(t) - x(t)$$

达到最小。通常,输出会受扰动 $\eta(t)$ 的影响,$\eta(t)$ 是由建模或者测量所带来的误差。如果首先假设没有扰动,即 $\eta(t) = 0$,那么可以求出总的系统的输出的拉普拉斯变换为

$$Y(s) = \mathscr{L}[y(t)] = H_c(s)G(s)X(s)$$

以及误差的拉普拉斯变换为

$$E(s) = Y(s) - X(s) = [H_c(s)G(s) - 1]X(s)$$

为了使误差等于零,从而 $y(t) = x(t)$,要求 $H_c(s) = 1/G(s)$,即控制器的转移函数等于装置的转移函数的倒数,这样系统总的转移函数 $H_c(s)G(s)$ 就等于 1。

注:

虽然开环控制系统易于实现,但它有如下几个缺点:

■ 控制器 $H_c(s)$ 必须能够精确地抵消 $G(s)$ 的极点和零点,这在实际中是不太可能的事,因为在实际

的系统中,由于测量误差,极点和零点的精确位置是无从得知的。

- 如果装置 $G(s)$ 有位于 s 平面右半平面的零点,那么控制器 $H_c(s)$ 将不稳定,因为它的极点正是 $G(s)$ 的零点。
- 由于装置在建模时的不确定性和测量误差,或简单地说就是误差的出现,输出 $y(t)$ 会受到一个前面提到过的扰动信号 $\eta(t)$ 的影响($\eta(t)$ 是典型的随机信号——为了简单起见假设它是确定性的,这样才能计算出它的拉普拉斯变换),于是总的系统的输出的拉普拉斯变换为

$$Y(s) = H_c(s)G(s)X(s) + \eta(s)$$

其中, $\eta(s) = \mathcal{L}[\eta(t)]$ 。在这种情况下, $E(s)$ 等于

$$E(s) = [H_c(s)G(s) - 1]X(s) + \eta(s)$$

虽然可以像前面那样通过取 $H_c(s) = 1/G(s)$ 而使此误差最小化,但这种情况下不可能使 $e(t)$ 等于零,它始终保持等于扰动信号 $\eta(t)$ ——我们无法对此进行控制!

2. 闭环控制

假定开环控制中的 $y(t)$ 和 $x(t)$ 是同类信号,即均是电压或温度信号等,那么如果将 $y(t)$ 反馈并与输入 $x(t)$ 进行比较就得到一个闭环控制系统。考虑负反馈系统的情形(见图 6.5),并假定没有扰动($\eta(t) = 0$),那么有

$$E(s) = X(s) - Y(s), \quad Y(s) = H_c(s)G(s)E(s)$$

替换 $Y(s)$ 后可得

$$E(s) = \frac{X(s)}{1 + G(s)H_c(s)}$$

如果希望稳态时的误差等于 0,即 $y(t)$ 追踪到输入,那么 $E(s)$ 的极点就应该在 s 平面的左半开面上。

如果扰动信号 $\eta(t)$(为了简单起见,可将它看成是确定性的且其拉普拉斯变换为 $\eta(s)$)出现在输出端,那么以上分析就变成

$$E(s) = X(s) - Y(s), \quad Y(s) = H_c(s)G(s)E(s) + \eta(s)$$

于是有

$$E(s) = X(s) - H_c(s)G(s)E(s) - \eta(s)$$

可解得 $E(s)$ 等于

$$E(s) = \frac{X(s)}{1 + G(s)H_c(s)} - \frac{\eta(s)}{1 + G(s)H_c(s)} = E_1(s) + E_2(s)$$

若希望稳态时的 $e(t)$ 等于零,则 $E_1(s)$ 和 $E_2(s)$ 的极点都应该在 s 平面的左半开面上。不同于开环控制,闭环控制在使扰动的影响最小化方面提供了更大的灵活性。

注:

控制系统包括两个非常重要的部件:

- **传感器**——由于输出信号 $y(t)$ 可能与参考信号 $x(t)$ 不属于同一类信号,所以可以用传感器将 $y(t)$ 转换成为与参考输入信号 $x(t)$ 兼容的信号类型。举两个传感器的简单例子:灯泡是传感器,它将电压转换成为光;热电偶也是传感器,它将温度转换成为电压。
- **执行器**——用于执行控制行为的装置,有了它,装置的输出才能跟踪参考输入。

【例 6.1】

控制不稳定装置 考虑一个被建模为具有转移函数

$$G(s) = \frac{1}{s(s+1)}$$

的 LTI 系统的直流发动机,考虑到其冲激响应 $g(t) = (1 - e^{-t})u(t)$ 不是绝对可积的,故它不是一个 BIBO 稳定系统。我们希望发动机的输出 $y(t)$ 能跟踪一个已知的参考输入 $x(t)$,并准备用一个转移函数为 $H_c(s) = K > 0$ 的所谓比例控制器控制该发动机(见图 6.6)。总的负反馈系统的转移函数等于

$$H(s) = \frac{Y(s)}{X(s)} = \frac{KG(s)}{1 + KG(s)}$$

假设 $X(s) = 1/s$,或参考信号 $x(t) = u(t)$。问题是:K 的值应该等于多少才能使系统的稳态输出 $y(t)$ 与 $x(t)$ 一致? 或者等价的问题是,K 的值应该等于多少才能使稳态时的误差信号 $e(t) = x(t) - y(t)$ 等于零?

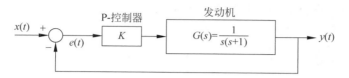

图 6.6 发动机的比例控制系统

解 可得误差信号 $e(t)$ 的拉普拉斯变换为

$$E(s) = X(s)[1 - H(s)] = \frac{1}{s(1 + KG(s))} = \frac{s + 1}{s(s + 1) + K}$$

$E(s)$ 的极点是多项式 $s(s+1) + K = s^2 + s + K$ 的根,即

$$s_{1,2} = -0.5 \pm 0.5\sqrt{1 - 4K}$$

当 $0 < K \leqslant 0.25$ 时,两个根是实数,当 $K > 0.25$ 时两个根是复数,两种情况下它们都在 s 平面的左半边。对应 $E(s)$ 的部分分式展开式应是

$$E(s) = \frac{B_1}{s - s_1} + \frac{B_2}{s - s_2}$$

其中,B_1、B_2 为常数。由于 s_1 和 s_2 的实部是负的,因此它们相应的拉普拉斯逆变换都将有一个零稳态响应,于是有

$$\lim_{t \to \infty} e(t) \to 0$$

通过应用终值定理

$$sE(s)\,|_{s=0} = 0$$

也可以求出这个结果。因此,对于任意 $K > 0$,稳态输出将趋向于输入,即 $y(t) \to x(t)$。

再假设 $X(s) = 1/s^2$,或 $x(t) = tu(t)$ 即斜变信号。凭直觉就知道这种情况难控制得多,因为输出需要持续不断地增长才能尽量跟上输入。这种情况下误差信号的拉普拉斯变换为

$$E(s) = \frac{1}{s^2(1 + G(s)K)} = \frac{s + 1}{s(s(s + 1) + K)}$$

在这种情况下,即使选取的 K 能够使 $s(s+1) + K$ 的根 s_1 和 s_2 落在 s 平面的左半边,但还是有个极点在 $s = 0$,因此部分分式展开式中,对应极点 s_1 和 s_2 的项将产生零稳态响应,而极点 $s = 0$ 将产生一个常数稳态响应 A,这里

$$A = E(s)s\,|_{s=0} = \frac{1}{K}$$

在输入为斜变信号的情况下,虽然可以通过选择一个非常大的增益 K 使 $A \to 0$,也就是使输出与给定输入信号非常接近,但不可能使输出跟随输入。

【例 6.2】

定速巡航控制 考虑用定速巡航控制系统来控制一辆汽车的速度。怎样选择合适的控制器我们并不

清楚,起初采用的是一个**比例加积分**(PI)控制器 $H_c(s)=$
$1+1/s$(见图 6.7),建议读者用比例控制器作为练习。

解 假设想要汽车保持速度 V_0,故令参考输入 $x(t)=$
$V_0 u(t)$。为简单起见,对于运动中的汽车,假定其模型是
一个具有转移函数

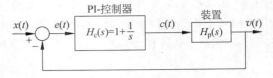

图 6.7 巡航控制系统(参考速度 $x(t)=$ $V_0 u(t)$,汽车的输出速度 $v(t)$)

$$H_p(s) = \frac{\beta}{s+\alpha}$$

的系统,其中 $\beta>0$ 和 $\alpha>0$ 与汽车的质量和摩擦系数有关。令 $\alpha=\beta=1$,汽车的输出速度 $v(t)$ 的拉普拉斯变换为

$$V(s) = \frac{H_c(s)H_p(s)}{1+H_c(s)H_p(s)}X(s) = \frac{V_0/s}{s(1+1/s)} = \frac{V_0}{s(s+1)}$$

$V(s)$ 的极点是 $s=0$ 和 $s=-1$,可将 $V(s)$ 写成

$$V(s) = \frac{B}{s+1} + \frac{A}{s}$$

其中,

$$A = sV(s)\mid_{s=0} = V_0$$

从而稳态响应为

$$\lim_{t\to\infty} v(t) = V_0$$

由于部分分式展开式中第一项的极点在 s 平面的左半边,其拉普拉斯逆变换会趋于零,所以求稳态响应时不需要考虑第一项。稳态时的误差信号 $e(t)=x(t)-v(t)$ 等于 0,这个值也可以通过对

$$E(s) = X(s) - V(s) = \frac{V_0}{s}\left[1 - \frac{1}{s+1}\right]$$

应用拉普拉斯变换的终值定理而获得。由终值定理有

$$\lim_{t\to\infty} e(t) = \lim_{s\to 0} sE(s) = \lim_{s\to 0} V_0\left[1 - \frac{1}{s+1}\right] = 0$$

与上述结果一致。

改变汽车速度的控制信号 $c(t)$(见图 6.7)为

$$c(t) = e(t) + \int_0^t e(\tau)\mathrm{d}\tau$$

可见即使误差信号在某个时间点变成 0(意味着达到了期望的速度),$c(t)$ 的值也不一定等于 0。

这里采用的 PI 控制器只是各种可能的控制器当中的一种。考虑用一种更简单且便宜的控制器,例如 $H_c(s)=K$ 的比例控制器,看看是否能得到同样的结果。

6.3.1 稳定性和稳定化

一个非常重要的与系统性能有关的问题是：如何知道一个已知的因果系统是否具有有限的零输入响应、零状态响应或稳态响应？这是控制论中非常有趣的稳定性问题。该问题的答案是这样的：如果系统是用一个有限阶的线性常系数微分方程表示的,那么系统的稳定性将决定了零输入、零状态以及稳态响应可能存在。当考虑傅里叶分析中的频率响应时,也要求系统具有稳定性。要知道,只有拉普拉斯变换才能既表征稳定系统,又表征不稳定系统,而傅里叶变换则不可以,明白这一点很重要。

有两种考察因果 LTI 系统的稳定性的可能途径：

■ 当没有输入时,系统的响应依赖于由初始条件引起的系统初始储能,这种情况下考察稳定性就与系统的零输入响应有关系;

■ 当有一个有界输入而没有初始条件时,考察稳定性就与系统的零状态响应有关系。

若将一个因果 LTI 系统的零输入响应与稳定性联系起来,就会引出**渐近稳定性**的概念。一个 LTI 系统,若随 t 的增长,对于所有可能的初始条件它的零输入响应(仅由系统的初始条件引起)都趋于 0,即

$$y_{zi}(t) \to 0, \quad t \to \infty \tag{6.5}$$

则称该系统是渐近稳定的。

第二种解释引出**有界输入有界输出(BIBO)稳定性**,第 2 章中曾对此研究过。一个因果 LTI 系统若对一个有界输入产生的响应也是有界的,则称它是 BIBO 稳定的。在第 2 章求出的因果 LTI 系统 BIBO 稳定的条件是系统的冲激响应绝对可积,即

$$\int_0^\infty |h(t)| \, dt < \infty \tag{6.6}$$

不过该条件难以检验,在本节将看到,冲激响应绝对可积等价于转移函数的极点位于 s 平面的左半开面,该条件更容易可视化而且存在相应的代数检验方法。

考虑一个由以下微分方程描述的系统:

$$y(t) + \sum_{k=1}^N a_k \frac{d^k y(t)}{dt^k} = b_0 x(t) + \sum_{l=1}^M b_l \frac{d^l x(t)}{dt^l}, \quad M < N, t > 0$$

对于某些初始条件以及拉普拉斯变换为 $X(s)$ 的输入 $x(t)$,可以得到输出的拉普拉斯变换为

$$Y(s) = Y_{zi}(s) + Y_{zs}(s) = \frac{I(s)}{A(s)} + \frac{X(s)B(s)}{A(s)}$$

$$A(s) = 1 + \sum_{k=1}^N a_k s^k, \quad B(s) = b_0 + \sum_{m=1}^M b_m s^m$$

其中,$I(s)$ 是由初始条件决定的。为了求出 $H_1(s) = 1/A(s)$ 的极点,设 $A(s) = 0$,这是系统的特征方程,它的根(可以是实根、复共轭根、单根或重根)是系统的自然模式或系统的特征值。

　　一个转移函数为 $H(s) = B(s)/A(s)$ 的因果 LTI 系统,其中 $H(s)$ 的极、零点没有出现相互抵消,称该系统是

■ 渐近稳定的,若用于确定零输入响应的全极点转移函数 $H_1(s) = 1/A(s)$ 的所有极点均在 s 平面的左半开面(除去 $j\Omega$-轴),或者等价地表示为

$$A(s) \neq 0, \quad \mathrm{Re}[s] \geqslant 0 \tag{6.7}$$

■ BIBO 稳定的,若 $H(s)$ 的所有极点均在 s 平面的左半开面(除去 $j\Omega$-轴),或者等价地表示为

$$A(s) \neq 0, \quad \mathrm{Re}[s] \geqslant 0 \tag{6.8}$$

■ 如果 $H(s)$ 的极点、零点出现相互抵消的情况,系统也可以 BIBO 稳定,但不会渐近稳定。

　　因此,检验一个因果 LTI 系统的稳定性需要求出 $A(s)$ 的所有根,或系统所有极点的位置,对于低阶的多项式 $A(s)$ 来说,由于有精确计算多项式根的公式,因此是可以做到的,但是正如阿贝尔(Abel)[①] 证明的那样,高于四阶的多项式就没有根式解了。若采用数值方法来求多项式的根,只能得到近似解,对于极点靠近 $j\Omega$-轴的情况,这种近似解可能精度不够好。罗斯稳定性判据是一种可以确定 $A(s)$ 的根是

---

① 尼尔斯·亨里克·阿贝尔(Niels H. Abel)(1802—1829 年),挪威数学家,他的一生虽然短暂,但他的工作却十分出色。他在 19 岁时就证明了高于四阶的方程没有通用的显式代数运算表示的代数解。

否位于 s 平面左半平面的代数检验方法,利用它可以判定系统的稳定性。

【例 6.3】

装置的稳定化 考虑一个转移函数为 $G(s) = 1/(s-2)$ 的装置,$G(s)$ 有个在 s 平面右半平面上的极点,因而该装置不稳定。现在采用两个方案使之稳定,分别是将它与一个全通滤波器级联以及利用负反馈系统(见图 6.8)。

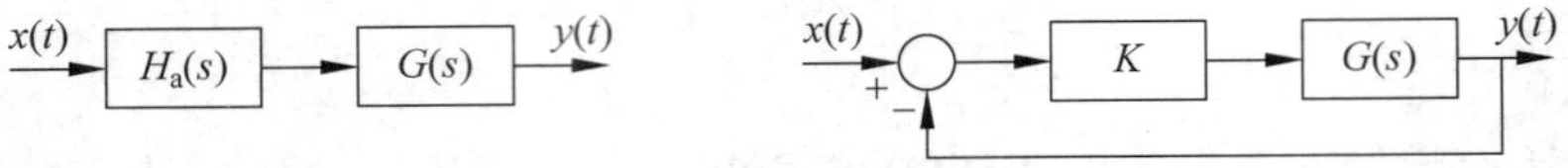

图 6.8 利用一个全通滤波器(左)和一个增益为 K 的比例控制器(右)使不稳定装置 $G(s)$ 稳定

解 将该系统与一个全通滤波器级联不仅可以使总的系统稳定,而且保持了原系统的幅度响应。为了去掉位于 $s = 2$ 的极点,并用一个位于 $s = -2$ 的新极点替代它,设全通滤波器为

$$H_a(s) = \frac{s-2}{s+2}$$

为了使读者明白该滤波器的幅度响应是一个常数,考虑

$$H_a(s)H_a(-s) = \frac{(s-2)(-s-2)}{(s+2)(-s+2)} = \frac{(s-2)(s+2)}{(s+2)(s-2)} = 1$$

若令 $s = j\Omega$,则由上式可得幅度平方函数

$$H_a(j\Omega)H_a(-j\Omega) = H_a(j\Omega)H_a^*(j\Omega) = |H_a(j\Omega)|^2 = 1$$

此函数对于所有频率值都等于 1。将这个不稳定的系统与全通滤波器级联,得到一个稳定系统

$$H(s) = G(s)H_a(s) = \frac{1}{s+2}$$

由于 $|H(j\Omega)| = |G(j\Omega)||H_a(j\Omega)| = |G(j\Omega)|$,该稳定系统的幅度响应与 $G(s)$ 相同。这是一个开环稳定方案,它要求全通系统的零点要准确地位于 2 的位置,这样才能抵消引起不稳定性的那个极点,零点的任何一个微小改变都会使总的系统不稳定。级联一个全通滤波器来使滤波器稳定的方案还存在另一个问题,那就是当引起不稳定的极点位于原点时,这种方法就行不通了,因为不可能获得一个能与该极点抵消的全通滤波器。

再来考虑负反馈系统方案(见图 6.8)。假设采用一个增益为 K 的比例控制器,则总的系统转移函数为

$$H(s) = \frac{KG(s)}{1+KG(s)} = \frac{K}{s+(K-2)}$$

如果选择的增益 K 能使 $K-2 > 0$ 或 $K > 2$,那么该反馈系统将是稳定的。

6.3.2 一阶和二阶控制系统的暂态分析

虽然我们事先并不知道输入一个控制系统的信号是什么样的信号,但是在很多应用中,系统极易受到某种类型的输入的影响,因此可以根据这些应用的类型来选择不同的测试信号。例如,如果系统受到的是一个强烈而突然的输入影响,那么一个冲激信号可能是恰当的测试信号;如果作用于系统的输入是一个常数或者是持续增长的,那么用一个单位阶跃信号或者一个斜变信号作为测试信号会比较合适。利用诸如冲激、单位阶跃、斜变和正弦信号作为测试信号,可以从数学和实验两个方面对系统进行分析。

在设计一个控制系统时,系统的稳定性是其最重要的属性,这是首先需要考虑的特性,不过也有其他一些系统特性是需要考虑的,例如在设计时也需要强调系统的暂态特性。通常在驱动系统到达期望的响应时,系统响应在达到预期响应之前会经历一个暂态,因此系统达到稳态需要多长时间以及达到稳

态时的误差是多少,都成为设计控制系统时需要考虑的一部分问题。

1. 一阶系统

作为一阶系统的实例,考虑一个 RC 串联电路,电压源 $v_i(t) = u(t)$ 为其输入(见图 6.9),电容电压 $v_C(t)$ 为输出。由分压原理可得电路的转移函数为

$$H(s) = \frac{V_c(s)}{V_i(s)} = \frac{1}{1 + RCs}$$

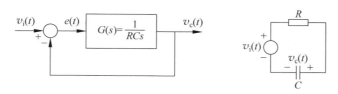

图 6.9 对一个串联 RC 电路用反馈结构建模

将该 RC 电路看作为一个输入是 $v_i(t)$、输出是 $v_c(t)$ 的反馈系统,图 6.9 中的前馈转移函数 $G(s)$ 等于 $1/RCs$。实际上,由反馈系统模型可写出

$$E(s) = V_i(s) - V_c(s), \quad V_c(s) = E(s)G(s)$$

将上面的第一个式子代入第二个式子,替换其中的 $E(s)$ 后可得

$$\frac{V_c(s)}{V_i(s)} = \frac{G(s)}{1 + G(s)} = \frac{1}{1 + 1/G(s)}$$

对比上式与 $H(s)$ 就可得到开环转移函数,它等于

$$G(s) = \frac{1}{RCs}$$

该 RC 电路可看成是一个反馈系统:电容的端电压不断地与输入进来的电压做比较,若发现它小于输入电压,则电容继续充电直到其电压与输入电压一致,电容充电的速度取决于 RC 的值。

当 $v_i(t) = u(t)$,即 $V_i(s) = 1/s$ 时,输出的拉普拉斯变换为

$$V_c(s) = \frac{1}{s(sRC + 1)} = \frac{1/RC}{s(s + 1/RC)} = \frac{1}{s} - \frac{1}{s + 1/RC}$$

于是

$$v_c(t) = (1 - e^{-t/RC})u(t)$$

我们采用以下 MATLAB 脚本画出 $V_c(s)/V_i(s)$ 的极点,模拟 $1 \leqslant RC \leqslant 10$ 情况下 $v_c(t)$ 的暂态,所有结果都示于图 6.10 中。由图可见,若希望系统快速响应单位阶跃输入信号,则应当将系统的极点设置在远离原点的位置。

```
% 暂态分析
%
clf; clear all
syms s t
num = [0 1]; figure(1)
for RC = 1: 2: 10,
  den = [RC 1];
  splane(num,den)                % 画极点和零点
  hold on
  vc = ilaplace(1/(RC * s^2 + s))   % 拉普拉斯逆变换
  figure(2)
```

```
ezplot(vc,[0,50]); axis([0 50 0 1.2]); grid
    hold on
end
hold off
```

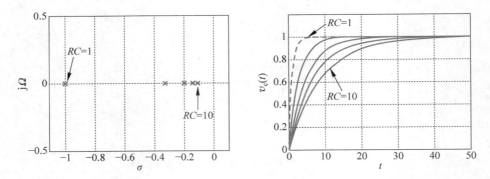

图 6.10　极点簇(左)以及 $1 \leqslant RC \leqslant 10$ 情况下一阶反馈系统的时域响应

2. 二阶系统

一个串联的 RLC 电路，输入为电压源 $v_s(t)$，输出为电容电压 $v_c(t)$，其具有转移函数

$$\frac{V_c(s)}{V_s(s)} = \frac{1/Cs}{R + Ls + 1/Cs} = \frac{1/LC}{s^2 + (R/L)s + 1/LC}$$

如果定义自然频率

$$\Omega_n = \frac{1}{\sqrt{CL}} \tag{6.9}$$

以及阻尼系数

$$\psi = 0.5R\sqrt{\frac{C}{L}} \tag{6.10}$$

那么可以写出

$$\frac{V_c(s)}{V_s(s)} = \frac{\Omega_n^2}{s^2 + 2\psi\Omega_n s + \Omega_n^2} \tag{6.11}$$

图 6.11 给出了一个具有以上转移函数的反馈系统，该反馈系统的前馈转移函数为

$$G(s) = \frac{\Omega_n^2}{s(s + 2\psi\Omega_n)}$$

实际上，分析图 6.11 不难得知，该反馈系统的转移函数为

$$H(s) = \frac{Y(s)}{X(s)} = \frac{G(s)}{1 + G(s)} = \frac{\Omega_n^2}{s^2 + 2\psi\Omega_n s + \Omega_n^2}$$

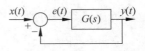

图 6.11　二阶反馈系统

一个二阶系统的动态特性能够用两个参数 Ω_n 和 ψ 来描述，因为这两个参数决定了系统极点的位置从而决定了系统的响应。我们采用了前面给出的脚本来画二阶系统的极点簇和时域响应。

假定 $\Omega_n = 1(\text{rad/s})$，令 $0 \leqslant \psi \leqslant 1$（从而当 $0 \leqslant \psi < 1$ 时，$H(s)$ 的极点是一对复共轭极点，当 $\psi = 1$ 时，$H(s)$ 的极点是双重实数极点），设输入为单位阶跃信号，这样 $X(s) = 1/s$，于是有：

（1）当 ψ 从 0（此时极点在 $j\Omega$-轴上）变化至 1（此时极点为双重实数极点），稳态响应 $y(t)$ 由一个向上平移了 1 的正弦信号变成为一个阻尼信号，而且若画出 $H(s)$ 的极点，极点的轨迹是半径为 $\Omega_n = 1$ 的一个半圆。图 6.12 显示了极点和响应的这种动态特性。

（2）与一阶系统一样，极点的位置决定了系统的响应。如果极点位于 jΩ-轴上，由于响应完全是振荡型的，将永远跟不上输入，所以系统是无用的；在另一个极端情况下，若极点是实数极点，则系统的响应会比较慢。故而设计者在设计时，不得不在导致这两种情况的 φ 值之间选择一个合适的值。

（3）对于介于 $\sqrt{2}/2\sim1$ 之间的 φ 值，振荡极其微小，响应速度相对较快，见图 6.12（b）。对于从 $0\sim\sqrt{2}/2$ 之间的 φ 值，由于响应振荡越来越多，因而产生非常大的稳态误差，见图 6.12（c）。

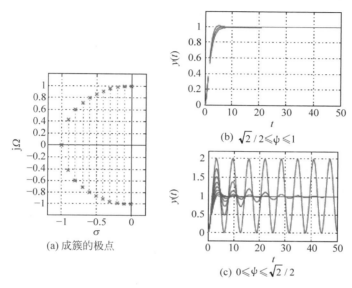

图 6.12　成簇的极点及不同 φ 值下二阶反馈系统的时域响应

【例 6.4】

本例使用 MATLAB 控制工具箱（the control toolbox）中的函数来求一个 LTI 系统对不同输入产生的响应。通过运行 MATLAB 的控制工具箱提供的演示程序，阅读关于演示程序的说明文档，然后用 help 了解在此例中要用到的函数 tf、impulse、step 和 pzmap 的用法，从而了解和熟悉该工具箱的功能及用于控制的专用函数集。

　　解　我们要编写一个 MATLAB 函数，该函数的输入为系统转移函数 $H(s)=N(s)/D(s)$ 的分子 $N(s)$ 和分母 $D(s)$ 的系数（系数按照从最高次幂到最低次幂或常数项的顺序排列），该函数可以计算冲激响应，单位阶跃响应以及对斜变信号的响应，还应该可以显示转移函数、转移函数的极点和零点，以及相应的响应波形。需要解决如何利用 step 函数计算斜变响应的问题，可以采用以下转移函数

$$\text{(i)}\ H_1(s)=\frac{s+1}{s^2+s+1},\quad \text{(ii)}\ H_2(s)=\frac{s}{s^3+s^2+s+1}$$

来检验自定义的 MATLAB 函数。如果读者能先研究一下具有这两个转移函数的系统的 BIBO 稳定性，就能更好地理解我们定义的这个函数的用处。

以下脚本用于观察两个系统的预期响应以及它们的极点和零点的位置，运行脚本时，要么选择第一个转移函数，要么选择第二个转移函数。我们自定义的函数 response 是用来计算冲激响应、阶跃响应和斜变响应的。

```
% 例 6.4  控制工具箱
```

```
%%
clear all ; clf
ind = input('system (1) or (2)?')
if ind == 1,
% H_1(s)
nu = [1 1]; de = [1 1 1];                       %稳定的
response(nu,de)
else
% H_2(s)
nu = [1 0]; de = [1 1 1 1]                       %不稳定的
response(nu,de)
end

function response(N,D)
sys = tf(N,D)
poles = roots(D)
zeros = roots(N)

figure(1)
pzmap(sys); grid
figure(2)
T = 0: 0.25: 20; T1 = 0: 0.25: 40;
for t = 1: 3,
  if t == 3,
  D1 = [D 0];                                   %为求斜变响应做准备
  end
  if t == 1,
    subplot(311)
    y = impulse(sys,T);
    plot(y); title('冲激响应'); ylabel('h(t)'); xlabel('t');
    grid
  elseif t == 2,
  subplot(312)
  y = step(sys,T);
  plot(y); title('单位阶跃响应'); ylabel('s(t)'); xlabel('t'); grid
else
  subplot(313)
  sys = tf(N,D1);                               %斜变响应
  y = step(sys,T1);
  plot(y); title('斜变响应'); ylabel('q(t)'); xlabel('t'); grid
  end
end
```

当选择转移函数 $H_2(s)$，会看到如下输出

```
Transfer function:
        s
- - - - - - - - - - -
s^3 + s^2 + s + 1
poles =
  - 1.0000
  - 0.0000 + 1.00001
  - 0.0000 - 1.00001
zeros = 0
```

正如所看到的那样,有两个极点在 $j\Omega$-轴上,因此与 $H_2(s)$ 对应的系统是不稳定的,而另一个系统是稳定的。有关这两个系统的所有结果如图 6.13 所示。

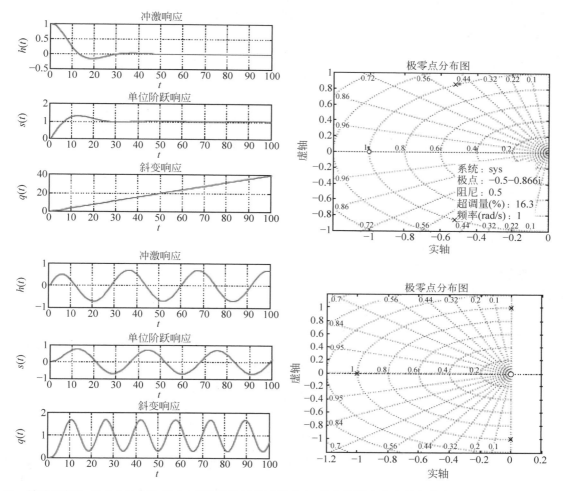

图 6.13 转移函数为 $H_1(s)$ (上)和 $H_2(s)$ (下)的系统的冲激响应、单位阶跃响应和斜变响应(左),以及极点和零点(右)

6.4 LTI 系统的状态变量表示

现代控制方法采用的是系统的状态变量表示,或系统的内部表示,这种表示方法可以由描述系统的常微分方程导出。作为输出的拉普拉斯变换与输入的拉普拉斯变换之比,转移函数或系统的外部表示并没有将初始条件的影响包括进来,而且如果出现极点、零点抵消的情况,还有可能遗漏掉某些系统模式。另一方面,状态变量表示通过直接与系统的常微分方程相联系且没有明显的极、零点抵消,能够更加全面地描述系统的动态特性。状态是系统的记忆,状态变量表示只需通过简单的扩展就可以推广到多个输入和多个输出的复杂系统。现代控制理论论述与状态变量表示有关的理论和概念的应用,虽然这种表示并不是独一无二的,但是它特别适合计算机计算。

为了解释状态的概念,说明什么是状态变量表示,以及它与转移函数表示相比具有哪些优越性,下

面来研究一个串联 RC 电路。在该电路中,电容是能够存储能量的元件,即电路的存储器。假定电容电压是所关心的输出,为简单起见,令 $C=1\text{F},R=1\Omega$,如果 $v_i(t)$ 和 $v_C(t)$ 分别表示输入电压和电容电压,它们的拉普拉斯变换分别是 $V_i(s)$ 和 $V_C(s)$,那么该电路有以下的表示方式。

1. 转移函数表示

假定电容的初始电压为零,由分压可得

$$V_C(s) = \frac{V_i(s)/s}{1 + 1/s} = \frac{V_i(s)}{s + 1} \tag{6.12}$$

或电路的转移函数为

$$H(s) = \frac{V_C(s)}{V_i(s)} = \frac{1}{s + 1}$$

则冲激响应等于 $h(t) = \mathcal{L}^{-1}[H(s)] = e^{-t}u(t)$。对于输入为 $v_i(t)$ 且零初始条件的情况,输出 $v_C(t)$ 等于

$$V_C(s) = H(s)V_i(s)$$

的拉普拉斯逆变换,或等于冲激响应 $h(t)$ 和输入 $v_i(t)$ 的卷积积分

$$v_C(t) = \int_0^t h(t - \tau)v_i(\tau)\mathrm{d}\tau \tag{6.13}$$

2. 状态变量表示

该电路的一阶常微分方程为

$$v_C(t) + \frac{\mathrm{d}v_C(t)}{\mathrm{d}t} = v_i(t), \quad t \geqslant 0$$

初始条件是 $v_C(0)$ 即在 $t=0$ 时电容两端的电压。利用拉普拉斯变换求 $v_C(t)$,由

$$V_C(s) = \frac{v_C(0)}{s + 1} + \frac{V_i(s)}{s + 1}$$

可得拉普拉斯逆变换为

$$v_C(t) = e^{-t}v_C(0) + \int_0^t e^{-(t-\tau)}v_i(\tau)\mathrm{d}\tau, \quad t \geqslant 0 \tag{6.14}$$

如果 $v_C(0)=0$,那么上式产生的结果与利用转移函数得到的结果相同,但是如果初始电压不等于零,那么转移函数就不能提供上面这种既包含零输入响应又包含零状态响应的解了。

考虑到电容电压 $v_C(t)$ 与存储在电容器中的能量有关,所以 $v_C(0)$ 提供了过去时间(即 t 从 $-\infty$ 到 0 时刻)积累在电容器中的电压信息,于是根据式(6.14)可以求出对于已知输入 $v_i(t)$,$v_C(t)$ 在任意 $t>0$ 时刻的未来值。因此,对于已知的 $v_i(t)$,只要知道 $v_C(0)$ 就足以计算出系统在任意将来时刻 $t=t_0>0$ 的输出,而不需要知道电路在过去时间发生了什么。因此,该电路中能够存储能量的元件,或有记忆的元件——电容器的端电压就是一个状态变量。

该 RC 电路的状态方程可写为

$$\left[\frac{\mathrm{d}v_C(t)}{\mathrm{d}t}\right] = [-1][v_C(t)] + [1][v_i(t)] \tag{6.15}$$

这是对该电路常微分方程的一种奇特的改写。实现这个方程的方框图需要一个积分器、一个加法器和一个常数乘法器,如图 6.14 所示。注意积分器的输出(积分器有一个初始电压 $v_C(0)$)正是状态变量。

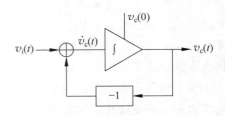

图 6.14 串联 RC 电路状态方程的方框图

【例 6.5】

考虑由式(6.14)给出的 RC 电路输出 $v_C(t)$ 的解。证明：当 $t_1 > t_0 > 0$ 时，有

$$v_C(t_1) = \mathrm{e}^{-(t_1-t_0)} v_C(t_0) + \int_{t_0}^{t_1} \mathrm{e}^{-(t_1-\tau)} v_i(\tau)\mathrm{d}\tau$$

即若已知电路在 $t_0 > 0$ 时的状态以及输入 $v_i(t)$，则可以计算得到某个将来时刻 $t_1 > t_0$ 的输出值 $v_C(t_1)$，而无须知道 $v_C(t_0)$ 是怎样获得的。

解　由式(6.14)，可分别求得 $v_C(t_0), t_0 > 0$ 和 $v_C(t_1), t_1 > t_0 > 0$，如下：

$$v_C(t_0) = \mathrm{e}^{-t_0} v_C(0) + \int_0^{t_0} \mathrm{e}^{-(t_0-\tau)} v_i(\tau)\mathrm{d}\tau$$

$$= \mathrm{e}^{-t_0}\left[v_C(0) + \int_0^{t_0} \mathrm{e}^{\tau} v_i(\tau)\mathrm{d}\tau \right], \quad t_0 > 0 \tag{6.16}$$

$$v_C(t_1) = \mathrm{e}^{-t_1}\left[v_C(0) + \int_0^{t_1} \mathrm{e}^{\tau} v_i(\tau)\mathrm{d}\tau \right], \quad t_1 > t_0 \tag{6.17}$$

求解式(6.16)得到 $v_C(0)$ 为

$$v_C(0) = \mathrm{e}^{t_0} v_C(t_0) - \int_0^{t_0} \mathrm{e}^{\tau} v_i(\tau)\mathrm{d}\tau$$

将它代入式(6.17)中有

$$v_C(t_1) = \mathrm{e}^{-(t_1-t_0)} v_C(t_0) - \int_0^{t_0} \mathrm{e}^{-(t_1-\tau)} v_i(\tau)\mathrm{d}\tau + \int_0^{t_1} \mathrm{e}^{-(t_1-\tau)} v_i(\tau)\mathrm{d}\tau$$

$$= \mathrm{e}^{-(t_1-t_0)} v_C(t_0) + \int_{t_0}^{t_1} \mathrm{e}^{-(t_1-\tau)} v_i(\tau)\mathrm{d}\tau$$

　　一个 LTI 系统的状态 $\{x_k(t)\}$，$k=1,\cdots,N$ 是变量的最小集合，如果已知这组变量在某个时刻 t_0 的值，那么对于指定的输入 $\{w_i(t)\}$，$i=1,\cdots,M$，可以计算出系统在任意 $t > t_0$ 时刻的响应。在多输入多输出的情况下，系统的状态方程不唯一，其矩阵形式为

$$\dot{\boldsymbol{x}}(t) = \boldsymbol{A}\boldsymbol{x}(t) + \boldsymbol{B}\boldsymbol{w}(t) \tag{6.18}$$

$$\boldsymbol{x}^{\mathrm{T}}(t) = [x_1(t)\,x_2(t)\cdots x_N(t)]\,(\text{状态向量})$$

$$\dot{\boldsymbol{x}}^{\mathrm{T}}(t) = [\dot{x}_1(t)\,\dot{x}_2(t)\cdots \dot{x}_N(t)]$$

$$\boldsymbol{A} = [a_{ij}]\,(N \times N \text{ 矩阵})$$

$$\boldsymbol{B} = [b_{ij}]\,(N \times M \text{ 矩阵})$$

$$\boldsymbol{w}^{\mathrm{T}}(t) = [w_1(t)\,w_2(t)\cdots w_M(t)]\,(\text{输入向量})$$

其中，$\dot{x}_1(t)$ 代表 $x_i(t)$ 的导数。

　　系统的输出方程是状态变量和输入的组合，即

$$\boldsymbol{y}(t) = \boldsymbol{C}\boldsymbol{x}(t) + \boldsymbol{D}\boldsymbol{w}(t) \tag{6.19}$$

$$\boldsymbol{y}(t) = [y_1(t)\,y_2(t)\cdots y_L(t)]\,(\text{输出向量})$$

$$\boldsymbol{C} = [c_{ij}]\,(L \times N \text{ 矩阵})$$

$$\boldsymbol{D} = [d_{ij}]\,(L \times M \text{ 矩阵})$$

注意用于表示矩阵和向量的符号。[①]

---

　　① 符号 $(.)^{\mathrm{T}}$ 代表的是括号里的矩阵或向量的转置。若向量 z 是个列向量，设它的维数是 $N \times 1$（表明它有 N 行 1 列），那么其转置 z^{T} 是一个维数为 $1 \times N$ 的行向量，即其有 1 行，N 列。

【例 6.6】

考虑图 6.15 所示的串联 RLC 电路，该电路的输出是电容电压 $v_C(t)$，输入是 $v_s(t)$。设 $L=1\mathrm{H}$，$R=6\Omega$，$C=1/8\mathrm{F}$。

(1) 选择电容电压和电感电流作为状态，列写该电路的状态方程和输出方程，并指出怎样求出用电路的初始条件表示的状态的初始条件。

(2) 对转移函数 $V_C(s)/V_s(s)$ 进行部分分式展开，然后定义一组新的状态变量。

(3) 利用拉普拉斯变换，由第二组状态变量集合求出输出 $v_C(t)$。

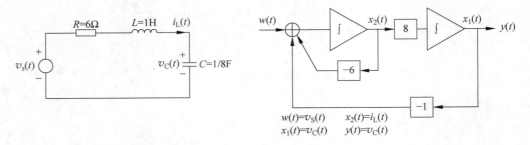

图 6.15 RLC 电路和状态变量实现

解 在本题中有：

(1) 由电容电压方程，并对电路应用基尔霍夫定律，可得状态方程如下：

$$\frac{\mathrm{d}v_C(t)}{\mathrm{d}t} = \frac{1}{C}i_L(t)$$

$$\frac{\mathrm{d}i_L(t)}{\mathrm{d}t} = -\frac{1}{L}v_C(t) - \frac{R}{L}i_L(t) + \frac{1}{L}v_s(t)$$

若令状态变量为 $\{x_1(t)=v_C(t), x_2(t)=i_L(t)\}$，输入为 $w(t)=v_s(t)$，输出为 $y(t)=v_C(t)$，将 $C=1/8\mathrm{F}$，$L=1\mathrm{H}$ 和 $R=6\Omega$ 代入以上两个方程，便可得到该电路的状态方程和输出方程如下：

$$\begin{bmatrix} \dot{x}_1(t) \\ \dot{x}_2(t) \end{bmatrix} = \begin{bmatrix} 0 & 8 \\ -1 & -6 \end{bmatrix} \begin{bmatrix} x_1(t) \\ x_2(t) \end{bmatrix} + \begin{bmatrix} 0 \\ 1 \end{bmatrix} w(t)$$

$$y(t) = \begin{bmatrix} 1 & 0 \end{bmatrix} \begin{bmatrix} x_1(t) \\ x_2(t) \end{bmatrix} + \begin{bmatrix} 0 \end{bmatrix} w(t) \tag{6.20}$$

再考虑初始条件。由于 $y(t)=v_C(t)$ 及 $\dot{y}(t)=i_L(t)/C$，故有

$$y(t) = x_1(t)$$

$$\dot{y}(t) = \dot{x}_1(t) = 8x_2(t)$$

于是状态变量的初始条件为 $x_1(0)=v_C(0)$，$x_2(0)=\dot{y}(0)/8=i_L(0)/(8C)=i_L(0)$。

(2) 若初始条件为零，由分压得转移函数，并将 $C=1/8\mathrm{F}$，$L=1\mathrm{H}$ 和 $R=6\Omega$ 代入所得转移函数，将其展开为部分分式，从而有

$$\frac{V_C(s)}{V_s(s)} = \frac{1}{LC(s^2 + (R/L)s + 1/(LC))} = \frac{8}{s^2 + 6s + 8}$$

$$= \frac{8}{(s+2)(s+4)} = \underbrace{\frac{4}{s+2}}_{N_1(s)/D_1(s)} + \underbrace{\frac{(-4)}{s+4}}_{N_2(s)/D_2(s)}$$

于是按照以上定义可写出

$$V_C(s) = \underbrace{\frac{N_1(s)V_s(s)}{D_1(s)}}_{\hat{X}_1(s)} + \underbrace{\frac{N_2(s)V_s(s)}{D_2(s)}}_{\hat{X}_2(s)}$$

将输出表示成时域形式则是

$$v_C(t) = \mathcal{L}^{-1}[\hat{X}_1(s) + \hat{X}_2(s)] = \hat{x}_1(t) + \hat{x}_2(t)$$

对于新的状态变量 $\hat{x}_i(t)$，$i=1,2$，若将 $N_1(s)$、$N_2(s)$、$D_1(s)$ 和 $D_2(s)$ 代入，并令输入为 $w(t)=v_s(t)$，输出为 $y(t)=v_C(t)$，则可由以上这些方程得到

$$\frac{\mathrm{d}\hat{x}_1(t)}{\mathrm{d}t} = -2\hat{x}_1(t) + 4w(t)$$

$$\frac{\mathrm{d}\hat{x}_2(t)}{\mathrm{d}t} = -4\hat{x}_2(t) - 4w(t)$$

于是便获得了同一个电路的另一组矩阵形式的状态方程和输出方程，它们是

$$\begin{bmatrix} \dot{\hat{x}}_1(t) \\ \dot{\hat{x}}_2(t) \end{bmatrix} = \begin{bmatrix} -2 & 0 \\ 0 & -4 \end{bmatrix} \begin{bmatrix} \hat{x}_1(t) \\ \hat{x}_2(t) \end{bmatrix} + \begin{bmatrix} 4 \\ -4 \end{bmatrix} w(t)$$

$$y(t) = \begin{bmatrix} 1 & 1 \end{bmatrix} \begin{bmatrix} \hat{x}_1(t) \\ \hat{x}_2(t) \end{bmatrix} \tag{6.21}$$

（3）假设已知初始条件 $\hat{x}_1(0)$ 和 $\hat{x}_2(0)$，则可利用拉普拉斯变换求解式(6.21)中的状态方程如下

$$s\hat{X}_1(s) - \hat{x}_1(0) = -2\hat{X}_1(s) + 4W(s)$$

$$s\hat{X}_2(s) - \hat{x}_2(0) = -4\hat{X}_2(s) - 4W(s)$$

将其写成矩阵形式为

$$\begin{bmatrix} s+2 & 0 \\ 0 & s+4 \end{bmatrix} \begin{bmatrix} \hat{X}_1(s) \\ \hat{X}_2(s) \end{bmatrix} = \begin{bmatrix} \hat{x}_1(0) \\ \hat{x}_2(0) \end{bmatrix} + \begin{bmatrix} 4 \\ -4 \end{bmatrix} W(s)$$

解出 $\hat{X}_1(s)$ 和 $\hat{X}_2(s)$ 可得

$$\begin{bmatrix} \hat{X}_1(s) \\ \hat{X}_2(s) \end{bmatrix} = \begin{bmatrix} s+2 & 0 \\ 0 & s+4 \end{bmatrix}^{-1} \begin{bmatrix} \hat{x}_1(0) \\ \hat{x}_2(0) \end{bmatrix} + \begin{bmatrix} s+2 & 0 \\ 0 & s+4 \end{bmatrix}^{-1} \begin{bmatrix} 4 \\ -4 \end{bmatrix} W(s)$$

$$= \begin{bmatrix} \hat{x}_1(0)/(s+2) \\ \hat{x}_2(0)/(s+4) \end{bmatrix} + \begin{bmatrix} 4W(s)/(s+2) \\ -4W(s)/(s+4) \end{bmatrix}$$

于是其拉普拉斯逆变换为

$$\begin{bmatrix} \hat{x}_1(t) \\ \hat{x}_2(t) \end{bmatrix} = \begin{bmatrix} \hat{x}_1(0)\mathrm{e}^{-2t}u(t) + 4\int_0^t \mathrm{e}^{-2(t-\tau)}w(\tau)\mathrm{d}\tau \\ \hat{x}_2(0)\mathrm{e}^{-4t}u(t) - 4\int_0^t \mathrm{e}^{-4(t-\tau)}w(\tau)\mathrm{d}\tau \end{bmatrix}$$

所以输出等于

$$y(t) = \hat{x}_1(t) + \hat{x}_2(t)$$

$$= [\hat{x}_1(0)\mathrm{e}^{-2t} + \hat{x}_2(0)\mathrm{e}^{-4t}]u(t) + 4\int_0^t [\mathrm{e}^{-2(t-\tau)} - \mathrm{e}^{-4(t-\tau)}]w(\tau)\mathrm{d}\tau$$

注：

（1）在上例中，虽然有两组状态变量，但转移函数是唯一的。第一组状态变量 $\{x_1(t)=v_C(t), x_2(t)=i_L(t)\}$ 分别对应电容电压和电感电流，因此它们具有清楚的物理意义，但第二组状态变量 $\{\hat{x}_1(t), \hat{x}_2(t)\}$ 却没有与实际的物理量相联系。

（2）为了找出两组状态变量之间的关系，下面来考虑零状态响应 $v_C(t)$。已知系统的冲激响应 $h(t)$ 是转移函数

$$H(s)=\frac{V_C(s)}{V_s(s)}=\frac{8}{(s+2)(s+4)}=\frac{4}{s+2}+\frac{-4}{s+4}$$

的拉普拉斯逆变换，或 $h(t)=[4\mathrm{e}^{-2t}-4\mathrm{e}^{-4t}]u(t)$。对于一般的输入 $v_s(t)$ 有 $V_C(s)=H(s)V_s(s)$，故 $v_C(t)$ 等于 $h(t)$ 和 $v_s(t)$ 的卷积积分，或将 $h(t)$ 的表达式代入之后可得

$$v_C(t)=\int_0^t \left[4\mathrm{e}^{-2(t-\tau)}-4\mathrm{e}^{-4(t-\tau)}\right]v_s(\tau)\mathrm{d}\tau$$

$$=\underbrace{\int_0^t 4\mathrm{e}^{-2(t-\tau)}v_s(\tau)\mathrm{d}\tau}_{\hat{x}_1(t)}+\underbrace{\int_0^t \left[-4\mathrm{e}^{-4(t-\tau)}\right]v_s(\tau)\mathrm{d}\tau}_{\hat{x}_2(t)} \tag{6.22}$$

由此产生输出方程 $y(t)=v_C(t)=\hat{x}_1(t)+\hat{x}_2(t)$。

于是由式(6.22)及第一组状态变量的定义，有

$$\underbrace{\begin{bmatrix} x_1(t) \\ x_2(t) \end{bmatrix}}_{x(t)} = \begin{bmatrix} v_C(t) \\ i_L(t)=C\mathrm{d}v_C(t)/\mathrm{d}t \end{bmatrix} = \underbrace{\begin{bmatrix} 1 & 1 \\ -0.25 & -0.5 \end{bmatrix}\begin{bmatrix} \hat{x}_1(t) \\ \hat{x}_2(t) \end{bmatrix}}_{F\hat{x}(t)}$$

其中，第二个方程式是对式(6.22)中的 $v_C(t)$ 求导并乘以 $C=1/8$ 而得到的。

（3）矩阵形式的第一组状态方程和第二组状态方程之间的关系可用以下过程获得。利用特定的矩阵 $\boldsymbol{A}$ 和向量 $\boldsymbol{b}$ 以及 $\boldsymbol{c}^\mathrm{T}$ 可将式(6.20)中的状态方程和输出方程写为

$$\dot{\boldsymbol{x}}(t)=\boldsymbol{A}\boldsymbol{x}(t)+\boldsymbol{b}w(t),\quad y(t)=\boldsymbol{c}^\mathrm{T}\boldsymbol{x}(t)$$

其中，

$$\boldsymbol{A}=\begin{bmatrix} 0 & 8 \\ -1 & -6 \end{bmatrix},\quad \boldsymbol{b}=\begin{bmatrix} 0 \\ 1 \end{bmatrix},\quad \boldsymbol{c}^\mathrm{T}=\begin{bmatrix} 1 & 0 \end{bmatrix}$$

令 $\boldsymbol{x}(t)=\boldsymbol{F}\hat{\boldsymbol{x}}(t)$，其中 $\boldsymbol{F}$ 是个可逆的变换矩阵，于是可将以上方程改写为

$$\boldsymbol{F}\dot{\hat{\boldsymbol{x}}}(t)=\boldsymbol{A}\boldsymbol{F}\hat{\boldsymbol{x}}(t)+\boldsymbol{b}w(t)$$

或

$$\dot{\hat{\boldsymbol{x}}}(t)=\boldsymbol{F}^{-1}\boldsymbol{A}\boldsymbol{F}\hat{\boldsymbol{x}}(t)+\boldsymbol{F}^{-1}\boldsymbol{b}w(t)$$

$$y(t)=\boldsymbol{c}^\mathrm{T}\boldsymbol{F}\hat{\boldsymbol{x}}(t)$$

本题中有

$$\boldsymbol{F}=\begin{bmatrix} 1 & 1 \\ -0.25 & -0.5 \end{bmatrix},\quad \boldsymbol{F}^{-1}=\begin{bmatrix} 2 & 4 \\ -1 & -4 \end{bmatrix}$$

于是得

$$\boldsymbol{F}^{-1}\boldsymbol{A}\boldsymbol{F}=\begin{bmatrix} -2 & 0 \\ 0 & -4 \end{bmatrix},\quad \boldsymbol{F}^{-1}\boldsymbol{b}=\begin{bmatrix} 4 \\ -4 \end{bmatrix},\quad \boldsymbol{c}^\mathrm{T}\boldsymbol{F}=\begin{bmatrix} 1 & 1 \end{bmatrix}$$

以上就是出现在式(6.21)中的矩阵和向量。

系统的状态变量不是唯一的。对于只有一个输入 $w(t)$ 和一个输出 $y(t)$ 的系统来说,若已知其用状态变量 $\{x_i(t)\}$ 表示的状态方程和输出方程为

$$\dot{\boldsymbol{x}}(t) = \boldsymbol{A}\boldsymbol{x}(t) + \boldsymbol{b}w(t)$$
$$y(t) = \boldsymbol{c}^{\mathrm{T}}\boldsymbol{x}(t) + dw(t) \tag{6.23}$$

则可以利用一个可逆的变换矩阵 $\boldsymbol{F}$ 获得一组新的状态变量 $\{z_i(t)\}$:

$$\boldsymbol{x}(t) = \boldsymbol{F}\boldsymbol{z}(t)$$

且新的状态变量表示中的矩阵和向量可利用 $\boldsymbol{F}$ 获得如下:

$$\boldsymbol{A}_1 = \boldsymbol{F}^{-1}\boldsymbol{A}\boldsymbol{F}, \quad \boldsymbol{b}_1 = \boldsymbol{F}^{-1}\boldsymbol{b}, \quad \boldsymbol{c}_1^{\mathrm{T}} = \boldsymbol{c}^{\mathrm{T}}\boldsymbol{F}, \quad d_1 = d \tag{6.24}$$

6.4.1 标准型实现

本节要研究被广泛接受的状态变量的标准型实现问题,这些实现的一个期望特点是所用积分器的数量一定与系统常微分方程的阶数一致,这种实现方式称为**最小实现**。读者将在现代控制中了解到,系统的不同特点能够从这些标准型实现中获得。

1. 直接最小实现

假设有以下代表二阶 LTI 系统的常微分方程,其中 $w(t)$ 是输入,$y(t)$ 是输出:

$$\frac{\mathrm{d}^2 y(t)}{\mathrm{d}t^2} + a_1 \frac{\mathrm{d}y(t)}{\mathrm{d}t} + a_0 y(t) = w(t)$$

该方程的一种可能实现如图 6.16 所示。注意,在这种实现方式中不包括输入的导数,或对应的转移函数只有极点(一个"全极点"系统)。如果设两个积分器的输出为状态变量,则可得到以下的状态方程和输出方程:

$$\dot{x}_1(t) = \ddot{y}(t) = -a_1 x_1(t) - a_0 x_2(t) + w(t)$$
$$\dot{x}_2(t) = x_1(t)$$
$$y(t) = x_2(t)$$

用矩阵形式表示即

$$\begin{bmatrix} \dot{x}_1(t) \\ \dot{x}_2(t) \end{bmatrix} = \begin{bmatrix} -a_1 & -a_0 \\ 1 & 0 \end{bmatrix} \begin{bmatrix} x_1(t) \\ x_2(t) \end{bmatrix} + \begin{bmatrix} 1 \\ 0 \end{bmatrix} w(t)$$

$$y(t) = \begin{bmatrix} 0 & 1 \end{bmatrix} \begin{bmatrix} x_1(t) \\ x_2(t) \end{bmatrix}$$

注意系统是二阶的,与积分器的数量相匹配。图 6.16 中的实现是转移函数为

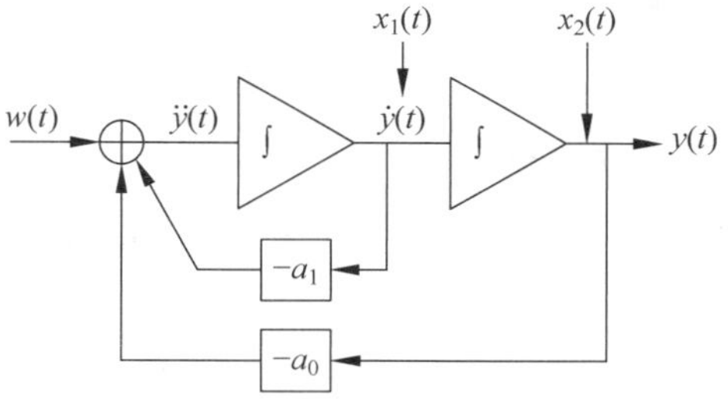

图 6.16 方程 $\mathrm{d}^2 y(t)/\mathrm{d}t^2 + a_1 \mathrm{d}y(t)/\mathrm{d}t + a_0 y(t) = w(t)$ 的直接实现,状态变量 $x_1(t) = \dot{y}(t)$ 和 $x_2(t) = y(t)$ 如图所示

$$H(s) = \frac{Y(s)}{W(s)} = \frac{1}{s^2 + a_1 s + a_0}$$

的全极点系统的最小实现(积分器的数量等于系统的阶数)。

通常,转移函数的分子是 s 的一个多项式,于是输入就由 $w(t)$ 及其导数构成。对于这种系统,要想使之因果,其分子的阶应该低于分母的阶,即转移函数是有理真分式函数。如果直接实现该系统,需要利用微分器来获得输入的导数,但是微分器却是构成系统的不良组件。不过,采用将转移函数分解成如下的一个全极点系统和一个全零点系统的乘积,就可以达到最小实现的目的。假定 LTI 系统的转移函数为

$$H(s) = \frac{N(s)}{D(s)} = \frac{b_m s^m + b_{m-1} s^{m-1} + \cdots + b_0}{s^n + a_{n-1} s^{n-1} + \cdots + a_0}$$

$$m(N(s)\ \text{的阶}) < n(D(s)\ \text{的阶})$$

由于 $H(s) = Y(s)/W(s)$，于是可写出

$$Y(s) = \underbrace{\frac{W(s)}{D(s)}}_{Z(s)} N(s)$$

这样就可以定义全极点转移函数和全零点转移函数，它们等于

$$\text{(i)}\ \frac{Z(s)}{W(s)} = \frac{1}{D(s)}, \quad \text{(ii)}\ \frac{Y(s)}{Z(s)} = N(s)$$

由此得到

$$D(s)Z(s) = W(s) \Rightarrow \frac{\mathrm{d}^n z(t)}{\mathrm{d}t^n} + a_{n-1} \frac{\mathrm{d}^{n-1} z(t)}{\mathrm{d}t^{n-1}} + \cdots + a_0 z(t) = w(t) \tag{6.25}$$

$$N(s)Z(s) = Y(s) \Rightarrow b_m \frac{\mathrm{d}^m z(t)}{\mathrm{d}t^m} + b_{m-1} \frac{\mathrm{d}^{m-1} z(t)}{\mathrm{d}t^{m-1}} + \cdots + b_0 z(t) = y(t) \tag{6.26}$$

要实现方程(6.25)需要 n 个积分器，而方程(6.26)中所需的导数已经在第一个实现中得到了，所以不需要微分器，因此该实现是最小实现。

【例 6.7】

考虑二阶 LTI 系统的常微分方程

$$\frac{\mathrm{d}^2 y(t)}{\mathrm{d}t^2} + a_1 \frac{\mathrm{d}y(t)}{\mathrm{d}t} + a_0 y(t) = b_1 \frac{\mathrm{d}w(t)}{\mathrm{d}t} + b_0 w(t)$$

输入是 $w(t)$，输出是 $y(t)$。求该系统的一个直接最小实现。

解 系统的转移函数为

$$H(s) = \left[\frac{Y(s)}{Z(s)}\right]\left[\frac{Z(s)}{W(s)}\right] = [b_0 + b_1 s]\left[\frac{1}{a_0 + a_1 s + a_2 s^2}\right]$$

依次实现方程

$$w(t) = a_0 z(t) + a_1 \frac{\mathrm{d}z(t)}{\mathrm{d}t} + \frac{\mathrm{d}^2 z(t)}{\mathrm{d}t^2}$$

和

$$y(t) = b_0 z(t) + b_1 \frac{\mathrm{d}z(t)}{\mathrm{d}t}$$

便可得到该系统的实现(如图 6.17 所示)。

若令积分器的输出为状态变量，便可得到以下状态方程和输出方程：

$$\begin{bmatrix} \dot{x}_1(t) \\ \dot{x}_2(t) \end{bmatrix} = \underbrace{\begin{bmatrix} -a_1 & -a_0 \\ 1 & 0 \end{bmatrix}}_{\boldsymbol{A}_c} \begin{bmatrix} x_1(t) \\ x_2(t) \end{bmatrix} + \underbrace{\begin{bmatrix} 1 \\ 0 \end{bmatrix}}_{\boldsymbol{b}_c} w(t)$$

$$y(t) = \underbrace{\begin{bmatrix} b_1 & b_0 \end{bmatrix}}_{\boldsymbol{c}_c^{\mathrm{T}}} \begin{bmatrix} x_1(t) \\ x_2(t) \end{bmatrix}$$

这种实现被称为**控制器标准型**，其中的矩阵和向量 $\{\boldsymbol{A}_c, \boldsymbol{b}_c, \boldsymbol{c}_c^{\mathrm{T}}\}$ 如上所示。

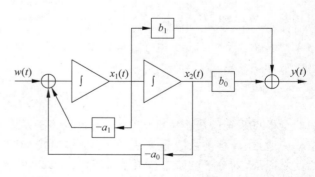

图 6.17 $\mathrm{d}^2 y(t)/\mathrm{d}t^2 + a_1 \mathrm{d}y(t)/\mathrm{d}t + a_0 y(t) = b_1 \mathrm{d}w(t)/\mathrm{d}t + b_0 w(t)$ 的直接最小实现，状态变量为 $x_1(t) = \dot{z}(t)$ 和 $x_1(t) = z(t)$ 如图所示

注：

■ 正如前面给出的那样，转移函数的分解使获得一个全极点实现成为可能，那么一个 n-阶系统可用一个具有 n 个初始条件的 n-阶常微分方程表示，并且可利用 n 个积分器实现。

■ 另一个有趣的实现是观察器标准型，这是控制器标准型的对偶型。观察器实现中的矩阵和向量可由控制器型中的矩阵和向量按照如下方法获得

$$\boldsymbol{A}_{\text{o}} = \boldsymbol{A}_{\text{c}}^{\text{T}}, \quad \boldsymbol{b}_{\text{o}}^{\text{T}} = \boldsymbol{c}_{\text{c}}, \quad \boldsymbol{c}_{\text{o}} = \boldsymbol{b}_{\text{o}}^{\text{T}} \tag{6.27}$$

2. 并联和级联实现

已知一个有理真分式转移函数

$$H(s) = \frac{N(s)}{D(s)}$$

通过部分分式展开以及对 $N(s)$ 和 $D(s)$ 进行因式分解，可以分别得到并联实现和级联实现。

并联实现是根据部分分式展开式

$$H(s) = \sum_{i=1}^{N} H_i(s)$$

而获得，其中每个 $H_i(s)$ 都是一个实系数有理真分式函数。最简单的情况是 $H(s)$ 的极点都是实数且各不相同，在这种情况下，需要实现每一个一阶系统

$$H_i(s) = \frac{b_{0i}}{s + a_{0i}}, \quad i = 1, \cdots, N$$

从而才能获得并联实现。在并联实现中，构成总系统的每个一阶系统的输入信号均为 $w(t)$，输出是状态变量之和。当极点是复共轭对时，相应的二次项具有实系数且能被实现。因此，对于具有实数极点或复共轭极点对的任意转移函数，或等价地，对于具有实系数多项式 $N(s)$ 和 $D(s)$ 的任意转移函数，都可以通过将对应实数极点的实现（一阶系统）与对应复共轭极点对的实现（二阶系统）组合起来而实现。

【例 6.8】

利用

$$H_1(s) = \frac{Y_1(s)}{W(s)} = \frac{-1}{s+1}, \quad H_2(s) = \frac{Y_2(s)}{W(s)} = \frac{3}{s+2}$$

的直接实现，获得一个转移函数为

$$H(s) = \frac{1+2s}{2+3s+s^2} = \frac{1+2s}{(s+1)(s+2)} = \frac{-1}{s+1} + \frac{3}{s+2}$$

的二阶系统的并联实现。

解 所得 $H(s)$ 的实现如图 6.18 所示。再次令状态变量为积分器输出，从而得到以下状态方程和输出方程：

$$\begin{bmatrix} \dot{x}_1(t) \\ \dot{x}_2(t) \end{bmatrix} = \begin{bmatrix} -1 & 0 \\ 0 & -2 \end{bmatrix} \begin{bmatrix} x_1(t) \\ x_2(t) \end{bmatrix} + \begin{bmatrix} -1 \\ 3 \end{bmatrix} w(t)$$

$$y(t) = \begin{bmatrix} 1 & 1 \end{bmatrix} \begin{bmatrix} x_1(t) \\ x_2(t) \end{bmatrix}$$

【例 6.9】

考虑转移函数

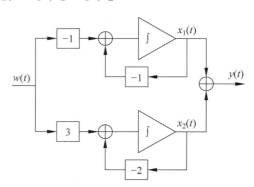

图 6.18 $H(s) = (1+2s)/(2+3s+s^2)$ 的并联实现

$$H(s) = \frac{s^2 + 3s + 6}{[(s+1)^2 + 4](s+1)} = \frac{1}{s^2 + 2s + 5} + \frac{1}{s+1}$$

其中极点是 $s_{1,2} = -1 \pm 2\mathrm{j}$ 和 $s_3 = -1$。求该转移函数的并联实现，并给出基于此并联实现的状态方程和输出方程。

解 我们实现了对应一对复数极点的二阶系统和对应实数极点的一阶系统的并联，图 6.19 显示了该实现。对于以上实现，相应的状态方程和输出方程为

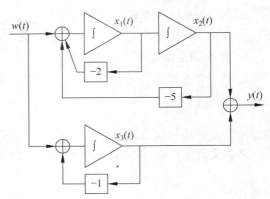

$$\begin{bmatrix} \dot{x}_1(t) \\ \dot{x}_2(t) \\ \dot{x}_3(t) \end{bmatrix} = \begin{bmatrix} -2 & -5 & 0 \\ 1 & 0 & 0 \\ 0 & 0 & -1 \end{bmatrix} \begin{bmatrix} x_1(t) \\ x_2(t) \\ x_3(t) \end{bmatrix} + \begin{bmatrix} 1 \\ 0 \\ 1 \end{bmatrix} w(t)$$

$$y(t) = \begin{bmatrix} 0 & 1 & 1 \end{bmatrix} \begin{bmatrix} x_1(t) \\ x_2(t) \\ x_3(t) \end{bmatrix}$$

级联实现是 LTI 系统的另一种实现方式，它通过将代表系统的转移函数表示成一阶或二阶的实系数转移函数的乘积形式来完成，即将转移函数表示成

图 6.19 $H(s) = (s^2 + 3s + 6)/[(s^2 + 2s + 5)(s + 1)]$ 的并联实现

$$H(s) = \prod_{i=1}^{M} H_i(s)$$

然后用直接一阶最小实现或直接二阶最小实现来实现每一个 $H_i(s)$。

【例 6.10】

以下转移函数有重极点

$$G(s) = \frac{s+2}{(s+1)^2}$$

求该转移函数的并联和级联/并联实现，并从中选出最小实现，获得其方框图并在此基础上确定相应的状态方程和输出方程。

解 $G(s)$ 有两个可能的实现：

■ 通过将 $G(s)$ 表示成

$$G(s) = \frac{1}{s+1} + \frac{1}{(s+1)^2}$$

而得到一个一阶滤波器和一个二阶滤波器的并联实现。

■ 通过将 $G(s)$ 表示成(对部分分式展开式提取 $1/(s+1)$)

$$G(s) = \frac{1}{s+1}\left[1 + \frac{1}{s+1}\right]$$

而得到级联/并联实现。

并联实现不是最小实现，因为对这个二阶系统该实现使用了三个积分器，而级联/并联实现是最小实现。图 6.20 展示出了这个最小实现。

对于最小实现，相应的状态方程和输出方程为

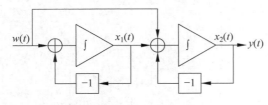

图 6.20 $G(s) = (1/s+1)[1 + 1/(s+1)]$ 的级联/并联实现

$$\begin{bmatrix} \dot{x}_1(t) \\ \dot{x}_2(t) \end{bmatrix} = \begin{bmatrix} -1 & 0 \\ 1 & -1 \end{bmatrix} \begin{bmatrix} x_1(t) \\ x_2(t) \end{bmatrix} + \begin{bmatrix} 1 \\ 1 \end{bmatrix} w(t)$$

$$y(t) = \begin{bmatrix} 0 & 1 \end{bmatrix} \begin{bmatrix} x_1(t) \\ x_2(t) \end{bmatrix}$$

6.4.2 由状态方程和输出方程求全解

已知系统的状态表示,由输入以及初始条件引起的系统方程的全解既可以在时域中获得,也可以在拉普拉斯域中获得。在时域中,此解可以表示成为一个矩阵,而在拉普拉斯域中,此解可以利用克莱姆法则得到。

1. 利用矩阵指数函数求解

假设已知以下状态方程和输出方程:

$$\dot{\boldsymbol{x}}(t) = \boldsymbol{A}\boldsymbol{x}(t) + \boldsymbol{b}w(t)$$
$$y(t) = \boldsymbol{c}^{\mathrm{T}}\boldsymbol{x}(t)$$

要求全解 $y(t)$, $t \geqslant 0$。计算状态方程中每个方程的拉普拉斯变换可得

$$s\boldsymbol{I}X(s) - \boldsymbol{x}(0) = \boldsymbol{A}X(s) + \boldsymbol{b}W(s) \Rightarrow (s\boldsymbol{I} - \boldsymbol{A})X(s) = \boldsymbol{x}(0) + \boldsymbol{b}W(s)$$
$$Y(s) = \boldsymbol{c}^{\mathrm{T}}X(s)$$

其中,$X(s) = [\mathscr{L}(x_i(t))]$ 和 $\boldsymbol{x}(0) = [x_i(0)]$ 是向量。求解出第一个方程中的 $X(s)$,有

$$X(s) = (s\boldsymbol{I} - \boldsymbol{A})^{-1}[\boldsymbol{x}(0) + \boldsymbol{b}W(s)]$$

再把它代入第二个方程中,得

$$Y(s) = \boldsymbol{c}^{\mathrm{T}}(s\boldsymbol{I} - \boldsymbol{A})^{-1}(\boldsymbol{x}(0) + \boldsymbol{b}W(s)) \tag{6.28}$$

最后只需对其求拉普拉斯逆变换便可得到 $y(t)$。

对于逆矩阵 $(s\boldsymbol{I} - \boldsymbol{A})^{-1}$,它有一个表达式为

$$(s\boldsymbol{I} - \boldsymbol{A})^{-1} = \boldsymbol{I}s^{-1} + \boldsymbol{A}s^{-1} + \boldsymbol{A}^{-2}s^{-3} + \cdots$$

事实上有

$$(s\boldsymbol{I} - \boldsymbol{A})^{-1}(s\boldsymbol{I} - \boldsymbol{A}) = \boldsymbol{I} + \boldsymbol{A}s^{-1} + \boldsymbol{A}^2 s^{-2} + \boldsymbol{A}^3 s^{-3} + \cdots - \boldsymbol{A}s^{-1} - \boldsymbol{A}^2 s^{-2} - \boldsymbol{A}^3 s^{-3} - \cdots = \boldsymbol{I}$$

对 $(s\boldsymbol{I} - \boldsymbol{A})^{-1}$ 的展开式中每一项求拉普拉斯逆变换可得

$$\mathscr{L}^{-1}[(s\boldsymbol{I} - \boldsymbol{A})^{-1}] = \left[\boldsymbol{I} + \boldsymbol{A}t + \boldsymbol{A}^2 \frac{t^2}{2!} + \boldsymbol{A}^3 \frac{t^3}{3!} \cdots\right] u(t) = \mathrm{e}^{\boldsymbol{A}t} u(t) \tag{6.29}$$

即**矩阵指数函数**。这样,利用式(6.29)中的表达式以及两个 s 函数乘积的拉普拉斯逆变换等于这两个函数各自的拉普拉斯逆变换的卷积积分的事实,就可以求出式(6.28)中的逆变换,因此有

$$y(t) = \boldsymbol{c}^{\mathrm{T}} \mathrm{e}^{\boldsymbol{A}(t)} \boldsymbol{x}(0) + \boldsymbol{c}^{\mathrm{T}} \int_0^t \mathrm{e}^{\boldsymbol{A}(t-\tau)} \boldsymbol{b}w(\tau) \mathrm{d}\tau, \quad t \geqslant 0$$

特别地,系统的冲激响应 $h(t)$ 等于在零初始条件下系统对 $w(t) = \delta(t)$ 的响应,于是由以上结果可得冲激响应为

$$h(t) = \boldsymbol{c}^{\mathrm{T}} \int_0^t \mathrm{e}^{\boldsymbol{A}(t-\tau)} \boldsymbol{b}\delta(\tau) \mathrm{d}\tau = \boldsymbol{c}^{\mathrm{T}} \mathrm{e}^{\boldsymbol{A}t} \boldsymbol{b}$$

$$\dot{\boldsymbol{x}}(t) = \boldsymbol{A}\boldsymbol{x}(t) + \boldsymbol{b}w(t)$$
$$y(t) = \boldsymbol{c}^{\mathrm{T}}\boldsymbol{x}(t), \quad t > 0 \tag{6.30}$$

的全解为

$$y(t) = \boldsymbol{c}^{\mathrm{T}} \mathrm{e}^{\boldsymbol{A}(t)} \boldsymbol{x}(0) + \boldsymbol{c}^{\mathrm{T}} \int_0^t \mathrm{e}^{\boldsymbol{A}(t-\tau)} \boldsymbol{b} w(\tau) \mathrm{d}\tau, \quad t \geqslant 0 \qquad (6.31)$$

其中，矩阵指数函数定义为

$$\mathrm{e}^{\boldsymbol{A}t} = \left[\boldsymbol{I} + \boldsymbol{A}t + \boldsymbol{A}^2 \frac{t^2}{2!} + \boldsymbol{A}^3 \frac{t^3}{3!} \cdots \right] \qquad (6.32)$$

特别地，系统的冲激响应等于

$$h(t) = \boldsymbol{c}^{\mathrm{T}} \mathrm{e}^{\boldsymbol{A}t} \boldsymbol{b} \qquad (6.33)$$

2. 利用克莱姆法则求解

指数矩阵的解法依赖于逆矩阵$(s\boldsymbol{I} - \boldsymbol{A})^{-1}$，而在时域中该矩阵与矩阵指数函数有关，因而要求得结果就需要计算函数矩阵，相比较而言，利用克莱姆法则更易获得方程的解。

应用克莱姆法则可以得到逆矩阵$(s\boldsymbol{I} - \boldsymbol{A})^{-1}$的一个闭合形式。假设系统的初始条件不为零，那么状态方程的拉普拉斯变换为

$$s\boldsymbol{I}X(s) - \boldsymbol{x}(0) = \boldsymbol{A}X(s) + \boldsymbol{b}W(s) \Rightarrow [s\boldsymbol{I} - \boldsymbol{A}]X(s) = [\boldsymbol{x}(0) + \boldsymbol{b}W(s)]$$

或用一组线性方程的形式来表示即为

$$\begin{bmatrix} s-a_{11} & -a_{12} & \cdots & -a_{1N} \\ -a_{21} & s-a_{22} & \cdots & -a_{2N} \\ \vdots & \vdots & \vdots & \vdots \\ -a_{N1} & -a_{N2} & \cdots & s-a_{NN} \end{bmatrix} \begin{bmatrix} X_1(s) \\ X_2(s) \\ \vdots \\ X_N(s) \end{bmatrix} = \begin{bmatrix} x_1(0) + b_1 W(s) \\ x_2(0) + b_2 W(s) \\ \vdots \\ x_N(0) + b_N W(s) \end{bmatrix} \qquad (6.34)$$

利用克莱姆法则求$X_i(s), i = 1, \cdots, N$有

$$X_i(s) = \frac{\det \begin{bmatrix} s-a_{11} & \cdots & x_1(0) + b_1 W(s) & \cdots & -a_{1N} \\ -a_{21} & \cdots & x_2(0) + b_2 W(s) & \cdots & -a_{2N} \\ \vdots & \vdots & \vdots & \vdots & \vdots \\ -a_{N1} & \cdots & x_N(0) + b_N W(s) & \cdots & s-a_{NN} \end{bmatrix}}{\det(s\boldsymbol{I} - \boldsymbol{A})}$$

其中，方程(6.34)右边的向量取代了方程左边矩阵中的第i列。对每一个$i = 1, \cdots, N-1$重复此过程，就得到了$\{X_i(s)\}$，然后代入输出方程有

$$Y(s) = \boldsymbol{c}^{\mathrm{T}} X(s) = c_1 X_1(s) + c_2 X_2(s) + \cdots + c_N X_N(s)$$

这个表达式的拉普拉斯逆变换就是全响应

$$y(t) = c_1 x_1(t) + c_2 x_2(t) + \cdots + c_N x_N(t)$$

【例 6.11】

考虑一个由状态方程和输出方程

$$\begin{bmatrix} \dot{x}_1(t) \\ \dot{x}_2(t) \end{bmatrix} = \begin{bmatrix} 0 & 1 \\ -8 & -6 \end{bmatrix} \begin{bmatrix} x_1(t) \\ x_2(t) \end{bmatrix} + \begin{bmatrix} 0 \\ 8 \end{bmatrix} w(t)$$

$$y(t) = \begin{bmatrix} 1 & 0 \end{bmatrix} \begin{bmatrix} x_1(t) \\ x_2(t) \end{bmatrix}$$

所表示的 LTI 系统。

利用克莱姆法则：

■ 如果初始条件为 $x_1(0)=1, x_2(0)=0$，求零输入响应。

■ 当输入信号为单位阶跃信号 $w(t)=u(t)$ 时，求零状态响应。

■ 确定系统的冲激响应 $h(t)$。

解　假定初始条件非零，则状态方程和输出方程的拉普拉斯变换为

$$\begin{bmatrix} s & -1 \\ 8 & s+6 \end{bmatrix} \begin{bmatrix} X_1(s) \\ X_2(s) \end{bmatrix} = \begin{bmatrix} x_1(0) \\ x_2(0)+8W(s) \end{bmatrix}$$

$$Y(s)=X_1(s)$$

输出的拉普拉斯变换表明，需要从状态方程获得 $X_1(s)$，因此由克莱姆法则，并代入 $W(s)=1/s$ 及初始条件 $x_1(0)=1$ 和 $x_2(0)=0$，有

$$Y(s)=X_1(s)=\frac{\det\begin{bmatrix} x_1(0) & -1 \\ x_2(0)+8W(s) & s+6 \end{bmatrix}}{s(s+6)+8}=\frac{x_1(0)(s+6)+x_2(0)+8W(s)}{s^2+6s+8}$$

$$=\underbrace{\frac{s+6}{s^2+6s+8}}_{Y_{zi}(s)}+\underbrace{\frac{8}{s(s^2+6s+8)}}_{Y_{zs}(s)}$$

对于零输入响应，有

$$Y_{zi}(s)=\frac{s+6}{s^2+6s+8}=\frac{s+6}{(s+2)(s+4)}=\frac{2}{s+2}-\frac{1}{s+4}$$

$$\Rightarrow y_{zi}(t)=\left[2e^{-2t}-e^{-4t}\right]u(t)$$

对于零状态响应，有

$$Y_{zs}(s)=\frac{8}{s(s^2+6s+8)}=\frac{8}{s(s+2)(s+4)}=\frac{1}{s}-\frac{2}{s+2}+\frac{1}{s+4}$$

$$\Rightarrow y_{zs}(t)=\left[1-2e^{-2t}+e^{-4t}\right]u(t)$$

因此全响应为

$$y(t)=y_{zi}(t)+y_{zs}(t)=u(t)$$

为了求出冲激响应，令 $W(s)=1, Y(s)=H(s)$，并设置初始条件为 0，可得

$$H(s)=\frac{8}{s^2+6s+8}=\frac{8}{(s+2)(s+4)}=\frac{4}{s+2}-\frac{4}{s+4}$$

$$\Rightarrow h(t)=\left[4e^{-2t}-4e^{-4t}\right]u(t)$$

6.4.3　系统的外部和内部表示

转移函数提供 LTI 系统的外部表示，而状态变量给出了系统的内部表示，在大多数情况下这两种表示是等价的，但是状态变量表示具有不唯一性，而且与转移函数提供的信息相比，状态变量表示可以提供更多的信息，这些都使得内部表示更具一般性。例如，外部表示仅仅处理零初始条件的情况，而且若发生极点-零点相互抵消的情况时，出现在系统中的不稳定模式还可能消失，这样就无法得知系统潜在的不稳定因素，而状态变量的不同标准型使我们能够更加全面地研究系统的动态特性。下面这个例子说明了系统的外部表示和内部表示之间的差别。

【例 6.12】

某系统由以下二阶常微分方程表示

$$\frac{\mathrm{d}^2 y(t)}{\mathrm{d}t^2} - \frac{\mathrm{d}y(t)}{\mathrm{d}t} - 2y(t) = \frac{\mathrm{d}w(t)}{\mathrm{d}t} - 2w(t), \quad t > 0$$

其中，$w(t)$ 为输入，$y(t)$ 为输出。

(1) 求该系统的转移函数，并说明转移函数表示与常微分方程表示的区别。

(2) 利用 MATLAB 函数 tf2ss 求控制器的状态表示，并用拉普拉斯变换求全响应。找出系统的初始条件与状态变量的初始条件之间的关系。

(3) 改变状态方程和输出方程从而获得观察器型，并用拉普拉斯变换求全响应。找出系统的初始条件与状态变量的初始条件之间的关系。

(4) 对两种形式的全响应给出注释。

解 (1) 系统的转移函数为

$$H(s) = \frac{Y(s)}{W(s)} = \frac{s-2}{s^2 - s - 2} = \frac{s-2}{(s+1)(s-2)} = \frac{1}{s+1}$$

由于在确定转移函数时发生了极-零点抵消，虽然常微分方程指出系统是二阶的，但转移函数却显示它是一阶的。而且，转移函数中被消去的极点是位于 s 平面右半平面上的那个极点，但在常微分方程中这个不稳定模式仍然保留着，它的影响在状态变量表示中会体现出来。

对于输入 $w(t)$，系统在零初始条件下的响应等于 $Y(s) = H(s)W(s)$，或等于卷积

$$y(t) = \int_0^t h(t-\tau)w(\tau)\mathrm{d}\tau$$

其中，$h(t) = \mathscr{L}^{-1}[H(s)] = \mathrm{e}^{-t}u(t)$ 是系统的冲激响应。转移函数需要零初始条件，由非零初始条件引起的系统的不同行为需要通过状态变量表示来显示。

(2) 使用函数 tf2ss 获得控制器型

$$\begin{bmatrix} \dot{x}_1(t) \\ \dot{x}_2(t) \end{bmatrix} = \begin{bmatrix} 1 & 2 \\ 1 & 0 \end{bmatrix} \begin{bmatrix} x_1(t) \\ x_2(t) \end{bmatrix} + \begin{bmatrix} 1 \\ 0 \end{bmatrix} w(t)$$

$$y(t) = \begin{bmatrix} 1 & -2 \end{bmatrix} \begin{bmatrix} x_1(t) \\ x_2(t) \end{bmatrix}$$

假定初始条件为 $x_1(0)$ 和 $x_2(0)$，以及一个通用的输入 $w(t)$，对状态方程和输出方程应用拉普拉斯变换可得

$$\begin{bmatrix} s-1 & -2 \\ -1 & s \end{bmatrix} \begin{bmatrix} X_1(s) \\ X_2(s) \end{bmatrix} = \begin{bmatrix} x_1(0) + W(s) \\ x_2(0) \end{bmatrix}$$

$$Y(s) = X_1(s) - 2X_2(s)$$

再利用克莱姆法则便可求出

$$X_1(s) = \frac{x_1(0)s + 2x_2(0) + sW(s)}{(s+1)(s-2)}$$

$$X_2(s) = \frac{x_1(0) + x_2(0)(s-1) + W(s)}{(s+1)(s-2)}$$

$$Y(s) = X_1(s) - 2X_2(s) = \frac{x_1(0)}{s+1} - \frac{2x_2(0)}{s+1} + \frac{W(s)}{s+1}$$

$$y(t) = [x_1(0) - 2x_2(0)]\mathrm{e}^{-t}u(t) + \int_0^t h(t-\tau)w(\tau)\mathrm{d}\tau,$$

其中，

$$h(t) = \mathrm{e}^{-t}u(t)$$

由于初始条件的影响随着时间逐渐消失,输出 $y(t)$ 就变成为输入 $w(t)$ 与冲激响应 $h(t) = \mathrm{e}^{-t}u(t)$ 的卷积积分,从而变得与输出 $Y(s) = H(s)W(s) = W(s)/(s+1)$ 的拉普拉斯逆变换即 $y(t) = (h*w)(t)$ 一致。因此,对于零初始条件和任意初始条件两种情况,如果输出都是衰减指数函数,那么两种情况下的响应将一致。

假定在 $t=0$ 时输入等于 0,初始条件 $y(0)$ 和 $\dot{y}(0)$ 通过输出方程与状态变量的初始条件相关联:

$$y(t) = x_1(t) - 2x_2(t) \rightarrow y(0) = x_1(0) - 2x_2(0) \tag{6.35}$$

$$\dot{y}(t) = \begin{bmatrix} 1 & -2 \end{bmatrix}\begin{bmatrix} \dot{x}_1(t) \\ \dot{x}_2(t) \end{bmatrix} = \begin{bmatrix} 1 & -2 \end{bmatrix}\left(\begin{bmatrix} 1 & 2 \\ 1 & 0 \end{bmatrix}\begin{bmatrix} x_1(t) \\ x_2(t) \end{bmatrix} + \begin{bmatrix} 1 \\ 0 \end{bmatrix}w(t)\right) \rightarrow$$

$$\dot{y}(0) = -x_1(0) + 2x_2(0) \tag{6.36}$$

式(6.35)和式(6.36)的系数行列式等于零,因而方程的唯一解是 $y(0) = \dot{y}(0) = 0$,在这种情况下有 $x_1(0) = 2x_2(0)$,且当 $t \to \infty$ 时,它们的影响将消失。

(3) MATLAB 函数 tf2ss 只能给出状态变量表示的控制器型,利用以下矩阵

$$\boldsymbol{A}_{\mathrm{o}} = \boldsymbol{A}_{\mathrm{c}}^{\mathrm{T}} = \begin{bmatrix} 1 & 1 \\ 2 & 0 \end{bmatrix}, \quad \boldsymbol{b}_{\mathrm{o}}^{\mathrm{T}} = \boldsymbol{c}_{\mathrm{c}}^{\mathrm{T}} = \begin{bmatrix} 1 & -2 \end{bmatrix}, \quad \boldsymbol{c}_{\mathrm{o}}^{\mathrm{T}} = \boldsymbol{b}_{\mathrm{c}}^{\mathrm{T}} = \begin{bmatrix} 1 & 0 \end{bmatrix}$$

可由上面的控制器型获得观察器型。将观察器型中的状态变量取名为 $\hat{x}_1(t)$ 和 $\hat{x}_2(t)$,则观察器型中的状态方程和输出方程的拉普拉斯变换为

$$\begin{bmatrix} s-1 & -1 \\ -2 & s \end{bmatrix}\begin{bmatrix} \hat{X}_1(s) \\ \hat{X}_2(s) \end{bmatrix} = \begin{bmatrix} \hat{x}_1(0) + W(s) \\ \hat{x}_2(0) - 2W(s) \end{bmatrix}, \quad Y(s) = \hat{X}_1(s)$$

然后使用克莱姆法则

$$Y(s) = \hat{X}_1(s) = \frac{\hat{x}_1(0)s + \hat{x}_2(0) + W(s)(s-2)}{(s+1)(s-2)}$$

$$= \left[\frac{1}{3(s+1)} + \frac{2}{3(s-2)}\right]\hat{x}_1(0) + \left[\frac{-1}{3(s+1)} + \frac{1}{3(s-2)}\right]\hat{x}_2(0) + \frac{1}{s+1}W(s)$$

于是得全响应为

$$y(t) = \hat{x}_1(0)\left[\frac{\mathrm{e}^{-t} + 2\mathrm{e}^{2t}}{3}\right]u(t) + \hat{x}_2(0)\left[\frac{-\mathrm{e}^{-t} + \mathrm{e}^{2t}}{3}\right]u(t) + \int_0^t \mathrm{e}^{-(t-\tau)}w(\tau)\mathrm{d}\tau$$

由此可见,要想使该响应与通过转移函数求得的零状态响应一致,必须保证初始条件为零,否则,任何微小的变化都会被位于 s 平面右半平面的极点所产生的不稳定模式放大,这种对系统的深刻理解是在转移函数中得不到的,因为使用转移函数假定初始条件为零。因此内部表示提供了由转移函数所给的外部表示所不能提供的信息。如果初始条件不为零,全响应会随着 t 的增大而增长,即不稳定的模式得不到控制。

用一种与在控制器型中所采用的方法相似的方法,可以证明初始条件 $y(0)$ 和 $\dot{y}(0)$ 与这种情况下的状态变量的初始条件之间的关系为

$$\hat{x}_1(0) = y(0)$$

$$\hat{x}_2(0) = -y(0) + \dot{y}(0)$$

以上式子表明,要想有 $\hat{x}_1(0) = \hat{x}_2(0) = 0$,需要有 $y(0) = \dot{y}(0) = 0$,如果这些初始条件不等于零,那么不稳定模式将使得输出变成无界。

(4) 以下脚本可用来验证以上结果。

```
% y^(2)(t) - y^(1)(t) - 2y(t) = w^(1)(t) - 2w(t)的转移函数到状态变量表示
```

```
% %
Num = [0  1  -2]; Den = [1  -1  -2];
% 控制器型
disp('Controller form')
[A,b,c,d] = tf2ss(Num,Den)
[N,D] = ss2tf(A,b,c,d)                    % 由状态变量方程到转移函数
% 观察器型
disp('Observer form')
Ao = A'
bo = c'
co = b'
do = d
[N,D] = ss2tf(Ao,bo,co,do)               % 由状态变量方程到转移函数
% 应用克莱姆法则
syms  x10  x20 w s
% 控制器型
X1 = det([x10 + w  -2; x20  s])/det([s - 1  -2;  -1  s])
X2 = det([s - 1 x10 + w;  -1 x20])/det([s - 1  -2;  -1  s])
pause
% 观察器型
X1 = det([x10 + w  -1; x20 - 2 * w  s])/det([s - 1  -1;  -2  s])
pause
```

6.5　我们完成了什么？ 接下来是什么

本章举例说明了拉普拉斯分析在经典控制理论和现代控制理论中的应用。正如所看到的那样,在经典控制论中,拉普拉斯变换非常适合于解决暂态响应和稳态响应的问题,此外,要认识到只有在拉普拉斯域才能刻画稳定性,而且研究稳态响应时必须用拉普拉斯变换,认识到这些很重要。方框图能帮助我们可视化不同系统之间的互连。本章所举的一些有关系统控制的例题说明了转移函数以及暂态和稳态计算的重要性。在现代控制论中,虽然由于采用了状态描述法而使其重点是在时域上,不过拉普拉斯变换却在获得全解以及联系内部表示和外部表示方面显示出其有效性。本章还举例说明了 MATLAB 在经典和现代控制两者中的应用。

本章内容并没有涉及得很深,因为我们想给控制和线性系统理论方面的教科书保留一些内容,同时也因为本章只需要起到一个将连续时间信号和系统的理论与实际应用连接起来的桥梁作用。在本书的下一部分,我们将研究怎样利用计算机来处理信号,还会进一步研究怎样在经典和现代控制理论中应用所获得的理论。

6.6　本章练习题

6.6.1　基础题

6.1　转移函数为 $H(s)=1/(s+1)^2$ 的滤波器是通过级联两个一阶滤波器 $H_i(s)=1/(s+1)$,$i=1$,2 来实现的。

(a) 用串联 RC 电路实现 $H_i(s)$,电路的输入为 $v_i(t)$,输出为 $v_{i+1}(t)$,$i=1,2$。将这两个电路级联连接,求总的转移函数 $V_3(s)/V_1(s)$,并仔细画出电路图。

（b）在进行级联连接时，用一个电压跟随器连接两个电路，求总的转移函数 $V_3(s)/V_1(s)$，并仔细画出电路图。

（c）利用电压跟随器电路实现一个新的转移函数

$$G(s) = \frac{1}{(s+1000)(s+1)}$$

画出电路图。

答案：不使用电压跟随器 $V_3(s)/V_1(s) = 1/(s^2+3s+1)$。

6.2 一个理想运算放大电路被证明可以等效为一个负反馈系统。

（a）考虑反相运算放大电路，其等效二端口网络示于图 6.21 中，求一个反馈系统，要求其输入为 $V_i(s)$，输出为 $V_o(s)$。

（b）当 $A \rightarrow \infty$ 时，对以上电路有什么影响？

答案：$V_i(s) = R_1(V_i(s) - V_o(s))/(R_1+R_2) - V_o(s)/A$，当 $A \rightarrow \infty$ 时，$V_o(s)/V_i(s) = -R_2/R_1$。

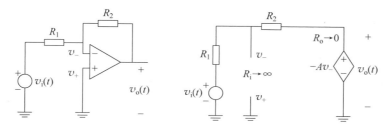

图 6.21 问题 6.2

6.3 考虑一个串联 RC 电路，输入是电源电压 $v_i(t)$，输出是电容电压 $v_o(t)$。

（a）画出该电路的一个负反馈系统框图，要求该框图由一个积分器、一个常数乘法器和一个加法器组成。

（b）设输入是一个直流源，即 $v_i(t) = Au(t)$，求稳态误差 $e(t) = v_i(t) - v_o(t)$。

答案：$V_o(s)/V_i(s) = G(s)/(1+G(s))$，其中 $G(s) = 1/(RCs)$。

6.4 电阻器 $R = 1\Omega$，电容器 $C = 1F$ 和电感器 $L = 1H$ 与电源 $v_i(t)$ 串联在一起，考虑输出为电容电压 $v_o(t)$。

（a）用积分器和加法器实现联系该电路的输入 $v_i(t)$ 与输出 $v_o(t)$ 的微分方程。

（b）画出一个负反馈系统的框图，要求其输入为 $V_i(s)$，输出为 $V_o(s)$。确定该反馈系统的前馈转移函数 $G(s)$ 和反馈转移函数 $H(s)$。

（c）求出计算误差 $E(s)$ 的算式，并确定当输入为单位阶跃信号，即 $V_i(s) = 1/s$ 时的稳态误差。

答案：前馈环中的 $G(s) = 1/s$，反馈环中的 $H(s) = s^2 + 1$。

6.5 假设用反馈实现转移函数为

$$T(s) = \frac{s^2 - 2\sqrt{2}s + 1}{s^2 + 2\sqrt{2}s + 1}$$

的全通系统。

（a）确定总转移函数为 $T(s)$ 的负反馈系统的前馈转移函数 $G(s)$ 和反馈转移函数 $H(s)$。

（b）用一个正反馈系统来实现 $T(s)$ 可能吗？如果可以，指出该正反馈系统的前馈转移函数 $G(s)$ 和反馈转移函数 $H(s)$。

答案：负反馈时令 $H(s) = 1$，$G(s) = (s^2 - \sqrt{2}s + 1)/(2\sqrt{2}s)$。

6.6 负反馈系统的前馈转移函数为 $G(s)=N(s)/D(s)$，反馈转移函数为 1。设 $X(s)$ 为该反馈系统的输入 $x(t)$ 的拉普拉斯变换。

(a) 已知误差的拉普拉斯变换是 $E(s)=X(s)[1-F(s)]$，其中 $F(s)=G(s)/(1+G(s))$ 是反馈系统总的转移函数，求一个用 $X(s)$、$N(s)$ 和 $D(s)$ 表示误差的表达式，并利用该式确定当 $x(t)=u(t)$ 时能使稳态误差等于零的条件。

(b) 如果输入为 $x(t)=u(t)$，$N(s)=1$，$D(s)=(s+1)(s+2)$，求 $E(s)$ 的一个表达式，并由该式确定误差的初始值 $e(0)$ 和终值 $\lim_{t\to\infty}e(t)$。

答案：$X(s)=1/s$，零稳态误差：$N(s)+D(s)$ 的根在 s 平面的左边，$D(s)$ 具有 $sD_1(s)$ 的形式。

6.7 设 $H(s)=Y(s)/X(s)$ 是图 6.22 所示的反馈系统的转移函数，图中装置(装置的转移函数为 $H_p(s)$)的冲激响应等于 $h_p(t)=\sin(t)u(t)$。

(a) 如果想使该反馈系统(系统的输入是 $x(t)$，输出是 $y(t)$)的冲激响应为 $h(t)=h_p(t)e^{-t}u(t)$，那么控制器的转移函数 $H_c(s)$ 应该等于什么？

(b) 求该反馈系统的单位阶跃响应 $s(t)$。

答案：$H_c(s)=(s^2+1)/(s+1)^2$；$s(t)=[0.5+0.707\cos(t+3\pi/4)]u(t)$。

6.8 考虑与图 6.23 所示反馈系统有关的问题。

(a) 图 6.23 中装置的转移函数 $G(s)=1/(s(s+1))$。如果想使该反馈系统的冲激响应为

$$h(t)=0.5774e^{-t}\sin(\sqrt{3}\,t)u(t)$$

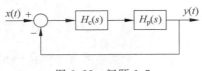

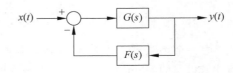

图 6.22 问题 6.7 　　　　　　　　　　图 6.23 问题 6.8

求能产生该冲激响应的反馈转移函数 $F(s)=s+\alpha$ 中 α 的值。

(b) 对于图 6.23 所示的反馈系统，已知当没有反馈时(即 $F(s)=0$)，对应输入 $x(t)=e^{-t}u(t)$ 的输出是 $y(t)=\cos(t)u(t)$。

i. 求 $G(s)$，并判断它是否是一个 BIBO 稳定的装置。

ii. 求 $F(s)$，要求当输入为 $x(t)=\cos(t)u(t)$ 时，输出为 $y(t)=e^{-t}u(t)$，即将开环转移函数上下颠倒。

iii. 转移函数为 $F(s)$ 的系统是 BIBO 稳定的吗？

iv. 求总的系统的冲激响应 $h(t)$，总的系统是 BIBO 稳定的吗？

答案：(a) $\alpha=4$；(b) $G(s)=s(s+1)/(s^2+1)$；对应于 $F(s)$ 的系统是不稳定的。

6.9 考虑图 6.24 所示的两个连续时间系统的级联。系统 A 的输入-输出特征是 $x(t)=dz(t)/dt$。已知系统 B 是线性时不变的，且当 $x(t)=\delta(t)$ 时其输出为 $y(t)=e^{-2t}u(t)$，当 $x(t)=u(t)$ 时其输出为 $y(t)=0.5(1-e^{-2t})u(t)$。如果 $z(t)$ 等于

$$z(t)=\begin{cases}1-t, & 0\leqslant t\leqslant 1\\ 0, & \text{其他}\end{cases}$$

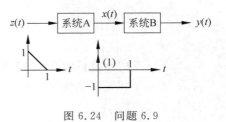

图 6.24 问题 6.9

(a) 利用关于系统 B 的已知信息,计算其对应 $x(t)$ 的输出 $y(t)$;

(b) 求表征总的系统的微分方程,此系统以 $z(t)$ 为输入,$y(t)$ 为输出。

答案:(a) A:$x(t)=\delta(t)-[u(t)-u(t-1)]$;(b) $x(t)=\delta(t)$,于是 $H(s)=Y(s)/X(s)=1/(s+2)$。

6.10 考虑图 6.25 所示的两个连续时间系统的级联连接,其中

$$\frac{\mathrm{d}w(t)}{\mathrm{d}t}+w(t)=x(t),\qquad \frac{\mathrm{d}y(t)}{\mathrm{d}t}+2y(t)=w(t)$$

(a) 对总的级联连接,确定其输入/输出微分方程。

(b) 假设 $w(0)=1,y(0)=0$,以及当 $t\geqslant0$ 时,$x(t)=0$。

i. 求当 $t\geqslant0$ 时的 $w(t)$;

ii. 求当 $t\geqslant0$ 时的 $y(t)$。

答案:(a) $\mathrm{d}^2y(t)/\mathrm{d}t^2+3\mathrm{d}y(t)/\mathrm{d}t+2y(t)=x(t)$;(b) $y(t)=(\mathrm{e}^{-t}-\mathrm{e}^{-2t})u(t)$。

6.11 图 6.26 所示的反馈系统有两个输入:常规输入 $x(t)=\mathrm{e}^{-t}u(t)$ 和干扰输入 $v(t)=(1-\mathrm{e}^{-t})u(t)$。

(a) 求转移函数 $Y(s)/X(s)$ 和 $Y(s)/V(s)$。

(b) 确定输出 $y(t)$。

答案:当 $x(t)=0$ 时,$Y(s)/V(s)=s(s+1)/(s^2+s+1)$。

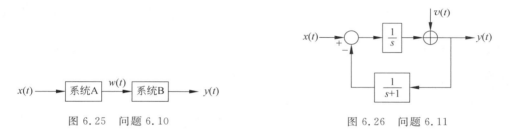

图 6.25 问题 6.10

图 6.26 问题 6.11

6.12 考虑一个转移函数为

$$H(s)=\frac{Y(s)}{X(s)}=\frac{1}{s^2+s/Q+1}$$

的二阶系统,其中 $Y(s)$ 和 $X(s)$ 是系统的输出 $y(t)$ 和输入 $x(t)$ 的拉普拉斯变换,Q 被称为品质因数。

(a) 如果反馈增益为 1,确定前馈转移函数 $G(s)$。

(b) 求 $H(s)$ 的极点,将极点表示成 $p_{1,2}=r\mathrm{e}^{\pm\mathrm{j}\phi}$ 的形式并画出它们,其中 ϕ 是相对于负实轴的夹角,r 是正的半径,给出 r 和 ϕ 的值。证明 $Q=1/(2\cos(\phi))$。

(c) 分别考虑 $Q=0.5$、$Q=\sqrt{2}/2$ 和 $Q\to\infty$ 几种情况,确定相应的极点,分别求出几种情况下的冲激响应 $h(t)$。当 Q 增大时会发生什么?请作出解释。

答案:$G(s)=1/(s(s+1/Q))$;$Q\to\infty\to H(s)=1/(s^2+1)$。

6.13 为了探究一个二阶系统中的比例-加-微商控制器的性能,令 $G_\mathrm{p}(s)=1/(s(s+1))$ 为装置的转移函数,$G_\mathrm{c}(s)=K_1+K_2s$ 为控制器的转移函数。

(a) 求负反馈系统的转移函数 $H(s)=Y(s)/X(s)$,其中 $G_\mathrm{c}(s)$ 和 $G_\mathrm{p}(s)$ 在该反馈系统的前馈支路上,反馈增益为 1。反馈系统的输入和输出为 $x(t)$ 和 $y(t)$,它们的拉普拉斯变换分别为 $X(s)$ 和 $Y(s)$。

(b) 假设(i) $K_1=K_2=1$;(ii) $K_1=0,K_2=1$ 和(iii) $K_1=1,K_2=0$。对于以上每一种情况指出极点

和零点的位置,并计算由 $x(t)=u(t)$ 引起的稳态响应。对比这三种情况下稳态误差的绝对值$|\varepsilon(t)|=|y_{ss}(t)-1|$,(i)~(iii)中哪一个产生的误差最大?

答案：$H(s)=(K_1+K_2s)/(s^2+s(1+K_2)+K_1)$；(ii)产生的误差最大。

6.14 设某个系统的转移函数为

$$H(s)=\frac{Y(s)}{X(s)}=\frac{b_0+b_1s}{a_0+a_1s+s^2}$$

定义状态变量为

$$v_1(t)=y(t),\quad v_2(t)=\dot{y}(t)+a_1y(t)-b_1x(t)$$

证明由此得到的是状态变量和输出的最小实现(即只需要两个积分器)。给出状态方程和输出方程中的矩阵/向量,画出该实现的框图。

答案：该实现的矩阵为

$$\boldsymbol{A}=\begin{bmatrix}-a_1 & 1\\ -a_0 & 0\end{bmatrix},\quad \boldsymbol{b}=\begin{bmatrix}b_1\\ b_0\end{bmatrix},\quad \boldsymbol{c}^{\mathrm{T}}=\begin{bmatrix}1 & 0\end{bmatrix}$$

6.15 已知一个二阶系统的状态变量实现中矩阵和向量如下

$$\boldsymbol{A}_c=\begin{bmatrix}-a_1 & -a_0\\ 1 & 0\end{bmatrix},\quad \boldsymbol{b}_c=\begin{bmatrix}1\\ 0\end{bmatrix},\quad \boldsymbol{c}_c^{\mathrm{T}}=\begin{bmatrix}b_1 & b_0\end{bmatrix}$$

(a)求一个可逆的矩阵 $\boldsymbol{F}$,它可用于将已知的状态方程和输出方程变换为具有矩阵和向量为

$$\boldsymbol{A}_o=\boldsymbol{A}_c^{\mathrm{T}},\quad \boldsymbol{b}_o=\boldsymbol{c}_c,\quad \boldsymbol{c}_o^{\mathrm{T}}=\boldsymbol{b}_c^{\mathrm{T}}$$

的状态方程和输出方程。

(b)假定

$$\boldsymbol{A}_c=\begin{bmatrix}1 & 2\\ 1 & 0\end{bmatrix},\quad \boldsymbol{b}_c=\begin{bmatrix}1\\ 0\end{bmatrix},\quad \boldsymbol{c}_c^{\mathrm{T}}=\begin{bmatrix}1 & -2\end{bmatrix}$$

存在一个可逆矩阵 $\boldsymbol{F}$,它会将已知实现变成具有矩阵$[\boldsymbol{A}_o,\boldsymbol{b}_o,\boldsymbol{c}_o]$的实现吗？请作出解释。

答案：$f_{11}=b_1,f_{12}=f_{21}=b_0$。

6.16 已知图 6.27 所示的两个实现,求相应的转移函数

$$H_1(s)=\frac{Y_1(s)}{X_1(s)},\quad H_2(s)=\frac{Y_2(s)}{X_2(s)}$$

答案：$H_1(s)=Y_1(s)/X_1(s)=(s-2)/(s^2-s-2)$。

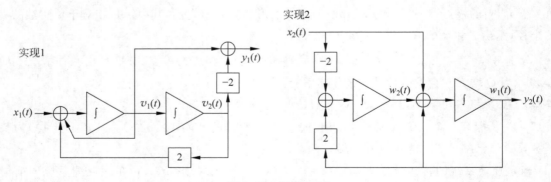

图 6.27 问题 6.16

6.6.2   MATLAB 实践题

6.17   反馈误差   控制系统总是试图在输入端追踪参考信号,但是在很多情况下它们无法跟踪到一些特别的信号。现在假设需要控制的系统具有转移函数 $G(s)$,反馈转移函数为 $H(s)$,如果 $X(s)$ 是参考输入信号的拉普拉斯变换,$Y(s)$ 是输出信号的拉普拉斯变换,并且

$$G(s) = \frac{1}{s(s+1)(s+2)} \quad 及 \quad H(s) = 1$$

(a) 求一个用 $X(s)$、$G(s)$ 和 $H(s)$ 表示 $E(s)$ 的表达式。

(b) 令 $x(t) = u(t)$,相应误差的拉普拉斯变换为 $E_1(s)$,利用拉普拉斯变换的终值性质求稳态误差 e_{1ss}。

(c) 令 $x(t) = tu(t)$,即斜变信号,$E_2(s)$ 为相应的误差信号的拉普拉斯变换,利用拉普拉斯变换的终值性质求稳态误差 e_{2ss}。该误差的值比前一个误差的值大一些吗? $u(t)$ 和 $r(t)$ 两个信号中,哪一个更容易追踪到?

(d) 利用 MATLAB 求 $E_1(s)$ 和 $E_2(s)$ 的部分分式展开式,并利用展开式求出 $e_1(t)$ 和 $e_2(t)$,再画出 $e_1(t)$ 和 $e_2(t)$ 的波形。

答案:$E_1(s) = (s+1)(s+2)/(1+s(s+1)(s+2))$; $e_{2ss} = 2$。

6.18   具有不稳定模式的系统的状态变量表示——第 1 部分   一个 LTI 系统由以下常微分方程描述

$$\frac{d^2 y(t)}{dt^2} + \frac{dy(t)}{dt} - 2y(t) = \frac{dx(t)}{dt} - x(t)$$

(a) 求转移函数 $H(s) = Y(s)/X(s) = B(s)/A(s)$ 及其极点和零点。该系统是 BIBO 稳定的吗? 有没有出现极-零点相消的情况?

(b) 将 $H(s)$ 分解为 $W(s)/X(s) = 1/A(s)$ 和 $Y(s)/W(s) = B(s)$,其中,$w(t)$ 是辅助变量,$W(s)$ 是其拉普拉斯变换。确定一个只用两个积分器的状态/输出实现,将第一个积分器的输出取为状态变量 $v_1(t)$,第二个积分器的输出取为状态变量 $v_2(t)$,给出这个实现中的矩阵 $\boldsymbol{A}_1$、向量 $\boldsymbol{b}_1$ 和 $\boldsymbol{c}_1^{\mathrm{T}}$。

(c) 画出该实现的方框图。

(d) 利用 MATLAB 函数 tf2ss,由 $H(s)$ 得到状态和输出的实现,给出矩阵 $\boldsymbol{A}_c$、向量 $\boldsymbol{b}_c$ 和 $\boldsymbol{c}_c^{\mathrm{T}}$。与前面所得到的矩阵和向量相比,这些矩阵和向量怎么样?

答案:$H(s) = 1/(s+2)$; $d^2w(t)/dt^2 + dw(t)/dt - 2w(t) = x(t)$; $y(t) = dw(t)/dt - w(t)$

6.19   具有不稳定模式的系统的状态变量表示——第 2 部分   对于第 1 部分中的系统,取状态变量

$$v_1(t) = y(t), \quad v_2(t) = \dot{y}(t) + y(t) - x(t)$$

(a) 求实现第 1 部分中的常微分方程的状态方程和输出方程中的矩阵 $\boldsymbol{A}_2$、向量 $\boldsymbol{b}_2$ 和 $\boldsymbol{c}_2^{\mathrm{T}}$。

(b) 画出实现这组状态变量和输出的方框图。

(c) 与第 1 部分得到的 $\boldsymbol{A}_1$、$\boldsymbol{b}_1$ 和 $\boldsymbol{c}_1^{\mathrm{T}}$ 相比,以上得到的 $\boldsymbol{A}_2$、$\boldsymbol{b}_2$ 和 $\boldsymbol{c}_2^{\mathrm{T}}$ 怎么样?

(d) 将第 1 部分框图中的加法器变成节点,节点变成加法器,将所有箭头的方向反转,并将 $x(t)$ 和 $y(t)$ 交换,即将前面框图中的输入和输出分别变为本部分框图中的输出和输入,这样得到的是部分 1 中框图的对偶图,将它与在(b)中得到的框图进行比较,二者有什么关系? 如何解释该对偶性?

答案:$\dot{v}_1(t) = v_2(t) - v_1(t) + x(t)$; $\dot{v}_2(t) = 2v_1(t) - x(t)$。

6.20 状态变量对角化 假设已知观察器空间表示中的矩阵和向量如下：

$$\boldsymbol{A}_\circ = \begin{bmatrix} -1 & 1 \\ 2 & 0 \end{bmatrix}, \quad \boldsymbol{b}_\circ = \begin{bmatrix} 1 \\ -1 \end{bmatrix}, \quad \boldsymbol{c}_\circ^{\mathrm{T}} = \begin{bmatrix} 1 & 0 \end{bmatrix}$$

为了求出一个能使 $\boldsymbol{A}_\circ$ 对角化的变换，用 MATLAB 函数 eigs 计算矩阵的特征值和特征向量，从而对 $\boldsymbol{A}_\circ$ 进行如下的对角化

$$\boldsymbol{V}^{-1}\boldsymbol{A}_\circ\boldsymbol{V} = \begin{bmatrix} \lambda_1 & 0 \\ 0 & \lambda_2 \end{bmatrix}$$

其中，$\boldsymbol{V}$ 是和特征向量一起生成的矩阵，$\{\lambda_i\}$，$i=1,2$ 是特征值。

（a）求对应这个状态变量表示的特征方程

$$\det(s\boldsymbol{I} - \boldsymbol{A}_\circ)$$

并证明它与转移函数的分母相同(由状态变量表示获得转移函数可用函数 ss2tf)。

（b）利用可逆变换矩阵 $\boldsymbol{V}$ 求得一组新的状态变量，要使其中的矩阵 $\boldsymbol{A}$ 为对角阵，向量分别为 $\boldsymbol{b}$ 和 $\boldsymbol{c}^{\mathrm{T}}$。给出这些矩阵和向量。

（c）假设通过令 $\boldsymbol{A}_c = \boldsymbol{A}_\circ^{\mathrm{T}}$，$\boldsymbol{b}_c = \boldsymbol{c}_\circ^{\mathrm{T}}$ 和 $\boldsymbol{c}_c^{\mathrm{T}} = \boldsymbol{b}_\circ^{\mathrm{T}}$ 求出控制器型，重复以上对角化过程，并对所得结果加以解释。

答案：$H(s) = (s-1)/((s-1)(s+2)) = 1/(s+2)$。

6.21 最小实现 假定一个状态实现具有以下矩阵

$$\boldsymbol{A}_\circ = \begin{bmatrix} -2 & 1 \\ -1 & 0 \end{bmatrix}, \quad \boldsymbol{b}_\circ = \begin{bmatrix} 1 \\ -1 \end{bmatrix}, \quad \boldsymbol{c}_\circ^{\mathrm{T}} = \begin{bmatrix} 1 & 0 \end{bmatrix}$$

求出相应的转移函数，并利用函数 ss2tf 验证所得结果。获得该系统的一个最小实现，画出该实现的方框图。

答案：$H(s) = (s-1)/(s+1)^2$。

第 7 章

通信和滤波中的傅里叶分析

有时候,问题很复杂,答案却很简单。

西奥多·苏斯·盖泽尔(Theodor Seuss Geisel),(苏斯博士),(1904—1991 年)
美国诗人和漫画家

7.1　引言

通信是傅里叶分析在电气工程中的应用领域。本章用实例说明信号和系统的频率表示如何应用在通信中,同样要说明的是在通信中使用的调制、带宽和频谱等概念。通信系统由三部分组成:**发射机、信道和接收机**。通信的目的是将消息通过信道传送至接收机,消息是一个信号,例如语音或音乐信号,一般包含的都是低频率。消息的传输可以通过无线电波来完成,也可以通过一根连接发射机和接收机的导线来完成,或将二者结合起来——由此构成具有不同特性的信道。电话通信可以用导线,也可以不用导线,而无线电广播和电视都是无线的。在通信系统的分析和设计中,通过傅里叶变换建立起来的频率以及带宽、频谱和调制等概念是最基础的。本章的目的是介绍通信中的有关问题,并将它们与傅里叶分析联系起来,有关这个课题的进一步分析可参考通信领域方面的优秀书籍。

本章涉及的另一个课题是模拟滤波器的设计。滤波是 LTI 系统在通信、控制和信号处理中非常重要的应用。本章中有关这个课题的内容只是开始,第 12 章介绍了离散时间滤波器的设计之后,关于滤波器的设计才会完整。在本章我们将举例说明滤波器设计和实现中与信号和系统有关的重要问题。

7.2　应用于通信

傅里叶变换在通信当中的应用是显而易见的,信号在频域中的表示、调制的概念和带宽的概念等都是通信的基础。本节给出一些调制的例子,不仅有采用线性调制方法的(调幅或者说 AM),而且有采用非线性调制方法的(调频和调相或 FM 和 PM),我们还会对它们的重要扩展,例如正交幅度调制(QAM)和频分复用(FDM)进行研究。

由于绝大多数消息信号的本性都是低通的,因此有必要搬移消息的频谱以避免在传输信号时需要采用非常大尺寸的天线,该目的可以通过调制达到,调制可以通过改变载波信号

$$A(t)\cos(2\pi f_c + \theta(t)) \tag{7.1}$$

的振幅 $A(t)$ 或者相位 $\theta(t)$ 来完成。对于常数相位,使 $A(t)$ 与消息信号成比例,这就是**幅度调制(AM)**,与之相反,如果保持振幅为常数,而使 $\theta(t)$ 随消息信号而改变,便是**频率调制(FM)**或**相位调制(PM)**,二者统称为**角调制**。

注：

（1）一个无线通信系统可被视为三个子系统的级联：发射机、信道和接收机——它们中没有哪一个是 LTI 的。消息信号的低频本性要求发射机是一个能够产生高得多的频率的系统，但 LTI 系统是做不到这一点的（回顾特征函数性质就可以理解了），因此发射机一般都是非线性的或线性时变的。接收机也不是 LTI 的。一个典型的无线信道是时变的。

（2）一些通信系统采用并联连接（见本章后面的正交幅度调制或者说 QAM），为了使不同用户能够通过同一信道进行通信，应用中有一种将并联连接和级联连接相结合的方式，见本章后面的频分复用（FDM）系统。不过需要再次强调这些系统都不是 LTI 的。

7.2.1 抑制载波调幅（AM-SC）

考虑一个消息信号 $m(t)$（例如，语音信号或音乐信号，或二者的混合），用它调制一个余弦载波信号 $\cos(\Omega_c t)$，产生一个调幅信号

$$s(t) = m(t)\cos(\Omega_c t) \tag{7.2}$$

载波频率 $\Omega_c \gg 2\pi f_0$，其中，f_0（Hz）是消息信号中的最大频率（对于音乐信号而言，f_0 约为 22kHz，对于语音信号而言，f_0 约为 5kHz）。信号 $s(t)$ 被称为**抑制载波调幅**信号或 **AM-SC** 信号。根据傅里叶变换的调制性质，$s(t)$ 的傅里叶变换为

$$S(\Omega) = \frac{1}{2}[M(\Omega - \Omega_c) + M(\Omega + \Omega_c)] \tag{7.3}$$

其中，$M(\Omega)$ 是消息信号的频谱。现在消息的频率成分被移到了一个比基带信号 $m(t)$ 的频率高得多的频率 Ω_c（rad/s）上，相应地，发送调幅信号所需的天线就有了一个合理的长度。图 7.1 显示了一个 AM-SC 系统。注意已调信号的频谱不包含载波的信息，因此称它为"抑制载波"。

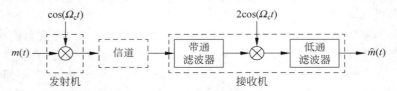

图 7.1　AM-SC 发射机、信道和接收机

在接收端，首先需要从众多来自于各种信源的信号中检测出想要的信号，这可以用一个选通所需信号而过滤其他信号的可调谐带通滤波器完成。假设接收机接收到的信号经带通滤波之后刚好是 $s(t)$，然后需要对该信号解调以获得原始消息信号 $m(t)$，这可以通过用一个余弦波乘以 $s(t)$ 来完成，余弦波的频率与发射端载波的频率，即 Ω_c 完全相同，该过程将产生信号 $r(t) = 2s(t)\cos(\Omega_c t)$，再次根据调制性质得到该信号的傅里叶变换为

$$R(\Omega) = S(\Omega - \Omega_c) + S(\Omega + \Omega_c) = M(\Omega) + \frac{1}{2}[M(\Omega - 2\Omega_c) + M(\Omega + 2\Omega_c)] \tag{7.4}$$

通过将信号 $r(t)$ 输入一个低通滤波器，滤除掉其他项 $M(\Omega \pm 2\Omega_c)$，就获得了消息信号的频谱 $M(\Omega)$。在这种理想情况下，即假设接收到的是已调信号 $s(t)$，并且没有出现来自其他发射机或信道噪声的干扰，最后获得的信号就是被发送的消息 $m(t)$。

上述过程简化了接收信号的真实处理过程，实际上，接收机会遇到很多其他传输信号，除了这个，还有传输路径上设备产生的信道噪声，以及载波频率附近其他传输信号的干扰，因此，带通滤波器获得的信号不仅有想要的已调消息，还有信号干扰和信道噪声，因而要完美地恢复 $m(t)$ 简直是不可能的。此

外,发射信号没有载波频率 Ω_c 的迹象——它在发射信号中被抑制了——因此接收机需要估计载波频率,并且任何细微的偏差都会产生误差。

注:

(1) AM-SC 发射机是线性的,然而是时变的,因此 AM-SC 被称为线性调制。已调信号的频率远高于消息的频率,这说明发射机不是 LTI 的,否则应该满足特征函数性质,即产生的信号所包含的频率是输入信号所含频率的一个子集。

(2) 一个比 $\Omega_c \gg 2\pi f_0$ 更通用的表征是 $\Omega_c \gg BW$,其中,f_0 是消息的最大频率,$BW(\text{rad/s})$ 是消息的带宽。电路理论中定义了滤波器的带宽,通信中也有几种可行的带宽定义。信号的带宽是指频谱成分中满足某种度量的正频率范围的宽度,以下是两个实际中经常用到的带宽定义:

■ **半功率带宽或 3-dB 带宽**是指从零频率处的峰值(低通信号)或无穷大频率处的峰值(高通信号)或某个中心频率处的峰值(带通信号)衰减到峰值的 0.707 处的正频率范围的宽度,这正好对应着在直流频率或无穷大频率或中心频率的功率减小到一半时的频率范围。

■ **过零点带宽**决定信号频谱中正频率范围的宽度,该信号的频谱主瓣包含其能量的主要部分。如果一个低通信号包含一个明确定义的最大频率,那么带宽就是从 0 频率到该最大频率的范围;如果信号是带通的且有一个最小频率和一个最大频率,那么带宽就等于最大频率减去最小频率。

(3) AM-SC 解调需要准确地知道载频,这一点很重要,因为在恢复消息时任何细微的偏差都会产生误差。例如,假设解调器所用的载频存在一个小误差,即不是 Ω_c,而是 $\Omega_c + \Delta$,$\Delta > 0$,那么对接收信号进行解调就得到

$$\tilde{r}(t) = 2s(t)\cos((\Omega_c + \Delta)t)$$

其傅里叶变换为

$$\tilde{R}(\Omega) = S(\Omega - \Omega_c - \Delta) + S(\Omega + \Omega_c + \Delta)$$
$$= \frac{1}{2}[M(\Omega + \Delta) + M(\Omega - \Delta)]$$
$$+ \frac{1}{2}[M(\Omega - 2(\Omega_c + \Delta/2)) + M(\Omega + 2(\Omega_c + \Delta/2))]$$

可见,即使在没有信道噪声或干扰出现的理想情况下,低通滤波信号都不会是原来的消息信号了。

7.2.2 商用调幅

商用广播中载波是加到调幅信号上的,这样接收机可以获得载波信息从而有助于识别电台,不过对于解调而言这个信息并不重要,因为商用调幅用的是**包络检波器**。通过使已调信号的包络看起来像消息信号,检测该包络就是解调时所要做的全部工作了。商用调幅信号的形式为

$$s(t) = [K + m(t)]\cos(\Omega_c t)$$

其中,调幅指数 K 的选择需要对所有 t 值都有 $K + m(t) > 0$,这样 $s(t)$ 的包络就正比于消息 $m(t)$。发送信号 $s(t)$ 的傅里叶变换为

$$S(\Omega) = K\pi[\delta(\Omega - \Omega_c) + \delta(\Omega + \Omega_c)] + \frac{1}{2}[M(\Omega - \Omega_c) + M(\Omega + \Omega_c)]$$

其中,具有振幅 K 的载波出现在 $\pm\Omega_c$ 处,而对于被调制的消息,其频谱与在 AM-SC 中一样。包络检波接收机是通过找到接收信号的包络来确定消息信号的。

注:

(1) 与抑制载波调幅相比,将载波添加到消息中的优点是允许使用简单的包络检波器,但是为此付出的代价是需要增大发射信号功率。

（2）商用调幅中的解调被称为是**非相干的**，**相干解调**则是用一个频率和相位与载波相同的正弦波乘以接收信号，该正弦信号由一个**本机振荡器**产生。

（3）商用调幅的缺点也是抑制载波调幅的缺点，即与消息的带宽相比，传输信号的带宽加倍了。考虑到幅度谱和相位谱的对称性，显然没有必要为了在解调时还原信号而发送频谱的上、下两个边带，于是就有了**上边带调幅**和**下边带调幅**这两种能更有效地利用频谱的调制方法。

（4）绝大多数调幅接收机都采用费森登和阿姆斯特朗发明的**超外差接收机技术**。①

【例 7.1】

用 **MATLAB** 模拟幅度调制：MATLAB 提供了不同的数据文件用于模拟，例如此处用到的 train.mat。假设消息 $y(t)$ 是训练信号，我们想用它调制一个余弦 $\cos(\Omega_c t)$ 从而产生一个调幅信号 $z(t)$。由于训练信号是以抽样形式给出的，因此模拟需要离散处理，故此处将只对结果进行注释。

载波频率选为 $f_c = 20.48\text{kHz}$。为了能使用包络检波器，在发射端将常数 K 添加到消息中以使 $y(t) + K > 0$，调幅信号的包络应该与消息的形状相像，于是调幅信号为

$$z(t) = [K + y(t)]\cos(\Omega_c t), \quad \Omega_c = 2\pi f_c$$

图 7.2 显示了训练信号、信号的一个片段和与该片段相对应的展示出包络的已调信号，以及信号片

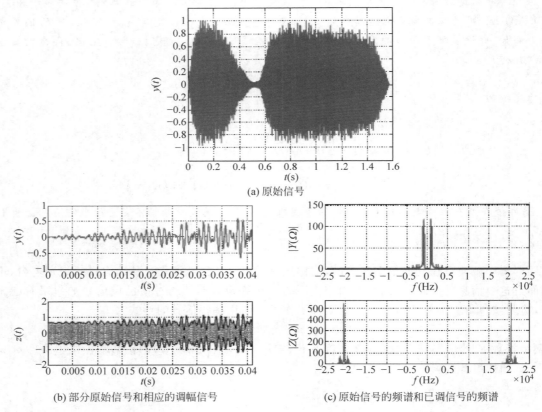

(a) 原始信号

(b) 部分原始信号和相应的调幅信号　　　(c) 原始信号的频谱和已调信号的频谱

图 7.2　商用调幅

<hr />

① 雷吉纳德·费森登（Reginald Fessenden）是第一个提出外差法原理的人。外差法的原理是用一个不同于射频信号频率的本机振荡器混合射频信号产生一个信号，该信号的频率在音频范围内，例如，该信号可以用来驱动耳机的振动膜。用接收机发出的 100kHz 混合一个 101kHz 的输入会产生一个处于可听范围的 1kHz 的频率。费森登没能成功地制造出一个实用的超外差接收机，真正实用的超外差接收机是埃德温 H·阿姆斯特朗于 20 世纪 20 年代利用电子管实现的。

段和已调信号片段的傅里叶变换,注意包络与原始信号的形状相似。由训练信号的频谱还可以看出其频带约为 5kHz,而已调信号的频谱表现出信号频谱搬移的特点,其带宽约为 10kHz,同时要注意在载波频率 $\pm f_c$ 处出现的巨大峰值。

7.2.3 单边带调幅

消息 $m(t)$ 一般是实值信号,正如前面所指出的那样,实值信号的频谱是对称的,即傅里叶变换 $M(\Omega)$ 的模和相位分别是频率的偶函数和奇函数。幅度调制提供了 $M(\Omega)$ 的上边带和下边带,因此采用幅度调制会导致频谱包含冗余信息。为了减小传输信号的带宽,可以利用带通滤波器(见图 7.3)去除调幅信号的上边带或者下边带,由此产生的调制方法被称作**单边带调幅**(**AM-SSB**)(此处的单边带是上边带还是下边带取决于保留两个边带中的哪一个)。无论何时,只要窄带所带来的好处比接收信号的质量更为重要,而且接收信号频带内的噪声较少,都可以采用这种调制方式。业余无线电爱好者使用的就是 AM-SSB。

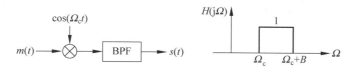

图 7.3 上边带调幅发射机(Ω_c 是载波频率,B 是消息的带宽)

如图 7.3 所示,通过对 $m(t)\cos(\Omega_c t)$ 进行带通滤波得到上边带调制信号 $s(t)$,在接收端,接收信号先经过一个带通滤波器滤波,接着像在 AM-SC 系统里那样对带通滤波产生的输出进行解调。最后为了获得发送消息 $m(t)$,解调器的输出再经过一个截止频率等于消息带宽的低通滤波器。

7.2.4 正交幅度调制和频分复用

正交幅度调制(QAM)和频分复用(FDM)是许多通信系统的先导,之所以 QAM 和 FDM 能引起人们的极大关注,是因为它们可以有效地利用射频频谱资源。

1. 正交幅度调制(QAM)

QAM 能够使两个 AM-SC 信号在同一频带上传输,从而节省了带宽,两个消息可以在接收端被分开。利用类似余弦波和正弦波等相互正交的载波,可以实现以上过程,见图7.4。QAM 调制信号为

$$s(t) = m_1(t)\cos(\Omega_c t) + m_2(t)\sin(\Omega_c t) \tag{7.5}$$

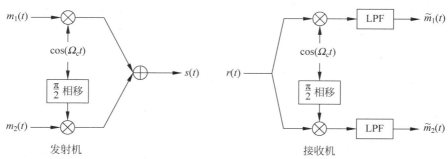

图 7.4 QAM 发射机和接收机($s(t)$ 是发射信号,$r(t)$ 是接收信号)

其中, $m_1(t)$ 和 $m_2(t)$ 是消息信号。可以认为 $s(t)$ 有一个相量,该相量等于两个相互垂直的相量(余弦比正弦超前 $\pi/2$)之和。确实如此,

$$s(t) = \mathrm{Re}[(m_1(t)\mathrm{e}^{\mathrm{j}0} + m_2(t)\mathrm{e}^{-\mathrm{j}\pi/2})\mathrm{e}^{\mathrm{j}\Omega_c t}]$$

故 $s(t)$ 有一个相量 $m_1(t)\mathrm{e}^{\mathrm{j}0} + m_2(t)\mathrm{e}^{-\mathrm{j}\pi/2}$,即两个垂直的相量之和。由于

$$m_1(t)\mathrm{e}^{\mathrm{j}0} + m_2(t)\mathrm{e}^{-\mathrm{j}\pi/2} = m_1(t) - \mathrm{j}m_2(t)$$

因而可以把 QAM 信号看成是对复消息 $m(t) = m_1(t) - \mathrm{j}m_2(t)$ 的实部和虚部分别进行幅度调制的结果。

为了简化 $s(t)$ 频谱的计算,考虑消息 $m(t) = m_1(t) - \mathrm{j}m_2(t)$,它是一个复消息,其频谱为 $M(\Omega) = M_1(\Omega) - \mathrm{j}M_2(\Omega)$,于是由

$$s(t) = \mathrm{Re}[m(t)\mathrm{e}^{\mathrm{j}\Omega_c t}] = 0.5[m(t)\mathrm{e}^{\mathrm{j}\Omega_c t} + m^*(t)\mathrm{e}^{-\mathrm{j}\Omega_c t}]$$

其中, $*$ 代表复共轭,可得 $s(t)$ 的频谱为

$$S(\Omega) = 0.5[M(\Omega - \Omega_c) + M^*(\Omega + \Omega_c)]$$
$$= 0.5[M_1(\Omega - \Omega_c) - \mathrm{j}M_2(\Omega - \Omega_c) + M_1(\Omega + \Omega_c) + \mathrm{j}M_2(\Omega + \Omega_c)]$$

从这里可以清楚地看出两个消息的频谱出现了叠加。为简单起见,假设在接收端接收到的信号是 $s(t)$,那么用 $\cos(\Omega_c t)$ 去乘以 $s(t)$ 便可得到

$$r_1(t) = s(t)\cos(\Omega_c t) = 0.25[m(t)\mathrm{e}^{\mathrm{j}\Omega_c t} + m^*(t)\mathrm{e}^{-\mathrm{j}\Omega_c t}][\mathrm{e}^{\mathrm{j}\Omega_c t} + \mathrm{e}^{-\mathrm{j}\Omega_c t}]$$
$$= 0.25[m(t) + m^*(t)] + 0.25[m(t)\mathrm{e}^{\mathrm{j}2\Omega_c t} + m^*(t)\mathrm{e}^{-\mathrm{j}2\Omega_c t}]$$

当它经过一个带宽合适的低通滤波器后,可产生

$$0.25[m(t) + m^*(t)] = 0.25[m_1(t) - \mathrm{j}m_2(t) + m_1(t) + \mathrm{j}m_2(t)]$$
$$= 0.5m_1(t)$$

同理,为了得到第二个消息,可以用 $\sin(\Omega_c t)$ 去乘以 $s(t)$,并将产生的信号输入一个低通滤波器。

2. 频分复用(FDM)

FDM 通过给每个用户分配指定的频带,实现了几个用户共享无线电频谱资源,例如,本地调幅广播或调频广播可以看作为一个 FDM 系统。在电话通信系统中,利用一个滤波器组就可以达到多个用户使用同一系统的目的,然而接收端必须要有一个相似的系统才能实现双向通信。

为了说明 FDM 系统(见图 7.5)的工作原理,下面来考虑一个待传输的消息集合,该集合中的消息都具有已知的有限带宽(可以低通滤波这些消息从而使它们满足这个条件)。在 FDM 系统中,该消息集合中的每个消息都调制一个不同的载波,于是这些已调信号处于不同的频带内,相互之间不会出现干扰(如果需要,可用一个防护频率来保证相互之间不出现干扰),现在,这些频率多路复用的已调消息就可以被传输了。在接收端,采用一组带通滤波器——这些滤波器的中心频率等于在发射端所用的载波频率——接着用合适的解调器来恢复不同的消息。任何幅度调制技术在 FDM 系统中都可以使用。

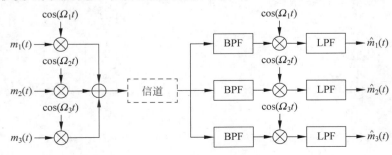

图 7.5　频分复用(FDM)系统

7.2.5 角调制

幅度调制被称为**线性调制**,因为它表现得像一个线性系统,而频率和相位调制或角调制系统却是非线性的。我们对角调制感兴趣是因为与幅度调制相比,角调制中噪声或干扰的影响较小,不过同时也付出了带宽大和实现复杂的代价。角调制系统的非线性特性使得对它们的分析比对幅度调制系统的分析更困难,计算一个频率调制信号或相位调制信号的频谱比计算一个幅度调制信号的频谱困难得多。下面考虑**窄带调频**的情况,这种情况下能直接求出信号的频谱。

埃德温 H·阿姆斯特朗(Edwin H. Armstrong)教授是第一个成功开发出频率调制系统——窄带调频系统的人。[①] 如果 $m(t)$ 是消息信号,用它调制一个频率为 $\Omega_c(\mathrm{rad/s})$ 的载波信号,采用角调制技术得到的传输信号 $s(t)$ 具有以下形式:

$$s(t) = A\cos(\Omega_c t + \theta(t)) \tag{7.6}$$

其中,相位角 $\theta(t)$ 取决于消息 $m(t)$。在相位调制的情况下,角函数正比于消息 $m(t)$,即

$$\theta(t) = K_f m(t) \tag{7.7}$$

其中,$K_f > 0$ 称为**调制指数**。如果相位角是这样的

$$\frac{\mathrm{d}\theta(t)}{\mathrm{d}t} = \Delta\Omega m(t) \tag{7.8}$$

那么该关系式就定义了**频率调制**。作为时间的函数,**瞬时频率**等于余弦函数宗量的导数,或

$$IF(t) = \frac{\mathrm{d}[\Omega_c t + \theta(t)]}{\mathrm{d}t} = \Omega_c + \frac{\mathrm{d}\theta(t)}{\mathrm{d}t} = \Omega_c + \Delta\Omega m(t) \tag{7.9}$$

它表示频率随时间的变化情况。例如,如果 $\theta(t)$ 是个常数(这样载波只是一个频率为 Ω_c 和常数相位 θ 的正弦波),那么瞬时频率很简单,即为 Ω_c。$\Delta\Omega m(t)$ 这一项关系到在 Ω_c 附近的频率扩展,因此 E. 克雷格(E. Craig)教授在他的书中提出了**调制悖论**:在幅度调制中,带宽取决于消息的频率;而在频率调制中,带宽则取决于消息的幅度。

于是已调信号为

$$相位调制(\text{PM}): \quad s_{\text{PM}}(t) = \cos(\Omega_c t + K_f m(t)) \tag{7.10}$$

$$频率调制(\text{FM}): \quad s_{\text{FM}}(t) = \cos\left(\Omega_c t + \Delta\Omega \int_{-\infty}^{t} m(\tau)\mathrm{d}\tau\right) \tag{7.11}$$

窄带调频情况下的相位角 $\theta(t)$ 很小,从而有 $\cos(\theta(t)) \approx 1$,$\sin(\theta(t)) \approx \theta(t)$,利用它们化简传输信号的频谱表示可得

$$S(\Omega) = \mathcal{F}[\cos(\Omega_c t + \theta(t))] = \mathcal{F}[\cos(\Omega_c t)\cos(\theta(t)) - \sin(\Omega_c t)\sin(\theta(t))]$$
$$\approx \mathcal{F}[\cos(\Omega_c t) - \sin(\Omega_c t)\theta(t)] \tag{7.12}$$

利用余弦函数的频谱和调制定理可得

$$S(\Omega) \approx \pi[\delta(\Omega - \Omega_c) + \delta(\Omega + \Omega_c)] + \frac{1}{2\mathrm{j}}[\Theta(\Omega - \Omega_c) - \Theta(\Omega + \Omega_c)] \tag{7.13}$$

其中,$\Theta(\Omega)$ 为相位角 $\theta(t)$ 的频谱,它可由式(7.8)获得(利用傅里叶变换的微分性质):

$$\Theta(\Omega) = \frac{\Delta\Omega}{\mathrm{j}\Omega}M(\Omega) \tag{7.14}$$

将其代入式(7.13)中,可得到一个与载波调幅系统相似的谱表示:

[①] 埃德温 H·阿姆斯特朗,(1890—1954 年),哥伦比亚大学电气工程教授,生于纽约。他是一些基本电子电路的发明者,这些电路后来成为所有现代无线电、雷达和电视中所用电路的基础。正如我们所知的,他的发明和研究成果构成了无线电通信的支柱。

$$S(\Omega) \approx \pi\left[\delta(\Omega-\Omega_c)+\delta(\Omega+\Omega_c)\right]-\frac{\Delta\Omega}{2}\left[\frac{M(\Omega-\Omega_c)}{\Omega-\Omega_c}-\frac{M(\Omega+\Omega_c)}{\Omega+\Omega_c}\right] \tag{7.15}$$

如果相位角 $\theta(t)$ 的值不小，那么得到的是**宽带调频**，其频谱更难以获得。

【例 7.2】

　　用 **MATLAB** 模拟频率调制　　在这些模拟中，我们只关注结果而将对于代码的讨论放在下一章介绍，因为模拟中所用的信号都是用离散时间信号近似的。对于窄带调频，考虑一个正弦消息

$$m(t) = 80\sin(20\pi t)u(t)$$

和一个频率为 $f_c=100\mathrm{Hz}$ 的正弦载波信号，从而调频信号为

$$x(t) = \cos\left(2\pi f_c t+0.1\pi\int_{-\infty}^{t}m(\tau)\mathrm{d}\tau\right)$$

　　在图 7.6 的左上方显示的是消息和窄带调频信号 $x(t)$ 的波形，右上方是它们的幅度谱 $|M(\Omega)|$ 和 $|X(\Omega)|$，可见窄带调频仅仅移动了消息的频率。瞬时频率(余弦函数宗量的导数)等于

$$IF(t) = 2\pi f_c+0.1\pi m(t) = 200\pi+8\pi\sin(20\pi t) \approx 200\pi$$

即对任何时间它几乎都保持为常数，故对于窄带调频，已调信号的频谱对所有时间保持不变。为了说明这一点，下面来计算 $x(t)$ 的动态频谱图。简单地说，动态频谱图可被看成是在信号随时间不断演进的过程中，持续不断地计算其傅里叶变换而得到频谱图，图 7.6 的下方就是动态频谱图。

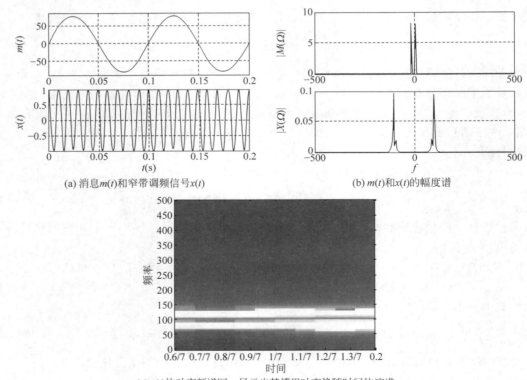

(a) 消息$m(t)$和窄带调频信号$x(t)$　　　　　　(b) $m(t)$和$x(t)$的幅度谱

(c) $x(t)$的动态频谱图，显示出其傅里叶变换随时间的演进

图 7.6　窄带频率调制

　　为了说明宽带调频，考虑以下两个消息

$$m_1(t) = 80\sin(20\pi t)u(t)$$
$$m_2(t) = 2000tu(t)$$

产生的调频信号为

$$x_i(t) = \cos\left(2\pi f_{ci}t + 50\pi\int_{-\infty}^{t} m_i(\tau)\,\mathrm{d}\tau\right), \quad i=1,2$$

其中，$f_{c1}=2500\mathrm{Hz}$，$f_{c2}=25\mathrm{Hz}$。在这种情况下瞬时频率等于

$$IF_i(t) = 2\pi f_{ci} + 50\pi m_i(t), \quad i=1,2$$

这些瞬时频率不再像前面那样"几乎为常数"了，即现在载波频率是随时间不断变化的。例如，对于以上斜变消息，其瞬时频率等于

$$IF_2(t) = 50\pi + 10^5 t\pi$$

因此在一个较小的时间范围$[0,0.1]$内，得到一个 chirp 信号（具有时变频率的正弦），如图 7.7 所示，该图展示了两个消息、两个调频信号以及它们的幅度谱和动态频谱图。这两个调频信号是宽带的，即占据

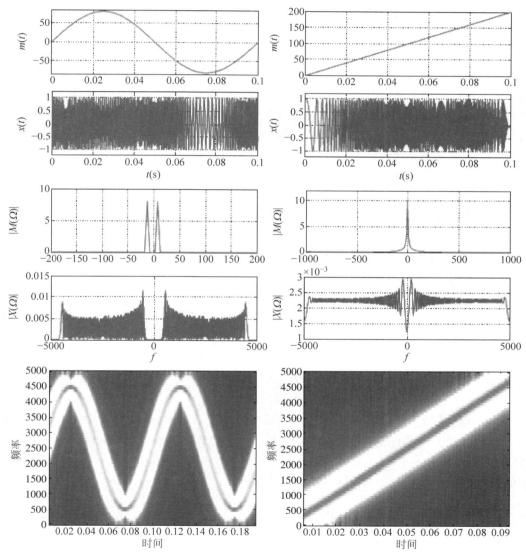

图 7.7　宽带频率调制

左边是关于正弦消息，右边是关于斜变消息，从上至下依次为：消息、FM 调制信号、消息的频谱、调频信号的频谱和调频信号的动态频谱图。

的频带远大于消息的频带,并且它们的动态频谱图显示出它们的频谱是随时间而变化的——这是一个联合时频表征。

7.3　模拟滤波

滤波的基本思想是去除信号中不需要的频率分量,在控制、通信和信号处理中都要应用滤波。本节仅就模拟滤波器的设计进行简单的介绍,在第 12 章将专门介绍离散时间滤波器的设计,从某种程度上来说第 12 章的内容将以本节的内容为基础。

根据 LTI 系统的特征函数性质(见图 7.8),一个 LTI 系统对正弦输入信号——该信号具有确定的振幅、频率和相位——的稳态响应是一个与输入同频率的正弦信号,但是振幅和相位受到了来自于系统在输入频率的响应的影响。由于周期信号和非周期信

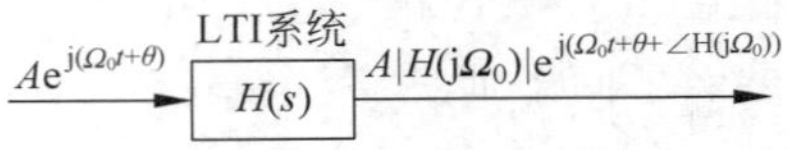

图 7.8　连续 LTI 系统的特征函数性质

号均有由频率不同的正弦组成的傅里叶表示,因此任何信号的频率分量都可以通过适当选取 LTI 系统的频率响应而得到修改,即滤波,故而滤波可被视为改变输入信号频率成分的一个途径。

针对某个具体应用指定合适的滤波器,采用的是输入的频谱特性和输出的期望频谱特性,一旦确定了滤波器的技术指标,滤波器的设计问题就变成一个逼近两个 s 的多项式之比的问题。设计滤波器的经典方法是先考虑一个具有归一化频率和归一化幅度响应的低通原型滤波器,然后将其变换成为具有期望频率响应的其他滤波器,因此滤波器设计中很大一部分工作是低通原型滤波器的设计,以及如何建立频率变换关系从而将低通滤波器映射成为其他类型的滤波器。利用滤波器的级联和并联连接也是获得不同类型滤波器的一个途径。

我们设计的滤波器应该是因果的、稳定的,并且要有实系数,这样它才能够实时应用,并能够用无源或有源器件实现。在实现无源滤波器时,可以使用电阻器、电容器和电感器,而实现有源滤波器则使用电阻器、电容器和运算放大器。

7.3.1　滤波基础

具有转移函数 $H(s) = B(s)/A(s)$ 的滤波器是一个具有特定频率响应的 LTI 系统。傅里叶变换的卷积性质给出了滤波器的输出 $y(t)$ 的傅里叶变换为

$$Y(\Omega) = X(\Omega)H(j\Omega) \tag{7.16}$$

其中,系统的频率响应由转移函数 $H(s)$ 获得为

$$H(j\Omega) = H(s) \mid_{s=j\Omega}$$

且 $X(\Omega)$ 为输入 $x(t)$ 的傅里叶变换。由此可见,由傅里叶变换 $X(\Omega)$ 表示的输入的频率成分被滤波器的频率响应 $H(j\Omega)$ 改变了,从而使频谱为 $Y(\Omega)$ 的输出信号只包含所期望的频率分量。

1. 幅度平方函数

模拟低通滤波器的幅度平方函数具有以下一般形式:

$$|H(j\Omega)|^2 = \frac{1}{1 + f(\Omega^2)} \tag{7.17}$$

其中,对于低频有 $f(\Omega^2) \ll 1$,从而 $|H(j\Omega)|^2 \approx 1$,而对于高频有 $f(\Omega^2) \gg 1$,从而 $|H(j\Omega)|^2 \to 0$,于是相应地有两个重要问题需要考虑:

(1) 如何选择合适的函数 $f(.)$;

（2）如何对幅度平方函数进行因式分解从而得到 $H(s)$。

2. 滤波器技术指标

虽然理想低通滤波器无法实现（回顾一下佩利-维纳（Paley-Wiener）准则），但它的幅度响应却可以用作原型低通滤波器的规范，因此指定期望幅度特性为

$$1-\delta_2 \leqslant |H(j\Omega)| \leqslant 1, \quad 0 \leqslant \Omega \leqslant \Omega_p \quad （通带）$$
$$0 \leqslant |H(j\Omega)| \leqslant \delta_1, \quad \Omega \geqslant \Omega_s \quad （阻带）$$

(7.18)

δ_1 和 δ_2 为较小的值。这里没有给出过渡带 $\Omega_p < \Omega < \Omega_s$ 内的指标，也没有指定相位，虽然我们希望它至少在通带内是线性的。这组指标显示在图 7.9 的左图中。

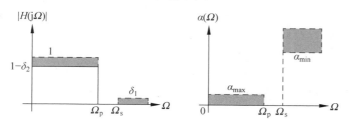

图 7.9 低通滤波器的幅度指标

为了简化滤波器参数的计算，同时也提供一个比以上所给指标具有更好的分辨力和更有生理意义的尺度，下面引入对数尺度来表示幅度特性。定义损耗函数（单位为分贝或 dB）为

$$\alpha(\Omega) = -10\log_{10}|H(j\Omega)|^2 = -20\log_{10}|H(j\Omega)| \quad （dB）$$

(7.19)

与式（7.18）中的指标等价的一组指标为

$$0 \leqslant \alpha(\Omega) \leqslant \alpha_{max}, \quad 0 \leqslant \Omega \leqslant \Omega_p \quad （通带）$$
$$\alpha(\Omega) \geqslant \alpha_{min}, \quad \Omega \geqslant \Omega_s \quad （阻带）$$

(7.20)

其中，$\alpha_{max} = -20\log_{10}(1-\delta_2)$，$\alpha_{min} = -20\log_{10}(\delta_1)$，只要 $1-\delta_2$ 和 δ_1 小于 1，α_{max} 和 α_{min} 就都是正的。这组指标显示在图 7.9 的右图中。

采用以上这组技术指标，则相应归一化单位直流增益的直流损耗等于 0dB。更一般的情况是，$\alpha(0) \neq 0$，且已知损耗指标为 $\alpha(0) = \alpha_1$，通带内为 α_2，阻带内为 α_3，为了归一化这些指标，需要将它们都减去 α_1，于是损耗指标为

$$\alpha(0) = \alpha_1 \quad （直流损耗）$$
$$\alpha_{max} = \alpha_2 - \alpha_1 \quad （通带内最大衰减）$$
$$\alpha_{min} = \alpha_3 - \alpha_1 \quad （阻带内最小衰减）$$

这样，利用参数 $\{\alpha_{max}, \Omega_p, \alpha_{min}, \Omega_s\}$ 就可以继续设计幅度归一化（具有单位直流增益）的滤波器，然后利用 α_1 获得期望的直流增益。

> 于是滤波器的设计问题是：已知滤波器通带幅度指标为（$\alpha(0), \alpha_{max}$ 和 Ω_p），阻带幅度指标为（α_{min} 和 Ω_s），要
>
> （1）选择有理逼近方法（例如巴特沃斯和切比雪夫）；
>
> （2）求解出满足已知指标的滤波器参数；
>
> （3）对幅度平方函数进行因式分解，并选择位于归一化 S 平面左半平面上的极点（保证滤波器的稳定性），从而得到设计所得滤波器的转移函数 $H_N(S)$。再选定一个增益 K，使 $KH_N(S)$ 满足直流

增益的约束条件。通过令 $S=s/\Omega_n$（若是巴特沃斯滤波器，则 $\Omega_n=\Omega_{hp}$，若是切比雪夫滤波器，则 $\Omega_n=\Omega_p$），对设计所得滤波器去归一化。

（4）检验 $KH_N(j\Omega)$ 是否满足已知幅度指标，以及相位在通带内是否近似线性。

7.3.2　巴特沃斯低通滤波器设计

一个 N-阶低通巴特沃斯滤波器的幅度平方函数为

$$|H_N(j\Omega')|^2 = \frac{1}{1+[\Omega']^{2N}}, \quad \Omega'=\frac{\Omega}{\Omega_{hp}} \tag{7.21}$$

其中，Ω_{hp} 是半功率频率或 $-3dB$ 频率。该定义中的频率响应是一个相对于半功率频率归一化（归一化频率为 $\Omega'=\Omega/\Omega_{hp}$）的频率响应，由于直流增益为 $|H(j0)|=1$，即在幅度上也是归一化的，因此幅度平方函数是频率归一化的（产生一个单位半功率频率）和**幅度归一化**的（产生一个单位直流增益）。随着阶数 N 逐渐增大，Ω_p 的取值越靠近 Ω_s，即过渡带越接近于零，于是该有理逼近就越接近一个理想低通滤波器。

注：

（1）半功率频率被称为 $-3dB$ 频率，原因是在低通滤波器的情况下，$G(s)$ 的直流增益为 1，或 $G(j0)=1$，通过定义半功率频率 Ω_{hp} 处的幅度平方函数为

$$|G(j\Omega_{hp})|^2 = \frac{|G(j0)|^2}{2} = \frac{1}{2} \tag{7.22}$$

从而得知其在对数尺度下等于

$$10\log_{10}(|G(j\Omega_{hp})|^2) = -10\log_{10}(2) \approx -3(dB) \tag{7.23}$$

可见它对应于一个 $-3dB$ 的增益，或 $3dB$ 的损耗；损耗函数由直流频率处的 $0dB$ 达到半功率频率处的 $3dB$。

（2）理解滤波器设计中所采用的特有的频率归一化和幅度归一化所带来的好处，这一点很重要。如果有一个具有归一化幅度的低通滤波器，其直流增益为 1，若要获得一个直流增益为 $K\neq1$ 的滤波器，只需要用常数 K 乘以幅度归一化的滤波器。同样的道理，若所设计的滤波器 $H(S)$ 具有归一化频率，例如 $\Omega'=\Omega/\Omega_{hp}$，这样归一化半功率频率就等于 1，那么可以很容易地将它转换成为一个具有期望的 Ω_{hp} 的去归一化滤波器 $H(s)$，只需要对 $H(S)$ 中的 S 做替换 $S=s/\Omega_{hp}$ 即可。

1. 因式分解

为了获得满足技术指标的巴特沃斯低通滤波器的转移函数 $H_N(s)$，需要对式（7.21）中的幅度平方函数进行因式分解。通过令 $S=s/\Omega_{hp}$ 为归一化拉普拉斯变量，于是有 $S/j=\Omega'=\Omega/\Omega_{hp}$，且

$$H_N(S)H_N(-S) = \frac{1}{1+(-S^2)^N}$$

如果其分母可因式分解为

$$D(S)D(-S) = 1+(-S^2)^N \tag{7.24}$$

并且它在 $j\Omega'$-轴上没有极点，那么令 $H_N(S)=1/D(S)$，即将 s 平面左半平面上的极点赋给 $H_N(S)$，这样所得的滤波器就是稳定的。$H_N(S)H_N(-S)$ 的 $2N$ 个极点 S_k 使得 $1+(-S_k^2)^N=0$，或 $(-1)^N S_k^{2N}=-1$，它们可用如下方法获得

$$(-1)^N S_k^{2N} = e^{j(2k-1)\pi} \Rightarrow S_k^{2N} = \frac{e^{j(2k-1)\pi}}{e^{-j\pi N}} = e^{j(2k-1+N)\pi}, \quad k=1,\cdots,2N$$

在以上过程中,令$-1=\mathrm{e}^{\mathrm{j}(2k-1)\pi}$及$(-1)^N=\mathrm{e}^{-\mathrm{j}\pi N}$,于是这$2N$个根为

$$S_k=\mathrm{e}^{\mathrm{j}(2k-1+N)\pi/(2N)}, \quad k=1,\cdots,2N \tag{7.25}$$

注:

(1) 由于$|S_k|=1$,因此巴特沃斯滤波器的极点位于单位圆上,并且围绕着单位圆周均匀地分布,又因为复数极点应该都是成对的复共轭极点对,所以所有这些极点关于$\mathrm{j}\Omega'$轴和σ'轴对称分布。令$S=s/\Omega_{\mathrm{hp}}$为归一化拉普拉斯变量,于是$s=S\Omega_{\mathrm{hp}}$,故去归一化滤波器$H(s)$的极点位于半径为Ω_{hp}的圆上。

(2) 在$\mathrm{j}\Omega'$轴上没有极点,即极点的辐角不会等于$\pi/2$或$3\pi/2$。实际上,当$1\leqslant k\leqslant N$,极点辐角的上、下界为

$$\frac{\pi}{2}\left(1+\frac{1}{N}\right)\leqslant\frac{(2k-1+N)\pi}{2N}\leqslant\frac{\pi}{2}\left(3-\frac{1}{N}\right)$$

对于整数$N\geqslant1$,以上不等式表明辐角不会等于$\pi/2$或$3\pi/2$。

(3) 相邻极点相互之间相差π/N rad.的确如此,将两个连续的极点的辐角相减就会得到$\pm\pi/N$。

利用以上几点性质,结合滤波器系数是实数从而极点必须以共轭对形式出现的事实,可以容易地判断出极点的几何分布位置。

【例7.3】

一个幅度和相位均是归一化的二阶低通巴特沃斯滤波器具有转移函数

$$H(S)=\frac{1}{S^2+\sqrt{2}\,S+1}$$

设计一个新的滤波器$H(s)$,其直流增益为10,半功率频率为$\Omega_{\mathrm{hp}}=100\mathrm{rad/s}$。

解 $H(S)$的直流增益等于1,实际上当$\Omega=0$时,$S=\mathrm{j}0$,有$H(\mathrm{j}0)=1$。$H(S)$的半功率频率也等于1,确实如此,若令$\Omega'=1$,则$S=\mathrm{j}1$,且

$$H(\mathrm{j}1)=\left[\frac{1}{\mathrm{j}^2+\mathrm{j}\sqrt{2}+1}\right]=\frac{1}{\mathrm{j}\sqrt{2}}$$

故$|H(\mathrm{j}1)|^2=|H(\mathrm{j}0)|^2/2=1/2$,或$\Omega'=1$是半功率频率。

因此,要想得到直流增益为10的滤波器,用10乘以$H(S)$。另外,若令$S=s/100$为归一化拉普拉斯变量,则当$S=\mathrm{j}\Omega'_{\mathrm{hp}}=\mathrm{j}1$时有$s=\mathrm{j}\Omega_{\mathrm{hp}}=\mathrm{j}100$,即期望的半功率频率为$\Omega_{\mathrm{hp}}=100$,因此通过替换$S=s/100$便获得去频率归一化的滤波器$H(s)$。于是在幅度和频率上都去掉归一化后的滤波器为

$$H(s)=\frac{10}{(s/100)^2+\sqrt{2}\,(s/100)+1}=\frac{10^5}{s^2+100\sqrt{2}\,s+10^4}$$

2. 滤波器设计

对于巴特沃斯低通滤波器而言,其设计在于从通带约束和阻带约束中找到滤波器的参数,即最小阶数N和半功率频率Ω_{hp}。低通巴特沃斯的损耗函数为

$$\alpha(\Omega)=-10\log_{10}|H_N(\Omega/\Omega_{\mathrm{hp}})|^2=10\log_{10}(1+(\Omega/\Omega_{\mathrm{hp}})^{2N})$$

损耗指标为

$$0\leqslant\alpha(\Omega)\leqslant\alpha_{\max}, \quad 0\leqslant\Omega\leqslant\Omega_{\mathrm{p}}$$

$$\alpha_{\min}\leqslant\alpha(\Omega)<\infty, \quad \Omega\geqslant\Omega_{\mathrm{s}}$$

由损耗函数可以得到在$\Omega=\Omega_{\mathrm{p}}$处的损耗为

$$\alpha(\Omega_{\mathrm{p}})=10\log_{10}(1+(\Omega_{\mathrm{p}}/\Omega_{\mathrm{hp}})^{2N})\leqslant\alpha_{\max}$$

因此

$$\frac{\Omega_p}{\Omega_{hp}} \leqslant (10^{0.1\alpha_{max}} - 1)^{1/2N}$$

类似地，在 $\Omega = \Omega_s$ 处的损耗为

$$\alpha(\Omega_s) = 10\log_{10}(1 + (\Omega_s/\Omega_{hp})^{2N}) \geqslant \alpha_{min}$$

因此

$$\frac{\Omega_s}{\Omega_{hp}} \geqslant (10^{0.1\alpha_{min}} - 1)^{1/2N}$$

那么由以上两式可以得到半功率频率的范围是

$$\frac{\Omega_p}{(10^{0.1\alpha_{max}} - 1)^{1/2N}} \leqslant \Omega_{hp} \leqslant \frac{\Omega_s}{(10^{0.1\alpha_{min}} - 1)^{1/2N}} \tag{7.26}$$

对式(7.26)中两个极值求对数可得

$$N \geqslant \frac{\log_{10}\left[(10^{0.1\alpha_{min}} - 1)/(10^{0.1\alpha_{max}} - 1)\right]}{2\log_{10}(\Omega_s/\Omega_p)} \tag{7.27}$$

注：

(1) 据式(7.27)可知，若缩小过渡带，即 $\Omega_p \to \Omega_s$，或增大损耗 α_{min}，或减小损耗 α_{max}，则滤波器的质量均会得到改善，但要以增大滤波器的阶数 N 为代价。

(2) 最小阶数 N 是一个大于或等于式(7.27)右边数值的整数。任何大于所取 N 的整数也都满足指标，但是增加了滤波器的复杂度。

(3) 由于对数函数的缘故，式(7.27)等价于

$$N \geqslant \frac{\log_{10}\left[(10^{0.1\alpha_{max}} - 1)/(10^{0.1\alpha_{min}} - 1)\right]}{2\log_{10}(\Omega_p/\Omega_s)} \tag{7.28}$$

在决定最小阶数的值时，重要的是比值 Ω_p/Ω_s，而不是这些频率的绝对数值。

(4) 虽然对于半功率频率而言，其合理取值有一个范围，但通常是使频率响应与通带指标一致，或与阻带指标一致，由此产生一个处于此范围内的半功率频率取值，即可以取

$$\Omega_{hp} = \frac{\Omega_p}{(10^{0.1\alpha_{max}} - 1)^{1/2N}} \quad \text{或} \quad \Omega_{hp} = \frac{\Omega_s}{(10^{0.1\alpha_{min}} - 1)^{1/2N}} \tag{7.29}$$

作为半功率频率的可能值。在第一种情况下，损耗函数曲线上移——改善了阻带内的损耗特性，而在第二种情况下，损耗函数曲线下移——改善了通带内的损耗特性。

(5) 由设计方程可以清楚地看出设计具有灵活性，可以从 N 和 Ω_{hp} 的一个具有无限多可能取值的集合里进行挑选。然而，如果从复杂性的角度考虑问题，那么最佳阶数就是最小阶数 N，以及由式(7.29)得到的相应的 Ω_{hp}。

(6) 因式分解或由极点得到 $D(S)$ 之后，需要对所得到的转移函数 $H_N(S) = 1/D(S)$ 去归一化，即通过令 $S = s/\Omega_{hp}$ 求得满足给定指标的滤波器 $H_N(s) = 1/D(s/\Omega_{hp})$。如果期望直流增益不是一个单位，还需要对滤波器的幅度去归一化，即通过将其幅度乘以一个合适的增益 K 而得到 $H_N(s) = K/D(s/\Omega_{hp})$。

7.3.3 切比雪夫低通滤波器设计

切比雪夫低通滤波器的归一化幅度平方函数为

$$|H_N(j\Omega')|^2 = \frac{1}{1 + \varepsilon^2 C_N^2(\Omega')}, \quad \Omega' = \frac{\Omega}{\Omega_p} \tag{7.30}$$

其中，频率是相对于通带频率 Ω_p 的归一化频率，N 代表滤波器的阶数，ε 是纹波因子，$C_N(.)$ 是正交的第

一类切比雪夫多项式,它被定义为

$$C_N(\Omega') = \begin{cases} \cos(N\arccos(\Omega')), & |\Omega'| \leqslant 1 \\ \cos(N\cosh^{-1}(\Omega')), & |\Omega'| > 1 \end{cases} \tag{7.31}$$

切比雪夫多项式的定义依赖于 $|\Omega'|$ 的值与 1 之间的大小关系。实际上,只要 $|\Omega'| > 1$ 就不可能用基于余弦函数的定义,因为反函数不存在,于是这种情况下用 $\cosh(.)$ 来定义。同理,只要 $|\Omega'| \leqslant 1$,基于双曲余弦函数的定义就不可行,因为该函数的反函数只有当 $\Omega' \geqslant 1$ 时才存在,于是这种情况下用 $\cos(.)$ 来定义。不过,从以上定义并不能清楚地看出 $C_N(\Omega')$ 是 Ω' 的一个 N 阶多项式,但它确实如此,因为若令 $\theta = \arccos(\Omega')$,则当 $|\Omega'| \leqslant 1$ 时,有 $C_N(\Omega') = \cos(N\theta)$,以及

$$C_{N+1}(\Omega') = \cos((N+1)\theta) = \cos(N\theta)\cos(\theta) - \sin(N\theta)\sin(\theta)$$
$$C_{N-1}(\Omega') = \cos((N-1)\theta) = \cos(N\theta)\cos(\theta) + \sin(N\theta)\sin(\theta)$$

将它们相加便可得

$$C_{N+1}(\Omega') + C_{N-1}(\Omega') = 2\cos(\theta)\cos(N\theta) = 2\Omega'C_N(\Omega')$$

于是可以得到一个三项表达式,即一个差分方程,利用它可以计算得到 $C_N(\Omega')$:

$$C_{N+1}(\Omega') + C_{N-1}(\Omega') = 2\Omega'C_N(\Omega'), \quad N \geqslant 0 \tag{7.32}$$

初始条件为

$$C_0(\Omega') = \cos(0) = 1$$
$$C_1(\Omega') = \cos(\arccos(\Omega')) = \Omega'$$

于是有

$$C_0(\Omega') = 1, \quad C_1(\Omega') = \Omega', \quad C_2(\Omega') = -1 + 2\Omega'^2, \tag{7.33}$$
$$C_3(\Omega') = -3\Omega' + 4\Omega'^3, \quad \cdots$$

这些是 Ω' 的多项式,阶数分别为 $N = 0,1,2,3,\cdots$。第 0 章曾给过一个利用符号 MATLAB 计算和绘制这些多项式的图形的脚本。

注:

(1) 多项式 $C_N(\Omega')$ 有两个基本特性:(i) 当 $\Omega' \in [-1,1]$ 时,它们的值在 -1 和 1 之间变化,(ii) 当 Ω' 不在此范围内时,它们将增大并超出该范围直至趋于无穷大(根据切比雪夫多项式的定义,当 Ω' 在 $[-1,1]$ 之外时,多项式被定义为双曲余弦函数,而双曲余弦函数的值总是大于 1)。第一个特性使通带内出现纹波,而第二个特性使切比雪夫滤波器的频率响应比巴特沃斯滤波器更快地趋于零。

(2) 切比雪夫多项式在 $\Omega' = 1$ 时等于 1,即对于所有 $N,C_N(1) = 1$。实际上根据式(7.33)有 $C_0(1) = 1$,$C_1(1) = 1$,并且如果假设 $C_{N-1}(1) = C_N(1) = 1$,那么便可得 $C_{N+1}(1) = 1$,这说明对于任意 N 值,幅度平方函数 $|H_N(j1)|^2 = 1/(1+\varepsilon^2)$。

(3) 与巴特沃斯滤波器具有单位直流增益不同,切比雪夫滤波器的直流增益取决于滤波器的阶数。注意,奇数阶切比雪夫多项式不包含常数项,而偶数阶切比雪夫多项式的常数项要么等于 1,要么等于 -1,于是可有

$$|C_N(0)| = \begin{cases} 0, & N \text{ 为奇数} \\ 1, & N \text{ 为偶数} \end{cases}$$

因此直流增益为

$$|H_N(j0)| = \begin{cases} 1, & N \text{ 为奇数} \\ 1/\sqrt{1+\varepsilon^2}, & N \text{ 为偶数} \end{cases} \tag{7.34}$$

(4) 与通带内的纹波有关。因为多项式 $C_N(\Omega')$ 有 N 个介于 -1 和 1 之间的实数根,所以对于 0 和 1 之间的归一化频率而言,就有 $N/2$ 个介于 1 和 $\sqrt{1+\varepsilon^2}$ 的纹波。

1. 滤波器设计

切比雪夫滤波器的损耗函数为

$$\alpha(\Omega') = 10\log_{10}\left[1 + \varepsilon^2 C_N^2(\Omega')\right], \quad \Omega' = \frac{\Omega}{\Omega_p} \tag{7.35}$$

切比雪夫滤波器的设计方程可获得如下:

- 纹波因子 ε 和纹波宽度 (RW):由 $C_N(1)=1$,并令 $\Omega'=1$ 时的损耗等于 α_{max},可得

$$\varepsilon = \sqrt{10^{0.1\alpha_{max}} - 1}, \quad RW = 1 - \frac{1}{\sqrt{1+\varepsilon^2}} \tag{7.36}$$

- 最小阶数:考虑到在 Ω_s' 处的损耗函数大于或等于 α_{min},因此可由损耗函数方程求解出切比雪夫多项式并替换其中的 ε 之后得到

$$C_N(\Omega_s') = \cosh(N\text{arcosh}(\Omega_s')) \geqslant \left(\frac{10^{0.1\alpha_{min}} - 1}{10^{0.1\alpha_{max}} - 1}\right)^{0.5}$$

这里利用的是切比雪夫多项式的 $\cosh(.)$ 定义,因为 $\Omega_s' > 1$。求解出 N 得

$$N \geqslant \frac{\text{arcosh}\left(\left[\frac{10^{0.1\alpha_{min}} - 1}{10^{0.1\alpha_{max}} - 1}\right]^{0.5}\right)}{\text{arcosh}\left(\frac{\Omega_s}{\Omega_p}\right)} \tag{7.37}$$

- 半功率频率:令半功率频率处的损耗为 3dB,于是有

$$\alpha(\Omega_{hp}) = 10\log_{10}(1 + \varepsilon^2 C_N^2(\Omega_{hp}')) = 3\text{dB}$$

得

$$1 + \varepsilon^2 C_N^2(\Omega_{hp}') = 10^{0.3} \approx 2$$

或为

$$C_N(\Omega_{hp}') = \frac{1}{\varepsilon} = \cosh(N\text{arcosh}(\Omega_{hp}'))$$

其中,最后一项是根据 $\Omega_{hp}' > 1$ 时切比雪夫多项式的定义而得到的。这样就得到

$$\Omega_{hp} = \Omega_p \cosh\left[\frac{1}{N}\text{arcosh}\left(\frac{1}{\varepsilon}\right)\right] \tag{7.38}$$

2. 因式分解

切比雪夫滤波器幅度平方函数的分解比巴特沃斯滤波器幅度平方函数的分解要复杂得多。如果作代换 $\Omega' = S/j$,其中 $S = s/\Omega_p$ 是归一化变量,则幅度平方函数可写成为

$$H(S)H(-S) = \frac{1}{1 + \varepsilon^2 C_N^2(S/j)} = \frac{1}{D(S)D(-S)}$$

与设计巴特沃斯滤波器一样,位于 S 平面左半平面的极点决定了一个稳定的滤波器 $H(S) = 1/D(S)$。

可以发现 $H(S)$ 的极点分布在一个椭圆上,而且恩斯特·古勒明(Ernst Guillemin)教授提出了一个算法,将 $H(S)$ 的极点与相应阶数的巴特沃斯滤波器的极点联系了起来。$H(S)$ 的极点可由以下方程式确定:

$$a = \frac{1}{N}\text{arsinh}\left(\frac{1}{\varepsilon}\right)$$

$$\sigma_k = -\sinh(a)\cos(\psi_k) \quad (\text{极点的实部}) \tag{7.39}$$

$$\Omega'_k = \pm \cosh(a)\sin(\psi_k) \quad （极点的虚部）$$

其中，$k=1,\cdots,N$，N 为滤波器的最小阶数，$0 \leqslant \psi_k < \pi/2$ 为相应的巴特沃斯滤波器极点的相角（相对于 S 平面负实轴测得的）。

注：

（1）切比雪夫滤波器的直流增益不像巴特沃斯滤波器那样等于 1（它取决于阶数 N），不过可以通过为增益 K 选择一个合适的值来设置期望直流增益，从而使 $\hat{H}(S)=K/D(S)$ 满足直流增益指标。

（2）切比雪夫滤波器的极点有赖于纹波因子 ε，故此无法像在巴特沃斯情况下那样用一种简单的方法来确定它们的几何位置。

（3）最后一步是代换 $H(S)$ 中的归一化变量 $S=s/\Omega_{\mathrm{p}}$ 从而得到期望的滤波器 $H(s)$。

【例 7.4】

考虑利用 MATLAB 对模拟信号 $x(t)=[-2\cos(5t)+\cos(10t)+4\sin(20t)]u(t)$ 进行低通滤波，采用的滤波器是一个三阶的低通巴特沃斯滤波器，半功率频率 $\Omega_{\mathrm{hp}}=5\mathrm{rad/s}$，即欲衰减频率为 $10\mathrm{rad/s}$ 和 $20\mathrm{rad/s}$ 的频率成分。

解 设计滤波器时使用了 MATLAB 函数 butter。使用该函数时，不仅要指定期望的阶数 $N=3$ 和半功率频率 $\Omega_{\mathrm{hp}}=5\mathrm{rad/s}$，还需要通过在输入参数中包含一个参数"s"来表明滤波器是一个模拟滤波器。一旦获得了滤波器的系数，就既可以根据这些系数求解常微分方程，也可以采用傅里叶变换来求出滤波器的输出，本例选用的是傅里叶变换方法。因此利用符号 MATLAB 计算输入的傅里叶变换 $X(\Omega)$，并且在由滤波器系数产生频率响应函数 $H(\mathrm{j}\Omega)$ 之后，将二者相乘得到 $Y(\Omega)$，最后只要对其进行逆变换就可以得到 $y(t)$。为了获得符号型的 $H(\mathrm{j}\Omega)$，先利用 butter 得到分子和分母的系数，然后将这些系数乘以变量 $(\mathrm{j}\Omega)^n$，再将它们相加，这里 n 是分子和分母中系数所对应的项的次数。

最后将设计的滤波器的极点和幅度响应显示在图 7.10 中，同样显示在图 7.10 中的还有输入 $x(t)$ 和输出 $y(t)$。以下脚本的功能是设计滤波器并对所给信号进行滤波。

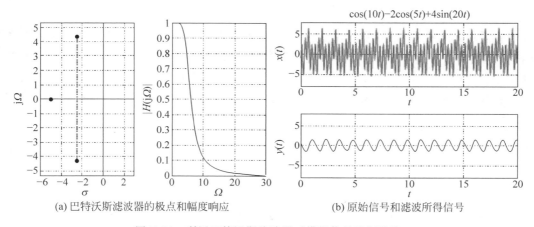

(a) 巴特沃斯滤波器的极点和幅度响应　　(b) 原始信号和滤波所得信号

图 7.10　利用巴特沃斯滤波器对模拟信号进行滤波

```
% 例 7.4  用巴特沃斯滤波器滤波
% %
clear all; clf
syms t w
```

```
x = cos(10 * t) − 2 * cos(5 * t) + 4 * sin(20 * t);          % 输入信号
X = fourier(x);
N = 3; Whp = 5;                                             % 滤波器参数
[b, a] = butter(N, Whp, 's');                              % 设计滤波器
W = 0: 0.01: 30; Hm = abs(freqs(b, a, W));                % 在 W 范围内的幅度响应
% 滤波器的输出
n = N: −1: 0; U = (j * w).^n
num = b * conj(U'); den = a * conj(U');
H = num/den;                                                % 频率响应
Y = X * H;                                                  % 卷积性质
y = ifourier(Y, t);                                        % 傅里叶逆变换
```

【例 7.5】

本例将用 MATLAB 对巴特沃斯低通滤波器和切比雪夫低通滤波器对模拟信号 $x(t) = [-2\cos(5t) + \cos(10t) + 4\sin(20t)]u(t)$ 的滤波性能进行对比。希望两个滤波器具有相同的半功率频率。

解 低通巴特沃斯滤波器的幅度指标为

$$\alpha_{\max} = 0.1\text{dB}, \quad \Omega_{\text{p}} = 5\text{rad/s}$$
$$\alpha_{\min} = 15\text{dB}, \quad \Omega_{\text{s}} = 10\text{rad/s}$$

且直流损耗为 0dB。设计出该滤波器之后，希望切比雪夫滤波器与巴特沃斯滤波器有相同的半功率频率。为了满足这一要求，要改变切比雪夫滤波器的指标 Ω_{p}，利用切比雪夫滤波器的半功率频率的计算公式求出新的 Ω_{p} 值。

巴特沃斯滤波器的设计是先利用 MATLAB 函数 buttord 确定满足指标的最小阶数 N 以及半功率频率 Ω_{hp}，然后用 butter 求出滤波器的系数。同理，对于切比雪夫滤波器的设计，利用函数 cheb1ord 求出最小阶数以及截止频率(此截止频率与指定的新 Ω_{p} 一致)，再用 cheby1[①] 确定滤波器的系数。滤波是用傅里叶变换实现的。

设计的巴特沃斯滤波器和切比雪夫滤波器有两个明显的不同之处。虽然二者具有相同的半功率频率，但切比雪夫滤波器的过渡带为 $[6.88, 10]$，比巴特沃斯滤波器的过渡带 $[5, 10]$ 要窄，而且切比雪夫滤波器的最小阶数为 $N = 5$，与之相对照的是巴特沃斯滤波器的阶数为 6。图 7.11 显示了巴特沃斯滤波器和切比雪夫滤波器的极点、幅度响应，以及输入 $x(t)$ 和两个滤波器的输出 $y(t)$(两个滤波器的表现非常相似)。

```
% 例 7.5  用巴特沃斯滤波器和切比雪夫滤波器滤波
% %
clear all; clf
syms t w
x = cos(10 * t) − 2 * cos(5 * t) + 4 * sin(20 * t); X = fourier(x);
wp = 5; ws = 10; alphamax = 0.1; alphamin = 15;          % 滤波器参数

% 巴特沃斯滤波器
```

---

① MATLAB 提供了两类基于切比雪夫的滤波器函数：Ⅰ类(相应函数是 cheb1ord 和 cheby1)和 Ⅱ类(相应函数是 cheb2ord 和 cheby2)。第Ⅰ类滤波器在通带内是等波纹，在阻带内是单调的，而第Ⅱ类滤波器正好相反。

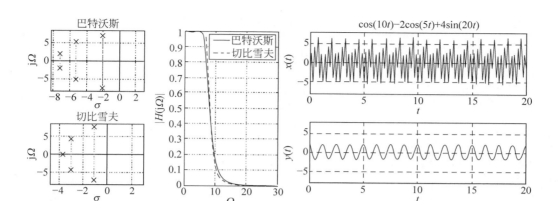

图 7.11 两种低通滤波器对模拟信号进行滤波的结果对比(两个滤波器具有相同的半功率频率)

```
[N,whp] = buttord(wp,ws,alphamax,alphamin,'s')
[b,a] = butter(N,whp,'s')
%第Ⅰ类切比雪夫滤波器
epsi = sqrt(10^(alphamax/10) - 1)
wp = whp/cosh(acosh(1/epsi)/N)              %重新计算 wp 以获得相同的 whp
[N1,wn] = cheb1ord(wp,ws,alphamax,alphamin,'s');
[b1,a1] = cheby1(N1,alphamax,wn,'s');
%频率响应
W = 0: 0.01: 30;
Hm = abs(freqs(b,a,W));
Hml = abs(freqs(b1,a1,W));
%由系数产生频率响应
n = N: -1: 0; n1 = N1: -1: 0;
U = (j * w).^n; U1 = (j * w).^n1
num = b * conj(U'); den = a * conj(U');
numl = b1 * conj(U1'); denl = a1 * conj(Ul')
H = num/den;                                %巴特沃斯低通滤波器
H1 = num1/den1;                             %切比雪夫低通滤波器
%滤波器的输出
Y = X * H;
Y1 = X * H1;
y = ifourier(Y,t)
y1 = ifourier(Y1,t)
```

7.3.4 频率变换

正如前面指出的那样,模拟滤波器的设计一般是通过对一个归一化原型低通滤波器进行频率变换而完成。频率变换关系是由罗纳尔德·福斯特(Ronald Foster)教授利用电抗函数的性质开发出来的,基本滤波器的频率变换关系如下:

$$（低通 — 低通）\quad S = \frac{s}{\Omega_0}$$

$$（低通 — 高通）\quad S = \frac{\Omega_0}{s}$$

$$（低通 — 带通）\quad S = \frac{s^2 + \Omega_0}{sBW}$$ (7.40)

$$（低通 — 带阻）\quad S = \frac{sBW}{s^2 + \Omega_0}$$

其中,S 是归一化变量,s 是最终变量,Ω_0 是期望截止频率,BW 是期望带宽。

注：

(1) 低通到低通(LP-LP)的变换和低通到高通(LP-HP)的变换对于分子和分母的变换都是线性的,因此变换之后滤波器的分子和分母的次数就等于原型滤波器的分子和分母的次数。然而,低通到带通(LP-BP)的变换和低通到带阻(LP-BS)的变换,要么分子是二次的,要么分母是二次的,因此变换之后滤波器的分子和分母的次数是原型滤波器的分子和分母次数的两倍,因此要得到一个 $2N$ 阶的带通或带阻滤波器,原型低通滤波器就应该是 N 阶的。这个重要经验在使用 MATLAB 设计这些滤波器时很有用。

(2) 有一点认识很重要,那就是只有频率被变换了,而原型滤波器的幅度保持不变。频率变换在设计离散滤波器时也很有用,但这些变换将以一种完全不同的方式获得,因为在离散域是没有电抗函数可用的。

【例 7.6】

为了说明怎样应用以上变换对原型低通滤波器进行转换,我们采用以下脚本。首先用 butter 设计一个低通原型滤波器,然后将不同的变换应用于该滤波器,取 $\Omega_0 = 40$,$BW = 10$。幅度响应是用 ezplot 绘制的,结果如图 7.12 所示。

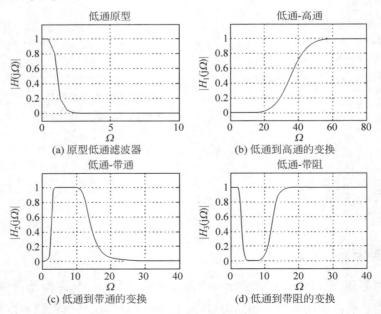

图 7.12　频率变换

```
% 例 7.6   频率变换
% %
clear all; clf
syms w
N = 5; [b,a] = butter(N,1,'s')                     % 低通原型
omega0 = 40; BW = 10;                              % 变换参数
% 低通原型
n = N: -1: 0;
U = (j * w).^n; num = b * conj(U'); den = a * conj(U');
H = num/den;
% 低通到高通
U1 = (omega0/(j * w)).^n;
num1 = b * conj(U1'); den1 = a * conj(U1');
H1 = num1/den1;
% 低通到带通
U2 = ((-w^2 + omega0)/(BW * j * w)).^n
num2 = b * conj(U2'); den2 = a * conj(U2');
H2 = num2/den2;
% 低通到带阻
U3 = ((BW * j * w)/(-w^2 + omega0)).^n
num3 = b * conj(U3'); den3 = a * conj(U3');
H3 = num3/den3
```

7.3.5　用 MATLAB 设计滤波器

利用 MATLAB 提供的函数可以简化模拟和离散滤波器的设计。MATLAB 提供了根据幅度指标求滤波器参数的函数,以及求滤波器系数、零点/极点和绘制幅度响应和相位响应曲线的函数。

1. 低通滤波器设计

所有不同逼近方法(巴特沃斯、切比雪夫和椭圆)的设计过程都是相似的,并且由以下两步构成:

(1) 根据损耗指标求出滤波器参数;

(2) 根据这些参数获得滤波器的系数。

因此若用巴特沃斯逼近方法设计一个模拟低通滤波器,首先根据损耗指标 α_{max} 和 α_{min},频率指标 Ω_p 和 Ω_s,用函数 buttord 确定满足指标的滤波器最小阶数 N 和半功率频率 Ω_{hp},然后函数 butter 利用这两个值确定滤波器分子和分母的系数,之后还可以用函数 freqs 绘制滤波器的幅度和相位曲线。用切比雪夫设计法或椭圆设计法设计低通滤波器的过程都是类似的。下面是我们自定义的函数 analogfil,其中采用巴特沃斯、切比雪夫(两类)和椭圆等不同的方法设计低通滤波器。

```
function [b,a] = analogfil(Wp,Ws,alphamax,alphamin,Wmax,ind)
% %
% 模拟滤波器设计
% 参数
% 输入: 损耗指标(alphamax, alphamin)及相应的频率(Wp, Ws),
%       频率范围[0, Wmax]和指示符号 ind(1 代表巴特沃斯,2 代表切比
%       雪夫 1, 3 代表切比雪夫 2, 4 代表椭圆)
% 输出: 设计所得滤波器的系数
% 功能: 绘制滤波器的幅度响应和相位响应以及零点、极点和损耗指标
% %

if ind == 1,                                        % 巴特沃斯低通
```

```
        [N,Wn] = buttord(Wp,Ws,alphamax,alphamin,'s')
        [b,a] = butter(N,Wn,'s')
elseif ind == 2,                                          % 切比雪夫 1 型低通
        [N,Wn] = cheb1ord(Wp,Ws,alphamax,alphamin,'s')
        [b,a] = cheby1(N,alphamax,Wn,'s')
elseif ind == 3,                                          % 切比雪夫 2 型低通
        [N,Wn] = cheb2ord(Wp,Ws,alphamax,alphamin,'s')
        [b,a] = cheby2(N,alphamin,Wn,'s')
else                                                      % 椭圆低通
        [N,Wn] = ellipord(Wp,Ws,alphamax,alphamin,'s')
        [b,a] = ellip(N,alphamax,alphamin,Wn,'s')
end
W = 0: 0.001: Wmax;                                       % 频率范围
H = freqs(b,a,W); Hm = abs(H); Ha = unwrap(angle(H))      % 幅度和相位
N = length(W); alpha1 = alphamax * ones(1,N);
alpha2 = alphamin * ones(1,N);                            % 损耗指标
subplot(221)
plot(W,Hm); grid; axis([0 Wmax 0 1.1 * max(Hm)])
subplot(222)
plot(W,Ha); grid; axis([0 Wmax 1.1 * min(Ha)  1.1 * max(Ha)])
subplot(223)
splane(b,a)
subplot(224)
plot(W, - 20 * 1ogl0(abs(H))); hold on
plot(W,alpha1,'r',W,alpha2,'r'); grid; axis([0 max(W) - 0.1 100])
hold off
```

【例 7.7】

为了说明 analogfil 的用法，考虑分别用切比雪夫 2 型和椭圆设计法设计低通滤波器。设计指标为

$$\alpha(0) = 0, \quad \alpha_{max} = 0.1, \quad \alpha_{min} = 60\text{dB}$$
$$\Omega_p = 10, \quad \Omega_s = 15\text{rad/s}$$

求出要设计的滤波器的系数，并分别画出它们的幅度和相位以及损耗函数，以此证明所设计的滤波器确实达到了设计指标，结果如图 7.13 所示。

```
% 例 7.7   用 analogfil 设计滤波器
% %
clear all; clf
alphamax = 0.1;
alphamin = 60;
Wp = 10; Ws = 15;
Wmax = 25;
ind = 4                                   % 椭圆设计法
%   ind = 3                               % 切比雪夫 2 型设计法
[b,a] = analogfil(Wp,Ws,alphamax,alphamin,Wmax,ind)
```

以上代码说明的是椭圆设计法，若要采用切比雪夫 2 型设计法，只要去掉相应语句前的注释符％，并在代表椭圆设计法的语句前添加注释符％。

关于采用巴特沃斯、切比雪夫(1 型和 2 型)和椭圆几种方法设计低通滤波器的一般性说明：

- 用巴特沃斯和切比雪夫 2 型设计得到的滤波器在通带内是平坦的，而用其他方法设计得到的滤波器在通带内有波纹。
- 对于相同的指标，巴特沃斯滤波器比其他滤波器具有更高的阶数。

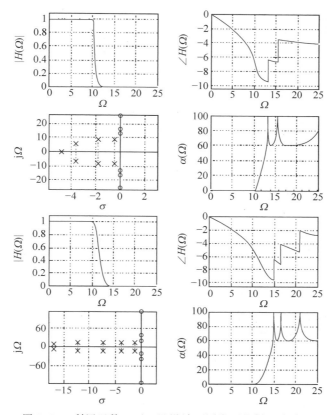

图 7.13　利用函数 analogfil 设计不同类型的低通滤波器

椭圆低通滤波器设计(上)和切比雪夫 2 型低通滤波器设计(下)。对于每个设计,按照顺时针方向依次是幅
度,相位,损耗函数和极点、零点分布图。

- 所有这些滤波器的相位在通带内都近似为线性,但在通带之外则不然。虽然由于这些滤波器的
  有理转移函数使得我们不可能得到对所有频率都是线性的相位,但由于阻带内的幅度响应非常
  小,因而阻带内的相位响应也就不太重要了。
- 由 MATLAB 提供的滤波器设计函数可用于模拟和离散滤波器的设计。若设计的是模拟滤波
  器,则对频率指标的值没有约束,并且用一个"s"表明所设计的滤波器是模拟的。

2. 通用的滤波器设计

滤波器设计程序 butter、cheby1、cheby2 和 ellip 除可以设计低通滤波器之外,还可以设计其他滤波
器。从概念上讲,只需先设计一个原型低通滤波器,然后通过频率变换就可以将它变换成为想要的滤波
器。滤波器由阶数和截止频率两个参数指定。在低通滤波器和高通滤波器的情况下,指定的截止频率
是一个标量,而带通和带阻滤波器的情况下,指定的截止频率则是一个向量。回忆前面所讲,由于设计
带通和带阻滤波器时,频率变换会使低通原型滤波器的阶数翻倍,因此若是进行这些滤波器的设计,应
该取期望的阶数的一半。

【例 7.8】

为了说明通用的设计过程,考虑

(1) 用函数 cheby2 设计一个带通滤波器,技术指标如下:

(i) 阶数 $N=20$;

(ii) 阻带内 $\alpha(\Omega)=60\mathrm{dB}$；

(iii) 通带频率范围 $[10,20]\mathrm{rad/s}$；

(iv) 通带内是单位增益。

(2) 用函数 ellip 设计一个单位通带增益的带阻滤波器，技术指标如下：

(i) 阶数 $N=10$；

(ii) 通带内 $\alpha(\Omega)=0.1\mathrm{dB}$；

(iii) 阻带内 $\alpha(\Omega)=40\mathrm{dB}$；

(iv) 通带频率范围 $[10,11]\mathrm{rad/s}$。

解 采用的脚本如下：

```
% 例 7.8  通用滤波器设计
%%
    clear all; clf
    M = 10;
    % [b,a] = cheby2(M,60,[10 20],'s')        % 切比雪夫 2 型带通
    [b,a] = ellip(M/2,0.1,40,[10 11],'stop','s')   % 椭圆带阻
    W = 0: 0.01: 30;
    H = freqs(b,a,W);
```

注意，由于从一个原型低通滤波器获得陷波滤波器和带通滤波器用的是二次变换函数，所以给 ellip 的阶数是 5，cheby2 的阶数是 10。两个设计所得滤波器的幅度响应和相位响应如图 7.14 所示。

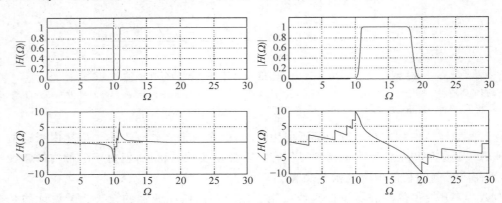

图 7.14   用函数 ellip 设计的陷波滤波器和用函数 cheby2 设计的带通滤波器

7.4   我们完成了什么，接下来是什么

本章说明了傅里叶分析在通信和滤波中的应用。在控制中人们使用拉普拉斯变换解决其所关注的暂态和稳态响应问题，而在通信和滤波中人们更关心稳态响应和频率表征，这些问题更适合用傅里叶变换来解决。本章中一些与通信有关的例子解释说明了不同的调制系统。最后，本章还介绍了模拟滤波器的设计。所给例子都说明了 MATLAB 的应用。

虽然本章的内容没有足够的深度，但它起到了联系连续时间信号和系统的理论与应用的作用，更深入的讲解要留待通信和滤波方面的教科书。本书的第 3 部分将研究如何用计算机处理信号，以及如何再次在控制、通信和信号处理问题中应用所学理论。

7.5 本章练习题

7.5.1 基础题

7.1 一个串联 RC 电路与一个电压源 $v_i(t)$ 相连,输出是电容电压 $v_o(t)$。

(a) 当电阻 $R=10\text{k}\Omega$,电容 $C=1\mu\text{F}$,求该滤波器的转移函数 $H(s)=V_o(s)/V_i(s)$。

(b) 为了将此电路归一化,令 $R_n=R/k_m, C_n=C(k_m k_f)$,其中,$k_m$ 是幅度尺度,k_f 是频率尺度,为使电阻和电容成为单位电阻和单位电容,选择 k_m 和 k_f 的值。

(c) 求 $R_n=1, C_n=1$ 的滤波器的归一化转移函数 $T(S)$。计算归一化和没有归一化的两个滤波器的幅度响应,将它们的图形画在同一张图中,但此图有两个频率尺度,即实际尺度和归一化尺度,观察到什么结果? 请作出解释。

答案: $H(s)=1/(1+s/100)$;当 $k_m=10^4$ 和 $k_f=10^2$ 时 $T(S)=1/(1+S)$。

7.2 考虑一个二阶模拟滤波器,其转移函数为

$$H(s) = \frac{1}{s^2+\sqrt{2}s+1}$$

(a) 确定该滤波器的直流增益。画出极点和零点;确定该滤波器的幅度响应 $|H(j\Omega)|$ 并仔细绘制其图形。

(b) 求频率 Ω_{max},要使该滤波器的幅度响应在 Ω_{max} 处最大。

(c) 该滤波器的半功率频率是 $\Omega_{hp}=1$ 吗?

答案: $|H(j\Omega)|^2=1/((1-\Omega^2)^2+2\Omega^2)$。

7.3 考虑一个滤波器,其转移函数为

$$H(s) = \frac{s/Q}{s^2+(s/Q)+1}$$

(a) 确定该滤波器在 $\Omega=0$、1 和 ∞ 处的幅值,并依此判断该滤波器是什么类型的滤波器?

(b) 证明该滤波器的带宽为 $BW=\Omega_2-\Omega_1=1/Q$,其中,半功率频率 Ω_1 和 Ω_2 满足条件 $\Omega_1\Omega_2=1$。

答案: 带通滤波器。

7.4 考虑一个一阶系统,其转移函数为

$$H(s) = K\frac{s+z_1}{s+p_1}$$

其中,$K>0$ 是增益,$-z_1$ 是零点,$-p_1$ 是极点。

(a) 如果想要单位直流增益,即 $|H(j0)|=1$,K 的值应该等于多少?

(b) 对该一阶系统进行变换可以获得什么类型的滤波器(低通、带通、带阻、全通和高通)?

(c) 令 $H_1(s)=1/(s+1)$,这是一个低通滤波器,确定该滤波器的直流增益,并利用它求出该滤波器的半功率频率。

(d) 确定转移函数为 $H_2(s)=(s-1)/(s+1)$ 的滤波器的幅度响应。画出该滤波器的极点和零点。它是什么类型的滤波器?

(e) 转移函数为 $H_3(s)=s/(s+1)$ 的滤波器是什么类型的滤波器?

答案: 由 $H(s)$ 可获得低通、高通和全通滤波器;$H_2(s)$ 是全通滤波器。

7.5 二阶模拟低通滤波器有转移函数

$$H(s) = \frac{1}{s^2 + s/Q + 1}$$

其中，Q 被称为滤波器的品质因数。

（a）证明

- 当 $Q < 1/\sqrt{2}$ 时，最大幅值出现在 $\Omega = 0$。

- 当 $Q \geqslant 1/\sqrt{2}$ 时，最大幅值出现在一个非零的频率处。

（b）证明当 $Q = 1/\sqrt{2} = 0.707$ 时，该滤波器的半功率频率为 $\Omega_{hp} = 1 \mathrm{rad/s}$。

答案：当 $Q > 0.707$ 时，最大幅度响应出现在频率 $\sqrt{1 - 1/(2Q^2)}$ 处。

7.6 一个无源 RLC 滤波器由以下常微分方程描述

$$\frac{\mathrm{d}^2 y(t)}{\mathrm{d}t^2} + 2\frac{\mathrm{d}y(t)}{\mathrm{d}t} + y(t) = x(t), \quad t \geqslant 0$$

其中，$x(t)$ 是输入，$y(t)$ 是输出。

（a）求该滤波器的转移函数 $H(s)$，并指出该滤波器的类型。

（b）对于输入 $x(t) = 2u(t)$，求出相应的输出 $y(t)$，并确定其中的稳态响应。

（c）若输入为 $x_1(t) = 2[u(t) - u(t-1)]$，用上面求出的响应 $y(t)$ 来表示对应 $x_1(t)$ 的响应 $y_1(t)$。

（d）求出以上两种情况下滤波器的输出与输入之间的差值，并说明当 t 增长时这个差值信号是否趋于零。如果是，这意味着什么？

答案：低通滤波器 $H(s) = 1/(s^2 + 2s + 1)$；当 $t \to \infty$，$y(t) - x(t) = -2e^{-t}(1+t)u(t) \to 0$。

7.7 调幅系统中的接收机由一个带通滤波器、一个解调器和一个低通滤波器组成。现已知接收信号为

$$r(t) = m(t)\cos(40\,000\pi t) + q(t)$$

其中，$m(t)$ 是想要的语音信号，其带宽为 $BW = 5\mathrm{kHz}$，它调制载波 $\cos(40\,000\pi t)$；$q(t)$ 是接收机接收到的其他信号，它们都在消息所处的频带之外。低通滤波器是理想的，幅度为 1，带宽为 BW。假定带通滤波器也是理想的，且解调器为 $\cos(\Omega_c t)$。

（a）解调器中 Ω_c 的值是多少？

（b）假设将接收信号输入带通滤波器中，带通滤波器之后又级联着解调器和低通滤波器，如果想要恢复出 $m(t)$，带通滤波器的幅度响应应该是怎样的？画出总系统的框图，指出其中哪部分是 LTI 的，哪部分是 LTV 的。

（c）若错把接收信号输入到解调器中，而解调器的输出又被输入到带通和低通滤波器的级联连接中，如果仍用前面获得的带通滤波器，试确定此时还原出的信号（即低通滤波器的输出）。不论 $m(t)$ 是什么信号，都会得到相同的结果吗？请作出解释。

答案：（c）$y(t) = 0$。

7.8 考虑图 7.15 中的 RLC 电路，其中 $R = 1\Omega$。

（a）若取电容电压作为输出信号 $v_o(t)$，要想使电路的转移函数为

$$\frac{V_o(s)}{V_i(s)} = \frac{1}{s^2 + \sqrt{2}s + 1}$$

确定电感器和电容器的参数值。

（b）若取电阻电压作为输出信号，利用前面已获得的电感器和电容

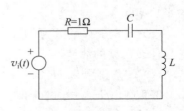

图 7.15　问题 7.8

器的值,求电路的转移函数。仔细画出相应的频率响应曲线并判断此滤波器的类型。

（c）若取前面已获得的电感器和电容器的电压作为输出信号,会得到什么类型的滤波器？求此时相应的转移函数。

答案：$LC=1,C=\sqrt{2}$。

7.9　低通巴特沃斯滤波器的设计　　一个具有单位直流增益的五阶低通巴特沃斯滤波器在频率 $\Omega=2000(\text{rad/s})$ 的损耗为 $\alpha(2000)=19.4\text{dB}$。如果令 $\alpha(\Omega_p)=\alpha_{max}=0.35\text{dB}$,试确定滤波器的

（i）半功率频率 Ω_{hp}；

（ii）通带频率 Ω_p。

答案：$\Omega_{hp}=1280.9\text{rad/s}$；$\Omega_p=999.82\text{rad/s}$。

7.5.2　MATLAB 实践题

7.10　无线传输　　考虑一个正弦信号 $x(t)=\cos(2\pi f_0 t)$ 沿着一条受到多径效应和多普勒效应影响的信道传输的情形。设有两条路径,并且假定该正弦信号正由一个移动的物体发出,因此会发生多普勒频移。设接收信号为

$$r(t)=\alpha_0\cos(2\pi(f_0-v)(t-L_0/c))+\alpha_1\cos(2\pi(f_0-v)(t-L_1/c))$$

其中,$0\leqslant\alpha_i\leqslant1,i=0,1$,为衰减因子,$L_i$ 代表第 i 条路径上发射机与接收机之间的距离,$c=3\times10^8\text{m/s}$,v 是由多普勒效应引起的频移。

（a）令 $f_0=2\text{kHz},v=50\text{Hz},\alpha_0=1,\alpha_1=0.9$。令 $L_0=10\,000\text{m}$,如果两个正弦信号的相位差等于 $\pi/2$,L_1 应该等于多少？

（b）若各参数同上,但 $L_1=10\,000\text{m}$,那么接收信号 $r(t)$ 是周期的吗？如果 $r(t)$ 是周期的,那么它的周期等于多少？它的周期与原始正弦信号的周期相差多少？如果将传输信道看作为一个系统,$x(t)$ 是其输入,$r(t)$ 是其输出,那么该系统是线性的和时不变的吗？请作出解释。

（c）对信号 $x(t)$ 和 $r(t)$ 以抽样频率 $F_s=10\text{kHz}$ 进行抽样,画出抽样后的发送信号 $x(nT_s)$ 和接收信号 $r(nT_s)$ 的图形,取 $n=0\sim2000$。

（d）考虑这样一种情形,其中 $f_0=2\text{kHz}$,但路径参数是随机的。尝试模拟一种真实情形,其中路径参数都是不可预测的(虽然它们之间仍存在某种关系)。令

$$r(t)=\alpha_0\cos(2\pi(f_0-v)(t-L_0/c))+\alpha_1\cos(2\pi(f_0-v)(t-L_1/c))$$

其中,$v=50\eta\text{Hz},L_0=1000\eta$ 及 $L_1=10\,000\eta,\alpha_0=1-\eta$ 及 $\alpha_1=\alpha_0/10,\eta$ 是一个介于 0 和 1 之间的随机数,并且它等于 0 和 1 之间任何一个数的概率是一样的(可利用 MATLAB 的函数 rand 来实现)。用 $F_s=10\,000\text{Hz}$ 作为抽样频率,产生出 10 种不同情况下的接收信号,并将它们画在一起,从中观察多径效应和多普勒效应。对于这 10 种不同情况,求出结果信号并画出来。

答案：（a）$L_1=48.5\times10^3\text{m}$；（b）$r(t)=1.9\cos(2\pi\times1950t-2\pi\times0.065)$。

7.11　低通巴特沃斯和切比雪夫滤波器的设计　　低通滤波器的技术指标为

$$\Omega_p=1500\text{rad/s},\quad\alpha_{max}=0.5\text{dB}$$
$$\Omega_s=3500\text{rad/s},\quad\alpha_{min}=30\text{dB}$$

（a）确定低通巴特沃斯滤波器的最小阶数,并将其与低通切比雪夫滤波器的最小阶数进行比较,二者中哪个更小一些？利用 MATLAB 函数 buttord 和 cheb1ord 检验所得结果。

（b）令 $\alpha(\Omega_p)=\alpha_{max}$,确定所设计的巴特沃斯低通滤波器和切比雪夫低通滤波器的半功率频率。

(c) 对于所设计的巴特沃斯滤波器和切比雪夫滤波器,求出在 Ω_p 和 Ω_s 的损耗函数的值。这些值与指标 α_{max} 和 α_{min} 是什么关系？请作出解释。

(d) 如果通带频率和阻带频率的指标改为 $\Omega_p=750(rad/s)$ 和 $\Omega_s=1750(rad/s)$,巴特沃斯滤波器和切比雪夫滤波器的最小阶数会改变吗？请作出解释。

答案：最小阶数：巴特沃斯 $N_b=6$,切比雪夫 $N_c=4$；切比雪夫 $\Omega_{hp}=1639.7$。

7.12 低通巴特沃斯/切比雪夫滤波器的设计 低通滤波器的技术指标为

$$\alpha(0) = 20dB$$
$$\Omega_p = 1500rad/s, \quad \alpha_{max} = 20.5dB$$
$$\Omega_s = 3500rad/s, \quad \alpha_{min} = 50dB$$

(a) 确定低通巴特沃斯滤波器和低通切比雪夫滤波器的最小阶数,判断哪一个的最小阶数更小一些。

(b) 给出所设计的低通巴特沃斯滤波器和低通切比雪夫滤波器的转移函数(要确保直流损耗与所指定的值相同)。

(c) 令 $\alpha(\Omega_p)=\alpha_{max}$,确定所设计的两个滤波器的半功率频率。

(d) 分别求出所设计的两个滤波器在 Ω_p 和 Ω_s 处损耗函数的值,这些值与指标 α_{max} 和 α_{min} 是什么关系？请作出解释。两个滤波器中,哪一个在阻带内的衰减更大一些？

(e) 如果通带频率和阻带频率的指标改为 $\Omega_p=750(rad/s)$ 和 $\Omega_s=1750(rad/s)$,最小阶数还与前面一样吗？请作出解释。

答案：最小阶数：巴特沃斯 $N=6,\Omega_{hp}=1.787\times10^3$。

7.13 巴特沃斯滤波器、切比雪夫滤波器和椭圆滤波器 设计一个模拟低通滤波器,满足以下幅度指标:

$$\alpha_{max} = 0.5dB, \quad \alpha_{min} = 20dB$$
$$\Omega_p = 1000rad/s, \quad \Omega_s = 2000rad/s$$

(a) 用巴特沃斯设计方法。画出所设计的滤波器的极点、零点以及幅度和相位。通过绘制损耗函数的图形来验证所设计的滤波器满足了指标。

(b) 用切比雪夫设计方法(cheby1)。画出所设计的滤波器的极点、零点以及幅度和相位。通过绘制损耗函数的图形来验证所设计的滤波器满足了指标。

(c) 用椭圆设计方法。画出所设计的滤波器的极点、零点以及幅度和相位。通过绘制损耗函数的图形来验证所设计的滤波器满足了指标。

(d) 比较所设计的三个滤波器,对它们的差异进行评论。

答案：三个滤波器中,巴特沃斯滤波器具有最大的最小阶数。

7.14 切比雪夫滤波器的设计 考虑以下低通滤波器的技术指标

$$\alpha_{max} = 0.1dB, \quad \alpha_{min} = 60dB$$
$$\Omega_p = 1000rad/s, \quad \Omega_s = 2000rad/s$$

(a) 用 MATLAB 设计满足以上指标的切比雪夫低通滤波器。画出所设计的滤波器的极点、零点以及幅度和相位。通过绘制损耗函数的图形来验证所设计的滤波器满足了指标。

(b) 计算所设计的滤波器的半功率频率。

答案：$\Omega_{hp}=1051.9(rad/s)$。

7.15 用不同的滤波器去除 60Hz 杂波 一理想信号 $x(t)=\cos(100\pi t)-2\cos(50\pi t)$ 被录制成了

$y(t) = x(t) + \cos(120\pi t)$，即是理想信号与一个 60Hz 的杂波相加的结果。目标是去除该杂波，还原理想信号。利用符号 MATLAB 画出 $x(t)$ 和 $y(t)$ 的图形。

考虑以下三种不同的可选方案（利用符号 MATLAB 实现滤波，用任意方法设计滤波器）。

(i) 设计一个带阻滤波器除掉信号中的 60Hz 杂波，画出带阻滤波器的输出。

(ii) 设计一个高通滤波器获得这个杂音信号，然后从 $y(t)$ 中减去它，画出高通滤波器的输出。

(iii) 设计一个带通滤波器除掉这个杂波，画出带通滤波器的输出。

以上三个可选方案中，是不是有哪个方案优于其他两个方案？请作出解释。

7.16　AM 解调　AM 接收机的输入信号为 $u(t) = m_1(t)\cos(20t) + m_2(t)\cos(100t)$，其中，消息 $m_i(t), i=1,2$ 是低通巴特沃斯滤波器的输出，该滤波器的输入分别是

$$x_1(t) = r(t) - 2r(t-1) + r(t-2), \quad x_2(t) = u(t) - u(t-4)$$

假设关心的是还原消息 $m_1(t)$，所需的滤波和解调是以如下离散方式进行的。

(a) 考虑持续时间为 5s 的脉冲信号 $x_1(t)$ 和 $x_2(t)$，若要产生包含 512 个样本点的抽样信号 $x_1(nT_s)$ 和 $x_2(nT_s)$，确定 T_s 的值。

(b) 设计一个 10 阶的半功率频率为 $10(\mathrm{rad/s})$ 的低通巴特沃斯滤波器。对前一小题中求得的信号进行离散傅里叶变换，对于在离散傅里叶变换中获得的频率，利用函数 freqs 求出该滤波器的频率响应 $H(\mathrm{j}\Omega)$，根据卷积性质有 $M_i(\Omega) = H(\mathrm{j}\Omega)X_i(\Omega), i=1,2$。

(c) 为了还原消息 $m_1(t)$ 的离散版本，首先使用一个带通滤波器保持信号中包含的 $m_1(t)$ 而抑制另一个。设计一个 20 阶的半功率频率为 $\Omega_l = 15(\mathrm{rad/s})$ 和 $\Omega_u = 25(\mathrm{rad/s})$ 的带通巴特沃斯滤波器，这样它将通过 $m_1(t)\cos(20t)$ 而过滤掉另一个信号。

(d) 将带通滤波器的输出乘以正弦信号 $\cos(20nT_s)$（正是发射机中用于调制 $m_1(t)$ 的载波），并低通滤波混频器（被具有载波频率的余弦相乘的系统）的输出。利用前面设计的带宽为 $10(\mathrm{rad/s})$ 的 10 阶低通巴特沃斯滤波器过滤混频器的输出。低通滤波器的输出可用前面的办法求出来。

(e) 画出脉冲信号 $x_i(nT_s), i=1,2$ 的图形，以及它们相应的频谱图，并把低通滤波器的幅频响应叠画在脉冲信号的频谱之上。画出消息 $m_i(nT_s), i=1,2$ 的图形，以及它们的频谱图。将接收信号的频谱和带通滤波器的幅度响应画在一起。画出带通滤波器的输出和被还原出的消息信号的图形。以上图形皆利用函数 plot 来画。

用以下函数计算傅里叶变换和傅里叶逆变换。

```
function      [X,W] = AFT(x,Ts)
N = length(x);
X = fft(x) * Ts; W = [0: N-1] * 2 * pi/N - pi; W = W/Ts;
X = fftshift(X);

function      [x,t] = AIFT(X,Ts)
N = length(X);
X = fftshift(X);
x = real(ifft(X))/Ts: t = [0: N-1] * Ts;
```

7.17　正交幅度调制　假设要用同样的带宽发送问题 7.16 中产生的两条消息 $m_i(t), i=1,2$，并且将它们分别还原。为了实现这个想法，考虑采用正交幅度调制（QAM）技术，其中发射信号为

$$s(t) = m_1(t)\cos(50t) + m_2(t)\sin(50t)$$

假设在接收端接收到 $s(t)$ 并对它解调得到 $m_i(t), i=1,2$。本题与问题 7.16 类似，也采用离散化的

处理方式。用前面给出的函数 AFT 和 AIFT 计算傅里叶变换和逆变换。

（a）采用 $T_s = 5/512$ 对 $s(t)$ 进行抽样，用函数 AFT 获得它的幅度谱 $|S(\Omega)|$。抽样消息与问题 7.16 中的消息相同。

（b）用 $\cos(50t)$ 乘以 $s(t)$，然后利用问题 7.16 中设计的低通滤波器对所得信号进行滤波。

（c）用 $\sin(50t)$ 乘以 $s(t)$，然后利用问题 7.16 中设计的低通滤波器对所得信号进行滤波。

（d）用函数 plot 画出 $s(t)$ 以及被还原的消息的频谱。对所得结果加以说明。

第三部分

PART 3

离散时间信号与

系统的理论与应用

第 8 章

抽 样 理 论

纯粹和简单的真理,很少是纯粹的,也绝不简单。

奥斯卡·王尔德(Oscar Wilde)(1854—1900 年)
爱尔兰作家和诗人

8.1 引言

由于在实际应用中发现的许多信号在时间和幅值上都是连续的,如果希望用计算机处理它们,就必须对这些信号进行抽样、量化和编码,从而得到数字信号——即时间和幅值均离散的信号。对连续时间信号在时间上抽样,再将所得离散时间信号的幅值量化和编码之后,就产生一个二进制序列,用计算机可以存储或处理该二进制序列。

后面将会看到,利用时间和频率之间的反比关系解决了如何在抽样时保存连续时间信号信息的问题。对连续时间信号抽样时,可以为抽样时间间隔选择一个极其小的值,这样连续时间信号和离散时间信号之间就不会出现什么显著的差异——无论从视觉上,还是从二者包含的信息成分的角度来看都是这样,但这种表示会产生很多冗余值,其实即使省略这些冗余值也不会丢失连续时间信号提供的信息。另一方面,如果为抽样时间间隔选择一个非常大的值,那么虽然达到了数据压缩的目的,但是却冒着丢掉一些连续时间信号信息的风险。那么,该如何为抽样时间间隔选择一个合适的值呢?这个问题的答案在时间域里是找不到的,只有考虑抽样在频率域导致的结果时,问题的答案才会变得清晰:抽样时间间隔取决于出现在连续时间信号里的最大频率,而且,如果使用正确的抽样时间间隔,那么连续时间信号中的信息在抽样之后能够保留在离散时间信号中,从而可以由抽样样本重建出原始信号。这些由奈奎斯特和香农提出的结论,构成了连续时间信号和系统与离散时间信号和系统之间的桥梁,是数字信号处理作为一个技术领域的出发点。

对连续时间信号抽样、量化和编码的器件被称为**模/数转换器**即 A/D 转换器,而将数字信号转换成为连续时间信号的器件被称为**数/模转换器**即 D/A 转换器。除了由于抽样时间间隔选取的太大而可能导致信息丢失之外,A/D 转换器在量化过程中也会丢失信息,不过,通过增大用于表示每个样本的位数可以减小量化误差所带来的影响。D/A 转换器将数字信号转换成连续时间信号时,会对数字信号进行插值和平滑。这两种器件在连续时间信号的计算机处理过程中是必需的。

虽然通信的原理多年来保持不变,但通信的实现方式却发生了非常大的改变——很大程度上是由于抽样和编码理论所带来的思维方式的转变。现代数字通信起始于为了传输二进制信号的脉冲编码调制(pulse code modulation,PCM)概念,PCM 是模拟消息转换为数字消息的抽样、量化和编码过程,即模/数转换过程的实际实现方式。射频频谱的有效利用激发了复用技术在时域和频域的发展。本章重点介绍一些与抽样理论有关的通信技术，至于技术细节方面的内容可以参考数字通信方面的教科书。

8.2　均匀抽样

将连续时间信号 $x(t)$ 转变成数字信号的第一步是离散化时间变量，即考虑 $x(t)$ 在均匀时刻 $t=nT_s$ 的样本值，或

$$x(nT_s) = x(t) \mid_{t=nT_s}, \quad n \text{ 为整数} \tag{8.1}$$

其中，T_s 是抽样时间间隔。抽样的过程可以看作为一个调制过程，特别是与脉冲幅度调制(pulse amplitude modulation，PAM)有关，这是数字通信的基本方法。一个脉冲幅度调制信号是由一系列幅值等于连续时间信号在抽样时刻的值的窄脉冲构成，假定这些脉冲的宽度比抽样时间间隔 T_s 小很多，那么就可以分析一个更简单的抽样——基于冲激的抽样。

8.2.1　脉冲幅度调制

PAM 系统可被视为一个开关，此开关每隔 T_s 秒闭合 Δ 秒，其他时间都是断开的，因此 PAM 信号等于连续时间信号 $x(t)$ 与一个周期信号 $p(t)$ 的乘积，该周期信号 $p(t)$ 由许多宽度为 Δ，高度为 $1/\Delta$，周期为 T_s 的脉冲构成，即 PAM 信号 $x_{\mathrm{PAM}}(t)$ 由一系列幅值为信号在脉冲持续时间内的值的窄脉冲构成(对于窄脉冲，其幅值可用信号在抽样时刻的幅值来近似，称此为平顶 PAM)。对于一个小的脉宽 Δ，PAM 信号为

$$x_{\mathrm{PAM}}(t) = x(t)p(t) = \frac{1}{\Delta}\sum_m x(mT_s)\big[u(t-mT_s)-u(t-mT_s-\Delta)\big] \tag{8.2}$$

由于周期信号 $p(t)$ 可用傅里叶级数表示为

$$p(t) = \sum_{k=-\infty}^{\infty} P_k e^{jk\Omega_0 t}, \quad \Omega_0 = \frac{2\pi}{T_s}$$

其中，P_k 是傅里叶级数系数，于是 PAM 信号可表示为

$$x_{\mathrm{PAM}}(t) = \sum_{k=-\infty}^{\infty} P_k x(t) e^{jk\Omega_0 t}$$

且其傅里叶变换可根据频移性质得到为

$$X_{\mathrm{PAM}}(\Omega) = \sum_{k=-\infty}^{\infty} P_k X(\Omega - k\Omega_0)$$

以上就是脉冲序列 $p(t)$ 被信号 $x(t)$ 调制的过程，$x_{\mathrm{PAM}}(t)$ 的频谱等于 $x(t)$ 的频谱在频域中平移 $\{k\Omega_0\}$，并且被 P_k 加权之后再相加。

8.2.2　理想冲激抽样

若 PAM 中脉冲宽度 Δ 远小于 T_s，则 $p(t)$ 可用一个周期为 T_s 的周期冲激序列(见图 8.1)即 $\delta_{T_s}(t)$ 代替，这样可以极大地简化分析，并且使分析结果更易理解。在本章的后面部分将研究脉冲抽样而不是冲激抽样的效果，这是一种比冲激抽样更加现实一些的假设。

抽样函数 $\delta_{T_s}(t)$，即周期为 T_s 的周期冲激序列等于

$$\delta_{T_s}(t) = \sum_n \delta(t-nT_s) \tag{8.3}$$

其中,$\delta(t)$是当 $\Delta \ll T_s$ 时对归一化脉冲 $p(t) = [u(t) - u(t-\Delta)]/\Delta$ 的一个近似。于是抽样信号等于

$$x_s(t) = x(t)\delta_{T_s}(t) \tag{8.4}$$

如图 8.1 所示。在频域中有以下两个等效的方式来观察抽样信号 $x_s(t)$:

（1）调制：由于 $\delta_{T_s}(t)$ 是周期的,基波频率为 $\Omega_s = 2\pi/T_s$,因而它的傅里叶级数为

$$\delta_{T_s}(t) = \sum_{k=-\infty}^{\infty} D_k e^{jk\Omega_s t}$$

其中,傅里叶级数系数 $\{D_k\}$ 等于

$$D_k = \frac{1}{T_s}\int_{-T_s/2}^{T_s/2} \delta_{T_s}(t) e^{-jk\Omega_s t}\,dt = \frac{1}{T_s}\int_{-T_s/2}^{T_s/2} \delta(t) e^{-jk\Omega_s t}\,dt$$

$$= \frac{1}{T_s}\int_{-T_s/2}^{T_s/2} \delta(t) e^{-j0}\,dt = \frac{1}{T_s}$$

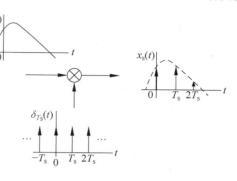

图 8.1　理想冲激抽样

最后这个式子利用了冲激 $\delta(t)$ 的筛选性质以及其强度等于 1 的性质。于是抽样序列的傅里叶级数等于

$$\delta_{T_s}(t) = \sum_{k=-\infty}^{\infty} \frac{1}{T_s} e^{jk\Omega_s t}$$

且抽样信号 $x_s(t) = x(t)\delta_{T_s}(t)$ 可表示为

$$x_s(t) = x(t)\delta_{T_s}(t) = \frac{1}{T_s}\sum_{k=-\infty}^{\infty} x(t) e^{jk\Omega_s t}$$

其傅里叶变换为

$$X_s(\Omega) = \frac{1}{T_s}\sum_{k=-\infty}^{\infty} X(\Omega - k\Omega_s) \tag{8.5}$$

这里利用了傅里叶变换的频移性质,并且令 $X(\Omega)$ 和 $X_s(\Omega)$ 分别表示 $x(t)$ 和 $x_s(t)$ 的傅里叶变换。

（2）离散时间傅里叶变换：抽样信号也可以表示为

$$x_s(t) = \sum_{n=-\infty}^{\infty} x(nT_s)\delta(t - nT_s)$$

其傅里叶变换等于

$$X_s(\Omega) = \sum_{n=-\infty}^{\infty} x(nT_s) e^{-j\Omega T_s n} \tag{8.6}$$

这里利用的是平移冲激信号的傅里叶变换。式(8.6)与式(8.5)是等价的,在后面推导离散时间信号的傅里叶变换时将会用到该式。

注:

（1）根据式(8.5),抽样信号的频谱 $X_s(\Omega)$ 等于抽样中的调制过程引起的被搬移的频谱 $\{(1/T_s)X(\Omega - k\Omega_s)\}$ 的叠加。

（2）由于抽样器的输出中展示出输入中没有的频率,根据特征函数性质可知,抽样器不是 LTI 的,它是一个时变系统。事实上,如果对 $x(t)$ 抽样产生 $x_s(t)$,那么对 $x(t-\tau)$ 进行抽样,其中 $\tau \neq kT_s$,k 为整数,得到的结果将不是 $x_s(t-\tau)$。不过抽样器却是一个线性系统。

（3）式(8.6)提供了 $x(t)$ 的连续频率 Ω(rad/s)与离散时间信号 $x(nT_s)$ 或 $x[n]$[①]的离散频率 ω(rad)

---

① 为了帮助读者看清楚一个依赖于连续变量 t 即实数的连续时间信号,与一个依赖于整数变量 n 的离散时间信号的区别,本书对离散时间信号的变量 n 采用方括号包围,因此 $\eta(t)$ 表示一个连续时间信号,而 $p[n]$ 代表一个离散时间信号。

之间的关系,即

$$\omega = \Omega T_s, \quad [rad/s] \times [s] = [rad]$$

对连续时间信号 $x(t)$ 在均匀时刻 $\{nT_s\}$ 进行抽样可产生抽样信号

$$x_s(t) = x(t)\delta_{T_s}(t) = \sum_{n=-\infty}^{\infty} x(nT_s)\delta(t-nT_s) \tag{8.7}$$

或一个在均匀时刻 nT_s 的样本序列 $\{x(nT_s)\}$。抽样等价于用 $x(t)$ 对基波周期为 T_s（抽样时间间隔）的周期抽样序列

$$\delta_{T_s}(t) = \sum_{n} \delta(t-nT_s) \tag{8.8}$$

进行调制。如果 $X(\Omega)$ 是 $x(t)$ 的傅里叶变换,那么抽样信号 $x_s(t)$ 的傅里叶变换有以下等价的表示形式:

$$X_s(\Omega) = \frac{1}{T_s}\sum_{k=-\infty}^{\infty} X(\Omega-k\Omega_s)$$

$$= \sum_{n=-\infty}^{\infty} x(nT_s)e^{-j\Omega T_s n}, \quad \Omega_s = \frac{2\pi}{T_s} \tag{8.9}$$

抽样的结果依赖于出现在 $x(t)$ 频谱中的最大频率以及所选的抽样频率 Ω_s（或抽样时间间隔 T_s）,当 $x(t)$ 的频谱被平移、相加从而得到抽样信号 $x_s(t)$ 的频谱时,有可能会出现重叠。对连续时间信号抽样可能面临以下三种情形:

（1）如果信号 $x(t)$ 具有有限支撑的低通频谱,即当 $|\Omega| > \Omega_{max}$ 时,$X(\Omega) = 0$（如图 8.2(a) 所示）,其中 Ω_{max} 是出现在信号中的最大频率,那么这种信号被称为频带有限的。如图 8.2(b) 所示,对于频带有限的信号,抽样信号的频谱是可能通过选择一个合适的 Ω_s 而成为由 $(1/T_s)X(\Omega)$ 的平移而又不重叠的各变

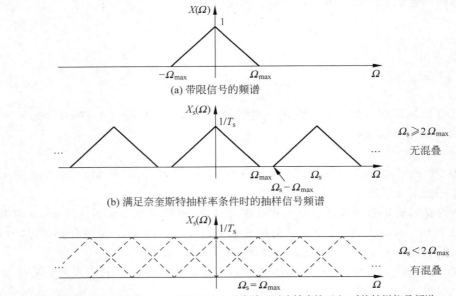

(a) 带限信号的频谱

(b) 满足奈奎斯特抽样率条件时的抽样信号频谱

(c) 发生混叠(频谱叠加,以虚线示之,叠加产生一个常数,以连续直线示之)时的抽样信号频谱

图 8.2　原始信号频谱以及不同抽样率条件下的抽样信号频谱

体组成,从图形上可看出,要实现频谱的平移而不重叠,只要令 $\Omega_s - \Omega_{max} \geqslant \Omega_{max}$ 即

$$\Omega_s \geqslant 2\Omega_{max}$$

称上式为**奈奎斯特抽样率条件**。下面将会看到,这种情况下能够从 $X_s(\Omega)$,即抽样信号 $x_s(t)$,恢复出 $X(\Omega)$ 即 $x(t)$,因此说 $x(t)$ 中的信息都被保留在抽样信号 $x_s(t)$ 中。

(2) 另一方面,即使信号 $x(t)$ 是频带有限的,但若令 $\Omega_s < 2\Omega_{max}$,那么在产生 $X_s(\Omega)$ 时,那些被平移的 $x(t)$ 的频谱会发生重叠(见图 8.2(c))。这种情况下,由于重叠的缘故将不可能再从抽样信号恢复出原始的连续时间信号,因此抽样信号与原始连续时间信号并不享有相同的信息。这种重叠的现象称为**频率混叠**,因为由于频谱的重叠,原始连续时间信号的一些频率成分获得了不同的值或"别名"。(注:频率混叠的英文表示是"frequency aliasing",其中"alias"的意思是"别名"。)

(3) 如果 $x(t)$ 的频谱不具有有限支撑,即信号不是**频带有限**的,那么使用任何抽样时间间隔 T_s 抽样,抽样信号的频谱都是由重叠的 $x(t)$ 的频谱构成,因此,若是对非带限信号抽样,频率混叠一定会出现。要想对一个非带限信号 $x(t)$ 无混叠抽样——以丢失 $x(t)$ 的高频成分提供的信息为代价——唯一的办法是获得一个缺少了 $x(t)$ 高频成分的近似信号 $x_a(t)$,这样才能确定 $x_a(t)$ 的最大频率,从而达到无混叠抽样的目的。在实际中,采用**抗混叠滤波**来获得近似信号 $x_a(t)$,抗混叠滤波常用于抽样器中。

一个带限信号 $x(t)$,即其低通频谱 $X(\Omega)$ 是这样的

$$\text{当 } |\Omega| > \Omega_{max} \text{ 时,} |X(\Omega)| = 0 \qquad (8.10)$$

其中,Ω_{max} 是 $x(t)$ 的最大频率,它能均匀地、无频率混叠地被抽样,若抽样频率满足

$$\Omega_s = \frac{2\pi}{T_s} \geqslant 2\Omega_{max} \qquad (8.11)$$

即奈奎斯特抽样率条件。

带限的还是非带限的?

以下内容摘自大卫·史赖皮恩(David Slepian)的论文"关于带宽",其中清楚地描述了带限信号的不确定性。

困境——信号是真的频带有限吗?它们看上去是,却又不是。一方面,一对实心铜导线不会以光学频率传导电磁波,因此通过这对导线接收到的信号一定是频带有限的。实际上,谈论以高于某个有限的截止频率 W 如 10^{20} Hz 的频率通过导线传输能量是没有实际意义的,这样看来,似乎信号一定是频带有限的。

而另一方面,具有有限带宽 W 的信号等于有限的傅里叶变换

$$s(t) = \int_{-W}^{W} e^{2\pi i f t} S(f) \mathrm{d}f$$

并且确凿的数学论证证明了它们是极其光滑的且拥有任意阶导数。的确,这些积分是 t 的整函数,在任何一点都是完全可测的,在任意 t 区间上它们都不会成为零,除非它们在每一处都成为零。这种信号没有开始或结束,它们一定永远持续。无疑真实的信号有开始和结束,因而不可能是频带有限的!

因此我们遇到了难题:假定真实的信号在时域里一定永远持续(这是带限的结果)看起来与假定真实信号在任意高的频率处有能量(没有频带限制)一样不合理。然而如果要避免数学上的矛盾,这两者中的一个必须成立,要么信号是频带有限的,要么不是,没有其他的选择。你认为它们属于哪一个呢?

【例 8.1】

考虑信号 $x(t)=2\cos(2\pi t+\pi/4)$，$-\infty<t<\infty$，判断它是否是频带有限的。若分别采用 $T_s=0.4$、0.5 和 1 s/sample(秒/样本)的抽样时间间隔对 $x(t)$ 进行抽样，对三种情况都加以分析判断，看是否满足奈奎斯特抽样率条件，抽样信号是否与原始信号相像。

解 由于 $x(t)$ 仅有一个频率 2π，因此它是频带有限的，并且 $\Omega_{\max}=2\pi(\text{rad/s})$。对于任意 T_s 抽样信号都可写为

$$x_s(t)=\sum_{n=-\infty}^{\infty}2\cos(2\pi nT_s+\pi/4)\delta(t-nT_s),\quad T_s(\text{s/sample}) \tag{8.12}$$

当 $T_s=0.4$ s/sample 时，以 rad/s 为单位的抽样频率等于 $\Omega_s=2\pi/T_s=5\pi>2\Omega_{\max}=4\pi$，满足奈奎斯特抽样率条件，于是式(8.12)中的样本点为

$$x(nT_s)=2\cos(2\pi 0.4n+\pi/4)=2\cos\left(\frac{4\pi}{5}n+\frac{\pi}{4}\right),\quad -\infty<n<\infty$$

相应的抽样信号 $x_s(t)$ 每隔 5 个样本就周期性地重复一次。的确，由于 $x((m+5)T_s)=x(mT_s)$，所以有

$$x_s(t+5T_s)=\sum_{n=-\infty}^{\infty}x(nT_s)\delta(t-(n-5)T_s)$$

令 $m=n-5$，则有

$$x_s(t+5T_s)=\sum_{m=-\infty}^{\infty}x((m+5)T_s)\delta(t-mT_s)=x_s(t)$$

注意图 8.3(b)，在连续时间正弦信号的每个周期里仅取了 3 个样本点，因而连续时间信号的信息保存在抽样信号里的事实并不明显，不过在 8.2.3 节，我们将证明确实可能从这个抽样信号 $x_s(t)$ 中恢复出 $x(t)$，从这个意义上可以说 $x_s(t)$ 与 $x(t)$ 包含了相同的信息。

当 $T_s=0.5$ 时，抽样频率为 $\Omega_s=2\pi/T_s=4\pi=2\Omega_{\max}$，刚好满足奈奎斯特抽样率条件。此时式(8.12)中的样本点为

$$x(nT_s)=2\cos(2\pi n0.5+\pi/4)=2\cos\left(\frac{2\pi}{2}n+\frac{\pi}{4}\right),\quad -\infty<n<\infty$$

在这种情况下由于 $x((n+2)T_s)=x(nT_s)$，这一点很容易验证，因此抽样信号每隔 2 个样本周期性重复一次。根据奈奎斯特抽样率条件，这是开始出现混叠之前所允许的最小的每周期样本数。实际上，如果令 $\Omega_s=\Omega_{\max}=2\pi$，即相应的抽样时间间隔为 $T_s=1$，那么式(8.12)中的样本点为

$$x(nT_s)=2\cos(2\pi n+\pi/4)=2\cos(\pi/4)=\sqrt{2}$$

而且抽样信号等于 $\sqrt{2}\delta_{T_s}(t)$。在这种情况下，不可能将抽样信号转化回去得到连续时间正弦信号，于是就丢失了正弦信号提供的信息。**欠采样**即单位时间内获得的样本点太少，改变了重建信号的本质。

为了说明抽样过程，下面用 MATLAB 画出了连续时间信号和四个抽样信号(见图 8.3)，抽样时间间隔分别取的是 $T_s=0.2$、0.4、0.5 和 1 s/sample。很清楚，当 $T_s=1$ s/sample 时，由于频率混叠的缘故，在连续时间和离散时间信号之间没有相似性，而当 $T_s=0.2$ s/sample 时，抽样信号与原始连续时间信号看起来非常像。

【例 8.2】

考虑以下信号：

(a) $x_1(t)=u(t+0.5)-u(t-0.5)$，(b) $x_2(t)=e^{-t}u(t)$

判断它们是否是频带有限的，如果不是，确定非带限信号的某个频率，要使信号到该频率为止的能量占

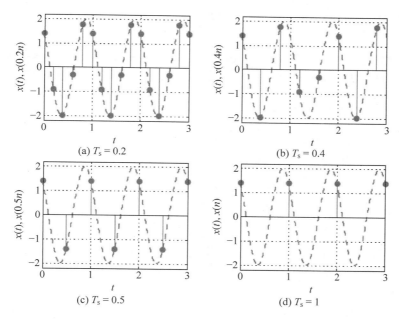

图 8.3 以不同的 T_s 对 $x(t)$ 进行抽样

到总能量的 99%, 这样就可以将该结果近似为此非带限信号的最大频率。

解 (a) 信号 $x_1(t) = u(t+0.5) - u(t-0.5)$ 是一个单位脉冲信号。很明显,通过选择任意一个 $T_s \ll 1$ 都可以对其进行抽样。例如,$T_s = 0.01\text{s}$ 是一个比较好的值,由此产生的离散时间信号为 $x_1(nT_s) = 1$, 当 $0 \leqslant nT_s = 0.01n \leqslant 1$, 即 $0 \leqslant n \leqslant 100$。对该信号抽样看似没有问题,不过 $x_1(t)$ 的傅里叶变换是

$$X_1(\Omega) = \frac{\mathrm{e}^{\mathrm{j}0.5\Omega} - \mathrm{e}^{-\mathrm{j}0.5\Omega}}{\mathrm{j}\Omega}$$

$$= \frac{\sin(0.5\Omega)}{0.5\Omega}$$

可见它没有一个最大频率,所以 $x_1(t)$ 不是频带有限的,因此不论选择怎样的 T_s 值,对信号抽样都会引起混叠。所幸的是,sinc 函数的值趋于零的速度很快,所以可以算出一个近似的最大频率,信号 99% 的能量都会包含在这个频带内。

利用帕色瓦尔能量关系,可求出 $x_1(t)$ 的能量($x_1^2(t)$ 下方的面积)等于 1,如果希望求出一个值 Ω_M, 使 99% 的信号能量都在频带 $[-\Omega_M, \Omega_M]$ 内,则需要找到以下积分的积分限,从而使积分的值等于 0.99, 即

$$0.99 = \frac{1}{2\pi} \int_{-\Omega_M}^{\Omega_M} \left[\frac{\sin(0.5\Omega)}{0.5\Omega} \right]^2 \mathrm{d}\Omega$$

由于此积分用解析方法难以计算,故采用以下 MATLAB 脚本来逼近它。

```
% 例 8.2   帕色瓦尔关系和抽样
clear all; clf
syms W
for k = 16: 24;
    E(k) = simplify(int((sin(0.5 * W)/(0.5 * W))^2,W,0,k * pi)/pi);
    e(k) = single(subs(E(k)));
end
```

```
stem(e); hold on
EE = 0.9900 * ones(1,24); plot(EE,'r')
```

通过观察运行此脚本产生的图形发现，当取 $\Omega_M = 20\pi$(rad/s)时，98.9%的信号能量都包括进去了，因此可以用它作为实际最大频率的近似值，而且可取 $T_s < \pi/\Omega_M = 0.05$s/sample 作为抽样时间间隔。

（b）对于因果指数信号

$$x(t) = e^{-t}u(t)$$

其傅里叶变换为

$$X(\Omega) = \frac{1}{1 + j\Omega}$$

从而有

$$|X(\Omega)| = \frac{1}{\sqrt{1 + \Omega^2}}$$

由于对于任意有限大小的 Ω，$|X(\Omega)|$ 的值都不等于零，所以 $x(t)$ 不是频带有限的。为了求出使能量的 99% 都在 $-\Omega_M \leqslant \Omega \leqslant \Omega_M$ 内的频率 Ω_M 的值，令

$$\frac{1}{2\pi}\int_{-\Omega_M}^{\Omega_M} |X(\Omega)|^2 d\Omega = \frac{0.99}{2\pi}\int_{-\infty}^{\infty} |X(\Omega)|^2 d\Omega$$

由此得到

$$2\arctan(\Omega)\Big|_0^{\Omega_M} = 2 \times 0.99\arctan(\Omega)\Big|_0^{\infty}$$

或

$$\Omega_M = \tan\left(\frac{0.99\pi}{2}\right) = 63.66\text{rad/s}$$

如果取 $\Omega_s = 2\pi/T_s = 5\Omega_M$ 或 $T_s = 2\pi/(5 \times 63.66) \approx 0.02$s/sample，就几乎不会有任何混叠或信息丢失了。

8.2.3 原始连续时间信号的重建

如果被抽样信号 $x(t)$ 有傅里叶变换 $X(\Omega)$，并且它是频带有限的——这样该信号的最大频率就确定了——那么通过选择满足奈奎斯特抽样率条件

$$\Omega_s > 2\Omega_{max} \tag{8.13}$$

的抽样频率 Ω_s，抽样信号 $x_s(t)$ 的频谱就表现为乘以 $1/T_s$ 的频谱 $X(\Omega)$ 的各平移结果的叠加，而且没有重叠，在这种情况下，通过滤波由抽样信号还原原始的连续时间信号是可能的。确实，如果利用一个理想低通滤波器，其频率响应为

$$H_{lp}(\Omega) = \begin{cases} T_s, & -\Omega_s/2 \leqslant \Omega \leqslant \Omega_s/2 \\ 0, & \text{其他} \end{cases} \tag{8.14}$$

那么滤波器输出的傅里叶变换等于

$$X_r(\Omega) = H_{lp}(\Omega)X_s(\Omega) = \begin{cases} X(\Omega), & -\Omega_s/2 \leqslant \Omega \leqslant \Omega_s/2 \\ 0, & \text{其他} \end{cases}$$

其中，$\Omega_s/2 = \Omega_{max}$，即 $x(t)$ 的最大频率，恢复信号 $x_r(t)$ 的傅里叶变换与原始信号 $x(t)$ 的傅里叶变换一致。由此可得：如果采用一个满足奈奎斯特抽样率条件的抽样时间间隔 T_s 对带限信号抽样，那么该带限信号可准确地由抽样信号通过一个理想低通滤波器而得到恢复。

注:

(1) 在实践中,要想精确地恢复原始信号是不太可能的,原因有几个:第一,可能连续时间信号并非正好是带限的,因此不可能获得一个最大频率——抽样时一定会发生频率混叠;第二,抽样也并非正好在均匀的时刻进行,抽样时刻可能出现随机的变化;第三,要获得精确恢复所需的滤波器是一个理想的低通滤波器,而理想滤波器在实践中无法实现,可能实现的只是一个具有近似理想特性的滤波器。以上这几点虽然表明抽样理论的局限性,但在大多数情况下都有:(ⅰ)信号是带限的或近似带限的;(ⅱ)满足奈奎斯特抽样率条件;(ⅲ)重构滤波器可以很好地逼近理想低通重构滤波器,因此恢复出来的信号非常接近原始信号。

(2) 对于不满足带限条件的信号,可以获得一个满足此条件的近似信号,办法是将此非带限信号通过一个理想低通滤波器,这样就保证了滤波器的输出具有一个等于滤波器截止频率的最大频率(见图 8.4)。因为是低通滤波,过滤之后的信号比原始信号光滑——被抽样信号的高频成分滤掉了。该低通滤波器称为**抗混叠滤波器**,因为它使近似信号成为带限信号,从而避免了频域里的混叠。

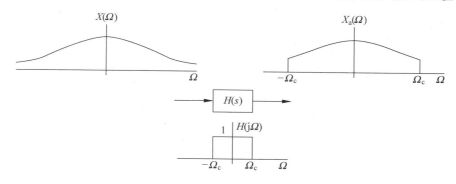

图 8.4　非带限信号的抗混叠滤波

(3) 在实际应用中,抗混叠滤波器的截止频率是根据被抽样信号的频率成分的先验知识设置的。例如,如果是对语音信号抽样,已知语音信号的频率范围是 $100\text{Hz}\sim5\text{kHz}$ 左右(电话交谈中的语音均在此频率范围内),因此在抽样语音信号时,选择截止频率为 5kHz 的抗混叠滤波器,于是抽样率就被设置成 $10\,000$ 个样本/秒或更高一些的值。同理,已知乐音信号的频率范围近似为 $0\sim22\text{kHz}$,因此在抽样乐音信号时,抗混叠滤波器的截止频率被设置为 22kHz,抽样率就被设置成 $44\,000$ 个样本/秒或更高一些的值。

【例 8.3】

考虑两个正弦信号

$$x_1(t) = \cos(\Omega_0 t), \quad x_2(t) = \cos((\Omega_0 + \Omega_1)t), \quad -\infty \leqslant t \leqslant \infty$$

其中,$\Omega_1 > 2\Omega_0$。证明:如果对这两个信号以 $T_s = 2\pi/\Omega_1$ 进行抽样,将无法区分抽样信号,即 $x_1(nT_s) = x_2(nT_s)$。令 $\Omega_0 = 1\text{rad/s}$,$\Omega_1 = 7\text{rad/s}$,用 MATLAB 画图显示以上所提到的各信号,并解释该题意义所在。

解　采用 $T_s = 2\pi/\Omega_1$ 对这两个信号抽样,得到

$$x_1(nT_s) = \cos(\Omega_0 nT_s), \quad x_2(nT_s) = \cos((\Omega_0 + \Omega_1)nT_s), \quad -\infty \leqslant n \leqslant \infty$$

但是由于 $\Omega_1 T_s = 2\pi$,因此 $x_2(nT_s)$ 可写为

$$x_2(nT_s) = \cos((\Omega_0 T_s + 2\pi)n)$$
$$= \cos(\Omega_0 T_s n) = x_1(nT_s)$$

因此不可能区分开两个抽样信号。由于抽样频率 Ω_1 小于 $x_2(t)$ 的最大频率的两倍即 $2(\Omega_0+\Omega_1)$，于是在对 $x_2(t)$ 抽样时发生了频率混叠。见图 8.5，该图显示的是 $\Omega_0=1\text{rad/s}$ 和 $\Omega_0+\Omega_1=8\text{rad/s}$ 时的情形。

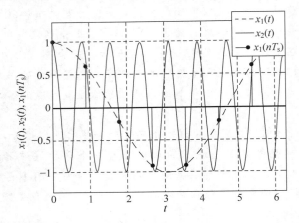

图 8.5　采用 $T_s=2\pi/\Omega_1$ 对两个频率分别为 $\Omega_0=1\text{rad/s}$ 和 $\Omega_0+\Omega_1=8\text{rad/s}$ 的正弦信号进行抽样
频率高些的信号被欠采样，导致混叠，从而使得两个抽样信号一致。

运行以下脚本可显示出当取 $\Omega_0=1\text{rad/s}$ 和 $\Omega_1=7\text{rad/s}$ 时的混叠效应。注意，对 $x_1(t)$ 抽样满足奈奎斯特抽样率条件 $(\Omega_s=\Omega_1=7>2\Omega_0=2\text{rad/s})$，而对 $x_2(t)$ 抽样则不然 $(\Omega_s=\Omega_1=7<2(\Omega_0+\Omega_1)=16\text{rad/s})$。

```
% 例 8.3
% %
clear all; clf
omega_0 = 1; omega_s = 7;
T = 2 * pi/omega_0;t = 0: 0.001: T;  % x1 的一个周期
x1 = cos(omega_0 * t); x2 = cos((omega_0 + omega_s) * t);
N = length(t); Ts = 2 * pi/omega_s; % 抽样时间间隔
M = fix(Ts/0.001); imp = zeros(1,N);
for k = 1: M: N - 1,
      imp(k) = 1;
end
plot(t,x1,'b',t,x2,'k'); hold on
stem(t,imp.* x1,'r','filled'); axis([0 max(t)   -1.1  1.1]);
xlabel('t'); grid
```

频域里的结果显示在图 8.6 中：两个正弦信号的频谱不相同，但它们的抽样信号的频谱却相同。

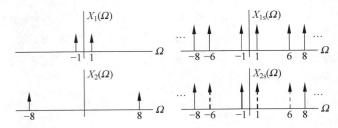

图 8.6　原始信号及抽样信号的频谱
由于对 $x_2(t)$ 欠采样，所以两个抽样信号的频谱看上去完全一样。

8.2.4 由 sinc 函数插值重建信号

可以证明,由离散时间抽样信号 $x_s(t)$ 重构连续时间信号 $x(t)$ 是利用 sinc 函数的插值过程。首先式(8.14)中理想低通重构滤波器 $H_{lp}(s)$ 的冲激响应为

$$h_{lp}(t) = \frac{T_s}{2\pi} \int_{-\Omega_s/2}^{\Omega_s/2} e^{j\Omega t} \, d\Omega = \frac{\sin(\pi t/T_s)}{\pi t/T_s}, \quad \Omega_s = \frac{2\pi}{T_s} \tag{8.15}$$

这是一个具有无限时间支撑的 sinc 函数,而且关于 $t=0$ 对称地衰减。因此,重构信号 $x_r(t)$ 等于抽样信号 $x_s(t)$ 与 $h_{lp}(t)$ 的卷积,将 $x_s(t)$ 和 $h_{lp}(t-\tau)$ 的表达式代入卷积积分式之后,再利用 δ 函数的筛选性质可求得 $x_r(t)$ 等于

$$x_r(t) = [x_s * h_{lp}](t) = \int_{-\infty}^{\infty} x_s(\tau) h_{lp}(t-\tau) \, d\tau$$

$$= \int_{-\infty}^{\infty} \left[\sum_{n=-\infty}^{\infty} x(nT_s)\delta(\tau - nT_s) \right] h_{lp}(t-\tau) \, d\tau$$

$$= \sum_{n=-\infty}^{\infty} x(nT_s) \frac{\sin(\pi(t-nT_s)/T_s)}{\pi(t-nT_s)/T_s} \tag{8.16}$$

因此重构信号是用幅值等于样本值 $\{x(nT_s)\}$ 的时移 sinc 函数表示的一个插值。事实上如果令 $t=kT_s$,可看到有

$$x_r(kT_s) = \sum_n x(nT_s) \frac{\sin(\pi(k-n))}{\pi(k-n)} = x(kT_s)$$

由于根据罗必塔法则有

$$\frac{\sin(\pi(k-n))}{\pi(k-n)} = \begin{cases} 1, & k-n=0 \quad \text{或} \quad n=k \\ 0, & n \neq k \end{cases}$$

因此 $x(t)$ 在 $t=kT_s$ 的值被精确恢复,而其余的值是通过许多 sinc 函数求和进行插值得到的。

8.2.5 奈奎斯特-香农抽样定理

如果一个低通连续时间信号 $x(t)$ 是频带有限的(即其频谱 $X(\Omega)$ 满足:当 $|\Omega|>\Omega_{max}$ 时,$X(\Omega)=0$,其中,Ω_{max} 是 $x(t)$ 的最大频率),则有

- $x(t)$ 中的信息被具有样本值 $x(nT_s)=x(t)|_{t=nT_s}$,$n=0,\pm 1, \pm 2, \cdots$,的抽样信号 $x_s(t)$ 所保存,只要抽样频率 $\Omega_s=2\pi/T_s$(rad/s)满足:

$$\Omega_s \geqslant 2\Omega_{max} \quad \text{(奈奎斯特抽样率条件)} \tag{8.17}$$

或者等价地,如果抽样率 f_s(sample/s)或抽样时间间隔 T_s(s/sample)满足

$$f_s = \frac{1}{T_s} \geqslant \frac{\Omega_{max}}{\pi} \tag{8.18}$$

- 若能满足奈奎斯特抽样率条件,原始信号 $x(t)$ 就能通过将抽样信号 $x_s(t)$ 输入一个理想低通滤波器得到重建,该理想低通滤波器的频率响应为

$$H(j\Omega) = \begin{cases} T_s, & -\Omega_s/2 \leqslant \Omega \leqslant \Omega_s/2 \\ 0, & \text{其他} \end{cases}$$

重构信号是由样本值经过以下 sinc 插值产生的:

$$x_r(t) = \sum_{n=-\infty}^{\infty} x(nT_s) \frac{\sin(\pi(t-nT_s)/T_s)}{\pi(t-nT_s)/T_s} \tag{8.19}$$

抽样理论的起源—第 1 部分

抽样理论的提出要归功于许多工程师和数学家,是数学家和通信工程领域的研究人员从不同的方面偶然发现这些结论的。在工程界,人们习惯上把抽样理论的提出归功于哈里·奈奎斯特(Harry Nyquist)和克劳德·香农(Claude Shannon),虽然也有其他一些研究人员,例如,V. A. 卡特尔尼可夫(V. A. Kotelnikov)、E. T. 惠特克(E. T. Whittaker)和 D. 盖博(D. Gabor)得出过类似的结论。奈奎斯特的著作并不直接涉及抽样和被抽样信号的重建,但他的成果对香农在这些领域的研究进展做出了贡献。

哈里·奈奎斯特于 1889 年出生在瑞典,1976 年卒于美国。他进入位于大福克斯的北达科他(North Dakota)大学学习,并于 1917 年在耶鲁大学获得博士学位。他为美国电话电报(AT&T)公司和贝尔电话实验室有限公司工作,并获得了 138 项专利,发表了 12 篇技术文章。奈奎斯特的贡献包括热噪声、反馈放大器的稳定性、电报、电视以及其他一些重要的通信问题。他所做的关于为了传输信息而确定带宽需求的理论工作为克劳德·香农在抽样理论上的工作奠定了基础。

正如汉斯·D. 卢克(Hans D. Luke)在他的文章"抽样理论的起源"中总结的那样,他认为抽样理论要归功于许多作者:

历史也揭示了一个过程,该过程在技术或物理学的理论问题中经常可见:首先有实际经验的人提出一个单靠实践或经验得到的方法,然后理论研究者开发出通用的解决方法,最后某人发现其实数学家早就解决了此方法所包含的数学问题,只是它"光荣地独立着"。

注:

(1) 数值 $2\Omega_{max}$ 被称作**奈奎斯特抽样频率**,数值 $\Omega_s/2$ 被称作**折叠频率**。

(2) 若考虑每秒获得的样本数量,就能够更好地理解诸如数据存储需求、由实时处理所带来的处理局限性,以及对数据压缩算法的需要等问题了。例如,若以 44 000sample/s 的抽样率对一个音乐信号抽样,每个样本用 8bit 表示,那么对每一秒的音乐信号就需要存储 $44\times8=352$kbit;若抽样一个小时,就会有 $3600\times44\times8$kbit 需要存储。同理,如果要处理一个原始信号,则每隔 $T_s=1/44\ 000$s/sample,或 0.0227ms 就得到一个新样本,所以任何实时处理都需要以非常快的速度进行。如果希望获得更好的质量,可以增加分配给每个样本的比特数,例如若是 16bit/s,那么所需存储或处理的数据量就是上面例子中的两倍;如果还希望获得更高的逼真度,则可以增大抽样率,还有为了听到立体声而设置两个声道,但是这样做要准备好提供更大的存储容量,或采用某种数据压缩算法才能处理如此大量的数据。

8.2.6 用 MATLAB 模拟抽样

用 MATLAB 对抽样进行模拟比较复杂,因为需要考虑连续时间信号的表示和连续傅里叶变换的计算。在这个过程中需要两个抽样率:一个是下面要研究的抽样率 f_s;另一个是对连续时间信号进行仿真时用的 $f_{sim}\gg f_s$。计算 $x(t)$ 的连续傅里叶变换可以用快速傅里叶变换(fast fourier transform, FFT)乘以抽样时间间隔来近似完成,我们将在后面的章节中讨论 FFT,现在仅将 FFT 看作是计算离散化信号的傅里叶变换的一个算法。为了说明抽样的流程,考虑对正弦函数 $x(t)=\cos(2\pi f_0 t)$ 进行抽样,其中 $f_0=1$kHz。为了模拟该连续时间信号,选择抽样时间间隔 $T_{sim}=0.5\times10^{-4}$s/sample 或抽样频率 $f_{sim}=20\ 000$sample/s。

1. 无混叠抽样

如果以抽样频率 $f_s=6000>2f_0=2000$Hz 对 $x(t)$ 抽样,抽样信号 $y(t)$ 在其频率表示中就不会呈现

出混叠,因为该做法满足了奈奎斯特抽样率条件。图 8.7 中左边那张图显示了信号 $x(t)$ 及其抽样信号 $y(t)$,还有它们的近似傅里叶变换。幅度谱 $|X(\Omega)|$ 对应正弦函数 $x(t)$,而 $|Y(\Omega)|$ 是抽样信号频谱的第一个周期(回顾所学知识可知抽样信号的频谱是周期的,且周期等于 $\Omega_s=2\pi f_s$)。在这种情况下,没有混叠发生,频谱 $|Y(\Omega)|$ 的第一个周期与 $x(t)$ 的频谱 $|X(\Omega)|$ 一致(注意,作为正弦函数,其幅度谱 $|X(\Omega)|$ 除了在正弦频率即 $\pm 1\mathrm{kHz}$ 外其余都等于零,同样地,$|Y(\Omega)|$ 除了在 $\pm 1\mathrm{kHz}$ 外其余也都等于零,且 $|Y(\Omega)|$ 的频率范围是 $[-f_s/2,f_s/2]=[-3,3]\mathrm{kHz}$)。图 8.7 的右边显示了 $y(t)$ 的 3 样本 sinc 插值,实线是插入的值,即是分别以三个样本点为中心的三个 sinc 函数之和;右边下面那张图显示的是对所有样本点进行 sinc 插值的结果,这是利用我们自定义的函数 sincinterp 获得的。整个抽样过程采用的是自定义函数 sampling 来实现的。

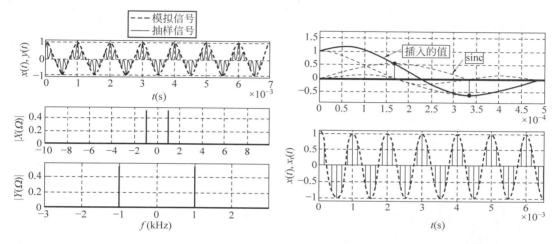

图 8.7　无混叠抽样

用抽样率 $f_s=6000\mathrm{sample/s}$ 对正弦信号 $x(t)=\cos(2000\pi t)$ 进行抽样模拟。左图是信号 $x(t)$ 和抽样信号 $y(t)$,以及它们的幅度谱 $|X(\Omega)|$ 和 $|Y(\Omega)|$($|Y(\Omega)|$ 是周期的,这里显示的只是一个周期)。在右边,上图说明的是 3 样本 sinc 插值,下图是被 sinc 插值的信号 $x_r(t)$(虚线)和抽样信号 $y(t)$。在此例中,$x_r(t)$ 非常接近于原始信号 $x(t)$。

2. 有混叠抽样

图 8.8 显示了抽样频率 $f_s=800<2f_0=2000$ 的情况,在这种情况下对 $x(t)$ 抽样会发生混叠,这一点可由图 8.8 左上图中的抽样信号 $y(t)$ 看出来,这个图看起来就像是对一个低频正弦信号进行抽样。也可通过 $x(t)$ 和 $y(t)$ 的幅度谱看出频谱确实发生了混叠:$|X(\Omega)|$ 还是与前面情况中的一样,但是 $|Y(\Omega)|$(图中显示的是抽样信号 $y(t)$ 频谱的一个周期)却呈现出一个低于 $x(t)$ 频率的 200Hz 频率,该频率处于频率范围 $[-f_s/2,f_s/2]=[-400,400]\mathrm{Hz}$ 内,这意味着混叠发生了。最后 sinc 插值的结果是一个频率为 0.2Hz 的正弦,不同于 $x(t)$,如图 8.8 中右下图所示。

对一个更复杂的信号抽样也会出现类似的情况。如果被抽样的信号是 $x(t)=2-\cos(\pi f_0 t)+\sin(2\pi f_0 t)$,其中 $f_0=500\mathrm{Hz}$,若采用的抽样频率为 $f_s=6000>2f_{max}=2f_0=1000\mathrm{Hz}$,则不会有混叠发生;然而,若抽样频率等于 $f_s=800<2f_{max}=2f_0=1000$,就会发生混叠。在无混叠抽样中,频谱 $|Y(\Omega)|$(在频率范围 $[-3000,3000]=[-f_s/2,f_s/2]$ 内)对应着抽样信号 $y(t)$ 傅里叶变换的一个周期,显示出与 $|X(\Omega)|$ 相同的频率,重构的信号等于原始信号,见图 8.9 中左边的图。当采用 $f_s=800\mathrm{Hz}$,所给信号 $x(t)$ 被欠采样,混叠发生,这种情况下,对应欠采样信号 $y(t)$ 的傅里叶变换的一个周期的幅度谱 $|Y(\Omega)|$,没有显示出与 $|X(\Omega)|$ 相同的频率,重构的信号显示在图 8.9 中的右下图,与原始信号并不相像。

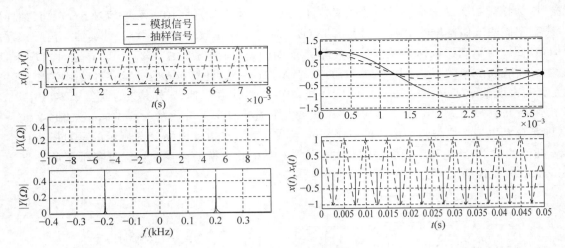

图 8.8　有混叠抽样

用抽样率 $f_s = 800\text{sample/s}$ 对正弦信号 $x(t) = \cos(2000\pi t)$ 进行抽样模拟。左边图形是原始信号 $x(t)$ 和抽样信号 $y(t)$（看上去像对一个频率低一些的信号抽样），左下图显示的是 $x(t)$ 和 $y(t)$ 的幅度谱，即 $|X(\Omega)|$ 和 $|Y(\Omega)|$（周期的，显示出的周期内出现了一个比 $|X(\Omega)|$ 更低的频率）。右边显示的是 3 样本的 sinc 插值和整个信号的 sinc 插值。混叠使得重构信号 $x_r(t)$ 是一个基波周期为 0.5×10^{-2} 或频率为 200Hz 的正弦信号。

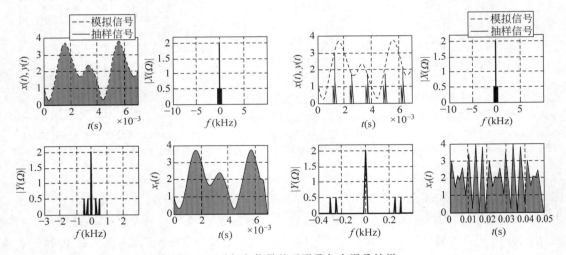

图 8.9　对复杂信号的无混叠与有混叠抽样

对信号 $x(t) = 2 - \cos(500\pi t) + \sin(1000\pi t)$ 抽样，左侧是没有混叠的情况（$f_s = 6000\text{sample/s}$），右侧是有混叠的情况（$f_s = 800\text{sample/s}$）。当没有混叠发生时，重构信号与原始信号一致，然而如果发生了混叠，情况就不会如此了（见右下图）。

以下函数完成抽样以及连续时间信号和抽样信号的傅里叶变换计算，利用的是快速傅里叶变换，它为每个频谱产生一个频率范围。

```
function [y,y1,X,fx,Y,fy] = sampling(x,L,fs)
%
% 抽样
%   x 模拟信号
%   L 模拟信号 x 的长度
%   fs 抽样率
```

```
%   y 抽样信号
%   X、Y  x、y 的幅度谱
%   fx、fy  X、Y 的频率范围
%
 fsim = 20000;                            % 对信号模拟所用的抽样频率
% 以 fsim/fs 的速率抽样
 delta = floor(fsim/fs);
 y1 = zeros(1,L)
 y1(1: delta: L) = x(1: delta: L);
 y = x(1: delta: L);
% 信号的近似模拟 FT
  dtx = 1/fsim;
  X = fftshift(abs(fft(x))) * dtx;
N = length(x); k = 0: (N - 1); fx = 1/N. * k; fx = fx * fsim/1000 - fsim/2000;
dty = 1/fs;
Y = fftshift(abs(fft(y))) * dty;
N = length(Y); k = 0: (N - 1); fy = 1/N. * k; fy = fy * fs/1000 - fs/2000;
```

下面这个函数的功能是计算样本的 sinc 插值。

```
function [t,xx,xr] = sincinterp(x,Ts)
%
%    Sinc 插值
%    x 抽样信号
%    Ts   x 的抽样时间间隔
%    xx,xr 原始样本和重构于范围 t 内的信号
%
dT = 1/100; N = length(x)
t = 0: dT: N;
xr = zeros(1,N * 100 + 1);
for k = 1: N,
   xr = xr + x(k) * sinc(t - (k - 1));
end
xx(1: 100: N * 100) = x(1: N);
xx = [xx  zeros(1,99)];
NN = length(xx); t = 0: NN - 1; t = t * Ts/100;
```

8.2.7 对已调信号抽样

前面所给的奈奎斯特抽样率条件适用于低通信号或基带信号,带通信号的抽样用于通信系统的仿真和软件无线电中调制系统的实现。对于已调信号,可以证明其抽样率取决于消息或调制信号的带宽,而不是已调信号的最大频率,这个结论非常有意义,由于抽样率与载波频率无关,因此可以极大地节省样本的数量。例如,假设采用一个 6GHz 的载波通过卫星通信系统传输声音消息,那么只需要以 10kHz 的抽样率进行抽样,而不是根据奈奎斯特抽样率条件,考虑已调信号的最大频率而确定的 12GHz。

考虑已调信号 $x(t) = m(t)\cos(\Omega_c t)$,其中,$m(t)$ 是消息,$\cos(\Omega_c t)$ 是载波,载波频率 $\Omega_c \gg \Omega_{\max}$,$\Omega_{\max}$ 是出现在消息中的最大频率。现以抽样时间间隔 T_s 对 $x(t)$ 进行抽样,在频域中会引起被平移了 Ω_s 的 $x(t)$ 的频谱的叠加,并乘以 $1/T_s$,凭直觉可知,为了避免混叠,频域里的平移应当使被移动之后的频谱之间不发生重叠,这就要求

$$(\Omega_c + \Omega_{\max}) - \Omega_s < (\Omega_c - \Omega_{\max}) \Rightarrow \Omega_s > 2\Omega_{\max}$$

或

$$T_s < \frac{\pi}{\Omega_{\max}}$$

> 如果已调信号 $x(t) = m(t)\cos(\Omega_c t)$ 中的消息 $m(t)$ 的带宽为 BHz，那么以抽样率
> $$f_s \geqslant 2B$$
> 对 $x(t)$ 进行抽样，所得样本能够重构出 $x(t)$，而抽样率与载波 $\cos(\Omega_c t)$ 的频率 Ω_c 无关。

因此抽样时间间隔依赖于消息 $m(t)$ 的带宽 $\Omega_{\max}$，而不是出现在已调信号 $x(t)$ 中的最大频率，这个结论的正式证明需要带通信号的正交表示，这通常是在通信理论中考虑的。

【例 8.4】

考虑研制一台 AM 发射机，该发射机利用计算机产生已调信号，并且能够发射音乐信号和语音信号，说明如何实现该发射机。

解 设消息为 $m(t) = x(t) + y(t)$，其中，$x(t)$ 是语音信号，$y(t)$ 是音乐信号。由于音乐信号呈现出比语音信号更高的频率，因此 $m(t)$ 的最大频率就等于音乐信号的最大频率，即 $f_{\max} = 22\text{kHz}$。为了用 AM 发射机发射 $m(t)$，采用载波频率为 $f_c > f_{\max}$ 的正弦波进行调制，就假定 $f_c = 3f_{\max} = 66\text{kHz}$。

由于已调信号的最大频率为 $f_c + f_{\max} = (66 + 22)\text{kHz} = 88\text{kHz}$，如果要满足奈奎斯特抽样率条件，则选取 $T_s = 10^{-3}/176\text{s/sample}$ 作为抽样时间间隔。不过，根据上面的结论可知也可以选择 $T_s = 1/(2B)$，这里 B 是 $m(t)$ 的赫兹带宽，即 $B = f_{\max} = 22\text{kHz}$，于是得到的抽样时间间隔为 $T_{s1} = 10^{-3}/44\text{s/sample}$——比前面得到的抽样时间间隔 T_s 大四倍，所以选择 T_{s1} 作为抽样时间间隔。

要发射的连续时间信号 $m(t)$ 被输入到计算机内的一个 A/D 转换器中，该转换器能以 $1/T_{s1} = 44\,000\text{sample/s}$ 的抽样率进行抽样，然后转换器的输出乘以一个计算机产生的正弦信号

$$\cos(2\pi f_c n T_{s1}) = \cos(2\pi \times 66 \times 10^3 \times (10^{-3}/44)n) = \cos(3\pi n) = (-1)^n$$

从而获得 AM 信号，然后 AM 数字信号被输入到一个 D/A 转换器中，该转换器的输出被送到天线进行广播。

抽样理论的起源——第 2 部分

正如第 0 章中提到的，数字通信理论的理论基础是克劳德·香农于 1948 年在论文"通信的数学理论"中提出的，他的关于抽样理论的结论开辟了数字通信和数字信号处理等新的研究领域。

香农于 1916 年出生在密歇根州的佩托斯基。他在密歇根大学学习电气工程和数学，在麻省理工学院(MIT)继续电气工程和数学的研究生学习，之后加入贝尔电话实验室。1956 年，他又返回 MIT 任教。香农除了是位著名的研究人员，他还是狂热的国际象棋选手，他开发了杂耍机器、装有火箭发动机的飞盘、电动弹簧、读心机器、能够在迷宫中航行的机械鼠标和能解决魔方拼图的设备。在贝尔实验室，他因为在过道上骑着一辆独轮车，同时手上耍弄三个球而被大家所记住。

8.3　实际抽样

要用计算机处理连续时间信号，必须将它们转换为数字信号，处理完之后还需要再转换回连续时间信号，这里的模/数和数/模转换是通过 A/D 和 D/A 转换器完成的。实际上在实践中所用的转换器与

迄今为止我们所讨论的理想情况不同,在理想情况下,抽样是用冲激来完成的,离散时间样本被假定为能够被无限精确地表示,重构是用一个理想低通滤波器完成的。而在实际抽样中,用的是脉冲而不是冲激,离散时间信号在幅值上需要被离散化,重构滤波器需要重新考虑。这些就是本节要考虑的问题。

8.3.1 抽样保持

实际的 A/D 转换器要考虑抽样、量化和编码所需要的时间,因此抽样脉冲的宽度 Δ 不能像假定的那样等于零。一个**抽样-保持抽样系统**在获取一个样本之后,为了完成量化和编码,它会在获取下一样本之前将该样本保持足够长的时间,于是问题来了:这样做会对抽样过程产生什么影响?这样做产生的结果与之前得到的理想抽样结果有什么不同?实际上之前在考虑脉冲编码调制(PAM)时就暗示过该做法的效果。

图 8.10 所示系统用于生成想要的信号。从本质上讲,我们是用连续时间输入信号 $x(t)$ 调制理想的抽样冲激序列信号 $\delta_{T_s}(t)$,产生一个理想的抽样信号 $x_s(t)$,然后该信号被输入一个**零阶保持滤波器**,这是个 LTI 系统,其冲激响应 $h(t)$ 是一个具有期望宽度 $\Delta \leqslant T_s$ 的脉冲。抽样保持系统的输出是一个冲激响应 $h(t)$ 的加权平移序列。的确,理想抽样器的输出为 $x_s(t)=x(t)\delta_{T_s}(t)$,利用零阶保持系统的线性特性和时不变特性可以得到其输出等于

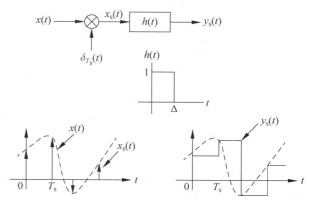

$$y_s(t) = (x_s * h)(t) \qquad (8.20)$$

图 8.10 $\Delta = T_s$ 的抽样保持抽样系统(抽样保持信号 $y_s(t)$ 是一个多电平信号)

其傅里叶变换为

$$Y_s(\Omega) = X_s(\Omega)H(j\Omega) = \left[\frac{1}{T_s}\sum_k X(\Omega - k\Omega_s)\right]H(j\Omega)$$

其中,方括号中的项是理想抽样信号的频谱。由于零阶保持系统的频率响应为

$$H(j\Omega) = \frac{e^{-\Delta s/2}}{s}(e^{\Delta s/2} - e^{-\Delta s/2})\mid_{s=j\Omega} = \frac{\sin(\Delta\Omega/2)}{\Omega/2}e^{-j\Omega\Delta/2}$$

因此零阶保持抽样信号的频谱等于

$$Y_s(\Omega) = \left[\frac{1}{T_s}\sum_k X(\Omega - k\Omega_s)\right]\frac{\sin(\Delta\Omega/2)}{\Omega/2}e^{-j\Omega\Delta/2} \qquad (8.21)$$

注:

(1) 式(8.20)可以写为

$$y_s(t) = \sum_n x(nT_s)h(t - nT_s) \qquad (8.22)$$

即 $y_s(t)$ 是将 $h(t)=u(t)-u(t-\Delta)$ 平移 nT_s,并被样本值 $x(nT_s)$ 加权的一串脉冲,这是抽样信号的一个更现实些的表示。

(2) 若抽样时采用宽度 $\Delta > 0$ 的脉冲,就会有两个重大的变化:

■ 正如式(8.21)所指明的那样,理想抽样信号 $x_s(t)$ 的频谱现在被零阶保持滤波器的频率响应 $H(j\Omega)$ 的 sinc 函数所加权,故采用抽样保持系统得到的抽样信号其频谱将不再是周期的,而且它将随着 Ω 的增大而衰减。

■ 重构原始信号 $x(t)$ 需要一个比在理想抽样时所用的滤波器更复杂的滤波器。确实如此,这种情况下零阶保持滤波器与重构滤波器级联应该满足 $H(s)H_r(s)=1$,即所需滤波器应该为 $H_r(s)=1/H(s)$。

(3) 图 8.11 所示的是实现抽样-保持的电路。电路中的开关每隔 T_ss 闭合并保持一段短时间 Δ。

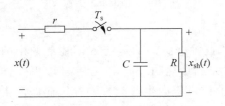

图 8.11　抽样保持 RC 电路(输入为 $x(t)$,输出是抽样保持信号 $x_{sh}(t)$)

如果时间常数 $RC \ll \Delta$,电容器会快速充电至开关闭合时刻 nT_s 所获得的样本值,通过设置时间常数 $RC \gg T_s$,Δs 之后当开关断开时,电容器开始缓慢地放电。这个循环过程不断地重复就产生了一个信号,它可以近似之前解释过的理想抽样保持系统的输出信号。

(4) 数/模转换器也是利用一个零阶或更高阶保持电路由离散信号产生一个连续时间信号的,该离散信号从解码器输出然后输入 D/A 转换器。

8.3.2　量化与编码

抽样信号 $x_s(t)$ 幅值的离散化是通过量化器完成的。量化器由与样本幅值 $\{x(nT_s)\}$ 进行比较的大量固定幅值电平组成,它的输出是根据某个近似方案而得到的这些固定幅值电平当中最能代表 $\{x(nT_s)\}$ 的幅值,量化器是一个非线性系统。

不论量化器有多少个量化电平,或其等价说法是,不论量化器给每个量化电平的表示分配多少比特,通常在表示每个样本时都可能存在误差,这被称为**量化误差**。为了说明这个概念,下面来考虑图 8.12 所示的 2 位或四电平量化器。该量化器的输入是样本 $\{x(nT_s)\}$,它们将与箱体 $[-2\Delta,-\Delta]$、$[-\Delta,0]$、$[0,\Delta]$ 和 $[\Delta,2\Delta]$ 内的值进行比较。样本落入到哪个箱体内,其值就会被相应的值 -2Δ、$-\Delta$、0 和 Δ 所取代。对于该四电平量化器而言,其量化步长 Δ 的值为

$$\Delta = \frac{\text{信号的动态范围}}{2^b} = \frac{2 \times |x(t)| \text{ 的最大值}}{2^2} \quad (8.23)$$

图 8.12　四电平量化器和编码器

其中,$b=2$ 是赋给每个量化电平的代码的位数。赋给每个量化电平的这几个比特独一无二地表示着不同的电平 $[-2\Delta,-\Delta,0,\Delta]$。至于如何将所给样本近似为这些量化电平中的某一个,则采用的是**舍入或截断**的方式来完成。图 8.12 所示的量化器采用的是截断方式近似,即如果样本 $k\Delta \leqslant x(nT_s) \leqslant (k+1)\Delta$,$k=-2,-1,0,1$,那么它被电平 $k\Delta$ 所近似。

下面说明量化器和编码器的工作原理以及量化误差的产生原因,令抽样信号为

$$x(nT_s) = x(t) \mid_{t=nT_s}$$

已知的四电平量化器是这样的,如果样本 $x(nT_s)$ 如下:

$$k\Delta \leqslant x(nT_s) < (k+1)\Delta \Rightarrow \hat{x}(nT_s) = k\Delta, \quad k=-2,-1,0,1 \quad (8.24)$$

即抽样信号 $x(nT_s)$ 是量化器的输入,量化信号 $\hat{x}(nT_s)$ 是其输出。因此有

$$-2\Delta \leqslant x(nT_s) < -\Delta \Rightarrow \hat{x}(nT_s) = -2\Delta$$

$$-\Delta \leqslant x(nT_s) < 0 \Rightarrow \hat{x}(nT_s) = -\Delta$$

$$0 \leqslant x(nT_s) < \Delta \Rightarrow \hat{x}(nT_s) = 0$$

$$\Delta \leqslant x(nT_s) < 2\Delta \Rightarrow \hat{x}(nT_s) = \Delta$$

为了将量化值变换为独一无二的2位二进制值,可以采用以下代码:

$$\hat{x}(nT_s) \Rightarrow 二进制代码$$

-2Δ	10
$-\Delta$	11
0Δ	00
Δ	01

这样每个量化电平都被赋予一个独一无二的2位二进制数。注意,这种代码的第一位可被认为是符号位,"1"代表负电平,"0"代表正电平。

如果定义量化误差为

$$\varepsilon(nT_s) = x(nT_s) - \hat{x}(nT_s)$$

并将表征量化器特性的式(8.24)表示为

$$\hat{x}(nT_s) \leqslant x(nT_s) \leqslant \hat{x}(nT_s) + \Delta$$

通过从每一项中都减去 $\hat{x}(nT_s)$ 便得到量化误差的范围如下:

$$0 \leqslant \varepsilon(nT_s) \leqslant \Delta \tag{8.25}$$

即四电平量化器的量化误差介于0和 Δ 之间。该量化误差的表达式表明,减小量化误差的一种途径是使量化步长 Δ 变得更小。增大 A/D 转换器的位数可使 Δ 更小(见式(8.23),其中分母中的2应被提高至转换器的位数),这样反过来又使量化误差变小,从而提高了 A/D 转换器的性能。

实际中的量化误差都是随机的,因此需要用概率来表征,尤其当位数非常大,且输入信号不是确定信号时,这种表征就变得很有意义,否则,误差就是可预测的即不是随机的。通过采用所谓的信噪比(signal to noise ratio, SNR)来对比输入信号的能量和误差的能量,可确定量化器所需的位数,从而得到合理的量化误差。

【例8.5】

假设需要为某个应用决定在8位 A/D 转换器和9位 A/D 转换器之间进行选择。已知此应用中的信号包含的频率不超过5kHz,信号的动态范围是10V,因此取信号的边界为 $-5 \leqslant x(t) \leqslant 5$。对这两个 A/D 转换器,确定合适的抽样时间间隔,并对比二者的百分比误差。

解 选择 A/D 转换器时第一个要考虑的是抽样时间间隔,在此应用中需要一个能够以 $f_s = 1/T_s > 2f_{max}$ sample/s 的抽样率进行抽样的 A/D 转换器。若选择 $f_s = 4f_{max} = 20\,000$ sample/s,则 $T_s = 1/20$ms/sample,或 50μs/sample。首先考虑8位的 A/D 转换器,其量化器有 $2^8 = 256$ 个量化电平,从而量化步长为 $\Delta = 10/256$V,如果采用截断量化器,则量化误差会是

$$0 \leqslant \varepsilon(nT_s) \leqslant 10/256$$

如果对该量化误差有异议,那再来考虑9位的 A/D 转换器,其量化器有 $2^9 = 512$ 个量化电平,从而量化步长为 $\Delta = 10/512$ 即8位 A/D 转换器的一半,且有

$$0 \leqslant \varepsilon(nT_s) \leqslant 10/512$$

可见,通过增加1位就可将量化误差减小为先前量化器的一半。将一个幅值为5的常数信号输入到这个9位的 A/D 转换器中,在表示这个输入信号时,A/D 转换器产生的量化误差为 $[(10/512)/5] \times 100\% = (100/256)\% \approx 0.4\%$,而8位的 A/D 转换器会产生 0.8% 的误差。

8.3.3　用 MATLAB 抽样、量化和编码

将连续时间信号转换成离散时间信号分三步进行：抽样、量化和编码，这些就是 A/D 转换器所做的工作。为了说明这几步，下面来考虑一个正弦信号 $x(t)=4\cos(2\pi t)$，由于其最大频率为 $\Omega_{\max}=2\pi$，根据奈奎斯特抽样率条件，其抽样时间间隔为

$$T_s \leqslant \pi/\Omega_{\max} = 0.5\mathrm{s/sample}$$

令 $T_s=0.01(\mathrm{s/sample})$，获得抽样信号 $x_s(nT_s)=4\cos(2\pi nT_s)=4\cos(2\pi n/100)$，这是一个周期为 100 的离散正弦信号。以下脚本用于获得抽样信号 $x[n]$、量化信号 $x_q[n]$ 和量化误差 $\varepsilon[n]$（见图 8.13）。

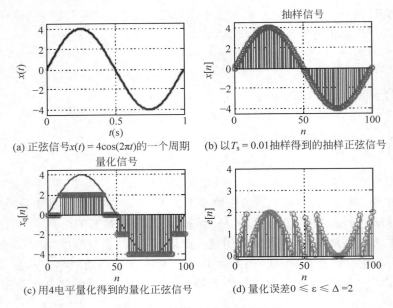

(a) 正弦信号$x(t) = 4\cos(2\pi t)$的一个周期　　(b) 以$T_s = 0.01$抽样得到的抽样正弦信号

(c) 用4电平量化得到的量化正弦信号　　(d) 量化误差$0 \leqslant \varepsilon \leqslant \Delta = 2$

图 8.13　抽样、量化和量化误差

```
% 抽样、量化和编码
% %
 clear all; clf
% 连续时间信号
 t = 0: 0.01: 1; x = 4 * sin(2 * pi * t);
% 抽样信号
 Ts = 0.01; N = length(t); n = 0: N - 1;
 xs = 4 * sin(2 * pi * n * Ts);
% 量化信号
 Q = 2;                                    % 量化电平共有 2Q 个
 [d, y, e] = quantizer(x, Q);
% 二值信号
 z = coder(y, d)
```

抽样信号的量化采用了自定义的函数 quantizer，该函数将每一个样本 $x_s(nT_s)$ 与四个量化电平进行比对，并给每个样本赋以相应的电平，注意用了量化信号的值作为信号实际值的近似，另外还计算了原始信号与量化信号的差值即量化误差 $\varepsilon[nT_s]$，并将它显示在图 8.13 中。

```
function [d, y, e] = quantizer(x,Q)
% 输入：x,要被量化的信号,量化电平有 2Q 个
% 输出：y,量化信号
%       e,量化误差
% 用法[d,y,e] = quantizer(x,Q)
%
  N = length(x); d = max(abs(x))/Q;
  for k = 1: N,
   if x(k)>= 0,
   y(k) = floor(x(k)/d) * d;
   else
      if x(k) == min(x),
          y(k) = (x(k)/abs(x(k))) * (floor(abs(x(k))/d) * d);
      else
          y(k) = (x(k)/abs(x(k))) * (floor(abs(x(k))/d) * d + d);
      end
   end
   if y(k) == 2 * d,
      y(k) = d;
   end
  end
end
e = x - y
```

计算对应于量化信号的二值信号采用的是自定义的函数 coder,该函数将二进制代码"10","11","00"和"01"赋给量化器的 4 个电平,产生的结果是一个 0、1 的序列,且每一对数字顺序地对应着量化信号的每一个样本。以下是用来完成编码工作的函数。

```
function z1 = coder(y,delta)
%    4 电平量化器的编码器
%    输入：y 量化信号
%    输出：z1 二值序列
%    用法 z1 = coder(y)
%
z1 = '00';                              % 起始代码
N = length(y);
for n = 1: N,
 y(n)
      if y(n) == delta
          z = '01';
      elseif y(n) == 0
          z = '00';
      elseif y(n) == - delta
          z = '11';
      else
          z = '10';
      end
          z1 = [z1 z];
      end
```

```
M = length(z1);
z1 = z1(3: M)                                    % 去掉起始代码
```

8.4 应用于数字通信

香农在1948年提出的抽样概念以及二进制信号的表示改变了通信的实现方式,使模拟通信转变为数字通信,使电报和无线电相结合成为无线通信。由于无线电频谱的稀缺性,最初研究重点是带宽和能量效率,但是现在已经变为通过共享无线电频谱资源和同时发送不同类型的数据而更有效地利用可用的无线电频谱,无线通信使蜂窝电话、个人通信系统和无线局域网从而得以发展。

现代数字通信发端于脉冲编码调制(PCM)的概念,它是一种允许传输二进制信号的技术,是抽样、量化和编码,或者说将模拟消息转换成数字消息的模/数转换技术的实际实现。利用信息的样本表示,将几个消息——可能是不同种类的消息——混合在一起的想法发展成为时分复用(time division multiplexing, TDM),它是频分复用(frequency division multiplexing, FDM)的对偶技术。在 TDM 中,来自不同消息的样本散布在同一个消息中,经量化、编码和传输,然后在接收端被分开形成不同的消息。

作为复用技术,FDM 和 TDM 是无线通信中其他类似技术的基础。共享可用的无线电频谱的三种典型形式是：频分多址(frequency-division multiple access, FDMA),即在所有时间里给每个用户分配一个频带；时分多址(time-division multiple access, TDMA),即一个用户只能在一个有限的时间内访问可用带宽；码分多址(code division multiple access,CDMA),即用户共享可用频谱,但由于给每个用户都分配一个独一无二的代码,故而彼此之间不会干扰。

为了说明抽样理论的应用,下面将介绍其中的一些技术,不过并不涉及技术细节,有关技术细节的内容请参考通信、电信和无线通信方面的教科书。通过下面的介绍读者将会了解到,数字通信与模拟通信相比具有许多优势：

- 由于数字技术成为主流技术,因而数字电路的成本大大降低。
- 来自声音和视频的数据可与计算机数据混合在一起通过一个普通的传输系统进行传输。
- 数字信号比模拟信号更容易去噪,且数字通信中的错误可以采用特殊的编码方式进行处理。

然而,数字通信系统需要比模拟通信系统大得多的带宽,而且将模拟信号转换成为数字信号会引入量化噪声。

8.4.1 脉冲编码调制

脉冲编码调制(PCM)可被视为从模拟信号到产生一个顺序比特流的模/数转换的实现,即将抽样应用到连续时间消息从而产生一个脉冲幅度调制(PAM)信号,然后该信号被量化并被赋予一个二进制代码,从而独一无二地表示不同的量化电平。如果每个数字电平有 b 个二进制位,那么共有 2^b 个电平,每个电平都被赋予一个不同的码字。一个常用码的例子是格雷码(Gray code),格雷码的特点是,从一个量化电平到另一个量化电平,码字中只有一位发生改变。最高有效位可认为代表着信号的符号("0"代表正值,"1"代表负值),其余各位则用来区分各量化电平。

PCM 广泛地应用于数字通信中,因为实现它的数字电路价格低廉,而且借助时分复用技术,它允许来自不同信源(音频、视频和计算机等)的数据合并在一起传输,关于时分复用技术下一节将作介绍。此外,在长距离数字电话通信中,PCM 信号能够很容易地被中继器再生。不过除了这些优点之外,需要记住,由于抽样和量化,获得 PCM 信号的过程既非线性的,也非时不变的,因此对于它的分析是复杂的。图 8.14 显示了一个 PCM 系统的发射机、信道和接收机。

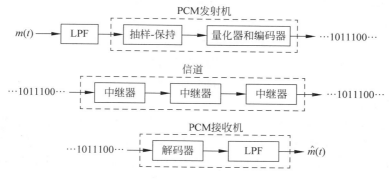

图 8.14　PCM 系统:发射机、信道和接收机

PCM 的主要缺点是具有比它所表示的模拟消息的带宽更大的带宽,这是由发射信号中的脉冲的形状所导致的。用宽度为 τ 的多个矩形脉冲 $\varphi(t)$ 之和来表示 PCM 信号 $s(t)$ 有

$$s(t) = \sum_{n=0}^{N-1} b_n \varphi(t - n\tau_s)$$

其中,b_n 是相应的二进制位,$s(t)$ 的频谱为

$$S(\Omega) = \sum_{n=0}^{N-1} b_n \, \mathcal{F}[\varphi(t - n\tau_s)] = \sum_{n=0}^{N} b_n \phi(\Omega) \mathrm{e}^{-\mathrm{j}n\tau_s\Omega}$$

由于 $\phi(\Omega)$ 是 sinc 函数,故 $S(\Omega)$ 不是有限宽度的。另一方面,如果能够使脉冲成为具有无限时间支撑的 sinc 函数,那么 $s(t)$ 也会具有无限时间支撑,但是由于 sinc 函数的带宽有限,从而频谱 $S(\Omega)$ 也会具有有限带宽。

【例 8.6】

假设有一个二进制信号 01001001,其持续时间是 8s,若分别用矩形脉冲和 sinc 脉冲表示该信号,分析两种不同表示的带宽。

解　若采用的脉冲是 $\varphi(t)$,则数字信号可表示为

$$s(t) = \sum_{n=0}^{7} b_n \varphi(t - n\tau_s)$$

其中,b_n 是数字信号各位的二进制数,即 $b_0=0$, $b_1=1$, $b_2=0$, $b_3=0$, $b_4=1$, $b_5=0$, $b_6=0$ 及 $b_7=1$ 且 $\tau_s=1\mathrm{s}$,于是有

$$s(t) = \varphi(t-1) + \varphi(t-4) + \varphi(t-7)$$

且 $s(t)$ 的频谱为

$$\begin{aligned} S(\Omega) &= \phi(\Omega)(\mathrm{e}^{-\mathrm{j}\Omega} + \mathrm{e}^{-\mathrm{j}4\Omega} + \mathrm{e}^{-\mathrm{j}7\Omega}) = \phi(\Omega)\mathrm{e}^{-\mathrm{j}4\Omega}(\mathrm{e}^{\mathrm{j}3\Omega} + 1 + \mathrm{e}^{-\mathrm{j}3\Omega}) \\ &= \phi(\Omega)\mathrm{e}^{-\mathrm{j}4\Omega}(1 + 2\cos(3\Omega)) \end{aligned}$$

因此

$$|S(\Omega)| = |\phi(\Omega)| |(1 + 2\cos(3\Omega))|$$

若脉冲是矩形的,即

$$\varphi(t) = u(t) - u(t-1)$$

则 PCM 信号将会有一个无限支撑的频谱,因为脉冲是有限支撑的。另一方面,若采用 sinc 函数

$$\varphi(t) = \frac{\sin(\pi t/\tau_{\mathrm{s}})}{\pi t}$$

作为脉冲，由于 sinc 函数的时间支撑是无限的，而其频率支撑是有限的，即 sinc 函数是带限的，于是这种情况下 PCM 信号的频谱也是有限支撑的。

如果这个数字信号没有任何失真地被传输和接收，那么在接收端可以利用这些 $\varphi(t)$ 信号的正交性，即在 nT_{s} 时刻对接收信号进行抽样而获得 b_n。通过以上分析可见，这些脉冲都有各自的缺点，在时域或频域里具有有限支撑这个优点，到了另一个域里就变成了缺点。

基带和带通通信系统

基带信号可以在一对导线(例如电话机中的那种线)、同轴电缆或光纤上进行传输，但是基带信号不能在射频链路或卫星链路上传输，因为需要一个非常大的天线才能把该信号的低频频谱辐射出去，所以必须用该基带信号调制载波而将基带信号的频谱搬移到更高的频率上去，这可以通过幅度调制和角度调制(频率和相位)完成。

【例 8.7】

假设使用 AM 和 FM 调制技术在射频链路上传输二进制信号 01001001，试对所获的不同带通信号进行讨论。

解 二进制消息可表示成具有不同幅值的脉冲序列。例如，二进制数字 1 可以用一个具有常数幅值的脉冲表示，二进制数字 0 用关闭脉冲(见图 8.15 中相应的调制信号 $m_1(t)$)表示。另一种可能的表示方式是：用一个具有常数幅值的正脉冲表示二进制数字 1，而用负的用来代表 1 的脉冲来表示 0(见图 8.15 中相应的调制信号 $m_2(t)$)。

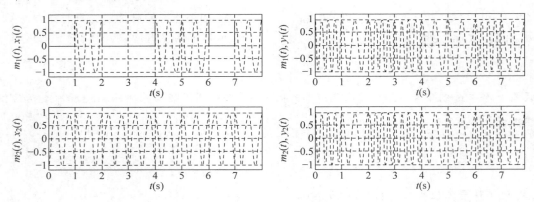

图 8.15 ASK、PSK 和 FSK 信号

对应二进制序列 01001101 的脉冲信号(连续的线)$m_1(t)$ 和 $m_2(t)$。左边的虚线分别是 ASK 信号 $x_1(t) = m_1(t)\cos(4\pi t)$ (上)和 PSK 信号 $x_2(t) = m_2(t)\cos(4\pi t)$(下)。右边的虚线分别是 FSK 信号 $y_1(t)$(上)和 $y_2(t)$(下)，当 $m_1(t)$ 和 $m_2(t)$ 为 1 时，$y_1(t)$ 和 $y_2(t)$ 等于 $\cos(4\pi t)$，当 $m_1(t)$ 和 $m_2(t)$ 为 0 和 -1 时，$y_1(t)$ 和 $y_2(t)$ 等于 $\cos(8\pi t)$。

在 AM 调制中，如果用 $m_1(t)$ 调制一个正弦载波 $\cos(\Omega_0 t)$，得到的是一个幅移键控(amplitude-shift keying，ASK)信号，如图 8.15(左上图)所示。另一方面，若用 $m_2(t)$ 调制同一载波，则获得的是一个相移键控(phase-shift keying，PSK)信号，如图 8.15(左下图)所示，在这种情况下，当脉冲由正变成负时，载波的相位被移了 $180°$。

若采用 FM 调制，符号 0 是用一个加窗的频率为 Ωc_0 的余弦传输，符号 1 则用一个加窗的频率为 Ωc_1 的余弦传输，这样做的结果是频移键控(frequency-shift keying，FSK)，即数据是通过改变频率来传输的。在这种情况下,调制 $m_1(t)$ 和 $m_2(t)$ 两个信号可能获得相同的已调信号。已调信号显示在图8.15的右边。ASK、PSK和FSK也被称为BASK、BPSK和BFSK,其中,添加在相应的幅移键控、相移键控和频移键控之前的B代表二进制。

8.4.2 时分复用

在电话系统中,复用技术可以使多个会话在单一的共享电路上传输。第一个使用的复用系统是在前些章节中介绍过的频分复用(FDM)系统,在FDM中,一个可利用的带宽被分配给不同的用户,在语音通信的情况下,每个用户被分配给一个能够提供较好保真度的4kHz带宽。在FDM中,一个用户可以在任何时间使用所分配给的频率,但是不能使用所分给的频带之外的频率。

脉冲调制信号具有很大的带宽,这样一起传输时在频率上会重叠,互相干扰。然而,由于这些信号仅仅在每一个抽样时刻才提供信息,因此可以在这些抽样时刻之间插入来自于其他信号的样本,从而产生一个具有更小抽样时间间隔的联合信号,每一个被复用的信号的相应样本会在接收端被分离出来,这就是**时分复用**或TDM的原理,即来自不同信号的脉冲被分散到一个信号中,并被转化成一个PCM信号进行传输,如图8.16所示。在接收端,接收信号被转变回脉冲调制信号,并被分离成若干个,数量等于在输入端散布的信号数量。在发射机和接收机之间放置多个中继器,用来沿途再生有噪的二进制信号,对进入中继器的有噪信号进行阈值化处理以获知其二进制电平并再次发送。

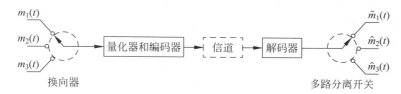

图8.16 TDM系统:发射机、信道和接收机

TDM允许传输不同类型的数据,允许使用不同的复用技术进行模数混合。为了不丢失信息,接收端的开关需要与发射端的开关同步。帧同步技术在于为每一帧发送一个同步信号,为了发送该同步信号又额外配置了一个信道。为了容纳更多的用户,每位用户所用的脉冲宽度需要变得更窄,这样增大了复用信号的整个带宽。

8.5 我们完成了什么,我们向何处去

本章的内容是连续时间信号和数字信号处理之间的桥梁。抽样理论为如何将连续时间信号变换成离散时间信号,然后再变换成数字信号提供了必要的信息。正是连续时间信号的频率表示使我们能够确定它被抽样和重构的方式。模/数转换器和数/模转换器是实践中用于将连续时间信号变换成数字信号和将数字信号转变回连续时间信号的器件,表征这些器件的参数有两个,它们是抽样率和对每个样本进行编码所采用的位数。信号变化的速率决定了抽样率,而表示样本的精度要求决定了量化器量化电平的数量和分配给每个样本的位数。本章的后面部分举例说明了抽样理论在通信中的应用,正如所看到的那样,想要有效地利用无线电频谱的动机催生了非常有趣的通信技术。

后面几章将研究离散时间信号的分析,以及离散系统的分析和综合。量化对系统处理和设计的影响是个很重要的问题,有关它的更深入研究可以参考数字信号处理方面的教科书。

8.6　本章练习题

8.6.1　基础题

8.1　考虑实际信号的抽样。

（a）一般情况下，在电话线上传输的可被理解的语音信号呈现出的频率范围约为 $100\mathrm{Hz}\sim5\mathrm{kHz}$，如果想要对语音信号抽样而不出现混叠，抽样频率 f_s(sample/s)应该为多少？若存储一个小时的语音，需要保存多少个样本？如果每个样本用 8 比特来表示，要保存一个小时的语音，需要保存多少比特？

（b）一般的音乐信号显示出的频率范围是 $0\sim22\mathrm{kHz}$，那么可用于 CD 播放器中的抽样频率 f_s 应该等于多少？

（c）如果有一个语音和乐器发出的声音的混合信号，那么可以采用什么抽样频率来对这个信号抽样？如果播放时采用的频率低于奈奎斯特抽样频率，该信号听起来会怎样？

答案：（a）$f_s \geqslant 2f_{\max} = 10^4\mathrm{sample/s}$；（c）$f_s \geqslant 2f_{\max} = 44\mathrm{kHz}$。

8.2　考虑 sinc 信号和有关信号的抽样。

（a）对于信号 $x(t) = \sin(t)/t$，求其幅度谱 $|X(\Omega)|$，并判断该信号是否频带有限。

（b）要想对 $x(t)$ 进行无混叠抽样，可以采用什么样的抽样时间间隔 T_s？

（c）要想对信号 $y(t) = x^2(t)$ 进行无混叠抽样，可以采用什么样的抽样频率 f_s？该频率与用于对 $x(t)$ 进行抽样的频率有什么关系？

（d）对 $x(t)$ 抽样，要想使抽样信号为 $x_s(0) = 1$，当 $n \neq 0$ 时，$x(nT_s) = 0$，求抽样时间间隔 T_s。

答案：$x(t)$ 是频带有限的，且 $\Omega_{\max} = 1\mathrm{(rad/s)}$；对于 $x^2(t)$，$T_s \leqslant \pi/2$。

8.3　考虑信号 $x(t) = 2\sin(0.5t)/t$，回答以下问题。

（a）$x(t)$ 是带限的吗？如果是，指出它的最大频率 $\Omega_{\max}$。

（b）假设 $T_s = 2\pi$，那么 Ω_s 与奈奎斯特频率 $2\Omega_{\max}$ 的关系是怎样的？请给出解释。抽样信号 $x(nT_s)$ 等于什么？

（c）确定 $T_s = 2\pi$ 时的抽样信号的频谱 $X_s(\Omega)$，并指明如何由抽样信号重构原始信号。

答案：$x(nT_s) = \sin(\pi n)/\pi n$。

8.4　考虑信号 $x(t) = \delta(t+1) + \delta(t-1)$。

（a）求它的傅里叶变换 $X(\Omega)$，判断 $x(t)$ 是否是频带有限的。如果是带限的，给出它的最大频率。

（b）用幅度响应为 $H(\mathrm{j}\Omega) = u(\Omega+1) - u(\Omega-1)$，相位为 0 的滤波器对 $x(t)$ 滤波，输出为 $y(t)$，那么 $y(t)$ 是带限的吗？如果是，它的最大频率是多少？

（c）求 $y(t)$ 的表达式，它是时限的吗？

答案：$X(\Omega) = 2\cos(\Omega)$；$y(t)$ 不是时限的。

8.5　信号 $x(t)$ 有傅里叶变换 $X(\Omega) = u(\Omega+1) - u(\Omega-1)$，因此它是带限的，假定现在产生一个新的信号 $y(t) = (x * x)(t)$，即它是 $x(t)$ 与自身的卷积。

（a）求 $x(t)$，并指明它的支撑。

（b）$y(t) = x(t)$ 是否正确？要判断是否正确，计算 $Y(\Omega)$。

（c）要想对 $y(t)$ 抽样而又不引起混叠，抽样时间间隔 T_s 的最大值应该是多少？

（d）如果取 $T_s = \pi$ 会发生什么？它与奈奎斯特条件是什么关系？

答案：$y(t)=x(t)$；$T_s\leqslant\pi$。

8.6 假设要对一个调幅信号 $x(t)=m(t)\cos(\Omega_c t)$ 抽样，其中，$m(t)$ 是消息信号，$\Omega_c=2\pi 10^4(\mathrm{rad/s})$ 是载波频率。

(a) 如果消息是一个原声信号，频率在频带 $[0,22]\mathrm{kHz}$ 内，那么出现在 $x(t)$ 中的最大频率会是多少？

(b) 对 $x(t)$ 进行满足奈奎斯特抽样率条件的抽样，确定抽样时间间隔 T_s 的可能取值范围。

(c) 考虑到 $x(t)$ 是一个带通信号，将以上抽样时间间隔与可用于抽样带通信号的抽样时间间隔进行对比，看看以上抽样时间间隔是否可用于抽样带通信号。

答案：奈奎斯特：$\Omega_s\geqslant 128\pi\times 10^3$。

8.7 非线性系统的输入/输出关系为 $y(t)=x^2(t)$，其中，$x(t)$ 是输入，$y(t)$ 是输出。

(a) 若信号 $x(t)$ 是带限的，且最大频率 $\Omega_M=2000\pi(\mathrm{rad/s})$，判断 $y(t)$ 是否也是带限的，如果是，它的最大频率 $\Omega_{\max}$ 是多少？

(b) 假设信号 $y(t)$ 被低通滤波，低通滤波器的幅度为 1，截止频率为 $\Omega_c=5000\pi(\mathrm{rad/s})$，根据已知信息确定对 $y(t)$ 抽样的抽样时间间隔 T_s 的值。

(c) 若对 $x(t)$ 和 $y(t)$ 都抽样，有没有一个既能满足奈奎斯特抽样率条件，又大于前面求出的 T_s 的值？请给出解释。

答案：$y(t)$ 是带限的；$T_s\leqslant 0.25\times 10^{-3}\mathrm{s/sample}$。

8.8 用带宽为 $B=2\mathrm{kHz}$ 的消息 $m(t)$ 调制一个频率为 $10\mathrm{kHz}$ 的余弦载波，得到一个已调信号 $s(t)=m(t)\cos(20\times 10^3\pi t)$。

(a) $s(t)$ 的最大频率是多少？根据奈奎斯特抽样条件，能用于对 $s(t)$ 抽样的抽样频率 f_s 的值应该是多少？

(b) 假定 $m(t)$ 的频谱是个三角形，最大幅值为 1，仔细画出 $s(t)$ 的频谱。若用抽样频率 $f_s=10\mathrm{kHz}$ 对 $s(t)$ 抽样，可能还原出原始消息 $m(t)$ 吗？如果能，求出抽样信号的频谱，并说明如何恢复 $m(t)$。

答案：奈奎斯特：$f_s\geqslant 2f_{\max}=24\times 10^3\mathrm{Hz}$；是的，可能。

8.9 正弦 $x(t)=\cos(t)$ 是一个带限信号，最大频率 $\Omega_{\max}=1$。

(a) 利用傅里叶变换的性质确定 $x^2(t)$ 的最大频率。可用于对 $x^2(t)$ 进行无混叠抽样的抽样时间间隔 T_s 是多少？用三角恒等式检验结果。

(b) 你能归纳出对 $x^N(t)$ 进行抽样的结果吗？其中整数 $N>2$。对所有所给的 N 值，$x^N(t)$ 都是带限的吗？考虑 $N=3$ 的情况，利用三角恒等式检验结果。

答案：(a) $T_s\leqslant\pi/2$。

8.10 假设要从 $x(t)$ 的抽样信号 $x(nT_s)$ 中恢复原始模拟信号 $x(t)$。

(a) 如果抽样时间间隔选为 $T_s=1$ 时可以满足奈奎斯特抽样率条件，确定用于恢复原始信号的理想低通滤波器 $H(\mathrm{j}\Omega)$ 的幅度和截止频率，并画出 $H(\mathrm{j}\Omega)$。

(b) 该模拟信号的可能最大频率会是多少？考虑一个理想低通滤波器和一个非理想低通滤波器两种情形。请给出解释。

答案：理想低通滤波器的截止频率 $\Omega_{\max}<\Omega_c<2\pi-\Omega_{\max}$，幅度为 1。

8.11 一个周期信号有以下的傅里叶级数表示：

$$x(t)=\sum_{k=-\infty}^{\infty}\sqrt{0.5^{|k|}}\,\mathrm{e}^{\mathrm{j}kt}$$

(a) $x(t)$是带限的吗?

(b) 计算 $x(t)$ 的功率 P_x。

(c) 如果用 $2N+1$ 项来近似 $x(t)$,即

$$\hat{x}(t) = \sum_{k=-N}^{N} \sqrt{0.5^{|k|}} \, \mathrm{e}^{jkt}$$

要使$\hat{x}(t)$的功率是 P_x 的 90%,求 N 的值。

(d) 如果使用上面求出的 N 值,确定可对$\hat{x}(t)$无混叠抽样的抽样时间间隔。

答案:$x(t)$不是带限的; $P_x = 3$。

8.12 设 $x(t) = \cos(\pi t)[u(t) - u(t-2)]$是一个零阶保持抽样器的输入。该抽样器从 $t=0$ 开始抽样并且每隔 T_s s 抽取一个样本,零阶保持的冲激响应为 $h(t) = u(t) - u(t-T_s)$。用于产生数字信号的量化器和编码器如本章图 8.12 所示。

(a) 设 $T_s = 0.5$s/sample,求用理想抽样器抽样得到的抽样信号的值,确定相应的数字信号。

(b) 假设令 $T_s = 0.25$s/sample,仔细画出采用理想抽样器得到的抽样信号,并且画出零阶保持系统的输出 $y(t)$ 的图形,确定相应的数字信号。

(c) 对于以上两种情况,求出并画出量化误差信号 $\varepsilon(nT_s) = x(nT_s) - \hat{x}(nT_s)$,其中,$\hat{x}(nT_s)$是量化器的输出。

答案:(a) 二进制码是$\{01\ 00\ 10\ 00\ 01\ 00\cdots\}$。

8.13 假设 $x(t)$有傅里叶变换 $X(\Omega) = u(\Omega+1) - u(\Omega-1)$。

(a) 确定对 $x(t)$无混叠抽样的抽样频率 Ω_s 的可能值。

(b) 令 $y(t) = x^2(t)$,求傅里叶变换 $Y(\Omega)$,指出它的最大频率。$y(t)$是带限的吗?

(c) 如果 $z(t) = x(t) + y(t)$,那么 $z(t)$ 的最大频率是多少?求出可对 $z(t)$无混叠抽样的抽样时间间隔 T_s 的值。

答案:对 $x(t)$: $\Omega_s > 2\Omega_{\max} = 2$; $y(t)$是带限的。

8.14 考虑周期信号

$$x_1(t) = \cos(2\pi t), \quad x_2(t) = \cos((2\pi + \phi)t)$$

(a) 令 $\phi = 4\pi$,证明:如果采用 $T_s = 0.5$ 对这两个信号抽样,那么从这两个信号得到的样本值相同。这两个信号中有没有哪一个出现了混叠? 请给出解释。

(b) 当采用 $T_s = 0.5$ 进行抽样,并从这两个信号得到了相同的样本值,那么 ϕ 的值可能会是多少? ϕ 与抽样频率 Ω_s 是什么关系?

答案:$x_1(0.5n) = x_2(0.5n) = \cos(\pi n)$。

8.15 信号 $x(t)$被一个理想抽样器无混叠地抽样,抽样信号的频谱如图 8.17 所示。

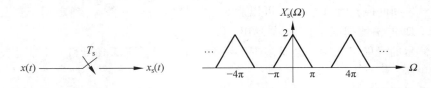

图 8.17 问题 8.15

(a) 确定所用的抽样时间间隔 T_s。

(b) 确定信号 $x(t)$。

（c）草绘并标注从抽样信号 $x_s(t)$ 无失真地恢复原始信号 $x(t)$ 所用的理想低通滤波器的幅度响应。

答案：$\Omega_s = 4\pi$；理想低通滤波器的直流增益 $T_s = 1/2$，带宽 $\pi < B < 3\pi$。

8.6.2 MATLAB 实践题

8.16 时限信号的抽样 考虑信号 $x(t) = u(t) - u(t-1)$ 和 $y(t) = r(t) - 2r(t-1) + r(t-2)$。

（a）两个信号中有没有哪一个是频带有限的？请作出解释。

（b）对这两个信号，利用帕色瓦尔能量关系，确定能保存它们能量的 90% 的最大频率。用函数 fourier 求出傅里叶变换 $X(\Omega)$，并求出用 $X(\Omega)$ 表示的 $Y(\Omega)$，求积分的值时，使用函数 int 和 subs。

（c）如果采用对 $y(t)$ 抽样所用的抽样时间间隔对 $x(t)$ 抽样，会发生混叠吗？请作出解释。

（d）确定一个可用于对 $x(t)$ 和 $y(t)$ 都无混叠抽样的抽样时间间隔。

答案：$E_x = 1$，$E_y = 2/3$；$|Y(\Omega)| = |X(\Omega)|^2$。

8.17 时间和频率的不确定性 有限时间支撑信号在频域具有无限支撑，而频带有限信号具有无限的时间支撑。一个信号不可能在两个域里都具有有限支撑。

（a）考虑信号 $x(t) = e^{-t^2}$（高斯函数）和 $x_1(t) = u(t+1) - u(t-1)$。用 MATLAB 求它们的傅里叶变换 $X(\Omega)$ 和 $X_1(\Omega)$，并计算两个信号在 $\Omega \in [-4, 4]$ 内的能量。

（b）信号不可能在两个域里都具有有限支撑的事实，可以由不确定性原理很好地表述为

$$2\Delta(t)\Delta(\Omega) \geqslant 1$$

其中

$$\Delta(t) = \left[\frac{\int_{-\infty}^{\infty} t^2 |x(t)|^2 dt}{E_x}\right]^{0.5}$$

测量信号在时域中的重要部分的持续时间，且

$$\Delta(\Omega) = \left[\frac{\int_{-\infty}^{\infty} \Omega^2 |X(\Omega)|^2 d\Omega}{2\pi E_x}\right]^{0.5}$$

测量信号傅里叶表示中的重要部分的频率支撑，E_x 表示信号的能量。用 MATLAB 计算信号 $x(t)$ 和 $x_1(t)$ 的 $\Delta(t)$ 和 $\Delta(\Omega)$，并验证它们满足不确定性原理。对两个信号计算结果上的差异加以评论，注意信号的光滑程度和频率成分。

8.18 抗混叠 假设想求出一个合理的抽样时间间隔 T_s 用以对非因果指数函数 $x(t) = e^{-|t|}$ 抽样。

（a）求 $x(t)$ 的傅里叶变换，并画出 $|X(\Omega)|$。$x(t)$ 是带限的吗？用符号函数 fourier 计算傅里叶变换。

（b）求一个能使信号能量的 99% 都在 $-\Omega_0 \leqslant \Omega \leqslant \Omega_0$ 内的频率 Ω_0。

（c）若令 $\Omega_s = 2\pi/T_s = 5\Omega_0$，$T_s$ 应该等于多少？

（d）确定一个抗混叠滤波器的幅度和带宽，该抗混叠滤波器可将原始信号变成一个带限信号，且保留原始信号 99% 的能量。

答案：$X(\Omega) = 2/(1+\Omega^2)$，$E_x = 1$。

8.19 两位模/数转换器 设 $\leqslant t \leqslant 1 \leqslant t \leqslant 1$[*]，否则为 0，是一个两位模/数转换器的输入。

（a）若抽样时间间隔 $T_s = 0.025\text{s}$，用 MATLAB 确定抽样信号

$$x(nT_s) = x(t)\,|_{t=nT_s}$$

---

[*] 猜测所给信号是：$x(t) = 0.8\cos(2\pi t) + 0.15$，$0 \leqslant t \leqslant 1$。——译者注

并画出其图形。

(b) 对应 2 位 A/D 的 4 电平量化器(见图 8.12)被定义为

$$k\Delta \leqslant x(nT_s) < (k+1)\Delta \rightarrow \hat{x}(nT_s) = k\Delta, \quad k = -2, -1, 0, 1$$

其中, $x(nT_s)$ 是上一步所求出的, 现在它是量化器的输入, $\hat{x}(nT_s)$ 是量化器的输出。设量化步长为 $\Delta = 0.5$, 画出量化器的输入/输出特性, 并对抽样信号 $x(nT_s)$ 的每一个样本的值, 求出相应的量化输出。

(c) 为了将量化值变换为独一无二的二进制 2 位值, 考虑以下编码方案

$$\hat{x}(nT_s) = -2\Delta \rightarrow 10$$
$$\hat{x}(nT_s) = -\Delta \rightarrow 11$$
$$\hat{x}(nT_s) = 0\Delta \rightarrow 00$$
$$\hat{x}(nT_s) = \Delta \rightarrow 01$$

求对应 $x(t)$ 的数字信号。

答案: $x(nT_s) = x[n] = 0.8\cos(2\pi n0.025) + 0.15, 0 \leqslant n \leqslant 40$。

第 9 章

离散时间信号与系统

就像似曾相识，再来一遍。

劳伦斯·"尤吉"·贝拉(Lawrence "Yogi" Berra)(1925 年)
扬基队棒球选手

9.1 引言

本章将看到离散时间信号和系统的基本理论与连续时间信号和系统的基本理论非常相似，不过，二者之间也存在着重大的区别，这些必须要理解。我们将在本章研究那些具有鲜明对比的问题。

对连续时间信号抽样而产生的离散时间信号，只是在由抽样时间间隔决定的均匀时刻才有效，而在抽样时刻之间是没有定义的。一定要根据奈奎斯特抽样率条件进行抽样，其意义十分重大，因为抽样所获的离散时间信号的特征将依赖于此。若已知抽样时间间隔的信息，那么离散时间信号就是整型变量 n 的函数，这样便可以统一地处理由模拟信号经抽样而获得的离散时间信号和本身就是离散的信号。离散域中的频率与模拟频率不同，弧度离散频率无法测量，而且若离散时间信号是由抽样产生的，那么离散频率取决于所采用的抽样时间间隔。

虽然离散时间信号周期性的概念与连续时间信号周期性的概念一致，但二者有很大的差别，作为一个整型变量的函数，离散时间周期信号的周期必须是整数，这是给离散时间周期信号施加的一些限制条件，而这些限制对于连续时间周期信号是不存在的。例如，模拟的正弦信号总是周期的，因为它的周期可以是任意正实数，然而对于离散正弦信号来说则并非如此，非周期的离散正弦信号是可能的，即使它们来自对周期正弦信号的均匀抽样。连续时间信号的特征，例如能量、功率和对称性，从概念上讲对离散时间信号也是一样的。同理，对于离散时间信号可以定义一个类似连续时间信号的基本信号那样的基本信号集合，不过，其中的一些基本信号并不像对应的模拟信号那样在数学上非常复杂，举个例子，离散冲激信号定义在每一个整数值位置处，与之形成对比的是连续冲激信号，它在零处没有定义。

用离散的方法近似求导和积分运算提供了一种对表示动态连续时间系统的常微分方程的近似，那就是差分方程。把线性时不变的概念推广到离散时间系统将获得表示离散时间系统的卷积和，因此动态离散时间系统可以用差分方程和卷积和描述。与连续时间系统相比，一个在计算上的显著差异就是差分方程可以采用递归方法求解，另外卷积和提供了一类系统，它们在模拟域中没有对应的模拟系统。

9.2 离散时间信号

> 离散时间信号 $x[n]$ 可以被认为是一个整数样本索引 n 的实数值或复数值函数
> $$x[\,.\,]: I \to R(C)$$
> $$n \quad x[n]$$
> (9.1)

以上定义的意思是：离散时间信号的自变量是整数 n，n 是样本索引，信号在 n 处的值 $x[n]$，可以是一个实数，也可以是一个复数，因此信号仅在整数值 n 处有定义，在这些整数值之间不存在定义。

注：

(1) 应该理解一个抽样信号 $x(nT_s) = x(t)|_{t=nT_s}$ 就是一个离散时间信号 $x[n]$，它仅是 n 的函数。一旦知道 T_s 的值，抽样信号就仅仅取决于样本索引 n 了。不过，这并不会妨碍我们在某些情况下将离散时间信号看成是对时间 t 的函数进行抽样而获得的，在这种情况下，信号的值仅在离散时刻 $\{nT_s\}$ 存在。

(2) 虽然在很多情况下，离散时间信号是通过抽样从连续时间信号获得的，但并非总是如此，也有很多信号，它们本身就是离散的。例如，考虑一个由某公司的股票在股票市场每天的收盘价构成的信号，这样一个信号是由股票市场开市的日子里股票所能达到的值构成的，与连续时间信号没有关系，该信号本质上就是离散的。一个由计算机中的随机数发生器产生的信号是一个实值序列，它可被看成为一个离散时间信号。遥测信号是由在一些确定的时刻，从某个过程中获得的测量值构成的，被测的通常是电压、温度或压力等物理量，因此遥测信号自然也是离散的。

【例 9.1】

考虑正弦信号 $x(t) = 3\cos(2\pi t + \pi/4)$，$-\infty < t < \infty$，若对其抽样，根据奈奎斯特抽样率条件确定合适的抽样时间间隔 T_s，并获取一个对应可允许的最大抽样时间间隔的离散时间信号 $x[n]$。

解 为了在对 $x(t)$ 抽样时不丢失信息，奈奎斯特抽样率条件指明了抽样时间间隔应该满足

$$T_s \leqslant \frac{\pi}{\Omega_{max}} = \frac{\pi}{2\pi} = 0.5 \text{s/sample}$$

对于最大可允许抽样时间间隔 $T_s = 0.5$ s/sample，可得到

$$x[n] = 3\cos(2\pi t + \pi/4)|_{t=0.5n} = 3\cos(\pi n + \pi/4), \quad -\infty < n < \infty$$

这是一个整数 n 的函数。

【例 9.2】

为了产生著名的斐波那契数列 $\{x[n], n \geqslant 0\}$，可以采用以下递归方程

$$x[n] = x[n-1] + x[n-2], \quad n \geqslant 2$$

初始条件为

$$x[0] = 0, \quad x[1] = 1$$

这是一个具有零输入和两个初始条件的差分方程。斐波那契序列被用于对不同的生物系统建模。[①] 求斐波那契序列。

---

① 比萨的列奥纳多(Leonardo of Pisa)(又名斐波那契(Fibonacci))在他的《计算之书》(*Liber Abaci*)一书中描绘了他的序列是如何用于对兔子在许多个月中的繁殖过程建模的，该模型假定从小兔子开始，几个月后它们开始繁殖后代。斐波那契码被用在了电影"达芬奇密码"中，这部电影出品于 2006 年，改编自丹·布朗(Dan Brown) 2003 年的同名畅销小说。

解　采用递归方法计算所给方程可以得到斐波那契序列。对于 $n \geqslant 2$,依次求出

$$x[2] = 1 + 0 = 1, \quad x[3] = 1 + 1 = 2, \quad x[4] = 2 + 1 = 3, \quad x[5] = 3 + 2 = 5, \cdots$$

这里只需简单地把序列中的前面两个数相加就得到了之后的那个数。由于此序列与连续时间信号没有关系,因而它完全是离散的。

9.2.1　周期信号和非周期信号

离散时间信号 $x[n]$ 是周期的,当
- 对于所有可能的 n, $-\infty < n < \infty$,它都有定义,并且
- 存在一个正整数 N,即 $x[n]$ 的基波周期,使得对于任意整数 k 有
$$x[n + kN] = x[n] \tag{9.2}$$
若不满足以上条件中的一个,或两个都不满足,则是非周期信号。

基波周期为 N 的周期离散时间正弦信号具有以下形式:
$$x[n] = A\cos\left(\frac{2\pi m}{N}n + \theta\right), \quad -\infty < n < \infty \tag{9.3}$$
其中, $\omega_0 = 2\pi m / N$ 是离散频率, m 和 N 是互质的正整数, θ 是相角。

除了基波周期是一个整数之外,离散时间周期信号的定义与连续时间周期信号的定义相似。可以很容易地证明,周期离散时间正弦信号具有所给的形式,将式(9.3)中的正弦信号平移基波周期 N 的 k 倍,得

$$x[n + kN] = A\cos\left(\frac{2\pi m}{N}(n + kN) + \theta\right) = A\cos\left(\frac{2\pi m}{N}n + 2\pi mk + \theta\right) = x[n]$$

由于是给原始的相位角增加了 2π 的 mk(整数)倍,所以并没有改变相位角。如果离散频率不是 $2\pi m / N$ 的形式,那正弦信号就不是周期的。

注: 离散频率 ω 的单位是弧度。另外,离散频率每隔 2π 重复一次,即对任意整数 k 有 $\omega = \omega + 2\pi k$,因此只需考虑 $-\pi \leqslant \omega < \pi$ 的频率范围。与之形成对比的是模拟频率 Ω,它以 rad/s 为单位,取值范围从 $-\infty$ 到 ∞。

【例 9.3】

考虑正弦信号
$$x_1[n] = 2\cos(\pi n - \pi/3), \quad x_2[n] = 3\sin(3\pi n + \pi/2), \quad -\infty < n < \infty$$
从频率判断它们是否是周期的,如果是,确定它们的基波周期。

解　$x_1[n]$ 的频率可写成
$$\omega_1 = \pi = \frac{2\pi}{2}$$
这里 $m = 1, N = 2$,因此 $x_1[n]$ 是周期的,且基波周期 $N_1 = 2$。同理, $x_2[n]$ 的频率可写成
$$\omega_2 = 3\pi = \frac{2\pi}{2}3$$
这里 $m = 3, N = 2$,因此 $x_2[n]$ 也是周期的,且基波周期 $N_2 = 2$,这也可以通过以下过程得到验证:
$$x_2[n + 2] = 3\sin(3\pi(n + 2) + \pi/2) = 3\sin(3\pi n + 6\pi + \pi/2) = x[n]$$

【例 9.4】

模拟正弦信号一定是周期的,然而对于离散正弦信号来说却并非如此。离散正弦信号可以是非周期的,即使它们是通过均匀抽样从一个周期连续时间正弦信号得到的。考虑离散时间信号 $x[n] =$

$\cos(n+\pi/4)$，$-\infty<n<\infty$，它是通过对 $x(t)=\cos(t+\pi/4)$，$-\infty<t<\infty$ 以 $T_s=1\text{s/sample}$ 为抽样时间间隔进行抽样而获得的。$x[n]$ 是周期的吗？如果是，指出它的基波周期，否则请确定满足奈奎斯特抽样率条件的抽样时间间隔的值，使用该抽样时间间隔对 $x(t)$ 抽样可以产生周期的 $x[n]$。

解 抽样信号 $x[n]=x(t)|_{t=nT_s}=\cos(n+\pi/4)$ 的离散频率 $\omega=1(\text{rad})$，对任意整数 m 和 N，该频率都不能表示成 $2\pi m/N$ 的形式，因为 π 是一个无理数，所以 $x[n]$ 不是周期的。

由于连续时间信号 $x(t)$ 的频率等于 $\Omega_0=1$，于是根据奈奎斯特抽样率条件，抽样时间间隔应该为

$$T_s \leqslant \frac{\pi}{\Omega_0} = \pi$$

为了使抽样信号 $x(t)|_{t=nT_s}=\cos(nT_s+\pi/4)$ 成为基波周期为 N 的周期信号，即

$$\cos((n+N)T_s+\pi/4)=\cos(nT_s+\pi/4)$$

需要整数 k 满足 $NT_s=2k\pi$，即 2π 的倍数，因此 $T_s=2k\pi/N\leqslant\pi$ 满足奈奎斯特抽样率条件，同时也确保了抽样信号的周期性。例如，如果希望得到一个基波周期为 $N=10$ 的正弦信号，那么 $T_s=k\pi/5$，k 的取值应使 T_s 满足奈奎斯特抽样率条件，此处由

$$0 < T_s = k\pi/5 \leqslant \pi$$

得 $0<k\leqslant5$。从这些 k 的可能取值里，选择 $k=1$ 和 3，这样可使 N 和 k 互质，于是就得到了想要的基波周期 $N=10$(值 $k=2$ 和 4 会产生周期 5，$k=5$ 会产生周期 2 而不是 10)。事实上，如果令 $k=1$，那么 $T_s=0.2\pi$ 满足奈奎斯特抽样率条件，而且获得的抽样信号为

$$x[n] = \cos(0.2n\pi+\pi/4) = \cos\left(\frac{2\pi}{10}n+\frac{\pi}{4}\right)$$

根据该信号的频率可知，它是基波周期为 10 的周期信号。对于 $k=3$，相应的 $T_s=0.6\pi<\pi$ 并且

$$x[n] = \cos(0.6\pi n+\pi/4) = \cos\left(\frac{2\pi\times3}{10}n+\frac{\pi}{4}\right)$$

对一个基波周期为 $T_0=2\pi/\Omega_0$，$\Omega_0>0$ 的模拟正弦信号

$$x(t) = A\cos(\Omega_0 t+\theta), \quad -\infty<t<\infty \tag{9.4}$$

抽样，可以得到一个周期离散正弦信号

$$x[n] = A\cos(\Omega_0 T_s n+\theta) = A\cos\left(\frac{2\pi T_s}{T_0}n+\theta\right) \tag{9.5}$$

只要

$$\frac{T_s}{T_0} = \frac{m}{N} \tag{9.6}$$

N 和 m 是互质的正整数。为了避免频率混叠，抽样时间间隔也应该满足奈奎斯特抽样条件

$$T_s \leqslant \frac{\pi}{\Omega_0} = \frac{T_0}{2} \tag{9.7}$$

事实上，对一个连续时间信号 $x(t)$ 以抽样时间间隔 T_s 进行抽样可以得到

$$x[n] = A\cos(\Omega_0 T_s n+\theta) = A\cos\left(\frac{2\pi T_s}{T_0}n+\theta\right)$$

其中，离散频率等于 $\omega_0=2\pi T_s/T_0$，要使此信号是周期的，对任意互质的正整数 m 和 N，都应该能将该频率表示成 $2\pi m/N$ 的形式，这就要求

$$\frac{T_s}{T_0} = \frac{m}{N}$$

对互质的整数 m 和 N 是有理数,或

$$mT_0 = NT_s \tag{9.8}$$

即原始连续时间信号的一个周期($m=1$)或几个周期($m>1$)应该被分成 $N>0$ 段,每一段的持续时间为 T_ss。如果不能满足这个条件,那么离散化后的正弦信号就不是周期的。为了避免频率混叠,抽样时间间隔的选取应该满足

$$T_s \leqslant \frac{\pi}{\Omega_0} = \frac{T_0}{2}$$

即奈奎斯特抽样条件。

　　基波周期为 N_1 的周期信号 $x[n]$ 和基波周期为 N_2 的周期信号 $y[n]$ 之和 $z[n] = x[n] + y[n]$ 是周期的,如果被加的两个信号的周期之比是有理数,即

$$\frac{N_2}{N_1} = \frac{p}{q}$$

其中,p 和 q 是互质的整数。如果 $z[n]$ 是周期的,则它的基波周期为 $qN_2 = pN_1$。

　　如果 $qN_2 = pN_1$,由于 pN_1 和 qN_2 是 $x[n]$ 和 $y[n]$ 的周期的倍数,于是有

$$z[n + pN_1] = x[n + pN_1] + y[n + pN_1] = x[n] + y[n + qN_2] = x[n] + y[n] = z[n]$$

即 $z[n]$ 是周期的,基波周期为 $qN_2 = pN_1$。

【例 9.5】

　　信号 $z[n] = v[n] + w[n] + y[n]$ 是三个基波周期分别为 $N_1 = 2$、$N_2 = 3$ 和 $N_3 = 4$ 的周期信号 $v[n]$、$w[n]$ 和 $y[n]$ 之和。判断 $z[n]$ 是否是周期的,如果是,确定其基波周期。

　　解　令 $x[n] = v[n] + w[n]$,这样 $z[n] = x[n] + y[n]$。由于 $N_2/N_1 = 3/2$ 是一个有理数,且分子和分母没有可分的因数,故信号 $x[n]$ 是周期的,且基波周期等于 $N_4 = 3N_1 = 2N_2 = 6$。由于

$$\frac{N_4}{N_3} = \frac{6}{4} = \frac{3}{2}$$

是一个有理数,且分子和分母没有可分的因数,故信号 $z[n]$ 也是周期的,其基波周期等于 $N = 2N_4 = 3N_3 = 12$。因此 $z[n]$ 是基波周期等于 12 的周期信号,实际上也确实如此:

$$z[n + 12] = v[n + 6N_1] + w[n + 4N_2] + y[n + 3N_3] = v[n] + w[n] + y[n] = z[n]$$

【例 9.6】

　　判断信号

$$x[n] = \sum_{m=0}^{\infty} X_m \cos(m\omega_0 n), \quad \omega_0 = \frac{2\pi}{N_0}$$

是否是周期的,如果是,确定其基波周期。

　　解　信号 $x[n]$ 由一个常数 X_0 和频率为

$$m\omega_0 = \frac{2\pi m}{N_0}, \quad m = 0, 1, 2, \cdots$$

的余弦函数的和构成,$x[n]$ 的周期性取决于余弦函数的周期性。由余弦函数的频率可见,它们都是基波周期等于 N_0 的周期信号,所以 $x[n]$ 是以 N_0 为基波周期的周期信号。实际上也确实如此:

$$x[n + N_0] = \sum_{m=0}^{\infty} X_m \cos(m\omega_0(n + N_0)) = \sum_{m=0}^{\infty} X_m \cos(m\omega_0 n + 2\pi m) = x[n]$$

9.2.2　有限能量和有限功率离散时间信号

离散时间信号的能量和功率的定义与连续时间信号的能量和功率的定义相似,通过用求和来代替连续时间信号能量和功率定义式中的积分,便可获得离散时间信号能量和功率的定义。

对于离散时间信号 $x[n]$ 有以下定义：

能量为

$$\varepsilon_x = \sum_{n=-\infty}^{\infty} |x[n]|^2 \qquad (9.9)$$

功率为

$$P_x = \lim_{N \to \infty} \frac{1}{2N+1} \sum_{n=-N}^{N} |x[n]|^2 \qquad (9.10)$$

- $x[n]$ 被称作是具有**有限能量**或**平方可和**的,若满足 $\varepsilon_x < \infty$。
- $x[n]$ 被称作是**绝对可和**的,若满足

$$\sum_{n=-\infty}^{\infty} |x[n]| < \infty \qquad (9.11)$$

- $x[n]$ 被称作是具有**有限功率**的,若满足 $P_x < \infty$。

【例 9.7】

一个"因果的"正弦信号为

$$x(t) = \begin{cases} 2\cos(\Omega_0 t - \pi/4), & t \geqslant 0 \\ 0, & \text{其他} \end{cases}$$

它产生自信号发生器,当信号发生器的开关接通,就获得了该信号。现在对信号 $x(t)$ 以抽样时间间隔 $T_s = 0.1\text{s}$ 进行抽样,获得离散时间信号

$$x[n] = x(t)\mid_{t=0.1n} = 2\cos(0.1\Omega_0 n - \pi/4), \quad n \geqslant 0$$

否则 $x[n] = 0$。当 $\Omega_0 = \pi$ 和 $\Omega_0 = 3.2$(3.2 是 π 的一个上近似值)rad/s 时,分别判断该离散时间信号是否是有限能量和有限功率的,并将这些特征与连续时间信号 $x(t)$ 的这些特征进行比较。

解　对于 Ω_0 的两个取值,连续时间信号 $x(t)$ 都具有无限能量,离散时间信号 $x[n]$ 也是如此。确实是的,对于两个 Ω_0 值,$x[n]$ 的能量为

$$\varepsilon_x = \sum_{n=-\infty}^{\infty} x^2[n] = \sum_{n=0}^{\infty} 4\cos^2(0.1\Omega_0 n - \pi/4) \to \infty$$

虽然连续时间信号和离散时间信号都具有无限能量,但它们的功率是有限的。其中连续时间信号 $x(t)$ 具有有限功率可以参考第 1 章相关内容去证明,对于离散时间信号 $x[n]$,下面分别考虑两种情况：

(i) 对于 $\Omega_0 = \pi$,当 $n \geqslant 0$ 时,$x[n] = 2\cos(\pi n/10 - \pi/4) = 2\cos(2\pi n/20 - \pi/4)$,否则为 0。因此,当 $n \geqslant 0$ 时 $x[n]$ 每隔 $N_0 = 20$ 重复一次,并且它的功率等于

$$P_x = \lim_{N \to \infty} \frac{1}{2N+1} \sum_{n=-N}^{N} |x[n]|^2 = \lim_{N \to \infty} \frac{1}{2N+1} \sum_{n=0}^{N} |x[n]|^2$$

$$= \lim_{N \to \infty} \frac{N}{2N+1} \underbrace{\left[\frac{1}{N_0} \sum_{n=0}^{N_0-1} |x[n]|^2 \right]}_{n \geqslant 0时,一个周期的功率}$$

$$= \lim_{N \to \infty} \frac{1}{2+1/N} \Big[\frac{1}{N_0} \sum_{n=0}^{N_0-1} |x[n]|^2 \Big] = \frac{1}{2N_0} \sum_{n=0}^{N_0-1} |x[n]|^2 < \infty$$

这里利用了信号的因果性(当 $n<0$ 时 $x[n]=0$),而且考虑了 $n \geqslant 0$ 时 $x[n]$ 的 N 个周期,并对每一个周期计算其功率,才得到了最后结果。故而在 $\Omega_0 = \pi$ 的情况下,离散时间信号 $x[n]$ 具有有限的功率,而且可以利用 $n \geqslant 0$ 时的一个周期计算出它的功率。

为了求功率,利用三角恒等式(或欧拉方程) $\cos^2(\theta) = 0.5(1+\cos(2\theta))$,并代入 $x[n]$ 的表达式可得 $(N_0 = 20)$:

$$P_x = \frac{4}{40} 0.5 \Big[\sum_{n=0}^{19} 1 + \sum_{n=0}^{19} \cos \Big(\frac{2\pi n}{10} - \pi/2 \Big) \Big] = \frac{2}{40} [20 + 0] = 1$$

其中,余弦函数的和等于零,以上加的是余弦函数两个周期内的值。

(ii) 对于 $\Omega_0 = 3.2$,当 $n \geqslant 0$ 时,$x[n] = 2\cos(3.2n/10 - \pi/4)$,否则为 0。由于频率为 3.2/10(它等于有理数 32/100),对于整数 m 和 N,3.2/10 无法表示成 $2\pi m/N$(因为 π 是一个无理数)的形式,因而该信号在 $n=0$ 之后就不会周期性地重复了。这种情况下得不到功率的一个闭合形式,只能简单地说功率等于

$$P_x = \lim_{N \to \infty} \frac{1}{2N+1} \sum_{n=-N}^{N} |x[n]|^2$$

并推测由于模拟信号具有有限功率,故 $x[n]$ 也应该具有有限功率。以下脚本利用 MATLAB 计算了两种情况下的功率。

```
% 例9.7  功率
% %
clear all; clf
n = 0: 100000;
x2 = 2 * cos(0.1 * n * 3.2 - pi/4);        %  对于正 n 是非周期的
x1 = 2 * cos(0.1 * n * pi - pi/4);         %  对于正 n 是周期的
N = length(x1)
Px1 = sum(x1.^2)/(2 * N + 1)               %  x1 的功率
Px2 = sum(x2.^2)/(2 * N + 1)               %  x2 的功率
P1 = sum(x1(1: 20);^2)/(20);               %  x1 在一个周期内的功率
```

若考虑 100001 个样本,脚本中的信号 $x_1[n]$ 具有单位功率,$x_2[n]$ 也是如此(如图 9.1 所示)。

【例 9.8】

离散时间指数函数 $x[n] = 2(0.5)^n$,$n \geqslant 0$,否则为 0,判断它是否具有有限能量、有限功率或能量和功率都是有限的。

解　该信号的能量为

$$\varepsilon_x = \sum_{n=0}^{\infty} 4(0.5)^{2n} = 4 \sum_{n=0}^{\infty} (0.25)^n = \frac{4}{1-0.25} = \frac{16}{3}$$

因此 $x[n]$ 是一个能量有限信号,正如连续时间信号一样,一个能量有限信号是一个功率有限(实际上功率为零)信号,确实如此,

$$P_x = \lim_{N \to \infty} \frac{1}{2N+1} \varepsilon_x = 0$$

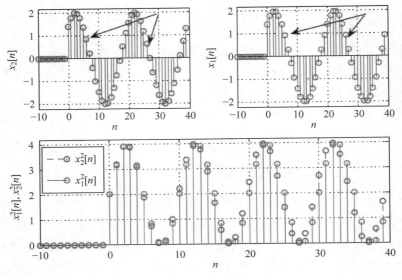

图 9.1　例 9.7 结果图

上图：信号 $x_2[n]$（当 $n{\geqslant}0$ 时是非周期的）和 $x_1[n]$（当 $n{\geqslant}0$ 时是周期的）。图中箭头是说明 $x_2[n]$ 的两个值不相等，$x_1[n]$ 的两个值相等。下图：两个信号的平方值只是有些许的不同，这表明如果 $x_1[n]$ 具有有限功率，那么 $x_2[n]$ 也一样。

9.2.3　偶信号和奇信号

离散时间信号的时移和尺度变换与连续时间信号的情况非常相似，唯一的区别是现在用整数进行运算。

离散时间信号 $x[n]$ 被称作：
- 延迟了 N（一个整数）个样本，如果 $x[n-N]$ 等于 $x[n]$ 右移 N 个样本；
- 超前了 M（一个整数）个样本，如果 $x[n+M]$ 等于 $x[n]$ 左移 M 个样本；
- 反褶了，如果 $x[n]$ 中的变量 n 取反，即 $x[-n]$。

通过考虑获得 $x[0]$ 值的时间可以很容易判断出 $x[n]$ 是右移还是左移。对于 $x[n-N]$，当 $n=N$ 时获得 $x[0]$，即从原点向右 N 个样本或等价的说法是 $x[n]$ 被延迟了 N 个样本。同理，对于 $x[n+M]$，当 $n=-M$ 时 $x[0]$ 出现，即超前了 M 个样本。对变量 n 取反使信号相对于原点翻转。

【例 9.9】

一个三角形的离散脉冲定义为

$$x[n]=\begin{cases} n, & 0\leqslant n\leqslant 10 \\ 0, & \text{其他} \end{cases}$$

求 $y[n]=x[n+3]+x[n-3]$ 和 $z[n]=x[-n]+x[n]$ 的关于 n 的表达式，并仔细画出二者的图形。

　解　用 $n+3$ 和 $n-3$ 取代 $x[n]$ 定义式中的 n，得到超前和延迟信号

$$x[n+3]=\begin{cases} n+3, & -3\leqslant n\leqslant 7 \\ 0, & \text{其他} \end{cases}$$

和

$$x[n-3] = \begin{cases} n-3, & 3 \leqslant n \leqslant 13 \\ 0, & \text{其他} \end{cases}$$

将二者相加可得

$$y[n] = x[n+3] + x[n-3] = \begin{cases} n+3, & -3 \leqslant n \leqslant 2 \\ 2n, & 3 \leqslant n \leqslant 7 \\ n-3, & 8 \leqslant n \leqslant 13 \\ 0, & \text{其他} \end{cases}$$

同理有

$$z[n] = x[n] + x[-n] = \begin{cases} n, & 1 \leqslant n \leqslant 10 \\ 0, & n = 0 \\ -n, & -10 \leqslant n \leqslant -1 \\ 0, & \text{其他} \end{cases}$$

结果如图 9.2 所示。

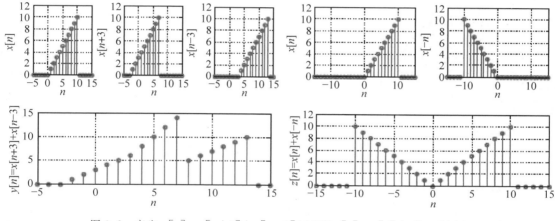

图 9.2　产生 $y[n]=x[n+3]+x[n-3]$（左）和 $z[n]=x[n]+x[-n]$（右）

【例 9.10】

在后面的卷积和计算中,需要搞清楚作为 k 的函数的信号 $x[n-k]$ 当 n 取不同值时的表现。考虑信号

$$x[k] = \begin{cases} k, & 0 \leqslant k \leqslant 3 \\ 0, & \text{其他} \end{cases}$$

求当 $-2 \leqslant n \leqslant 2$ 时,$x[n-k]$ 的表达式,并判断当 n 的值从 -2 增加到 2 时,$x[n-k]$ 的平移方向。

解　虽然知道作为 k 的函数,$x[n-k]$ 是反褶了,但并不清楚当 n 由 -2 增大到 2 时,它是超前还是延迟,下面就来考虑该问题。若 $n=0$,有

$$x[-k] = \begin{cases} -k, & -3 \leqslant k \leqslant 0 \\ 0, & \text{其他} \end{cases}$$

对于 $n \neq 0$,有

$$x[n-k] = \begin{cases} n-k, & n-3 \leqslant k \leqslant n \\ 0, & \text{其他} \end{cases}$$

当 n 由 -2 增大到 2，$x[n-k]$ 是向右平移。当 $n=-2$ 时，$x[-2-k]$ 的支撑是 $-5 \leqslant k \leqslant -2$，而当 $n=0$ 时，$x[-k]$ 的支撑是 $-3 \leqslant k \leqslant 0$，当 $n=2$ 时，$x[2-k]$ 的支撑是 $-1 \leqslant k \leqslant 2$，可见每一次都是向右移。

于是可以利用上述运算定义偶信号和奇信号，并获得任意信号利用偶信号和奇信号表示的一个通用分解式。

离散时间偶信号和离散时间奇信号定义为

若 $x[n] = x[-n]$，　　则 $x[n]$ 是偶信号　　　　　　　　　　　　(9.12)

若 $x[n] = -x[-n]$，　　则 $x[n]$ 是奇信号　　　　　　　　　　　(9.13)

任何离散时间信号 $x[n]$ 都可表示成一个偶分量和一个奇分量之和

$$x[n] = \underbrace{\frac{1}{2}(x[n]+x[-n])}_{x_{\mathrm{e}}[n]} + \underbrace{\frac{1}{2}(x[n]-x[-n])}_{x_{\circ}[n]} = x_{\mathrm{e}}[n] + x_{\circ}[n] \qquad (9.14)$$

信号的偶、奇分解很容易明白。偶分量 $x_{\mathrm{e}}[n] = 0.5(x[n]+x[-n])$ 是偶函数，因为 $x_{\mathrm{e}}[-n] = 0.5(x[-n]+x[n]) = x_{\mathrm{e}}[n]$；而奇分量 $x_{\circ}[n] = 0.5(x[n]-x[-n])$ 是奇函数，因为 $x_{\circ}[-n] = 0.5(x[-n]-x[n]) = -x_0(n)$。

【例 9.11】

求下面离散时间信号

$$x[n] = \begin{cases} 4-n, & 0 \leqslant n \leqslant 4 \\ 0, & \text{其他} \end{cases}$$

的偶分量和奇分量。

解　$x[n]$ 的偶分量由

$$x_{\mathrm{e}}[n] = 0.5(x[n]+x[-n])$$

给出。当 $n=0$ 时，$x_{\mathrm{e}}[0] = 0.5 \times 2x[0] = 4$；当 $n>0$ 时，$x_{\mathrm{e}}[n] = 0.5x[n]$；当 $n<0$ 时，$x_{\mathrm{e}}[n] = 0.5x[-n]$，于是得

$$x_{\mathrm{e}}[n] = \begin{cases} 2+0.5n, & -4 \leqslant n \leqslant -1 \\ 4, & n=0 \\ 2-0.5n, & 1 \leqslant n \leqslant 4 \\ 0, & \text{其他} \end{cases}$$

而奇分量为

$$x_{\circ}[n] = 0.5(x[n]-x[-n]) = \begin{cases} -2-0.5n, & -4 \leqslant n \leqslant -1 \\ 0, & n=0 \\ 2-0.5n, & 1 \leqslant n \leqslant 4 \\ 0, & \text{其他} \end{cases}$$

这两个分量之和就是 $x[n]$。

注：

离散时间信号的扩展和压缩比在连续时间域里的扩展和压缩要复杂得多。离散域里的扩展和压缩

与抽样中抽样时间间隔的改变有关,因此,如果以抽样时间间隔 T_s 对连续时间信号 $x(t)$ 抽样,通过将抽样时间间隔变为 MT_s,其中整数 $M>1$,得到的样本数量会减少;通过将抽样时间间隔变为 T_s/L,其中整数 $L>1$,得到的样本数量会增多。对于离散时间信号 $x[n]$,将抽样时间间隔增大 M 倍会得到 $x[Mn]$,它被称为 $x[n]$ 的**减抽样**。不幸的是,因为离散时间信号的自变数必须是整数,所以我们不清楚 $x[n/L]$ 等于什么,除非 n 的值是 L 的倍数,即 $n=0,\pm L,\pm 2L,\cdots$,当 n 取其他值时,$x[n/L]$ 没有明确的定义,于是引出**增抽样**信号的定义

$$x_u[n] = \begin{cases} x[n/L], & n = 0, \pm L, \pm 2L, \cdots \\ 0, & \text{其他} \end{cases} \tag{9.15}$$

为了用通过减小抽样时间间隔而获得的值代替增抽样信号中的零值,需要对其低通滤波。MATLAB提供了函数 decimate 和 interp 来实现抽取(与减抽样(down-sampling)有关)和内插(与增抽样(up-sampling)有关)。在第 10 章,我们将继续讨论这些运算,还会讨论它们的频率特征。

9.2.4 基本离散时间信号

用基本信号表示一般信号,在离散时间域完成该任务比在连续时间域要简单些,这是由于离散时间冲激信号和单位阶跃信号的定义没有歧义,而连续时间冲激信号和单位阶跃信号的定义更抽象一些。

离散时间复指数信号

> 已知复数 $A = |A|e^{j\theta}$ 和 $\alpha = |\alpha|e^{j\omega_0}$,一个离散时间复指数信号是具有形式为
> $$x[n] = A\alpha^n = |A||\alpha|^n e^{j(\omega_0 n + \theta)} = |A||\alpha|^n[\cos(\omega_0 n + \theta) + j\sin(\omega_0 n + \theta)] \tag{9.16}$$
> 的信号,其中,ω_0 是以 rad 为单位的离散频率。

注:

(1) 离散时间复指数信号看起来不同于连续时间复指数信号,这可以通过对连续时间复指数信号

$$x(t) = Ae^{(-a+j\Omega_0)t}$$

进行抽样而得到解释。为简单起见设 A 为实数,所用抽样时间间隔为 T_s,则抽样信号等于

$$x[n] = x(nT_s) = Ae^{(-anT_s + j\Omega_0 nT_s)} = A(e^{-aT_s})^n e^{j(\Omega_0 T_s)n} = A\alpha^n e^{j\omega_0 n}$$

其中,令 $\alpha = e^{-aT_s}$,$\omega_0 = \Omega_0 T_s$。

(2) 与连续时间复指数信号的情况一样,参数 A 和 α 的取值不同就可获得不同的信号(见图 9.3 中的不同示例)。例如,式(9.16)中 $x[n]$ 的实部是一个实信号

$$g[n] = \text{Re}[x[n]] = |A||\alpha|^n \cos(\omega_0 n + \theta)$$

当 $|\alpha|<1$ 时,它是一个衰减正弦信号;当 $|\alpha|>1$ 时,它是一个增长的正弦信号(见图 9.3);如果 $\alpha=1$,则它就是一个正弦信号。

(3) 有一点很重要,要认识到对于一个实数 $\alpha>0$,指数信号

$$x[n] = (-\alpha)^n = (-1)^n \alpha^n = \alpha^n \cos(\pi n)$$

是一个已调指数信号。

【**例 9.12**】

已知模拟信号 $x(t) = e^{-at}\cos(\Omega_0 t)u(t)$,为了能够获得离散时间信号

$$y[n] = \alpha^n \cos(\omega_0 n), \quad n \geq 0$$

否则等于零,确定 $a>0$,Ω_0 和 T_s 的值。考虑当 $\alpha=0.9$ 和 $\omega_0=\pi/2$ 时的情况,为了能够从 $x(t)$ 通过抽样

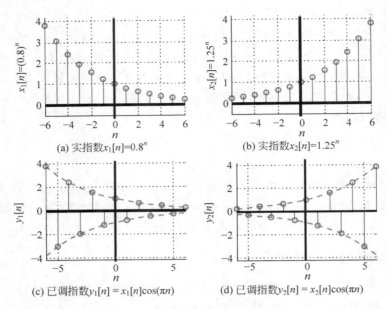

(a) 实指数$x_1[n]=0.8^n$

(b) 实指数$x_2[n]=1.25^n$

(c) 已调指数$y_1[n]=x_1[n]\cos(\pi n)$

(d) 已调指数$y_2[n]=x_2[n]\cos(\pi n)$

图 9.3　离散时间复指数信号示例

获得 $y[n]$，求 a、Ω_0 和 T_s 的值。用 MATLAB 绘制 $x(t)$ 和 $y[n]$ 的图形。

解　对比抽样连续时间信号 $x(nT_s)=(e^{-aT_s})^n\cos((\Omega_0 T_s)n)u[n]$ 和 $y[n]$，可以得到以下两个方程：

$$(\text{i})\ \alpha=e^{-aT_s},\quad (\text{ii})\ \omega_0=\Omega_0 T_s$$

α 和 ω_0 已知，还有三个未知量（a、Ω_0 和 T_s），故这两个方程没有唯一解。不过，由奈奎斯特条件应有

$$T_s\leqslant\frac{\pi}{\Omega_{\max}}$$

假定最大频率为 $\Omega_{\max}=N\Omega_0$，且 $N\geqslant 2$（由于信号 $x(t)$ 不是带限的，它的最大频率未知，当然可以像第 8 章所指出的那样，利用帕色瓦尔的结果来估计 $x(t)$ 的最大频率，不过此处假定 $x(t)$ 的最大频率为 Ω_0 的整数倍），若设 $T_s=\pi/N\Omega_0$，将它代入以上两个方程可有

$$\alpha=e^{-a\pi/N\Omega_0},\quad \omega_0=\Omega_0\pi/N\Omega_0=\pi/N$$

如果想要 $\alpha=0.9$，$\omega_0=\pi/2$，那么可得 $N=2$，且对任意 $\Omega_0>0$ 有

$$a=-\frac{2\Omega_0}{\pi}\log0.9$$

例如，如果 $\Omega_0=2\pi$，那么 $a=-4\log0.9$，$T_s=0.25$，图 9.4 显示的就是利用以上参数产生的连续时间信号和离散时间信号，采用的脚本如下。可见连续时间信号和离散时间信号在抽样时刻是一致的。

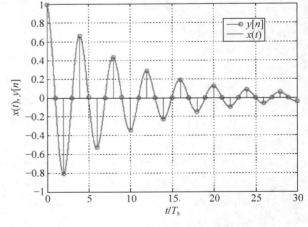

图 9.4　对连续信号 $x(t)$ 抽样产生期望的离散时间信号 $y[n]$

```
% 例9.12
%%
```

```
a = -4 * log(0.9); Ts = 0.25;                                    % 参数
alpha = exp( -a * Ts);
n = 0: 30; y = alpha.^n. * cos(pi * n/2);                        % 离散时间信号
t = 0: 0.001: max(n) * Ts; x = exp( -a * t). * cos(2 * pi * t); % 模拟信号
stem(n, y, 'r'); hold on
plot(t/Ts, x); grid; legend('y[n]','x(t)'); hold off
```

【例 9.13】

说明如何对一个连续时间信号 $x(t)$ 抽样得到离散指数信号：当 $n \geqslant 0$ 时，$x[n] = (-1)^n$，否则等于零。

解　由于 $x[n]$ 的值是 1 和 -1，而实际上对于 a 和 t 的任意值，有 $e^{-at} > 0$，因此 $x[n]$ 无法通过对指数信号 $e^{-at}u(t)$ 抽样而产生。考虑到离散信号可写为

$$当 \ n \geqslant 0 \ 时，\quad x[n] = (-1)^n = \cos(\pi n)$$

否则等于零。我们可以对模拟信号 $x(t) = \cos(\Omega_0 t)u(t)$ 以抽样时间间隔 T_s 进行抽样，这样便可得到

$$x[n] = x(nT_s) = \cos(\Omega_0 nT_s) = \cos(\pi n), \quad n \geqslant 0$$

否则为零。于是由 $\Omega_0 T_s = \pi$ 得出 $T_s = \pi/\Omega_0$。例如，若 $\Omega_0 = 2\pi$ 那么 $T_s = 0.5$。

1. 离散时间正弦信号

离散时间正弦信号是复指数信号的一个特例。令 $\alpha = e^{j\omega_0}$，$A = |A| e^{j\theta}$，根据式(9.16)可得

$$x[n] = A\alpha^n = |A| \ e^{j(\omega_0 n + \theta)} = |A| \cos(\omega_0 n + \theta) + j |A| \sin(\omega_0 n + \theta) \tag{9.17}$$

因此 $x[n]$ 的实部是一个余弦函数，而虚部是一个正弦函数。正如之前指出过的那样，幅值为 A、相移为 θ 的离散正弦函数是周期的，如果它们能表示为

$$A\cos(\omega_0 n + \theta) = A\sin(\omega_0 n + \theta + \pi/2), \quad -\infty < n < \infty \tag{9.18}$$

其中，$\omega_0 = 2\pi m/N(\text{rad})$ 是离散频率，整数 m 和 N 都大于零且不可再分，否则离散时间正弦函数就不是周期的。

由于 ω 的单位是 rad，故而它以 2π 为基波周期进行周期性重复，即将 2π 的一个倍数 $2\pi k(k$ 可正可负)添加到离散频率 ω_0，还是会回到 ω_0：

$$\omega_0 + 2\pi k = \omega_0, \quad k \ 为正整数或负整数 \tag{9.19}$$

为了避免这种歧义性，令 $-\pi < \omega \leqslant \pi$ 作为离散频率的可能取值范围，并通过取模的方式将此范围之外的频率 ω_1 变换进来，于是对于两个频率 $\omega_1 = \omega + 2\pi k$ 和 ω，其中 $-\pi < \omega \leqslant \pi$，$k$ 是正整数，它们是模 2π 下相等的，这可以用

$$\omega_1 \equiv \omega(模 \ 2\pi)$$

来表示。正如图 9.5 所示，不在范围 $(-\pi, \pi]$ 内的频率可被转换成该范围内的等价离散频率。例如，$\omega_0 = 2\pi$ 可写成 $\omega_0 = 0 + 2\pi$，因此它的一个等价离散频率就是 0；$\omega_0 = 7\pi/2 = (8-1)\pi/2 = 2 \times 2\pi - \pi/2$ 等价于频率 $-\pi/2$。根据频率的(模 2π)表示，信号 $\sin(3\pi n)$ 与 $\sin(\pi n)$ 完全相同，而信号 $\sin(1.5\pi n)$ 与 $\sin(-0.5\pi n) = -\sin(0.5\pi n)$ 完全相同。

【例 9.14】

考虑以下四个正弦信号：

$$x_1[n] = \sin(0.1\pi n)$$

$$x_2[n] = \sin(0.2\pi n)$$

$$x_3[n] = \sin(0.6\pi n)$$

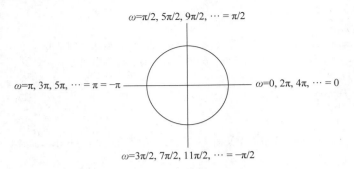

图 9.5　离散频率 ω 及其模 2π 下的等价频率

$$x_4[n] = \sin(0.7\pi n), \quad -\infty < n < \infty$$

判断它们是否是周期的，如果是，求出它们的基波周期。这些信号是简谐相关的吗？用 MATLAB 画出这些信号的图形，取 $n=0,\cdots,40$。这些信号中的某些很像被抽样的模拟正弦信号，而另一些则不然，请说明不像的原因，并对那些像抽样模拟信号的信号加以注解。

解　为了判断它们是否是周期的，下面将所给信号重新写为

$$x_1[n] = \sin(0.1\pi n) = \sin\left(\frac{2\pi}{20}n\right), \quad x_2[n] = \sin(0.2\pi n) = \sin\left(\frac{2\pi}{20}2n\right)$$

$$x_3[n] = \sin(0.6\pi n) = \sin\left(\frac{2\pi}{20}6n\right), \quad x_4[n] = \sin(0.7\pi n) = \sin\left(\frac{2\pi}{20}7n\right)$$

从以上表示可知它们都是周期的，基波周期等于20，且频率是谐波相关的。用 MATLAB 画出这些信号的图形之后可看到，前两个信号类似于模拟正弦，但另两个不是，如图 9.6 所示。

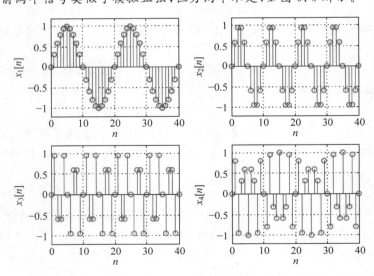

图 9.6　例 9.14 中所给的周期信号 $x_i[n], i=1,2,3,4$

可能有人认为是由于混叠才使 $x_3[n]$ 和 $x_4[n]$ 看起来不像被抽样的模拟正弦信号，但实际上并非如此。要获得 $\cos(\Omega_0 n)$，可以以 $T_s=1$ 的抽样时间间隔对模拟正弦 $\cos(\Omega_0 t)$ 抽样，于是根据奈奎斯特条件有

$$T_s = 1 \leqslant \frac{\pi}{\Omega_0}$$

其中,π/Ω_0 是无混叠情况下抽样时间间隔所允许的最大值,因此当 $T_s = 1$ 时,$x_3[n] = \sin(0.6\pi n) = \sin(0.6\pi t)|_{t=nT_s=n}$,在这种情况下

$$T_s = 1 \leqslant \frac{\pi}{0.6\pi} \approx 1.66$$

将这种情况与 $x_2[n] = \sin(0.2\pi n) = \sin(0.2\pi t)|_{t=nT_s=n}$ 进行对比

$$T_s = 1 \leqslant \frac{\pi}{0.2\pi} = 5$$

由此可见,当对 $\sin(0.2\pi t)$ 抽样获得 $x_2[n]$ 时,如果采用与对 $\sin(0.6\pi t)$ 抽样获得 $x_3[n]$ 时一样的抽样频率,那么就是在进行过采样,所以 $x_2[n]$ 比 $x_3[n]$ 更像模拟正弦信号,而混叠并没有发生。对于 $x_4[n]$ 也是类似的情况。

注:

(1) 离散时间正弦和余弦信号与在连续时间情况下一样,相位相差 $\pi/2\mathrm{rad}$。

(2) 离散频率 ω 的单位是 rad,这是由于样本索引 n 没有单位。用抽样时间间隔 T_s 对正弦抽样也可看出这一点

$$\cos(\Omega_0 t)|_{t=nT_s} = \cos(\Omega_0 T_s n) = \cos(\omega_0 n)$$

其中,定义 $\omega_0 = \Omega_0 T_s$,由于 Ω_0 的单位是 rad/s,T_s 的单位是 s,于是 ω_0 的单位就是 rad。

(3) 模拟正弦的频率 Ω 可以从 0(直流频率)变化到 ∞,作为弧度频率,离散频率 ω 只能从 0 变化到 π。在分析实值信号时需要负的频率,因此有 $-\infty < \Omega < \infty$,$-\pi < \omega \leqslant \pi$。对于一个频率为 0 的离散余弦,它对所有的 n 都是常数,而对于一个频率为 π 的离散余弦,从它的一个样本到另一个样本,其值会从 -1 变成 1,产生了可能对于这个离散时间信号而言的最大变化量。

2. 离散时间单位阶跃和单位样值信号

离散时间信号单位阶跃 $u[n]$ 和单位样值 $\delta[n]$ 定义为

$$u[n] = \begin{cases} 1, & n \geqslant 0 \\ 0, & n < 0 \end{cases} \tag{9.20}$$

$$\delta[n] = \begin{cases} 1, & n = 0 \\ 0, & \text{其他} \end{cases} \tag{9.21}$$

这两个信号的关系如下:

$$\delta[n] = u[n] - u[n-1] \tag{9.22}$$

$$u[n] = \sum_{k=0}^{\infty} \delta[n-k] = \sum_{m=-\infty}^{n} \delta[m] \tag{9.23}$$

很容易明白两个信号 $u[n]$ 和 $\delta[n]$ 之间的关系:

$$\delta[n] = u[n] - u[n-1]$$

$$u[n] = \delta[n] + \delta[n-1] + \cdots = \sum_{k=0}^{\infty} \delta[n-k] = \sum_{m=-\infty}^{n} \delta[m]$$

其中,最后一个表示式①是进行了变量替换 $m=n-k$ 而得到的。这两个关系式应该与 $u(t)$ 和 $\delta(t)$ 之间的关系式进行比较,现在 $u[n]$ 和 $\delta[n]$ 之间是差分关系而不是导数关系 $\delta(t)=\mathrm{d}u(t)/\mathrm{d}t$,是求和的关系而非如下的积分关系:

$$u(t) = \int_0^\infty \delta(t-\xi)\mathrm{d}\xi = \int_{-\infty}^t \delta(\tau)\mathrm{d}\tau$$

注:

注意在 $u[n]$ 或 $\delta[n]$ 的定义中并没有出现像它们的连续时间对应信号 $u(t)$ 和 $\delta(t)$ 那样的歧义性,另外,这两个信号的定义并不依赖于 $u(t)$ 或 $\delta(t)$,即 $u[n]$ 和 $\delta[n]$ 并不是 $u(t)$ 和 $\delta(t)$ 的抽样信号。

3. 离散时间信号的通用表示

> 任何离散时间信号 $x[n]$ 都可以用单位样值信号表示为
>
> $$x[n] = \sum_{k=-\infty}^{\infty} x[k]\delta[n-k] \tag{9.24}$$

用 $\delta[n]$ 表示任意信号 $x[n]$ 的表达式产生于单位样值信号的筛选性质:

$$x[n]\delta[n-n_0] = x[n_0]\delta[n-n_0]$$

这是由于

$$\delta[n-n_0] = \begin{cases} 1, & n=n_0 \\ 0, & \text{其他} \end{cases}$$

这样,若将 $x[n]$ 看作是在抽样时刻 $\cdots-1,0,1,\cdots$ 的一个样本序列

$$\cdots x[-1], x[0], x[1] \cdots$$

便可将 $x[n]$ 写作为

$$x[n] = \cdots + x[-1]\delta[n+1] + x[0]\delta[n] + x[1]\delta[n-1] + \cdots = \sum_{k=-\infty}^{\infty} x[k]\delta[n-k]$$

任意信号 $x[n]$ 的通用表示(式(9.24))将会在求离散时间线性时不变系统的输出时派上用场。

【例 9.15】

考虑一个离散脉冲

$$x[n] = \begin{cases} 1, & 0 \leqslant n \leqslant N-1 \\ 0, & \text{其他} \end{cases}$$

分别用单位阶跃信号和单位样值信号表示此 $x[n]$。

解 信号 $x[n]$ 可表示为

$$x[n] = \sum_{k=0}^{N-1} \delta[n-k]$$

然后利用 $\delta[n]=u[n]-u[n-1]$,就可获得使用单位阶跃信号表示此离散脉冲的表达式,其中由于连续项的相互抵消,所以最后可得

---

① 读者可能对第二个和式为什么等于 $u[n]$ 不太清楚,此处就来分析一下。当 $n<0$ 时,这个和等于当 $m<n<0$ 时的单位样值信号 $\{\delta[m]\}$(即由于宗数都是负的,因此全都等于零),从而有 $u[n]=0, n<0$;当 $n=n_0>0$ 时,得此和为

$$u[n_0] = \cdots + \delta[n_0-3] + \delta[n_0-2] + \delta[n_0-1] + \delta[n_0]$$

可见只有一个单位样值信号会有宗数0,而正是这一个的值等于1,其他单位样值信号都等于0。例如,$u[2]=\cdots+\delta[-1]+\delta[0]+\delta[1]+\delta[2]=1$。

$$x[n] = \sum_{k=0}^{N-1}(u[n-k]-u[n-k-1])$$

$$= (u[n]-u[n-1]) + (u[n-1]-u[n-2]) + \cdots - u[n-N] = u[n]-u[n-N]$$

【例 9.16】

考虑如何产生一个周期三角形串,即基波周期 $N=11$ 的离散时间脉冲 $t[n]$。$t[n]$ 的一个周期为

$$\tau[n] = t[n](u[n]-u[n-11]) = \begin{cases} n, & 0 \leqslant n \leqslant 5 \\ -n+10, & 6 \leqslant n \leqslant 10 \\ 0, & 其他 \end{cases}$$

然后求其有限差分 $d[n]=t[n]-t[n-1]$ 的表达式。

解　周期信号可通过将 $\tau[n]$ 平移再相加而产生,即

$$t[n] = \cdots + \tau[n+11] + \tau[n] + \tau[n-11] + \cdots = \sum_{k=-\infty}^{\infty}\tau[n-11k]$$

于是有限差分 $d[n]$ 等于

$$d[n] = t[n]-t[n-1] = \sum_{k=-\infty}^{\infty}(\tau[n-11k]-\tau[n-1-11k])$$

信号 $d[n]$ 也是周期的,基波周期与 $t[n]$ 相同,即 $N=11$。如果令

$$s[n] = \tau[n]-\tau[n-1] = \begin{cases} 0, & n=0 \\ 1, & 1 \leqslant n \leqslant 5 \\ -1, & 6 \leqslant n \leqslant 10 \\ 0, & 其他 \end{cases}$$

那么

$$d[n] = \sum_{k=-\infty}^{\infty} s[n-11k]$$

【例 9.17】

考虑离散时间信号

$$y[n] = 3r(t+3)-6r(t+1)+3r(t)-3u(t-3)|_{t=0.15n}$$

它是以抽样时间间隔 $T_s=0.15$ 对一个由斜变信号和单位阶跃信号组成的连续时间信号进行抽样而获得的。编写 MATLAB 函数产生斜变信号和单位阶跃信号,并获得 $y[n]$,然后再编写一个 MATLAB 函数进行 $y[n]$ 的偶、奇分解。

解　信号 $y(t)$ 是通过将从 $-\infty$ 到 ∞ 时出现的不同信号顺序地相加而获得的:

$$y(t) = \begin{cases} 0, & t<-3 \\ 3r(t+3) = 3t+9, & -3 \leqslant t<-1 \\ 3t+9-6r(t+1) = 3t+9-6(t+1) = -3t+3, & -1 \leqslant t<0 \\ -3t+3+3r(t) = -3t+3+3t = 3, & 0 \leqslant t<3 \\ 3-3u(t-3) = 3-3 = 0, & t \geqslant 3 \end{cases}$$

本例所用的三个函数 ramp、ustep 和 evenodd 均在后面给出。下面的脚本说明了如何使用这些函数产生具有合适的斜率、时移的斜变信号和有着期望延迟的单位阶跃信号,以及如何计算 $y[n]$ 的偶、奇分量。

```
% 例 9.17
% %
Ts = 0.15;                                    % 抽样时间间隔
t = - 5: Ts: 5;                               % 时间支撑
y1 = ramp(t,3,3); y2 = ramp(t, - 6,1);
y3 = ramp(t,3,0);                             % 斜变信号
y4 = - 3 * ustep(t, - 3);                     % 单位阶跃信号
y = y1 + y2 + y3 + y4;
[ye, yo] = evenodd(y);
```

我们为连续时间信号 $y(t)$ 选择的支撑是 $-5 \leqslant t \leqslant 5$，当以 $T_s = 0.15$ 对 $y(t)$ 进行抽样时，这个支撑被转化成为离散时间信号的支撑 $-5 \leqslant 0.15n \leqslant 5$，或 $-5/0.15 \leqslant n \leqslant 5/0.15$，由于该支撑的两个边界不是整数，为了使它们成为整数（正如所要求的，因为 n 是整数），此处利用 MATLAB 函数 floor 来求出小于 $-5/0.15$ 和 $5/0.15$ 的整数，于是产生了一个取值范围 $[-34, 32]$，画 $y[n]$ 时用到了该范围。

以下函数可以产生一个在一个时间范围内的具有不同斜率和时移的斜变信号：

```
function y = ramp(t,m,ad)
% 产生斜变信号
%    t: 时间支撑
%    m: 斜变信号的斜率
%    ad: 超前(正的),延迟(负的)因子
 N = length(t);
 y = zeros(1,N);
 for i = 1: N,
     if t(i) > = - ad,
     y(i) = m * (t(i) + ad);
     end
 end
end
```

同理，以下函数产生具有不同时移的单位阶跃信号（注意与函数 ramp 的相似之处）。

```
function y = ustep(t,ad)
% 产生单位阶跃信号
%    t: 时间支撑
%    ad: 超前(正的)和延迟(负的)因子
 N = length(t);
 y = zeros(1,N);
 for i = 1: N,
     if t(i) > = - ad,
     y(i) = 1;
     end
 end
end
```

最后，以下函数可用于计算离散时间信号的偶、奇分解。在产生偶、奇分量时需要的反褶信号可用 MATLAB 函数 fliplr 完成。

```
function [ye, yo] = evenodd(y)
% 偶/奇分解
% 注意: 信号的支撑应该关于原点对称
%    y: 模拟信号
%    ye, yo: 偶分量和奇分量
yr = fliplr(y);                               % 翻转
ye = 0.5 * (y + yr);
yo = 0.5 * (y - yr);
```

结果如图 9.7 所示。

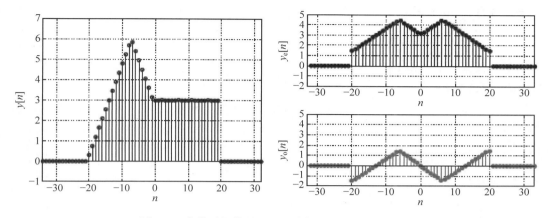

图 9.7 离散时间信号(左)及其偶分量和奇分量(右)

9.3 离散时间系统

就像连续时间系统一样,离散时间系统是一个把离散时间输入信号 $x[n]$ 变成离散时间输出信号 $y[n]$ 的变换,即

$$y[n] = S\{x[n]\} \tag{9.25}$$

动态系统 $S\{.\}$ 具有以下性质:

- 线性性;
- 时不变性;
- 稳定性;
- 因果性。

与所研究的连续时间系统是一样的。

离散时间系统 S 被称作是

(1) 线性的:若对于输入 $x[n]$ 和 $v[n]$,常数 a 和 b,它满足

- 比例性:$S\{ax[n]\} = aS\{x[n]\}$;
- 可加性:$S\{x[n]+v[n]\} = S\{x[n]\} + S\{v[n]\}$;

或等价的说法是若满足叠加性,即

$$S\{ax[n] + bv[n]\} = aS\{x[n]\} + bS\{v[n]\} \tag{9.26}$$

(2) 时不变的:若对于输入 $x[n]$ 的相应输出为 $y[n] = S\{x[n]\}$,则相应于 $x[n]$ 的一个超前或者延迟 $x[n \pm M]$ 的输出是 $y[n \pm M] = S\{x[n \pm M]\}$,$M$ 为整数,即与之前的输出相同,只是与输入一样被平移了,换言之,系统不随时间变化。

【例 9.18】

平方根计算系统 如果表征离散时间系统的输入-输出关系式中包含输入 $x[n]$,输出 $y[n]$,或者二者都有的非线性项(例如 $x[n]$ 的平方根、$x[n]$ 和 $y[n]$ 的乘积等),那么系统就不是线性的。考虑开发一个计算正实数 α 的平方根的递归算法,如果当 $n \to \infty$ 时算法的结果是 $y[n]$,那么有 $y^2[n] = \alpha$,以及同

样的 $y^2[n-1]=\alpha$，于是有 $y[n]=0.5(y[n-1]+y[n-1])$，对此方程作代换 $y[n-1]=\alpha/y[n-1]$ 就得到以下差分方程，可以利用该方程以及某个初始条件 $y[0]$ 将 α 的平方根求出来：

$$y[n]=0.5\left[y[n-1]+\frac{\alpha}{y[n-1]}\right],\quad n>0$$

用递归法求解此差分方程，并利用结果求 4 和 2 的平方根，从而说明系统是非线性的。用 MATLAB 求解差分方程，然后绘制 $\alpha=4$ 和 2 时方程的解的图形。

解 所给的常系数差分方程是一阶的和非线性的(展开此方程会得到 $y[n]$ 和 $y[n-1]$ 的乘积以及 $y^2[n-1]$，这些都是非线性项)。当 $n>0$，该方程可用递归法求解，即通过代入 $y[0]$ 得到 $y[1]$，再利用 $y[1]$ 得到 $y[2]$，以此类推，有

$$y[1]=0.5\left[y[0]+\frac{\alpha}{y[0]}\right],\quad y[2]=0.5\left[y[1]+\frac{\alpha}{y[1]}\right],\quad y[3]=0.5\left[y[2]+\frac{\alpha}{y[2]}\right],\cdots$$

例如，令 $y[0]=1$，且 $\alpha=4$(即希望求 4 的平方根)，则可得

$$y[0]=1,\quad y[1]=0.5\left[1+\frac{4}{1}\right]=2.5,\quad y[2]=0.5\left[2.5+\frac{4}{2.5}\right]=2.05,\cdots$$

可见 4 的平方根收敛于 2(见图 9.8)。于是有，当 $n\to\infty$ 时 $y[n]=y[n-1]=Y$，根据差分方程，Y 的值满足关系 $Y=0.5Y+0.5(4/Y)$ 或 $Y=\sqrt{4}=2$。

然后设 $\alpha=2$，即之前取值的一半。如果系统是线性的，那么根据比例性质，应该得到以前输出的一半，然而情况并非如此。对于相同的初始条件 $y[0]=1$，以及 $\alpha[n]=2u[n-1]$，递归可得

$$y[0]=1,\quad y[1]=0.5[1+2]=1.5,\quad y[2]=0.5\left[1.5+\frac{2}{1.5}\right]=1.4167,\cdots$$

显然这个解不等于之前解的一半。此外，当 $n\to\infty$ 时期望有 $y[n]=y[n-1]=Y$，其中 Y 的值满足关系 $Y=0.5Y+0.5(2/Y)$ 或 $Y=\sqrt{2}=1.4142$，所以这个解趋于 $\sqrt{2}$，而不是线性系统情况下应该可以得到的 2。最后，如果将以上两种情况中的信号相加，并与我们求 2+4 的平方根时所获得的结果信号进行对比，会发现它们不一致，即可加性也不满足，从而再次证实了系统不是线性的这一结论，结果如图 9.8 所示。

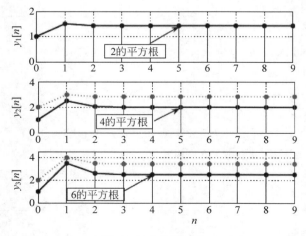

图 9.8 非线性系统

2 的平方根(上)；4 的平方根与两倍的 2 的平方根对比(中)；前面两个响应的和与 2+4 的平方根的响应对比(下)。中间一张图说明比例性不适用，下面一张图说明可加性也不适用。系统是非线性的。

9.3.1 递归和非递归离散时间系统

根据输入 $x[n]$ 与输出 $y[n]$ 之间的关系,可以将离散时间系统分成两类:

■ 递归系统

$$y[n] = -\sum_{k=1}^{N-1} a_k y[n-k] + \sum_{m=0}^{M-1} b_m x[n-m], \quad n \geqslant 0 \tag{9.27}$$

初始条件 $\quad y[-k], \quad k=1,\cdots,N-1$

这类系统也被称为**无限冲激响应**(IIR)系统。

■ 非递归系统

$$y[n] = \sum_{m=0}^{M-1} b_m x[n-m] \tag{9.28}$$

这类系统也被称为**有限冲激响应**(FIR)系统。

递归系统类似于由常微分方程表示的连续时间系统。对于这类系统,离散时间输入 $x[n]$ 和离散时间输出 $y[n]$ 是由

$$y[n] = -\sum_{k=1}^{N-1} a_k y[n-k] + \sum_{m=0}^{M-1} b_m x[n-m], \quad n \geqslant 0$$

初始条件为 $\quad y[-k], \quad k=1,\cdots,N-1$

这样的差分方程所联结。与连续时间情况一样,如果差分方程满足线性、常系数和零初始条件,并且当 $n<0$ 时输入为零,那么它表示的是个线性时不变系统。这些系统在当前时刻 n 的输出 $y[n]$,依赖或借助于输出的过去值 $\{y[n-k], k=1,\cdots,N-1\}$,因此它们被称为递归的。我们将看到这些系统也被称为无限冲激响应或 IIR,因为它们的冲激响应通常具有无限长度。

另一方面,如果输出 $y[n]$ 不依赖于以前的输出值,而仅依赖于加权平移的输入 $\{b_m x[n-m], m=0,\cdots,M-1\}$,那么系统的输入/输出方程就是

$$y[n] = \sum_{m=0}^{M-1} b_m x[n-m]$$

此时系统被称为非递归的。我们将看到非递归系统的冲激响应具有有限长度,因此这些系统也被称为有限冲激响应或 FIR。

【例 9.19】

移动平均离散系统　一个三阶移动平均系统(也称作**平滑器**,因为它对输入信号有平滑作用)是一个 FIR 系统,其输入 $x[n]$ 和输出 $y[n]$ 按照以下方式关联:

$$y[n] = \frac{1}{3}(x[n] + x[n-1] + x[n-2])$$

证明此系统是线性时不变系统。

解　这是一个非递归系统,用一个当前的样本 $x[n]$ 和两个过去的值 $x[n-1]$ 和 $x[n-2]$ 得出每个 n 时刻的均值 $y[n]$,因此称它为移动平均系统。

线性　如果令输入为 $ax_1[n]+bx_2[n]$,并假设 $\{y_i[n],i=1,2\}$ 是对应于 $\{x_i[n], i=1,2\}$ 的输出,则系统的输出为

$$\frac{1}{3}[(ax_1[n]+bx_2[n])+(ax_1[n-1]+bx_2[n-1])+(ax_1[n-2]+bx_2[n-2])] = ay_1[n]+by_2[n]$$

故系统是线性的。

时不变性 如果输入为 $x_1[n]=x[n-N]$，则对应于它的输出为

$$\frac{1}{3}(x_1[n]+x_1[n-1]+x_1[n-2])=\frac{1}{3}(x[n-N]+x[n-N-1]+x[n-N-2])=y[n-N]$$

即系统是时不变的。

【例 9.20】

自回归离散系统 由以下一阶差分方程(初始条件为 $y[-1]$)

$$y[n]=ay[n-1]+bx[n], \quad n \geqslant 0$$

所描述的递归离散时间系统被称为自回归(AR)系统。"自回归"指的是输出中的反馈，即输出的当前值 $y[n]$ 取决于它以前的值 $y[n-1]$。用递归法求解此差分方程，并判断在什么条件下此差分方程所表示的系统是线性和时不变的。

解 首先讨论为什么初始条件是 $y[-1]$。初始条件是计算 $y[0]$ 必需的值，根据差分方程有

$$y[0]=ay[-1]+bx[0]$$

可见要计算 $y[0]$，需要 $x[0]$ 和 $y[-1]$，由于 $x[0]$ 已知，因此需要的初始条件就是 $y[-1]$。

假定初始条件 $y[-1]=0$，且当 $n<0$ 时输入 $x[n]=0$，即当 $n<0$ 时系统未被激励，那么当输入 $x[n]$ 未定义时，可以通过重复替换输入/输出关系式而求得差分方程的解。于是，将 $y[n-1]=ay[n-2]+bx[n-1]$ 代入差分方程中，然后令 $y[n-2]=ay[n-3]+bx[n-2]$，再代入，以此类推，可以得到

$$y[n]=a(ay[n-2]+bx[n-1])+bx[n]$$
$$=a(a(ay[n-3]+bx[n-2]))+abx[n-1]+bx[n]$$
$$\cdots$$
$$=\cdots a^3bx[n-3]+a^2bx[n-2]+abx[n-1]+bx[n]$$

直到达到 $x[0]$。于是方程的解可写成

$$y[n]=\sum_{k=0}^{n}ba^kx[n-k], \quad n \geqslant 0 \tag{9.29}$$

在 9.3.3 节将看到这就是系统的冲激响应与输入的**卷积和**。

为了证实式(9.29)确实是以上差分方程的解，需要证明：当把 $y[n]$ 的以上表达式代入差分方程右边项中，可以得到左边项 $y[n]$。实际情况确实如此，有

$$ay[n-1]+bx[n]=a\left[\sum_{k=0}^{n-1}ba^kx[n-1-k]\right]+bx[n]$$

$$=\sum_{m=1}^{n}ba^mx[n-m]+bx[n]=\sum_{m=0}^{n}ba^mx[n-m]=y[n]$$

其中，将第一个和式中的哑元变量 k 变成 $m=k+1$，于是求和的上、下限分别变成 $m=1$(当 $k=0$)和 $m=n$(当 $k=n-1$)，最后的式子与 $y[n]$ 相同。

为了判断由差分方程表示的系统是否是线性的，可以利用式(9.29)中的解，并设输入 $x[n]=\alpha x_1[n]+\beta x_2[n]$，输出 $\{y_i[n], i=1,2\}$ 对应于输入 $\{x_i[n], i=1,2\}$，α 和 β 是常数，则系统对 $x[n]$ 的输出等于

$$\sum_{k=0}^{n}ba^kx[n-k]=\sum_{k=0}^{n}ba^k(\alpha x_1[n-k]+\beta x_2[n-k])$$

$$=\alpha\sum_{k=0}^{n}ba^kx_1[n-k]+\beta\sum_{k=0}^{n}ba^kx_2[n-k]=\alpha y_1[n]+\beta y_2[n]$$

故系统是线性的。

时不变性的证明是通过令输入为 $v[n]=x[n-N]$，$n \geqslant N$，否则为零，则据式(9.29)，输出等于

$$\sum_{k=0}^{n} ba^k v[n-k] = \sum_{k=0}^{n} ba^k x[n-N-k]$$

$$= \sum_{k=0}^{n-N} ba^k x[n-N-k] + \sum_{k=n-N+1}^{n} ba^k x[n-N-k] = y[n-N]$$

其中，由于假定 $x[-N]=\cdots=x[-1]=0$，故和式

$$\sum_{k=n-N+1}^{n} ba^k x[n-N-k] = 0$$

到此得到了结论：由以上差分方程表示的系统是线性和时不变的。不过，与连续时间的情况一样，如果初始条件 $y[-1]$ 不等于零，或者如果当 $n<0$ 时，$x[n] \neq 0$，由差分方程表征的系统就不是 LTI 的。

【例 9.21】

自回归移动平均系统   由一阶差分方程

$$y[n] = 0.5y[n-1] + x[n] + x[n-1], \quad n \geqslant 0, y[-1]$$

所描述的递归系统被称为**自回归移动平均系统**，因为它是前面讨论过的两个系统的结合。考虑以下两种情况：

- 令初始条件为 $y[-1]=-2$，输入先是 $x[n]=u[n]$，然后是 $x[n]=2u[n]$，求相应的输出；
- 令初始条件为 $y[-1]=0$，输入先是 $x[n]=u[n]$，然后是 $x[n]=2u[n]$，求相应的输出。

利用以上结果判断在每种情况下系统是否是线性的。求出稳态响应，即 $\lim_{n \to \infty} y[n]$。

解   对于第一种情况，当初始条件 $y[-1]=-2$ 和 $x[n]=u[n]$，可以递归地得到

$$y[0] = 0.5y[-1] + x[0] + x[-1] = 0, y[1] = 0.5y[0] + x[1] + x[0] = 2,$$

$$y[2] = 0.5y[1] + x[2] + x[1] = 3, \cdots$$

然后将输入加倍，即 $x[n]=2u[n]$，并把响应称为 $y_1[n]$。由于初始条件保持不变，即 $y_1[-1]=-2$，可以得到

$$y_1[0] = 0.5y_1[-1] + x[0] + x[-1] = 1, y_1[1] = 0.5y_1[0] + x[1] + x[0] = 4.5,$$

$$y_1[2] = 0.5y_1[1] + x[2] + x[1] = 6.25, \cdots$$

明显地响应 $y_1[n]$ 不等于 $2y[n]$，这是由于初始条件不等于零的缘故，因此系统是非线性的。

对于第二种情况，初始条件被设置为 0，输入 $x[n]=u[n]$，则响应等于

$$y[0] = 0.5y[-1] + x[0] + x[-1] = 1, y[1] = 0.5y[0] + x[1] + x[0] = 2.5,$$

$$y[2] = 0.5y[1] + x[2] + x[1] = 3.25, \cdots$$

如果将输入加倍，即 $x[n]=2u[n]$，并称响应为 $y_1[n]$，$y_1[-1]=0$，可以得到

$$y_1[0] = 0.5y_1[-1] + x[0] + x[-1] = 2, y_1[1] = 0.5y_1[0] + x[1] + x[0] = 5,$$

$$y_1[2] = 0.5y_1[1] + x[2] + x[1] = 6.5, \cdots$$

对于零初始条件，当把输入加倍，明显地有 $y_1[n]=2y[n]$。还可以证明叠加性适用于这个系统，例如，若令输入等于前面两个输入的和 $x[n]=u[n]+2u[n]=3u[n]$，并令 $y_{12}[n]$ 为响应，当初始条件等于零，即 $y_{12}[-1]=0$ 时，可以得到

$$y_{12}[0] = 0.5y_{12}[-1] + x[0] + x[-1] = 3$$

$$y_{12}[1] = 0.5y_{12}[0] + x[1] + x[0] = 7.5$$

$$y_{12}[2] = 0.5y_{12}[1] + x[2] + x[1] = 9.75$$

$$\cdots$$

说明 $y_{12}[n]$ 是对输入为 $u[n]$ 和 $2u[n]$ 时的响应之和。因此,由具有零初始条件的所给差分方程表示的系统是线性的。

虽然当初始条件为零,且 $x[n]=u[n]$ 时我们无法求出响应的一个闭合形式,但是可以看到,响应将趋于一个终值即稳态响应。假设当 $n \to \infty$ 时有 $Y = y[n] = y[n-1]$,则由于 $x[n] = x[n-1] = 1$,可以根据差分方程从

$$Y = 0.5Y + 2 \quad 即 \quad Y = 4$$

求出稳态值 Y。对于这个系统,稳态响应是独立于初始条件的。同理,当 $x[n] = 2u[n]$,稳态解 Y 满足 $Y = 0.5Y + 4$ 即 $Y = 8$,仍然独立于初始条件。

注：

(1) 与在连续时间域里一样,要证明一个离散时间系统是线性和时不变的,必须要有一个关联输入和输出的显式表达式。

(2) 虽然在时域中能够获得线性差分方程的解,但我们将看到,线性差分方程的解也可以通过 Z 变换获得,就像常微分方程可用拉普拉斯变换求解那样。

9.3.2 由差分方程描述的动态离散时间系统

一个递归的离散时间系统由以下差分方程描述：

$$y[n] = -\sum_{k=1}^{N-1} a_k y[n-k] + \sum_{m=0}^{M-1} b_m x[n-m], \quad n \geqslant 0 \tag{9.30}$$

初始条件 $y[-k], \quad k = 1, \cdots, N-1$

不用说此方程当然表征的是动态系统。另一方面,该差分方程可能是一个表示被离散化处理的连续时间系统的常微分方程的近似。例如,为了用差分方程近似一个二阶常微分方程,可以近似一阶导数为

$$\frac{dv_c(t)}{dt} \approx \frac{v_c(t) - v_c(t - T_s)}{T_s}$$

和二阶导数为

$$\frac{d^2 v_c(t)}{dt^2} = \frac{d \frac{dv_c(t)}{dt}}{dt} \approx \frac{d(v_c(t) - v_c(t - T_s))/T_s}{dt} = \frac{v_c(t) - 2v_c(t - T_s) + v_c(t - 2T_s)}{T_s^2}$$

这样便可获得一个二阶差分方程,而且 T_s 的取值越小,对常微分方程的近似越精确。用差分方程近似常微分方程还可以采用其他一些变换,例如第 0 章曾指出,用梯形积分法近似积分导致产生了**双线性变换**,利用该变换也可以将微分方程转变成差分方程。

正如连续时间情况那样,由差分方程描述的系统,除非初始条件为零并且输入是因果的,否则系统就不是 LTI 的。然而即使是在初始条件不等于零的情况下,利用 Z 变换也可以求出系统的全响应。

可以证明,由差分方程所描述的系统,其全响应由**零输入**响应和**零状态**响应构成,即若 $y[n]$ 是式(9.30)中差分方程的解,方程的初始条件可以不必等于 0,有

$$y[n] = y_{zi}[n] + y_{zs}[n] \tag{9.31}$$

分量 $y_{zi}[n]$ 是当输入 $x[n]$ 被设置成 0 时的响应,因此它完全由初始条件所引起,响应 $y_{zs}[n]$ 仅由输入所引起,因为初始条件被设置为 0,于是全响应 $y[n]$ 是这两个响应的叠加。Z 变换提供了一种获得全响应的代数方法,而不用考虑初始条件是否为零。与在连续时间域一样,区分零输入、零状态响应与暂态、稳态响应很重要,下一章将给出一些例子说明怎样利用 Z 变换获得这些响应。

9.3.3　卷积和

令 $h[n]$ 为线性时不变(LTI)离散时间系统的**冲激响应**,即输入为冲激 $\delta[n]$,初始条件(如果需要)等于零时系统产生的输出。

利用 LTI 系统的输入 $x[n]$ 的通用表达式

$$x[n] = \sum_{k=-\infty}^{\infty} x[k]\delta[n-k] \tag{9.32}$$

可得到 LTI 系统的输出,该输出可由以下卷积和的两种等价表示形式中的任何一个获得:

$$y[n] = \sum_{k=-\infty}^{\infty} x[k]h[n-k] = \sum_{m=-\infty}^{\infty} x[n-m]h[m] \tag{9.33}$$

递归 LTI 离散时间系统的冲激响应 $h[n]$ 只是由输入引起,因此初始条件应该被设置为零。很明显,在求非递归系统的冲激响应时,由于不存在递归,所以也不需要初始条件,只需要输入 $\delta[n]$。

若 $\delta[n]$ 引起的响应是 $h[n]$,那么由时不变性可知,对 $\delta[n-k]$ 的响应就是 $h[n-k]$,再由叠加性可知,以通用表达式

$$x[n] = \sum_k x[k]\delta[n-k]$$

表示的 $x[n]$ 引起的响应,是由 $x[k]\delta[n-k]$ 引起的响应 $x[k]h[n-k]$($x[k]$ 不是 n 的函数)之和,即

$$y[n] = \sum_k x[k]h[n-k]$$

或输入 $x[n]$ 与系统的冲激响应 $h[n]$ 的卷积和。在式(9.33)的卷积和中,第二个表示式是通过将变量改为 $m=n-k$ 而得到的。

注:

(1) 非递归系统即 FIR 系统的输出等于输入与系统的冲激响应的卷积和。确实如此,如果一个 FIR 系统的输入/输出表达式为

$$y[n] = \sum_{k=0}^{N-1} b_k x[n-k] \tag{9.34}$$

那么其冲激响应可通过令 $x[n]=\delta[n]$ 而求出,于是得到

$$h[n] = \sum_{k=0}^{N-1} b_k\delta[n-k] = b_0\delta[n] + b_1\delta[n-1] + \cdots + b_{N-1}\delta[n-(N-1)]$$

因此有 $h[n]=b_k$, $n=0, \cdots, N-1$,其他值为零。现在用 $h[k]$ 代替式(9.34)中的系数 b_k 就求出了响应的如下表达式:

$$y[n] = \sum_{k=0}^{N-1} h[k]x[n-k]$$

即输入和冲激响应的卷积和。这是一个非常重要的结论,它指出 FIR 系统是通过卷积和而非差分方程获得的,同时它为卷积和的有效计算赋予了重要意义。

(2) 把卷积和看成是一个算子,即

$$y[n] = [h*x][n] = \sum_{k=-\infty}^{\infty} x[k]h[n-k]$$

可以很容易证明它是线性的。确实如此,若输入为 $ax_1[n]+bx_2[n]$,且 $\{y_i[n]\}$ 是相应于 $\{x_i[n]\}$ 的输

出，其中 $i=1,2$，那么有

$$[h*(ax_1+bx_2)][n] = \sum_k (ax_1[k]+bx_2[k])h[n-k]$$

$$= a\sum_k x_1[k]h[n-k] + b\sum_k x_2[k]h[n-k]$$

$$= a[h*x_1][n] + b[h*x_2][n] = ay_1[n] + by_2[n]$$

其实由于在推导卷积和表达式时，系统就被假定是线性的，所以现在得到卷积和是线性算子的结果也不足为奇。

还有，如果相应于 $x[n]$ 的输出 $y[n]$ 是通过卷积和求得的，那么相应于输入为 $x[n]$ 的平移 $x[n-N]$ 的输出应该是 $y[n-N]$。实际上，如果令 $x_1[n]=x[n-N]$，则相应的输出是

$$[h*x_1][n] = \sum_k x_1[n-k]h[k] = \sum_k x[n-N-k]h[k]$$

$$= [h*x][n-N] = y[n-N]$$

这个结果也在意料之中，因为在推导卷积和表达式时，系统被认为是时不变的。

（3）从卷积和的等价表达式可以得到

$$[h*x][n] = \sum_k x[k]h[n-k] = \sum_k x[n-k]h[k] = [x*h][n]$$

这说明卷积关于输入 $x[n]$ 和冲激响应 $h[n]$ 是可交换的。

（4）正如连续时间系统那样，当级联连接或并联连接两个离散时间系统（两个系统的冲激响应分别为 $h_1[n]$ 和 $h_2[n]$）时，它们的冲激响应分别是 $[h_1*h_2][n]$ 和 $h_1[n]+h_2[n]$，见图9.9中的方框图。特别要注意的是，在级联连接中交换系统的顺序并不会改变输出，这是由于系统是LTI的缘故，如果是非线性的或者时变的系统，这样的交换就不再可行。

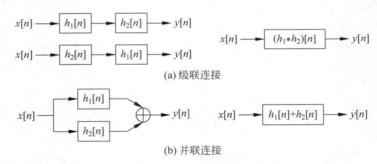

(a) 级联连接

(b) 并联连接

图 9.9　级联与并联连接，右边是其等价系统，注意级联连接中系统可互换

（5）也会有这样的情形，例如所获得的信息是输入和输出，希望求系统的冲激响应；或已知输出和冲激响应而希望求输入，而不是给定输入和冲激响应，要计算输出，这类问题被称为**解卷积**。我们将在本章后面研究了因果性之后来考虑该问题，第10章还将证明解卷积问题可以很容易地利用Z变换得到解决。

（6）卷积和的计算一般比较困难，我们将会看到，如果利用Z变换则可以使卷积和的计算容易些。MATLAB提供了函数conv来计算卷积和。

【例 9.22】

考虑一个移动平均系统

$$y[n] = \frac{1}{3}(x[n]+x[n-1]+x[n-2])$$

其中,$x[n]$ 是输入,$y[n]$ 是输出。求其冲激响应 $h[n]$,然后

(1) 令 $x[n]=u[n]$,利用输入-输出关系和卷积和求输出 $y[n]$。

(2) 如果输入是 $x[n]=A\cos(2\pi n/N)u[n]$,为了使系统的稳态响应等于零,确定 A 和 N 的值,并作出解释。用 MATLAB 检验所得结果。

解 如果输入是 $x[n]=\delta[n]$,输出就是 $y[n]=h[n]$ 即系统的冲激响应,不需要初始条件,于是得

$$h[n] = \frac{1}{3}(\delta[n]+\delta[n-1]+\delta[n-2])$$

因此 $h[0]=h[1]=h[2]=1/3$,且当 $n\neq 0,1,2$ 时,$h[n]=0$。注意滤波器的系数等于冲激响应在 $n=0$, $1,2$ 处的值。

对于当 $n<0$ 时,$x[n]=0$ 这样的输入,先求出卷积和的几个值,看看当 n 增大时会发生什么。如果 $n<0$,那么 $x[n]$、$x[n-1]$ 和 $x[n-2]$ 的宗数都是负的,因而得到的值是零,这样输出也等于零,即 $y[n]$ $=0,n<0$。而对于 $n\geqslant 0$ 有

$$y[0] = \frac{1}{3}(x[0]+x[-1]+x[-2]) = \frac{1}{3}x[0]$$

$$y[1] = \frac{1}{3}(x[1]+x[0]+x[-1]) = \frac{1}{3}(x[0]+x[1])$$

$$y[2] = \frac{1}{3}(x[2]+x[1]+x[0]) = \frac{1}{3}(x[0]+x[1]+x[2])$$

$$y[3] = \frac{1}{3}(x[3]+x[2]+x[1]) = \frac{1}{3}(x[1]+x[2]+x[3])$$

$$\cdots$$

因此若 $x[n]=u[n]$,可得 $y[0]=1/3$,$y[1]=2/3$,及当 $n\geqslant 2$ 时,$y[n]=1$。

注意,当 $n\geqslant 2$,输出等于输入的当前值和过去两个值的平均,当输入为 $x[n]=A\cos(2\pi n/N)$,如果令 $N=3$,A 为任意实值,那么输入每隔三个样本重复一遍,且由于它的三个值的局部平均等于零,从而得当 $n\geqslant 2$ 时,$y[n]=0$,因此稳态响应将等于零。

以下的 MATLAB 脚本是利用函数 conv 计算 $x[n]=u[n]$ 或 $x[n]=\cos(2\pi n/3)u[n]$ 时的卷积和。

```
% 例 9.22  卷积和
% %
x1 = [0 0 ones[1,20]]                        % 单位阶跃输入
n = -2: 19; n1 = 0: 19;
x2 = [0 0 cos(2 * pi * n1/3)];               % 余弦输入
h = (1/3) * ones(1,3);                       % 冲激响应
y = conv(x1,h); y1 = y(1: length(n));        % 卷积和
y = conv(x2,h); y2 = y(1: length(n));
```

注意,每个输入序列在开始时都有两个零值,因而求出的响应是 $n\geqslant -2$ 之后的。再者,若输入是无限支撑的,在 MATLAB 中只能用有限长序列近似它们,因而用函数 conv 计算得到的卷积的最后几个值不正确,所以不应该考虑它们。本例中卷积结果的最后两个值就不正确,因此没有考虑它们,所有结果如图 9.10 所示。

【例 9.23】

考虑由一阶差分方程

$$y[n] = 0.5y[n-1]+x[n], \quad n\geqslant 0$$

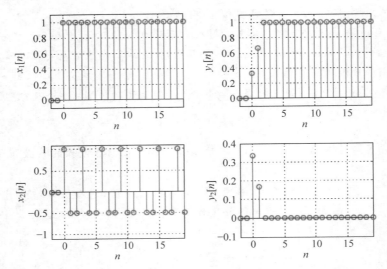

图 9.10　移动平均系统 $y[n]=(x[n]+x[n-1]+x[n-2])/3$ 的卷积和(输入分别
为 $x_1[n]=u[n]$(上)和 $x_2[n]=\cos(2\pi n/3)u[n]$(下))

描述的自回归系统。求系统的冲激响应 $h[n]$，然后利用卷积和计算系统对 $x[n]=u[n]-u[n-3]$ 的响应，并用 MATLAB 验证结果。

解　冲激响应 $h[n]$ 可用递归的方法求得。令 $x[n]=\delta[n]$，$y[n]=h[n]$，初始条件 $y[-1]=h[-1]=0$，可得

$$h[0]=0.5h[-1]+\delta[0]=1,\quad h[1]=0.5h[0]+\delta[1]=0.5$$

$$h[2]=0.5h[1]+\delta[2]=0.5^2,\quad h[3]=0.5h[2]+\delta[3]=0.5^3,\cdots$$

由此可以得到冲激响应的一般表达式为 $h[n]=0.5^n u[n]$。

对 $x[n]=u[n]-u[n-3]$ 的响应可利用卷积和计算如下：

$$y[n]=\sum_{k=-\infty}^{\infty}x[k]h[n-k]=\sum_{k=-\infty}^{\infty}(u[k]-u[k-3])0.5^{n-k}u[n-k]$$

由于 $u[k]u[n-k]$ 是 k 的函数，故当 $0\leqslant k\leqslant n$ 时，$u[k]u[n-k]=1$，否则等于零，且当 $3\leqslant k\leqslant n$ 时，$u[k-3]u[n-k]=1$，否则等于零(画出两种情况下作为 k 的函数的信号图形，验证以上分析的正确性)，于是 $y[n]$ 可表示为

$$y[n]=0.5^n\left[\sum_{k=0}^{n}0.5^{-k}-\sum_{k=3}^{n}0.5^{-k}\right]u(n)$$

$$=\begin{cases}0, & n<0 \\[2mm] 0.5^n\sum_{k=0}^{n}0.5^{-k}=0.5^n(2^{n+1}-1), & n=0,1,2 \\[2mm] 0.5^n\sum_{k=0}^{2}0.5^{-k}=7(0.5^n), & n\geqslant 3\end{cases}$$

还有一种解决该问题的办法，注意到输入可被重新写为

$$x[n]=\delta[n]+\delta[n-1]+\delta[n-2]$$

由于系统是 LTI 的，所以输出可写成

$$y[n] = h[n] + h[n-1] + h[n-2] = 0.5^n u[n] + 0.5^{n-1} u[n-1] + 0.5^{n-2} u[n-2]$$

由此表达式可知,当 $n<0$ 时,$y[n]=0$,且有

$$y[0] = 0.5^0 = 1, \quad y[1] = 0.5^1 + 0.5^0 = \frac{3}{2}$$

$$y[2] = 0.5^2 + 0.5^1 + 0.5^0 = \frac{7}{4}, \quad y[3] = 0.5^3 + 0.5^2 + 0.5 = \frac{7}{8}, \cdots$$

这与上面得到的更一般的解是一致的。应该注意到,即使像本例这样的简单例子,通过卷积和计算输出所需的计算量也是非常大的,以后将看到 Z 变换会简化这类问题,就像拉普拉斯变换在卷积积分的计算中所起的作用一样。

以下 MATLAB 脚本是用来验证以上结果的。MATLAB 函数 filter 用来计算冲激响应和滤波器对脉冲的响应,用 filter 获得的输出与用 conv 求出的输出是一致的,这也在意料之中。结果如图 9.11 所示。

```
% 例 9.23
% %
a = [1 − 0.5]; b = 1;                    % 系数
d = [1 zeros(1,99)];                     % 近似 δ 函数
h = filter(b,a,d);                       % 冲激响应
x = [ones(1,3) zeros(1,10)];             % 输入
y = filter(b,a,x)                        % 从 filter 函数得到的输出
y1 = conv(h,x); y1 = y1(1: length(y))    % 从 conv 得到的输出
```

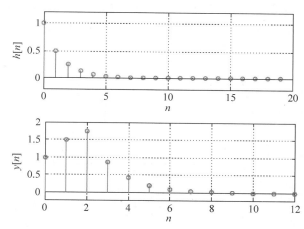

图 9.11 一阶自回归系统 $y[n]=0.5y[n-1]+x[n]$,$n \geqslant 0$ 的冲激响应 $h[n]$（上）和 $x[n]=u[n]-u[n-3]$ 引起的响应 $y[n]$（下）

9.3.4 用 MATLAB 进行线性和非线性滤波

一个递归或非递归离散时间系统可被用于去除信号中不想要的成分,作这种用途的系统被称为线性滤波器。本节要说明的是线性和非线性滤波器的应用和优点。

1. 线性滤波

为了说明线性滤波器的工作方式,首先来考虑如何去除加入到正弦信号 $x[n]=\cos(\pi n/16)$ 中的随机扰动 $\eta[n]$,可将该随机扰动建模为高斯噪声（这是 MATLAB 能提供的噪声信号之一）,令 $y[n]=$

$x[n]+\eta[n]$。下面将使用一个平均滤波器，其输入/输出方程为

$$z[n] = \frac{1}{M} \sum_{k=0}^{M-1} y[n-k]$$

这个 M 阶滤波器平均 M 个过去的输入值$\{y[n-k], k=0, \cdots, M-1\}$，并把该均值赋给输出 $z[n]$，其效果是通过衰减信号中由噪声引起的高频成分而平滑输入信号。M 的值越大，平滑的效果越好，但是也会付出相应的代价，即滤波器会变得更复杂，并且输出信号的延迟会变大（这是由于滤波器的线性相位频率响应的缘故，我们之后将会看到这一点）。

自定义函数 averager 实现了 3 阶和 15 阶的滤波器，该函数的代码在后面给出，以下脚本完成去噪的功能。

```
% 线性滤波
% %
N = 200; n = 0: N − 1;
x = cos(pi * n/16);                    % 输入信号
noise = 0.2 * randn(1,N);              % 噪声信号
y = x + noise;                         % 有噪信号
z = averager(3,y);                     % M = 3 阶线性平均滤波器
z1 = averager(15,y);                   % M = 15 阶线性平均滤波器
```

函数 averager 定义平均滤波器的系数，然后利用 MATLAB 函数 filter 计算滤波器的响应，filter 的输入有向量 $b=(1/M)[1\cdots1]$ 即分子系数，分母系数(1)和向量 x，x 中的元素是要被滤波的信号样本。用这两个滤波器进行滤波的结果如图 9.12 所示。正如所预料的那样，$M=15$ 阶的滤波器性能要好得多，但是在滤波器的输出中可看出有八个样本的延迟（即延迟的数量大于 $M/2$）。

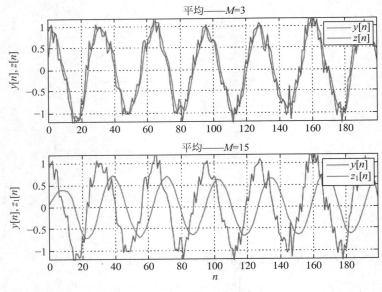

图 9.12　线性平均滤波结果

用阶数为 $M=3$(上图)和 $M=15$(下图)的滤波器，去除添加于正弦 $x[n]=\cos(\pi n/16)$ 中的高斯噪声的平均滤波结果。当滤波器的阶数 $M=3$ 时，滤波信号与有噪信号非常相像(见上图)，而当 $M=15$ 时，滤波信号看起来像正弦波，但被平移了。

```
function y = averager(M,x)
% 信号 x 的移动平均
% M: 平均器的阶数
% x: 输入信号
%
b = (1/M) * ones(1,M);
y = filter(b,1,x);
```

2. 非线性滤波

线性滤波器去噪的性能取决于噪声的类型。前面的例子证明了线性高阶平均滤波器在去除高斯噪声方面表现良好，现在考虑一个**脉冲噪声**，它的值是随机的，可以等于零或某个值。这类噪声就是通信传输时听到的"噼里啪啦"的声音，或是出现在图像中的"椒盐"噪声。

下面将会证明即使是 15 阶的平均器——即使它之前的去噪效果很好——也不能去除信号中的脉冲噪声。**中值滤波器**是考虑一定数量的样本（在本节例子中显示的是一个 5 阶中值滤波器），按照样本的幅值将它们排序，并选择居中的那一个（即中值）作为滤波器的输出的滤波器。这种滤波器是非线性的，因为它不满足叠加性。以下脚本分别利用一个线性滤波器和一个非线性滤波器对有噪信号进行滤波，结果如图 9.13 所示，在这种情况下，非线性滤波器比线性滤波器去除噪声的能力强得多。

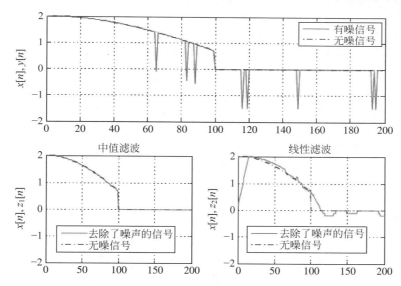

图 9.13 非线性 5 阶中值滤波与线性 15 阶平均器滤波去噪效果图

非线性 5 阶中值滤波（左下）对比线性 15 阶平均器（右下），相应的有噪信号和无噪信号画在上图中。在下面的两张图中，无噪信号被叠加在去除了噪声的信号（虚线）之上。

```
% 线性和非线性滤波
% %
clear all; clf
N = 200; n = 0: N - 1;
% 脉冲噪声
for m = 1: N,
    d = rand(1,1);
    if d >= 0.95,
        noise(m) = - 1.5;
    else
```

```
        noise(m) = 0;
        end
    end
x = [2 * cos(pi * n(1: 100)/256) zeros(1,100)];
y1 = x + noise;
% 线性滤波
z2 = averager(15,y1);
% 非线性滤波——中值滤波
z1(1) = median([0 0 y1(1)   y1(2) y1(3)]);
z1(2) = median([0 y1(1)   y1(2) y1(3) y1(4)]);
z1(N - 1) = median([y1(N - 3) y1(N - 2) y1(N - 1) y1(N) 0]);
z1(N) = median([y1(N - 2) y1(N - 1) y1(N) 0 0]);
for k = 3: N - 2,
    z1(k) = median([y1(k - 2) y1(k - 1) y1(k) y1(k + 1) y1(k + 2)]);
end
```

虽然非线性滤波的理论超出了本书的范围，不过应当注意，当线性滤波不太适用的时候，还有其他的方法可用。

9.3.5 离散时间系统的因果性和稳定性

与连续时间系统一样，离散时间系统有两个额外的、独立的属性，即因果性和稳定性。因果性涉及系统在什么条件下可以实时地执行操作，而稳定性则涉及系统的有用性。

1. 因果性

在许多情形下信号都需要被实时地处理，即信号一进入系统就要被处理，在这种情况下，系统必须是因果的。一旦需要存储数据那就不是实时情况了，也就没有必要使用因果系统了。

> 离散时间系统 S 是**因果的**，若满足：
> - 只要输入 $x[n]=0$ 且没有初始条件，则输出 $y[n]=0$；
> - 当前的输出 $y[n]$ 不依赖于未来的输入。

因果性与系统的线性性和时不变性都无关。例如，由输入/输出方程

$$y[n] = x^2[n]$$

描述的系统是非线性和时不变的，其中，$x[n]$ 是输入，$y[n]$ 是输出。根据因果性的定义，该系统是因果的：只要输入等于零，输出就等于零，而且输出依赖于输入的当前值。同理，一个LTI系统可以是非因果的，例如下面这个计算输入的移动平均值的LTI系统：

$$y[n] = \frac{1}{3}(x[n+1] + x[n] + x[n-1])$$

此输入/输出方程表明，要计算当前时刻 n 的输出 $y[n]$，需要输入的当前值 $x[n]$，一个过去值 $x[n-1]$ 和一个将来值 $x[n+1]$，因此此系统虽然是LTI的，但是非因果的，因为它需要输入的将来值。

> - 一个LTI离散时间系统是因果的，如果该系统的冲激响应满足
> $$h[n] = 0, \quad n < 0 \tag{9.35}$$
> - 信号 $x[n]$ 被称作因果的，如果
> $$x[n] = 0, \quad n < 0 \tag{9.36}$$

> ■ 对于一个因果 LTI 离散时间系统,其输入是因果信号 $x[n]$,其输出 $y[n]$ 可通过
>
> $$y[n] = \sum_{k=0}^{n} x[k]h[n-k], \quad n \geqslant 0 \tag{9.37}$$
>
> 求得,其中,求和的下限取决于输入的因果性,即当 $k<0$ 时,$x[k]=0$,上限取决于系统的因果性,即当 $n-k<0$,或 $k>n$ 时,有 $h[n-k]=0$。

一个 LTI 离散时间系统是因果系统的条件是:当 $n<0$ 时,$h[n]=0$。要理解这一点可以考虑冲激响应的计算,输入 $\delta[n]$ 仅在 $n=0$ 出现,而且没有初始条件,因此当 $n<0$ 时响应应该等于零。将因果性的概念推广到信号,可以看到一个因果 LTI 离散时间系统的输出可用卷积写为

$$y[n] = \sum_{k=-\infty}^{\infty} x[k]h[n-k] = \sum_{k=0}^{\infty} x[k]h[n-k] = \sum_{k=0}^{n} x[k]h[n-k]$$

这里先是利用了输入的因果性(当 $k<0$ 时,$x[k]=0$),然后利用了系统的因果性,即只要 $n-k<0$ 或 $k>n$,就有 $h[n-k]=0$。由上式可见,输出依赖于输入值 $\{x[0], \cdots, x[n]\}$,这些是输入的过去值和当前值。

【例 9.24】

到目前为止所研究的卷积和是作为求取一个具有冲激响应 $h[n]$ 的 LTI 系统对已知输入 $x[n]$ 产生的输出 $y[n]$ 的一种计算方法而介绍的,实际上,这三个变量中,若已知 $x[n]$ 和 $y[n]$ 或 $h[n]$ 和 $y[n]$,要求 $h[n]$ 或 $x[n]$,也可以用卷积和,不过这种问题被称为**解卷积**。现在假设已知一个因果 LTI 系统的输入 $x[n]$ 和输出 $y[n]$,找到能递归地计算系统的冲激响应 $h[n]$ 的方程,并考虑当输入 $x[n]=u[n]$ 和输出 $y[n]=\delta[n]$ 时,求出因果 LTI 系统的冲激响应 $h[n]$。用 MATLAB 函数 deconv 求 $h[n]$。

解　如果系统是因果 LTI 的,那么其输入 $x[n]$ 和输出 $y[n]$ 由卷积和

$$y[n] = \sum_{m=0}^{n} h[n-m]x[m] = h[n]x[0] + \sum_{m=1}^{n} h[n-m]x[m]$$

关联。在 $x[0] \neq 0$ 的条件下,为了从已知的输入和输出值求出 $h[n]$,将以上方程写为

$$h[n] = \frac{1}{x[0]}\Big[y[n] - \sum_{m=1}^{n} h[n-m]x[m]\Big]$$

因此因果 LTI 的冲激响应可用如下的递归方式求出:

$$h[0] = \frac{1}{x[0]}y[0], \quad h[1] = \frac{1}{x[0]}(y[1] - h[0]x[1])$$

$$h[2] = \frac{1}{x[0]}(y[2] - h[0]x[2] - h[1]x[1]) \cdots$$

对于已知的情形:$y[n]=\delta[n], x[n]=u[n]$,根据以上计算公式,可以求得

$$h[0] = \frac{1}{x[0]}y[0] = 1$$

$$h[1] = \frac{1}{x[0]}(y[1] - h[0]x[1]) = 0 - 1 = -1$$

$$h[2] = \frac{1}{x[0]}(y[2] - h[0]x[2] - h[1]x[1]) = 0 - 1 + 1 = 0$$

$$h[3] = \frac{1}{x[0]}(y[3] - h[0]x[3] - h[1]x[2] - h[2]x[3]) = 0 - 1 + 1 - 0 = 0 \cdots$$

归纳得

$$h[n] = \delta[n] - \delta[n-1]$$

卷积 $y[n]$ 的长度等于输入 $x[n]$ 的长度与冲激响应 $h[n]$ 的长度之和减 1，于是有

$$h[n]\text{ 的长度} = y[n]\text{ 的长度} - x[n]\text{ 的长度} + 1$$

当用函数 deconv 时，需要确保 $y[n]$ 的长度总是大于 $x[n]$ 的长度，如果 $x[n]$ 是类似 $u[n]$ 这样无限长的，那就需要一个更长的 $y[n]$，而这是不可能做到的。不过，MATLAB 只能提供有限支撑的输入，故而 $y[n]$ 的支撑就能够更大一些。在本例中，前面已经分析出了冲激响应 $h[n]$ 的长度为 2，因此，如果取 $y[n]$ 的长度比 $x[n]$ 的长度大 1，就可以得到正确答案(以下脚本中的情况(a))，否则就不能得到正确答案(情况(b))，可以通过运行这两种情况来验证这一点(要运行情况(b)，需要去掉符号%)。

```
% 例 9.24   解卷积
% %
clear all
x = ones(1,100);
y = [1 zeros(1,100)];              % 情况(a),正确的 h
% y = [1 zeros(1,99)];             % 情况(b),错误的 h
[h,r] = deconv(y,x)
```

2. 有界输入有界输出(BIBO)稳定性

稳定性表征的是有用系统，一个稳定系统对于良性的输入提供良性的输出。有界输入有界输出(BIBO)稳定性确立了对于有界的(即所谓的良性的含义)输入 $x[n]$，一个 BIBO 稳定系统的输出 $y[n]$ 也是有界的。这意味着如果有一个有限的范围 $M < \infty$，使得对于所有的 n 有 $|x[n]| < M$(可以把它想成是一个输入位于其间的包络 $[-M, M]$)，那么输出也是有界的，即对于 $L < \infty$ 和所有的 n 有 $|y[n]| < L$。

> LTI 离散时间系统被称作是 BIBO 稳定的，如果其冲激响应 $h[n]$ 是绝对可和的，即
> $$\sum_k |h[k]| < \infty \tag{9.38}$$

假定系统的输入 $x[n]$ 是有界的或存在一个值 $M < \infty$，使得对于所有的 n 有 $|x[n]| < M$，那么由卷积和表示的系统输出 $y[n]$ 也是有界的，即

$$|y[n]| \leqslant \left| \sum_{k=-\infty}^{\infty} x[n-k]h[k] \right| \leqslant \sum_{k=-\infty}^{\infty} |x[n-k]|\,|h[k]|$$

$$\leqslant M \sum_{k=-\infty}^{\infty} |h[k]| \leqslant MN < \infty$$

只要满足 $\sum\limits_{k=-\infty}^{\infty} |h[k]| < N < \infty$，或冲激响应绝对可和。

注：

(1) 非递归系统即 FIR 系统是 BIBO 稳定的。这种系统的冲激响应是有限长的，因而是绝对可和的。

(2) 对于用差分方程描述的递归系统即 IIR 系统，为了确定系统的稳定性，需要求出冲激响应 $h[n]$ 并判断它是否绝对可和。考察 IIR 系统的稳定性还有一种更简单的方法，这种方法是基于 $h[n]$ 的 Z 变换的极点位置，第 10 章将介绍这种方法。

【例 9.25】

考虑一个自回归系统

$$y[n] = 0.5y[n-1] + x[n]$$

判断该系统是否 BIBO 稳定。

解 正如例 9.23 说明的那样,该系统的冲激响应等于 $h[n]=0.5^n u[n]$,于是检验 BIBO 稳定条件可得

$$\sum_{n=-\infty}^{\infty} |h[n]| = \sum_{n=0}^{\infty} 0.5^n = \frac{1}{1-0.5} = 2$$

故此系统是 BIBO 稳定的。

9.4 我们完成了什么,我们向何处去

正如在本章中所看到的,离散时间信号和系统的理论与连续时间信号和系统的理论非常相似,通过用求和代替积分,差分代替求导,差分方程代替常微分方程,许多在连续时间理论中的结论就变成了离散时间理论中的结论。不过,二者之间也有显著的差别,这主要是由离散时间信号和系统的产生方式决定的。例如,离散频率是有限但循环的,并且它依赖于抽样时间;再举一例,离散正弦不必是周期的,因此,连续时间信号和系统与离散时间信号和系统之间除了相似性,也存在着显著差异。

现在我们对离散时间信号和系统的基本构造有了认识,后面将发展有关线性时不变离散时间系统的理论,读者将再次发现有大量的与线性时不变连续时间系统理论的相似之处,但是也存在一些非常显著的差异,还要注意存在于离散时间信号和系统的 Z 变换表示和傅里叶表示之间的关系,不仅仅是它们二者之间的关系,还有与拉普拉斯变换和傅里叶变换之间的关系。在所有这些变换之间存在着大量的联系,清楚地了解这些联系会帮助读者进行离散时间信号和系统的分析和综合。

9.5 本章练习题

9.5.1 基础题

9.1 对于离散时间信号

$$x[n]=\begin{cases} 1, & n=-1,0,1 \\ 0.5, & n=2 \\ 0, & 其他 \end{cases}$$

画出下列信号的草图并仔细标注。

(a) $x[n-1]$、$x[-n]$ 和 $x[2-n]$。

(b) $x[n]$ 的偶分量 $x_e[n]$。

(c) $x[n]$ 的奇分量 $x_o[n]$。

答案:$x[-n+2]=0.5\delta[n]+\delta[n-1]+\delta[n-2]+\delta[n-3]$;$x_o[n]=0.25\delta[n-2]-0.25\delta[n+2]$。

9.2 对于离散时间信号 $x[n]=\cos(0.7\pi n)$,回答以下问题。

(a) 确定它的基波周期 N_0。

(b) 假设以抽样时间间隔 $T_s=0.7$ 对连续时间信号 $x(t)=\cos(\pi t)$ 进行抽样,该抽样满足奈奎斯特抽样条件吗? 与 $x[n]$ 对比,抽样信号怎么样?

(c) 在什么条件下对连续时间信号 $x(t)=\cos(\pi t)$ 抽样,可以产生与 $x(t)$ 相像的离散时间正弦 $x[n]$?请解释说明,并再举一例。

答案:$N_0=20$;是的,$T_s=0.7$ 满足奈奎斯特条件;令 $T_s=2/N$,$N\gg2$。

9.3 考虑以下与离散时间信号的周期性相关的问题。

(a) 判断下列离散时间正弦信号是否是周期的。如果是周期的,确定其基波周期 N_0。

(i) $x[n]=2\cos(\pi n-\pi/2)$;　　　(ii) $y[n]=\sin(n-\pi/2)$;

(iii) $z[n]=x[n]+y[n]$;　　　(iv) $v[n]=\sin(3\pi n/2)$.

(b) 考虑两个周期信号 $x_1[n]$ 和 $y_1[n]$,$x_1[n]$ 的基波周期 $N_1=4$,$y_1[n]$ 的基波周期 $N_2=6$,那么下列信号的基波周期会是多少?

(i) $z_1[n]=x_1[n]+y_1[n]$; (ii) $v_1[n]=x_1[n]y_1[n]$; (iii) $w_1[n]=x_1[2n]$

答案:(a) $y[n]$ 不是周期的;(b) $v_1[n]$ 是周期的,基波周期 $N_0=12$。

9.4 以下问题与离散时间信号的周期性和功率有关。

(a) 信号 $x[n]=e^{j(n-8)/8}$ 是周期的吗? 如果是,确定其基波周期 N_0。 如果是信号 $x_1[n]=e^{j((n-8)\pi/8)}$ (注意与 $x[n]$ 的差别),那么该信号是周期的吗? 如果是,其基波周期 N_1 会是多少?

(b) 已知离散时间信号 $x[n]=\cos(\pi n/5)+\sin(\pi n/10)$,$-\infty<n<\infty$。

i. $x[n]$ 是周期的吗? 如果是,确定其基波频率 ω_0。

ii. $x[n]$ 的功率等于定义在 $-\infty<n<\infty$ 上的 $x_1[n]=\cos(\pi n/5)$ 和 $x_2[n]=\sin(\pi n/10)$ 的功率之和吗? 如果是,请证明。

答案:(a) $x_1[n]$ 是周期的,$N_1=16$;(b) $\omega_0=0.1\pi$;(c) 是的。

9.5 对于有限支撑信号 $x[n]=r[n](u[n]-u[n-11])$,其中,$r[n]$ 是离散时间斜变函数。

(a) 求 $x[n]$ 的能量。

(b) 求 $x[n]$ 的偶分量 $x_e[n]$ 和奇分量 $x_o[n]$。

(c) 证明 $x[n]$ 的能量等于 $x_e[n]$ 的能量和 $x_o[n]$ 的能量之和。

答案:$\varepsilon_x=385$。

9.6 以下问题与离散时间系统的线性性、时不变性、因果性和稳定性有关。

(a) 若系统的输出 $y[n]$ 与输入 $x[n]$ 由方程 $y[n]=x[n]x[n-1]$ 关联,那么此系统是

i. 线性的吗? 时不变的吗?

ii. 因果的吗? 有界输入有界输出的吗?

用输入 $x[n]=u[n]$ 检验所得结论。

(b) 已知图 9.14 中的离散时间系统,

i. 该系统是时不变的吗?

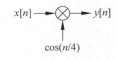

图 9.14　问题 9.6(b)

ii. 假设输入 $x[n]=\cos(\pi n/4)$,$-\infty<n<\infty$,那么输出 $y[n]=\cos(\pi n/4)\cos(n/4)$,$-\infty<n<\infty$,确定 $x[n]$ 的基波周期 N_0。 $y[n]$ 是周期的吗? 如果是,确定其基波周期 N_1。

答案:(a) 非线性,时不变,BIBO 稳定系统;(b) 不是;$N_0=8$,$y[n]$ 不是周期的。

9.7 一个 2 位的量化器,输入是 $x(nT_s)$,输出是 $\hat{x}(nT_s)$,即

$$k\Delta \leqslant x(nT_s)<(k+1)\Delta \rightarrow \hat{x}(nT_s)=k\Delta, \quad k=-2,-1,0,1$$

(a) 该系统是时不变的吗? 请给出解释。

(b) 假设量化器中 Δ 的值是 0.25,抽样信号为 $x(nT_s)=nT_s$,$T_s=0.1$,$-5\leqslant n\leqslant5$,利用此抽样信号来判断量化器是否是一个线性系统,请给出解释。

(c) 从本题的结果以及抽样理论,可以说 A/D 转换器是 LTI 系统吗? 请给出解释。

答案:量化器是非线性的和时不变的;抽样器是线性的和时变的。

9.8　考虑一个离散时间系统,其输出 $y[n]$ 由 $y[n]=x[n]f[n]$ 给出,其中,$x[n]$ 是输入,$f[n]$ 是一个函数。

(a) 令输入为 $x[n]=4\cos(\pi n/2)$,$f[n]=\cos(6\pi n/7)$,$-\infty<n<\infty$,$x[n]$ 是周期的吗？ 如果是,指出其基波周期 N_0。系统的输出 $y[n]$ 是周期的吗？ 如果是,指出其基波周期 N_1。

(b) 现假定 $f[n]=u[n]-u[n-2]$,$x[n]=u[n]$,判断具有以上输入-输出方程的系统是否是时不变的。

答案:系统是时变的。

9.9　考虑由

$$y[n]=\sum_{k=n-2}^{n+4}x[k]$$

描述的系统,其中,输入是 $x[n]$,输出是 $y[n]$。该系统是

(a) 线性的吗？ 时不变的吗？

(b) 因果的吗？ 有界输入有界输出的吗？

答案:系统是线性、时不变和非因果的。

9.10　确定由差分方程 $y[n]=-0.5y[n-1]+x[n]$ 描述的 LTI 系统的冲激响应 $h[n]$,其中,$x[n]$ 是输入,$y[n]$ 是输出,初始条件为零。用两种不同的方法求当输入为

$$x[n]=\begin{cases}1, & 0\leqslant n\leqslant 2\\ 0, & \text{其他}\end{cases}$$

时的输出 $y[n]$。

答案:$h[n]=(-0.5)^n u[n]$；令 $x[n]=\delta[n]+\delta[n-1]+\delta[n-2]$,利用 $h[n]$ 求 $y[n]$。

9.11　一个 LTI 连续时间系统的输入为 $x(t)=u(t)-u(t-3.5)$,系统的冲激响应为 $h(t)=u(t)-u(t-3.5)$。

(a) 通过作图计算 $x(t)$ 和 $h(t)$ 的卷积积分来求得系统输出 $y(t)$。粗略画出 $x(t)$、$h(t)$ 和 $y(t)$ 的图形。

(b) 假设对 $x(t)$、$h(t)$ 和 $y(t)$ 抽样,抽样时间间隔 $T_s=0.5\text{s/sample}$,将抽样信号看作为 n 的函数,粗略画出这些抽样信号的图形。

(c) 作图计算 $x[n]$ 和 $h[n]$ 的卷积和,并将它与 $y(t)$ 进行对比,请对所得结果作出解释。

答案:$y(t)=r(t)-r(t-2.5)-r(t-3.5)+r(t-6)$；$y[n]/6$ 近似 $y(t)$。

9.12　假设对一个 1V 的直流源进行检测,从 0 时刻开始每分钟测量一次,并得到了以下测量值:

n	$x[n]$	n	$x[n]$
0	1.0	3	0.7
1	1.2	4	1.2
2	0.9	5	1.0

为了求出第一个 5 分钟内的平均电压,即除掉数据中的一些噪声,采用以下平均器

$$y[n]=\frac{x[n]+x[n-1]+x[n-2]}{3}$$

(a) 利用滤波器的输入/输出方程计算并画出当 $2\leqslant n\leqslant 5$ 时的移动平均 $y[n]$。

(b) 求平均器的冲激响应 $h[n]$,并用卷积和计算输出 $y[n]$,所得结果与前面的结果相同吗？

(c) 假设采用的是一个长度为 3 的中值滤波器,那么要考虑的是某个样本位置 n,将位于 n、$n-1$ 和 $n-2$ 处的样本值排序,并取大小处于中间的那个值作为输出 $y_m[n]$。若移动一个样本,则考虑下面的三个值,再求新的中值。计算并画出当 $2 \leqslant n \leqslant 5$ 时的 $y_m[n]$。

答案： 利用差分方程和卷积和得到的结果相同。

9.13 连续时间系统由常微分方程

$$\frac{\mathrm{d}y(t)}{\mathrm{d}t} + y(t) = 2x(t) + \frac{\mathrm{d}x(t)}{\mathrm{d}t}$$

描述。对此方程进行离散化,采用的方式是,对信号 $\rho(t)$ 的导数在 $t=nT$ 附近进行如下近似

$$\frac{\mathrm{d}\rho(t)}{\mathrm{d}t} \approx \frac{\rho(nT+T) - \rho(nT)}{T}$$

T 是一个很小的值。画出代表从微分方程得到的差分方程的方框图,以 $x(nT)$ 为输入,$y(nT)$ 为输出,取 $T=1$。

答案： $y(nT) = (1-T)y((n-1)T) + (2T-1)x((n-1)T) + x(nT)$。

9.14 一个因果的 LTI 离散时间系统由图 9.15 中的方框图表示,其中 D 代表单位延迟。

(a) 求联系输入 $x[n]$ 和输出 $y[n]$ 的差分方程。

(b) 求系统的冲激响应 $h[n]$,并利用它来判断系统是否 BIBO 稳定？请作出解释。

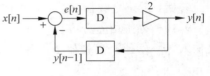

图 9.15 问题 9.14

答案： n 取奇数时,$h[n] = 2(-2)^{(n-1)/2}$,否则为 0；系统不是 BIBO 稳定的。

9.15 LTI 因果离散时间系统的输入和输出分别为

$$x[n] = u[n] - u[n-3] \text{ 和 } y[n] = u[n-1] - u[n-4]$$

(a) 系统冲激响应 $h[n]$ 的长度应该是多少？

(b) 求出系统的冲激响应 $h[n]$,并验证上面的结果。

答案： 冲激响应：$h[0]=0$,$h[1]=1$,其余的值等于 0。

9.16 以下问题与 LTI 离散时间系统的响应有关。

(a) 一个 LTI 离散时间系统的单位阶跃响应是 $s[n] = (3 - 3(0.5)^{n+1})u[n]$,利用 $s[n]$ 求系统的冲激响应 $h[n]$。

(b) 一个离散时间系统的输出 $y[n]$ 是输入 $x[n]$ 的偶分量,即 $y[n] = 0.5(x[n] + x[-n])$。

i. 考虑输入 $x[n] = u[n] - u[n-3]$,求相应的输出 $y[n]$,要回答此问题可能需要仔细地画出输入和输出的草图。该系统是因果的吗？请作出解释。

ii. 仍用与前面一样的输入 $x[n] = u[n] - u[n-3]$ 和所得的输出 $y[n]$,如果考虑输入 $x_1[n] = x[n-1]$,求相应的输出 $y_1[n]$。画出 $y_1[n]$ 的草图,并根据这些结果判断系统是否是时不变的。

iii. 假设输入 $x[n] = \cos(2\pi n/5)u[n]$,求相应的输出 $y[n]$,仔细地画出并标注输入和输出的草图,该输出是周期的吗？

答案： (a) $h[n] = (3 - 3(0.5)^{n+1})u[n] - (3 - 3(0.5)^n)u[n-1]$；(b) 非因果。

9.17 LTI 离散时间系统的冲激响应为 $h[n] = u[n] - u[n-4]$,输入是信号 $x[n] = u[n] - u[n-(N+1)]$,N 是一个正整数。系统的输出 $y[n]$ 是用卷积和计算的。

(a) 如果 $N=4$,那么输出 $y[n]$ 的长度是多少？请给出解释。令 $N=4$,仔细画出并标注由卷积和

计算得到的输出 $y[n]$ 的草图。

（b）确定 $x[n]$ 中 N 的值，$N \leqslant 5$，从而使 $y[3]=3$ 及 $y[6]=0$。

答案：$y[0]=y[7]=1, y[1]=y[6]=2, y[2]=y[5]=3, y[3]=y[4]=4$，否则为 0。

9.18　考虑由差分方程 $y[n]=0.5y[n-1]+x[n]$ 描述的离散时间系统，其中，$x[n]$ 是输入，$y[n]$ 是输出。

（a）以下差分方程是系统的一个等价表示：

$$y[n]=0.25y[n-2]+0.5x[n-1]+x[n]$$

这是真的吗？设 $x[n]=\delta[n]$ 以及零初始条件，求解两个差分方程进行验证。说明如何从第一个差分方程获得第二个差分方程。

（b）利用第一个初始差分方程证明输出为

$$y[n]=\sum_{k=0}^{\infty}(0.5)^{k}x[n-k]$$

以上表达式是什么？从这个方程求出系统的冲激响应 $h[n]$。请作出解释。

（c）如果输出是用卷积和计算得到的且输入 $x[n]=u[n]-u[n-11]$，求 $y[n]$。确定输出的稳态值，即当 $n \to \infty$ 时的 $y[n]$。

（d）输出 $y[n]$ 的最大值是多少？该值是何时获得的？

答案：解两个方程得到的都是 $y[n]=0.5^{n}u[n]$；（d）最大值 $y[10]=2(1-0.5^{11})$。

9.19　LTI 离散时间系统的冲激响应为 $h[n]=(-1)^{n}u[n]$，用卷积和计算当输入为 $x[n]=u[n]-u[n-3]$ 且初始条件为零时的输出响应 $y[n], n \geqslant 0$。还要特别求出输出 $y[n]$ 在区间 $0 \leqslant n \leqslant 4$ 内的值。

答案：$y[0]=1, y[1]=0, y[2]=1, y[3]=-1, y[4]=1$。

9.20　以下差分方程用于递归地获得比值 α/β：

$$c[n+1]=(1-\beta)c[n]+\alpha, \quad n \geqslant 0$$

$c[0]$ 是初始条件。求解此差分方程，并说明在什么条件下，当 n 趋于无穷大时，解 $c[n]$ 将收敛于 α/β 的期望答案。

答案：$0 < \beta < 2$，与 $c[0]$ 无关。

9.21　LTI 因果离散时间系统有以下输入/输出关系：

$$y[n]=\sum_{k=-\infty}^{n}(n-k+2)x[k]$$

其中，$x[n]$ 是系统的输入，$y[n]$ 是系统的响应。在施加 $x[n]$ 之前，系统的初始能量为零。

（a）求系统的冲激响应 $h[n]$。

（b）求已知系统的单位阶跃响应。

答案：$h[n]=(n+2)u[n]$。

9.22　离散时间平均器由以下联系输入 $x(nT_s)$ 和输出 $y(nT_s)$ 的方程所表征：

$$y[nT_s]=\frac{1}{2N+1}\sum_{k=-N}^{N}x(nT_s-kT_s)$$

（a）该系统是因果的吗？请作出解释。

（b）设以上方程中的 $N=2$，求平均器的冲激响应 $h(nT_s)$ 并绘制其图形。

（c）对于 $N=2$，若输入到平均器的信号是

$$x(nT_s) = \begin{cases} 5, & n = 0,1,2 \\ 0, & \text{其他} \end{cases}$$

计算输出 $y(nT_s)$。

答案：平均器是非因果的；$y(nT_s)$ 是非因果的，长度为 7。

9.23 考虑一个冲激响应为 $h[n]$ 的因果 LTI 系统，其输入为 $x[n] = x_1[n] - x_1[n-2] + x_1[n-4]$，其中，$x_1[n] = u[n] - u[n-2]$，系统的冲激响应 $h[n] = u[n] - u[n-2]$。

(a) 利用卷积和求出系统的输出 $y[n]$。

(b) 如果已知系统与另一个冲激响应为 $g[n]$ 的因果 LTI 系统级联，并知道级联连接的总冲激响应为

$$h_T[n] = \begin{cases} 1, & n = 0,3 \\ 0, & \text{其他} \end{cases}$$

求冲激响应 $g[n]$。

答案：如果 $y_1[n] = (x * h)[n]$，那么 $y[n] = y_1[n] - y_1[n-2] + y_1[n-4]$。

9.24 一个由差分方程 $y[n] = -y[n-1] + x[n]$，$n \geqslant 0$ 描述的 LTI 系统是初始松弛的，系统的输入是 $x[n]$，输出是 $y[n]$。

(a) 利用差分方程求 $n \geqslant 0$ 时的系统响应 $y[n]$，输入为

$$x[n] = \begin{cases} 1, & n = 0,1,2 \\ 0, & \text{其他} \end{cases}$$

求出 $n = -1, 0, 1, \cdots, 10$ 时的 $y[n]$。

(b) 利用以上结果以及系统的线性性和时不变性，求系统相应于以下输入

$$x_1[n] = \begin{cases} 1, & n = 0,1,2,3,4,5 \\ 0, & \text{其他} \end{cases}$$

的输出 $y_1[n]$。

答案：(a) 当 $n < 0$ 时，$y[n] = 0$，$y[0] = 1$，$y[1] = 0$；当 $n \geqslant 2$ 时，$y[n] = (-1)^n$。

(b) $y_1[n] = y[n] + y[n-3]$。

9.25 离散时间平均器由输入/输出方程 $y[n] = (1/3)(x[n+1] + x[n] + x[n-1])$ 描述，其中，$x[n]$ 是输入，$y[n]$ 是输出。

(a) 判断该系统是否是因果的，请作出解释。

(b) 判断该系统是否是 BIBO 稳定的，请作出解释。

(c) 系统的输入是通过对一个模拟信号 $x(t) = 2\cos(10t)$ 抽样产生的，所用的抽样时间间隔为 $T_{s1} = 1$ 或 $T_{s2} = \pi \text{s/sample}$。若希望离散时间信号 $x[n] = x(t)|_{t=nT_s}$ 是周期的，应该用这两个抽样时间间隔 $\{T_{si}, i=1,2\}$ 中的哪一个？对所选的抽样时间间隔，$x[n]$ 的基波周期会是多少？

(d) 如果 $x[n]$ 是周期的，那么平均器的输出也是周期的吗？如果是，输出的基波周期是多少？请作出解释。

答案：系统是非因果的，但是 BIBO 稳定的。

9.26 一个离散时间系统的输出为 $y[n] = w[n]x[n]$，其中，$x[n]$ 是输入，$w[n] = u[n] - u[n-5]$ 是一个矩形窗。

(a) 输入 $x[n]=4\sin(\pi n/2)$, $-\infty<n<\infty$, 判断 $x[n]$ 是否是周期的, 如果是, 指出其基波周期 N_0。

(b) 令 $z[n]=w[n]x[n-N]$, N 的值等于多少有 $y[n]=z[n]$? 据此判断系统是时不变的吗? 请作出解释。

(c) 若设 $x_1[n]=x[n]u[n]$, 即 $x_1[n]$ 是 $x[n]$ 的因果分量, 确定由 $x_1[n]$ 和 $x_1[n-4]$ 引起的输出。再据此判断系统是时不变的吗? 请作出解释。

答案: $x[n]$ 是周期的, 基波周期 $N_0=4$; 系统是时变的。

9.27 有限冲激响应(FIR)滤波器有输入/输出关系 $y[n]=x[n]-x[n-5]$, 其中, $x[n]$ 是输入, $y[n]$ 是输出。

(a) 求该滤波器的冲激响应 $h[n]$, 作为 n 的函数, 画出 $h[n]$ 的图形, 并指明该滤波器是否是因果的和 BIBO 稳定的。

(b) 假设输入 $x[n]=u[n]$, 求相应的输出 $y[n]$ 并仔细画出其图形。$x[n]$ 和 $y[n]$ 都是能量有限信号吗?

(c) 若 $x[n]=\sin(2\pi n/5)u[n]$, 求相应的输出 $y[n]$。确定输入 $x[n]$ 和 $y[n]$ 的能量, 它们两个都是有限能量的吗?

(d) 要使相应于输入 $x[n]=\sin(\omega_0 n)u[n]$ 的输出 $y[n]$ 是有限能量的, 确定能满足条件的所有频率 $\{\omega_0\}$。如果选择了一个与这些频率不同的频率, 那么输出是有限能量的吗?

答案: $h[n]=\delta[n]-\delta[n-5]$; 对于频率 $\{\omega_0=2\pi m/5\}$, $m=0$, ±1, ±2, $\cdots$, 输出的能量是有限的。

9.28 考虑下面与滤波器的特性有关的问题。

(a) 在实时条件下工作的滤波器必须是因果的, 即它们只能处理当前的和过去的输入值。如果不需要实时处理, 滤波器就可以是非因果的。

i. 考虑在实时条件下平均一个输入信号 $x[n]$ 的情形, 假设有如下两个不同的滤波器:

(a) $y[n]=\dfrac{1}{N}\sum\limits_{k=0}^{N-1}x[n-k]$,   (b) $y[n]=\dfrac{1}{N}\sum\limits_{k=-N+1}^{N-1}x[n-k]$

你会用(a)和(b)中的哪一个? 为什么?

ii. 如果给的是一个数据磁带, 你会用两个滤波器中的哪一个? 为什么? 在两者中任选一个都可以吗? 请作出解释。

(b) IIR 离散时间系统和 FIR 离散时间系统的一个显著区别是稳定性。考虑一个 IIR 滤波器, 其差分方程为 $y_1[n]=x[n]-0.5y_1[n-1]$, 其中, $x[n]$ 是输入, $y_1[n]$ 是输出。然后考虑如下 FIR 滤波器:

$$y_2[n]=x[n]+0.5x[n-1]+3x[n-2]+x[n-5]$$

其中, $x[n]$ 是输入, $y_2[n]$ 是输出。

i. 要检验这些滤波器的稳定性, 需要知道它们的冲激响应, 所以用递归法求出 IIR 滤波器的冲激响应 $h_1[n]$ 和 FIR 滤波器的冲激响应 $h_2[n]$。

ii. 利用冲激响应 $h_1[n]$ 和 $h_2[n]$ 分别检验 IIR 滤波器和 FIR 滤波器的稳定性。

iii. 因为 FIR 滤波器的冲激响应具有有限数量的非零项, 所以 FIR 滤波器一定是稳定的, 这种说法是否正确? 请作出解释。

答案: (a) 用(A), 它是因果的; 是, 随便用哪一个都可以;

(b) $h_2[n]=\delta[n]+0.5\delta[n-1]+3\delta[n-2]+\delta[n-5]$。

9.5.2　MATLAB 实践题

9.29　离散时间序列　考虑公式

$$x[n] = x[n-1] + x[n-3], \quad n \geqslant 3$$
$$x[0] = 0$$
$$x[1] = 1$$
$$x[2] = 2$$

求此序列在 $0 \leqslant n \leqslant 50$ 范围内余下的值，并用函数 stem 画出此序列的图形。

答案：$x[3] = 2, x[4] = 3, x[5] = 5$。

9.30　有限能量信号　已知离散时间信号 $x[n] = 0.5^n u[n]$。

(a) 用函数 stem 画出信号 $x[n]$ 从 $n = -5 \sim 20$ 内的图形。

(b) 这是一个能量有限的离散时间信号吗？即考虑计算无限和

$$\varepsilon_x = \sum_{n=-\infty}^{\infty} |x[n]|^2$$

(c) 通过用符号 MATLAB 求出以上和式的表达式来验证所得结果。

答案：$\varepsilon_x = 4/3$。

9.31　抽样信号的周期性　考虑对模拟周期正弦信号 $x(t) = \cos(3\pi t + \pi/4)$ 抽样，抽样时间间隔为 T_s，获得的离散时间信号为 $x[n] = x(t)|_{t=nT_s} = \cos(3\pi T_s n + \pi/4)$。

(a) 确定 $x[n]$ 的离散频率。

(b) T_s 为何值时离散时间信号 $x[n]$ 是周期的？令 $T_s = 1/3$，用函数 stem 画出 $x[n]$，$0 \leqslant n \leqslant 100$ 的图形，并判断它是否为周期的；令 $T_s = 1/\pi$，用函数 stem 画出 $x[n]$，$0 \leqslant n \leqslant 100$ 的图形，并判断它是否为周期的。

答案：$\omega_0 = 3\pi T_s (\text{rad})$，当 $T_s = 1/\pi$ 时，信号 $x[n]$ 不是周期的。

9.32　偶、奇分解与能量　假定以抽样时间间隔 $T_s = 0.25$ 对如下模拟信号

$$x(t) = \begin{cases} 1 - t, & 0 \leqslant t \leqslant 1 \\ 0, & \text{其他} \end{cases}$$

进行抽样，产生 $x[n] = x(t)|_{t=nT_s}$。

(a) 用函数 stem 画出信号 $x[n]$ 和 $x[-n]$ 在一个合适区间内的图形。

(b) 求 $x[n]$ 的偶分量 $x_e[n]$ 和奇分量 $x_o[n]$，并用 stem 画出它们的图形。画图验证 $x_e[n] + x_o[n] = x[n]$。

(c) 计算 $x[n]$ 的能量 ε_x，并将它与 $x_e[n]$ 和 $x_o[n]$ 的能量 ε_{xe} 和 ε_{xo} 的和进行比较。

答案：$\varepsilon_x = \varepsilon_{xe} + \varepsilon_{xo}$。

9.33　周期离散时间信号的产生　周期信号可以通过先获得一个周期，然后将该周期进行平移然后相加而产生。假设要产生一个三角形脉冲串，该信号的一个周期是 $x[n] = 0.5(r[n] - 2r[n-2] + r[n-4])$，其中，$r[n]$ 是离散时间斜变信号。获得 $x[n]$ 在 $0 \leqslant n \leqslant 4$ 内的值，并编写 MATLAB 脚本产生 $x[n]$ 和周期信号 $y[n]$

$$y[n] = \sum_{k=-\infty}^{\infty} x[n-5k]$$

再画出 $y[n]$ 的 4 个周期。

答案：周期 $x[n]=0.5\delta[n-1]+\delta[n-2]+0.5\delta[n-3]$。

9.34 离散时间信号的扩展和压缩 考虑离散时间信号 $x[n]=\cos(2\pi n/7)$。

（a）通过去掉离散时间信号的一些样本（减抽样），可以对其进行压缩。考虑按 2 进行减抽样，编写 MATLAB 脚本获得信号 $z[n]=x[2n]$，并画出其图形，同时画出 $x[n]$ 的图形并与 $z[n]$ 的图形作比较，有什么发现？请作出解释。

（b）离散时间信号的扩展需要插值，不过，该过程的第一步是增抽样。按 2 进行的增抽样是这样的：定义一个新的信号 $y[n]$，使得当 n 取偶数时，$y[n]=x[n/2]$，否则 $y[n]=0$。编写 MATLAB 脚本对 $x[n]$ 进行增抽样，画出结果信号 $y[n]$，并说明它与 $x[n]$ 的关系。

（c）如果 $x[n]$ 是对连续时间信号 $x(t)=\cos(2\pi t)$ 用抽样时间间隔 T_s 进行无频率混叠抽样而产生的，确定 T_s。怎样对模拟信号 $x(t)$ 抽样从而得到减抽样信号 $z[n]$？即为了从 $x(t)$ 直接得到 $z[n]$，确定抽样时间间隔 T_s 的值。能否通过选取适当 T_s 的值直接从 $x(t)$ 得到 $y[n]$？请作出解释。

答案：$z[n]=\cos(4\pi n/7)$；$y[n]=\cos(\pi n/7)$。

9.35 绝对可和与有限能量离散时间信号 假设对模拟信号 $x(t)=e^{-2t}u(t)$ 抽样，用的抽样时间间隔 $T_s=1$。

（a）若将抽样信号表示成为 $x(nT_s)=x[n]=\alpha^n u[n]$，$\alpha$ 的值是多少？用 stem 画出 $x[n]$ 的图形。

（b）证明 $x[n]$ 是绝对可和的，即证明以下和式是有限的：

$$\sum_{n=-\infty}^{\infty}|x[n]|$$

（c）如果已知 $x[n]$ 是绝对可和的，能说 $x[n]$ 是有限能量信号吗？用函数 stem 画出 $|x[n]|$ 和 $x^2[n]$ 的图形，将二者的图形画在同一张图里有助于判断。

（d）一般情况下 α 取何值可使信号 $y[n]=\alpha^n u[n]$ 的能量是有限的？请作出解释。

答案：$\alpha=e^{-2}<1$；$\displaystyle\sum_{n=0}^{\infty}(\alpha^2)^n=e^4/(e^4-1)<\infty$。

9.36 周期信号的和与乘积的周期性 若 $x[n]$ 是周期的，周期 $N_1>0$，$y[n]$ 是周期的，周期 $N_2>0$。

（a）那么使 $x[n]$ 与 $y[n]$ 的和 $z[n]$ 也是周期的条件是什么？

（b）乘积 $v[n]=x[n]y[n]$ 的周期是什么？

（c）可以用公式

$$\frac{N_1 N_2}{\gcd[N_1,N_2]}$$

（$\gcd[N_1,N_2]$ 代表 N_1 和 N_2 的最大公因数）得到两个信号 $x[n]$ 与 $y[n]$ 的和与乘积的周期吗？

（d）如果 $x[n]=\cos(2\pi n/3)$，$y[n]=1+\sin(6\pi n/7)$，产生并画出它们的和 $z[n]$ 与乘积 $v[n]$，求出它们的周期，并检验分析结果。

答案：（d）当 $N_1=3$，$N_2=7$ 时，$z[n]$ 和 $v[n]$ 是周期的，周期 $N_0=21$。

9.37 音乐回响 在声学中一种类似于多径效应的效果是回响或混响。为了明白声学信号中回声的影响，考虑模拟 handel.mat 信号 $y[n]$ 的回声。假想这段音乐是在一个圆形的剧场里演奏，管弦乐队位于两个同心圆的中央，两面墙壁各占半边，一边墙壁距离管弦乐队 17m（内圆），另一边的墙壁距离管弦乐队 34m（外圆），声音的速度是 345m/s。假定录制的信号是原始信号 $y[n]$ 与从两面墙壁反射回的衰减信号的和，这样录制信号就由以下表达式给定：

$$r[n]=y[n]+0.8y[n-N_1]+0.6y[n-N_2]$$

其中，N_1是由最近的那面墙壁引起的延迟，N_2是由远些的那面墙壁引起的延迟。录音机是在大厅的中央，即管弦乐队所在的位置，一共录了10s的时间。

(a) 求出两个延迟N_1和N_2(记住这些值是整数)的值。下载handel时会知道抽样频率F_s。

(b) 模拟回声信号，画出$r[n]$的图形。用函数sound聆听原始信号和回响信号。

答案：$T_1 = 0.10, T_2 = 0.20s, N_i = T_i F_s, i = 1, 2$。

9.38 包络调制 用计算机生成音乐时的调制过程极其重要。当演奏者演奏乐器时，一般分为三个阶段：上升时间、保持时间和衰退时间。假设将这三个阶段建模成一个包络连续时间信号并由以下表达式给出：

$$e(t) = \frac{1}{3}[r(t) - r(t-3)] - \frac{1}{10}[r(t-20) - r(t-30)]$$

其中，$r(t)$是斜变信号。

(a) 对于一个单音$x(t) = \cos(2\pi t / T_0)$，已调信号是$y(t) = x(t)e(t)$。要想在包络信号的持续期间内出现100周的正弦信号，求周期T_0的值。

(b) 利用T_0的值和模拟抽样时间$T_s = 0.1$对已调信号进行模拟，画出$y(t)$和$e(t)$(用抽样时间间隔T_s进行离散化)的图形，用sound聆听已调信号。

答案：如果$e(t)$的持续时间$T_e = 300T_s$，那么$T_0 = T_e/100 = 3T_s$。

9.39 A/D转换器的线性时不变性 A/D转换器可被看作是由三个子系统构成：抽样器、量化器和编码器。

(a) 作为一个系统，抽样器的输入是模拟信号$x(t)$，输出是离散时间信号$x(nT_s) = x(t)|_{t=nT_s}$，其中T_s是抽样时间间隔。判断抽样器是否是线性系统。

(b) 用$T_s = 1$对$x(t) = \cos(0.5\pi t)u(t)$和$x(t-0.5)$抽样，分别得到$y(nT_s)$和$z(nT_s)$，画出$x(t)$、$x(t-0.5)$、$y(nT_s)$和$z(nT_s)$的图形。$z(nT_s)$是否是$y(nT_s)$的平移结果？能否据此得到抽样器是时不变的结论？请作出解释。

答案：抽样器是线性的，但是时变的。

9.40 加矩形窗 窗口是一个信号$w[n]$，它用来突出另一个信号的某个部分。加窗的过程就是用窗信号$w[n]$乘以输入信号$x[n]$，因此输出是$y[n] = x[n]\,w[n]$。在信号处理中有不同的窗，其中之一就是所谓的矩形窗，它由下式给定：

$$w[n] = u[n] - u[n-N]$$

(a) 判断加矩形窗系统是否是线性的，请作出解释。

(b) 设$x[n] = nu[n]$，用MATLAB画出加窗系统的输出$y[n]$的图形(取$N=6$)。

(c) 令输入为$x[n-5]$，用MATLAB画出加矩形窗系统的相应输出的图形，并指出加矩形窗系统是否是时不变的。

答案：加窗系统是线性的，但是时变的。

9.41 IIR系统的冲激响应 一个离散时间IIR系统由差分方程$y[n] = 0.15\,y[n-2] + x[n], n \geqslant 0$描述，其中$x[n]$是输入，$y[n]$是输出。

(a) 为了求系统的冲激响应$h[n]$，令$x[n] = \delta[n], y[n] = h[n]$以及初始条件为零。用递归法求出当$n \geqslant 0$时$h[n]$的值。

(b) 求$h[n]$的第二种方法是用卷积和表示代替由差分方程给出的输入与输出之间的关系，这也能得到冲激响应$h[n]$。$h[n]$等于什么？

（c）用 MATLAB 函数 filter 求冲激响应 $h[n]$（用 help 了解函数 filter）。

答案：$h[n]=0.5(1+(-1)^n)0.15^{n/2}u[n]$。

9.42 FIR 滤波器 一个 FIR 滤波器有如下的非递归输入/输出关系：

$$y[n]=\sum_{k=0}^{5}kx[n-k]$$

（a）求该滤波器的冲激响应 $h[n]$，它是因果和稳定的滤波器吗？请作出解释。

（b）求该滤波器的单位阶跃响应 $s[n]$ 并画其图形。

（c）如果滤波器的输入 $x[n]$ 是有界的，且 $|x[n]|<3$，那么对于输出来说，其最小界限 M 会是多少，即 $|y[n]|\leqslant M$？

（d）用函数 filter 计算所给滤波器的冲激响应 $h[n]$ 和单位阶跃响应 $s[n]$ 并画出它们的图形。

答案：$s[n]=u[n-1]+2u[n-2]+3u[n-3]+4u[n-4]+5u[n-5]$。

9.43 线性时不变性与卷积和 离散时间系统的冲激响应为 $h[n]=(-0.5)^n u[n]$。

（a）如果系统的输入为 $x[n]=\delta[n]+\delta[n-1]+\delta[n-2]$，利用系统的线性和时不变性求相应的输出 $y[n]$。

（b）求相应于以上输入的卷积和，并说明所得解与上面得到的输出 $y[n]$ 是否一致。

（c）用函数 conv 求所给输入 $x[n]$ 引起的输出 $y[n]$。画 $x[n]$、$h[n]$ 和 $y[n]$ 的图形。

答案：$y[n]=(-0.5)^n u[n]+(-0.5)^{n-1}u[n-1]+(-0.5)^{n-2}u[n-2]$。

9.44 IIR 系统的稳态 设 IIR 系统由差分方程 $y[n]=ay[n-1]+x[n]$ 描述，其中，$x[n]$ 是输入，$y[n]$ 是输出。

（a）如果当输入 $x[n]=u[n]$ 时，稳态响应为 $y[n]=2$，求使之成为可能的 a 值（在稳态时由于 $n\to\infty$，故 $x[n]=1$，$y[n]=y[n-1]=2$）。

（b）将系统输入写成 $x[n]=u[n]=\delta[n]+\delta[n-1]+\delta[n-2]+\cdots$，则根据线性和时不变性，输出应该等于

$$y[n]=h[n]+h[n-1]+h[n-2]+\cdots$$

利用上面求出的 a 值，初始条件为零，即 $y[-1]=0$，以及输入为 $x[n]=u[n]$，根据以上方程，求出 $n\geqslant0$ 时冲激响应 $h[n]$ 的值。系统是因果的。

（c）用函数 filter 计算冲激响应 $h[n]$，并将它与上面求出的结果进行比较。

答案：$a=0.5$；$h[n]=0.5^n u[n]$。

9.45 单位阶跃 VS 冲激响应 一个离散时间 LTI 系统的单位阶跃响应为

$$s[n]=2[(-0.5)^n-1]u[n]$$

利用该信息回答以下问题。

（a）求此离散时间 LTI 系统的冲激响应 $h[n]$。

（b）求此 LTI 系统对斜变信号 $x[n]=nu[n]$ 的响应。

答案：$h[n]=-2(0.5)^n u[n-1]$。

9.46 卷积和 一个离散时间系统有单位冲激响应 $h[n]$。

（a）设输入到此离散时间系统的是脉冲 $x[n]=u[n]-u[n-4]$，计算系统的输出，要求用冲激响应表示。

（b）设 $h[n]=0.5^n u[n]$，此系统对 $x[n]=u[n]-u[n-4]$ 的响应 $y[n]$ 会是什么？画出输出 $y[n]$ 的图形。

（c）用函数 conv 计算对 $x[n]=u[n]-u[n-4]$ 的响应 $y[n]$，并画出输入和输出的图形。

答案：当 $x_1[n]=u[n]$ 时输出为 $y_1[n]=0.5^n(2^{n+1}-1)u[n]$，利用该结果。

9.47 离散包络检波器 考虑 AM 系统中可用于检测被发送的消息的包络检波器。作为一个系统，包络检波器由两个系统级联连接构成：一个系统用于计算输入信号的绝对值；另一个系统对输入其中的信号进行低通滤波。包络检波器的电路可以由一个二极管电路和一个 RC 电路组成：二极管电路完成绝对值运算，RC 电路完成低通滤波。以下是这些运算在离散时间域里的一个实现：设输入到包络检波器的是抽样信号 $x(nT_s)=p(nT_s)=\cos(20\pi nT_s)$，其中，$p(nT_s)=u(nT_s)-u(nT_s-20)+u(nT_s-40)-u(nT_s-60)$ 是两个持续时间为 20，幅值为 1 的脉冲。

（a）选取 $T_s=0.01$，产生输入信号 $x(nT_s)$ 的 10 000 个样本，画出这些样本。

（2）然后考虑计算输入 $x(nT_s)$ 的绝对值的子系统，计算并画出 $y(nT_s)=|x(nT_s)|$ 的 10 000 个样本。

（c）设低通滤波是采用一个 15 阶的移动平均器完成，即若 $y(nT_s)$ 是输入，则滤波器的输出为

$$z(nT_s)=\frac{1}{9.75}\sum_{k=0}^{14}y(nT_s-kT_s)$$

用函数 filter 实现该滤波器并画出结果，解释所得结果。

（d）这是一个线性系统吗？用上面开发的脚本来举例说明此系统是否是线性的。

第 10 章

Z 变 换

我生来一无所知,且只有一点儿时间改变这种状况。

理查德・费曼(Richard Feynman),(1918—1988 年)

教授和物理学家

10.1 引言

Z 变换为离散时间信号和系统提供了一种表示方式,也为离散时间信号的处理提供了一种途径。虽然 Z 变换能够与拉普拉斯变换相关联,但这种关系对于 Z 变换的计算并没有太大用处,不过,二者之间的关系可以用来说明复 z 平面是极坐标形式的,其中的极径是阻尼系数,极角对应以弧度为单位的离散频率 ω,因此,z 平面上的单位圆类似于拉普拉斯平面上的 $j\Omega$-轴,单位圆的内部类似于 s 平面的左半平面。后面将会看到,一旦建立起了拉普拉斯平面和 z 平面之间的联系,就能够获得 z 平面上极点和零点的意义,就像曾经在拉普拉斯平面上所做的那样。

用 Z 变换表示离散时间信号非常直观:它把一个样本序列转换成为一个多项式。虽然求逆 Z 变换的方法比求拉普拉斯逆变换的方法更多,但是部分分式展开法仍然是最常用的方法。单边 Z 变换能够用来求解可能是对常微分方程离散化而得到的差分方程,虽然这种解法并非差分方程的唯一解法,但却是 Z 变换的一个重要应用。

正如拉普拉斯变换之于卷积积分的情况一样,Z 变换最重要的性质体现在它将卷积和变为乘积,这个性质的重要性不仅仅在于它能作为一个计算工具将卷积运算转化成为乘积运算,还在于它提供了一种用转移函数表示离散系统的途径。滤波再次成为一个重要应用,并且与以前一样,极点和零点的位置决定着滤波器的类型,不过,在离散域的滤波器具有比在模拟域的滤波器有着更大的多样性,因为离散滤波器既可以是递归的(IIR)也可以是非递归的(FIR)。

现代控制理论采用状态变量表示,Z 变换在获得系统实现和确定系统的全响应方面都很有用。就像在连续时间域那样,在离散时间域状态也表示系统的记忆,它比转移函数表示更具普遍性。离散时间系统的状态变量模型与曾经讨论过的连续时间系统的状态变量模型非常相似。

10.2 抽样信号的拉普拉斯变换

抽样信号

$$x(t) = \sum_n x(nT_s)\delta(t - nT_s) \tag{10.1}$$

的拉普拉斯变换为

$$X(s) = \sum_n x(nT_s)\, \mathcal{L}[\delta(t - nT_s)] = \sum_n x(nT_s)\mathrm{e}^{-nsT_s} \tag{10.2}$$

通过令 $z = \mathrm{e}^{sT_s}$，可将式(10.2)写为

$$\mathcal{Z}[x(nT_s)] = \mathcal{L}[x_s(t)]\,|_{z=\mathrm{e}^{sT_s}} = \sum_n x(nT_s)z^{-n} \tag{10.3}$$

它被称为抽样信号的 Z 变换。

注：

式(10.2)中的函数 $X(s)$ 不同于以前研究过的拉普拉斯变换：

(1) 令 $s = \mathrm{j}\Omega$，$X(\Omega)$ 是一个以 $2\pi\,/\,T_s$ 为基波周期的周期函数，即 $X(\Omega + 2k\pi/T_s) = X(\Omega)$，$k$ 为整数。的确如此，

$$X(\Omega + 2k\pi/T_s) = \sum_n x(nT_s)\mathrm{e}^{-\mathrm{j}n(\Omega + 2k\pi/T_s)T_s} = \sum_n x(nT_s)\mathrm{e}^{-\mathrm{j}n(\Omega T_s + 2k\pi)} = X(\Omega)$$

(2) $X(s)$ 可能具有无限多个极点或者零点——这会使求其逆变换时的部分分式展开变得复杂，不过幸运的是 $X(s)$ 的表达式中出现了 $\{\mathrm{e}^{-nsT_s}\}$ 项，利用拉普拉斯变换的时移性质而不是部分分式展开法，可以帮助求出 $X(s)$ 的逆变换。

【例 10.1】

一个抽样信号的拉普拉斯变换可能具有无限多个极点和零点。下面来考虑以抽样时间间隔 $T_s = T_0\,/\,N$ 对脉冲 $x(t) = u(t) - u(t - T_0)$ 进行抽样，其中 N 是一个正整数。求抽样信号的拉普拉斯变换，并确定它的极点和零点。

解 对脉冲 $x(t)$ 抽样所得离散时间信号为

$$x(nT_s) = \begin{cases} 1, & 0 \leqslant nT_s \leqslant T_0 \quad 或 \quad 0 \leqslant n \leqslant N \\ 0, & 其他 \end{cases}$$

其拉普拉斯变换为

$$X(s) = \sum_{n=0}^{N} \mathrm{e}^{-nsT_s} = \frac{1 - \mathrm{e}^{-(N+1)sT_s}}{1 - \mathrm{e}^{-sT_s}}$$

其极点是使分母等于零的那些值 s_k，即

$$\mathrm{e}^{-s_k T_s} = 1 = \mathrm{e}^{\mathrm{j}2\pi k}, \quad k \text{ 为整数}, \quad 且 -\infty < k < \infty$$

或 $s_k = -\mathrm{j}2\pi k/T_s$，$k$ 为任意整数——说明有无限多个极点。类似地，通过求出使分子等于零的那些值 s_m，即

$$\mathrm{e}^{-(N+1)s_m T_s} = 1 = \mathrm{e}^{\mathrm{j}2\pi m}, \quad m \text{ 为整数}, \quad 且 -\infty < m < \infty$$

或 $s_m = -\mathrm{j}2\pi m/((N+1)T_s)$，$m$ 为任意整数，可以证明 $X(s)$ 有无限多个零点。如果考虑 s 平面和 z 平面之间的关系，就可以更好地理解这种表现了。

注：(1) 关系式 $z = \mathrm{e}^{sT_s}$ 提供了 s 平面和 z 平面之间的关系：

$$z = \mathrm{e}^{sT_s} = \mathrm{e}^{(\sigma + \mathrm{j}\Omega)T_s} = \mathrm{e}^{\sigma T_s}\mathrm{e}^{\mathrm{j}\Omega T_s}$$

若令 $r = \mathrm{e}^{\sigma T_s}$，$\omega = \Omega T_s$，就得到 $z = r\mathrm{e}^{\mathrm{j}\omega}$，这是一个极坐标形式的复变量，其中极径 $0 \leqslant r < \infty$，极角 ω 是弧度角。变量 r 是一个阻尼系数，ω 是以弧度为单位的离散频率，所以 z 平面对应的是以 r 为半径，夹角为 $-\pi \leqslant \omega < \pi$ 的许多圆周。

(2) 下面来看 $z = \mathrm{e}^{sT_s}$ 是怎样将 s 平面映射到 z 平面的。考虑图 10.1 所示的横穿 s 平面的宽度为

$2\pi / T_s$ 的带状区域，该带状区域的宽度与奈奎斯特条件有关，它确立了所考虑的模拟信号的最大频率为 $\Omega_M = \Omega_s/2 = \pi/T_s$，其中，$\Omega_s$ 是抽样频率，T_s 是抽样时间间隔。如果 $T_s \to 0$，那所考虑的就会是那一类最大频率接近 ∞ 的信号，即所有信号了。关系式 $z = e^{sT_s}$ 将 $s = \sigma + j\Omega$ 的实部 $\mathrm{Re}(s) = \sigma$ 映射成半径 $r = e^{\sigma T_s} \geqslant 0$，且根据频率间的关系 $\omega = \Omega T_s$ 可知，它将模拟频率 $-\pi/T_s \leqslant \Omega \leqslant \pi/T_s$ 映射成 $-\pi \leqslant \omega < \pi$，因此，$s$ 平面上的 $j\Omega$ 轴，相当于 $\sigma = 0$，映射产生一个半径为 $r = 1$ 的圆周，即单位圆；s 平面的右半平面，即 $\sigma > 0$，映射成半径 $r > 1$ 的圆周；s 平面的左半平面，即 $\sigma < 0$，映射成半径 $r < 1$ 的圆周。图 10.1 中位于带状区域内的点 A、B 及 C 被映射到 z 平面上相应的点，如图 10.1 所示。所以 s 平面上所给的带状区域映射成为整个 z 平面，对于 s 平面上其他具有相同宽度的带状区域来说，结果也一样，被映射成为整个 z 平面，因此，由这些带状区域组合而成的 s 平面，被映射成为同一个 z 平面。

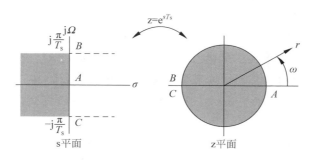

图 10.1 s 平面到 z 平面的映射

在 s 平面左半平面的宽度为 $2\pi / T_s$ 的带状区域被映射到 z 平面上单位圆的内部，带状区域的右手边被映射到单位圆的外部。整个 s 平面是由许多这样的带状区域组合而成，每一个带状区域都被映射成同一个 z 平面。

（3）映射 $z = e^{sT_s}$ 可用于解释抽样过程。考虑一个带限信号 $x(t)$，其最大频率为 π/T_s，频谱位于 $[-\pi/T_s, \pi/T_s]$ 内。由关系式 $z = e^{sT_s}$ 可知，$x(t)$ 位于频带 $[-\pi/T_s, \pi/T_s]$ 内的频谱被映射到 z 平面上单位圆的 $[-\pi, \pi)$ 部分。如果沿着 z 平面上的单位圆转动，被映射的频率响应就会周期地重复，就像抽样信号的频谱一样。

Z 变换的历史

Z 变换的历史要追溯到曾于 1730 年引入特征函数来描述离散随机变量概率质量函数的法国数学家棣莫弗（De Moivre）的成果，Z 变换也是用于表示复变函数的洛朗级数的特例。

苏联工程师和数学家雅可夫·茨普金（Yakov Tsypkin）（1919—1997 年）于二十世纪五十年代提出了离散拉普拉斯变换，他将其应用于脉冲系统的研究。之后哥伦比亚大学的约翰·拉格兹尼（John Ragazzini）教授和他的学生伊利亚·朱利（Eliahu Jury）及劳福特·扎德（Lofti Zadeh）发展了 Z 变换。拉格兹尼（1912—1988 年）曾经是哥伦比亚大学电气工程系的主任，他的三个学生由于在电气工程领域的成就而为世人所公认：朱利是因为 Z 变换、非线性系统和内在稳定性理论；扎德是因为 Z 变换和模糊集合理论；鲁道夫·卡尔曼（Rudolf Kalman）是因为卡尔曼滤波。

朱利出生在伊拉克，并于 1953 年在哥伦比亚大学获得工程科学博士学位，他曾经在加州大学伯克利分校的电气工程系和迈阿密大学的电气工程系担任过教授。在朱利教授发表的著作中，"Z 变换的理论和应用"是一部关于 Z 变换的理论和应用的开创性作品。

10.3 双边 Z 变换

> 已知一个离散时间信号 $x[n]$，$-\infty < n < \infty$，它的双边 Z 变换为
>
> $$X(z) = \sum_{n=-\infty}^{\infty} x[n] z^{-n} \tag{10.4}$$
>
> 它是定义在 z 平面的一个收敛区域(ROC)内。

将式(10.3)中的抽样信号 $x(nT_s)$ 看作是 n 的函数，便可得到它的双边 Z 变换。

Z 变换可以被看成是将序列 $\{x[n]\}$ 变成一个包含 z 的正幂和负幂的多项式 $X(z)$(可能具有无限次)的变换，在多项式 $X(z)$ 中，样本 $x[n_0]$ 被附加了一个单项 z^{-n_0}，因此，对于一个已知的样本序列 $\{x[n]\}$，其 Z 变换仅仅是由一个多项式组成，其中 z^{-n} 项的系数为 $x[n]$。按照同样的方式，对于一个已知的如式(10.4)中那样的 Z 变换，其逆变换可以很容易地通过找到附加在单项 z^{-n} 的系数而获得，其中的 n 值可正可负。显然该逆变换不是一个闭合形式，在本章后面将介绍几种计算闭合形式的逆变换的方法。

双边 Z 变换在求解具有非零初始条件的差分方程时没有用，正如双边拉普拉斯变换在求解具有非零初始条件的常微分方程时没有用一样，为了在变换中包含初始条件，有必要定义**单边 Z 变换**。

> 对于因果信号，即当 $n < 0$ 时，$x[n] = 0$，或通过乘以单位阶跃信号 $u[n]$ 而被构造成因果的信号来说，它们的**单边 Z 变换**为
>
> $$X_1(z) = \mathcal{Z}(x[n]u[n]) = \sum_{n=0}^{\infty} x[n] u[n] z^{-n} \tag{10.5}$$
>
> 其定义在一个收敛区域 $\mathcal{R}_1$ 内。
>
> 双边 Z 变换可利用单边 Z 变换表示如下：
>
> $$X(z) = \mathcal{Z}(x[n]u[n]) + \mathcal{Z}(x[-n]u[n])\,|_z - x[0] \tag{10.6}$$
>
> $X(z)$ 的收敛区域为
>
> $$\mathcal{R} = \mathcal{R}_1 \bigcap \mathcal{R}_2$$
>
> 其中，$\mathcal{R}_1$ 是 $\mathcal{Z}(x[n]u[n])$ 的收敛区域，$\mathcal{R}_2$ 是 $\mathcal{Z}(x[-n]u[n])\,|_z$ 的收敛区域。

只要 $x[n]$ 是因果的，即当 $n < 0$ 时，$x[n] = 0$，其单边 Z 变换与双边 Z 变换就是相同的。如果信号是非因果的，那么通过乘以 $u[n]$ 可使它成为因果的。为了利用单边 Z 变换表示双边 Z 变换，可将双边 Z 变换定义式中的和式分为两个，并且使每一个都成为一个因果的和式：

$$X(z) = \sum_{n=-\infty}^{\infty} x[n] z^{-n} = \sum_{n=0}^{\infty} x[n] u[n] z^{-n} + \sum_{n=-\infty}^{0} x[n] u[-n] z^{-n} - x[0]$$

$$= \mathcal{Z}(x[n]u[n]) + \sum_{m=0}^{\infty} x[-m] u[m] z^{m} - x[0]$$

$$= \mathcal{Z}(x[n]u[n]) + \mathcal{Z}(x[-n]u[n])\,|_z - x[0]$$

其中，从 $-\infty$ 到 0 的和式中包含了额外的一项 $x[0]$，所以需要减去它，同时还对该和式进行了一次变量代换($m = -n$)，由此产生了一个 z 的正幂的单边 Z 变换，这里用符号 $\mathcal{Z}(x[-n]u[n])\,|_z$ 来表示。

10.3.1 收敛域

无限和双边 Z 变换必须对某些 z 值收敛才行,为了保证 $X(z)$ 收敛,条件

$$|X(z)| = \left| \sum_n x[n]z^{-n} \right| \leqslant \sum_n |x[n]| |r^{-n}e^{j\omega n}| = \sum_n |x[n]| r^{-n} < \infty$$

是必需的,因此 $X(z)$ 的收敛性取决于 r。在 z 平面上 $X(z)$ 收敛的区域即**收敛域**(ROC)将信号与其唯一的 Z 变换联系起来,且正如拉普拉斯变换一样,$X(z)$ 的极点与其收敛域是有关系的。

> Z 变换 $X(z)$ 的极点 $\{p_k\}$ 是使
>
> $$X(p_k) \to \infty$$
>
> 得以满足的复数值,而 $X(z)$ 的零点 $\{z_k\}$ 是使
>
> $$X(z_k) = 0$$
>
> 得以满足的复数值。

【例 10.2】

求下列 Z 变换的极点和零点:

$$(i)\ X_1(z) = 1 + 2z^{-1} + 3z^{-2} + 4z^{-3}, \quad (ii)\ X_2(z) = \frac{(z^{-1}-1)(z^{-1}+2)^2}{z^{-1}(z^{-2}+\sqrt{2}z^{-1}+1)}$$

解 为了更加清楚地看出极点和零点,将 $X_1(z)$ 表示成为 z 的正幂次的函数形式:

$$X_1(z) = \frac{z^3(1 + 2z^{-1} + 3z^{-2} + 4z^{-3})}{z^3} = \frac{z^3 + 2z^2 + 3z + 4}{z^3} = \frac{N_1(z)}{D_1(z)}$$

由此可见,$X_1(z)$ 在 $z=0$ 有三个极点,即 $D_1(z)=0$ 的根,其零点是 $N_1(z)=z^3+2z^2+3z+4=0$ 的根,可利用 MATLAB 函数 roots 求出它们分别为 $z_1=-1.65$、$z_2=-0.175+j1.547$ 和 $z_3=-0.175-j1.547$。注意 $N_1(z)$ 的系数是实数,故它的复数根是一对共轭复数。

同理,将 $X_2(z)$ 也表示成一个 z 的正幂次的函数形式:

$$X_2(z) = \frac{z^3(z^{-1}-1)(z^{-1}+2)^2}{z^3(z^{-1}(z^{-2}+\sqrt{2}z^{-1}+1))} = \frac{(1-z)(1+2z)^2}{1+\sqrt{2}z+z^2} = \frac{N_2(z)}{D_2(z)}$$

可见 $X_2(z)$ 的极点是 $D_2(z)=1+\sqrt{2}z+z^2=0$ 的根,即 $p_{1,2}=-0.707\pm j0.707$,而 $X_2(z)$ 的零点是 $N_2(z)=(1-z)(1+2z)^2=0$ 的根,即 $z_1=1$、$z_{2,3}=-0.5$(二重根)。

Z 变换的收敛域依赖于信号的支撑。如果信号的支撑是有限的,那么 ROC 非常大,是整个 z 平面;如果信号的支撑是无限的,那么 ROC 则取决于信号是因果、反因果还是非因果的。需记住,不管在什么情况下,ROC 里都不包含 Z 变换的任何极点。

1. 有限支撑信号的 ROC

> 信号 $x[n]$ 具有有限支撑 $[N_0, N_1]$,其中,$-\infty < N_0 \leqslant n \leqslant N_1 < \infty$,则其 Z 变换
>
> $$X(z) = \sum_{n=N_0}^{N_1} x[n]z^{-n} \tag{10.7}$$
>
> 的收敛域是整个 z 平面,可能除去原点 $z=0$ 和/或 $z=\pm\infty$,具体取决于 N_0 和 N_1 的值。

如果 $x[n]$ 是有限支撑的,那么它的 Z 变换就不存在能否收敛的问题。实际上如果令 $|z|\neq 0$ 且 $|z|\neq \infty$,假设式(10.7)中既有 z 的负幂次又有 z 的正幂次,那么有

$$|X(z)| \leqslant \sum_{n=N_0}^{N_1} |x[n]||z^{-n}| < \infty$$

由于以上和式只包含有限项,并且和式中的每一项都是有限的(因为 $|x[n]| < \infty$,且当 $n>0$ 或 $n<0$ 时,由于 r 不能等于零或无穷大,故 $|z^{-n}| = (1/r)^n$ 不会等于无穷大),因此它是有限大小的。还能够看出,如果 $N_0 \geqslant 0$,则 $X(z)$ 的极点位于 z 平面上的原点,如果 $N_1 \leqslant 0$,则 $X(z)$ 没有有限极点,只有零点,故而当 $|z|=0$ 或 $|z|=\infty$ 时,$X(z)$ 只会变成无穷大。因此 $X(z)$ 的 ROC 是整个 z 平面,但若出现以上所分析的这些情况,那么还需要除去 $|z|=0$ 或 $|z|=\infty$。

【例 10.3】

求离散时间脉冲 $x[n]=u[n]-u[n-10]$ 的 Z 变换,并确定 $X(z)$ 的收敛域。

解 $x[n]$ 的 Z 变换等于

$$X(z) = \sum_{n=0}^{9} 1 z^{-n} = \frac{1-z^{-10}}{1-z^{-1}} = \frac{z^{10}-1}{z^9 \cdot (z-1)} \tag{10.8}$$

通过将分母 $1-z^{-1}$ 乘以左边那一项而得到一个与分子相同的结果,可以验证以上和式等于右边那一项,实际上有

$$
\begin{aligned}
(1-z^{-1}) \sum_{n=0}^{9} 1 z^{-n} &= \sum_{n=0}^{9} 1 z^{-n} - \sum_{n=0}^{9} 1 z^{-n-1} \\
&= (1 + z^{-1} + \cdots + z^{-9}) - (z^{-1} + \cdots + z^{-9} + z^{-10}) \\
&= 1 - z^{-10}
\end{aligned}
$$

由于 $x[n]$ 是一个有限长序列,因此这个和不存在不能收敛的问题,虽然由式(10.8)中 $X(z)$ 的表达式,看起来需要 $z \neq 1$($z=1$ 使得分子和分母都等于零)$X(z)$ 才收敛,但实际上如果令 $z=1$,那么由和式可以得到 $X(1)=10$,所以没有必要限制 z 不能等于 1。导致这种情况的原因是位于 $z=1$ 的极点被位于 $z=1$ 的一个零点抵消了。确实如此,$X(z)$ 的零点 z_k(见式(10.8))是 $z^{10}-1=0$ 的根,它们等于 $z_k = e^{j2\pi k/10}$,$k=0,\cdots,9$,于是 $k=0$ 时的零点,即 $z_0=1$ 抵消了在 1 处的极点,所以得到

$$X(z) = \frac{\prod_{k=1}^{9} (z-e^{j\pi k/5})}{z^9}$$

即 $X(z)$ 有 9 个极点位于 z 平面的原点,9 个零点围绕在单位圆上,除了 $z=1$ 这个位置,因此除去原点的整个 z 平面就是 $X(z)$ 的收敛域。

注意 $X(z)$ 也可以写成一个多项式的形式

$$X(z) = 1 + z^{-1} + z^{-2} + z^{-3} + z^{-4} + z^{-5} + z^{-6} + z^{-7} + z^{-8} + z^{-9}$$

当 $z=0$ 时,此式的值只能趋于无穷大,所以 $X(z)$ 的收敛域是除去了原点的整个 z 平面。

2. 无限支撑信号的 ROC

无限支撑信号可以是因果的、反因果的或二者的组合——非因果的。对于一个因果信号 $x_c[n]$,即 $x_c[n]=0$,$n<0$,要使其 Z 变换

$$X_c(z) = \sum_{n=0}^{\infty} x_c[n] z^{-n} = \sum_{n=0}^{\infty} x_c[n] r^{-n} e^{-jn\omega}$$

收敛,只需要确定阻尼系数 r 的合适取值,而频率 ω 对收敛性没有影响。如果 R_1 为 $X_c(z)$ 最远的那个极点的半径,那么就存在一个指数函数 $R_1^n u[n]$,对于 $n \geqslant 0$ 以及某个值 $M>0$,有 $|x_c[n]| < MR_1^n$,故而要使 $X_c(z)$ 收敛,需要

$$|X_c(z)| \leqslant \sum_{n=0}^{\infty} |x_c[n]| r^{-n} < M \sum_{n=0}^{\infty} \left(\frac{R_1}{r}\right)^n < \infty$$

或 $R_1/r<1$,这个条件等价于 $|z|=r>R_1$。正如前面所指出的那样,该 ROC 不包含 $X_c(z)$ 的任何极点,因为它在一个包围了 $X_c(z)$ 所有极点的圆周的外部。

同理,对于一个反因果信号 $x_a[n]$(即 $x_a[n]=0,n>0$),如果选择一个比 $X_a(z)$ 所有极点的半径都要小的半径 R_2,收敛域就为 $|z|=r<R_2$,该 ROC 在一个不包含 $X_a(z)$ 的任何极点的圆周的内部。

如果信号 $x[n]$ 是非因果的,那么它可以表示为

$$x[n] = x_c[n] + x_a[n]$$

其中,$x_a[n]$ 和 $x_c[n]$ 的支撑可以是有限的、无限的或二者的任何可能组合,则相应的 $X(z)=\mathcal{Z}\{x[n]\}$ 的 ROC 会是

$$0 < R_1 < |z| < R_2 < \infty$$

该 ROC 是一个圆环面,其内圆包围着因果成分的极点,外圆被反因果成分的极点所包围。如果信号具有有限支撑,那么 $R_1=0,R_2=\infty$,与有限支撑信号的结论一致。

一个无限支撑的

(1) 因果信号 $x[n]$ 的 Z 变换 $X(z)$ 具有收敛域 $|z|>R_1$,其中,R_1 是 $X(z)$ 所有极点的最大半径,即收敛域在半径为 R_1 的圆周的外部;

(2) 反因果信号 $x[n]$ 的 Z 变换 $X(z)$ 的收敛域是在 $X(z)$ 所有极点的最小半径 R_2 所定义的圆周的内部,即 $|z|<R_2$;

(3) 非因果信号 $x[n]$ 的 Z 变换 $X(z)$ 具有收敛域 $R_1<|z|<R_2$,即其收敛域是一个圆环域,位于半径 R_1 的内部,半径 R_2 的外部,其中,R_1 和 R_2 分别是 $x[n]$ 的因果成分和反因果成分的 Z 变换,即 $X_c(z)$ 和 $X_a(z)$ 的所有极点的最大半径和最小半径。

【例 10.4】

已知 $X(z)$ 的极点为 $z=0.5$ 和 $z=2$,根据不同的收敛域,找出所有可能与 $X(z)$ 有关的信号。

解 可能的收敛域有:

■ $\{\mathcal{R}_1: |z|>2\}$,即半径等于 2 的圆的外部,在这种情况下 $X(z)$ 对应一个因果信号 $x_1[n]$。

■ $\{\mathcal{R}_2: |z|<0.5\}$,即半径等于 0.5 的圆的内部,在这种情况下,一个反因果信号 $x_2[n]$ 与 $X(z)$ 相联系。

■ $\{\mathcal{R}_3: 0.5<|z|<2\}$,即半径为 0.5 和 2 的两个圆中间所夹的圆环域,在这种情况下,一个非因果信号 $x_3[n]$ 与 $X(z)$ 相联系。

通过考虑三个不同的收敛域,有三个不同的信号与 $X(z)$ 联系了起来。

【例 10.5】

求下列信号的 Z 变换的收敛域:

$$\text{(i) } x_1[n] = \left(\frac{1}{2}\right)^n u[n], \quad \text{(ii) } x_2[n] = -\left(\frac{1}{2}\right)^n u[-n-1]$$

然后确定 $x[n]=x_1[n]+x_2[n]$ 的 Z 变换。

解 信号 $x_1[n]$ 是因果的,而 $x_2[n]$ 是反因果的。对于 $x_1[n]$ 来说,只要 $|0.5z^{-1}|<1$,$x_1[n]$ 的 Z 变换就等于

$$X_1(z) = \sum_{n=0}^{\infty} \left(\frac{1}{2}\right)^n z^{-n} = \frac{1}{1-0.5z^{-1}} = \frac{z}{z-0.5}$$

或其收敛域为 $\mathcal{R}_1$：$|z| > 0.5$，区域 $\mathcal{R}_1$ 在半径为 0.5 的圆周的外部。

信号 $x_2[n]$ 随着 n 由 -1 减小到 $-\infty$，其值反而增长，而它的其余值都等于 0。$x_2[n]$ 的 Z 变换可求出为

$$X_2(z) = -\sum_{n=-\infty}^{-1} \left(\frac{1}{2}\right)^n z^{-n}$$

$$= -\sum_{m=0}^{\infty} \left(\frac{1}{2}\right)^{-m} z^m + 1 = -\sum_{m=0}^{\infty} 2^m z^m + 1 = \frac{-1}{1-2z} + 1 = \frac{z}{z-0.5}$$

其收敛域为 $\mathcal{R}_2$：$|z| < 0.5$。

虽然这两个信号明显不同，但它们的 Z 变换却是同样的，区分二者的是它们的收敛域。$x_1[n] + x_2[n]$ 的 Z 变换不存在，因为 $\mathcal{R}_1$ 和 $\mathcal{R}_2$ 的交集是空集。

注：Z 变换的唯一性要求一个信号的 Z 变换必须伴随着收敛域，相同的 Z 变换可能有不同的收敛域，从而对应着不同的信号。

【例 10.6】

令 $c[n] = \alpha^{|n|}$，$0 < \alpha < 1$ 为一个离散时间信号(它实际上是一个与随机信号的功率谱有关的自相关函数)，确定其 Z 变换。

解 为了求出它的双边 Z 变换 $C(z)$，分别考虑其因果成分和反因果成分。首先对于因果成分有

$$\mathcal{Z}(c[n]u[n]) = \sum_{n=0}^{\infty} \alpha^n z^{-n} = \frac{1}{1-\alpha z^{-1}}$$

收敛域为 $|\alpha z^{-1}| < 1$，或 $|z| > \alpha$。对于反因果成分有

$$\mathcal{Z}(c[-n]u[n])_z = \sum_{n=0}^{\infty} \alpha^n z^n = \frac{1}{1-\alpha z}$$

收敛域为 $|\alpha z| < 1$，或 $|z| < 1/\alpha$。

因此，$c[n]$ 的双边 Z 变换为(注意 $n=0$ 那一项在以上计算中被用了两次，所以需要减去该项)

$$C(z) = \frac{1}{1-\alpha z^{-1}} + \frac{1}{1-\alpha z} - 1 = \frac{z}{z-\alpha} - \frac{z}{(z-1/\alpha)} = \frac{(\alpha - 1/\alpha)z}{(z-\alpha)(z-1/\alpha)}$$

收敛域为

$$\alpha < |z| < \frac{1}{\alpha}$$

例如，当 $\alpha = 0.5$ 时，可以得到

$$C(z) = \frac{-1.5z}{(z-0.5)(z-2)}, \quad 0.5 < |z| < 2$$

10.4 单边 Z 变换

在很多应用 Z 变换的场合中，系统既是 LTI 的又是因果的(即当 $n < 0$ 时，其冲激响应 $h[n] = 0$)，而输入信号也是因果的(即当 $n < 0$ 时，$x[n] = 0$)，在这种情况下用单边 Z 变换非常合适，况且正如前面所看到的那样，双边 Z 变换可以用单边 Z 变换来表示，所以需要学习单边 Z 变换。另一个学习单边 Z 变换的原因是，它在求解具有初始条件的差分方程方面非常有用，因此下面要对单边 Z 变换进行更详细的讲解。

回顾一下单边 Z 变换的定义：

$$X_1(z) = \mathcal{Z}(x[n]u[n]) = \sum_{n=0}^{\infty} x[n]u[n]z^{-n} \tag{10.9}$$

其收敛域为 $\mathcal{R}_1$：$|z| > R_1$，以及式(10.6)所给出的利用单边 Z 变换计算双边 Z 变换的方法。

10.4.1 信号表现与极点

本节利用 Z 变换的线性性将信号的表现与 Z 变换的极点联系起来。

> Z 变换是一个线性变换是指对于信号 $x[n]$ 和 $y[n]$ 以及常数 a 和 b 来说，有
> $$\mathcal{Z}(ax[n]+by[n]) = a\,\mathcal{Z}(x[n]) + b\,\mathcal{Z}(y[n]) \tag{10.10}$$

考虑信号 $x[n] = \alpha^n u[n]$，其中 α 可以是实数也可以是复数，它的 Z 变换将被用于计算以下信号的 Z 变换：

- 对于频率 $0 \leqslant \omega_0 \leqslant \pi$ 和相位 θ，$x[n] = \cos(\omega_0 n + \theta)u[n]$；
- 对于频率 $0 \leqslant \omega_0 \leqslant \pi$ 和相位 θ，$x[n] = \alpha^n \cos(\omega_0 n + \theta)u[n]$。

也将被用于说明 Z 变换的极点如何与信号的表现相关。

因果信号 $x[n] = \alpha^n u[n]$ 的 Z 变换为

$$X(z) = \sum_{n=0}^{\infty} \alpha^n z^{-n} = \sum_{n=0}^{\infty}(\alpha z^{-1})^n = \frac{1}{1 - \alpha z^{-1}} = \frac{z}{z - \alpha}, \quad \text{ROC：} |z| > |\alpha|$$

利用以上方程中 $X(z)$ 的最后一个表达式可得到其零点为 $z = 0$，极点为 $z = \alpha$。若 α 是实数，那么无论它是正的还是负的，收敛域都一样，但是极点所处的位置不同，图 10.2 所示为 $\alpha < 0$ 的情形。

如果 $\alpha = 1$，则信号 $x[n] = u[n]$，当 $n \geqslant 0$ 时它恒定不变，此时 $X(z)$ 的极点位于 $z = 1\mathrm{e}^{\mathrm{j}0}$（半径 $r = 1$，频率等于最低的离散频率 $\omega = 0\,\mathrm{rad}$）；与之相反，若 $\alpha = -1$，则信号 $x[n] = (-1)^n u[n]$，当 $n \geqslant 0$ 时它不断地从一个样本变化到另一个样本，它的 Z 变换有一个极点位于 $z = -1 = 1\mathrm{e}^{\mathrm{j}\pi}$（半径 $r = 1$，频率等于最高的离散频率 $\omega = \pi\,\mathrm{rad}$）。如果向着 z 平面的中心移动此极点，即 $|\alpha| \rightarrow 0$，那么当 $0 < \alpha < 1$ 时，相应的信号以指数速率衰减；当 $-1 < \alpha < 0$ 时，相应的信号为已调指数信号 $|\alpha|^n (-1)^n u[n] = |\alpha|^n \cos(\pi n)u[n]$。当 $|\alpha| > 1$ 时，信号变成了一个增长的指数信号（$\alpha > 1$），或增长的已调指数信号（$\alpha < -1$）。

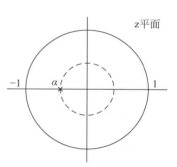

图 10.2　$X(z)$ 的收敛域（阴影区域）且 $X(z)$ 的极点位于 $z = \alpha$，$\alpha < 0$（若极点位于 $z = -\alpha$，ROC 相同）

> 对于实值 $\alpha = |\alpha|\mathrm{e}^{\mathrm{j}\omega_0}$，其中 $\omega_0 = 0$ 或 π，
> $$x[n] = \alpha^n u[n] \Leftrightarrow X(z) = \frac{1}{1 - \alpha z^{-1}} = \frac{z}{z - \alpha}, \quad \text{ROC：} |z| > |\alpha|$$
> 且 $X(z)$ 极点的位置决定了信号的表现：
> - 当 $\alpha > 0$，即 $\omega_0 = 0$ 时，随着 $\alpha \rightarrow \infty$，信号被越来越少地阻尼；
> - 当 $\alpha < 0$，即 $\omega_0 = \pi$ 时，信号是一个已调指数函数，且随着 $\alpha \rightarrow -\infty$ 而增长。

为了计算 $x[n] = \cos(\omega_0 n + \theta)u[n]$ 的 Z 变换，利用欧拉公式将 $x[n]$ 表示为

$$x[n] = \left[\frac{\mathrm{e}^{\mathrm{j}(\omega_0 n + \theta)}}{2} + \frac{\mathrm{e}^{-\mathrm{j}(\omega_0 n + \theta)}}{2}\right]u[n]$$

应用线性性质和前面已求出的当 $\alpha = e^{j\omega_0}$ 以及其共轭 $\alpha^* = e^{-j\omega_0}$ 时的 Z 变换，可得

$$X(z) = \frac{1}{2}\left[\frac{e^{j\theta}}{1 - e^{j\omega_0}z^{-1}} + \frac{e^{-j\theta}}{1 - e^{-j\omega_0}z^{-1}}\right] = \frac{1}{2}\left[\frac{2\cos(\theta) - 2\cos(\omega_0 - \theta)z^{-1}}{1 - 2\cos(\omega_0)z^{-1} + z^{-2}}\right]$$

$$= \frac{\cos(\theta) - \cos(\omega_0 - \theta)z^{-1}}{1 - 2\cos(\omega_0)z^{-1} + z^{-2}} \tag{10.11}$$

将 $X(z)$ 表示成 z 的正幂次形式，可得

$$X(z) = \frac{z(z\cos(\theta) - \cos(\omega_0 - \theta))}{z^2 - 2\cos(\omega_0)z + 1} = \frac{z(z\cos(\theta) - \cos(\omega_0 - \theta))}{(z - e^{j\omega_0})(z - e^{-j\omega_0})} \tag{10.12}$$

此式对任意 θ 都成立。若 $x[n] = \cos(\omega_0 n)u[n]$，则 $\theta = 0$，且 $X(z)$ 的极点是一对位于单位圆上的频率为 ω_0 rad 的复共轭对，$X(z)$ 的零点位于 $z = 0$ 和 $z = \cos(\omega_0)$。当 $x[n] = \sin(\omega_0 n)u[n] = \cos(\omega_0 n - \pi/2)u[n]$ 时，$\theta = -\pi/2$，此时的极点与 $x[n]$ 为余弦时的极点处于相同的位置，但是零点现在是 $z = 0$ 和 $z = \cos(\omega_0 + \pi/2)/\cos(\pi/2) \to \infty$，即只有一个位于零处的有限零点。对于 θ 的其他任意取值，极点都在同样的位置，但零点一个在 $z = 0$，另一个在 $z = \cos(\omega_0 - \theta)/\cos(\theta)$。

若令 $\theta = 0$ 及 $\omega_0 = 0$，则位于 $z = 1$ 的二重极点中的一个被一个位于 $z = 1$ 的零点抵消了，导致与 $\mathcal{Z}(u[n])$ 具有相同的极点和零点，或者说 $X(z) = z/(z-1)$。的确如此，当 $\omega_0 = 0$ 和 $\theta = 0$ 时，信号为 $x[n] = \cos(0n)u[n] = u[n]$。当频率 $\omega_0 > 0$ 时，极点沿着单位圆从最低频率($\omega_0 = 0$rad)向最高频率($\omega_0 = \pi$rad)移动。

余弦和正弦的 Z 变换对分别为

$$\cos(\omega_0 n)u[n] \Leftrightarrow \frac{z(z - \cos(\omega_0))}{(z - e^{j\omega_0})(z - e^{-j\omega_0})}, \quad \text{ROC}: |z| > 1 \tag{10.13}$$

$$\sin(\omega_0 n)u[n] \Leftrightarrow \frac{z\sin(\omega_0)}{(z - e^{j\omega_0})(z - e^{-j\omega_0})}, \quad \text{ROC}: |z| > 1 \tag{10.14}$$

这两个正弦函数的 Z 变换有相同的极点 $1e^{\pm j\omega_0}$，但零点不同。当极点沿着单位圆从 1 移动到 -1 时，正弦函数的频率由最低的 $\omega_0 = 0$(rad)增大到最高的 $\omega_0 = \pi$(rad)。

下面再来考虑信号 $x[n] = r^n \cos(\omega_0 n + \theta)u[n]$，它是以上几种情况的综合。像前面那样，先把信号表示成一个线性组合

$$x[n] = \left[\frac{e^{j\theta}(re^{j\omega_0})^n}{2} + \frac{e^{-j\theta}(re^{-j\omega_0})^n}{2}\right]u[n]$$

可以证明，它的 Z 变换等于

$$X(z) = \frac{z(z\cos(\theta) - r\cos(\omega_0 - \theta))}{(z - re^{j\omega_0})(z - re^{-j\omega_0})} \tag{10.15}$$

由此可见，正弦函数的 Z 变换是以上该函数的特例，即当 $r = 1$ 时的情况。还有一点也变得明了了，那就是当 r 的值越来越小并逐渐趋于零时，信号中的指数会衰减得越来越快，但只要 $r > 1$，信号中的指数就会增长从而使信号无界。

Z 变换对

$$r^n \cos(\omega_0 n + \theta)u[n] \Leftrightarrow \frac{z(z\cos(\theta) - r\cos(\omega_0 - \theta))}{(z - re^{j\omega_0})(z - re^{-j\omega_0})} = \frac{z(z\cos(\theta) - r\cos(\omega_0 - \theta))}{z^2 - 2r\cos(\omega_0)z + r^2} \tag{10.16}$$

显示了单位圆内的复数共轭极点对是如何表示由半径 r 和以弧度为单位的频率 ω_0 所指示的阻尼。

最后考虑重极点的情况。不难得知，二重极点与 $X(z)$ 的导数有关，即与信号乘以 n 有关。如果

$$X(z) = \sum_{n=0}^{\infty} x[n] z^{-n}$$

对上式两边的 z 求导可得

$$\frac{\mathrm{d}X(z)}{\mathrm{d}z} = \sum_{n=0}^{\infty} x[n] \frac{\mathrm{d}z^{-n}}{\mathrm{d}z} = -z^{-1} \sum_{n=0}^{\infty} n x[n] z^{-n}$$

于是得到变换对

$$nx[n]u[n] \Longleftrightarrow -z\frac{\mathrm{d}X(z)}{\mathrm{d}z} \tag{10.17}$$

例如，若 $X(z) = 1/(1-\alpha z^{-1}) = z/(z-\alpha)$，即 $x[n] = \alpha^n u[n]$ 的 Z 变换，那么有

$$\frac{\mathrm{d}X(z)}{\mathrm{d}z} = -\frac{\alpha}{(z-\alpha)^2}$$

从而有如下结论：

> Z 变换对
>
> $$n\alpha^n u[n] \Longleftrightarrow \frac{\alpha z}{(z-\alpha)^2}$$
>
> 表明二重极点对应于 $x[n]$ 被 n 乘。

根据以上讨论可知，$X(z)$ 的极点位置提供了信号 $x[n]$ 的基本信息，图 10.3 对此进行了说明，该图既显示了信号也显示了相应的极点。

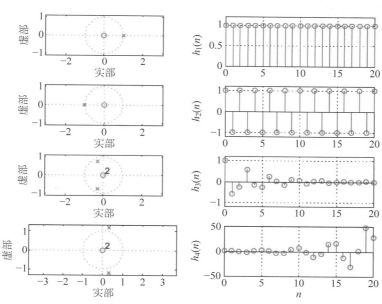

图 10.3 极点位置对逆 Z 变换的影响

从上至下：若极点位于 $z=1$，则信号是 $u[n]$，当 $n \geqslant 0$ 时恒定不变；若极点位于 $z=-1$，则信号是一个频率为 π 的不断变化的余弦，幅值为常数；当极点为复数时，若位于单位圆内，则信号是衰减的已调指数，若位于单位圆外，则信号是增长的已调指数。

10.4.2 用 MATLAB 计算 Z 变换

类似于拉普拉斯变换的计算，Z 变换的计算也可以利用 MATLAB 的符号函数工具箱来完成。下面是计算信号

$$h_1[n] = 0.9u[n], \quad h_2[n] = u[n] - u[n-10]$$
$$h_3[n] = \cos(\omega_0 n)u[n], \quad h_4[n] = h_1[n]h_3[n]$$

的 Z 变换的必要代码，结果显示在下方。（正如连续时间情况中那样，MATLAB 中的 heaviside 函数与单位阶跃函数一样。）

```
% Z 变换计算
% %
 syms n w0
 h1 = 0.9.^n; H1 = ztrans(h1)
 h2 = heaviside(n) – heaviside(n – 10); H2 = ztrans(h2)
 h3 = cos(w0 * n) * heaviside(n); H3 = ztrans(h3)
 H4 = ztrans(h1 * h3)


 H1 = z/(z − 9/10)
 H2 = 1/(z − 1) − (1/(z − 1) + 1/2)/z^10 + 1/2
 H3 = (z * (z − cos(w0)))/(z^2 − 2 * cos(w0) * z + 1)
 H4 = (10 * z * ((10 * z)/9 − cos(w0)))/(9 * ((100 * z^2)/81 − (20 * cos(w0) * z)/9 + 1))
```

我们将在后面解释如何利用函数 iztrans 计算逆 Z 变换。

10.4.3 卷积和与转移函数

Z 变换最重要的性质是卷积性质，正如卷积性质对于拉普拉斯变换而言也是最重要的性质一样。

因果 LTI 系统的输出 $y[n]$ 是用卷积和

$$y[n] = [x * h][n] = \sum_{k=0}^{n} x[k]h[n-k] = \sum_{k=0}^{n} h[k]x[n-k] \tag{10.18}$$

计算得到的，其中，$x[n]$ 是一个因果输入，$h[n]$ 是系统的冲激响应。$y[n]$ 的 Z 变换等于乘积

$$Y(z) = \mathcal{Z}\{[x * h][n]\} = \mathcal{Z}\{x[n]\} \, \mathcal{Z}\{h[n]\} = X(z)H(z) \tag{10.19}$$

于是系统的转移函数定义为

$$H(z) = \frac{Y(z)}{X(z)} = \frac{\mathcal{Z}[\text{输出 } y[n]]}{\mathcal{Z}[\text{输入 } x[n]]} \tag{10.20}$$

即 $H(z)$ 将输入 $X(z)$ 转换成为输出 $Y(z)$。

注：

(1) 卷积和性质可以看成是一种获得两个多项式乘积的系数的方法。当两个有限次或无限次的多项式 $X_1(z)$ 和 $X_2(z)$ 相乘，结果多项式的系数可以通过卷积和而获得。例如，考虑

$$X_1(z) = 1 + a_1 z^{-1} + a_2 z^{-2} \text{ 和 } X_2(z) = 1 + b_1 z^{-1}$$

它们的乘积为

$$X_1(z) \, X_2(z) = 1 + b_1 z^{-1} + a_1 z^{-1} + a_1 b_1 z^{-2} + a_2 z^{-2} + a_2 b_1 z^{-3}$$
$$= 1 + (b_1 + a_1)z^{-1} + (a_1 b_1 + a_2)z^{-2} + a_2 b_1 z^{-3}$$

由 $X_1(z)$ 和 $X_2(z)$ 的系数构成的两个序列 $[1 \quad a_1 \quad a_2]$ 和 $[1 \quad b_1]$ 的卷积和为 $[1 \quad (a_1 + b_1) \quad (a_2 + b_1 a_1) \quad a_2 b_1]$，

对应着多项式乘积 $X_1(z)X_2(z)$ 的系数。还要注意到,长度为 3 的序列(对应二次多项式 $X_1(z)$)和长度为 2 的序列(对应一次多项式 $X_2(z)$)相卷积,产生一个长度为 $3+2-1=4$(对应一个三次多项式 $X_1(z)X_2(z)$)的序列。

（2）一个有限冲激响应或 FIR 系统是通过卷积和的方式来实现的。考虑一个 N 阶 FIR,其输入/输出方程为

$$y[n] = \sum_{k=0}^{N-1} b_k x[n-k] \qquad (10.21)$$

其中,$x[n]$ 是输入,$y[n]$ 是输出。此滤波器的冲激响应为(令 $x[n]=\delta[n]$,设置初始条件为零,从而 $y[n]=h[n]$)

$$h[n] = \sum_{k=0}^{N-1} b_k \delta[n-k]$$

可得当 $n=0,\cdots,N-1$ 时,$h[n]=b_n$,否则为零。相应地可将式(10.21)写成为

$$y[n] = \sum_{k=0}^{N-1} h[k] x[n-k]$$

这是输入 $x[n]$ 与 FIR 滤波器的冲激响应 $h[n]$ 的卷积。因此,如果 $X(z)=\mathcal{Z}(x[n])$,$H(z)=\mathcal{Z}(h[n])$,那么有

$$Y(z) = H(z)X(z) \quad \text{及} \quad y[n] = \mathcal{Z}^{-1}[Y(z)]$$

> ■ 长度分别为 M 和 N 的两个序列,它们的卷积的长度等于 $M+N-1$。
> ■ 如果两个序列中的一个具有无限长度,那么卷积的长度等于无穷大,因此对于无限冲激响应 IIR 滤波器或递归滤波器,其对任意输入信号的输出总是无限长的,因为这些滤波器的冲激响应是无限长的。

【例 10.7】

考虑一个 FIR 滤波器

$$y[n] = \frac{1}{2}(x[n] + x[n-1] + x[n-2])$$

分别用卷积和解析法和卷积和作图法以及 Z 变换方法计算该系统对输入 $x[n]=u[n]-u[n-4]$ 的输出。

解 冲激响应为 $h[n]=0.5(\delta[n]+\delta[n-1]+\delta[n-2])$,故 $h[0]$、$h[1]$ 和 $h[2]$ 等于 0.5、0.5 和 0.5,而 $h[n]$ 的其他值等于 0。

用解析法计算卷积和:

对于方程

$$y[n] = \sum_{k=0}^{n} x[k] h[n-k] = x[0]h[n] + x[1]h[n-1] + \cdots + x[n]h[0], \quad n \geqslant 0$$

中的每一项,当 $n \geqslant 0$ 时,$x[.]$ 和 $h[.]$ 的宗数加起来相等,由此可以得到

$$y[0] = x[0]h[0] = 0.5$$
$$y[1] = x[0]h[1] + x[1]h[0] = 1$$
$$y[2] = x[0]h[2] + x[1]h[1] + x[2]h[0] = 1.5$$
$$y[3] = x[0]h[3] + x[1]h[2] + x[2]h[1] + x[3]h[0]$$
$$\quad = x[1]h[2] + x[2]h[1] + x[3]h[0] = 1.5$$
$$y[4] = x[0]h[4] + x[1]h[3] + x[2]h[2] + x[3]h[1] + x[4]h[0]$$
$$\quad = x[2]h[2] + x[3]h[1] = 1$$

$$y[5] = x[0]h[5] + x[1]h[4] + x[2]h[3] + x[3]h[2] + x[4]h[1] + x[5]h[0]$$
$$= x[3]h[2] = 0.5$$

其余值为零。在以上计算中,注意到 $y[n]$ 的长度为 $4+3-1=6$,因为 $x[n]$ 的长度是4,$h[n]$ 的长度是3。

用作图法计算卷积和:

卷积和由

$$y[n] = \sum_{k=0}^{n} x[k]h[n-k] = \sum_{k=0}^{n} h[k]x[n-k]$$

产生。若从两个式子中任意选一个来考虑,比如第一个,显然 $x[k]$ 和 $h[n-k]$ 都是 k 的函数,那么想求 $y[n]$,就需要对 n 的不同取值,将 $x[k]$ 和 $h[n-k]$ 相乘,再将不等于零的乘积相加。例如,当 $n=0$ 时,序列 $h[-k]$ 是 $h[k]$ 的反褶,用 $h[-k]$ 乘以 $x[k]$ 只在 $k=0$ 处得到一个不为零的值,即 $y[0]=1/2$。当 $n=1$ 时,作为 k 的函数,序列 $h[1-k]$ 等于是 $h[-k]$ 右移1个样本,用 $h[1-k]$ 乘以 $x[k]$ 得到两个不为零的值,把它们两个相加得到 $y[1]=1$。以此类推,可以求出所有 $y[n]$ 的值。整个作图求卷积的过程就是对应逐渐增大的 n 值,每次向右平移一个样本得到 $h[n-k]$,然后将它与 $x[k]$ 相乘,再将不为零的值相加从而获得输出 $y[n]$(如图10.4所示)。

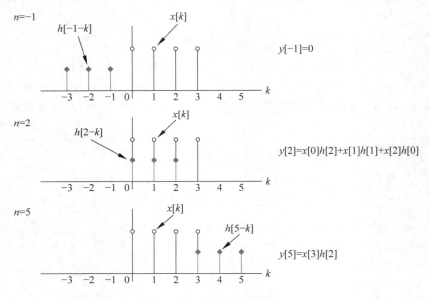

图 10.4 作图法求卷积和

当 $n=-1$、2和5时相应的卷积和输出 $y[-1]$、$y[2]$ 和 $y[5]$。对于一个给定的 n 值,$x[k]$ 和 $h[n-k]$ 都被当作 k 的函数画出来。在整个计算过程中,信号 $x[k]$ 保持不动,而 $h[n-k]$ 从左至右线性移动,因此卷积和也被称为线性卷积。

用 Z 变换的卷积和性质:

由于有

$$X(z) = 1 + z^{-1} + z^{-2} + z^{-3}, \quad H(z) = \frac{1}{2}[1 + z^{-1} + z^{-2}]$$

根据卷积和性质有

$$Y(z) = X(z)H(z) = \frac{1}{2}(1 + 2z^{-1} + 3z^{-2} + 3z^{-3} + 2z^{-4} + z^{-5})$$

因此,$y[0]=0.5$,$y[1]=1$,$y[2]=1.5$,$y[3]=1.5$,$y[4]=1$ 和 $y[5]=0.5$,与前面求出的结果一样。

利用 MATLAB 提供的函数 conv 计算出的卷积和结果示于图 10.5 中,可见此结果与采用其他方法得到的结果一致。

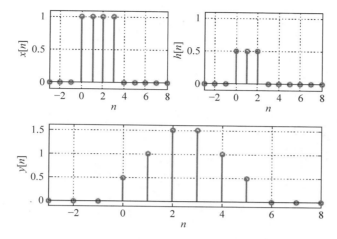

图 10.5 对 FIR 平均器进行的卷积和计算
$x[n]$(左上)、$h[n]$(右上)和 $y[n]$(下),输出 $y[n]$ 的长度为 6,因为 $x[n]$ 的长度为 4,
而二阶 FIR 滤波器的冲激响应 $h[n]$ 的长度为 3。

【例 10.8】

考虑一个 FIR 滤波器,其冲激响应为

$$h[n] = \delta[n] + \delta[n-1] + \delta[n-2]$$

用计算卷积和的方法求该滤波器对于输入 $x[n] = \cos(2\pi n/3)(u[n] - u[n-14])$ 的输出,并用 MATLAB 验证所得结果。

解 作图法 使用公式

$$y[n] = \sum_{k=0}^{n} x[k]h[n-k]$$

因为它把相对复杂些的信号 $x[k]$ 作为不变的信号,这样会使计算过程简单一些。对于 $h[n-k]$ 这一项,先考虑 $h[-k]$,即当 $n=0$ 时 $h[k]$ 的反褶,然后对于 $n \geqslant 1$ 时的情况,将 $h[-k]$ 逐渐向右平移。当 n 取负数时,输出等于零,当 $n \geqslant 0$ 时有

$$y[0] = 1 \quad y[1] = 0.5$$
$$y[n] = 0 \quad 2 \leqslant n \leqslant 13$$
$$y[14] = 0.5 \quad y[15] = -0.5$$

其他为零。第一个值是通过反转冲激响应得到 $h[-k]$,并将它与 $x[k]$ 相乘而获得的,只在 $k=0$ 处得到了一个不为零的值 1。对于 $n=1$ 时的情况,当把冲激响应向右平移得到 $h[1-k]$ 并把它与 $x[k]$ 相乘之后,可以得到两个不等于零的值,将它们相加得到 0.5。当 $2 \leqslant n \leqslant 13$ 时,结果都等于零,因为被加的三个值是来自于余弦函数的 -0.5、1 和 -0.5。这些结果通过 MATLAB 得到了检验,如图 10.6 所示(图中余弦函数看起来不像一个抽样余弦,因为每个周期内只抽取了三个样本)。

卷积和性质法 由卷积性质,输出 $y[n]$ 的 Z 变换等于

$$Y(z) = X(z)H(z) = X(z)(1 + z^{-1} + z^{-2}) = X(z) + X(z)z^{-1} + X(z)z^{-2}$$

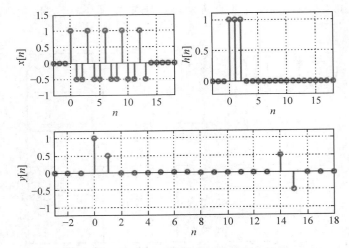

图 10.6 对 FIR 滤波器进行的卷积和计算

$Y(z)$的系数可以通过将 $X(z)$、$X(z)z^{-1}$ 和 $X(z)z^{-2}$ 的系数相加而获得

$$z^0 \quad z^{-1} \quad z^{-2} \quad z^{-3} \quad z^{-4} \quad z^{-5} \quad z^{-6} \quad z^{-7} \quad z^{-8} \quad z^{-9} \quad z^{-10} \quad z^{-11} \quad z^{-12} \quad z^{-13} \quad z^{-14} \quad z^{-15}$$

$$1-0.5-0.5 \quad 1 \quad -0.5-0.5 \quad 1 \quad -0.5-0.5 \quad 1 \quad -0.5-0.5 \quad 1 \quad -0.5$$

$$1 \quad -0.5-0.5 \quad 1 \quad -0.5-0.5 \quad 1 \quad -0.5-0.5 \quad 1 \quad -0.5-0.5 \quad 1 \quad -0.5$$

$$1 \quad -0.5-0.5 \quad 1 \quad -0.5-0.5 \quad 1 \quad -0.5-0.5 \quad 1 \quad -0.5-0.5 \quad 1 \quad -0.5$$

沿垂直方向将系数相加，可以得到

$$Y(z) = 1 + 0.5z^{-1} + 0z^{-2} + \cdots + 0z^{-13} + 0.5z^{-14} - 0.5z^{-15}$$
$$= 1 + 0.5z^{-1} + 0.5z^{-14} - 0.5z^{-15}$$

从这个例子我们注意到

- 卷积和很简单，即计算多项式乘积 $X(z)H(z)$ 的系数；
- 卷积和的长度＝$x[n]$的长度＋$h[n]$的长度−1＝14＋3−1＝16，即 $Y(z)$ 是一个 15 次多项式。

【例 10.9】

用作图法求卷积和，若输入或冲激响应是非因果信号，那么比输入和冲激响应均为因果信号时的情况更复杂。设

$$h_1[n] = \frac{1}{3}(\delta[n+1] + \delta[n] + \delta[n-1])$$

为一个非因果 FIR 均值滤波器的冲激响应，$x[n]=u[n]-u[n-4]$ 为输入。请说明如何利用卷积性质计算滤波器的输出。

解 采用作图法完成卷积和的计算时，在画 k 的函数 $h_1[n-k]$ 时会有一点儿困惑，故而本题利用 Z 变换的卷积性质和时移性质，这样能够更清楚地观察该计算。根据卷积性质，该非因果滤波器的输出的 Z 变换等于

$$Y_1(z) = X(z)H_1(z) = X(z)[zH(z)] \tag{10.22}$$

其中，令

$$H_1(z) = \mathcal{Z}[h_1[n]] = \frac{1}{3}(z+1+z^{-1}) = z\left[\frac{1}{3}(1+z^{-1}+z^{-2})\right] = zH(z)$$

这里 $H(z)=(1/3)\mathcal{Z}[\delta[n]+\delta[n-1]+\delta[n-2]]$ 是一个因果滤波器的转移函数。令 $Y(z)=X(z)H(z)$

为卷积和 $y[n]=[x*h][n]$ 的 Z 变换，其中 $x[n]$ 和 $h[n]$ 都是因果的，因此这二者的卷积和可以像我们之前所做的那样计算。最后根据式(10.22)得到 $Y_1(z)=zY(z)$，或 $y_1[n]=[x*h_1][n]=y[n+1]$。

设 $x_1[n]$ 是一个冲激响应为 $h_1[n]$ 的非因果 LTI 系统的输入，且有当 $n<N_1<0,h_1[n]=0$，假定 $x_1[n]$ 也是非因果的，即当 $n<N_0<0$ 时，$x_1[n]=0$，则输出 $y_1[n]=[x_1*h_1][n]$ 的 Z 变换为

$$Y_1(z)=X_1(z)H_1(z)=[z^{N_0}X(z)][z^{N_1}H(z)]$$

其中，$X(z)$ 和 $H(z)$ 分别是一个因果信号 $x[n]$ 和一个因果冲激响应 $h[n]$ 的 Z 变换。若令

$$y[n]=[x*h][n]=\mathcal{Z}^{-1}[X(z)H(z)]$$

那么

$$y_1[n]=[x_1*h_1][n]=y[n+N_0+N_1]$$

注：(1) 一个由差分方程所描述的 IIR 系统的冲激响应可通过设置初始条件为零而求得，因而要求转移函数 $H(z)$ 也需要相同的条件。如果初始条件不为零，那么全响应的 Z 变换 $Y(z)$ 等于零输入响应的 Z 变换和零状态响应的 Z 变换之和，即其 Z 变换具有以下形式：

$$Y(z)=\frac{X(z)B(z)}{A(z)}+\frac{I_0(z)}{A(z)} \tag{10.23}$$

而且无法计算 $Y(z)/X(z)$，除非由初始条件引起的响应成分 $I_0(z)=0$。

(2) 记住以下关系很重要：

$$H(z)=\mathcal{Z}[h[n]]=\frac{Y(z)}{X(z)}=\frac{\mathcal{Z}[y[n]]}{\mathcal{Z}[x[n]]}$$

其中，$H(z)$ 是系统的转移函数，$h[n]$ 是冲激响应，$x[n]$ 是输入，$y[n]$ 是输出。

【例 10.10】

考虑一个离散时间 IIR 系统，描述它的差分方程为

$$y[n]=0.5y[n-1]+x[n] \tag{10.24}$$

其中，$x[n]$ 是输入，$y[n]$ 是输出。确定系统的转移函数并由转移函数求出冲激响应和阶跃响应。判断在什么条件下系统是 BIBO 稳定的。若系统是稳定的，确定系统的暂态响应和稳态响应。

解 系统的转移函数为

$$H(z)=\frac{Y(z)}{X(z)}=\frac{1}{1-0.5z^{-1}}$$

于是冲激响应等于

$$h[n]=\mathcal{Z}^{-1}[H(z)]=0.5^nu[n]$$

利用转移函数可以容易地获得系统对于任意输入的响应，当输入为 $x[n]=u[n]$ 时，有

$$Y(z)=H(z)X(z)=\frac{1}{(1-0.5z^{-1})(1-z^{-1})}=\frac{-1}{1-0.5z^{-1}}+\frac{2}{1-z^{-1}}$$

故全解等于

$$y[n]=-0.5^nu[n]+2u[n]$$

由 LTI 系统的转移函数 $H(z)$，通过找到其极点的位置便可以检验系统的稳定性——与在模拟情况下所采用的方法非常像。离散 LTI 系统是 BIBO 稳定的，当且仅当系统的冲激响应绝对可和，即

$$\sum_n|h[n]|<\infty$$

此条件的一个等价条件是 $H(z)$ 的极点位于单位圆内部，在这种情况下 $h[n]$ 一定是绝对可和的。实际上的确如此，有

$$\sum_{n=0}^{\infty} |0.5^n| = \sum_{n=0}^{\infty} 0.5^n = \frac{1}{1 - 0.5} = 2$$

另一方面

$$H(z) = \frac{1}{1 - 0.5z^{-1}} = \frac{z}{z - 0.5}$$

有一个极点在 $z=0.5$，位于单位圆内部，因此系统 BIBO 稳定，从而知该系统的暂态响应和稳态响应存在。当 $n \to \infty$ 时，$y[n]=2$，这是稳态响应，而 $0.5^n u[n]$ 是暂态响应。

【例 10.11】
一个 FIR 系统具有以下输入/输出方程：

$$y[n] = \frac{1}{3}[x[n] + x[n-1] + x[n-2]]$$

其中，$x[n]$ 是输入，$y[n]$ 是输出。确定系统的转移函数和冲激响应，并据此判断该系统是否是 BIBO 稳定的。

解 系统的转移函数为

$$H(z) = \frac{1}{3}[1 + z^{-1} + z^{-2}] = \frac{z^2 + z + 1}{3z^2}$$

于是冲激响应为

$$h[n] = \frac{1}{3}[\delta[n] + \delta[n-1] + \delta[n-2]]$$

该系统的冲激响应只有三个不为零的值 $h[0]=h[1]=h[2]=1/3$，其余值都等于零，因此 $h[n]$ 是绝对可和的，故该滤波器是 BIBO 稳定的。实际上 FIR 滤波器一定是 BIBO 稳定的，因为它们的冲激响应具有有限支撑，因而一定绝对可和，或者等价的说法是，因为这些系统的转移函数的极点在 z 平面的原点处，所以系统是 BIBO 稳定的。

一个 FIR 或非递归系统

$$y[n] = b_0 x[n] + b_1 x[n-1] + \cdots + b_M x[n-M]$$

的冲激响应 $h[n]$ 具有有限长度并且等于

$$h[n] = b_0 \delta[n] + b_1 \delta[n-1] + \cdots + b_M \delta[n-M]$$

其转移函数为

$$H(z) = \frac{Y(z)}{X(z)} = b_0 + b_1 z^{-1} + \cdots + b_M z^{-M} = \frac{b_0 z^M + b_1 z^{M-1} + \cdots + b_M}{z^M}$$

其所有极点都在原点 $z=0$（M 重极点），因而系统是 BIBO 稳定的。

一个 IIR 或递归系统

$$y[n] = -\sum_{k=1}^{N} a_k y[n-k] + \sum_{m=0}^{M} b_m x[n-m]$$

的冲激响应 $h[n]$（可能）具有无限长度，并且等于

$$h[n] = \mathcal{Z}^{-1}[H(z)] = \mathcal{Z}^{-1}\left[\frac{\sum_{m=0}^{M} b_m z^{-m}}{1 + \sum_{k=1}^{N} a_k z^{-k}}\right] = \mathcal{Z}^{-1}\left[\frac{B(z)}{A(z)}\right] = \sum_{l=0}^{\infty} h[l]\delta[n-l]$$

其中，$H(z)$ 是系统的转移函数。如果 $H(z)$ 的极点位于单位圆内部，或当 $|z| \geqslant 1$ 时，$A(z) \neq 0$，系统就是 BIBO 稳定的。

10.4.4　离散时间系统的互连

类似于模拟系统,两个转移函数分别为 $H_1(z)$ 和 $H_2(z)$ (或冲激响应分别为 $h_1[n]$ 和 $h_2[n]$)的离散时间 LTI 系统能够级联连接、并联连接或者反馈连接,其中前两种连接形式来自于卷积和的性质。

级联两个 LTI 系统所得系统的转移函数为

$$H(z) = H_1(z)H_2(z) = H_2(z)H_1(z) \tag{10.25}$$

这说明如果交换这两个系统的次序,对总的系统没有影响(见图 10.7(a)),记住该性质只有对 LTI 系统才成立。在图 10.7(b)所示的并联系统中,两个系统有相同的输入,并且输出等于子系统的输出之和,总的转移函数等于

$$H(z) = H_1(z) + H_2(z) \tag{10.26}$$

最后是两个系统的负反馈连接,如图 10.7(c)所示,前馈路径产生

$$Y(z) = H_1(z)E(z) \tag{10.27}$$

其中, $Y(z) = \mathcal{Z}(y[n])$ 是输出 $y[n]$ 的 Z 变换,还有 $E(z) = X(z) - W(z)$ 是误差函数 $e[n] = x[n] - w[n]$ 的 Z 变换。反馈路径产生

$$W(z) = \mathcal{Z}(w[n]) = H_2(z)Y(z)$$

将其替换 $E(z)$ 中的 $W(z)$,再代入式(10.27)中替换 $E(z)$,便得到总的转移函数为

$$H(z) = \frac{Y(z)}{X(z)} = \frac{H_1(z)}{1 + H_1(z)H_2(z)} \tag{10.28}$$

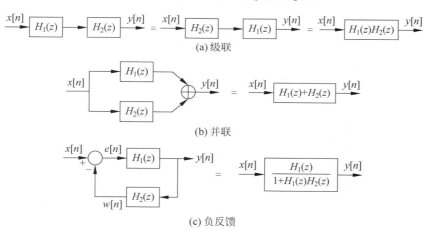

(a) 级联

(b) 并联

(c) 负反馈

图 10.7　LTI 系统的连接

10.4.5　初值和终值性质

在某些控制应用中,为了检验对离散时间信号 $x[n]$ 的 Z 变换所进行的部分分式展开是否正确,直接由其 Z 变换求出它的初值或终值是一种有用的方法。这两个值可用以下方法求得:

如果 $X(z)$ 是一个因果信号 $x[n]$ 的 Z 变换,那么

$$初值: x[0] = \lim_{z \to \infty} X(z)$$

$$终值: \lim_{n \to \infty} x[n] = \lim_{z \to 1}(z-1)X(z) \tag{10.29}$$

初值结果是由单边 Z 变换的定义而得来的，即

$$\lim_{z\to\infty}X(z) = \lim_{z\to\infty}\left(x(0) + \sum_{n\geq 1}\frac{x[n]}{z^n} \right) = x[0]$$

为了证明终值结果，首先考虑

$$(z-1)X(z) = \sum_{n=0}^{\infty}x[n]z^{-n+1} - \sum_{n=0}^{\infty}x[n]z^{-n} = x[0]z + \sum_{n=0}^{\infty}[x[n+1]-x[n]]z^{-n}$$

然后对其求极限可得

$$\lim_{z\to 1}(z-1)X(z) = x[0] + \sum_{n=0}^{\infty}(x[n+1]-x[n])$$

$$= x[0] + (x[1]-x[0]) + (x[2]-x[1]) + (x[3]-x[2])\cdots$$

$$= \lim_{n\to\infty}x[n]$$

在以上过程中，当 n 增大时，和式中的各项被消去，最后只剩下 $x[\infty]$。

【例 10.12】

考虑一个转移函数为 $G(z)=1/(1-0.5z^{-1})$ 的装置与一个反馈增益为常数 K 的负反馈连接(如图 10.8 所示)。如果参考信号是单位阶跃信号 $x[n]=u[n]$，确定误差信号 $e[n]$ 的表现。用误差的观点来分析反馈给一个不稳定的装置 $G(z)=1/(1-z^{-1})$ 带来了怎样的影响？

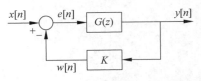

图 10.8 关于装置 $G(z)$ 的负反馈系统

解 对于 $G(z)=1/(1-0.5z^{-1})$，误差信号的 Z 变换为

$$E(z) = X(z) - W(z) = X(z) - KG(z)E(z)$$

当 $X(z)=1/(1-z^{-1})$ 时，有

$$E(z) = \frac{X(z)}{1+KG(z)} = \frac{1}{(1-z^{-1})(1+KG(z))}$$

由于 $G(\infty)=1$，于是误差信号的初值为

$$e[0] = \lim_{z\to\infty}E(z) = \frac{1}{1+K}$$

由于 $G(1)=2$，于是稳态误差或者说误差的终值为

$$\lim_{n\to\infty}e[n] = \lim_{z\to 1}(z-1)E(z) = \lim_{z\to 1}\frac{(z-1)X(z)}{1+KG(z)}$$

$$= \lim_{z\to 1}\frac{z(z-1)}{(z-1)(1+KG(z))} = \frac{1}{1+2K}$$

可见，如果想要稳态误差趋于零，那么 K 必须很大，在这种情况下，初始误差也等于零。

如果 $G(z)=1/(1-z^{-1})$，即该装置是不稳定的，那么误差函数的初始值还是相同的，即 $e[0]=1/(1+K)$，但由于 $G(1)\to\infty$，稳态误差将趋于零。

10.5 单边逆 Z 变换

与求拉普拉斯逆变换主要采用部分分式展开法不同，求逆 Z 变换可以采用不同的方法完成，例如，如果 Z 变换是一个有限次的多项式，那么逆变换可以通过观察法求出。实际上，如果所给的 Z 变换等于

$$X(z) = \sum_{n=0}^{N} x[n] z^{-n} = x[0] + x[1] z^{-1} + x[2] z^{-2} + \cdots + x[N] z^{-N} \qquad (10.30)$$

则由 Z 变换的定义可知,$x[k]$ 是 z^{-k} 项的系数,$k = 0, 1, \cdots, N$,因此,逆 Z 变换就由序列 $\{x[0], x[1], \cdots, x[n]\}$ 给出。例如,如果有 Z 变换

$$X(z) = 1 + 2z^{-10} + 3z^{-20}$$

其逆变换就为

$$x[n] = \delta[n] + 2\delta[n-10] + 3\delta[n-20]$$

所以 $x[0] = 1$,$x[10] = 2$ 和 $x[20] = 3$,而当 $n \neq 0, 10, 20$ 时,$x[n] = 0$。在此例中,由于 N 的值是有限的所以才可以这样做,如果 $N \to \infty$,用这种方法求逆 Z 变换恐怕就不实际了。在 $N \to \infty$ 的情况下,用下面马上要介绍的长除法和部分分式展开法会更合适一些。本节考虑的是单边逆 Z 变换,下一节将考虑双边逆 Z 变换。

10.5.1 长除法

> 一个有理函数 $X(z) = B(z)/A(z)$,其 ROC 为某个半径为 R 的圆周的外部(即 $x[n]$ 是因果的),若 $X(z)$ 可通过 $B(z)$ 除以 $A(z)$ 而表示成
>
> $$X(z) = x[0] + x[1] z^{-1} + x[2] z^{-2} + \cdots$$
>
> 那么其逆变换就是序列 $\{x[0], x[1], x[2], \cdots\}$,或
>
> $$x[n] = x[0]\delta[n] + x[1]\delta[n-1] + x[2]\delta[n-2] + \cdots$$

因此要求逆变换,只需简单地用多项式 $B(z)$ 除以多项式 $A(z)$ 来获得一个可能是无穷次的包含 z^{-1} 的各次幂的多项式,该多项式的系数就是逆变换的各个值。这种方法虽然简单直观,但也有缺点,那就是不能给出一个闭合形式的解,只有当此序列的各项之间有明显的关系时,才能归纳出解的闭合表达式。不过,如果仅仅是对 $x[n]$ 的某些初值感兴趣,这个方法也适用。

【例 10.13】

求 Z 变换

$$X(z) = \frac{1}{1 + 2z^{-2}}, \quad |z| > \sqrt{2}$$

的逆变换。

解 可以进行长除来求 $x[n]$ 的值,或等价地令

$$X(z) = x[0] + x[1] z^{-1} + x[2] z^{-2} + \cdots$$

来求出样本序列 $\{x[n]\}$,于是有乘积 $X(z)(1 + 2z^{-2}) = 1$,因此有

$$1 = (1 + 2z^{-2})(x[0] + x[1] z^{-1} + x[2] z^{-2} + \cdots)$$
$$= x[0] + x[1] z^{-1} + x[2] z^{-2} + x[3] z^{-3} + \cdots + 2x[0] z^{-2} + 2x[1] z^{-3} + \cdots$$

对比等式两边对应项的系数有

$$x[0] = 1, x[1] = 0, x[2] = -2, x[3] = 0, x[4] = (-2)^2, \cdots$$

所以逆 Z 变换为 $x[0] = 1$,以及当 $n > 0$ 且为偶数时,$x[n] = (-2)^{\log_2(n)}$,否则为 0。注意当 $n \to \infty$ 时,该序列是无限增长的。

另一个求逆变换的可行方法是利用以下几何级数等式:

$$\sum_{k=0}^{\infty} \alpha^n = \frac{1}{1 - \alpha} \quad |\alpha| < 1$$

并令 $-\alpha=2z^{-2}$（注意到 $|\alpha|=2/|z|^2<1$ 或 $|z|>\sqrt{2}$，即所给 ROC），从而有

$$X(z)=\frac{1}{1+2z^{-2}}=1+(-2z^{-2})^1+(-2z^{-2})^2+(-2z^{-2})^3+\cdots$$

但是这种方法不像长除法那样通用。

10.5.2 部分分式展开法

对 Z 变换进行的部分分式展开基本上与对拉普拉斯变换进行的部分分式展开是一样的。若 $N(z)$ 和 $D(z)$ 是 z 或 z^{-1} 的多项式，那么它们二者之比是一个有理函数

$$X(z)=\frac{N(z)}{D(z)}$$

$X(z)$ 的极点是方程 $D(z)=0$ 的根，而 $X(z)$ 的零点是方程 $N(z)=0$ 的根。

注：

（1）部分分式展开法的基本特征是 $X(z)$ 必须是有理真分式函数，或者说 $X(z)$ 的分子多项式 $N(z)$ 的次数低于分母多项式 $D(z)$ 的次数（假定 $N(z)$ 和 $D(z)$ 都是 z^{-1} 或 z 的多项式），如果不满足这个条件，则需要进行长除，直到余式的次数低于分母的次数。

（2）在 Z 变换中，常常会发现分子和分母的次数是相等的，这种情况比在拉普拉斯变换中更常见——在离散信号中 $\delta[n]$ 不再像模拟信号中冲激函数 $\delta(t)$ 那样不常见了。

（3）部分分式展开式由有理真分式函数的极点决定，它被表示成分式函数之和的形式，其中每一项的逆 Z 变换都可以容易地在 Z 变换表中查找到。通过画出真分式 $X(z)$ 的极、零点图，极点的位置可以提供逆变换的一般表达式，该表达式中包含着待定的需要从极点和零点确定的常系数。

（4）由于有理真分式函数 $X(z)$ 的分子多项式和分母多项式既可以表示成 z 的正幂形式，又可以表示成 z 的负幂形式，因而展开之后所得到的分式既可能是 z 的函数形式，也可能是 z^{-1} 的函数形式。我们将看到负幂情况下的部分分式展开与拉普拉斯变换中的部分分式展开更相像一些，因而我们更愿意采用这种形式。而 z 的正幂情况下的部分分式展开需要更多的考虑。

【例 10.14】

考虑假分式有理函数

$$X(z)=\frac{2+z^{-2}}{1+2z^{-1}+z^{-2}}$$

（分子多项式和分母多项式中 z^{-1} 的最高幂次相同），怎样获得一个包含有理真分式项的 $X(z)$ 的展开式？据此求出 $x[n]$。

解 做除法运算可得

$$X(z)=1+\frac{1-2z^{-1}}{1+2z^{-1}+z^{-1}}$$

其中的第二项是一个有理真分式函数，因为其分母中 z^{-1} 的幂次比分子中的更高。于是 $X(z)$ 的逆 Z 变换将为

$$x[n]=\delta[n]+Z^{-1}\left[\frac{1-2z^{-1}}{1+2z^{-1}+z^{-2}}\right]$$

有理真分式项的逆变换可用本节所介绍的方法求解。

【例 10.15】

分别利用 z 的负幂表达式和正幂表达式求

$$X(z) = \frac{1+z^{-1}}{(1+0.5z^{-1})(1-0.5z^{-1})} = \frac{z(z+1)}{(z+0.5)(z-0.5)}, \quad |z| > 0.5$$

的逆 Z 变换。

解 如果把 $X(z)$ 看成负幂 z^{-1} 的函数,显然它是个真分式(将 z^{-1} 看作变量,分子的次数为 1,分母的次数为 2),但是若把 $X(z)$ 看成是正幂 z 的函数,那么它就不是真分式了(分子和分母都是 2 次的),不过即使看作 z 的函数,也没有必要长除而使 $X(z)$ 成为真分式,还有一种简单的方法,那就是考虑函数 $X(z)/z$,求出它的部分分式展开式,即

$$\frac{X(z)}{z} = \frac{z+1}{(z+0.5)(z-0.5)} \tag{10.31}$$

这是一个真分式。因此,只要作为 z 的函数的 $X(z)$ 不是真分式,就总是可以通过将它除以 z 的某个幂而使之成为真分式,而且在获得部分分式展开式之后,可以再把这个 z 的幂函数乘回去。

下面来考虑包含 z^{-1} 的 $X(z)$ 的部分分式展开情况,

$$X(z) = \frac{1+z^{-1}}{(1+0.5z^{-1})(1-0.5z^{-1})} = \frac{A}{1+0.5z^{-1}} + \frac{B}{1+0.5z^{-1}}$$

考虑到两个极点都是实数,一个在 $z = -0.5$,另一个在 $z = 0.5$,故根据 Z 变换表可以得到逆变换的一般形式为

$$x[n] = [A(-0.5)^n + B0.5^n]u[n]$$

系数 A 和 B 可通过如下方式求出(所用方法与拉普拉斯变换的部分分式展开法类似):

$$A = X(z)(1+0.5z^{-1})\,|_{z^{-1}=-2} = -0.5$$
$$B = X(z)(1-0.5z^{-1})\,|_{z^{-1}=2} = 1.5$$

所以有

$$x[n] = [-0.5(-0.5)^n + 1.5(0.5)^n]u[n]$$

再来考虑包含 z 的正幂的部分分式展开情况,由式(10.31)可知,有理真分式函数 $X(z)/z$ 可展开成

$$\frac{X(z)}{z} = \frac{z+1}{(z+0.5)(z-0.5)} = \frac{C}{z+0.5} + \frac{D}{z-0.5}$$

通过如下方法获得 C 和 D 的值:

$$C = \frac{X(z)}{z}(z+0.5)\,|_{z=-0.5} = -0.5$$

$$D = \frac{X(z)}{z}(z-0.5)\,|_{z=0.5} = 1.5$$

于是有

$$X(z) = \frac{-0.5z}{z+0.5} + \frac{1.5z}{z-0.5}$$

根据 Z 变换表(如果表中条目是 z 的负幂形式,将它们转换成为 z 的正幂形式)可得

$$x[n] = [-0.5(-0.5)^n + 1.5(0.5)^n]u[n]$$

该结果与之前得到的结果一致。实际上,若将 $X(z)$ 表示成 z 的负幂形式,能够得到与之前完全相同的部分分式表达式。

有两个检验所得结果的简单方法,即分别检验初值结果和终值结果。对于初值,有

$$x[0] = 1 = \lim_{z \to \infty} X(z)$$

终值为

$$\lim_{n \to \infty} x[n] = \lim_{z \to 1}(z-1)X(z) = 0$$

两个值都验证了。注意：即使这两个值都验证了也并不能保证计算逆变换时没有出错,但是如果初值或终值与结果不一致,那么逆变换结果就是错误的。

10.5.3 用 MATLAB 求逆 Z 变换

符号 MATLAB 可用于计算单边逆 Z 变换。函数 iztrans 会提供对应于其参数的序列,以下脚本说明了该函数的用法,结果显示在下面。

```
% 逆 Z 变换
% %
syms n z
  x1 = iztrans((z * (z + 1))/((z + 0.5) * (z - 0.5)))
  x2 = iztrans((2 - z)/(2 * (z - 0.5)))
  x3 = iztrans((8 - 4 * z ^ ( - 1))/(z ^ ( - 2) + 6 * z ^ ( - 1) + 8))

x1 = (3 * (1/2)^n)/2 - (( - 1/2))^n/2
x2 = (3 * (1/2)^n)/2 - 2 * kroneckerDelta(n, 0)
x3 = 4 * ( - 1/2)^n - 3 * ( - 1/4)^n
```

注意,Z 变换可以以 z 的正幂形式或负幂形式给出,并且当它不是真分式时,函数 kroneckerDelta $(n,0)$ 对应 $\delta[n]$。

部分分式展开

MATLAB 也提供了数值方法用以计算逆变换,在 MATLAB 中有几个数值函数可用来完成 Z 变换的部分分式展开,并获得相应的逆变换。

1. 简单极点

考虑求

$$X(z) = \frac{z(z+1)}{(z-0.5)(z+0.5)} = \frac{(1+z^{-1})}{(1-0.5z^{-1})(1+0.5z^{-1})}, \quad |z| > 0.5$$

的逆 Z 变换。当 $X(z)$ 的分母系数和分子系数输入后,MATLAB 函数 residuez 就提供部分分式展开式中的系数即留数 $r[k]$、极点 $p[k]$ 以及相应 $X(z)$ 的增益 K。如果所给的分子或分母是因式分解的形式(就像以上所给的分母那样),那么需要将各项相乘从而获取分母多项式。回忆一下两个多项式相乘相当于这两个多项式的系数进行卷积运算,因此要将分母中的各项相乘,可以利用 MATLAB 函数 conv 来获得乘积的系数。$p_1(z)=1-0.5z^{-1}$ 的系数 $[1 \quad -0.5]$ 与 $p_2(z)=1+0.5z^{-1}$ 的系数 $[1 \quad 0.5]$ 的卷积就是分母的系数。也可以通过 MATLAB 函数 poly,由零点和极点来获得分子和分母中的那些多项式,这些多项式再如所指出的那样相乘而获得具有系数 $\{b[k]\}$ 的分子和具有系数 $\{a[k]\}$ 的分母。

若已知分子和分母的系数 $\{b[k]\}$ 和 $\{a[k]\}$,要求出 $X(z)$ 的极点和零点,可以利用 MATLAB 函数 roots。要画 $X(z)$ 的极、零点图,可用 MATLAB 函数 zplane,需要输入 $X(z)$ 的分子和分母的系数(在极、零点图中,通常用"×"表示极点,"。"代表零点)。

现在有两种方法计算逆 Z 变换 $x[n]$,可以利用部分分式展开式提供的信息(展开式中的留数或系数 $r[k]$ 以及相应极点)来计算逆变换(下面将把采用这种方法求出的逆变换称为 $x_1[n]$,以区别于用其他方法求得的解 $x[n]$),另一个可用的方法是 MATLAB 的函数 filter,它将 $X(z)$ 看作是一个转移函数,其分子和分母由系数向量 b 和 a 定义。如果假定输入是 Z 变换为 1 的 δ 函数,那么函数 filter 计算的就是其逆 Z 变换 $x[n]$（即巧妙地利用了 filter 函数得到了想要的结果）。

以下脚本用来产生分子和分母中的各项以获得相应的系数，画图并用以上所指出的两种不同方法求逆变换。以下省略了画图部分的代码。

```
%  两种方法求逆变换
% %
p1 = poly(0.5); p2 = poly(-0.5);        % 产生分母中的各项
a = conv(pl,p2)                         % 分母系数
zl = poly(0); z2 = poly(-1);            % 产生分子中的各项
b = conv(zl,z2)                         % 分子系数
z = roots(b)                            % X(z)的零点
[r,p,k] = residuez(b,a)                 % 留数、极点和增益
zplane(b,a)                             % 极点、零点图
d = [l zeros(1,99)];                    % 冲激 δ[n]
x = fllter(b,a,d);                      % 用 filter 计算 x[n]
n = 0: 99;
xl = r(1) * p(l).^n + r(2) * p(2).^n;   % 用留数计算 x[n]


  a = 1.0000   0   -0.2500
  b = 1   1   0
  z = 0
    - 1
  r = 1.5000
    - 0.5000
  p = 0.5000
    - 0.5000
```

图 10.9 显示了极点和零点图以及 $0 \leqslant n \leqslant 99$ 时的逆变换 $x_1[n]$ 和 $x[n]$，对比 $x_1[n]$ 和 $x[n]$ 可见，二者在每一点上都一致。

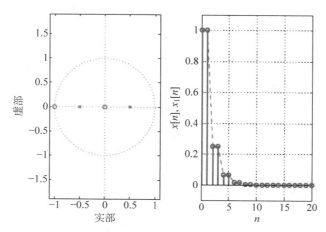

图 10.9 $X(z)$ 的极点和零点（左）（利用 filter 和留数求出的逆 Z 变换 $x[n]$ 和 $x_1[n]$）

2. 多重极点

只要出现多重极点，在解释 MATLAB 结果时就不得不小心谨慎了。首先，用 help 了解更多关于 residuez 的信息以及多重极点情况下部分分式展开的方式。从 help 文件提供的信息中要注意到留数是以与极点相同的方式排列的，而且对应多重极点的留数是以从最低阶到最高阶的顺序排列的。还要注

意 MATLAB 中的部分分式展开和我们所讲的部分分式展开的区别。例如,考虑 Z 变换

$$X(z) = \frac{az^{-1}}{(1-az^{-1})^2}, \quad |z| > a$$

其逆变换为 $x[n] = na^n u[n]$。若在 MATLAB 中,此函数会写成

$$X(z) = \frac{r_1}{1-az^{-1}} + \frac{r_2}{(1-az^{-1})^2}, \quad r_1 = -1, r_2 = 1 \tag{10.32}$$

其中第二项在 Z 变换表中是找不到的。为了将展开式写成其中的每一项都出现在 Z 变换表中,需要获得展开式

$$X(z) = \frac{A}{1-az^{-1}} + \frac{Bz^{-1}}{(1-az^{-1})^2} \tag{10.33}$$

中 A 和 B 的值,从而使式(10.32)和式(10.33)相等。可以发现有 $A = r_1 + r_2$,而 $B - Aa = -r_1 a$ 或 $B = ar_2$,利用这些值就求出了逆变换为

$$x[n] = [(r_1 + r_2)a^n + nr_2 a^n]u[n] = na^n u[n]$$

正如所料。

为了说明在多重极点情况下如何由留数计算逆 Z 变换,考虑转移函数

$$X(z) = \frac{0.5z^{-1}}{1 - 0.5z^{-1} - 0.25z^{-2} + 0.125z^{-3}}$$

采用了以下脚本。

```
%  逆 Z 变换——多重极点
% %
b = [ 0 0.5 0 0];
a = [1  −0.5  −0.25 0.125]
[r, p, k] = residuez(b, a)
zplane(b, a)                              % 极点和零点图
n = 0: 99; xx = p (1).^n; yy = xx. * n;
xl = (r(1) + r(2) ). * xx + r(2). * yy + r(3) * p(3).^n;     % 逆变换
```

极点和零点,逆 Z 变换示于图 10.10 中——在 0.5 有一个双重极点,留数和相应的极点为

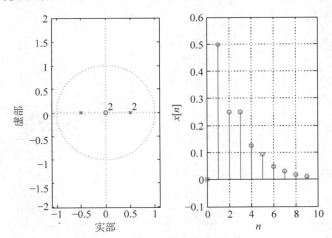

图 10.10 $X(z)$ 的极点和零点(左)和逆 Z 变换 $x[n]$

```
r = - 0.2500
      0.5000
    - 0.2500
p =   0.5000
      0.5000
    - 0.5000
```

从计算上讲,我们的方法和 MATLAB 中的方法类似,但采用我们的方法可以直接在 Z 变换表中找到逆变换——而在 MATLAB 方法的情况下,需要改变展开式,将其变成能在 Z 变换表中找得到的形式。

10.5.4 差分方程的解

本节将利用 Z 变换的时移性质求解带有初始条件的差分方程,其中将会看到求逆 Z 变换所用的部分分式展开法与求拉普拉斯逆变换所用的部分分式展开法完全一样。

> 如果 $x[n]$ 有单边 Z 变换 $X(z)$,那么 $x[n-N]$ 有以下单边 Z 变换:
> $$\mathcal{Z}[x[n-N]] = z^{-N}X(z) + x[-1]z^{-N+1} + x[-2]z^{-N+2} + \cdots + x[-N] \tag{10.34}$$

确实如此,根据单边 Z 变换的定义有

$$\mathcal{Z}(x[n-N]) = \sum_{n=0}^{\infty} x[n-N]z^{-n} = \sum_{m=-N}^{\infty} x[m]z^{-(m+N)}$$

$$= z^{-N}\sum_{m=0}^{\infty} x[m]z^{-m} + \sum_{m=-N}^{-1} x[m]z^{-(m+N)}$$

$$= z^{-N}X(z) + x[-1]z^{-N+1} + x[-2]z^{-N+2} + \cdots + x[-N]$$

其中,首先令 $m=n-N$,然后再将和式分成两个,一个相当于 $x[n]$ 的 Z 变换乘以 z^{-N}(信号的延迟),另一个对应着一些初始值 $\{x[i], -N \leqslant i \leqslant -1\}$。

注:

(1) 如果信号是因果的,那么 $\{x[i], -N \leqslant i \leqslant -1\}$ 都等于零,于是有 $\mathcal{Z}(x[n-N]) = z^{-N}X(z)$,这表明算子 z^{-1} 是一个延时算子,而且由于 $x[n-N]$ 有 N 个样本的延时,故其 Z 变换很简单,就等于 $X(z)$ 乘以 z^{-N}。

(2) 在求解差分方程,特别是具有非零初始条件的差分方程时,时移性质很有用,这在后面将会看到。另一方面,若初始条件等于零,那么单边 Z 变换或双边 Z 变换都可以用。

与常微分方程类似的差分方程,可以是直接对离散系统建模而产生,也可以是对常微分方程离散化而产生。求解常微分方程需要将其转化成差分方程,因为计算机无法完成积分运算。求解常微分方程有很多方法,这些方法的精度和复杂度各不相同,不过这属于数值分析课题,已经超出了本书的范畴,因此这里仅仅介绍一些简单的方法。

【例 10.16】

一个离散 IIR 系统由以下一阶差分方程

$$y[n] = ay[n-1] + x[n], \quad n \geqslant 0 \tag{10.35}$$

描述,其中,$x[n]$ 是系统的输入,$y[n]$ 是输出。讨论如何用递归法和 Z 变换法解此方程,求出利用系统的冲激响应 $h[n]$ 表示全解 $y[n]$ 的一般表达式。当输入 $x[n] = u[n] - u[n-1]$,且初始条件为零,$a=0.8$ 时,利用 MATLAB 函数 filter 求出 $y[n]$ 并画出输入和输出的图形。

解 通过利用由差分方程所给的递归可以获得时域中的唯一解。要计算 $y[0]$ 需要一个初始条件,

实际上由差分方程有

$$y[0] = ay[-1] + x[0]$$

由于 $x[0]$ 是已知的,因此将 $y[-1]$ 当作初始条件。一旦递归获得 $y[0]$,就可以求出其余的解:

$$y[1] = ay[0] + x[1], y[2] = ay[1] + x[2], y[3] = ay[2] + x[3], \cdots$$

其中每一步中所需的输出值均由递归过程中的前一步给出。不过,该解不是闭合形式。

可以采用 Z 变换获得闭合解。对方程两边进行单边 Z 变换可得

$$\mathcal{Z}(y[n]) = \mathcal{Z}(ay[n-1]) + \mathcal{Z}(x[n])$$
$$Y(z) = a(z^{-1}Y(z) + y[-1]) + X(z)$$

求解以上方程得到 $Y(z)$ 为

$$Y(z) = \frac{X(z)}{1 - az^{-1}} + \frac{ay[-1]}{1 - az^{-1}} \tag{10.36}$$

其中,第一项完全依赖于输入,第二项完全依赖于初始条件。如果已知输入 $x[n]$ 和初始条件 $y[-1]$,就可以通过求出逆 Z 变换而得到如下形式的全解 $y[n]$:

$$y[n] = y_{zs}[n] + y_{zi}[n]$$

其中,**零状态响应** $y_{zs}[n]$ 完全由输入引起,而初始条件为零,**零输入响应** $y_{zi}[n]$ 是输入为零时由初始条件引起的响应。

在这种简单情况下,我们能够得到任意输入 $x[n]$ 和初始条件 $y[-1]$ 下的全解,实际上,将 $1/(1-az^{-1})$ 表示为其 Z 变换的和形式,即

$$\frac{1}{1 - az^{-1}} = \sum_{k=0}^{\infty} a^k z^{-k}$$

式(10.36)即可变成

$$Y(z) = \sum_{k=0}^{\infty} X(z)a^k z^{-k} + ay[-1]\sum_{k=0}^{\infty} a^k z^{-k}$$
$$= X(z) + aX(z)z^{-1} + a^2 X(z)z^{-2} + \cdots + ay[-1](1 + az^{-1} + a^2 z^{-2} + \cdots)$$

然后利用时移性质,就可得到对任意输入 $x[n]$,初始条件 $y[-1]$ 和 a 的全解为

$$y[n] = x[n] + ax[n-1] + a^2 x[n-2] + \cdots + ay[-1](1 + a\delta[n-1] + a^2\delta[n-2] + \cdots)$$
$$= \sum_{k=0}^{\infty} a^k x[n-k] + ay[-1]\sum_{k=0}^{\infty} a^k \delta[n-k] \tag{10.37}$$

若差分方程中 $a = 0.8, x[n] = u[n] - u[n-11]$,以及零初始条件 $y[-1] = 0$,为了求解方程,可以利用以下 MATLAB 脚本。

```
% 例 10.16
% %
N = 100; n = 0: N - 1;   x = [ones(1,10)  zeros(1,N-10)];
den = [1  -0.8];   num = [1 0];
y = filter(num,den,x)
```

函数 filter 要求初始值等于零,结果如图 10.11 所示。

现在来求系统的冲激响应 $h[n]$。为了求冲激响应,令 $x[n] = \delta[n], y[-1] = 0$,这样就有 $y[n] = h[n]$ 或 $Y(z) = H(z)$,于是

$$H(z) = \frac{1}{1 - az^{-1}}, \quad 从而 \quad h[n] = a^n u[n]$$

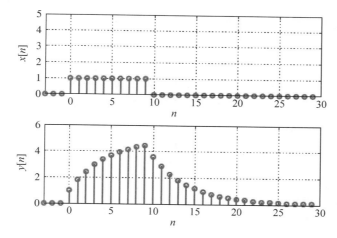

图 10.11　输入为 $x[n]$（上）时一阶差分方程的解（下）

现在能够看出式（10.37）中的第一项是个卷积和，第二项等于冲激响应乘以 $ay[-1]$，即

$$y[n] = y_{zs}[n] + y_{zi}[n] = \sum_{k=0}^{\infty} h[k]x[n-k] + ay[-1]h[n]$$

【例 10.17】

考虑由以下二阶常系数差分方程

$$y[n] - a_1 y[n-1] - a_2 y[n-2] = x[n] + b_1 x[n-1] + b_2 x[n-2], \quad n \geqslant 0$$

描述的离散时间系统，其中，$x[n]$ 是输入，$y[n]$ 是输出，初始条件为 $y[-1]$ 和 $y[-2]$。求 $Y(z)$ 的一个表达式，该表达式可用于求方程的全解。

解　对差分方程两边应用单边 Z 变换可得

$$\mathcal{Z}(y[n] - a_1 y[n-1] - a_2 y[n-2]) = \mathcal{Z}(x[n] + b_1 x[n-1] + b_2 x[n-2])$$

$$Y(z) - a_1(z^{-1}Y(z) + y[-1]) - a_2(z^{-2}Y(z) + y[-1]z^{-1} + y[-2]) = X(z)(1 + b_1 z^{-1} + b_2 z^{-2})$$

其中，利用了 Z 变换的线性性和时移性，同时还假定输入是因果的，即当 $n < 0$ 时，$x[n] = 0$，因此 $x[n-1]$ 和 $x[n-2]$ 的 Z 变换仅仅为 $z^{-1}X(z)$ 和 $z^{-2}X(z)$。将以上方程整理可得

$$Y(z)(1 - a_1 z^{-1} - a_2 z^{-2}) = (y[-1](a_1 + a_2 z^{-1}) + a_2 y[-2])$$
$$+ X(z)(1 + b_1 z^{-1} + b_2 z^{-2})$$

求解出 $Y(z)$ 为

$$Y(z) = \frac{X(z)(1 + b_1 z^{-1} + b_2 z^{-2})}{1 - a_1 z^{-1} - a_2 z^{-2}} + \frac{y[-1](a_1 + a_2 z^{-1}) + a_2 y[-2]}{1 - a_1 z^{-1} - a_2 z^{-2}}$$

其中，第一项是零状态响应的 Z 变换，仅仅由输入引起，第二项是零输入响应的 Z 变换，仅仅由初始状态引起。$Y(z)$ 的逆 Z 变换将给出全响应。

注：正如在第 9 章中所看到的那样，如果初始条件不等于零或输入不是因果的，系统就不是线性时不变（LTI）的。不过，时移性允许我们求出这种情况下的全响应，我们可以认为有两个输入作用于系统：一个归因于初始条件，另一个是常规的输入，通过运用叠加原理，可以获得的零状态响应和零输入响应，将它们相加便得到整个响应。

与用拉普拉斯变换表征系统响应一样,差分方程

$$y[n] + \sum_{k=1}^{N} a_k y[n-k] = \sum_{m=0}^{M} b_m x[n-m]$$

的稳态响应是由于 $Y(z)$ 在单位圆周上的简单极点而产生的,单位圆周内的简单极点或多重极点产生的是暂态响应,而单位圆周上的多重极点或单位圆周之外的极点则产生增长的响应。

【例 10.18】

求解差分方程

$$y[n] = y[n-1] - 0.25y[n-2] + x[n], \quad n \geqslant 0$$

已知初始条件为零,且 $x[n] = u[n]$。

解 对差分方程中的各项进行 Z 变换可得

$$Y(z) = \frac{X(z)}{1 - z^{-1} + 0.25z^{-2}} = \frac{1}{(1 - z^{-1})(1 - z^{-1} + 0.25z^{-2})}$$

$$= \frac{z^3}{(z-1)(z^2 - z + 0.25)}, \quad |z| > 1$$

$Y(z)$ 在 $z=0$ 有三个零点,在 $z=1$ 有一个极点,在 $z=0.5$ 有一个双重极点。$Y(z)$ 的部分分式展开式具有如下形式：

$$Y(z) = \frac{A}{1 - z^{-1}} + \frac{B(1 - 0.5z^{-1}) + Cz^{-1}}{(1 - 0.5z^{-1})^2} \tag{10.38}$$

其中,展开式中的各项都可在 Z 变换表中找到,于是包含某些待定常数在内的全响应为

$$y[n] = Au[n] + [B(0.5)^n + Cn(0.5)^n] u[n]$$

那么稳态响应就等于 $y_{ss}[n] = A$(对应于单位圆周上的极点 $z=1$),而其他两项对应单位圆内的双重极点 $z=0.5$,构成的是暂态响应。A 的值按如下方式获得

$$A = Y(z)(1 - z^{-1}) \mid_{z^{-1}=1} = 4$$

注意在式(10.38)中,对应双重极点 $z=0.5$ 的展开项中分子是一个一次多项式,其中的常数 B 和 C 待定,这样保证了其为有理真分式。该项等于

$$\frac{B(1 - 0.5z^{-1}) + Cz^{-1}}{(1 - 0.5z^{-1})^2} = \frac{B}{1 - 0.5z^{-1}} + \frac{Cz^{-1}}{(1 - 0.5z^{-1})^2}$$

这与拉普拉斯逆变换中多重极点的展开式非常相似。一旦求出 B 和 C 的值,就可以由 Z 变换表获得逆 Z 变换。获得系数 B 和 C 的一个简单方法是通过式(10.38)两边都乘以 $(1 - 0.5z^{-1})^2$ 得到

$$Y(z)(1 - 0.5z^{-1})^2 = \frac{A(1 - 0.5z^{-1})^2}{1 - z^{-1}} + B(1 - 0.5z^{-1}) + Cz^{-1}$$

然后令两边 $z^{-1} = 2$ 求出 C 为

$$C = \frac{Y(z)(1 - 0.5z^{-1})^2}{z^{-1}} \bigg|_{z^{-1}=2} = -0.5$$

B 的值可通过给 z^{-1} 取一个不同于 1 或 0.5 的值来计算 $Y(z)$ 而获得。例如,假定取 $z^{-1} = 0$,并且已经求出了 A 和 C 的值,那么有

$$Y(z) \mid_{z^{-1}=0} = A + B = 1$$

由此得 $B = -3$。

【例 10.19】

求以下差分方程对于输入 $x[n]=u[n]$ 的全响应

$$y[n]+y[n-1]-4y[n-2]-4y[n-3]=3x[n], \quad n \geqslant 0$$
$$y[-1]=1, y[-2]=y[-3]=0$$

判断对应该差分方程的离散时间系统是否是 BIBO 稳定的,以及 BIBO 稳定性对稳态响应的影响。

解 利用 Z 变换的时移性和线性性并将初始条件代入,可得

$$Y(z)\left[1+z^{-1}-4z^{-2}-4z^{-3}\right]=3X(z)+\left[-1+4z^{-1}+4z^{-2}\right]$$

令

$$A(z)=1+z^{-1}-4z^{-2}-4z^{-3}=(1+z^{-1})(1+2z^{-1})(1-2z^{-1})$$

可以写出

$$Y(z)=3\frac{X(z)}{A(z)}+\frac{-1+4z^{-1}+4z^{-2}}{A(z)}, \quad |z|>2 \tag{10.39}$$

为了判断稳态响应存在与否,首先来考虑与所给的差分方程相关联的系统的稳定性问题。由于系统的转移函数 $H(z)$ 可以通过令初始状态等于零而求得,因而令上式右边第二项等于零,得到输出的 Z 变换与输入的 Z 变换之比为

$$H(z)=\frac{Y(z)}{X(z)}=\frac{3}{A(z)}$$

$H(z)$ 的极点是 $A(z)$ 的零点,即 $z=-1, z=-2$ 和 $z=2$,这些极点要么位于单位圆上要么在单位圆外部,所以冲激响应 $h[n]=\mathcal{Z}^{-1}[H(z)]$ 不会像 BIBO 稳定性所要求的那样绝对可和。实际上,冲激响应的一般形式为

$$h[n]=\left[C+D(2)^n+E(-2)^n\right]u[n]$$

其中,C,D 和 E 是可以通过对 $H(z)$ 进行部分分式展开而求出的常数,因此 $h[n]$ 将随着 n 的增大而增长,它不会绝对可和,即系统不是 BIBO 稳定的。

由于系统不稳定,所以可以预料到全响应会随着 n 的增大而增长,下面来验证这一点。将 $X(z)$ 代入式(10.39)之后对 $Y(z)$ 进行部分分式展开,得到

$$Y(z)=\frac{2+5z^{-1}-4z^{-3}}{(1-z^{-1})(1+z^{-1})(1+2z^{-1})(1-2z^{-1})}=\frac{B_1}{1-z^{-1}}+\frac{B_2}{1+z^{-1}}$$
$$+\frac{B_3}{1+2z^{-1}}+\frac{B_4}{1-2z^{-1}}$$

$$B_1=Y(z)(1-z^{-1})\left.\right|_{z^{-1}=1}=-\frac{1}{2}, \quad B_2=Y(z)(1+z^{-1})\left.\right|_{z^{-1}=-1}=-\frac{1}{6}$$

$$B_3=Y(z)(1+2z^{-1})\left.\right|_{z^{-1}=-1/2}=0, \quad B_4=Y(z)(1-2z^{-1})\left.\right|_{z^{-1}=1/2}=\frac{8}{3}$$

故

$$y[n]=\left(-0.5-\frac{1}{6}(-1)^n+\frac{8}{3}2^n\right)u[n]$$

结果正如所预料的那样将随 n 的增大而增长——没有稳态响应。

在类似此例的问题中,出现计算误差的几率是非常大的,所以需要一种能够局部检查所得结果的方法。在此例中可以检查 $y[0]$ 的值,先利用差分方程求出其值为 $y[0]=-y[-1]+4y[-2]+4y[-3]+3=-1+3=2$,然后将它与通过求得的结果而获得的值 $y[0]=-3/6-1/6+16/6=2$ 进行比较,可见它们

是一致的。另一种局部检查所得结果的方法是利用初值定理和终值定理。

常微分方程的解

求解常微分方程需要将它们转化成差分方程,然后借助 Z 变换得到闭合形式的解。

【例 10.20】

考虑一个由二阶常微分方程

$$\frac{\mathrm{d}^2 v_c(t)}{\mathrm{d}t^2} + \frac{\mathrm{d}v_c(t)}{\mathrm{d}t} + v_c(t) = v_s(t)$$

描述的 RLC 电路,其中电容的端电压 $v_c(t)$ 为输出,电源 $v_s(t) = u(t)$ 为输入,设初始条件为零。用导数的定义近似导数,求出由此产生的差分方程并求解此方程。

解 由常微分方程求出输出的拉普拉斯变换为

$$V_c(s) = \frac{V_s(s)}{1 + s + s^2} = \frac{1}{s(s^2 + s + 1)} = \frac{1}{s((s + 0.5)^2 + 3/4)}$$

其中,最后的表达式是代入 $V_s(s) = 1/s$ 之后获得的。常微分方程解的一般形式为

$$v_c(t) = \left[A + Be^{-0.5t}\cos(\sqrt{3}\,t/2 + \theta) \right] u(t)$$

其中,A、B 和 θ 是常数。为了将常微分方程转化成为一个差分方程,近似一阶导数为

$$\frac{\mathrm{d}v_c(t)}{\mathrm{d}t} \approx \frac{v_c(t) - v_c(t - T_s)}{T_s}$$

二阶导数为

$$\frac{\mathrm{d}^2 v_c(t)}{\mathrm{d}t^2} = \frac{\mathrm{d}(\mathrm{d}v_c(t)/\mathrm{d}t)}{\mathrm{d}t} \approx \frac{\mathrm{d}(v_c(t) - v_c(t - T_s))/T_s}{\mathrm{d}t}$$

$$= \frac{v_c(t) - 2v_c(t - T_s) + v_c(t - 2T_s)}{T_s^2}$$

将它们代入常微分方程,并考虑 $t = nT_s$ 时的方程,有

$$\left(\frac{1}{T_s^2} + \frac{1}{T_s} + 1\right)v_c(nT_s) - \left(\frac{2}{T_s^2} + \frac{1}{T_s}\right)v_c((n-1)T_s) + \left(\frac{1}{T_s^2}\right)v_c((n-2)/T_s) = v_s(nT_s)$$

$$(10.40)$$

虽然我们知道 T_s 的值越小近似的结果越好,但为了简单起见,先设 $T_s = 1$,于是得到差分方程为

$$3v_c[n] - 3v_c[n-1] + v_c[n-2] = v_s[n], \quad n > 0$$

由于初始条件为零,因此可以递归地计算此方程得到

$$v_c[0] = 1/3, \quad 且当 \ n \to \infty \ 时, \quad v_c[n] = 1$$

利用 Z 变换能够获得一个闭合形式的解,得到(假定初始条件为零)

$$[3 - 3z^{-1} + z^{-2}]V_c(z) = \frac{1}{1 - z^{-1}}$$

因此

$$V_c(z) = \frac{z^3}{(z-1)(3z^2 - 3z + 1)}$$

由该函数的表达式可知,它有一个三阶零点 $z = 0$,它在 1 和 $-0.5 \pm j\sqrt{3}/6$ 处有极点,其部分分式展开式将具有如下形式:

$$V_c(z) = \frac{A}{1 - z^{-1}} + \frac{B}{1 + (0.5 + j\sqrt{3}/6)z^{-1}} + \frac{B^*}{1 + (0.5 - j\sqrt{3}/6)z^{-1}}$$

由于复共轭极点位于单位圆内,因此稳态响应是由输入引起的,输入有一个简单极点在 1 处,即稳态响应为 $\lim\limits_{n\to\infty}v_c[n]=A=1$。

在解常微分方程的过程中,先利用符号 MATLAB 函数 ilaplace 和 ezplot 求出精确解,然后采用抽样时间间隔 $T_s=0.1$s 对输入信号进行抽样,并利用一阶导数和二阶导数的近似来获得差分方程(10.40),再利用 filter 计算该差分方程。结果显示在图 10.12 中,可见常微分方程的精确解可以很好地被利用一阶导数和二阶导数的近似而获得的差分方程的解所逼近。

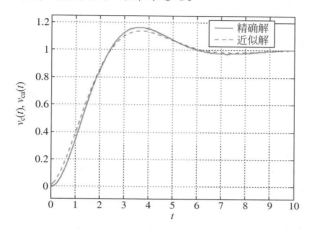

图 10.12 常微分方程 $d^2v_c(t)/dt^2+dv_c(t)/dt+v_c(t)=v_s(t)$ 的解(实线)以及取 $T_s=0.1$s 时近似常微分方程的差分方程的解(虚线)(精确解和近似解十分接近)

```
% 例 10.20
% %
syms s
vc = ilaplace(1/(s^3 + s^2 + s));                    % 精确解
ezplot(vc, [0, 10]); grid; hold on
Ts = 0.1;                                             % 抽样时间间隔
a1 = 1/Ts^2 + 1/Ts + 1; a2 = - 2/Ts^2 - 1/Ts; a3 = 1/Ts^2;   % 系数
a = [1 a2/a1 a3/a1]; b = 1;
t = 0: Ts: 10; N = length(t);
vs = ones(1,N);                                       % 输入
vca = filter(b,a,vs); vca = vca/vca(N);               % 解
```

10.5.5 双边 Z 变换的逆变换

求双边逆 Z 变换或非因果离散信号时,要注意将 Z 变换的极点与信号的因果成分和反因果成分联系起来,在此判断过程中,收敛域起到了非常重要的作用。一旦明确了哪个极点决定着因果成分,哪个极点决定着反因果成分,就可以通过寻找 Z 变换表中因果信号和反因果信号的部分分式展开式求出相应的逆变换。部分分式展开式中系数的计算与在因果信号情况下的求法一样。要获得因果信号和反因果信号的逆 Z 变换可利用表 10.1 和表 10.2。

表 10.1　常见信号的单边 Z 变换

	时间的函数	z 的函数及 ROC
(1)	$\delta[n]$	1，整个 z 平面
(2)	$u[n]$	$\dfrac{1}{1-z^{-1}}$，$\lvert z \rvert > 1$
(3)	$nn[n]$	$\dfrac{z^{-1}}{(1-z^{-1})^2}$，$\lvert z \rvert > 1$
(4)	$n^2 u[n]$	$\dfrac{z^{-1}(1+z^{-1})}{(1-z^{-1})^3}$，$\lvert z \rvert > 1$
(5)	$\alpha^n u[n]$，$\lvert \alpha \rvert < 1$	$\dfrac{1}{1-\alpha z^{-1}}$，$\lvert z \rvert > \lvert \alpha \rvert$
(6)	$n\alpha^n u[n]$，$\lvert \alpha \rvert < 1$	$\dfrac{\alpha z^{-1}}{(1-\alpha z^{-1})^2}$，$\lvert z \rvert > \lvert \alpha \rvert$
(7)	$\cos(\omega_0 n) u[n]$	$\dfrac{1-\cos(\omega_0)z^{-1}}{1-2\cos(\omega_0)z^{-1}+z^{-2}}$，$\lvert z \rvert > 1$
(8)	$\sin(\omega_0 n) u[n]$	$\dfrac{\sin(\omega_0)z^{-1}}{1-2\cos(\omega_0)z^{-1}+z^{-2}}$，$\lvert z \rvert > 1$
(9)	$\alpha^n \cos(\omega_0 n) u[n]$，$\lvert \alpha \rvert < 1$	$\dfrac{1-\alpha\cos(\omega_0)z^{-1}}{1-2\alpha\cos(\omega_0)z^{-1}+\alpha^2 z^{-2}}$，$\lvert z \rvert > \lvert \alpha \rvert$
(10)	$\alpha^n \sin(\omega_0 n) u[n]$，$\lvert \alpha \rvert < 1$	$\dfrac{\alpha\sin(\omega_0)z^{-1}}{1-2\alpha\cos(\omega_0)z^{-1}+\alpha^2 z^{-2}}$，$\lvert z \rvert > \lvert \alpha \rvert$

表 10.2　单边 Z 变换的基本性质

因果信号与常数	$\alpha x[n]$，$\beta y[n]$	$\alpha X(z)$，$\beta Y(z)$
线性	$\alpha x[n]+\beta y[n]$	$\alpha X(z)+\beta Y(z)$
卷积和	$(x * y)[n] = \sum\limits_{k} x[n]y[n-k]$	$X(z)Y(z)$
时移-因果	$x[n-N]$，N 为整数	$z^{-N}X(z)$
时移-非因果	$x[n-N]$，$x[n]$ 非因果，N 为整数	$z^{-N}X(z)+x[-1]z^{-N+1}+x[-2]z^{-N+2}+\cdots+x[-N]$
时间反褶	$x[-n]$	$X(z^{-1})$
乘以 n	$nx[n]$	$-z\dfrac{\mathrm{d}X(z)}{\mathrm{d}z}$
乘以 n^2	$n^2 x[n]$	$z^2\dfrac{\mathrm{d}^2 X(z)}{\mathrm{d}z^2}+z\dfrac{\mathrm{d}X(z)}{\mathrm{d}z}$
有限差分	$x[n]-x[n-1]$	$(1-z^{-1})X(z)-x[-1]$
累加和	$\sum\limits_{k=0}^{n} x[k]$	$\dfrac{X(z)}{1-z^{-1}}$
初值	$x[0]$	$\lim\limits_{z\to\infty} X(z)$
终值	$\lim\limits_{n\to\infty} x[n]$	$\lim\limits_{z\to 1}(z-1)X(z)$

【例 10.21】

求

$$X(z) = \frac{2z^{-1}}{(1-z^{-1})(1-2z^{-1})^2} = \frac{2z^2}{(z-1)(z-2)^2}, \quad 1 < |z| < 2$$

的逆 Z 变换,此 $X(z)$ 对应的是一个非因果信号。

解 函数 $X(z)$ 有两个零点在 $z=0$,一个极点在 $z=1$,一个双重极点在 $z=2$。由于收敛域是一个圆环,位于半径为 1 的内圆与半径为 2 的外圆之间,因此需要将位于 $z=1$ 的极点与对应着因果信号的收敛域 $\mathcal{R}_1$:$|z|>1$ 联系起来,将位于 $z=2$ 的极点与对应着反因果信号的收敛域 $\mathcal{R}_2$:$|z|<2$ 联系起来,这样就有

$$1 < |z| < 2 = \mathcal{R}_1 \bigcap \mathcal{R}_2$$

然后进行部分分式展开从而有

$$X(z) = \underbrace{\frac{A}{1-z^{-1}}}_{\mathcal{R}_1:\,|z|>1} + \underbrace{\left[\frac{B}{1-2z^{-1}} + \frac{Cz^{-1}}{(1-2z^{-1})^2} \right]}_{\mathcal{R}_2:\,|z|<2}$$

即第一项的收敛域为 $\mathcal{R}_1$,方括号中的项的收敛域为 $\mathcal{R}_2$,第一项的逆变换将是一个因果信号,而其余两项的逆变换将是反因果信号。

系数的求法与因果信号的情况相同,在此例中,有

$$A = X(z)(1-z^{-1})\,\big|_{z^{-1}=1} = 2, \quad C = X(z)\,\frac{(1-2z^{-1})^2}{z^{-1}}\bigg|_{z^{-1}=0.5} = 4$$

为了求 B,取一个 $z^{-1} \neq 1$ 或 0.5,然后计算 $X(z)$ 及其展开式的值。例如取 $z^{-1}=0$,得到

$$X(0) = A + B = 0$$

所以 $B = -A = -2$。于是求得逆变换为

$$x[n] = \underbrace{2u[n]}_{\text{因果}} + \underbrace{\left[-2^{(n+1)}u[-n-1] + 2^{(n+2)}nu[-n-1] \right]}_{\text{反因果}}$$

【例 10.22】

离散滤波器的转移函数如下,其极点位于 $z=1$ 和 $z=0.5$,求出所有可能的与之相关的冲激响应。

$$H(z) = \frac{1+2z^{-1}+z^{-2}}{(1-0.5z^{-1})(1-z^{-1})}$$

解 当作为 z^{-1} 的函数时,由于此函数的分子和分母都是 2 次的,因此它不是一个真分式。将其分解之后可以得到以下部分分式展开式:

$$H(z) = B_0 + \frac{B_1}{1-0.5z^{-1}} + \frac{B_2}{1-z^{-1}}$$

与该 $H(z)$ 相关的有三种可能的收敛域:

- $\mathcal{R}_1$:$|z|>1$,相应的冲激响应 $h_1[n] = \mathcal{Z}^{-1}[H(z)]$ 是因果的,其一般形式为

$$h_1[n] = B_0\delta[n] + [B_1(0.5)^n + B_2]\,u[n]$$

位于 $z=1$ 的极点使该滤波器不稳定,因为其冲激响应不是绝对可和的。

- $\mathcal{R}_2$:$|z|<0.5$,相应的冲激响应 $h_2[n] = \mathcal{Z}^{-1}[H(z)]$ 是反因果的,其一般形式为

$$h_2[n] = B_0\delta[n] - (B_1(0.5)^n + B_2)\,u[-n-1]$$

收敛域 $\mathcal{R}_2$ 不包含单位圆,因此冲激响应不是绝对可和的($H(z)$ 不能定义在 $|z|=1$ 上,因为 $|z|=1$ 不在收敛域 $\mathcal{R}_2$ 内)。

■ $\mathcal{R}_3 : 0.5 < |z| < 1$，这个收敛域产生一个双边的冲激响应 $h_3[n] = \mathcal{Z}^{-1}[H(z)]$，其一般形式为

$$h_3[n] = B_0\delta[n] + \underbrace{B_1(0.5)^n u[n]}_{\text{因果}} - \underbrace{B_2 u[-n-1]}_{\text{反因果}}$$

再一次地，该滤波器是不稳定的。

10.6　状态变量表示

无论是连续时间系统还是离散时间系统，现代控制理论都用状态变量来表示它们。本节将介绍系统的离散时间状态变量表示，它在许多方面与连续时间系统的状态变量表示非常相似。

状态变量是系统的记忆。在离散时间域中与在连续时间域中一样，知道系统在当前索引 n 时的状态就为我们提供了该系统从过去到当前的必要信息，这些信息连同当前和将来的输入就使得我们能够计算出系统在当前和将来的输出。状态变量表示优于转移函数之处在于，它在分析过程中包含了初始条件，以及它处理多输入多输出系统的能力。

假定离散时间系统是由一个差分方程（该方程可以来自于一个表示连续时间系统的常微分方程）来表示的，其中，$x[n]$ 是输入，$y[n]$ 是输出：

$$\begin{aligned} y[n] + a_1 y[n-1] + \cdots + a_N y[n-N] = b_0 x[n] + b_1 x[n-1] + \cdots \\ + b_M x[n-M], \quad n \geq 0 \end{aligned} \tag{10.41}$$

其中，$M \leq N$ 且系统的初始条件为 $\{y[i], -N \leq i \leq -1\}$。就像在连续时间中那样，离散时间的状态变量表示不是唯一的，为了从式(10.41)中的差分方程获得状态变量表示，令

$$\begin{aligned} v_1[n] &= y[n-1] \\ v_2[n] &= y[n-2] \\ &\vdots \\ v_N[n] &= y[n-N] \end{aligned}$$

于是从差分方程获得状态变量方程

$$\begin{aligned} v_1[n+1] &= y[n] = -a_1 v_1[n] - \cdots - a_N v_N[n] + b_0 x[n] + \cdots + b_M x[n-M] \\ v_2[n+1] &= v_1[n] \\ &\vdots \\ v_N[n+1] &= v_{N-1}[n] \end{aligned} \tag{10.42}$$

和输出方程

$$y[n] = -a_1 v_1[n] - \cdots - a_N v_N[n] + b_0 x[n] + b_1 x[n-1] + \cdots + b_M x[n-M]$$

通过适当地定义矩阵 $\boldsymbol{A}$ 和 $\boldsymbol{B}$，向量 $\boldsymbol{c}$ 和 $\boldsymbol{d}$ 以及状态向量 $\boldsymbol{v}[n]$ 和输入向量 $\boldsymbol{x}[n]$，这些状态方程和输出方程可以写成矩阵形式

$$\begin{aligned} \boldsymbol{v}[n+1] &= \boldsymbol{A}\boldsymbol{v}[n] + \boldsymbol{B}\boldsymbol{x}[n] \\ y[n] &= \boldsymbol{c}^{\mathrm{T}}\boldsymbol{v}[n] + \boldsymbol{d}\boldsymbol{x}[n], \quad n \geq 0 \end{aligned} \tag{10.43}$$

图 10.13 展示的是用于获得离散时间系统框图的延时器、常数乘法器和加法器的方框图。不同于连续时间系统的表示，离散时间系统表示不需要积分器，而是用延时器。

【例 10.23】
一个连续时间系统由常微分方程

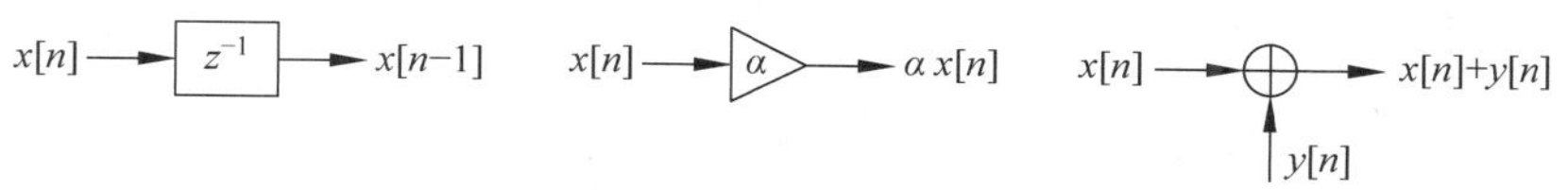

x[n]
z^{-1}
x[n-1]
x[n]
α
α x[n]
x[n]
x[n]+y[n]
y[n]

图 10.13　用于表示离散时间系统的不同组件的框图(从左至右)：延时器、常数乘法器和加法器

$$\frac{d^2y(t)}{dt^2}+\frac{dy(t)}{dt}+y(t)=x(t),\quad t\geqslant 0$$

表示。为了将该常微分方程转化成为一个差分方程,采用以下方法近似导数

$$\frac{dy(t)}{dt}\approx\frac{y(t)-y(t-T_s)}{T_s}$$

$$\frac{d^2y(t)}{dt^2}\approx\frac{y(t)-2y(t-T_s)+y(t-T_s)}{T_s^2}$$

求当 $T_s=1$ 及 $t=nT_s$ 时的差分方程,并求出相应的状态方程和输出方程。

解　将导数的近似形式代入原常微分方程,取 $T_s=1$,并令 $t=nT_s=n$,可得差分方程为

$$(y[n]-2y[n-1]+y[n-2])+(y[n]-y[n-1])+y[n]=x[n]$$

或

$$y[n]-y[n-1]+\frac{1}{3}y[n-2]=\frac{1}{3}x[n]$$

此方程可用如图 10.14 所示的方框图实现。因为采用了两个单位延时器实现该二阶差分方程,所以此实现称为最小实现。

x[n]
1/3
y[n]
z^{-1}
v_2[n]
z^{-1}
v_1[n]
-1/3

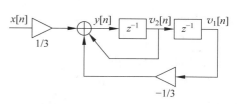

图 10.14　$y[n]-y[n-1]+(1/3)y[n-2]=(1/3)x[n]$的框图,状态变量 $v_1[n]=y[n-2]$和 $v_2[n]=y[n-1]$

设延时器的输出为状态变量

$$v_1[n]=y[n-2],\quad v_2[n]=y[n-1]$$

于是可以得到以下矩阵形式的状态方程：

$$\begin{bmatrix}v_1[n+1]\\v_2[n+1]\end{bmatrix}=\underbrace{\begin{bmatrix}0 & 1\\-1/3 & 1\end{bmatrix}}_{\boldsymbol{A}}\begin{bmatrix}v_1[n]\\v_2[n]\end{bmatrix}=\underbrace{\begin{bmatrix}0\\1/3\end{bmatrix}}_{\boldsymbol{b}}x[n]$$

和输出方程

$$y[n]=-\frac{1}{3}v_1[n]+v_2[n]+\frac{1}{3}x[n]$$

或用矩阵形式表示为

$$y[n]=\underbrace{\begin{bmatrix}-\frac{1}{3} & 1\end{bmatrix}}_{\boldsymbol{c}^T}\begin{bmatrix}v_1[n]\\v_2[n]\end{bmatrix}+\underbrace{\begin{bmatrix}\frac{1}{3}\end{bmatrix}}_{\boldsymbol{d}}x[n]$$

状态变量不是唯一的,实际上可以利用一个可逆的变换矩阵 $\boldsymbol{F}$ 来定义一组新的状态变量

$$\boldsymbol{w}[n]=\boldsymbol{F}\boldsymbol{v}[n]$$

新的状态变量以及输出的矩阵表示为

$$\begin{aligned}\boldsymbol{w}[n+1]&=\boldsymbol{F}\boldsymbol{v}[n+1]=\boldsymbol{F}\boldsymbol{A}\,\boldsymbol{v}[n]+\boldsymbol{F}\boldsymbol{b}x[n]\\&=\boldsymbol{F}\boldsymbol{A}\boldsymbol{F}^{-1}\boldsymbol{w}[n]+\boldsymbol{F}\boldsymbol{b}x[n]\\y[n]&=\boldsymbol{c}^T\boldsymbol{v}[n]+\boldsymbol{d}x[n]=\boldsymbol{c}^T\boldsymbol{F}^{-1}\boldsymbol{w}[n]+\boldsymbol{d}x[n]\end{aligned}$$

【例 10.24】

一个离散时间系统由差分方程

$$y[n] - y[n-1] - y[n-2] = x[n] + x[n-1]$$

表示，其中 $x[n]$ 是输入，$y[n]$ 是输出。求该系统的一个状态变量表示。

解 注意在该差分方程的输入中既有 $x[n]$，同时还有 $x[n-1]$，与该差分方程对应的转移函数等于

$$H(z) = \frac{Y(z)}{X(z)} = \frac{1 + z^{-1}}{1 - z^{-1} - z^{-2}}$$

即它不是一个"常数分子"转移函数，这种情况下系统的一个直接实现将不会是最小的。确实，由差分方程而获得的方框图(见图 10.15)显示出需要三个延时器表示这个二阶系统。不过有一点认识很重要，即便这个实现不是最小的，但它仍然是系统的一个正确表示，这一点不同于当输入及其导数都出现在微分方程(连续时间表示)中的模拟情形，在连续时间表示中，微分器被认为是不可接受的，而在离散时间表示中，延时却可以。

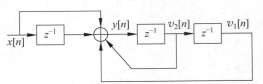

图 10.15 $y[n] - y[n-1] - y[n-2] = x[n] + x[n-1]$ 的框图（显示了状态变量 $v_1[n]$ 和 $v_2[n]$，对应的是一个非最小实现）

10.6.1 状态方程和输出方程的解

状态方程

$$v[n+1] = Av[n] + Bx[n], \quad n \geqslant 0$$

的解可以用递归方法获得

$$v[1] = Av[0] + Bx[0]$$
$$v[2] = Av[1] + Bx[1] = A^2 v[0] + ABx[0] + Bx[1]$$
$$\vdots$$
$$v[n] = A^n v[0] + \sum_{k=0}^{n-1} A^{n-1-k} Bx[k]$$

其中，$A^0 = I$ 是单位矩阵。于是可得到全响应为

$$y[n] = \underbrace{c^T A^n v[0]}_{y_{zi}[n] \text{零输入响应}} + \underbrace{\sum_{k=0}^{n-1} c^T A^{n-1-k} Bx[k] + dx[n]}_{y_{zs}[n] \text{零状态响应}} \tag{10.44}$$

由式(10.42)中的状态变量定义可见，状态变量的初始值与系统的初始值一致，

$$v_1[0] = y[-1], \ v_2[0] = y[-2], \cdots, v_N[0] = y[-N] \tag{10.45}$$

利用 Z 变换能够得到状态方程和输出方程的闭合形式的解。实际上，若状态方程和输出方程是矩阵形式

$$v[n+1] = Av[n] + Bx[n]$$
$$y[n] = c^T v[n] + dx[n], \quad n \geqslant 0 \tag{10.46}$$

记状态变量的 Z 变换为 $V_i(z) = \mathcal{Z}(v_i[n])$，$i = 1, \cdots, N$；输入的 Z 变换为 $X_m(z) = \mathcal{Z}(x[n-M])$，$m = 0, \cdots, M$；输出的 Z 变换为 $Y(z) = \mathcal{Z}(y[n])$，那么可以得到以下的式(10.46)中状态方程的 Z 变换的矩阵表达式：

$$zV(z) - zv[0] = AV(z) + BX(z) \quad \text{或} \quad (zI - A)V(z) = zv[0] + BX(z)$$

其中用到了 $v_i[n+1]$ 的 Z 变换，$\boldsymbol{v}[0]$ 是状态变量的初始值向量，$\boldsymbol{I}$ 是单位阵。假定$(z\boldsymbol{I}-\boldsymbol{A})$的逆矩阵存在，即 $\det(z\boldsymbol{I}-\boldsymbol{A})\neq 0$，借助伴随矩阵和行列式表示矩阵的逆，就得到了 $\boldsymbol{V}(z)$ 的解为：

$$\boldsymbol{V}(z)=(z\boldsymbol{I}-\boldsymbol{A})^{-1}z\boldsymbol{v}[0]+(z\boldsymbol{I}-\boldsymbol{A})^{-1}\boldsymbol{B}\boldsymbol{X}(z)$$

$$=\frac{\mathrm{Adj}(z\boldsymbol{I}-\boldsymbol{A})}{\det(z\boldsymbol{I}-\boldsymbol{A})}z\boldsymbol{v}[0]+\frac{\mathrm{Adj}(z\boldsymbol{I}-\boldsymbol{A})}{\det(z\boldsymbol{I}-\boldsymbol{A})}\boldsymbol{B}\boldsymbol{X}(z) \tag{10.47}$$

于是可以获得输出的 Z 变换为

$$Y(z)=\frac{\boldsymbol{c}^{\mathrm{T}}\mathrm{Adj}(z\boldsymbol{I}-\boldsymbol{A})}{\det(z\boldsymbol{I}-\boldsymbol{A})}z\boldsymbol{v}[0]+\left[\frac{\boldsymbol{c}^{\mathrm{T}}\mathrm{Adj}(z\boldsymbol{I}-\boldsymbol{A})}{\det(z\boldsymbol{I}-\boldsymbol{A})}\boldsymbol{B}+d\right]X(z) \tag{10.48}$$

如果初始条件 $\boldsymbol{v}[0]$ 等于零，且输入为 $x[n]$，那么就求出了转移函数，由下式给出

$$H(z)=\frac{Y(z)}{X(z)}=\frac{\boldsymbol{c}^{\mathrm{T}}\mathrm{Adj}(z\boldsymbol{I}-\boldsymbol{A})}{\det(z\boldsymbol{I}-\boldsymbol{A})}\boldsymbol{B}+d \tag{10.49}$$

【例 10.25】

考虑例 10.23 中系统的状态变量表示，其中的矩阵为

$$\boldsymbol{A}=\begin{bmatrix}0 & 1\\ -1/3 & 1\end{bmatrix},\quad \boldsymbol{b}=\begin{bmatrix}1\\ 1/3\end{bmatrix}$$

$$\boldsymbol{c}^{\mathrm{T}}=\begin{bmatrix}-\dfrac{1}{3} & 1\end{bmatrix},\quad d=\begin{bmatrix}\dfrac{1}{3}\end{bmatrix}$$

确定系统的转移函数。

解 可以不求逆矩阵$(z\boldsymbol{I}-\boldsymbol{A})^{-1}$，而是利用克莱姆法则求出 $Y(z)$。实际上，将具有零初始条件的状态方程写成

$$\underbrace{\begin{bmatrix}z & -1\\ 1/3 & z-1\end{bmatrix}}_{(z\boldsymbol{I}-\boldsymbol{A})}\underbrace{\begin{bmatrix}V_1(z)\\ V_2(z)\end{bmatrix}}_{\boldsymbol{V}(z)}=\underbrace{\begin{bmatrix}0\\ X(z)/3\end{bmatrix}}_{\boldsymbol{b}X(z)}$$

然后根据克莱姆法则可以得到

$$V_1(z)=\frac{\det\begin{bmatrix}0 & -1\\ X(z)/3 & z-1\end{bmatrix}}{\Delta(z)}=\frac{X(z)/3}{\Delta(z)}$$

$$V_2(z)=\frac{\det\begin{bmatrix}z & 0\\ 1/3 & X(z)/3\end{bmatrix}}{\Delta(z)}=\frac{zX(z)/3}{\Delta(z)}$$

$$\Delta(z)=z^2-z+1/3$$

将状态变量的 Z 变换代入输出方程可得输出的 Z 变换为

$$Y(z)=\begin{bmatrix}-1/3 & 1\end{bmatrix}\begin{bmatrix}V_1(z)\\ V_2(z)\end{bmatrix}+\frac{X(z)}{3}$$

$$=\frac{-1/9+z/3+(z^2/3-z/3+1/9)}{z^2-z+1/3}X(z)=\frac{z^2/3}{z^2-z+1/3}X(z)$$

所以得

$$H(z)=\frac{Y(z)}{X(z)}=\frac{z^2/3}{z^2-z+1/3}=\frac{1/3}{1-z^{-1}+z^{-2}/3}$$

【例 10.26】

一个 LTI 离散时间系统的转移函数为

$$H(z) = \frac{z^{-2}}{1 - 0.5z^{-1} + 0.5z^{-2}}$$

给出它的一个最小状态变量实现(即仅用与此二阶系统相对应的两个延时器的实现)。再利用输出的初始值确定状态变量的初始条件。

解 所给的转移函数不是"常数分子"，而且是 z 的负幂函数，具有这种转移函数的系统有着被延迟的输入。设 $x[n]$ 为输入，$y[n]$ 为输出，$X(z)$ 和 $Y(z)$ 分别为它们的 Z 变换，将 $H(z)$ 进行如下分解：

$$H(z) = \frac{Y(z)}{X(z)} = \underbrace{z^{-2}}_{Y(z)/W(z)} \times \underbrace{\frac{1}{1 - 0.5z^{-1} + 0.5z^{-2}}}_{W(z)/X(z)}$$

这样便可得到以下方程：

$$w[n] = 0.5w[n-1] - 0.5w[n-2] + x[n]$$
$$y[n] = w[n-2]$$

相应的方框图见图 10.16，这是一个最小实现，因为它只用到了两个延时器。如该图所示，状态变量被定义为

$$v_1[n] = w[n-1], \quad v_2[n] = w[n-2]$$

矩阵形式的状态方程和输出方程为

$$\boldsymbol{v}[n+1] = \begin{bmatrix} 1/2 & -1/2 \\ 1 & 0 \end{bmatrix} \boldsymbol{v}[n] + \begin{bmatrix} 1 \\ 0 \end{bmatrix} \boldsymbol{x}[n]$$
$$y[n] = \begin{bmatrix} 0 & 1 \end{bmatrix} \boldsymbol{v}[n]$$

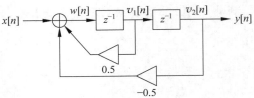

图 10.16 具有转移函数 $H(z) = z^{-2}/(1 - 0.5z^{-1} + 0.5z^{-2})$ 的系统的最小实现

将状态变量用输出来表示，有

$$v_1[n] = w[n-1] = y[n+1], \quad v_2[n] = y[n]$$

于是便可得到 $v_2[0] = y[0]$ 和 $v_1[0] = y[1]$。初始条件之所以是 $y[0]$ 和 $y[1]$，是因为在差分方程

$$y[n] - 0.5y[n-1] + 0.5y[n-2] = x[n-2]$$

中输入被延迟了 2 个样本点，故而初始条件应该取 $y[0]$ 和 $y[1]$。

【例 10.27】

考虑一个系统，其状态变量表示中的各矩阵如下

$$\boldsymbol{A} = \begin{bmatrix} 0 & 1 \\ 1/8 & 1/4 \end{bmatrix}, \quad \boldsymbol{b} = \begin{bmatrix} 0 \\ 1 \end{bmatrix}$$
$$\boldsymbol{c}^{\mathrm{T}} = \begin{bmatrix} 1 & 0 \end{bmatrix}, \quad \boldsymbol{d} = \begin{bmatrix} 0 \end{bmatrix}$$

确定该系统对于任意初始条件 $\boldsymbol{v}[0]$ 的零输入响应。

解 在时域中零输入响应等于

$$y[n] = \boldsymbol{c}^{\mathrm{T}} \boldsymbol{A}^n \boldsymbol{v}[0]$$

需要计算矩阵 $\boldsymbol{A}^n$。为了计算 $\boldsymbol{A}^n$，下面来考虑

$$\mathcal{Z}[\boldsymbol{A}^n] = \sum_{n=0}^{\infty} \boldsymbol{A}^n z^{-n} = (\boldsymbol{I} - \boldsymbol{A}z^{-1})^{-1}, \quad \det(\boldsymbol{I} - \boldsymbol{A}z^{-1}) \neq 0$$

以上等式的证明可通过将等式两边都左乘 $\boldsymbol{I} - \boldsymbol{A}z^{-1}$ 而得到

$$[\boldsymbol{I} - \boldsymbol{A}z^{-1}] \sum_{n=0}^{\infty} \boldsymbol{A}^n z^{-n} = \sum_{n=0}^{\infty} \boldsymbol{A}^n z^{-n} - \sum_{n=0}^{\infty} \boldsymbol{A}^{n+1} z^{-(n+1)} = \boldsymbol{I}$$

即该无限和是 $(\boldsymbol{I} - \boldsymbol{A}z^{-1})$ 的逆。若以 z 的正幂形式来表示，$\boldsymbol{A}^n$ 的 Z 变换则等于

$$\mathcal{Z}[\boldsymbol{A}^n] = (z^{-1}[\boldsymbol{I}z - \boldsymbol{A}])^{-1} = z(\boldsymbol{I}z - \boldsymbol{A})^{-1}$$

现在利用以下事实,即对于一个 2×2 矩阵,只要该矩阵的行列式 $ad-bc\neq0$,就有

$$\boldsymbol{F}=\begin{bmatrix}a & b \\ c & d\end{bmatrix}\Rightarrow\boldsymbol{F}^{-1}=\frac{1}{ad-bc}\begin{bmatrix}d & -b \\ -c & a\end{bmatrix}$$

于是有

$$\boldsymbol{I}-\boldsymbol{A}z^{-1}=\begin{bmatrix}1 & -z^{-1} \\ -z^{-1}/8 & 1-z^{-1}/4\end{bmatrix}\Rightarrow$$

$$(\boldsymbol{I}-\boldsymbol{A}z^{-1})^{-1}=\frac{1}{1-z^{-1}/4-z^{-2}/8}\begin{bmatrix}1-z^{-1}/4 & z^{-1} \\ z^{-1}/8 & 1\end{bmatrix}$$

然后需要确定该矩阵的四个元素的逆 Z 变换从而求出 $\boldsymbol{A}^n$。如果设

$$P(z)=\frac{1}{1-z^{-1}/4-z^{-2}/8}=\frac{2/3}{1-0.5z^{-1}}+\frac{1/3}{1+0.25z^{-1}}$$

的逆 Z 变换为

$$p[n]=\left[\frac{2}{3}0.5^n+\frac{1}{3}(-0.25)^n\right]u[n]$$

那么有

$$\boldsymbol{A}^n=\begin{bmatrix}p[n]-0.25p[n-1] & p[n-1] \\ 0.125p[n-1] & p[n]\end{bmatrix}$$

利用其求出零输入响应为

$$y[n]=\begin{bmatrix}1 & 0\end{bmatrix}\begin{bmatrix}p[n]-0.25p[n-1] & p[n-1] \\ 0.125p[n-1] & p[n]\end{bmatrix}\boldsymbol{v}[0]$$

$$=(p[n]-0.25p[n-1])v_1[0]+p[n-1]v_2[0]$$

10.6.2 标准实现

正如在连续情况中一样,离散时间状态变量的实现也有不同的标准型,本节将举例说明获得离散时间状态变量并联实现的过程,从而证明二者之间的相似性。

状态变量的并联实现是通过实现转移函数的部分分式展开式中的每一项而获得的。若考虑系统只有简单极点的情况,那么转移函数就等于

$$H(z)=\frac{Y(z)}{X(z)}=\sum_{i=1}^{N}\underbrace{\frac{A_i}{1-\alpha_i z^{-1}}}_{H_i(z)}$$

故而

$$Y(z)=\sum_{i=1}^{N}\underbrace{H_i(z)X(z)}_{Y_i(z)}$$

对于子系统 $Y_i(z)(1-\alpha_i z^{-1})=X(z)$ 或 $y_i[n]-\alpha_i y_i[n-1]=x[n]$ 而言,状态变量是 $v_i[n]=y_i[n-1]$,因而有

$$v_i[n+1]=y_i[n]=\alpha_i v_i[n]+x[n], \quad i=1,\cdots,N$$

于是对于整个系统,有

$$v_1[n+1]=\alpha_1 v_1[n]+x[n]$$
$$v_2[n+1]=\alpha_2 v_2[n]+x[n]$$

$$\vdots$$
$$v_N[n+1] = \alpha_N v_N[n] + x[n]$$

且输出等于

$$y[n] = \sum_{i=1}^{N} y_i[n] = \sum_{i=1}^{N} \alpha_i v_i[n] + N x[n]$$

或用矩阵形式表示则为

$$\boldsymbol{v}[n+1] = \boldsymbol{A}\boldsymbol{v}[n] + \boldsymbol{b}x[n]$$
$$y[n] = \boldsymbol{c}^{\mathrm{T}}\boldsymbol{v}[n] + \boldsymbol{d}x[n]$$

$$\boldsymbol{A} = \begin{bmatrix} \alpha_1 & 0 & \cdots & 0 \\ 0 & \alpha_2 & \cdots & 0 \\ \vdots & \vdots & \vdots & \vdots \\ 0 & 0 & \cdots & \alpha_N \end{bmatrix}, \quad \boldsymbol{b} = \begin{bmatrix} 1 \\ 1 \\ \vdots \\ 1 \end{bmatrix}$$

$$\boldsymbol{c}^{\mathrm{T}} = \begin{bmatrix} \alpha_1 & \alpha_2 & \cdots & \alpha_N \end{bmatrix}, \quad \boldsymbol{d} = N$$

通常，只要转移函数被因式分解成具有实系数的一阶系统和二阶系统，那么并联实现就通过将转移函数部分分式展开成一阶和二阶的子系统，并实现每个子系统而获得。以下这个例子说明了该过程。

【例 10.28】

根据转移函数

$$H(z) = \frac{z^3}{(z+0.5)\left[(z-0.5)^2 + 0.25\right]}$$

得到一个并联的状态变量实现，并画出相应的状态方程和输出方程的框图实现。

解 对 $H(z)$ 进行部分分式展开，设其形式为

$$H(z) = \frac{1}{(1+0.5z^{-1})\left[(1-0.5z^{-1})^2 + 0.25z^{-2}\right]} = \frac{A_1}{1+0.5z^{-1}} + \frac{A_2 + A_3 z^{-1}}{1 - z^{-1} + 0.5z^{-2}}$$

其中

$$A_1 = H(z)(1+0.5z^{-1}) \mid_{z^{-1}=-2} = \frac{1}{1 - z^{-1} + 0.5z^{-2}}\bigg|_{z^{-1}=-2} = \frac{1}{5}$$

那么

$$\frac{A_2 + A_3 z^{-1}}{1 - z^{-1} + 0.5z^{-2}} = \frac{1}{(1+0.5z^{-1})(1 - z^{-1} + 0.5z^{-2})} - \frac{1/5}{1+0.5z^{-1}}$$

$$= \frac{1 - 0.2(1 - z^{-1} + 0.5z^{-2})}{(1+0.5z^{-1})(1 - z^{-1} + 0.5z^{-2})} = \frac{0.8 - 0.2z^{-1}}{1 - z^{-1} + 0.5z^{-2}}$$

即 $A_2 = 0.8, A_3 = -0.2$，于是可将输出写为

$$Y(z) = \underbrace{\frac{0.2X(z)}{1+0.5z^{-1}}}_{Y_1(z)} + \underbrace{\frac{(0.8 - 0.2z^{-1})X(z)}{1 - z^{-1} + 0.5z^{-2}}}_{Y_2(z)}$$

或如下两个差分方程

$$y_1[n] + 0.5y_1[n-1] = 0.2x[n]$$
$$y_2[n] - y_2[n-1] + 0.5y_2[n-2] = 0.8x[n] - 0.2x[n-1]$$

需要得到以上两个差分方程的状态变量表示。最小实现可如下获得：第一个系统是以 z 的负幂形式表示的，它是一个"常数分子"系统，因此其最小实现可以直接获得；第二个差分方程的转移函数可写为

$$Y_2(z) = \underbrace{\frac{X(z)}{1 - z^{-1} + 0.5z^{-2}}}_{W(z)} \times \underbrace{(0.8 - 0.2z^{-1})}_{Y_2(z)/W(z)}$$

由此可以得到方程

$$w[n] - w[n-1] + 0.5w[n-2] = x[n]$$
$$y_2[n] = 0.8w[n] - 0.2w[n-1]$$

注意，实现这些方程只需要两个延时器。如果令

$$v_1[n] = w[n-1]$$
$$v_2[n] = w[n-2]$$

则可得到

$$v_1[n+1] = w[n] = v_1[n] - 0.5v_2[n] + x[n]$$
$$v_2[n+1] = v_1[n]$$
$$y_2[n] = 0.8(v_1[n] - 0.5v_2[n] + x[n]) - 0.2v_1[n] = 0.6v_1[n] - 0.4v_2[n] + 0.8\,x[n]$$

所以有

$$\begin{bmatrix} v_1[n+1] \\ v_2[n+1] \end{bmatrix} = \begin{bmatrix} 1 & -0.5 \\ 1 & 0 \end{bmatrix} \begin{bmatrix} v_1[n] \\ v_2[n] \end{bmatrix} + \begin{bmatrix} 1 \\ 0 \end{bmatrix} x[n]$$

$$y_2[n] = \begin{bmatrix} 0.6 & -0.4 \end{bmatrix} \begin{bmatrix} v_1[n] \\ v_2[n] \end{bmatrix} + 0.8x[n]$$

以下脚本说明如何利用函数 tf2ss 获得 $H(z)$ 的两个子系统的状态变量表示。脚本的第二部分指出利用函数 ss2tf 能够恢复 $H(z)$ 的两个子系统。注意这些函数与在连续情况下所用函数相同。

```
% 例 10.28
% %
% 状态模型
num1 = [1 0]; den1 = [1 0.5];
[A1,B1,C1,D1] = tf2ss(num1,den1)
num2 = [0.8 -0.2 0]; den2 = [1 -1 0.5];
[A2,B2,C2,D2] = tf2ss(num2,den2)
% 验证
[nu,del] = ss2tf(A1,B1,C1,D1,1)
[nu1,del] = ss2tf(A2,B2,C2,D2,1)


A1 = -0.5000
B1 = 1
C1 = -0.5000
D1 = 1
A2 = 1.0000    -0.5000
     1.0000     0
B2 = 1
     0
C2 = 0.6000    -0.4000
D2 = 0.8000
```

图 10.17 展示了并联实现的方框图。

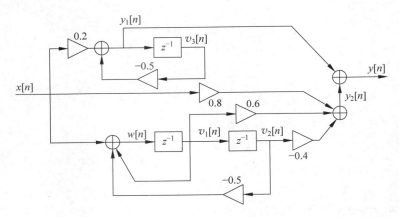

图 10.17　具有 $H(z) = z^3 / (z+0.5)[(z-0.5)^2 + 0.25]$ 的系统的并联状态变量实现

（注意，这是一个具有与三阶系统相对应的三个延时器的最小实现）

10.7　我们完成了什么，我们向何处去

　　虽然 Z 变换的历史最初是与概率论相联系的，但是对于离散时间信号和系统来说，Z 变换的历史却可以与拉普拉斯变换联系在一起，不过离散时间信号和系统在频域中呈现出的周期性，以及具有无限多个极点和零点的可能性使得二者之间的关联性不是非常有用。通过定义一个新的极坐标形式的复变量从而提供了 Z 变换和 z 平面的定义，与拉普拉斯变换一样，Z 变换的极点通过频率和衰减特性表征离散时间信号。单边 Z 变换和双边 Z 变换都是可能的，尽管单边 Z 变换可用来获得双边 Z 变换。收敛域使得 Z 变换与信号之间建立起了独一无二的关系，在下一章获得离散傅里叶表示时还会用到它。

　　由差分方程描述的动态系统是用 Z 变换通过转移函数来表示的。单边 Z 变换在求解具有非零初始条件的差分方程时很有用。就像在连续时间情况中那样，滤波器能够用差分方程表示，然而，离散滤波器也可能用多项式表示，这些非递归型滤波器赋予了卷积和重要意义，也将激发我们开发出能有效计算卷积和的方法。离散时间系统也可以用转移函数和状态变量模型表示，状态代表系统的记忆，它比转移函数更加广泛，现代控制理论正是基于连续时间系统和离散时间系统的状态表示。

10.8　本章练习题

10.8.1　基础题

10.1　模拟信号 $x(t)$ 的拉普拉斯变换 $X(s)$ 的极点为 $p_{1,2} = -1 \pm j1$，$p_3 = 0$，$p_{4,5} = \pm j1$，而且它没有零点，利用变换 $z = e^{sT_s}$ 以及 $T_s = 1$，回答下列问题。

（a）确定这些极点被映射到 z 平面上的位置。在拉普拉斯平面和 z 平面上仔细绘出模拟信号和离散时间信号的极点和零点。

（b）如何判断这些极点是被映射到 z 平面的单位圆内、单位圆上还是单位圆外？并作出解释。

答案：极点 $s_{1,2} = -1 \pm j1$ 被映射成为 $z_{1,2} = e^{-1} e^{\pm j1}$，在单位圆内。

10.2 **符号函数**是一个提取实值信号符号的函数,即

$$s[n] = \text{sign}(x[n]) = \begin{cases} -1, & x[n] < 0 \\ 0, & x[n] = 0 \\ 1, & x[n] > 0 \end{cases}$$

(a) 令 $s[n] = s_1[n] + s_2[n]$,$x[n] = n$,其中,$s_1[n]$ 是因果的,$s_2[n]$ 是反因果的;求出它们的 Z 变换,并指出相应的收敛域。

(b) 确定 Z 变换 $S(z)$。

答案: $s[n] = u[n] - u[-n]$ 没有 Z 变换。

10.3 已知反因果信号 $x[n] = -\alpha^n u[-n]$,求解下列问题。

(a) 确定其 Z 变换 $X(z)$,并仔细画出当 $\alpha = 0.5$ 和 $\alpha = 2$ 时的 ROC。对于 α 的这两个取值,哪一种情况下 $X(e^{j\omega})$ 存在?

(b) 求出与导数 $dX(z)/dz$ 相对应的信号,并利用 α 来表示。

答案: 如果 $\alpha = 2$,ROC:$|z| < 2$ 包括单位圆,所以 $X(e^{j\omega})$ 存在。

10.4 模拟脉冲信号 $x(t) = u(t) - u(t-1)$ 被以抽样时间间隔 $T_s = 0.1$ 抽样。

(a) 求离散时间信号 $x(nT_s) = x(t)|_{t=nT_s}$,并绘出作为 nT_s 的函数的该信号。

(b) 如果抽样信号表示成一个模拟信号

$$x_s(t) = \sum_{n=0}^{N-1} x(nT_s)\delta(t - nT_s)$$

确定上式中 N 的值。计算抽样信号的拉普拉斯变换,即 $X_s(s) = \mathcal{L}[x_s(t)]$。

(c) 确定 $x(nT_s)$ 的 Z 变换或 $X(z)$。指出如何将 $X_s(s)$ 变换成 $X(z)$。

答案: $X_s(s) = (1 - e^{-1.1s})/(1 - e^{-0.1s})$;令 $z = e^{0.1s}$。

10.5 考虑信号 $x[n] = 0.5[1 + [-1]^n]u[n]$,求解下列问题。

(a) 画出 $x[n]$ 的图形,并用 Z 变换的和式定义得到 $x[n]$ 的 Z 变换 $X(z)$。

(b) 利用线性性质和 $u[n]$ 及 $[-1]^n u[n]$ 的 Z 变换求 Z 变换 $X(z) = \mathcal{Z}[x[n]]$,对比此结果与前面求出的结果。

(c) 确定 $X(z)$ 的极点和零点,并将它们画出来。

答案: $X(z) = z^2/(z^2 - 1)$,$|z| > 1$。

10.6 LTI 系统由一阶差分方程

$$y[n] = x[n] - 0.5y[n-1], \quad n \geqslant 0$$

描述,其中,$y[n]$ 是输出,$x[n]$ 是输入。

(a) 求出用 $X(z)$ 和初始条件 $y[-1]$ 表示的 Z 变换 $Y(z)$。

(b) 找到一个输入 $x[n] \neq 0$ 和一个初始条件 $y[-1] \neq 0$,从而使输出为当 $n \geqslant 0$ 时,$y[n] = 0$。通过用递归法解方程来检验所得结果。

(c) 若初始条件为零,要使 $y[n] = \delta[n] + 0.5\delta[n-1]$,求输入 $x[n]$。

答案: $x[n] = \delta[n]$,$y[-1] = 2$ 产生 $Y(z) = 0$。

10.7 如果要求一个分子中包含有 z^{-1} 项的函数的逆 Z 变换,那么 z^{-1} 可以被看作是延时算子,这样可以简化计算。对于

$$X(z) = \frac{1 - z^{-10}}{1 - z^{-1}}$$

(a) 利用 $u[n]$ 的 Z 变换和 Z 变换的性质求出 $x[n]$。

(b) 利用前面求得的 $x[n]$ 求出 $X(z)$，并将 $X(z)$ 表示成 z 的负幂形式的多项式。

(c) 求出 $X(z)$ 的极点和零点，并将它们标示在 z 平面上。在 $z=1$ 处有没有极点或零点？请作出解释。

答案：$x[n]=u[n]-u[n-10]$；有一个极点/零点抵消。

10.8 一个二阶系统由差分方程 $y[n]=0.25y[n-2]+x[n]$ 所描述，其中，$x[n]$ 是输入，$y[n]$ 是输出。

(a) 在零输入的情况下，即当 $x[n]=0$ 时，若 $y[n]=0.5^n u[n]$，求初始条件 $y[-1]$ 和 $y[-2]$。

(b) 假定输入为 $x[n]=u[n]$，不解差分方程，能求出相应的稳态响应 $y_{ss}[n]$ 吗？解释求解过程，并给出稳态响应。

(c) 在零初始条件情况下，若输出 $y[n]=0.5^n u[n]$，求输入 $x[n]$。

(d) 若 $x[n]=\delta[n]+0.5\delta[n-1]$ 为以上差分方程的输入，求系统的冲激响应 $h[n]$。

答案：$y[-1]=2,y[-2]=4$；$y_{ss}[n]=4/3$；$h[n]=[(-1)^n+1]0.5^{n+1}u[n]$。

10.9 考虑以下与 LTI 系统有关的问题。

(a) 一个 FIR 系统的冲激响应为 $h[n]=\alpha^n(u[n]-u[n-M])$

i. 是不是对任意 α 值，该滤波器的转移函数都等于

$$H(z)=\frac{1-\alpha^M z^{-M}}{1-\alpha z^{-1}}$$

ii. 令 $M=3,0\leqslant\alpha<1$，将 $H(z)$ 写成多项式的形式，然后证明它等于 $\frac{1-\alpha^3 z^{-3}}{1-\alpha z^{-1}}$，判断 $H(z)$ 的收敛域。

(b) 考虑双边冲激响应 $h[n]=0.5^{|n|}$，$-(N-1)\leqslant n\leqslant N-1$。

i. 确定因果冲激响应 $h_1[n]$，从而使 $h[n]=h_1[n]+h_1[-n]$。

ii. 令 $N=4$，利用转移函数 $H_1(z)$ 求转移函数 $H(z)$，并根据 $H_1(z)$ 的 ROC 判断 $H(z)$ 的收敛域。

iii. 令 $N\to\infty$，求转移函数 $H(z)$ 及其 ROC。

(c) 已知有限长度的冲激响应 $h[n]=0.5^n(u[n]-u[n-2])$。

i. 求 $h[n]$ 的偶分量 $h_e[n]$ 和奇分量 $h_o[n]$ 的 Z 变换。

ii. 确定 $h_e[n]$ 和 $h_o[n]$ 的 Z 变换的收敛域。$H(z)$ 的收敛域是怎样由 $H_e(z)$ 和 $H_o(z)$ 的 ROC 得到的？请作出解释，并求出 $h_e[n]$ 和 $h_o[n]$。

答案：(a) 是的；(b) $H_1(z)=\sum_{n=0}^{3}0.5^n z^{-n}-0.5$，ROC：$|z|>0$。

10.10 因果 LTI 离散时间系统的转移函数为 $H(z)=(1+z^{-1})/(1-0.5 z^{-1})$。

(a) 求 $H(z)$ 的极点和零点。从以下收敛域中选择与 $H(z)$ 相对应的正确的收敛域，并说明原因。

(i) $|z|<0.5$；   (ii) $0.5<|z|<1$；   (iii) $|z|>0.5$

(b) 写出表征该系统的差分方程。

(c) 求该系统的冲激响应 $h[n]$。

(d) 从该系统的极、零点信息，判断该系统属于什么类型的滤波器。

答案：ROC 是(iii)；$h[n]=\delta[n]+3\times 0.5^n u[n-1]$。

10.11 设想将一个微分器和一个平滑器级联。对于微分器，其方程为 $w[n]=x[n]-x[n-1]$，其

中，$w[n]$是输出，$x[n]$是输入。对于平滑器，其方程为$y[n]=\dfrac{2}{3}y[n-1]+\dfrac{1}{3}w[n]$，其中，$y[n]$是输出，$w[n]$是输入。

（a）求将整个系统的输入$x[n]$和输出$y[n]$联系起来的差分方程。

（b）若$x[n]=u[n]$，计算$y[n]$。假定初始条件为零。

（c）确定系统对输入$x[n]=u[n]+\sin(\pi n/2)u[n]$的稳态响应$y[n]$。

答案：如果$x[n]=u[n]$，那么$y[n]=(1/3)(2/3)^n u[n]$。

10.12 考虑一个离散时间LTI系统，其差分方程以及所给初始条件为
$$y[n]+0.5y[n-1]=2(x[n]-x[n-1]), \quad n\geqslant 0, y[-1]=2$$
其中，$x[n]$是输入，$y[n]$是输出。假设系统的输入为$x[n]=(1+0.5^n\cos(\pi n))u[n]$，确定稳态响应$y_{\rm ss}[n]$。如果初始条件发生改变，还会得到相同的稳态响应吗？请作出解释。

答案：$H(z)=2(1-z^{-1})/(1+0.5\,z^{-1})$；$y_{\rm ss}[n]=0$，初始条件的改变并不会改变这个响应。

10.13 LTI离散时间系统由差分方程
$$y[n]+ay[n-1]+by[n-2]=x[n]$$
表征。

判断对于以下哪一组系数，系统是BIBO稳定的？
$$\text{(i)}\ a=2, b=2; \quad \text{(ii)}\ a=1, b=0.5$$

答案：(ii) 对应一个稳定系统。

10.14 确定图10.18中所示反馈系统的冲激响应$h[n]$，判断系统是否是BIBO稳定的。

答案：系统不是BIBO稳定的。

图10.18 问题10.14

10.15 考虑以下关于LTI离散时间系统的问题。

（a）LTI离散时间系统的输入和输出为
$$\text{输入：} x[n]=\begin{cases}1, & n=0、1\\ 0, & \text{其他}\end{cases}$$
$$\text{输出：} y[n]=\begin{cases}1, & n=0、3\\ 2, & n=1、2\\ 0, & \text{其他}\end{cases}$$
求转移函数$H(z)$。

（b）LTI离散时间系统的转移函数等于
$$H(z)=\frac{1-0.5z^{-1}}{1-0.25z^{-2}}, \quad |z|>0.5$$

i. 该系统是因果的吗？请作出解释。

ii. 确定该系统的冲激响应。

（c）LTI系统的转移函数等于
$$H(z)=\frac{z+1}{z(z-1)}, \quad |z|>1$$

冲激响应的$h[0]$、$h[1]$和$h[1000]$的值分别等于多少？

答案：(a) $H(z)=1+z^{-1}+z^{-2}$；(b) 因果的；(c) $h[1000]=2$。

10.16 以下问题与 FIR 和 IIR 系统有关。

(a) 因果 LTI 离散时间系统的输入和输出为

$$输入：x[n] = (-1)^n u[n]$$

$$输出：y[n] = \begin{cases} 0, & n < 0 \\ n+1, & n = 0、1、2 \\ 3(-1)^n, & n \geqslant 3 \end{cases}$$

确定该系统的冲激响应 $h[n]$。

(b) LTI 离散时间系统的转移函数 $H(z)$ 有一个极点位于 $z=0$，一个双重零点位于 $z=-1$，并且直流增益等于 $H(1)=2$。

i. 确定转移函数 $H(z)$ 及其收敛域。该系统是 FIR 滤波器还是 IIR 滤波器？

ii. 如果该 LTI 系统的输入为 $x[n] = (1 + \cos(\pi n /2) + (-1)^n)u[n]$，那么其稳态响应 $y_{ss}[n]$ 等于多少？

(c) LTI 离散时间系统的转移函数等于

$$H(z) = \frac{z}{(z-0.5)(z+2)}$$

i. 求出 $H(z)$ 的极点和零点，如果该系统的冲激响应 $h[n]$ 是非因果的，指出其收敛域。

ii. 假定 $h[n]$ 是因果的，从 $H(z)$ 求出 $h[n]$。

iii. 当冲激响应分别是非因果和因果的，判断两种情况下系统的 BIBO 稳定性并作出解释。

答案：(a) $H(z) = 1 + 3z^{-1} + 5z^{-2}$；(b) $H(z) = 0.5(z+1)^2 / z$，FIR；(c) $h[n]$ 非因果时，ROC：$1/2 < |z| < 2$；因果时：$h[n] = (2/5)(0.5^n - (-2)^n)u[n]$。

10.17 因果 LTI 离散时间系统的单位阶跃响应的 Z 变换为

$$S(z) = \frac{3}{1-z^{-1}} - \frac{1.5}{1-0.5z^{-1}}$$

确定系统的冲激响应。

答案：$h[n] = s[n] - s[n-1]$，其中 $s[n] = 3(1-0.5^{n+1})u[n]$。

10.18 LTI 离散时间系统的冲激响应等于 $h[n] = u[n] - u[n-3]$，如果输入到该系统的信号为

$$x[n] = \begin{cases} 0, & n < 0 \\ n, & n = 0、1、2 \\ 1, & n \geqslant 3 \end{cases}$$

(a) 通过作图计算卷积和，求该系统的输出 $y[n]$。

(b) 用基本函数表示 $x[n]$，并确定 $X(z)$。

(c) 利用 Z 变换求输出 $y[n]$。

答案：$x[n] = \delta[n-1] + 2\delta[n-2] + u[n-3]$；$y[n] = x[n] + x[n-1] + x[n-2]$。

10.19 因果 LTI 离散时间系统的冲激响应为

$$h[n] = \begin{cases} 1, & n = 0、1 \\ 0.25, & n = 2 \\ 0, & 其他 \end{cases}$$

(a) 如果系统的输入是一个脉冲 $x[n] = u[n] - u[n-3]$，确定系统的输出 $y[n]$ 的长度。作图计算 $x[n]$ 和 $h[n]$ 的卷积和，从而求出系统的输出 $y[n]$。

（b）确定系统的转移函数 $H(z)$。该系统是 BIBO 稳定的吗？请作出解释。

（c）假设将一个转移函数为 $\hat{H}(z)$ 的系统与具有转移函数 $H(z)$ 的已知系统级联从而从输出 $y[n]$ 中恢复出 $x[n]$，$\hat{H}(z)$ 应该等于什么？被级联的具有转移函数 $\hat{H}(z)$ 的系统是 BIBO 稳定的吗？能保证恢复出原始信号 $x[n]$ 吗？请作出解释。

答案： $H(z) = 1 + z^{-1} + 0.25z^{-2}$，因此系统是 BIBO 稳定的。

10.20 一个 RLC 电路的转移函数等于 $H(s) = Y(s)/X(s) = 2s/(s^2 + 2s + 1)$。

（a）求以 $x(t)$ 为输入，$y(t)$ 为输出的常微分方程，通过用差分近似导数（令 $T=1$）的方法来获得近似该微分方程的差分方程。

（b）设输入为一直流源，这样 $x[n] = u[n]$，再设差分方程的初始条件等于零，利用 Z 变换求解该差分方程。

答案： $y[n] - y[n-1] + 0.25y[n-2] = 0.5(x[n] - x[n-1])$。

10.21 已知一个有噪信号

$$x(t) = s(t) + \eta(t)$$

其中，$s(t)$ 是期望信号，$\eta(t)$ 是加性噪声。凭经验可知，期望信号和噪声的平均功率都是有限支撑的，即

$$|S(f)|^2 = 0, \quad f \geqslant 10\text{kHz}$$
$$|N(f)|^2 = 0, \quad f \geqslant 20\text{kHz}$$

其中，$S(f)$ 和 $N(f)$ 是 $s(t)$ 和 $\eta(t)$ 用频率 f 来表示的傅里叶变换（如图 10.19 中的上图所示）。假设利用图 10.19 中下图所示的系统来处理 $x(t)$ 以减少噪声的影响，不使期望信号失真。

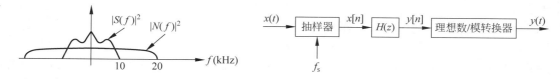

图 10.19　问题 10.21

我们有四个二阶滤波器（A～D）可供选择。每一个滤波器的增益都等于 $K = 0.25$，各自的极点 $\{p_i\}$ 和零点 $\{z_i\}$ 如下：

A　　$z_i = \pm 1$, 　$p_i = (\sqrt{2}/2)\text{e}^{\pm\text{j}\pi/2}$

B　　$z_1 = -1$, 　$z_2 = 0$, 　$p_i = (\sqrt{2}/2)\text{e}^{\pm\text{j}\pi/4}$

C　　$z_1 = -1$, 　$z_2 = 0$, 　$p_i = \sqrt{2}\,\text{e}^{\pm\text{j}\pi/2}$

D　　$z_i = \pm 1$, 　$p_i = \pm 0.5$

其中，$i = 1, 2$。

（a）假设由于硬件的缘故，能够使用的抽样率 f_s 仅限于 10、20、30、40 或 50kHz，请从这些 f_s 中挑选可用的抽样率，并解释原因。

（b）从这些可用的滤波器中挑选一个合适的滤波器，并解释原因。

（c）确定所选择的滤波器的 $H(z) = KN(z)/D(z)$，其中，$N(z)$ 和 $D(z)$ 都是 z 的实系数多项式。

（d）确定并粗略画出 $|H(\text{e}^{\text{j}\omega})|$，$-\pi \leqslant \omega \leqslant \pi$，并求其在 $\omega = 0$ 和 $\pm\pi$ 处的值。

答案： 选择 $f_s = 40\text{kHz}$ 或 $f_s = 50\text{kHz}$；选择稳定的低通滤波器 B。

10.22 离散时间系统的转移函数为

$$H(z) = \frac{z^2 - 1}{z^2 - (\alpha + \beta)z + \alpha\beta}$$

其中，$\alpha = r_1 e^{j\theta_1}$，$\beta = r_2 e^{j\theta_2}$，$r_i > 0$，$\theta_i$ 为介于 0 和 2π 之间的角。

(a) 若当 $n \to \infty$ 时，系统的冲激响应 $h[n]$ 趋于零，确定 r_1 和 r_2 的取值范围。

(b) α 和 β 取什么值时，频率响应在 $\omega = 0$ 和 π 处的值等于零，而在 $\omega = \pi/2$ 处的值等于 ∞？

答案：要使当 $n \to \infty$ 时，$h[n] \to 0$，需要 $0 \leq r_i < 1$，$i = 1, 2$。

10.23 假设级联一个"微分器"和一个"平滑器"，它们各自由以下输入/输出方程表征：

$$\text{微分器} \quad w[n] = x[n] - x[n-1]$$

$$\text{平滑器} \quad y[n] = \frac{y[n-1]}{3} + \frac{w[n]}{3}$$

其中，$w[n]$ 是微分器的输出，同时也是平滑器的输入，而 $x[n]$ 是微分器的输入（同时是整个系统的输入），$y[n]$ 是平滑器的输出（同时是整个系统的输出）。

(a) 如果 $x[n] = u[n]$，并且平滑器的初始条件等于零，求整个系统的输出 $y[n]$。

(b) 如果 $x[n] = (-1)^n$，$-\infty < n < \infty$，求整个系统的稳态响应 $y_{ss}[n]$。

答案：整个系统的转移函数等于 $H(z) = (1/3)(1 - z^{-1})/(1 - z^{-1}/3)$；$y_{ss}[n] = 0.5(-1)^n$。

10.24 图 10.20 所示的是一个回波产生模型。

(a) 计算图示回波系统的转移函数 $H(z) = Y(z)/X(z)$。

(b) 假设想将输出信号 $y[n]$ 通过一个转移函数为 $R(z)$ 的 LTI 系统而恢复原始信号 $x[n]$，$R(z)$ 应该等于什么才能使相应的输出等于 $x[n]$？

(c) 假设 $y[n] = u[n] - u[n-2]$，求原始信号 $x[n]$。

答案：$x[n] = \delta[n] + 0.5\delta[n-1] - 0.75\delta[n-2] - 0.25\delta[n-3]$。

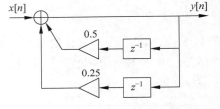

图 10.20 问题 10.24

10.25 已知一个有限长度序列 $h[n]$（它可以是从一个离散系统的无限长冲激响应经过加窗处理而获得的一部分），假设想得到它的一个有理函数逼近，即如果 $H(z) = \mathcal{Z}[h[n]]$，那么它的一个有理逼近会是 $H(z) = B(z)/A(z)$，由此有

$$H(z)A(z) = B(z)$$

令

$$B(z) = \sum_{k=0}^{M-1} b_k z^{-k}, \quad A(z) = 1 + \sum_{k=1}^{N-1} a_k z^{-k}$$

对于选定的 M 和 N 的值，由 $H(z)A(z) = B(z)$ 所确定的方程应该允许求出 $M+N-1$ 个系数 $\{a_k b_k\}$。

(a) 找出一个可以求解 $B(z)$ 和 $A(z)$ 的系数的矩阵方程。

(b) 令 $h[n] = 0.5^n(u[n] - u[n-101])$ 为所希望得到的有理逼近的序列，令 $B(z) = b_0$，而 $A(z) = a_0 + a_1 z^{-1}$，找出求解系数 $\{b_0, a_0, a_1\}$ 的方程组。

答案：$h[m] + \sum_{k=1}^{N-1} a_k h[m-k] = b_m$，其中，当 $m < 0$ 时，$h[m] = 0$，当 $m < 0$ 和 $m > M-1$ 时，$b_m = 0$。

10.26 以下是一个 LTI 系统的状态变量方程和输出方程中的矩阵：

$$\boldsymbol{A} = \begin{bmatrix} 0 & 1 \\ -1/3 & 1 \end{bmatrix}, \quad \boldsymbol{b} = \begin{bmatrix} 0 \\ 1/3 \end{bmatrix}, \quad \boldsymbol{c}^{\mathrm{T}} = \begin{bmatrix} -\frac{1}{3} & 1 \end{bmatrix}, \quad d = \begin{bmatrix} \frac{1}{3} \end{bmatrix}$$

假定 $v_i[n], i=1,2$ 是状态变量，$x[n]$ 是输入，$y[n]$ 是输出。利用变换矩阵

$$T = \begin{bmatrix} 0 & 1 \\ 1 & 0 \end{bmatrix}$$

得到一个不同的状态变量集

$$w[n] = Tv[n]$$

对于这些新的状态变量，求矩阵 $(\tilde{A}, \tilde{b}, \tilde{c}^{\mathrm{T}})$ 以及相应的方框图。

答案： $w_1[n] = v_2[n], w_2[n] = v_1[n]$; $\tilde{b}^T = [1/3 \quad 0]$。

10.27 一个具有输入 $x[n]$，输出 $y[n]$ 的系统，已知其状态方程和输出方程中的矩阵为：

$$A = \begin{bmatrix} -a_1 & -a_2 \\ 1 & 0 \end{bmatrix}, \quad b = \begin{bmatrix} 1 \\ 0 \end{bmatrix}, \quad c^T = \begin{bmatrix} 0 & b_2 \end{bmatrix}$$

（a）求对应于这组状态方程和输出方程的转移函数 $H(z) = Y(z)/X(z)$。

（b）求该 $H(z)$ 的一个最小实现。画出该系统的一个方框图，并指明状态变量。

答案： $H(z) = b_2 z^{-2}/(1 + a_1 z^{-1} + a_2 z^{-2})$。

10.28 考虑以下两种状态变量表示：

$$A_c = \begin{bmatrix} -a_1 & -a_2 \\ 1 & 0 \end{bmatrix}, \quad b_c = \begin{bmatrix} 1 \\ 0 \end{bmatrix}, \quad c_c^T = \begin{bmatrix} b_1 & b_2 \end{bmatrix}$$

$$A_o = \begin{bmatrix} -a_1 & 1 \\ -a_2 & 0 \end{bmatrix}, \quad b_o = \begin{bmatrix} b_1 \\ b_2 \end{bmatrix}, \quad c_o^T = \begin{bmatrix} 1 & 0 \end{bmatrix}$$

其中，第一种是控制器型，第二种是观察器型。对输入 $x_c[n], x_o[n]$ 和输出 $y_c[n], y_o[n]$，求相应的函数 $H_c(z) = Y_c(z)/X_c(z)$ 和 $H_o(z) = Y_o(z)/X_o(z)$。$H_c(z)$ 和 $H_o(z)$ 有什么关系？

答案： $H_c(z) = H_o(z)$。

10.29 求一个用矩阵

$$T = \begin{bmatrix} t_1 & t_2 \\ t_3 & t_4 \end{bmatrix}$$

表示的可逆变换，该变换可将题 10.28 中所给的控制器型变成观察器型。

提示： 先考虑 b_c 和 c_c^T 的变换，然后考虑 A_c 的变换。

答案： $t_1 = b_1, t_2 = t_3 = b_2$。

10.30 求对应转移函数

$$H(z) = \frac{0.8z^2 - 0.2z}{z^2 - z + 0.5}$$

的状态变量矩阵方程和输出矩阵方程。

答案： 可取辅助变量 $w[n]$，令 $Y(z) = (0.8 - 0.2z^{-1})W(z)$ 和 $X(z) = (1 - z^{-1} + 0.5z^{-2})W(z)$。

10.8.2 MATLAB 实践题

10.31 斐波纳契数列的产生 考虑用差分方程 $f[n] = f[n-1] + f[n-2], n \geqslant 0$ 产生斐波纳契数列，初始条件为 $f[-1] = 1$ 和 $f[-2] = -1$。

（a）求 $f[n]$ 的 Z 变换 $F(z)$。求出 $F(z)$ 的极点 ϕ_1 和 ϕ_2 以及零点。$F(z)$ 的极点之间有什么关系？它们又与"黄金分割"有什么关系？

（b）斐波纳契差分方程的输入为零，但是其响应却是一个不断增加的整数数列。求 $F(z)$ 的一个部

分分式展开式,要根据极点 ϕ_1 和 ϕ_2 求 $f[n]$ 并证明这个结果一定是整数,利用 MATLAB 完成根据极点求逆变换的工作。

答案: $f[n]=\{0, 1, 1, 2, 3, 5, 8, 13, 21, 34, \cdots\}$, $n \geqslant 0$。

10.32 卷积和与多项式的乘积 卷积和是一种求两个多项式相乘所得多项式的系数的快速方法。

(a) 假设 $x[n]=u[n]-u[n-3]$,求其 Z 变换 $X(z)$,它是一个 z^{-1} 的二次多项式。

(b) 将 $X(z)$ 与其自身相乘得到一个新的多项式 $Y(z)=X(z)X(z)=X^2(z)$,求 $Y(z)$。

(c) 用作图法计算 $x[n]$ 与其自身的卷积,验证其结果与 $Y(z)$ 的系数一致。

(d) 用 conv 函数求 $Y(z)$ 的系数。

答案: $Y(z)=X^2(z)=1+2z^{-1}+3z^{-2}+2z^{-3}+z^{-4}$。

10.33 逆 Z 变换 用符号 MATLAB 计算

$$X(z) = \frac{2-z^{-1}}{2(1+0.25z^{-1})(1+0.5z^{-1})}$$

的逆 Z 变换,并确定当 $n \to \infty$ 时的 $x[n]$。

答案: $x[n]=[-3(-0.25)^n+4(-0.5)^n]u[n]$。

10.34 转移函数、稳定性与冲激响应 考虑一个二阶离散时间系统,其由以下差分方程表示

$$y[n]-2r\cos(\omega_0)y[n-1]+r^2y[n-2]=x[n], \quad n \geqslant 0$$

其中,$r>0$,$0 \leqslant \omega_0 \leqslant 2\pi$,$y[n]$ 是输出,$x[n]$ 是输入。

(a) 求该系统的转移函数 $H(z)$。

(b) 确定能使系统稳定的 ω_0 和 r 的值。用 MATLAB 函数 zplane 画出当 $r=0.5$ 和 $\omega_0=\pi/2$ rad时的极点和零点。

(c) 令 $\omega_0=\pi/2$,求系统相应的冲激响应 $h[n]$。ω_0 取其他什么值可以得到同样的冲激响应?

答案: $H(z)=z^2/[(z-re^{j\omega_0})(z-e^{-j\omega_0})]$。

10.35 离散时间正弦信号的产生 已知离散时间余弦 $A\cos(\omega_0 n)u[n]$ 的 Z 变换等于

$$\frac{A(1-\cos(\omega_0)z^{-1})}{1-2\cos(\omega_0)z^{-1}+z^{-2}}$$

(a) 利用所给的 Z 变换求一个差分方程,该方程的输出 $y[n]$ 为离散时间余弦 $A\cos(\omega_0 n)$,输入为 $x[n]=\delta[n]$,应该使用什么初始条件?

(b) 用 MATLAB 实现该算法,并通过产生信号 $y[n]=2\cos(\pi n/2)u[n]$ 来检验算法。绘制输入信号 $x[n]$ 和输出信号 $y[n]$ 的图形。

(c) 说明怎样修改之前的算法从而产生正弦函数 $y[n]=2\sin(\pi n/2)u[n]$。用 MATLAB 求 $y[n]$,并画出它的图形。

答案: $y[n]-2\cos(\omega_0)y[n-1]+y[n-2]=Ax[n]-A\cos(\omega_0)x[n-1]$,$n \geqslant 0$。

10.36 逆 Z 变换 求由差分方程 $y[n]=y[n-1]-0.5y[n-2]+x[n]+x[n-1]$ 表示的系统的单位阶跃响应。

(a) 求 $Y(z)$ 的表达式。

(b) 对 $Y(z)$ 进行部分分式展开。

(c) 求逆 Z 变换 $y[n]$。用 MATLAB 验证所得答案。

答案: $y[n]=[4+3.16(0.707)^n\cos(\pi n/4-161.5°)]u[n]$。

10.37 普罗尼(Prony)有理逼近 帕德逼近式(Pade approximant)虽然提供了 $h[n]$ 的 $M+N-1$

个值的精确匹配,其中 M 和 N 是有理逼近的分子和分母的次数,但是却没有提供用于选取 M 和 N 的方法,也无法保证信号的其余部分能够良好匹配。普罗尼有理逼近则考虑了信号其余部分的逼近程度。令 $h[n]=0.9^n u[n]$ 为所希望逼近的冲激响应,取该信号的前 100 个值作为该冲激响应。

(a) 假定分子和分母的次数为 $M=N=1$,用 MATLAB 函数 prony 获得有理逼近,然后用 filter 验证该有理逼近的冲激响应接近已知的 100 个值。绘制 $h[n]$ 和有理逼近的冲激响应的前 100 个样本之间的误差。画出有理逼近的极点和零点,并将它们与 $H(z)=\mathcal{Z}(h[n])$ 的极点和零点进行对比。

(b) 假设 $h[n]=(h_1 * h_2)[n]$,即 $h_1[n]=0.9^n u[n]$ 与 $h_2[n]=0.8^n u[n]$ 的卷积,在已知 $h[n]$ 的前 100 个值的情况下,再次用 Prony 求出有理逼近。用 MATLAB 函数 conv 计算 $h[n]$,对比有理逼近的冲激响应与 $h[n]$,画出 $H(z)=\mathcal{Z}(h[n])$ 和有理逼近的极点和零点。

(c) 考虑上面所给的 $h[n]$,取次数 $M=N=3$,完成 Prony 逼近,请解释所得结果,画出极点和零点。

10.38 用 MATLAB 进行部分分式展开 考虑求

$$X(z)=\frac{2z^{-1}}{(1-z^{-1})(1-2z^{-1})^2}, \quad |z|>2$$

的逆 Z 变换。

(a) 用 MATLAB 对 $X(z)$ 进行部分分式展开得到

$$X(z)=\frac{A}{1-z^{-1}}+\frac{B}{1-2z^{-1}}+\frac{C}{(1-2z^{-1})^2}$$

而我们对 $X(z)$ 进行部分分式展开得到以下形式

$$X(z)=\frac{D}{1-z^{-1}}+\frac{E}{1-2z^{-1}}+\frac{Fz^{-1}}{(1-2z^{-1})^2}$$

证明由两个展开式得到的结果相同。

(b) 利用以上两个展开式,用解析法求 $x[n]$,并用 MATLAB 检验所得答案。

答案:MATLAB:$X(z)=2/(1-z^{-1})+(-2+8z^{-1})/(1-2z^{-1})^2$。

10.39 状态变量表示 如下的两个系统并联连接,它们的转移函数分别为

$$H_1(z)=\frac{0.2}{1+0.5z^{-1}} \quad 和 \quad H_2(z)=\frac{0.8-0.2z^{-1}}{1-z^{-1}+0.5z^{-2}}$$

(a) 用 MATLAB 确定整个系统的转移函数 $H(z)$。

(b) 利用函数 tf2ss 获得 $H_1(z)$ 和 $H_2(z)$ 的状态变量表示,再用 ss2tf 验证这些转移函数是由状态模型所得的转移函数。

(c) 获得 $H(z)$ 的一个状态变量表示,并将它与从 $H_1(z)$ 和 $H_2(z)$ 的状态变量模型所获得的状态变量表示进行比较。

答案:$H(z)=H_1(z)+H_2(z)=1/(1-0.5z^{-1}-0.25z^{-3})$。

第 11 章

离散时间信号与系统的傅里叶分析

> 我很相信运气,事实上我发现我越努力,我的运气就越好。
>
> 托马斯·杰斐逊(Thomas Jefferson)(1743—1826 年)
> 美国总统

11.1 引言

本章将研究离散时间信号和系统的傅里叶表示。与连续时间信号和系统的拉普拉斯变换与傅里叶变换的关系相似,如果一个离散时间信号的 Z 变换或者一个离散时间系统的转移函数的收敛域包含单位圆,那么该信号的离散时间傅里叶变换(discrete-time Fourier transform,DTFT)或者系统的频率响应可以很容易地从 Z 变换中求出;若离散时间信号和系统不满足此条件,还可以利用时间和频率之间的对偶性求 DTFT,因此大多数离散时间信号和系统的傅里叶表示都是能够获得的,不过总的来说,具有 Z 变换的函数类要大于具有 DTFT 的函数类。

DTFT 的计算有两个不利之处:DTFT 正变换是一个连续变化的频率的函数;DTFT 逆变换需要积分运算。不过这些不利可以通过在频域对 DTFT 的结果进行抽样而消除,这就是离散傅里叶变换(discrete fourier transform,DFT)(注意离散时间信号的这两个相关的频率表示在命名上的差异)。这些变换在时域和频域之间的有趣关系决定了它们在计算上的可行性:离散时间信号有周期性的连续频率变换,即 DTFT,而周期离散时间信号有周期性的离散频率变换,即 DFT。正如将在本章所讨论的那样:任意周期或非周期的信号都可以用 DFT 表示,DFT 是一个在计算上可行的变换,因为其中的时间和频率都是离散的并且不需要积分运算,它还可以通过快速傅里叶变换(fast Fourier transform,FFT)算法非常高效地完成。

大量的离散时间信号的傅里叶表示和离散系统的表征都可以从有关 Z 变换的知识中获得,不过有趣的是,为了得到 DFT,本章将沿着一条与在连续时间中的做法相反的路径进行:首先考虑非周期信号的傅里叶表示,然后才是周期信号的傅里叶表示,最后利用这种表示获得 DFT。

11.2 离散时间傅里叶变换(DTFT)

离散时间信号 $x[n]$ 的离散时间傅里叶变换(DTFT)

$$X(e^{j\omega}) = \sum_n x[n]e^{-j\omega n}, \quad -\pi \leqslant \omega < \pi \tag{11.1}$$

将离散时间信号 $x[n]$ 转换成离散频率 ω(rad)的函数 $X(\mathrm{e}^{\mathrm{j}\omega})$,而逆变换

$$x[n] = \frac{1}{2\pi}\int_{-\pi}^{\pi} X(\mathrm{e}^{\mathrm{j}\omega}) \mathrm{e}^{\mathrm{j}\omega n} \mathrm{d}\omega \tag{11.2}$$

将 $X(\mathrm{e}^{\mathrm{j}\omega})$ 转换回去得到 $x[n]$。

注:

(1) DTFT 测量离散时间信号的频率成分。

(2) DTFT $X(\mathrm{e}^{\mathrm{j}\omega})$ 在频域是周期的,周期为 2π,这一点可由下式看出

$$X(\mathrm{e}^{\mathrm{j}(\omega+2\pi k)}) = \sum_n x[n]\mathrm{e}^{-\mathrm{j}(\omega+2\pi k)n} = X(\mathrm{e}^{\mathrm{j}\omega}), \quad k \text{ 为整数}$$

因为 $\mathrm{e}^{-\mathrm{j}(\omega+2\pi k)n} = \mathrm{e}^{-\mathrm{j}\omega n}\mathrm{e}^{-\mathrm{j}2\pi kn} = \mathrm{e}^{-\mathrm{j}\omega n}$。因此可以把式(11.1)看成是 $X(\mathrm{e}^{\mathrm{j}\omega})$ 在频域中的傅里叶级数:如果 $\varphi = 2\pi$ 是其周期,那么傅里叶级数系数可以由

$$x[n] = \frac{1}{\varphi}\int_{\varphi} X(\mathrm{e}^{\mathrm{j}\omega}) \mathrm{e}^{\mathrm{j}2\pi n\omega/\varphi}\mathrm{d}\omega = \frac{1}{2\pi}\int_{-\pi}^{\pi} X(\mathrm{e}^{\mathrm{j}\omega})\mathrm{e}^{\mathrm{j}n\omega}\mathrm{d}\omega$$

得到,而这正好与 DTFT 逆变换一致。由于 $X(\mathrm{e}^{\mathrm{j}\omega})$ 是周期的,因此只需要考虑它的一个周期 $\omega \in [-\pi, \pi)$。

(3) DTFT $X(\mathrm{e}^{\mathrm{j}\omega})$ 是一个无限和,要使其收敛,需要

$$|X(\mathrm{e}^{\mathrm{j}\omega})| \leqslant \sum_n |x[n]||\mathrm{e}^{-\mathrm{j}\omega n}| = \sum_n |x[n]| < \infty$$

或者说 $x[n]$ 绝对可和,这意味着只有对于绝对可和的信号,式(11.1)定义的 DTFT 正变换和式(11.2)定义的 DTFT 逆变换才有效。接下来将考虑如何得到不是绝对可和的信号的 DTFT。

11.2.1 抽样、Z 变换、特征函数和 DTFT

DTFT 与抽样、特征函数和 Z 变换的关系如下:

1. 抽样与 DTFT

对一个连续时间信号 $x(t)$ 进行抽样,抽样信号 $x_\mathrm{s}(t)$ 可以写成为

$$x_\mathrm{s}(t) = \sum_n x(nT_\mathrm{s})\delta(t - nT_\mathrm{s})$$

于是其傅里叶变换等于

$$\mathscr{F}[x_\mathrm{s}(t)] = \sum_n x(nT_\mathrm{s})\mathscr{F}[\delta(t - nT_\mathrm{s})] = \sum_n x(nT_\mathrm{s})\mathrm{e}^{-\mathrm{j}n\Omega T_\mathrm{s}}$$

令以 rad 为单位的离散频率 $\omega = \Omega T_\mathrm{s}$,且 $x[n] = x(nT_\mathrm{s})$,则上式可写成

$$X_\mathrm{s}(\mathrm{e}^{\mathrm{j}\omega}) = \mathscr{F}[x_\mathrm{s}(t)] = \sum_n x[n]\mathrm{e}^{-\mathrm{j}n\omega} \tag{11.3}$$

这与离散时间信号 $x(nT_\mathrm{s}) = x(t)|_{t=nT_\mathrm{s}}$ 或 $x[n]$ 的 DTFT 一致。与此同时,抽样信号的频谱还可以等价地表示为

$$X_\mathrm{s}(\mathrm{e}^{\mathrm{j}\Omega T_\mathrm{s}}) = X_\mathrm{s}(\mathrm{e}^{\mathrm{j}\omega}) = \sum_k \frac{1}{T_\mathrm{s}} X\left(\frac{\omega}{T_\mathrm{s}} - \frac{2\pi k}{T_\mathrm{s}}\right), \quad \omega = \Omega T_\mathrm{s} \tag{11.4}$$

这是被抽样的连续时间信号频谱的一个周期性重复,其重复的基本周期为 $2\pi/T_\mathrm{s}$(rad/s),这是一个以连续频率来表示的基本周期,若以离散频率来表示就是 2π(rad),因此抽样将连续时间信号转变成为具有连续频率的周期性频谱的离散时间信号。

2. Z 变换与 DTFT

如果忽略以上的 T_s,将 $x(nT_\mathrm{s})$ 看作是 n 的函数,那么可以看出

$$X_s(e^{j\omega}) = X(z)\,|_{z=e^{j\omega}} \tag{11.5}$$

即在单位圆周上计算所得的 Z 变换。为了保证上式成立，$X(z)$ 必须要有一个包含单位圆 $z=1e^{j\omega}$ 在内的收敛域。实际上还是存在着不能从其 Z 变换得到其 DTFT 的离散时间信号，因为它们不是绝对可和的，即它们的 ROC 不包含单位圆，对于这些信号，我们将利用 DTFT 的对偶性。

3. 特征函数与 DTFT

离散时间线性时不变(LTI)系统的频率响应被证明是系统的冲激响应的 DTFT。事实上，如果 LTI 系统的输入是复指数信号 $x[n]=e^{j\omega_0 n}$，那么根据特征函数性质，系统的稳态输出可用卷积和求得为

$$y[n] = \sum_k h[k]x[n-k] = \sum_k h[k]e^{j\omega_0(n-k)} = e^{j\omega_0 n}H(e^{j\omega_0}) \tag{11.6}$$

其中

$$H(e^{j\omega_0}) = \sum_k h[k]e^{-j\omega_0 k} \tag{11.7}$$

即系统的冲激响应 $h[n]$ 的 DTFT 在 $\omega=\omega_0$ 计算所得的值。与连续时间系统一样，在这种情况下需要系统是有界输入有界输出(BIBO)稳定的，因为没有系统的稳定性，就不能保证系统会有一个稳态响应。

【例 11.1】

考虑非因果信号 $x[n]=\alpha^{|n|}$，其中 $|\alpha|<1$，确定其 DTFT，并利用已获得的 DTFT 求和式

$$\sum_{n=-\infty}^{\infty} \alpha^{|n|}$$

的值。

解 $x[n]$ 的 Z 变换等于

$$X(z) = \sum_{n=0}^{\infty} \alpha^n z^{-n} + \sum_{m=0}^{\infty} \alpha^m z^m - 1 = \frac{1}{1-\alpha z^{-1}} + \frac{1}{1-\alpha z} - 1 = \frac{1-\alpha^2}{1-\alpha(z+z^{-1})+\alpha^2}$$

其中，第一项的 ROC 为 $|z|>|\alpha|$，第二项的 ROC 为 $|z|<1/|\alpha|$，于是 $X(z)$ 的收敛域为

$$\text{ROC：} |\alpha| < |z| < \frac{1}{|\alpha|}$$

它包含单位圆，因此 $x[n]$ 的 DTFT 等于

$$X(e^{j\omega}) = X(z)\,|_{z=e^{j\omega}} = \frac{1-\alpha^2}{(1+\alpha^2)-2\alpha\cos(\omega)} \tag{11.8}$$

于是根据 DTFT 公式，考虑其在 $\omega=0$ 的值，可得

$$X(e^{j0}) = \sum_{n=-\infty}^{\infty} x[n]e^{j0n} = \sum_{n=-\infty}^{\infty} \alpha^{|n|} = \frac{2}{1-\alpha} - 1 = \frac{1+\alpha}{1-\alpha}$$

也可以根据式(11.8)同样得到

$$X(e^{j0}) = \frac{1-\alpha^2}{1-2\alpha+\alpha^2} = \frac{1-\alpha^2}{(1-\alpha)^2} = \frac{1+\alpha}{1-\alpha}$$

11.2.2 时间和频率的对偶性

有很多受关注的信号由于并不满足绝对可和的条件，因此不能根据式(11.1)所给出的定义求出它们的 DTFT，不过时间和频率的对偶性却使我们获得这些信号的 DTFT 成为可能。

考虑信号 $\delta[n-k]$ 的 DTFT，k 为某个整数。由于 $\mathcal{Z}[\delta[n-k]]=z^{-k}$ 的 ROC 为除去原点的整个 z 平面，因此 $\delta[n-k]$ 的 DTFT 等于 $e^{-j\omega k}$。与在连续时间情况下一样，可以根据对偶性预料到信号 $e^{-j\omega_0 n}$，$-\pi\leqslant\omega_0<\pi$ 的 DTFT 可能会是 $2\pi\delta(\omega+\omega_0)$（其中，$\delta(\omega)$ 是连续时间 δ 函数）。实际上，$2\pi\delta(\omega+\omega_0)$ 的逆

DTFT 确实为

$$\frac{1}{2\pi}\int_{-\pi}^{\pi}2\pi\delta(\omega+\omega_0)\mathrm{e}^{\mathrm{j}\omega n}\mathrm{d}\omega = \mathrm{e}^{-\mathrm{j}\omega_0 n}\int_{-\pi}^{\pi}\delta(\omega+\omega_0)\mathrm{d}\omega = \mathrm{e}^{-\mathrm{j}\omega_0 n}$$

利用这些结果可以得到以下对偶的变换对:

$$\sum_{k=-\infty}^{\infty}x[k]\delta[n-k]\Leftrightarrow\sum_{k=-\infty}^{\infty}x[k]\mathrm{e}^{-\mathrm{j}\omega k}$$

$$\sum_{k=-\infty}^{\infty}X[k]\mathrm{e}^{-\mathrm{j}\omega_k n}\Leftrightarrow\sum_{k=-\infty}^{\infty}2\pi X[k]\delta(\omega+\omega_k)$$

(11.9)

式(11.9)中上面式子的左边是离散时间信号 $x[n]$ 的通式,右边的对应项是它的 DTFT $X(\mathrm{e}^{\mathrm{j}\omega})$,这也是式(11.1)的另一个证明。式(11.9)下面的一对变换是上面变换对的对偶式。[①]

下面两个例子中的信号是我们感兴趣的信号,除非利用上面讨论的对偶性,否则无法求出它们的DTFT。

常数信号 $y[n]=A,-\infty<n<\infty$ 不是绝对可和的,但利用式(11.9),有以下作为特殊情形的对偶变换对:

$$x[n] = A\delta[n]\Leftrightarrow X(\mathrm{e}^{\mathrm{j}\omega}) = A$$
$$y[n] = A, -\infty<n<\infty\Leftrightarrow Y(\mathrm{e}^{\mathrm{j}\omega}) = 2\pi A\delta(\omega), -\pi\leqslant\omega<\pi$$

信号 $y[n]$ 从 $-\infty$ 到 ∞ 都不变化,所以它的频率为 $\omega=0$,因此它的 DTFT $Y(\mathrm{e}^{\mathrm{j}\omega})$ 就集中在该频率上。

下面来考虑非绝对可和的正弦信号 $x[n]=\cos(\omega_0 n+\theta)$,根据式(11.9)中下面一对变换对可以得到

$$x[n] = \frac{1}{2}[\mathrm{e}^{\mathrm{j}(\omega_0 n+\theta)}+\mathrm{e}^{-\mathrm{j}(\omega_0 n+\theta)}]\Leftrightarrow X(\mathrm{e}^{\mathrm{j}\omega}) = \pi[\mathrm{e}^{\mathrm{j}\theta}\delta(\omega-\omega_0)+\mathrm{e}^{-\mathrm{j}\theta}\delta(\omega+\omega_0)]$$

余弦信号的 DTFT 表明其能量集中在频率 ω_0 上。

"对偶"的变换对

$$\delta[n-k],k \text{ 为整数} \Leftrightarrow \mathrm{e}^{-\mathrm{j}\omega k} \tag{11.10}$$

$$\mathrm{e}^{-\mathrm{j}\omega_0 n}, -\pi\leqslant\omega_0<\pi \Leftrightarrow 2\pi\delta(\omega+\omega_0) \tag{11.11}$$

允许我们获得那些不满足绝对可和条件的信号的 DTFT。因此,一般情况下有

$$\sum_{k}X[k]\mathrm{e}^{-\mathrm{j}\omega_k n}\Leftrightarrow\sum_{k}2\pi X[k]\delta(\omega+\omega_k) \tag{11.12}$$

由 DTFT 的线性性和以上结果有,对于一个非绝对可和信号

$$x[n] = \sum_{l}A_l\cos(\omega_l n+\theta_l) = \sum_{l}0.5A_l(\mathrm{e}^{\mathrm{j}(\omega_l n+\theta_l)}+\mathrm{e}^{-\mathrm{j}(\omega_l n+\theta_l)})$$

其 DTFT 为

$$X(\mathrm{e}^{\mathrm{j}\omega}) = \sum_{l}\pi A_l[\mathrm{e}^{\mathrm{j}\theta_l}\delta(\omega-\omega_l)+\mathrm{e}^{-\mathrm{j}\theta_l}\delta(\omega+\omega_l)], \quad -\pi\leqslant\omega<\pi$$

如果 $x[n]$ 是周期性的,那么离散频率是谐波相关的,即 $\omega_l=l\omega_0$,其中,ω_0 是 $x[n]$ 的基频。

---

① 考虑到 ω_k 是离散的频率值,而不是用 ω 表达的连续频率,而且 δ 函数在连续域和离散域中是不同的,故而称这两对变换对是一对对偶式并不完全正确,不过这两对之间确实又存在着某种对偶性,于是我们想要利用该性质。

【例 11.2】

信号 $x[n]$ 的 DTFT 变换为

$$X(\mathrm{e}^{\mathrm{j}\omega}) = 1 + \delta(\omega - 4) + \delta(\omega + 4) + 0.5\delta(\omega - 2) + 0.5\delta(\omega + 2)$$

又已知 $x[n] = A\delta(n) + B\cos(\omega_0 n)\cos(\omega_1 n)$ 是一个可能具有 $X(\mathrm{e}^{\mathrm{j}\omega})$ 作为其 DTFT 的信号。判断能否确定 A、B、ω_0 和 ω_1 从而得到期望的 DTFT，如果不能，请找出一个合适的 $x[n]$。

解　运用三角恒等式

$$\cos(\omega_0 n)\cos(\omega_1 n) = 0.5\cos((\omega_0 + \omega_1)n) + 0.5\cos((\omega_1 - \omega_0)n)$$

故而 $x[n] = A\delta[n] + 0.5B\cos((\omega_0 + \omega_1)n) + 0.5B\cos((\omega_1 - \omega_0)n)$。令 $\omega_2 = \omega_0 + \omega_1$，$\omega_3 = \omega_1 - \omega_0$，则 $x[n]$ 的 DTFT 为

$$X(\mathrm{e}^{\mathrm{j}\omega}) = 2\pi A + 0.5\pi B[\delta(\omega - \omega_2) + \delta(\omega + \omega_2)] + 0.5\pi B[\delta(\omega - \omega_3) + \delta(\omega + \omega_3)]$$

将此 DTFT 与所给的 DTFT 进行对比，可以发现

$$2\pi A = 1 \Rightarrow A = 1/(2\pi)$$

$$\omega_2 = \omega_0 + \omega_1 = 4, \quad \omega_3 = \omega_1 - \omega_0 = 2, \quad \Rightarrow \omega_0 = 1, \quad \omega_1 = 3$$

$$0.5\pi B = 1, 0.5 \quad \text{所以 } B \text{ 没有唯一值。}$$

尽管找到了 A、ω_0 和 ω_1 的值，但 B 的值不唯一，所以已知的 $x[n]$ 不是正确答案。正确的答案应该是

$$x[n] = \frac{1}{2\pi} + \frac{1}{\pi}\cos(4n) + \frac{1}{2\pi}\cos(2n)$$

该信号具有所期望的 DTFT。

11.2.3　用 MATLAB 计算 DTFT

由式(11.1)和式(11.2)中的 DTFT 正变换和逆变换的定义可见，DTFT 的计算需要对一个连续频率 $\omega \in [-\pi, \pi)$ 进行，而且要求计算积分。在 MATLAB 中，DTFT 的计算是对有限支撑信号在一组离散的频率值上进行的(若信号不是有限支撑的，则需要对其加窗)，并且采用的是求和而不是积分。稍后将会看到，MATLAB 中的 DTFT 计算可以通过在频域对 DTFT 抽样，得到离散傅里叶变换或者说 DFT，然后再用快速傅里叶变换或者说 FFT 算法有效地实现而完成。在本章的后面将介绍 FFT，目前只是把 FFT 当作一个能够产生 DTFT 的离散近似的黑盒子。

为了理解下面脚本中的 MATLAB 函数 fft 的用法，先进行以下说明：

(1) 命令 $X = \mathrm{fft}(x)$ 是计算 x 的 FFT $X[k]$，$k = 0, \cdots, L-1$，或者说计算在离散频率 $\{\omega_k = 2\pi k/L\}$ 处的 DTFT $X(\mathrm{e}^{\mathrm{j}\omega})$，其中，$x$ 是一个由样本值 $x[n]$，$n = 0, \cdots, L-1$ 组成的向量。

(2) $\{k\}$ 中的值对应离散频率 $\{\omega_k = 2\pi k/L\}$，这些频率值从 0 到 $2\pi(L-1)/L$(对于很大的 L 值，频率就接近于 2π)。这是对频率 $\omega \in [0, 2\pi)$ 的离散化处理。

(3) 为了找到频率 $\omega \in [-\pi, \pi)$ 的一个等价表示，我们简单地从 $\omega_k = 2\pi k/L$ 中减去 π 从而得到一个频带

$$\widetilde{\omega}_k = \omega_k - \pi = \pi\frac{2k - L}{L}, \quad k = 0, \cdots, L-1$$

或

$$-\pi \leqslant \widetilde{\omega}_k < \pi$$

频率 $\widetilde{\omega}$ 可以通过除以 π 而被归一化到 $[-1, 1)$，它没有单位。在频率标度上的这一变化要求幅度谱和相位谱作相应的改变，这是通过 MATLAB 的函数 fftshift 来完成的。

（4）在画离散时间信号的时候,函数 stem 比 plot 更为合适。不过,若是要绘制关于频率的连续变化的幅频响应函数和相频响应函数,则函数 plot 更合适。

（5）函数 abs 计算频率响应的幅度,函数 angle 计算频率响应的相位。当在区间 $\omega\in[-\pi,\pi)$ 内或在归一化频率区间 $\omega/\pi\in[-1,1)$ 内绘图时,幅度和相位分别是偶对称和奇对称的。

脚本中的三个信号分别是矩形脉冲、加窗的正弦信号和线性调频信号。在以下脚本中,若要处理某个信号时,需要删除相应的注释符%,但保留另外两个信号的注释符。FFT 的长度设置成 $L=256$,该长度大于等于三个信号中任意一个信号的长度。

```
%%
% 非周期信号的 DTFT
%%
% 信号
L = 256;                                                  % FFT 的长度
% N = 21; x = [ones(1,N)  zeros(1,L-N)];                   % 脉冲
% N = 200; n = 0: N-1; x = [cos(4*pi*n/N)  zeros(1,L-N)];  % 加窗的正弦信号
n = 0: L-1; x = cos(pi*n.^2/(4*L));                        % 线性调频信号
X = fft(x);
w = 0: 2*pi/L: 2*pi-2*pi/L; w1 = (w-pi)/pi;                % 归一化频率
n = 0: length(x)-1;
subplot(311)
stem(n,x); axis([0  length(n)-1  1.1*min(x)  1.1*max(x)]); grid;
xlabel('n'); ylabel('x(n)')
subplot(312)
plot(w1,fftshift(abs(X))); axis([min(w1)  max(w1)  0  1.1*max(abs(X))]);
ylabel('|X|'); grid
subplot(313)
plot(w1,fftshift(angle(X))); ylabel('<X'); xlabel('\omega/\pi'); grid
axis([min(w1)  max(w1)  1.1*min(angle(X))  1.1*max(angle(X))])
```

和预期的一样,矩形脉冲的幅度谱看起来像一个 sinc 函数,加窗正弦函数的频谱类似于正弦函数的频谱,但矩形窗使其变得更宽了,最后,线性调频信号是一个频率随时间变化的正弦函数,因此其幅度谱表现出其组成成分分布在一个频率范围之中。后面将对相位谱进行解释,各种结果如图 11.1 所示。

如果是计算抽样信号的 DTFT,要注意展示的频率是以 rad/s 或 Hz 为单位的模拟频率而不是以 rad 为单位的离散频率。离散频率 ω(rad)转化为连续时间信号的模拟频率 Ω(rad/s)是根据关系式 $\omega=\Omega T_s$,其中,T_s 是抽样时所采用的抽样时间间隔,因此有

$$\Omega = \omega/T_s(\text{rad/s}) \tag{11.13}$$

如果是以奈奎斯特抽样率对信号抽样,那么离散频率范围 $\omega\in[-\pi,\pi)$(rad)所对应的模拟频率范围就是 $\Omega\in[-\pi/T_s,\pi/T_s)$ 或 $[-\Omega_s/2,\Omega_s/2)$,其中,$\Omega_s/2\geqslant\Omega_{\max}$,$\Omega_s$ 为抽样频率,其单位是 rad/s,$\Omega_{\max}$ 是被抽样信号的最大频率。

为了解释清楚这一点,我们采用 $T_s=0.01$s/sample 对信号 $x(t)=5^{-2t}u(t)$ 进行抽样,从该信号产生一个由 256 个值构成的向量(用一个有限支撑近似无限支撑的 $x(t)$),然后像之前那样计算它的 FFT,并对上面的脚本进行修改变成为如下脚本。

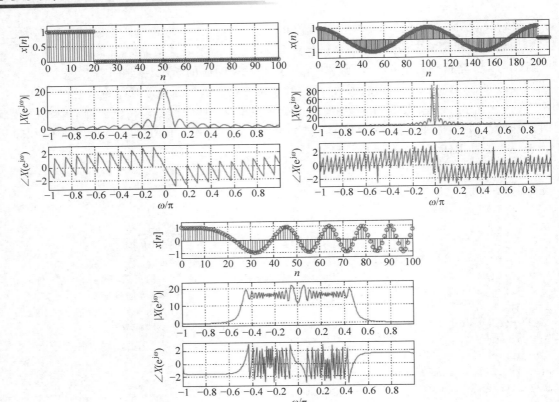

图 11.1 用 MATLAB 计算矩形脉冲、加窗正弦和线性调频的 DTFT：各自的幅度谱和相位谱

```
%  抽样信号的 DTFT
% %
L = 256; Ts = 0.01; t = 0: Ts: (L-1) * Ts; x = 5.^(-2 * t);        % 对信号抽样
X = fft(x);
w = 0: 2 * pi/L: 2 * pi - 2 * pi/L; W = (w - pi)/Ts;               % 模拟频率
```

结果如图 11.2 所示。由于信号非常光滑,因此其绝大部分组成成分都具有较低的频率。

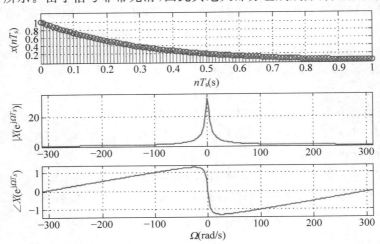

图 11.2 加窗抽样信号(上)的 DTFT、DTFT 的幅度和相位(下)

11.2.4 时间支撑和频率支撑

与连续时间情况一样,离散时间信号的傅里叶表示与其时域表示是互补的表征方式。下面的例子说明了离散时间信号的 DTFT 的互补性。

与连续时间信号一样,离散时间信号的 DTFT 的频率支撑反比于该信号的时间支撑。

【例 11.3】

考虑离散脉冲

$$p[n] = u[n] - u[n-N]$$

求出它的 DTFT $P(\mathrm{e}^{\mathrm{j}\omega})$,并讨论当 $N=1$ 和 $N \to \infty$ 时,$p[n]$ 的频率支撑和时间支撑之间的关系。

解 由于 $p[n]$ 是有限支撑的,故其 Z 变换的收敛域是除去 $z=0$ 的整个 z 平面,并且可以由其 Z 变换求出其 DTFT,于是由

$$P(z) = \sum_{n=0}^{N-1} z^{-n} = 1 + z^{-1} + \cdots + z^{-(N-1)} = \frac{1-z^{-N}}{1-z^{-1}}$$

有 $p[n]$ 的 DTFT 为

$$P(\mathrm{e}^{\mathrm{j}\omega}) = 1 + \mathrm{e}^{-\mathrm{j}\omega} + \cdots + \mathrm{e}^{-\mathrm{j}\omega(N-1)}$$

或可等价地表示为

$$P(\mathrm{e}^{\mathrm{j}\omega}) = \frac{1-\mathrm{e}^{-\mathrm{j}\omega N}}{1-\mathrm{e}^{-\mathrm{j}\omega}} = \frac{\mathrm{e}^{-\mathrm{j}\omega N/2}\left[\mathrm{e}^{\mathrm{j}\omega N/2} - \mathrm{e}^{-\mathrm{j}\omega N/2}\right]}{\mathrm{e}^{-\mathrm{j}\omega/2}\left[\mathrm{e}^{\mathrm{j}\omega/2} - \mathrm{e}^{-\mathrm{j}\omega/2}\right]} = \mathrm{e}^{-\mathrm{j}\omega((N-1)/2)} \frac{\sin(\omega N/2)}{\sin(\omega/2)}$$

函数 $\sin(\omega N/2)/\sin(\omega/2)$ 是 sinc 函数在频域里的对应函数,可以证明像 sinc 函数那样,该函数是

- ω 的偶函数,因为分子和分母都是 ω 的奇函数,
- 在 $\omega=0$ 处是 $0/0$ 的形式,所以利用罗必塔法则有

$$\lim_{\omega \to 0} \frac{\sin(\omega N/2)}{\sin(\omega/2)} = N$$

- 在 $\omega = 2\pi k/N$ 处等于零,k 为整数且 $k \neq 0$,因为 $\sin(\omega N/2)|_{\omega=2\pi k/N} = \sin(\pi k) = 0$。
- 当 N 为奇数时,它是周期的且周期为 2π,这可以从其等价表达式

$$\frac{\sin(\omega N/2)}{\sin(\omega/2)} = \mathrm{e}^{\mathrm{j}\omega((N-1)/2)} P(\mathrm{e}^{\mathrm{j}\omega})$$

看出来,其中,$P(\mathrm{e}^{\mathrm{j}\omega})$ 是以 2π 为周期的函数,并且当 N 为奇数即 $N=2M+1$ 且 M 为整数时有

$$\mathrm{e}^{\mathrm{j}(\omega+2\pi)((N-1)/2)} = \mathrm{e}^{\mathrm{j}\omega((N-1)/2)} \mathrm{e}^{\mathrm{j}\pi(N-1)} = \mathrm{e}^{\mathrm{j}\omega((N-1)/2)}$$

当 N 为偶数时,例如 $N=2M$,M 为整数,则有 $\mathrm{e}^{\mathrm{j}\pi(N-1)} = \mathrm{e}^{\mathrm{j}2\pi M}\mathrm{e}^{-\mathrm{j}\pi} = -1$,所以 N 为偶数时,$\sin(\omega N/2)/\sin(\omega/2)$ 不是以 2π 为周期。

考虑此离散脉冲,若 $N=1$,则 $p[n] = u[n] - u[n-1] = \delta[n]$ 即离散的冲激,于是 DTFT 为 $P(\mathrm{e}^{\mathrm{j}\omega}) = 1$。在这种情况下,$p[n]$ 的支撑只是一个点,而 $P(\mathrm{e}^{\mathrm{j}\omega})$ 的支撑是所有的离散频率,或者说 $[-\pi, \pi)$。

当令 $N \to \infty$,此脉冲趋于常数 1,从而使 $p[n]$ 不绝对可和,可以发现在极限情况下 $P(\mathrm{e}^{\mathrm{j}\omega}) = 2\pi\delta(\omega)$,$-\pi \leqslant \omega < \pi$,实际上其逆 DTFT 等于

$$\frac{1}{2\pi}\int_{-\pi}^{\pi} 2\pi\delta(\omega)\mathrm{e}^{\mathrm{j}\omega n}\,\mathrm{d}\omega = \int_{-\pi}^{\pi}\delta(\omega)\,\mathrm{d}\omega = 1$$

$p[n] = 1$ 的时间支撑为无限大,而 $P(\mathrm{e}^{\mathrm{j}\omega}) = 2\pi\delta(\omega)$ 仅存在于一个频率点即 $\omega = 0\mathrm{rad}$。

1. 抽取和插值

虽然离散时间信号的扩展和压缩不像在连续时间中那样明显,但是时间与频率之间的压缩和扩展

的对偶效应也同样发生在离散情况下。离散时间信号的压缩和扩展与减抽样和增抽样有关。

对信号 $x[n]$ **减抽样**(**down-sampling**)，意思是去除 $x[n]$ 的一些样本点，即对信号进行压缩。以整数因子 $M>1$ 被减抽样的信号是由

$$x_\mathrm{d}[n] = x[Mn] \tag{11.14}$$

给出的。如果 $x[n]$ 有 DTFT $X(\mathrm{e}^{\mathrm{j}\omega})$，且在 $[-\pi, \pi)$ 内，当 $-\pi/M \leqslant \omega \leqslant \pi/M$ 时，$X(\mathrm{e}^{\mathrm{j}\omega})$ 不为 0，否则为 0 (类似于连续时间情况下的带限信号)，那么通过以 Mn 替换 $x[n]$ 的逆 DTFT 中的 n 可得

$$x[Mn] = \frac{1}{2\pi}\int_{-\pi/M}^{\pi/M} X(\mathrm{e}^{\mathrm{j}\omega})\mathrm{e}^{\mathrm{j}Mn\omega}\,\mathrm{d}\omega = \frac{1}{2\pi}\int_{-\pi}^{\pi} \frac{1}{M}X(\mathrm{e}^{\mathrm{j}\rho/M})\mathrm{e}^{\mathrm{j}n\rho}\,\mathrm{d}\rho$$

其中，设 $\rho = M\omega$，于是有 $x_\mathrm{d}[n]$ 的 DTFT 等于 $\frac{1}{M}X(\mathrm{e}^{\mathrm{j}\omega/M})$，即 $x[n]$ 的 DTFT 的一个扩展，扩展因子为 M。

与之相反，对信号 $x[n]$ **增抽样**(**up-sampling**)是在 $x[n]$ 的样本点之间添加 $L-1$ 个零点(L 是整数且 $L>1$)，即被增抽样的信号为

$$x_\mathrm{u}[n] = \begin{cases} x[n/L], & n = 0, \pm L, \pm 2L, \cdots \\ 0, & \text{其他} \end{cases} \tag{11.15}$$

因此扩展了原始信号。增抽样信号 $x_\mathrm{u}[n]$ 的 DTFT 为

$$X_\mathrm{u}(\mathrm{e}^{\mathrm{j}\omega}) = X(\mathrm{e}^{\mathrm{j}L\omega}), \quad -\pi \leqslant \omega < \pi$$

实际上确实如此，$x_\mathrm{u}[n]$ 的 DTFT 等于

$$X_\mathrm{u}(\mathrm{e}^{\mathrm{j}\omega}) = \sum_{n=0,\pm L,\cdots} x[n/L]\mathrm{e}^{-\mathrm{j}\omega n} = \sum_{m=-\infty}^{\infty} x[m]\mathrm{e}^{-\mathrm{j}\omega Lm} = X(\mathrm{e}^{\mathrm{j}L\omega}) \tag{11.16}$$

表明它是 $x[n]$ 的 DTFT 的一个压缩。

- 信号 $x[n]$ 的频带局限于 $[-\pi, \pi)$ 中的 π/M，即 $|X(\mathrm{e}^{\mathrm{j}\omega})|=0$，$\pi/M<|\omega|<\pi$，整数 $M>1$，对其以整数因子 M 减抽样可产生一个离散时间信号

$$x_\mathrm{d}[n] = x[Mn] \quad \text{且其 DTFT 为} \quad X_\mathrm{d}(\mathrm{e}^{\mathrm{j}\omega}) = \frac{1}{M}x(\mathrm{e}^{\mathrm{j}\omega/M}) \tag{11.17}$$

  这是 $X(\mathrm{e}^{\mathrm{j}\omega})$ 的一个扩展版。

- 对信号 $x[n]$ 以整数因子 $L>1$ 增抽样，产生信号 $x_\mathrm{u}[n]=x[n/L]$，当 $n=\pm kL$，$k=0,1,2,\cdots$，而当 n 取其他值时，$x_\mathrm{u}[n]$ 的值等于零。$x_\mathrm{u}[n]$ 的 DTFT 为 $X(\mathrm{e}^{\mathrm{j}L\omega})$，即是 $X(\mathrm{e}^{\mathrm{j}\omega})$ 的一个压缩版。

【例 11.4】

考虑一个理想低通滤波器，其频率响应为

$$H(\mathrm{e}^{\mathrm{j}\omega}) = \begin{cases} 1, & -\pi/2 \leqslant \omega \leqslant \pi/2 \\ 0, & -\pi \leqslant \omega < -\pi/2 \text{ 和 } \pi/2 < \omega \leqslant \pi \end{cases}$$

它是冲激响应 $h[n]$ 的 DTFT，确定 $h[n]$。假设采用因子 $M=2$ 对 $h[n]$ 进行减抽样，求减抽样后的冲激响应 $h_\mathrm{d}[n]=h[2n]$ 以及相应的频率响应 $H_\mathrm{d}(\mathrm{e}^{\mathrm{j}\omega})$。

解 求出相应的理想低通滤波器的冲激响应 $h[n]$ 为

$$h[n] = \frac{1}{2\pi}\int_{-\pi/2}^{\pi/2} \mathrm{e}^{\mathrm{j}\omega n}\,\mathrm{d}\omega = \begin{cases} 0.5, & n = 0 \\ \sin(\pi n/2)/(\pi n), & n \neq 0 \end{cases}$$

减抽样后的冲激响应为

$$h_d[n] = h[2n] = \begin{cases} 0.5, & n = 0 \\ \sin(\pi n)/(2\pi n) = 0, & n \neq 0 \end{cases}$$

或 $h_d[n] = 0.5\delta[n]$，其 DTFT 为 $H_d(e^{j\omega}) = 0.5$，$-\pi \leqslant \omega < \pi$，即它是一个全通滤波器。根据减抽样理论有

$$H_d(e^{j\omega}) = \frac{1}{2}H(e^{j\omega/2}) = \frac{1}{2}, \quad -\pi \leqslant \omega < \pi$$

即 $H(e^{j\omega})$ 乘以 $1/M = 1/2$ 并扩展 $M = 2$ 倍。可见前面所得结果与减抽样理论一致。

【例 11.5】

离散脉冲由 $x[n] = u[n] - u[n-4]$ 定义，假设以因子 $M = 2$ 对 $x[n]$ 进行减抽样，这样原始信号的长度就由 4 减为 2，得到

$$x_d[n] = x[2n] = u[2n] - u[2n-4] = u[n] - u[n-2]$$

分别求出 $x[n]$ 和 $x_d[n]$ 的 DTFT，并判断它们之间的关系。

解 $x[n]$ 的 Z 变换等于

$$X(z) = 1 + z^{-1} + z^{-2} + z^{-3}$$

其收敛域为整个 z 平面（除去原点）。于是

$$X(e^{j\omega}) = e^{-j(\frac{3}{2}\omega)}\left[e^{j(\frac{3}{2}\omega)} + e^{j(\frac{1}{2}\omega)} + e^{-j(\frac{1}{2}\omega)} + e^{-j(\frac{3}{2}\omega)}\right] = 2e^{-j(\frac{3}{2}\omega)}\left[\cos\left(\frac{\omega}{2}\right) + \cos\left(\frac{3\omega}{2}\right)\right]$$

减抽样信号（$M=2$）的 Z 变换等于 $X_d(z) = 1 + z^{-1}$，且 $x_d[n]$ 的 DTFT 等于

$$X_d(e^{j\omega}) = e^{-j(\frac{1}{2}\omega)}\left[e^{j(\frac{1}{2}\omega)} + e^{-j(\frac{1}{2}\omega)}\right] = 2e^{-j(\frac{1}{2}\omega)}\cos\left(\frac{\omega}{2}\right)$$

很明显它不等于 $0.5X(e^{j\omega/2})$，这是由混叠造成的：$x[n]$ 的最大频率不是 $\pi/M = \pi/2$，因此 $X_d(e^{j\omega})$ 等于重叠着的 $X(e^{j\omega})$ 的和。

假设将 $x[n]$ 通过一个截止频率为 $\pi/2$ 的理想低通滤波器 $H(e^{j\omega})$，它的输出将会是一个最大频率为 $\pi/2$ 的信号 $x_1[n]$，若再以 $M = 2$ 对其进行减抽样，就会产生一个其 DTFT 等于 $0.5X_1(e^{j\omega/2})$ 的信号。

为了避免频率混叠，将低通滤波器与减抽样器级联得到抽取器；为了平滑信号，将低通滤波器与增抽样器级联得到插值器。

抽取——当以因子 M 进行减抽样时，为了避免混叠（由于信号的频带不限于 $[-\pi/M, \pi/M]$ 内而造成），在减抽样器之前使用抗混叠离散低通滤波器，滤波器的频率响应为

$$H(e^{j\omega}) = \begin{cases} 1, & -\pi/M \leqslant \omega \leqslant \pi/M \\ 0, & \text{其他在}[-\pi, \pi)\text{内} \end{cases} \tag{11.18}$$

插值——当以因子 L 进行增抽样时，为了将增抽样器中的零样本值变成实际的样本值，使用一个频率响应为

$$G(e^{j\omega}) = \begin{cases} L, & -\pi/L \leqslant \omega \leqslant \pi/L \\ 0, & \text{其他在}[-\pi, \pi)\text{内} \end{cases} \tag{11.19}$$

的理想低通滤波器来平滑增抽样信号。图 11.3 展示了减抽样器和抽取器，以及增抽样器和插值器。

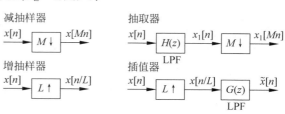

图 11.3 减抽样器和抽取器（上）以及增抽样器和插值器（下）

抽取器是一个没有混叠的减抽样器，插值器将增抽样信号的零变成信号的实际样本值。

尽管平滑插值器中的增抽样信号需要一个低通滤波器 $G(e^{j\omega})$ 这一点很明显，但是为什么滤波器的增益必须是 L 却不太明显。要明白这一点，可以考虑将一个插值器级联一个抽取器，并且使 $L=M$，如此一来该级联结构的输入和输出完全相同，并且该级联结构中频率响应为 $G(e^{j\omega})$ 和 $H(e^{j\omega})$ 的两个低通滤波器级联产生了一个理想低通滤波器，其频率响应为

$$F(e^{j\omega}) = G(e^{j\omega})H(e^{j\omega}) = \begin{cases} L, & -\pi/L \leqslant \omega \leqslant \pi/L \\ 0, & \text{其他在} [-\pi,\pi) \text{内} \end{cases}$$

假设插值器的输入是 $x[n]$，那么频率响应为 $F(e^{j\omega})$ 的滤波器的输出就等于

$$X(e^{j\omega L})F(e^{j\omega}) = \begin{cases} LX(e^{j\omega L}), & -\pi/L \leqslant \omega \leqslant \pi/L \\ 0, & \text{其他在} [-\pi,\pi) \text{内} \end{cases}$$

由于 $L/M=1$，于是减抽样器的输出等于

$$X(e^{j\omega L/M}) \frac{1}{M}F(e^{j\omega/M}) = \frac{L}{M}X(e^{j\omega L/M}) = X(e^{j\omega}), \quad -\pi M/L = -\pi \leqslant \omega \leqslant \pi M/L = \pi$$

此外有

$$\frac{1}{M}F(e^{j\omega/M}) = \underbrace{L/M}_{1} \quad \underbrace{-\pi M/L}_{-\pi} \leqslant \omega \leqslant \underbrace{\pi M/L}_{\pi}$$

这是一个全通滤波器。可见，没有 L 这个增益，就不会得到插值器和抽取器的级联是一个全通滤波器的结果。

【例 11.6】

分别对一个非带限离散信号和一个带限离散信号进行减抽样，讨论并比较二者的结果。考虑一个长度 $N=10$ 的单位矩形脉冲，对其以 $M=2$ 进行减抽样，计算并比较此脉冲及其对其减抽样之后所获信号的 DTFT；对一个离散频率为 $\pi/4$ 的正弦进行同样的处理，对两种情况的结果进行说明，并解释二者的区别。用 MATLAB 函数 decimate 对两个信号进行抽取，并说明减抽样的差异。用 MATLAB 函数 interp 对减抽样后的两个信号进行插值。

解 正如前面所指出的那样，当以因子 M 对离散时间信号 $x[n]$ 减抽样时，为了不出现频率混叠，信号带宽必须限制为 π/M。如果信号满足这个条件，那么减抽样信号的频谱就是 $x[n]$ 的频谱的一个扩展。为了说明混叠的影响，考虑以下脚本，其中，以因子 $M=2$ 先对一个带宽没有限制在 $\pi/2$ 内的脉冲信号进行减抽样，然后对带宽限制在 $\pi/2$ 内的正弦进行减抽样。

```
% 例 11.6  减抽样、抽取和插值
% %
x = [ones(1,10)  zeros(1,100)];
Nx = length(x); n1 = 0: 19;                    % 第一个信号
% Nx = 200; n = 0: Nx - 1; x = cos(pi * n/4);    % 第二个信号
y = x(1: 2: Nx - 1);                           % 减抽样
X = fft(x); Y = fft(y);                        % 计算 fft
L = length(X); w = 0: 2 * pi/L: 2 * pi - 2 * pi/L; w1 = (w - pi)/pi;  % 频率范围
z = decimate(x,2,'fir');                       % 抽取
Z = fft(z);                                    % 计算 fft
% 插值
s = interp(y,2);
```

如图 11.4 所示，由于矩形脉冲包含超出 $\pi/2$ 的频率成分，因而它的带宽没有限制在 $\pi/2$ 内，而正弦却限制在 $\pi/2$ 内，减抽样矩形脉冲(一个更窄的脉冲)的 DTFT 不是原脉冲的 DTFT 的扩展，而减抽样

正弦的 DTFT 却是原正弦的 DTFT 的扩展。MATLAB 函数 decimate 在减抽样之前用一个 FIR 低通滤波器平滑 $x[n]$,使其频带限制在 $\pi/2$ 内。在正弦的情况下,由于它满足减抽样条件,因此减抽样和抽取的结果相同,而对矩形脉冲来说,结果却不相同。

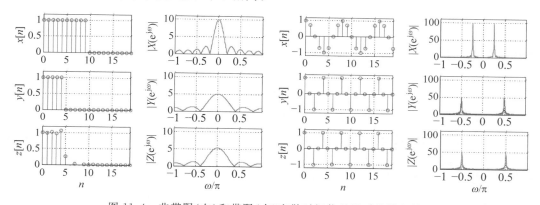

图 11.4 非带限(左)和带限(右)离散时间信号的减抽样和抽取

左、右两边的 $x[n]$ 对应原始信号,而 $y[n]$ 和 $z[n]$ 分别是它们的减抽样信号和抽取信号,这些信号的幅度谱也显示了出来。

原始离散时间信号可以通过对减抽样信号进行插值而得到重建——当信号的带宽有限时,重建信号非常接近原始信号,MATLAB 函数 interp 用于做插值,如果将减抽样信号作为该函数的输入,那么当对比插值结果与原始信号时会发现,对于正弦而言获得的结果比脉冲更好。这些结果都显示在图 11.5 中,误差 $s[n]-x[n]$ 同样也展示了出来。信号 $s[n]$ 是减抽样信号 $y[n]$ 的插值结果。

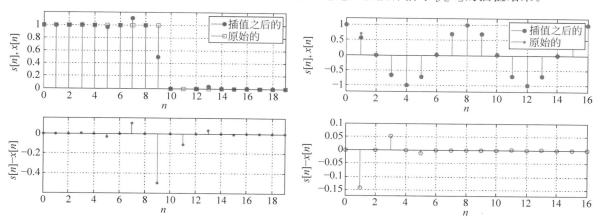

图 11.5 非带限(左)和带限(右)离散时间减抽样信号的插值

插值信号与原始信号作对比,插值误差也显示了出来。

11.2.5 非周期离散时间信号的能量/功率

与连续时间信号一样,离散时间信号 $x[n]$ 的能量或功率既可以在时域中计算,也可以等效地在频域中计算。

> 帕色瓦尔能量等效——如果能量有限信号 $x[n]$ 的 DTFT 为 $X(\mathrm{e}^{\mathrm{j}\omega})$，那么该信号的能量 E_x 由下式给出
>
> $$E_x = \sum_{n=-\infty}^{\infty} |x[n]|^2 = \frac{1}{2\pi}\int_{-\pi}^{\pi} |X(\mathrm{e}^{\mathrm{j}\omega})|^2 \,\mathrm{d}\omega \tag{11.20}$$
>
> 帕色瓦尔功率等效——功率有限信号 $y[n]$ 的功率由下式给出
>
> $$P_y = \lim_{N\to\infty} \frac{1}{2N+1}\sum_{n=-N}^{N} |y[n]|^2 = \frac{1}{2\pi}\int_{-\pi}^{\pi} S_y(\mathrm{e}^{\mathrm{j}\omega})\,\mathrm{d}\omega$$
>
> 其中， $$S_y(\mathrm{e}^{\mathrm{j}\omega}) = \lim_{N\to\infty}\frac{|Y_N(\mathrm{e}^{\mathrm{j}\omega})|^2}{2N+1} \tag{11.21}$$
>
> $Y_N(\mathrm{e}^{\mathrm{j}\omega}) = \mathscr{F}(y[n]W_{2N+1}[n])$ 为 $y_N[n]$ 的 DTFT，$W_{2N+1} = u[n+N] - u[n-(N+1)]$ 为矩形窗。

能量有限信号 $x[n]$ 的帕色瓦尔能量等效的证明过程如下：

$$E_x = \sum_{n} |x[n]|^2 = \sum_{n} x[n]x^*[n] = \sum_{n} x[n]\left[\frac{1}{2\pi}\int_{-\pi}^{\pi} X^*(\mathrm{e}^{\mathrm{j}\omega})\mathrm{e}^{-\mathrm{j}\omega n}\,\mathrm{d}\omega\right]$$

$$= \frac{1}{2\pi}\int_{-\pi}^{\pi} X^*(\mathrm{e}^{\mathrm{j}\omega}) \underbrace{\sum_{n} x[n]\mathrm{e}^{-\mathrm{j}\omega n}}_{X(\mathrm{e}^{\mathrm{j}\omega})}\,\mathrm{d}\omega = \frac{1}{2\pi}\int_{-\pi}^{\pi} |X(\mathrm{e}^{\mathrm{j}\omega})|^2 \,\mathrm{d}\omega$$

幅度平方 $|X(\mathrm{e}^{\mathrm{j}\omega})|^2$ 的单位是每弧度能量，所以它被称为能量密度。若绘制 $|X(\mathrm{e}^{\mathrm{j}\omega})|^2$ 相对频率 ω 的图形，该图形就被称为信号的能量频谱或信号在频率上的能量分布。

如果信号 $y[n]$ 具有有限功率，那么有

$$P_y = \lim_{N\to\infty} \frac{1}{2N+1}\sum_{n=-N}^{N} |y[n]|^2$$

用矩形窗函数 $W_{2N+1}[n]$ 对 $y[n]$ 进行加窗处理有

$$y_N[n] = y[n]\,W_{2N+1}[n]$$

其中，

$$W_{2N+1}[n] = \begin{cases} 1, & -N \leqslant n \leqslant N \\ 0, & \text{其他} \end{cases}$$

从而得到

$$P_y = \lim_{N\to\infty} \frac{1}{2N+1}\sum_{n=-\infty}^{\infty} |y_N[n]|^2 = \lim_{N\to\infty}\frac{1}{2N+1}\left[\frac{1}{2\pi}\int_{-\pi}^{\pi} |Y_N(\mathrm{e}^{\mathrm{j}\omega})|^2\,\mathrm{d}\omega\right]$$

$$= \frac{1}{2\pi}\int_{-\pi}^{\pi} \underbrace{\lim_{N\to\infty}\frac{|Y_N(\mathrm{e}^{\mathrm{j}\omega})|^2}{2N+1}}_{S_y(\mathrm{e}^{\mathrm{j}\omega})}\,\mathrm{d}\omega$$

ω 的函数 $S_y(\mathrm{e}^{\mathrm{j}\omega})$ 的图形提供了功率在频率上的分布情况。周期信号是有限功率信号的一个特例，正如在本章的后面将会看到的那样，周期信号的傅里叶级数极大地简化了其功率谱的求解。

以上结果的重要意义在于：对于任意信号，无论是能量有限的还是功率有限的，都能获得一种方法来得到该信号的能量或功率在频率上的分布情况。分别对应于能量有限信号 $x[n]$ 和功率有限信号 $y[n]$ 的 $|X(\mathrm{e}^{\mathrm{j}\omega})|^2$ 和 $S_y(\mathrm{e}^{\mathrm{j}\omega})$，它们关于 ω 的图形分别被称为能量谱和功率谱。如果已知信号具有无限能量和有限功率，那么对信号加窗取有限数量的样本进行功率计算使得我们能够近似信号的功率和功

率谱。

11.2.6 时移和频移

在时域中平移信号不会改变其频率成分,因此该信号的 DTFT 的幅度不会受影响,只有相位受影响。实际上,如果 $x[n]$ 的 DTFT 为 $X(e^{j\omega})$,那么对于整数 N,$x[n-N]$ 的 DTFT 为

$$\mathscr{F}(x[n-N]) = \sum_n x[n-N]e^{-j\omega n} = \sum_m x[m]e^{-j\omega(m+N)} = e^{-j\omega n}X(e^{j\omega})$$

如果 $x[n]$ 有 DTFT

$$X(e^{j\omega}) = |X(e^{j\omega})| \, e^{j\theta(\omega)}$$

其中,$\theta(\omega)$ 为相位,那么平移之后的信号 $x_1[n]=x[n-N]$ 的 DTFT 为

$$X_1(e^{j\omega}) = X(e^{j\omega})e^{-j\omega N} = |X(e^{j\omega})| \, e^{-j(\omega N-\theta(\omega))}$$

以一种对偶的方式,当信号被频率为 ω_0 的复指数信号 $e^{j\omega_0 n}$ 所乘,该信号的频谱会在频域中平移,因此若 $x[n]$ 的 DTFT 为 $X(e^{j\omega})$,则已调信号 $x[n]e^{j\omega_0 n}$ 的 DTFT 就为 $X(e^{j(\omega-\omega_0)})$。确实如此,$x_1[n]=x[n]$ $e^{j\omega_0 n}$ 的 DTFT 为

$$X_1(e^{j\omega}) = \sum_n x_1[n]e^{-j\omega n} = \sum_n x[n]e^{-j(\omega-\omega_0)n} = X(e^{j(\omega-\omega_0)})$$

以下变换对说明了时移和频移之间的对偶性:如果 $x[n]$ 的 DTFT 为 $X(e^{j\omega})$,那么

$$x[n-N] \Longleftrightarrow X(e^{j\omega})e^{-j\omega N}$$
$$x[n]e^{j\omega_0 n} \Longleftrightarrow X(e^{j(\omega-\omega_0)})$$

(11.22)

注:之所以称信号 $x[n]e^{j\omega_0 n}$ 为已调信号是因为 $x[n]$ 调制了复指数 $e^{j\omega_0 n}$,或 $x[n]$ 调制离散时间正弦,因为 $x[n]e^{j\omega_0 n}$ 可写成如下形式:

$$x[n]e^{j\omega_0 n} = x[n] \cos(\omega_0 n) + j \, x[n] \sin(\omega_0 n)$$

【例 11.7】

$x[n]=\cos(\omega_0 n)$,$-\infty<n<\infty$ 的 DTFT 不能由其 Z 变换或 DTFT 的求和定义中获得,因为 $x[n]$ 不是能量有限信号。利用频移和时移性质求 $x[n]=\cos(\omega_0 n)$ 和 $y[n]=\sin(\omega_0 n)$ 的 DTFT。

解 由欧拉恒等式有 $x[n]=\cos(\omega_0 n)=0.5(e^{j\omega_0 n}+e^{-j\omega_0 n})$,因而 $x[n]$ 的 DTFT 等于

$$X(e^{j\omega}) = \mathscr{F}[0.5e^{j\omega_0 n}] + \mathscr{F}[0.5e^{-j\omega_0 n}] = \mathscr{F}[0.5]_{\omega-\omega_0} + \mathscr{F}[0.5]_{\omega+\omega_0}$$
$$= \pi[\delta(\omega-\omega_0) + \delta(\omega+\omega_0)]$$

这里用到了 $\mathscr{F}[0.5]=2\pi(0.5)\delta(\omega)$。

由于

$$y[n] = \sin(\omega_0 n) = \cos(\omega_0 n - \pi/2)$$
$$= \cos(\omega_0(n-\pi/(2\omega_0))) = x[n-\pi/(2\omega_0)]$$

根据时移性质可以得到它的 DTFT 等于

$$Y(e^{j\omega}) = X(e^{j\omega})e^{-j\omega\pi/(2\omega_0)} = \pi[\delta(\omega-\omega_0)e^{-j\omega\pi/(2\omega_0)} + \delta(\omega+\omega_0)e^{-j\omega\pi/(2\omega_0)}]$$
$$= \pi[\delta(\omega-\omega_0)e^{-j\pi/2} + \delta(\omega+\omega_0)e^{j\pi/2}]$$
$$= -j\pi[\delta(\omega-\omega_0) - \delta(\omega+\omega_0)]$$

所以余弦信号和正弦信号的频率成分都集中在频率 ω_0 处。

11.2.7 对称性

当绘制或展示一个实值离散时间信号的频谱图时,要知道只需要显示出在频率范围$[0 \ \pi]$内的幅度谱和相位谱就可以了,因为$X(e^{j\omega})$的幅度和相位分别是ω的偶函数和奇函数。

对于一个 DTFT 为
$$X(e^{j\omega}) = |X(e^{j\omega})| \ e^{j\theta(\omega)} = \text{Re}[X(e^{j\omega})] + j\text{Im}[X(e^{j\omega})]$$
的实值信号$x[n]$,其 DTFT 的幅度是关于ω的偶函数,而相位是关于ω的奇函数,即
$$|X(e^{j\omega})| = |X(e^{-j\omega})|$$
$$\theta(e^{j\omega}) = -\theta(e^{-j\omega}) \tag{11.23}$$
$X(e^{j\omega})$的实部是ω的偶函数,其虚部是ω的奇函数:
$$\text{Re}[X(e^{j\omega})] = \text{Re}[X(e^{-j\omega})]$$
$$\text{Im}[X(e^{j\omega})] = -\text{Im}[X(e^{-j\omega})] \tag{11.24}$$

通过考虑实值信号$x[n]$的逆变换就会明白 DTFT 的对称性。$x[n]$的逆变换为
$$x[n] = \frac{1}{2\pi}\int_{-\pi}^{\pi} X(e^{j\omega}) e^{j\omega n} \, d\omega$$

它的复共轭等于
$$x^*[n] = \frac{1}{2\pi}\int_{-\pi}^{\pi} X^*(e^{j\omega}) e^{-j\omega n} \, d\omega = \frac{1}{2\pi}\int_{-\pi}^{\pi} X^*(e^{-j\omega'}) e^{j\omega' n} \, d\omega'$$

但是由于$x[n]$是实数,故有$x[n] = x^*[n]$,对比以上两个积分可以得到
$$X(e^{j\omega}) = X^*(e^{-j\omega})$$
$$|X(e^{j\omega})| \ e^{j\theta(\omega)} = |X(e^{-j\omega})| \ e^{-j\theta(-\omega)}$$
$$\text{Re}[X(e^{j\omega})] + j\text{Im}[X(e^{j\omega})] = \text{Re}[X(e^{-j\omega})] - j\text{Im}[X(e^{-j\omega})]$$

即幅度是ω的偶函数,相位是ω的奇函数。同理,$X(e^{j\omega})$的实部和虚部也分别是ω的偶函数和奇函数。

【例 11.8】

对于信号$x[n] = \alpha^n u[n]$,$0 < \alpha < 1$,求其 DTFT $X(e^{j\omega})$的幅度和相位。

解 因为$x[n]$的 Z 变换有一个包含单位圆的收敛域$|z| > \alpha$,所以$x[n]$的 DTFT 为
$$X(e^{j\omega}) = \frac{1}{1 - \alpha z^{-1}}\bigg|_{z=e^{j\omega}} = \frac{1}{1 - \alpha e^{-j\omega}}$$

其幅度为
$$|X(e^{j\omega})| = \frac{1}{\sqrt{(1 - \alpha\cos(\omega))^2 + \alpha^2 \sin^2(\omega)}}$$

考虑到$\cos(\omega) = \cos(-\omega)$,$\sin^2(-\omega) = (-\sin(\omega))^2 = \sin^2(\omega)$,所以它是$\omega$的偶函数。

其相位为
$$\theta(\omega) = -\tan^{-1}\left[\frac{\alpha\sin(\omega)}{1 - \alpha\cos(\omega)}\right]$$

它是ω的奇函数:作为ω的函数,其分子是奇函数,分母是偶函数,所以反正切函数的宗量是奇函数,从而使该函数为奇函数。

【例 11. 9】

对于离散时间信号 $x[n] = \cos(\omega_0 n + \phi)$，$-\pi \leqslant \phi < \pi$，判断其 DTFT $X(e^{j\omega})$ 的幅度和相位是如何随 ϕ 变化的。

解 信号 $x[n]$ 的 DTFT 为

$$X(e^{j\omega}) = \pi [e^{-j\phi}\delta(\omega - \omega_0) + e^{j\phi}\delta(\omega + \omega_0)]$$

对所有 ϕ 值，其幅度为

$$|X(e^{j\omega})| = |X(e^{-j\omega})| = \pi[\delta(\omega - \omega_0) + \delta(\omega + \omega_0)]$$

$X(e^{j\omega})$ 的相位为

$$\theta(\omega) = \begin{cases} \phi, & \omega = -\omega_0 \\ -\phi, & \omega = \omega_0 \\ 0, & \text{其他} \end{cases}$$

特别地，如果 $\phi = 0$，那么 $x[n]$ 为余弦信号，且相位等于 0；如果 $\phi = -\pi/2$，$x[n]$ 为正弦信号，且其相位在 $\omega = -\omega_0$ 等于 $\pi/2$，在 $\omega = \omega_0$ 等于 $-\pi/2$。正弦信号的 DTFT 等于

$$X(e^{j\omega}) = \pi[\delta(\omega - \omega_0)e^{-j\pi/2} + \delta(\omega + \omega_0)e^{j\pi/2}]$$

余弦信号和正弦信号的 DTFT 仅在相位上不同。

与其他性质一样，对称性也可以运用于系统。如果 $h[n]$ 是一个 LTI 离散时间系统的冲激响应且其为实值，那么它的 DTFT 为

$$H(e^{j\omega}) = \mathcal{Z}(h[n])|_{z = e^{j\omega}} = H(z)|_{z = e^{j\omega}}$$

如果 $H(z)$ 的收敛域包含单位圆。正如信号的 DTFT 那样，系统的频率响应 $H(e^{j\omega})$ 的幅度是 ω 的偶函数，相位是 ω 的奇函数，因此系统的**幅度响应**满足

$$|H(e^{j\omega})| = |H(e^{-j\omega})| \tag{11.25}$$

相位响应满足

$$\angle H(e^{j\omega}) = -\angle H(e^{-j\omega}) \tag{11.26}$$

根据这些对称性以及频率响应的周期性，在给系统的频率响应时，只需要给出 $[0, \pi]$ 内的而不是 $(-\pi, \pi]$ 内的响应。

用 MATLAB 计算相位谱

用 MATLAB 计算相位谱很复杂，需要考虑以下三个问题。

■ 复数相角的定义：已知复数 $z = x + jy = |z|e^{j\theta}$，其相角 θ 用反正切函数计算：

$$\theta = \tan^{-1}\left(\frac{y}{x}\right)$$

但是上述计算定义并不明确，因为 $\tan^{-1}$ 的主值区间为 $[-\pi/2, \pi/2]$，而相角却能够扩展到这些值之外。不过，通过增加 x 和 y 所在象限的信息，就能将主值区间扩展到 $[-\pi, \pi)$。若相位是线性的，即 $\theta = -N\omega$，N 为某个整数，那么即使采用扩展的主值也不太好，因为画线性相位的图形时，会在 π 或 $-\pi$ 以及它们的倍数位置出现间断点。

■ 计算相角时幅度的重要性：已知两个复数 $z_1 = 1 + j = \sqrt{2}\,e^{j\pi/4}$ 和 $z_2 = z_1 \times 10^{-16} = \sqrt{2} \times 10^{-16}\,e^{j\pi/4}$，它们有相同的相角 $\pi/4$，但是它们的幅度相差很大 $|z_2| = 10^{-16}|z_1|$。事实上，z_1 的幅度相比于非常接近于零的 z_2 的幅度来说更有意义，所以可以不用管 z_2 的相角，这样对计算不会有什么影响。

然而,MATLAB 在计算这些数的相角时却无法分辨,因此会出现即使是非常微不足道的复数值也有非常重要的相角的情况。

■ 噪声测量：噪声总是会出现在实际测量中,在信号中即使出现非常小的噪声都会改变相角的计算结果。

相角展开问题十分重要,用 MATLAB 计算相角的问题与相位作为频率的函数且其值在 $[-\pi, \pi)$ 内或称**折叠的相角**的展示方式有关。如果一个信号的 DTFT 的幅值在某些频率处等于零或无穷大,那么在这些频率处的相角就没有定义,因为当幅值等于零或无穷大时,相角的任何值都会与任何其他值一样(没有意义)。另一方面,如果在单位圆上没有零点或极点使幅值在某些频率处等于零或无穷大,那么相位就是连续的。然而,由于相角的计算以及展示方式的缘故,其值都是在 $-\pi$ 与 π 之间,所以它看起来是不连续的。如果相位是连续的,那么相位的间断点就相距 2π 宽度,从而使得这些相角的值相等,找到出现这些间断点的频率位置并拼接起来,就能够得到连续的相位,这个过程被称为**相角的展开**,可用 MATLAB 函数 unwrap 达到这个目的。

【例 11.10】

考虑正弦 $x[n] = \sin(\pi n/2)$,将由 MATLAB 函数 randn 产生的高斯噪声 $\eta[n]$ 加入其中,randn 函数在理论上可以产生任意实值。利用由 MATLAB 计算得到的幅度的重要性来估计相位。

解 $x[n]$ 的 DTFT 由两个冲激构成,一个位于 $\pi/2$,另一个位于 $-\pi/2$,因此其相位在除去这两个频率的其他频率处都等于零。不过,由于添加了噪声,即使是非常少量的噪声(即便在没有噪声的情况下,也存在 MATLAB 的计算精度问题)也会在原本应该等于零的频率处出现非零的相位值。

在这种情况下,由于已知幅度频谱只有在正弦频率的正负值处才有意义,考虑到幅度的重要性,可以用它作为模板来指示相位的计算在何处才有重要意义。以下脚本用于说明如何使用幅度的重要性进行掩模。

```
% 例 11.10   噪声中的正弦相位
% %
 n = 0: 99; x = sin(pi * n/2) + 0.1 * randn(1,100);        % 正弦加噪声
 X = fftshift(fft(x));                                     % 信号的 fft
X1 = abs(X); theta = angle(X);                             % 幅度和相位
 theta1 = theta. * X1/max(X1);                             % 被掩模的相位
 L = length(X); w = 0: 2 * pi/L: 2 * pi - 2 * pi/L; w1 = (w-pi)/pi  % 频率范围
```

利用模板将带噪相位(图 11.6 中的中间图)转变成出现在重要幅度处的正弦的相位(见图 11.6 中的上图和下图)。

【例 11.11】

考虑两个 FIR 滤波器,它们的冲激响应分别为

$$h_1[n] = \sum_{k=0}^{9} \frac{1}{10}\delta[n-k] \quad \text{和} \quad h_2[n] = 0.5\delta[n-3] + 1.1\delta[n-4] + 0.5\delta[n-5]$$

判断哪个滤波器具有线性相位,并用 MATLAB 函数 unwrap 求出它们展开的相位函数,对结果加以解释。

解 具有 $h_1[n]$ 的滤波器的转移函数等于

$$H_1(z) = \frac{1}{10}\sum_{n=0}^{9} z^{-n} = 0.1 \frac{1-z^{-10}}{1-z^{-1}} = 0.1 \frac{z^{10}-1}{z^9(z-1)} = 0.1 \frac{\prod_{k=1}^{9}(z-e^{j2\pi k/10})}{z^9}$$

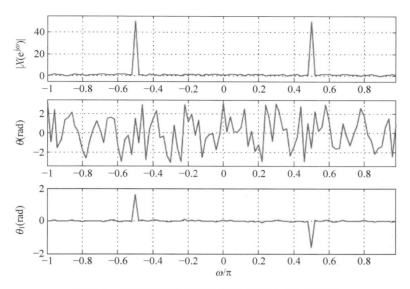

图 11.6　利用幅度模板的高斯噪声下的正弦相位谱

因为该滤波器有 9 个零点在单位圆上,所以在这些零点所在频率处(不连续)的相位没有定义,并且它也不能被展开。

第二个滤波器的冲激响应关于 $n=4$ 对称,因此它的相位是线性和连续的。 实际上,该滤波器的转移函数等于

$$H_2(z) = 0.5z^{-3} + 1.1z^{-4} + 0.5z^{-5} = z^{-4}(0.5z + 1.1 + 0.5z^{-1})$$

由此可得到频率响应为

$$H_2(\mathrm{e}^{\mathrm{j}\omega}) = \mathrm{e}^{-\mathrm{j}4\omega}(1.1 + \cos(\omega))$$

对于 $-\pi \leqslant \omega < \pi$,由于 $1.1 + \cos(\omega) > 0$,从而相位 $\angle H_2(\mathrm{e}^{\mathrm{j}\omega}) = -4\omega$,这是一条斜率为 -4 的过原点的直线,即线性相位。

以下脚本利用 fft 计算两个滤波器的频率响应,利用 angle 求它们的折叠相位,然后用 unwrap 将相位展开,所有结果均示于图 11.7 中。

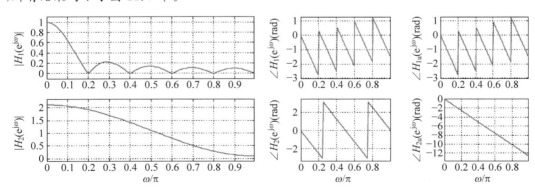

图 11.7　相位的展开

(上)转移函数为 $H_1(z)$ 的滤波器的幅度响应,折叠相位响应和展开相位响应;(下)转移函数为 $H_2(z)$ 的滤波器的幅度响应,折叠相位响应和展开相位响应(线性相位)。

```
% 例 11.11   相位展开
%%
h1 = (1/10) * ones(1,10);                              % fir 滤波器 1
h2 = [zeros(1,3)  0.5  1.1  0.5  zeros(1,3)];          % fir 滤波器 2
H1 = fft(h1,256);                                      % h1 的 fft
H2 = fft(h2,256);                                      % h2 的 fft
H1m = abs(H1(1:128)); H1p = angle(H1(1:128));          % H1(z) 的 幅度/相位
H1up = unwrap(H1p);                                    % H1(z) 的 展开相位
H2m = abs(H2(1:128)); H2p = angle(H2(1:128));          % H2(z) 的 幅度/相位
H2up = unwrap(H2p);                                    % H2(z) 的 展开相位
```

11.2.8   卷积和

卷积和的计算,正如连续时间中的卷积积分一样,在傅里叶域中得到了简化。

若 $h[n]$ 是一个稳定 LTI 系统的冲激响应,则其输出 $y[n]$ 可以用卷积和

$$y[n] = \sum_k x[k]h[n-k]$$

计算获得,其中,$x[n]$ 为输入。$y[n]$ 的 Z 变换等于

$$Y(z) = H(z)X(z), \quad \text{ROC：} \mathscr{R}_Y = \mathscr{R}_H \bigcap \mathscr{R}_X$$

如果单位圆包含在 $\mathscr{R}_Y$ 内,那么

$$Y(e^{j\omega}) = H(e^{j\omega})X(e^{j\omega})$$

或

$$\begin{cases} |Y(e^{j\omega})| = |H(e^{j\omega})| \ |X(e^{j\omega})| \\ \angle Y(e^{j\omega}) = \angle H(e^{j\omega}) + \angle X(e^{j\omega}) \end{cases} \tag{11.27}$$

注：

(1) 由于系统是稳定的,故 $H(z)$ 的 ROC 包含单位圆,那么若 $X(z)$ 的 ROC 包含单位圆,则两个 ROC 的交集也包含单位圆。

(2) 稍后我们将看到,当输入 $x[n]$ 的 Z 变换没有包含单位圆的收敛域,$y[n]$ 仍有可能有 DTFT,正如当输入是周期信号时那样,在这种情况下,输出也是周期性的,这些信号的能量不是有限的,但功率是有限的,而且可以用包含连续的 δ 函数的 DTFT 表示。

【例 11.12】
令 $H(z)$ 为若干转移函数为

$$H_i(z) = K_i \frac{z - 1/\alpha_i}{z - \alpha_i^*}, \quad |z| > |\alpha_i|_t, \quad i = 1, \cdots, N-1$$

的一阶系统的级联,其中,$|\alpha_i| < 1$ 和 $K_i > 0$,这样一个系统被称作全通系统,因为对于所有频率它的幅度响应都是一个常数。如果该滤波器的输入 $x[n]$ 的 DTFT 为 $X(e^{j\omega})$,确定增益 $\{K_i\}$,以使系统输出 $y[n]$ 的DTFT 的幅度与 $X(e^{j\omega})$ 的幅度一致。

解   注意到如果 $1/\alpha_i$ 是 $H_i(z)$ 的一个零点,那么一个在其共轭倒数 α_i^* 的极点也存在。为了证明 $H_i(e^{j\omega})$ 的幅度对于所有频率都是一个常数,下面来考虑幅度平方函数

$$|H_i(e^{j\omega})|^2 = H_i(e^{j\omega})H_i^*(e^{j\omega}) = K_i^2 \frac{(e^{j\omega} - 1/\alpha_i)(e^{-j\omega} - 1/\alpha_i^*)}{(e^{j\omega} - \alpha_i^*)(e^{-j\omega} - \alpha_i)}$$

$$= K_i^2 \frac{e^{j\omega}(e^{-j\omega} - \alpha_i)e^{-j\omega}(e^{j\omega} - \alpha_i^*)}{\alpha_i \alpha_i^*(e^{j\omega} - \alpha_i^*)(e^{-j\omega} - \alpha_i)} = \frac{K_i^2}{|\alpha_i|^2}$$

因此通过令 $K_i = |\alpha_i|$，就得到了单位幅度。$H_i(z)$ 的级联产生转移函数

$$H(z) = \prod_i H_i(z) = \prod_i |\alpha_i| \frac{z - 1/\alpha_i}{z - \alpha_i}$$

所以有

$$H(e^{j\omega}) = \prod_i H_i(e^{j\omega}) = \prod_i |\alpha_i| \frac{e^{j\omega} - 1/\alpha_i}{e^{j\omega} - \alpha_i} \Rightarrow |H(e^{j\omega})| = \prod_i |H_i(e^{j\omega})| = 1$$

$$\angle H(e^{j\omega}) = \sum_i \angle H_i(e^{j\omega})$$

从而得到

$$Y(e^{j\omega}) = |X(e^{j\omega})| \; e^{j(\angle X(e^{j\omega}) + \angle H(e^{j\omega}))}$$

因此输出的幅度与输入的幅度一致，不过 $Y(e^{j\omega})$ 的相位等于 $X(e^{j\omega})$ 的相位和 $H(e^{j\omega})$ 的相位之和，所以全通系统允许输入信号中所有频率成分出现在输出端而没有幅度谱的改变，但是出现了相移。

11.3　离散时间周期信号的傅里叶级数

与在连续时间中一样，我们感兴趣的是求出 LTI 系统对于周期信号的响应，那么方法也与连续时间中一样，将周期信号表示为复指数函数的组合，并利用 LTI 系统的特征函数性质求出响应。

注意到离散时间中各部分讲解的顺序与连续时间中的讲解顺序正相反：现在所考虑的周期信号的傅里叶级数表示是在非周期信号的傅里叶级数表示之后。虽然从理论上来说没有这么做的理由，但从实际的角度来看，这样做的优点是可以以一个在时间和频率上都是离散的和周期的表示来结束，正是由于在时间和频率上的离散性和周期性，周期信号的傅里叶级数能够用计算机实现，而这就是所谓的离散傅里叶变换(discrete Fourier transform，DFT)的基本条件。DFT 是数字信号处理的基础，我们将在下一节讨论，一个被称为快速傅里叶变换(fast Fourier transform，FFT)的算法能够非常有效地实现 DFT。

在找到周期离散时间信号的表达式之前，首先来回忆以下内容：

- 如果存在一个正整数 N，使得对于任意整数 k 有 $x[n+kN] = x[n]$，那么离散时间信号 $x[n]$ 便是周期的。这个值 N 是满足此条件的最小正整数，它被称为 $x[n]$ 的基波周期。要使周期性成立，$x[n]$ 必须是无限支撑的，即 $x[n]$ 必须在 $-\infty < n < \infty$ 上有定义。
- 根据离散时间 LTI 系统的特征函数性质，只要输入到这种系统的是复指数信号 $Ae^{j(\omega_0 n + \theta)}$，那么相应的稳态输出为

$$y[n] = Ae^{j(\omega_0 n + \theta)} \; H(e^{j\omega_0})$$

其中，$H(e^{j\omega_0})$ 为系统在输入频率 ω_0 处的频率响应。正如在连续时间中已经用实例说明的那样，这样做的优势在于，对于 LTI 系统，如果能将输入信号表示为复指数函数的线性组合，那么叠加就给出了对每一个指数函数的响应的线性组合。因此，如果输入信号的形式为

$$x[n] = \sum_k A[k]e^{j\omega_k n}$$

那么输出信号将等于

$$y[n] = \sum_k A[k]e^{j\omega_k n} H(e^{j\omega_k})$$

不论输入信号的频率成分是否谐波相关（当 $x[n]$ 是周期的，其频率成分谐波相关），该性质都成立。

■ 以前证明过，一个基波周期为 T_0 的周期信号 $x(t)$ 能够用傅里叶级数表示为

$$x(t) = \sum_{k=-\infty}^{\infty} \hat{X}[k] e^{j\frac{2\pi kt}{T_0}} \tag{11.28}$$

如果对 $x(t)$ 以抽样时间间隔 $T_s = T_0/N$ 进行抽样（$\Omega_s = N\Omega_0$，因此满足奈奎斯特抽样条件），其中，N 是一个很大的正整数，那么可以得到

$$x(nT_s) = \sum_{k=-\infty}^{\infty} \hat{X}[k] e^{j\frac{2\pi knT_s}{T_0}} = \sum_{k=-\infty}^{\infty} \hat{X}[k] e^{j\frac{2\pi kn}{N}}$$

最后一个和式重复地对 $0 \sim 2\pi$ 之间的频率求和，为了避免这些重复，令 $k = m + rN$，其中，$0 \le m \le N-1$，且 $r = 0, \pm 1, \pm 2, \cdots$，即将无限支撑 k 划分成为无限多个长度为 N 的有限段，于是有

$$x(nT_s) = \sum_{m=0}^{N-1} \sum_{r=-\infty}^{\infty} \hat{X}[m+rN] e^{j\frac{2\pi(m+rN)n}{N}} = \sum_{m=0}^{N-1} \left[\sum_{r=-\infty}^{\infty} \hat{X}[m+rN] \right] e^{j\frac{2\pi mn}{N}}$$

$$= \sum_{m=0}^{N-1} X[m] e^{j\frac{2\pi mn}{N}}$$

该表达式是用频率为 $2\pi m/N, m = 0, \cdots, N-1$，即频率从 $0 \sim 2\pi(N-1)/N$ 的复指数函数来表示的，这就是我们接下来将进一步研究的傅里叶级数。

11.3.1 离散时间周期信号的循环表达式

考虑基波周期为 N 的周期信号 $x[n]$，由于在其第一个周期 $x_1[n]$ 内的样本点可以完全表征该周期信号 $x[n]$，因而相比于线性表达式，循环表达式能更有效地表示该信号。循环表达式的获得是通过将第一个周期内的值均匀地放置在一个圆上，从 $x[0]$ 开始，沿顺时针方向，然后依次是 $x[1], \cdots, x[N-1]$。如果继续沿顺时针方向放置就会得到 $x[N] = x[0]$，$x[N+1] = x[1]$，$\cdots$，$x[2N-1] = x[N-1]$，以此类推。一般来说，对于任意值 $x[m]$，其中，m 被表示为

$$m = kN + r$$

k 为整数，是 m 除以 N 的商，r 是余数，$0 \le r < N$，有 $x[m]$ 等于第一个周期内的某个样本，即

$$x[m] = x[kN + r] = x[r]$$

这个表达式被称为**循环表示**，与之形成对比的是以前引入的等效的线性表示：

$$x[n] = \sum_{k=-\infty}^{\infty} x_1[n + kN]$$

它将第一个周期进行平移然后叠加。循环表示在 DFT 的计算中非常有用，在本章的后面将会看到。图 11.8 显示了基波周期 $N=4$ 的周期信号 $x[n]$ 的循环表示和线性表示。

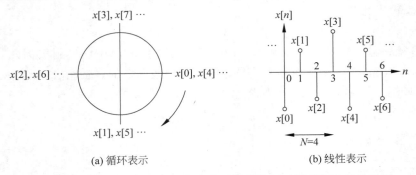

(a) 循环表示　　　　　　　　(b) 线性表示

图 11.8　基波周期 $N=4$ 的周期离散时间信号 $x[n]$ 的循环和线性表示
注意循环表示是如何表现周期性的：$x[0] = x[4], \cdots, x[3] = x[7], \cdots$，对于负整数也一样。

11.3.2 复指数离散傅里叶级数

考虑基波周期为 N 的离散时间信号 $x[n]$ 的表示,采用正交基函数 $\{\phi[k,n]=\mathrm{e}^{\mathrm{j}2\pi kn/N}\}$,其中,$n$、$k=0,\cdots,N-1$。这些函数有两个重要特征:

- $\{\phi[k,n]\}$ 中的函数关于 k 和 n 都是周期的,且基波周期为 N。实际上有

$$\phi[k+\ell N,n] = \mathrm{e}^{\mathrm{j}\frac{2\pi(k+\ell N)n}{N}} = \mathrm{e}^{\mathrm{j}\frac{2\pi kn}{N}}\mathrm{e}^{\mathrm{j}2\pi\ell n} = \mathrm{e}^{\mathrm{j}\frac{2\pi kn}{N}}$$

其中利用了 $\mathrm{e}^{\mathrm{j}2\pi\ell n}=1$。同样可以证明 $\{\phi[k,n]\}$ 中的函数关于 n 是周期的,且基波周期为 N。

- $\{\phi[k,n]\}$ 中的函数在支撑 n 上是正交的,即

$$\sum_{n=0}^{N-1}\phi(k,n)\phi^*(l,n) = \sum_{n=0}^{N-1}\mathrm{e}^{\mathrm{j}\frac{2\pi}{N}kn}\,(\mathrm{e}^{\mathrm{j}\frac{2\pi}{N}ln})^* = \begin{cases} N, & \text{若 } k-l=0 \\ 0, & \text{若 } k-l\neq 0 \end{cases}$$

而且通过将这些函数除以 $\sqrt{N}$ 可以将其归一化,所以 $\{\phi[k,n]/\sqrt{N}\}$ 是正交规范函数。的确当 $k\neq l$ 时,有

$$\frac{1}{N}\sum_{n=0}^{N-1}\phi(k,n)\phi^*(l,n) = \frac{1}{N}\sum_{n=0}^{N-1}\mathrm{e}^{\mathrm{j}\frac{2\pi}{N}(k-l)n} = \frac{1-\mathrm{e}^{\mathrm{j}\frac{2\pi}{N}(k-l)N}}{1-\mathrm{e}^{\mathrm{j}\frac{2\pi}{N}(k-l)}} = 0$$

即这些基函数是正交的。当 $k=l$ 时,以上和式等于 N,所以这些基函数是规范的。

我们将在获得周期离散时间信号的傅里叶级数表示时用到这两个性质。

基波周期为 N 的周期信号 $x[n]$ 的傅里叶级数表示为

$$x[n] = \sum_{k=k_0}^{k_0+N-1} X[k]\mathrm{e}^{\mathrm{j}\frac{2\pi}{N}kn} \tag{11.29}$$

其中,傅里叶级数系数 $\{X[k]\}$ 是由

$$X[k] = \frac{1}{N}\sum_{n=n_0}^{n_0+N-1} x[n]\mathrm{e}^{-\mathrm{j}\frac{2\pi}{N}kn} \tag{11.30}$$

得到的。频率 $\omega_0=2\pi/N(\mathrm{rad})$ 是基波频率,式(11.29)和式(11.30)中的 k_0 和 n_0 是任意整数。作为频率 $2\pi k/N$ 的函数,傅里叶级数系数 $X[k]$ 是周期的,且基波周期为 N。

注:

(1)以上两式的联系可以通过利用基函数的正交规范性来检验。事实上,如果用 $\mathrm{e}^{-\mathrm{j}(2\pi/N)\log}$ 乘以 $x[n]$,然后对 n 求这些值在一个周期内的和,利用式(11.29)可以得到

$$\sum_n x[n]\mathrm{e}^{-\mathrm{j}2\pi nl/N} = \sum_n\sum_k X[k]\mathrm{e}^{\mathrm{j}2\pi(k-l)n/N} = \sum_k X[k]\sum_n \mathrm{e}^{\mathrm{j}2\pi(k-l)n/N} = NX[l]$$

其中,当 $k-l\neq 0$ 时 $\sum_n \mathrm{e}^{\mathrm{j}2\pi(k-l)n/N}$ 等于零,当 $k-l=0$ 时,此和等于 N。将等式两边除以 N,并用 l 代替 k 之后,便可得到式(11.30)。

(2)利用基函数 $\{\phi[k,n]\}$ 的周期性可以很容易地证明,$x[n]$ 和 $X[k]$ 关于 n 和 k 都是周期的,且具有相同的基波周期 N,于是在傅里叶级数中对 k 求和与在傅里叶系数中对 n 求和可以在 $x[n]$ 和 $X[k]$ 的任意一个周期内进行计算,因此,傅里叶级数中的总和是从 $k=k_0$ 到 k_0+N-1 计算得到的,其中,k_0 为任意值,同理,计算傅里叶系数的总和是从 $n=n_0$ 到 n_0+N-1 进行的,对于任意整数值 n_0,这是一个

任意周期。

（3）注意，由于频率是离散的并且只需要求和，因而可以利用计算机求出 $x[n]$ 与 $X[k]$。我们将在离散时间信号傅里叶变换或离散傅里叶变换（DFT）的实际计算中运用这些特征。

【例 11.13】

求 $x[n]=1+\cos(\pi n/2)+\sin(\pi n),-\infty<n<\infty$ 的傅里叶级数。

解 $x[n]$ 的基波周期为 $N=4$。事实上

$$x[n+4]=1+\cos(2\pi(n+4)/4)+\sin(\pi(n+4))$$
$$=1+\cos(2\pi n/4+2\pi)+\sin(\pi n+4\pi)=x[n]$$

在 $x[n]$ 中的频率有：一个对应着常数的直流频率以及对应着余弦和正弦的频率 $\omega_0=\pi/2$ 和 $\omega_1=\pi=2\omega_0$。信号中没有出现其他频率。令基波频率为 $\omega_0=2\pi/N=\pi/2$，则利用欧拉公式可直接从 $x[n]$ 获得复指数傅里叶级数

$$x[n]=1+0.5(e^{j\pi n/2}+e^{-j\pi n/2})-0.5j(e^{j\pi n}-e^{-j\pi n})$$
$$=X[0]+X[1]e^{j\omega_0 n}+X[-1]e^{-j\omega_0 n}+X[2]e^{j2\omega_0 n}+X[-2]e^{-j2\omega_0 n}, \quad \omega_0=\frac{\pi}{2}$$

因此傅里叶系数为 $X[0]=1,X[1]=X^*[-1]=0.5$ 以及 $X[2]=X^*[-2]=-0.5j$。

11.3.3 与 Z 变换的联系

回忆一下求周期连续时间信号的傅里叶级数系数时是如何利用拉普拉斯变换的，同理，对于周期的离散时间信号，由于其在一个周期内的 Z 变换总是存在的，故可将它与傅里叶级数系数联系上。

若 $x_1[n]=x[n](u[n]-u[n-N])$ 是基波周期为 N 的周期信号 $x[n]$ 的一个周期，其 Z 变换

$$\mathcal{Z}(x_1[n])=\sum_{n=0}^{N-1}x[n]z^{-n}$$

的收敛域为除了原点的整个平面，则 $x[n]$ 的傅里叶级数的系数可以被确定为

$$X[k]=\frac{1}{N}\sum_{n=0}^{N-1}x[n]e^{-j\frac{2\pi}{N}kn}=\frac{1}{N}\mathcal{Z}(x_1[n])\Big|_{z=e^{j\frac{2\pi}{N}k}} \qquad (11.31)$$

【例 11.14】

考虑一个基波周期为 $N=20$ 的离散脉冲 $x[n]$，$x_1[n]=u[n]-u[n-10]$ 是 0～19 之间的那个周期，求 $x[n]$ 的傅里叶级数。

解 求出傅里叶级数系数为（$\omega_0=2\pi/20\text{rad}$）

$$X[k]=\frac{1}{20}\mathcal{Z}(x_1[n])\Big|_{z=e^{j\frac{2\pi}{20}k}}=\frac{1}{20}\sum_{n=0}^{9}z^{-n}\Big|_{z=e^{j\frac{2\pi}{20}k}}=\frac{1}{20}\frac{1-z^{-10}}{1-z^{-1}}\Big|_{z=e^{j\frac{2\pi}{20}k}}$$

求得 $X[k]$ 的一个闭合表达式如下：

$$X[k]=\frac{z^{-5}(z^5-z^{-5})}{20z^{-0.5}(z^{0.5}-z^{-0.5})}\Big|_{z=e^{j\frac{2\pi}{20}k}}$$
$$=\frac{e^{-j\pi k/2}\sin(\pi k/2)}{20e^{-j\pi k/20}\sin(\pi k/20)}=\frac{e^{-j9\pi k/20}}{20}\frac{\sin(\pi k/2)}{\sin(\pi k/20)}$$

11.3.4 周期信号的 DTFT

一个离散时间周期信号 $x[n]$,其基波周期为 N,傅里叶级数表示为

$$x[n] = \sum_{k=0}^{N-1} X[k] \mathrm{e}^{\mathrm{j}2\pi nk/N} \tag{11.32}$$

那么它的 DTFT 变换为

$$X(\mathrm{e}^{\mathrm{j}\omega}) = \sum_{k=0}^{N-1} 2\pi X[k] \delta(\omega - 2\pi k/N), \quad -\pi \leqslant \omega < \pi \tag{11.33}$$

如果设 $\mathscr{F}(.)$ 为 DTFT 算子,那么周期信号 $x[n]$ 的 DTFT 等于

$$X(\mathrm{e}^{\mathrm{j}\omega}) = \mathscr{F}(x[n]) = \mathscr{F}\left(\sum_k X[k]\mathrm{e}^{\mathrm{j}2\pi nk/N}\right) = \sum_k \mathscr{F}\left(X[k]\mathrm{e}^{\mathrm{j}2\pi nk/N}\right)$$

$$= \sum_k 2\pi X[k] \delta(\omega - 2\pi k/N), \quad -\pi \leqslant \omega < \pi$$

其中,$\delta(\omega)$ 是连续时间 δ 函数,因为 ω 是连续变化的。

【例 11.15】

周期信号

$$\delta_{\mathrm{M}}[n] = \sum_{m=-\infty}^{\infty} \delta[n - mM]$$

的基波周期为 M,求其 DTFT。

解 $\delta_{\mathrm{M}}[n]$ 的 DTFT 等于

$$\Delta_{\mathrm{M}}(\mathrm{e}^{\mathrm{j}\omega}) = \sum_{m=-\infty}^{\infty} \mathscr{F}(\delta[n - mM]) = \sum_{m=-\infty}^{\infty} \mathrm{e}^{-\mathrm{j}\omega mM} \tag{11.34}$$

如果在求 $\delta_{\mathrm{M}}[n]$ 的 DTFT 之前,先求出它的傅里叶级数,那么就可以得到一个等效的结果。$\delta_{\mathrm{M}}[n]$ 的傅里叶级数系数为($\omega_0 = 2\pi/M$ 是其基波周期)

$$\Delta_{\mathrm{M}}[k] = \frac{1}{M} \sum_{n=0}^{M-1} \delta_{\mathrm{M}}[n] \mathrm{e}^{-\mathrm{j}2\pi nk/M} = \frac{1}{M} \sum_{n=0}^{M-1} \delta[n] \mathrm{e}^{-\mathrm{j}2\pi nk/M} = \frac{1}{M}$$

故 $\delta_{\mathrm{M}}[n]$ 的傅里叶级数为

$$\delta_{\mathrm{M}}[n] = \sum_{k=0}^{M-1} \frac{1}{M} \mathrm{e}^{\mathrm{j}2\pi nk/M}$$

于是得到它的 DTFT 为

$$\Delta_{\mathrm{M}}(\mathrm{e}^{\mathrm{j}\omega}) = \sum_{k=0}^{M-1} \mathscr{F}\left(\frac{1}{M}\mathrm{e}^{\mathrm{j}2\pi nk/M}\right) = \frac{2\pi}{M} \sum_{k=0}^{M-1} \delta\left(\omega - \frac{2\pi k}{M}\right), \quad -\pi \leqslant \omega < \pi \tag{11.35}$$

上式与式(11.34)是等效的。此外,把变换对 $\delta_{\mathrm{M}}[n]$ 和 $\Delta_{\mathrm{M}}(\mathrm{e}^{\mathrm{j}\omega})$ 放在一起,便可得到一个有趣的关系

$$\sum_{m=-\infty}^{\infty} \delta[n - mM] \Leftrightarrow \frac{2\pi}{M} \sum_{k=0}^{M-1} \delta\left(\omega - \frac{2\pi k}{M}\right), \quad -\pi \leqslant \omega < \pi$$

这两项在时间和频率上都是离散的,并且都是周期的,$\delta_{\mathrm{M}}[n]$ 的基波周期是 M,$\Delta(\mathrm{e}^{\mathrm{j}\omega})$ 的基波周期是 $2\pi/M$。此外,在时域中的一个冲激串,其 DTFT 在频域中也是一个冲激串。不过应当认识到,左边的 δ 函数 $\delta[n - mM]$ 是离散的,而右边的 $\delta(\omega - 2\pi k/M)$ 则是连续的。

用 MATLAB 计算傅里叶级数

考虑到周期信号只包含离散频率,而且它的傅里叶级数系数是用求和得到的,所以对傅里叶级数的计算可以通过对 DTFT 的频率进行离散化而实现,经频率离散化后的 DTFT 就是离散傅里叶变换(DFT),它可以利用 FFT 算法进行有效计算。为了用 MATLAB 说明这一点,考虑以下脚本中所给出的三种不同信号,结果如图 11.9 所示。

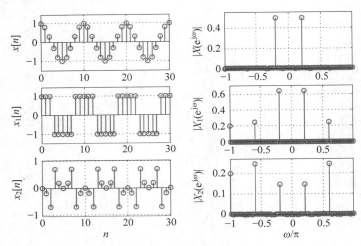

图 11.9 不同周期信号的傅里叶级数系数的计算

这三个信号都是周期的,脚本使用 10 个周期计算信号的 FFT 以获得傅里叶级数系数(在图 11.9 中仅显示了 3 个周期)。需要特别注意的是:一定要精确地输入一个或多个周期,因而 FFT 的长度必须是一个周期的长度或是一个周期的倍数的长度。符号函数 sign 用于从余弦函数中产生周期脉冲串。

```
% 利用 FFT 求傅里叶级数
% %
N = 10; M = 10; N1 = M * N: n = 0: N1 − 1;
x = cos(2 * pi * n/N);                              % 正弦
x1 = sign(x);                                       % 脉冲串
x2 = x − sign(x);                                   % 正弦减去脉冲串
X = fft(x)/M; X1 = fft(x1)/M; X2 = fft(x2)/M;      % 信号的 fft
X = X/N; X1 = X1/N; X2 = X2/N;                      % FS 系数
```

11.3.5 LTI 系统对周期信号的响应

设基波周期为 N 的周期信号 $x[n]$ 是具有转移函数 $H(z)$ 的 LTI 系统的输入,如果 $x[n]$ 的傅里叶级数为

$$x[n] = \sum_{k=0}^{N-1} X[k]\mathrm{e}^{\mathrm{j}(k\omega_0)n}, \quad \omega_0 = \frac{2\pi}{N} \text{ 是基波频率}$$

那么根据 LTI 系统的特征函数性质,输出也是周期的,且基波周期为 N,其傅里叶级数为

$$y[n] = \sum_{k=0}^{N-1} X[k] H(e^{jk\omega_0}) e^{jk\omega_0 n}, \quad \omega_0 = \frac{2\pi}{N} \text{ 是基波频率}$$

系数 $Y[k] = X[k] H(e^{jk\omega_0})$，即输入的系数 $X[k]$ 被系统在谐波频率 $\{k\omega_0\}, k = 0, \cdots, N-1$ 处的频率响应

$$H(e^{jk\omega_0}) = H(z)\big|_{z=e^{jk\omega_0}}$$

改变了。

注：

(1) 虽然 LTI 系统的输入 $x[n]$ 和输出 $y[n]$ 都是周期的且基波周期相同，但输出的傅里叶级数系数受到了系统在各谐波频率的频率响应 $H(e^{jk\omega_0})$ 的影响。

(2) 通过应用 DTFT 的卷积性质可以得到类似的结果，所以如果 $X(e^{j\omega})$ 是周期信号 $x[n]$ 的 DTFT，那么输出 $y[n]$ 的 DTFT 由下式给出：

$$Y(e^{j\omega}) = X(e^{j\omega}) H(e^{j\omega}) = \left[\sum_{k=0}^{N-1} 2\pi X[k] \delta(\omega - 2\pi k/N) \right] H(e^{j\omega})$$

$$= \sum_{k=0}^{N-1} 2\pi X[k] H(e^{j2\pi k/N}) \delta(\omega - 2\pi k/N)$$

令 $X[k] H(e^{j2\pi k/N}) = Y[k]$，便得到周期输出 $y[n]$ 的 DTFT。

【例 11.16】

考虑利用 MATLAB 实现一个分析离散时间信号的粗糙的频谱分析仪。将离散频率区间 $[0, \pi]$ 分成 3 个频带：$[0, 0.1\pi]$、$(0.1\pi, 0.6\pi)$ 和 $(0.6\pi, \pi]$，得到信号 $x[n] = \text{sign}(\cos(0.2\pi n))$ 的低通、带通和高通分量。利用 MATLAB 函数 fir1 得到这三个滤波器。画出原始信号及其在三个频带中的分量，验证整个滤波器是一个全通滤波器，获取这些滤波器的输出总和，并解释它与原始信号的关系。

解 在本例的脚本中用到了几个 MATLAB 函数，以便于信号的滤波，读者可以通过使用 help 获得更多关于这些函数的信息。

利用前面给出的 FFT 算法求出 $x[n]$ 的频谱，利用 fir1 获得低通、带通和高通滤波器，利用函数 filter 获得相应的输出 $y_1[n]$、$y_2[n]$ 和 $y_3[n]$，利用函数 freqz 求出三个滤波器的频率响应 $\{H_i(e^{j\omega})\}$，$i = 1, 2, 3$。

三个滤波器可以把 $x[n]$ 分成低频、中频和高频带的分量，从这些频率分量中能够获得信号在三个频带内的功率，即得到了一个粗糙的频谱分析仪。理想情况下，我们希望三个滤波器的输出总和等于 $x[n]$，所以频率响应的总和

$$H(e^{j\omega}) = H_1(e^{j\omega}) + H_2(e^{j\omega}) + H_3(e^{j\omega})$$

应该为一个全通滤波器的频率响应。实际上确实如此，该结果显示在图 11.10 中，图中得到的输入信号——由于滤波器的线性相位而被延迟了——就是转移函数为 $H(z)$ 的滤波器的输出。

```
%  例 11.16    周期信号的滤波
% %
N = 500; n = 0: N−1; x = cos(0.2 * pi * n); x = sign(x);      %  脉冲信号
X = fft(x)/50; X = X(1: 250);                                  %  近似 DTFT
L = 500; w1 = 0: 2 * pi/L: pi − 2 * pi/L; w1 = w1/pi;          %  频率
h1 = fir1(30,0.1);                                             %  低通滤波器
h2 = fir1(30,0.6,'high');                                      %  高通滤波器
```

```
h3 = firl(30,[0.1  0.6]);                                    % 带通滤波器
y1 = filter(h1,1,x); y2 = filter(h2,1,x); y3 = filter(h3,1,x);
y = y1 + y2 + y3;                                            % 滤波器的输出
[H1,w] = freqz(h1,1); [H2,w] = freqz(h2,1); [H3,w] = freqz(h3,1);
H = H1 + H2 + H3;                                            % 频率响应
```

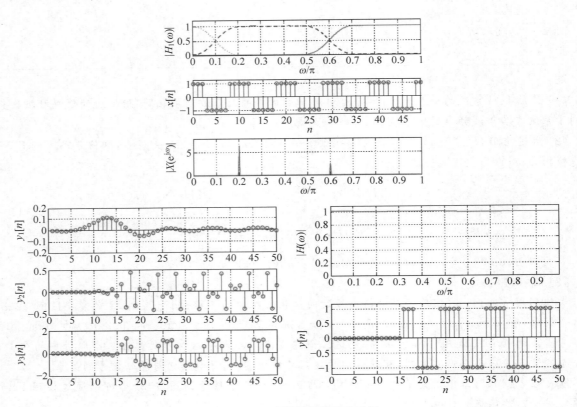

图 11.10　一个粗糙的频谱分析仪

低通、带通和高通滤波器的幅度响应,输入信号及其幅度谱(上,中图)。滤波器的输出(左下)、滤波器组(全通滤波器)的总幅度响应和总响应。由滤波器组的线性相位引起的延迟。注意显示 $y_i[n]$,$i=1,2,3$ 时幅度尺度的差异。

11.3.6　循环移位和周期卷积

1. 循环移位

当一个基波周期为 N 的周期信号 $x[n]$ 被平移 M 个样本,该信号仍然是周期的。循环表达式因为专注于表达式中被展示的那个周期,所以为周期信号的平移提供了一种合适的可视化方式,在这种方式中,信号的各值被圆形地旋转。

移位信号 $x_1[n]=x[n-M]$ 的傅里叶级数是由 $x[n]$ 的傅里叶级数通过用 $n-M$ 替换 n 而获得

$$x_1[n] = x[n-M] = \sum_k X[k] e^{j2\pi(n-M)k/N} = \sum_k (X[k] e^{-j2\pi Mk/N}) e^{j2\pi nk/N}$$

故移位信号及其傅里叶级数系数的关系为

$$x[n-M] \Leftrightarrow X[k] e^{-j2\pi Mk/N} \tag{11.36}$$

需要注意 M 的不同取值对移位产生的影响,这个平移量可被表示为

$$M = mN + r, \quad m = 0, \pm 1, \pm 2, \cdots, \quad 0 \leqslant r \leqslant N-1$$

因此对于任意 M 值有

$$e^{-j2\pi Mk/N} = e^{-j2\pi(mN+r)k/N} = e^{-j2\pi rk/N}$$ (11.37)

所以如果平移量大于一个周期,则等价于只平移 r 即 M 被 N 除的余数。

【例 11.17】

为了使线性移位和循环移位的区别形象化,考虑基波周期为 $N=4$ 的周期信号 $x[n]$,它的第一个周期 $x_1[n]=n,n=0,\cdots,3$。利用循环表示画出 n 的函数 $x[-n]$ 和 $x[n-1]$。

解 在 $x[n]$ 的循环表示中,第一个周期内的样本点 $x[0]$、$x[1]$、$x[2]$ 和 $x[3]$ 按照顺时针方向依次位于圆的东(E)、南(S)、西(W)和北(N)四个方向。E 方向为表示的起点,在循环表示中延迟 M 相当于以顺时针方向沿圆移动或旋转 M 个位置,超前 M 相当于以逆时针方向沿圆移动 M 个位置,反褶相当于把 $x_1[n]$ 的各样本点按照逆时针方向放置并从 E 方向上的 $x[0]$ 开始。对于基波周期为 4 的周期信号 $x[n]$,不同的移位方式(线性的和循环的)都显示在图 11.11 中。

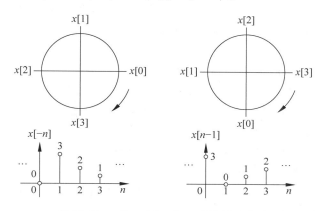

图 11.11　$x[-n]$ 和 $x[n-1]$ 的循环表示

2. 周期卷积

两个具有相同基波周期 N 的周期信号 $x[n]$ 与 $y[n]$ 相乘,乘积 $v[n]=x[n]y[n]$ 也是周期的,基波周期为 N,并且它的傅里叶级数系数为

$$V[k] = \sum_{m=0}^{N-1} X[m]Y[k-m], \quad 0 \leqslant k \leqslant N-1$$

这一点将在下面证明。$v[n]$ 是周期的且基波周期为 N 这一点很明显,其傅里叶级数可通过令基频为 $\omega_0=2\pi/N$ 并代入所给的傅里叶系数而得到,即对于 $0 \leqslant n \leqslant N-1$,有

$$v[n] = \sum_{m=0}^{N-1} V[m]e^{j\omega_0 mn} = \sum_{m=0}^{N-1} \sum_{k=0}^{N-1} X[k]Y[m-k]e^{j\omega_0 mn}$$

$$= \sum_{k=0}^{N-1} X[k]\left(\sum_{m=0}^{N-1} Y[m-k]e^{j\omega_0 n(m-k)} \right)e^{j\omega_0 kn} = \sum_{k=0}^{N-1} X[k]y[n]e^{j\omega_0 kn} = y[n]x[n]$$

因此得到了两个具有相同基波周期的周期信号的乘积的傅里叶级数系数,于是有以下这一对:

$$x[n]y[n](\text{周期的且基波周期为 } N) \Leftrightarrow \sum_{m=0}^{N-1} X[m]Y[k-m], \quad 0 \leqslant k \leqslant N-1$$ (11.38)

由对偶性有

$$\sum_{m=0}^{N-1} x[m]y[n-m], 0 \leqslant n \leqslant N-1 \Leftrightarrow NX[k]Y[k](\text{周期的且基波周期为 } N)$$ (11.39)

尽管

$$\sum_{m=0}^{N-1} x[m]y[n-m] \quad \text{和} \quad \sum_{m=0}^{N-1} X[m]Y[k-m]$$

看起来像之前讲过的卷积和,但序列的周期性使它们与之前的卷积和不同,它们被称为**周期卷积和**。考虑到周期信号的无限支撑,因而周期信号的卷积和不存在——它不会是有限的,故周期卷积的计算仅限于具有相同基波周期的两个周期信号的一个周期。

注:

(1) 与之前一样,一个域里的乘法运算引起另一个域里的卷积运算。

(2) 计算周期卷积时需要记住:(i)参与卷积的序列必须具有相同的基波周期;(ii)周期信号的傅里叶级数系数与信号有相同的基波周期。

【例 11.18】

为了理解周期卷积导致什么样的结果,下面来考虑两个周期信号 $x[n]$ 和 $y[n]$,它们的基波周期为 $N=2$。求出它们的乘积 $v[n]=x[n]y[n]$ 的傅里叶级数。

解 傅里叶级数

$$x[n] = X[0] + X[1]\,e^{j\omega_0 n}$$
$$y[n] = Y[0] + Y[1]\,e^{j\omega_0 n}, \quad \omega_0 = 2\pi/N = \pi$$

的乘法运算可以被看作是两个带有复指数 $\zeta[n]=e^{j\omega_0 n}$ 的多项式的乘积,因此

$$x[n]y[n] = (X[0] + X[1]\zeta[n])(Y[0] + Y[1]\zeta[n])$$
$$= X[0]Y[0] + (X[0]Y[1] + X[1]Y[0])\zeta[n] + X[1]Y[1]\zeta^2[n]$$

由于 $\zeta^2[n]=e^{j2\omega_0 n}=e^{j2\pi n}=1$,替换 $\zeta[n]$ 之后有

$$x[n]y[n] = \underbrace{(X[0]Y[0] + X[1]Y[1])}_{V[0]} + \underbrace{(X[0]Y[1] + X[1]Y[0])}_{V[1]}e^{j\omega_0 n} = v[n]$$

利用周期卷积公式可以得到

$$V[0] = \sum_{k=0}^{1} X[k]Y[-k] = X[0]Y[0] + X[1]Y[-1] = X[0]Y[0] + X[1]Y[2-1]$$

$$V[1] = \sum_{k=0}^{1} X[k]Y[1-k] = X[0]Y[1] + X[1]Y[0]$$

在以上方程中利用了 $Y[k]$ 的周期性,所以有 $Y[-1]=Y[-1+N]=Y[-1+2]=Y[1]$。因此周期信号相乘可以被看作是带有 $\zeta[n]=e^{j\omega_0 n}=e^{j2\pi n/N}$ 的多项式的乘积,由于有

$$\zeta[mN+r] = e^{j\frac{2\pi}{N}(mN+r)} = e^{j\frac{2\pi}{N}r} = \zeta[r],$$
$$m = \pm 1, \pm 2, \cdots, 0 \leqslant r \leqslant N-1$$

从而保证了所产生的多项式始终不高于 $N-1$ 次。

若采用作图的方法来求解,则可以用一种类似于求卷积和的方式进行(见图 11.12):循环表示 $X[k]$ 和 $Y[-k]$,顺时针方向移动 $Y[-k]$ 而保持 $X[k]$ 固定不动。$X[k]$ 的循环表示是通过将 $X[0]$ 和 $X[1]$ 的值按顺时针方向放在内圆上而给出的,而 $Y[m-k]$ 是通过将其

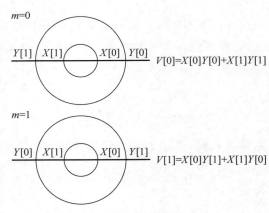

图 11.12　傅里叶级数系数$\{X[k]\}$和$\{Y[k]\}$的周期卷积

一个周期内的两个值按逆时针方向(对应于信号的反褶即 $Y[-k]$,当 $m=0$)放在外圆上来表示的。将内圆、外圆上相对的两个值相乘再把它们相加便得到 $V[0]=X[0]Y[0]+X[1]Y[1]$。当 $m=1$ 时,顺时针方向旋转外圆 $180°$,并将相对的两个值相乘再把它们的乘积加起来,便得到 $V[1]=X[0]Y[1]+X[1]Y[0]$。没有必要再继续移位了,因为所得结果会与前面求出的结果一致。

对于基波周期为 N 的周期信号 $x[n]$ 和 $y[n]$,有

(1) 时域循环移位与频域循环移位的对偶性——左边是信号,右边是左边信号的傅里叶级数系数

$$x[n-M] \Leftrightarrow X[k] e^{-j2\pi Mk/N}$$

$$x[n] e^{j2\pi Mn/N} \Leftrightarrow X[k-M] \tag{11.40}$$

(2) 相乘与周期卷积和的对偶性——左边是信号,右边是左边信号的傅里叶级数系数

$$z[n]=x[n]y[n] \Leftrightarrow Z[k]=\sum_{m=0}^{N-1} X[m]Y[k-m], \quad 0 \leqslant k \leqslant N-1$$

$$v[n]=\sum_{m=0}^{N-1} x[m]y[n-m], \quad 0 \leqslant n \leqslant N-1 \Leftrightarrow V[k]=NX[k]Y[k] \tag{11.41}$$

其中,$z[n]$ 和 $V[k]$ 都是周期的,基波周期为 N。

【例 11.19】

基波周期为 $N=4$ 的周期信号 $x[n]$ 有一个周期为

$$x_1[n]=\begin{cases} 1, & n=0、1 \\ 0, & n=2、3 \end{cases}$$

假定要计算 $x[n]$ 与其自身的周期卷积,称其为 $v[n]$。然后令 $y[n]=x[n-2]$,求 $x[n]$ 和 $y[n]$ 的周期卷积,称其为 $z[n]$。$v[n]$ 与 $z[n]$ 有何关系?

解 $x[n]$ 的循环表示如图 11.13 所示。为了求周期卷积考虑 $x[n]$ 的一个周期 $x_1[n]$,并用内圆表示这个静止不动的信号,外圆表示被循环移位的那个信号。将每个圆上相对的值相乘并把它们加起来,就求出了 $v[n]$ 的一个周期 $v_1[n]$ 的值,这些值为

$$v_1[n]=\begin{cases} 1, & n=0 \\ 2, & n=1 \\ 1, & n=2 \\ 0, & n=3 \end{cases} \tag{11.42}$$

下面用解析法求解。$v[n]$ 的傅里叶级数系数为 $V[k]=N(X[k])^2=4(X[k])^2$,利用 Z 变换 $X_1(z)=1+z^{-1}$,得到 $x[n]$ 的傅里叶级数系数为

$$X[k]=\frac{1}{N}(1+z^{-1})\mid_{z=e^{j2\pi k/4}}=\frac{1}{4}(1+e^{-j\pi 2k/4}), \quad 0 \leqslant k \leqslant 3$$

于是有

$$V[k]=4(X[k])^2=\frac{1}{4}(1+2e^{-j\pi k/2}+e^{-j\pi k})$$

这可以通过利用式(11.42)中已获得的周期得到证实:

$$V[k]=\frac{1}{N}\sum_{n=0}^{N-1}v[n]e^{-j2\pi nk/N}=\frac{1}{4}(1+2e^{-j2\pi k/4}+e^{-j2\pi 2k/4})$$

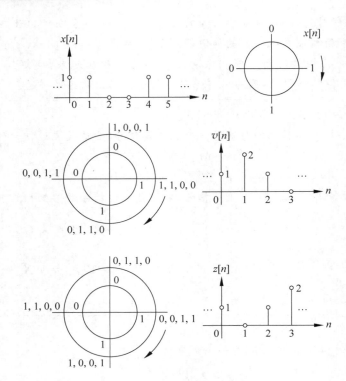

图 11.13　例 11.19 结果图

$x[n]$ 的线性表示和循环表示(上)；$x[n]$ 与自身的周期卷积得到 $v[n]$ 及 $v[n]$ 的线性表示(中)；$x[n]$ 与 $y[n]=x[n-2]$ 的周期卷积，结果为 $z[n]=v[n-2]$ 及 $z[n]$ 的线性表示(下)。

可见它等于前面得到的表达式。若用作图法求解，$x[n]$ 与自身的循环卷积显示在图 11.13 的中间，内圆对应着 $x[m]$ 的循环表示，外圆对应着 $x[n-m]$ 的循环表示，它是顺时针方向旋转的，产生的周期信号 $v[n]$ 显示在循环卷积示意图的旁边。

$x[n]$ 和 $y[n]$ 的周期卷积的图解如图 11.13 所示，其中的静止信号为内圆表示的 $x[m]$，循环移位信号 $y[n-m]$ 由外圆表示。卷积的结果是周期信号 $z[n]$，它的一个周期为

$$z_1[n] = \begin{cases} 1, & n=0 \\ 0, & n=1 \\ 1, & n=2 \\ 2, & n=3 \end{cases}$$

用解析法得到 $z[n]$ 的傅里叶级数系数为

$$Z[k] = 4\frac{X_1(z)Y_1(z)}{4\times4}\bigg|_{z=e^{j2\pi k/4}} = \frac{z^{-2}X_1^2(z)}{4} = \frac{z^{-2}+2z^{-3}+z^{-4}}{4}\bigg|_{z=e^{j2\pi k/4}}$$

$$= \frac{1}{4}(e^{-j2\pi 2k/4} + 2e^{-j2\pi 3k/4} + e^{-j2\pi 4k/4}) = \frac{1}{4}(1 + e^{-j2\pi 2k/4} + 2e^{-j2\pi 3k/4})$$

这与利用周期卷积的值获得的 $Z[k]$ 一致：

$$Z[k] = \frac{1}{N}\sum_{n=0}^{N-1} z[n]e^{-j2\pi nk/N} = \frac{1}{4}(1 + z^{-2} + 2z^{-3})\,|_{z=e^{j2\pi k/4}}$$

$$= \frac{1}{4}(1 + e^{-j2\pi 2k/4} + 2e^{-j2\pi 3k/4})$$

11.4　离散傅里叶变换(DFT)

回忆一下,离散时间信号 $x[n]$ 的 DTFT 正变换和逆变换为

$$X(\mathrm{e}^{\mathrm{j}\omega}) = \sum_n x[n]\mathrm{e}^{-\mathrm{j}\omega n}, \quad -\pi \leqslant \omega < \pi$$

$$x[n] = \frac{1}{2\pi}\int_{-\pi}^{\pi} X(\mathrm{e}^{\mathrm{j}\omega})\mathrm{e}^{\mathrm{j}\omega n}\,\mathrm{d}\omega$$

这两个方程具有以下计算上的缺点:

■ 频率 ω 从 $-\pi$ 到 π 是连续变化的,因此计算 $X(\mathrm{e}^{\mathrm{j}\omega})$ 需要计算数不清的频率。

■ 逆 DTFT 需要积分运算,而积分是不能在计算机上精确实现的。

为了解决这些问题,考虑离散傅里叶变换或 DFT(注意该名字与 DTFT 的区别),DFT 只需在一些离散频率处做计算,而且其逆变换不需要积分运算。此外,DFT 能够用快速傅里叶变换(FFT)算法有效实现。

DFT 的发展是建立在周期离散时间信号的表示之上并利用了信号及其傅里叶系数都是周期的且具有相同基波周期的事实,因此离散时间周期信号的表示在时间和频率上都是离散的和周期的,于是对于非周期信号,需要考虑如何采用一个适当的基波周期将其扩展成为周期信号,从而获得它们的 DFT。

11.4.1　周期离散时间信号的 DFT

基波周期为 N 的周期信号 $\tilde{x}[n]$ 由其在一个周期内的 N 个值来代表。它的离散傅里叶级数为

$$\tilde{x}[n] = \sum_{k=0}^{N-1} \tilde{X}[k]\mathrm{e}^{\mathrm{j}\omega_0 nk}, \quad 0 \leqslant n \leqslant N-1 \tag{11.43}$$

其中,$\omega_0 = 2\pi/N$ 是基波频率。系数 $\{\tilde{X}[k]\}$ 对应的是谐波频率 $\{k\omega_0\}$,$0 \leqslant k \leqslant N-1$,故 $\tilde{x}[n]$ 在任意其他频率上没有频率分量,因此 $\tilde{x}[n]$ 和 $\tilde{X}[k]$ 均为离散的和周期的,且基波周期都是 N。利用 Z 变换可以计算出傅里叶级数系数为

$$\tilde{X}[k] = \frac{1}{N}Z[\tilde{x}_1[n]]\,|_{z=\mathrm{e}^{\mathrm{j}\omega_0}}$$

$$= \frac{1}{N}\sum_{n=0}^{N-1} \tilde{x}[n]\mathrm{e}^{-\mathrm{j}\omega_0 nk}, \quad 0 \leqslant k \leqslant N-1, \omega_0 = 2\pi/N \tag{11.44}$$

其中,$\tilde{x}_1[n] = \tilde{x}[n]W[n]$ 是 $\tilde{x}[n]$ 的一个周期,$W[n]$ 是一个矩形窗,即

$$W[n] = u[n] - u[n-N] = \begin{cases} 1, & 0 \leqslant n \leqslant N-1 \\ 0, & \text{其他} \end{cases}$$

另外,$\tilde{x}[n]$ 可被线性地表示为

$$\tilde{x}[n] = \sum_{r=-\infty}^{\infty} \tilde{x}_1[n+rN] \tag{11.45}$$

尽管可以称式(11.44)为周期信号 $\tilde{x}[n]$ 的 **DFT**,式(11.43)为相应的**逆 DFT**,但按照惯例,$\tilde{x}[n]$ 的 DFT 是 $N\tilde{X}[k]$,或

$$X[k] = N\,\tilde{X}[k] = \sum_{n=0}^{N-1} \tilde{x}[n]\mathrm{e}^{-\mathrm{j}\omega_0 nk}, \quad 0 \leqslant k \leqslant N-1, \omega_0 = 2\pi/N \tag{11.46}$$

于是逆 DFT 被定义为

$$\tilde{x}[n] = \frac{1}{N}\sum_{k=0}^{N-1} X[k]\mathrm{e}^{\mathrm{j}\omega_0 nk}, \quad 0 \leqslant n \leqslant N-1 \tag{11.47}$$

式(11.46)和式(11.47)表明周期信号的表示完全是离散的：求和取代了积分，频率是离散的而不是连续的。因此 DFT 及其逆变换可以用计算机来求值。

已知基波周期为 N 的周期信号 $x[n]$，它的 DFT 由下式给出：

$$X[k] = \sum_{n=0}^{N-1} x[n]\mathrm{e}^{-\mathrm{j}2\pi nk/N}, \quad 0 \leqslant k \leqslant N-1 \tag{11.48}$$

它的逆 DFT 为

$$x[n] = \frac{1}{N}\sum_{k=0}^{N-1} X[k]\mathrm{e}^{\mathrm{j}2\pi nk/N}, \quad 0 \leqslant n \leqslant N-1 \tag{11.49}$$

$X[k]$ 和 $x[n]$ 都是周期的，且具有相同的基波周期 N。

11.4.2　非周期离散时间信号的 DFT

对于非周期信号 $y[n]$，我们通过在频率上对其 DTFT $Y(\mathrm{e}^{\mathrm{j}\omega})$ 进行抽样而得到其 DFT。假设选取 $\{\omega_k = 2\pi k/L, k = 0, \cdots, L-1\}$ 作为抽样频率，这里需要为整数 $L > 0$ 确定一个合适的值。类似于第 8 章中的在时间上抽样，在频率上抽样产生一个在时间上的周期信号

$$\tilde{y}[n] = \sum_{r=-\infty}^{\infty} y[n+rL] \tag{11.50}$$

如果 $y[n]$ 是有限长度的，且长度为 N，则当 $L \geqslant N$ 时，周期延拓序列 $\tilde{y}[n]$ 清楚地显示出其第一个周期等于已知信号 $y[n]$（当 $L > N$ 时，在末尾添加了一些零）。另一方面，如果长度 $L < N$，那么 $\tilde{y}[n]$ 的第一个周期与 $y[n]$ 不一致，因为 $y[n]$ 平移之后的结果出现了重叠，这相当于**时间混叠**，是发生在时域抽样时出现的**频率混叠**的对偶。因此，对于具有有限长度 N 的 $y[n]$，令 $L \geqslant N$，有

$$\tilde{y}[n] = \sum_{r=-\infty}^{\infty} y[n+rL] \Leftrightarrow Y[k] = Y(\mathrm{e}^{\mathrm{j}2\pi k/L}) = \sum_{n=0}^{N-1} y[n]\mathrm{e}^{-\mathrm{j}2\pi nk/L}, \quad 0 \leqslant k \leqslant L-1 \tag{11.51}$$

上式的右边是 $y[n]$ 的 DFT。逆 DFT 是 $\tilde{y}[n]$ 的傅里叶级数表示（关于 L 归一化的）或是它的第一个周期

$$y[n] = \frac{1}{L}\sum_{k=0}^{L-1} Y[k]\mathrm{e}^{\mathrm{j}2\pi nk/L}, \quad 0 \leqslant n \leqslant L-1 \tag{11.52}$$

其中，$Y[k] = Y(\mathrm{e}^{\mathrm{j}2\pi k/L})$。

在实践中并不需要生成周期延拓序列 $\tilde{y}[n]$，而只需要生成一个周期，要么是当 $L = N$ 时与 $y[n]$ 一致的一个周期，要么是当 $L > N$ 时，在 $y[n]$ 后添加一个由 $L-N$ 个零构成的序列（即用零填充 $y[n]$）。为了避免时间混叠，不考虑 $L < N$ 的情形。

如果信号 $y[n]$ 是一个非常长的信号，特别是若 $N \to \infty$，那么即使能够计算出它的 DFT 也是没有意义的，因为这样的 DFT 会给出整个信号的频率成分，而大支撑信号会包含所有类型的频率，因而它的

DFT 不会提供什么有价值的信息。要获得一个具有很大时间支撑的信号的频率成分,一种可能的方法是对信号加窗,并计算加窗后所得各段的 DFT。这样,当 $y[n]$ 是无限长,或者其长度比期望的或可行的长度 L 大很多时,可以采用长度为 L 的窗 $W_L[n]$,并将 $y[n]$ 表示为叠加的形式

$$y[n] = \sum_m y_m[n], 其中, y_m[n] = y[n]W_L[n-mL] \tag{11.53}$$

则由 DFT 的线性性可以得到 $y[n]$ 的 DFT 为

$$Y[k] = \sum_m \text{DFT}(y_m[n]) = \sum_m Y_m[k] \tag{11.54}$$

其中,每一项 $Y_m[k]$ 都提供了加窗信号的频率特性或信号的局部频率成分,这在实践中比求出整个信号的 DFT 更有意义,现在有了信号的各个分段的频率信息,而它们可能随时间的推移而演进。

对于一个具有有限长度 N 的非周期信号 $y[n]$,可以按照以下步骤求出其 DFT:

■ 选取一个整数 $L \geqslant N$,它是 DFT 的长度,也是周期延拓序列 $\tilde{y}[n]$ 的基波周期,$y[n]$ 是 $\tilde{y}[n]$ 的一个周期,如果有必要,用零填充 $y[n]$ 构成 $\tilde{y}[n]$ 的一个周期。

■ 求出 $\tilde{y}[n]$ 的 DFT

$$\widetilde{Y}[k] = \sum_{n=0}^{L-1} \tilde{y}[n]e^{-j2\pi nk/L}, \quad 0 \leqslant k \leqslant L-1$$

及逆 DFT

$$\tilde{y}[n] = \frac{1}{L}\sum_{k=0}^{L-1} \widetilde{Y}[k]e^{j2\pi nk/L}, \quad 0 \leqslant n \leqslant L-1$$

■ 于是
$y[n]$ 的 DFT 为

$$Y[k] = \widetilde{Y}[k], \quad 0 \leqslant k \leqslant L-1$$

逆 DFT 或 $Y[k]$ 的 IDFT 为

$$y[n] = \tilde{y}[n]W[n], \quad 0 \leqslant n \leqslant L-1$$

其中,$W[n] = u[n] - u[n-L]$ 是长度为 L 的矩形窗。

11.4.3 通过 FFT 计算 DFT

虽然 DFT 正变换和逆变换采用离散频率和求和使得它们的计算是可行的,但是当计算这些变换时,仍然有几个问题应该弄明白。假设给定信号是有限长的,或通过加窗成为有限长的,则有

（1）用快速傅里叶变换或 FFT 算法进行有效的计算——DFT 的一个非常有效的计算是通过 FFT 算法完成的,FFT 算法利用了 DFT 的一些特殊性质,我们将在后面讨论这些性质。应当明白的是,FFT 不是另一种变换,只是一个用来有效计算 DFT 的算法。目前暂时将 FFT 看作是一个黑盒子,该黑盒子对输入 $x[n]$(或 $X[k]$)产生的输出是其 DFT $X[k]$(或 IDFT $x[n]$)。

（2）因果非周期信号——如果给定信号 $x[n]$ 是长度为 N 的因果信号,即样本

$$\{x[n], n = 0, 1, \cdots, N-1\}$$

那么借助长度为 $L = N$ 的 FFT 便可以获得 $\{X[k], k = 0, 1, \cdots, N-1\}$ 或 $x[n]$ 的 DFT。为了计算 $L > N$ 时的 DFT,只需要在以上序列的末尾添加 $L-N$ 个零,再计算与长度为 L 的 $x[n]$ 相对应的 DFT

的 L 个值(采用一个比 $x[n]$ 的实际长度更长的长度计算 DFT 的好处将在下面讨论频率分辨率时讲到)。

（3）**非因果非周期信号**——当给定信号 $x[n]$ 是长度为 N 的非因果信号,即样本

$$\{ x[n], n=-n_0, \cdots, 0, 1, \cdots, N-n_0-1 \}$$

是已知的,需要注意用来求 DFT 的是 $x[n]$ 的周期延拓或 $\tilde{x}[n]$,这意味着首先需要创建一个序列,已知的 N 个值对应着 $\tilde{x}[n]$ 的第一个周期,即其第一个周期为

$$\underbrace{x[0]x[1]\cdots x[N-n_0-1]}_{\text{因果样本}} \underbrace{x[-n_0]x[-n_0+1]\cdots x[-1]}_{\text{非因果样本}}$$

正如所指明的那样,其中的样本 $x[-n_0]x[-n_0+1]\cdots x[-1]$ 是使得 $x[n]$ 成为非因果的那些值。如果希望将 $x[N-n_0-1]$ 之后的零看成是信号的一个部分,以便获得一个将在后面频率分辨率中讨论到的更好的 DFT 变换,即为了计算这个非因果信号的一个 $L>N$ 时的 DFT,只需要在因果部分和非因果部分之间添加零,即

$$\underbrace{x[0]x[1]\cdots x[N-n_0-1]}_{\text{因果样本}}00\cdots00 \underbrace{x[-n_0]x[-n_0+1]\cdots x[-1]}_{\text{非因果样本}}$$

周期延拓 $\tilde{x}[n]$ 用循环表示而不是线性表示会很清楚地显示出以上序列。

（4）**周期信号**——如果信号 $x[n]$ 是周期的,且基波周期为 N,那么就选择 $L=N$(或 N 的倍数),并用 FFT 算法计算 DFT $X[k]$。如果采用的是基波周期的倍数,即 $L=MN$,整数 $M>0$,那么需要用值 M 划分所得到的 DFT。对于周期信号,不能随意选择 L 的值而只能是 N 的倍数,因为我们是真正地在计算信号的傅里叶级数。同理,不能为了提高 DFT 的频率分辨率而在一个周期(或多个周期,若 $M>1$)里添加零——给一个周期添加零会使信号失真。

（5）**频率分辨率**——若信号 $x[n]$ 是基波周期为 N 的周期信号,那么其 DFT 值是 $x[n]$ 的归一化傅里叶级数系数,由于不存在其他频率成分,因而这些 DFT 值只存在于谐波频率 $\{2\pi k/N\}$ 处;另一方面,若 $x[n]$ 是非周期的,则可能的频率数量取决于 DFT 的计算长度 L。无论是哪种情况,计算 DFT 时所取的频率都可看作是围绕 z 平面上单位圆的频率,而且都需要在单位圆上有大量的频率,以便很好地可视化信号的频率成分,所考虑的频率数量与信号的 DFT 的**频率分辨率**有关。

- 如果信号是非周期的,可以通过不使信号失真地增加信号中的样本数来提高其 DFT 的频率分辨率,这可以通过给信号填充零来完成,即在信号的末尾添加零。这些零值不改变信号的频率成分(它们可以被认为是非周期信号的一部分),但增加了可用 DFT 展示的信号的频率成分。

- 另一方面,对于基波周期为 N 的周期信号,其谐波频率固定在 $2\pi k/N, 0\leqslant k<N$,这种情况下就不能在所给的信号周期中添加哪怕是一个零了,因为这些零值样本不是周期信号的一部分。作为一种替代方法,可以考虑周期信号的几个周期以提高它们的频率分辨率。虽然信号的 DFT 值或归一化傅里叶级数系数只出现在谐波频率处,与所考虑的周期数量无关,但通过考虑几个周期增大长度,在谐波频率之间的频率处就会出现零值。为了获得与利用一个周期时相同的值,有必要将 DFT 值除以所采用的周期数。

（6）**频率标度**——当计算长度为 N 的信号 $x[n]$ 的 N 点 DFT 时,得到的是一个复数值序列 $X[k]$, $k=0,1,\cdots,N-1$。由于每个 k 值都相当于一个离散频率 $2\pi k/N$,所以通过用 $2\pi/N$ 乘以整数标度 $\{0\leqslant k\leqslant N-1\}$,就可以将标度 $k=0,1,\cdots,N-1$ 转换成离散频率标度 $[0 \ 2\pi(N-1)/N]$(rad)(最后一个值一定小于 2π 以保持 $X[k]$ 在频率上的周期性),该频率标度减去 π 就得到了离散频率 $[-\pi \ \ \pi-2\pi/N]$ (rad),这里为了保证 $X[k]$ 的周期性,以 2π 为周期,最后的频率值不等于 π。最后,为了获得归一化离散频率标度,将以上标度除以 π,这样就得到了一个没有单位的归一化标度 $[-1 \ 1-2/N]$。如果信号是

抽样的结果,若想要展示连续时间频率,那么可以利用关系式:

$$\Omega = \frac{\omega}{T_s} = \omega f_s \,(\text{rad/s}) \quad \text{或} \quad f = \frac{\omega}{2\pi T_s} = \frac{\omega f_s}{2\pi} \,(\text{Hz}) \tag{11.55}$$

其中,T_s 是抽样时间间隔,f_s 是抽样频率。由这个关系式可以得到标度 $[-\pi f_s \quad \pi f_s]$(rad/s)和 $[-f_s/2 \quad f_s/2]$(Hz),根据奈奎斯特抽样条件 $f_s \leqslant f_{\max}$,$f_{\max}$ 为信号的最大频率。

【例 11.20】

考虑用 FFT 计算因果信号

$$x[n] = \sin(\pi n/32)(u[n] - u[n-33])$$

及其超前信号 $x_1[n] = x[n+16]$ 的 DFT,为了提高频率分辨率,计算长度 $L=512$ 的 FFT。解释因果信号和非因果信号的 FFT 计算的差别。

解　如上所述,计算因果信号的 FFT 时,信号只需直接输入到函数中。然而为了提高 FFT 的频率分辨率,会给信号添加一些零,这些零值点为信号的频率分量提供一些额外的值,不过它们对于信号的频率成分没有影响。

对于非因果信号 $x[n+16]$,则需要回忆一下非周期信号的 DFT 计算。非周期信号的 DFT 是通过将信号延拓为周期信号进行计算的,延拓采用的基波周期 L 是任意的,但要超过信号的长度。因此,需要创建一个输入序列且该序列由三部分构成:第一部分是 $x[n]$,$n=0,\cdots,16$;第二部分是能够提高频率分辨率的 $L-33$ 个零(L 是 FFT 的长度,33 是信号的长度);第三部分是 $x[n]$,$n=-16,\cdots,-1$,然后便可得到 $x[n+16]$ 的周期拓展。

无论在哪种情况下都能够得到 FFT 的输出,它是一个长度 $L=512$ 的数列,该数列 $X[k]$,$k=0,\cdots$,$L-1$ 可以被理解为是信号的频谱在频率 $2\pi k/L$,即 $0 \sim 2\pi(L-1)/L$(rad)处的值。我们可以将此频率标度变换为其他频率标度,例如,如果希望看到一个既考虑正频率又考虑负频率的标度,那么从以上频率标度中减去 π;如果希望看到一个归一化的标度 $[-1 \quad 1)$,只要用以上频率标度除以 π。若频率标度移到 $[-\pi \quad \pi)$ 或 $[-1 \quad 1)$,则频谱也需要相应地移动——可以用 MATLAB 函数 fftshift 完成。只要回想一下 $X[k]$ 也是周期的,且基波周期为 L,就可以理解这种变换。

以下脚本用来计算 $x[n]$ 和 $x[n+16]$ 的 DFT,结果如图 11.14 所示。

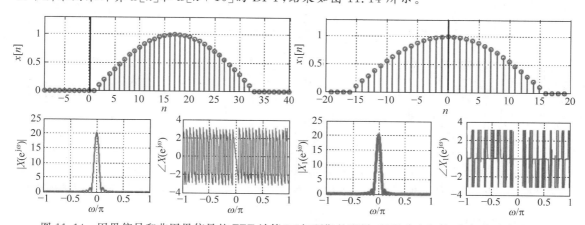

图 11.14　因果信号和非因果信号的 FFT 计算(正如预期的那样,幅度响应相等,仅相位响应改变)

```
% 例 11.20  因果信号和非因果信号的 FFT 计算
% %
  clear all; clf
```

```
    L = 512;                                                          %   FFT 的长度
    n = 0: L - 1:
% 因果信号
    x = [ones(1,33)  zeros(1,L - 33)]; x = x. * sin(pi * n/32);       % 填充零
    X = fft(x); X = ffshift(X);                                       % 移到[- 1  1]
    w = 2 * [0: L - 1]./L - 1;                                        % 归一化频率
    n1 = [- 9: 40];                                                   % 时间标度
% 非因果信号
    xnc = [zeros(1,3)  x(1: 33)  zeros(1,3)];                         % 非因果信号
    x = [x(17: 33)  zeros(1,N - 33)  x(1: 16)];                       % 周期延拓和填充零
    X = fft(x); X = fftshift(X);
    n1 = [- 19: 19];                                                  % 时间标度
```

【例 11.21】

考虑如何提高周期抽样信号

$$y(nT_s) = 4\cos(2\pi f_0 nT_s) - \cos(2\pi f_1 nT_s), \quad f_0 = 100\,\text{Hz} \text{ 且 } f_1 = 4f_0$$

的频率分辨率,其中,抽样时间间隔为 $T_s = 1/(3f_1)\,\text{s/sample}$。

解 在周期信号的情况下,信号 FFT 的频率分辨率并不能通过添加零而得到提高。FFT 的长度必须为信号的基波周期或基波周期的整数倍。以下脚本说明了所给周期信号的 FFT 是如何通过利用 4 个或 12 个周期而获得的。当周期数增加时,谐波分量在每种情况下都精确地出现在相同的频率处,并且由于周期数的增加而产生的零只出现在这些固定的谐波频率之间的频率上。不过幅频响应随着周期数的增加而增大,因此在计算 FFT 时需要除以所用的周期数量。

由于信号是被抽样过的,要注意其 FFT 的频率标度的单位是 Hz,所以根据关系式

$$f = \frac{\omega}{2\pi T_s} = \frac{\omega f_s}{2\pi}$$

将离散频率 $\omega(\text{rad})$ 转换为 $f(\text{Hz})$,其中,$f_s = 1/T_s$ 为抽样率,单位是 sample/s。结果如图 11.15 所示。

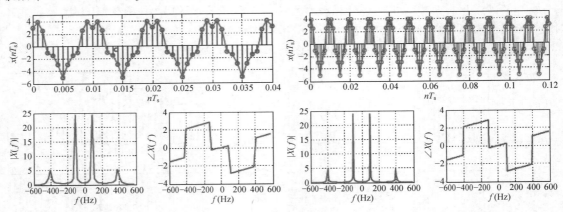

图 11.15　为提高 FFT 的频率分辨率,分别采用 4 个和 12 个周期计算周期信号的 FFT

注意幅度响应和相位响应看起来相像,但是当采用 12 个周期时,由于添加的频率分量数量的增加,这些谱看起来更尖锐。

```
% 例 11.21  提高因果信号的 FFT 的频率分辨率
% % %
f0 = 100; f1 = 4 * f0;                               % 信号的频率,以 Hz 为单位
Ts = 1/(3 * f1);                                     % 抽样时间间隔
t = 0: Ts: 4/f0;                                     % 取 4 个周期时的时间
y = 4 * cos(2 * pi * f0 * t) - cos(2 * pi * f1 * t); % 抽样信号(4 个周期)
```

```
M = length(y);
Y = fft(y,M); Y = fftsift(Y)/4;                     % fft,平移和归一化
t1 = 0: Ts: 12/f0;                                   % 取 12 个周期时的时期
y1 = 4 * cos(2 * pi * f0 * t1) - cos(2 * pi * f1 * t1);    % 抽样信号(12 个周期)
Y1 = fft(y1); Y1 = fftshift(Y1)/12;                  % fft,平移和归一化
w = 2 * [0: M-1]./M-1; f = w/(2 * Ts);               % 频率标度(4 个周期)
N = length(y1);
w1 = 2 * [0: N-1]./N-1; f = w/(2 * Ts);              % 频率标度(12 个周期)
```

11.4.4 线性卷积和循环卷积

DFT 最重要的性质是卷积性质,它使得用 FFT 高效地计算线性卷积和成为可能。

对于一个冲激响应为 $h[n]$,输入为 $x[n]$ 的离散时间 LTI 系统,考虑获得其输出 $y[n]$ 的卷积和

$$y[n] = \sum_m x[m]h[n-m]$$

$y[n]$ 是频域里的乘积

$$Y(e^{j\omega}) = X(e^{j\omega})H(e^{j\omega})$$

的逆 DTFT。假设 $x[n]$ 具有有限长度 M,$h[n]$ 具有有限长度 K,那么 $y[n]$ 就具有有限长度 $N=M+K-1$。如果将 $y[n]$ 周期拓展成为 $\tilde{y}[n]$ 并选定周期 $L \geqslant N$,那么就可以得到频率抽样的周期序列

$$Y(e^{j\omega})\mid_{\omega=2\pi k/L} = X(e^{j\omega})H(e^{j\omega})\mid_{\omega=2\pi k/L}$$

或作为 $x[n]$ 的 DFT 与 $h[n]$ 的 DFT 的乘积之 $y[n]$ 的 DFT

$$Y[k] = X[k]H[k], \quad k = 0,1,\cdots,L-1$$

于是便得到了作为 $Y[k]$ 的逆 DFT 的 $y[n]$。应该注意,要计算 $x[n]$ 的 L 点 DFT 和 $h[n]$ 的 L 点 DFT,需要给 $x[n]$ 填充 $L-M$ 个零,给 $h[n]$ 填充 $L-K$ 个零,所以 $X[k]$ 和 $H[k]$ 具有相同的长度 L,并且可以在每个 k 处相乘。因此有如下结论:

> 已知 $x[n]$ 和 $h[n]$ 的长度分别为 M 和 K,按照以下三步可以求出长度为 $M+K-1$ 的线性卷积和 $y[n]$:
> - 计算 $x[n]$ 和 $h[n]$ 的长度为 $L \geqslant M+K-1$ 的 DFT $X[k]$ 和 $H[k]$;
> - 将它们相乘得到 $Y[k]=X[k]H[k]$;
> - 求出长度为 L 的 $Y[k]$ 的逆 DFT 从而得到 $y[n]$。
>
> 上述方法看起来比直接计算卷积和更加复杂,但是可以证明用 FFT 实现起来在计算量上要有效得多。

尽管上述过程可以在时域中通过循环卷积和来实现,但在实际中,由于用 FFT 实现的高效性,人们并没有这样做。在循环卷积中,被卷积的信号采用的是循环表示而不是线性表示,之前介绍的周期卷积和是一个固定长度的循环卷积——长度等于被卷积的信号的周期。当使用 DFT 计算 LTI 系统的响应时,循环卷积的长度是由线性卷积和的可能长度确定的,因此,如果系统输入是一个长度为 M 的有限长序列 $x[n]$,系统的冲激响应 $h[n]$ 具有长度 K,那么输出 $y[n]$ 就由长度为 $M+K-1$ 的线性卷积给出。长度为 $L \geqslant M+K-1$ 的 DFT $Y[k]=X[k]H[k]$ 相当于是 $x[n]$ 和 $h[n]$(填充零从而使二者都具有长度 L)的 L 点循环卷积,在这种情况下,循环卷积和线性卷积一致。将以上总结如下:

> 如果长度为 M 的 $x[n]$ 是 LTI 系统的输入,系统的冲激响应是长度为 K 的 $h[n]$,那么
> $$Y[k] = X[k]H[k] \quad \Leftrightarrow \quad y[n] = (x \otimes_L h)[n] \tag{11.56}$$
> 其中,$X[k]$、$H[k]$ 和 $Y[k]$ 分别是系统的输入、冲激响应和输出的 L 点 DFT,$\otimes_L$ 代表长度 L 的循环卷积。

> 如果所选的 L 满足 $L \geqslant M+K-1$，那么循环卷积和与线性卷积和一致，即
> $$(x \otimes_L h)[n] = (x*h)[n] \tag{11.57}$$

如果将 $x[n]$ 和 $h[n]$ 以 $L=M+K-1$ 为周期进行周期延拓，就能够像图 11.16 所示的那样利用它们的循环表示并实现循环卷积。由于线性卷积或卷积和的长度是 $M+K-1$，与循环卷积的长度一致，因此这两个卷积相符合。考虑到在 DFT 的计算中使用 FFT 算法的高效性，卷积的计算一般是利用 DFT 来完成的，正如上面所指出的那样。

【例 11.22】

为了理解循环卷积和线性卷积的关系，用 MATLAB 计算长度为 $N=20$ 的脉冲信号 $x[n]=u[n]-u[n-21]$ 与其自身的不同长度的循环卷积。确定能使 $x[n]$ 与其自身的循环卷积和 $x[n]$ 与其自身的线性卷积一致的长度。

解 我们知道线性卷积 $z[n]=(x*x)[n]$ 的长度等于 $N+N-1=2N-1=39$，如果用自定义的函数 circonv 计算 $x[n]$ 与其自身的长度为 $L=N<2N-1$ 的循环卷积，结果会与线性卷积不相等。同样地，如果循环卷积的长度是 $L=N+10=30<2N-1$，则只有部分结果与线性卷积的相似。如果令循环卷积的长度为 $L=2N+9=49>2N-1$，那么循环卷积的结果就与线性卷积的相同。MATLAB 脚本如下。

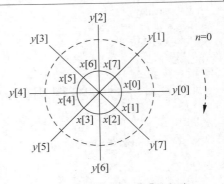

图 11.16 $x[n]$ 和 $y[n]$ 的长度
为 $L=8$ 的循环卷积

信号 $x[k]$ 是静止的，其循环表示由内圆给出，而 $y[n-k]$ 由外圆来表示，并且顺时针方向旋转。本图对应于 $n=0$ 时的情形。

```
% 例 11.22  线性卷积和循环卷积
% %
clear all; clf
N = 20; x = ones(1,N);
% 线性卷积
z = conv(x,x); z = [z  zeros(1,10)];
% 循环卷积
y = circonv(x,x,N);
y1 = circonv(x,x,N+10);
y2 = circonv(x,x,2*N+9);
Mz = length(z); My = length(y); My1 = length(y1); My2 = length(y2);
y = [y  zeros(1,Mz-My)]; y1 = [y1  zeros(1,Mz-My1)]; y2 = [y2  zeros(1,Mz-My2)];
```

自定义函数 circonv 的功能是将输入信号以期望长度进行循环卷积，它计算这些信号的 FFT 并将它们相乘，然后求出逆 FFT 得到循环卷积。如果循环卷积的期望长度大于每个信号的长度，就给信号填充零以使信号的长度等于循环卷积的长度，结果如图 11.17 所示。

```
function xy = circonv(x,y,N)
M = max(length(x),length(y))
if M > N
disp('Increase N')
end
x = [x  zeros(1,N-M)];
y = [y  zeros(1,N-M)];
% 循环卷积
X = fft(x,N); Y = fft(y,N); XY = X.*Y;
xy = real(ifft(XY,N));
```

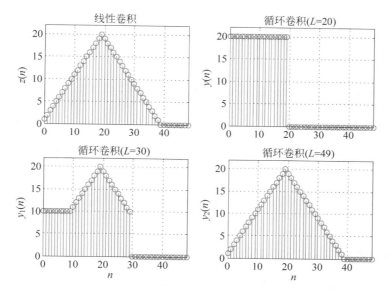

图 11.17 循环卷积和线性卷积

左上图是 $x[n]$ 与其自身线性卷积的结果。右上图和左下图是 $x[n]$ 与其自身的长度为 $L<2N-1$ 的循环卷积的结果。右下图是 $x[n]$ 与其自身的长度为 $L>2N-1$ 的循环卷积的结果,它与线性卷积一致。

【例 11.23】

利用 FFT 计算 DFT 的一个显著优点在于滤波。假定输入到滤波器的信号是由 MATLAB 文件 laughter.mat 中的数据乘以 5 再添加一个信号而组成的,该被添加的信号是由两个值-0.3 和 0.3 以交替出现的方式构成的。使用适当的滤波器恢复原始 laughter 信号并利用 MATLAB 函数 fir1 设计滤波器。

解 注意到扰动 $0.3(-1)^n$ 是一个频率为 π 的信号,需要一个具有大带宽的低通滤波器,以便除去干扰而尽量保持期望信号的频率分量。以下脚本用于设计所需的低通滤波器并完成滤波。为了与用 FFT 获得的结果进行比较,使用函数 conv 在时域中求出滤波器的输出,结果如图 11.18 所示。请注意,由于 40 阶滤波器的相位是线性的缘故,该去噪信号被延迟了 20 个样本的时间单位。

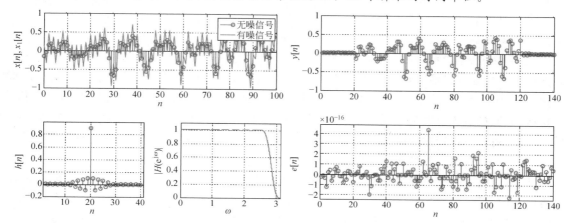

图 11.18 受扰信号的有限冲激响应(FIR)滤波(用函数 conv 和 fft 所得结果的对比)

左上图:无噪信号(带小圆圈的样本)和有噪信号(连续实线);左下图:FIR 滤波器的冲激响应及其幅度响应。右上图:去噪后的信号;右下图:由 conv 得到的输出与基于 FFT 的滤波输出之间的误差信号 $\varepsilon[n]=y[n]-y_1[n+20]$。

```
% 例 11.23   利用卷积和 FFT 滤波
% %
clear all; clf
N = 100; n = 0: N - 1;
load laughter
x = 5 * y(1: N)'; x1 = x + 0.3 * ( - 1).^n;          % 期望信号加扰动
h = fir1(40,0.9); [H,w] = freqz(h,1);                % 设计低通 FIR 滤波器
 % 利用卷积滤波
y = conv(x,h);                                        % 卷积
 % 利用 FFT 滤波
M = length(x) + length(h) - 1;                        % 与卷积的长度相等
X = fft(x,M);
H = fft(h,M);
Y = X. * H;
y1 = ifft(Y);                                         % 滤波输出
```

11.4.5   快速傅里叶变换算法

鉴于数字技术和计算机的进步,现在大多数信号处理都采用数字化方式完成。前面我们在抽样、模/数转换尤其是利用快速傅里叶变换(FFT)计算线性系统的输出等方面所得到的结论使得数字信号处理独立地成为一个技术研究领域——该领域的第一本教科书出自 20 世纪 70 年代中期。虽然 FFT 的起源要追溯到 19 世纪初德国数学家高斯,但该算法的现代理论则来自于 20 世纪 60 年代,要知道 FFT 不是一种新的变换,只是一种计算离散傅里叶变换(DFT)的有效算法。

在许多诸如语音处理或音响效果这类应用中,都需要用数字方式处理模拟信号,这在实践中是可能的,只要用一个 A/D 转换器就将这些信号转换成为二进制信号了,而且如果希望输出是模拟形式,那么只要用一个 D/A 转换器,就可以将二进制信号转换为连续时间信号。在理想情况下,抽样时不要考虑量化,而且离散时间信号是通过 sinc 插值而被转换成为模拟信号的,该理想系统可理解为是图 11.19 中所示的那样。

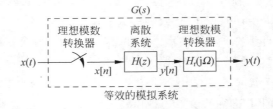

图 11.19   利用理想模数转换器(ADC)和数模转换器(DAC)的模拟信号的离散处理

$G(s)$ 为整个系统的转移函数,而 $H(z)$ 是离散时间系统的转移函数。

将整个系统视作一个黑盒子,模拟信号 $x(t)$ 是其输入,产生的输出也是一个模拟信号 $y(t)$,整个处理过程可被看成是一个具有转移函数 $G(s)$ 的连续时间系统。在假设没有量化的情况下,离散时间信号 $x[n]$ 是对 $x(t)$ 以由奈奎斯特抽样条件决定的抽样时间间隔进行抽样而得到的,同理,考虑到离散时间信号(或抽样信号)$y[n]$ 变换成连续时间信号 $y(t)$ 用的是 sinc 插值,因此理想 D/A 转换器是一个模拟低通滤波器,它对离散时间样本进行插值从而获得模拟信号。最后,离散时间信号 $x[n]$ 被具有转移函数 $H(z)$ 的离散时间系统处理,其中,$H(z)$ 取决于期望转移函数 $G(s)$。

由此可见,人们能够使用离散系统处理离散时间信号和连续时间信号,但要获得离散系统的输出需要进行卷积和的计算,因而造成了这种处理过程中的大量计算成本,这就是快速傅里叶变换(FFT)算法的意义所在。虽然离散傅里叶变换(DFT)能够将卷积简化成乘法运算,但是作为算法的 FFT 提供了该过程的高效实现,所以需要引入 FFT,下面通过介绍该算法的一些基本知识来理解其工作效率。

比较 DFT 和逆 DFT 方程

$$X[k] = \sum_{n=0}^{N-1} x[n] W_N^{kn} \quad k = 0, \cdots, N-1 \tag{11.58}$$

$$x[n] = \frac{1}{N} \sum_{k=0}^{N-1} X[k] W_N^{-kn} \quad n = 0, \cdots, N-1 \tag{11.59}$$

其中,$W_N = \mathrm{e}^{-\mathrm{j}2\pi/N}$,可以看出两个变换之间存在对偶性(如果在 DFT 和 IDFT 中都有 $1/\sqrt{N}$ 这一项,而不是仅在 IDFT 中有 $1/N$,就更加可以如此理解了)。由于 $X[k]$ 通常是复数,所以如果假定 $x[n]$ 也是复数,那么计算 DFT 的正变换和逆变换就可以使用相同的算法,以下的讨论中均认为 $x[n]$ 是复数。

评估算法的复杂度,需要考虑的两个问题是:

■ **加法运算和乘法运算的总次数**:通常评估一个计算算法的复杂度是考虑其所需的加法运算和乘法运算的次数。利用式(11.58)直接计算 $X[k]$,$k = 0, \cdots, N-1$,需要 $N \times N$ 次复数乘法运算和 $N \times (N-1)$ 次复数加法运算。分析所需的实数乘法运算(每次复数乘法运算需要 4 次实数乘和 3 次实数加)和实数加法运算(每次复数加法运算需要 2 次实数加)次数,可以发现这些运算的总次数的量级是 N^2。

■ **存储容量**:除了计算次数,所需的存储容量也是需要关心的问题。考虑到 $\{X[k]\}$ 是复数,因此存储器要有 $2N^2$ 个存储地址。

现代 FFT

由 IBM 的研究员詹姆斯·库里(James Cooley)和普林斯顿大学的约翰·图基(John Tukey)教授撰写的文章描述了一种为复数傅里叶级数的机器运算而设计的算法,该文章发表在 1965 年的数学计算上,实际上数学家库里和统计学家图基在当时已经开发出一种计算离散傅里叶变换(DFT)的有效算法,该算法将被称为快速傅里叶变换或 FFT。他们的成果是数字信号处理发展历程的转折点:他们提出的算法能够用 NlogN 次算术运算计算一个长度为 N 的序列的 DFT,这远远小于阻碍了 DFT 实际应用的 N^2 次算术运算。正如库里在他的文章"FFT 如何被人们接受"中所指出的那样,他对这个问题的兴趣来自于图基的一个建议,就是使 N 为一个合数,这样就会在 DFT 计算中减少运算的次数。FFT 算法是一个伟大的成就,为此作者得到了应得的认可,同时也为新的数字信号处理领域带来了益处,还激发了对 FFT 的进一步研究。但是正像在许多领域的研究一样,库里和图基并不是开发这类算法的唯一的两个人,在他们之前也有很多其他研究人员开发了类似的流程,特别是丹尼尔森(Danielson)和兰索斯(Lanczos)在发表于 1942 年富兰克林研究所期刊上的一篇论文中,提出了一个非常接近库里和图基的结果的算法。丹尼尔森和兰索斯证明了长度为 N 的 DFT 可以表示为两个长度为 N/2 的 DFT 的和,这样只要满足条件 $N = 2^\gamma$ 就可以递归地进行。有趣的是,他们提到(记住这是在 1942 年!):采用这些改进后,傅里叶分析的近似时间为 8 个系数 10 分钟、16 个系数 25 分钟、32 个系数 60 分钟和 64 个系数 140 分钟。

按时间抽取的基 2 FFT 算法

在下面关于 FFT 算法的介绍中,假定 FFT 的长度为 $N = 2^\gamma$,其中 $\gamma > 1$。

FFT 算法:

1) 采用"分而治之"的基本原则

即将问题划分成为具有相似结构的更小的问题,这样原始问题可以通过求解每一个更小的问题而得到成功解决。

2) 利用 W_N^{nk} 的周期性和对称性

(1) **周期性**：关于 n 和 k，W_N^{nk} 都是周期的，且基波周期为 N，即

$$W_N^{nk} = \begin{cases} W_N^{(n+N)k} \\ W_N^{n(k+N)} \end{cases}$$

(2) **对称性**：W_N^{nk} 的共轭是

$$\left[W_N^{nk}\right]^* = W_N^{(N-n)k} = W_N^{n(N-k)}$$

应用"分而治之"的原则，将 $X[k]$ 表示为

$$X[k] = \sum_{n=0}^{N-1} x[n]W_N^{kn} = \sum_{n=0}^{N/2-1} \left[x[2n]W_N^{k(2n)} + x[2n+1]W_N^{k(2n+1)}\right], \quad k = 0, \cdots, N-1$$

即将宗数为偶数和奇数的样本分开聚集。

由 W_N^{nk} 的定义有：

$$W_N^{k(2n)} = e^{-j2\pi(2kn)/N} = e^{-j2\pi kn/(N/2)} = W_{N/2}^{kn}$$

$$W_N^{k(2n+1)} = W_N^k W_{N/2}^{kn}$$

这样可以将 $X[k]$ 写为

$$X[k] = \sum_{n=0}^{N/2-1} x[2n]W_{N/2}^{kn} + W_N^k \sum_{n=0}^{N/2-1} x[2n+1]W_{N/2}^{kn}$$

$$= Y[k] + W_N^k Z[k], \quad k = 0, \cdots, N-1 \tag{11.60}$$

其中，$Y[k]$ 和 $Z[k]$ 分别是长度为 $N/2$ 的偶数序号序列 $\{x[2n]\}$ 和奇数序号序列 $\{x[2n+1]\}$ 的 DFT。虽然如何计算 $X[k]$，$k = 0, \cdots, (N/2)-1$ 的值很清楚，即

$$X[k] = Y[k] + W_N^k Z[k], \quad k = 0, \cdots, (N/2)-1 \tag{11.61}$$

但当 $k \geqslant N/2$ 时该如何计算还不清楚，不过 $Y[k]$ 和 $Z[k]$ 是以 $N/2$ 为周期的，它们的周期性使得我们能够求出这些值：

$$X[k+N/2] = Y[k+N/2] + W_N^{k+N/2} Z[k+N/2]$$

$$= Y[k] - W_N^k Z[k], \quad k = 0, \cdots, (N/2)-1 \tag{11.62}$$

这里，除了用到了 $Y[k]$ 和 $Z[k]$ 的周期性，还用到了

$$W_N^{k+N/2} = e^{-j2\pi[k+N/2]/N} = e^{-j2\pi k/N}e^{-j\pi} = -W_N^k$$

将式(11.61)和式(11.62)写成矩阵形式，有

$$\boldsymbol{X}_N = \begin{bmatrix} \boldsymbol{I}_{N/2} & \boldsymbol{\Omega}_{N/2} \\ \boldsymbol{I}_{N/2} & -\boldsymbol{\Omega}_{N/2} \end{bmatrix} \begin{bmatrix} \boldsymbol{Y}_{N/2} \\ \boldsymbol{Z}_{N/2} \end{bmatrix} = \boldsymbol{A}_1 \begin{bmatrix} \boldsymbol{Y}_{N/2} \\ \boldsymbol{Z}_{N/2} \end{bmatrix} \tag{11.63}$$

其中，$\boldsymbol{I}_{N/2}$ 是单位阵，$\boldsymbol{\Omega}_{N/2}$ 是对角阵，其元素为 $\{W_N^k, k=0, \cdots, N/2-1\}$，二者的维度均为 $N/2 \times N/2$，矢量 $\boldsymbol{X}_N$、$\boldsymbol{Y}_{N/2}$ 和 $\boldsymbol{Z}_{N/2}$ 包含 $x[n]$、$y[n]$ 和 $z[n]$ 的系数。

对 $Y[k]$ 和 $Z[k]$ 重复以上计算过程，可以将它们表示成为与 $\boldsymbol{X}_N$ 相似的矩阵形式，一直到将矩阵的维度减少到 2×2。在进行这些计算的过程中，$x[n]$ 的顺序改变了，$x[n]$ 的置乱是通过置换矩阵 $\boldsymbol{P}_N$ 获得的(下标中包含的 1 和 0 指明所获 $x[n]$ 样本的排序)。

如果 $N = 2^\gamma$，那么得到包含 DFT 项 $\{X[k]\}$ 的矢量 $\boldsymbol{X}_N$ 为 γ 个矩阵 $\boldsymbol{A}_i$ 和置换矩阵 $\boldsymbol{P}_N$ 的乘积，即

$$\boldsymbol{X}_N = \left[\prod_{i=1}^{\gamma} \boldsymbol{A}_i\right] \boldsymbol{P}_N \boldsymbol{x}, \quad \boldsymbol{x} = [x[0], \cdots, x[N-1]]^\mathrm{T} \tag{11.64}$$

其中，T 代表矩阵转置。考虑到在 $\{\boldsymbol{A}_i\}$ 和 $\boldsymbol{P}_N$ 矩阵中有大量的 1 和 0，因此加法和乘法次数比在原始公式

中的加法和乘法次数少得多,通过分析求出运算次数等于 $N\log_2 N = \gamma N$,比原始的数量级 N^2 要小得多。例如,如果 $N = 2^{10} = 1024$,则按照原始公式计算 DFT 需要进行的加法和乘法次数为 $N^2 = 2^{20} = 1.048\,576 \times 10^6$,而计算 FFT 只需要 $N\log_2 N = 1024 \times 10 = 0.010\,240 \times 10^6$,即 FFT 需要的运算次数大约为 DFT 原始计算公式所需运算次数的十分之一。

【例 11.24】

考虑 $N = 4$ 按时间抽取 FFT 算法,给出计算四个 DFT 值 $X[k]$, $k = 0, \cdots, 3$ 的矩阵形式方程。

解　如果直接计算 $x[n]$ 的 DFT,则有

$$X[k] = \sum_{n=0}^{3} x[n] W_4^{nk} \quad k = 0, \cdots, 3$$

将其重新写成矩阵形式为

$$\begin{bmatrix} X[0] \\ X[1] \\ X[2] \\ X[3] \end{bmatrix} = \begin{bmatrix} 1 & 1 & 1 & 1 \\ 1 & W_4^1 & W_4^2 & W_4^3 \\ 1 & W_4^2 & 1 & W_4^2 \\ 1 & W_4^3 & W_4^2 & W_4^1 \end{bmatrix} \begin{bmatrix} x[0] \\ x[1] \\ x[2] \\ x[3] \end{bmatrix}$$

其中用到了

$$W_4^4 = W_4^{4+0} = e^{-j2\pi 0/4} = W_4^0 = 1$$
$$W_4^6 = W_4^{4+2} = e^{-j2\pi 2/4} = W_4^2$$
$$W_4^9 = W_4^{4+4+1} = e^{-j2\pi 1/4} = W_4^1$$

按照以上矩阵计算 $X[k]$,需要 16 次乘法运算(如果不把乘以 1 计算在内,则只需要 8 次乘法运算)和 12 次加法运算,所以共 28(或 20)次加法和乘法运算。由于矩阵中的元素是复数,因而这些加法和乘法运算都是复数加和复数乘,而一个复数加法运算需要 2 次实数加,一个复数乘法运算需要 4 次实数乘和 2 次实数加,例如考虑两个复数 $z = a + jb$ 和 $v = c + jd$,则 $z + v = (a + c) + j(b + c)$,$zv = (ac - bd) + j(bc + ad)$,所以直接计算 $X[k]$ 需要实数乘法的次数是 16×4,实数加法的次数是 $12 \times 2 + 16 \times 2$,共 120 次运算。

现在来考虑 FFT 算法。将 $x[n]$ 按照偶数序号项和奇数序号项分开得

$$X[k] = \sum_{n=0}^{1} x[2n] W_2^{kn} + W_4^k \sum_{n=0}^{1} x[2n+1] W_2^{kn}$$
$$= Y[k] + W_4^k Z[k], \quad k = 0, \cdots, 3$$

由于 $Y[k+2] = Y[k]$, $Z[k+2] = Z[k]$,即二者是周期的,基波周期为 2,并且有 $W_4^{k+2} = W_4^2 W_4^k = e^{-j\pi} W_4^k = -W_4^k$,于是上式可写为

$$X[k] = Y[k] + W_4^k Z[k]$$
$$X[k+2] = Y[k] - W_4^k Z[k], \quad k = 0,1$$

上式用矩阵形式可写成为

$$\begin{bmatrix} X[0] \\ X[1] \\ \vdots \\ X[2] \\ X[3] \end{bmatrix} = \begin{bmatrix} 1 & 0 & \cdots & 1 & 0 \\ 0 & 1 & \cdots & 0 & W_4^1 \\ \vdots & \vdots & \vdots & \vdots & \vdots \\ 1 & 0 & \cdots & -1 & 0 \\ 0 & 1 & \cdots & 0 & -W_4^1 \end{bmatrix} \begin{bmatrix} Y[0] \\ Y[1] \\ \vdots \\ Z[0] \\ Z[1] \end{bmatrix} = \boldsymbol{A}_1 \begin{bmatrix} Y[0] \\ Y[1] \\ Z[0] \\ Z[1] \end{bmatrix}$$

这就是式(11.63)中的表示形式。

由

$$Y[k] = \sum_{n=0}^{1} x[2n]W_2^{kn} = x[0]W_2^0 + x[2]W_2^k$$

$$Z[k] = \sum_{n=0}^{1} x[2n+1]W_2^{kn} = x[1]W_2^0 + x[3]W_2^k, \quad k = 0,1$$

其中，$W_2^0 = 1, W_2^k = e^{-j\pi k} = (-1)^k$，于是得到矩阵形式

$$\begin{bmatrix} Y[0] \\ Y[1] \\ \vdots \\ Z[0] \\ Z[1] \end{bmatrix} = \begin{bmatrix} 1 & 1 & \cdots & 0 & 0 \\ 1 & -1 & \cdots & 0 & 0 \\ \vdots & \vdots & \vdots & \vdots & \vdots \\ 0 & 0 & \cdots & 1 & 1 \\ 0 & 0 & \cdots & 1 & -1 \end{bmatrix} \begin{bmatrix} x[0] \\ x[2] \\ \vdots \\ x[1] \\ x[3] \end{bmatrix} = \boldsymbol{A}_2 \begin{bmatrix} x[0] \\ x[2] \\ x[1] \\ x[3] \end{bmatrix}$$

注意 $\{x[n]\}$ 的排序，被置乱的 $\{x[n]\}$ 各项可被写为

$$\begin{bmatrix} x[0] \\ x[2] \\ x[1] \\ x[3] \end{bmatrix} = \begin{bmatrix} 1 & 0 & 0 & 0 \\ 0 & 0 & 1 & 0 \\ 0 & 1 & 0 & 0 \\ 0 & 0 & 0 & 1 \end{bmatrix} \begin{bmatrix} x[0] \\ x[1] \\ x[2] \\ x[3] \end{bmatrix} = \boldsymbol{P}_4 \begin{bmatrix} x[0] \\ x[1] \\ x[2] \\ x[3] \end{bmatrix}$$

最终可以得到

$$\begin{bmatrix} X[0] \\ X[1] \\ X[2] \\ X[3] \end{bmatrix} = \boldsymbol{A}_1 \boldsymbol{A}_2 \boldsymbol{P}_4 \begin{bmatrix} x[0] \\ x[1] \\ x[2] \\ x[3] \end{bmatrix}$$

考虑到矩阵中 1 和 0 的数量，现在乘法的计算量极大地降低了，如果不算乘以 1 或 −1 的次数，那么复数的加法和乘法次数现在就是 10 次(2 次复数乘法和 8 次复数加法)，只有直接计算 DFT 的计算量的一半！

11.4.6 逆 DFT 的计算

FFT 算法还可以不作任何变化地用于计算逆 DFT。假定输入 $x[n]$ 是复数(只有在特殊情况下 $x[n]$ 才为实数)，逆 DFT 方程的复共轭再乘以 N，即

$$Nx^*[n] = \sum_{k=0}^{N-1} X^*[k]W^{nk} \tag{11.65}$$

如果忽略上式右边是频域里的表示，那么应该可以承认右式是序列 $\{X^*[k]\}$ 的 DFT，并且可以利用之前讨论过的 FFT 来计算它，如此一来所要求的 $x[n]$ 就可以通过计算式(11.65)的复共轭并除以 N 而得到。因此，同样的算法只需经过以上修改，就可以既用于计算 DFT 正变换也用于求 DFT 逆变换。

注：

在 FFT 算法中，为复数输入分配的存储单元是 $2N$ 个(对于每个输入值，其实部被分配一个存储单元，虚部被分配另一个存储单元)，与分配给输出的相同。每一步的结果都使用这些相同的存储地址。由于 $X[k]$ 通常是复数，为了与此输出使用相同的存储地址，输入序列 $x[n]$ 被假定为是复数。如果 $x[n]$ 是实数，可以将它转换成为一个复数序列，并利用 DFT 的性质获得 $X[k]$。

【例 11.25】

本例来比较 FFT 算法的效率,依据的是函数 tic 和 toc 测量所得计算时间,我们计算的是

- 一个信号的 DFT,该信号由 1 构成,长度 $N=2^r, r=8, \cdots, 12$,或从 $256 \sim 4096$ 逐渐增大。下面将比较利用 FFT 所花的时间与用自定义函数 dft 计算所花的时间,dft 直接根据 DFT 定义计算;
- 一个由 1 构成的信号与其自身的卷积和,信号的长度从 $1000 \sim 10\,000$ 逐渐增大。基于 FFT 的卷积计算与用 MATLAB 函数 conv 计算进行比较。

解 为了比较以上几个算法,使用以下脚本。两个实验的结果如图 11.20 所示,左图显示了用 fft 和用 dft 的执行时间的对比结果,采用的是对数标度。为了使产生的结果具有可比性,用 fft 所得的对数值乘了 6,表明 FFT 所花时间大约为用 dft 所花时间的百分之一。右图显示了用 conv 的执行时间和基于 FFT 计算卷积的执行时间。显然,在这两种情况下,FFT 的表现都强于用 dft 的 DFT 计算和用 conv 的卷积计算(在右图边上指出这个函数不是基于 FFT 算法)。脚本之后给出了自定义函数 dft。

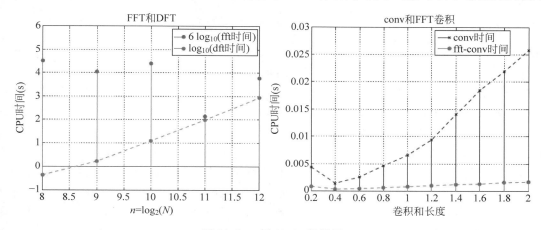

图 11.20 例 11.25 结果图

左图:用函数 fft 和函数 dft 计算全 1 序列,长度从 $N=256 \sim 4096$(对应于 $n=8, \cdots, 12$)逐渐增大,且是在对数标度下的执行时间,对于 FFT,CPU 时间乘了 10^6。右图:用 MATLAB 的 conv 函数计算全 1 序列与其自身的卷积和与用 FFT 完成的卷积和所花费执行时间的比较。

```
% 例 11.25
% %
% fft 与 dft 的比较
clf; clear all
time = zeros(1,12-8+1); time1 = zeros(1,12-8+1);
for r = 8: 12,
  N(r) = 2^r; i = r^7;
  % fft 算法运行时间
  t = tic; X1 = fft(ones(1,N(r)),N(r)); time(i) = toc(t);
  % dft 算法运行时间
  t = tic; Y1 = dft(ones(N(r),1),N(r)); time1(i) = toc(t);
end

% conv 和 fft 的比较
clear all
time1 = zeros(1,10); time2 = time1;
for i = 1: 10,
```

```
NN = 1000 * i; x = ones(1,NN);
 %  用 conv 计算卷积的运行时间
t1 = tic; y = conv(x,x); time1(i) = toc(t1);
 %  用 fft 计算卷积的运行时间
x = [x zeros(1,NN)]; t2 = tic; X = fft(x); X = fft(x); Y = X. * X;
 y = real(ifft(Y));
 time2(i) = toc(t2);
end


function X = dft(x,N)
n = 0: N - 1;
W = ones(1,N);
for k = 1: N - 1,
   W = [W; exp( - j * 2 * pi * n * k/N)];
end
X = W * x;
```

高斯和 FFT

追溯 FFT 研究者研究工作的起源,人们发现许多知名的数学家已经为 N 的不同取值开发了相似的算法,但是与现代 FFT 相似的算法大约是在 1805 年被德国数学家卡尔·高斯(Carl Gauss)开发出来并使用的,早于 1807 年傅里叶关于谐波分析的成果,这是一个有趣的发现——虽然并不令人惊奇。鉴于高斯在众多数学领域所做的大量工作以及他对工作的献身精神,他被称为“数学王子”。他的座右铭是宁缺毋滥,他不会透露任何他的工作,除非他对它已经非常满意了。此外,在他那个时代,论文用拉丁语书写是惯例,因此他的论文都是使用了很难的数学符号的拉丁语写成的,这使得他的研究成果不被现代研究人员所知或所理解。高斯的那篇描述算法的论文并未在他有生之年得以发表,而是出现在他的著作集当中,不过,他称得上是 FFT 算法之父。导致库里描述的 FFT 出现的开发过程指出两个数值分析中的重要概念(其中第一个应用于其他一些领域的研究):(i)分而治之的方法,即把一个问题分解成一些具有相同结构的更小问题;(ii)运算次数的渐进行为。库里在其论文中的建议值得技术领域的研究人员认真考虑:

- 及时公布有意义的研究成果很有必要。
- 温习旧文献是有益的。
- 与数学家、数据分析员和广泛的应用领域的工作者交流会有很大收获。
- 不要用新古典拉丁语发表文章。

11.5 我们完成了什么,我们向何处去

本章研究了离散时间信号的傅里叶表示。正如在连续情况下拉普拉斯变换和傅里叶变换那样,存在着大量的可以从它们的 Z 变换中求出其离散时间傅里叶变换的离散时间信号,对于不绝对可和的信号,时间频率之间的对偶性以及其他一些性质可以用于求出它们的 DTFT。由于 DTFT 频率变化的连续性以及求逆变换时所需的积分运算,所以虽然在理论上它是有用的,但在计算上却是不可行的,是离散时间信号的傅里叶级数使得傅里叶表示的计算成为可能。傅里叶级数系数构成了一个与信号具有相

同基波周期的周期序列,因此二者都是周期的,此外,傅里叶级数及其系数都是通过求和获得的,所用的频率是被离散化的,因此它们可以通过计算机而获得。为了利用傅里叶级数的优点,对于非周期信号,对其用 DTFT 求出的频谱进行抽样,于是在时域中出现一个原始信号的周期性重复信号,从而可以获得有限支撑信号的一个周期延拓,并由此产生离散傅里叶变换或 DFT。这些结果的重要意义在于有了可以利用算法计算的离散时间信号的频率表示。表 11.1 和表 11.2 总结了这些变换的性质。不过,使DFT 能被高效计算的是快速傅里叶变换(FFT)算法,正如已经证明的那样,该算法不仅能高效计算DFT,而且使卷积和在实际中得到应用。

表 11.1 常见信号的 DTFT 以及 DTFT 的性质

离散时间傅里叶变换(DTFT)

离散时间信号	DTFT $X(e^{j\omega})$,以 2π 为周期
(1) $\delta[n]$	$1, -\pi \leqslant \omega < \pi$
(2) A	$2\pi A\delta(\omega), -\pi \leqslant \omega < \pi$
(3) $e^{j\omega_0 n}$	$2\pi\delta(\omega-\omega_0), -\pi \leqslant \omega < \pi$
(4) $\alpha^n u[n], |\alpha|<1$	$\dfrac{1}{1-\alpha e^{-j\omega}}, -\pi \leqslant \omega < \pi$
(5) $n\alpha^n u[n], |\alpha|<1$	$\dfrac{\alpha e^{-j\omega}}{(1-\alpha e^{-j\omega})^2}, -\pi \leqslant \omega < \pi$
(6) $\cos(\omega_0 n)u[n]$	$\pi[\delta(\omega-\omega_0)+\delta(\omega+\omega_0)], -\pi \leqslant \omega < \pi$
(7) $\sin(\omega_0 n)u[n]$	$-j\pi[\delta(\omega-\omega_0)+\delta(\omega+\omega_0)], -\pi \leqslant \omega < \pi$
(8) $\alpha^{|n|}, |\alpha|<1$	$\dfrac{1-\alpha^2}{1-2\alpha\cos(\omega)+\alpha^2}, -\pi \leqslant \omega < \pi$
(9) $p[n]=u[n+N/2]-u[n-N/2]$	$\dfrac{\sin(\omega(N+1)/2)}{\sin(\omega/2)}, -\pi \leqslant \omega < \pi$
(10) $\alpha^n\cos(\omega_0 n)u[n]$	$\dfrac{1-\alpha\cos(\omega_0)e^{-j\omega}}{1-2\alpha\cos(\omega_0)e^{-j\omega}+\alpha^2 e^{-2j\omega}}, -\pi \leqslant \omega < \pi$
(11) $\alpha^n\sin(\omega_0 n)u[n]$	$\dfrac{\alpha\sin(\omega_0)e^{-j\omega}}{1-2\alpha\cos(\omega_0)e^{-j\omega}+\alpha^2 e^{-2j\omega}}, -\pi \leqslant \omega < \pi$

DTFT 的性质

Z 变换:	$x[n], X(z), |z|=1 \in \text{ROC}$	$X(e^{j\omega})=X(z)|_{z=e^{j\omega}}$
周期性:	$x[n]$	$X(e^{j\omega})=X(e^{j(\omega+2\pi k)}), k$ 为整数
线性:	$\alpha x[n]+\beta y[n]$	$\alpha X(e^{j\omega})+\beta Y(e^{j\omega})$
时移:	$x[n-N]$	$e^{-j\omega N}X(e^{j\omega})$
频移:	$x[n]e^{j\omega_0 n}$	$X(e^{j(\omega-\omega_0)})$
卷积:	$(x*y)[n]$	$X(e^{j\omega})Y(e^{j\omega})$
乘积:	$x[n]y[n]$	$\dfrac{1}{2\pi}\displaystyle\int_{-\pi}^{\pi} X(e^{j\theta})Y(e^{j(\omega-\theta)})d\theta$
对称性:	$x[n]$(实值)	$|X(e^{j\omega})|$ 是 ω 的偶函数
		$\angle X(e^{j\omega})$ 是 ω 的奇函数

帕色瓦尔关系: $\displaystyle\sum_{n=-\infty}^{\infty} |x[n]|^2 = \dfrac{1}{2\pi}\int_{-\pi}^{\pi} |X(e^{j\omega})|^2 d\omega$

表 11.2　离散傅里叶级数和离散傅里叶变换(DFT)的基本性质

离散时间周期信号的傅里叶级数

	周期信号 $x[n]$，周期为 N	周期的 FS 系数 $X[k]$，周期为 N
Z 变换	$x_1[n] = x[n](u[n] - u[n-N])$	$X[k] = \dfrac{1}{N} \mathscr{Z}(x_1[n]) \big|_{z = e^{j2\pi k/N}}$
DTFT	$x[n] = \sum\limits_{k} X[k] e^{j2\pi nk/N}$	$X(e^{j\omega}) = \sum\limits_{k} 2\pi X[k] \delta(\omega - 2\pi k/N)$
LTI 响应	输入：$x[n] = \sum\limits_{k} X[k] e^{j2\pi nk/N}$	输出：$y[n] = \sum\limits_{k} X[k] H(e^{jk\omega_0}) e^{j2\pi nk/N}$ $H(e^{j\omega})$（系统的频率响应）
时移(循环移)	$x[n-M]$	$X[k] e^{-j2\pi kM/N}$
调制	$x[n] e^{j2\pi Mn/N}$	$X[k-M]$
乘积	$x[n]y[n]$	$\sum\limits_{m=0}^{N-1} X[m]Y[k-m]$ 是周期卷积
周期卷积	$\sum\limits_{m=0}^{N-1} x[m]y[n-m]$	$NX[k]Y[k]$

离散傅里叶变换(DFT)

	非周期信号 $x[n]$，有限长度为 N	周期延拓 $\tilde{x}[n]$，周期 $L \geqslant N$
	$\tilde{x}[n] = \dfrac{1}{N} \sum\limits_{k=0}^{L-1} \tilde{X}[k] e^{j2\pi nk/L}$	$\tilde{X}[k] = \sum\limits_{n=0}^{L-1} \tilde{x}[n] e^{-j2\pi nk/L}$
IDFT/DFT	$x[n] = \tilde{x}[n]W[n], W[n] = u[n] - u[n-N]$	$X[k] = \tilde{X}[k]W[k], W[k] = u[k] - u[k-N]$
循环卷积	$(x \otimes_L y)[n]$	$X[k]Y[k]$
循环卷积和 线性卷积	$(x \otimes_L y)[n] = (x*y)[n], L \geqslant M+K-1$ $M = x[n]$ 的长度，$K = y[n]$ 的长度	

11.6　本章练习题

11.6.1　基础题

11.1　由 $x[n] = 0.5^{|n|}$ 的 DTFT 正变换和逆变换：

（a）确定和

$$\sum_{n=-\infty}^{\infty} 0.5^{|n|}$$

的值。

（b）求积分

$$\int_{-\pi}^{\pi} X(e^{j\omega}) \, d\omega$$

的值。

（c）求 $X(e^{j\omega})$ 的相位。

（d）确定和

$$\sum_{n=-\infty}^{\infty}(-1)^n 0.5^{|n|}$$

的值。

答案：$\sum_n x[n]=3$；$\sum_n x[n](-1)^n=1/3$。

11.2 在以下问题中考虑 DTFT 和 Z 变换之间的联系。

（a）设 $x[n]=u[n+2]-u[n-3]$，

i. 能否利用 $x[n]$ 的 Z 变换求出 DTFT $X(e^{j\omega})$？如果可以，它等于什么？

ii. $X(e^{j0})=5$ 是否正确并作出解释。

（b）对于非因果信号 $x[n]=\alpha^n u[-n]$，$\alpha>0$，给出使 $X(e^{j\omega})=X(z)|_{z=e^{j\omega}}$ 的 α 值。

（c）考虑因果和反因果信号

$$x_1[n]=\left(\frac{1}{2}\right)^n u[n], \quad x_2[n]=-\left(\frac{1}{2}\right)^n u[-n-1]$$

证明 $X_1(z)=X_2(z)$，并求出它们的收敛域。根据它们的收敛域判断两个信号中的哪一个能从其 Z 变换得到其 DTFT？

答案：（a）可以，$X(e^{j0})=5$；（b）$\alpha>1$；（c）$X_2(e^{j\omega})$ 不能由 $X_2(z)$ 求得。

11.3 三角形脉冲为

$$t[n]=\begin{cases}3+n, & -2\leqslant n\leqslant-1 \\ 3-n, & 0\leqslant n\leqslant 2 \\ 0, & \text{其他}\end{cases}$$

求 $t[n]$ 的 DTFT 的一个正弦表达式

$$T(e^{j\omega})=B_0+\sum_{k=1}^{\infty}B_k\cos(k\omega)$$

确定系数 B_0 和 B_k。

答案：$B_0=3, B_k=2(3-k), k=1,2$。

11.4 理想低通滤波器的频率响应等于

$$H(e^{j\omega})=\begin{cases}1, & -\pi/2<\omega<\pi/2 \\ 0, & \text{其他在}(-\pi,\pi]\text{内}\end{cases}$$

（a）求此滤波器的冲激响应 $h[n]$，该滤波器是因果的吗？

（b）假设此滤波器的输入 $x[n]$ 的 DTFT 为 $X(e^{j\omega})=H(e^{j\omega})$，那么滤波器的输出 $y[n]$ 等于什么？

（c）以上结果是否意味着 $(h*h)[n]=h[n]$？请作出解释。

答案：$h[n]$ 为非因果；是，$h[n]=(h*h)[n]$。

11.5 求 $x[n]=e^{j\theta}\delta[n+\tau]+e^{-j\theta}\delta[n-\tau]$ 的 DTFT，利用它并根据对偶性求 $\cos(\omega_0 n+\theta)$，$-\infty<n<\infty$ 的 DTFT。

（a）分别用 $\theta=0$ 和 $\theta=-\pi/2$ 检验所得结果是否与表 11.1 中结果相等。

（b）那么信号

$$x_1[n]=1+\sum_{k=1}^{5}A_k\cos(k\omega_0 n+\theta_k)$$

的 DTFT 又会等于什么？

答案：$X_1(e^{j\omega}) = 2\pi\delta(\omega) + \sum\limits_{k=1}^{5} A_b \pi[e^{j\theta_k}\delta(\omega + k\omega_0) + e^{-j\theta_k}\delta(\omega - \omega_0)]$。

11.6 考虑 DTFT 的性质在滤波器中的应用。

（a）设 $h[n]$ 为具有频率响应

$$H(e^{j\omega}) = \begin{cases} 1, & -0.4\pi \leqslant \omega \leqslant 0.4\pi \\ 0, & \text{其他在}(-\pi,\pi)\text{内} \end{cases}$$

的理想低通滤波器的冲激响应。如果设一个新的滤波器的冲激响应为 $h_1[n] = [1+(-1)^n]h[n]$，求用 $H(e^{j\omega})$ 表示的频率响应 $H_1(e^{j\omega})$。这个新滤波器是什么类型的滤波器？

（b）考虑一个滤波器，其频率响应为

$$H(e^{j\omega}) = \frac{0.75}{1.25 - \cos(\omega)}$$

i. 由 $H(e^{j\omega})$ 求和式 $\sum\limits_{n=-\infty}^{\infty} h[n]$ 的值。

ii. 考虑到 $H(e^{j\omega}) = H(e^{-j\omega})$，即它是 ω 的实偶函数，证明 $h[n]$ 是 n 的偶函数，利用逆 DTFT 的定义。

iii. 对于所有离散频率，相频响应 $\angle H(e^{j\omega})$ 都等于零，这个说法正确吗？请作出解释。

答案：（a）$H_1(e^{j\omega})$ 是一个带阻滤波器；（b）$H(e^{j0}) = 3$；零相位。

11.7 求 $x[n] = \delta[n] - \delta[n-2]$ 的 DTFT。

（a）粗略画出 $0 \leqslant \omega < 2\pi$ 内的幅度谱 $|X(e^{j\omega})|$，并对其仔细标注。

（b）粗略画出 $-\pi \leqslant \omega < \pi$ 内的幅度谱 $|X(e^{j\omega})|$，并对其仔细标注。

（c）粗略画出 $-\pi \leqslant \omega < \pi$ 内的相位谱 $\angle X(e^{j\omega})$，并对其仔细标注。

答案：$X(e^{j\omega}) = 2je^{-j\omega}\sin(\omega)$。

11.8 令 $x[n] = u[n+2] - u[n-3]$，

（a）求出 $x[n]$ 的 DTFT，粗略画出 $|X(e^{j\omega})|$ 关于 ω 的图形，并给出它在 $\omega = \pm\pi$、$\pm\pi/2$ 和 0 时的值。

（b）如果 $x_1[n] = x[2n]$，即 $x[n]$ 被以 $M=2$ 减抽样，求它的 DTFT $X_1(e^{j\omega})$。仔细画出 $x_1[n]$ 和 $|X_1(e^{j\omega})|$ 的图形，指出 $|X_1(e^{j\omega})|$ 在 $\omega = \pm\pi$、$\pm\pi/2$ 和 0 处的值。$X_1(e^{j\omega}) = 0.5X(e^{j\omega/2})$ 吗？如果不是，如何处理 $x[n]$ 才能使当 $x_1[n] = x[2n]$ 时满足此条件？请作出解释。

（c）考虑增抽样信号

$$x_2[n] = \begin{cases} x[n/2], & n\text{ 为偶数} \\ 0, & \text{其他} \end{cases}$$

求 $x_2[n]$ 的 DTFT $X_2(e^{j\omega})$，仔细画出二者的图形（特别是画 $X_2(e^{j\omega})$ 的图形时，要标明在频率 $\omega = \pm\pi$、$\pm\pi/2$ 和 0 处的值）。解释这种情况与减抽样情况下在时域和频域所获结果的差别。

答案：$X(e^{j\omega}) = 1 + 2\cos(\omega) + 2\cos(2\omega)$；$X_1(e^{j\omega}) \neq 0.5X(e^{j\omega/2})$；$X_2(e^{j\omega}) = X(e^{j2\omega})$。

11.9 考虑一个 LTI 离散时间系统，其输入为 $x[n]$，输出为 $y[n]$。已知该系统的冲激响应为

$$h[n] = \frac{\sin(\pi(n-10)/3)}{\pi(n-10)}, \quad n \neq 10, h[10] = 1/3$$

（a）确定其幅度响应 $|H(e^{j\omega})|$ 和相位响应 $\angle H(e^{j\omega})$。

（b）如果 $x[n] = \delta[n-1] + \cos(\pi n/5)$，$-\infty < n < \infty$，求其输出 $y[n]$。

答案：$\angle H(\mathrm{e}^{\mathrm{j}\omega})=-10\omega, -\pi<\omega\leqslant\pi; y[n]=h[n-1]+\cos(\pi n/5), -\infty<n<\infty$。

11.10 考虑以下与 DTFT 的性质有关的问题。

（a）对于信号 $x[n]=\beta^n u[n], \beta>0, \beta$ 取哪些值时，能从 $X(z)$ 中求出 $x[n]$ 的 DTFT $X(\mathrm{e}^{\mathrm{j}\omega})$?

（b）已知 $X(\mathrm{e}^{\mathrm{j}\omega})=\delta(\omega)$，即一个连续频率 δ 函数：

i. 其逆 DTFT 即 $x[n]$ 等于什么?

ii. $X_1(\mathrm{e}^{\mathrm{j}\omega})=X(\mathrm{e}^{\mathrm{j}(\omega-\pi)})=\delta(\omega-\pi)$ 的逆 DTFT 等于什么?

iii. $X_2(\mathrm{e}^{\mathrm{j}\omega})=\delta(\omega)+\delta(-\omega)$ 的逆 DTFT 等于什么?

（c）对于任意整数 $N>1$,

$$1+\mathrm{e}^{-\mathrm{j}\omega}+\cdots+\mathrm{e}^{-\mathrm{j}\omega(N-1)}=\frac{1-\mathrm{e}^{-\mathrm{j}\omega N}}{1-\mathrm{e}^{-\mathrm{j}\omega}}$$

正确吗? 当 $N=1$ 时,情况又如何?

答案：（a）$\beta<1$;（b）$x_1[n]=(-1)^n/(2\pi)$; $x_2[n]=2x[n]$。

11.11 FIR 滤波器的冲激响应为 $h[n]=(1/3)(\delta[n]+\delta[n-1]+\delta[n-2])$。

（a）求频率响应 $H(\mathrm{e}^{\mathrm{j}\omega})$,并确定当 $-\pi<\omega\leqslant\pi$ 时的幅度响应和相位响应。

（b）求该滤波器转移函数 $H(z)$ 的极点和零点,并确定其收敛域。

（c）在哪些频率 $\{\omega_i\}$ 处有 $H(\mathrm{e}^{\mathrm{j}\omega_i})=0$?

（d）相位展开会改变相位响应吗? 请作出解释。

答案：$H(\mathrm{e}^{\mathrm{j}\omega})=\mathrm{e}^{-\mathrm{j}\omega}(1+2\cos(\omega))/3$,在 $\omega_0=\cos^{-1}(-0.5)$ 处,幅度等于零。

11.12 FIR 滤波器的转移函数为 $H(z)=z^{-2}(0.5z+1.2+0.5z^{-1})$。

（a）求该滤波器的频率响应 $H(\mathrm{e}^{\mathrm{j}\omega})$,这个滤波器的相位响应是线性的吗?

（b）求该滤波器的冲激响应 $h[n], h[n]$ 是否关于某个 n 对称? 这个与相位有什么关系?

答案：相位是线性的; $h[n]=0.5\delta[n-1]+1.2\delta[n-2]+0.5\delta[n-3]$。

11.13 对于以下各周期离散时间信号,确定傅里叶级数系数 $X_i[k], i=1,\cdots,4$,并对这些系数与信号的对称性之间的关系作出解释。

（a）$x_1[n]$ 的基波周期为 $N=5$,在一个周期内有 $x_1[n]=1, -1\leqslant n\leqslant1$,且 $x_1[-2]=x_1[2]=0$。

（b）$x_2[n]$ 的基波周期为 $N=5$,在一个周期内有 $x_2[n]=0.5^n, -1\leqslant n\leqslant1$,且 $x_2[-2]=x_2[2]=0$。

（c）$x_3[n]$ 的基波周期为 $N=5$,在一个周期内有 $x_3[n]=2^n, -1\leqslant n\leqslant1$,且 $x_3[-2]=x_3[2]=0$。

（d）$x_4[n]$ 的基波周期为 $N=5$,在一个周期内有 $x_4[n]=n, -1\leqslant n\leqslant1$,且 $x_4[-2]=x_4[2]=0$。

（e）考虑 $x_1[n]$ 从 $n=0$ 开始的一个周期,求其傅里叶级数系数。这些系数与（a）中求出的系数相比,有什么关系?

答案：$X_1[k]=(1/5)(1+2\cos(2\pi k/5)), 0\leqslant k\leqslant4$; $X_4[k]=-(2\mathrm{j}/5)\sin(2\pi k/5), 0\leqslant k\leqslant4$。

11.14 确定以下周期离散时间信号的傅里叶级数系数。

（a）$x_1[n]=1-\cos(2\pi n/3), x_2[n]=2+\cos(8\pi n/3), x_3[n]=3-\cos(2\pi n/3)+\cos(8\pi n/3), x_4[n]=2+\cos(8\pi n/3)+\cos(2\pi n/3), x_5[n]=\cos(\pi n/3)+(-1)^n$。

（b）(i) $y[n]$ 的基波周期为 $N=3$,其中一个周期为 $y_1[n]=(0.5)^n, n=0,1,2$。

(ii) $v[n]$ 的基波周期为 $N=5$,其中一个周期为 $v_1[n]=(0.5)^{|n|}, -2\leqslant n\leqslant2$。

(iii) $w[n]$ 的基波周期为 $N=4$,其中一个周期为 $w_1[n]=1+(0.5)^n, 0\leqslant n\leqslant3$。

指出它们各自的基频。

答案：（a）$X_3[0]=3, X_3[1]=X_3[-1]=0$;（b）$Y[k]=(1/3)[1+0.5\mathrm{e}^{-\mathrm{j}2\pi k/3}+0.25\mathrm{e}^{-\mathrm{j}4\pi k/3}]$。

11.15 基波周期为 $T_0 = 2$ 的连续时间周期信号 $x(t)$ 有一个周期 $x_1(t) = u(t) - u(t-1)$。

(a) $x(t)$ 是否为带限信号？求 $x(t)$ 的傅里叶系数 X_k。

(b) 对于 $x(t)$ 而言，最大频率取为 $\Omega_{\max} = 5\pi$ 是一个合适的值吗？请作出解释。

(c) 令 $T_s = 0.1\text{s}$，这样在一个周期内的抽样信号等于 $x(nT_s) = u[n] - u[n-11]$，求出周期信号 $x[n]$ 的离散的傅里叶级数系数，对比 $x[n]$ 的 $X[0]$ 和 $X[1]$ 与 $x(t)$ 的 X_0 和 X_1。

答案：$x(t)$ 不是带限信号；$X_k = e^{j\pi k/2}\sin(\pi k/2)/(\pi k)$，$k \neq 0$ 且 $X_0 = 1/2$。

11.16 理想低通滤波器的输出为

$$y[n] = 1 + \sum_{k=1}^{2}(2/k)\cos(0.2\pi kn), \quad -\infty < n < \infty$$

(a) 假定滤波器的输入为周期信号 $x[n]$，它的基波频率 ω_0 等于多少？它的基波周期 N_0 等于多少？

(b) 若滤波器是低通滤波器，且有 $H(e^{j0}) = H(e^{j\omega_0}) = H(e^{-j\omega_0}) = 1$ 及 $H(e^{j2\omega_0}) = H(e^{-j2\omega_0}) = 1/2$，确定输入 $x[n]$ 的傅里叶级数。

答案：$x[n] = 1 + 2\cos(2\pi n/10) + 2\cos(4\pi n/10)$。

11.17 基波周期为 $N = 3$ 的周期离散时间信号 $x[n]$ 通过一个冲激响应为 $h[n] = (1/3)(u[n] - u[n-3])$ 的滤波器，令 $y[n]$ 为滤波器输出。滤波开始于 $n = 0$，若我们感兴趣的是 $y[n]$，$n \geq 0$，或者假设 $y[n] = 0$，$n < 0$。对于 $x[n]$ 的一个周期，有 $x[0] = 1$、$x[1] = -2$ 和 $x[2] = 1$。

(a) 确定 $y[0]$、$y[1]$ 和 $y[2]$ 的值。因为 $x[n]$ 是周期的，所以可以假定 $n < 0$ 时 $x[n]$ 的值已经给出了。

(b) 用卷积和计算 $y[n]$，$n \geq 0$，系统的稳态输出等于什么？什么时候系统开始获得 $y[n]$ 的稳态输出？

(c) 用 DTFT 计算滤波器的输出。

答案：$y[0] = y[1] = y[2] = 0$；$H(e^{j0}) = 1$，$H(e^{j2\pi/3}) = 0$。

11.18 周期离散时间信号 $x[n]$ 的一个周期为 $x_1[n] = n$，$0 \leq n \leq 3$，利用它的循环表达式求

$$x[n-2]、x[n+2]、x[-n] \text{ 和 } x[-n+k], \quad 0 \leq k \leq 3$$

并展示出这些信号的几个周期。

答案：$x[n-2]$ 的值为 $2,3,0,1,2,3,0,1,\cdots$，从 0 开始。

11.19 设 $x[n] = 1 + e^{j\omega_0 n}$ 和 $y[n] = 1 + e^{j2\omega_0 n}$ 为基波频率等于 $\omega_0 = 2\pi/N$ 的周期信号，分别采用以下指定方法求出它们的乘积 $z[n] = x[n]y[n]$ 的傅里叶级数。

(a) 计算乘积 $x[n]y[n]$。

(b) 用 $x[n]$ 和 $y[n]$ 的傅里叶级数系数的周期卷积，取长度 $N = 3$。当 $N = 3$ 时，该周期卷积是否等于 $x[n]y[n]$？请作出解释。

答案：$x[n]y[n] = 1 + e^{j\omega_0 n} + e^{j2\omega_0 n} + e^{j3\omega_0 n}$，$\omega_0 = 2\pi/N$；是的，两者结果相等。

11.20 周期信号 $x[n]$ 的基波周期为 $N_0 = 4$，它的一个周期为 $x_1[n] = u[n] - u[n-2]$，计算以下周期卷积，取长度 $N_0 = 4$，

(a) $x[n]$ 与自身的周期卷积，记为 $v[n]$，

(b) $x[n]$ 与 $x[-n]$ 的周期卷积，记为 $z[n]$。

答案：$v[0] = 1, v[1] = 2, v[2] = 1, v[3] = 0$。

11.21　考虑非周期信号

$$x[n] = \begin{cases} 1, & n = 0,1,2 \\ 0, & \text{其他} \end{cases}$$

求下列信号的长度 $L=4$ 的 DFT。

(i) $x[n]$；(ii) $x_1[n]=x[n-3]$；(iii) $x_2[n]=x[-n]$；(iv) $x_3[n]=x[n+3]$

答案：$X[k]=1+\mathrm{e}^{-\mathrm{j}\pi k/2}+\mathrm{e}^{-\mathrm{j}\pi k}$；$X_3[k]=\mathrm{e}^{-\mathrm{j}2\pi k/4}+\mathrm{e}^{-\mathrm{j}\pi k}+\mathrm{e}^{\mathrm{j}2\pi k/4}$。

11.22　已知信号 $x[n]=2^n(u[n]-u[n-3])$ 和 $y[n]=0.5^n(u[n]-u[n-3])$，写出一个矩阵方程，用于计算长度 $N=3$、4 和 5 时两者的循环卷积，分别将这些循环卷积记为 $z[n]$、$w[n]$ 和 $v[n]$。在这三个长度当中，取哪个时循环卷积与线性卷积一致？请作出解释。

答案：$v[n]=\delta[n]+2.5\delta[n-1]+5.25\delta[n-2]+2.5\delta[n-3]+\delta[n-4]$，与线性卷积相同。

11.23　考虑离散时间信号 $x[n]=u[n]-u[n-M]$，M 为正整数。

(a) 令 $M=1$，计算 DTFT $X(\mathrm{e}^{\mathrm{j}\omega})$，并在频域以抽样频率 $2\pi/N$ 对 $X(\mathrm{e}^{\mathrm{j}\omega})$ 抽样，其中 $N=M$，从而得到长度 $N=1$ 的 DFT。

(b) 令 $N=10$，仍然是 $M=1$，对 DTFT 抽样得到 DFT，仔细画出 $X(\mathrm{e}^{\mathrm{j}2\pi k/N})=X[k]$ 以及相应的信号。如果 $N=1024$ 将会怎样，这种情况和前一种情况有什么不同？请作出解释。

(c) 令 $M=10,N=10$，对 DTFT 抽样，从混叠的角度来说，$X[k]$ 包含了什么？当 $N\gg10$ 和 $N<10$ 时分别会发生什么？请给出评论。

答案：$M=10,N=10$，当 $k=0$ 时，$X[k]=10$，当 $k=1,\cdots,9$ 时，$X[k]=0$。

11.24　由 DFT 的定义

$$X[k] = \sum_{n=0}^{N-1} x[n]\mathrm{e}^{-\mathrm{j}2\pi nk/N}, \quad k=0,1,\cdots,N-1$$

能够得到一个矩阵方程 $\boldsymbol{X}=\boldsymbol{F}\boldsymbol{x}$。

(a) 假设 $N=2$，且当 $n=0$、1 时，$x[n]=1$，将 DFT 表示成一个矩阵方程。

(b) 检查所得表达式中的矩阵 $\boldsymbol{F}$ 是否是可逆的，如果可逆求出其逆矩阵，这样就得到了 IDFT 的表达式。

(c) $\boldsymbol{F}^{*T}\boldsymbol{F}=\alpha\boldsymbol{I}$，即复共轭 $\boldsymbol{F}^*$ 的转置与 $\boldsymbol{F}$ 的乘积等于单位阵乘以一个常数 α，这个等式成立吗？α 等于多少？$\boldsymbol{F}$ 的逆矩阵会是 $(1/\alpha)\boldsymbol{F}^{*T}$ 吗？这与傅里叶指数基的正交规范性有关吗？请作出解释。

答案：$\boldsymbol{F}=\begin{bmatrix}1 & 1 \\ 1 & -1\end{bmatrix}$，$\boldsymbol{F}^T\boldsymbol{F}=2\boldsymbol{I}$。

11.25　一个有限长序列 $x[n]$ 与一个 FIR 系统的冲激响应 $h[n]$ 的卷积和可以写成矩阵形式 $\boldsymbol{y}=\boldsymbol{H}\boldsymbol{x}$，其中 $\boldsymbol{H}$ 是一个矩阵，$\boldsymbol{x}$ 和 $\boldsymbol{y}$ 为输入值和输出值。令 $h[n]=(1/3)(\delta[n]+\delta[n-1]+\delta[n-2])$，$x[n]=2\delta[n]+\delta[n-1]$。

(a) 写出 $y[n]$ 的矩阵方程并计算 $y[n]$ 的值。

(b) 利用 DFT 的矩阵表示 $\boldsymbol{Y}=\boldsymbol{F}\boldsymbol{y}$，用 $\boldsymbol{H}$ 和 $\boldsymbol{x}$ 替换其中的 $\boldsymbol{y}$，从而得到一个用 $\boldsymbol{H}$ 和 $\boldsymbol{x}$ 表示的表达式。利用 DFT 的矩阵表示 $\boldsymbol{X}=\boldsymbol{F}\boldsymbol{x}$ 以及 $\boldsymbol{F}$ 的正交性，获得 DFT 域内卷积和的一个表达式。

答案：$y[0]=2/3,y[1]=y[2]=1,y[3]=1/3,y[4]=0$。

11.26　信号 $x[n]=0.5^n(u[n]-u[n-3])$ 是冲激响应为 $h[n]=(1/3)(\delta[n]+\delta[n-1]+\delta[n-2])$ 的 LTI 系统的输入。

(a) 确定系统输出 $y[n]$ 的长度。

（b）用卷积和计算输出 $y[n]$。

（c）利用 Z 变换求输出 $y[n]$。

（d）用 DTFT 求输出 $y[n]$。

（e）用 DFT 求输出 $y[n]$。

答案：$y[n]=(x*h)[n]$ 的长度为 5；用 $Y(z)=X(z)H(z)$ 求出 $y[n]$。

11.27 离散时间系统的输入为 $x[n]=u[n]-u[n-4]$，系统的冲激响应为 $h[n]=\delta[n]+\delta[n-1]+\delta[n-2]$。

（a）计算 $h[n]$ 和 $x[n]$ 的长度为 $N=7$ 的 DFT，将它们记为 $H(k)$ 和 $X(k)$，计算 $X(k)H(k)=\hat{Y}(k)$。

（b）如果 $y(n)=(x*h)[n]$，会有 $\hat{y}[n]=y[n]$ 吗？请作出解释。如果选定 DFT 的长度为 $N=4$，循环卷积与线性卷积的结果相等吗？请作出解释。

答案：（a）$X[k]=\sum_{n=0}^{3}e^{-j2\pi nk/7}$，$H[k]=\sum_{n=0}^{2}e^{-j2\pi nk/7}$；（b）是的，它们相等。

11.6.2 MATLAB 实践题

11.28 **零相位** 已知冲激响应为

$$h[n]=\begin{cases}\alpha^{|n|}, & -2\leqslant n\leqslant 2\\ 0, & \text{其他}\end{cases}$$

其中，$\alpha>0$。α 为何值时，该滤波器具有零相位。用 MATLAB 验证所得结果。

答案：$0<\alpha\leqslant0.612$ 时。

11.29 **特征函数性质和频率响应** IIR 滤波器由以下差分方程表征 $y[n]=0.5y[n-1]+x[n]-2x[n-1]$，$n\geqslant0$，其中，$x[n]$ 是滤波器的输入，$y[n]$ 是输出，设 $H(z)$ 为滤波器的转移函数。

（a）所给滤波器是 LTI 的，这样就可以应用特征函数性质。利用特征函数性质求出滤波器的频率响应 $H(e^{j\omega})$。

（b）计算在离散频率 $\omega=0$、$\pi/2$ 和 π rad 处的幅度响应 $|H(e^{j\omega})|$。证明幅度响应在 $0\leqslant\omega\leqslant\pi$ 内是常数，因此这是个全通滤波器。

（c）利用 MATLAB 函数 freqz 求出该滤波器的频率响应（幅度响应和相位响应）并且画出它们的图形。

（d）确定转移函数 $H(z)=Y(z)/X(z)$，求出它的极点和零点，指明它们的关系。

答案：$|H(e^{j0})|=|H(e^{j\pi})|=|H(e^{j\pi/2})|=2$，全通滤波器。

11.30 **低通滤波器到高通滤波器的频率转换** 假设已经设计了一个 IIR 低通滤波器，其输入-输出关系由差分方程

（i）$y[n]=0.5y[n-1]+x[n]+x[n-1]$，$n\geqslant0$

给定，其中，$x[n]$ 为输入，$y[n]$ 为输出。通过将差分方程变成

（ii）$y[n]=-0.5y[n-1]+x[n]-x[n-1]$，$n\geqslant0$

就得到了一个高通滤波器。

（a）由特征函数性质求出两个滤波器在 $\omega=0$、$\pi/2$ 和 π rad 处的频率响应。利用 MATLAB 函数 freqz 和 abs 计算两个滤波器的幅度响应。

（b）将第一个滤波器的频率响应记为 $H_1(e^{j\omega})$，第二个滤波器的频率响应记为 $H_2(e^{j\omega})$，证明

$H_2(e^{j\omega}) = H_1(e^{j(\pi-\omega)})$,并将冲激响应 $h_2[n]$ 与 $h_1[n]$ 关联起来。

(c) 利用 MATLAB 函数 zplane 找到并画出两个滤波器的极点和零点,确定两个滤波器的极点和零点的关系。

答案:频率转换将极点和零点移到了 z 平面的另一边,即相反的方向。

11.31 FIR 滤波器的频移 考虑一个移动平均 FIR 滤波器,其冲激响应为 $h[n] = \frac{1}{3}(\delta[n] + \delta[n-1] + \delta[n-2])$。令 $H(z)$ 为 $h[n]$ 的 Z 变换。

(a) 求该 FIR 滤波器的频率响应 $H(e^{j\omega})$。

(b) 设一个新的滤波器的冲激响应为 $h_1[n] = (-1)^n h[n]$,再次应用特征函数性质求出新的 FIR 滤波器的频率响应 $H_1(e^{j\omega})$。

(c) 利用 MATLAB 函数 freqz 和 abs 计算两个滤波器的幅度响应。确定并画出两个滤波器的极点和零点。这两个滤波器是什么类型的滤波器?

答案:$H_1(e^{j\omega}) = (1/3)e^{-j\omega}(2\cos(\omega)-1)$,高通。

11.32 线性调频干扰 线性调频(chirp)信号是一个频率连续变化的正弦。线性调频脉冲经常用于干扰通信传输。考虑 chirp 信号 $x[n] = \cos(\theta n^2)u[n]$,$\theta = \frac{\pi}{2L}$,$0 \leqslant n \leqslant L-1$。

(a) chirp 信号的一个频率度量是瞬时频率,它被定义为余弦相位的导数,即 $IF(n) = \mathrm{d}(\theta n^2)/\mathrm{d}n$,求所给 chirp 信号的瞬时频率。用 MATLAB 绘制 $x[n]$ 的图形,取 $L=256$。

(b) 令 $L=256$,用 MATLAB 计算 $x[n]$ 的 DTFT 并画出其幅度。指出会被所给 chirp 信号干扰的离散频率范围。

答案:$IF(n) = 2\theta n = \pi n/L$,作为 n 的函数,它是一条斜率为 π/L 的直线。

11.33 FIR 滤波器的时间指标 若设计的是离散滤波器,则指标可以在时域中给出,因此可以考虑将频域指标转换到时域中去。假设希望获得一个近似于理想的低通滤波器,其截止频率为 $\omega_c = \pi/2$,并且具有线性相位 $-N\omega$,于是其频率响应为

$$H(e^{j\omega}) = \begin{cases} 1e^{-jN\omega}, & -\pi/2 \leqslant \omega \leqslant \pi/2 \\ 0, & -\pi \leqslant \omega < -\pi/2, \pi/2 < \omega \leqslant \pi \end{cases}$$

(a) 通过求 $H(e^{j\omega})$ 的逆 DTFT 求出相应的冲激响应。

(b) 如果 $N=50$,用 MATLAB 函数 stem 画出 $h[n]$,$0 \leqslant n \leqslant 100$。对 $h[n]$ 的对称性进行评论。假定当 $n<0$ 及 $n>100$ 时,$h[n] \approx 0$,画出 $h[n]$ 以及相应的 $H(e^{j\omega})$ 的幅度和相位。

(c) 假设需要一个中心频率为 $\omega_0 = \pi/2$ 的带通滤波器,利用以上冲激响应 $h[n]$ 获得所需带通滤波器的冲激响应。

答案:当 $n \neq N$ 时,$h[n] = \sin(\pi(n-N)/2)/(\pi(n-N))$,$h[N]=0.5$。

11.34 减抽样和 DTFT 考虑脉冲 $x_1[n] = u[n]-u[n-20]$ 和 $x_2[n] = u[n]-u[n-10]$,二者的乘积为 $x[n] = x_1[n]x_2[n]$。

(a) 画出这三个脉冲。$x[n]$ 是 $x_1[n]$ 的一个减抽样信号吗?减抽样率是多少?求出 $X_1(e^{j\omega})$。

(b) 直接求出 $x[n]$ 的 DTFT,并将它与 $X_1(e^{j\omega/M})$ 相比,其中 M 是上面求出的减抽样率。如果对 $x_1[n]$ 减抽样得到 $x[n]$,那么结果会受到混叠的影响吗?用 MATLAB 画出 $x_1[n]$ 和 $x[n]$ 的 DTFT 的幅度。

答案:$x[n]$ 是 $x_1[n]$ 的减抽样,抽样率 $M=2$;$\frac{1}{2}X_1(e^{j\omega/2}) \neq X_1(e^{j\omega})$。

11.35　插值器和抽取器的级联　假设将一个插值器(由一个增抽样器和一个低通滤波器组成)和一个抽取器(由一个低通滤波器和一个减抽样器组成)级联。

(a) 假设插值器和抽取器有相同的抽样率 M，请仔细画出这个插值器－抽取器系统的方框图。

(b) 假设插值器的抽样率为3，抽取器的抽样率为2，请仔细画出这个插值器－抽取器系统的方框图。在什么情况下会得到与输入相同的输出？

(c) 用 MATLAB 函数 interp 和 decimate 处理测试信号 handel 的前 100 个样本，其中，插值器的抽样率为3，抽取器的抽样率为2，输出包含多少个样本？

答案：具有相同抽样率 M 的插值器和抽取器的级联等效于级联增抽样器和低通滤波器以及减抽样器。

11.36　线性相位和相位展开　令 $X(e^{j\omega})=2e^{-j4\omega}, -\pi \leqslant \omega \leqslant \pi$。

(a) 用 MATLAB 函数 freqz 和 angle 计算 $X(e^{j\omega})$ 的相位，然后将它画出来。用 MATLAB 计算出的相位是否呈现出线性？ 相位的最大值和最小值是多少？ 最大弧度和最小弧度之间相差多少弧度？

(b) 重新计算相位，在使用 angle 之后对所得结果再用函数 unwrap 进行计算，画出相位图形，此时相位呈现出线性吗？

答案：$\angle X(e^{j\omega})=-4\omega, -\pi \leqslant \omega \leqslant \pi$；展开的相位没有呈现线性。

11.37　用 DTFT 的定义计算　对于简单的信号，有可能无须计算就能获得它们的 DTFT 的一些信息。设

$$x[n]=\delta[n]+2\delta[n-1]+3\delta[n-2]+2\delta[n-3]+\delta[n-4]$$

(a) 无须计算出 DTFT $X(e^{j\omega})$，直接求 $X(e^{j0})$ 和 $X(e^{j\pi})$。

(b) 求

$$\int_{-\pi}^{\pi} |X(e^{j\omega})|^2 d\omega$$

的值。

(c) 求 $X(e^{j\omega})$ 的相位，它是线性的吗？ 用 MATLAB 验证所得结果。

答案：$X(e^{j0})=9, X(e^{j\pi})=1$，相位是线性的。

11.38　加窗和 DTFT　当我们只对信号的某部分感兴趣时，考虑用窗函数 $w[n]$。

(a) 设 $w[n]=u[n]-u[n-20]$ 是一个长度为 20 的矩形窗函数。设 $x[n]=\sin(0.1\pi n)$，我们感兴趣的是该无限长信号 $x[n]$ 的一个周期或 $y[n]=x[n]w[n]$，计算 $y[n]$ 的 DTFT，并将它与 $x[n]$ 的 DTFT 作对比。编写计算 $Y(e^{j\omega})$ 的 MATLAB 脚本。

(b) 设 $w_1[n]=(1+\cos(2\pi n/11))(u[n+5]-u[n-5])$ 是一个升余弦窗函数，它关于 $n=0$ 对称(非因果的)。改写(a)中脚本，使之可用于计算 $z[n]=x[n]w_1[n]$ 的 DTFT，其中 $x[n]$ 是上面所给的正弦。

答案：$y[n]=w[n](e^{j0.1\pi n}-e^{-j0.1\pi n})/(2j)$。

11.39　Z 变换和傅里叶级数　设 $x_1[n]=0.5^n, 0 \leqslant n \leqslant 9$ 为周期信号 $x[n]$ 的一个周期。

(a) 用 Z 变换计算 $x[n]$ 的傅里叶级数系数。

(b) 利用上面获得的解析表达式和 FFT，用 MATLAB 计算傅里叶级数系数。绘制幅度线谱和相位线谱，即 $|X_k|$ 和 $\angle X_k$ 相对于频率 $-\pi \leqslant \omega \leqslant \pi$ 的函数图形。

答案：$X_k=0.1(1-0.5^{10})/(1-0.5e^{-j0.2\pi k}), 0 \leqslant k \leqslant 9$。

11.40　线性方程和傅里叶级数　信号 $x[n]$ 及其傅里叶级数系数 X_k 都是周期的，且有相同值 N，

它们可被写成

(i) $x[n] = \sum_{k=0}^{N-1} X_k \mathrm{e}^{\mathrm{j}2\pi nk/N}, 0 \leqslant n \leqslant N-1$

(ii) $X_k = \dfrac{1}{N} \sum_{k=0}^{N-1} x[n] \mathrm{e}^{-\mathrm{j}2\pi nk/N}, 0 \leqslant k \leqslant N-1$

（a）已知 $X_k, 0 \leqslant k \leqslant N-1$，为了求 $x[n], 0 \leqslant n \leqslant N-1$，写出一组 N 个线性方程，说明如何从矩阵方程中求出 $x[n]$。傅里叶级数（即 $x[n]$）及其系数之间具有对偶性，所以考虑相反问题：若已知 $x[n]$，如何求解 X_k？

（b）令 $x_1[n] = n, n = 0,1,2$，当 $n = 3$ 时，$x_1[n] = 0$，是基波周期 $N = 4$ 的周期信号 $x[n]$ 的一个周期，用上述方法求解其傅里叶级数系数 $X_k, 0 \leqslant k \leqslant 3$，用 MATLAB 求复指数矩阵的逆矩阵。

（c）假设在计算上面所给信号 $x[n]$ 的 X_k 时，将和式分成了 2 个，一个求和是对 n 的偶数值，即 $n = 0,2$，另一个求和是对 n 的奇数值，即 $n = 1,3$，写出 X_k 的等价矩阵表达式。

11.41　关于傅里叶级数的运算　基波周期为 N 的周期信号 $x[n]$ 可以用它的傅里叶级数

$$x[n] = \sum_{k=0}^{N-1} X_k \mathrm{e}^{\mathrm{j}2\pi nk/N}, \quad 0 \leqslant n \leqslant N-1$$

表示。

（a）$x_1[n] = x[n-N_0]$ 是周期的吗？N_0 为任意值。如果是，利用 $x[n]$ 的傅里叶级数获得 $x_1[n]$ 的傅里叶级数系数。

（b）设 $x_2[n] = x[n] - x[n-1]$，即 $x[n]$ 的有限差分。判断 $x_2[n]$ 是否是周期的，如果是，求出它的傅里叶级数系数。

（c）如果 $x_3[n] = x[n](-1)^n$，$x_3[n]$ 是周期的吗？如果是，确定其傅里叶级数系数。

（d）令 $x_4[n] = \mathrm{sign}[\cos(0.5\pi n)]$，其中，$\mathrm{sign}(\xi)$ 定义为：当 $\xi \geqslant 0$ 时其值为 1，当 $\xi < 0$ 时其值为 -1。如果 $x_4[n]$ 是周期的，确定其傅里叶系数。

（e）令 $x[n] = \mathrm{sign}[\cos(0.5\pi n)]$，且 $N_0 = 3$，用 MATLAB 求出 $x_i[n]$，$i = 1,2,3$ 的傅里叶级数系数。

答案：$x_1[n]$ 是基波周期为 N 的周期函数，其 FS 系数为 $X_k \mathrm{e}^{-\mathrm{j}2\pi N_0 k/N}$；要使 $x_3[n]$ 为基波周期为 N 的周期函数，N 应该为偶数。

11.42　偶信号和奇信号的傅里叶级数　设 $x[n]$ 是偶信号，$y[n]$ 是奇信号。

（a）判断对应于 $x[n]$ 和 $y[n]$ 的傅里叶系数 X_k 和 Y_K 是复数、实数还是纯虚数。

（b）考虑 $x[n] = \cos(2\pi n/N)$ 和 $y[n] = \sin(2\pi n/N)$，周期分别取 $N = 3$ 和 $N = 4$，利用以上结论求这两个信号在不同周期情形下的傅里叶级数系数。

（c）用 MATLAB 求这两个信号在不同周期情形下的傅里叶级数系数，并画出它们的实部和虚部。用函数 fft 利用 10 个周期来计算傅里叶级数系数并对结果加以评论。

答案：对于 $x[n]$，傅里叶系数与周期无关，$X_1 = X_{-1} = 0.5$。

11.43　LTI 系统对周期信号的响应　假设某测量结果有噪声

$$y[n] = (-1)^n x[n] + A\eta[n]$$

其中，$x[n]$ 为期望信号，$\eta[n]$ 为噪声，其值从 0 到 1 随机变化。

（a）设 $A = 0$，$x[n] = \mathrm{sign}[\cos(0.7\pi n)]$，如何从 $y[n]$ 恢复 $x[n]$？详细说明可能需要用到的滤波器。考虑 $x[n]$ 的第一个 100 个样本，用 MATLAB 求出 $x[n]$ 和 $y[n]$ 的频谱，从而说明所采用的滤波器能够

完成这项工作。

(b) 用 MATLAB 函数 fir1 生成(a)中决定采用的滤波器(为了获得良好的结果,选择滤波器的阶数 $N > 40$),并证明当 $A = 0$ 时,对 $y[n]$ 滤波可以得到期望结果。

(c) 把 MATLAB 文件 handel 中的前 1000 个样本看作信号的一个周期,连续不断地重复播放这些值,设 $x[n]$ 为该过程所产生的期望信号。现在令 $A = 0.01$,用函数 rand 产生噪音,请就如何去除乘以 $(-1)^n$ 以及噪声 $\eta[n]$ 的影响给出一些建议,以恢复期望信号 $x[n]$。

答案：通过乘以 $(-1)^n$ 解调 $y[n]$,然后将它通过一个低通滤波器。

11.44　非周期信号和周期信号的 DFT　考虑信号 $x[n] = 0.5n(0.8)^n(u[n] - u[n-40])$。

(a) 为了计算 $x[n]$ 的 DFT,先给它填充一些零,从而得到一个长度为 2^γ 的信号,其长度大于 $x[n]$ 的长度,但又最接近于 $x[n]$ 的长度,确定 γ 的值,并用 MATLAB 函数 fft 计算填充零后的信号的 DFT $X[k]$,用 stem 画出其幅度和相位。然后计算 $x[n]$ 的 $N = 2^{10}$ 点 FFT,用 stem 画出其幅度和相位并与前面得到的 DFT 的幅度和相位进行比较。

(b) 把 $x[n]$ 看作是基波周期为 $N = 40$ 的周期信号的一个周期,分别考虑该信号的 2 个周期和 4 个周期,利用 fft 算法计算它们的 DFT,然后画出其幅度和相位。比较两个幅度响应,有什么关系？要使它们相等,需要做什么？使两个幅度响应相等之后,两个相位响应相比,又有什么关系？

答案：$N = 2^6 = 64$；在周期的情况下,为了使幅度相等,要除以周期数。

11.45　DFT 的频率分辨率　给非周期信号填充零就可以改善它的频率分辨率,即给原始信号添加的零越多,频率分辨率就越高,因为这样可以获得单位圆上更大量的频率处的频率表示。

(a) 考虑非周期信号 $x[n] = u[n] - u[n-10]$,分别对其填充 10 个零和 100 个零,然后用函数 fft 计算它们的 DFT 并用 stem 画出幅度响应。分析两个 DFT 的频率分辨率。

(b) 若信号是周期的,则不能在其一个周期内填充零。当在理论上计算 FFT 时,需要产生一个周期信号,若原始信号是非周期的,则该周期信号的周期 L 应大于等于原始非周期信号的长度；但如果原始信号是周期的,则必须令 L 等于原始信号的基波周期或基波周期的倍数。在一个周期中添加零使得信号不同于原始周期信号了。考虑周期信号 $x[n] = \cos(\pi n/5)$,$-\infty < n < \infty$,完成以下工作：

- 只考虑 $x[n]$ 的一个周期,计算这个序列的 FFT。
- 考虑 $x[n]$ 的 10 个周期,计算这个序列的 FFT。
- 考虑给一个周期添加 10 个零,计算所得序列的 FFT。

如果我们认为在以上三种情况中,第一种情况下得到的是真正的 $x[n]$ 的 DFT,它显示出了多少谐波频率？当考虑 10 个周期时发生了什么？谐波频率和以前一样吗？在谐波频率之间的频率处的 DFT 值等于多少？在原始频率处的幅度发生了什么？最后一个 FFT 与第一个 FFT 有关系吗？

11.46　DFT 和 IIR 滤波器　FFT 的一个明确优势就是它极大地降低了卷积和的计算量。如果 $x[n]$,$0 \leqslant n \leqslant N-1$ 是具有冲激响应 $h[n]$,$0 \leqslant n \leqslant M-1$ 的 FIR 滤波器的输入,它们的卷积和 $y[n] = (x * h)[n]$ 的长度将等于 $M + N - 1$。现在,如果 $X[k]$ 和 $H[k]$ 分别是 $x[n]$ 和 $h[n]$ 的 DFT(用 FFT 计算所得),那么 $Y[k] = X[k]H[k]$ 就是卷积和的 DFT,其长度为 $M + N - 1$。为了将两个 FFT,即 $X[k]$ 和 $H[k]$ 相乘,它们应该具有与 $Y[k]$ 相同的长度,即 $M + N - 1$。若滤波器是 IIR 的,其冲激响应可能具有非常大的长度(想一想会发生什么)。设

$$y[n] - 1.755y[n-1] + 0.81y[n-2] = x[n] + 0.5x[n]$$

是表示一个 IIR 滤波器的差分方程,其输入为 $x[n]$,输出为 $y[n]$。假设初始条件是零,且输入是 $x[n] = u[n] - u[n-50]$,用 MATLAB 获得滤波器输出。

（a）用 filter 计算冲激响应 $h[n]$ 的前 40 个值，称其为 $\hat{h}[n]$，将其作为 $h[n]$ 的近似，如前所述利用 FFT 计算滤波器的输出 $\hat{y}[n]$。在这种情况下，可以用一个长度为 40 的 FIR 滤波器近似 IIR 滤波器。绘制输入和输出的图形，FFT 的长度取为 128。

（b）现在假设不近似 $h[n]$，那么考虑以下步骤。求出 IIR 滤波器的转移函数，即 $H(z) = B(z)/A(z)$，如果 $X(z)$ 是输入的 Z 变换，那么

$$Y(z) = \frac{B(z)X(z)}{A(z)}$$

像前面那样计算 $x[n]$ 的 FFT，长度 128，并记为 $X[k]$，再计算长度 128 的 $B(z)$ 和 $A(z)$ 中的系数以获得 DFT $B[k]$ 和 $A[k]$。用 $B[k]$ 乘以 $X[k]$ 然后除以 $A[k]$，三者的长度都是 128，结果是一个长度为 128 的序列，它应该对应 $Y[k]$，即 $y[n]$ 的 DFT。计算逆 FFT 得到 $y[n]$ 并将它画出来。

（c）用 filter 求解差分方程，并求出对 $x[n] = u[n] - u[n-50]$ 的响应 $y[n]$，将此解看作是精确解，计算（a）和（b）中所获得的响应相比于此精确解的误差。对所得结果加以评论。

答案：$h[n]$ 减小直到 $n = 40$。

11.47 循环卷积和线性卷积 考虑两个信号 $x[n]$ 和 $y[n]$ 的循环卷积，其中，$x[n] = n$，$0 \leqslant n \leqslant 3$，当 $n = 0,1,2$ 时，$y[n] = 1$；当 $n = 3$ 时，$y[n] = 0$。

（a）计算 $x[n]$ 和 $y[n]$ 的卷积和或线性卷积，用作图法计算，并通过将 $x[n]$ 和 $y[n]$ 的 DFT 相乘检验所得结果。

（b）用 MATLAB 计算线性卷积。画出 $x[n]$、$y[n]$ 和线性卷积 $z[n] = (x * y)[n]$ 的图形。

（c）若希望计算长度分别为 $N=4$、$N=7$ 和 $N=10$ 的 $x[n]$ 与 $y[n]$ 的循环卷积，对于这些长度值，判断哪些取值能保证循环卷积与线性卷积一致。显示三种情况下的循环卷积结果，并用 MATLAB 检验所得结果。

（d）在以上问题中，运用 DFT 的卷积性质来验证所得结果。

答案：当 $N \geqslant 7$ 时，循环卷积与线性卷积一致。

第 12 章

CHAPTER 12

离散滤波器设计概论

如果拿不准,先不要怀疑。

本杰明·富兰克林(Benjamin Franklin)(1706—1790 年)

印刷商、发明家、科学家和外交家

12.1 引言

滤波是线性时不变(LTI)系统的一个重要应用。根据特征函数性质,离散时间 LTI 系统对正弦输入的稳态响应也是一个与输入同频的正弦,但幅度和相位受到在输入频率处的系统响应的影响。由于不仅周期信号有傅里叶表示,而且非周期信号也具有由不同频率的正弦组成的傅里叶表示,这些信号分量可以通过适当地选取 LTI 系统或滤波器的频率响应而被改变,因此滤波可以看作是改变输入信号频率成分的一种途径。

适用于某个应用的特定滤波器都是用输入的频谱特征和滤波器的期望输出频谱特性来说明的。一旦滤波器的指标被设定好,滤波器的设计问题就变成一个函数逼近问题,要么用两个多项式之比来逼近,要么用一个多项式(如果可能)来逼近。在获得使滤波器满足所给指标的逼近函数之后,有必要检查一下滤波器的稳定性(如果设计方法不能保证稳定性),最后,在滤波器为有理逼近并且稳定的情况下,需要确定实现滤波器的最佳的硬件或软件方式。如果滤波器不稳定,则需要在实现之前,要么重复逼近过程,要么采取一些办法使滤波器稳定。

在连续时间域中,滤波器是通过有理逼近获得的。在离散时间域中,有两类可用的滤波器:一类是有理逼近的结果——这类滤波器被称为递归或无限冲激响应(IIR)滤波器;另一类是非递归或有限冲激响应(FIR)滤波器,它是由多项式逼近产生的。正如将要看到的那样,离散滤波器的指标可以在频域给定,也可以在时域给定。对于递归滤波器或 IIR 滤波器,技术指标通常以幅度指标和相位指标的形式给出,而用于非递归滤波器或 FIR 滤波器的指标则可以是时域中的期望冲激响应。因而离散滤波器的设计问题在于:已知滤波器的一些技术指标,寻找一个多项式或有理函数(多项式之比)逼近这些指标。设计的滤波器应该是可实现的,这意味着除了因果性和稳定性,滤波器的系数还需要具有实数值。

对于离散 IIR 滤波器,获得它们的有理逼近有不同的方法:通过模拟滤波器的转换,或通过包括稳定性作为约束条件的最优化方法。我们将看到,凭借双线性变换将模拟 s 平面映射到 z 平面,经典的模拟设计方法(巴特沃斯、切比雪夫和椭圆等)可用于设计离散滤波器。由于 FIR 滤波器是离散域所特有的,因而 FIR 滤波器的逼近过程对于离散域而言也是独一无二的。

离散滤波器和数字滤波器之间的差别在于量化和编码。对于离散滤波器,由于假定输入和滤波器系数的表示具有无限精度即采用无限多的量化电平,因而没有进行编码;而数字滤波器的系数是二进制数且输入被量化和编码了,所以量化影响了数字滤波器的性能,但对离散滤波器没有影响。

如果简单地将连续到离散(C/D)的理想转换器和离散到连续(D/C)的理想转换器认为是抽样滤波器和重建滤波器,那么从理论上来说用离散滤波器实现带限模拟信号的滤波(如图 12.1 所示)是有可能的。在这样的应用中,设计滤波器的额外指标是抽样时间间隔,且设计过程的关键是使 C/D 转换器和 D/C 转换器的抽样时间间隔同步。在实际中,模拟信号的滤波是通过模数(A/D)转换器和数模(D/A)转换器以及数字滤波器来完成的。

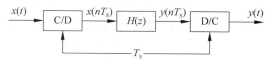

图 12.1　模拟信号的离散滤波(用理想的连续到离散(C/D)转换器即抽样器和离散到连续(D/C)转换器即重建滤波器)

12.2　频率选择离散滤波器

通过考虑线性时不变(LTI)系统对正弦的响应,可以很容易地理解离散滤波的原理。如果 $H(z)$ 是离散时间 LTI 系统的转移函数,且系统输入为

$$x[n] = \sum_k A_k \cos(\omega_k n + \phi_k)$$

(若输入是周期的,则频率$\{\omega_k\}$谐波相关,否则不是),根据 LTI 系统的特征函数性质,该系统的稳态响应等于

$$y_{ss}[n] = \sum_k A_k \, |H(e^{j\omega_k})| \, \cos(\omega_k n + \phi_k + \theta(\omega_k))$$

其中,$|H(e^{j\omega_k})|$ 和 $\theta(\omega_k)$ 是系统的频率响应 $H(e^{j\omega})$ 在离散频率 ω_k 的幅度和相位,频率响应是在单位圆上计算所得的转移函数,即 $H(e^{j\omega}) = H(z)|_{z=e^{j\omega}}$。由上式可以清楚地看出,通过审慎地选择 LTI 系统的频率响应,可以在输出端得到所期望的输入当中的某些频率分量,而且可以衰减或放大它们的幅度或改变它们的相位。一般情况下,对于一个具有 Z 变换$X(z)$的输入 $x[n]$,滤波器的输出的 Z 变换等于

$$Y(z) = H(z)X(z)$$

或在单位圆上当 $z = e^{j\omega}$ 时,有

$$Y(e^{j\omega}) = H(e^{j\omega})X(e^{j\omega})$$

通过选择频率响应 $H(e^{j\omega})$,让 $x[n]$的某些频率分量出现在输出中,而另一些频率分量被过滤掉。虽然理想的频率选择滤波器如低通、高通、带通和带阻滤波器——它们分别选择低频分量、高频分量和中频分量——不能实现,但它们可以作为实际滤波器的原型。

12.2.1　相位失真

滤波器会改变其输入的频谱包括幅度谱和相位谱。幅度失真可以通过采用对所有频率都具有单位幅度响应的全通滤波器来避免,相位失真可以通过要求滤波器具有线性相位响应来避免。

例如,当通信系统传送语音信号时,在允许时延和常数衰减因子的情况下,要求发射机端的信号与接收机端的信号相等,这很重要。为了达到该目的,理想通信信道的转移函数应该是一个具有线性相位的全通滤波器。的确,如果一个理想的离散发射机的输出是信号 $x[n]$,而理想的离散接收机所恢复的信号是 $\alpha x[n - N_0]$,其中,α 是衰减因子,N_0 是时延,那么该信道可由全通滤波器的转移函数表示为

$$H(z) = \frac{\mathcal{Z}(\alpha x[n-N_0])}{\mathcal{Z}(x[n])} = \alpha z^{-N_0}$$

全通滤波器的常数增益使得输入信号中的所有频率分量都出现在输出信号当中。正如将看到的那样，线性相位只是延迟了信号，这是一个可以容忍的可逆失真。

为了理解线性相位的影响，下面来考虑对信号

$$x[n] = 1 + \cos(\omega_0 n) + \cos(\omega_1 n), \quad \omega_1 = 2\omega_0, n \geqslant 0$$

用转移函数为 $H(z) = \alpha z^{-N_0}$ 的全通滤波器进行滤波。该滤波器的幅度响应对所有频率都是 α，其相位是线性的，如图 12.2(a) 所示。该全通滤波器的稳态输出为

$$y_{ss}[n] = 1H(e^{j0}) + |H(e^{j\omega_0})| \cos(\omega_0 n + \angle H(e^{j\omega_0})) + |H(e^{j\omega_1})| \cos(\omega_1 n + \angle H(e^{j\omega_1}))$$
$$= \alpha[1 + \cos(\omega_0(n-N_0)) + \cos(\omega_1(n-N_0))] = \alpha x[n-N_0]$$

这是被衰减 α 倍同时被延迟 N_0 个样本的输入信号。

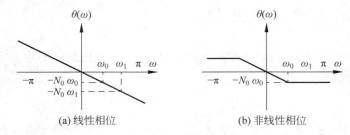

(a) 线性相位　　　　　　　(b) 非线性相位

图 12.2　线性相位与非线性相位

再来假设该全通滤波器具有非线性的相位函数，如图 12.2(b) 所示，那么稳态输出等于

$$y_{ss}[n] = 1H(e^{j0}) + |H(e^{j\omega_0})| \cos(\omega_0 n + \angle H(e^{j\omega_0})) + |H(e^{j\omega_1})| \cos(\omega_1 n + \angle H(e^{j\omega_1}))$$
$$= \alpha[1 + \cos(\omega_0(n-N_0)) + \cos(\omega_1(n-0.5N_0))] \neq \alpha x[n-N_0]$$

在线性相位的情况下，$x[n]$ 的每个频率分量都被延迟 N_0 个样本，因此输出仅仅是输入的一个延迟。另一方面，在非线性相位的情况下，频率为 ω_1 的频率分量比其他两个频率分量延迟得少一些，从而引起信号的失真，所以输出并非输入的延迟，相位的影响无法被逆转。

群延时

对 LTI 系统的相位 $\theta(\omega)$ 线性性的度量是由**群延时函数**获得的，该函数定义为

$$\tau(\omega) = -\frac{\mathrm{d}\theta(\omega)}{\mathrm{d}\omega} \tag{12.1}$$

若相位是线性的，则群延时等于常数；若群延时不为常数，则说明相位是非线性的。

在以上两种情况中，当相位是线性时，即对于 $0 \leqslant \omega \leqslant \pi$，有

$$\theta(\omega) = -N_0\omega \Rightarrow \tau(\omega) = N_0$$

当相位是非线性时，有

$$\theta(\omega) = \begin{cases} -N_0\omega, & 0 < \omega \leqslant \omega_0 \\ -N_0\omega_0, & \omega_0 < \omega \leqslant \pi \end{cases}$$

在这种情况下群延时为

$$\tau(\omega) = \begin{cases} N_0 & 0 < \omega \leqslant \omega_0 \\ 0, & \omega_0 < \omega \leqslant \pi \end{cases}$$

它不是常数。

注：

（1）当 $\tau(\omega)$ 等于常数 τ 时，对式（12.1）积分得到线性相位的一般表达式：$\theta(\omega)=-\tau\omega+\theta_0$。如果 $\theta_0=0$，那么作为 ω 的函数，相位就是一条过原点的斜率为 $-\tau$ 的直线，否则作为 ω 的奇函数，相位等于

$$\theta(\omega)=\begin{cases}-\tau\omega-\theta_0, & -\pi\leqslant\omega<0 \\ 0, & \omega=0 \\ -\tau\omega+\theta_0, & 0<\omega\leqslant\pi\end{cases}$$

即它在 $\omega=0$ 有一个间断点，但仍可认为它是线性的。

（2）线性相位系统的群延时 τ 不一定是整数。假设有一个理想的模拟低通滤波器，其频率响应为

$$H(\mathrm{j}\Omega)=[u(\Omega+\Omega_0)-u(\Omega-\Omega_0)]\mathrm{e}^{-\mathrm{j}\zeta\Omega}, \quad \zeta>0$$

以抽样频率 $\Omega_s=2\Omega_0$ 对该滤波器的冲激响应 $h(t)$ 进行抽样，得到一个频率响应为

$$H(\mathrm{e}^{\mathrm{j}\omega})=1\mathrm{e}^{-\mathrm{j}\zeta\omega/T_s}, \quad -\pi<\omega\leqslant\pi$$

的全通离散滤波器，其中，群延时 ζ/T_s 可能是一个整数或一个正实数。

（3）注意在上面的例子中，当相位是线性时，群延时相当于输出信号的时间延迟，这是由于相位延迟与信号分量的频率成正比的缘故，当该比例关系不存在即相位不是线性的时候，对于不同的信号分量来说延迟就不同，从而引起相位失真。

12.2.2　IIR 和 FIR 离散滤波器

■ 一个具有转移函数

$$H(z)=\frac{B(z)}{A(z)}=\frac{\sum_{m=0}^{M-1}b_mz^{-m}}{1+\sum_{k=1}^{N-1}a_kz^{-k}}=\sum_{n=0}^{\infty}h[n]z^{-n} \tag{12.2}$$

的离散滤波器被称为**无限冲激响应**滤波器或 IIR 滤波器，因为它的冲激响应 $h[n]$ 一般是无限长的。它也被称为**递归型**滤波器，因为如果滤波器 $H(z)$ 的输入为 $x[n]$，输出为 $y[n]$，那么其输入/输出关系由以下差分方程给出：

$$y[n]=-\sum_{k=1}^{N-1}a_ky[n-k]+\sum_{m=0}^{M-1}b_mx[n-m] \tag{12.3}$$

其中，当前的输出倚赖以前的输出（即输出被反馈）。

■ 一个**有限冲激响应**滤波器或 FIR 滤波器的转移函数为

$$H(z)=B(z)=\sum_{m=0}^{M-1}b_mz^{-m} \tag{12.4}$$

其冲激响应等于 $h[n]=b_n$，当 $n=0,\cdots,M-1$，否则为 0，因此它是有限长的。其输入/输出关系为

$$y[n]=\sum_{m=0}^{M-1}b_mx[n-m]=(b*x)[n] \tag{12.5}$$

它与滤波器系数（或冲激响应）和输入的卷积和一致。该滤波器也被称为**非递归型**滤波器，因为其输出仅取决于输入。

出于一些实际考虑,滤波器必须是因果(即当 $n<0$ 时,$h[n]=0$)和有界输入有界输出(BIBO)稳定的(即 $H(z)$ 的所有极点必须在单位圆内),这保证了滤波器可以实现并应用于实时处理中,而且当输入有界时其输出也有界。

注:

(1) 称 IIR 滤波器为递归型更合适一些,虽然按照传统称这类滤波器为 IIR 滤波器,但也可能存在具有有理转移函数的滤波器,其冲激响应不是无限长的。例如,考虑转移函数为

$$H(z) = \frac{1}{M} \frac{z^M - 1}{z^{M-1}(z-1)}$$

的滤波器,其中,整数 $M \geqslant 1$。该滤波器似乎是 IIR 的,但是如果将其转移函数表示成 z 的负幂形式,就得到

$$H(z) = \frac{1}{M} \frac{1 - z^{-M}}{1 - z^{-1}} = \sum_{n=0}^{M-1} \frac{1}{M} z^{-n}$$

这是一个 M 阶 FIR 滤波器,其冲激响应为 $h[n]=1/M, n=0,\cdots,M-1$。

(2) 若对比 IIR 滤波器和 FIR 滤波器,便会发现二者都不具有明确的优势:

- 在运算次数和所需的存储空间方面,相比 FIR 滤波器,IIR 滤波器能够被更有效地实现(若二者具有相似的频率响应,则 IIR 滤波器比 FIR 滤波器具有更少的系数);
- 利用来自于转移函数的差分方程实现 IIR 滤波器的方法简单且计算效率高,但是 FIR 滤波器可以利用计算效率高的快速傅里叶变换(FFT)算法来实现;
- 因为每一个 FIR 滤波器的转移函数都只在 z 平面的原点处有极点,所以 FIR 滤波器总是 BIBO 稳定的,但是对于 IIR 滤波器,当设计过程不保证稳定性时,还需要检查滤波器转移函数的极点(即其分母 $A(z)$ 的零点)是否在单位圆内。
- FIR 滤波器可设计成线性相位,而 IIR 滤波器通常具有非线性相位,但在通带内近似线性相位。

【例 12.1】

IIR 滤波器的相位总是非线性的,虽然可能设计出具有线性相位的 FIR 滤波器,但并非所有 FIR 滤波器都具有线性相位。考虑如下两个滤波器的输入/输出方程:

$$\text{(i) } y[n] = 0.5y[n-1] + x[n], \quad \text{(ii) } y[n] = \frac{1}{3}(x[n-1] + x[n] + x[n+1])$$

其中,$x[n]$ 是输入,$y[n]$ 是输出。用 MATLAB 计算并绘制每个滤波器的幅度响应和相位响应。

解 所给滤波器的转移函数等于

(i) $H_1(z) = \dfrac{1}{1 - 0.5z^{-1}}$

(ii) $H_2(z) = \dfrac{1}{3}[z^{-1} + 1 + z] = \dfrac{1 + z + z^2}{3z} = \dfrac{(z - 1e^{j2.09})(z - 1e^{-j2.09})}{3z}$

因此第一个是 IIR 滤波器,第二个是 FIR 滤波器(注意该滤波器是非因果的,因为计算当前的输出值需要未来的输入值)。IIR 滤波器的相位响应为

$$H_1(e^{j\omega}) = \frac{1}{[1 - 0.5\cos(\omega)] + j0.5\sin(\omega)}$$

于是

$$\angle H_1(e^{j\omega}) = -\tan^{-1}\left(\frac{0.5\sin(\omega)}{1 - 0.5\cos(\omega)}\right)$$

很明显它是非线性的。对于 FIR 滤波器,有

$$H_2(e^{j\omega}) = \frac{1}{3}(e^{-j\omega} + 1 + e^{j\omega}) = \frac{1 + 2\cos(\omega)}{3}$$

于是

$$\angle H_2(e^{j\omega}) = \begin{cases} 0, & 1 + 2\cos(\omega) \geq 0 \\ -\pi, & 1 + 2\cos(\omega) < 0 \end{cases}$$

由于 $H_2(z)$ 的零点在 $z = 1e^{\pm j2.09}$,因此其幅度响应在 $\omega = \pm 2.09\text{rad}$ 等于零。频率响应 $H_2(e^{j\omega})$ 为实值,且当 $\omega \in [0, 2.09]$ 时,频率响应 $H_2(e^{j\omega}) \geq 0$,此时相位为零,当 $\omega \in (2.09, \pi]$ 时,频率响应 $H_2(e^{j\omega}) < 0$,此时相位为 π。相位用 MATLAB 函数 freqz 计算得到,两个滤波器的相位响应以及相应的幅度响应如图 12.3 所示。

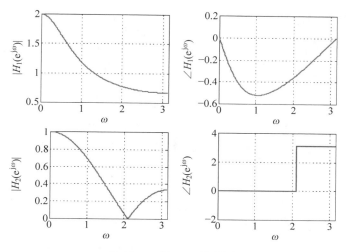

图 12.3　例 12.1 结果图

转移函数为 $H_1(z) = 1/(1 - 0.5z^{-1})$ 的 IIR 滤波器(上)以及转移函数为 $H_2(z) = (z - 1e^{j2.09})(z - 1e^{-j2.09})/3z$ 的 FIR 滤波器(下)的幅度响应和相位响应。注意相位响应是非线性的。

【例 12.2】

一个用于描述无线通信系统中信道的多径效应的简单模型是

$$y[n] = x[n] - \alpha x[n - N_0], \quad \alpha = 0.8, \ N_0 = 11$$

即输出 $y[n]$ 是输入 $x[n]$ 以及被延迟和衰减的输入 $\alpha x[n - N_0]$ 的组合。确定代表信道,即产生以上输入/输出方程的滤波器的转移函数,并用 MATLAB 绘制其幅度和相位。如果相位是非线性的,要怎样才能恢复输入 $x[n]$(这里指消息)(设输入为 $x[n] = 2 + \cos(\pi n/4) + \cos(\pi n)$)? 在实际中,接收机端的延迟 N_0 和衰减 α 是未知的,需要估计,如果估计的延迟为 12,衰减为 0.79,会发生什么?

解　具有输入 $x[n]$ 和输出 $y[n]$ 的滤波器的转移函数为

$$H(z) = \frac{Y(z)}{X(z)} = 1 - 0.8z^{-11} = \frac{z^{11} - 0.8}{z^{11}}$$

它有一个 11 重极点 $z = 0$,零点是 $z^{11} - 0.8 = 0$ 的根,即

$$z_k = (0.8)^{1/11}e^{j2\pi k/11} = 0.9799 e^{j2\pi k/11}, \quad k = 0, \cdots, 10$$

用 freqz 函数画出其幅度响应和相位响应(如图 12.4 所示),可以发现相位是非线性的,因此 $H(z)$ 的输出 $y[n]$ 不会是输入的延迟,从而也就无法通过将它平移回去而恢复输入。为了恢复输入,可以采

用**逆滤波器** $G(z)$，将它与 $H(z)$ 级联从而总的滤波器就是全通的，即 $H(z)G(z)=1$，于是

$$G(z) = \frac{z^{11}}{z^{11} - 0.8}$$

$H(z)$ 的极点和零点以及幅度响应和相位响应如图 12.4 上图所示。考虑到幅度响应的形状，具有转移函数 $H(z)$ 和 $G(z)$ 的滤波器称为**梳状滤波器**。

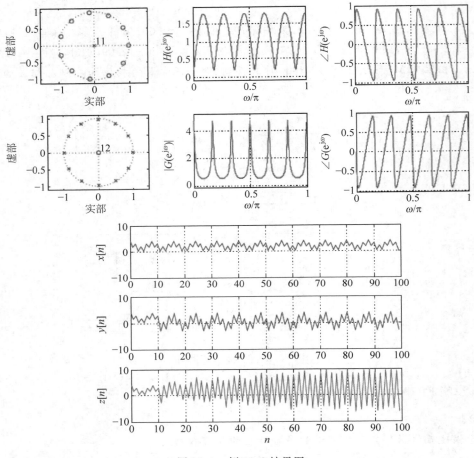

图 12.4 例 12.2 结果图

FIR 梳状滤波器 $H(z)=(z^{11}-0.8)/z^{11}$(上) 和估计的逆 IIR 梳状滤波器 $\hat{G}(z)=z^{12}/(z^{12}-0.79)$(中) 的极点和零点以及频率响应。下图显示了消息 $x[n]=2+\cos(\pi n/4)+\cos(\pi n)$，信道 $H(z)$ 的输出 $y[n]$ 和估计的逆滤波器 $\hat{G}(z)$ 的输出 $z[n]$。

　　如果延迟被估计为 11，衰减为 0.8，那么输入信号 $x[n]$(消息) 可以被准确地恢复，不过如果对这些值稍加改变，消息可能就无法恢复了。若延迟被估计为 12，衰减为 0.79，那么逆滤波器等于

$$\hat{G}(z) = \frac{z^{12}}{z^{12} - 0.79}$$

其极点和零点以及幅度响应和相位响应如图 12.4 中图所示。图 12.4 中的下图说明了这些改变所带来的影响，逆滤波器的输出 $z[n]$ 并不像发送信号 $x[n]$，信号 $y[n]$ 是转移函数为 $H(z)$ 的信道的输出。

12.3 滤波器指标

有两种指定离散滤波器的方式：频域方式和时域方式。在 IIR 滤波器的设计中，说明期望滤波器的幅度和相位的频率指标更为常见，而在 FIR 滤波器设计中，用的是期望滤波器的冲激响应这样的时间指标。

12.3.1 频率指标

设计 IIR 滤波器时，依照惯例先获得一个原型低通滤波器，然后用频率变换将其转换成期望滤波器。对于离散的低通滤波器，由于其幅度具有周期性和偶对称性，所以只需给出它在频率$[0,\pi]$内的幅度指标。通常情况下不指定相位，但是希望它近似线性。

对于低通滤波器，期望的幅度$|H_d(e^{j\omega})|$是一个在通带频率范围内接近于 1 而在阻带频率范围内接近于 0 的函数。为了使从通带到阻带能够平滑地过渡，需要有一个过渡带，滤波器的特性在这个过渡带内没有说明。据此得出的幅度指标显示在图 12.5 中，**通带**$[0,\omega_P]$是衰减指标最小的频带；**阻带**$[\omega_{st},\pi]$是衰减指标最大的频带；**过渡带**(ω_P,ω_{st})是滤波器未被指定的频带。频率ω_P和ω_{st}被称为**通带频率**和**阻带频率**。

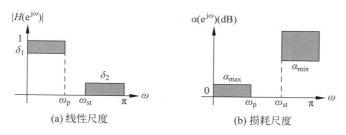

图 12.5 IIR 低通滤波器的幅度指标

1. 损耗函数

对于模拟滤波器，由于图 12.5(a)所示的线性尺度指标没有给出衰减的感觉，因此认为以分贝(dB)为单位的损耗尺度或 log 指标比较好，对数尺度还提供了一个更高的幅度分辨率。

离散低通滤波器的幅度指标在线性尺度（见图 12.5(a)）下为

$$通带：\delta_1 \leqslant |H(e^{j\omega})| \leqslant 1, \quad 0 \leqslant \omega \leqslant \omega_P$$
$$阻带：0 < |H(e^{j\omega})| \leqslant \delta_2, \quad \omega_{st} \leqslant \omega \leqslant \pi$$

(12.6)

其中，$0<\delta_2<\delta_1<1$。

定义离散滤波器的**损耗函数**为

$$\alpha(e^{j\omega}) = -10\log_{10}|H(e^{j\omega})|^2 = -20\log_{10}|H(e^{j\omega})| \ \mathrm{dB}$$

(12.7)

对于离散低通滤波器，等价的幅度指标（见图 12.5(b)）为

$$通带：0 \leqslant \alpha(e^{j\omega}) \leqslant \alpha_{max}, \quad 0 \leqslant \omega \leqslant \omega_P$$
$$阻带：\alpha_{min} \leqslant \alpha(e^{j\omega}) < \infty, \quad \omega_{st} \leqslant \omega \leqslant \pi$$

(12.8)

其中，$\alpha_{max}=-20\log_{10}\delta_1$，$\alpha_{min}=-20\log_{10}\delta_2$（它们是正数，因为$\delta_1$和$\delta_2$是正数且小于 1）。频率指标$\omega_P$是通带频率，$\omega_{st}$是阻带频率，二者都是弧度频率。

增加 20dB 的损耗意味着滤波器将输入信号衰减至十分之一。

注：

(1) dB尺度是一个衰减指标：对于单位幅度，相应的损耗就是0dB；每损耗20dB，幅度就衰减为 10^{-1}，因此当损耗为100dB时，单位幅度将被衰减至10^{-5}。dB尺度也具有生理学意义，它可以衡量人类检测声音的等级。

(2) 除了生理学意义，损耗指标还有直觉上的吸引力：它表示在通带内——希望输入信号在通带内的衰减是最小的——损耗为最小，因为该损耗被约束为低于最大损耗 α_{max} dB。同理，在阻带内——需要输入信号在阻带内的衰减是最大的——该损耗被设定为大于 α_{min}。

(3) 若设计的是高品质的滤波器，那么 α_{max} 的值应该很小，α_{min} 的值应很大，过渡带应尽可能地窄，即尽可能地接近理想低通滤波器的频率响应。这样设置的代价是所设计的滤波器阶数很高，实现时计算成本昂贵并且需要大量的存储空间。

【例 12.3】

考虑以下低通滤波器的指标：

$$0.9 \leqslant |H(e^{j\omega})| \leqslant 1.0, \quad 0 \leqslant \omega \leqslant \pi/2$$
$$0 < |H(e^{j\omega})| \leqslant 0.1, \quad 3\pi/4 \leqslant \omega \leqslant \pi$$

确定等价的损耗指标。

解 损耗指标为

$$0 \leqslant \alpha(e^{j\omega}) \leqslant 0.92, \quad 0 \leqslant \omega \leqslant \pi/2$$
$$\alpha(e^{j\omega}) \geqslant 20, \quad 3\pi/4 \leqslant \omega \leqslant \pi$$

其中，$\alpha_{max} = -20\log_{10}(0.9) = 0.92$dB，$\alpha_{min} = -20\log_{10}(0.1) = 20$dB。这些指标表明：在通带内的损耗小或幅度在1和 $10^{-\alpha_{max}/20} = 10^{-0.92/20} = 0.9$ 之间变化，而在阻带内的衰减至少等于 α_{min}，或幅度的值比 $10^{-\alpha_{min}/20} = 0.1$ 更小。

2. 幅度归一化

在图12.5中的低通滤波器指标是**幅度归一化**指标：假定直流增益为1(或直流损耗为0dB)，但也有许多时候情况并非如此。

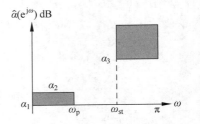

图 12.6 低通滤波器的非归一化损耗指标

非归一化幅度指标(如图12.6所示)：一般来说，损耗指标为

$$\alpha_1 \leqslant \hat{\alpha}(e^{j\omega}) \leqslant \alpha_2, \quad 0 \leqslant \omega \leqslant \omega_p$$
$$\alpha_3 \leqslant \hat{\alpha}(e^{j\omega}), \quad \omega_{st} \leqslant \omega \leqslant \pi$$

将这些损耗指标写成

$$\hat{\alpha}(e^{j\omega}) = \alpha_1 + \alpha(e^{j\omega}) \qquad (12.9)$$

有

■ 归一化指标为

$$0 \leqslant \alpha(e^{j\omega}) \leqslant \alpha_{max}, \quad 0 \leqslant \omega \leqslant \omega_p$$
$$\alpha_{min} \leqslant \alpha(e^{j\omega}), \quad \omega_{st} \leqslant \omega \leqslant \pi$$

其中，$\alpha_{max} = \alpha_2 - \alpha_1$，$\alpha_{min} = \alpha_3 - \alpha_1$。

■ 直流损耗 α_1 是通过将幅度归一化滤波器乘以常数 K 而得到的，从而有

$$\hat{\alpha}(e^{j0}) = \alpha_1 = -20\log_{10} K \quad \text{或} \quad K = 10^{-\alpha_1/20} \qquad (12.10)$$

【例 12.4】

假设一个低通滤波器的损耗指标为

$$10 \leqslant \hat{\alpha}(e^{j\omega}) \leqslant 11, \quad 0 \leqslant \omega \leqslant \frac{\pi}{2}$$

$$\hat{\alpha}(e^{j\omega}) \geqslant 50, \quad \frac{3\pi}{4} \leqslant \omega \leqslant \pi$$

确定可用于设计幅度归一化滤波器的损耗指标。求增益 K 的值,使得当其乘以归一化滤波器之后所得滤波器满足所给指标。

解　如果令

$$\hat{\alpha}(e^{j\omega}) = 10 + \alpha(e^{j\omega})$$

那么归一化滤波器的损耗指标就会是

$$0 \leqslant \alpha(e^{j\omega}) \leqslant 1, \quad 0 \leqslant \omega \leqslant \frac{\pi}{2}$$

$$\alpha(e^{j\omega}) \geqslant 40, \quad \frac{3\pi}{4} \leqslant \omega \leqslant \pi$$

于是直流损耗为 $10\mathrm{dB}$, $\alpha_{max} = 11 - 10 = 1\mathrm{dB}$ 和 $\alpha_{min} = 50 - 10 = 40\mathrm{dB}$。假设设计的滤波器 $H(z)$ 满足归一化滤波器的指标,若令 $\hat{H}(z) = KH(z)$ 为满足所给损耗指标的滤波器,那么对直流频率,必须有

$$-20\log_{10}|\hat{H}(e^{j0})| = -20\log_{10}K - 20\log_{10}|H(e^{j0})|$$

或　$10 = -20\log_{10}K + 0$

故得 $K = 10^{-0.5} = 1/\sqrt{10}$。

3. 频标

考虑到离散滤波器不仅可以用来处理离散时间信号,还可以处理连续时间信号,因而离散滤波器的频率有不同的等效表示方式(如图 12.7 所示)。

图 12.7　在离散滤波器设计中使用的频标

0	f_p	f_{st}	$0.5f_s$	$f(\mathrm{Hz})$
0	Ω_p	Ω_{st}	$0.5\Omega_{st}$	$\Omega(\mathrm{rad/s})$
0	ω_p	ω_{st}	π	$\omega(\mathrm{rad})$
0	$\frac{\omega_p}{\pi}$	$\frac{\omega_{st}}{\pi}$	1	$\frac{\omega}{\pi}$

在连续时间信号的离散化处理过程中,若已知抽样频率(f_s 以 Hz 为单位,Ω_s 以 rad/s 为单位),那么有以下这些可能的标度:

- 源于抽样理论的标度 $f(\mathrm{Hz})$,频率范围为 $0 \sim f_s/2$(折叠频率或奈奎斯特频率);
- $\Omega = 2\pi f(\mathrm{rad/s})$,其中,$f$ 为之前的标度,故频率范围为 $0 \sim \Omega_s/2$;
- 离散频率标度 $\omega = \Omega T_s(\mathrm{rad})$,频率范围为 $0 \sim \pi$;
- 归一化离散频率标度 ω/π(无单位),范围为 $0 \sim 1$。

如果指标都在离散域,那么所用标度是 $\omega(\mathrm{rad})$ 或归一化的 ω/π。

其他标度也有可能,但较少使用,其中之一是除以抽样频率,抽样频率的单位是 Hz 或 rad/s: f/f_s(无单位)的标度范围为 $0 \sim 1/2$,Ω/Ω_s(无单位)的标度范围也一样。很显然,不论给出的指标在什么标度下,都可以很容易地将其转化成任何其他所需标度下的指标。如果所设计的滤波器用于离散域,那么仅弧度指标和归一化的 ω/π 可以使用。

12.3.2　时域指标

时域指标在于给出期望的冲激响应 $h_d[n]$。例如,当设计的低通滤波器具有截止频率 ω_c 和线性相

位 $\phi(\omega) = -N\omega$ 时,期望的频率响应在 $0 \leqslant \omega \leqslant \pi$ 内等于

$$H_d(e^{j\omega}) = \begin{cases} 1e^{-j\omega N}, & 0 \leqslant \omega \leqslant \omega_c \\ 0, & \omega_c < \omega \leqslant \pi \end{cases}$$

那么对于该滤波器来说,期望的冲激响应便可通过傅里叶逆变换而获得

$$h_d[n] = \frac{1}{2\pi} \int_{-\pi}^{\pi} H_d(e^{j\omega}) e^{j\omega n} d\omega = \frac{1}{2\pi} \int_{-\omega_c}^{\omega_c} 1e^{-j\omega N} e^{j\omega n} d\omega$$

所得的 $h_d[n]$ 将被用作期望的冲激响应以逼近所设计的滤波器。

【例 12.5】

设计一个 FIR 滤波器,用以下期望的幅度响应:

$$|H_d(e^{j\omega})| = \begin{cases} 1, & 0 \leqslant \omega \leqslant \pi/4 \\ 0, & \pi/4 < \omega \leqslant \pi \end{cases}$$

和 0 相位,求出期望冲激响应 $h_d[n]$。

解 由于幅度响应是 ω 的偶函数,故期望的冲激响应可如下计算获得:

$$h_d[n] = \frac{1}{2\pi} \int_{-\pi}^{\pi} H_d(e^{j\omega}) e^{j\omega n} d\omega = \frac{1}{2\pi} \int_{-\pi/4}^{\pi/4} e^{j\omega n} d\omega = \begin{cases} \sin(\pi n/4)/\pi n, & n \neq 0 \\ 0.25, & n = 0 \end{cases}$$

它对应非因果系统的冲激响应。后面将会看到,需要对 $h_d[n]$ 加窗并平移才能使之成为一个因果的有限长度的滤波器。

12.4 IIR 滤波器设计

设计 IIR 滤波器有两种可行的方法:

- 利用模拟滤波器设计方法,并进行 s 平面和 z 平面之间的变换;
- 采用优化技术。

第一种方法是**频率变换法**。这种方法首先利用模拟频率和离散频率之间的映射关系,从离散滤波器指标得到模拟滤波器指标,然后运用所熟知的模拟滤波器设计方法,由变换所得指标设计出模拟滤波器,最后离散滤波器是通过变换设计所得的模拟滤波器获得的。

优化设计方法直接设计滤波器,设置合理的逼近函数作为非线性优化。这种方法虽然增加了灵活性,但由于需要保证所设计的滤波器具有稳定性,因而减小了灵活性,而变换法中稳定性是得到了保证的。

12.4.1 IIR 离散滤波器的变换设计法

为了利用模拟滤波器的设计方法,设计离散滤波器时的一个常见做法是先设计模拟滤波器,然后将 s 平面映射到 z 平面。所用的两个映射是:

- 抽样变换 $z = e^{sT_s}$;
- 双线性变换

$$s = K \frac{1 - z^{-1}}{1 + z^{-1}}$$

回忆一下,变换 $z = e^{sT_s}$ 是我们在联系抽样信号的拉普拉斯变换与其 Z 变换的时候发现的,利用该变换可以将模拟滤波器的模拟冲激响应 $h_a(t)$ 转换为离散滤波器的冲激响应 $h[n]$,并获得相应的转移函

数,由此产生的设计步骤被称为**冲激响应不变法**。这种方法的优点在于:

- 它保持了模拟滤波器的稳定性;
- 考虑到模拟频率 Ω 和离散频率 ω 之间的线性关系,离散滤波器的指标可以很容易地变换为模拟滤波器的指标。

该方法的缺点是可能出现频率混叠。模拟冲激响应的抽样要求模拟滤波器是频带有限的,而这可能不会在所有情况下都满足,由于这个缘故,下面将专注于基于双线性变换法的介绍。

1. 双线性变换法

双线性变换源自于积分的梯形法则近似。假设 $x(t)$ 和 $y(t)$ 是积分器的输入和输出,积分器的转移函数为

$$H(s) = \frac{Y(s)}{X(s)} = \frac{1}{s} \tag{12.11}$$

采用抽样时间间隔 T_s 对滤波器的输入和输出进行抽样,从而得到在 nT_s 时刻的积分等于

$$y(nT_s) = \int_{(n-1)T_s}^{nT_s} x(\tau)\,\mathrm{d}\tau + y((n-1)T_s)$$

其中,$y((n-1)T_s)$ 是在 $(n-1)T_s$ 时刻的积分。如果 T_s 非常小,那么 $(n-1)T_s$ 与 nT_s 之间的积分可以用以 $x((n-1)T_s)$ 和 $x(nT_s)$ 为底、T_s 为高的梯形的面积来近似(即积分的梯形法则近似):

$$y(nT_s) \approx \frac{[x(nT_s) + x((n-1)T_s)]T_s}{2} + y((n-1)T_s)$$

其 Z 变换为

$$Y(z) = \frac{T_s(1+z^{-1})}{2(1-z^{-1})}X(z)$$

于是离散转移函数为

$$H(z) = \frac{Y(z)}{X(z)} = \frac{T_s}{2}\frac{1+z^{-1}}{1-z^{-1}} \tag{12.12}$$

它可由式(12.11)中的 $H(s)$ 并通过令

$$s = \frac{2}{T_s}\frac{1-z^{-1}}{1+z^{-1}} \tag{12.13}$$

而得到。将以上变换看作为从变量 z 到变量 s 的变换,求解该方程中的变量 z,可以得到从变量 s 到变量 z 的变换

$$z = \frac{1+(T_s/2)s}{1-(T_s/2)s} \tag{12.14}$$

将 s 平面变换到 z 平面的**双线性变换**(分子和分母都是线性的)是

$$z = \frac{1+s/K}{1-s/K}, \quad K = \frac{2}{T_s} \tag{12.15}$$

它将

- s 平面上的 $j\Omega$-轴映射为 z 平面上的单位圆;
- s 平面的左半开平面 $\mathrm{Re}[s] < 0$ 映射为 z 平面上单位圆的内部或 $|z| < 1$;
- s 平面的右半开平面 $\mathrm{Re}[s] > 0$ 映射为 z 平面上单位圆的外部或 $|z| > 1$。

将 z 平面变换到 s 平面的双线性变换是

$$s = K\frac{1-z^{-1}}{1+z^{-1}} \tag{12.16}$$

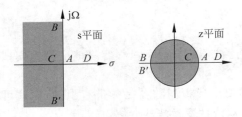

图 12.8　将 s 平面映射为 z 平面的双线性变换

因此正如图 12.8 所示的那样，点(A)($s=0$ 或 s 平面的原点)被映射为单位圆上的 $z=1$；点(B)和(B')($s=\pm j\infty$)被映射为单位圆上的 $z=-1$；点(C)($s=-1$)被映射为 $z=(1-1/K)/(1+1/K)<1$，它在单位圆的内部；最后点(D)($s=1$)被映射为 $z=(1+1/K)/(1-1/K)>1$，它在单位圆的外部。一般地，通过令式(12.15)中的 $z=re^{j\omega}$ 和 $s=\sigma+j\Omega$，可以得到

$$r=\sqrt{\frac{(1+\sigma/K)^2+(\Omega/K)^2}{(1-\sigma/K)^2+(\Omega/K)^2}}$$

$$\omega=\tan^{-1}\left(\frac{\Omega/K}{1+\sigma/K}\right)+\tan^{-1}\left(\frac{\Omega/K}{1-\sigma/K}\right) \tag{12.17}$$

由此有

- 在 s 平面的 $j\Omega$-轴上，即 $\sigma=0$，$-\infty<\Omega<\infty$，可以得到 $r=1$ 和 $-\pi\leqslant\omega<\pi$，这对应的是 z 平面的单位圆。
- 在 s 平面的左半开平面上，即 $\sigma<0$，$-\infty<\Omega<\infty$，可以得到 $r<1$ 和 $-\pi\leqslant\omega<\pi$，这对应的是 z 平面上单位圆的内部。
- 最后，在 s 平面的右半开平面上，即 $\sigma>0$，$-\infty<\Omega<\infty$，可以得到 $r>1$ 和 $-\pi\leqslant\omega<\pi$，这对应的是 z 平面上单位圆的外部。

以上变换可以这样来想象：有一个巨人，他在 s 平面的原点钉了一个钉子，然后抓住 $j\Omega$-轴的正、负两极把它们拉在一起，使它们合成为一个点，从而得到一个非常宏大的圆，同时保持 s 平面左半边的所有点都落在圆内，而其余的点都落在外面。

双线性变换将整个 s 平面映射成整个 z 平面，它不同于仅仅将 s 平面的一个水平带映射为 z 平面的变换 $z=e^{sT_s}$(参见有关 Z 变换的第 10 章)，因此利用双线性变换可使一个所有极点都在 s 平面左半开平面上的稳定模拟滤波器产生一个同样稳定的离散滤波器，因为它的所有极点都在单位圆内部。

2．频率畸变

双线性变换的一个小缺陷是模拟频率和离散频率之间的非线性关系，这样的关系会导致畸变，当使用离散滤波器的指标指定模拟滤波器时，需要注意这个问题。

根据双线性变换，模拟频率 Ω 和离散频率 ω 之间的关系为

$$\Omega=K\tan(\omega/2) \tag{12.18}$$

当绘制其图形时，可以发现在低频附近呈现线性关系，而当频率较大时发生畸变(见图 12.9)。

通过令式(12.17)中第二个式子里的 $\sigma=0$，可以得到以上两个频率之间的关系。当 ω 的值很小时，利用 $\tan(.)$ 函数的展开式有

$$\Omega=K\left[\frac{\omega}{2}+\frac{\omega^3}{24}+\cdots\right]\approx\frac{\omega}{T_s}$$

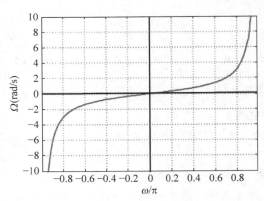

图 12.9　$K=1$ 时 Ω 和 ω 之间的关系

可以看出在低频段的线性关系,或 $\omega \approx \Omega T_s$。随着频率的增大,首项之后的那些项使得两个频率之间的关系成为非线性的。二者之间的关系可参见图 12.9。

为了补偿频率间的非线性关系或频率畸变效应,在设计离散滤波器时应遵循以下步骤:

(1) 利用频率畸变关系即式(12.18)将指定的离散频率 ω_p 和 ω_{st} 变换为指定的模拟频率 Ω_p 和 Ω_{st}。在不同频带内的幅度指标保持不变——仅仅频率被变换了。

(2) 利用指定的模拟频率和离散的幅度指标,设计一个满足这些指标的模拟滤波器 $H_N(s)$。

(3) 对所设计的滤波器 $H_N(s)$ 应用双线性变换,可以得到满足离散指标的离散滤波器 $H_N(z)$。

12.4.2 巴特沃斯低通离散滤波器的设计

将连续频率和离散频率之间的畸变关系

$$\Omega = K \tan(\omega/2) \tag{12.19}$$

应用到巴特沃斯低通模拟滤波器的幅度平方函数

$$|H_N(j\Omega')|^2 = \frac{1}{1+(\Omega')^{2N}}, \quad \Omega' = \frac{\Omega}{\Omega_{hp}}$$

得到巴特沃斯低通离散滤波器的幅度平方函数

$$|H_N(e^{j\omega})|^2 = \frac{1}{1+\left[\dfrac{\tan(0.5\omega)}{\tan(0.5\omega_{hp})}\right]^{2N}} \tag{12.20}$$

通过将以下频率转换(不改变损耗指标)公式

$$\frac{\Omega_{st}}{\Omega_p} = \frac{\tan(\omega_{st}/2)}{\tan(\omega_p/2)} \tag{12.21}$$

代入到求解模拟滤波器的 N 与 Ω_{hp} 的相应公式中,就可直接获得最小阶数 N 和半功率频率的上、下限

$$N \geqslant \frac{\log_{10}\left[(10^{0.1a_{min}}-1)/(10^{0.1a_{max}}-1)\right]}{2\log_{10}\left[\dfrac{\tan(\omega_{st}/2)}{\tan(\omega_p/2)}\right]} \tag{12.22}$$

$$2\tan^{-1}\left[\frac{\tan(\omega_p/2)}{(10^{0.1a_{max}}-1)^{1/2N}}\right] \leqslant \omega_{hp} \leqslant 2\tan^{-1}\left[\frac{\tan(\omega_{st}/2)}{(10^{0.1a_{min}}-1)^{1/2N}}\right] \tag{12.23}$$

在连续域中的归一化半功率频率 $\Omega'_{hp}=1$ 被映射为离散半功率频率 ω_{hp},从而得到双线性变换中的常数

$$K_b = \frac{\Omega'}{\tan(0.5\omega)}\bigg|_{\Omega'=1,\omega=\omega_{hp}} = \frac{1}{\tan(0.5\omega_{hp})} \tag{12.24}$$

然后应用双线性转换 $s=K_b(1-z^{-1})/(1+z^{-1})$ 将满足指标的模拟滤波器 $H_N(s)$ 转换为期望离散滤波器

$$H_N(z) = H_N(s)\big|_{s=K_b(1-z^{-1})/(1+z^{-1})}$$

这种设计方法的基本思想是利用关系式(12.19),将一个模拟的频率归一化的巴特沃斯幅度平方函数转换为一个离散的函数。要理解为何这是一个高效的方法,下面考虑以下问题,它们都是来自于双线性变换在巴特沃斯设计中的具体应用:

- 由于离散幅度指标不会被双线性变换改变,所以只需要改变前面已获得的巴特沃斯低通模拟滤波器设计公式中的模拟频率项。

- 要注意在求最小阶数 N 和半功率关系时，并没有使用 K 值，该常数只有在最后一步即使用双线性变换将模拟滤波器转换为离散滤波器时才重要。
- 鉴于 $K = 2/T_s$ 依赖于 T_s，人们可能会认为一个较小的 T_s 值将改进设计，但情况并非如此。考虑到模拟频率与离散频率是通过

$$\Omega = \frac{2}{T_s}\tan\left(\frac{\omega}{2}\right) \tag{12.25}$$

相联系的，因而对于 ω 的一个给定值，如果选择一个较小的 T_s 值，那么指定的模拟频率 Ω 就很大，如果选择一个较大的 T_s 值，那么模拟频率 Ω 将减小，事实上在上式中，只能选取 Ω 和 T_s 中的一个。为了避免这种歧义，我们忽略 K 与 T_s 的关系，而只关注 K。
- 巴特沃斯滤波器设计中合适的 K 值是通过关联模拟域中归一化半功率频率 $\Omega'_{hp} = 1$ 与离散域中相对应的频率 ω_{hp} 而获得的，这样允许从离散域指标直接到模拟归一化频率指标，因此依靠 K_b 可以将归一化半功率频率 $\Omega'_{hp} = 1$ 映射为离散半功率频率 ω_{hp}。
- 一旦获得了模拟滤波器 $H_N(s)$，利用带 K_b 的双线性变换就可将 $H_N(s)$ 变换为一个离散滤波器

$$H_N(z) = H_N(s)\,\big|_{s = K_b \frac{z-1}{z+1}}$$

- 滤波器参数 (N, ω_{hp}) 也可以直接由从式(12.20)获得的离散损耗函数

$$\alpha(e^{j\omega}) = 10\log_{10}\left[1 + (\tan(0.5\omega)/\tan(0.5\omega_{hp}))^{2N}\right] \tag{12.26}$$

获得，且损耗指标为

$$0 \leqslant \alpha(e^{j\omega}) \leqslant \alpha_{max}, \quad 0 \leqslant \omega \leqslant \omega_p$$

$$\alpha(e^{j\omega}) \geqslant \alpha_{min}, \quad \omega \geqslant \omega_{st}$$

正如在连续情况下所做的那样，用这种方法得到的结果与替换畸变频率关系所得到的结果是一致的。

【例 12.6】

对模拟信号 $x(t) = \cos(40\pi t) + \cos(500\pi t)$ 以奈奎斯特频率抽样，并用一个由二阶高通模拟滤波器

$$H(s) = \frac{s^2}{s^2 + \sqrt{2}\,s + 1}$$

得到的离散滤波器 $H(z)$ 对其进行处理，然后离散时间输出 $y[n]$ 转换成模拟信号。利用 MATLAB 的 bilinear 函数获取半功率频率为 $\omega_{hp} = \pi/2$ 的离散滤波器。用 MATLAB 绘制离散滤波器在 z 平面上的极点和零点以及相应的幅度响应和相位响应。用函数 plot 绘制抽样后的输入和滤波器的输出，并将它们看作是模拟信号的近似。将离散滤波器的频率标度变成以 Hz 为单位的 f，标明相应的以 Hz 为单位的半功率频率。

解 离散滤波器的分子和分母的系数是用 MATLAB 的 bilinear 函数从 $H(s)$ 中求出的。该函数的输入 F_s 等于 $K_b/2$，其中，K_b 对应离散半功率频率 ω_{hp} 到归一化模拟半功率频率 $\Omega_{hp} = 1$ 的变换。

以下是所用脚本：

```
% 例 12.6
%%
  b = [1  0  0]; a = [1  sqrt(2)  1];                    % 模拟滤波器的系数
  whp = 0.5 * pi;                                        % 期望的半功率频率
  Kb = 1/tan(whp/2); Fs = Kb/2;
  [num,den] = bilinear(b,a,Fs);                          % 双线性变换
  Ts = 1/500;                                            % 抽样时间间隔
  n = 0: 499; x1 = cos(2 * pi * 20 * n * Ts) + cos(2 * pi * 250 * n * Ts);   % 抽样信号
  zplane(num,den)                                        % 离散滤波器的极点/零点
  [H,w] = freqz(num,den);                                % 离散滤波器的频率响应
  phi = unwrap(angle(H));                                % 离散滤波器的展开的相角
  y = filter(num,den,x1);                                % 离散滤波器的输出，输入为 x1
```

我们求得离散滤波器的转移函数为

$$H(z) = \frac{0.2929(1 - z^{-1})^2}{1 + 0.1715 z^{-2}}$$

用 MATLAB 函数 roots 可以求出 $H(z)$ 的极点和零点,并用函数 zplane 将它们画出来,频率响应可以用函数 freqz 获得。为了得到以 Hz 为单位的频率标度,考虑到 $\omega = \Omega T_s$,令 $\Omega = 2\pi f$,于是

$$f = \frac{\omega}{2\pi T_s} = \left(\frac{\omega}{\pi}\right)\left(\frac{f_s}{2}\right)$$

因此用归一化离散频率 ω/π 乘以 $f_s/2 = 250$,得到最大频率 250Hz,这样半功率频率为 125Hz。$H(z)$ 的幅度响应和相位响应如图 12.10 所示。注意,相位在通带内是近似线性的,尽管事实上并没有考虑相位指标。

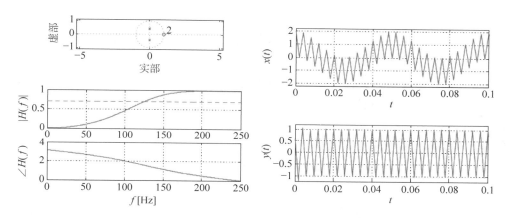

图 12.10　例 12.6 结果图

模拟高通滤波器经过双线性变换到半功率频率为 $\omega_{hp} = \pi/2$ 或 $f_{hp} = 125$Hz 的离散滤波器。离散滤波器的极点和零点以及幅度响应和相位响应显示在左边图中。右边图中显示的是模拟输入 $x(t)$ 和输出 $y(t)$,它们是通过利用 MATLAB 函数 plot 对抽样信号 $x(nT_s)$ 以及离散滤波器的输出 $y(nT_s)$ 进行插值而获得的。

由于 $x(t)$ 的最大频率为 250Hz,故选择抽样时间间隔为 $T_s = 1/(2f_{max}) = 1/500$。由于是一个高通滤波器,当把 $x(nT_s)$ 输入到 $H(z)$ 中,其低频成分 $\cos(40\pi nT_s)$ 被衰减了,该滤波器的输入和相应输出如图 12.10 所示。

注:

(1) 巴特沃斯低通滤波器的设计被简化为只需给出一个指标——期望的半功率频率 ω_{hp},因此只需利用阻带约束计算滤波器的阶数。在这种情况下,可以令 $\alpha_{max} = 3$dB 以及 $\omega_P = \omega_{hp}$,并利用式(12.22)求出 N。

(2) 采用双线性变换的一个非常重要的结果是能保证所获得的转移函数 $H_N(z)$ 是 BIBO 稳定的。该变换将一个稳定滤波器 $H_N(s)$ 位于左半开 s 平面的极点映射到位于单位圆内部的对应的 $H_N(z)$ 的极点,从而使得离散滤波器稳定。

(3) 对于 s 平面上的每一个极点,双线性变换在 z 平面上产生一个极点和一个零点。$H_N(z)$ 极点的解析计算并不像在模拟情况下那么重要,MATLAB 函数 zplane 可以用来绘制其极点和零点,函数 roots 能用来求极点和零点的值。

(4) 对于高于 2 阶的滤波器,应用双线性变换时采用手工计算是很繁琐的,如果要这么做,应该先将 $H_N(s)$ 表示为一阶和二阶转移函数的乘积或和的形式,然后再对每一个转移函数应用双线性变换,即

$$H_N(s) = \prod_i H_{N_i}(s) \quad \text{或} \quad H_N(s) = \sum_l H_{N_l}(s)$$

其中，$H_{N_i}(s)$ 和 $H_{N_l}(s)$ 是具有实系数的一阶或二阶转移函数。对每一个 $H_{N_i}(s)$ 或 $H_{N_l}(s)$ 应用双线性变换就得到 $H_{N_i}(z)$ 和 $H_{N_l}(z)$，那么离散滤波器就成为

$$H_N(z) = \prod_i H_{N_i}(z) \quad \text{或} \quad H_N(z) = \sum_l H_{N_l}(z)$$

(5) 离散低通巴特沃斯滤波器的零点位于 $z = -1$，这是由模拟滤波器的有理性决定的。如果模拟低通巴特沃斯滤波器具有转移函数

$$H_N(s) = \frac{1}{a_0 + a_1 s + \cdots + a_N s^N}$$

令 $s = K_b(1-z^{-1})/(1+z^{-1})$，就得到离散滤波器

$$
\begin{aligned}
H_N(z) &= \frac{1}{a_0 + a_1 K_b(1-z^{-1})/(1+z^{-1}) + \cdots + a_N K_b^N (1-z^{-1})^N/(1+z^{-1})^N} \\
&= \frac{(1+z^{-1})^N}{a_0(1+z^{-1})^N + a_1 K_b(1-z^{-1})(1+z^{-1})^{N-1} + \cdots + a_N K_b^N (1-z^{-1})^N}
\end{aligned}
$$

它在 $z = -1$ 有 N 个零点。

(6) 由于所得滤波器具有归一化幅度，指定的直流增益可以通过将 $H_N(z)$ 乘以一个常数值 G 而获得，因而 $|GH(e^{j0})|$ 等于期望的直流增益。

【例 12.7】

一个低通离散滤波器的指标为

$$\omega_p = 0.47\pi(\text{rad}), \quad \alpha_{\max} = 2\text{dB}$$
$$\omega_{st} = 0.6\pi(\text{rad}), \quad \alpha_{\min} = 9\text{dB}$$
$$\alpha(e^{j0}) = 0\text{dB}$$

用双线性变换法通过 MATLAB 设计一个离散的低通巴特沃斯滤波器。

解 归一化频率指标到 ω_p/π 和 ω_{st}/π，可以直接利用这些值以及 $\alpha_{\max}$ 和 $\alpha_{\min}$，将它们作为 MATLAB 函数 buttord 的输入，该函数会产生滤波器的最小阶数 N 和归一化半功率频率 ω_{hp}/π。用它们作为函数 butter 的输入，可以得到所设计的滤波器 $H(z) = B(z)/A(z)$ 的分子和分母的系数。函数 roots 用来求 $H(z)$ 的极点和零点，而 zplane 用来绘制极点和零点。使用函数 freqz，辅之以函数 abs、angle 和 unwrap，可以求出幅度响应和相位响应。要注意，butter 函数先获得归一化模拟滤波器，然后利用双线性变换将其变换成离散滤波器。所用脚本如下：

```
% 例 12.7
% %
% 巴特沃斯低通滤波器
  alphamax = 2; alphamin = 9;                        % 损耗指标
  wp = 0.47; ws = 0.6;                               % 通带频率和阻带频率
  [N,wh] = buttord(wp,ws,alphamax,alphamin)         % 最小阶数,半功率频率
  [b,a] = butter(N,wh);                             % 所设计的滤波器的系数
  [H,w] = freqz(b,a); w = w/pi; N = length(H);      % 频率响应
  spec1 = alphamax * ones(1,N);                     % 指标行
  spec2 = alphamin * ones(1,N);                     % 指标行
  hpf = 3.01 *   ones(1,N);                         % 半功率频率行
  disp('poles')                                     % 显示极点
  roots(a)
  disp('zeros')                                     % 显示零点
  roots(b)
  alpha =- 20 * log10(abs(H));                      % 损耗,以 dB 为单位
```

设计的结果如图 12.11 所示。所设计的滤波器最小阶数为 $N=3$，半功率频率为 $\omega_{hp}=0.499\pi$。极点位于 z 平面的虚轴上（$K_b=1$），在 $z=-1$ 有三个零点。所设计的滤波器转移函数为

$$H(z) = \frac{0.166 + 0.497z^{-1} + 0.497z^{-2} + 0.166z^{-3}}{1 - 0.006z^{-1} + 0.333z^{-2} - 0.001z^{-3}}$$

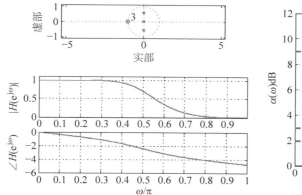
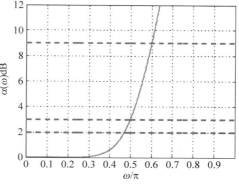

图 12.11　例 12.7 结果图

用 MATLAB 设计低通巴特沃斯滤波器：极点和零点，幅度响应和相位响应（左图）；用损耗函数 $\alpha(\omega)$ 验证指标。

最后，为了验证所设计的滤波器满足指定的技术指标，绘制了损耗函数 $\alpha(e^{j\omega})$ 曲线以及 $\alpha_{max}=2\mathrm{dB}$、对应半功率频率的 3dB 和 $\alpha_{min}=9\mathrm{dB}$ 的三条水平线。这些水平线与滤波器损耗函数的交点表明，正如所期望的那样，在归一化频率范围 $[0,0.47)$ 内损耗小于 2dB，在归一化频率范围 $(0.6,1]$ 内损耗大于 9dB，归一化半功率频率约为 0.5（如图 12.11 所示）。

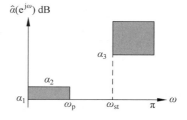

图 12.12　一个用于处理模拟信号的离散低通滤波器的损耗指标

【例 12.8】

本例考虑设计一个用于处理模拟信号的巴特沃斯低通离散滤波器。该滤波器的指标（如图 12.12 所示）为

$$f_p = 2250\mathrm{Hz}（通带截止频率），\quad \alpha_1 = -18\mathrm{dB}（直流损耗）$$
$$f_{st} = 2700\mathrm{Hz}（阻带截止频率），\quad \alpha_2 = -15\mathrm{dB}（通带损耗）$$
$$f_s = 9000\mathrm{Hz}（抽样频率），\quad \alpha_3 = -9\mathrm{dB}（阻带损耗）$$

解　由于指标不是归一化的，因此将它们归一化，可得

$$\hat{a}(e^{j0}) = -18\mathrm{dB}（直流增益），\quad \alpha_{max} = \alpha_2 - \alpha_1 = 3\mathrm{dB}，\quad \alpha_{min} = \alpha_3 - \alpha_1 = 9\mathrm{dB}，$$

$$\omega_p = \frac{2\pi f_{hp}}{f_s} = 0.5\pi，\quad \omega_{st} = \frac{2\pi f_{st}}{f_s} = 0.6\pi$$

注意 $\omega_p = \omega_{hp}$，因为直流损耗与在 ω_p 的损耗之差为 3dB。

由于抽样时间间隔等于

$$T_s = 1/f_s = (1/9)\times 10^{-3}\mathrm{s/sample} \quad \Rightarrow K_b = \cot(\pi f_{hp} T_s) = 1$$

考虑到半功率频率是已知的，所以只需要确定滤波器的最小阶数。由于 $0.5\omega_{hp} = \pi/4$，于是巴特沃斯滤波器的损耗函数为

$$\alpha(e^{j\omega}) = 10\log_{10}\left(1 + \left[\frac{\tan(0.5\omega)}{\tan(0.5\omega_{hp})}\right]^{2N}\right) = 10\log_{10}\left(1 + (\tan(0.5\omega))^{2N}\right)$$

当 $\omega = \omega_{st}$ 时，令 $\alpha(e^{j\omega_{st}}) \geqslant \alpha_{min}$，求解 N 可以得到

$$N = \left\lceil \frac{\log_{10}(10^{0.1\alpha_{min}} - 1)}{2\log_{10}(\tan(0.5\omega_{st}))} \right\rceil$$

或者取一个比 $\lceil . \rceil$ 中的宗数大的整数，将 α_{min} 和 ω_{st} 代入上式之后得到最小阶数为 $N = 4$。所用 MATLAB 脚本如下：

```
% 例 12.8  模拟信号的滤波
% %
  wh = 0.5 * pi; ws = 0.6 * pi; alphamin = 9; Fs = 9000;          % 滤波器指标
  N = log10((10^(0.1 * alphamin) - 1))/(2 * log10(tan(ws/2)/tan(wh/2)));
  N = ceil(N);
  [b, a] = butter(N, wh/pi);
  [H, w] = freqz(b, a); w = w/pi; N = length(H); f = w * Fs/2;
  alpha0 = - 18;
  G = 10^( - alpha0/20); H = H * G;
  spec2 = alpha0 + alphamin * ones(1, N);
  hpf = alpha0 + 3.01 * ones(1, N);
  disp('poles'); p = roots(a); disp('zeros'); z = roots(b)
  alpha = - 20 * log10(abs(H));
```

为了保证在 $\omega = 0$ 处的损耗为 $-18\mathrm{dB}$，如果损耗归一化($0\mathrm{dB}$)的滤波器的转移函数为 $H(z)$，那么在分子中计入一个增益 G，从而使 $H'(z) = GH(z)$ 具有所期望的直流损耗 $-18\mathrm{dB}$。由 $\alpha(e^{j0}) = -18 = -20\log_{10}G$ 可以求出 $G = 7.94$，因此滤波器的最终形式为

$$H'(z) = GH(z) = \frac{(z+1)^4}{(z^2 + 0.45)(z^2 + 0.04)}$$

这满足损耗指标。注意当 $K_b = 1$ 时，极点是纯虚数。

由于该滤波器用于对模拟信号进行滤波，所以给出的滤波器幅度响应和相位响应的频率标度是 Hz(如图 12.13 所示)。为了验证该滤波器满足技术指标，我们绘制了损耗函数的图形，并将 f_{hp} 和 f_{st} 处的损耗与所要求的指标进行了对比：在 $f_{hp} = 2250(\mathrm{Hz})$ 处的损耗等于直流损耗加 $3\mathrm{dB}$，在 $f_{st} = 2700(\mathrm{Hz})$ 处的损耗超过指定的值。

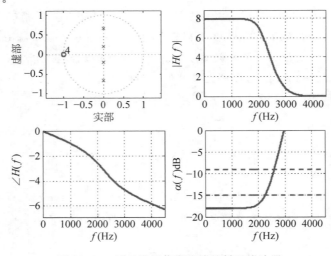

图 12.13 用于模拟信号滤波的低通滤波器

12.4.3　切比雪夫低通离散滤波器的设计

对于切比雪夫滤波器,双线性变换中的常数 K_c 是通过将归一化通带频率 $\Omega'_p = 1$ 变换成离散频率 ω_p 计算得到的

$$K_c = \frac{1}{\tan(0.5\omega_p)} \tag{12.27}$$

利用双线性变换中的频率关系有

$$\frac{\Omega}{\Omega_p} = \frac{\tan(0.5\omega)}{\tan(0.5\omega_p)} \tag{12.28}$$

将它代入切比雪夫模拟滤波器的幅度平方函数,得到离散切比雪夫低通滤波器的幅度平方函数为

$$|H_N(e^{j\omega})|^2 = \frac{1}{1 + \varepsilon^2 C_N^2(\tan(0.5\omega)/\tan(0.5\omega_p))} \tag{12.29}$$

其中,$C(.)$是之前设计模拟滤波器时遇到的第一类切比雪夫多项式,纹波参数保持与模拟设计中一样(因为它不依赖于频率)

$$\varepsilon = (10^{0.1\alpha_{max}} - 1)^{1/2} \tag{12.30}$$

将式(12.28)代入模拟设计公式中得到滤波器的阶数

$$N \geqslant \frac{\cosh^{-1}([(10^{0.1\alpha_{min}} - 1)/(10^{0.1\alpha_{max}} - 1)]^{1/2})}{\cosh^{-1}[\tan(0.5\omega_{st})/\tan(0.5\omega_p)]} \tag{12.31}$$

以及半功率频率

$$\omega_{hp} = 2\tan^{-1}\left[\tan(0.5\omega_p)\cosh\left(\frac{1}{N}\cosh^{-1}\left(\frac{1}{\varepsilon}\right)\right)\right] \tag{12.32}$$

计算得到这些参数后,用双线性变换将 N 阶切比雪夫模拟滤波器变换为离散滤波器就得到了切比雪夫离散滤波器的转移函数

$$H_N(z) = H_N(s)\,|_{s = K_c(1-z^{-1})/(1+z^{-1})} \tag{12.33}$$

注:

(1) 由于模拟纹波系数 ε 仅取决于幅度指标,它不受双线性变换——仅仅是一个频率变换——的影响,故而求离散切比雪夫滤波器参数(N, ω_{hp})的公式可以从模拟设计公式出发并代入

$$\frac{\Omega_{st}}{\Omega_p} = \frac{\tan(0.5\omega_{st})}{\tan(0.5\omega_p)}$$

而获得,正如巴特沃斯滤波器一样。

(2) 滤波器参数$(N, \omega_{hp}, \varepsilon)$也可以利用由离散切比雪夫的幅度平方函数所获得的损耗函数求得

$$\alpha(e^{j\omega}) = 10\log_{10}\left[1 + \varepsilon^2 C_N^2\left(\frac{\tan(0.5\omega)}{\tan(0.5\omega_p)}\right)\right] \tag{12.34}$$

这是用一种与在模拟情形下类似的方法完成的。

(3) 与离散巴特沃斯滤波器设计类似,对于切比雪夫滤波器,其直流增益(即在 $\omega = 0$ 处的增益)可以被设置为任何所希望的值,办法是在分子中包含一个常数增益 G,从而使

$$|H_N(e^{j0})| = |H_N(1)| = G\frac{|N(1)|}{|D(1)|} = 期望增益 \tag{12.35}$$

(4) MATLAB 提供了两个设计切比雪夫滤波器的函数。函数 cheby1 用于设计本节所讲的滤波

器,而 cheby2 用于设计在通带具有平坦响应、在阻带具有波纹的滤波器。用函数 cheb1ord 和 cheb2ord 可以求得滤波器的最小阶数。函数 cheby1 和 cheby2 给出滤波器的系数。

【例 12.9】

考虑两个低通切比雪夫滤波器的设计。第一个滤波器的指标是

$$\alpha(e^{j0}) = 0dB$$
$$\omega_p = 0.47\pi rad, \quad \alpha_{max} = 2dB$$
$$\omega_{st} = 0.6\pi rad, \quad \alpha_{min} = 6dB$$

对于第二个滤波器,将 ω_p 改为 $0.48\pi rad$,其他指标与第一个滤波器相同。用 MATLAB 完成设计。

解 已在例 12.7 中获得了满足第一个滤波器指标的三阶巴特沃斯低通滤波器,根据本例的结果,二阶切比雪夫滤波器就能满足同样的指标,切比雪夫滤波器总是用更低的最小阶数就能满足与巴特沃斯滤波器同样的技术指标。对于第二个滤波器,其过渡带缩小了 $0.01\pi rad$,后面将会看到,如此一来切比雪夫滤波器的最小阶数就增加了一阶。以下是设计这两个滤波器所用的脚本。

```
% 例 12.9  切比雪夫低通滤波器
% %
alphamax = 2; alphamin = 9;                              % 损耗指标
figure(1)
for i = 1: 2,
    wp = 0.47 + (i - 1) * 0.01; ws = 0.6;                % 归一化的频率指标
    [N,wn] = cheb1ord(wp,ws,alphamax,alphamin)
    [b,a] = cheby1(N,alphamax,wn);
    wp = wp  *  pi;
    % 幅度和相位
    [H,w] = freqz(b,a); w = w/pi; M = length(H); H = H/H(1);
    % 检验各项指标
    spec0 = zeros(1,M); specl = alphamax * ones(1,M) * ( - 1)^(N + 1);
    spec2 = alphamin * ones(1,M);
    alpha = - 20  * log10(abs(H));
    hpf = (3.01 + alpha(1)) * ones(1,M);
    % 纹波系数 ε 和半功率频率
    epsi = sqrt(10 ^ (0.1 * alphmax) - 1);
    whp = 2 * atan(tan(0.5 * wp) * cosh(acosh(sqrt(10 ^ (0.1 * 3.01) - 1)/epsi)/N));
    whp = whp/pi
    % 绘图
    subplot(221); zplane(b,a)
    subplot(222)
    plot(w,abs(H)); grid; ylabel('|H|');
    axis([0  max(w)  0  1.1 * max(abs(H))])
    subplot(223)
    plot(w,unwrap(angle(H))); grid;
    ylabel('< H (rad)'; xlabel('\omega/pi)')
    subplot(224)
    plot(w,alpha); ylabel('alpha(\omega)  dB'); xlabel('\omega/pi')
    hold on; plot(w,spec0,'r'); hold on; plot(w,specl,'r')
    hold on; plot(w,hpf,'k'); hold on
    plot(w,spec2,'r'); grid;
    axis([0  max(w)  1.1 * min(alpha)  1.1 * (alpha(1) + 3)]); hold off
    figure(2)
end
```

第一个滤波器的转移函数为

$$H_1(z) = \frac{0.224 + 0.449z^{-1} + 0.224z^{-2}}{1 - 0.264z^{-1} + 0.394z^{-2}}$$

它的半功率频率等于 $\omega_{hp} = 0.493\pi$ rad。第二个滤波器的转移函数为

$$H_2(z) = \frac{0.094 + 0.283z^{-1} + 0.283z^{-2} + 0.094z^{-3}}{1 - 0.691z^{-1} + 0.774z^{-2} - 0.327z^{-3}}$$

它的半功率频率等于 $\omega_{hp} = 0.4902\pi$ rad。两个滤波器的极点和零点以及幅度响应和相位响应如图 12.14 所示。注意这两个滤波器在通带内增益(或损耗)的差异。为了使直流增益等于 1 单位,偶数阶滤波器 $H_1(z)$ 的幅度响应的值大于 1,而奇数阶滤波器 $H_2(z)$ 刚好相反。

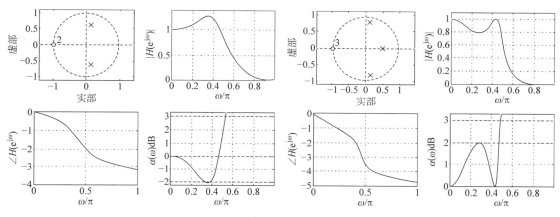

图 12.14 例 12.9 结果图

具有不同过渡带的两个切比雪夫滤波器:左边是偶数阶滤波器,其 $\omega_p = 0.47\pi$,右边是奇数阶滤波器,其 $\omega_p = 0.48\pi$(更窄的过渡带)。

需要注意的是,cheb1ord 输出的(且作为 cheby1 的输入)频率 ω_n 是通带频率 ω_p。由于 cheb1ord 并不给出半功率,故而滤波器的半功率频率是通过式(12.32)利用最小阶数 N、纹波系数 ε 和通带频率 ω_p 计算得到的(见脚本)。

【例 12.10】
考虑以下滤波器的技术指标,该滤波器将用于原声信号的滤波:

直流增益 $=10$,半功率频率 $f_{hp} = 4$kHz

带阻频率 $f_{st} = 5$kHz,$\alpha_{min} = 60$dB

抽样频率 $f_s = 20$kHz

设计具有相同阶数的巴特沃斯低通滤波器和切比雪夫低通滤波器,并比较它们的频率响应。

解 离散滤波器的指标为

直流增益 $=10 \Rightarrow \alpha(e^{j0}) = -20$dB

半功率频率: $\omega_{hp} = 2\pi f_{hp}(1/f_s) = 0.4\pi$ rad

带阻频率: $\omega_{st} = 2\pi f_{st}(1/f_s) = 0.5\pi$ rad

在设计巴特沃斯滤波器时,由于半功率频率已经指定了,因而只需求出最小阶数 N。可以发现 $N=15$ 就能满足各项指标,利用这个值以及已知的离散半功率频率,函数 butter 产生出滤波器的系数,结果如图 12.15 所示。

阶数 $N=15$,半功率频率 $\omega_{hp} = 0.4\pi$ 的切比雪夫滤波器的设计不能直接用函数 cheby1 来完成,因

为并不知道通带频率 ω_p。要求出 ω_p，可以先给 α_{max} 一个值(任意地定为 0.001dB)，从而计算出纹波系数 ε(见式(12.30))，然后再利用计算半功率频率的公式(12.32)求解出 ω_p。参见脚本中切比雪夫滤波器的设计部分。函数 cheby1 的输入为 N、α_{max} 和 ω_p，它产生出所设计滤波器的系数。利用这些系数，可以绘制出极点／零点、幅度响应和相位响应，以及损耗函数，如图 12.15 所示。由损耗函数的图形可见，切比雪夫滤波器在过渡带显示出比巴特沃斯滤波器更陡峭的响应，正如我们所预料的那样。

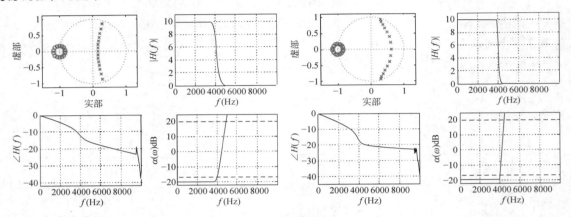

图 12.15　用于原声信号滤波的同阶($N=15$)巴特沃斯滤波器(左)和切比雪夫滤波器(右)

```
% 例 12.10  用于模拟信号滤波的巴特沃斯滤波器/切比雪夫低通滤波器
% %
 wh = 0.4 * pi; ws = 0.5 * pi; alphamin = 40; Fs = 20000;
% 巴特沃斯
    % N = log10((10 ^ (0.1 * alphamin) - 1))/(2 * log10(tan(ws/2)/tan(wh/2))); N = ceil(N)
    % [b,a] = butter(N,wh/pi); % 要获得巴特沃斯滤波器就去掉 '%'
% 切比雪夫
    alphamax = 0.001;
    epsi = sqrt(10 ^ (0.1 * alphamax) - 1);
% 切比雪夫滤波器设计中 ωp的计算
    wp = 2 * atan(tan(0.5 * wh)/(cosh(acosh(sqrt(10 ^ (0.1 * 3.01) - 1)/epsi)/N)));
    wp = wp/pi; [b,a] = cheby1(N,alphamax,wp);
% 幅度和相位
    [H,w] = freqz(b,a); w = w/pi; M = length(H); f = w * Fs/2;
    alpha0 = - 20; H = H * 10;
% 检验各项指标
    spec2 = alpha0 + alphamin * ones(1,M);
    hpf = alpha0 + 3.01 * ones(1,M);
    alpha = - 20 * log10(abs(H));
    Ha = unwrap(angle(H));
```

12.4.4　有理频率变换

如前所述，滤波器设计的常规方法是先获得一个原型低通滤波器，然后通过频率变换将其转换成不同类型的滤波器。当利用模拟滤波器设计 IIR 离散滤波器时，频率变换可以通过以下两种方式完成：

- 将原型低通模拟滤波器变换成所需的模拟滤波器，再反过来利用双线性或其他的变换法，将该模拟滤波器转换成为一个离散滤波器。
- 设计一个原型低通离散滤波器，然后将其变换成所需的离散滤波器。

第一种方法的优点是有可以利用的模拟频率变换并且很好理解,但其缺点是使用双线性变换会在较高频率引起所不希望的频率折叠,因此下面将采用第二种方法。

已知原型低通滤波器 $H_{lp}(Z)$,我们希望将其变换成期望的滤波器 $H(z)$,一般 $H(z)$ 是另一个低通、带通、高通和带阻滤波器。变换

$$G(z^{-1}) = Z^{-1} \tag{12.36}$$

应该保持原型低通滤波器的有理性和稳定性,相应地 $G(z^{-1})$ 应该:

- 是有理的,这样才能保持有理性;
- 将 Z 平面单位圆的内部映射到 z 平面单位圆的内部,这样才能保持稳定性;
- 将单位圆 $|Z|=1$ 映射为单位圆 $|z|=1$,从而使原型滤波器的频率响应映射为期望滤波器的频率响应。

如果 $Z=Re^{j\theta}$,$z=re^{j\omega}$,那么关于 $G(z^{-1})$ 的第三个条件就相当于

$$G(e^{-j\omega}) = |G(e^{-j\omega})|\ e^{j\angle(G(e^{-j\omega}))} = \underbrace{1e^{-j\theta}}_{Z\text{平面的单位圆}} \tag{12.37}$$

这表明,频率变换 $G(z^{-1})$ 具有全通滤波器的特性,其幅度 $|G(e^{-j\omega})|=1$,相位 $\angle G(e^{-j\omega})=-\theta$。

利用全通滤波器转移函数(两个同次多项式之比,极点和零点互为逆共轭)的一般形式得到有理变换函数的一般形式为

$$Z^{-1} = G(z^{-1}) = A\prod_k \frac{z^{-1}-\alpha_k}{1-\alpha_k^* z^{-1}} \tag{12.38}$$

其中,A 和 $\{\alpha_k\}$ 的值由原型滤波器和期望滤波器获得。

1. 低通到低通的变换

我们希望获得将原型低通滤波器转换成为一个不同的低通滤波器的变换式 $Z^{-1}=G(z^{-1})$,这个全通变换应该能够扩展或压缩原型低通滤波器的频率支撑,但保持其阶数,因此它应该是两个线性变换之比,即

$$Z^{-1} = A\frac{z^{-1}-\alpha}{1-\alpha z^{-1}} \tag{12.39}$$

其中,A 和 α 是两个参数。由于 Z 平面上的零频率要被映射到 z 平面上的零频率,所以若令变换中的 $Z=z=1$,就得到了 $A=1$。为了得到 α 的值,令式(12.39)中的 $Z=1e^{j\theta}$,$z=1e^{j\omega}$,从而有

$$e^{-j\theta} = \frac{e^{-j\omega}-\alpha}{1-\alpha e^{-j\omega}} \tag{12.40}$$

通过将原型的截止频率 θ_p 映射为期望的截止频率 ω_d 就可求出 α 值如下。首先,由式(12.40)有

$$\alpha = \frac{e^{-j\omega}-e^{-j\theta}}{1-e^{-j(\theta+\omega)}} = \frac{e^{-j\omega}-e^{-j\theta}}{2je^{-j0.5(\theta+\omega)}\sin((\theta+\omega)/2)}$$

$$= \frac{e^{j0.5(\theta-\omega)}-e^{-j0.5(\theta-\omega)}}{2j\sin((\theta+\omega)/2)} = \frac{\sin((\theta-\omega)/2)}{\sin((\theta+\omega)/2)}$$

然后用 θ_p 和 ω_d 分别替换 θ 和 ω 得到

$$\alpha = \frac{\sin((\theta_p-\omega_d)/2)}{\sin((\theta_p+\omega_d)/2)} \tag{12.41}$$

注意,如果原型滤波器与期望滤波器一致,即 $\theta_p=\omega_d$,那么 $\alpha=0$,变换就等于 $Z^{-1}=z^{-1}$。对于 $0\sim1$ 之间的不同 α 值,变换将缩小原型低通滤波器的支撑;反之,当 $-1\leqslant\alpha<0$,变换将扩大原型低通的支撑。(在图 12.16 中,频率 θ 和 ω 都被归一化到 $0\sim1$ 之间,即二者都除以了 π)。

注：

（1）LP-LP 变换过程为

■ 已知 θ_p 和 ω_d，求出相应的 α 值（用式（12.41））；

■ 将已求出的 α 代入变换式（12.39），其中的 $A=1$。

（2）即使是在这种简单的低通到低通的变换情况下，频率 θ 和 ω 之间的关系也是高度非线性的。事实上，若求解变换式（12.40）中的 $e^{-j\omega}$，可以得到

$$e^{-j\omega} = \left(\frac{e^{-j\theta}+\alpha}{1+\alpha e^{-j\theta}}\right)\left(\frac{1+\alpha e^{j\theta}}{1+\alpha e^{j\theta}}\right) = \frac{e^{-j\theta}+2\alpha+\alpha^2 e^{j\theta}}{1+2\alpha\cos(\theta)+\alpha^2}$$

$$= \underbrace{\frac{2\alpha+(1+\alpha^2)\cos(\theta)}{1+2\alpha\cos(\theta)+\alpha^2}}_{B} - j\underbrace{\frac{(1-\alpha^2)\sin(\theta)}{1+2\alpha\cos(\theta)+\alpha^2}}_{C}$$

由于 $e^{-j\omega}=\cos(\omega)-j\sin(\omega)$，于是 $\cos(\omega)=B$，$\sin(\omega)=C$，所以 $\tan(\omega)=C/B$，从而得

$$\omega = \tan^{-1}\left[\frac{(1-\alpha^2)\sin(\theta)}{2\alpha+(1+\alpha^2)\cos(\theta)}\right] \quad (12.42)$$

若画出对应不同 α 取值的 ω 图形，就得到图 12.16，这些曲线清楚地显示出频率 θ_p 到 ω_d 的映射以及要完成正确的变换所需的 α 值。

2. 低通到高通的变换

低通滤波器和高通滤波器之间的对偶性表明，低通到高通的变换式如同 LP-LP 一样，其分子和分母都应该是线性的，还要注意到，通过将 Z^{-1} 变成 $-Z^{-1}$，原型低通滤波器可以变换成一个具有相同带宽的高通滤波器。

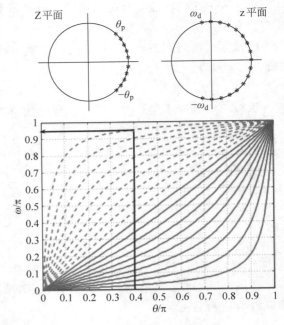

图 12.16　低通到低通的变换

从具有截止频率 θ_p 的原型低通滤波器到具有期望截止频率 ω_d 的低通滤波器的频率变换（上图）。在低通到低通的频率变换中，频率 θ/π 到 ω/π 的映射：连续线对应于 $0<\alpha\leqslant 1$，而虚线则对应于值 $-1\leqslant\alpha\leqslant 0$。箭头指示的是当 $\alpha=-0.9$ 时，$\theta_p=0.4\pi$ 变换为 $\omega_d\approx 0.95\pi$。

的确如此，这种代换能使低通滤波器的复极点或复零点 $R_1 e^{\pm j\theta_1}$ 映射为对应高通滤波器的 $-R_1 e^{\pm j\theta_1} = R_1 e^{j(\pi\pm\theta_1)}$（即令 $\theta_1 \to \pi-\theta_1$）。例如，一个低通滤波器

$$H(Z) = \frac{Z+1}{Z-0.5}$$

它在 -1 有一个零点，在 0.5 有一个极点。若令 $Z^{-1} \to -Z^{-1}$，则有

$$H_1(Z) = \frac{-Z+1}{-Z-0.5} = \frac{Z-1}{Z+0.5}$$

其零点位于 1，极点位于 -0.5，或者说它变成了一个高通滤波器。

于是 LP-HP 变换为

$$Z^{-1} = -\left(\frac{z^{-1}-\alpha}{1-\alpha z^{-1}}\right)$$

为了得到 α，可将式（12.41）中的 θ_p 用 $\pi-\theta_p$ 替换，从而有

$$\alpha = \frac{\sin(-(\theta_p+\omega_d)/2+\pi/2)}{\sin(-(\theta_p-\omega_d)/2+\pi/2)}$$

$$= \frac{\cos(-(\theta_p+\omega_d)/2)}{\cos(-(\theta_p-\omega_d)/2)} = \frac{\cos((\theta_p+\omega_d)/2)}{\cos((\theta_p-\omega_d)/2)} \quad (12.43)$$

和前面一样，θ_p 是原型低通滤波器的截止频率，ω_d 是高通滤波器的期望截止频率。

以上变换证实了当低通滤波器和高通滤波器具有相同的带宽,即 $\omega_d = \pi - \theta_p$,有 $\theta_p + \omega_d = \pi$,这样 $\alpha = 0$ 就给出变换 $Z^{-1} = -z^{-1}$,正如我们指出的那样,该变换将一个低通滤波器转换为一个高通滤波器且二者具有相同的带宽。

3. 低通到带通和低通到带阻的变换

由于 LP-LP 变换和 LP-HP 变换的分子和分母都是线性函数,因而它们保持了原型滤波器的极点和零点数量,然而要把一个低通滤波器变换为一个带通或带阻滤波器,极点和零点的数量必须加倍。例如,如果原型滤波器是一阶的低通滤波器(具有实值极点/零点),那么需要的变换是分子和分母都是二次的而不是线性的,才能由低通滤波器获得带通或带阻滤波器,因为带通和带阻滤波器不能为一阶。

低通到带通(LP-BP)的变换是

$$Z^{-1} = -\left(\frac{z^{-2} - bz^{-1} + c}{cz^{-2} - bz^{-1} + 1} \right) \tag{12.44}$$

而低通到带阻(LP-BS)的变换是

$$Z^{-1} = \frac{z^{-2} - (b/k)z^{-1} - c}{-cz^{-2} - (b/k)z^{-1} + 1} \tag{12.45}$$

其中

$$b = 2\alpha k/(k+1)$$
$$c = (k-1)/(k+1)$$
$$\alpha = (\cos((\omega_{du} + \omega_{dl})/2))/(\cos((\omega_{du} - \omega_{dl})/2))$$
$$k = \cot((\omega_{du} - \omega_{dl})/2))\tan(\theta_p/2)$$

频率 ω_{dl} 和 ω_{du} 是带通滤波器和带阻滤波器的期望下截止频率和上截止频率。注意,当 $\omega_{du} + \omega_{dl} = \pi$ 时(即幅度响应关于 $\pi/2$ 对称),以上方程变得更加简单,因为 $\alpha = 0$。

12.4.5 用 MATLAB 设计一般 IIR 滤波器

以下函数 buttercheby1 可用于设计低通、高通、带通和带阻巴特沃斯以及切比雪夫滤波器。在设计带通滤波器和带阻滤波器时,要注意原型低通滤波器的阶数是期望滤波器阶数的一半。

```
function [b, a, H, w] = butterchebyl(lp_order, wn, BC, type)
%
% 设计鉴频滤波器
% 用巴特沃斯法和切比雪夫法,双线性变换和频率变换
%
% lp_order: 低通原型滤波器的阶数
% wn: 包含归一化截止频率的矢量,其元素必须是归一化的
% BC: 巴特沃斯(0)或者切比雪夫 1(1)
% 类型: 期望滤波器的类型
%     1 = 低通
%     2 = 高通
%     3 = 带通
%     4 = 带阻
% [b, a]: 所设计的滤波器的分子系数,分母系数
% [H, w]: 频率响应,频率范围
% 用法:
% [b, a, H, w] = butterchebyl(lp_order, wn, BC, type)
 if BC == 0;                                        %   巴特沃斯滤波器
```

```
    if type  == 1
        [b,a] = butter(lp_order,wn);                             %   低通
    elseif type == 2
        [b,a] = butter(lp_order,wn,'high');                      %   高通
    elseif type == 3
        [b,a] = butter(lp_order,wn);                             %   带通
    else
        [b,a] = butter(lp_order,wn,'stop');                      %   带阻
    end
[H,w] = freqz(b,a,256);
else                                                             %   切比雪夫滤波器
R = 0.01;
if type  == 1,
        [b,a] = cheby1(lp_order,R,wn);                           %   低通
    elseif type == 2,
        [b,a] = cheby1(lp_order,R,wn,'high');                    %   高通
    elseif type == 3,
        [b,a] = cheby1(lp_order,R,wn);                           %   带通
    else
        [b,a] = cheby1(lp_order,R,wn,'stop');                    %   带阻
    end
    [H,w] = freqz(b,a,256);
    end
```

为了说明除低通滤波器之外的其他滤波器是如何设计的,下面来考虑巴特沃斯带阻滤波器和切比雪夫带阻滤波器的设计,滤波器的阶数 $N=30$,半功率频率$[0.4\pi,0.6\pi]$。采用以下脚本进行滤波器的设计,图 12.17 显示了结果。

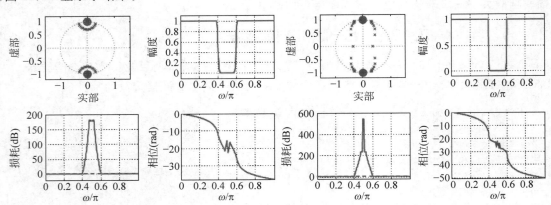

图 12.17　带阻巴特沃斯滤波器和带阻切比雪夫滤波器

带阻巴特沃斯滤波器(左)和带阻切比雪夫滤波器(右)：(左右两边均为从左上图起始沿顺时针方向)极点/零点、幅度频率响应、相位频率响应和损耗。

```
%  带阻巴特沃斯
% %
 figure(1)
 [b1,a1] = buttercheby1(15,[0.4  0.6],0,4)
% %
%  带阻切比雪夫
% %
 figure(2)
```

```
[b2,a2] = buttercheby1(15,[0.4  0.6],1,4)
```

只需遵循与前面相似的过程就可以用 MATLAB 设计其他滤波器。例如,要设计具有截止频率 $[0.45\pi, 0.55\pi]$ 且损耗指标在通带和阻带内分别为 0.1dB 和 40 dB 的 20 阶椭圆带通滤波器,所用的脚本如下面所示。同理,要利用 cheby2 函数设计一个高通滤波器,假如指定阶数 10,阻带内损耗 40dB 以及截止频率 0.55π,并指明它是高通滤波器,设计结果如图 12.18 所示。

```
% 椭圆和切比雪夫 2
% %
[b1,a1] = ellip(10,0.1,40,[0.45  0.55]);
[b2,a2] = cheby2(10,40,0.55,'high');
```

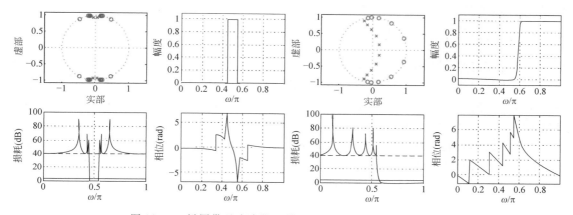

图 12.18 椭圆带通滤波器和利用 cheby2 设计的高通滤波器

椭圆带通滤波器(左)和利用 cheby2 设计的高通滤波器(右):(左右两边均为从左上图起始沿顺时针方向)极点/零点、幅度频率响应、相位频率响应和损耗。

12.5 FIR 滤波器设计

FIR 滤波器的设计方法一般是离散的。FIR 滤波器的技术指标通常是时域形式而不是频域形式。FIR 滤波器有三个确定的优点:(i)稳定性;(ii)可能的线性相位;(iii)高效的实现。事实上,由于 FIR 滤波器的极点是在 z 平面的原点,所以 FIR 滤波器是稳定的。FIR 滤波器可被设计成具有线性相位,并且由于 FIR 滤波器的输入/输出方程等价于卷积和,故而 FIR 滤波器是利用快速傅里叶变换(FFT)来实现的。FIR 滤波器的缺点是对存储空间的需求较大,因为典型的 FIR 滤波器具有大量的系数。

【例 12.11】

一个移动平均滤波器具有冲激响应 $h[n]=1/M, 0 \leqslant n \leqslant M-1$,否则等于 0。此滤波器的转移函数为

$$H(z) = \sum_{n=0}^{M-1} \frac{1}{M} z^{-n} = \frac{1 - z^{-M}}{M(1 - z^{-1})} = \frac{1}{M} \frac{z^M - 1}{z^{M-1}(z-1)}$$

研究该滤波器的稳定性,判断该滤波器的相位是否是线性的,说明它是什么类型的滤波器。

解 考虑到冲激响应 $h[n]$ 的长度是有限的 M,因此它是绝对可和的,从而该滤波器是 BIBO 稳定的。注意,由以上 $H(z)$ 的最终表达式可得 $H(1)$ 等于 0/0,这表明在 $z=1$ 存在一个极点和一个零点,但是根据 $H(z)$ 的求和式可得 $H(1)=1$,这说明在 $z=1$ 没有极点。$H(z)$ 的零点是使 $z^M-1=0$,或 $z_k=$

$e^{j2\pi k/M}, k=0, \cdots, M-1$ 的那些值。当 $k=0$ 时，位于 $z=1$ 的零点抵消了位于 1 的极点，从而有

$$H(z) = \frac{(z-1)\prod\limits_{k=1}^{M-1}(z-e^{j2\pi k/M})}{Mz^{M-1}(z-1)} = \frac{\prod\limits_{k=1}^{M-1}(z-e^{j2\pi k/M})}{Mz^{M-1}}$$

为了证明确实存在零、极点抵消，令 $M=3$，在这种情况下有

$$H(z) = \frac{1}{3}\frac{z^3-1}{z^2(z-1)} = \frac{1}{3}\frac{(z^2+z+1)(z-1)}{z^2(z-1)} = \frac{z^2+z+1}{3z^2}$$

上式显示出零点、极点相互抵消了。

由于该滤波器的零点都在单位圆上，所以其相位是非线性的。虽然该滤波器被认为是一个低通滤波器，但从幅度响应的角度来看，其品质很差。

12.5.1 窗函数设计法

依靠离散时间傅里叶变换，常见的幅度和线性相位的滤波器指标可以转化为时域指标(即期望的冲激响应)，本节将介绍如何应用**窗函数法**采用时域指标来设计 FIR 滤波器。这种方法是一种试错法，因为并没有一种度量所设计的滤波器与期望响应之间的接近程度的方法。采用不同的窗函数会得到不同的设计结果。

设 $H_d(e^{j\omega})$ 为理想的离散低通滤波器的期望频率响应，假设 $H_d(e^{j\omega})$ 的相位等于零，那么期望的冲激响应可以通过离散时间傅里叶逆变换而得到，即

$$h_d[n] = \frac{1}{2\pi}\int_{-\pi}^{\pi}H_d(e^{j\omega})e^{j\omega n}\,\mathrm{d}\omega, \quad -\infty < n < \infty \tag{12.46}$$

它是非因果的且具有无限长度，因此滤波器

$$H_d(z) = \sum_{n=-\infty}^{\infty}h_d[n]z^{-n} \tag{12.47}$$

不是一个 FIR 滤波器。为了得到一个近似 $H_d(e^{j\omega})$ 的 FIR 滤波器，需要对冲激响应 $h_d[n]$ 加一个窗口以获得有限的长度，然后对生成的加窗冲激响应进行延时从而达到因果性的目的。

对于奇数 N，定义

$$h_w[n] = h_d[n]w[n] = \begin{cases} h_d[n], & -(N-1)/2 \leqslant n \leqslant (N-1)/2 \\ 0, & \text{其他} \end{cases}$$

其中，$w[n]$ 是导致 $h_d[n]$ 截断的矩形窗

$$w[n] = \begin{cases} 1, & -(N-1)/2 \leqslant n \leqslant (N-1)/2 \\ 0, & \text{其他} \end{cases} \tag{12.48}$$

加窗冲激响应 $h_w[n]$ 的离散时间傅里叶变换为

$$H_w(e^{j\omega}) = \sum_{n=-(N-1)/2}^{(N-1)/2}h_w[n]e^{-j\omega n}$$

对于一个很大的 N 值，$H_w(e^{j\omega})$ 一定能很好地逼近 $H_d(e^{j\omega})$，即对于某个较大的 N 值有

$$|H_w(e^{j\omega})| \approx |H_d(e^{j\omega})|, \quad \angle H_w(e^{j\omega}) = \angle H_d(e^{j\omega}) = 0 \tag{12.49}$$

但我们并不知道应该如何选择 N 的值——这就是称这种设计方法为试错法的原因。

对于能使式(12.49)成立的 N 值，为了把 $H_w(z)$ 转换成一个因果的滤波器，将冲激响应 $h_w[n]$ 延时 $(N-1)/2$ 个样本点，并在令 $n=m+(N-1)/2$ 之后得到

$$\hat{H}(z) = H_{\mathrm{w}}(z)z^{-(N-1)/2} = \sum_{m=-(N-1)/2}^{(N-1)/2} h_{\mathrm{w}}[m]z^{-(m+(N-1)/2)}$$

$$= \sum_{n=0}^{N-1} h_{\mathrm{d}}[n-(N-1)/2]w[n-(N-1)/2]z^{-n}$$

对于一个较大的 N 值,且由于根据式(12.49)有 $\angle H_{\mathrm{w}}(\mathrm{e}^{\mathrm{j}\omega}) = \angle H_{\mathrm{d}}(\mathrm{e}^{\mathrm{j}\omega}) = 0$,因此得到

$$|\hat{H}(\mathrm{e}^{\mathrm{j}\omega})| = |H_{\mathrm{w}}(\mathrm{e}^{\mathrm{j}\omega})\mathrm{e}^{-\mathrm{j}\omega(N-1)/2}| = |H_{\mathrm{w}}(\mathrm{e}^{\mathrm{j}\omega})| \approx |H_{\mathrm{d}}(\mathrm{e}^{\mathrm{j}\omega})|$$

$$\angle\,\hat{H}(\mathrm{e}^{\mathrm{j}\omega}) = \angle H_{\mathrm{w}}(\mathrm{e}^{\mathrm{j}\omega}) - \frac{N-1}{2}\omega = -\frac{N-1}{2}\omega \tag{12.50}$$

即 FIR 滤波器 $\hat{H}(z)$ 的幅度响应近似(依赖于所取的 N 值)期望的响应,它的相位响应是线性的,这些结果可概括如下:

FIR 滤波器设计的通用窗函数方法

■ 如果期望低通滤波器具有幅度频率响应

$$|H_{\mathrm{d}}(\mathrm{e}^{\mathrm{j}\omega})| = \begin{cases} 1, & -\omega_{\mathrm{c}} \leqslant \omega \leqslant \omega_{\mathrm{c}} \\ 0, & \text{其他} \end{cases} \tag{12.51}$$

和线性相位

$$\theta(\omega) = -\omega M/2$$

那么相应的冲激响应由下式给出:

$$h_{\mathrm{d}}[n] = \begin{cases} \sin(\omega_{\mathrm{c}}(n-M/2)/(\pi(n-M/2))), & n \neq M/2 \\ \omega_{\mathrm{c}}/\pi, & n = M/2, M \text{ 为偶数}(M \text{ 为奇数时未定义}) \end{cases} \tag{12.52}$$

利用一个长度为 M、中心位置在 $M/2$ 的窗函数 $w[n]$ 截取 $h_{\mathrm{d}}[n]$,得到加窗后的冲激响应为

$$h[n] = h_{\mathrm{d}}[n]w[n]$$

于是所设计的 FIR 滤波器为

$$H(z) = \sum_{n=0}^{M-1} h[n]z^{-n}$$

■ 利用窗函数设计 FIR 滤波器是一个试错的过程,通过采用各种各样的窗函数以及各种不同长度的窗函数,可以得到不同的折中设计。

■ 冲激响应 $h[n]$ 关于 $M/2$ 对称,此对称性与 $M/2$ 是否是整数无关,这保证了滤波器相位的线性性。

12.5.2 窗函数

在 12.5.1 节中,加窗冲激响应 $h_{\mathrm{w}}[n]$ 被写作 $h_{\mathrm{w}}[n] = h_{\mathrm{d}}[n]w[n]$,其中

$$w[n] = \begin{cases} 1, & -(N-1)/2 \leqslant n \leqslant (N-1)/2 \\ 0, & \text{其他} \end{cases} \tag{12.53}$$

是一个长度为 N 的矩形窗。如果希望 $H_{\mathrm{w}}(\mathrm{e}^{\mathrm{j}\omega}) = H_{\mathrm{d}}(\mathrm{e}^{\mathrm{j}\omega})$,那么就需要一个无限长的矩形窗,从而使冲激响应 $h_{\mathrm{w}}[n] = h_{\mathrm{d}}[n]$,即没有加窗。这个理想的矩形窗具有离散时间傅里叶变换

$$W(\mathrm{e}^{\mathrm{j}\omega}) = 2\pi\delta(\omega), \quad -\pi \leqslant \omega < \pi \tag{12.54}$$

由于 $h_{\mathrm{w}}[n] = w[n]h_{\mathrm{d}}[n]$,这是变量 n 的两个函数的乘积,因此 $H_{\mathrm{w}}(\mathrm{e}^{\mathrm{j}\omega})$ 等于频域中 $H_{\mathrm{d}}(\mathrm{e}^{\mathrm{j}\omega})$ 和

$W(e^{j\omega})$的卷积，即

$$H_w(e^{j\omega}) = \frac{1}{2\pi}\int_{-\pi}^{\pi} H_d(e^{j\theta})W(e^{j(\omega-\theta)})d\theta = \int_{-\pi}^{\pi} H_d(e^{j\theta})\delta(\omega-\theta)d\theta = H_d(e^{j\omega})$$

因此当$N\to\infty$时，该卷积的结果就是$H_d(e^{j\omega})$；但是如果N是有限的，那么频域中的这个卷积将产生$H_d(e^{j\omega})$的一个失真版本，所以要想利用一个有限窗$w[n]$来获得$H_d(e^{j\omega})$的良好近似，该窗函数的频谱必须近似于理想矩形窗的频谱，即式(12.54)中在频率范围$-\pi\leqslant\omega<\pi$内的冲激，其大部分能量都需集中在低频，所幸的是窗函数的光滑度使这一点成为可能。比矩形窗更光滑的窗函数有：

1）三角形窗或巴特利特(Bartlett)窗

$$w[n] = \begin{cases} 1-\dfrac{2\,|\,n\,|}{N-1}, & -(N-1)/2 \leqslant n \leqslant (N-1)/2 \\ 0, & \text{其他} \end{cases} \tag{12.55}$$

2）汉明(Hamming)窗

$$w[n] = \begin{cases} 0.54+0.46\cos(2\pi n/(N-1)), & -(N-1)/2 \leqslant n \leqslant (N-1)/2 \\ 0, & \text{其他} \end{cases} \tag{12.56}$$

3）凯泽(Kaiser)窗

这个窗函数有一个可调参数β，窗函数由下式给出：

$$w[n] = \begin{cases} \dfrac{I_0(\beta\sqrt{1-(n/(N-1)^2)})}{I_0(\beta)}, & -(N-1)/2 \leqslant n \leqslant (N-1)/2 \\ 0, & \text{其他} \end{cases} \tag{12.57}$$

其中，$I_0(x)$是第一类零阶贝塞尔函数，它可用以下级数计算出来：

$$I_0(x) = 1 + \sum_{k=1}^{\infty}\left(\frac{(0.5x)^k}{k!}\right)^2 \tag{12.58}$$

当$\beta=0$时，由于$I_0(0)=1$，凯泽窗与矩形窗一致。随着β增大，窗函数变得更加平滑。

以上定义的窗函数都是关于原点对称的，图12.19和图12.20显示的是因果的矩形窗、巴特利特窗、汉明窗和凯泽窗，以及它们的幅度谱。鉴于凯泽窗的旁瓣具有最大损耗，因此凯泽窗被认为是这四个窗函数当中最好的，然后依次是汉明窗、巴特利特窗和矩形窗。注意到第一个旁瓣的宽度最大的是凯泽窗，最小的是矩形窗，这说明凯泽窗非常平滑，它的大部分能量都集中在低频，而矩形窗刚好相反。

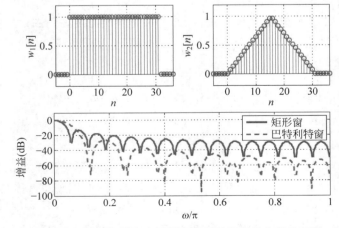

图12.19　因果矩形窗和因果巴特利特窗以及它们的频谱

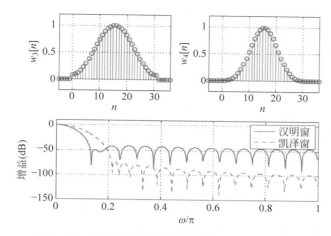

图 12.20　因果汉明窗和因果凯泽窗以及它们的频谱

12.5.3　冲激响应的线性相位及对称性

线性相位是所设计的滤波器的冲激响应具有对称性的结果。正如下面要证明的那样,如果 FIR 滤波器的冲激响应 $h[n]$ 关于正中的样本点偶对称或奇对称,那么 FIR 滤波器具有线性相位。

对于一个 $M-1$ 阶或长度为 M 且转移函数为

$$H(z) = \sum_{n=0}^{M-1} h[n]z^{-n} \tag{12.59}$$

的 FIR 滤波器,考虑以下几种情况:

（1）M 是奇数,即 $M=2N+1$。假定冲激响应 $h[n]$ 关于数值 N 对称:

$$h[n] = h[2N-n], \quad n=0,\cdots,N \tag{12.60}$$

或 $h[0]=h[2N]$,$h[1]=h[2N-1]$,$\cdots$,$h[N]$ 等于它自身,将式（12.59）重写为

$$\begin{aligned}
H(z) &= z^{-N}\sum_{n=0}^{2N} h[n]z^{N-n} = z^{-N}\left[\sum_{n=0}^{N} h[n]z^{N-n} + h[N] + \sum_{n=N+1}^{2N} h[n]z^{N-n}\right] \\
&= z^{-N}\left[\sum_{n=0}^{N-1} h[n]z^{N-n} + h[N] + \sum_{m=0}^{N-1} h[2N-m]z^{-N+m}\right] \\
&= z^{-N}\left[h[N] + \sum_{n=0}^{N-1} h[n](z^{N-n} + z^{-(N-n)})\right]
\end{aligned}$$

其中,令 $m=2N-n$,并利用了冲激响应的对称性。

于是频率响应等于

$$H(e^{j\omega}) = e^{-j\omega N}\left[h[N] + \sum_{n=0}^{N-1} 2h[n]\cos((N-n)\omega)\right] = e^{-j\omega N}A(e^{j\omega})$$

由于 $A(e^{j\omega})$ 是实函数,于是有

$$\angle H(e^{j\omega}) = \begin{cases} -\omega N, & A(e^{j\omega}) \geqslant 0 \\ -\omega N - \pi, & A(e^{j\omega}) < 0 \end{cases} \tag{12.61}$$

群延迟 $\tau(\omega) = -\mathrm{d}\angle H(e^{j\omega})/\mathrm{d}\omega = N$ 是常数,从而相位是线性的。

（2）M 是偶数,即 $M=2N$。假定这种情况下冲激响应是关于样本 $N-1$ 和样本 N 之间的值即

$N-0.5$ 对称：

$$h[n] = h[2N-1-n], \quad n = 0, \cdots, N-1 \tag{12.62}$$

或 $h[0]=h[2N-1],h[1]=h[2N-2],\cdots,h[N-1]=h[N]$，采用与在奇数情况下相似的方法，可以求出频率响应为

$$H(e^{j\omega}) = e^{-j(N-0.5)\omega} \sum_{n=0}^{N-1} 2h[n]\cos((N-0.5-n)\omega) = e^{-j(N-0.5)\omega} B(e^{j\omega})$$

由于 $B(e^{j\omega})$ 是实函数，所以在这种情况下 FIR 滤波器的相位为

$$\angle H(e^{j\omega}) = \begin{cases} -(N-0.5)\omega, & B(e^{j\omega}) \geqslant 0 \\ -(N-0.5)\omega - \pi, & B(e^{j\omega}) < 0 \end{cases} \tag{12.63}$$

群延迟 $\tau(\omega) = -d\angle H(e^{j\omega})/d\omega = N - 0.5$ 是常数，所以相位是线性的。

(3) 对于以上两种情况，冲激响应也有可能具有奇对称性：

■ 当 M 为奇数，即 $M=2N+1$ 时，假定冲激响应 $h[n]$ 关于数值 N 奇对称：

$$h[n] = -h[2N-n], \quad n = 0, \cdots, N \tag{12.64}$$

或 $h[0]=-h[2N],h[1]=-h[2N-1],\cdots,h[N]=-h[N]=0$，与前面一样，FIR 滤波器的频率响应等于

$$H(e^{j\omega}) = -je^{-j\omega N}\left[\sum_{n=0}^{N-1} 2h[n]\sin((N-n)\omega)\right] = -je^{-j\omega N}C(e^{j\omega})$$

由于 $C(e^{j\omega})$ 是实函数，于是有

$$\angle H(e^{j\omega}) = \begin{cases} -\omega N - \pi/2, & C(e^{j\omega}) \geqslant 0 \\ -\omega N - 3\pi/2, & C(e^{j\omega}) < 0 \end{cases} \tag{12.65}$$

即相位是线性的。

■ 当 M 为偶数，即 $M=2N$ 时，假定冲激响应在这种情况下关于样本 $N-1$ 和样本 N 之间的值即 $N-0.5$ 奇对称：

$$h[n] = -h[2N-1-n], \quad n = 0, \cdots, N-1 \tag{12.66}$$

或 $h[0]=-h[2N-1],h[1]=-h[2N-2],\cdots,h[N-1]=-h[N]$，那么频率响应为

$$H(e^{j\omega}) = je^{-j(N-0.5)\omega} \sum_{n=0}^{N-1} 2h[n]\sin((N-0.5-n)\omega) = je^{-j(N-0.5)\omega}D(e^{j\omega})$$

由于 $D(e^{j\omega})$ 是实函数，所以在这种情况下 FIR 滤波器的相位为

$$\angle H(e^{j\omega}) = \begin{cases} -(N-0.5)\omega + \pi/2, & D(e^{j\omega}) \geqslant 0 \\ -(N-0.5)\omega - \pi/2, & D(e^{j\omega}) < 0 \end{cases} \tag{12.67}$$

即相位是线性的。

【例 12.12】

设计一个长度 $M=21$ 的低通 FIR 滤波器用于模拟信号的滤波，该滤波器近似以下理想的频率响应

$$H_d(e^{jf}) = \begin{cases} 1, & -125 \leqslant f \leqslant 125\,\text{Hz} \\ 0, & -f_s/2 < f \leqslant f_s/2 \text{ 内的其他地方} \end{cases}$$

抽样率为 $f_s = 1000\,\text{Hz}$。先用矩形窗设计，再用汉明窗设计，并比较用两种不同窗设计所得的两个滤波器。

解 采用 $\omega = 2\pi f/f_s$，则离散频率响应为

$$H_{\mathrm{d}}(\mathrm{e}^{\mathrm{j}\omega}) = \begin{cases} 1, & -\pi/4 \leqslant \omega \leqslant \pi/4\,\mathrm{rad} \\ 0, & -\pi < \omega \leqslant \pi\ \text{内的其他地方} \end{cases}$$

于是期望冲激响应等于

$$h_{\mathrm{d}}[n] = \frac{1}{2\pi}\int_{-\pi}^{\pi} H_{\mathrm{d}}(\mathrm{e}^{\mathrm{j}\omega})\mathrm{e}^{\mathrm{j}\omega n}\,\mathrm{d}\omega = \frac{1}{2\pi}\int_{-\pi/4}^{\pi/4}\mathrm{e}^{\mathrm{j}\omega n}\,\mathrm{d}\omega = \begin{cases} \sin(\pi n/4)/(\pi n), & n \neq 0 \\ 0.25, & n = 0 \end{cases}$$

若用矩形窗,那么 FIR 滤波器的形式为(因为 $M = 2N+1 = 21$,故延迟为 $N = 10$)

$$\hat{H}(z) = H_{\mathrm{w}}(z)z^{-10} = \sum_{n=0}^{20} h_{\mathrm{d}}[n-10]z^{-n} = 0.25z^{-10} + \sum_{n=0,\,n\neq10}^{20}\frac{\sin(\pi(n-10)/4)}{\pi(n-10)}z^{-n}$$

用矩形窗(左)和汉明窗(右)设计所得滤波器的幅度和相位如图 12.21 所示。

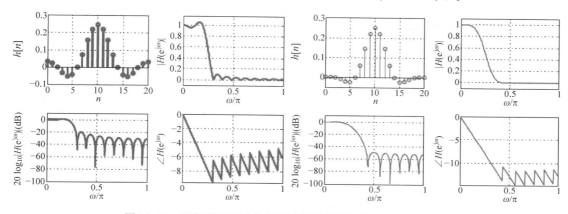

图 12.21　用矩形窗(左)和汉明窗设计所得的低通 FIR 滤波器

利用汉明窗设计得到的滤波器比用矩形窗设计得到的滤波器在幅度响应和相位响应上有很大的改善。注意,在汉明窗设计中,阻带内的第二个波瓣大约为 $-50\mathrm{dB}$,而在矩形窗设计中,该数值大约是 $-20\mathrm{dB}$,这个差异是很显著的。在这两种设计中,滤波器在通带内的相位响应都是线性的,与冲激响应 $h[n]$ 关于 $n = 10$ 处的样本点对称相符。

【例 12.13】

用凯泽窗设计一个阶数为 $M-1 = 14$、截止频率为 0.2π 的高通滤波器,用 MATLAB 进行设计。

解　设 $h_{\mathrm{lp}}[n]$ 为理想低通滤波器

$$H_{\mathrm{lp}}(\mathrm{e}^{\mathrm{j}\omega}) = \begin{cases} 1, & -\omega_{\mathrm{c}} \leqslant \omega \leqslant \omega_{\mathrm{c}} \\ 0, & [-\pi,\pi)\ \text{内其他频段} \end{cases}$$

的冲激响应,根据 DTFT 的调制性质有

$$2h_{\mathrm{lp}}[n]\cos(\omega_0 n) \Longleftrightarrow H_{\mathrm{lp}}(\mathrm{e}^{\mathrm{j}(\omega+\omega_0)}) + H_{\mathrm{lp}}(\mathrm{e}^{\mathrm{j}(\omega-\omega_0)})$$

如果令 $\omega_0 = \pi$,那么上式右边两项就确定了一个高通滤波器,所以有 $h_{\mathrm{hp}}[n] = 2h_{\mathrm{lp}}[n]\cos(\pi n) = 2(-1)^n h_{\mathrm{lp}}[n]$ 为高通滤波器的期望冲激响应。下面的脚本利用自定义函数 fir 设计高通滤波器,以供参考。

```
% 例 12.13  用 fir 函数设计 FIR 滤波器
% %
  No = 14; wc = 0.2; wo = 1; wind = 4;
  [b] = fir(No,wc,wo,wind);
  [H,w] = freqz(b,1,256);
```

结果如图 12.22 所示。注意到冲激响应是关于 $n=7$ 对称的,这使得高通滤波器在通带内具有线性相位,分贝增益的第二波瓣大约为 $-50\mathrm{dB}$。

函数 fir 利用了不同类型的窗函数,可以用来设计低通、高通和带通 FIR 滤波器。当设计高通和带通 FIR 滤波器时,fir 先设计出一个原型低通滤波器,然后利用调制性质在频域将其移到一个期望的中心频率位置。

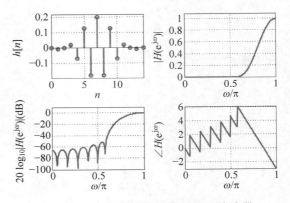

图 12.22　用凯泽窗设计高通 FIR 滤波器

```
function  [b] = fir(N,wc,wo,wind)
%
% 用窗函数法和调制性质设计 FIR 滤波器
%
% N: FIR 滤波器的阶数
% wc: 低通原型的归一化截止频率(0 和 1 之间)
% wo: 高通,带通滤波器的归一化中心频率(0 和 1 之间)
% wind: 窗函数类型
%       1: 矩形窗
%       2: 汉宁窗
%       3: 汉明窗
%       4: 凯泽窗
% [b]: 所设计的滤波器的系数
%
% 用法:
% [b] = fir(N,wc,wo,wind)
%
n = 0: N;
if wind == 1
window = boxcar(N + 1);
disp('***** RECTANGULAR WINDOW *****')
elseif wind == 2
window = hanning(N + 1);
disp('***** HANNING WINDOW *****')
elseif wind == 3
window = hamming(N + 1);
disp('***** HAMMING WINDOW *****')
else
window = kaiser(N + 1,4.55);
disp('***** KAISER WINDOW *****')
end
% 计算理想的冲激响应
den = pi * (n - N/2);
num = sin(wc * den);
% 如果 N 为偶数,这样避免出现 0/0 的情况
if fix(N/2) == N/2,
num(N/2 + 1) = wc;
den(N/2 + 1) = 1;
end
b = (num./den). * window';
% 频移
[H,w] = freqz(b,1,256);                        % 低通
```

```
if wo > 0 & wo < 1,
b = 2 * b. * cos(wo * pi * (n - N/2))/H(1);
elseif wo == 0,
    b = b/abs(H(1));
elseif wo == 1,
    b = b. * cos(wo * pi * (n - N/2));
end
```

　　MATLAB 提供了函数 fir1 用于采用窗函数法设计 FIR 滤波器,正如所预料的那样,用 fir1 或自定义的函数 fir,得到的设计结果是相同的。之所以要编写 fir 函数,一是想简化代码,二是想说明如何在设计非低通滤波器时使用调制性质。

12.6　离散滤波器的实现

　　离散滤波器既可以用硬件实现,也可以用软件实现,不论采用哪种方式,要实现离散滤波器的转移函数 $H(z)$,都需要延时器、加法器和常数乘法器,它们要么是用实际的硬件,要么是用象征性的元件。第 10 章中的图 10.13 刻画了以框图形式表示的这些元件的运算关系。

　　选择滤波器的实现结构时要考虑下面两个因素:

　　(1) **计算复杂度**,这与运算(主要是乘法和加法)的数量有关,但更重要的是与所用延时器的数量有关,目的是要获得最小实现。

　　(2) **量化效应**,即使用有限长寄存器表示滤波器的参数,目的是使量化对参数和运算的影响最小。

　　这里要讨论的是不同结构的计算复杂度以寻求获得最小实现的方法,即优化所用的延迟器数量,量化效应不作考虑。

12.6.1　IIR 滤波器的实现

　　用来实现 IIR 滤波器的结构通常是以下三种:

　　(1) 直接型;

　　(2) 级联型;

　　(3) 并联型。

　　直接型是用最少数量的延时器来表示由 IIR 滤波器的转移函数得到的差分方程,级联结构和并联结构是用一阶滤波器和二阶滤波器的乘积或和来表达滤波器的转移函数,当然,一阶和二阶滤波器的乘积或和反过来也可以用直接型实现。

1. 直接型实现

　　已知一个因果 IIR 滤波器的转移函数为

$$H(z) = \frac{Y(z)}{X(z)} = \frac{\sum_{k=0}^{M-1} b_k z^{-k}}{1 + \sum_{k=1}^{N-1} a_k z^{-k}}, \quad M \leqslant N \tag{12.68}$$

其中,$Y(z)$ 和 $X(z)$ 是输出 $y[n]$ 和输入 $x[n]$ 的 Z 变换,其输入/输出关系由差分方程

$$y[n] = -\sum_{k=1}^{N-1} a_k y[n-k] + \sum_{k=0}^{M-1} b_k x[n-k] \tag{12.69}$$

给出,若采用直接型结构实现该方程,那么所用延时器不超过 $N-1$ 个。现在观察以上方程,假定输入

$x[n]$是已知的,那么要产生延迟的输入$\{x[n-k]\},k=1,\cdots,M-1$,需要$M-1$个延时器,而且另外还需要$N-1$个延时器用以实现各输出项,因此对于一个$(N-1)$阶的差分方程,直接实现需要$M+N-2$个延时器,而这种实现不是最小化的。

对于转移函数的分子是常数的滤波器而言,直接型提供了最小实现——延时器数量与系统的阶数一致。事实上,如果

$$H(z) = \frac{Y(z)}{X(z)} = \frac{b_0}{1 + \sum\limits_{k=1}^{N-1} a_k z^{-k}} \tag{12.70}$$

则输入/输出关系由差分方程

$$y[n] = -\sum_{k=1}^{N-1} a_k y[n-k] + b_0 x[n] \tag{12.71}$$

给出,该方程只需要$N-1$个延时器用以产生输出项,对于输入则不需要延时器。这是$H(z)$的一个最小实现,因为它只使用了$N-1$个延时器。

如果希望实现的滤波器的转移函数$H(z)$的分子不是一个常数,而是一个类似式(12.68)那样的多项式

$$B(z) = \sum_{k=0}^{M-1} b_k z^{-k}$$

则需要将$H(z)$分解为一个转移函数$B(z)$和一个具有常数分子的转移函数$1/A(z)$,其中

$$A(z) = \sum_{k=0}^{N-1} a_k z^{-k}$$

是$H(z)$的分母,于是有

$$Y(z) = H(z)X(z) = B(z)\left[\frac{X(z)}{A(z)}\right] \tag{12.72}$$

定义一个输出$w[n]$,其 Z 变换$W(z)=X(z)/A(z)$,对应上式中最后一个表达式的第二项,于是得到一个常数分子 IIR 滤波器,其转移函数为

$$\frac{W(z)}{X(z)} = \frac{1}{A(z)} \Rightarrow w[n] = -\sum_{k=1}^{N-1} a_k w[n-k] + b_0 x[n]$$

即一个对输出来说只需要$N-1$个延时器而对输入不需要延时器的差分方程,这样输出$y[n]$就可由输入-输出方程

$$Y(z) = B(z)W(z) \Rightarrow y[n] = \sum_{k=0}^{M-1} b_k w[n-k]$$

获得,该方程利用了由前面方程所得的延迟信号$\{w[n-k]\}$。因为滤波器是因果的,$M \leqslant N$,而且不需要额外的延时器,所以所用延时器的数量与分母$A(z)$的次数即滤波器的阶数相同。

【例 12.14】

考虑一阶 IIR 滤波器,其转移函数为

$$H(z) = \frac{1+1.5z^{-1}}{1+0.1z^{-1}}$$

求其最小的直接实现。

解 该转移函数对应着系统的一阶差分方程

$$y[n] = x[n] + 1.5x[n-1] - 0.1y[n-1]$$

可见 $M=N=2$，该方程可以使用 $M+N-2=2$ 个延时器来实现——但这不是最小实现。

为了获得最小实现，令

$$W(z) = \frac{X(z)}{1+0.1z^{-1}} \Rightarrow w[n] = x[n] - 0.1w[n-1]$$

$$Y(z) = (1+1.5z^{-1})W(z) \Rightarrow y[n] = w[n] + 1.5w[n-1]$$

由此获得的最小直接实现如图 12.23 所示。

为了从最小直接实现得到转移函数，首先需要获得常数分子 IIR 滤波器的转移函数，然后获得 FIR 滤波器的转移函数并利用它们的 Z 变换，因此有

$$w[n] = x[n] - 0.1w[n-1]$$

$$y[n] = w[n] + 1.5w[n-1]$$

如果将第一个方程代入第二个方程，就得到一个包含 $w[n]$、$w[n-2]$ 和 $x[n]$ 的表达式，这样就不能够直接用输入来表示 $y[n]$，相反地，以上两个方程的 Z 变换为

$$(1+0.1z^{-1})W(z) = X(z)$$

$$Y(z) = (1+1.5z^{-1})W(z)$$

从中可以获得转移函数 $H(z)$。

既然级联实现和并联实现是连接一阶系统和二阶系统从而实现给定的转移函数，那么总的最小实现可以通过使用一阶滤波器和二阶滤波器的最小直接实现而获得。对于一个具有一般的常系数转移函数

$$H_2(z) = \frac{b_0 + b_1 z^{-1} + b_2 z^{-2}}{1 + a_1 z^{-1} + a_2 z^{-2}} \tag{12.73}$$

的二阶滤波器而言，图 12.24 中给出了其最小直接实现。一阶滤波器的最小实现也可以由图 12.24 中的最小直接实现而得到，办法就是去掉对应着 b_2 和 a_2 的常数乘法器以及下面那个延时器，如果是从 $H_2(z)$ 中获得一阶系统的一般转移函数，那就相当于令 $b_2 = a_2 = 0$。

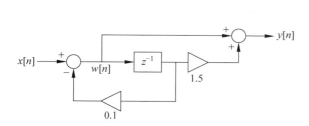

图 12.23　$H(z) = (1+1.5z^{-1})/(1+0.1z^{-1})$ 的最小直接实现

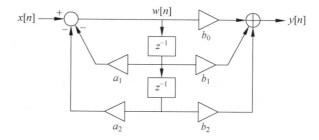

图 12.24　一阶滤波器和二阶滤波器的最小直接实现（若为一阶滤波器，则令 $a_2 = b_2 = 0$，并消除常数乘法器和下面的延时器）

要想从一个最小直接实现中获得转移函数，需要得到 IIR 和 FIR 组成部分的方程并进行 Z 变换。

2. 级联实现

级联实现是通过将给定的转移函数 $H(z) = B(z)/A(z)$ 表示成具有实系数的一阶滤波器和二阶滤波器 $H_i(z)$ 的乘积

$$H(z) = \prod_i H_i(z) \tag{12.74}$$

每一个转移函数 $H_i(z)$ 都是采用最小直接型实现，然后将它们级联起来。与模拟情况不同，该级联实现

不受加载的约束。

【例 12.15】

已知滤波器的转移函数为

$$H(z) = \frac{3 + 3.6z^{-1} + 0.6z^{-2}}{1 + 0.1z^{-1} - 0.2z^{-2}}$$

求它的一个级联实现。

解 $H(z)$ 的极点是 $z = -0.5$ 和 $z = 0.4$，零点是 $z = -1$ 和 $z = -0.2$，它们都是实数。一种得到级联实现的方法是将 $H(z)$ 表示成

$$H(z) = \left[\frac{3(1 + z^{-1})}{1 + 0.5z^{-1}}\right]\left[\frac{1 + 0.2z^{-1}}{1 - 0.4z^{-1}}\right]$$

如果设

$$H_1(z) = \frac{3(1 + z^{-1})}{1 + 0.5z^{-1}}, \quad H_2(z) = \frac{1 + 0.2z^{-1}}{1 - 0.4z^{-1}}$$

分别实现这两个转移函数，然后将它们级联起来，就得到图 12.25 所示的实现。

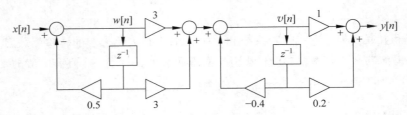

图 12.25　$H(z) = (3 + 3.6z^{-1} + 0.6z^{-2})/(1 + 0.1z^{-1} - 0.2z^{-2})$ 的级联实现

$H(z)$ 也有可能被表示为

$$H(z) = \underbrace{\left[\frac{1 + 0.2z^{-1}}{1 + 0.5z^{-1}}\right]}_{\hat{H}_1(z)}\underbrace{\left[\frac{3(1 + z^{-1})}{1 - 0.4z^{-1}}\right]}_{\hat{H}_2(z)}$$

这样就给出了 $H(z)$ 的另一个等价的实现。

由于级联离散滤波器不用考虑加载问题，所以将这些转移函数相乘一定能得到总的转移函数。作为 LTI 系统，这些实现以不同的顺序级联，得到的结果是相同的。

【例 12.16】

求

$$H(z) = \frac{1 + 1.2z^{-1} + 0.2z^{-2}}{1 - 0.4z^{-1} + z^{-2} - 0.4z^{-3}}$$

的一个级联实现。

解 $H(z)$ 的零点是 $z = -1$ 和 $z = -0.2$，而其极点是 $z = \pm j$ 和 $z = 0.4$，于是可以将 $H(z)$ 改写成以下两种形式中的任何一个：

$$H(z) = \left[\frac{1 + z^{-1}}{1 + z^{-2}}\right]\left[\frac{1 + 0.2z^{-1}}{1 - 0.4z^{-1}}\right]$$

$$= \left[\frac{1 + 0.2z^{-1}}{1 + z^{-2}}\right]\left[\frac{1 + z^{-1}}{1 - 0.4z^{-1}}\right]$$

其中，复共轭极点给出了第一个滤波器的分母。实现每一个组成部分并且以任意顺序将它们级联起来

就会得到 $H(z)$ 的不同表示,但它们都是等价的。图 12.26 显示了 $H(z)$ 的第一种表达形式的实现。

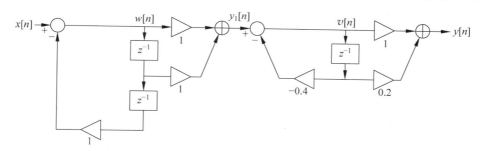

图 12.26　$H(z)=[(1+z^{-1})/(1+z^{-2})][(1+0.2z^{-1})/(1-0.4z^{-1})]$ 的级联实现

3. 并联实现

所给转移函数 $H(z)$ 在这种情况下被表示成一个部分分式展开的形式:

$$H(z)=\frac{B(z)}{A(z)}=C+\sum_{i=1}^{r}H_i(z) \tag{12.75}$$

其中,C 是常数,滤波器 $H_i(z)$ 是一阶或二阶实系数滤波器,它们用最小直接型实现。

当分子(表示为 z 的正幂形式)的次数等于分母的次数时,就需要展开式中的常数 C。如果分子具有比分母更高的次数,那么滤波器是非因果的,为了说清这一点,下面来考虑一个一阶滤波器,其转移函数的分子是二次的(看 z 的正幂形式)

$$H(z)=\frac{Y(z)}{X(z)}=\frac{b_0z^2+b_1z+b_2}{z+a_1}=\frac{b_0z+b_1+b_2z^{-1}}{1+a_1z^{-1}}$$

这里将分子和分母都乘以 z^{-1} 从而能够获得差分方程,表示该系统的差分方程是

$$y[n]=-a_1y[n-1]+b_0x[n+1]+b_1x[n]+b_2x[n-1]$$

要计算当前的输出 $y[n]$,需要一个将来的输入 $x[n+1]$,即对应的是一个非因果的滤波器。

级联实现和并联实现如图 12.27 所示。

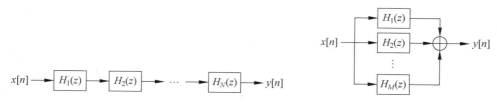

图 12.27　IIR 滤波器的级联和并联实现($H_i(z)$：一阶或二阶直接型实现)

【例 12.17】

设

$$H(z)=\frac{3+3.6z^{-1}+0.6z^{-2}}{1+0.1z^{-1}-0.2z^{-2}}=\frac{3z^2+3.6z+0.6}{z^2+0.1z-0.2}$$

求它的一个并联实现。

解　无论从 z 的正幂形式还是负幂形式来看,转移函数 $H(z)$ 都不是有理真分式,它的极点是 $z=-0.5$ 和 $z=0.4$,因此转移函数可以展开为

$$H(z)=A_1+\frac{A_2}{1+0.5z^{-1}}+\frac{A_3}{1-0.4z^{-1}}$$

这种情况下需要 A_1，因为无论 z 的幂是正还是负，转移函数的分子都有着与其分母相同的次数，于是有

$$A_1 = H(z)\,|_{z=0} = -3$$
$$A_2 = H(z)(1+0.5z^{-1})\,|_{z^{-1}=-2} = -1$$
$$A_3 = H(z)(1-0.4z^{-1})\,|_{z^{-1}=2.5} = 7$$

设

$$H_1(z) = \frac{-1}{1+0.5z^{-1}}, \quad H_2(z) = \frac{7}{1-0.4z^{-1}}$$

于是得到 $H(z)$ 的并联实现，如图 12.28 所示。

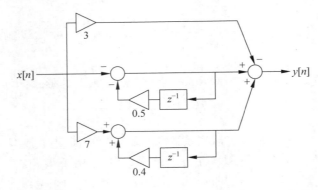

图 12.28 $H(z) = (3+3.6z^{-1}+0.6z^{-2})/(1+0.1z^{-1}-0.2z^{-2})$ 的并联实现

12.6.2 FIR 滤波器的实现

FIR 滤波器的实现可以采用直接型和级联型来完成，但绝不能采用并联型，因为 FIR 滤波器是非递归型的。

FIR 滤波器的直接实现主要在于利用延时器、常数乘法器和加法器实现输入/输出方程。例如，一个 FIR 滤波器的转移函数为

$$H(z) = \sum_{k=0}^{M} b_k z^{-k} \tag{12.76}$$

滤波器输出的 Z 变换可以写为 $Y(z) = H(z)X(z)$，其中，$X(z)$ 是滤波器输入的 Z 变换。在时域里有

$$y[n] = \sum_{k=0}^{M} b_k x(n-k)$$

图 12.29 显示的是当 $M=3$ 时该方程的实现。注意这里 M 是所需延时器的数量，而且图中有 $M+1$ 个抽头，以这种方式实现的 FIR 滤波器被称为抽头滤波器。

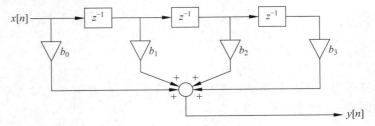

图 12.29 阶数 $M=3$ 的 FIR 滤波器的直接型实现

FIR 滤波器的级联实现是基于将式(12.76)中的 $H(z)$ 表示成一阶滤波器和二阶滤波器的级联形式,即设

$$H(z) = \prod_{i=1}^{r} H_i(z)$$

其中

$$H_i(z) = b_{0i} + b_{1i}z^{-1}$$

或

$$H_i(z) = b_{0i} + b_{1i}z^{-1} + b_{2i}z^{-2}$$

【例 12.18】

求转移函数为

$$H(z) = 1 + 3z^{-1} + 3z^{-2} + z^{-3}$$

的 FIR 滤波器的级联实现。

解　将转移函数分解为

$$H(z) = (1 + 2z^{-1} + z^{-2})(1 + z^{-1})$$

它可以用以下两个 FIR 滤波器

$$y_1[n] = x[n] + x[n-1]$$

$$y[n] = y_1[n] + 2y_1[n-1] + y_1[n-2]$$

的级联来实现,该实现如图 12.30 所示。

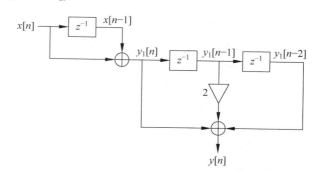

图 12.30　FIR 滤波器的级联实现

12.7　我们完成了什么,我们向何处去

第 7 章和本章介绍了线性时不变系统最重要的应用:滤波。模拟滤波器和离散滤波器的设计与实现为信号与系统的研究积累了许多实际问题,如果继续该课题,读者将会明白模拟滤波中诸如无源器件和有源器件、反馈放大器和运算放大器以及电抗函数和频率变换等的意义。离散滤波器的设计与实现也带来了一些有趣的课题:如量化误差及其对滤波器的影响、滤波器设计的优化方法、不稳定滤波器的稳定化方法和滤波器实现中的有限字长寄存器效应,等等。如果对滤波研究得更深入一些,读者将会发现有比本章所提供的有关滤波器设计的内容更多的知识。值得注意的是 MATLAB 为滤波器的设计和实现提供了大量的函数。希望读者能从本书所提供的资料中有所收获,也希望读者能继续这个课题的研究,了解更多这方面的知识。参考文献列出了很多优秀的书籍,分别与电路和模拟滤波、经典控制、线性控制系统、通信、傅里叶分析和数值分析、数字滤波、信号和系统以及数字信号处理相关,读者可以阅读这些书籍并从中汲取更多的营养。

12.8　本章练习题

12.8.1　基础题

12.1　将下列信号输入到一个频率响应为

$$H(e^{j\omega}) = \begin{cases} 1e^{-j10\omega}, & -\dfrac{\pi}{2} \leqslant \omega \leqslant \dfrac{\pi}{2} \\ 0, & -\pi \leqslant \omega \leqslant \pi \text{ 内其他频段} \end{cases}$$

的理想低通滤波器,求出相应的输出信号 $y_i[n]$, $i=1,2,3$。

(a) $x_1[n]=1+\cos(0.3\pi n)+23\sin(0.7\pi n)$, $-\infty<n<\infty$。

(b) $x_2[n]=\delta[n]+2\delta[n-4]$。

(c) $x_3[n]$ 有 DTFT $X(e^{j\omega})=H(e^{j\omega/2})$。

答案：$y_1[n]=1-\cos(0.3\pi n)$; $y_2[n]=h[n]+2h[n-4]$, $h[n]$ 是滤波器的冲激响应。

12.2 滤波器的频率响应为 $H(e^{j\omega})=1.5+\cos(2\omega)$, $-\pi\leqslant\omega\leqslant\pi$。

(a) 是否有 $|H(e^{j\omega})|=H(e^{j\omega})$? 相位等于 0 吗?

(b) 求该滤波器的冲激响应 $h[n]$,该滤波器是什么类型的? 是 FIR 吗? 还是 IIR 的? 它是因果的吗? 请作出解释。

(c) 令 $H_1(e^{j\omega})=e^{-jN\omega}H(e^{j\omega})$,若要使 $H_1(e^{j\omega})$ 具有线性相位,确定正整数 N 的值。利用前面已经求出的冲激响应 $h[n]$ 求冲激响应 $h_1[n]$。

答案：(a) 两个都对; (b) $h[n]=0.5\delta[n+2]+1.5+0.5\delta[n-2]$。

12.3 FIR 滤波器的冲激响应满足 $h[0]=h[3]$, $h[1]=h[2]$,其他值等于 0。

(a) 求出滤波器的 Z 变换 $H(z)$ 以及频率响应 $H(e^{j\omega})$。

(b) 设 $h[0]=h[1]=h[2]=h[3]=1$,确定滤波器的零点。判断滤波器的相位 $\angle H(e^{j\omega})$ 是否是线性的? 请作出解释。

(c) $h[0]$ 和 $h[1]-h[0]$ 的值满足什么条件时,才能使相位为线性的?

(d) 一般来说,为了使相位为线性的,$H(z)$ 的零点应该在哪里? 请作出解释。

答案：(a) $H(e^{j\omega})=e^{-j1.5\omega}(2h[0]\cos(1.5\omega)+2h[1]\cos(0.5\omega))$; 如果 $h[1]>3h[0]$,相位就是线性的。

12.4 FIR 滤波器的转移函数为 $H(z)=z^{-2}(z-e^{j\pi/2})(z-e^{-j\pi/2})$。

(a) 求出并画出该滤波器的零点和极点。

(b) 将频率响应在某频率 ω_0 处的值表示为

$$H(e^{j\omega_0})=\frac{\vec{Z}_1(\omega_0)\ \vec{Z}_2(\omega_0)}{\vec{P}_1(\omega_0)\ \vec{P}_2(\omega_0)}$$

在极零点分布图中仔细画出这些向量。

(c) 考虑 $\omega_0=0$ 的情况,分别用解析法和向量法求出 $H(e^{j0})$ 的值。

(d) 分别取 $\omega_0=\pi$ 和 $\omega_0=\pm\pi/2$,重复以上计算(用所给的 Z 变换验证所得结果)。该滤波器应该归于哪一类?

答案：$H(e^{j0})=2$; $H(e^{j\pi})=2$; $H(e^{\pm j\pi/2})=0$。

12.5 FIR 滤波器的冲激响应为 $h[n]=\alpha\delta[n]+\beta\delta[n-1]+\alpha\delta[n-2]$, $\alpha>0$, $\beta>0$。

(a) 要使滤波器的直流增益 $|H(e^{j0})|=1$,并且具有线性相位 $\angle H(e^{j\omega})=-\omega$,试确定 α 和 β 的值。

(b) 若 β 取前面获得的可能的最小值,α 取相应的值,求出滤波器的零点,在 z 平面上将它们画出来,并指出它们的关系。对于所有可能的 β 和相应的 α 值,归纳出零点间的关系并找出两个零点的一般表达式。

答案：$H(e^{j\omega})=e^{-j\omega}[\beta+2\alpha\cos(\omega)]$; $\beta\geqslant1/2$。

12.6 FIR 滤波器的转移函数为 $H(z)=z^{-2}(z-2)(z-0.5)$。

(a) 求此滤波器的冲激响应 $h[n]$ 并画出它的图形,对于它可能具有的任何对称性,都请加以注释。

(b) 求此滤波器的相位 $\angle H(e^{j\omega})$ 并画出它的图形,对于频率 $-\pi<\omega<\pi$,此相位是线性的吗?

答案：$h[n]=\delta[n]-2.5\delta[n-1]+\delta[n-2]$，相位是线性的。

12.7 FIR 滤波器的系统函数为 $H(z)=0.05z^2+0.5z+1+0.5z^{-1}+0.05z^{-2}$。

（a）求在频率 $\omega=0$、$\pi/2$ 和 π 处的幅度响应 $|H(e^{j\omega})|$ 和相位响应 $\angle H(e^{j\omega})$。画出这些响应在 $-\pi\leqslant\omega<\pi$ 内的图形，指出它们所属的滤波器类型。

（b）确定冲激响应 $h[n]$，并说明滤波器是否为因果的。

（c）如果 $H(z)$ 是非因果的，要怎样做才能使它成为因果的？这样做对前面所得到的幅度响应和相位响应会产生什么影响？请作出解释，并画出因果滤波器的幅度和相位。

答案：$H(e^{j\omega})=1+\cos(\omega)+0.1\cos(2\omega)$；通过将 $h[n]$ 延迟两个样本点就可使滤波器变成因果的。

12.8 IIR 滤波器的转移函数为

$$H(z)=\frac{z+1}{z(z-0.5)}$$

（a）计算滤波器的冲激响应 $h[n]$。

（b）这个滤波器的相位可能会是线性的吗？请作出解释。

（c）利用 $H(z)$ 在 z 平面上的零点和极点概略地画出幅度响应 $|H(e^{j\omega})|$，再利用向量计算出幅度响应。

答案：$h[n]=0.5^{n-1}u[n-1]+0.5^{n-2}u[n-2]$；不可能是线性相位。

12.9 IIR 滤波器的转移函数为

$$H(z)=\frac{(z+3)(z-2)}{(z+0.5)(z-0.5)}$$

求该滤波器在 $\omega=0$、$\omega=\pi/2$ 和 $\omega=\pi$ 处的幅度响应。由 $H(z)$ 的极点和零点用几何方法求出幅度响应，并指出滤波器的类型。

答案：对所有 ω，$|H(e^{j\omega})|=4$，即为全通滤波器。

12.10 考虑以下关于 IIR 滤波器指标的问题。

（a）低通滤波器的幅度指标为

$$1-\delta\leqslant|H(e^{j\omega})|\leqslant1,\quad 0\leqslant\omega\leqslant0.5\pi$$
$$0<|H(e^{j\omega})|\leqslant\delta,\quad 0.75\pi\leqslant\omega\leqslant\pi$$

i. 求 δ 的值从而使以上指标与下面所给的该滤波器的损耗指标等价

$$\alpha(e^{j0})=0\text{dB},\quad \alpha_{max}=0.92\text{dB},\quad \alpha_{min}=20\text{dB}$$

ii. ω_p 和 ω_{st} 的值等于多少？

（b）以下是一个用于处理模拟信号的低通离散 IIR 滤波器的指标

$$10\leqslant\alpha(e^{j\omega})\leqslant10.1\text{dB},\quad 0\leqslant f\leqslant2\text{kHz}$$
$$\alpha(e^{j\omega})\geqslant60\text{dB},\quad 4\text{kHz}\leqslant f\leqslant5\text{kHz}$$

i. 求出以 dB 为单位的 α_{max}、α_{min} 以及直流损耗的值。

ii. 在这个滤波器的指标中，以 kHz 为单位的抽样频率 f_s 等于多少？

iii. 若滤波器的直流损耗为 0dB，求其等价的离散频率指标。

答案：（a）$\delta=0.1$；$\omega_p=0.5\pi$；（b）$\alpha_{max}=0.1$，$\alpha_{min}=50\text{dB}$，直流损耗为 10dB。

12.11 一个二阶模拟巴特沃斯滤波器，其转移函数为

$$H(s)=\frac{1}{s^2+\sqrt{2}s+1}$$

（a）该滤波器的半功率频率为 $\Omega_{hp}=1\text{rad/s}$ 吗？

(b) 为了获得一个离散巴特沃斯滤波器，选用双线性变换

$$s = K \frac{1-z^{-1}}{1+z^{-1}}, \quad K = 1$$

此离散滤波器的半功率频率是多少？

(c) 若采用以上双线性变换，求转移函数 $H(z)$。

(d) 画出 $H(s)$ 和 $H(z)$ 的极点和零点，这两个滤波器都是 BIBO 稳定吗？

答案： $|H(j1)| = \frac{1}{\sqrt{2}}|H(j0)|$；$\omega_{hp} = \pi/2\mathrm{rad}$。

12.12 低通 IIR 离散滤波器的转移函数为

$$H(z) = \sum_{n=0}^{\infty} 0.5^n z^{-n}$$

(a) 求这个滤波器的极点和零点。

(b) 假设用 $(-1)^n$ 乘以该低通滤波器的冲激响应，那么会得到一个新的转移函数

$$H_1(z) = \sum_{n=0}^{\infty} (-0.5)^n z^{-n}$$

求 $H_1(z)$ 的极点和零点。这个滤波器是什么类型的？

(c) 一般情况下，如果把低通滤波器转移函数中的每个 z 都改为 $-z$，就会得到一个高通滤波器，这是真的吗？请说明理由。

答案： $H(z) = z/(z-0.5)$；$H_1(z)$ 为高通滤波器。

12.13 一阶模拟低通滤波器的转移函数为 $H(s) = 1/(s+1)$。

(a) 如果该滤波器的输入为 $x(t)$，输出为 $y(t)$，那么表示该滤波器的常微分方程是怎样的？

(b) 假定用双线性变换

$$s = K \frac{1-z^{-1}}{1+z^{-1}}, \quad K = \frac{2}{T_s}$$

将该滤波器变为离散滤波器，求转移函数 $H(z)$。如果离散滤波器的输入是 $x[n]$，输出是 $y[n]$，求出表示这个离散滤波器的差分方程。

(c) 假设 $x(t) = u(t) - u(t-0.5)$，求模拟滤波器的输出。

(d) 设 $K = 1000$，因而用 $T_s = 2/K$ 对 $x(t)$ 抽样得到离散信号 $x[n]$。利用差分方程求解出输出 $y[n]$，并将所得结果与通过求解常微分方程所得到的结果进行比较，对比二者的前三个值。

答案： $y(t) = (1-e^{-t})u(t) + (1-e^{-(t-0.5)})u(t-0.5)$；$y[0] = 0.000\,999$，$y[1] = 0.0030$。

12.14 已知如图 12.31 所示的离散 IIR 滤波器的实现，其中 G 为增益的值。

(a) 确定对应于该滤波器实现的差分方程。

(b) 要使所给滤波器为 BIBO 稳定且具有复共轭极点，确定增益 G 的取值范围。

答案： 为了使系统具有复共轭极点且 BIBO 稳定，$1/4 < G < 1$。

12.15 考虑以下转移函数

$$H(z) = \frac{2(z-1)(z^2 + \sqrt{2}z + 1)}{(z+0.5)(z^2 - 0.9z + 0.81)}$$

(a) 用一个一阶部件和一个二阶部件级联实现 $H(z)$，

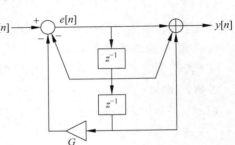

图 12.31 问题 12.14

用最小直接型实现每个部件。

（b）考虑用一阶和二阶的部件并联实现 $H(z)$，用最小直接型实现每个部件。

答案：并联 $H(z)=-4.94+2.16/(1+0.5z^{-1})+(4.78-1.6z^{-1})/(1-0.9z^{-1}+0.81z^{-2})$。

12.16 考虑图 12.32 中所给实现。

（a）分别求出联系 $g[n]$ 到 $x[n]$ 和 $g[n]$ 到 $y[n]$ 的差分方程。

（b）求该滤波器的转移函数 $H(z)=Y(z)/X(z)$。

答案：$g[n]=1.3g[n-1]-0.8g[n-2]+2x[n]+1.8x[n-1]+0.4x[n-2]$。

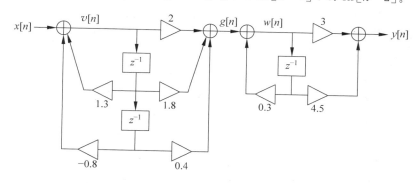

图 12.32　问题 12.16：IIR 滤波器的实现

12.8.2 MATLAB 实践题

12.17　FIR 滤波器：因果性和相位　三点式移动平均滤波器的形式为
$$y[n]=\beta(\alpha x[n-1]+x[n]+\alpha x[n+1])$$
其中，α 和 β 为常数，$x[n]$ 和 $y[n]$ 分别为滤波器的输入和输出。

（a）求滤波器的转移函数 $H(z)=Y(z)/X(z)$，并由转移函数求出用 α 和 β 表示的频率响应 $H(e^{j\omega})$。

（b）设 $\alpha=0.5$，求 β，使得滤波器的直流增益为 1 并且相位为零。对于给定的 α 值和获得的 β 值，概略地画出 $H(e^{j\omega})$，求出 $H(z)$ 的极点和零点并在 z 平面上将它们画出来。

（c）假设令 $v[n]=y[n-1]$ 为另一个滤波器的输出，该滤波器是因果的吗？求其转移函数 $G(z)=V(z)/X(z)$。用 MATLAB 计算 $G(z)$ 的展开相位，绘出 $G(z)$ 和 $H(z)$ 的极点和零点，并说明 $G(z)$ 和 $H(z)$ 之间的关系。

答案：$H(e^{j\omega})=\beta(1+2\alpha\cos(\omega))$；$\beta=0.5$。

12.18　FIR 和 IIR 滤波器：因果性和零相位　设滤波器 $H(z)$ 为一个具有转移函数 $G(z)$ 的因果滤波器与一个具有转移函数 $G(z^{-1})$ 的反因果滤波器的级联，所以有
$$H(z)=G(z)G(z^{-1})$$
（a）假定 $G(z)$ 是一个 FIR 滤波器，转移函数为
$$G(z)=\frac{1}{3}(1+2z^{-1}+z^{-2})$$
求频率响应 $H(e^{j\omega})$ 并求其相位。

（b）求滤波器 $H(z)$ 的冲激响应。$H(z)$ 是一个因果滤波器吗？如果不是，将冲激响应延迟可使其变成因果的吗？请说明原因。因果滤波器的转移函数等于什么？

（c）用 MATLAB 检验用解析法得到的 $H(z)$ 的展开相位并绘制 $H(z)$ 的极点和零点。

(d) 如何使用 MATLAB 函数 conv 求 $H(z)$ 的冲激响应?

(e) 假设 $G(z)=1/(1-0.5z^{-1})$,求滤波器 $H(z)=G(z)G(z^{-1})$。该滤波器是零相位吗? 如果是,它的极点和零点在哪里? 如果滤波器 $H(z)$ 是因果的,那么它是 BIBO 稳定吗?

答案: $H(e^{j\omega})$ 具有零相位; $h_1[n]=h[n-2]$ 对应一个因果滤波器。

12.19 FIR 和 IIR 滤波器:冲激响应的对称性和线性相位 考虑两个 FIR 滤波器,它们的转移函数为

$$H_1(z) = 0.5 + 0.5z^{-1} + 2.2z^{-2} + 0.5z^{-3} + 0.5z^{-4}$$
$$H_2(z) = -0.5 - 0.5z^{-1} + 0.5z^{-3} + 0.5z^{-4}$$

(a) 求出与 $H_1(z)$ 和 $H_2(z)$ 相对应的冲激响应 $h_1[n]$ 和 $h_2[n]$,仔细画出它们的图形,这些冲激响应分别是关于哪个样本偶对称或奇对称的?

(b) 证明 $G(z)=z^2H_1(z)$ 的频率响应是零相位,并根据此频率响应确定 $H_1(e^{j\omega})$ 的相位。用 MATLAB 求出 $H_1(e^{j\omega})$ 的展开相位并验证得到的解析结果。

(c) 通过求出 $F(z)=z^2H_2(z)$ 的频率响应的相位来求出 $H_2(e^{j\omega})$ 的相位。用 MATLAB 求出 $H_2(e^{j\omega})$ 的展开相位,它是线性的吗?

(d) 如果 $H(z)$ 为 IIR 滤波器的转移函数,根据以上讨论,判断它可能具有线性相位吗? 请作出解释。

答案: $G(e^{j\omega})=\cos(2\omega)+\cos(\omega)+2.2$; $F(e^{j\omega})=-j(\sin(2\omega)+\sin(\omega))$。

12.20 相位对滤波的影响 考虑两个滤波器,它们的转移函数为

(i) $H_1(z)=z^{-100}$,(ii) $H_2(z)=\left(0.5\dfrac{1-2z^{-1}}{1-0.5z^{-1}}\right)^{10}$

(a) 这两个滤波器的幅度响应都是 1,但它们的相位不同。用解析法求出 $H_1(e^{j\omega})$ 的相位,再用 MATLAB 求出 $H_2(e^{j\omega})$ 的展开相位并画出其图形。

(b) 考虑 MATLAB 信号 handel.mat(作曲家 George Handel 创作的 Messiah 中的一小段),利用 MATLAB 函数 filter,用所给的这两个滤波器对该信号进行滤波,聆听输出信号,画出它们的图形并对它们进行比较,它们的区别是什么(观察两个滤波器的前 200 个样本输出)?

(c) 可以通过将输出超前而恢复原始信号吗? 请作出解释。

答案: 用 MATLAB 函数 conv 求 $H_2(z)$ 的系数。

12.21 巴特沃斯和切比雪夫滤波器的指标 设计出的 N 阶巴特沃斯低通离散滤波器满足以下指标:

$$抽样时间间隔\ T_s = 100\mu s$$
$$\alpha_{max} = 0.7dB, \quad 0 \leqslant f \leqslant f_p = 1000Hz$$
$$\alpha_{min} = 10dB, \quad f_{st} = 1200 \leqslant f \leqslant f_s/2Hz$$

对于一个 N 阶的切比雪夫低通滤波器,其阻带频率 f_{st} 等于多少时,它才能满足 T_s、α_{max}、α_{min} 和 f_p 这些设计指标。

答案: 如果选择 $f_{st}=1035$,就有 $N_b=N_c=10$。

12.22 双线性变换和极点的位置 对频率归一化的模拟二阶巴特沃斯低通滤波器应用 $K=1$ 的双线性变换获得一个离散滤波器,求该离散滤波器的极点。确定所得离散滤波器的半功率频率 ω_{hp}。用 MATLAB 函数 bilinear 检验所得结果。

答案: 在 $z=-1$ 有双重零点,极点在 $z_{1,2}=\pm j\sqrt{(2-\sqrt{2})/(2+\sqrt{2})}$。

12.23 双线性变换的畸变效应 在双线性变换中离散频率 $\omega(\text{rad})$ 和连续频率 $\Omega(\text{rad/s})$ 之间的非线性关系引起了高频段的畸变。为了说明这一点,考虑以下几个问题:

(a) 用 MATLAB 设计一个阶数 $N=12$、半功率频率 $\Omega_1=10$、$\Omega_2=20(\text{rad/s})$ 的巴特沃斯模拟带通滤波器。使用 MATLAB 的 bilinear 函数将所得滤波器变换为离散滤波器,取 $K=1$。绘制离散滤波器的幅度和相位图形。画出连续滤波器和离散滤波器的极点和零点。

(b) 增大滤波器的阶数至 $N=14$,并保持其他指标不变,设计一个模拟带通滤波器,并再次使用 bilinear 函数,取 $K=1$,将模拟滤波器变换为离散滤波器。画出离散滤波器的幅度和相位。画出连续滤波器和离散滤波器的极点和零点。请解释所得结果。

12.24 双线性变换对相位的畸变效应 双线性变换的畸变效应也会影响变换所得滤波器的相位。考虑一个转移函数为 $G(s)=\text{e}^{-5s}$ 的滤波器。

(a) 求出利用 $K=1$ 的双线性变换转换连续频率 $0\leqslant\Omega\leqslant20(\text{rad/s})$ 所得的离散频率 $\omega(\text{rad})$,画出 Ω 关于 ω 的图形。

(b) 为了计算 $G(\text{j}\Omega)$ 的值,对连续频率 $0\leqslant\Omega\leqslant20(\text{rad/s})$ 离散化,用 MATLAB 的函数绘制 $G(\text{j}\Omega)$ 相位的图形。

(c) 求函数

$$H(\text{e}^{\text{j}\omega}) = G(\text{j}\Omega)\,\big|_{\Omega=\tan(\omega/2)}$$

并用 MATLAB 绘制相应于模拟频率 $0\leqslant\Omega\leqslant20(\text{rad/s})$ 的离散频率段内的展开相位。对比 $G(\text{j}\Omega)$ 和 $H(\text{e}^{\text{j}\omega})$ 的相位。

答案:$H(\text{e}^{\text{j}\omega})=1\text{e}^{-\text{j}5\tan(\omega)/2}$ 具有非线性相位。

12.25 用于模拟信号处理的离散巴特沃斯滤波器 设计一个满足下列指标的巴特沃斯低通离散滤波器:

$$0\leqslant\alpha(\text{e}^{\text{j}\omega})\leqslant3\text{dB}, \quad 0\leqslant f\leqslant25\text{Hz}$$
$$\alpha(\text{e}^{\text{j}\omega})\geqslant38\text{dB}, \quad 50\leqslant f\leqslant F_s/2\text{Hz}$$

抽样频率为 $F_s=2000\text{Hz}$。将所设计的滤波器的转移函数 $H(z)$ 表示为几个滤波器级联的形式。先用设计公式设计,再用 MATLAB 验证所得的设计结果,证明所设计的滤波器满足各项指标,绘制所设计的滤波器的损耗函数。

答案:$N=7$:$H(z)=G\displaystyle\prod_{i=1}^{4}H_i(z)$;$H_1(z)=0.04(1+z^{-1})/(1-0.92z^{-1})$。

12.26 全通 IIR 滤波器 考虑一个全通模拟滤波器

$$G(s)=\frac{s^4-4s^3+8s^2-8s+4}{s^4+4s^3+8s^2+8s+4}$$

(a) 用 MATLAB 函数绘制 $G(s)$ 的幅度响应和相位响应,指出其相位是否是线性的。

(b) 离散滤波器 $H(z)$ 是利用双线性变换由 $G(s)$ 而获得的。通过不断尝试摸索出双线性变换中的 K 值,使得 $H(z)$ 的极点和零点位于 z 平面的虚轴上。用 MATLAB 的有关函数进行双线性变换,并绘制 $H(z)$ 的幅度、展开相位及其极点。它是一个全通滤波器吗? 如果是,请说明原因。

(c) 设输入滤波器 $H(z)$ 的信号是 $x[n]=\sin(0.2\pi n)$,$0\leqslant n<100$,相应的输出是 $y[n]$,用 MATLAB 函数计算并画出 $y[n]$。由这些结果可以得出 $H(z)$ 的相位近似为线性的结论吗? 请说明原因。

答案:全通滤波器,$k=1.4$,相位近似为线性。

12.27 模拟信号的巴特沃斯滤波 希望设计一个用于对连续时间信号滤波的离散巴特沃斯滤波器。我们感兴趣的是该信号中 0～1kHz 范围内的频率分量，所以我们希望滤波器在该频带内的最大通带衰减为 3dB。输入信号中超出 2kHz 以外的频率分量是需要滤除的，所以需要至少 10dB 的衰减。出现在输入信号中的最大频率是 5kHz。最后，希望滤波器的直流增益等于 10。选择处理该输入信号的奈奎斯特抽样频率，用 MATLAB 设计滤波器，给出该滤波器的转移函数，绘出它的极点和零点以及幅度响应和展开相位响应，在幅度和相位响应图中使用模拟频率标度并以 kHz 为单位。

答案：低通，$f_p = 1\text{kHz}(f_p = f_{hp})$，$\alpha_{max} = 3\text{dB}$，$f_{st} = 2\text{kHz}$，$\alpha_{min} = 10\text{dB}$。

12.28 巴特沃斯滤波和切比雪夫滤波 如果我们希望保留输入信号的低频分量，那么低通巴特沃斯滤波器比低通切比雪夫滤波器表现得更好。MATLAB 提供了一个产生 II 型切比雪夫滤波器的函数 cheby2，II 型切比雪夫滤波器在通带内的响应平坦而在阻带内的响应有波纹。假设要过滤的信号来自于 MATLAB 的 train 信号的前 100 个样本点，用函数 randn 产生高斯噪声，并乘以 0.1 之后将其添加到 train 信号的 100 个样本中。设计三个离散滤波器，它们的阶数都为 20，半功率频率(对于巴特沃斯滤波器 butter 而言)和通带频率(对于切比雪夫滤波器而言)为 $\omega_N = 0.5$。用 cheby1 设计时，令最大通带衰减为 0.01dB；用 cheby2 设计时，令最小阻带衰减为 60dB。获得这三个滤波器之后，再用它们对添加了噪声的 train 信号进行滤波。用 MATLAB 绘出这三个滤波器的以下图形：

- 用函数 fft 计算原始信号、加噪信号和噪声的 DFT，并绘制它们的幅度。如果想要消除噪声，这三个滤波器的截止频率是否合适？请作出解释。
- 计算并绘出这三个滤波器的幅度和展开相位以及它们的极点和零点，并对它们在幅度响应上呈现的差异作出说明。
- 用函数 filter 获得每个滤波器的输出，并绘制原始的不带噪声的信号以及滤波信号的图形，将它们进行对比。

12.29 巴特沃斯滤波器、切比雪夫滤波器和椭圆滤波器 滤波器的增益指标为

$$-0.1 \leqslant 20\log_{10}|H(e^{j\omega})| \leqslant 0(\text{dB}), \quad 0 \leqslant \omega \leqslant 0.2\pi$$
$$20\log_{10}|H(e^{j\omega})| \leqslant -60(\text{dB}), \quad 0.3\pi \leqslant \omega \leqslant \pi$$

(a) 求出这个滤波器的损耗指标。

(b) 用 MATLAB 设计一个巴特沃斯滤波器、一个切比雪夫滤波器(用 cheby1)和一个椭圆滤波器。在一个图中画出这三个滤波器的幅度响应并将它们进行对比，指出哪一个滤波器具有最小阶数。

答案：直流损耗为 0dB，$\alpha_{max} = 0.1\text{dB}$，$\alpha_{min} = 60\text{dB}$。

12.30 陷波滤波器和全通滤波器 陷波滤波器是一类滤波器，它包括全通滤波器。对于滤波器

$$H(z) = K\frac{(1 - \alpha_1 z^{-1})(1 + \alpha_2 z^{-1})}{(1 - 0.5z^{-1})(1 + 0.5z^{-1})}$$

(a) 确定能使 $H(z)$ 成为一个具有单位幅度的全通滤波器的 α_1、α_2 和 K 的值。利用已得到的 α 和 K 的值，用 MATLAB 计算并绘制 $H(z)$ 的幅度响应。画出该滤波器的极点和零点。

(b) 如果想要滤波器 $H(z)$ 成为一个陷波滤波器，在 $\omega = \pi/2(\text{rad})$ 处为单位增益，在 $\omega = 0$ 和 π 处出现陷落，确定能达到这个目的的 α 和 K 的值。用 MATLAB 的函数来验证该滤波器是一个陷波滤波器，并画出其极点和零点。

(c) 用 MATLAB 证明当 $\alpha_1 = \alpha_2 = \alpha$ 且 $1 \leqslant \alpha \leqslant 2$ 时，给定的 $H(z)$ 相当于一个具有不同衰减的陷波滤波器族。确定 K 的值，从而使这些滤波器在 $\omega = \pi/2$ 处为单位增益。

(d) 假设对前面得到的 $H(z)$ 使用变换 $z^{-1} = jZ^{-1}$ 获得了滤波器 $H(Z)$，那么这个新的滤波器的凹

陷位置在哪里?全通滤波器 $H(z)$ 和 $H(Z)$ 之间的差别是什么?

答案:$H(z) = K(1-\alpha^2 z^{-2})/(1-0.25z^{-2})$,$1 \leqslant \alpha \leqslant 2$,陷波滤波器的凹陷在 $\omega = 0$、π 处。

12.31 IIR 梳状滤波器 考虑一个滤波器,其转移函数为

$$H(z) = K \frac{1+z^{-4}}{1+(1/16)z^{-4}}$$

(a)求增益 K 使得该滤波器具有单位直流增益。用 MATLAB 求出并画出 $H(z)$ 的幅度响应以及它的极点和零点。为什么称它为梳状滤波器?

(b)用 MATLAB 求出滤波器 $H(z)$ 的相位响应。为什么它的相位看起来是折叠的并且不能用 MATLAB 展开?

(c)假设想获得一个 IIR 梳状滤波器,它在 $H(z)$ 的凹陷处比较尖锐,而在凹陷之间比较平坦。用函数 butter 获得两个阶数等于 10 并且具有适当截止频率的陷波滤波器,确定两个滤波器的连接方式从而实现这个 IIR 梳状滤波器。画出所得滤波器的幅度和相位以及极点和零点。

答案:零点为 $z_k = e^{j(2k+1)\pi/4}$,极点为 $z_k = 0.5e^{j(2k+1)\pi/4}$,$k = 0, \cdots, 3$。

12.32 三波段离散频谱分析仪 为音频信号设计一个三波段离散频谱分析仪,我们需要设计一个低通 IIR 滤波器、一个带通 IIR 滤波器和一个高通 IIR 滤波器。设抽样频率为 $F_s = 10\text{kHz}$,考虑的三个频段是 $[0, F_s/4]$、$(F_s/4, 3F_s/8]$ 和 $(3F_s/8, F_s/2]$,以 kHz 为单位。

(a)设所有滤波器的阶数都为 $N = 20$,选择截止频率从而使三个滤波器的和为一个具有单位增益的全通滤波器。

(b)研究 MATLAB 的测试信号 handel,用所设计的频谱分析仪获得该信号在三个频段内的频谱。

12.33 采用不同的窗函数设计 FIR 滤波器 设计一个阶数为 $N = 21$ 的因果低通 FIR 数字滤波器。滤波器的期望幅度响应为

$$|H_d(e^{j\omega T})| = \begin{cases} 1, & 0 \leqslant f \leqslant 250\text{Hz} \\ 0, & 0 \leqslant f \leqslant (f_s/2) \text{ 内的其他频率} \end{cases}$$

并且对所有频率其相位都等于 0,抽样频率为 $f_s = 2000\text{Hz}$。

(a)使用矩形窗进行设计,画出所设计的滤波器的幅度和相位。

(b)使用三角形窗进行设计,并与(a)中所得滤波器的幅度和相位作比较。

答案:$h_d[0] = 0.25$;$h_d[n] = \sin(\pi n/4)/(\pi n)$,$n \neq 0$。

12.34 FIR 滤波器设计 设计一个截止频率为 $\pi/3$,长度分别为 $N = 21$ 和 $N = 81$ 的低通 FIR 滤波器。

(a)使用矩形窗进行设计。

(b)使用汉明窗和凯泽窗($\beta = 4.5$)进行设计,并比较所得滤波器的幅度。

答案:$h_d[0] = 0.33$,$h_d[n] = \sin(\pi n/3)/(\pi n)$,$n \neq 0$。

12.35 用于 IIR 滤波器的调制性质变换 DTFT 的基于调制性质的频率变换可应用于 IIR 滤波器。在 FIR 滤波器的情况下,这种频率变换很明显是可用的,但在 IIR 滤波器的情况下,要用这种频率变换则需要多几个步骤。事实上,如果原型 IIR 低通滤波器具有转移函数 $H(z) = B(z)/A(z)$,冲激响应 $h[n]$,设变换后的滤波器为 $\hat{H}(z) = \mathscr{L}(2h[n]\cos(\omega_0 n))$,$\omega_0$ 为某频率。

(a)求用 $H(z)$ 表示的转移函数 $\hat{H}(z)$。

(b)研究 IIR 低通滤波器 $H(z) = 1/(1-0.5z^{-1})$,若 $\omega_0 = \pi/2$,确定 $\hat{H}(z)$。

（c）如何从（b）给出的 $H(z)$ 获得一个高通滤波器？用 MATLAB 画出在本问中所得到的滤波器以及（b）中的滤波器。

答案：（b）$\hat{H}(z) = 2/(1 + 0.25z^{-2})$。

12.36　减抽样变换　一个具有转移函数 $H(z) = 1/(1 - 0.5z^{-1})$ 的滤波器，考虑对其冲激响应 $h[n]$ 进行减抽样。

（a）用 MATLAB 画出 $h[n]$ 以及减抽样后的冲激响应 $g[n] = h[2n]$ 的图形。

（b）绘制对应着 $h[n]$ 和 $g[n]$ 的幅度响应，并分析说明减抽样的影响。$G(e^{j\omega}) = 0.5H(e^{j\omega/2})$ 是否正确？请说明原因。

答案：$g[n] = 0.25^n u[n]$；$G(e^{j\omega}) \neq 0.5H(e^{j\omega/2})$。

12.37　调制性质变换　考虑一个移动平均低通的 FIR 滤波器

$$H(z) = \frac{1 + z^{-1} + z^{-2}}{3}$$

（a）利用调制性质将所给滤波器转换成为一个高通滤波器。

（b）用 MATLAB 画出低通滤波器和高通滤波器的幅度响应。

答案：$G(e^{j\omega}) = e^{-j\omega}(2\cos(\omega) - 1)/3$。

12.38　IIR 有理变换的实现　用 MATLAB 设计一个二阶巴特沃斯低通离散滤波器 $H(Z)$，其半功率频率 $\theta_{hp} = \pi/2$，直流增益为 1。将此低通滤波器作为原型，利用它获得其他类型的滤波器。用 MATLAB 完成频率变换 $Z^{-1} = N(z)/D(z)$，利用卷积性质进行多项式相乘，从而：

（a）得到由低通滤波器到半功率频率 $\omega_{hp} = \pi/3$ 的高通滤波器。

（b）得到由低通滤波器到 $\omega_1 = \pi/2$ 及 $\omega_2 = 3\pi/4$ 的带通滤波器。

（c）画出低通滤波器、高通滤波器和带通滤波器的幅度。给出低通、高通和带通滤波器的转移函数。

答案：用函数 conv 实现多项式的乘法。

12.39　IIR 滤波器的并联连接　用 MATLAB 设计一个二阶巴特沃斯低通离散滤波器，其半功率频率 $\theta_{hp} = \pi/2$，直流增益为 1，将其称为 $H(z)$。将此滤波器作为原型获得一个由以下滤波器并联组合构成的滤波器。

（a）假定对 $H(z)$ 的冲激响应 $h[n]$ 进行 $L = 2$ 的增抽样，得到新的滤波器 $H_1(z) = H(z^2)$，确定 $H_1(z)$，并用 MATLAB 绘制它的幅度曲线，指出它的滤波器类型。

（b）然后假设把 $H(z)$ 平移 $\pi/2$ 得到一个带通滤波器 $H_2(z)$，由 $H(z)$ 求得转移函数 $H_2(z)$，绘制其幅度曲线并指出它的滤波器类型。

（c）如果滤波器 $H_1(z)$ 和 $H_2(z)$ 并联连接，该并联连接的总的转移函数 $G(z)$ 等于什么？绘制 $G(z)$ 的幅度响应曲线。

答案：$H_1(z)$ 是带阻滤波器，$H_2(z)$ 是带通滤波器。

常用数学公式

三角函数关系

倒数关系

$$\csc(\theta) = \frac{1}{\sin(\theta)} \quad \sec(\theta) = \frac{1}{\cos(\theta)}$$

$$\cot(\theta) = \frac{1}{\tan(\theta)}$$

毕达哥拉斯定理

$$\sin^2(\theta) + \cos^2(\theta) = 1$$

两角的和与差关系

$$\sin(\theta \pm \phi) = \sin(\theta)\cos(\phi) \pm \cos(\theta)\sin(\phi)$$

$$\sin(2\theta) = 2\sin(\theta)\cos(\theta)$$

$$\cos(\theta \pm \phi) = \cos(\theta)\cos(\phi) \mp \sin(\theta)\sin(\phi)$$

$$\cos(2\theta) = \cos^2(\theta) - \sin^2(\theta)$$

多倍角关系

$$\sin(n\theta) = 2\sin((n-1)\theta)\cos(\theta) - \sin((n-2)\theta)$$

$$\cos(n\theta) = 2\cos((n-1)\theta)\cos(\theta) - \cos((n-2)\theta)$$

积化和差关系

$$\sin(\theta)\sin(\phi) = \frac{1}{2}\big[\cos(\theta - \phi) - \cos(\theta + \phi)\big]$$

$$\cos(\theta)\cos(\phi) = \frac{1}{2}\big[\cos(\theta - \phi) + \cos(\theta + \phi)\big]$$

$$\sin(\theta)\cos(\phi) = \frac{1}{2}\big[\sin(\theta + \phi) + \sin(\theta - \phi)\big]$$

$$\cos(\theta)\sin(\phi) = \frac{1}{2}\big[\sin(\theta + \phi) - \sin(\theta - \phi)\big]$$

欧拉恒等式（θ 是弧度角）

$$e^{j\theta} = \cos(\theta) + j\sin(\theta), \quad j = \sqrt{-1}$$

$$\cos(\theta) = \frac{e^{j\theta} + e^{-j\theta}}{2}, \quad \sin(\theta) = \frac{e^{j\theta} - e^{-j\theta}}{2j}, \quad \tan(\theta) = -j\left[\frac{e^{j\theta} - e^{-j\theta}}{e^{j\theta} + e^{-j\theta}}\right]$$

双曲三角函数关系

双曲余弦 $\qquad\qquad\qquad\qquad \cosh(\alpha) = \dfrac{1}{2}(e^{\alpha} + e^{-\alpha})$

双曲正弦 $\qquad\qquad\qquad\qquad \sinh(\alpha) = \dfrac{1}{2}(e^{\alpha} - e^{-\alpha})$

$$\cosh^2(\alpha) - \sinh^2(\alpha) = 1$$

微积分学

导数

u、v 是 x 的函数，α、β 是常数

$$\frac{\mathrm{d}uv}{\mathrm{d}x} = u\frac{\mathrm{d}v}{\mathrm{d}x} + v\frac{\mathrm{d}u}{\mathrm{d}x}$$

$$\frac{\mathrm{d}u^n}{\mathrm{d}x} = nu^{n-1}\frac{\mathrm{d}u}{\mathrm{d}x}$$

积分

$$\int \phi(y)\,\mathrm{d}x = \int \frac{\phi(y)}{y'}\,\mathrm{d}y, \quad \text{其中 } y' = \frac{\mathrm{d}y}{\mathrm{d}x}$$

$$\int u\,\mathrm{d}v = uv - \int v\,\mathrm{d}u$$

$$\int x^n\,\mathrm{d}x = \frac{x^{n+1}}{n+1}, \quad n \neq 1, \text{且 } n \text{ 为整数}$$

$$\int x^{-1}\,\mathrm{d}x = \log(x)$$

$$\int e^{ax}\,\mathrm{d}x = \frac{e^{ax}}{a}, \quad a \neq 0$$

$$\int xe^{ax}\,\mathrm{d}x = \frac{e^{ax}}{a^2}(ax - 1)$$

$$\int \sin(ax)\,\mathrm{d}x = -\frac{1}{a}\cos(ax)$$

$$\int \cos(ax)\,\mathrm{d}x = \frac{1}{a}\sin(ax)$$

$$\int \frac{\sin(x)}{x}\,\mathrm{d}x = \sum_{n=0}^{\infty}(-1)^n \frac{x^{2n+1}}{(2n+1)(2n+1)!} \quad (\text{sinc 函数的积分})$$

$$\int_0^{\infty} \frac{\sin(x)}{x}\,\mathrm{d}x = \int_0^{\infty}\left[\frac{\sin(x)}{x}\right]^2\mathrm{d}x = \frac{\pi}{2}$$